Grundlagen der Gasdynamik

K. Oswatitsch

Springer-Verlag
Wien GmbH

Prof. Dr. KLAUS OSWATITSCH
Vorstand des Institutes für Strömungslehre
der Technischen Universität Wien, Österreich,
Ehemaliger Direktor des Institutes für Theoretische Gasdynamik
der DFVLR, Aachen, Bundesrepublik Deutschland

Ursprünglich erschienen bei Springer-Verlag Wien - New York 1976
Softcover reprint of the hardcover 1st edition 1976

Library of Congress Cataloging in Publication Data. Oswatitsch, Klaus. Grundlagen der Gasdynamik. Includes bibliographies and index. 1. Gas dynamics. I. Title. QC 168.078. 533'.2. 76–28355.

ISBN 978-3-7091-8416-5 ISBN 978-3-7091-8415-8 (eBook)
DOI 10.1007/ 978-3-7091-8415-8

Mit 309 Abbildungen und 3 Tafeln

Vorwort

Die Gasdynamik stellt als Lehre von den Strömungen zusammendrückbarer Medien die allgemeinste Form der Strömungslehre dar. Sie enthält die Hydromechanik der inkompressiblen Flüssigkeiten als Spezialfall. Das gilt insbesondere auch für die Integralsätze und Differentialgleichungen und die daraus folgenden allgemeinen Sätze, wie jene der mechanischen Ähnlichkeit, die Bernoullische Gleichung, die Wirbelsätze und eine Reihe weiterer allgemeiner Aussagen.

Die ersten gasdynamischen Arbeiten, die im übrigen auch heute noch Bedeutung besitzen, stammen aus dem 19. Jahrhundert. Die Behandlung der einfachen ebenen Welle, Abschn. III. 29, kann zurück bis zu Poisson (1808) verfolgt werden. St. Venant und Wantzel [II, 6]* behandeln in einer 1839 veröffentlichten Arbeit das Ausströmen von Gasen bei starkem Druckgefälle. Im Jahre 1860 veröffentlichte B. Riemann seine bedeutende Arbeit über die Fortpflanzung von Luftwellen endlicher Amplitude [III, 10]. Die grundlegenden Arbeiten über Verdichtungsstöße stammen von W. J. M. Rankine aus dem Jahre 1870 [III, 1] und von H. Hugoniot aus dem Jahre 1887 [III, 2]. Zur gleichen Zeit veröffentlichte E. Mach seine Beobachtungen an Projektilen [VI, 1], die schneller als der Schall fliegen. Die Arbeiten von P. Molenbroek [VI, 11] und von P. Vieille [• 22] sowie jene von D. L. Chapman [II, 18] wurden ebenfalls noch im vorigen Jahrhundert geschrieben. Dies gilt auch für die Arbeit von J. D. Massau [IX, 28], die erste Arbeit über graphische Charakteristikenverfahren.

Die erste Auflage des berühmten Buches „The Theory of Sound" von Lord Rayleigh ist lange vor der Jahrhundertwende erschienen. Es ist dort vieles vorweggenommen, was später in der Gasdynamik kleiner Störungen von neuem entwickelt wurde. J. Hadamards Vorlesungen über Wellenfortpflanzung wurden bereits in diesem Jahrhundert geschrieben. Das trifft auch auf die Arbeit von E. Jouguet [II, 19] zu sowie auf die umfassende Arbeit von C. A. Tschapligin [VI, 2]. Um diese Zeit setzt dann in Göttingen unter L. Prandtl eine systematische Bearbeitung der Gasdynamik ein. Wohl am bekanntesten aus dieser ersten Zeit wurde die Dissertation von Th. Meyer aus dem Jahre 1908 [• 22].

Bereits nach dem ersten Weltkrieg nahm das Interesse an dem Gesamtgebiet außerordentlich zu. Nach dem zweiten Weltkrieg stieg die Zahl der Veröffentlichungen dann derart an, daß eine einigermaßen vollständige Berücksichtigung der Veröffentlichungen in einem allgemeinen Lehrbuch unmöglich wurde, selbst wenn der Stoff, wie es im folgenden geschieht, deutlich begrenzt wird.

---

* Es werden verschiedene Arten von Literaturhinweisen verwendet; es bedeuten:
[II,6] Verzeichnis der Originalarbeiten am Ende von Teil II, Zitat [6];
[•22] Verzeichnis der Bücher, S. 715—716;
[••19] Verzeichnis der Monographieartikel und Symposiumsbände, S. 717—718.

Im vorliegenden Buch wird das Medium ausschließlich als Kontinuum behandelt. Betrachtungen, die in das Gebiet der kinetischen Gastheorie fallen, bleiben, von kurzen Hinweisen in der Thermodynamik abgesehen, weg. Es sind aber noch weitere Einschränkungen erforderlich, denn die Dynamik des Kontinuums umfaßt nicht nur die Strömungen in Maschinen und um fliegende Körper aller Art mit und ohne Wärmezufuhr, sondern auch die gesamte Akustik und Meteorologie. Die Gasdynamik ist naturgemäß von den ihr verwandten Gebieten nicht scharf abgrenzbar. Die Grenze zur Meteorologie ist in diesem Buch dadurch gezogen, daß die Einflüsse der Corioliskräfte gar nicht und auch die Einflüsse der Schwerkraft nur wenig berücksichtigt werden. Damit fallen auch Strömungen in geschichteten Medien und solche mit freier Oberfläche nahezu völlig weg. Die Akustik unterscheidet sich von der Gasdynamik im wesentlichen durch die Fragestellung. Bei der Behandlung von Wellen endlicher Amplitude ergibt sich aber der Anschluß an die Ausbreitung von Schallwellen. Selbst bei kleinen Störamplituden kann es zur Bildung allerdings sehr schwacher Verdichtungsstöße kommen. Auf eine Behandlung solcher zwischen Akustik und Gasdynamik liegender Probleme wurde besonderer Wert gelegt. Trotz der nahen Verwandtschaft zur Akustik wurde auf eine Darstellung des Flügelflatterns verzichtet.

Diese Vorgänge können nur in speziellen Monographien einigermaßen vollständig behandelt werden. Ähnliches gilt auch für die Reibungs- und Wärmeübergangsschichten. Diese erfahren in Teil X nur eine äußerst knappe Darstellung, die einem Einblick in den Einfluß der Reibungsschichten auf die Hauptströmung dient. Gleichzeitig werden dabei Belegbeispiele für die Ähnlichkeitsgesetze gewonnen. Die Reibungs- und Wärmeübergangsschichten haben im übrigen in allen Geschwindigkeitsbereichen sehr verwandte Eigenschaften und werden daher zweckmäßiger gemeinsam in speziellen Lehrbüchern behandelt [•26], [•40], [•45].

Die typischen Probleme der Gasdynamik sind durch das Auftreten von erheblichen Dichteänderungen gekennzeichnet. Für diese lassen sich im wesentlichen zwei Gruppen von Ursachen angeben. Die eine liegt im Auftreten großer Kräfte durch große Druckunterschiede, beispielsweise bei Strömungsmaschinen, Wärmekraftmaschinen, Kanonen, Explosionen. Im anderen Falle ist das Auftreten wesentlicher Dichteunterschiede nicht beabsichtigt, sondern es wird dadurch verursacht, daß das Gas bei zunehmender Geschwindigkeit auf eine Verdrängung mit Verdichtung reagiert, also weniger mit einer Geschwindigkeitserhöhung, wie dies bei niedrigen Geschwindigkeiten oder bei „inkompressiblen Flüssigkeiten" der Fall ist. Bei hohen Geschwindigkeiten ist die Dichteänderung selbst bei kleinen Störungen wesentlich im Vergleich zu den auftretenden Geschwindigkeitsstörungen.

Ich habe mir im vorliegenden Buch — wie schon in meiner „Gasdynamik" aus dem Jahr 1952 — die Aufgabe gestellt, die Grundlagen, die elementaren Lösungen sowie die typischen Vorgänge im gesteckten Rahmen möglichst umfassend darzustellen. Die Integralsätze, die Differentialgleichungen, die Ähnlichkeitssätze und auch die Spezialisierungen dieser Sätze auf kleine Störungen werden möglichst vollständig angegeben. Auch bei den elementaren Lösungen, wie beispielsweise jenen des Verdichtungsstoßes mit und ohne Relaxation, der Strömung durch die Lavaldüse, der Rohrreibung, der einfachen Welle, der Wellenreflexion, wurde eine umfassende Darstellung angestrebt. Die Darstellung spezieller Strömungsvorgänge blieb dagegen auf typische Beispiele eindimensionaler instationärer und zweidimensionaler stationärer Fälle, also durchwegs auf Probleme mit nur zwei unabhängigen Veränderlichen beschränkt.

Die Darstellung der Vorgänge mit drei unabhängigen Veränderlichen sowie die schwierigen Gebiete der schallnahen Strömung und der Hyperschallströmung sind meinem Buch „Spezialgebiete der Gasdynamik" vorbehalten.

Einer möglichst anschaulichen und ausführlichen Behandlung der physikalischen und technischen Probleme wurde große Bedeutung beigemessen. Bei der Wiedergabe der Lösungsmethoden wird kein Anspruch auf Vollständigkeit erhoben. In der Regel wird der Leser nur eine Methode ausgearbeitet vorfinden und allenfalls Hinweise auf andere Verfahren. Die Darstellung wurde dabei soweit wie möglich mit anderen Lehrbüchern abgestimmt, mit denen sich das vorliegende Buch in den Routinemethoden überschneidet, in den weniger geläufigen Methoden jedoch möglichst ergänzt. Daß die vom Verfasser und seinen Mitarbeitern entwickelten Verfahren und Ergebnisse besonders berücksichtigt wurden und die persönliche Ansicht des Verfassers gelegentlich zum Ausdruck kommt, ist nur natürlich.

Der Aufbau ist wieder so gewählt, daß die einfachen Fragestellungen unbelastet vom Aufwand einer mathematischen Darstellung allgemeinster Form bleiben. So sind die Erhaltungssätze und Grundgleichungen zunächst für die Stromfadentheorie und die eindimensionale instationäre Strömung für sich abgeleitet. Diese Vorgangsweise ist anschaulicher und beansprucht kaum mehr Raum als eine Spezialisierung aus den allgemeinsten Grundgleichungen für räumliche instationäre Strömung. Wie in meinem ersten Buch [•22] sind die Integralsätze stets zuerst aufgestellt, weil sie geringere Stetigkeitsannahmen enthalten als die Differentialgleichungen. Aus den integralen Erhaltungssätzen folgen dann zunächst die Differentialgleichungen in „Divergenzform", die in Hinblick auf die numerischen Methoden gegenwärtig zunehmendes Interesse finden. Aus diesen werden dann die geläufigen Differentialgleichungen, wie etwa die Euler-Gleichungen hergeleitet.

Die Thermodynamik, Teil I, wurde gegenüber dem älteren Buch wesentlich erweitert, weil die Vorgänge der Dissoziation, der Ionisation und der Relaxation bei Einstellung des thermodynamischen Gleichgewichtes der Gase, sowie die Wärmestrahlung gerade im Zusammenhang mit der Hyperschallströmung stark an Bedeutung gewonnen haben.

Im Teil II, der stationären Stromfadentheorie, sind solche Vorgänge nun ebenfalls berücksichtigt.

Im Teil III werden instationäre Vorgänge in Rohren veränderlichen Querschnittes behandelt, dazu gehören neben der ebenen Welle auch die Zylinder- und Kugelwelle. Neu ist hier die Behandlung des Entstehens von Stößen mittels der analytischen Charakteristikenmethode. Beispiele aus der inneren Ballistik und aus dem Motorenbau zeigen die technische Bedeutung dieser neuen Entwicklungen.

In Teil IV werden die Grundgleichungen in allgemeiner Form hergeleitet. Die Vektordarstellung gestattet dabei eine besonders übersichtliche Herleitung der Ähnlichkeitsgesetze.

Teil V ist im wesentlichen den Impulssätzen gewidmet, sowohl den Schubgleichungen als auch dem Kutta-Joukowskischen Satz und ähnlichen Ergebnissen.

Teil VI enthält die zahlreichen speziellen Lösungen und allgemeinen Ansätze für ebene stationäre Strömung.

In Teil VII werden dann die Störtheorie und die sich daraus ergebenden Affintransformationen sowie die vereinfachten Randbedingungen für die stationäre Unter- und Überschallströmung vorbereitet. Teil VIII enthält die reine Unterschallströmung um Profile und Rotationskörper. Dabei wurde auf eine möglichst annahmefreie Entwicklung der Störtheorie bis zur zweiten Ordnung Wert gelegt. Die reine Überschallströmung beansprucht den umfangreichsten Teil des Buches, Teil IX. Über die bereits klassisch gewordenen Ergebnisse hinaus wird auf die Überschallgitterströmung stärker eingegangen. Ferner wird mit Hilfe des analytischen Charakteristikenverfahrens eine Störtheorie mit schwachen Stößen entwickelt und damit eine tiefere Einsicht in die Vorgänge im Wellenfeld gewonnen.

Auf den mit dem kurzen Teil X über Reibungsströmungen verfolgten Zweck ist bereits anfangs hingewiesen worden.

Die Auswahl und Unterbringung des Stoffes bedurfte vieler wohl abgewogener Einzelentschlüsse. Dabei erwies sich eine Beschränkung im vorliegenden Band auf die Grundlagen und die weniger anspruchsvollen Gebiete der eindimensionalen instationären sowie der ebenen und achsensymmetrischen stationären reinen Unter- und Überschallströmung als unumgänglich. Die anspruchsvolleren Gebiete der Gasdynamik, die in einem selbständigen, weniger umfangreichen Band folgen, setzen eine starke Vertrautheit mit den skizzierten Grundlagen bereits voraus.

Vorweg danke ich dem Verlag und vor allem seinem Leiter, Direktor Dr. W. SCHWABL, für das verständnisvolle Eingehen auf meine Wünsche und für die ausgezeichnete Ausstattung des Werkes. Von meinen ständigen Mitarbeitern möchte ich vor allem jenen danken, die die verantwortungsvolle Aufgabe der Korrektur auf sich genommen haben, nämlich Dr. W. KOCH, Dr. P. NIEDERDRENK, Dr. H.-F. SCHWARZE und Dipl.-Math. R. SCHWARZENBERGER.

Mein besonderer Dank gebührt aber meinem Wiener Mitarbeiter Dipl.-Ing. M. HORVAT, der in den letzten Jahren die Redaktion selbständig übernommen und durch seinen gleichmäßigen Überblick sowie durch seinen Arbeitseinsatz sehr viel zum Gelingen des Werkes beigetragen hat.

Wien, im Sommer 1976 KLAUS OSWATITSCH

Inhaltsverzeichnis

In der Tasche am Schluß des Buches die Tafeln I—III.

I. Thermodynamik

1. Einleitung

Die Gasdynamik als Lehre von den Gesetzmäßigkeiten strömender Gase macht gewisse Kenntnisse des thermodynamischen Verhaltens der beteiligten Medien zur Voraussetzung.

Um dem an Problemen der Strömungsmechanik interessierten Leser ein zeitraubendes Studium von Lehrbüchern der Thermodynamik zu ersparen, wird dieses Gebiet im folgenden speziell für die Zustandsänderungen entwickelt, die bei Strömungen auftreten. Damit soll auch das Verständnis für die gasdynamischen Vorgänge vertieft werden. Freilich darf von einem solchen „Abriß der Strömungsthermodynamik" nicht die Allgemeinheit und Präzision eines Fachbuches der Wärmelehre erwartet werden. Als solche seien etwa empfohlen [•5], [•41], [•48] und die Thermodynamik in [•42].

Das strömende Medium wird in weiten Anwendungsgebieten, im allgemeinen z. B. in der Unterschall- und Überschallaerodynamik der Tragflügel, als *einfache Substanz* angenommen, d. h., sein Zustand sei durch den Druck p, die Dichte ϱ (Masse der Raumeinheit) und die absolute Temperatur T vollkommen charakterisiert. Die Bezeichnung „einfach" bezieht sich also nicht auf die Zusammensetzung des Mediums, auch nicht auf die Gesetzmäßigkeit, der das Medium folgt, sondern auf die kleinstmögliche Anzahl unabhängiger thermodynamischer Variabler. Das Medium braucht deshalb keineswegs völlig gleichartig in den kleinsten Teilen zu sein. Es kann wie Luft ein Gemisch verschiedener Substanzen (Stickstoff, Sauerstoff) bilden, wobei das Mischungsverhältnis unter Umständen auch noch vom Zustand selbst abhängen darf. Wichtig ist nur, daß die Zusammensetzung des Stoffes für jeden Zustand festliegt und bei einem bestimmten Zustand keiner Veränderung fähig ist. So kann feuchte Luft, d. i. eine Mischung von trockener Luft und H_2O, letzteres in Form von Wasserdampf und Wassertröpfchen, als einfache Substanz angesehen werden, wenn stets thermodynamisches Gleichgewicht zwischen Wasserdampf und Wasser vorhanden ist und kein Wasser etwa in Form von Regen ausfällt. Kommt es zu wesentlichen Verzögerungen in der Einstellung des thermodynamischen Gleichgewichtes (Nachhinken der Kondensation bei Expansionsvorgängen, der Dissoziation und Ionisation bei Kopfwellen usw.) oder, ist der H_2O-Anteil nicht festgelegt, indem Wasser ausfällt z. B. in Form von Regen, so kann nicht mehr von einer einfachen Substanz gesprochen werden. Wie grob die Mischung sein darf, welche noch als einfache Substanz angenommen werden kann, hängt vor allem von der Größe der Dimension ab, in welcher sich der betrachtete Vorgang abspielt. So kann das Gemisch von unverbrannten Pulverstangen und Pulverschwaden, welches in einem Kanonenrohr während des Abschusses entsteht, unter Umständen durchaus als einfache Substanz angesehen werden.

Da das Medium für einen Großteil der Anwendungen in der Gasdynamik nicht nur als „einfache Substanz", sondern sogar als ideales Gas konstanter spezifischer Wärme angenommen werden darf, soll die Thermodynamik der einfachen Medien im allgemeinen vorangestellt werden. Für gewisse extreme Zustandsänderungen, wie sie vor allem auch bei Hyperschallströmungen auftreten, findet man damit allerdings nicht mehr das Auslangen. Daher werden im Rahmen des folgenden Überblicks anhand eines Zweisubstanzenmodells das thermodynamische Gleichgewicht und die Relaxation bei Gasreaktionen und Phasenumwandlungen erläutert. Ganz kurz wird am Schluß noch die Wärmestrahlung behandelt.

2. Zustandsgleichung

Die drei Größen p, ϱ und T, welche den Zustand einer einfachen Substanz charakterisieren, sind voneinander abhängig. Bei einem solchen Medium können nur zwei dieser Größen beliebig eingestellt werden, die dritte ist dann bereits festgelegt. Es besteht also stets ein funktionaler Zusammenhang

$$p = p(\varrho, T), \tag{1}$$

der als *Zustandsgleichung* bezeichnet wird. p, ϱ und T nennt man *Zustandsgrößen*. Sie werden im folgenden noch durch weitere Zustandsgrößen ergänzt, deren je zwei beliebige zur Beschreibung des Zustandes eines einfachen Gebildes ausreichen. In der Bezeichnung „Zustandsgröße" kommt zum Ausdruck, daß die Variable allein vom thermischen Zustand des Mediums abhängt, nicht aber etwa von seiner Vorgeschichte.

Der Zustandsgleichung in der allgemeinen Form von Gl. (1) genügt also jeder Aggregatzustand eines isotropen Körpers, dessen Eigenschaften also unabhängig von der Richtung sind. Gl. (1) wird demnach für die allgemeinsten Betrachtungen in der Gasdynamik herangezogen werden.

Für genügend verdünnte, sogenannte *ideale Gase* bekommt die Zustandsgleichung die einfache Gestalt

$$p = \frac{R}{m} \varrho T. \tag{2}$$

Der Druck ist hier der Dichte und der absoluten Temperatur proportional. R, die sogenannte *absolute Gaskonstante*, ist eine universelle Konstante mit dem Wert

$$R = 1{,}986 \text{ cal/Grad} = 8{,}31_3 \text{ Joule/Grad} = 8{,}31_3 \cdot 10^3 \text{ g} \cdot \text{m}^2/(\text{sec}^2 \cdot \text{Grad})$$
$$= 84{,}8 \text{ cm} \cdot \text{kp/Grad} = 82{,}0_4 \text{ cm}^3 \cdot \text{phys. atm/Grad}.$$

m ist das für jedes Gas charakteristische *Molgewicht*, besser und moderner die *Molmasse*. Es ist jene Masse, die 22,4 Liter eines idealen Gases im Normalzustand ($p = 760$ mm Hg, $T = 273°$) besitzt. Sie hat unter anderem folgende Werte: für Sauerstoff $m = 32$ g, für Stickstoff $m = 28$ g, für Luft $m = 29$ g, vgl. Tab. 4. Bei sehr hohen Temperaturen spalten sich die Moleküle der Gase auf, sie dissoziieren. Diesem Vorgang ist durch Einsetzen eines kleineren Molgewichtes in Gl. (2) Rechnung zu tragen, das in weiten Bereichen von Temperatur und Dichte abhängt, worauf später noch ausführlich eingegangen wird.

Der Begriff „ideales Gas" ist eine der zahlreichen Abstraktionen in der Physik, denen die realen Substanzen stets nur näherungsweise, wenngleich häufig völlig befriedigend genügen.

Meist wird die Molmasse m in g/Mol angegeben. Dann muß bei der Zahlenangabe für R im Nenner ebenfalls das Wort „Mol" auftreten. Da jedoch „Mol" kein Maß darstellt, sondern die Festlegung einer bestimmten Masse, wurde dieses Wörtchen bei der Maßangabe der vorliegenden Darstellung weggelassen. Die Größen R und m treten nun überall nur als Quotient R/m auf, für den die Darstellungsunterschiede wieder wegfallen. Diese haben folglich für das Weitere keine Auswirkungen.

Im technischen Schrifttum ist die Kalorie, und sind die spezifischen Größen, wie beispielsweise die spezifische innere Energie e, Gl. (16), die spezifische Enthalpie i, Gl. (23), oder die spezifischen Wärmen c_v und c_p, Gl. (26), (27), oft auf das Gewicht bei genormter Schwerebeschleunigung, $g_0 = 9{,}80665$ m/sec², bezogen.

Für die absolute Gaskonstante R, welche dann auf diese technische Kalorie und auf das Grammgewicht bezogen wird, ergibt sich deshalb derselbe Zahlenwert, wie er hier angegeben wird (dasselbe gilt später für die spezifischen Wärmen), aber nicht dieselbe Dimension. Dadurch kommt in einem solchen Maßsystem die Schwerebeschleunigung g_0 in die Zustandsgleichung (2). Im Folgenden ist die Kalorie stets auf die Grammasse bezogen. Das Wärmeäquivalent wird überall gleich Eins gesetzt. p/ϱ muß daher im gleichen Maß gemessen werden wie $R/m\,T$, also gegebenenfalls auch in cal/g. Dies ist nicht so abwegig, wie es anfänglich zu sein scheint. Oft, wie in Gl. (II,7), (II,9), (II,10) usw., treten ja mechanische und thermische Größen nebeneinander auf. Meistens ist das Maßsystem bei den Zwischenschritten bedeutungslos und muß erst bei der Anwendung der Endformeln gewählt werden.

Natürlich kann in Gl. (2) R/m durch einen für jedes Gas charakteristischen Koeffizienten ersetzt werden, doch wurde die Einführung der Molmasse seiner anschaulichen Bedeutung wegen vorgezogen.

Neben der Dichte ϱ wird in der Thermodynamik auch gerne mit deren Reziprokwert, dem sogenannten *spezifischen Volumen* $1/\varrho$, operiert, d. i. das Volumen der Masseneinheit des Mediums. Auch dieser Begriff soll verwendet werden, wenngleich auf die Einführung eines besonderen Symbols für $1/\varrho$ verzichtet wird.

Beim Abbrennen von Pulver, also bei Vorgängen in Brennkammern von Feststoffraketen oder in Geschützrohren, muß gegebenenfalls das Eigenvolumen des Mediums, das sogenannte *Kovolumen* b, berücksichtigt werden. Auch bei beliebiger Steigerung des Druckes kann nämlich die Masseneinheit eines Mediums höchstens auf das Kovolumen b zusammengedrückt werden. Etwas Ähnliches trifft freilich bei jedem Gas zu. Die Zustandsgleichung idealer Gase (2) muß immer versagen, wenn der Raum zwischen der Materie nicht mehr wesentlich größer als das Volumen der Materie selbst ist, d. h., wenn die Gasdichte vergleichbar mit der Flüssigkeits- und der Feststoffdichte wird.

Jedoch werden derartige Gasdichten bei den meisten Problemen der Gasdynamik nicht annähernd erreicht. In einfachster Form wird das Kovolumen der Materie in der *Abelschen Zustandsgleichung* berücksichtigt:

$$p\left(\frac{1}{\varrho} - b\right) = \frac{R}{m}\,T. \tag{3}$$

Im Gegensatz zur bekannteren, in der Gasdynamik jedoch bisher kaum verwandten van der Waalsschen Zustandsgleichung wird der Einfluß der dichten Packung der Materie auf den Druck p, also der Einfluß der inneren Massenkräfte, vernachlässigt. Dies ist bei den hohen Drücken und Temperaturen, für die Gl. (3) im allgemeinen vorgesehen ist, gerechtfertigt.

3. Gemische einfacher Substanzen, Zweisubstanzenmodell

Die Behandlung von Gemischen einfacher Substanzen sei in diesem Rahmen auf zwei Sonderfälle beschränkt. Der erste betrifft das Gemenge zweier idealer Gase, die jedes für sich als „einfache Substanz" angesehen werden dürfen, aber ineinander übergeführt werden können. Es sei also eine einzige, jedoch beliebig komplizierte Gasreaktion zugelassen, die eine mit dem Index 1 gekennzeichnete einfache Substanz in eine andere mit dem Index 2 gekennzeichnete überführt. Es kann sich dabei um die Verbrennung eines Kohlenwasserstoffgases, etwa Propan, in Luft handeln. Mit dem Index 1 wird dann das Gasgemisch von Propan und Luft vor der Verbrennung bezeichnet, mit dem Index 2 das Gemisch der Verbrennungsprodukte wie etwa H_2O, CO_2 usw. und des nicht verbrannten Sauerstoffes O_2 sowie allenfalls unbeteiligten *inerten* Stickstoffes N_2. Ein weiteres Beispiel ist stöchiometrische oder nicht stöchiometrische Knallgasverbrennung, also die Überführung $O_2 + 2H_2 \rightleftharpoons 2H_2O$, allenfalls mit Sauerstoffüberschuß oder in Stickstoff eingebettet. Erfaßt wird auf diese Weise aber auch die Dissoziation z. B. von Sauerstoff ($O_2 \rightleftharpoons 2O$) oder Stickstoff ($N_2 \rightleftharpoons 2N$) oder sogar die Ionisation, also z. B. die Überführung von Argon in ein Gemisch von Argon-Ionen und Elektronen. Nicht erfaßt wird in einem solchen Modell dagegen beispielsweise die nebeneinander stattfindende Dissoziation von O_2 und N_2 in Luft. Solche Vorgänge können nur mit einem Modell für drei oder mehrere einfache Substanzen dargestellt werden. Der Nachteil, der im folgenden durch Beschränkung auf das Gemisch zweier einfacher Substanzen in Kauf genommen wird, wird durch Erleichterung des Verständnisses aufgehoben. Auch wird sich zeigen, daß in den meisten in der Gasdynamik interessierenden Vorgängen die eine Reaktion, beispielsweise die Dissoziation der Luft durch sehr starke Erhitzung, bereits praktisch abgeschlossen ist, bevor die nächste Reaktion, beispielsweise die Ionisation der Luft, voll einsetzt.

Der zweite in unserem Rahmen behandelte Sonderfall betrifft das Gemisch zweier Phasen, z. B. Wasserdampf und Wasser oder auch feuchte Luft und Wassertropfen oder Eiskristalle. Dabei wird in der Gasdynamik im allgemeinen angenommen werden dürfen, daß die flüssige oder feste Phase nur einen Bruchteil des Gesamtvolumens einnimmt.

In beiden Fällen können wir von einem *Zweisubstanzenmodell* sprechen, worunter das Gemisch zweier einfacher Substanzen, die jede also einer Zustandsgleichung (1) genügt, verstanden werden soll.

Der Massenanteil der zweiten Substanz an der Masseneinheit des Gemisches sei mit dem Symbol α bezeichnet. Im speziellen Fall einer chemischen Reaktion oder einer Dissoziation nennt man α den *Reaktionsgrad* oder den *Dissoziationsgrad*, bei Ionisation den *Ionisationsgrad*. Bei Kondensationsvorgängen von Wasserdampf wäre α der *Wassergehalt* (in der Dampftechnik meist mit dem Symbol x bezeichnet). Der Massenanteil der ersten einfachen Substanz an der Masseneinheit des Gemisches ist dann $1-\alpha$.

Für ein *Gasgemisch* folgt dann, weil beide Gase denselben Raum ausfüllen:

$$\varrho_1/\varrho = 1-\alpha, \qquad \varrho_2/\varrho = \alpha. \tag{4}$$

Da jedes Gas für sich als ideal vorausgesetzt wird, erfüllt jedes Teilgas mit der individuellen Molmasse m_1 und m_2 die Zustandsgleichung (2):

$$p_1 = \frac{R}{m_1}\varrho_1 T, \qquad p_2 = \frac{R}{m_2}\varrho_2 T, \tag{5}$$

wobei der Gesamtdruck gleich der Summe der *Partialdrücke* p_1 und p_2 ist:

$$p = p_1 + p_2. \tag{6}$$

Wegen des engen Kontaktes der beiden Gase untereinander wurde in Gl. (5) die Temperatur als gleich angenommen. Es gibt allerdings unter extremen Bedingungen durchaus Fälle, bei denen für die Teilgase verschiedene Temperaturen angenommen werden müssen, bei der Ionisation z. B. unter Umständen eine eigene Elektronentemperatur, [·43], p. 293ff., insbesondere Fig. 112. Jedoch sind solche Vorgänge für uns zu speziell, als daß sie eine Berücksichtigung im hier gesteckten Rahmen rechtfertigen würden.

Durch Summation der Gleichungen (5) erhält man mit Rücksicht auf Gleichungen (4) und (6):

$$p = \left[(1-\alpha)\frac{1}{m_1} + \alpha\frac{1}{m_2}\right] R\varrho T = \frac{R}{m}\varrho T. \tag{7}$$

Für die in Gl. (7) eingeführte Molmasse der Gasmischung folgt damit die Beziehung

$$\frac{1}{m} = \frac{1-\alpha}{m_1} + \frac{\alpha}{m_2} \qquad \text{oder} \qquad \frac{\mathrm{d}m}{m} = -\left(\frac{m_1}{m_2} - 1\right)\frac{m}{m_1}\,\mathrm{d}\alpha. \tag{8}$$

Für den Sonderfall, daß bei einer chemischen Reaktion die Anzahl der Moleküle erhalten bleibt, wie dies bei der Chlorknallgasreaktion

$$H_2 + Cl_2 \rightleftharpoons 2HCl$$

der Fall ist, bleibt die mittlere Molmasse der Teilmedien m_1 und m_2 erhalten ($m_1 = m_2$). Gemäß Gl. (8) bleibt dann aber auch die Molmasse des Substanzengemisches m unabhängig vom Reaktionsgrad dieselbe ($m = m_1 = m_2$). Nur in diesem Falle tritt der Reaktionsgrad α in der Zustandsgleichung (7) nicht auf.

Ein häufig auftretender Vorgang ist der Zerfall eines Moleküls in zwei Moleküle. Er wird durch die einfache Dissoziation repräsentiert, wobei es gar nicht erforderlich ist, daß die Dissoziation wie bei O_2 und N_2 in zwei gleichartige Teile erfolgt. Selbst die einfache Ionisation, bei der das Molekül in zwei derartig ungleiche Teile zerfällt wie ein Ion und ein Elektron, gehört zur Klasse dieser einfachen Zerfallvorgänge. Da sich die Anzahl der Moleküle bei einem solchen Vorgang verdoppelt, gilt $2m_2 = m_1$, und aus Gl. (8) folgt:

$$\frac{1}{m} = (1 + \alpha)\frac{1}{m_1}. \tag{9}$$

Wenn also die gesamte Masse der ursprünglichen Moleküle vom Molgewicht m_1 in zwei Teile zerfällt, also vollkommen dissoziiert oder vollkommen einfach ionisiert ($\alpha = 1$), sinkt das Molgewicht auf die Hälfte.

Bei einer *Mischung zweier Phasen* ist die Summe der Volumina der Einzelteile gleich dem Gesamtvolumen. Für die Masseneinheit der Mischung gilt damit, daß das spezifische Volumen der Mischung $1/\varrho$ gleich ist der Summe der mit ihrem Massenanteil multiplizierten spezifischen Volumina der Anteile:

$$\frac{1}{\varrho} = (1 - \alpha)\frac{1}{\varrho_1} + \alpha\frac{1}{\varrho_2}. \tag{10}$$

Beide Anteile stehen jedoch wegen ihrer starken Durchmischung im Druckgleichgewicht:

$$p = p_1 = p_2. \tag{11}$$

Dagegen kann bei einem Phasengemisch nicht immer Gleichgewicht der Temperaturen der Teilsubstanzen angenommen werden, $T_1 \neq T_2$.

Bei einem Kondensationsvorgang beispielsweise wird Wärme durch Kondensation auf der Flüssigkeitsoberfläche frei und muß zum Teil an das Gas abgeführt werden. Die mittlere Tropfentemperatur liegt also bei der Kondensation über der mittleren Gastemperatur. Die Temperatur ist genau genommen weder im Gas noch im Tropfen bei relaxierender Kondensation oder Verdampfung konstant. Hat das als ideal angenommene Gas den Index 1, und begnügt man sich beim Gas mit der Beschreibung durch eine mittlere Temperatur, dann gilt die erste Gleichung (5) mit dem Index 1, während ϱ_2 als konstant anzunehmen ist. Mit Gl. (10) und Gl. (11) erhält man dann die Zustandsgleichung:

$$p\left(\frac{1}{\varrho} - \frac{\alpha}{\varrho_2}\right) = \frac{R}{m_1}(1 - \alpha)\,T. \tag{12}$$

Die enge Verwandtschaft mit der Abelschen Zustandsgleichung (3) ist nicht überraschend. α/ϱ_2 vertritt das Kovolumen, die Temperatur in Gl. (3) ist als einheitlich gleich T und der Massenanteil der nichtgasförmigen Phase α wäre als konstant anzunehmen.

Bei den meisten Vorgängen der Gasdynamik tritt die Kondensation bei sehr kleinen Gasdichten auf. Gl. (10) kann dann ersetzt werden durch

$$\varrho_1 \ll \varrho_2: \quad \varrho_1 = (1 - \alpha)\,\varrho, \tag{13}$$

und anstelle von Gl. (12) tritt

$$p = \frac{R}{m_1}(1 - \alpha)\,\varrho T. \tag{14}$$

4. Erster Hauptsatz der Wärmelehre; spezifische Wärmen

Zu weiteren Erkenntnissen führt die Anwendung des Satzes von der Erhaltung der Energie auf das Gebiet der Wärmelehre. Wird Arbeit in ein Medium, welches in einem Gefäß eingeschlossen ist, durch starkes Umrühren hineingesteckt, so wird die aufgewendete Arbeit mit der Zunahme irgendeiner Energie gekoppelt sein. (Von der Betrachtung der kinetischen Energie, welche durch das Umrühren im Medium entstanden ist, kann abgesehen werden, da dieses nach einiger Zeit stets zur Ruhe kommt.) Wird der Zustand einer einfachen Substanz — wie vorausgesetzt — durch Zustandsgrößen allein völlig beschrieben, so muß sich die Änderung des Energiezustandes des Körpers in der Änderung seiner Zustandsgrößen äußern, da ja sonst entgegen dem Erhaltungssatz der Energie angenommen werden müßte, daß Arbeit aufgewendet wurde, ohne irgendwo Spuren irgendeiner Änderung hinterlassen zu haben. Daraus folgt, daß jeder Körper Energie enthält. Diese wird als *innere Energie* bezeichnet und soll, auf die Masseneinheit bezogen, mit dem Buchstaben e symbolisiert werden. e ist eine Zustandsgröße und hängt daher bei einer einfachen Substanz lediglich von zwei anderen Zustandsgrößen ab. Am augenfälligsten ist die Abhängigkeit der inneren Energie im allgemeinen von der Temperatur; als zweite unabhängige Veränderliche kann etwa der meist leicht zu messende Druck gewählt werden:

$$e = e(T, p). \tag{15}$$

Gl. (15) wird als *kalorische Zustandsgleichung* bezeichnet. Sie kann im Versuch ermittelt werden. Durch Zufuhr derselben Energiemenge in verschiedener Energieform (mechanische Arbeit, elektrische Energie) wird gleichzeitig das Energieprinzip kontrolliert und bestätigt gefunden. Handelt es sich um ein komplizierteres Medium, dann hängt e auch noch von allen weiteren Größen ab, die den Zustand des Mediums festlegen, z. B. also vom Dissoziationsgrad α. An den Überlegungen zum ersten Hauptsatz ändert sich dadurch jedoch nichts. Bei idealen Gasen hinwieder hängt die innere Energie der Masseneinheit lediglich von der Temperatur ab (siehe auch Ende von Abschn. 11):

$$e = e(T). \tag{16}$$

Diese Eigenschaft läßt sich leicht mit dem kinetischen Modell des idealen Gases erklären. Nach diesem kommt der Gasdruck durch die elastische Reflexion der im Raume in allen Richtungen durcheinanderfliegenden und an den Wänden abprallenden Moleküle zustande. Ist $\overline{u^2}$ das Mittel des Quadrates der Geschwindigkeitskomponente in x-Richtung, dann ist der Druck zufolge der Reflexion der Moleküle auf einer senkrecht auf x stehenden Wand $p = 2\varrho\overline{u^2}$. Ein Würfel, in dem das Gas eingeschlossen ist, hat aber 6 Wände, weshalb auf eine Wand nur 1/6 des Geschwindigkeitsquadrates $\overline{W^2}$ kommt. Mit gleichzeitiger Verwendung der Zustandsgleichung (2) erhält man eine Beziehung zwischen der Temperatur und der mittleren Geschwindigkeit der Moleküle:

$$\frac{p}{\varrho} = 2\overline{u^2} = \frac{1}{3}\overline{W^2} = \frac{R}{m}T. \tag{17}$$

Im einfachsten Falle eines einatomigen Gases ist die innere Energie e der Masseneinheit der kinetischen Energie der durcheinanderfliegenden Moleküle gleichzusetzen. Allerdings ist damit nur der temperaturabhängige Teil der inneren Energie erfaßt, nicht aber die innere potentielle Energie, die beispielsweise die Elektronen und Atomkerne zusammenhält und die zutage tritt, wenn ein einatomiges Gas, also ein Edelgas wie Helium (He) oder Argon (Ar), ionisiert wird. Daher ist durch ein solches kinetisches Modell die innere Energie nur bis auf eine unbekannte additive Konstante gegeben. Ist das Molekül kompliziert, so führt es Rotationen um seinen Schwerpunkt aus. Abgesehen von einer, später noch zu besprechenden Einschränkung, kann man annehmen, daß die Energie des Moleküls auf seine Freiheitsgrade gleichmäßig verteilt ist. Auf jeden translatorischen Freiheitsgrad käme 1/3 der kinetischen Translationsenergie, also $\overline{W^2}/6$, auf f Freiheitsgrade also $f\overline{W^2}/6$. Mit Gl. (17) läßt sich der Anteil jedoch auf die Temperatur zurückführen, und man erhält für die innere Energie der Masseneinheit auf Grund dieses einfachen gaskinetischen Modells:

$$e = \frac{f}{6}\,\overline{W^2} + \text{konst.} = f\,\frac{1}{2}\,\frac{R}{m}\,T + \text{konst.} \tag{18}$$

Bei Molekülen, die aus mehreren Atomen bestehen, enthält die additive Konstante in Gl. (18) auch die chemischen Bindungsenergien. Komplizierter aufgebaute Moleküle führen außerdem Schwingungen aus, die dann im temperaturabhängigen Teil der inneren Energie mit zu berücksichtigen wären. Auch dies würde uns aber hier zu weit führen. Die gaskinetischen Betrachtungen seien damit vorläufig abgeschlossen.

Wenn sich — etwa als Folge von Dissoziationen — die Molmasse ändert, gilt Gl. (16) nicht mehr, da dann der Grad der Molekülaufspaltung nicht nur temperatur-, sondern auch druckabhängig ist, wie noch gezeigt wird.

Ist das Medium nicht in einem festen Raum eingeschlossen, sondern vermag es sein Volumen zu verändern, so kann dies zu Arbeitsleistungen des Mediums führen. Allerdings ist mit der Ausdehnung eines Mediums noch nicht unbedingt eine Arbeitsleistung verbunden. Ein Gas, welches in einem Kessel eingeschlossen ist und durch Öffnen eines Hahnes zum Ausströmen in einen Vakuumkessel gebracht wird, hat sich schließlich wohl ausgedehnt, jedoch keine Arbeit geleistet. Wird bei diesem Vorgang auch noch von Wärmezufuhr (oder Wärmeabfuhr) abgesehen, so spricht man von der *adiabatischen Ausdehnung ohne Arbeitsleistung*. Da jeder Energieaustausch mit der Umgebung ausgeblieben ist, muß bei dieser Zustandsänderung die innere Energie des Mediums und daher auch seine innere Energie der Masseneinheit e gleichgeblieben sein. Mit den Indizes a und e für den Anfangs- und Endzustand der adiabatischen Ausdehnung ohne Arbeitsleistung gilt also:

$$e(T_a, p_a) = e(T_e, p_e)\,. \tag{19}$$

Das hat für ideale Gase mit Rücksicht auf Gl. (16) die Folge, daß bei der adiabatischen Ausdehnung ohne Arbeitsleistung die Temperatur im Anfangs- und Endzustand gleich ist:

$$T_a = T_e\,. \tag{20}$$

Der eben besprochene Vorgang zeichnet sich dadurch aus, daß der Endzustand unter Verzicht auf eine Betrachtung der Zwischenzustände mit dem Anfangszustand verglichen wurde. Ja, es zeigt sich, daß es gar nicht möglich ist, diesen Endzustand durch unendlich langsames Vorrücken einer Wand in den Vakuumkessel hinein zu erreichen. Diese letzte Zustandsänderung entspräche der Ausdehnung eines kompressiblen Mediums in einem Zylinder mit beweglichem Kolben, wobei die Kolbengeschwindigkeit klein genug angenommen werden kann, um völligen Druckausgleich und völlige Gleichheit aller Zustandsgrößen im ganzen vom Medium erfüllten Raume annehmen zu können. Eine solche Zustandsänderung, welche wieder eine außerordentlich brauchbare Idealisierung darstellt, besteht aus einer Folge von Gleichgewichtszuständen des Gases. Man spricht daher von *quasistatischen* Vorgängen. Gebräuchlich ist es auch, von *unendlich langsamen* Zustandsänderungen zu sprechen, womit gemeint ist, daß der Vorgang langsam genug abläuft, um Unabhängigkeit der Zustandsänderung von der Geschwindigkeit ihres Ablaufes annehmen zu können. Es wird sich zeigen, daß für quasistatische Vorgänge oft für menschliche Begriffe außerordentlich große Ablaufgeschwindigkeiten zulässig sind.

Ein Medium, welches sich quasistatisch in einem durch einen Kolben abgeschlossenen Zylinder ausdehnt, leistet Arbeit, indem es den Kolben der Fläche f mit dem Druck p vor sich herschiebt. Auf den Kolben wirkt also eine Kraft $p \cdot f$; indem dieser die Strecke $\mathrm{d}n$ (mit n als Kolbennormale) zurücklegt, wird eine Arbeit $\mathrm{d}A$ vom Gas geleistet, die sich aus dem Produkt von Kraft $\times$ Weg ergibt. Da nun das Produkt $f \cdot \mathrm{d}n$ die Zunahme des Gasvolumens V darstellt, ist

$$\mathrm{d}A = pf\,\mathrm{d}n = p\,\mathrm{d}V. \tag{21}$$

Vermag sich das Medium nach allen Richtungen auszudehnen, so kann dieser Vorgang in eine Verschiebung einer großen Anzahl Kolben nach allen Richtungen aufgelöst werden, wobei es sich zeigt, daß es für die Arbeitsleistung $\mathrm{d}A$ wiederum nur auf die Volumenänderung $\mathrm{d}V$ ankommt.

Als Energiezufuhren kommen Übertragungen von Wärme, welche auf die Masseneinheit bezogen mit q bezeichnet werden möge, in Frage. Die Zufuhr eines kleinen Teiles einer Wärmemenge muß nach dem Energiesatz gleich sein der Hebung der inneren Energie, vermehrt um die Arbeitsleistung des Mediums. Mit $1/\varrho$ als Volumen der Masseneinheit ergibt sich der erste Hauptsatz der Wärmelehre bei quasistatischem Vorgang für die Masseneinheit eines *beliebigen* Mediums:

$$\mathrm{d}q = \mathrm{d}e + p\,\mathrm{d}\left(\frac{1}{\varrho}\right). \tag{22}$$

Das Wärmeäquivalent der Arbeit wurde dabei gleich 1 gesetzt. Es müssen also sowohl Wärmemengen als auch Arbeitseinheiten, kurz alle Energiebeträge, im gleichen Maße gemessen werden. Dies gilt für alle Gleichungen dieses Buches.

Neben der inneren Energie spielt, wie in der ganzen Wärmelehre so auch in der Gasdynamik, eine andere Zustandsgröße eine ausgezeichnete Rolle, die sich aus der Summe von innerer Energie und dem Produkt pV ergibt. Sie heißt

Wärmeinhalt oder *Enthalpie* und sei auf die Masseneinheit bezogen mit i bezeichnet:

$$i = e + \frac{p}{\varrho}. \tag{23}$$

Mit Gl. (16) für die innere Energie und der Zustandsgleichung (2) gilt für die Enthalpie der Masseneinheit eines idealen Gases:

$$i = i(T). \tag{24}$$

Mit Gl. (23) kann der erste Hauptsatz auch geschrieben werden:

$$\mathrm{d}q = \mathrm{d}i - \frac{1}{\varrho}\,\mathrm{d}p. \tag{25}$$

Die zum *ersten Hauptsatz der Wärmelehre* in der Form (22) oder (25) führenden Überlegungen enthielten keinerlei Annahmen über die besondere Art des Mediums. Diese Gleichungen gelten folglich für *beliebige* Substanzen.

Einem Medium kann Wärme unter verschiedenen Bedingungen zugeführt werden. Praktisch leicht realisierbar ist eine Wärmezufuhr bei konstantem Volumen und, im allgemeinen noch einfacher, eine Wärmezufuhr bei konstantem Druck. Die Wärmemenge, welche erforderlich ist, um die Temperatur der Masseneinheit eines Mediums um 1° zu erhöhen, heißt *spezifische Wärme.*

Wird das Volumen festgehalten ($V =$ konst. oder $\varrho =$ konst.), so spricht man von der spezifischen Wärme bei konstantem Volumen c_v.

Für sie gilt mit Gl. (22)

$$c_v = \left(\frac{\partial q}{\partial T}\right)_v = \left(\frac{\partial e}{\partial T}\right)_v. \tag{26}$$

Für die spezifische Wärme bei konstantem Druck c_p gilt mit Gl. (25)

$$c_p = \left(\frac{\partial q}{\partial T}\right)_p = \left(\frac{\partial i}{\partial T}\right)_p. \tag{27}$$

Für das ideale Gas können wegen der Gleichungen (16) und (24) die partiellen Ableitungen in den Gleichungen (26) und (27) durch gewöhnliche Ableitungen ersetzt werden. Damit ergeben sich für e und i die Gleichungen

$$\mathrm{d}e = c_v\,\mathrm{d}T \tag{28}$$

und

$$\mathrm{d}i = c_p\,\mathrm{d}T. \tag{29}$$

Aus der Definitionsgleichung (23) für i und der idealen Zustandsgleichung ergibt sich mit den Gleichungen (28) und (29) sofort für das ideale Gas:

$$\frac{R}{m} = c_p - c_v, \tag{30}$$

womit dessen Zustandsgleichung (2) auch geschrieben werden kann:

$$\frac{p}{\varrho} = (c_p - c_v)\, T\,. \tag{31}$$

Während der Begriff eines bestimmten idealen Gases stets an ein festes Molgewicht gebunden ist und von einem anderen Gas gesprochen wird, sobald sich m etwa durch Dissoziation oder Ionisation ändert, ist es keineswegs erforderlich, daß auch die spezifischen Wärmen eines idealen Gases konstant bleiben. Die Größen der spezifischen Wärmen hängen wesentlich davon ab, wie sich die innere Energie auf die translatorische und rotatorische Bewegung der Moleküle und auf deren Schwingungen aufteilt. Gerade der Energieanteil der Schwingungen ist stark temperaturabhängig — die Begründung gibt die Quantentheorie —, was mit geringer Dichte, welche für den idealen Zustand eines Gases verantwortlich ist, nichts zu tun hat.

Ein Maß für das Abweichen vom Zustand idealer Gase ist durch den Wert des Verhältnisses $pm/(R\varrho T)$, Gl. (2), gegeben. Versuchswerte finden sich in Tab. 1:

Tabelle I,1. *Werte von $pm/(R\varrho T)$ für Luft (nach Versuchen der Physikalisch-Technischen Reichsanstalt; Holborn und Otto, Z. Physik 33, I, 1925)*

p techn. at	Temperatur: $T - 273°$			
	0	50	100	200°C
0	1,0000	1,0000	1,0000	1,0000
10	0,9945	0,9990	1,0012	1,0031
20	0,9895	0,9984	1,0027	1,0064
50	0,9779	0,9986	1,0087	1,0168
100	0,9699	1,0057	1,0235	1,0364

Stärker sind die Schwankungen im Werte von c_p, wie Tab. 2 zeigt:

Tabelle I,2. *Mittlere spezifische Wärme c_p für Luft zwischen 20 und 100°C (nach Holborn und Jakob)*

p	1	25	50	100	200	300 techn. at
c_p	0,242	0,249	0,255	0,269	0,292	0,303 cal/g · Grad

Es wird sich zeigen, daß der Temperatureinfluß auf die spezifische Wärme für die Gasdynamik von größerer Bedeutung ist, so daß vielfach mit idealen Gasen, aber mit veränderlicher spezifischer Wärme zu rechnen ist. Tab. 3 zeigt neben c_p das wichtige *Verhältnis der spezifischen Wärmen* $\varkappa = c_p/c_v$ für den Zustand des idealen Gases ($p = 0$ at).

Tabelle I,3. *$\varkappa$ und c_p für Luft und Wasserdampf bei $p = 0$ at abhängig von der Temperatur (nach Versuchen der Physikalisch-Technischen Reichsanstalt; Holborn und Otto, Z. Physik 33, I, 1925)*

$T - 273°$	0	200	400	600	800	1000	1500	2000°C
Luft $\varkappa$ ...	1,401	1,390	1,368	1,349	1,332	1,320	1,303	1,294
c_p ...	0,240	0,244	0,255	0,266	0,276	0,283	0,295	0,302 cal/g · Grad
H_2O $\varkappa$ ...	1,331	1,313	1,292	1,265	1,244	1,228	1,203	1,187
c_p ...	0,444	0,464	0,489	0,527	0,563	0,596	0,659	0,701 cal/g · Grad

Aus Gl. (18) und Gl. (30) folgt für ein ideales Gas mit einer festen Anzahl von Freiheitsgraden f:

$$m c_v = m\left(\frac{\partial e}{\partial T}\right)_v = \frac{f}{2} R; \qquad m c_p = \left(1 + \frac{1}{2} f\right) R. \tag{32}$$

Daraus folgt weiter eine Beziehung zwischen dem Verhältnis der spezifischen Wärme $\varkappa$ und der Zahl der Freiheitsgrade f:

$$\varkappa = \frac{c_p}{c_v} = \frac{f+2}{f}; \qquad f = \frac{2}{\varkappa - 1}. \tag{33}$$

Einem einatomigen Gas, also etwa einem Edelgas wie Helium oder Argon, sind nur 3 translatorische Freiheitsgrade zuzuzählen. Rotationen des Atoms kommen nicht in Betracht. Sie sind nach einem Resultat der Quantenmechanik „eingefroren". Zweiatomige Gase wie Wasserstoff (H_2), Sauerstoff (O_2), Stickstoff (N_2) oder praktisch auch die Luft weisen 5 Freiheitsgrade auf. Man hat sich ein solches Molekül wie eine Hantel vorzustellen mit 3 translatorischen und nur 2 rotatorischen Freiheitsgraden, weil die Rotation um die Hantelachse zufolge der Quantentheorie wieder eingefroren ist. Man nennt dieses gaskinetische Modell das *Hantel-Modell*, dessen wichtigsten Vertreter Luft bei mittleren Temperaturen darstellt. Kompliziertere Moleküle haben 3 rotatorische Freiheitsgrade. Zu diesen Bewegungsformen kommen insbesondere bei höheren Temperaturen noch Molekülschwingungen hinzu, die jedoch bei weniger hohen Temperaturen nicht voll zu Buche schlagen, wie sich dies ebenfalls aus der Quantentheorie ergibt. Hier kann daher auf diesen Effekt nicht näher eingegangen werden. Die Temperaturabhängigkeit der spezifischen Wärmen, wie sie bei Wasserdampf (H_2O) in Tab. 3 deutlich zutage tritt, beruht auf einer solchen Temperaturabhängigkeit der Molekülschwingungen.

Tab. 4 gibt ein eindrucksvolles Bild der Übereinstimmung von Versuch und einfacher gaskinetischer Theorie gemäß Gl. (32) für verschiedene Gase. Das Produkt von Molmasse und spezifischer Wärme wird als *Molwärme* bezeichnet. Nach der gaskinetischen Theorie hängt sie nur von der Zahl der Freiheitsgrade ab.

Es zeigt sich, daß die gaskinetischen Resultate so gut mit den Versuchen übereinstimmen, daß sie mit gutem Recht auch einem Großteil der gasdynamischen Tabellen und Berechnungen zugrunde gelegt werden können. Bei Genauigkeiten, die noch feinere Unterschiede berücksichtigen sollen, müßten dann aber auch der Wasserdampfgehalt der Luft sowie ihr Gehalt an Argon und Kohlendioxid mitberücksichtigt werden.

Tabelle I,4. *Vergleich der gemessenen spezifischen Wärmen, siehe Bošnjaković: Technische Thermodynamik; Dresden: Th. Steinkopff. 1965, mit den Werten gemäß Gl. (32)*

	m g	c_p Exp. cal/(g · Grad)	mc_p Exp. cal/Grad	f	mc_p Gl. (32) cal/Grad
Luft	29	0,241	6,98	5	6,951
O_2	32	0,218	6,98	5	6,951
N_2	28,02	0,250	7,01	5	6,951
H_2	2,016	3,407	6,87	5	6,951
He	4,002	1,260	5,04	3	4,965
Ar	39,94	0,127	5,08	3	4,965

Da die Werte der kinetischen Gastheorie auch für die numerische Rechnung besonders geeignet sind, sollen sie weitgehend den gasdynamischen Tabellen zugrunde gelegt werden.

Für nicht zu große Temperaturintervalle kann mit einem idealen Gas konstanter spezifischer Wärme (id. Gas konst. sp. W.) gerechnet werden. Hierfür ergeben sich nach den Gleichungen (28), (29), (31) und (33) folgende Ausdrücke für innere Energie und Enthalpie der Masseneinheit:

$$e = c_v T + \text{konst.} = \frac{1}{\varkappa - 1} \frac{p}{\varrho} + \text{konst.}, \tag{34}$$

$$i = c_p T + \text{konst.} = \frac{\varkappa}{\varkappa - 1} \frac{p}{\varrho} + \text{konst.} \tag{35}$$

Mit seinen einfachen expliziten Ausdrücken für alle Zustandsgrößen spielt das id. Gas konst. sp. W. in der Gasdynamik eine hervorragende Rolle. Jedoch kann mit ihm bei Rechnungen über größere Temperaturintervalle keine große Genauigkeit erzielt werden. Wegen Gl. (30) ist im übrigen mit c_p auch stets c_v konstant.

Das ideale Gas konstanter spezifischer Wärme wird insbesondere in der amerikanischen Gasdynamikliteratur gerne als *kalorisch ideales Gas* bezeichnet. Da diese Benennung jedoch in der Thermodynamik nicht allgemein eingeführt ist und das Wort „ideal" in diesem Zusammenhang eher im mathematischen Sinne als im physikalischen zu verstehen ist, soll sie in diesem Buch nicht weiter verwendet werden.

5. Zustandsänderungen

Schon bei der Definition der spezifischen Wärmen c_p und c_v wurden zwei Zustandsänderungen besonders ausgezeichnet. Bleibt das Volumen oder die Dichte konstant, so spricht man von einer *isochoren* Zustandsänderung. Die zugeführte Wärme ist dabei nach Gl. (22) gleich der Zunahme der inneren Energie:

$$dq = de. \tag{36}$$

Beim idealen Gas steigt dabei der Druck proportional mit der Temperatur, diese nimmt allerdings nur bei konstanter spezifischer Wärme proportional zur Wärmezufuhr zu.

Isobar heißt die Zustandsänderung bei konstantem Druck. Nach Gl. (25) ist hier die Wärmezufuhr gleich der Hebung der Enthalpie:

$$\mathrm{d}q = \mathrm{d}i. \tag{37}$$

Beim idealen Gas wächst dabei das spezifische Volumen $1/\varrho$ wie die Temperatur. Bei konstanter spezifischer Wärme c_p gilt:

$$q = c_p(T_e - T_a), \tag{38}$$

wenn mit q die gesamte Wärmezufuhr pro Masseneinheit und mit den Indizes a und e Anfangs- und Endzustand bezeichnet werden. Die *Gleichdruckverbrennung* stellt im wesentlichen eine isobare Wärmezufuhr dar und spielt für die technischen Anwendungen eine besondere Rolle.

Wird der Luft nur ein Gewichtsprozent Kohlenwasserstoff (Benzin, Benzol usw.) mit dem Heizwert von rund 10000 cal/g zugesetzt und isobar verbrannt, so gibt dies bei einer spezifischen Wärme von $c_p = 0{,}240$ cal/(g · Grad) eine Temperaturerhöhung:

$$T_e - T_a = \frac{10000 \times 0{,}01}{0{,}240}\,°\mathrm{C} = 417\,°\mathrm{C} \quad \left(= \frac{q}{c_p}\right). \tag{39}$$

Die Berücksichtigung des Massenzusatzes bei der Verbrennung von Stoffen hohen Heizwertes ist danach nur dann sinnvoll, wenn sehr genau unter Berücksichtigung der Temperaturabhängigkeit von c_p und der Verseuchung der Luft durch Abgase gerechnet wird. Bei vereinfachten Rechnungen mit Luft als id. Gas konst. sp. W. ist die Berücksichtigung des Massenzusatzes an Brennstoff im allgemeinen nicht gerechtfertigt, es genügt hier das einfache Bild der Verbrennung als reine Wärmezufuhr.

Als *isotherm* wird die Zustandsänderung bei konstanter Temperatur bezeichnet. Bei einem idealen Gas ändert sich dabei der Druck wie die Dichte, wobei nach Gl. (22) und Gl. (16) die zugeführte Wärme vollkommen in Arbeit verwandelt wird.

Die größte Bedeutung für Strömungen kommt der Ausdehnung eines Stoffteilchens zu, das mit seiner Umgebung stets im Druckgleichgewicht, nicht aber im Wärmeaustausch steht. (Sowohl Wärmeleitung als auch innere Reibung werden sich in vielen Fällen als unbedeutend erweisen. Sie können außerhalb des unmittelbaren Wandeinflusses bei den hier interessierenden Strömungen fast durchweg vernachlässigt werden. Noch mehr gilt dies für die Wärmestrahlung, die nur unter besonderen Umständen in der Gasdynamik in Erscheinung tritt.) Es handelt sich also um eine *quasistatische adiabatische* Zustandsänderung, bei welcher das Stoffteilchen — im Gegensatz zur adiabatischen Ausdehnung ohne Arbeitsleistung — Arbeit leistet. Dieser Gleichgewichtsvorgang wird gerne als adiabatische Ausdehnung bezeichnet, doch wird für ihn anschließend an Gl. (51) mit dem Wort *Isentrope* ein treffenderer Ausdruck eingeführt. Für diese Zustandsänderung gilt mit Gl. (22) oder (25):

$$0 = \mathrm{d}e + p\,\mathrm{d}\left(\frac{1}{\varrho}\right) \qquad \text{oder} \qquad 0 = \mathrm{d}i - \frac{1}{\varrho}\,\mathrm{d}p. \tag{40}$$

Da die innere Energie e der Masseneinheit einer einfachen Substanz als Zustandsgröße nur von p und ϱ abhängt, ist mit Gl. (40) ein funktioneller Zusammenhang von Druck und Dichte oder auch von irgendeinem anderen Paar von Zustandsgrößen gegeben. Für das ideale Gas ist mit Gl. (28) und Gl. (31):

$$0 = c_v\,\mathrm{d}T - (c_p - c_v)\,T\,\frac{\mathrm{d}\varrho}{\varrho};$$

oder mit dem Verhältnis der spezifischen Wärmen:

$$\begin{aligned} 0 &= \frac{1}{\varkappa - 1}\,\frac{\mathrm{d}T}{T} - \frac{\mathrm{d}\varrho}{\varrho}, \\ 0 &= \frac{\varkappa}{\varkappa - 1}\,\frac{\mathrm{d}T}{T} - \frac{\mathrm{d}p}{p}, \\ 0 &= \frac{\mathrm{d}p}{p} - \varkappa\,\frac{\mathrm{d}\varrho}{\varrho}. \end{aligned} \tag{41}$$

Für den allgemeineren Fall der Temperaturabhängigkeit von $\varkappa$ ergibt sich daraus:

$$\ln\frac{p_e}{p_a} = \int\limits_{T_a}^{T_e} \frac{\varkappa}{\varkappa - 1}\,\frac{\mathrm{d}T}{T}, \qquad \ln\frac{\varrho_e}{\varrho_a} = \int\limits_{T_a}^{T_e} \frac{1}{\varkappa - 1}\,\frac{\mathrm{d}T}{T} \tag{42}$$

mit den Indizes a und e für Ausgangs- und Endzustand.

Für das id. Gas konst. sp. W. ist Gl. (41) einfach zu integrieren mit dem Resultat:

$$\frac{\varrho_e}{\varrho_a} = \left(\frac{T_e}{T_a}\right)^{\frac{1}{\varkappa-1}}; \qquad \frac{p_e}{p_a} = \left(\frac{T_e}{T_a}\right)^{\frac{\varkappa}{\varkappa-1}}; \qquad \frac{p_e}{p_a} = \left(\frac{\varrho_e}{\varrho_a}\right)^{\varkappa}. \tag{43}$$

Mit der Ausdehnung des Gases fällt nicht nur der Druck, sondern auch die Temperatur, weil das Gas die zur Ausdehnung erforderliche Energie der inneren Energie entziehen muß, während bei der adiabatischen Ausdehnung ohne Arbeitsleistung die innere Energie erhalten bleibt.

Tabelle 5 zeigt den Einfluß der Temperaturveränderlichkeit von $\varkappa$ auf das Druckverhältnis bei adiabatischer Kompression. Mit Rücksicht auf die Zustände in der Stratosphäre wurde als Temperatur $T_a = 223°$ gewählt. Das Druckverhältnis für eine beliebige andere Ausgangstemperatur ergibt sich durch Division durch das Druckverhältnis des geänderten T_a. Der Druck p_a kann innerhalb der Grenzen, in welchen von idealen Gasen gesprochen werden kann, beliebig sein.

Tabelle I,5. *Das Druckverhältnis p_e/p_a für Luft, abhängig von der Temperatur mit, Gl. (42), und ohne, Gl. (43), Berücksichtigung der Temperaturabhängigkeit der spezifischen Wärmen*

$T - 273$		−50	0	200	400	600	800	1000	1500	2000°C
p_e/p_a	Gl. (42)	1,000	2,03	13,9	47,06	118,4	244	443	1415	3370
	Gl. (43)	1,000	2,03	14,05	50,7	136,2	308	618	1500	7400

Die Abweichungen durch Vernachlässigung der Temperaturabhängigkeit von $\varkappa$ sind bei starkem Druckunterschied für genauere Rechnungen wesentlich. Freilich kann die Genauigkeit durch Rechnen mit mittleren spezifischen Wärmen erhöht werden.

6. Reaktionswärmen

In vielen Fällen, insbesondere bei Zustandsänderungen über einen weiten Temperatur- oder Druckbereich, reicht das Modell einer einfachen Substanz nicht mehr aus. Als Folge der starken Abkühlung, durch Expansion zum Beispiel, kann der Wasserdampf in einer Dampfturbine kondensieren, oder der in der Luft enthaltene Wasserdampf kann in flüssiger oder fester Form (Schnee) ausfallen. Die direkten Übergänge von der gasförmigen in die feste Phase und ihre Umkehr werden als Sublimation bezeichnet. Es wird sich zeigen, daß bei Hyperschallwindkanälen auch die Kondensation oder die Sublimation von Sauerstoff und Stickstoff in Betracht gezogen werden muß. Ferner treten bei starken Erhitzungen in Kopfwellen oder in Raketenbrennkammern Gasreaktionen auf, zu denen auch die Dissoziation und Ionisation gezählt werden können. Bei der Expansion in den Raketenschubdüsen kommt es zu Rekombinationen, also zur Wiedervereinigung aufgespaltener Gasanteile. Alle diese Vorgänge sind im allgemeinen mit starken Wärmetönungen verbunden, da die Aufspaltung von Molekülen sowie die Verdunstung von flüssigen oder festen Anteilen viel Energie erfordert.

Diese für die Aggregatzustandsänderungen oder für die Aufspaltung der Moleküle erforderlichen Energien werden ganz allgemein als Reaktionswärmen bezeichnet. Darunter fallen also die Kondensations- und Sublimationswärmen, die Dissoziations- und Ionisationswärmen sowie die Heizwerte, Gl. (39).

Wie bei den spezifischen Wärmen erweist sich die Einführung von Reaktionswärmen bei konstantem Volumen und solchen bei konstantem Druck als vorteilhaft.

Angenommen, in einem festen Volumen sei die Masseneinheit eines Gemisches zweier einfacher Substanzen eingeschlossen, die ineinander durch Aggregatzustandsänderung oder chemische Reaktion übergehen können. Wie in Abschnitt 3 sei der Massenanteil der zweiten Substanz mit α, jener der ersten mit $1 - \alpha$ bezeichnet. Das Gefäß sei adiabatisch abgeschlossen, d. h., es findet mit der Umgebung kein Wärmeaustausch statt. Die innere Energie der Mischung ist durch die Summe der inneren Energien der Anteile gegeben:

$$e = (1 - \alpha)\, e_1 + \alpha e_2 . \tag{44}$$

In diesem festen Volumen nehme die Substanz 2 um einen Massenanteil $d\alpha$ zu, wobei es keine Rolle spielt, wie die Änderung bewerkstelligt werden kann. Nach dem 1. Hauptsatz der Wärmelehre — Gl. (22) — darf sich bei einer solchen Zustandsänderung ohne Wärmezufuhr und ohne Änderung des Volumens, also der Dichte ϱ, die innere Energie e des Gemisches nicht ändern. Aus $de = 0$ folgt mit Gl. (44):

$$-(e_2 - e_1)\,d\alpha = (1 - \alpha)\,de_1 + \alpha\,de_2. \tag{45}$$

Auf der rechten Seite steht die Zunahme der inneren Energie beider Teilsubstanzen; das ist aber gleichzeitig auch die Gesamterhöhung der Energie der Anteile. Sollte nämlich einer der beiden Teile am anderen Arbeit leisten, weil er beim Vorgang unter Kompression des anderen Teiles sein Volumen vergrößert hat, so steht dieser positiven Leistung des einen Teiles wegen der Erhaltung des Gesamtvolumens bei Druckgleichheit in jedem Augenblick der Zustandsänderung eine negative Arbeitsleistung des anderen Teiles gegenüber, wodurch die Arbeitsleistung sich gegenseitig aufhebt und aus dem Gesamtenergiekalkül herausfällt. Die für die Energieerhöhung der einzelnen Teile erforderliche Wärme stammt aus dem Produkt einer Reaktionswärme und einem Massenumsatz $d\alpha$. Danach ist die Reaktionswärme bei konstantem Volumen r_v, bezogen auf die Masseneinheit, gegeben durch

$$r_v = e_2 - e_1. \tag{46}$$

Die Reaktionswärme wird gebunden, wenn $e_2 > e_1$, sie wird frei, wenn $e_2 < e_1$ ist. In letzterem Falle steht auf der linken Seite von Gl. (45) ein positiver Ausdruck. Die innere Energie der Einzelteile e_1 und e_2 steigt an und mit ihr die Temperatur durch Freiwerden der Wärme r_v.

Häufiger als mit Vorgängen bei konstantem Volumen hat man es mit solchen bei konstantem Druck zu tun. In diesem Falle spielt die Enthalpie der Masseneinheit eine wichtige Rolle. Sie ist für eine Mischung gegeben durch

$$i = (1 - \alpha)\,i_1 + \alpha i_2. \tag{47}$$

Man überzeugt sich leicht, daß Gl. (47) mit Gl. (44) im Einklang steht. Zufolge der Enthalpiedefinition — Gl. (23) — bedingt dies die Richtigkeit folgender Beziehung:

$$\frac{p}{\varrho} = (1 - \alpha)\frac{p_1}{\varrho_1} + \alpha\frac{p_2}{\varrho_2}. \tag{48}$$

Für ein Gasgemisch ist diese Beziehung erfüllt gemäß den Gleichungen (4) und (6). Für eine Mischung von Gas und Flüssigkeit ist Gl. (48) erfüllt gemäß Gl. (10) und Gl. (11).

Für einen Massenumsatz $d\alpha$ bei konstantem Druck p der Mischung ohne äußere Wärmezufuhr gilt gemäß dem 1. Hauptsatz in der Form von Gl. (25) $di = 0$ und folglich

$$-(i_2 - i_1)\,d\alpha = (1 - \alpha)\,di_1 + \alpha\,di_2. \tag{49}$$

Aus ganz ähnlichen Überlegungen wie für die Zustandsänderung bei konstantem Volumen erhält man nun für die Reaktionswärme bei konstantem Druck r_p:

$$r_p = i_2 - i_1. \tag{50}$$

Mit Hilfe von Gl. (23) ergibt sich folgender Zusammenhang mit r_v, Gl. (46):

$$r_p = r_v + \frac{p_2}{\varrho_2} - \frac{p_1}{\varrho_1}. \tag{51}$$

Die beiden letzten Summanden können in speziellen Fällen leicht berechnet werden. Dabei erweist sich der Unterschied von r_p und r_v oft als sehr gering.

Ein Vorgang mit Wärmeumsatz läßt demnach also zwei völlig verschiedene Betrachtungsweisen zu. Man kann bei einer Verbrennung die linke Seite von Gl. (49) mit Gl. (50) als eine Wärmequelle ansehen, die proportional der Verbrennungswärme und dem Massenumsatz ist und die die Enthalpie der Massenanteile erhöht wie eine Wärmezufuhr von außen. Diese Betrachtung ist insbesondere dann am Platze, wenn die Änderung in der Zusammensetzung des aufgeheizten Gases unberücksichtigt bleiben darf, auf der rechten Seite von Gl. (49) also $\alpha = 0$ gesetzt werden darf. Eine solche Vorstellung liegt der Rechnung Gl. (39) zugrunde.

Man kann aber auch andererseits die Änderung der Zusammensetzung des Systems übergehen und nur mit der Enthalpie i der Mischung oder mit ihrer Energie e operieren. Diese Größen können dann beispielsweise in die Gleichungen (40) des ersten Hauptsatzes eingesetzt werden. Das Teilchen erscheint gegen seine Umgebung abgeschlossen, und die Reaktion ist eine innere Angelegenheit: Zu den Enthalpieänderungen der Materien 1 und 2 auf der linken Seite von Gl. (49) tritt nämlich noch eine Enthalpieänderung zufolge der Umwandlung von Materie 1 in Materie 2, wobei die Gesamtenthalpie i gemäß Gl. (47) erhalten bleibt, wenn ein isobarer Prozeß vorliegt. Die Wärme r_v und die Wärme r_p sind bei dieser Darstellung auf die Masseneinheit des Materienumsatzes bezogen. Ist die ganze Substanz am Umsatz beteiligt, wie beim Übergang von Wasserdampf in Wasser, bei Dissoziation von reinem Sauerstoff oder bei der chemischen Reaktion eines stöchiometrischen Gemisches ($O_2 + 2H_2O \rightleftharpoons 2H_2O$), dann handelt es sich in der Tat um Kondensationswärmen, Dissoziationswärmen oder chemische Reaktionswärmen. Sind jedoch „inerte" Substanzen beigemischt, Substanzen also, die in der Materie 2 genauso vorhanden sind wie in der Materie 1 (bei der Kondensation von Wasserdampf in Luft, bei der Dissoziation von Sauerstoff der Luft oder bei der Reaktion eines nichtstöchiometrischen Gemisches), dann sind r_v und r_p die auf das Gemisch 1 (oder 2, was dasselbe ist) bezogenen Reaktionswärmen.

Angenommen, Luft enthalte eine stöchiometrische Beimischung von Kohlenwasserstoff, der durch Verbrennung zusammen mit dem in der Luft enthaltenen Sauerstoff in die Verbrennungsprodukte übergeht, dann besteht die Substanz aus einem reagierenden Anteil (mit dem Index 3, in unserem Falle das Gemisch von Sauerstoff und Kohlenwasserstoff) und einem inerten Anteil (mit dem Index 5, in unserem Falle Stickstoff, N_2). Die Substanz 2, in welche die Substanz 1 durch die Reaktion übergeht, besteht wieder aus einem reagierenden Anteil (mit dem Index 4, die Verbrennungsprodukte) und demselben inerten Anteil. Ist β der

Massenanteil der inerten Substanz an der Masseneinheit des Gesamtgemisches, dann besitzt die Masseneinheit einen Massenanteil $1 - \beta$ an reagierenden Substanzen, nämlich $(1 - \beta) \cdot (1 - \alpha)$ der Substanz 3 und $(1 - \beta)\, \alpha$ der Substanz 4. Die Gesamtenthalpie der Masseneinheit ist damit:

$$i = (1 - \alpha)\, i_1 + \alpha i_2 = (1 - \alpha)\,(1 - \beta)\, i_3 + \alpha(1 - \beta)\, i_4 + \beta i_5.$$

Die Enthalpien i_1 und i_2 spalten sich auf in:

$$i_1 = (1 - \beta)\, i_3 + \beta i_5;$$

$$i_2 = (1 - \beta)\, i_4 + \beta i_5.$$

Daraus folgt:

$$i_2 - i_1 = (1 - \beta)\,(i_4 - i_3).$$

Gemäß Gl. (50) ist $i_2 - i_1 = r_p$ die Reaktionswärme des Vorganges. $i_4 - i_3$ ist dagegen die Reaktionswärme des Vorganges ohne Inertsubstanz (also für $\beta = 0$). Man muß also $i_4 - i_3$ mit dem Massenanteil $(1 - \beta)$ an reagierender Substanz multiplizieren, um r_p zu erhalten. Dasselbe gilt sinngemäß für $r_v = e_2 - e_1$.

Aus den Gleichungen (46) und (26) folgt die Temperaturabhängigkeit von r_v zwangsläufig zu

$$\left(\frac{\partial r_v}{\partial T}\right)_v = c_{v2} - c_{v1}, \tag{52}$$

aus den Gleichungen (50) und (27) die Temperaturabhängigkeit von r_p zu

$$\left(\frac{\partial r_p}{\partial T}\right)_p = c_{p2} - c_{p1}. \tag{53}$$

Handelt es sich bei einer der beiden Materien um eine Flüssigkeit oder um eine feste Substanz, dann ist für diese c_v oder c_p einfach durch die spezifische Wärme c zu ersetzen. Beide letzten Gleichungen zeigen, daß im allgemeinen mit einer Temperaturabhängigkeit der Reaktionswärmen gerechnet werden muß. Darauf wird später noch eingegangen.

7. Wirkungsgrad von Kreisprozessen

Nach Gl. (21) ist die Arbeitsleistung eines Gases durch die Formel

$$A = \int p\, \mathrm{d}V \tag{54}$$

gegeben. Dabei ist das Integral über eine vorgeschriebene Zustandsfolge zu erstrecken. Ein Gas, welches in einem Zylinder mit beweglichen Kolben eingeschlossen ist, vermag Arbeit zu leisten, indem es im Mittel bei höheren Drücken expandiert und bei niedrigeren Drücken komprimiert wird. Dann ist der Aufwand bei der Kompression geringer als der Gewinn bei der Expansion. Letztere muß also im Mittel bei höheren Temperaturen erfolgen als die Kompression, d. h., das Gas muß im komprimierten Zustand erhitzt, im expandierten Zustand gekühlt werden. Praktisch ist dieser Vorgang weitgehend beim Otto- und Dieselmotor verwirklicht, indem die Heizung durch eine Verbrennung und die Kühlung durch den Austausch von Verbrennungsgemisch mit Frischluft ersetzt wird.

Prozesse, bei welchen eine einfache Substanz, das sogenannte *Arbeitsgas*, periodisch eine Reihe von Zustandsänderungen durchläuft, im übrigen nur Wärme von außen erhält oder nach außen abgibt, heißen Kreisprozesse. Die Voraussetzung einer einfachen Substanz als Arbeitsmedium ist notwendig, damit sein Zustand durch Vorgabe von Druck und Dichte allein, also etwa durch einen Punkt in Abb. 1, völlig festgelegt ist. Für die Theorie spielt der *Carnotsche Kreisprozeß* eine wichtige Rolle. Bei ihm erfolgt Wärmezu- und -abfuhr isotherm, dazwischen liegt eine isentrope Expansion und Kompression.

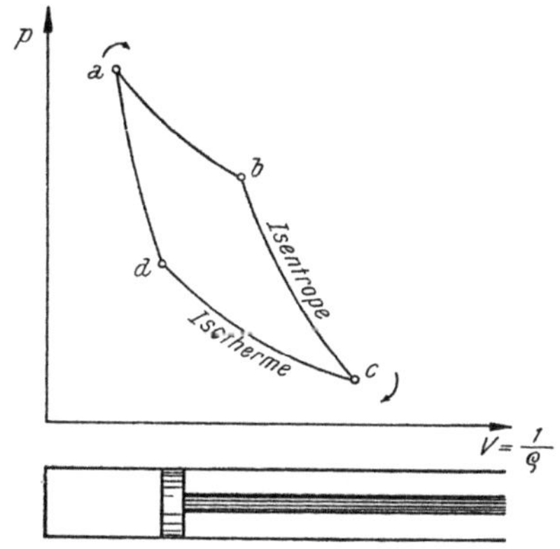

Abb. I,1. Carnotscher Kreisprozeß.

Auf der Isotherme (Kurve $a - b$) wird die zugeführte Wärme zum größten Teil und bei einem idealen Arbeitsgas vollständig in Arbeit verwandelt. Anschließend (Kurve $b - c$) wird noch isentrop expandiert und weiter Arbeit gewonnen. Sodann wird auf der Isotherme (Kurve $c - d$) wieder Wärme entzogen, um das Gas nun auf der Isentrope (Kurve $d - a$) bei kleineren mittleren Drücken komprimieren zu können. Nach Gl. (54) gibt die von den vier Kurven eingeschlossene Fläche die in einer Periode gewonnene Arbeitsleistung. Diese muß nach dem Energiesatz der Differenz der bei einer Periode auf den Isothermen zugeführten und abgeführten Wärmemengen Q_{ab} und Q_{cd} gleich sein:

$$A = Q_{ab} - Q_{cd}. \tag{55}$$

Das Verhältnis von gewonnener Arbeit und zugeführter Wärmemenge heißt *thermodynamischer Wirkungsgrad* η:

$$\eta = \frac{A}{Q_{ab}} = \frac{Q_{ab} - Q_{cd}}{Q_{ab}}. \tag{56}$$

Nach Gl. (56) ist also auch bei ideal arbeitender periodischer Maschine stets $\eta < 1$, denn es wird nicht nur Wärme zugeführt, es muß stets auch Wärme abgeführt werden.

Der geschilderte Kreisprozeß ist umkehrbar (reversibel), denn ebensogut wie die Isotherme höherer Temperatur im Sinne einer Dilatation und die Isotherme niederer Temperatur im Sinne einer Kompression durchlaufen wird, kann auch der umgekehrte Fall verwirklicht werden, wobei Entsprechendes für die beiden Isentropen gilt. Eine solche Umkehrung eines Arbeitskreisprozesses ergibt eine *Wärmepumpe*. Bei ihr wird die Arbeit aufgewendet, um Wärme von einem niederen auf ein höheres Temperaturniveau zu schaffen.

Die auf der Isotherme $a - b$ zugeführte Wärme Q_{ab} errechnet sich aus der Expansionsarbeit des Gases mit Gl. (42) und Gl. (2) für die Masseneinheit eines idealen Gases zu

$$q_{ab} = \int_a^b p \, \mathrm{d}\left(\frac{1}{\varrho}\right) = -\frac{R}{m} T_{ab} \int_a^b \frac{\mathrm{d}\varrho}{\varrho} = \frac{R}{m} T_{ab} \ln \frac{\varrho_b}{\varrho_a},$$

wenn mit T_{ab} die Temperatur bei der Wärmezufuhr $T_a = T_e = T_{ab}$ bezeichnet wird. Mit T_{cd} als Temperatur bei der Wärmeabfuhr ist die pro Masseneinheit des Arbeitsgases abgeführte Wärmemenge

$$q_{cd} = \frac{R}{m} T_{cd} \ln \frac{\varrho_d}{\varrho_c}.$$

Mit der Isentropengleichung (42) ergeben sich für die Dichteverhältnisse zwischen denselben Temperaturen gleiche Werte:

$$\frac{\varrho_a}{\varrho_b} = \frac{\varrho_d}{\varrho_c}$$

und hiermit für den Wirkungsgrad eines Carnotschen Kreisprozesses η_c mit einem idealen Arbeitsgas:

$$\eta_c = \frac{Q_{ab} - Q_{cd}}{Q_{ab}} = \frac{q_{ab} - q_{cd}}{q_{ab}} = \frac{T_{ab} - T_{cd}}{T_{ab}}. \tag{57}$$

Der Wirkungsgrad ist also um so besser, je größer die Temperaturspanne zwischen den Isothermen im Verhältnis zum oberen Temperaturniveau ist. Ganz entsprechende Resultate zeigen andere Kreisprozesse.

8. Zweiter Hauptsatz der Wärmelehre

Der wesentliche Unterschied zwischen der in Abschnitt 4 besprochenen Ausdehnung eines Gases ohne Arbeitsleistung und der adiabatischen Ausdehnung als Folge lauter Gleichgewichtszustände liegt in der Erfahrungstatsache, daß es unmöglich ist, den ersten Prozeß vollständig rückgängig zu machen. Darunter soll verstanden werden, daß alle irgendwie am Vorgang beteiligten Körper wieder in den Ausgangszustand zurückgeführt werden sollen. Ebensowenig wie die adiabatische Ausdehnung ohne Arbeitsleistung läßt sich der Vorgang der Wärmeleitung oder der Verwandlung von Arbeit durch Reibung in Wärme vollständig umkehren. Man nennt solche Vorgänge *nicht umkehrbar* oder *irreversibel*. Sie sind für die Physik und Technik von ausschlaggebender Bedeutung, denn in einem Prozeß genügt ein einziger irreversibler Teilvorgang, um den gesamten Prozeß irreversibel zu machen. Da in jedem Gerät und in jeder Maschine Reibung oder Wärmeleitung vorkommt, stellt die Umkehrbarkeit eine physikalische Idealisierung dar, welche alle praktischen Vorgänge nur angenähert erfüllen können.

Die Irreversibilität jeder der drei Vorgänge, der Wärmeleitung, der Reibung und der adiabatischen Ausdehnung ohne Arbeitsleistung, läßt sich auch in den Satz fassen (zweiter Hauptsatz der Wärmelehre): es gibt keine periodisch wirkende Maschine, welche Wärme restlos in Arbeit verwandelt. Man nennt eine solche Maschine ein *Perpetuum mobile zweiter Art*, zum Unterschied vom Perpetuum mobile erster Art, welches die Aufgabe hätte, Energie aus dem Nichts zu erzeugen. Während der erste Hauptsatz die Unmöglichkeit des Perpetuum mobile erster Art aussagt, besagt der zweite Hauptsatz dasselbe für das Perpetuum mobile zweiter Art. Beide Behauptungen haben ihre Grundlage in einem ungeheuer großen Erfahrungsmaterial.

Ein Perpetuum mobile zweiter Art stellt z. B. die direkte Umkehrung des Reibungsvorganges dar. Es läßt sich leicht zeigen, daß die Umkehrung auch der beiden anderen irreversiblen Grundvorgänge zu einem Perpetuum mobile zweiter Art führt. Für dieses ist übrigens die Forderung des fortdauernden Funktionierens wichtig. Eine einmalige restlose Verwandlung von Wärme in Arbeit ist durchaus möglich, sie ist z. B. durch die isotherme Ausdehnung gegeben.

Der zweite Hauptsatz gestattet Aussagen über den Wirkungsgrad von Kreisprozessen und in weiterer Folge eine analytische Fassung seines Inhalts und Aussagen über thermodynamische Gleichgewichte.

Es werde mit einer beliebigen einfachen Substanz ein umkehrbarer Kreisprozeß mit Wärmezu- und -abfuhr bei den Temperaturen T_i und T_k vollführt, dessen Wirkungsgrad η kleiner sei als der Wirkungsgrad η_c eines Carnotschen Kreisprozesses mit einem *idealen* Arbeitsgas zwischen denselben Temperaturen. Der neue Kreisprozeß stellt eine bessere Wärmepumpe dar als die Umkehrung des Carnotschen Prozesses mit dem Wirkungsgrad η_c, weil er geringeren Arbeitsaufwand zum Heraufpumpen der Wärme erfordert. Indem er als Wärmepumpe mit dem Carnotschen Prozeß als Arbeitsmaschine vom Wirkungsgrad η_c gekoppelt wird, schafft er mehr Wärme auf das höhere Niveau, als diesem vom Carnotschen Prozeß entnommen wird. Damit führt die Annahme eines Wirkungsgrades $\eta < \eta_c$ zu einer Umkehrung des Wärmeleitungsvorganges und also zu einem Widerspruch zum zweiten Hauptsatz. Zu demselben Widerspruch führt die Annahme $\eta > \eta_c$, wenn nun der Kreisprozeß mit dem Wirkungsgrad η als Wärmekraftmaschine und der Carnotsche Prozeß mit dem idealen Gas als Wärmepumpe laufen gelassen wird. Daraus folgt:

1. Jeder umkehrbare Kreisprozeß, der zwischen den Temperaturniveaus T_i und T_k arbeitet, hat denselben Wirkungsgrad wie der zwischen diesen Temperaturen arbeitende Carnotsche Kreisprozeß mit idealem Arbeitsgas.

Damit gilt die Wirkungsgradformel Gl. (57) für alle Carnotschen Kreisprozesse mit *beliebigen* Arbeitsmedien.

2. Nicht umkehrbare Prozesse haben kleinere Wirkungsgrade als umkehrbare Kreisprozesse zwischen den gleichen Temperaturniveaus.

Im folgenden mögen zu- und abgeführte Wärmemengen nur mehr durch das Vorzeichen unterschieden werden. Dann läßt sich Gl. (57) umschreiben auf

$$\frac{Q_i}{T_i} + \frac{Q_k}{T_k} \lesseqgtr 0, \tag{58}$$

wobei das Gleichheitszeichen für reversible, das Ungleichheitszeichen für irreversible Vorgänge gilt.

Beim irreversiblen Vorgang muß zwischen der Temperatur des Arbeitsgases und der Temperatur der Wärmebehälter, mit denen das Arbeitsgas bei der isothermen Zustandsänderung in Wärmeaustausch steht, unterschieden werden. Bei einem nicht umkehrbaren Prozeß ist in Gl. (58) unter T_i und T_k stets die Temperatur des Wärmebehälters zu verstehen. Sie liegt bei der Wärmeaufnahme durch das Arbeitsgas, $Q_i > 0$, etwas über jener des Arbeitsgases, bei der Wärmeabgabe, $Q_k < 0$, dagegen etwas unter jener des Arbeitsgases, damit der Wärmeübergang bewerkstelligt werden kann. Je größer diese für den Wärmeübergang bereitgestellten Temperaturgefälle sind, desto stärker liegt die Summe auf der linken Seite von Gl. (58) unter Null.

Nun kann eine größere Zahl Carnotscher Kreisprozesse aneinandergeschaltet werden, Abb. 2. Dabei brauchen Isentropen, welche zwei aneinanderliegenden

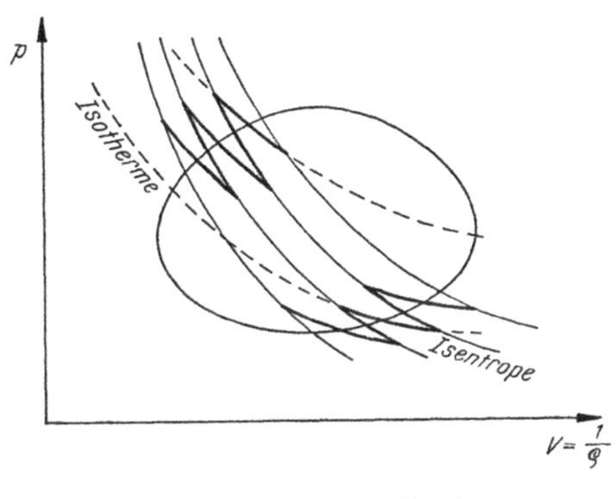

Abb. I,2. Folge Carnotscher Kreisprozesse.

Prozessen gemeinsam sind, nicht erst durchlaufen zu werden, weil die beiden Vorgänge auf den anliegenden Kreisprozessen gerade entgegengesetzt sind. Dies führt zum Durchlaufen der gezackten Randkurve in Abb. 2. Es werden dabei auf den Isothermen der Temperatur T_i die Wärmemengen Q_i zugeführt, wobei mit Gl. (58) bei Verwendung laufender Zahlenindizes gilt:

$$\sum_i \frac{Q_i}{T_i} \lesseqgtr 0,$$

wieder mit dem Ungleichheitszeichen für irreversible Vorgänge.

Es ist einleuchtend, daß ein beliebiger reversibler Kreisprozeß, dargestellt durch einen geschlossenen Kurvenzug im V-p-Diagramm, durch eine Reihe Carnotscher Kreisprozesse beliebig genau wiedergegeben werden kann. Für den

Grenzfall einer großen Zahl kleiner Isothermenkurvenstücke führt dies schließlich zur Gleichung

$$\oint \frac{dQ}{T} \lesseqgtr 0. \tag{59}$$

T in Gl. (59) ist, wie im Anschluß an Gl. (58) bereits ausgeführt wurde, stets die Temperatur des Wärmebehälters, mit welchem das Arbeitsgas im Wärmeaustausch steht. Dieser ist nur beim reversiblen Prozeß gleich warm wie das Arbeitsgas, weshalb in diesem Fall T auch die Temperatur des Arbeitsgases ist.

9. Entropiefunktion

Die Aussage, daß das Integral der Gl. (59) für reversible Prozesse einfacher Substanzen über eine geschlossene Kurve verschwindet, ist gleichbedeutend mit der Aussage, daß das Integral, gebildet zwischen einem Anfangs- und Endzustand, unabhängig vom Wege ist. Für reversible Zustandsfolgen ist in Gl. (59) T identisch mit der Temperatur des Arbeitsgases, und die Wärmezufuhr, nun bezogen auf die Masseneinheit, kann mit dem ersten Hauptsatz, Gl. (22), durch Zustandsänderungen des Gases allein ausgedrückt werden. Mithin kann gesetzt werden:

$$\int_a^e \frac{de + p\, d\left(\frac{1}{\varrho}\right)}{T} = s_e - s_a, \tag{60}$$

wobei s_e und s_a lediglich vom End- und Anfangszustand abhängen. s ist also bis auf eine frei verfügbare Konstante eine Zustandsgröße, sie wird als *Entropie der Masseneinheit* bezeichnet. Die Entropie erhalte das Symbol S, sie stellt das Produkt von s und der Masse des Mediums dar. Die Verfügbarkeit einer additiven Konstanten hat die Entropie mit der inneren Energie gemein. Die Konstante kann im Rahmen dieses Buches im allgemeinen nach Gesichtspunkten praktischer Rechnung weitgehend willkürlich gewählt werden.

Gleichung (60) lautet in differentieller Form mit Gl. (22) oder (25):

$$ds = \frac{de + p\, d\left(\frac{1}{\varrho}\right)}{T} = \frac{di - \frac{1}{\varrho}\, dp}{T}, \tag{61}$$

ganz allgemein für jede einfache Substanz. Mit den Gleichungen (28), (29) und (31) lautet sie für ein ideales Gas:

$$ds = c_v \frac{dT}{T} - (c_p - c_v) \frac{d\varrho}{\varrho} = c_p \frac{dT}{T} - (c_p - c_v) \frac{dp}{p} = c_v \frac{dp}{p} - c_p \frac{d\varrho}{\varrho}. \tag{62}$$

Für ein id. Gas konst. sp. W. ist (62) sofort integrierbar und führt zu:

$$s_e - s_a = c_v \ln \frac{T_e}{T_a} - (c_p - c_v) \ln \frac{\varrho_e}{\varrho_a} = c_p \ln \frac{T_e}{T_a} - (c_p - c_v) \ln \frac{p_e}{p_a}$$

$$= c_v \ln \frac{p_e}{p_a} - c_p \ln \frac{\varrho_e}{\varrho_a}. \tag{63}$$

Für ein „Abelsches Gas“, also ein Gas, das der Zustandsgleichung (3) gehorcht, stellt sich die Entropie nur wenig anders dar. Da bei einem solchen Gas innere Massenkräfte vernachlässigt werden, kann die innere Energie also nur von der Temperatur abhängen, Gl. (16). Mit Gl. (23) gilt dann für die Enthalpie:

$$i = e + \frac{R}{m} T + bp. \tag{64}$$

Mit Gl. (26) und Gl. (27) gilt auch wieder Gl. (30), jedoch hängt nun i im Gegensatz von e auch vom Druck ab:

$$\left(\frac{\partial i}{\partial p}\right)_T = b.$$

Für die Entropieänderung erhält man mit Gl. (61) nach elementarer Umrechnung:

$$ds = c_v \, d \ln T + (c_p - c_v) \, d \ln \left(\frac{1}{\varrho} - b\right)$$

$$= c_p \, d \ln T - (c_p - c_v) \, d \ln p = c_v \, d \ln p + c_p \, d \ln \left(\frac{1}{\varrho} - b\right). \tag{65}$$

Wieder bestätigt sich ds als totales Differential, woraus sich dann s nach Integration als Zustandsgröße ergibt.

Für eine Flüssigkeit, also für ein dichtebeständiges Medium, fällt die Ausdehnungsarbeit in Gl. (61) und damit auch der Unterschied zwischen c_p und c_v fort. Mit c_f als spezifische Wärme der Flüssigkeit gilt dann für die Entropie:

$$s_e - s_a = c_f \ln \frac{T_e}{T_a}. \tag{66}$$

Die quasistatische adiabatische Ausdehnung einer einfachen Substanz erfolgt nach Gl. (61) und Gl. (63) demnach bei konstanter Entropie. Man bezeichnet diese Zustandsänderung daher als *Isentrope* und hat damit eine Ausdrucksweise gefunden, welche eine Verwechslung mit der adiabatischen Ausdehnung ohne Arbeitsleistung unmöglich macht. Die Ableitungen längs der Isentropenkurven werden durch ein angefügtes s gekennzeichnet.

Für viele Aussagen über das Verhalten beliebiger homogener Medien ist die Kenntnis der Funktion s, welche die Kenntnis der Zustandsgleichung $p(\varrho, T)$ und der Energiefunktion $e(T, \varrho)$ voraussetzt, nicht erforderlich.

Oft genügt die Kenntnis der Ableitungen von s nach anderen Zustandsgrößen, in der Gasdynamik besonders nach dem Druck p und der Enthalpie der Masseneinheit i. Aus Gl. (61) resultiert unmittelbar für einfache Substanzen

$$\left(\frac{\partial s}{\partial i}\right)_p = \frac{1}{T}; \quad \left(\frac{\partial s}{\partial p}\right)_i = -\frac{1}{\varrho T}; \quad \left(\frac{\partial i}{\partial p}\right)_s = \frac{1}{\varrho};$$
$$\left(\frac{\partial i}{\partial s}\right)_p = T; \quad \left(\frac{\partial p}{\partial s}\right)_i = -\varrho T; \quad \left(\frac{\partial p}{\partial i}\right)_s = \varrho, \tag{67}$$

mit der in der Wärmelehre üblichen Schreibweise, die festgehaltene Veränderliche als Index an die Klammer zu schreiben.

Während in der Mathematik meist von einem Paar unabhängiger Veränderlicher x, y zu einem anderen Paar u, v übergegangen wird, werden in der Thermodynamik je nach der Betrachtungsweise verschiedene Paarungen von Zustandsgrößen als unabhängige Veränderliche benutzt, so daß es bei der Ableitung nach einer Veränderlichen nicht klar ist, welche Zustandsgröße als zweite in der partiellen Ableitung festzuhaltende unabhängige Größe verwendet wird. Bei der Schreibweise der partiellen Ableitungen eines Funktionenpaares u, v

$$\frac{\partial u}{\partial x}, \quad \frac{\partial u}{\partial y}, \quad \frac{\partial v}{\partial x}, \quad \frac{\partial v}{\partial y}$$

steht fest, daß y bei der Ableitung nach x festgehalten wird und umgekehrt. Werden nun die Abhängigen u, v mit den Unabhängigen x, y vertauscht

$$\frac{\partial x}{\partial u}, \quad \frac{\partial x}{\partial v}, \quad \frac{\partial y}{\partial u}, \quad \frac{\partial y}{\partial v},$$

so wird bei der Ableitung $\partial x/\partial u$ jetzt v festgehalten, weshalb $\partial x/\partial u$ keineswegs den reziproken Wert von $\partial u/\partial x$ darstellt. Der an die Schreibweise (67) Ungewöhnte mag daher zunächst überrascht sein, daß etwa $(\partial s/\partial i)_p$ und $(\partial i/\partial s)_p$ reziprok zueinander sind. Hier wird aber stets die Veränderliche p konstant gehalten. Unter dieser Voraussetzung stellen $s = s(i)$ und $i = i(s)$ inverse Funktionen einer Veränderlichen dar, deren Ableitungen bekanntlich im reziproken Verhältnis zueinander stehen. Anschaulicher werden die Verhältnisse im Zustandsdiagramm mit den Koordinaten s, i und p. In diesem stellt die Zustandsgleichung $s = s\,(i, p)$ eine Fläche und bei festgehaltenem p eine Kurve in einer Ebene $p =$ konst dar, deren Neigung $(\partial i/\partial s)_p$ ist.

Es ist nun möglich, dem zweiten Hauptsatz mit Hilfe der Entropiefunktion eine analytische Formulierung zu geben.

Mit der Definition der Entropie s einer einfachen Substanz, Gl. (61), ist auch die Entropie eines Substanzgemisches im wesentlichen festgelegt. Sie ist analog wie die innere Energie, Gl. (44), und die Enthalpie, Gl. (47), die Summe der Teilentropien der einfachen Substanzen, aus denen das Gemisch zusammengesetzt ist. Im Falle des Zweisubstanzenmodells gilt daher:

$$s = (1 - \alpha)\, s_1 + \alpha s_2. \tag{68}$$

Wie nicht anders bei e oder i, sind s_1 und s_2 für jenen Zustand zu nehmen, in welchem sich der Anteil befindet. Bei einem Gemisch idealer Gase wird vorausgesetzt, daß die Anteile zwar völlig gleichmäßig vermengt sind, daß sich jedoch im übrigen jedes Teilgas so verhält, als ob kein anderes Gas im Raume vorhanden wäre. Beim Gasgemisch ist s_i in Gl. (68) daher für die gemeinsame Temperatur T, aber für die jeweilige Partialdichte ϱ_i oder für den jeweiligen Partialdruck p_i einzusetzen, die dem Gasanteil im gemeinsamen Raum zukommen.

Für viele Anwendungen, besonders für jene in der Gasdynamik, wird die Entropie s als Funktion der Gemischeigenschaften benötigt, nämlich als Funktion der mittleren Temperatur, des Gemischdruckes p, der Gemischdichte ϱ und des Massenanteiles α. Beim Zweisubstanzenmodell haben wir uns bereits auf eine gemeinsame Temperatur T der Anteile festgelegt. Sofern die Anteile id. Gase konst. sp. W. sind, ergibt sich mit Gl. (44) und Gl. (47) auch e oder i als Funktion von T, α, r_v oder r_p. Das gilt im Rahmen unserer Anwendungen auch bei Phasengemischen, da e und i des Flüssigkeitsanteiles im allgemeinen nur von der Temperatur abhängen. In s_i eines Gasanteiles in Gl. (68) dagegen muß p_i oder ϱ_i erst durch α und p oder ϱ ersetzt werden.

Die Herleitung sei wie bei der einfachen Substanz über die Differentiale durchgeführt. Aus Gl. (68) folgt mit Gl. (47):

$$\begin{aligned} \mathrm{d}s &= (1-\alpha)\,\mathrm{d}s_1 + \alpha\,\mathrm{d}s_2 + (s_2 - s_1)\,\mathrm{d}\alpha \\ &= (1-\alpha)\frac{\mathrm{d}i_1 - \frac{\mathrm{d}p_1}{\varrho_1}}{T} + \alpha\frac{\mathrm{d}i_2 - \frac{\mathrm{d}p_2}{\varrho_2}}{T} + (s_2 - s_1)\,\mathrm{d}\alpha \\ &= \frac{1}{T}\left[\mathrm{d}i - \frac{1-\alpha}{\varrho_1}\mathrm{d}p_1 - \frac{\alpha}{\varrho_2}\mathrm{d}p_2\right] + \left[\left(s_2 - \frac{i_2}{T}\right) - \left(s_1 - \frac{i_1}{T}\right)\right]\mathrm{d}\alpha. \end{aligned}$$

Nun gilt ganz analog zu Gl. (48), wie man mit den Gleichungen (4) und (6) für das Gasgemisch und mit den Gleichungen (10) und (11) für das Phasengemisch leicht zeigen kann

$$\frac{1-\alpha}{\varrho_1}\mathrm{d}p_1 + \frac{\alpha}{\varrho_2}\mathrm{d}p_2 = \frac{1}{\varrho}\mathrm{d}p, \tag{69}$$

woraus schließlich für das Zweisubstanzenmodell unter Heranziehung von Gl. (25) die Gln. (70) folgen:

$$\begin{aligned} T\,\mathrm{d}s &= \mathrm{d}i - \frac{1}{\varrho}\mathrm{d}p + [(Ts_2 - i_2) - (Ts_1 - i_1)]\,\mathrm{d}\alpha \\ &= \mathrm{d}i - \frac{1}{\varrho}\mathrm{d}p + (g_1 - g_2)\,\mathrm{d}\alpha = \mathrm{d}q + (g_1 - g_2)\,\mathrm{d}\alpha. \end{aligned} \tag{70}$$

Hierin ist das in Gl. (75) eingeführte Symbol g für die *freie Enthalpie der Masseneinheit* vorweggenommen.

Gl. (70) ist die Verallgemeinerung von Gl. (61) auf das Zweisubstanzenmodell. In Verallgemeinerung der letzten beiden Gleichungen (67) ist nun zu setzen:

$$\begin{aligned} &\frac{1}{\varrho}\left(\frac{\partial p}{\partial s}\right)_{i,\alpha} = -T; \qquad \frac{1}{\varrho}\left(\frac{\partial p}{\partial i}\right)_{s,\alpha} = 1; \\ &\frac{1}{\varrho}\left(\frac{\partial p}{\partial \alpha}\right)_{s,i} = (Ts_2 - i_2) - (Ts_1 - i_1) = g_1 - g_2. \end{aligned} \tag{71}$$

10. Analytische Formulierung des zweiten Hauptsatzes

Es ist nun möglich, dem zweiten Hauptsatz mit Hilfe der Entropiefunktion eine analytische Formulierung zu geben.

Eine einfache Substanz habe irgendeinen irreversiblen oder in der Grenze reversiblen Vorgang durchgemacht, der sie vom Anfangsstadium A in das Endstadium E gebracht hat, Abb. 3. Ein irreversibler Weg kann dabei nicht in das

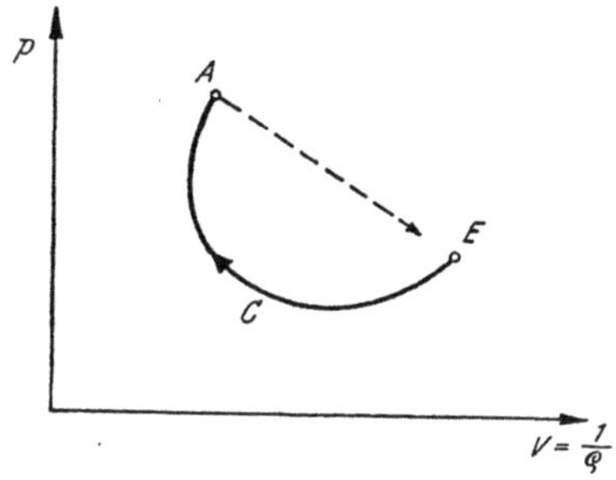

Abb. I,3. Irreversibler Kreisprozeß.

Zustandsdiagramm eingetragen werden, da dieses dem Medium in jedem Kurvenpunkt einen ganz bestimmten Zustand zuordnet, während ein irreversibler Vorgang gerade dadurch gekennzeichnet ist, daß er nicht quasistatisch, also nicht als Folge von Gleichgewichtszuständen, dargestellt werden kann.

Die Zustandsänderung von A nach E sei durch eine gestrichelte Linie mit Pfeil angedeutet, deren Zwischenpunkten keine physikalische Bedeutung zukommen möge.

Die Zustandsänderung $A \to E$ sei durch einen reversiblen Vorgang längs der Kurve C zu einem irreversiblen Kreisprozeß ergänzt. Für diesen gilt nach Gl. (59):

$$\oint \frac{dQ}{T} = \int\limits_{A\,\text{irrev.}}^{E} \frac{dQ}{T} + \int\limits_{E\,\text{rev.}}^{A} \frac{dQ}{T} < 0.$$

Dabei ist für den irreversiblen Vorgang T die Temperatur des Wärmebehälters, dem die Wärme dQ entzogen wird, und daher stellt das Integral, in dem nur Größen des Wärmebehälters vorkommen, dessen Entropieabnahme (wegen des negativen Vorzeichens von dQ) dar. Mit S' als Entropie des Wärmebehälters also ist:

$$\int\limits_{A\,\text{irrev.}}^{E} \frac{dQ}{T} = S'_A - S'_E.$$

Das Integral über den reversiblen Weg C stellt die Änderung der Entropie S des Mediums dar:

$$\int\limits_{A\,\text{rev.}}^{E} \frac{dQ}{T} = S_E - S_A,$$

womit schließlich aus Gl. (59) folgt:

$$S_A + S'_A < S_E + S'_E. \tag{72}$$

Auf jeder der beiden Ungleichungsseiten steht die Summe der Entropien aller am Vorgang beteiligten Körper in einem bestimmten Zustand. Der Komplex aller am Vorgang beteiligten Körper heißt *geschlossenes System*. Die Entropie eines Systems ist die Summe der Entropien aller zum System gehörigen Körper, daher kann dem zweiten Hauptsatz folgende ganz allgemeingültige Form gegeben werden:

Die Entropie eines geschlossenen Systems nimmt bei irreversiblen Vorgängen zu. Sie ändert sich dagegen nicht bei reversiblen Prozessen.

Mit dieser Formulierung sind bereits auch beliebige Substanzen und Substanzengemische erfaßt. Da sich der Satz nämlich auf alle am System beteiligten Körper bezieht, bezieht er sich zugleich auch auf alle aus einfachen Substanzen zusammengesetzten Materien.

Die Benennungen sind in der Literatur nicht ganz einheitlich. Das hier als „geschlossen" bezeichnete wärmeisolierte System wird anderenorts als „adiabatisch" bezeichnet, etwa [•2] p. 13.

11. Thermodynamisches Gleichgewicht

Jede Substanz, sei sie nun einfacher oder komplexer Natur, wird unter bestimmten äußeren Bedingungen einem Endzustand zustreben, wenn sie diesen Bedingungen nur genügend lange Zeit ausgesetzt wird. Wenn ein solcher Endzustand erreicht ist, sagt man, die Substanz befinde sich im Gleichgewicht. Sehr schnell wird beispielsweise das Druckgleichgewicht erreicht, wie nicht zuletzt auch in der Gasdynamik gezeigt wird. Selbst in einem Kolbenmotor noch bei recht hohen Tourenzahlen kann örtlicher Druckausgleich in jedem Augenblick im ganzen Zylinder angenommen werden. Langsamer erfolgt der Temperaturausgleich über makroskopische Distanzen. Insbesondere bei Phasenmischungen über größere Abstände, wie sie bei Wolkenbildungen verwirklicht sind, können sich kleinere Temperaturunterschiede über eine längere Zeit erhalten. Bei den Problemen der Gasdynamik allerdings ist auch der Temperaturausgleich in den Gemischen weitgehend verwirklicht, so daß auch unserem Zweisubstanzenmodell Temperaturgleichheit der Anteile zugrunde gelegt ist. Man sagt, die Anteile befinden sich im *thermischen Gleichgewicht* oder im *Temperaturgleichgewicht*.

Von *thermodynamischem* Gleichgewicht dagegen spricht man, wenn in einem Gemisch reaktionsfähiger Substanzen oder in einem Gemisch zweier Phasen jede Teilsubstanz den ihr im Endzustand zukommenden Entropieanteil angenommen hat. Als Spezialfälle für das thermodynamische Gleichgewicht sind zu nennen: das chemische Gleichgewicht, das Dissoziations- und Ionisationsgleichgewicht sowie das Kondensations- und Sublimationsgleichgewicht. Gasreaktionen und auch Phasenänderungen können beträchtliche Zeiten in Anspruch nehmen, d. h. Zeiten, die nicht nur vergleichbar, sondern unter Umständen auch groß gegenüber der vom Strömungsablauf beanspruchten Zeit sind. In diesem Zusammenhang ist zu bedenken, daß ein Teilchen bei einer langsamen Geschwindigkeit von 10 m/s einen Abstand von 10 cm in 0,01 sec durcheilt. Daher kann es in der Gasdynamik leicht vorkommen, daß die Zeit bei einem bestimmten Vorgang für eine Reaktion überhaupt nicht ausreicht. Man spricht in einem solchen Fall von einem *eingefrorenen Zustand.* Das bedeutet nicht, daß die Substanz — an menschlichen Gefühlsbegriffen gemessen — kalt ist. Sie ist nur nicht heiß genug, um eine ausreichend schnelle Reaktion zu gewährleisten.

Zunächst sei nach dem thermodynamischen Gleichgewicht gefragt, also nach dem Zustand, den das Gemisch bei ausreichend langsamer Zustandsänderung in jedem Augenblick annimmt. Ein solcher Zustand wird bei quasistatischer Zustandsänderung, das bedeutet reversibler Änderung, erreicht. Entsprechend einer großen Anzahl praktisch vorkommender Strömungsvorgänge sei angenommen, daß das Teilchen adiabatisch gegen seine Umgebung abgekapselt zusammengedrückt oder ausgedehnt wird. Aus dem ersten Hauptsatz folgt dann mit Gl. (25) und $\mathrm{d}q = 0$:

$$0 = \mathrm{d}i - \frac{1}{\varrho}\,\mathrm{d}p. \tag{73}$$

Daraus folgt zusammen mit Gl. (70):

$$\mathrm{d}s = \left[\left(s_2 - \frac{i_2}{T}\right) - \left(s_1 - \frac{i_1}{T}\right)\right] \mathrm{d}\alpha = \frac{g_1 - g_2}{T}\,\mathrm{d}\alpha.$$

Da nun aber das Teilchen wegen der Voraussetzung der adiabatischen Abkapselung für sich allein bereits ein thermodynamisch abgeschlossenes System bildet, darf sich die Entropie des Teilchens bei einem reversiblen Vorgang nicht ändern. In der letzten Gleichung ist unter der Voraussetzung des thermodynamischen Gleichgewichtes $\mathrm{d}s = 0$ zu setzen und daraus folgt die Gleichgewichtsbedingung

$$s_2 - \frac{i_2}{T} = s_1 - \frac{i_1}{T}, \tag{74}$$

wobei s_i bei Gasen stets für die dem Gas eigene Partialdichte ϱ_i oder seinen Partialdruck p_i zu nehmen ist. Bei einem Gleichgewicht von mehr als zwei ineinander überführbaren Substanzen müssen alle Funktionen $s_i - i_i/T$ einander gleich sein. Wenn das Temperaturgleichgewicht nicht vorausgesetzt wird, so folgt auch die Gleichheit der Temperatur zwangsläufig aus der Forderung nach konstanter Entropie.

Anstelle der Zustandsgrößen von Gl. (74), die von M. PLANCK bevorzugt wurden, kann auch nach GIBBS die sogenannte *freie Enthalpie der Masseneinheit* g eingeführt werden. Die Gleichheit dieses Symbols mit dem der Schwerebeschleunigung kann kaum stören:

$$g = i - Ts. \tag{75}$$

Die Gleichgewichtsbedingung (74) ist in dieser Schreibweise dann zu ersetzen durch:

$$g_1 = g_2. \tag{76}$$

Aus Gl. (70) ist zu erkennen, daß sich die Entropie des Teilchens nicht ändert, wenn 1. Gl. (74) erfüllt ist oder wenn 2. $d\alpha = 0$ ist, wenn es sich also um einen eingefrorenen Zustand handelt. Beide Zustandsänderungen sind wegen $ds = 0$ reversibel, und beide spielen als Grenzfälle eine wichtige Rolle. Der erste durch die Bedingungen (74) oder (76) charakterisierte wird als *ungehemmtes thermodynamisches Gleichgewicht* bezeichnet, weil er immer dann verwirklicht ist, wenn sich der Einstellung des Endzustandes keine Hindernisse in den Weg stellen. Der eingefrorene Zustand, $d\alpha = 0$, wird als *gehemmtes Gleichgewicht* bezeichnet. Man begegnet ihm insbesondere auch bei Schwingungen mittlerer und höherer Frequenz.

Sowohl die Funktion $s - i/T$ von Gl. (74) als auch g sind Zustandsgrößen. Die Gleichgewichtsbedingung (74) oder (76) besagt damit auch, daß der Zustand der einen Substanz im Gleichgewicht an den Zustand der anderen in bestimmter Weise gekoppelt ist, wie in den nächsten beiden Abschnitten noch im einzelnen dargelegt werden wird.

Im thermodynamischen Gleichgewicht, und zwar im ungehemmten und im gehemmten, reduzieren sich die unabhängigen thermodynamischen Variablen wieder auf 2, indem beispielsweise α als Funktion von T und ϱ bekannt oder im eingefrorenen Zustand überhaupt konstant ist. Damit kann ein Medium im thermodynamischen Gleichgewicht wie eine einfache Substanz behandelt werden, mit allerdings unter Umständen recht komplizierten Abhängigkeitseigenschaften von T, ϱ oder T, p.

In Gl. (71) kommt dies dadurch zum Ausdruck, daß $(\partial p/\partial\alpha)_{s,i} = 0$ ist. Es ist dabei bei den ersten beiden Ableitungen von $p(s, i)$ ohne Bedeutung, ob α festgehalten wird oder ob Gleichgewicht herrscht. Man kann auf die Beziehungen (67) zurückgreifen. α ist in diesem Falle jedoch keineswegs konstant, aber ohne Einfluß auf die gewählte Darstellung.

Aus Gl. (74) kann eine wichtige Differentialbeziehung ohne Einschränkung auf irgendwelche Substanzen unter der Voraussetzung des Gleichgewichtes gewonnen werden. Bildet man das Differential von (74), so läßt sich mit Rücksicht darauf, daß es sich bei jedem Anteil um eine einfache Substanz handelt, ds_i mit Hilfe von Gl. (61) eliminieren. Führt man schließlich mit Gl. (50) noch die Reaktionswärme r_p ein, so folgt

$$\frac{1}{\varrho_1}\,dp_1 - \frac{1}{\varrho_2}\,dp_2 = -\frac{i_2 - i_1}{T}\,dT = -\frac{r_p}{T}\,dT, \tag{77}$$

worauf später noch eingegangen wird.

Eine Reihe thermodynamischer Funktionen besitzt Potentialcharakter, indem sich bestimmte Zustandsgrößen oder Kombinationen von ihnen als Ableitungen solcher Potentialfunktionen darstellen lassen. Das trifft bereits auf e, i und s zu, aber auch auf $p(s, i)$, wie Gl. (67) und allgemeiner Gl. (71) zeigen. Daraus können wichtige Beziehungen gewonnen werden. Führt man beispielsweise für die Zustandsgröße von Gl. (74) das Symbol $\varphi = s - i/T$ ein, so kann das *thermodynamische Potential* φ einer einfachen Substanz als Funktion $\varphi(p, T)$ aufgefaßt werden. Mit Gl. (61) findet man dann leicht:

$$\frac{\partial\varphi}{\partial T} = \left(\frac{\partial\varphi}{\partial T}\right)_p = \frac{i}{T^2}; \qquad \frac{\partial\varphi}{\partial p} = \left(\frac{\partial\varphi}{\partial p}\right)_T = -\frac{1}{T\varrho}.$$

Indem nun die zweite gemischte Ableitung gebildet wird, folgt.

$$\frac{\partial^2 \varphi}{\partial T\, \partial p} = \frac{1}{T^2}\left(\frac{\partial i}{\partial p}\right)_T = \frac{1}{\varrho T^2} + \frac{1}{\varrho^2 T}\left(\frac{\partial \varrho}{\partial T}\right)_p$$

oder schließlich die wichtige Beziehung:

$$\left(\frac{\partial i}{\partial p}\right)_T = \frac{1}{\varrho}\left[1 + \frac{T}{\varrho}\left(\frac{\partial \varrho}{\partial T}\right)_p\right]. \tag{78}$$

Es handelt sich bei Gl. (78) um ein Ergebnis des zweiten Hauptsatzes, da mit der Einführung von φ die Existenz einer Entropiefunktion vorausgesetzt ist, was sich nur aus dem zweiten Hauptsatz begründen läßt.

Aus Gl. (78) folgt für das ideale Gas Gl. (24) $i = i(T)$ als notwendige Folge der Zustandsgleichung (2). Für das Abelsche Gas ergibt sich aus der Zustandsgleichung (3) wieder die aus Gl. (64) folgende Beziehung.

Auf analogem Weg können auch weitere Ableitungen der kalorischen Zustandsgrößen i und e auf Ableitungen der Variablen der Zustandsgleichung (1) zurückgeführt werden, man erhält z. B.:

$$\left(\frac{\partial e}{\partial \varrho}\right)_T = \frac{p}{\varrho^2}\left[1 - \frac{T}{p}\left(\frac{\partial p}{\partial T}\right)_\varrho\right].$$

Mit Hilfe dieser Beziehung läßt sich auch Gl. (30) auf beliebige einfache Substanzen verallgemeinern. Wird Gl. (23) partiell bei konstantem p und T abgeleitet:

$$i(T, p) = e(T, \varrho(T, p)) + \frac{p}{\varrho},$$

so erhält man zunächst:

$$\left(\frac{\partial i}{\partial T}\right)_p = \left(\frac{\partial e}{\partial T}\right)_\varrho + \left(\frac{\partial e}{\partial \varrho}\right)_T \left(\frac{\partial \varrho}{\partial T}\right)_p - \frac{p}{\varrho^2}\left(\frac{\partial \varrho}{\partial T}\right)_p.$$

Mit Hilfe der vorletzten Gleichung und der Definitionen der spez. Wärmen Gl. (26), (27) folgt nach kurzer Zwischenrechnung:

$$c_p - c_v = -\frac{T}{\varrho^2}\left(\frac{\partial p}{\partial T}\right)_\varrho \left(\frac{\partial \varrho}{\partial T}\right)_p.$$

Ein Teil der Beziehungen läßt sich auch für nicht einfache Substanzen für die Ableitungen bei konstantem α übernehmen, weil die Änderungen im „gefrorenen Zustand" mit den Änderungen einfacher Substanzen identisch sind. So gilt z. B.:

$$\left(\frac{\partial i}{\partial p}\right)_{T,\alpha} = \frac{1}{\varrho}\left[1 + \frac{T}{\varrho}\left(\frac{\partial \varrho}{\partial T}\right)_{p,\alpha}\right]$$

oder mit den eingefrorenen spez. Wärmen von Gl. (94) links:

$$c_p - c_v = -\frac{T}{\varrho^2}\left(\frac{\partial p}{\partial T}\right)_{\varrho,\alpha} \left(\frac{\partial \varrho}{\partial T}\right)_{p,\alpha}.$$

Damit sind nur einige der vielen aus dem zweiten Hauptsatz resultierenden Beziehungen wiedergegeben.

12. Gasreaktionen

Unter diesem allgemeinen Titel sollen vor allem auch Dissoziationen und Ionisationen miteingeschlossen sein. Wir nehmen an, daß das Zweisubstanzenmodell durch zwei id. Gase konst. sp. W. repräsentiert wird, die ineinander übergeführt werden können und die sich in jedem Augenblick miteinander im Gleichgewicht befinden.

Die Annahme am Beginn von Abschnitt 3 erfährt für die Gasreaktionen also insofern eine Einschränkung, als dort die Teilgase des Zweisubstanzenmodells als allgemein ideale Gase, im folgenden jedoch als solche konstanter spezifischer Wärme vorausgesetzt werden. Unter dieser Einschränkung lassen sich nämlich die Entropiedifferenzen gemäß Gl. (63) explizit darstellen. In der Bedingung (74) sei zunächst mit Gl. (50) die Reaktionswärme r_p eingeführt:

$$s_2 - s_1 = \frac{r_p}{T}. \tag{79}$$

Da nun aber mit Gl. (63) nur Entropieunterschiede gegeben sind und Gl. (79) auch für den Anfangszustand gilt, seien auch im folgenden nur die Unterschiede zu einem Anfangszustand betrachtet. Dabei gilt wegen Gl. (53) für ein id. Gas konst. sp. W.:

$$r_p - r_{pa} = (c_{p2} - c_{p1})\,(T - T_a) \tag{80}$$

und damit:

$$s_2 - s_{2a} - (s_1 - s_{1a}) = \frac{r_p}{T} - \frac{r_{pa}}{T_a} = -\left[\frac{r_{pa}}{T_a} - (c_{p2} - c_{p1})\right]\left(1 - \frac{T_a}{T}\right).$$

Es erweist sich für die folgenden Zwecke als praktisch, die Entropieunterschiede auf der linken Seite durch Temperatur und Dichte auszudrücken. Daher seien zunächst T und ϱ_i in s_i eingeführt. Man erhält dann mit Gl. (63)

$$(c_{v2} - c_{v1}) \ln \frac{T}{T_a} - \frac{R}{m_2} \ln \frac{\varrho_2}{\varrho_{2a}} + \frac{R}{m_1} \ln \frac{\varrho_1}{\varrho_{1a}} = -\left[\frac{r_{pa}}{T_a} - (c_{p2} - c_{p1})\right]\left(1 - \frac{T_a}{T}\right)$$

und nach Eliminierung der Partialdichten ϱ_i mit Hilfe von Gl. (4) und Multiplikation mit m_1/R, wenn $\bar{\bar{\alpha}}$ den α-Wert im Gleichgewicht bedeutet:

$$\frac{m_1}{m_2} \ln \frac{\bar{\bar{\alpha}}}{\bar{\bar{\alpha}}_a} - \ln \frac{1 - \bar{\bar{\alpha}}}{1 - \bar{\bar{\alpha}}_a} = -\left(\frac{m_1}{m_2} - 1\right) \ln \frac{\varrho}{\varrho_a}$$
$$+ \left[\frac{r_{pa}}{T_a} - (c_{p2} - c_{p1})\right] \frac{m_1}{R}\left(1 - \frac{T_a}{T}\right) + \frac{m_1}{R}(c_{v2} - c_{v1}) \ln \frac{T}{T_a}. \tag{81}$$

$\bar{\bar{\alpha}}_a$ ist dabei der Massenanteil der zweiten Substanz im Gleichgewichtsausgangszustand.

Gl. (81) ist eine Form des bekannten *Massenwirkungsgesetzes von Guldberg und Waage*. Nach diesem kann der Massenanteil $\bar{\bar{\alpha}}$ weder exakt $\bar{\bar{\alpha}} = 0$ noch $\bar{\bar{\alpha}} = 1$ sein. Doch nähert sich $\bar{\bar{\alpha}}$ diesen beiden Grenzwerten außerhalb eines bestimmten

Reaktionsbereiches sehr rasch. Die Dichteabhängigkeit von $\bar{\bar{\alpha}}$ fällt weg für $m_2 = m_1$, wenn sich also das Molgewicht bei der Reaktion nicht ändert. Bei der Temperaturabhängigkeit ist in unserem Anwendungsbereich im allgemeinen der erste Temperatursummand dominierend. Das Glied mit $\ln T/T_a$ kann vielfach einfach konstant gesetzt werden.

Für verschiedene Kombinationen von Konstanten der letzten Gleichung seien abkürzende Symbole eingeführt, nämlich:

$$\lambda = \frac{m_1}{R}(c_{v2} - c_{v1}) = \frac{m_1}{m_2}\frac{1}{\varkappa_2 - 1} - \frac{1}{\varkappa_1 - 1} = \frac{1}{2}\left(\frac{m_1}{m_2} f_2 - f_1\right); \tag{82}$$

$$T_d = \frac{m_1}{R}[r_{pa} - (c_{p2} - c_{p1}) T_a] = \frac{m_1}{R}[r_p - (c_{p2} - c_{p1}) T]$$

$$= \frac{m_1}{R} r_p - \left(\lambda + \frac{m_1}{m_2} - 1\right) T = \frac{m_1}{R} r_{p0}. \tag{83}$$

f_1 und f_2 sind die im Abschnitt 4 eingeführten Freiheitsgrade der Teilsubstanzen. Sie lassen sich mit Gl. (33) auf $\varkappa$ zurückführen. Ferner gilt mit Rücksicht auf Gl. (30):

$$\frac{m_1}{R}(c_{p2} - c_{p1}) = \frac{m_1}{R}\left[c_{v2} + \frac{R}{m_2} - \left(c_{v1} + \frac{R}{m_1}\right)\right] = \lambda + \frac{m_1}{m_2} - 1. \tag{84}$$

Die Ausdrücke in den eckigen Klammern von Gl. (83) sind gemäß Gl. (80) unabhängig von der Temperatur. Es handelt sich also auch bei T_d um eine Materialkonstante, die im wesentlichen eine auf die Dimension einer Temperatur gebrachte und auf den absoluten Nullpunkt reduzierte Reaktionswärme r_{p0} darstellt.

Mit den Symbolen der Gln. (82), (83) sei ferner gesetzt, für:

$$\frac{m_1}{m_2} \neq 1: \quad \frac{m_1}{m_2}\ln \bar{\bar{\alpha}}_a - \ln(1 - \bar{\bar{\alpha}}_a) + \lambda \ln\frac{T_d}{T_a} + \frac{T_d}{T_a} = \left(\frac{m_1}{m_2} - 1\right)\ln\frac{\varrho_d}{\varrho_a},$$

$$\frac{m_1}{m_2} = 1: \quad \ln \bar{\bar{\alpha}}_a - \ln(1 - \bar{\bar{\alpha}}_a) + \lambda \ln\frac{T_d}{T_a} + \frac{T_d}{T_a} = \ln A.$$

Damit erhält das *Massenwirkungsgesetz* für das Zweisubstanzenmodell einer Gasreaktion die einfache Form

$$\frac{m_1}{m_2} \neq 1: \quad \frac{\bar{\bar{\alpha}}^{\frac{m_1}{m_2}}}{1 - \bar{\bar{\alpha}}} = \left(\frac{\varrho_d}{\varrho}\right)^{\frac{m_1}{m_2} - 1}\left(\frac{T}{T_d}\right)^{\lambda} e^{-\frac{T_d}{T}}; \tag{85}$$

$$\frac{m_1}{m_2} = 1: \quad \frac{\bar{\bar{\alpha}}}{1 - \bar{\bar{\alpha}}} = A\left(\frac{T}{T_d}\right)^{\lambda} e^{-\frac{T_d}{T}}. \tag{86}$$

Die Konstanten ϱ_d oder A können im Rahmen der klassischen Thermodynamik nicht theoretisch, sie müssen für jeden speziellen Reaktionsvorgang aus dem Versuch bestimmt werden. Das trifft auch für T_d zu, während m_1/m_2 und λ auf die

Eigenschaften der beteiligten Substanzen zurückzuführen sind. Es müssen bei einer einzigen Reaktion die $\bar{\bar{\alpha}}$-Werte für zwei unterschiedliche ϱ, T-Zustände bekannt sein, um ϱ_d und T_d und damit den $\bar{\bar{\alpha}}(T, \varrho)$-Verlauf im Rahmen klassischer Thermodynamik zu bekommen. Auf diesem Wege wurden die Werte von Tab. 5 aus den genaueren, in Abb. 6, 7, 8 zitierten Tabellenwerken gewonnen.

Auf das weniger befriedigende Ergebnis des Zweisubstanzenmodells bei Luft in Abb. 6 wird anschließend noch eingegangen.

M. J. Lighthill [1] hat für den Vorgang der Dissoziation ein spezielles Gas eingeführt, das er ideal dissoziierend nennt. Es hat die Eigenschaft $\lambda = 0$ und ist im volldissoziierten Zustand, $\bar{\bar{\alpha}} = 1$, einatomig, wie das etwa bei Sauerstoff, Stickstoff und somit auch bei Luft zutrifft. Damit wird für das *Lighthill-Gas* ($f_2 = 3$) und wegen $m_1 = 2m_2$ und $\lambda = 0$ gemäß Gl. (82) $f_1 = 6$. Aus den aus der Gaskinetik hervorgegangenen Gleichungen (32) und (33) und den vorweggenommenen Beziehungen (99) und (91) ergibt sich daher für ein Lighthill-Gas:

$$\frac{m_1}{m_2} = \frac{f_1}{f_2} = 2; \qquad m_1 c_{v1} = 3R; \qquad m_1 c_{p1} = 4R; \qquad \varkappa_1 = \frac{4}{3};$$

$$m_2 c_{v2} = \frac{3}{2} R; \qquad m_2 c_{p2} = \frac{5}{2} R; \qquad \varkappa_2 = \frac{5}{3}; \tag{87}$$

$$c_v = c_{v1} = c_{v2} = 3\frac{R}{m_1}; \qquad c_p = \frac{R}{m_1}(4 + \alpha); \qquad \varkappa = \frac{4 + \alpha}{3}.$$

Die letzten Zeilen beziehen sich wie Gl. (90) und Gl. (92) auf die sogenannten eingefrorenen spezifischen Wärmen, also auf spezifische Wärmen, die bei konstantem α definiert sind, wie in Gl. (94).

Der Index d, der in unserer Darstellung auch für $\lambda \neq 0$ und für allgemeinere Fälle wie beispielsweise für die Ionisation beibehalten werden soll, ist auf die ursprüngliche Verwendung der Vereinfachung für Dissoziation durch Lighthill zurückzuführen. Die Werte von Gl. (82) zeigen, daß O_2, N_2 oder Luft genaugenommen keine Lighthill-Gase sind, denn für letztere ist $\varkappa_1 = 4/3$, während für O_2 und N_2 $\varkappa = 7/5$ gilt. Lighthill-Gase gibt es in der Natur überhaupt höchst wenige. Die Approximation soll deshalb nicht im unteren Dissoziationsbereich, $\alpha \to 0$, angewendet werden, sondern bei ausgeprägter Dissoziation, $\alpha \sim 1$.

Ein Vergleich der vorliegenden Darstellung mit jener von Lighthill [1] zeigt eine gute Übereinstimmung in T_d, im allgemeinen jedoch eine schlechte Übereinstimmung in ϱ_d. Das liegt daran, daß λ stark von Null abweicht, vgl. etwa Tabelle 7. Da T im allgemeinen sehr klein gegenüber T_d ist, wird der Faktor vor der e-Potenz in Gl. (85) durch $\lambda \neq 0$ erheblich geändert.

Den folgenden Überlegungen wird im allgemeinen nicht das Lighthill-Gas zugrunde gelegt werden. Für eine Reihe von Vereinfachungen genügt nämlich die in der Praxis vielfach sehr zutreffende Annahme $T_d/T \gg 1$ allein, worauf noch näher eingegangen werden wird. A ist mit der meist mit K bezeichneten „Gleichgewichtskonstanten" des Massenwirkungsgesetzes nahe verwandt, jedoch nicht identisch.

In Gl. (85) kann der Gesamtdruck $p = p_1 + p_2$ mit der Zustandsgleichung (7) leicht eingeführt werden. Nach kurzer Umrechnung erhält man:

$$p = \left[1 + \left(\frac{m_1}{m_2} - 1\right)\alpha\right]\frac{R}{m_1}\varrho T. \tag{88}$$

Wenn man den Druck p ebenso wie die Dichte ϱ und die Temperatur T auf einen charakteristischen Druck beziehen will, so wählt man dafür nach LIGHTHILL

$$p_d = \frac{R}{m_1}\varrho_d T_d,$$

womit die Zustandsgleichung dann die Form bekommt:

$$\frac{p}{p_d} = \left[1 + \left(\frac{m_1}{m_2} - 1\right)\alpha\right]\frac{\varrho}{\varrho_d}\frac{T}{T_d}. \tag{89}$$

Abb. 6 zeigt das Verhalten von Luft in einem weiten Temperaturbereich bei einem speziellen Wert der Dichte in einer Auftragung, die zeigt, daß sich Luft bei einem Zweisubstanzenmodell nur mit begrenzter Genauigkeit wiedergeben läßt, ϱ_0 ist dabei die Dichte im „Normalzustand". Das unserer Darstellung zugrunde liegende Zweisubstanzenmodell erweist sich überall dort als brauchbar, wo eine Reaktion dominiert. Das ist bei Luft nur in einem bestimmten Temperatur- und Dichtebereich der Fall. Es zeigt sich ferner bestätigt, daß gemäß Gl. (81) und Gl. (85) die Reaktion bei um so geringeren Temperaturen auftritt, je kleiner die Dichte ist. Abb. 7 und 8 zeigen die Dissoziation und Ionisation von Stickstoff bzw. Helium. ϱ_0 und p_0 sind wieder die „Normalzustände".

Die verwendeten Werte von T_d und ϱ_d sind in Tab. I,6 wiedergegeben.

Tabelle I,6. *Werte von T_d und ϱ_d für verschiedene Gase*

	T_d	$\ln(\varrho_d/\varrho_0)$
Dissoziation von Luft	54200°K	7,12
Dissoziation von Stickstoff	113300°K	12,85
Ionisation von Helium	284800°K	11,05

Kommen verschiedene Gasreaktionen annähernd gleichzeitig ins Spiel, wie das bei Luft höherer Dichte zutrifft, so muß entweder ein Mehrsubstanzenmodell verwendet werden, oder es müssen bereits vorliegende Tafeln herangezogen werden. Abb. 4 zeigt das Verhältnis m_1/m nach [2] abhängig von Temperatur und Dichte, das entspräche bei einer einfachen Dissoziation gemäß Gl. (9) dem Werte von $1 + \bar{\bar{\alpha}}$. $\bar{\bar{\alpha}}$ muß aber nun als Mittelwert mehrerer Zerfallsvorgänge aufgefaßt werden, hauptsächlich der Dissoziation $O_2 \leftrightarrow 2O$, der Dissoziation $N_2 \leftrightarrow 2N$ und dann der Ionisation von O und N, im wesentlichen in der genannten Reihenfolge. Deshalb wird hier besser auf die Einführung von Massenanteilen verzichtet und mit der Molmasse gearbeitet. Bei niedrigen Dichten sind die genannten Zerfallsvorgänge gut getrennt. Es zeigen sich für jeden Vorgang deutlich getrennt hintereinander Stufen des (m_1/m)-Anstieges. Jede solche Stufe könnte durch ein dem Temperaturbereich angepaßtes Zweisubstanzenmodell dargestellt werden. Bei Normaldichte, $\varrho = \varrho_0$, und darüber aber überlappen die Zerfallsbereiche schon deutlich, wodurch der Genauigkeit des Zweisubstanzenmodells Grenzen gesetzt werden, wie dies etwa auch in Abb. 6 zu erkennen ist.

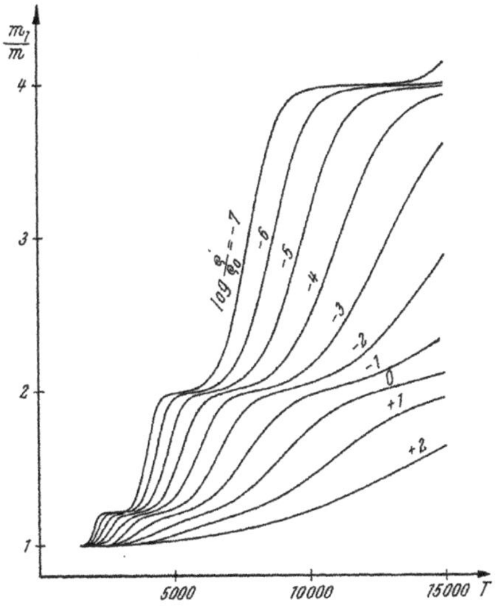

Abb. I,4. Molmasse von Luft über der Temperatur nach [2].

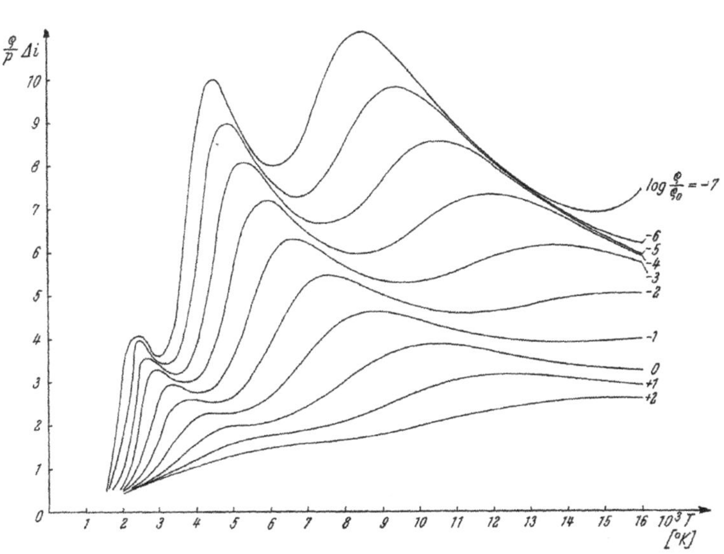

Abb. I,5. Enthalpiezuwachs von Luft gemäß Gl. (91) und nach [2] über der Temperatur.

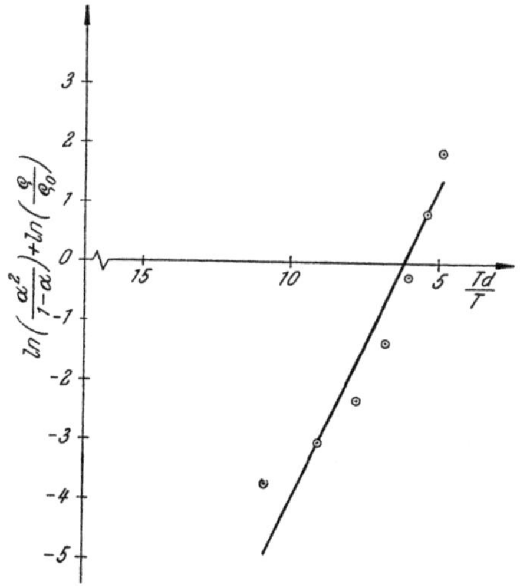

Abb. I,6.

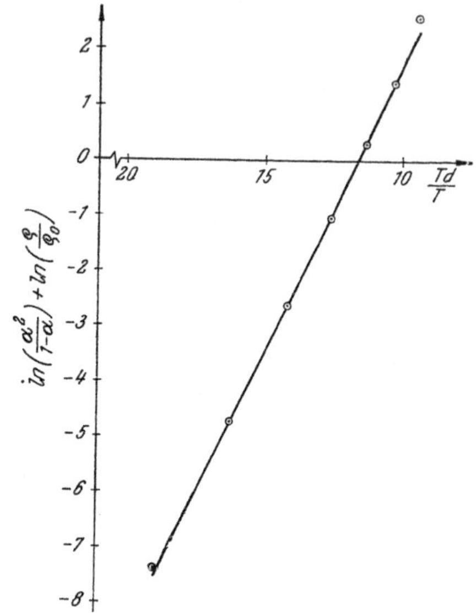

Abb. I,7.

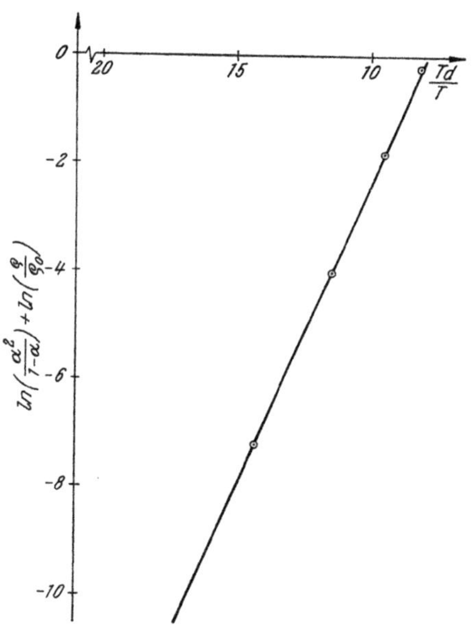

Abb. I,8.

Abb. I,6. Dissoziation von Luft. ——— Zweisubstanzenmodell mit $T_d = 54200\,°\mathrm{K}$, $\ln(\varrho_d/\varrho_0) = 7{,}12$; $\odot$ gemäß [3] bei $\varrho/\varrho_0 = 1$.

Abb. I,7. Dissoziation von Stickstoff. ——— Zweisubstanzenmodell mit $T_d = 113300\,°\mathrm{K}$, $\ln(\varrho_d/\varrho_0) = 12{,}85$; $\odot$ gemäß [2] mit $\varrho/\varrho_0 = 1$.

Abb. I,8. Ionisation von Helium. ——— Zweisubstanzenmodell mit $T_d = 284800\,°\mathrm{K}$, $\ln(\varrho_d/\varrho_0) = 11{,}05$. $\odot$ gemäß [4] bei $p/p_0 = 1$.

Da mit Zunahme der Reaktionen gleichzeitig verschiedene Reaktionswärmen auftreten, wird am besten auch auf die Einführung einer mittleren Reaktionswärme oder eines mittleren T_d verzichtet und mit der spezifischen Enthalpie i des Gemisches gearbeitet. In Abb. 5 ist daher die in Gl. (91) eingeführte Abweichung Δi vom Wert des idealen Gases konst. spez. W., also von dem in Gl. (35) angegebenen Wert als Funktion von T und ϱ dargestellt. Wird in dem mit dem Index a gekennzeichneten Ausgangszustand ein Gas konst. spez. W. angenommen, so ist gemäß Gl. (91)

$$\frac{\varrho}{p}\Delta i = \frac{\varrho}{p} i - \frac{\varkappa_1}{\varkappa_1 - 1}.$$

Die größten Werte von Δi treten im Zerfallsbereich auf, weil dort die Wärmezufuhr weniger der Temperaturerhöhung als der Aufspaltung der Materie zugute kommt.

Mit Abb. 4 und 5 sind die erforderlichen Unterlagen zur Behandlung der Luftströmung in den überlappenden Zerfallsbereichen gegeben.

Die Temperaturabhängigkeit der spezifischen Wärmen eines idealen Gases beruht, wie bereits früher erwähnt, auf der Anregung von Molekülschwingungen. Auch dieser Vorgang kann zu den Gasreaktionen eingereiht werden, indem ein Gas, dessen Moleküle zum Teil schwingen, als ein Gemisch aufgefaßt wird von einem Gas ohne Molekülschwingungen mit Gasen mit verschiedenen voll angeregten Molekülschwingungen. Die weitere Erläuterung sei auf das Zweisubstanzenmodell beschränkt, womit nur eine Schwingungsform erfaßt werden kann, was jedoch für das Verständnis des Vorganges genügt.

Das Gas mit dem Index 1 und dem Massenanteil $1 - \bar{\alpha}$ weise keinerlei Molekülschwingungen auf, das Gas 2 mit dem Massenanteil $\bar{\alpha}$ eine bestimmte, voll angeregte Eigenschwingung. Beide Teilgase haben die gleiche Molmasse $m_1 = m_2 = m$, weshalb die Zustandsgleichung von unserer Betrachtung unberührt bleibt. Die Reaktionswärme ist jene Energie, die erforderlich ist, das Gas 1 in das Gas 2 überzuführen, also im wesentlichen die Schwingungsenergie. Wegen $m_1 = m_2$ gilt für das Gas im inneren thermodynamischen Gleichgewicht Gl. (86). Das bedeutet, daß $\bar{\alpha}$ und damit i, e, c_p und c_v von der Temperatur, aber nicht von der Dichte, vgl. etwa Gl. (85), abhängen. Die Temperaturabhängigkeit dieser Größen macht sich bei um so niedrigerer Temperatur geltend, je schwächer die Schwingungsenergie ist.

Bei Wasserdampf, H_2O, und verwandten Molekülen, deren drei Atome in einer Geraden angeordnet sind und die sich folglich bei niederen Temperaturen wie Hantelmodelle verhalten, sind vor allem die Biegeschwingungen für die Temperaturabhängigkeit verantwortlich, weil das Molekül gegenüber dieser Verlagerung der Moleküle am „weichsten" ist.

Ein ideales Gas konstanter spezifischer Wärme ist also ein Gas mit einem verschwindenden Anteil $\bar{\alpha}$ an schwingenden Molekülen, zufolge seiner im Verhältnis zur Schwingungsenergie zu geringen absoluten Temperatur. Ein entsprechender Effekt für die Rotation der Moleküle kann nur bei Wasserstoff H_2 nahe am absoluten Nullpunkt beobachtet werden.

13. Enthalpie und Entropie bei Gasreaktionen

Bei gasdynamischen Anwendungen erweisen sich Enthalpie und Entropie als sehr brauchbare Zustandsgrößen. Daher seien sie für den Fall von Gasreaktionen noch speziell dargestellt. Während für die Entropie thermodynamisches Gleichgewicht angenommen werden soll, wird diese Voraussetzung für die Enthalpie nicht immer getroffen. Stets sei jedoch angenommen, daß im Ausgangszustand nur eine einfache Substanz vorhanden ist, also für $T = T_a : \alpha_a = 0$.

Die Ausgangsenthalpie i_a wie auch i_1 und i_2, die Enthalpie jeder Teilsubstanz, hängt also nur von der Temperatur ab. Mit den Gln. (47), (50) und (35) gilt dann:

$$i(T, \varrho) - i_a(T_a) = i_1(T) - i_{1a}(T_a) + \alpha r_p(T) = c_{p1}(T - T_a) + \alpha r_p(T). \tag{90}$$

Die Dichteabhängigkeit von $i(T, \varrho)$ beruht unter den getroffenen Voraussetzungen also nur auf der Dichteabhängigkeit von α, die selbst bei thermodynamischem Gleichgewicht besteht.

Der letzte Summand von Gl. (90), nämlich αr_p, gibt das Abweichen des Enthalpieanstieges von dem eines einfachen idealen Gases an, wenn der Vergleich bei gleicher Temperatur T durchgeführt wird. Später wird es sich jedoch als besonders zweckmäßig erweisen, den Vergleich bei gleichem Druck und gleicher Dichte durchzuführen. Unter Δi sei daher jener Enthalpieunterschied verstanden, um den das Gemisch über der Enthalpie der Ausgangssubstanz liegt, wenn letztere ohne Gasreaktion die Werte p und ϱ annehmen würde. Mit Gl. (35), in der nur noch $\varkappa$ durch $\varkappa_1$ des Ausgangsgases zu ersetzen ist, sei also:

$$\Delta i = i(T, \varrho) - i_a(T_a) - \frac{\varkappa_1}{\varkappa_1 - 1}\left(\frac{p}{\varrho} - \frac{p_a}{\varrho_a}\right). \tag{91}$$

Ersetzt man hierin p/ϱ mittels der Zustandsgleichung (7) durch T, so folgt zusammen mit Gl. (90):

$$\begin{aligned}\Delta i &= \alpha r_p + c_{p1}(T - T_a) - \left[1 + \alpha\left(\frac{m_1}{m_2} - 1\right)\right] c_{p1} T + c_{p1} T_a \\ &= \alpha\left[r_p(T) - \left(\frac{m_1}{m_2} - 1\right) c_{p1} T\right].\end{aligned}$$

Also auch diese Enthalpieabweichung ist proportional zu α. Durch letzteres kommt auch wieder die Dichteabhängigkeit neben der Abhängigkeit von T in die Funktion Δi.

Führt man, wie im letzten Abschnitt mit Gl. (83), anstatt r_p die Größe T_d ein, so erhält man für $i(T, \varrho)$ die Beziehungen

$$i(T, \varrho) - i_a(T_a) = \alpha \frac{R}{m_1} T_d + [\alpha c_{p2} + (1 - \alpha) c_{p1}] T - c_{p1} T_a;$$

oder (92)

$$\frac{i(T, \varrho) - i_a(T_a)}{T_d R / m_1} = \alpha\left[1 + \left(\lambda + \frac{m_1}{m_2} - 1\right)\frac{T}{T_d}\right] + \frac{\varkappa_1}{\varkappa_1 - 1}\,\frac{T - T_a}{T_d}.$$

Für die durch Gl. (91)ff. definierte Enthalpieabweichung Δi erhält man wieder mit Gl. (83) nach kurzer Rechnung den Ausdruck:

$$\frac{\varrho}{p}\Delta i = \frac{\alpha}{\left[1 + \alpha\left(\frac{m_1}{m_2} - 1\right)\right]}\left[\frac{T_d}{T} + \lambda - \frac{1}{\varkappa_1 - 1}\left(\frac{m_1}{m_2} - 1\right)\right]. \tag{93}$$

Der dominierende Anteil in Gl. (93) ist im allgemeinen der erste Summand. Der dimensionslose Enthalpieausdruck der linken Seite der unteren Gl. (92) ist für einige dissoziierende Gase und ionisierende Gase für den Gleichgewichtszustand nach vorhandenen Tabellen in Abb. 9 aufgetragen. Ferner zeigt Abb. 9 Werte für Δi gemäß Tabellen und gemäß Gl. (93) des Zweisubstanzenmodells immer bei thermodynamischem Gleichgewicht.

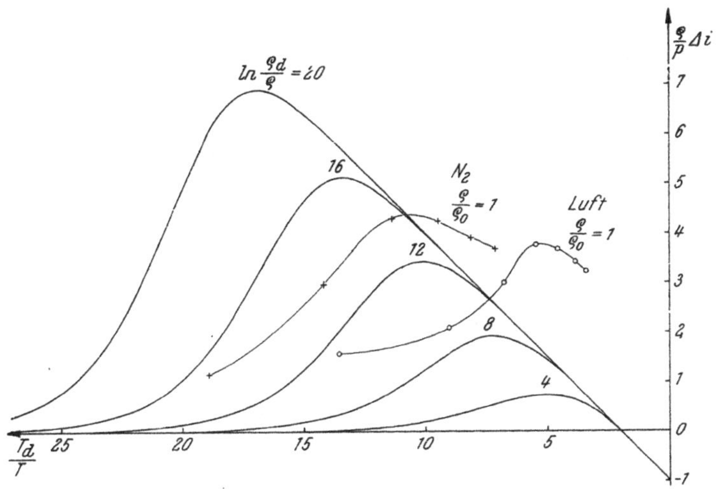

Abb. I,9. Enthalpiezuwachs Δi gemäß Gl. (91). + N_2 gemäß [2]; ∘ Luft gemäß [2]; ——— Gl. (93) für $\varkappa_1 = 7/5$, $\lambda = 1/2$.

Für ein dissoziierendes Hantelmodell und für ein einfach ionisierendes Gas (etwa $O \rightleftharpoons O^+ +$ Elektron) ergeben sich mit Gl. (84) die Werte der folgenden Tabelle.

Tabelle I,7. *Konstanten des dissoziierenden Hantelmodells des ionisierenden Atoms und des Lighthill-Gases*

	f_1	f_2	m_1/m_2	$(m_1/m_2) - 1$	$\varkappa_1$	λ	$\varkappa_1/(\varkappa_1 - 1)$
Dissoz. Hantelmod.	5	3	2	1	7/5	1/2	7/2
Ionisier. Atom	3	3	2	1	5/3	3/2	5/2
Lighthill-Gas	6	3	2	1	4/3	0	4

Im mittleren Dissoziations- oder Ionisationsgebiet, $\alpha \sim 1$, dominiert in Gl. (92) wohl der Ausdruck mit α, jedoch ist das letzte Glied auch von Bedeutung. Dieses repräsentiert den Beitrag des Gases konstanter spezifischer Wärme. Ohne weiteres zu vernachlässigen ist allerdings in diesem Glied T_a, solange $T_a \ll T$ ist. Eher zu vernachlässigen als der letzte Summand ist der Ausdruck in der runden Klammer. Die Zulässigkeit der Vernachlässigungen kann im Einzelfall leicht geprüft werden.

Ein kritischer Vergleich von Gl. (92) für das Lighthill-Gas ($\lambda = 0$) mit den genauen Werten des Zweisubstanzenmodells würde zeigen, daß der Anwendung der ersteren die folgende Voraussetzung zugrunde liegt:

$$\lambda(1-\alpha)\frac{T}{T_d} \ll \alpha .$$

Diese Voraussetzung ist insbesondere im oberen Zerfallbereich sehr gut erfüllt, auch im Falle der Atom-Ionisation.

Wenn sich die Massenanteile mit der Temperatur nicht ändern, $\alpha =$ konst., dann setzt sich die spezifische Wärme c_p aus den spezifischen Wärmen der Anteile genauso zusammen wie die Enthalpie i aus i_1 und i_2 gemäß Gl. (47). Entsprechendes gilt für c_v und e. Der Ausdruck in der eckigen Klammer der oberen Gl. (92) ist daher die spez. Wärme bei konstantem Druck und „eingefrorenem" Massenanteil, $\alpha =$ konst. Sie soll mit c_p ohne Index bezeichnet werden, und dasselbe gelte für c_v. Dann sind die *eingefrorenen spezifischen Wärmen*:

$$\begin{aligned}\frac{m_1}{R}c_p &= \frac{m_1}{R}\left(\frac{\partial i}{\partial T}\right)_{p,\alpha} = \frac{m_1}{R}[(1-\alpha)\,c_{p1} + \alpha c_{p2}] = \frac{\varkappa_1}{\varkappa_1 - 1} + \alpha\left[\lambda + \frac{m_1}{m_2} - 1\right];\\ \frac{m_1}{R}c_v &= \frac{m_1}{R}\left(\frac{\partial e}{\partial T}\right)_{\varrho,\alpha} = \frac{m_1}{R}[(1-\alpha)\,c_{v1} + \alpha c_{v2}] = \frac{1}{\varkappa_1 - 1} + \alpha\lambda .\end{aligned} \tag{94}$$

Der Ausdruck für die Entropie des Gasgemisches sei auf thermodynamisches Gleichgewicht beschränkt. Diese Einschränkung ist schon deswegen naheliegend, weil die Entropiefunktion besonders bei Gleichgewichtsvorgängen herangezogen wird. Mit Gl. (68) und $\alpha_a = 0$ erhält man bei thermodynamischem Gleichgewicht zufolge Gl. (74):

$$s - s_a = s_1 - s_{1a} + \alpha(s_2 - s_1) = s_1 - s_{1a} + \bar{\bar{\alpha}}\,\frac{r_p}{T}.$$

Daraus folgt mit Gl. (63) durch Elimination von $s_1 - s_{1a}$ und ϱ_1 mit Gl. (4):

$$s - s_a = c_{v1}\ln\frac{T}{T_a} - \frac{R}{m_1}\ln\left[(1-\bar{\bar{\alpha}})\frac{\varrho}{\varrho_a}\right] + \bar{\bar{\alpha}}\,\frac{r_p}{T}.$$

Führt man hierin noch T_d und ϱ_d ein, so gewinnt man folgende spezielle Form für das Zweisubstanzenmodell:

$$\begin{aligned}\frac{m_1}{R}(s - s_a) = {}& \frac{1}{\varkappa_1 - 1}\ln\frac{T}{T_d} - \ln\left[(1-\bar{\bar{\alpha}})\frac{\varrho}{\varrho_d}\right] + \bar{\bar{\alpha}}\left[\frac{T_d}{T} + \lambda + \left(\frac{m_1}{m_2} - 1\right)\right]\\ & + \frac{1}{\varkappa_1 - 1}\ln\frac{T_d}{T_a} - \ln\frac{\varrho_d}{\varrho_a}.\end{aligned} \tag{95}$$

Die beiden letzten Summanden stellen eine Konstante dar, die ebenso wie s_a in allen Fällen ohne Bedeutung ist, wo es nur auf Entropieunterschiede ankommt.

Die drei Veränderlichen T, ϱ und $\bar{\bar{\alpha}}$ stehen durch die Gleichgewichtsbedingung (85) miteinander in Beziehung. Am leichtesten wäre ϱ/ϱ_d zu eliminieren. Die Entropie des Gleichgewichtszustandes ist ja nur Funktion zweier unabhängiger Zustandsgrößen.

Im Spezialfalle adiabatischer Isolierung des Gasteilchens hat man zufolge thermodynamischen Gleichgewichtes (Umkehrbarkeit des Vorganges!) Isentropie. s in Gl. (95) ist dann konstant, und man erhält damit eine Beziehung zwischen zwei Zustandsgrößen, die *Reaktionsisentrope*. Sofern sich die Beziehung überhaupt analytisch darstellen läßt, wie das zwischen T und $\bar{\bar{\alpha}}$ zutrifft, ist sie jedoch transzendent.

14. Zustandsänderungen, besonders bei Gasreaktionen

Ohne eine andere Einschränkung über die Art des Mediums, des Gases oder der Flüssigkeit, als daß es aus zwei ineinander überführbaren Substanzen bestehen möge, läßt sich der erste Hauptsatz der Wärmelehre, Gl. (25), wie folgt umschreiben:

$$\mathrm{d}q = \mathrm{d}i - \frac{1}{\varrho}\,\mathrm{d}p = \left(\frac{\partial i}{\partial T}\right)_{p,\alpha} \mathrm{d}T + \left(\frac{\partial i}{\partial p}\right)_{T,\alpha} \mathrm{d}p + \left(\frac{\partial i}{\partial \alpha}\right)_{p,T} \mathrm{d}\alpha - \frac{1}{\varrho}\,\mathrm{d}p.$$

Nun ist definitionsgemäß die eingefrorene spezifische Wärme und die Reaktionswärme bei konstantem Druck gegeben durch

$$c_p = \left(\frac{\partial i}{\partial T}\right)_{p,\alpha}; \qquad r_p = \left(\frac{\partial i}{\partial \alpha}\right)_{p,T}. \tag{96}$$

Damit, sowie mit der vorletzten Gleichung im Kleindruck von S. 32 läßt sich folgende Beziehung zwischen Wärmezufuhr und Zustandsänderung gewinnen:

$$\begin{aligned}\mathrm{d}q &= c_p\,\mathrm{d}T + \left[\left(\frac{\partial i}{\partial p}\right)_{T,\alpha} - \frac{1}{\varrho}\right]\mathrm{d}p + r_p\,\mathrm{d}\alpha \\ &= c_p\,\mathrm{d}T + \frac{T}{\varrho^2}\left(\frac{\partial \varrho}{\partial T}\right)_{p,\alpha} \mathrm{d}p + r_p\,\mathrm{d}\alpha = T\,\mathrm{d}s - (g_1 - g_2)\,\mathrm{d}\alpha.\end{aligned} \tag{97}$$

In Gl. (97) und (98) ist mit Gl. (70) außerdem die Verbindung zur Entropieänderung hergestellt, was von Nutzen sein kann.

Bei Anwendungen in der Gasdynamik ist die Einführung der Druck- und Dichteänderung in der Regel vorteilhaft, da diese Änderung in der Kontinuitätsbedingung und in den Bewegungsgleichungen auftritt. Um dies zu erreichen, muß $\mathrm{d}T$ mit Hilfe der Zustandsgleichung eliminiert werden, indem T als Funktion von $T(p, \varrho, \alpha)$ aufgefaßt wird. Mit

$$\mathrm{d}T = \left(\frac{\partial T}{\partial p}\right)_{\varrho,\alpha} \mathrm{d}p + \left(\frac{\partial T}{\partial \varrho}\right)_{\alpha,p} \mathrm{d}\varrho + \left(\frac{\partial T}{\partial \alpha}\right)_{p,\varrho} \mathrm{d}\alpha$$

erhält man:

$$\mathrm{d}q = \left[c_p\left(\frac{\partial T}{\partial p}\right)_{\varrho,\alpha} + \frac{T}{\varrho^2}\left(\frac{\partial \varrho}{\partial T}\right)_{p,\alpha}\right]\mathrm{d}p + c_p\left(\frac{\partial T}{\partial \varrho}\right)_{\alpha,p}\mathrm{d}\varrho + \left[r_p + c_p\left(\frac{\partial T}{\partial \alpha}\right)_{p,\varrho}\right]\mathrm{d}\alpha.$$

Mit der letzten Gleichung des Kleindruckes von S. 32 läßt sich dies noch einfacher schreiben:

$$\mathrm{d}q = c_v \left(\frac{\partial T}{\partial p}\right)_{\varrho,\alpha} \mathrm{d}p + c_p \left(\frac{\partial T}{\partial \varrho}\right)_{p,\alpha} \mathrm{d}\varrho + \left[r_p + c_p \left(\frac{\partial T}{\partial \alpha}\right)_{p,\varrho}\right] \mathrm{d}\alpha = T\,\mathrm{d}s - (g_1 - g_2)\,\mathrm{d}\alpha\,. \tag{98}$$

In den Koeffizienten dieser Gleichung sowie der unteren Gl. (97) treten nur mehr solche Differentialquotienten auf, die allein mittels der Zustandsgleichung zu bilden sind, was die Spezialisierung wesentlich vereinfacht.

Gl. (97) und Gl. (98) gelten für beliebige Gemische aus zwei Substanzen für Zustandsänderungen, bei denen der Übergang der einen Teilsubstanz in die andere eingefroren sein kann (α = konst.), bis zu Zustandsänderungen, bei denen in jedem Stadium Gleichgewicht herrscht ($\alpha = \bar{\bar{\alpha}}$).

Neben der eingefrorenen spezifischen Wärme gemäß Gl. (96) kann bei Gleichgewichtsvorgängen auch eine effektive spezifische Wärme $c_{p\,\mathrm{eff}}$ definiert werden. Es ist jene Wärmemenge, die der Substanz im Gleichgewicht $\alpha = \bar{\bar{\alpha}}$ bei konstantem Druck zugeführt werden muß, um die Temperatur um 1° zu erhöhen. Dafür erhält man mit Gl. (97), indem man α als Funktion von T und p auffaßt, $\alpha = \bar{\bar{\alpha}}(T, p)$:

$$c_{p\,\mathrm{eff}} = \left(\frac{\partial q}{\partial T}\right)_p = c_p + r_p \left(\frac{\partial \bar{\bar{\alpha}}}{\partial T}\right)_p .$$

Der zweite Summand kann aus der Gleichgewichtsgleichung ermittelt werden. Er überwiegt im Reaktionsgebiet den ersten Summanden in der Regel ganz beträchtlich, so daß die effektive spezifische Wärme weit über der eingefrorenen spez. Wärme liegen kann. Entsprechendes gilt für die spez. Wärmen bei konstantem Volumen.

Die weiteren Untersuchungen seien auf Gasreaktionen beschränkt und am Zweisubstanzenmodell erläutert. Für dieses gilt die Zustandsgleichung (7). Mittels Gl. (8) folgt aus ihr:

$$\left(\frac{\partial T}{\partial p}\right)_{\varrho,\alpha} = \frac{T}{p}; \quad \left(\frac{\partial T}{\partial \varrho}\right)_{\alpha,p} = -\frac{T}{\varrho}; \quad \left(\frac{\partial T}{\partial \alpha}\right)_{p,\varrho} = -\frac{m}{m_1}\left(\frac{m_1}{m_2} - 1\right) T. \tag{99}$$

Für die Druck-Dichte-Abhängigkeit bei adiabatischer Isolierung des Teilchens folgt aus Gl. (98) mit (99) wegen $\mathrm{d}q = 0$ für das Zweisubstanzenmodell der Gase

$$0 = \frac{\mathrm{d}p}{p} - \varkappa \frac{\mathrm{d}\varrho}{\varrho} + \left[\frac{r_p}{c_v T} - \varkappa \frac{m}{m_1}\left(\frac{m_1}{m_2} - 1\right)\right] \mathrm{d}\alpha,$$

mit $\varkappa$ als Verhältnis der eingefrorenen spez. Wärmen.

Führt man hierin T_d und λ mit Hilfe der Gln. (82) und (83) ein, so erhält man schließlich:

$$0 = \frac{\mathrm{d}p}{p} - \varkappa \frac{\mathrm{d}\varrho}{\varrho} + \left[(\varkappa - 1)\left(\frac{T_d}{T} + \lambda\right) - \left(\frac{m_1}{m_2} - 1\right)\right] \frac{m}{m_1}\,\mathrm{d}\alpha\,. \tag{100}$$

Für die „eingefrorenen Adiabaten“ erkennt man wegen $d\alpha = 0$ wieder die letzte Gl. (41). Auch diese ist, wie nochmals betont werden soll, eine Isentrope. Zum selben Ergebnis kommt man auch am unteren und oberen Rand des Reaktionsgebietes, wo mit $\alpha \to 0$ oder $\alpha \to 1$ $\varkappa$ gemäß Gl. (94) übergeht in $\varkappa \to \varkappa_1$ oder $\varkappa \to \varkappa_2$.

Für den Fall des thermodynamischen Gleichgewichtes, $\alpha = \bar{\bar{\alpha}}$, folgt aus Gl. (85) eine weitere Differentialbeziehung zwischen $d\varrho$, dT und $d\bar{\bar{\alpha}}$, die unter abermaliger Verwendung der Symbole λ und T_d aus Gl. (82) und Gl. (83) wie folgt lautet:

$$\frac{m_1}{m_2}\frac{d\bar{\bar{\alpha}}}{\bar{\bar{\alpha}}} + \frac{d\bar{\bar{\alpha}}}{1-\bar{\bar{\alpha}}} = -\left(\frac{m_1}{m_2} - 1\right)\frac{d\varrho}{\varrho} + \left(\frac{T_d}{T} + \lambda\right)\frac{dT}{T}. \tag{101}$$

Bei Verwendung der Lighthillnäherung $\lambda = 0$ würde in Gl. (101) das λ-Glied fehlen. Es kann in Gl. (101) weggelassen werden unter der Voraussetzung:

$$\lambda\frac{T}{T_d} \ll 1,$$

eine Bedingung, die mit jener von Abschnitt 13 zwar nicht identisch, aber doch verwandt ist. Sie ist bei den von uns betrachteten Fällen in der Regel sehr gut erfüllt.

Eliminiert man abermals dT mittels Gl. (88) zugunsten von $d\varrho$, so erhält man nach einiger Rechnung die Gleichgewichtsbeziehung:

$$\left[\left(\frac{T_d}{T} + \lambda\right)\left(\frac{m_1}{m_2} - 1\right) + \frac{m_1}{m_2}\frac{1}{\bar{\bar{\alpha}}(1-\bar{\bar{\alpha}})} + \left(\frac{m_1}{m_2} - 1\right)^2\right]\frac{m}{m_1}d\bar{\bar{\alpha}}$$
$$= \left(\frac{T_d}{T} + \lambda\right)\frac{dp}{p} - \left[\frac{T_d}{T} + \lambda + \left(\frac{m_1}{m_2} - 1\right)\right]\frac{d\varrho}{\varrho}. \tag{102}$$

Setzt man schließlich das Gleichgewicht $d\bar{\bar{\alpha}}$ aus Gl. (102) in die Adiabatengleichung (100) ein, so erhält man folgende Beziehung für die Gleichgewichtsadiabate:

$$\frac{\varrho}{p}\left(\frac{\overline{\overline{\partial p}}}{\partial\varrho}\right)_s\left[\left(\frac{T_d}{T} + \lambda\right)^2 + \frac{1}{\varkappa - 1}\frac{m_1}{m_2}\frac{1}{\bar{\bar{\alpha}}(1-\bar{\bar{\alpha}})} + \frac{1}{\varkappa - 1}\left(\frac{m_1}{m_2} - 1\right)^2\right]$$
$$= \left[\left(\frac{T_d}{T} + \lambda\right)^2 + 2\left(\frac{T_d}{T} + \lambda\right)\left(\frac{m_1}{m_2} - 1\right) + \frac{\varkappa}{\varkappa - 1}\frac{m_1}{m_2}\frac{1}{\bar{\bar{\alpha}}(1-\bar{\bar{\alpha}})} + \left(\frac{m_1}{m_2} - 1\right)^2\right]. \tag{103}$$

Das Verhältnis der beiden Ausdrücke in eckigen Klammern links und rechts des Gleichheitszeichens ist das effektive Verhältnis der spezifischen Wärmen $\varkappa_{\text{eff}}$. Am unteren ($\bar{\bar{\alpha}} \to 0$) und oberen ($\alpha \to 1$) Rand des Reaktionsgebietes dominieren die beiden Ausdrücke mit dem Nenner $\bar{\bar{\alpha}}(1-\bar{\bar{\alpha}})$. Damit geht an diesen Grenzen $\varkappa_{\text{eff}} \to \varkappa$, d. i. das eingefrorene Verhältnis der spezifischen Wärmen. Im mittleren

Reaktionsbereich ($0{,}2 < \bar{\bar{\alpha}} < 0{,}8$) dominieren bei $T_d/T \gg 1$ die T_d-Terme. Eine Entwicklung nach T/T_d führt dann zu folgendem Ergebnis unter der Voraussetzung

$$\frac{1}{\varkappa - 1} \frac{m_1}{m_2} \frac{1}{\bar{\bar{\alpha}}(1 - \bar{\bar{\alpha}})} \left(\frac{T}{T_d}\right)^2 \ll 1:$$

$$\varkappa_{\text{eff}} = \frac{\varrho}{p} \left(\overline{\overline{\frac{\partial p}{\partial \varrho}}}\right)_s = 1 + 2\left(\frac{m_1}{m_2} - 1\right) \frac{T}{T_d} + \left[\frac{m_1}{m_2} \frac{1}{\bar{\bar{\alpha}}(1 - \bar{\bar{\alpha}})} - 2\left(\frac{m_1}{m_2} - 1\right)\lambda - \frac{2 - \varkappa}{\varkappa - 1}\left(\frac{m_1}{m_2} - 1\right)^2\right]\left(\frac{T}{T_d}\right)^2 + \cdots = \frac{\varrho}{p} \bar{\bar{c}}^2. \quad (104)$$

Der zweite und dritte Summand der rechten Seite geben das Abweichen von der isothermen Zustandsänderung, die durch den Wert 1 repräsentiert wird. Das zweite Hauptglied, der zweite Summand, gibt im mittleren Dissoziationsbereich von N_2 bereits einen Wert von 0,14, wozu noch ein weiterer Beitrag in der Höhe von einigen Prozent aus dem dritten Summanden kommt. Die Reaktionsisentrope liegt demnach also im mittleren Reaktionsbereich etwas näher an der Isotherme als an der eingefrorenen Isentrope.

Aus den Ausführungen folgt weiter, daß die eingefrorene Schallgeschwindigkeit größer als die Gleichgewichtsschallgeschwindigkeit ist:

$$c^2 = \left(\frac{\partial p}{\partial \varrho}\right)_{s,\alpha} > \left(\overline{\overline{\frac{\partial p}{\partial \varrho}}}\right)_s = \bar{\bar{c}}^2.$$

Davon kann man sich auch direkt anhand von Gl. (103) überzeugen. E. Becker [5] hat gezeigt, daß diese Ungleichung sich ganz allgemein als Folge des zweiten Hauptsatzes der Wärmelehre ergibt. Die Beziehung gewinnt später auch in anderem Zusammenhang Bedeutung.

In der Gasdynamik wird häufig auch die Ableitung der Schallgeschwindigkeit nach der Dichte gebraucht. Dabei hat sich eine von W. D. Hayes [6] eingeführte Kenngröße für die Theorie schwacher Störungen als zweckmäßig erwiesen:

$$\Gamma = \frac{1}{\bar{\bar{c}}} \left(\frac{\partial \varrho \bar{\bar{c}}}{\partial \varrho}\right)_s = \frac{1}{2\varrho \bar{\bar{c}}^2} \left(\frac{\partial \varrho^2 \bar{\bar{c}}^2}{\partial \varrho}\right)_s.$$

Die Rechnungen seien auf die Hauptglieder von Gl. (104) beschränkt und seien nur angedeutet, weil sie etwas umständlich, doch elementar sind.

Mit der letzten Gleichung (104) ergibt sich:

$$\Gamma = \frac{1}{2} \frac{1}{\varrho} \frac{1}{\bar{\bar{c}}^2} \left(\frac{\partial}{\partial \varrho}\left[p\varrho\left[1 + 2\left(\frac{m_1}{m_2} - 1\right)\frac{T}{T_d} + \cdots\right]\right]\right)_s$$

$$= \frac{1}{2} \frac{1}{\varrho} \frac{1}{\bar{\bar{c}}^2} \left(\frac{\partial}{\partial \varrho}\left[p\varrho + 2\left(\frac{m_1}{m_2} - 1\right)\frac{1}{T_d} \frac{m(\bar{\bar{\alpha}})}{R} p^2 + \cdots\right]\right)_s.$$

Die Ableitung der Molmasse $m(\bar{\bar{x}})$ kommt auf eine Ableitung von $\bar{\bar{x}}$ heraus. Das Hauptglied aus Gl. (100) gibt dafür zusammen mit Gl. (104):

$$(\varkappa - 1)\frac{T_d}{T}\frac{m}{m_1}\,\mathrm{d}\bar{\bar{x}} = \varkappa\frac{\mathrm{d}\varrho}{\varrho} - \frac{\mathrm{d}p}{p} = \frac{\mathrm{d}\varrho}{\varrho}\left[\varkappa - \frac{\varrho}{p}\left(\frac{\partial p}{\partial \varrho}\right)_s\right] = [\varkappa - 1 + \cdots]\frac{\mathrm{d}\varrho}{\varrho}.$$

Man erhält also für die Ableitung

$$\varrho\left(\frac{\partial \bar{\bar{x}}}{\partial \varrho}\right)_s = \frac{m_1}{m}\frac{T}{T_d} + \cdots$$

einen sehr kleinen Wert.

Da für Γ bereits Glieder der Größenordnung $(T/T_d)^2$ vernachlässigt wurden, kann der Beitrag, der aus der Ableitung der Molmasse entspringt, vernachlässigt werden.

Im übrigen treten aber in den letzten Gleichungen nur Ableitungen

$$\left(\frac{\partial p}{\partial \varrho}\right)_s = \bar{\bar{c}}^2$$

auf, so daß man schließlich erhält:

$$\Gamma = \frac{1}{2}\frac{1}{\varrho\bar{\bar{c}}^2}\left[\varrho\bar{\bar{c}}^2 + p + 4\left(\frac{m_1}{m_2} - 1\right)\frac{T}{T_d}\varrho\bar{\bar{c}}^2 + \cdots\right].$$

Mit Gl. (104) bekommt man schließlich das gesuchte Näherungsresultat im Reaktionsgebiet.

Es ergibt sich:

$$\Gamma = 1 + \left(\frac{m_1}{m_2} - 1\right)\frac{T}{T_d} + \cdots. \tag{105}$$

Ein Vergleich mit dem Γ-Wert des idealen Gases konst. spez. Wärme zeigt einen verhältnismäßig recht geringen Einfluß der Dissoziation auf die Kenngröße Γ.

15. Phasengemische mit reinem Wasserdampf

In diesem Kapitel sei der Fall behandelt, daß ein reiner Dampf mit seiner Flüssigkeit im Gleichgewicht sei. Dem begegnet man in der Strömungsmechanik z. B. bei Dampfturbinen. Wenn der Dampf „überhitzt" ist, expandiert er zunächst bis zur Sättigungsgrenze, die als Anfangszustand unserer Betrachtung gewählt werden soll (p_a, T_a). Sodann scheidet bei weiterer Expansion Wasser aus, wenn sich der Vorgang langsam genug vollzieht, so daß sich thermodynamisches Gleichgewicht einstellen kann.

Es ist für die folgenden Überlegungen gleichgültig, ob die nichtgasförmige Phase eine Flüssigkeit oder ein fester Körper ist. Dies wirkt sich nur in der Höhe der Reaktionswärme und in der Dichte der nichtgasförmigen Phase aus. Ohne spezielle Hinweise wird also im folgenden mit der Verflüssigung im allgemeinen auch die Sublimation gleichzeitig mitbehandelt.

Auch für das Gleichgewicht von Dampf und Flüssigkeit gilt Gl. (79). Nur soll hier die Reaktionswärme r_p durch die Kondensationswärme $-r_k$ ersetzt werden. Es wird ja jetzt beim Übergang von Dampf in Flüssigkeit Wärme frei. Das Medium verdichtet sich sehr stark bei der Kondensation, ein Vorgang, der der Aufspaltung bei der Dissoziation oder Ionisation gerade entgegengesetzt ist. Damit geht Hand in Hand, daß die im folgenden behandelten Vorgänge sich bei Expansion abspielen, während die Dissoziations- und Ionisationsvorgänge durch Kompression hervorgerufen wurden:

$$r_k = -r_p. \tag{106}$$

Im übrigen gilt aber ebenfalls Gl. (80), nur daß c_{p2} durch c_f, die spezifische Wärme der Flüssigkeit, zu ersetzen ist.

Bei Phasengemischen wird neben der Temperatur zweckmäßigerweise der Druck und nicht die Dichte eingeführt, weil die beiden Phasen nicht nur gemeinsame Temperatur, sondern auch gemeinsamen Druck aufweisen, Gl. (11). Mit Gl. (63) und Gl. (66) sowie mit der sinngemäß abgeänderten Gl. (79) folgt dann:

$$c_f \ln \frac{T}{T_a} - \left[c_p \ln \frac{T}{T_a} - (c_p - c_v) \ln \frac{p}{p_a}\right] = \left[\frac{r_{ka}}{T_a} + (c_f - c_p)\right] \left(1 - \frac{T_a}{T}\right).$$

Da keine Verwechslungen möglich sind, wird den spezifischen Wärmen des Dampfes c_p und c_v und auch seinem Molgewicht m kein Index gegeben. Nach kurzer Umrechnung folgt dann die Beziehung für den Sättigungsdampfdruck:

$$\ln \frac{p}{p_a} = -\frac{m}{RT_a} [r_{ka} + (c_f - c_p)\, T_a] \left(\frac{T_a}{T} - 1\right) - \frac{m}{R} (c_f - c_p) \ln \frac{T}{T_a}. \tag{107}$$

Da aus unseren Darlegungen nur Entropieänderungen folgen, jedoch keine absoluten Entropien gerechnet werden können, muß der Dampfdruck für eine bestimmte Temperatur bekannt sein, etwa also für den Gefrierpunkt (Tripelpunkt):

$$T_a = 273\,°\mathrm{K}, \qquad p_a = 4{,}58 \text{ mm Hg (Torr)}.$$

Bei den in der Gasdynamik interessierenden Kondensationsvorgängen ist der Koeffizient $m r_{ka}/(RT_a)$ ziemlich groß, s. Tab. 8. Das bedeutet eine starke Änderung des Sättigungsdruckes in einem Bereich, in dem $(T_a/T - 1)$ klein ist. Deshalb liegt eine Entwicklung des logarithmischen Ausdruckes nahe mit dem Ergebnis

$$\frac{(c_f - c_p)}{r_{ka}} T_a \left(1 - \frac{T}{T_a}\right) \ll 1: \quad \ln \frac{p}{p_a} = -\frac{m r_{ka}}{RT_a} \left(\frac{T_a}{T} - 1\right) + \cdots. \tag{108}$$

Diese Näherung ist für die in Abb. 10 und Abb. 11 angegebenen Beispiele völlig ausreichend. Dort sind Versuchswerte neben Gl. (108) angeführt. Letztere entspricht in der gewählten Auftragung einer Geraden. Die verwendeten Koeffizienten sind in der Tabelle 8 angegeben. Als der mit dem Index a gekennzeichnete Ausgangszustand ist der Tripelpunkt gewählt.

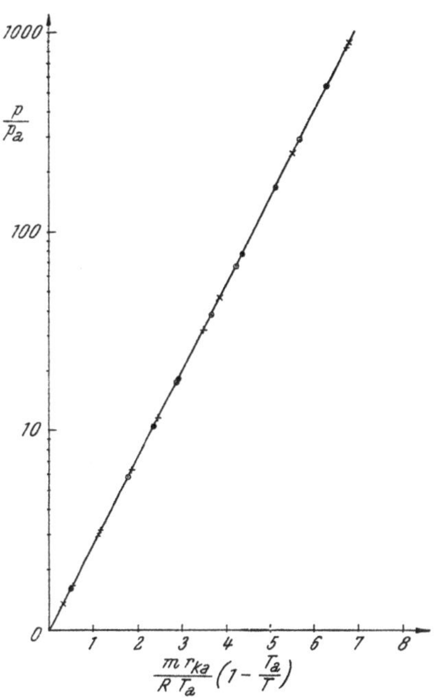

Abb. I,10.

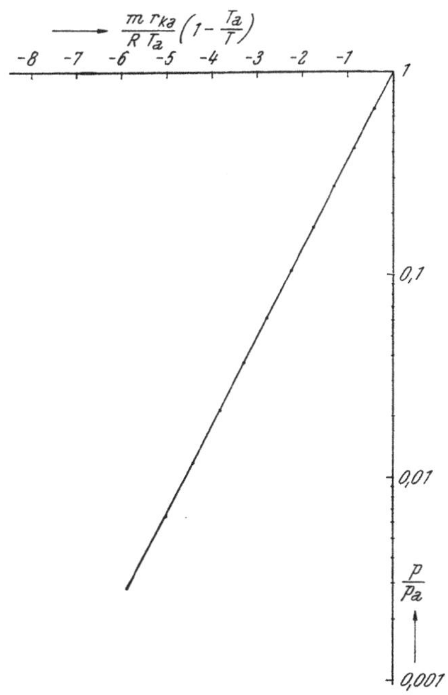

Abb. I,11.

Abb. I,10. Sättigungsdruck einiger Gase. ⊙ H_2; × O_2; + N_2; · H_2O.

Abb. I,11. Sättigungsdruck des Wasserdampfes über Eis.

Tabelle I,8. *Tripelpunkte einiger Gase nach F. Kohlrausch, Praktische Physik, Bd. 2. Leipzig: Teubner. 1956*

Benennung	Symbol	Molmasse (g)	Tripelpunkt T (°K)	p (Torr)	Flüssig mr_k (Joule)	$\frac{mr_k}{RT_a}$	Fest mr_k (Joule)	$\frac{mr_k}{RT_a}$
Wasserdampf	H_2O	18,016	273,2	4,58	45069	19,8	51081	22,5
Sauerstoff	O_2	32,00	54,3	1,14	7740	17,1	8185	18,1
Stickstoff	N_2	28,016	63,1	94	6120	11,6	6840	13,0
Wasserstoff*	H_2	2,016	14,0	54	912	7,86	1029	8,87

* normaler Wasserstoff (25% Para-H_2, 75% Ortho-H_2).

Der Druck eines überhitzten Dampfes fällt also gemäß der Isentropenbeziehung (45) mit der Temperatur, bis der Sättigungsdruck erreicht ist. Ist die Ausdehnung ausreichend langsam zur Einstellung des ungehemmten thermodynamischen Gleichgewichtes, dann folgt der weitere Druckabfall mit der Temperatur im wesentlichen gemäß einer Exponentialfunktion, Gl. (108).

Dabei muß nun aber ein Teil des Dampfes als Flüssigkeit oder als fester Stoff ausfallen. Die Größe der ausfallenden Menge, nämlich $\varkappa$, ergibt sich bei einer

Strömung, wie auch schon bei der Gasreaktion, aus einer isentropen Ausdehnung des Teilchens. Während bei der Gasreaktion zufolge des Massenwirkungsgesetzes von GULDBERG und WAAGE stets jeder Anteil, wenn auch in verschwindend geringen Mengen, vorhanden ist (α in Gl. (85) kann nur für $T = 0$ verschwinden!), tritt jetzt ein Ausfall der flüssigen oder festen Phase erst nach Erreichen des Sättigungsdruckes ein. Es sei daher folgende Annahme getroffen:

$$T = T_a, \qquad (p = p_a): \qquad \alpha = 0. \tag{109}$$

Deshalb ist gemäß Gl. (68) $s_a = s_{1a}$, und für isentrope Ausdehnung gilt wieder mit Gl. (68) die Beziehung:

$$0 = s - s_a = s_1 - s_{1a} - \alpha \frac{r_k}{T}. \tag{110}$$

Drückt man nun hierin mit Gl. (63) die Entropieänderung des Gases durch die Druck- und Temperaturänderung aus, und führt man für die Veränderlichkeit der Kondensationswärme wieder die zu Gl. (80) entsprechende Beziehung ein, so folgt eine Gleichung zwischen Druck, Temperatur und Flüssigkeitsgehalt α, nämlich für $T < T_a$:

$$\ln \frac{p}{p_a} = \frac{\varkappa}{\varkappa - 1} \ln \frac{T}{T_a} - \alpha \left[\frac{m}{R} \frac{r_{ka}}{T_a} \frac{T_a}{T} + \frac{c_f - c_p}{R/m} \left(\frac{T_a}{T} - 1 \right) \right]. \tag{111}$$

In dieser Gleichung kann nun der Dampfdruck mit (107) eliminiert werden, womit dann α bei ungehemmter isentroper Expansion als Funktion der Temperatur folgt:

$$\alpha \left[1 + \frac{(c_f - c_p)}{r_{ka}} T_a \left(1 - \frac{T}{T_a} \right) \right]$$
$$= 1 - \frac{T}{T_a} + \frac{(c_f - c_p)}{r_{ka}} T_a \left(1 - \frac{T}{T_a} \right) + \frac{c_f T_a}{r_{ka}} \frac{T}{T_a} \ln \frac{T}{T_a}. \tag{112}$$

Man bestätigt $\alpha = 0$ für $T = T_a$, aber erhält auch $\alpha = 1$ für $T \to 0$.

Unter ähnlichen Voraussetzungen wie für Gl. (108) erhält man nun für den Flüssigkeitsgehalt

$$\alpha = \left[1 - \frac{c_p T_a}{r_{ka}} \right] \left(1 - \frac{T}{T_a} \right) + \cdots \tag{113}$$

eine gute Näherung, die freilich für hohe Flüssigkeitsgehalte, $\alpha \to 1$, nicht mehr stimmt.

16. Phasengemische mit inertem Gas

Der Kondensation eines Gasanteiles in einem Gasgemisch begegnet man bei Strömungen sehr häufig. Beispielsweise fällt der in Luft enthaltene Wasserdampf bei Expansion als Wasser oder Eis aus. In Hyperschallwindkanälen kann es zur Kondensation des Sauerstoffes und des Stickstoffes kommen. Da es sich bei den genannten Vorgängen in der Regel um unerwünschte Effekte handelt, seien sie nur in den wesentlichen Zügen behandelt.

Die Bezeichnungen seien wie in Abschnitt 6 gewählt. Das als ideal angenommene Ausgangsgas (Index 1) setzt sich zusammen aus einem inerten Massenanteil (Index 5) von der Größe β und einem gesättigten Dampf vom Massenanteil $(1 - \beta)$ (Index 3). Dieser Dampf kann die Phase ändern. Wenn er ganz ausgefallen ist, ist die Substanz schließlich übergegangen in ein Phasengemisch (Index 2), bestehend aus einem Massenanteil abermals von der Größe β von inerter Substanz (Index 5) und einem Massenanteil $(1 - \beta)$ von Flüssigkeit oder Festkörper, gekennzeichnet mit dem Index 6 anstelle von 4 in Kapitel 6. Der Massenanteil der Endsubstanz (Index 2) sei wieder mit α, jener der ursprünglichen Substanz (Index 1) mit $(1 - \alpha)$ bezeichnet. Damit sind die Massenanteile von gesättigtem Dampf, Flüssigkeit und inerter Substanz der Reihe nach: $(1 - \beta)(1 - \alpha)$; $(1 - \beta)\,\alpha$ und β. Beispielsweise setzt sich also die Entropie der Masseneinheit der ganzen Mischung wie die Enthalpie in Abschnitt 6 zusammen:

$$s = (1 - \alpha)\, s_1 + \alpha s_2 = (1 - \alpha)\,(1 - \beta)\, s_3 + \alpha(1 - \beta)\, s_f + \beta s_5. \tag{114}$$

Die Gleichgewichtsbedingung (79) braucht nicht nochmals aufgestellt zu werden. Würde man sie formal auf die beiden Substanzen 1 und 2 anwenden, so fiele die inerte Substanz nach einiger Rechnung heraus und es bliebe die Bedingung für den Sättigungsdruck (107), wobei jedoch zu allen Dampfeigenschaften jetzt der Index 3 zu setzen wäre. Die folgende Rechnung sei auf die Näherung (108) beschränkt:

$$\ln \frac{p_3}{p_{3a}} = -\frac{m_3}{R} \frac{r_{ka}}{T_a} \left(\frac{T_a}{T} - 1 \right) + \cdots. \tag{115}$$

Unter der Bedingung, daß im Ausgangszustand nur Gase vorhanden seien, Gl. (109), folgt aus (114) bei isentroper Ausdehnung:

$$0 = s - s_a = (1 - \beta)\,(s_3 - s_{3a}) + \alpha(1 - \beta)\,(s_f - s_3) + \beta(s_5 - s_{5a}).$$

Die Kondensationswärme kommt durch die Beziehung (79), nämlich

$$(s_f - s_3)\, T = -r_k,$$

herein. Durch Einführen der Entropie mittels Gl. (63) und der spezifischen Wärme $c_{p1} = (1 - \beta)\, c_{p3} + \beta c_{p5}$, die sich aus Gl. (47) mit β anstelle von α ergibt, folgt dann:

$$0 = c_{p1} \ln \frac{T}{T_a} - (1 - \beta) \frac{R}{m_3} \ln \frac{p_3}{p_{3a}} - \beta \frac{R}{m_5} \ln \frac{p_5}{p_{5a}} - \alpha(1 - \beta) \frac{r_k}{T}. \tag{116}$$

Sowohl die Gleichgewichtsbedingung (115) als auch die Isentropenbeziehung (116) enthalten jetzt nur den Partialdruck p_3 und p_5 des gesättigten Dampfes und des inerten Gases, nicht jedoch den für die Strömung maßgebenden Gesamtdruck

$$p = p_3 + p_5. \tag{117}$$

Wegen der Zustandsgleichung idealer Gase gilt nun aber

$$\frac{p_3}{p_5} = \frac{m_5}{m_3}\frac{\varrho_3}{\varrho_5} = \frac{m_5}{m_3}(1-\alpha)\frac{1-\beta}{\beta}; \qquad \frac{p_{3a}}{p_{5a}} = \frac{m_5}{m_3}\frac{1-\beta}{\beta},$$

und daher zusammen mit Gl. (117) nach Einführen der Molmasse m_1:

$$\begin{gathered}(1-\beta)\frac{m_1}{m_3} = \frac{p_{3a}}{p_a}; \qquad \beta\frac{m_1}{m_5} = \frac{p_{5a}}{p_a};\\ \frac{p}{p_a} = \frac{p_5}{p_{5a}}\left(1-\alpha\frac{p_{3a}}{p_a}\right) = \frac{1}{1-\alpha}\frac{p_3}{p_{3a}}\left(1-\alpha\frac{p_{3a}}{p_a}\right).\end{gathered} \tag{118}$$

Hierin sind p_{3a}/p_a und p_{5a}/p_a wie „Volumenanteile" von Dampf und inertem Gas im Ausgangszustand. Es sind jene Raumanteile, die die Gase vom Gesamtvolumen einnehmen würden, wenn sie den Raum voneinander getrennt bei gemeinsamem Druck ausfüllen würden.

Gl. (118), auf Gl. (116) angewendet, führt zum T, p, α-Zusammenhang bei isentroper Ausdehnung:

$$0 = \frac{\varkappa_1}{\varkappa_1 - 1}\ln\frac{T}{T_a} - \ln\frac{p}{p_a} - \frac{p_{3a}}{p_a}\ln(1-\alpha) + \ln\left(1-\alpha\frac{p_{3a}}{p_a}\right) - \alpha\frac{p_{3a}}{p_a}\frac{m_3 r_k}{RT}. \tag{119}$$

Man erhält aus dieser Gleichung wieder die gewöhnliche *trockene* Isentrope, nämlich die ersten beiden Summanden für verschwindenden Dampfanteil, $p_{3a}/p_a \to 0$. Zum selben Ergebnis kommt man, wenn der Zustand an der Sättigungsgrenze $T = T_a$, $p = p_a$ eingefroren bleibt ($\alpha = 0$). Für kleine Volumenanteile des Dampfes, $p_{3a}/p_a \ll 1$, wie dies etwa bei feuchter Luft zutrifft, darf der dritte und vierte Summand in Gl. (119) vernachlässigt werden. Die verbleibenden Glieder entsprechen dann einer Darstellung der Kondensation als reiner Wärmequelle unter Vernachlässigung der Masse und der Wärmekapazität des Dampfes und des Kondensates.

Eine Anwendung von Gl. (118) auf die Beziehungen für den Sättigungsdruck (115) führt zu:

$$\ln\frac{p}{p_a} + \ln(1-\alpha) - \ln\left(1-\alpha\frac{p_{3a}}{p_a}\right) = -\frac{m_3 r_{ka}}{RT_a}\left(\frac{T_a}{T} - 1\right) + \cdots. \tag{120}$$

Aus Gl. (120) und Gl. (119) kann eine der drei Veränderlichen T, p oder α eliminiert werden, wenn nach dem Zusammenhang von zwei dieser Veränderlichen bei isentroper Ausdehnung und ungehemmtem Phasengleichgewicht gefragt wird.

In der Gasdynamik interessiert häufig das Abweichen von der trockenadiabatischen Ausdehnung nach Unterschreiten der Sättigungsgrenze. Es sei daher nach $(\partial p/\partial T)_s$ bei Kondensationsbeginn, also bei $\alpha \to 0$ auf der Kondensationsseite des Vorganges, gefragt. Zu diesem Zweck wären die Differentiale von (119) und (120) zu bilden, der Grenzübergang $T \to T_a$, $p \to p_a$, $\alpha = 0$ zu vollziehen und schließlich $d\alpha$ zu eliminieren. Man erhält nach elementarer Rechnung die exakte Beziehung, exakt deshalb, weil die Sättigungsbeziehung (115) an dieser Grenze die genaue Tangente liefert:

$$\left[\frac{\varkappa_1}{\varkappa_1 - 1} + \frac{p_{3a}}{p_{5a}}\left(\frac{m_3 r_{ka}}{R T_a}\right)^2\right]\frac{dT}{T} - \left[1 + \frac{p_{3a}}{p_{5a}}\frac{m_3 r_{ka}}{R T_a}\right]\frac{dp}{p} = 0. \tag{121}$$

Aus dem Verhältnis der beiden Klammerausdrücke errechnet sich dann $\varkappa_{\mathrm{eff}}$, nämlich das effektive Verhältnis der spezifischen Wärmen bei ungehemmtem Gleichgewicht an der Sättigungsgrenze:

$$\frac{\varkappa_{\mathrm{eff}}}{\varkappa_{\mathrm{eff}} - 1} = \frac{T}{p}\left(\frac{\partial p}{\partial T}\right)_s = \frac{\dfrac{\varkappa_1}{\varkappa_1 - 1} + \dfrac{p_{3a}}{p_{5a}}\left(\dfrac{m_3 r_{ka}}{R T_a}\right)^2}{1 + \dfrac{p_{3a}}{p_{5a}}\dfrac{m_3 r_{ka}}{R T_a}}. \tag{122}$$

Für Luft mittleren Feuchtigkeitsgehaltes $p_{3a}/p_{5a} = 0{,}01$ erfolgt die Sättigung nahe dem Gefrierpunkt. Für $m_3 r_{ka}/(R T_a) = 20$ erhält man aus Gl. (112) $\varkappa_{\mathrm{eff}} = 1{,}19$. Trotz des geringen Dampfgehaltes macht sich der Dampf als Wärmequelle bei Kondensation stark bemerkbar.

Wesentlich größer ist der Einfluß der Kondensation des Sauerstoffes. Die Luft enthält einen Volumenanteil von 21% O_2, somit ist $p_{3a}/p_{5a} = 21/79 = 0{,}27$. Rechnet man ferner mit $m_3 r_{ka}/(R T_a) = 17$, was bei Sauerstoff der Nähe des Tripelpunktes entspricht, so ergibt sich aus Gl. (122) ein Wert $\varkappa_{\mathrm{eff}} = 1{,}08$, also recht nahe der Isotherme. Das aus dem p, ϱ-Zusammenhang gerechnete $\varkappa_{\mathrm{eff}}$ ist mit dem aus Gl. (122) gerechneten nicht identisch, jedoch bei unseren Beispielen nahezu gleich.

17. Relaxation

Der Ablauf von chemischen Reaktionen und von Phasenumwandlungen nimmt häufig Zeiten in Anspruch, die mit der Verweilzeit des reagierenden Substanzgemisches im Strömungsraum vergleichbar sind. In diesem Fall muß das Nachhinken der Reaktion oder der Phasenumwandlung hinter dem thermodynamischen Gleichgewichtszustand, die sogenannte „Relaxation" berücksichtigt werden. Auch diese Erscheinung soll am Zweisubstanzenmodell erläutert werden.

Zur Beschreibung einer solchen nicht mehr „einfachen Substanz", einer Substanz also, die sich nicht mehr im thermodynamischen Gleichgewicht befindet, und zwar weder im ungehemmten noch im gehemmten, sind nun in dem hier betrachteten einfachsten Fall drei Veränderliche erforderlich, nämlich neben den beiden Zustandsgrößen, die schon zur Beschreibung des Zustandes einer einfachen Substanz erforderlich waren, etwa T und p, noch α. α ist nicht mehr durch das thermodynamische Gleichgewicht als Funktion von T und p oder T und ϱ bestimmt. Wenn die Substanz sich selbst überlassen ist, also etwa unter einem konstanten Außendruck adiabatisch abgekapselt ist, wird sich α solange ändern, bis ein Gleichgewichtszustand erreicht ist. Mit diesem Anpassungsvorgang wird sich allerdings auch im allgemeinen der Zustand der Substanz ändern. α wird im allgemeinen also nicht dem Gleichgewichtswert des Ausgangszustandes zustreben, sondern dem dem Endzustand zugeordneten Gleichgewichtswert. Der Gleichgewichtswert, wie er beispielsweise für Gasreaktionen durch Gl. (85) oder für Phasengemische in inerter Substanz durch Gl. (120) gegeben ist, möge mit $\alpha = \bar{\bar{\alpha}}(T, \varrho)$ bezeichnet werden.

Die Verzögerungen der Einstellung des Gleichgewichtes können verschiedene Ursachen haben. Beim Entstehen einer flüssigen Phase in einem Dampf spielen die Kondensationskerne eine entscheidende Rolle. Die Kapillarkräfte in den stark gekrümmten Oberflächen sehr kleiner Tropfen bedingen eine starke Verdampfungstendenz von Tropfen kleiner Durchmesser ($< 10^{-6}$ cm). Es bedarf daher kleiner Salzkerne, der sogenannten Kondensationskerne, damit Tropfen überhaupt entstehen können. Nach der Formierung der kleinsten Tropfen hängt die Kondensationsgeschwindigkeit dann vom Tropfenwachstum ab. Solange der Tropfen kleiner als die mittlere freie Weglänge des Dampfes ist, ist das Tropfenwachstum ein gaskinetischer Vorgang, bei großen Tropfen dagegen ein Wärmeleitungs- und allenfalls ein Diffusionsproblem. Die Kondensationswärme muß nämlich durch das Gas abgeführt werden, und wenn sich die Tropfen in feuchter Luft befinden, muß der Wasserdampf zur Tropfenoberfläche durch die Luft hindurchdiffundieren. Ist dagegen keine ausreichende Zahl von Kondensationskernen vorhanden, was bei atmosphärischen Vorgängen kaum vorkommt, in Dampfturbinen aber die Regel ist, dann kommt es zu sehr starken Übersättigungen. Hier sollen diese kurzen Ausführungen genügen, um zu zeigen, wie komplex der Relaxationsvorgang bei der Einstellung des Phasengleichgewichtes ist.

Im folgenden sei die Relaxation bei Gasreaktionen näher behandelt. Dabei kann es sich nur um eine knappe Darstellung des Wesentlichen handeln. Einzelheiten müssen der Spezialliteratur entnommen werden, etwa [•44].

Bei den Überlegungen sei zunächst ein festes Volumen angenommen, in dem sich ein ideales Gas, Substanz mit Index 1, befindet, dessen Moleküle in zwei Teilmoleküle oder auch Atome zerfallen können, die ein Gasgemisch, Substanz mit dem Index 2, bilden. Die reagierenden Gase können auch in einem inerten Gas eingebettet sein. Die Energieübertragung erfolge ausschließlich durch Zusammenstöße der Moleküle und nicht etwa auf dem Weg über die Strahlung.

Ein Molekül der Substanz 1 kann nur dann zerschlagen werden, wenn irgendein anderes Molekül auf das zu dissoziierende Molekül mit ausreichender Energie auftrifft. Die Bildungsgeschwindigkeit der zweiten Substanz muß bei bestimmter Temperatur daher proportional der Dichte ϱ_1 sowie auch der Gesamtdichte ϱ sein, denn bereits der Zusammenstoß eines Moleküls der Substanz 1 mit irgendeinem anderen Molekül ist proportional zu ϱ, das Zusammentreffen aller Moleküle der Substanz 1 mit irgendeinem anderen ist also proportional $\varrho \cdot \varrho_1$. Damit kann die Bildungsgeschwindigkeit der Substanz 2 angesetzt werden als:

$$\frac{d\varrho_2}{dt} = k_d(T)\, \varrho_1 \varrho\,. \tag{123}$$

Der für die Aufspaltung charakteristische Faktor $k_d(T)$ hängt aus zwei völlig verschiedenen Gründen von der Temperatur ab. Eine verhältnismäßig geringe

Temperaturabhängigkeit beruht darauf, daß die Anzahl der molekularen Zusammenstöße von der Fluggeschwindigkeit der Moleküle und daß diese wieder von der Temperatur abhängt. Viel wichtiger dagegen ist, daß nur die sehr schnellen Moleküle eine ausreichende kinetische Energie zur Dissoziation von Molekülen mitbringen. Die Wahrscheinlichkeit des Vorhandenseins einer solchen mit der Dissoziationsenergie vergleichbaren kinetischen Energie ist durch eine Exponentialfunktion gegeben, womit auch die Temperaturfunktion $k_d(T)$ im wesentlichen bekannt ist, nämlich

$$k_d(T) = f_d(T)\, e^{-T_d/T}. \tag{124}$$

Die Temperaturabhängigkeit der „harmlosen" Funktion $f_d(T)$ ist dabei von untergeordneter Bedeutung, da die Exponentialfunktion in Gl. (124) völlig dominiert! Ersetzt man $f_d(T)$ durch eine Konstante, dann liegt eine bereits im Jahre 1889 von Arrhenius aufgestellte Beziehung vor.

Neben den Dissoziationen der Moleküle kommen dauernd auch Rekombinationen, also Vereinigungen von Molekülen oder Atomen zu größeren Molekülen, vor. Im thermodynamischen Gleichgewicht halten sich beide Vorgänge die Waage. Außerhalb des thermodynamischen Gleichgewichtes übertrifft die eine Bildungsgeschwindigkeit jedoch die andere.

Auch zur Vereinigung zweier Teilmoleküle zu einem gemeinsamen Molekül ist wieder ein an der Rekombination nur indirekt beteiligtes Molekül erforderlich, das die bei der Rekombination frei werdende Energie abtransportiert. Die Rekombination könnte zwar auch in einem Zusammenstoß von vier oder mehr Molekülen vollzogen werden, doch sind solche Mehrfach-Zusammenstöße im Vergleich zu den Dreierstößen derart unwahrscheinlich, daß sie für die Gesamtüberlegung außer Betracht bleiben können. Die Wahrscheinlichkeit solcher Dreierstöße, also das Zusammentreffen zweier reagierender Moleküle mit einem dritten, ist proportional $\varrho_2^2\varrho$, weshalb die Bildungsgeschwindigkeit der Substanz 1 angesetzt werden kann als:

$$\frac{d\varrho_1}{dt} = k_r(T)\, \varrho_2^2\varrho = f_r(T)\, \varrho_2^2\varrho. \tag{125}$$

Die kinetische Energie der an der Rekombination beteiligten Moleküle ist nun aber an keine Bedingung geknüpft, weshalb die Temperaturfunktion $k_r(T)$ für die Rekombination eine „harmlose" Funktion $f_r(T)$ darstellt, die nur die Temperaturabhängigkeit der Anzahl der Molekülzusammenstöße in der Zeiteinheit wiedergibt.

Ersetzt man nun ϱ_1 und ϱ_2 mit Hilfe von Gl. (4) durch α und ϱ, so erhält man bei festem Volumen und daher bei festem ϱ:

$$\frac{d\varrho_2}{dt} - \frac{d\varrho_1}{dt} = 2\varrho\frac{d\alpha}{dt} = f_d(T)\, e^{-T_d/T}(1-\alpha)\,\varrho^2 - f_r(T)\,\alpha^2\varrho^3.$$

Im Falle des Gleichgewichtes, also $d\alpha/dt = 0$, $\alpha = \bar{\bar{\alpha}}$, wird Gl. (124) bestätigt, nämlich

$$\frac{\bar{\bar{\alpha}}^2}{1-\bar{\bar{\alpha}}} = \frac{1}{\varrho}\,\frac{f_d(T)}{f_r(T)}\, e^{-T_d/T}. \tag{126}$$

Für die Relaxationsgeschwindigkeit erhält man dagegen mit Gl. (126)

$$\frac{\mathrm{d}\alpha}{\mathrm{d}t} = \frac{1}{2} f_d(T)\, e^{-T_d/T} \alpha^2 \varrho \left[\frac{1-\alpha}{\alpha^2} - \frac{1-\bar{\bar{\alpha}}}{\bar{\bar{\alpha}}^2}\right], \tag{127}$$

wobei die Temperaturabhängigkeit des Faktors $f_d(T)$ von untergeordneter Bedeutung ist und sein Wert dem Versuch entnommen werden muß. Die Form von Gl. (127) ist wie jene von Gl. (126) an eine einfache Aufspaltung oder Rekombination geknüpft, also an die Bedingung $m_1 = 2m_2$. Doch steht einer Verallgemeinerung auf andere Molgewichtsverhältnisse, $m_1/m_2 \neq 2$, nichts entgegen. Für den Fall des Gleichgewichtes $\alpha = \bar{\bar{\alpha}}$ erfüllt Gl. (127) die notwendige Bedingung $\mathrm{d}\alpha/\mathrm{d}t = 0$.

Gl. (127) läßt sich auch in der Form schreiben:

$$\frac{\mathrm{d}\alpha}{\mathrm{d}t} = \frac{1}{2} f_d(T)\, e^{-T_d/T} \varrho \left[(2-\bar{\bar{\alpha}})\frac{\bar{\bar{\alpha}}-\alpha}{\bar{\bar{\alpha}}} - (1-\bar{\bar{\alpha}})\left(\frac{\bar{\bar{\alpha}}-\alpha}{\bar{\bar{\alpha}}}\right)^2\right].$$

Bei geringem Abweichen vom Gleichgewichtszustand läßt sich diese Gleichung in der Abweichung $(\bar{\bar{\alpha}} - \alpha)$ linearisieren, und man erhält:

$$\frac{\mathrm{d}\alpha}{\mathrm{d}t} = \frac{1}{\tau}(\bar{\bar{\alpha}} - \alpha). \tag{128}$$

Der Faktor τ im Nenner hat die Dimension einer Zeit und wird als *Relaxationszeit* bezeichnet. Sie ist ein Maß für die zur Einstellung des Gleichgewichts erforderliche Zeitspanne. Während Gl. (127) für das Zweisubstanzenmodell bei $m_1/m_2 = 2$ gilt, kann die linearisierte Form (128) bei schwachen Störungen des Gleichgewichtes stets benutzt werden, also auch bei einer Störung des Phasengleichgewichtes angewendet werden. Die Relaxationszeit τ hängt von der Temperatur und von der Dichte ab. Das bedeutet, daß für einen bestimmten Vorgang mit schwacher Gleichgewichtsstörung zwar τ als konstant anzunehmen ist, daß jedoch bei einem Vergleich mit einem Vorgang, der sich bei völlig anderen Temperaturen und Dichten abspielt, auch eine völlig andere Relaxationszeit τ einzusetzen ist.

Es ist ferner zu beachten, daß sich neben α auch $\bar{\bar{\alpha}}$ ändern kann. Handelt es sich beispielsweise um einen periodischen Vorgang, so schwankt mit dem thermodynamischen Gleichgewichtszustand im allgemeinen auch $\bar{\bar{\alpha}}$. Dieses Abweichen des $\bar{\bar{\alpha}}$ von einem Mittelwert oder einem Endwert kann durch Entwicklung von $\bar{\bar{\alpha}}$ nach kleinen Störungen vereinfacht dargestellt werden, womit dann die Störung des thermodynamischen Gleichgewichtszustandes in Gl. (128) mit enthalten ist.

In einer Anzahl von Fällen kann jedoch auch $\bar{\bar{\alpha}}$ als konstant angenommen werden. Dies tritt beispielsweise ein, wenn feuchte Luft unter die Sättigungsgrenze expandiert wird. Der Sättigungsdruck des Wasserdampfes fällt dann so rasch ab, daß praktisch der ganze vorhandene Wasserdampf ausfallen muß, um Sättigung zu erreichen. Man kann also dann $\bar{\bar{\alpha}} = 1 - \beta$ setzen. Auch bei starken Kompressionen in Kopfwellen kann der Gleichgewichtszustand bereits bei voller Dissoziation des einen Anteils liegen. Die lineare Gl. (128) ist im letzteren Fall allerdings kaum gerechtfertigt.

Bei konstantem $\bar{\bar{\alpha}}$ und τ läßt sich Gl. (126) integrieren, und man erhält

$$\bar{\bar{\alpha}} - \alpha = (\bar{\bar{\alpha}} - \alpha_a)\, e^{-t/\tau}, \tag{129}$$

wenn die Einstellung des Gleichgewichtes im Zeitpunkt $t = 0$ beginnt. Man sieht, daß der Gleichgewichtszustand theoretisch erst nach unendlich langer Zeit erreicht wird. Da die Annäherung jedoch exponentiell erfolgt, ist dies praktisch von untergeordneter Bedeutung.

18. Wärmeleitung und Wärmestrahlung

In der Strömungsmechanik wird Wärme unter anderem durch Fortbewegung der Teilchen transportiert. Man nennt das Wärmekonvektion. Die Darstellung dieses Vorganges ergibt sich später von selbst aus den allgemeinen strömungsmechanischen Gleichungen. In diesem Kapitel soll nur der Wärmeübergang am ruhenden Medium behandelt werden. Für eine solche Wärmeübertragung gibt es zwei Möglichkeiten, die Wärmeleitung und die Wärmestrahlung. Es wird sich allerdings zeigen, daß es für die Wärmestrahlung keine Rolle spielt, ob sich das Medium bewegt oder in Ruhe ist.

Die Wärmeleitung erfolgt stets in Richtung des Temperaturgefälles. Der durch Wärmeleitung bedingte *Wärmestrom* $\vec{q}$ wird proportional zum Temperaturgradienten angesetzt:

$$\vec{q} = -\lambda \operatorname{grad} T. \tag{130}$$

Den Proportionalitätsfaktor λ bezeichnet man als *Wärmeleitvermögen*, *Wärmeleitkoeffizient* oder *Wärmeleitfähigkeit*. Die Komponenten des Vektors $\vec{q}$ stellen die in den drei Koordinatenrichtungen pro Zeit- und Flächeneinheit transportierten Energiemengen dar; es handelt sich also bei $\vec{q}$ um einen Vektor der Energiestromdichte. Daraus folgt die Dimension sowohl für $\vec{q}$ als auch für λ, nämlich mit m, l und t als Symbole für die Dimension der Masse, der Länge und der Zeit:

$$[\vec{q}] = [m\, t^{-3}]; \qquad [\lambda] = [m\, l\, t^{-3}\, \text{Grad}^{-1}].$$

Das Wärmeleitvermögen stellt eine Materialeigenschaft dar, die vor allem auch von der Temperatur abhängen kann.

Während die Darstellung der Wärmeleitung mit Gl. (130) bereits abgeschlossen ist, ist der Vorgang der Wärmestrahlung wesentlich komplizierter. Er kann im vorliegenden Rahmen nur sehr vereinfacht dargestellt werden. Dabei kann trotz der oft starken Dichtegradienten im durchstrahlten Gas angenommen werden, daß sich die elektromagnetischen Wellen geradlinig ausbreiten. Eine genauere Darstellung mit den wichtigsten Zitaten gibt beispielsweise W. Schneider [7].

Die Wärmestrahlung erfolgt wie die Ausbreitung des Lichtes — die nichts anderes als die Strahlung in einem beschränkten Frequenzbereich darstellt — gleichzeitig nach allen Seiten. Während also bei Temperaturgleichgewicht gemäß Gl. (130) keine Wärmeleitung stattfindet, ist das *Strahlungsgleichgewicht* nicht durch Ausbleiben der Strahlung gekennzeichnet, sondern durch gleich starke Strahlung in allen Richtungen, und zwar gleich stark für jeden Frequenz- oder

Wellenlängenbereich. Hier soll bereits die erste Vereinfachung eingeführt werden, indem nur von der gesamten Strahlung, also der Strahlung im ganzen Frequenzbereich, gesprochen werden soll.

Die Strahlungsenergie, die in einer bestimmten Richtung in einem schmalen Richtungsbereich, Abb. 12, pro Querschnitt- und Raumwinkeleinheit in der Zeit-

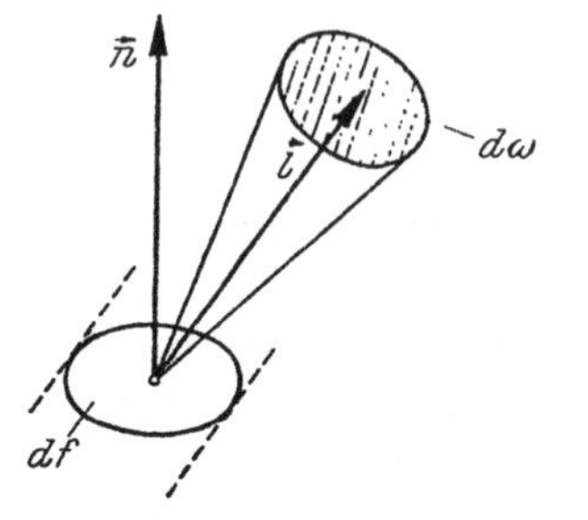

Abb. I,12. Zur Strahlungsintensität.

einheit transportiert wird, heißt *Strahlungsintensität*. Sie hat dieselbe Dimension wie der Wärmestrom, Gl. (130), ist aber kein Vektor. Die Strahlungsintensität ist richtungsabhängig, d. h., sie ist Funktion von $\vec{l}$, wenn $\vec{l}$ der Einheitsvektor der Richtung ist, für die die Strahlung in Betracht gezogen werden soll. Die Strahlungsintensität in einer bestimmten Richtung $\vec{l}$, nämlich $I(\vec{l})$, wird vermindert durch die Strahlungsabsorption der Materie, welche die Strahlung durchdringt, sie wird aber auch vermehrt durch die Ausstrahlung der Materie. Die Verminderung der Strahlungsintensität auf der Längeneinheit in Richtung $\vec{l}$ kann proportional zu I selbst angesetzt werden. Sie ist damit auf der Längeneinheit gleich $\alpha \cdot I$. Allerdings hat dieser Ansatz einen von der Frequenz unabhängigen Absorptionskoeffizienten zur Voraussetzung. Ein Gas mit einem solchen frequenzunabhängigen α bezeichnet man als *graues Gas*. Es handelt sich dabei um eine Modellsubstanz, die in der Natur kaum annähernd verwirklicht ist. Der Ansatz für das graue Gas ist jedoch als Mittelung der Absorption über den ausschlaggebenden Frequenzbereich gerechtfertigt.

α wird als *Volumenabsorptionskoeffizient* bezeichnet. Er steht mit dem häufiger gebrauchten *Massenabsorptionskoeffizienten* k in folgender Beziehung:

$$\alpha = \varrho k. \tag{131}$$

In den Tabellen findet man in der Regel k. In unsere Rechnungen geht jedoch stets nur α ein. Beide Bezeichnungen sind nicht sehr glücklich gewählt. Es handelt sich nicht um Absorption pro Raumeinheit oder pro Masseneinheit — und schon gar nicht um Absorptionen von Volumina oder von Massen —, sondern α gibt die relative Änderung der Strahlungsintensität pro Längeneinheit an.

Es sei angenommen, daß sich das ausstrahlende Gas im lokalen thermodynamischen Gleichgewicht befinde, daß sich also seine innere Energie auf die Energieträger des Gases gemäß dem zu seiner Temperatur und seiner Dichte gehörigen thermodynamischen Gleichgewicht verteile. Gemäß dem Kirchhoffschen Gesetz ist dann die Emission gleich der Absorption mal der Gleichgewichtsintensität zu setzen. Letztere ergibt sich wegen der Integration über den ganzen Frequenzbereich durch das Stefan-Boltzmannsche Gesetz. Dieses liefert eine Ausstrahlung nach allen Richtungen in der Größe von $4\sigma T^4$, in der Raumwinkeleinheit also die genannte Größe geteilt durch 4π. Damit gelangt man zur folgenden Form der *Strahlungstransportgleichung*:

$$\vec{l} \operatorname{grad} I = \alpha \left(\frac{\sigma}{\pi} T^4 - I \right). \tag{132}$$

σ, die Stefan-Boltzmann-Konstante, ist eine Naturkonstante, deren Dimension aus dem Klammerausdruck folgt mit dem Wert

$$\sigma = 5{,}67 \cdot 10^{-5} \text{ erg cm}^{-2} \text{ sec}^{-1} \text{ Grad}^{-4}.$$

Auf der linken Seite von Gl. (132) steht das Gefälle der Energiestromdichte in Richtung $\vec{l}$. Im Falle des Strahlungsgleichgewichtes verschwindet das Gefälle, weil dann eben $I = \sigma T^4/\pi$ ist. Beim Ausbleiben des Strahlungsgleichgewichtes strahlt das im thermodynamischen Gleichgewicht befindliche Gas jedoch entsprechend dem Stefan-Boltzmannschen Gesetz aus, während es dagegen nur proportional zu I absorbiert. Bei instationären Vorgängen sollte Gl. (132) auf der linken Seite noch durch ein Glied $(1/c)\ \partial T/\partial t$ ergänzt werden, wobei c hier die Lichtgeschwindigkeit darstellt. Für unsere gasdynamischen Betrachtungen kann dieser Summand aber sofort ohne weiteres fortbleiben, weil die Lichtausbreitung gegenüber den gasdynamischen instationären Ausbreitungen „unendlich schnell" ist. Für unsere Zwecke kann also die Strahlung als ein quasi-stationärer Vorgang angesehen werden. Wegen der hohen Ausbreitungsgeschwindigkeit der Lichtwellen stellt sich die Strahlung auf den augenblicklichen Strömungszustand ein.

Aus der Lösung von Gl. (132) würde sich bereits der Verlauf von $I(\vec{l})$ ergeben. Für die Strömungsmechanik interessiert jedoch weniger I als die Wärmeproduktion durch Strahlung. Für diese ist nicht die *mittlere Gesamtintensität* I_m maßgebend:

$$I_m = \frac{1}{4\pi} \iint_{4\pi} I(\vec{l})\, d\omega, \tag{133}$$

die man erhält, wenn I über alle Richtungen des Raumwinkels ω integriert wird. I_m ist auch bei Strahlungsgleichgewicht vorhanden, wenn also die Aufnahme von Strahlungsenergie durch die Materie gleich ist der Abgabe. Es kommt bei der Wärmeproduktion vielmehr auf den Strahlungsfluß an, der genauso wie der Wärmestrom $\vec{q}$ durch einen Energieflußvektor gegeben ist. Diesen *Strahlungsflußvektor* $\vec{Q}_R$ (der Index R soll an „Radiation" = Strahlung erinnern) erhält man, wenn der Beitrag der Intensität $I(\vec{l})$ einer bestimmten Richtung zum Energiefluß in den Koordinatenrichtungen, also $I(\vec{l})\,\vec{l}$, gebildet wird und anschließend über alle Richtungen integriert wird:

$$\vec{Q}_R = \iint_{4\pi} \vec{l}\, I(\vec{l})\, d\omega. \tag{134}$$

Nun ist zu beachten, daß für die Strahlungsintensität in einer bestimmten Richtung $\vec{l}$ die Beziehung gilt:

$$\operatorname{div}\left(\vec{l} I(\vec{l})\right) = \vec{l} \operatorname{grad} I(\vec{l}).$$

Wird Gl. (132) also über alle Richtungen des Raumwinkels integriert, so gilt mit Gl. (133) und Gl. (134):

$$\operatorname{div} \vec{Q}_R = 4\alpha(\sigma T^4 - \pi I_m). \tag{135}$$

Die linke Gleichungsseite stellt bereits die Wärmeproduktion durch Strahlung dar. Doch enthält Gl. (135) noch die unbekannte Größe I_m. Diese könnte allerdings durch Lösung von Gl. (132) und Bildung von I_m mittels Gl. (133) bestimmt werden. Darin liegt jedoch noch eine beträchtliche Aufgabe, weshalb eine weitere Vereinfachung eingeführt werden soll.

Es sei angenommen, daß die Verteilung der Strahlungsintensität in den verschiedenen Richtungen einem einfachen Cosinusgesetz folge, in dem die größte Abweichung vom Mittelwert in Richtung des Strahlungsflußvektors auftrete. Aus dieser Annahme entspringt der folgende Ansatz:

$$I = I_m + \frac{3}{4\pi} \vec{Q}_R \, \vec{l}. \tag{136}$$

Damit ist sowohl Gl. (133) als auch (134) erfüllt. Es ist der einfachste Ansatz für eine Strahlung, die sich nicht im Strahlungsgleichgewicht befindet.

Mit dem Ansatz (136) läßt sich aus Gl. (132) eine vereinfachte Strahlungstransportgleichung gewinnen. Zu diesem Zweck sei (136) auf der linken Seite von Gl. (132) eingesetzt und gleich nochmals mit dem Vektor $\vec{l}$ multipliziert:

$$\vec{l}\left(\vec{l} \operatorname{grad} I_m\right) + \frac{3}{4\pi} \vec{l}\left(\vec{l} \operatorname{grad} \vec{Q}_R \vec{l}\right) = \alpha \vec{l} \left(\frac{\sigma}{\pi} T^4 - I\right).$$

Der erste Summand auf der linken Seite ist ein Vektor der Richtung $\vec{l}$ und der Länge $\left(\vec{l} \cdot \operatorname{grad} I_m\right)$. Da $\vec{l}$ quadratisch auftritt, nämlich in der Richtung und im inneren Produkt, hat dieser Vektor in zwei entgegengesetzten Richtungen $\vec{l}$ denselben Wert. Seine Richtung liegt stets in der Halbkugel der Richtung von grad I_m. Beim zweiten Summanden dagegen tritt $\vec{l}$ in der dritten Potenz auf. Für zwei entgegengesetzte Richtungen $\vec{l}$ hat dieser zweite Vektor genau entgegengesetzte Richtungen. Dasselbe trifft auch für den Vektor $\vec{l} T^4$ zu, nicht aber für $\vec{l} I$, da I selbst richtungsabhängig ist. Integriert man also die letzte Gleichung über alle Richtungen $\vec{l}$ des Raumes, so bleibt nur der erste und der letzte Summand übrig. Aus der Integration des ersten über alle Raumwinkel ergibt sich der Faktor $4\pi/3$ und aus dem letzten mit Gl. (134) der Strahlungsflußvektor:

$$\operatorname{grad} I_m = -\frac{3}{4\pi} \alpha \vec{Q}_R. \tag{137}$$

Die skalare Gleichung (135) für die Wärmeproduktion durch die Strahlung und die vereinfachte Vektorgleichung (137) für den Strahlungstransport liefern ein System von 4 Gleichungen für die mittlere Strahlungsintensität I_m und die Komponenten des Strahlungsvektors $\vec{Q}_R$.

Damit sind die Gleichungen für die Auswirkungen der Wärmestrahlung auf gasdynamische Vorgänge gewonnen. Sie wirkt sich in den in der Gasdynamik interessierenden Temperaturbereichen im wesentlichen durch eine Wärmeproduktion von der Größe $|Q_R|$ in der Raumeinheit aus. Genaugenommen ist mit der Strahlung allerdings auch ein Strahlungsdruck und eine Strahlungsenergiedichte (auf die Raumeinheit bezogen) verknüpft. Diese Größen können jedoch in den folgenden gasdynamischen Anwendungen gegenüber dem statischen Druck und gegenüber der, auf die Raumeinheit bezogenen, inneren Energie vernachlässigt werden.

Literatur

[1] Lighthill, M. J.: Dynamics of a Dissociating Gas. Part I: Equilibrium Flow. J. Fluid Mech. **2**, 1—32 (1957).

[2] Hilsenrath, J., Klein, M. and Woolley, H. W.: Thermodynamic Properties of Atmospheric Gases at High Temperatures. National Bureau of Standards.

[3] Hilsenrath, J. and Klein, M.: Tables of Thermodynamic Properties of Air in Chemical Equilibrium Including Second Virial Corrections from 1500°K to 15000°K. Arnold Engineering Development Center AEDG-TR-65-58, 1965.

[4] Lick, W. J. and Emmons, H. W.: Thermodynamic Properties of Helium to 50000°K. Cambridge, Mass.: Harvard University Press. 1962.

[5] Becker, E.: Neuere Probleme der Dynamik realer Gase. ZAMM **47** (1967), Sonderheft GAMM-Tagung.

[6] Hayes, W. D.: La seconde approximation pour les écoulements transoniques non visqueux. Journal des Mécanique **5**, 160—206 (1966).

[7] Schneider, W.: Grundlagen der Strahlungsgasdynamik. Acta Mechanica **5**, 85—117 (1968).

II. Stationäre Fadenströmung

1. Vorbemerkung

Die Strömungen zusammendrückbarer Medien sind den Strömungen inkompressibler Flüssigkeiten gegenüber so viel komplizierter, daß es angebracht erscheint, sich zunächst der Behandlung einfachster Strömungstypen zu widmen. Als solche ergeben sich die zeitlich unveränderlichen — also *stationären* — Strömungen, bei welchen konstante Eigenschaften quer zur Strömungsrichtung angenommen werden können. Geschwindigkeitsbetrag W, Druck p, Dichte ϱ und Temperatur T eines Teilchens sind dann nur mehr abhängig von einer einzigen Veränderlichen, etwa der in Strömungsrichtung gemessenen Bogenlänge.

Angenähert verwirklicht sind diese Voraussetzungen bei Strömungen in Kanälen langsam veränderlichen oder konstanten Querschnittes f. Hier sind die Zustände vielfach bis auf eine schmale Zone unmittelbar an der Wand im Querschnitt nahezu konstant, so daß es sinnvoll ist, mit Mittelwerten zu rechnen. Aber auch für die Behandlung beliebig räumlicher stationärer Strömungen sind die folgenden Überlegungen nützlich.

Kurven in einer beliebigen räumlichen Strömung, welche in jedem ihrer Punkte Strömungsrichtung besitzen, heißen *Stromlinien*. Aus diesen können *Stromröhren* gebildet werden. Werden deren Querschnitte nun genügend klein gewählt, so kann die Annahme einheitlicher Zustände über dem Querschnitt beliebig genau erfüllt werden. Man spricht dann von *Stromfäden*. Bei stationärer Strömung bleiben alle Teilchen entweder dauernd innerhalb oder außerhalb eines bestimmten Stromfadens. Die Voraussetzungen dieses Teiles sind demnach im Stromfaden erfüllt, woraus sich die Bezeichnung: stationäre Fadenströmung ergibt.

Vielfach wird in diesem Zusammenhang auch von hydraulischer Behandlung gesprochen, doch wird dieser Ausdruck nicht überall im selben Sinne verwendet, weshalb er hier vermieden wurde.

Die Einschränkung, daß die Querschnitte f nur langsam in Strömungsrichtung zu- oder abnehmen sollen, bedarf noch einer Erläuterung. Es ist klar, daß es dabei nur auf relative Größen ankommen kann. Handelt es sich etwa um einen Stromfaden rechteckigen Querschnittes, dessen Breite konstant, dessen Höhe aber veränderlich ist, so wird gefordert werden müssen, daß die Höhe im Verhältnis zur Länge nur wenig zunimmt. Die Neigung des Stromfadenrandes zu dessen Mittellinie muß also klein sein. Spätere Betrachtungen werden zeigen, daß die Stromfadenhöhe auch im Verhältnis zum Krümmungsradius der Stromlinien klein sein muß und ähnliches, wenn von Fadenströmung gesprochen werden soll.

Das Querschnittsverhältnis kann hingegen beliebig groß sein, wenn die Querschnitte nur genügend weit voneinander entfernt sind, um die Bedingungen geringen Öffnungswinkels und geringer Krümmung der Stromlinien zu erfüllen.

Diese Forderungen werden z. B. von einer ebenen oder kugelsymmetrischen Quellströmung erfüllt. Wenn dabei die Teilchen auch nach allen Richtungen auseinanderströmen, so sind die Stromlinien nicht gekrümmt und zwei genügend benachbarte Stromlinien beliebig wenig zueinander geneigt.

2. Grundgleichungen

Der Zustand einer einfachen Substanz ist durch zwei unabhängige thermodynamische Zustandsgrößen gegeben. Alle anderen thermodynamischen Größen lassen sich durch zwei von ihnen ausdrücken. Häufig ist es allerdings zweckmäßig, eine solche Reduktion auf zwei unabhängige thermodynamische Variable, zu denen auch die „mechanischen Größen“ Druck und Dichte gehören, nicht durchzuführen, sondern mit mehreren thermodynamischen Variablen gleichzeitig zu arbeiten. Auch in diesem Fall soll jedoch nur von zwei thermodynamischen Unbekannten gesprochen werden, da nur zwei frei wählbar sind.

Bei komplizierteren Substanzen kommen zu diesen zwei thermodynamischen Unbekannten als weitere den Zustand kennzeichnende Variable die Massenanteile der beteiligten Substanzen hinzu, beim Zwei-Substanzen-Modell also das α, das bei Naßdampf den Wasseranteil, bei Gasen beispielsweise den Dissoziations- und Ionisationsgrad angibt. Handelt es sich um einen eingefrorenen Zustand oder um thermodynamisches Gleichgewicht, dann ist α festgelegt und es bleibt bei zwei unabhängigen thermodynamischen Variablen. Handelt es sich dagegen um einen Vorgang der Relaxation, dann ist α wiederum durch eine rein thermodynamische Relaxationsgleichung festgelegt, etwa von der Form der Gl. (I,127). In diesem Sinne kann wieder von zwei unabhängigen thermodynamischen Variablen gesprochen werden, weil die Reduktion auf zwei Variable auf thermodynamischen Beziehungen, wie sie im ersten Abschnitt wiedergegeben sind, beruht. Doch erfolgt die Reduktion nun nicht mehr durch Zustandsgleichungen allein. Die Beziehungen unter den Zustandsgrößen sind durch die Relaxationsgleichung zeitabhängig geworden, was bei Strömungen auf eine örtliche Abhängigkeit hinausläuft.

Der Strömungszustand im Stromfaden wird durch den Geschwindigkeitsbetrag allein beschrieben — die Strömungsrichtung ist ja mit der Form des Stromfadens festgelegt —, so daß im ganzen drei unbekannte Funktionen zu ermitteln sind, was die Aufstellung dreier zusätzlicher Gleichungen erforderlich macht.

Zu diesem Zweck sei von zwei Querschnitten des Stromfadens ausgegangen, Abb. 1. In einem, f_1, mag der Strömungszustand bekannt sein, im anderen, f, werde er gesucht. Es wird hier also nicht eine fest abgegrenzte Masse, sondern es wird ein fest abgegrenzter Raum betrachtet. Dies ist bei stationärer Strömung die einzig in Frage kommende Methode, da nur auf diese Weise die zeitliche Unveränderlichkeit des Zustandes an einem bestimmten Ort zur Geltung kommt.

Aus dem Querschnitt f tritt in der Zeiteinheit die Menge

$$G = f \varrho W \tag{1}$$

aus. Da die Strömung stationär ist, darf die Masse, welche sich zwischen den Querschnitten f_1 und f befindet, nicht zunehmen. Es muß die Durchflußmenge in f_1 dieselbe sein wie in f:

$$f_1 \varrho_1 W_1 = f \varrho W. \tag{2}$$

Gl. (2) drückt die Erhaltung der Masse aus und wird als *Kontinuitätsbedingung* bezeichnet. Bei inkompressiblen Medien ($\varrho \equiv \varrho_1$) könnte aus dieser Gleichung

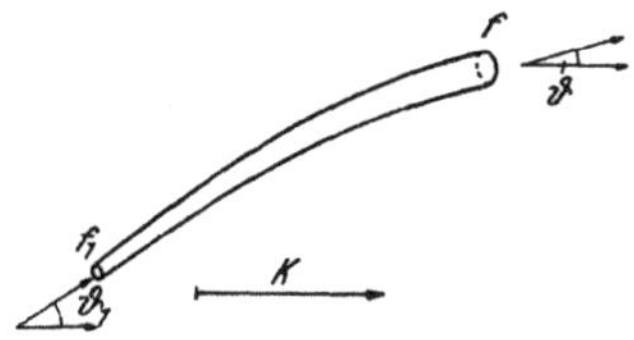

Abb. II,1. Stromfaden.

allein schon die Geschwindigkeit bestimmt werden. Natürlich ist es denkbar, daß zwischen den Querschnitten f und f_1 Masse zugeführt wird, wie dies etwa bei der Zuführung von Brennstoff in die Brennkammer der Fall ist. Dann muß Gl. (1) entsprechend abgeändert werden. Jedoch sollen die Gleichungen zunächst nicht durch Berücksichtigung solcher Fälle unnötig kompliziert werden.

Das Produkt ϱW ist die Masse, welche durch die Flächeneinheit eines Querschnittes in der Zeiteinheit fließt; sie heißt *Stromdichte*. Sie wächst sowohl mit der Dichte ϱ als auch mit der Geschwindigkeit W.

Aus Impulsbetrachtungen wird bei inkompressiblen Medien auf den Druck geschlossen. Dieser hängt etwa bei reibungsfreier Strömung mit der Geschwindigkeit durch die Bernoullische Gleichung zusammen. Es ist daher naheliegend, auch hier von Impulsbetrachtungen auszugehen, wobei die Newtonschen Bewegungsgleichungen in der Form zugrunde gelegt werden sollen, daß die in einer bestimmten Richtung wirkenden Kräfte der zeitlichen Änderung der Bewegungsgröße in der gleichen Richtung gleichzusetzen sind. Die Summe aller in einer bestimmten Richtung wirkenden Kräfte, Abb. 1, ausgenommen die auf die Fläche f und f_1 wirkenden Druckkräfte, sei K. Darin können Druckkräfte an den Stromfadenwänden, Reibungskräfte an den Stromfadenwänden und in den Endquerschnitten f und f_1 und auch Massenkräfte, wie die Schwerkraft, zusammengefaßt sein. Die von den Drücken an den Endquerschnitten erzeugten Kräfte sind in Strömungsrichtung $p_1 f_1$ und pf. Sind ϑ_1 und ϑ die Winkel, welche der Stromfaden mit der Kraft K in den Endquerschnitten einschließt, Abb. 1, so üben die Drücke in den Endquerschnitten die Kräfte $p_1 f_1 \cos \vartheta_1$ und $-pf \cos \vartheta$ auf das betrachtete Stromfadenstück in der Richtung von K aus.

Eine Änderung der Bewegungsgröße im betrachteten Raum entsteht nur durch Zufluß und Abfluß durch die Endquerschnitte. Die Bewegungsgröße (Masse $\times$ Geschwindigkeit) pro Masseneinheit in Strömungsrichtung ist W. Die Bewegungsgröße pro Masseneinheit in der Richtung von K ist dann in den Endquerschnitten $W_1 \cos \vartheta_1$ und $W \cos \vartheta$. Diese Größen multipliziert mit den Durchflußmengen Gl. (1) ergeben den zeitlichen Zuwachs durch Einströmen in f_1 und den zeitlichen Abfall durch Ausströmen aus f. Die Summe aller Kräfte verursacht eine Zunahme der Bewegungsgröße in *Kraftrichtung*, folglich ist sie dem Ausfluß vermindert um den Einfluß in Kraftrichtung gleichzusetzen:

$$K + p_1 f_1 \cos \vartheta_1 - p f \cos \vartheta = f \varrho W^2 \cos \vartheta - f_1 \varrho_1 W_1^2 \cos \vartheta_1 .$$

Es wird zweckmäßig wie folgt zusammengefaßt:

$$K + (p_1 + \varrho_1 W_1^2) f_1 \cos \vartheta_1 = (p + \varrho W^2) f \cos \vartheta . \tag{3}$$

Gl. (3) nennt man den *Impulssatz*. Wie G in Gl. (1) eine Durchflußmenge, also eine Masse pro Zeiteinheit darstellt, ist $(p + \varrho W^2) f$ der Dimension nach eine Bewegungsgröße pro Zeiteinheit. Richtiger müßte also von einem *Impulsstromsatz* gesprochen werden. Der Ausdruck $p + \varrho W^2$ heißt *Impulsstromdichte*. Vielfach wird sowohl dieser Ausdruck als auch ϱW^2 allein in der Strömungslehre als Impuls bezeichnet. In diesem Buch werden möglichst die exakten Ausdrücke verwendet werden.

Charakteristisch für den Impulssatz ist die Abhängigkeit der Gl. (3) von der Richtung der betrachteten Kraftsumme K. Diese braucht keineswegs die Resultierende aller auftretenden Kräfte darzustellen, sie ist lediglich die Komponente der Resultierenden in einer willkürlich vorgeschriebenen Richtung. Je nach der Richtung, welche interessiert, ändern sich K, ϑ_1 und ϑ und damit das Resultat von Gl. (3). Eine solche Richtungsabhängigkeit ist Gl. (2) fremd.

Mit Gl. (2) und (3) wären nun alle erforderlichen Gleichungen für ein inkompressibles Medium abgeleitet. In der Gasdynamik ist aber zur Bestimmung der Dichte ϱ noch eine weitere Gleichung erforderlich. In der Thermodynamik wird die Änderung der Dichte mit dem Druck aus dem ersten Hauptsatz abgeleitet, wobei sich z. B. die Adiabate ergibt, wenn von jeder Wärmezufuhr abgesehen wird. Es liegt nahe, für den noch fehlenden Zusammenhang der thermischen Zustandsgrößen wieder auf das Energieprinzip zurückzugreifen.

Nach dem Energieprinzip muß die von außen zugeführte Leistung L, welche in den Stromfadenraum zwischen f_1 und f eingeführt wird, gleich sein der aus f in der Zeiteinheit ausfließenden Energie zuzüglich der dort vom Gase gleichzeitig geleisteten Arbeit vermindert um Energie und Arbeit, welche in f_1 pro Zeiteinheit an das Gas abgegeben wird. Die inneren Umsetzungen des Mediums, etwa an kinetischer Energie durch Reibung in Wärme, sind bei dieser Betrachtungsweise bereits mit einbezogen. Als Leistung kommt vor allem die dem Medium von außen in der Zeiteinheit zugeführte Wärmemenge Q in Frage, ferner die von äußeren Kräften vollbrachten Leistungen, welche sich als das Produkt von Geschwindigkeit und Kraftkomponente in Geschwindigkeitsrichtung summiert über den ganzen Raum ergeben. Die Reibungskräfte am Stromfadenmantel spielen dabei nur dann eine Rolle, wenn dort von Null verschiedene Geschwindigkeiten herrschen wie an einem mitten aus einer Strömung herausgegriffenen Faden — nicht aber an festen Kanalwänden, wo mit der Geschwindigkeit auch die Leistung der Reibungskräfte verschwindet. An den Endquerschnitten f_1 und f_2 liefern die Reibungskräfte hingegen stets einen Beitrag zu L, der im allgemeinen allerdings sehr klein ist. Ferner können Leistungen von Massenkräften wie der Schwerkraft hinzukommen.

Daneben darf dann allerdings die potentielle Energie nicht als weitere Energieform eingeführt werden.

Um hier jeden Zweifel auszuschließen, sei die Energiebilanz für den freien Fall aufgestellt. Es ist üblich, dabei zu sagen, daß die Summe von kinetischer Energie und potentieller Energie des fallenden Körpers konstant bleibt. Ebenso kann aber gesagt werden, daß die Änderung der kinetischen Energie gleich ist der vom Körper an der Schwerkraft geleisteten Arbeit — letzteres ist gerade die Änderung der potentiellen Energie. Diese Ausdrucksweise wurde hier vorgezogen, um auch alle nicht konservativen Kräfte (Kräfte, die sich nicht als Gradient eines Potentials ergeben) mit einzubeziehen.

Das Medium transportiert durch die Endquerschnitte pro Masseneinheit e innere und $W^2/2$ kinetische Energie. Die Summe dieser beiden Größen multipliziert mit der Durchflußmenge G, Gl. (1), gibt den Energiefluß. Die Arbeitsleistung an den Endquerschnitten ergibt sich aus Gl. (I,54). Allerdings handelt es sich hier um eine Zunahme des Volumens in der Zeiteinheit, also um das Produkt von Fläche f und Geschwindigkeit W normal auf diese. Die Arbeitsleistung des Gases nach außen in f ist demnach fpW. Am Querschnitt f_1 wird Arbeit am Medium geleistet und Energie in den Raum eingeführt. Daher folgt aus dem *Energiesatz*:

$$L = f\varrho W\left(e + \frac{W^2}{2}\right) + fpW - f_1\varrho_1 W_1\left(e_1 + \frac{W_1^2}{2}\right) - f_1 p_1 W_1 .$$

Diese Gleichung kann nun durch Einführen der Enthalpie Gl. (I,23) vereinfacht werden:

$$L = f\varrho W\left(\frac{W^2}{2} + i\right) - f_1\varrho_1 W_1\left(\frac{W_1^2}{2} + i_1\right). \tag{4}$$

Es handelt sich dabei ähnlich wie beim Impulssatz nicht um einen Energiesatz, sondern um einen Satz vom *Energiestrom.*

Vielfach treten als Leistungen L Wärmezufuhren oder Arbeitsleistungen an der Schwerkraft auf. Für diese Fälle sei L berechnet. Ist q — entsprechend der Bezeichnung in Teil I — die der Masseneinheit zwischen f und f_1 zugeführte Wärmemenge, so ist die an das Medium abgegebene Wärmeleistung durch das Produkt von q und der Durchflußmenge G gegeben: $qf\varrho W$. Diesem Ausdruck entsprechend sei die zugeführte Wärmemenge bei veränderlicher Durchflußmenge auf die Einheit der durch f abfließenden Menge bezogen. Die Arbeitsleistung an der Schwerkraft ergibt sich am einfachsten als Differenz von einfließender potentieller Energie in f_1 (mit z als zur Schwerebeschleunigung g entgegengesetzter Richtung): $gz_1 f_1\varrho_1 W_1$ und ausfließender potentieller Energie aus f: $gzf\varrho W$. Dann ist:

$$f\varrho W q + gz_1 f_1\varrho_1 W_1 - gzf\varrho W = f\varrho W\left(\frac{W^2}{2} + i\right) - f_1\varrho_1 W_1\left(\frac{W_1^2}{2} + i_1\right).$$

Kommt zwischen den Querschnitten keine Masse hinzu, so gilt Gl. (2), und es kann durch die gleichbleibende Durchflußmenge dividiert werden mit dem Resultat:

$$q + gz_1 + \frac{W_1^2}{2} + i_1 = gz + \frac{W^2}{2} + i. \tag{5}$$

Die Summanden von Gl. (5) haben die Dimension einer Energie der Masseneinheit. Gl. (5) wird daher mit mehr Recht als *Energiesatz* bezeichnet als etwa Gl. (4). Die Enthalpie tritt an die Stelle der inneren Energie, womit die Arbeitsleistungen des Gases an den Endflächen gleich mit erfaßt werden.

Für den einfachen Fall stationärer Strömung eines Mediums ohne Leistungen L, also ohne Wärmezufuhr und ohne Arbeitsleistungen von äußeren Kräften, von Reibungskräften an den Wänden oder an den Endquerschnitten, nimmt Gl. (5) oder (4) die einfache Form an:

$$\frac{W^2}{2} + i = \frac{W_1^2}{2} + i_1. \tag{6}$$

Hier wird oft zweckmäßig jene Enthalpie i eingeführt, welche das Medium im Ruhezustand ($W = 0$) annimmt. Alle Größen im Ruhezustand seien *Ruhegrößen* genannt und mit dem Index 0 gekennzeichnet. Dann lautet Gl. (6) auch

$$\frac{W^2}{2} + i = i_0. \tag{7}$$

Damit ergibt sich eine ähnliche Beziehung, wie sie durch die Bernoullische Gleichung

$$\frac{W^2}{2} + \frac{p}{\varrho} = \frac{p_0}{\varrho} \tag{8}$$

für dichtebeständige Medien ($\varrho =$ konst.) gegeben ist, wobei an Stelle des durch die gleichbleibende Dichte dividierten Druckes die Enthalpie der Masseneinheit i tritt. Dennoch soll von Gl. (7) nicht als von einer Bernoullischen Gleichung gesprochen werden, denn diese setzt reibungsfreie Strömung voraus, eine Einschränkung, welche der Gl. (7) nicht zugrunde liegt. Dafür läßt sich mit der Bernoullischen Gleichung (8) der Druck sofort aus der Geschwindigkeit berechnen. Dies trifft für den entsprechenden Energiesatz Gl. (7) wohl betreffs der Enthalpie und bei einem idealen Gas betreffs der allein von der Enthalpie abhängigen Temperatur, Gl. (I,24), zu; damit sind die Möglichkeiten aber auch erschöpft. Denn der Druck bleibt mit der Dichte unbestimmt. Es ist auch einleuchtend, daß mit der größeren Zahl von Möglichkeiten, welche der Energiesatz Gl. (7) gegenüber der Bernoullischen Gleichung (8) enthält, eine weniger starke Festlegung des Zustandes verbunden sein muß.

Da die Enthalpie i einen Minimalwert hat, der bei verschwindender Temperatur zu suchen ist, kann die Geschwindigkeit bei stationärer Strömung abhängig von der Ruheenthalpie i_0 einen Maximalwert W_{max} nicht überschreiten. Die Geschwindigkeit steigt also keineswegs über alle Grenzen, wenn sich der thermische Zustand des Mediums dem absoluten Nullpunkt nähert, sie kann nur jenen Wert erreichen, welcher durch die volle Umwandlung der Enthalpie in kinetische Energie gegeben ist.

Beim idealen Gas ist i reine Temperaturfunktion, beim id. Gas konst. sp. W. geht Gl. (7) mit Gl. (I,35) über in:

$$\frac{W^2}{2} + c_p T = c_p T_0. \tag{9}$$

Daraus ergibt sich die Maximalgeschwindigkeit für das id. Gas konst. sp. W.:

$$W_{\max} = \sqrt{2c_p T_0}. \tag{10}$$

Strömt Luft aus einem Raum mit Zimmertemperatur (20 °C) durch einen geeignet geformten Kanal in einen Kessel, der auf absolutem Vakuum gehalten wird, so folgt ($c_p = 0{,}240$ cal/g Grad; Wärmeäquivalent: $0{,}4186 \cdot 10^8$ erg/cal)

$$W_{\max} = \sqrt{2 \cdot 0{,}4186 \cdot 10^8 \cdot 0{,}240 \cdot 293}\,\frac{\mathrm{cm}}{\mathrm{s}} = 767\,\frac{\mathrm{m}}{\mathrm{s}}, \tag{11}$$

unabhängig vom Ruhedruck p_0 und auch davon, ob die Expansion unter innerer Reibung vor sich geht oder nicht.

Gaskinetisch ist der Vorgang so zu verstehen, daß die gesamte Bewegungsenergie der Moleküle, welche bei der Geschwindigkeit Null in Form von Wärme vorhanden ist, sich bei der Temperatur Null in einheitliche geradlinige Geschwindigkeit verwandelt hat. Diese beläuft sich übrigens auf nicht viel mehr als das Doppelte der Schallgeschwindigkeit im Ruhezustand.

Aus der Existenz einer Maximalgeschwindigkeit bei fester Ruhetemperatur darf nicht etwa auf eine Begrenzung der Fluggeschwindigkeit geschlossen werden. Bei Steigerung der Fluggeschwindigkeit wird nämlich bei festem Anströmzustand der Ruhezustand erhöht.

3. Stoßwelle und Schallwelle

Die einfachste Anwendung der Grundgleichungen des vorangegangenen Abschnittes bietet ein Rohr oder ein Stromfaden konstanten Querschnittes ($f = f_1$), wenn das fließende Medium weder der Einwirkung äußerer Kräfte noch irgendwelchen Wärmeabgaben oder Leistungszufuhren ausgesetzt ist. Die Zustände im Anfangsquerschnitt seien ohne Index, die im Endquerschnitt mit Dach gekennzeichnet. Kontinuitätsbedingung Gl. (2), Impuls- und Energiesatz Gl. (3) und Gl. (5) haben dann die Form:

$$\begin{aligned} \hat{W}\hat{\varrho} &= W\varrho && \text{Kontinuitätsbedingung,} \\ \hat{W}^2\hat{\varrho} + \hat{p} &= W^2\varrho + p && \text{Impulssatz,} \\ \frac{\hat{W}^2}{2} + \hat{\imath} &= \frac{W^2}{2} + i && \text{Energiesatz.} \end{aligned} \tag{12}$$

Da keinerlei Einwirkungen von außen erfolgen, ist sicher eine Lösung des Gleichungssystems (12) durch die Gleichheit der Zustände in den beiden Querschnitten gegeben ($\hat{W} = W$; $\hat{\varrho} = \varrho$; $\hat{p} = p$; $\hat{\imath} = i$). Es gibt aber noch eine zweite Lösung, die für das id. Gas konst. sp. W. leicht zu ermitteln ist. Für dieses kann i mit Gl. (I,35) direkt durch Druck und Dichte ausgedrückt werden. Die Elimination der thermischen Zustandsgrößen aus Gl. (12) ergibt dann eine quadratische Gleichung für $\hat{W}$ mit den Lösungen:

$$\hat{W} = \frac{1}{\varkappa + 1} W \left[\varkappa + \frac{\varkappa p}{\varrho W^2} \pm \left(1 - \frac{\varkappa}{\varrho} \frac{p}{W^2} \right) \right]. \tag{13}$$

Das positive Vorzeichen vor der runden Klammer gibt die Identität $\hat{W} = W$. Interessanter ist die zweite Lösung. Sie führt zusammen mit der Kontinuitätsbedingung und dem Impulssatz zum Resultat:

$$\begin{aligned} \frac{\hat{W}}{W} &= \frac{\varrho}{\hat{\varrho}} = 1 - \frac{2}{\varkappa + 1} \left(1 - \frac{\varkappa p}{\varrho W^2} \right); \\ \frac{\hat{p}}{p} &= 1 + \frac{2\varkappa}{\varkappa + 1} \left(\frac{W^2 \varrho}{\varkappa p} - 1 \right). \end{aligned} \tag{14}$$

Über den Abstand der beiden Flächen f und $\hat{f}$ wurde zunächst nichts vorausgesetzt. Handelt es sich um eine Rohrströmung, so können zwischen den betrachteten Querschnitten sehr komplizierte Strömungsvorgänge mit Wirbeln und Totwasser liegen. f und $\hat{f}$ sind dann so zu legen, daß in ihnen mit guter Näherung einheitliche Strömungszustände angenommen werden können. Werden die Betrachtungen aber in einen Stromfaden fern von jeder Wand verlegt, so können die Flächen zunächst beliebig nahe aneinandergerückt werden. Mit den Lösungen der Gl. (14) führt dies aber in der Grenze zu sprunghaften Änderungen von Geschwindigkeit, Druck, Dichte usw., welche unter bestimmten Bedingungen in der Tat beobachtet werden können. Sie heißen *Stoßwellen*, Abb. 2.

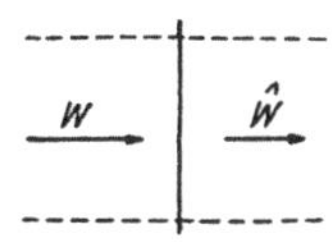

Abb. II,2. Stoßwelle (- - - - Stromlinie).

Zunächst soll auf die einschränkende Annahme, daß es sich um ein id. Gas konst. sp. W. handelt, wieder verzichtet werden. Für ein *beliebiges Medium* kann der Impulssatz Gl. (12) mit Hilfe der Kontinuitätsbedingung wie folgt geschrieben werden:

$$\frac{\hat{W}^2}{2} - \frac{W^2}{2} + \frac{1}{2} \left(\frac{1}{\hat{\varrho}} + \frac{1}{\varrho} \right) (\hat{p} - p) = 0. \tag{15}$$

Durch Elimination der Geschwindigkeiten aus Gl. (15) und dem Energiesatz Gl. (12) folgt

$$\hat{i} - i = \frac{1}{2} \left(\frac{1}{\hat{\varrho}} + \frac{1}{\varrho} \right) (\hat{p} - p),$$

oder auch

$$\hat{e} - e = \frac{1}{2} (\hat{p} + p) \left(\frac{1}{\varrho} - \frac{1}{\hat{\varrho}} \right). \tag{16}$$

Um die Gleichung auszuwerten, ist natürlich die Kenntnis der Enthalpie der Masseneinheit als Funktion von Druck und Dichte $i = i(p, \varrho)$ erforderlich. Dazu muß vorausgesetzt werden, daß entweder eine einfache Substanz vorliegt oder ungehemmtes oder gehemmtes Gleichgewicht herrscht. Dann kann aus der Kenntnis des Ausgangszustandes p, ϱ der Druck $\hat{p}$ abhängig von der Dichte $\hat{\varrho}$ mit Gl. (16) angegeben werden. Die auf diese Weise gewonnene Kurve heißt *dynamische Adiabate* oder auch nach den beiden Forschern, [1], [2], welche die Beziehung zuerst aufstellten, *Rankine-Hugoniot-Kurve.* Bei ihr ergibt sich der Zusammenhang von Druck und Dichte aus einem dynamischen Problem.

Die nahe Verwandtschaft mit der Isentropengleichung wird sofort deutlich, wenn die Isentrope, Gl. (I,40), integriert wird. Um im folgenden die Integrationsvariablen vom Anfangs- und Endzustand zu unterscheiden, sei der Anfangszustand mit dem Index 1 und der Endzustand mit dem Index 1 und einem Dach gekennzeichnet. Dies ergibt:

$$\hat{i}_1 - i_1 = \int\limits_{\substack{p_1 \\ s = \text{konst.}}}^{\hat{p}_1} \frac{1}{\varrho}\,\mathrm{d}p. \tag{17}$$

Da die Dichte nicht allein vom Druck abhängt, muß der Integrationsweg ($s =$ konst.) angegeben werden.

Auf der Rankine-Hugoniot-Kurve muß sich die Entropie mit dem Druck ändern, da der funktionelle Zusammenhang hier anders ist als auf der Isentrope. Zunächst soll die Entropieänderung in der Umgebung des Ausgangspunktes (p_1, ϱ_1) berechnet werden. Mit Gl. (I,61) und Gl. (16) ist:

$$\int\limits_{\substack{s_1 \\ H}}^{\hat{s}_1} T\,\mathrm{d}s = \hat{i}_1 - i_1 - \int\limits_{\substack{p_1 \\ H}}^{\hat{p}_1} \frac{1}{\varrho}\,\mathrm{d}p = \frac{1}{2}\left(\frac{1}{\hat{\varrho}_1} + \frac{1}{\varrho_1}\right)(\hat{p}_1 - p_1) - \int\limits_{\substack{p_1 \\ H}}^{\hat{p}_1} \frac{1}{\varrho}\,\mathrm{d}p. \tag{18}$$

Der an das Integral angefügte Buchstabe H deutet an, daß der Integrationsweg längs der Rankine-Hugoniot-Kurve verläuft. Zur Untersuchung der Verhältnisse im Ausgangspunkt (ϱ_1, p_1) sei die reziproke Dichte dort als Funktion des Druckes entwickelt:

$$\frac{1}{\varrho} = \frac{1}{\varrho_1} + \left(\frac{\partial}{\partial p}\frac{1}{\varrho}\right)_{H1}(p - p_1) + \frac{1}{2}\left(\frac{\partial^2}{\partial p^2}\frac{1}{\varrho}\right)_{H1}(p - p_1)^2 + \cdots.$$

Die Ableitungen sind längs der dynamischen Adiabate im Ausgangspunkt gebildet. Die Entwicklung im Integral von Gl. (18) eingesetzt und integriert ergibt:

$$\int\limits_{\substack{p_1 \\ H}}^{\hat{p}_1} \frac{1}{\varrho}\,\mathrm{d}p = \frac{1}{\varrho_1}(\hat{p}_1 - p_1) + \frac{1}{2}\left(\frac{\partial}{\partial p}\frac{1}{\varrho}\right)_{H1}(\hat{p}_1 - p_1)^2 + \frac{1}{6}\left(\frac{\partial^2}{\partial p^2}\frac{1}{\varrho}\right)_{H1}(\hat{p}_1 - p_1)^3 + \cdots.$$

Da die Entwicklung von $1/\varrho$ auch im Endpunkt $\hat{\varrho}_1$, $\hat{p}_1$ gilt, kann damit die Ableitung $\left((\partial/\partial p)\,(1/\varrho)\right)_{H_1}$ eliminiert werden mit dem Resultat:

$$\int\limits_{\substack{p_1\\H}}^{\hat{p}_1} \frac{1}{\varrho}\,dp = \frac{1}{2}\left(\frac{1}{\hat{\varrho}_1} + \frac{1}{\varrho_1}\right)(\hat{p}_1 - p_1) - \frac{1}{12}\left(\frac{\partial^2}{\partial p^2}\frac{1}{\varrho}\right)_{H1}(\hat{p}_1 - p_1)^3 + \cdots.$$

Danach reduziert sich die linke Seite von Gl. (18) auf ein Glied dritter Ordnung in $(\hat{p}_1 - p_1)$ vermehrt um Glieder höherer Ordnung. Zur Ermittlung des Gliedes erster Ordnung des Entropieintegrals in Gl. (18) genügt es, den Integranden $T = T_1$ zu setzen mit dem Resultat:

$$T_1(\hat{s}_1 - s_1) = \frac{1}{12}\left(\frac{\partial^2}{\partial p^2}\frac{1}{\varrho}\right)_{H1}(\hat{p}_1 - p_1)^3 + \cdots. \tag{19}$$

Erfahrungsgemäß ist die zweite Ableitung von $1/\varrho$ nach p positiv. Bei kleinem Druckanstieg wächst also die Entropie, allerdings erst mit der *dritten Potenz* von $\hat{p}_1 - p_1$.

Die erste und zweite Ableitung der Entropie nach dem Druck auf der Rankine-Hugoniot-Kurve verschwindet also. Das hat zur Folge, daß die erste und zweite Ableitung dieser Kurve mit den entsprechenden Ableitungen der Isentrope in irgendeinem Zustandsdiagramm identisch sind. Die beiden Kurven haben nicht nur gemeinsame Tangente, sie oskulieren auch noch (gemeinsame Krümmung), Abb. 4. Es ist:

$$\left(\frac{\partial}{\partial p}\frac{1}{\varrho}\right)_{H1} = \left(\frac{\partial}{\partial p}\frac{1}{\varrho}\right)_{S1}; \quad \left(\frac{\partial^2}{\partial p^2}\frac{1}{\varrho}\right)_{H1} = \left(\frac{\partial^2}{\partial p^2}\frac{1}{\varrho}\right)_{S1}. \tag{20}$$

Damit kann der Entropieanstieg der Rankine-Hugoniot-Kurve näherungsweise auch durch die zweite Ableitung längs der Isentrope ausgedrückt werden. So ist er auf die thermodynamischen Eigenschaften des Mediums zurückgeführt. Es gilt also für *jede* einfache Substanz, wenn der Anfangs- und Endzustand nun wieder wie in den anderen Stoßgleichungen ohne unteren Index geschrieben werden:

$$T(\hat{s} - s) = \frac{1}{12}\left(\frac{\partial^2}{\partial p^2}\frac{1}{\varrho}\right)_s(\hat{p} - p)^3 + \cdots. \tag{21}$$

Das Medium steht im vorliegenden Falle in keinem Energieaustausch mit der Umgebung. Es kann daher nur in einer Richtung fließen, in welcher seine Entropie ansteigt, denn die dauernde Entropieabsenkung in einem Teil der Strömung ohne einen entsprechenden Entropieanstieg in einem anderen Teil bedeutete einen Widerspruch zum zweiten Hauptsatz der Thermodynamik. Es zeigt sich im übrigen, daß die Entropie nicht nur bei kleinen, sondern auch bei großen Druckanstiegen stets zunimmt. Danach sind stets nur Stoßwellen möglich, welche mit Druckanstiegen verbunden sind. Diese sind wegen Gl. (15) stets mit Geschwindigkeitsabnahmen und weiter wegen der Kontinuitätsbedingung mit Dichtezunahmen verknüpft. Man bezeichnet die Stoßwellen daher auch als *Verdichtungsstöße.*

Verdünnungsstöße könnten nur bei Medien auftreten, welche eine negative zweite Ableitung von $1/\varrho$ nach p längs der Isentrope aufweisen würden.

Die Rechnungen dieses Abschnittes haben nicht nur für Gase, sondern sie haben auch für Flüssigkeiten Bedeutung, indem sie auch die Frage der Fortpflanzung endlicher Drucksprünge in Flüssigkeiten betreffen.

Der Verdichtungsstoß wurde hier als stationäre Strömungsform behandelt. Es ergibt sich das gewohnte Bild einer *laufenden* Stoßwelle für einen Beobachter, der sich mit der Geschwindigkeit W des anströmenden Mediums auf die Stoßfront zu bewegt. Diese eilt dann mit der Geschwindigkeit W in das für den Beobachter nun ruhende Medium hinein. Hinter der Stoßfront fließt das Medium mit der Geschwindigkeit $\hat{W} - W$ der Stoßfront nach. Die Geschwindigkeit W, das ist also die *Laufgeschwindigkeit* U eines in gleichbleibender Stärke in ein ruhendes Medium vordringenden Stoßes, sowie die *Relativgeschwindigkeit* ΔW der Gasmasse hinter dem Stoß zu jener vor dem Stoß, kann aus den beiden ersten Gleichungen des Systems (12) leicht wie folgt berechnet werden:

$$W = U = \sqrt{\frac{\hat{\varrho}}{\varrho}\,\frac{\hat{p} - p}{\hat{\varrho} - \varrho}}; \qquad \Delta W = \hat{W} - W = -\sqrt{\frac{1}{\hat{\varrho}\varrho}(\hat{p} - p)\,(\hat{\varrho} - \varrho)}. \tag{22}$$

Mit dem Grenzübergang zu beliebig kleinen Drucksprüngen nimmt auch die Nachlaufgeschwindigkeit $W - \hat{W}$ beliebig kleine Werte an. Der Quotient $\dfrac{\hat{p} - p}{\hat{\varrho} - \varrho}$ wird gleich dem entsprechenden Differentialquotienten der Rankine-Hugoniot-Kurve und also gleich der entsprechenden Ableitung auf der Adiabate. Damit ist der Grenzwert c für die Fortpflanzungsgeschwindigkeit kleinster Druckstörungen:

$$c = \sqrt{\left(\frac{\partial p}{\partial \varrho}\right)_s}. \tag{23}$$

Die Fortpflanzungsgeschwindigkeit kleinster Störungen ist aber die *Schallgeschwindigkeit.* Sie wurde hier nur für einen kleinen Drucksprung ermittelt. Da die Zustandsänderung isentrop ist, gilt Gl. (23) ebenso für kleine Druckabnahmen und also auch für beliebige Wellenformen, die immer als Grenzfall kleiner überlagerter stufenförmiger Störungen angesehen werden können, Abb. 3. Kleinheit

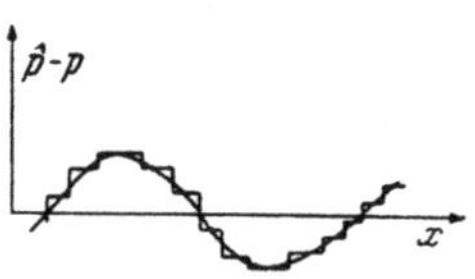

Abb. II,3. Schallwelle als Überlagerung schwacher Stoßwellen.

der Störung bedeutet dabei, daß die Druckunterschiede im Verhältnis zum Druck die Dichteunterschiede im Verhältnis zur Dichte und schließlich die Störungsgeschwindigkeiten der Teilchen im Verhältnis zur Schallgeschwindigkeit klein sein müssen.

Es sei darauf hingewiesen, daß die isentrope Zustandsänderung in der Schallwelle bei diesem weniger üblichen Weg der Ableitung der Formel für die Schallgeschwindigkeit nicht eine Voraussetzung, sondern vielmehr ein Ergebnis der Rechnung war.

Strömungen werden nun wesentlich von der Ausbreitung kleiner Störungen im fließenden Medium beeinflußt. Daraus ergibt sich eine außerordentliche Bedeutung des Verhältnisses von Strömungsgeschwindigkeit W und Schallgeschwindigkeit c. Dieses wird nach dem Physiker Ernst Mach als *Machsche Zahl M* bezeichnet [21]:

$$M = \frac{W}{c}. \tag{24}$$

Ist die Strömungsgeschwindigkeit kleiner als die Schallgeschwindigkeit des Mediums, herrscht also *Unterschallströmung*, so ist $M < 1$. Ist die Strömungsgeschwindigkeit größer als die örtliche Schallgeschwindigkeit, herrscht *Überschallströmung*, so ist $M > 1$.

Aus der Isentropengleichung (I,41) folgt für ein *ideales Gas*:

$$\left(\frac{\partial p}{\partial \varrho}\right)_s = \varkappa \frac{p}{\varrho},$$

folglich für die Schallgeschwindigkeit zusammen mit Gl. (I,31):

$$c = \sqrt{\varkappa \frac{p}{\varrho}} = \sqrt{c_p(\varkappa - 1)\, T}. \tag{25}$$

Die Schallgeschwindigkeit des idealen Gases hängt nur von der Temperatur ab. Weiter folgt für die Machzahl des *idealen* Gases:

$$M^2 = \frac{\varrho W^2}{\varkappa p} = \frac{W^2}{c_p(\varkappa - 1)\, T}. \tag{26}$$

Wird die Enthalpie i für das id. Gas konst. sp. W. mit Gl. (I,35) durch p und ϱ ausgedrückt, so lautet die dynamische Adiabate Gl. (16) für dieses:

$$\frac{\varkappa}{\varkappa - 1}\left(\frac{\hat{p}}{\hat{\varrho}} - \frac{p}{\varrho}\right) = \frac{1}{2}\left(\frac{1}{\hat{\varrho}} + \frac{1}{\varrho}\right)(\hat{p} - p).$$

Mit Hilfe der Identität

$$\hat{p}\varrho - p\hat{\varrho} = \frac{1}{2}\left[(\hat{p} - p)\,(\hat{\varrho} + \varrho) - (\hat{\varrho} - \varrho)\,(\hat{p} + p)\right]$$

folgt schließlich eine Beziehung, die im wesentlichen schon Hugoniot [2] kannte:

$$\frac{\hat{p} - p}{\hat{\varrho} - \varrho} = \varkappa \frac{\hat{p} + p}{\hat{\varrho} + \varrho}. \tag{27}$$

Diese Form der dynamischen Adiabate des id. Gases konst. sp. W. zeigt wieder die nahe Verwandtschaft zur Isentrope Gl. (I,41). Abb. 4 gibt beide Kurven für $\varkappa = 1{,}400$ im $1/\varrho$, p-Diagramm. Sehr deutlich ist das Oskulieren im Ausgangspunkt. Bis zu Werten von $\hat{p}/p = 2$ ist die Isentrope eine ausgezeichnete Näherung für die Zustandsänderung im Verdichtungsstoß. Das Dichteverhältnis eines id. Gases konst. sp. W. kann den Wert $\frac{\hat{\varrho}}{\varrho} = \frac{\varkappa + 1}{\varkappa - 1}$ nicht überschreiten. An dieser Schranke steigt der Druck über alle Grenzen.

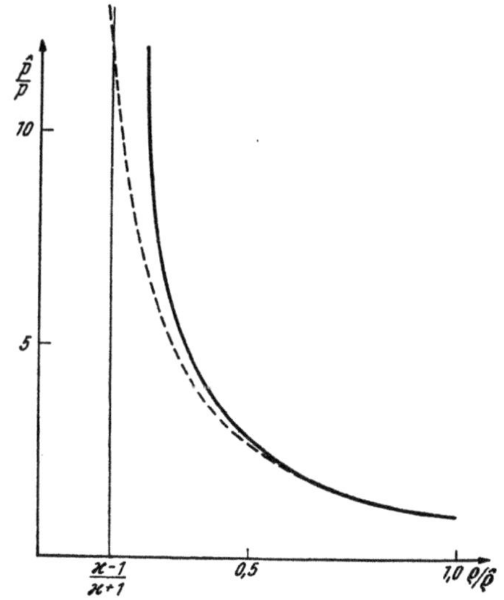

Abb. II,4. Rankine-Hugoniot-Kurve und Isentrope (- - - -) für $\varkappa = 1{,}4$.

Aus der zweiten Gl. (14) folgt die Wanderungsgeschwindigkeit U einer Stoßwelle in ein ruhendes Gas abhängig von der Höhe des Drucksprunges. Es ist mit Gl. (25) für das id. Gas konst. sp. W.:

$$U = c\sqrt{1 + \frac{\varkappa + 1}{2\varkappa}\frac{\hat{p} - p}{p}}. \tag{28}$$

Stoßwellen stärkeren Druckanstieges laufen also mit *Überschallgeschwindigkeit.* Dieses Resultat stimmt mit der Erfahrung überein, welche man bei der Messung der Schallgeschwindigkeit in der Nähe starker Explosionen gemacht hat. Gl. (28) gilt nur für den einfachen Fall des Fortschreitens einer Druckstufe mit gleichbleibend hohem Druck hinter der Wellenfront. Eine solche Welle kann nur aufrechterhalten bleiben, wenn hinter der Front dauernd Masse nachgeliefert wird.

Ob nun das fließende Medium als kontinuierliche Masse oder auch als eine große Zahl durcheinanderfliegender Moleküle betrachtet wird, in keinem Fall ist ein absolut scharfer Druck- und Geschwindigkeitssprung in der Stoßfront denkbar. Die Stoßfront muß eine bestimmte Tiefe haben, davon wird in Teil X die Rede sein. Diese Tiefe erweist sich als außerordentlich gering, etwa von der Größenordnung der mittleren freien Weglänge der Moleküle.

4. Einige Folgerungen aus dem Energiesatz für das ideale Gas konstanter spezifischer Wärme

Der Energiesatz Gl. (6) gibt einen Zusammenhang zwischen Geschwindigkeit und Enthalpie i, bei *idealen* Gasen also einen Zusammenhang zwischen Geschwindigkeit und Temperatur. Bei diesen hängt, wenn der Energiesatz in der einfachen Form der Gl. (6) gilt, nach Gl. (25) die Schallgeschwindigkeit und nach Gl. (26) auch die Machsche Zahl lediglich von der Geschwindigkeit ab. Es kann demnach eine der genannten Größen durch eine beliebige andere ausgedrückt werden. Für das id. Gas konst. sp. W. lassen sich hierfür Formeln angeben, welche sehr oft benutzt werden, weshalb es nützlich ist, diese ein für allemal abzuleiten.

Im Ruhezustand hat die Schallgeschwindigkeit c_0 einen aus der Ruhetemperatur T_0 leicht zu errechnenden Betrag. Mit der Geschwindigkeit verschwindet also auch die Machzahl im Ruhezustand. Bei der Maximalgeschwindigkeit hingegen verschwindet mit der Temperatur auch die Schallgeschwindigkeit, hier wächst also die Machsche Zahl über alle Grenzen. Zwischen diesen Extremzuständen werden jene Werte von besonderem Interesse sein, wo die Unterschallströmung in Überschallströmung übergeht ($M = 1$), wo also die Strömungsgeschwindigkeit gleich der Schallgeschwindigkeit ist. Für das id. Gas konst. sp. W. kann der Energiesatz Gl. (9) mit Gl. (25) auch geschrieben werden:

$$W^2 + \frac{2}{\varkappa - 1} c^2 = W_{\max}^2. \tag{29}$$

Wird der *kritische Zustand*, in welchem gerade $M = 1$ ist, mit einem Stern gekennzeichnet, so folgt aus Gl. (29):

$$\frac{\varkappa + 1}{\varkappa - 1} W^{*2} = \frac{\varkappa + 1}{\varkappa - 1} c^{*2} = W_{\max}^2.$$

Zusammen mit Gl. (10) und (25) ist dann:

$$W_{\max}^2 = \frac{\varkappa + 1}{\varkappa - 1} W^{*2} = \frac{\varkappa + 1}{\varkappa - 1} c^{*2} = \frac{2}{\varkappa - 1} c_0^2 = (\varkappa + 1) c_p T^* = 2 c_p T_0, \tag{30}$$

woraus das Verhältnis der verschiedenen charakteristischen Größen unmittelbar abgelesen werden kann.

Die Temperatur wird in der Regel durch die Ruhetemperatur T_0 dimensionslos gemacht. Dies soll auch entsprechend bei der Schallgeschwindigkeit geschehen. Da es keine „Ruhegeschwindigkeit" gibt, bleibt die Möglichkeit, W entweder durch W_{max} oder durch $W^* = c^*$ zu dividieren. Beides hat gewisse Vorteile. Bei letzterem ist eine Unterscheidung von Unter- und Überschallströmung sofort möglich, weshalb es üblich geworden ist, mit dieser Größe zu rechnen und für sie die Beziehung:

$$M^* = \frac{W}{c^*} \tag{31}$$

zu wählen. M^* nimmt abhängig von M die Werte an:

M	0	1	∞
M^*	0	1	$\sqrt{\frac{\varkappa+1}{\varkappa-1}}$

Für die gegenseitigen Beziehungen von M, M^*, T/T_0 und c/c_0 gelten Formeln, welche in Tab. II,5 S. 707, mit einigen anderen Beziehungen zusammengestellt sind.

Als recht brauchbar erweist sich auch folgende Gleichung:

$$\frac{1}{M^2} - 1 = \frac{\varkappa+1}{2}\left(\frac{1}{M^{*2}} - 1\right) \quad \text{oder} \quad \frac{\mathrm{d}M}{M^3} = \frac{\varkappa+1}{2}\,\frac{\mathrm{d}M^*}{M^{*3}}. \tag{32}$$

Der Energiesatz — etwa in der Form Gl. (29) — gilt in gleicher Weise vor und hinter einem Stoß. Damit bleibt die Ruhetemperatur, die Ruheschallgeschwindigkeit und bleiben alle aus Gl. (30) hervorgehenden kritischen Größen durch den Stoß ungeändert.

5. Zustandsänderung des idealen Gases konstanter spezifischer Wärme im senkrechten Stoß

Es ist keineswegs erforderlich, daß die Stoßfront stets senkrecht auf der Strömungsrichtung steht. Ist dies, wie bisher vorausgesetzt, der Fall, so wird von einem *senkrechten Stoß* gesprochen. Der allgemeinere Fall des *schiefen* Stoßes spielt bei allgemeineren Strömungsformen eine Rolle und wird dort besprochen werden.

Explizite Formeln können nur für das id. Gas konst. sp. W. aufgestellt werden. Damit wird allerdings auch einer der am meisten interessierenden Fälle erfaßt. Es ist zweckmäßig, in die bereits gewonnenen Formeln Gl. (14) die Machsche Zahl M mit Hilfe von Gl. (26) einzuführen. Ferner interessiert das Verhältnis der Temperaturen und der Machzahlen. Diese sind mit Hilfe der Zustandsgleichung (I,2), der Gl. (26) und der Kontinuitätsbedingung des Systems (12) leicht durch das Verhältnis der Geschwindigkeiten und Drücke auszudrücken:

$$\frac{\hat{T}}{T} = \frac{\hat{p}}{p}\cdot\frac{\varrho}{\hat{\varrho}} = \frac{\hat{p}\hat{W}}{pW}; \quad \frac{\hat{M}^2}{M^2} = \frac{\hat{W}^2\hat{\varrho}}{W^2\varrho}\,\frac{p}{\hat{p}} = \frac{\hat{W}\cdot p}{W\cdot\hat{p}}. \tag{33}$$

Damit erhält man für den *senkrechten* Stoß eines id. Gases konst. sp. W. die Formeln:

$$\frac{\hat{W}}{W} = \frac{\varrho}{\hat{\varrho}} = 1 - \frac{2}{\varkappa + 1}\left(1 - \frac{1}{M^2}\right) = \frac{1}{M^2}\left[1 + \frac{\varkappa - 1}{\varkappa + 1}(M^2 - 1)\right];$$

$$\frac{\hat{p}}{p} = 1 + \frac{2\varkappa}{\varkappa + 1}(M^2 - 1);$$

$$\frac{\hat{T}}{T} = \frac{\hat{c}^2}{c^2} = \frac{1}{M^2}\left[1 + \frac{2\varkappa}{\varkappa + 1}(M^2 - 1)\right]\left[1 + \frac{\varkappa - 1}{\varkappa + 1}(M^2 - 1)\right]; \tag{34}$$

$$\hat{M}^2 = \frac{1 + \frac{\varkappa - 1}{\varkappa + 1}(M^2 - 1)}{1 + \frac{2\varkappa}{\varkappa + 1}(M^2 - 1)}.$$

Die Verhältnisse der Werte einer Größe vor und nach dem Stoß hängen danach lediglich von der Machzahl M vor dem Stoß ab, woraus allein schon die Bedeutung dieser Kennzahl folgt.

Eine sehr einfache, von L. Prandtl stammende Beziehung folgt mit Gl. (34), (29) und (30):

$$\hat{W}\,W = \frac{\varkappa - 1}{\varkappa + 1}W^2 + \frac{2}{\varkappa + 1}c^2 = \frac{\varkappa - 1}{\varkappa + 1}W_{\max}^2 = c^{*2} \tag{35}$$

oder auch mit Gl. (31):

$$\hat{M}^*M^* = 1. \tag{36}$$

Da die Geschwindigkeit im Stoß stets absinkt, folgt aus Gl. (36), daß ein senkrechter Stoß stets von Überschallgeschwindigkeiten zu Unterschallgeschwindigkeiten führt. Er kann also nur in Überschallströmung auftreten.

Damit wird auch das Auftreten von Stößen verständlich. Einwirkung von den Seiten wurde bei der Ableitung von vornherein ausgeschlossen. Die Ursache muß in starken Störungen stromabwärts gesucht werden. Solche starken Störungen können ein Anlaufen einer Stoßwelle gegen Überschallströmungen bedingen. Die Stoßwelle bleibt schließlich an einer Stelle stehen, an welcher ihre Fortpflanzungsgeschwindigkeit gerade gleich der Strömungsgeschwindigkeit des Mediums ist.

In einer Unterschallströmung vermag sich eine kleine Druckstörung nach allen Richtungen hin bemerkbar zu machen. Irgendwelche Hindernisse stromabwärts der betrachteten Stelle des Stromfadens machen sich also theoretisch überall im Stromfaden geltend. Dies ist bei Überschallströmungen nicht möglich, weil eine kleine Schallwelle einfach nicht gegen die Strömung anlaufen kann. Befinden sich aber starke Hindernisse etwa in Form von Verengungen im Kanal, so machen sich diese in sprunghaften Aufstauungen, eben den Verdichtungsstößen geltend. Ihre Existenz ist zur Erfüllung bestimmter Strömungsbedingungen erforderlich.

Größeres Interesse kommt dem Entropieanstieg im Stoß zu. Für kleine Druckanstiege wurde Gl. (21) abgeleitet. Mit der Isentrope Gl. (I,43) läßt sich die zweite Ableitung von $1/\varrho$ nach p leicht bilden, woraus dann weiter mit Gl. (34) folgt:

$$\frac{\hat{s} - s}{c_v} = \frac{\varkappa^2 - 1}{12\varkappa^2}\left(\frac{\hat{p}}{p} - 1\right)^3 + \cdots = \frac{2}{3}\frac{\varkappa(\varkappa - 1)}{(\varkappa + 1)^2}(M^2 - 1)^3 + \cdots. \tag{37}$$

Mit der entsprechenden Gleichung von Tab. II,5, S. 707, findet man leicht für Machzahlen nahe an $M = 1$:

$$M^2 - 1 = (\varkappa + 1)\,(M^* - 1) + \cdots \tag{38}$$

und mit Gl. (38) als weitere Näherung für den Entropieanstieg:

$$\frac{\hat{s} - s}{c_v} = \frac{2}{3}\varkappa(\varkappa^2 - 1)\,(M^* - 1)^3 + \cdots. \tag{39}$$

Für beliebig starke Stöße folgt aus Gl. (I,63) und Gl. (34)

$$\frac{\hat{s} - s}{c_v} = \ln\left[1 + \frac{2\varkappa}{\varkappa + 1}(M^2 - 1)\right] + \varkappa \ln\left[1 - \frac{2}{\varkappa + 1}\left(1 - \frac{1}{M^2}\right)\right], \tag{40}$$

woraus durch Entwickeln wieder Gl. (37) gewonnen werden kann.

Vielfach wird bei stationären Strömungen nicht mit der Änderung der Entropie s, sondern mit der Änderung des Ruhedruckes gearbeitet. Während die Ruhetemperatur T_0 nach dem Energiesatz durch das Abbremsen der Geschwindigkeit auf den Wert $W = 0$ vollkommen festgelegt ist, gilt das für den *Ruhedruck* p_0 und die *Ruhedichte* ϱ_0 nicht. Es muß noch gesagt werden, wie das Abbremsen der Geschwindigkeit zu erfolgen hat. Man fordert ein quasistatisches Abbremsen des Mediums, also eine verlustlose — eine isentrope — Drucksteigerung. Der Ruhedruck ist danach jener Druck, der im besten Fall durch Reduktion der Geschwindigkeit auf den Wert $W = 0$ erreicht werden kann.

Die „Ruheentropie" ist definitionsgemäß gleich der Entropie des betrachteten Zustandes ($s = s_0$). Die Ruhedrucke $\hat{p}_0$ und p_0 zweier verschiedener Zustände drücken sich durch die Entropien und die Ruhetemperatur $\hat{T}_0$ und T_0 mit Gl. (I,63) für ein id. Gas konst. sp. W. wie folgt aus:

$$(c_p - c_v)\ln\frac{\hat{p}_0}{p_0} = c_p \ln\frac{\hat{T}_0}{T_0} - (\hat{s}_0 - s_0) = c_p \ln\frac{\hat{T}_0}{T_0} - (\hat{s} - s).$$

Mit dem Energiesatz folgt wegen des Gleichbleibens der Ruhetemperatur:

$$\ln\frac{\hat{p}_0}{p_0} = -\frac{\hat{s} - s}{c_p - c_v} = \ln\frac{\hat{\varrho}_0}{\varrho_0}. \tag{41}$$

Gl. (41) folgt aus der Definition der Ruhegrößen und gilt stets, wenn der Energiesatz in Form der Gl. (9) erfüllt ist. Wie sich zeigen läßt, gilt (41) für *jedes ideale* Gas.

Für den senkrechten Stoß gilt mit Gl. (40) und (41):

$$\frac{\hat{\varrho}_0}{\varrho_0} = \frac{\hat{p}_0}{p_0} = \left[1 + \frac{2\varkappa}{\varkappa + 1}(M^2 - 1)\right]^{-\frac{1}{\varkappa-1}} \left[1 - \frac{2}{\varkappa + 1}\left(1 - \frac{1}{M^2}\right)\right]^{-\frac{\varkappa}{\varkappa-1}}. \quad (42)$$

Die Ruhezustände vor und hinter dem Stoß verhalten sich also genau so wie die Zustände vor und hinter der adiabatischen Ausdehnung eines Gases ohne Arbeitsleistung. Wegen dieser Verwandtschaft mit dem Drosseleffekt, welcher stets eine Ausdehnung ohne Arbeitsleistung darstellt, wird das Ruhedruckverhältnis auch als *Drosselfaktor* bezeichnet.

Tab. II,1, S. 704, zeigt die Zustandsänderungen in einem senkrechten Stoß eines id. Gases konst. sp. W. abhängig vom Druckanstieg im Stoß. Die zweite Kolonne M kann ebensogut als Machsche Zahl einer stationären Strömung vor dem Stoß als auch als Verhältnis der Fortpflanzungsgeschwindigkeit U des Stoßes Gl. (28) zur Schallgeschwindigkeit c des ruhenden Mediums gelesen werden. Das Druckverhältnis ist die für den Experimentator „anschaulichste" Größe und wurde daher hier in die erste Reihe gestellt. Ein Druck von 3000 at herrscht etwa im Laderaum einer Kanone beim Abschuß. Entsprechende Druckverhältnisse sind also durchaus realisierbar.

Aus den errechneten Temperaturverhältnissen geht aber hervor, daß bei sehr starken Stößen und normalen Anfangstemperaturen keineswegs mehr mit Gasen konstanter spezifischer Wärme gerechnet werden kann. Stoßwellen können offenbar zu Extremwerten von Temperaturen führen. Das Abweichen vom Zustand eines idealen Gases bleibt bei kleinen Anfangsdichten stets gering, da das Verdichtungsverhältnis im Stoß beschränkt bleibt, Abb. 4.

Die Entropieanstiege oder anschaulicher die Ruhedruckverluste sind bei kleineren Druckverhältnissen unbedeutend. Bei einem Druckanstieg auf den zehnfachen Ausgangswert, was einer Machzahl der Anströmung von etwa $M = 3$ entspricht, fällt der Ruhedruck auf ein Drittel. Die Ruhedruckverluste werden bei sehr großer Machzahl schließlich außerordentlich hoch. Ein Stoß entspricht thermodynamisch also bei Machzahlen wenig über 1 einem Vorgang von sehr gutem, bei hohen Machzahlen einem Vorgang von sehr schlechtem Wirkungsgrad.

Tab. II,2 zeigt einen Vergleich der exakt berechneten Entropieanstiege mit den mit Hilfe der Näherungsformeln Gl. (37) und Gl. (39) errechneten Werten.

Danach ist Gl. (37) nur in der unmittelbarsten Umgebung der Schallgeschwindigkeit eine brauchbare Näherung für den exakten Wert nach Gl. (40). Dabei ist es gleichgültig, ob in Gl. (37) die Verluste aus dem Druckverhältnis oder aus dem Quadrat M^2 der Machschen Zahl berechnet werden, weil die beiden Ausdrücke mittels einer exakten Gleichung ineinander übergeführt werden. Bei einem Druckanstieg $\hat{p}/p = 2$ ist der Verlust zwar noch gering, jedoch genügt — falls die Entwicklung überhaupt noch konvergiert — sicher nicht mehr das erste Glied der Reihe. Anders ist es bei der Entwicklung nach $(M^* - 1)$ — das bei $\hat{p}/p = 2$ den Wert von $M^* - 1 = 0{,}275$ annimmt —, wo das erste Glied der Reihe den ausschlaggebenden Teil der Reihensumme liefert. Gl. (39) liefert also bei schallnaher Strömung sehr brauchbare Werte und ist im Zweifelsfall der Entwicklung Gl. (37) vorzuziehen.

Tabelle II,2. *Entropieanstiege im Stoß für $\varkappa = 1{,}400$ nach Gl. (40), (37) und (39)*

$\hat{p}/p$	M	M^*	$(\hat{s} - s)/c_v$		
			Gl. (37)	Gl. (39)	Gl. (40) (exakt)
1,0	1,000	1,000	0,00000	0,00000	0,00000
1,1	1,042	1,035	0,00004	0,00004	0,00004
1,2	1,082	1,067	0,00033	0,00027	0,00025
1,3	1,121	1,098	0,00110	0,00084	0,00073
1,4	1,159	1,127	0,00261	0,00184	0,00154
1,5	1,195	1,155	0,00510	0,00334	0,00271
1,75	1,275	1,218	0,0172	0,00928	0,00709
2,0	1,363	1,275	0,0408	0,0186	0,0134
2,5	1,512	1,372	0,1378	0,0461	0,0307
3,0	1,647	1,453	0,3265	0,0833	0,0525

Das Gleichungssystem (12), welches den Verdichtungsstoßformeln zugrunde liegt, ist völlig symmetrisch in den Größen vor und hinter dem Stoß. Alle Gleichungen, die aus ihm abgeleitet werden und Größen vor und hinter dem Stoß in gleicher Weise enthalten, müssen daher auf eine in den Veränderlichen mit und ohne Dach ($p, \hat{p}$; $\varrho, \hat{\varrho}$; $W, \hat{W}$ usw.) symmetrische Form gebracht werden können. Das gilt z. B. für die dynamische Adiabate Gl. (16). Dasselbe gilt für alle Gleichungen, welche unter Hinzuziehung der Gaszustandsgleichung gewonnen wurden, wenn diese vor und hinter dem Stoß dieselbe Form hat, wie es etwa bei idealen Gasen der Fall ist. So sind Gl. (27) und Gl. (36) völlig symmetrisch. Auch die Gleichung für $\hat{M}$, Gl. (34), läßt sich auf eine symmetrische Form bringen, indem in Gl. (36) $\hat{M}^*$ und M^* mittels Tab. II,5, S. 707, durch $\hat{M}$ und M ersetzt werden. Das gilt ferner für alle anderen Größen, die sich durch M^* allein ausdrücken lassen, wie c und T. In den meisten Gl. (34) kommen aber die Größen vor und hinter dem Stoß nicht in gleicher Weise vor, indem beispielsweise der Druck $\hat{p}$ durch p und M ausgedrückt wird, während $\hat{M}$ fehlt. Jedoch läßt sich aus der Symmetrie der Ausgangsformeln folgern, daß sich die Werte p, ϱ, W usw. in formal gleicher Weise durch $\hat{p}$, $\hat{\varrho}$, $\hat{W}$ und $\hat{M}$ ausdrücken lassen, wie es in umgekehrter Weise in den Gl. (31) geschehen ist. Die Gleichungen müssen richtig bleiben, wenn die Werte mit Dach durch jene ohne Dach ersetzt werden und umgekehrt. So gilt:

$$\frac{W}{\hat{W}} = 1 - \frac{2}{\varkappa + 1}\left(1 - \frac{1}{\hat{M}^2}\right); \quad \frac{p}{\hat{p}} = 1 + \frac{2\varkappa}{\varkappa + 1}(\hat{M}^2 - 1).$$

Da nach dem Stoß stets Unterschall herrscht, gelten die Gleichungen von der Form der Gl. (34) also im ganzen Wertebereich der Machschen Zahl.

6. Starke Verdichtungsstöße

Von *starken* Verdichtungsstößen wird gesprochen, wenn sich der Druck in der Stoßfront um Größenordnungen ändert. Die Verdichtung erweist sich dabei auch im allgemeinen Fall realer Gase, wie im speziellen Fall eines id. Gases konst. spez.

W., als begrenzt, so daß man es in der Regel auch nach der Verdichtung mit einem vollkommenen Gas zu tun hat in dem Sinne, daß Kovolumen und Van der Waalssche Kräfte zwischen den Molekülen vernachlässigt werden dürfen.

Starke Verdichtungsstöße können bereits bei schnell fliegenden Geschossen auftreten. Meteore, die in die Erdatmosphäre eindringen, weisen außerordentlich starke Stöße als Kopfwellen auf. Das Interesse an solchen Erscheinungen ist vor allem aber mit dem Problem des Wiedereintrittes der künstlichen Satelliten in die Atmosphäre stark gewachsen. Auch bei der Erzeugung extremer thermischer Zustände durch konzentrisch auf ein Zentrum zueilende Kugelwellen und in der Astrophysik begegnet man starken, unter Umständen außerordentlich starken Stößen. Darauf wird noch in [•24], Abschnitt II,1, zurückgekommen.

Im Überschallwindkanal kann allerdings meist selbst bei starken Stößen mit einem idealen Gas konst. spez. W. gerechnet werden, da das Gas im Windkanal bei der Beschleunigung sehr tiefe Temperaturen erreicht, die erst in der Stoßfront auf normale Temperaturen ansteigen. In der Atmosphäre dagegen ist es umgekehrt, indem vor der Stoßfront Atmosphärentemperaturen herrschen, die im starken Stoß gewaltig ansteigen und dabei zur Dissoziation und auch zur Ionisation der Luft führen können. Dabei stellt sich in der Stoßfront nicht immer Dissoziations- oder Ionisationsgleichgewicht ein, was noch in Abschn. 16 berücksichtigt werden wird.

Bei nicht allzu starken Stößen wäre nur die Veränderlichkeit der spezifischen Wärme, jedoch aber kein Molekülzerfall zu berücksichtigen. Diese kleinen Effekte wurden schon im Jahre 1922 von R. Becker [3] berücksichtigt. Die Bedeutung dieser Resultate tritt jedoch heute gegenüber jenen der Dissoziation und Ionisation so stark zurück, daß im vorliegenden Rahmen nur die letzteren Effekte behandelt werden sollen. Die erste Bearbeitung geht hier auf eine ausführliche Veröffentlichung von W. Döring und G. Burghardt [4] zurück. Der Problemkreis wurde später erstmals wieder 1956 von M. J. Lighthill aufgenommen [I,1]. Betreffs des einschlägigen Schrifttums muß auf die Spezialwerke hingewiesen werden.

Wird in der dynamischen Adiabate, Gl. (16), die ja uneingeschränkt für alle Substanzen gilt, die Funktion

$$\begin{aligned} \Delta\hat{\imath} &= \hat{\imath}(\hat{T},\hat{\varrho}) - i(T) - \frac{\varkappa}{\varkappa-1}\left(\frac{\hat{p}}{\hat{\varrho}} - \frac{p}{\varrho}\right) \\ &= \hat{\imath}(\hat{T},\hat{\varrho}) - i(T) - \frac{1}{2}\frac{\varkappa}{\varkappa-1}\left[\left(\frac{1}{\hat{\varrho}} + \frac{1}{\varrho}\right)(\hat{p}-p) + \left(\frac{1}{\hat{\varrho}} - \frac{1}{\varrho}\right)(\hat{p}+p)\right] \end{aligned} \tag{43}$$

eingeführt, so läßt sich diese in der Form schreiben:

$$0 = \Delta\hat{\imath} + \frac{1}{2}\frac{1}{\varkappa-1}\left(\frac{1}{\hat{\varrho}} + \frac{1}{\varrho}\right)(\hat{p}-p) + \frac{1}{2}\frac{\varkappa}{\varkappa-1}\left(\frac{1}{\hat{\varrho}} - \frac{1}{\varrho}\right)(\hat{p}+p). \tag{44}$$

Für *starke Stöße*, $\hat{p} \gg p$, kann p in Gl. (44) gestrichen werden, was nach elementarer Umformung sofort folgende Schreibung der *dynamischen Adiabate* zuläßt:

$$\frac{\hat{\varrho}}{\varrho} = \frac{\varkappa+1}{\varkappa-1} + 2\frac{\hat{\varrho}}{\hat{p}}\Delta\hat{\imath}. \tag{45}$$

Kann das Gas auch nach der Verdichtung noch als vollkommen angesprochen werden, so daß die Zustandsgleichung idealer Gas gilt, so erhält Gl. (45) schließlich die Form:

$$\frac{\hat{\varrho}}{\varrho} = \frac{\varkappa + 1}{\varkappa - 1} + 2\,\frac{\hat{m}}{m}\,\frac{m}{R}\,\frac{1}{\hat{T}}\,\Delta\hat{\imath}. \tag{46}$$

Die erste Gl. (22) ist aus Kontinuitätsbedingung und Impulssatz allein hergeleitet. Sie gilt also für jedes beliebige Medium und sei in die Form umgeschrieben:

$$\hat{c}_p = \frac{\hat{p} - p}{\varrho W^2/2} = 2\left(1 - \frac{\varrho}{\hat{\varrho}}\right). \tag{47}$$

Dabei ist der später mit Gl. (81) eingeführte *Druckkoeffizient* vorweggenommen. Er ist auf den Zustand vor der Stoßfront bezogen und als Wert unmittelbar hinter der Stoßfront mit einem „Dach" versehen.

Für einen starken Stoß, $\hat{p} \gg p$, gilt dann:

$$\hat{c}_p = \hat{p}\,\frac{2}{\varrho W^2} = 2\left(1 - \frac{\varrho}{\hat{\varrho}}\right). \tag{48}$$

Der Druckkoeffizient, ein seit langem bei inkompressibler Strömung bewährtes Maß für die Druckstörung, zeigt auch bei kompressibler Strömung seine Brauchbarkeit, obwohl der sogenannte Staudruck, $\varrho W^2/2$, Gl. (70), nicht in gleichem Zusammenhang mit dem Druck steht wie bei dichtebeständiger Strömung. Bei starken Stößen, wo $\varrho/\hat{\varrho} \ll 1$ gilt, nimmt $\hat{c}_p$ nahezu den Wert 2 an. Das liegt daran, daß $\varrho W^2/2$ die Hälfte des durch die Stoßfront anströmenden Impulses darstellt, dem der statische Druck $\hat{p}$ hinter der Stoßfront annähernd das Gleichgewicht halten muß.

Da hinter der Stoßfront des starken Stoßes ein vollkommenes Gas von der Molmasse $\hat{m}$ angenommen werden kann, folgt aus der Zustandsgleichung idealer Gase mit Gl. (48) die Beziehung für die Temperatur:

$$\hat{c}_T = \frac{2R\hat{T}}{mW^2} = \frac{\hat{m}}{m}\,\frac{\varrho}{\hat{\varrho}}\,\hat{c}_p = 2\,\frac{\hat{m}}{m}\,\frac{\varrho}{\hat{\varrho}}\left(1 - \frac{\varrho}{\hat{\varrho}}\right). \tag{49}$$

Wie bei Hyperschallströmung überhaupt, [·24], Abschn. II, 3 ff, ist es zweckmäßig, neben dem Druckkoeffizient auch einen *Temperaturkoeffizienten* c_T zu bilden, wie dies oben geschehen ist.

Wie der Druckkoeffizient ist der Temperaturkoeffizient im wesentlichen auf das Dichteverhältnis, außerdem aber auch auf das Molmassenverhältnis $\hat{m}/m$ zurückgeführt. Ebensowenig wie p in Gl. (48) tritt in Gl. (49) die Temperatur vor dem Stoß, T, auf. Sie ist bei starken Stößen für die Erwärmung nicht maßgebend. Maßgebend dafür ist die kinetische Energie des anströmenden Gases. Gemäß Gl. (I,32) ist $T \cdot R/m$ die thermische Energie der Masseneinheit, die zwei Freiheitsgraden eines idealen Gases konst. spez. W. zukommt. Sie ist in Gl. (49) durch die kinetische Energie der Masseneinheit, d. i. $W^2/2$, geteilt.

Gl. (45) läßt sich im Zerfallsbereich der Moleküle für eine rasch konvergente Ermittlung von $\hat{\varrho}/\varrho$ als Funktion von T verwenden. Im Falle thermodynamischer

Gleichgewichtes, das bisher nicht vorausgesetzt zu werden brauchte, im folgenden jedoch angenommen werden soll, kann Gl. (45) als Beziehung zwischen $\hat{T}$ und $\hat{\varrho}$ aufgefaßt werden. Für Luft im thermodynamischen Gleichgewicht ist die Beziehung durch das Kurvensystem von Abb. I,5 dargestellt. Unter ϱ_0 ist die Normaldichte der Luft zu verstehen. T, ϱ, p und i sind in der Abbildung die Größen im Dissoziations- oder Ionisationszustand, also die in Gl. (45) mit dem Dachsymbol versehenen Größen. Die Gasdichte vor dem Stoß, d. i. in Gl. (45) ϱ, sei gegeben.

Da der Enthalpiezuwachs nach Abb. I,5 bei hohen Temperaturen empfindlich von $\hat{T}$, aber nur relativ schwach von $\hat{\varrho}$ abhängt, wird am besten $\hat{T}$ zunächst vorgegeben und die Kennzahlen erst nachträglich aus der Vorgabe ermittelt. Es kann dann in erster Näherung in Gl. (45), z. B. die Verdichtung im idealen Gas konst. spez. W., angenommen werden:

$$\frac{\hat{\varrho}}{\varrho_0} = \frac{\varkappa + 1}{\varkappa - 1} \frac{\varrho}{\varrho_0},$$

wobei ja mit ϱ/ϱ_0 das Verhältnis von Anströmdichte zu Normaldichte gegeben ist. Daraus gewinnt man mit dem vorgegebenen $\hat{T}$ aus Abb. I,5 bereits eine sehr gute Näherung für den Enthalpiezuwachs. Aus Gl. (45) folgt dann im allgemeinen zwar eine stark geänderte aber in der Größenordnung gleichbleibende Dichte, die dem Endwert bereits so nahe liegt, daß höchstens noch eine Iteration erforderlich ist.

Damit ist $\hat{T}$, $\hat{\varrho}/\varrho$ oder $\hat{\varrho}/\varrho_0$ gegeben. Aus Abb. I,4 kann somit das Molmassenverhältnis entnommen werden, wobei die Ordinate dort wie folgt zu lesen ist: $m_1/m \to m/\hat{m}$. Aus den Gln. (48) und (49) folgt $\hat{c}_p$ und $\hat{c}_T$.

Es ist freilich immer möglich, sehr schnell zu Lösungen von Verdichtungsstößen mit Dissoziation und Ionisation zu kommen, wenn der Gesamtzustand hinter der Stoßfront vorgegeben ist und der Zustand des idealen Gases konst. spez. W. vor der Stoßfront gefragt wird. Dann ist nämlich die linke Seite des Gleichungssystems (12) bekannt, und auf der rechten Seite darf i durch Gl. (I,35) rechts ersetzt werden, was schließlich zu einer quadratischen Gleichung für W oder ϱ führt. Der Nachteil gegenüber der vorhin skizzierten Methode liegt jedoch darin, daß die Lösung auf verschiedene Werte von ϱ führt und erst eine Interpolation erforderlich ist, wenn die Dichte vor dem Stoß ϱ als Lösungsparameter eingeführt werden soll.

Die Ergebnisse werden gerne über der Machzahl der Anströmung M als Kennzahl aufgetragen. Für diese ergibt sich aus Gl. (49) die folgende Beziehung:

$$M^2 = \frac{2}{\varkappa} \frac{\hat{T}}{T} \frac{1}{\hat{c}_T}.$$

Daraus ist zu ersehen, daß man nur dann eine Machzahl der Anströmung angeben kann, wenn man sich auf eine bestimmte Anströmtemperatur T festlegt, was jedoch die Ergebnisse für starke Stöße unnötig einschränkt.

Besser ist die Auftragung über der in Gl. (53) eingeführten Kennzahl:

$$K_d = \frac{m W^2}{2 R T_d} = \frac{\hat{T}}{T_d} \frac{1}{\hat{c}_T} = \frac{W^2}{2 r_{p0}}. \tag{50}$$

Sie wird sich in [·24] bei Hyperschallströmung in größerem Zusammenhang aus der Theorie ergeben.

Mit Gl. (50) kann die Temperatur $\hat{T}$ erforderlichen Falles aus dem Temperaturkoeffizienten $\hat{c}_T$ und der Kennzahl K_d ermittelt werden.

Für die Kennzahl K_d muß allerdings gemäß Gl. (I,83) eine typische Dissoziations- oder Ionisationswärme vorliegen. Das ist beim Zweisubstanzenmodell stets der Fall. Bei einem Gas mit mehreren Dissoziationen oder Ionisationen, wie im vorliegenden Fall bei Luft, muß ein geeigneter Mittelwert von T_d angenommen werden. Bei der folgenden Abb. 5 wurde als Abszisse sowohl die Machzahl der Anströmung M für die Anströmtemperatur von $T = 220\,°K$, als auch die Kennzahl K_d, gebildet mit dem Wert $T_d = 54200\,°K$ von Abb. I,6 gewählt.

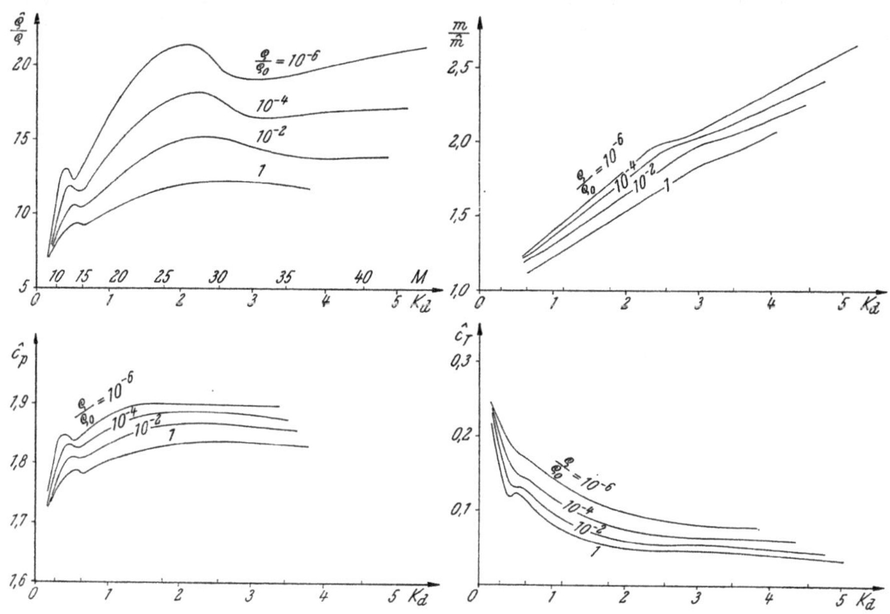

Abb. II,5. Dichteverhältnis, Molmassenverhältnis, Druck- und Temperaturkoeffizient für einen starken Stoß in Luft über der Kennzahl K_d, gebildet mit $T_d = 54200\,°K$ und über der Machzahl der Anströmung bei verschiedenen Anströmdichten.

Während der Druckkoeffizient gegenüber den Zerfallsvorgängen der Luft sehr unempfindlich ist, erhält man für die übrigen Größen sehr unterschiedliche Ergebnisse. Überschreitet das Molmassenverhältnis den Wert $m/\hat{m} = 2$, so bedeutet das im allgemeinen neben völliger Dissoziation von Sauerstoff und Stickstoff bereits beginnende Ionisation der Luft.

Im weiteren Verlauf dieser Darstellung soll der starke Stoß im Rahmen des Zweisubstanzenmodelles behandelt werden. Dieses Modell liefert zwar für Luft nur in beschränkten Gebieten voll befriedigende Ergebnisse, dafür kann es aber auf sehr verschiedene Dissoziations- und Ionisationsvorgänge angewendet werden, selbst wenn wie im folgenden ein einfacher Zerfall, also $m_1/m_2 = 2$, angenommen werden soll. Mit Gl. (I,93) für den Enthalpiezuwachs, in der ebenfalls die Größen hinter dem Stoß einzusetzen sind, erhält man anstelle von Gl. (45) nun die Beziehung:

$$\frac{\hat{\varrho}}{\varrho} = \frac{\varkappa + 1}{\varkappa - 1} + \frac{2\hat{\alpha}}{1 + \hat{\alpha}} \left[\frac{T_d}{\hat{T}} + \lambda - \frac{1}{\varkappa - 1}\right]. \tag{51}$$

Für die Gültigkeit dieser Form der *dynamischen Adiabate* ist zwar das Zweisubstanzenmodell vorausgesetzt, noch nicht aber thermodynamisches Gleichgewicht. Ferner gilt vor der Stoßfront $\alpha = 0$.

Für eingefrorenen Zustand hinter dem Stoß erhält man wegen $\hat{\alpha} = 0$ auch hinter der Front aus Gl. (51) die bekannte Beziehung $\hat{\varrho}/\varrho = (\varkappa + 1)/(\varkappa - 1)$. Für $\alpha = 1$ und sehr hohe Temperaturen, $\hat{T} \gg T_d$, liefert Gl. (51) mit Hilfe von Gl. (I,84) den Wert $\hat{\varrho}/\varrho = (\hat{\varkappa} + 1)/(\hat{\varkappa} - 1)$. Dieses Ergebnis ist allerdings nur von geringerem praktischen Interesse, weil man bei sehr starken Temperaturerhöhungen in der Regel in das nächste Ionisationsgebiet hineingerät.

Für den Fall des *thermodynamischen Gleichgewichtes* erhält man im Rahmen des Zweisubstanzenmodelles *ähnliche* Lösungen. Mit Beschränkung auf den wichtigen Fall $m_1/m_2 = 2$ läßt sich Gl. (I,85) schreiben:

$$\frac{\hat{\alpha}^2}{1 - \hat{\alpha}} = \frac{\varrho_d}{\varrho} \frac{\varrho}{\hat{\varrho}} \left(\frac{\hat{T}}{T_d}\right)^{\lambda} e^{-T_d/\hat{T}}. \tag{52}$$

Gemäß Gl. (51) und (52) ist $\hat{\varrho}/\varrho$ Funktion von $\hat{T}/T_d$, in welche Beziehung noch die Kennzahlen ϱ/ϱ_d, $\varkappa$, λ eingehen. Dabei gibt vor allem die Kennzahl ϱ/ϱ_d den Ausschlag. $\hat{\varrho}/\varrho$ wird, wie vorhin rasch iterativ als Funktion von $\hat{T}/T_d$ ermittelt, indem $\hat{\varrho}/\varrho$ in der Gl. (52) näherungsweise vorgegeben und dann aus Gl. (51) in nächster Näherung berechnet wird.

Damit ist für eine bestimmte Dichtekennzahl ϱ/ϱ_d und ein vorgegebenes Temperaturverhältnis $\hat{T}/T_d$ sowohl $\hat{\alpha}$ als auch $\hat{\varrho}/\varrho$ bekannt. Aus Gl. (48) folgt dann direkt der Druckbeiwert und aus Gl. (49) der Temperaturbeiwert, nachdem in letzterer wieder

$$\frac{m}{\hat{m}} = 1 + \hat{\alpha}$$

gesetzt wird. Die zum anfänglich vorgegebenen Temperaturverhältnis $T_d/\hat{T}$ zugehörige Kennzahl K_d erhält man schließlich aus Gl. (50).

Bei starken Stößen, $\hat{p} \gg p$, verliert die Machzahl der Anströmung M ihre Bedeutung als Kennzahl, da sie durch $M^2 \gg 1$ bereits ausreichend festgelegt ist. Wie bei der Hyperschallströmung kommt es, wie erwähnt, neben den rein thermodynamischen Kennzahlen ϱ/ϱ_d, λ und $\varkappa$ für die Aufspaltung oder Ionisation der Moleküle vor allem auf das Verhältnis von kinetischer Energie der Anströmung, d. i. $W^2/2$, zur Reaktionswärme an, die gemäß Gl. (I,83) im wesentlichen durch $T_d \cdot R/m$ gegeben ist. Damit erhält man im Rahmen des Zweisubstanzenmodelles folgende Kennzahlen:

$$K_d = \frac{m W^2}{2 R T_d}; \quad \frac{\varrho}{\varrho_d}; \quad \varkappa; \quad \lambda. \tag{53}$$

Der Verdichtungsstoß ohne Gasreaktion oder Ionisation entspricht dabei einem sehr kleinen Wert von K_d. Wesentliche Bedeutung daneben hat die Kennzahl ϱ/ϱ_d, während $\varkappa$ und λ von geringerer Bedeutung sind.

Abb. 6 zeigt die Ergebnisse der Auswertung. Das Zweisubstanzenmodell unterscheidet sich von komplizierten Gasen insbesondere dadurch, daß der Reaktions- oder Ionisationsbereich gegen hohe und niedere Temperaturen begrenzt ist. Das

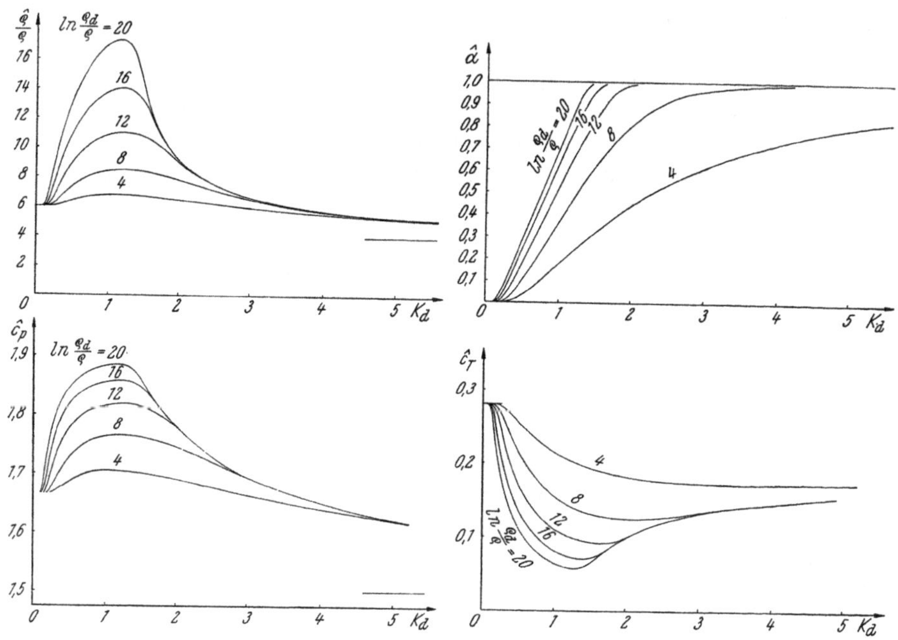

Abb. II,6. Dichteverhältnis, Massenanteil $\hat{\alpha}$, Druck- und Temperaturkoeffizient für einen starken Stoß im Rahmen des Zweisubstanzenmodells mit $\varkappa = 1{,}4$ und $\lambda = 1/2$ über K_d.

Gas wird nach vollkommenem Zerfall zu einem neuen Gas konst. spez. W. Das Modell eignet sich bei komplizierten Substanzen besonders in solchen Bereichen, wo die Reaktionsstufen gut getrennt sind, wie das auch bei Luft in bestimmten Temperatur- und Dichtebereichen der Fall ist, vgl. Abb. I,4. Stöße mit großen Kennzahlen $K_d \to \infty$, führen zu ganz ähnlichen Ergebnissen wie Stöße mit niedrigen Kennzahlen, $K_d \to 0$, nämlich zu den Formeln für das id. Gas konst. spez. W. Aus den Gln. (52), (48) und (49) gewinnt man unter Heranziehung von Gl. (I,94) nach Zwischenrechnung folgende Ergebnisse für die beiden Grenzfälle:

$$\begin{array}{lcccc} & \hat{\alpha} & \hat{\varrho}/\varrho & \hat{c}_p & \hat{c}_T \\ K_d = 0: & 0; & \dfrac{\varkappa+1}{\varkappa-1}; & \dfrac{4}{\varkappa-1}; & \dfrac{4(\varkappa-1)}{(\varkappa+1)^2}; \\ K_d \to \infty: & 1; & \dfrac{\hat{\varkappa}+1}{\hat{\varkappa}-1}; & \dfrac{4}{\hat{\varkappa}-1}; & \dfrac{2(\hat{\varkappa}-1)}{(\hat{\varkappa}+1)^2}. \end{array}$$

Nur beim Temperaturbeiwert unterscheidet sich die Formel für sehr hohe K_d-Werte gegenüber jenen für niedrige. Der Grund dafür ist, daß $\hat{c}_T$ gemäß Gl. (49) auf die Molmasse vor dem Stoß und nicht auf die Molmasse hinter dem Stoß bezogen ist. Es handelt sich also nur um einen scheinbaren Widerspruch.

Abb. 6 zeigt, daß die asymptotischen Werte für $K_d \to \infty$ bei $\hat{\alpha}$ wesentlich schneller erreicht werden als bei den übrigen Größen. Das liegt daran, daß bei $\hat{\alpha} \sim 1$ noch keineswegs $\hat{T} \gg T_d$ erfüllt ist, wie dies für den asymptotischen Wert des Dichteverhältnisses gemäß Gl. (51) der Fall sein muß. Mit $\varkappa = 7/5$ und $\lambda = 1/2$ für den vorliegenden Fall, wird das Gas mit $K_d \to \infty$ einatomig, also $\hat{\varkappa} \to 5/3$.

Die höchsten Verdichtungen und die niedrigsten Temperaturkoeffizienten ergeben sich im Bereich mittlerer $\hat{\alpha}$-Werte, also im Bereich starker Bindungen der Energie durch Molekülzerfall. Dieser Effekt ist durchaus auch bei Luft in Abb. 5 zu erkennen.

Für eine Gegenüberstellung der beiden Abbildungen muß der Kurvenparameter umgerechnet werden. Mit dem in Tabelle I,6 angenommenen Wert für ϱ_d von Luft erhält man:

$$\ln \frac{\varrho_d}{\varrho} = \ln \frac{\varrho_d}{\varrho_0} + \ln \frac{\varrho_0}{\varrho} = 7{,}12 + 2{,}30 \log \frac{\varrho_0}{\varrho}.$$

Es zeigt sich, daß man im mittleren Zerfallsbereich von Luft eine befriedigende Darstellung durch das Zweisubstanzenmodell erhält, weniger jedoch im oberen Zerfallsbereich, weil dort bereits Ionisation auftritt. Das ist an den Werten $m_1/m > 2$ in Abb. I,4 deutlich zu erkennen.

Führt man die Funktion $\Delta \hat{\imath}$ von Gl. (43) in den Energiesatz Gl. (12) ein, so erhält man:

$$\frac{\hat{W}^2}{2} + \frac{\varkappa}{\varkappa - 1} \frac{\hat{p}}{\hat{\varrho}} = \frac{W^2}{2} + \frac{\varkappa}{\varkappa - 1} \frac{p}{\varrho} - \Delta \hat{\imath}. \tag{54}$$

Man kann diese Gleichung auffassen als den Energiesatz eines idealen Gases konst. spez. W. mit der „Wärmezufuhr" von der Größe:

$$q = -\Delta \hat{\imath}.$$

Weil in der Kontinuitätsbedingung und im Impulssatz nur ϱ und p vorkommen, läßt sich also die Auswirkung einer Reaktion auf W, ϱ und p stets exakt deuten als Wärmezufuhr an ein ideales Gas konst. spez. W. Da bei Dissoziation $\Delta \hat{\imath} > 0$ ist, kommt ein solcher Vorgang also einer Kühlung gleich, bedingt durch die Energieabsorption, die Dissoziation oder auch Ionisation erfordert.

7. Grundgleichungen in Differentialform

Ist die Änderung des Strömungszustandes im Stromfaden stetig, so können alle Änderungen mit ausreichender Genauigkeit als linear angesehen werden, wenn der betrachtete Raum nur genügend klein gewählt wird. Bei unstetigen Änderungen, wie sie Stoßwellen in der Darstellung der letzten Abschnitte darstellen, würde auch ein Übergang zu kleinsten Dimensionen die sprunghafte Änderung des Zustandes nicht umgehen können. Ein Abschnitt eines Stromfadens oder eines Kanals veränderlichen Querschnittes kann dann durch einen Kegelstumpf dargestellt werden, dessen beide Grundflächen auf die mittlere Stromrichtung des Fadens normal stehen, Abb. 7. Die Parallelität der beiden Grundflächen ist durch die Voraussetzung bedingt, daß der Stromfaden an der betrachteten Stelle keinen Knick macht.

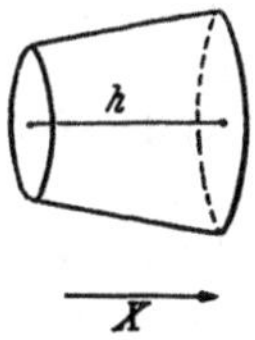

Abb. II,7. Stromfadenabschnitt.

Zur Überführung der *Kontinuitätsbedingung* in eine Differentialform genügt es, Gl. (1) zu differenzieren, am besten nachdem die Gleichung zuvor logarithmiert wurde („logarithmisches Differenzieren“). Es folgt mit x als Strömungsrichtung:

$$\frac{1}{W}\frac{\mathrm{d}W}{\mathrm{d}x}+\frac{1}{\varrho}\frac{\mathrm{d}\varrho}{\mathrm{d}x}+\frac{1}{f}\frac{\mathrm{d}f}{\mathrm{d}x}=0. \tag{55}$$

Zur Überführung des Impulssatzes Gl. (3) hingegen ist eine genauere Betrachtung an Hand von Abb. 7 erforderlich. Die Kraft K soll in Strömungsrichtung wirken ($\vartheta_1=\vartheta=0$) und sei in die am Kegelstumpfmantel wirkenden Druckkräfte und einen Rest aufgespalten, der auf die *Masseneinheit* bezogen mit X bezeichnet sei.

Es wirkt am Kegelstumpfmantel im Mittel der Druck $(p_1+p)/2$. Er wirkt sich in x-Richtung auf die Flächendifferenz $f-f_1$ aus, so daß die Drücke folgende Kraft verursachen: $\frac{p_1+p}{2}(f-f_1)$.

Die Summe der anderen Kräfte ergibt sich aus dem Produkt von X und der im Kegelstumpf eingeschlossenen Masse $h\frac{f+f_1}{2}\varrho$ (h Höhe des Kegelstumpfes). Damit kann der Impulssatz, Gl. (3), geschrieben werden:

$$\frac{p_1+p}{2}(f-f_1)+Xh\frac{f+f_1}{2}\varrho+p_1f_1-pf=\varrho W^2 f-\varrho_1 W_1^2 f_1.$$

Daraus folgt nach Anwendung der Kontinuitätsbedingung Gl. (2) und kleinen Umformungen:

$$X-\frac{p-p_1}{h\varrho}=W\frac{W-W_1}{h}\frac{2f}{f+f_1}$$

und nach Übergang zu verschwindendem h:

$$W\frac{\mathrm{d}W}{\mathrm{d}x}=-\frac{1}{\varrho}\frac{\mathrm{d}p}{\mathrm{d}x}+X \tag{56}$$

mit X als pro *Masseneinheit* in Stromrichtung wirkender Kraft. Zum Unterschied von Gl. (55) spielt in die *Bewegungsgleichung* (56) die Querschnittsänderung nicht hinein.

Fehlen äußere Kräfte ($X = 0$), so gilt längs des Stromfadens also folgende Beziehung:

$$\varrho W \, \mathrm{d}W = -\mathrm{d}p. \tag{57}$$

Die Querschnittsänderung spielt auch in der differenzierten Form der *Energiegleichung* keine Rolle. Sie lautet nach Ableiten von Gl. (5) unter Verzicht auf die Schwereeinwirkungen:

$$\frac{\mathrm{d}q}{\mathrm{d}x} = W \frac{\mathrm{d}W}{\mathrm{d}x} + \frac{\mathrm{d}i}{\mathrm{d}x}. \tag{58}$$

Zur Herstellung einer Beziehung zwischen Bewegungsgleichung (57) und Energiegleichung (58) kann p in Gl. (57) als Funktion von i, s und α aufgefaßt werden. Die rein thermodynamische Beziehung (I,70) stellt bereits einen Zusammenhang zwischen den Änderungen $\mathrm{d}p$, $\mathrm{d}i$, $\mathrm{d}s$ und $\mathrm{d}\alpha$ dar. Mit Einführen der freien Enthalpie, Gl. (I,75), erhält man nach Division durch $\mathrm{d}x$ die Bewegungsgleichung in der Form:

$$W \frac{\mathrm{d}W}{\mathrm{d}x} = -\frac{\mathrm{d}i}{\mathrm{d}x} + T \frac{\mathrm{d}s}{\mathrm{d}x} - (g_1 - g_2) \frac{\mathrm{d}\alpha}{\mathrm{d}x}. \tag{59}$$

Sie zeigt nahe Verwandtschaft zum Energiesatz (58).

In den gewöhnlichen Differentialgleichungen (55), (56), (58) und (59) ist x nicht als kartesische Koordinate, sondern als längs der Stromfadenmitte gemessene Bogenlänge eingeführt, was für manche Anwendung wichtig ist.

Eine Addition von Gl. (58) und (59) liefert:

$$T \frac{\mathrm{d}s}{\mathrm{d}x} = \frac{\mathrm{d}q}{\mathrm{d}x} + (g_1 - g_2) \frac{\mathrm{d}\alpha}{\mathrm{d}x}. \tag{60}$$

Eine Entropieänderung im Stromfaden eines stationär fließenden Mediums, auf das keine äußeren Kräfte, etwa Reibung an den Rohrwänden, einwirken, kann nur durch eine Wärmezu- oder -abfuhr ($\mathrm{d}q/\mathrm{d}x \neq 0$) oder durch eine Reaktion bei fehlendem thermodynamischen Gleichgewicht hervorgerufen werden. Bei ungehemmtem Gleichgewicht, Gl. (I,76) $g_1 = g_2$, oder bei eingefrorenem Zustand (gehemmtes Gleichgewicht $\mathrm{d}\alpha/\mathrm{d}x = 0$) und fehlender Energiezufuhr ($\mathrm{d}q/\mathrm{d}x = 0$) ist die stetige Strömung auch isentrop. Wie die Ergebnisse für den Verdichtungsstoß zeigen, gilt eine solche Folgerung für unstetige Zustandsänderungen nicht! Gl. (60) erinnert an den ersten Hauptsatz der Wärmelehre und hätte mit Hilfe der Gl. (I,70) direkt hergeleitet werden können. Während aber in der Thermodynamik Zustandsänderungen von Massenteilchen betrachtet werden, werden hier Änderungen in Strömungsrichtung untersucht. Es wird am Ende von Abschnitt III,2 gezeigt, daß sich die zeitliche Änderung der Eigenschaft eines Massenteilchens und die örtliche Änderung der Eigenschaft in einer stationären Strömung nur um den Faktor W unterscheidet. Wichtiger ist die Erkenntnis, daß anstelle des Energiesatzes der Strömungsmechanik auch der erste Hauptsatz der Wärmelehre herangezogen werden kann.

8. Atmosphärische Schichtung

Obwohl die Aerostatik außerhalb des Rahmens dieses Buches liegt, soll die Schichtung der Atmosphäre im Anschluß an Gl. (56) kurz behandelt werden, weil der Zustand des anströmenden Gases für Hochgeschwindigkeit — Überschall- und Hyperschallaerodynamik — von ausschlaggebender Bedeutung sein kann.

Zeigt die x-Achse gegen die Richtung der Schwerebeschleunigung $g = 9{,}81$ m/s² vom Erdmittelpunkt weg, so ist $X = -g$ im Atmosphärenbereich praktisch als konstant anzunehmen. Mit $W = 0$ folgt aus Gl. (56)

$$\frac{1}{\varrho}\frac{\mathrm{d}p}{\mathrm{d}x} = -g. \tag{61}$$

Hier bedarf es nun zur Durchführung der Integration einer Annahme über die Temperaturschichtung. Unter den einfachen Ansätzen kommt jener der *isothermen Schichtung* den Verhältnissen in der Natur am nächsten. Eine isentrope Schichtung, was einem linearen Temperaturabfall nach oben gleich käme, ist jedenfalls wirklichkeitsfremder.

Mit der Isothermenbeziehung

$$\frac{\varrho}{\varrho_0} = \frac{p}{p_0}$$

und der Schallgeschwindigkeitsformel (25) erhält man durch Integration:

$$\frac{\varrho}{\varrho_0} = \frac{p}{p_0} = e^{-\frac{\varkappa g x}{c_0^2}}, \tag{62}$$

eine exponentielle Abnahme von Druck und Dichte mit der Höhe. Als Werte auf dem Erdboden empfehlen sich die Normalwerte für Luft:

$$\varrho_0 = 1{,}293 \cdot 10^{-3}\,\mathrm{g/cm^3} = 1{,}293\,\mathrm{kg/m^3};\ p_0 = 760\,\mathrm{mm\ Hg};\ T_0 = 273\,^\circ\mathrm{K}.$$

Daraus folgen mit Gl. (62) die Resultate für $T = T_0$. In Tabelle II,3, S. 704 sind außerdem Werte der in den Vereinigten Staaten von Amerika für technische Entwürfe verwendeten *Normalatmosphäre* wiedergegeben. Der Temperaturgang mit der Höhe ist dabei ein Mittelwert der jahreszeitlichen und örtlichen Verteilungen. Dazu sei festgestellt, daß den heißesten Bodentemperaturen in der Umgebung des Äquators nicht etwa auch maximale Stratosphärentemperaturen dort entsprechen. Diese liegen über dem Äquator in weiten Bereichen bei 200 °K, über den Polen bei 220 °K.

Am Schluß der Tabelle sind noch mittlere freie Weglängen angeführt, woraus sich weiter die Grenzen für eine Anwendung der Kontinuumsmodelle ergeben.

9. Stetige Strömungen einfacher Substanzen ohne äußere Einwirkungen; Entwicklungen

Für das Folgende sei angenommen, daß keine äußeren Kräfte und keine Energie- oder Wärmezufuhr in Erscheinung treten ($X = 0$; $\mathrm{d}q/\mathrm{d}x = 0$), und daß sich das strömende Medium im gehemmten ($\alpha = 0$) oder ungehemmten thermodynamischen Gleichgewicht ($g_1 = g_2$) befinde. Die Substanz stehe nur unter der Einwirkung der ihren Drucken das Gleichgewicht haltenden Gegendrucke, nicht aber unter Einwirkung von Reibungskräften der Umgebung wie etwa der Wände, der Nachbarstromfäden oder gar der Eintritts- und Austrittsquerschnitte. Auch letzteres kann vorkommen, wie sich das beispielsweise in Abschnitt X,2 zeigt, ist aber jetzt ausgeschlossen.

Unter diesen Voraussetzungen folgt aus Gl. (60) sofort:

$$\frac{\mathrm{d}s}{\mathrm{d}x} = 0; \tag{63}$$

die Entropie entlang dem Stromfaden ist konstant, die Zustandsänderung im Medium erfolgt *isentrop.* Damit ist ein fester funktioneller Zusammenhang von Druck und Dichte gegeben. Es folgt aus der Bewegungsgleichung (56), aus der Definitionsgleichung (23) für die Schallgeschwindigkeit c, und aus (24) für die Machzahl M

$$W\frac{\mathrm{d}W}{\mathrm{d}x} = -\frac{1}{\varrho}\left(\frac{\partial p}{\partial \varrho}\right)_s \frac{\mathrm{d}\varrho}{\mathrm{d}x} = -\frac{c^2}{\varrho}\frac{\mathrm{d}\varrho}{\mathrm{d}x},$$

und weiter:

$$\frac{1}{\varrho}\frac{\mathrm{d}\varrho}{\mathrm{d}x} = -M^2\frac{1}{W}\frac{\mathrm{d}W}{\mathrm{d}x}. \tag{64}$$

Wird die Änderung einer Größe dividiert durch die Größe selbst (also eine dimensionslose Zahl) als *relative Änderung* bezeichnet, so sagt Gl. (64) aus, daß die relative Dichteänderung in Unterschallströmung ($M < 1$) kleiner, in Überschallströmung ($M > 1$) größer als die relative Geschwindigkeitsänderung ist. Für sehr kleine Machzahlen ($M \ll 1$) verschwindet praktisch überhaupt jede Dichteänderung. Die Strömung eines kompressiblen Mediums kann in diesem Bereich also als *inkompressibel* angesehen werden. Es wurde am Ende von Abschnitt 2 gezeigt, daß die Geschwindigkeit bei stationärer Strömung einen Höchstwert nicht zu übersteigen vermag. Bei sehr hohen Machzahlen finden daher keine Änderungen der Geschwindigkeit, sondern nur mehr solche der Dichte und der anderen thermischen Zustandsgrößen statt, wie auch direkt aus der Kontinuitätsbedingung (1) folgt. Gl. (64) zusammen mit der Kontinuitätsbedingung (55) gibt:

$$(1 - M^2)\frac{1}{W}\frac{\mathrm{d}W}{\mathrm{d}x} = \frac{1}{\varrho W}\frac{\mathrm{d}(\varrho W)}{\mathrm{d}x} = -\frac{1}{f}\frac{\mathrm{d}f}{\mathrm{d}x}. \tag{65}$$

In Unterschallströmung wächst die Geschwindigkeit mit abnehmendem, in Überschallströmung mit zunehmendem Querschnitt. Bei Schallgeschwindigkeit

($M = 1$) ändert sich der Stromfadenquerschnitt nicht. Die Stromdichte ϱW hat dort ein Maximum.

Die Stromdichte kann danach in der Umgebung von $M = 1$ aufgetragen über der Machzahl als Parabel angenähert werden. Das gilt auch für alle Auftragungen der Stromdichte über irgendeiner anderen Größe, welche im kritischen Zustand nicht selbst ein Maximum hat, also über der Geschwindigkeit, dem Druck, der Dichte usw. Von den zwei Stellen gleicher Stromdichte nahe an $M = 1$ liegt also die eine ebenso weit im überkritischen wie die andere im unterkritischen Gebiet. Ein senkrechter schallnaher Stoß verläuft praktisch isentrop, d. h. er springt von einem überkritischen Wert der Stromdichte auf einen gleich großen isentropen unterkritischen Wert. Damit ist aber für ein beliebiges Medium gezeigt, daß die Zustände vor und hinter dem Stoß in *Schallnähe* symmetrisch zum kritischen Zustand liegen ($1 - \hat{M} = M - 1$; $1 - \hat{M}^* = M^* - 1$; $\hat{p} - p^* = p^* - p$ usw.).

Auch bezüglich der Stromdichte also ist der „kritische Zustand" ausgezeichnet. Es werden daher auch die *kritischen* Werte von *Druck* und *Dichte* interessieren, die sich mit der Isentropengleichung sofort aus der kritischen Temperatur ergeben. Für das id. Gas konst. sp. W. ist mit Gl. (30) und Gl. (I,43):

$$\frac{p^*}{p_0} = \left(\frac{2}{\varkappa + 1}\right)^{\frac{\varkappa}{\varkappa - 1}}; \quad \frac{\varrho^*}{\varrho_0} = \left(\frac{2}{\varkappa + 1}\right)^{\frac{1}{\varkappa - 1}}. \tag{66}$$

Während aber kritische Temperatur und Geschwindigkeit lediglich an den Energiesatz gebunden sind und folglich vor und hinter einem Stoß gleich bleiben, werden kritischer Druck und kritische Dichte aus der kritischen Temperatur und dem Ruhezustand mit Hilfe der Isentrope errechnet, p^* und ϱ^* ändern sich daher, solange — wie z. B. im Stoß — der Energiesatz (9) gilt, wie die entsprechenden Ruhegrößen p_0 und ϱ_0.

Unten sind die kritischen Daten für verschiedene Verhältnisse $\varkappa$ der spezifischen Wärmen angegeben. Der Ausdruck $2/(\varkappa - 1)$ entspricht der Anzahl der Freiheitsgrade eines Moleküls nach der gaskinetischen Theorie. Für ganzzahlige Werte von $2/(\varkappa - 1)$ ergeben sich besonders einfache Zahlenwerte der Ausdrücke $\varkappa/(\varkappa - 1)$, $1/(\varkappa - 1)$ usw., was die Rechnung oft sehr vereinfacht. Gase mit Werten $\varkappa > 1{,}66$ kommen nicht vor, weil ein Molekül mindestens drei Freiheitsgrade besitzt. Dennoch werden auch die Werte für $\varkappa = 2{,}00$ wiedergegeben, da dieser Wert einer der Strömung kompressibler Medien analogen Strömung von Flüssigkeiten in flachen offenen Gerinnen entspricht, [5]. Der Wert $\varkappa = 1{,}00$ ist nur als unerreichbarer Grenzwert zu verstehen, der zusammen mit $\varkappa = 1{,}66$ die Grenzen gibt, innerhalb

Kritische Werte idealer Gase konstanter spezifischer Wärmen

$\varkappa$	2	$1{,}66\bar{6}$	1,400	$1{,}33\bar{3}$	1,250	1,200	1,100	1,000
$2/(\varkappa - 1)$	2	3	5	6	8	10	20	∞
W^*/W_{max}	0,577	0,500	0,408	0,378	$0{,}33\bar{3}$	0,302	0,218	0
c^*/c_0	0,816	$0{,}86\bar{6}$	0,913	0,926	0,943	0,953	0,976	1,000
T^*/T_0	$0{,}66\bar{6}$	0,750	$0{,}83\bar{3}$	0,857	0,889	0,909	0,952	1,000
p^*/p_0	$0{,}44\bar{4}$	0,487	0,528	0,540	0,555	0,564	0,585	0,607
ϱ^*/ϱ_0	$0{,}66\bar{6}$	0,650	0,634	0,630	0,624	0,621	0,614	0,607

welcher alle kritischen Werte zu suchen sind. Auffallend sind die geringen Unterschiede in den Werten von p^*/p_0 und besonders von ϱ^*/ϱ_0. Beide Größen streben für $\varkappa \to 1$ nach $p^*/p_0 = \varrho^*/\varrho_0 = 1/\sqrt{e}$ (e = Basis der natürlichen Logarithmen).

Die Steigerung von Unterschallgeschwindigkeiten auf Überschallgeschwindigkeiten erfordert zunächst eine Abnahme des Stromfadenquerschnittes, bis Schallgeschwindigkeit ($M = 1$) erreicht wird. An dieser Stelle erreicht der Stromfadenquerschnitt ein Minimum und nimmt dann wieder zu. Eine Düse zur Erzeugung von Machzahlen $M > 1$ muß also erst konvergent, dann divergent sein. Sie wird nach dem Schweden DE LAVAL als *Laval-Düse* bezeichnet. Ihr engster Querschnitt weist die eben bezeichneten kritischen Zustände auf und sei daher als *kritischer Querschnitt* bezeichnet.

Mit der Bewegungsgleichung (57) ist die Geschwindigkeit durch den Druck durch folgendes Integral längs einer Isentrope gegeben:

$$\frac{W^2}{2} = -\int_{p_0}^{p} \frac{1}{\varrho}\, dp. \tag{67}$$

Noch schneller kommt man beim id. Gas konst. sp. W. mit Hilfe des Energiesatzes Gl. (9) und der Isentropengleichung (I,43) zum Ziel. Es ist mit Einführen der Maximalgeschwindigkeit:

$$\frac{W^2}{W_{\max}^2} = 1 - \left(\frac{p}{p_0}\right)^{\frac{\varkappa-1}{\varkappa}} = 1 - \left(\frac{\varrho}{\varrho_0}\right)^{\varkappa-1}. \tag{68}$$

Mit Gl. (68) kann nun leicht die Stromdichte abhängig von der Geschwindigkeit dargestellt werden. Dabei ist es zweckmäßig, die Stromdichte durch den kritischen Wert $W^*\varrho^*$ zu dividieren, was stets einen Wert kleiner oder gleich 1 ergibt. Mit Tab. II,5, S. 707, kann die Stromdichte auch durch Machzahl, Dichte ϱ oder den stets leicht meßbaren Druck p ausgedrückt werden, wobei die thermischen Größen hier besser auf ihre kritischen Werte Gl. (66) bezogen werden:

$$\begin{aligned}\frac{\varrho W}{\varrho^* W^*} &= M\left[1 + \frac{\varkappa-1}{\varkappa+1}(M^2-1)\right]^{-\frac{\varkappa+1}{2(\varkappa-1)}} = M^*\left[1 - \frac{\varkappa-1}{2}(M^{*2}-1)\right]^{\frac{1}{\varkappa-1}} \\ &= \left(\frac{\varrho}{\varrho^*}\right)^{\frac{\varkappa+1}{2}} \sqrt{1 + \frac{\varkappa+1}{\varkappa-1}\left[\left(\frac{\varrho^*}{\varrho}\right)^{\varkappa-1} - 1\right]} \\ &= \left(\frac{p}{p^*}\right)^{\frac{\varkappa+1}{2\varkappa}} \sqrt{1 + \frac{\varkappa+1}{\varkappa-1}\left[\left(\frac{p^*}{p}\right)^{\varkappa-1} - 1\right]}.\end{aligned} \tag{69}$$

Wie aus der Herleitung folgt, gilt Gl. (69) nur für das id. Gas konst. spez. W. Diese Beschränkung ist allein schon aus den typischen $\varkappa$-Exponenten zu erkennen.

Die Beziehung zwischen Stromdichte und Druck wird nach DE SAINT VENANT und WANTZEL [6] benannt. Während sich die Stromdichte noch einfach abhängig von Machzahl, Geschwindigkeit usw. darstellen läßt, ist eine Umkehrung der

Gl. (69) im allgemeinen nicht mehr möglich. Die Strömungszustände für eine bestimmte Stromdichte sind daher am besten mittels einer Kurve, Abb. 8, aufgesucht. Es gibt stets je einen Wert bei $M < 1$ und bei $M > 1$. Nahe an $M^* = 0$ steigt die Stromdichte wegen der geringen Dichteveränderlichkeit dort nahezu linear mit M^*.

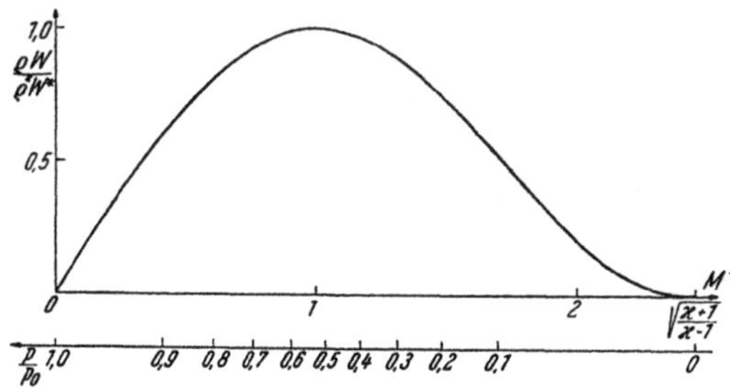

Abb. II,8. Stromdichte abhängig von Geschwindigkeit und Druck für $\varkappa = 1{,}4$.

Abgesehen von der Stromdichte, lassen sich die meisten wichtigen Größen für ein id. Gas konst. sp. W. gegenseitig explizit ausdrücken, wozu sich das in Tab. II,5, S. 707, wiedergegebene Schema besonders eignet. Wie in Abschnitt 4 bereits gezeigt, haben die Formeln im abgegrenzten Teil links oben nur den Energiesatz (keine Energiezufuhr von außen), der übrige Teil isentrope Ausdehnung (stetige Zustandsänderung ohne Relaxation, äußere Kräfte und Energiezufuhr) zur Voraussetzung.

Mit Hilfe der auf kompressible Medien verallgemeinerten Bernoullischen Gleichung (68) kann die Geschwindigkeit aus Druckmessungen bestimmt werden, wenn zur Berechnung von $W_{\max}$ die Ruhetemperatur bekannt ist, Gl. (10). Obwohl dem Produkt $(\varrho W^2)/2$ lediglich bei dichtebeständigen Strömungen als „Staudruck" physikalische Bedeutung als Druckerhöhung im Staupunkt gegenüber dem Anströmdruck zukommt, wird es auch in der Gasdynamik häufig verwendet und ebenfalls als *Staudruck* bezeichnet. Diese Bezeichnung ist so weitgehend eingeführt, daß von ihr auch in diesem Buch nicht abgegangen werden soll, obwohl unter Kompressibilitätseinfluß mit dem Staurohr keineswegs in der Strömung der „Staudruck" gemessen wird. Für das *ideale* Gas gilt mit der Definition der Machzahl (26):

$$\frac{\varrho W^2}{2} = \frac{\varkappa}{2} \frac{\varrho W^2}{\varkappa p} p = \frac{\varkappa}{2} p M^2, \tag{70}$$

eine Gleichung, die an keine weitere Voraussetzung gebunden ist.

Es interessiert nun, wie stark bei kleinen Machzahlen die gemessene Differenz $p_0 - p$ vom Staudruck, dem sie bei dichtebeständiger verlustfreier Strömung gleich sein müßte, abweicht. Zu diesem Zweck wird die Funktion p_0/p von M (Tab. 5) nach M entwickelt:

$$\frac{p_0}{p} = 1 + \frac{\varkappa}{2} M^2 + \frac{\varkappa}{8} M^4 + \frac{\varkappa(2-\varkappa)}{48} M^6 + \cdots.$$

Zusammen mit Gl. (70) ist dann:

$$\frac{p_0 - p}{\frac{\varrho W^2}{2}} = \left(\frac{p_0}{p} - 1\right) \frac{2}{\varkappa M^2} = 1 + \frac{1}{4} M^2 + \frac{2 - \varkappa}{24} M^4 + \cdots. \tag{71}$$

Die entsprechende Entwicklung des Dichteverhältnisses ergibt:

$$\frac{\varrho}{\varrho_0} = 1 - \frac{1}{2} M^2 + \frac{\varkappa}{8} M^4 + \cdots. \tag{72}$$

Der Druckunterschied weicht also relativ vom Staudruck noch weniger ab als die Dichte relativ von der Ruhedichte. Eine Windgeschwindigkeit von etwa 66 m/sec entspricht einer Machzahl von $M = 0{,}20$. Daraus ergibt sich ein Fehler aus der Bernoullischen Gl. (8) dichtebeständiger Strömungen von:

$$\frac{p_0 - p}{\frac{\varrho W^2}{2}} = 0{,}01.$$

Damit ist ein Maß gewonnen, inwieweit Luftströmungen als inkompressibel aufgefaßt werden können.

Es sei besonders darauf hingewiesen, daß sich die relativen Änderungen von Druck und Dichte schon nach der Isentropengleichung (I, 41) nur um den Faktor $\varkappa$ unterscheiden. In der Bewegungsgleichung (56) wird aber die Dichteänderung bedeutungslos, weil die Dichte hier zum Unterschied vom Druck nur als Faktor auftritt. So können bei gleicher Größenordnung von relativer Dichte- und Druckänderung die erste bei niedrigen Machzahlen vernachlässigt werden, die zweite aber nicht.

Die Funktion $p(M^*)$ läßt einige von A. Busemann [··3] stammende geometrische Deutungen zu, die sich auch auf den Verdichtungsstoß beziehen. Sie sollen hier nicht weiter behandelt werden.

Dem Schluß des Buches ist ein Strichleiterdiagramm für die gegenseitige Abhängigkeit der thermischen Zustandsgrößen, der Geschwindigkeit, der Stromdichte usw. bei isentroper Ausdehnung mit $\varkappa = 1{,}400$ beigefügt.

Ein nicht unbeträchtlicher Teil der Anwendungen betrifft heute den höheren Machzahlenbereich und dabei Strömungen mit inneren Umwandlungen wie Dissoziation und Ionisation. Sofern von letzteren Erscheinungen abgesehen werden kann und ein id. Gas konst. sp. W. angenommen werden darf, empfiehlt sich für viele Anwendungen die folgende Gleichung für die Änderungen gegenüber einem Ausgangszustand (Index a), der nicht unbedingt dem Anströmzustand (Index ∞), siehe etwa Abschnitt VII,4, gleichgesetzt zu werden braucht. Indem man den Energiesatz, Gl. (9), für den Strömungszustand und den Ausgangszustand anwendet und die Ruhetemperatur durch die Machzahl des Ausgangszustandes, M_a, ausdrückt, findet man leicht:

$$\frac{T}{T_a} = 1 - \frac{\varkappa - 1}{2} M_a^2 \left(\frac{W^2}{W_a^2} - 1\right). \tag{73}$$

In dieser Form gilt die Beziehung auch noch über Verdichtungsstöße hinweg. Für isentrope Beziehungen läßt sich dann etwa für den Druck schreiben:

$$\frac{p}{p_a} = \left[1 - \frac{\varkappa - 1}{2} M_a^2 \left(\frac{W^2}{W_a^2} - 1\right)\right]^{\frac{\varkappa}{\varkappa - 1}}. \tag{74}$$

Diese Beziehung, wie auch eine ganz analoge Gleichung für die Dichte, läßt sich unter der Voraussetzung

$$\frac{\varkappa - 1}{2} M_a^2 \left(\frac{W^2}{W_a^2} - 1\right) \ll 1 \tag{75}$$

in eine binomische Reihe entwickeln. Die Voraussetzung (75) ist dabei wesentlich weniger streng als die Annahmen, die üblicherweise bei Entwicklungen getroffen werden müssen. Beispielsweise braucht wegen des kleinen Faktors $(\varkappa - 1)/2 = 0{,}20$ für $\varkappa = 1{,}40$ die Geschwindigkeitsschwankung im unteren Machzahlenbereich, $M_a < 1$, keineswegs klein zu sein. Umgekehrt kann die Bedingung (75) auch im hohen Überschallbereich erfüllt sein, obwohl dort zwar $M_a^2 \gg 1$ gilt, die Geschwindigkeitsschwankung jedoch in der Regel sehr klein bleibt. Die angedeutete Entwicklung soll jedoch hier nicht durchgeführt werden, weil sie als Spezialfall in der folgenden allgemeinen Darstellung enthalten ist.

Es sei im folgenden nur Isentropie vorausgesetzt, es darf sich jedoch im übrigen um ein beliebiges Medium, um eine Flüssigkeit oder irgendein reales Gas handeln. Für dieses gilt die Schallgeschwindigkeitsformel (23) und damit für die Ableitung des Druckes nach dem spezifischen Volumen $1/\varrho$:

$$\left(\frac{\partial p}{\partial(1/\varrho)}\right)_s = -\varrho^2 \left(\frac{\partial p}{\partial \varrho}\right)_s = -\varrho^2 c^2. \tag{76}$$

Bei den folgenden Entwicklungen werden auch zweite Ableitungen der Zustandsgrößen untereinander benötigt. Dabei wird eine von W. D. Hayes [I,6] eingeführte Beziehung verwendet und auch das dortige Symbol übernommen:

$$\Gamma = \frac{1}{c} \left(\frac{\partial \varrho c}{\partial \varrho}\right)_s. \tag{77}$$

Eine Verwechslung mit der Zirkulation Γ, Gl. (IV,52), ist in diesem Zusammenhang nicht zu befürchten.

Aus (76) ergibt sich dann folgende Beziehung zwischen bestimmten zweiten Ableitungen und Γ:

$$\Gamma = \frac{1}{2\varrho c^2} \left(\frac{\partial \varrho^2 c^2}{\partial \varrho}\right)_s = \frac{1}{2\varrho^3 c^2} \left(\frac{\partial^2 p}{\partial(1/\varrho)^2}\right)_s = \frac{\varrho^3 c^4}{2} \left(\frac{\partial^2(1/\varrho)}{\partial p^2}\right)_s. \tag{78}$$

Mit dem letzten Ausdruck ist auch der Differentialquotient von Gl. (20), der bei der Entwicklung des Entropieanstieges schwacher Stöße nach dem Druck in Gl. (19) eingeht, auf Γ zurückgeführt.

Die differentielle Bernoulligleichung (57) gilt allgemein und folglich insbesondere auch für isentrope Zustandsänderung. Wird bei den folgenden Differentiationen die Dichte stets zunächst nach dem Druck abgeleitet und dann erst der Druck nach der Geschwindigkeit, so erhält man nach elementarer Rechnung:

$$\left(\frac{\partial p}{\partial W}\right)_s = -\varrho W; \left(\frac{\partial^2 p}{\partial W^2}\right)_s = -\left(\frac{\partial \varrho W}{\partial W}\right)_s = -\varrho(1 - M^2);$$
$$\left(\frac{\partial^3 p}{\partial W^3}\right)_s = -\left(\frac{\partial^2 \varrho W}{\partial W^2}\right)_s = \frac{\varrho}{W} M^2[3(1 - M^2) + 2M^2\Gamma]. \qquad (79)$$

Ebenso wie Entwicklungen nach W empfehlen sich solche nach W^2. Für diese erhält man:

$$\left(\frac{\partial p}{\partial(W^2)}\right)_s = -\frac{\varrho}{2}; \left(\frac{\partial^2 p}{\partial(W^2)^2}\right)_s = -\frac{1}{2}\left(\frac{\partial \varrho}{\partial(W^2)}\right)_s = \frac{\varrho}{4W^2} M^2;$$
$$\left(\frac{\partial^3 p}{\partial(W^2)^3}\right)_s = -\frac{1}{2}\left(\frac{\partial^2 \varrho}{\partial(W^2)^2}\right)_s = -\frac{1}{\varrho}\frac{\varrho}{W^4} M^4[3 - 2\Gamma]. \qquad (80)$$

Mit diesen Ableitungen lassen sich nun leicht Taylor-Entwicklungen der Druckstörungen nach den Störungen der Geschwindigkeit oder deren Quadrat angeben. Man führt dabei zweckmäßigerweise den sogenannten *Druckkoeffizienten* c_p ein (die Verwendung des gleichen Symboles wie für die spezifische Wärme bei konstantem Druck stört weniger als ein Abweichen vom allgemein gebräuchlichen Symbol in einem der beiden Fälle) und erhält:

$$c_p = \frac{p - p_a}{\varrho_a W_a^2/2} = -\left(\frac{W^2}{W_a^2} - 1\right) + \frac{1}{4} M_a^2 \left(\frac{W^2}{W_a^2} - 1\right)^2$$
$$- \frac{1}{24} M_a^4 (3 - 2\Gamma)\left(\frac{W^2}{W_a^2} - 1\right)^3 + \cdots \qquad (81)$$
$$= -2\left(\frac{W}{W_a} - 1\right) - (1 - M_a^2)\left(\frac{W}{W_a} - 1\right)^2 + \frac{1}{3} M_a^2 [3(1 - M_a^2)$$
$$+ 2M_a^2\Gamma]\left(\frac{W}{W_a} - 1\right)^3 + \cdots.$$

Die Darstellung als Funktion von W^2 in der Oberzeile erweist sich gleichzeitig auch als eine Entwicklung nach M_a^2, die für $M_a^2 \to 0$ in die Bernoulligleichung (8) für inkompressible Medien überführt. Die Entwicklung nach der Störung des Geschwindigkeitsquadrates erweist sich später als besonders zweckmäßig, wenn das Quadrat des Geschwindigkeitsbetrages durch die Komponenten des Geschwindigkeitsvektors ausgedrückt werden soll. Die Konvergenz wird für höhere Überschallmachzahlen offenbar schlecht. Für den Fall eines id. Gases konst. sp. W. erhält man aus Gl. (77) für Γ:

$$\Gamma = \frac{\varkappa + 1}{2}. \tag{82}$$

Mit diesem Wert bekommt man das Ergebnis einer Entwicklung von Gl. (74) unter der Voraussetzung (75).

Die Entwicklung der Stromdichte ergibt sich direkt aus der zweiten Zeile von (81) mit der ersten Beziehung von (79). Ebenso kann man eine Entwicklung der Dichte aus der ersten Gleichung (81) mittels der ersten Gl. (80) erhalten. Es ist:

$$\frac{\varrho W}{\varrho_a W_a} - 1 = (1 - M_a^2)\left(\frac{W}{W_a} - 1\right) - \frac{1}{2} M_a^2 [3(1 - M_a^2) + 2M_a^2 \Gamma]\left(\frac{W}{W_a} - 1\right)^2 + \cdots. \tag{83}$$

Aus dieser Gleichung ist unmittelbar wieder die Parabelform der Stromdichtekurve bei Schallgeschwindigkeit, $M_a = 1$, zu erkennen, Abb. 8.

10. Ausfluß aus Mündungen

Wird der Druck p an der Außenseite einer abgerundeten Mündung, Abb. 9, die etwa in einen entleerbaren Kessel führt, vom Wert des Ruhedruckes ($p = p_0$) beginnend langsam abgesenkt, so wird die Geschwindigkeit in der Mündung nach Gl. (68) und die Stromdichte nach Gl. (69) ansteigen, wenn ein id. Gas konst.

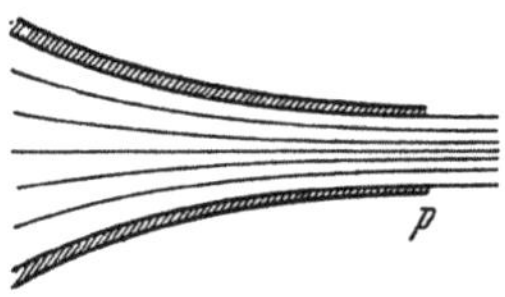

Abb. II,9. Ausfluß aus abgerundeter Mündung.

sp. W. angenommen wird. Aus dem Produkt von Stromdichte und Mündungsquerschnitt f läßt sich dann mit Gl. (1) die in der Zeiteinheit durchfließende Menge angeben, wenn der Ruhezustand bekannt ist. Je mehr sich der Zustand in der Mündung dem „kritischen Zustand“ ($M = 1$) nähert, desto geringer wird der Einfluß der Druckabsenkung stromabwärts der Mündung. Er hört schließlich ganz auf, wenn in der Mündung Schallgeschwindigkeit erreicht ist, da hier die Stromdichte und damit die Durchflußmenge ihren Höchstwert erreicht. Eine weitere Druckabsenkung vor der Mündung unter den kritischen Druck ($p < p^*$) hat also keine Steigerung der Durchflußmenge zur Folge, aber auch kein neuerliches Absinken, weil Drücke, die kleiner als der kritische Druck sind, zu Überschallgeschwindigkeiten führen. Gegen diese vermögen nur grobe Störungen, wie sie von Druckanstiegen verursacht werden, anzulaufen. Der Zustand im kritischen Querschnitt der Mündung bleibt unberührt davon, welche Drücke p stromabwärts innerhalb des Bereiches $p^* > p > 0$ herrschen.

Überschallgeschwindigkeit in der Mündung mit kritischem Zustand stromaufwärts der Mündung müßte überhaupt eine Ablösung der Strömung in der Umgebung von $M = 1$ zur Folge haben, da dort maximale Stromdichte herrscht!

Bei *überkritischem* Druckverhältnis ($p/p_0 < p^*/p_0$) ist die Durchflußmenge also *unabhängig* vom Außendruck mit Gl. (30) und (66) gegeben durch

$$\frac{G}{f^*} = \varrho^* W^* = \sqrt{\left(\frac{2}{\varkappa+1}\right)^{\frac{\varkappa+1}{\varkappa-1}} \varkappa p_0 \varrho_0} = \left(\frac{2}{\varkappa+1}\right)^{\frac{\varkappa+1}{2(\varkappa-1)}} c_0 \varrho_0 = \frac{c^*}{c_0} \frac{\varrho^*}{\varrho_0} c_0 \varrho_0 . \tag{84}$$

Mit Tab. 4 berechnet man für Luft ($\varkappa = 1{,}400$) bei einer Ruhetemperatur von 15 °C ($c_0 = 340$ m/sec) pro Quadratzentimeter Mündungsfläche ein Durchtrittsvolumen von:

$$\frac{G}{f^* \varrho_0} = 19{,}7 \cdot 10^3 \, \frac{\text{cm}^3}{\text{sec}} = 19{,}7 \, \frac{\text{Liter}}{\text{sec}} .$$

Als Faustregel kann man sich also merken, daß durch die kleine Öffnung von 1 cm² rund 20 Liter des Gases im Ruhezustand pro Sekunde strömen, wobei diese Zahl zugleich mit der Schallgeschwindigkeit nur mit der Wurzel aus der absoluten Temperatur variiert.

Damit ist auch eine Abschätzung gegeben, wieviel durch ein Loch in einen Vakuumkessel in der Zeiteinheit einströmt. Gute Übereinstimmung mit den Versuchen wird man an Gl. (84) allerdings nur bei abgerundeten Mündungen erwarten können. Bei blendenförmigen Öffnungen, Bordamündungen usw. kommt es wie bei dichtebeständiger Strömung zu Strahleinschnürungen, die naturgemäß herabgesetzte Durchflußmengen zur Folge haben [••3], 3. Kap. Ausflußprobleme spielen im Motoren- und Dampfmaschinenbau beim Entleeren der Zylinder eine wichtige Rolle.

11. Laval-Düse

Wie der Stromdichteverlauf (Abb. 8) zeigt, ist zur Beschleunigung einer Strömung auf Überschallgeschwindigkeiten ein erst konvergenter, dann divergenter Kanal, eine sogenannte Laval-Düse, erforderlich. Ist der Strömungszustand im kritischen Querschnitt f^* der Düse gegeben, so läßt sich aus dem Verhältnis der Stromdichte an der betrachteten Stelle zu jener im kritischen Querschnitt der Strömungszustand an der betrachteten Stelle angeben, Abb. 10. Dies kann im allgemeinen nicht analytisch, sondern muß an Hand der Kurve Abb. 8 gemacht werden. In f^* kann irgendein Zustand vorgegeben sein. Herrscht dort Unterschallströmung, so herrscht sie mit verminderter Geschwindigkeit in der ganzen Düse. Herrscht in f^* Überschallgeschwindigkeit, so herrscht sie erhöht in der ganzen Düse. Nur wenn im kritischen Düsenquerschnitt der kritische Strömungszustand herrscht, dann kann eine Überleitung von Unterschall- in Überschallströmung und das Umgekehrte stattfinden (asymmetrische Lösung), es sind aber auch dann noch symmetrische Lösungen mit $M < 1$ oder $M > 1$ auf beiden Düsenseiten möglich.

Der Geschwindigkeitsgradient ergibt sich aus Gl. (65). Im kritischen Querschnitt verschwindet er danach, wenn dort nicht gerade Schallgeschwindigkeit

($M = 1$) herrscht. In diesem Falle wird er in Gl. (65) unbestimmt und ist nach der Regel von L'HOSPITAL durch Ableiten von Zähler und Nenner zu berechnen:

$$\frac{f}{W}\frac{\mathrm{d}W}{\mathrm{d}x} = \frac{\frac{\mathrm{d}f}{\mathrm{d}x}}{M^2 - 1} = \frac{\frac{\mathrm{d}^2 f}{\mathrm{d}x^2}}{2M\frac{\mathrm{d}M}{\mathrm{d}M^*}\frac{1}{c^*}\frac{\mathrm{d}W}{\mathrm{d}x}}.$$

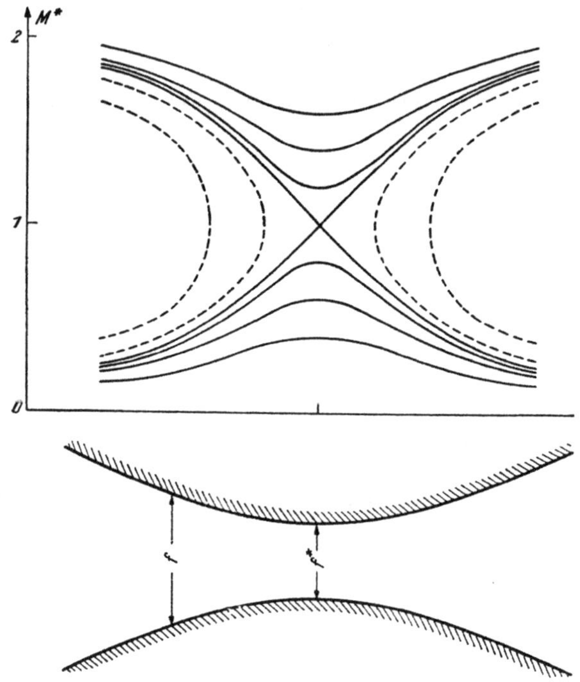

Abb. II,10. Geschwindigkeitsverteilung in der Lavaldüse, $\varkappa = 1{,}4$.

Nun folgt für isentrope Zustandsänderung beliebiger Medien, vgl. etwa Gl. (65) ganz allgemein:

$$1 - M^2 = \frac{1}{\varrho}\left(\frac{\partial \varrho W}{\partial W}\right)_s. \tag{85}$$

Daraus folgt weiter durch Ableitung

$$-2M\left(\frac{\partial M}{\partial W}\right)_s = -\frac{1}{\varrho^2}\left(\frac{\partial \varrho}{\partial W}\right)_s\left(\frac{\partial \varrho W}{\partial W}\right)_s + \frac{1}{\varrho}\left(\frac{\partial^2 \varrho W}{\partial W^2}\right)_s,$$

oder durch zweimalige Differentiation von Gl. (83) mit den Werten $M_a = 1$ $W_a = c^*$, $\varrho = \varrho^*$ und nachfolgendem Einsetzen des kritischen Zustandes $W = c^*$ also für

$$M = 1{:}\ 2\left(\frac{\partial M}{\partial M^*}\right)_s = -\frac{c^*}{\varrho^*}\left(\frac{\partial^2 \varrho W}{\partial W^2}\right)_s = 2\Gamma. \tag{86}$$

Mit R^* als Krümmungsradius der Kurve $y = f(x)$ an der Stelle $f = f^*$ führt das zu dem Ergebnis:

$$\frac{f^*}{c^*}\frac{\mathrm{d}W}{\mathrm{d}x} = \sqrt{\frac{f^*}{2\Gamma}\left(\frac{\mathrm{d}^2 f}{\mathrm{d}x^2}\right)_{f=f^*}} = \sqrt{\frac{f^*}{2\Gamma}\frac{f^*}{R^*}}. \tag{87}$$

Abb. 10 zeigt, daß in einem beliebigen Querschnitt f der Düse ein bestimmter Geschwindigkeitsbereich gar nicht vorkommt. Wird eine entsprechende Geschwindigkeit vorgegeben (gestrichelte Kurve), so endet die Strömung vor dem kritischen Querschnitt der Düse, weil sie dort bereits das Maximum ihrer Stromdichte erreicht hat und eine weitere Verengung des Stromfadens daher nicht mehr zuläßt. Auch ein Verdichtungsstoß würde zu keiner Lösung führen, da er eine Herabsetzung der Ruhedichte — also auch der kritischen Dichte — und damit einen erhöhten Raumbedarf im kritischen Querschnitt verursacht. Lediglich der durch den zweiten Hauptsatz der Wärmelehre ausgeschlossene Verdünnungsstoß würde hier zum Ziele führen.

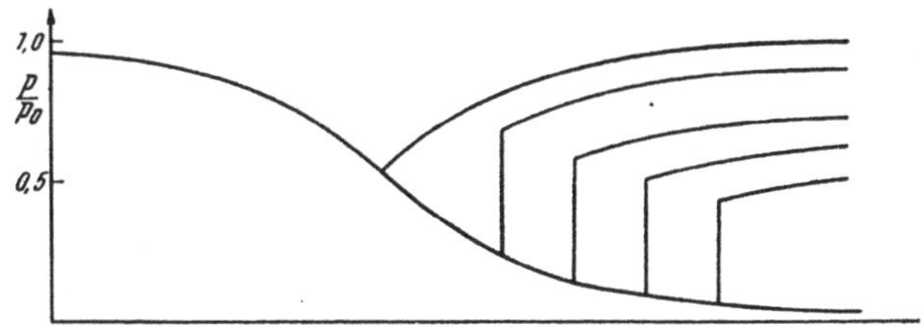

Abb. II,11. Druckverteilung in der Lavaldüse der Abb. 10 bei verschiedenen Gegendrücken.

Die Aufklärung der Eigentümlichkeit, gewisse Geschwindigkeiten an bestimmten Stellen nicht vorgeben zu können, ist darin zu suchen, daß die Vorgabe von Geschwindigkeiten einer mathematischen Methode, nicht aber in diesem Falle einer physikalischen Bedingung entspricht. Normalerweise werden bei Düsen entweder die Drücke stromabwärts vorgegeben, indem etwa in einen Kessel abgesaugt wird, oder es werden Durchflußmengen vorgegeben, indem der Düse ein Verdichter vorgebaut wird.

Um den letzteren Fall näher zu erläutern, sei angenommen, daß der Verdichter die Luft in einen Vorraum der Düse pumpt, in welchem praktisch Ruhedruck herrscht. Der Verdichter besitzt eine Charakteristik, nach der die Durchflußmenge (das Ansaugvolumen) abhängig vom Druck p_0 gegeben ist. Auch die Durchflußmenge der Laval-Düse liegt abhängig vom Ruhezustand fest, und es wird sich jener Ruhedruck einstellen, bei welchem die Durchflußmengen durch Verdichter und Düse einander gleich sind. Solange im engsten Düsenquerschnitt kritische Geschwindigkeit herrscht, ist der Verlauf von M oder M^* in der Düse nach Gl. (69) völlig festgelegt. Eine Steigerung der Durchflußmenge ändert nicht den örtlichen Wert von M^*, sondern nur den von ϱ, indem sie ϱ_0 ändert, und den von W, indem sie c_0 und c^* ändert.

Zur Erläuterung der Absaugung in einen Kessel sei ein stetiger Übergang des Querschnitts-Verhältnisses f/f^* zu außerordentlich großen Werten angenommen, Abb. 11. An irgendeiner Stelle der Düse befinde sich ein senkrechter Stoß, nach welchem die Strömung bei Unterschallgeschwindigkeit abgebremst wird und bei den großen Querschnitten praktisch zur Ruhe kommt. Im Kessel herrscht der Ruhedruck $\hat{p}_0$, den die Strömung hinter dem Stoß annimmt und dessen Verhältnis zum Ruhedruck p_0 vor dem Stoß bei einem id. Gas konst. sp. W. nach Gl. (42) und Tab. 1 allein von der Machzahl M abhängt, bei welcher der Stoß stattfindet. Der Gegendruck im Absaugkessel bedingt also einen Stoß in der Düse, dessen Lage allein durch das Verhältnis $\hat{p}_0/p_0$ festgelegt ist. Da die Ruhedrücke hinter Stößen bei wachsenden Machzahlen unter alle Grenzen sinken, gibt es zu jedem Gegendruck eine Lösung entsprechend der Abb. 11. Bei überkritischen Verhältnissen von Druck im Absaugkessel und Ruhedruck gibt es sogar zwei Lösungen, wenn Strahlablösungen zugelassen werden. Die Strömung kann sich, ohne die Machzahl $M = 1$ zu überschreiten, beim Druck des Absaugkessels von der Wand ablösen, wofür vor allem der kritische Querschnitt selbst in Frage kommt. Im engsten Querschnitt herrscht dann der Druck des Absaugkessels mit der entsprechenden Durchflußmenge und im divergierenden Teil durchmischt sich die abgelöste Strömung bei gleichbeibendem Druck mit dem sie umgebenden Gas und kommt dabei langsam zur Ruhe.

Es ist einleuchtend, daß die Strömung in der Laval-Düse durch Reibungsvorgänge beeinflußt wird, vor allem wenn Druckanstiege auftreten. Bei Druckabfall ist der Reibungseinfluß gering und die Druckverteilungen können zufriedenstellend aus den Querschnitten errechnet werden. Ein Vergleich zwischen Theorie und Versuch ist in Abb. 24 des Abschnittes über Kondensationserscheinungen gegeben. Beim Auftreten von Stößen in Düsen verursachen allerdings die Reibungsvorgänge ein *erhebliches* Abweichen der Versuche von dieser einfachen Theorie. Die Erklärung kann nicht mehr im Rahmen der Stromfadentheorie gegeben werden, auch tritt gerne Ablösung ein, vgl. etwa Abb. X,11.

Laval-Düsen finden in der Windkanaltechnik, der Raketentechnik und in der Dampfturbinentechnik ausgedehnte Anwendung.

12. Kanal mit zwei Verengungen; Schluckgrenze

Zu einigen interessanten Resultaten führt ein Kanal mit zwei Verengungen, wie er durch das Hintereinanderschalten zweier Laval-Düsen gegeben ist. Diese Anordnung spielt für die Überschallwindkanaltechnik eine wichtige Rolle, Abb. 12. Auch bei Überschallstrahltriebwerken treten ähnliche Probleme auf. Im Parallelstück zwischen den beiden kritischen Querschnitten f_1 und f_3 herrsche — bei genügend starkem Druckgefälle und genügend weit geöffnetem zweiten kritischen Querschnitt f_3 — abhängig vom Querschnitt f_2 des Parallelstückes eine Machzahl M_2. Der senkrechte Stoß, der bei dieser Machzahl auftreten kann, habe ein Ruhedruckverhältnis $\hat{p}_{20}/p_{20}$. Dann ist für die geschilderte Anordnung folgender Bereich kritischer Querschnittsverhältnisse von besonderem Interesse

$$1 > \frac{f_1}{f_3} > \frac{\hat{p}_{20}}{p_{20}}, \tag{88}$$

denn er läßt mehrere Lösungen zu, wenn ausreichendes Druckgefälle da ist.

Stets wird im ersten kritischen Querschnitt Schallgeschwindigkeit herrschen. Es kann aber

1. im ganzen Kanal Überschallströmung herrschen mit einem Minimum der Geschwindigkeit in f_3, Abb. 12a,

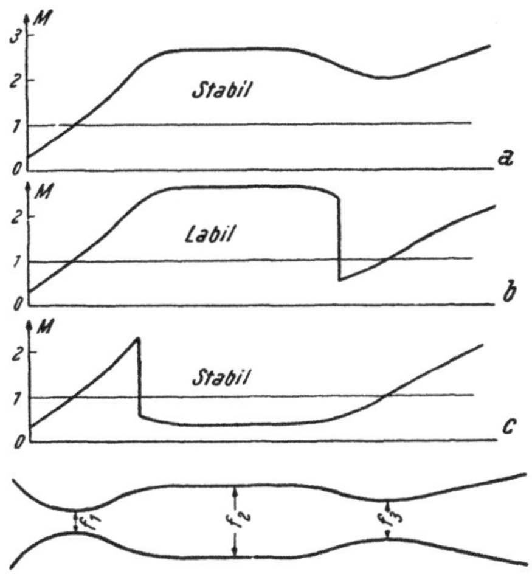

Abb. II,12. Machzahlverlauf in einem zweimal verengten Kanal.

2. kann sich zwischen den beiden Querschnitten f_1 und f_3 ein senkrechter Stoß befinden, der vor f_3 auf Unterschall und in f_3 gerade wieder auf Schall führt. Da nun durch beide kritische Querschnitte bei kritischer Strömung die gleiche Durchflußmenge fließen muß, gilt mit Gl. (66)

$$G = f_1 \varrho_1 W_1 = f_1 W_1 \left(\frac{2}{\varkappa + 1}\right)^{\frac{1}{\varkappa - 1}} \varrho_{10} = f_3 \varrho_3 W_3 = f_3 W_3 \left(\frac{2}{\varkappa + 1}\right)^{\frac{1}{\varkappa - 1}} \varrho_{30}.$$

Die kritische Geschwindigkeit bleibt durch den Stoß ungeändert, also ist $W_3 = W_1$. Die Ruhedichten verhalten sich wie die Ruhedrücke, also mit Gl. (88)

$$\frac{\varrho_{30}}{\varrho_{10}} = \frac{p_{30}}{p_{10}} = \frac{f_1}{f_3} > \frac{\hat{p}_{20}}{p_{20}}.$$

Das Ruhedruckverhältnis im Stoß muß größer sein als bei einem im Querschnitt f_2 angenommenen Stoß. Der Stoß muß also bei einer kleineren Machzahl, er muß in einem Querschnitt $f < f_2$ liegen. Dafür könnte es allenfalls noch zwei Möglichkeiten geben, indem sich der Stoß zwischen f_1 und f_2 oder zwischen f_2 und f_3 befinden könnte. Die letztere Lage ist aber instabil.

Dies ist sofort einzusehen, wenn angenommen wird, daß der Stoß, durch eine kleine Störung veranlaßt, stromaufwärts rückt. Er rückt dann zu höheren Mach-Zahlen und damit zu stärkeren Ruhedruckabsenkungen. Die Folge ist, daß auch die Durchflußmenge in f_3 absinkt, d. h., der Raum zwischen Stoß und f_3 muß sich mit strömendem Medium anfüllen und den Stoß weiter stromaufwärts treiben. Dieselbe Überlegung führt zum Schluß, daß ein zwischen f_2 und f_3 stromabwärts rückender Stoß weiter stromab gesaugt wird, daß also ein zwischen f_2 und f_3 befindlicher Stoß labil ist. Es befindet sich zwischen zwei stabilen eine labile Strömungsform.

Die Strömungsform Abb. 12c entsteht, indem der Druck stromabwärts von f_3 ausgehend vom Ruhedruck $p = p_{10}$ langsam abgesenkt wird. Die Strömungsform Abb. 12a kann erhalten werden, wenn der Querschnitt f_3 bei bereits herrschender Überschallströmung ausgehend von $f_3 = f_2$ verengt wird. Sie ist nicht leicht realisierbar.

Die übrigen denkbaren Querschnittsverhältnisse sind uninteressant. Für $f_1/f_3 > 1$ herrscht in f_3 kritischer Zustand und stromaufwärts Unterschallströmung mit einem Geschwindigkeitsmaximum in f_1. Für $f_1/f_3 < \hat{p}_{20}/p_{20}$ herrscht stromabwärts von f_1 Überschallströmung, ein Stoß kann sich zwischen f_1 und f_3 nicht halten.

Es interessieren noch die Verengungen f_3/f_2, welche zulässig sind, wenn das Auftreten von Stößen im Kanal eben noch verhindert werden soll.

Man bezeichnet dieses Querschnittsverhältnis die *Schluckgrenze* von Stößen. Sie ist durch

$$\frac{f_3}{f_2} = \frac{f_3}{f_1}\frac{f_1}{f_2} = \frac{p_{20}}{\hat{p}_{20}}\,\frac{\varrho_2}{\varrho^*}\,\frac{W_2}{W^*}$$

gegeben und mittels Gl. (42) für den Ruhedruckverlust und Gl. (69) für die Stromdichte abhängig von M_2 leicht zu berechnen.

Tabelle II,6. *Zulässige Verengungen bei Vermeidung von Stößen* ($\varkappa = 1{,}400$).

M_2	1	1,5	2	2,5	3	4	5	10	∞
f_3/f_2	1	0,915	0,82	0,76	0,72	0,67	0,65	0,60	0,60

Danach sind nur verhältnismäßig geringe Verengungen erlaubt, wenn die Lösung mit Stoß, Abb. 12c, ausgeschlossen werden soll [7].

Für die Frage des Druckrückgewinnes im hohen Überschallbereich ist die in der obigen Tabelle angegebene mögliche Einengung nicht ohne Bedeutung. Rechnet man mit einem senkrechten Stoß als Hauptverlustträger, was der Wirklichkeit in vielen Fällen gut entspricht, so wäre das Ruhedruckverhältnis bei $M_2 = 5$ gemäß Tab. 4 gleich 0,0618. Bei der zulässigen Verengung von 0,65 würde man die Machzahl in f_3 allerdings nur auf $M_3 = 4{,}5$ verringern, doch erreicht man damit immerhin ein Ruhedruckverhältnis von 0,0917; das bedeutet eine Steigerung des Ruhedruckes hinter dem Stoß um 50%! Diese numerischen Resultate sind wohl auf das id. Gas konst. sp. W. beschränkt, gelten aber ähnlich für beliebige Medien.

13. Die Machzahl im s,i-Diagramm einer einfachen Substanz

Wegen der Unübersichtlichkeit vieler gasdynamischer Formeln und der thermodynamischen Gleichungen, sobald die Aussagen auf nicht ideale Medien ausgedehnt werden sollen, ist es zweckmäßig, die Vorgänge an Hand von Diagrammen zu verfolgen. In diesen erscheinen komplizierte Funktionen meist als recht einfache, glatte Kurven. Für nicht isentrope Vorgänge, die im folgenden untersucht werden sollen, bietet sich wegen der Bedeutung von i im Energiesatz das s-i-Diagramm (oder Mollier-Diagramm) an. In ihm werden sich die Vorgänge in Richtung wachsender Entropie s abspielen.

Für Vorgänge ohne Energiezufuhr gilt dabei der Energiesatz, Gl. (7), womit die Ordinate i als verzerrter Maßstab der Geschwindigkeit und beim idealen Gas auch als verzerrter Maßstab der Temperatur, der Schallgeschwindigkeit und der Machzahl aufgefaßt werden kann.

Die Stromdichte ϱW und der Ausdruck $\varrho W^2 + p$, die sogenannte *Impulsdichte*, sind für jedes Medium mit dem Energiesatz Gl. (7) auf thermische Zustandsgrößen allein rückführbar. Damit können Kurven konstanter Impulsdichte und konstanter Stromdichte in das s-i-Diagramm eingezeichnet werden. Letztere heißen auch *Fanno-Kurven*, [•42], S. 50, Abb. 13. Die Eigenschaft der Stromdichte- und Impulsdichtelinien, bei $M = 1$ einen Extremwert der Entropie zu besitzen, kommt jedem Medium zu und nicht nur id. Gasen konst. sp. W., die der Abb. 13 zugrunde gelegt sind. Mit der Definitionsgleichung der Entropie (I,61) einer einfachen Substanz und dem Energiesatz Gl. (7) gilt:

$$T\,\mathrm{d}s = \mathrm{d}i - \frac{1}{\varrho}\,\mathrm{d}p = -W\,\mathrm{d}W - \frac{1}{\varrho}\,\mathrm{d}p. \tag{89}$$

Hieraus folgt für eine Stromdichtelinie ($W\varrho$ = konst.):

$$\begin{aligned} 0 = \mathrm{d}(\varrho W) &= \left(\frac{\partial \varrho}{\partial p}\right)_s W\,\mathrm{d}p + \left(\frac{\partial \varrho}{\partial s}\right)_p W\,\mathrm{d}s + \varrho\,\mathrm{d}W \\ &= \left(1 - \frac{W^2}{c^2}\right)\varrho\,\mathrm{d}W - \left[\frac{\varrho T}{c^2} - \left(\frac{\partial \varrho}{\partial s}\right)_p\right] W\,\mathrm{d}s. \end{aligned} \tag{90}$$

In der eckigen Klammer stehen zwei positive Ausdrücke. Bei konstantem Druck muß nämlich die Entropie mit fallender Dichte stets zunehmen, denn es ist Wärmezufuhr erforderlich, um den Druck bei fallender Dichte aufrechtzuerhalten. Die Entropiezunahme ergibt sich dabei aus der Wärmezufuhr auf reversiblem Wege. Da der Ausdruck in der eckigen Klammer nicht Null sein kann, muß bei $W = c$ mit der Stromdichtenänderung auch die Entropieänderung verschwinden.

Für die Änderung der Impulsdichte gilt mit Gl. (89) und der Gleichung für die Änderung der Stromdichte:

$$\begin{aligned} \mathrm{d}(p + \varrho W^2) &= \mathrm{d}p + W\varrho\,\mathrm{d}W + W\,\mathrm{d}(\varrho W) = -\varrho T\,\mathrm{d}s + W\,\mathrm{d}(\varrho W) \\ &= \left(1 - \frac{W^2}{c^2}\right)\varrho W\,\mathrm{d}W - \left[\varrho T\left(\frac{W^2}{c^2} + 1\right) - W^2\left(\frac{\partial \varrho}{\partial s}\right)_p\right]\mathrm{d}s. \end{aligned} \tag{91}$$

Auf einer Impulsdichtelinie ($p + \varrho W^2$ = konst.) hat die Entropie bei $W = c$ ebenfalls ein Maximum. Die Gleichung kann auch wie folgt gelesen werden: Bei konstanter Entropie (Laval-Düse) hat die Impulsdichte zugleich mit der Stromdichte (bei $M = 1$) für jedes Medium einen Extremwert.

Bei Berücksichtigung der Reibung im Düsenhals einer Lavaldüse kann dort wegen der durch Reibung bedingten Entropiezunahme, $ds > 0$, eine Geschwindigkeitszunahme, $dW > 0$, nur auftreten, wenn im kritischen Querschnitt, $d(W\varrho) = 0$, $W < c$ ist, wie Gl. (90) zeigt. Der effektive engste Querschnitt und damit der Schalldurchgang liegt folglich etwas stromabwärts vom geometrischen engsten Querschnitt.

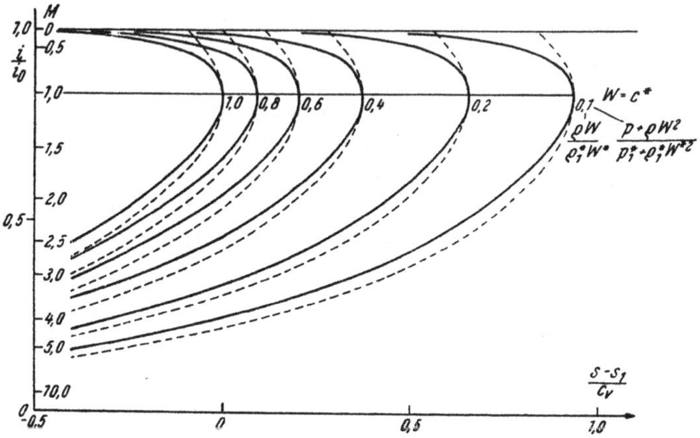

Abb. II,13. (———) Stromdichte- und (- - - -) Impulsdichtelinien im s-i-Diagramm für das ideale Gas mit $\varkappa = 1{,}4$.

Mit der Zunahme der Entropie ist eine Abnahme des Ruhedruckes und damit der kritischen Dichte verbunden. Da die an den Energiesatz gebundene kritische Geschwindigkeit W^* gleichbleibt, fällt also mit steigender Entropie die kritische Stromdichte. In der für id. Gase konst. sp. W. gezeichneten Abb. 13 sind die Stromdichte- und Impulsdichtelinien auf die zur Entropie s_1 gehörigen kritischen Größen $\varrho_1^* W^*$ und $p_1^* + \varrho_1^* W^{*2}$ (es ist ja $W_1^* = W^*$, $i_1^* = i^*$, $T_1^* = T^*$) bezogen. Die Stromdichtelinien („Fanno-Kurven") ergeben sich wegen $i/i_0 = T/T_0$ mit der Gl. (I,63) für die Entropie:

$$\frac{s - s_1}{c_v} = \ln \frac{i}{i^*} - (\varkappa - 1) \ln \frac{\varrho}{\varrho_1^*} = \ln \frac{i}{i^*} + (\varkappa - 1) \ln \frac{W}{W^*} - (\varkappa - 1) \ln \frac{W\varrho}{W^*\varrho^*}.$$

Daraus folgt mit dem Energiesatz und durch Einsetzen der kritischen Verhältnisse i^*/i_0 und $W^*/W_{\max}$:

$$\frac{s - s_1}{c_v} = \ln \frac{i}{i_0} \left(1 - \frac{i}{i_0}\right)^{\frac{\varkappa-1}{2}} - \ln \frac{2}{\varkappa + 1} \left(\frac{\varkappa - 1}{\varkappa + 1}\right)^{\frac{\varkappa-1}{2}} - (\varkappa - 1) \ln \frac{W\varrho}{W^*\varrho^*}. \quad (92)$$

Zur Berechnung der Impulsdichtelinien sei von folgendem Ausdruck für die Impulsdichte id. Gase konst. sp. W. ausgegangen:

$$p + \varrho W^2 = p(1 + \varkappa M^2) = p \frac{\varkappa + 1}{\varkappa - 1} \left(\frac{2\varkappa}{\varkappa + 1} \frac{i_0}{i} - 1\right). \quad (93)$$

Mit der Entropiegleichung für Enthalpie und Druck ist dann nach Einführen der Ruhegrößen:

$$\frac{s - s_1}{c_v} = \ln\left(\frac{i}{i_0}\right)^{\varkappa}\left(\frac{2\varkappa}{\varkappa + 1}\,\frac{i_0}{i} - 1\right)^{\varkappa - 1} - \ln\left(\frac{2}{\varkappa + 1}\right)^{\varkappa}(\varkappa - 1)^{\varkappa - 1}$$

$$-(\varkappa - 1)\ln\frac{p + \varrho W^2}{p_1^* + \varrho_1^* W^{*2}}. \tag{94}$$

Die Stromdichte- und Impulsdichtelinien gehen, Gl. (92) und (94), durch Verschiebungen in Richtung der Entropieachse ineinander über, was den Zeichenaufwand für das Diagramm bedeutend herabsetzt.

Für nicht ideale Gase hängt die Machzahl nicht nur von i, sondern auch von s ab, was das Einzeichnen von Machlinien erforderlich macht.

Die Zustandsänderung im Verdichtungsstoß kann aus Abb. 13 sofort abgelesen werden. Die Zustände vor und hinter dem Stoß müssen auf gemeinsamen Stromdichte- und Impulsdichtelinien liegen. Man sieht wieder, daß nur ein Sprung von Überschall- auf Unterschallgeschwindigkeiten mit einem Anwachsen der Entropie verbunden ist.

14. Rohrströmung mit Reibung

Es soll hier lediglich die Rohrströmung einfacher Substanzen mit Reibung *ohne* Energiezufuhr durch die Wände behandelt werden. Auch die Schwerkraft bleibe wieder unberücksichtigt, so daß der Energiesatz in der Form der Gl. (6) gilt. Damit kann das Diagramm Abb. 13 angewendet werden und es gelten alle Aussagen des Abschnittes 4 bezüglich der kritischen Geschwindigkeit idealer Gase.

Unter einem Rohr wird in diesem Buch stets ein Kanal konstanten, aber nicht notwendig kreisförmigen Querschnittes verstanden. In ihm bleibt also die Stromdichte konstant. Das Fortschreiten eines Teilchens im Rohr entspricht dem Vorrücken auf einer „Fanno-Kurve" im s-i-Diagramm. Da die Entropie eines Teilchens im Rohr wie beim Verdichtungsstoß nur zunehmen kann, weil sonst an der betrachteten Stelle im Widerspruch zum zweiten Hauptsatz der Wärmelehre fortlaufend Entropieverminderungen eines abgeschlossenen Systems stattfänden, kann die kritische Geschwindigkeit nach Abb. 13 vom Medium stetig nicht überschritten werden.

Denn jedes Medium hat bei konstanter Stromdichte bei $M = 1$ ein Entropiemaximum. Bei stetiger Änderung nähert sich die Strömung in jedem Falle der kritischen Geschwindigkeit, sei es, daß die Machzahl bei Unterschallgeschwindigkeit ansteigt oder bei Überschallgeschwindigkeit abnimmt.

Sicher ist die Wandreibung und damit die Entropiezunahme pro Längeneinheit um so größer, je höher die Geschwindigkeit, je größer also die Machzahl ist. Die Strömung vermag bei kleinerer Machzahl stets ein größeres Rohrstück bis zum Erreichen von $M = 1$ zu überwinden als bei höheren M-Zahlen. Bei Überschallströmungen in Rohren, welche zu einer kritischen Strömung und damit zu einer unübersteigbaren Schranke bereits vor dem Rohrende führen würden, wird die Strömung daher in einem Stoß auf Unterschallgeschwindigkeit springen und dann bei steigender Machzahl am Rohrende gerade wieder den kritischen Zustand erreichen. Allerdings macht das Medium auch im Stoß einen Entropieanstieg mit, jedoch ist der besonders bei schwachen Stößen nicht groß. Der Druck p^*, den das Medium ausgehend von einem bestimmten Zustand bei $M = 1$ erreicht, ist, unabhängig ob ein Stoß auftritt oder nicht, stets der gleiche, da er nur vom Ruhedruckabfall, also vom Entropieanstieg abhängt. Dieser ist aber bis zum Erreichen des kritischen Zustandes, wie dies auch geschehen mag, stets derselbe, Abb. 13.

Wie in der Laval-Düse bestimmte Geschwindigkeitsbereiche ausgeschlossen sind, bei welchen der kritische Zustand schon vor dem kritischen Querschnitt erreicht wurde, sind auch bei der Rohrströmung jene Machzahlen nicht realisierbar, welche vor dem Rohrende zu Werten $M = 1$ führen würden. Sie können ebensowenig wie in der Laval-Düse durch Hereinpumpen des Mediums erzwungen werden, da dies nur zu einer Drucksteigerung, nicht aber zu einer Änderung der Machzahl führt.

Um über diese für jedes Medium geltenden qualitativen Aussagen hinaus zu quantitativen Aussagen zu kommen, bedarf es eines Ansatzes für die Reibungskraft, welche in der Bewegungsgleichung (56) an Stelle der auf die Masseneinheit bezogenen Kraft X einzuführen ist.

Mit τ_w als Wandschubspannung (Kraft pro Flächeneinheit) und U als (innerem) Rohrumfang wirkt auf der Längeneinheit die Reibungskraft $U\tau_w$. Auf der Längeneinheit wirkt die Massenkraft $X\varrho f$, womit die Reibungskraft als eine durch die Gleichung

$$X\varrho f = -U\tau_w \tag{95}$$

gegebene Massenkraft angesehen werden kann.

Die Wandschubspannung sei in üblicher Weise proportional dem „Staudruck" angesetzt [40], S. 553:

$$\tau_w = \frac{\lambda}{4} \frac{\varrho W^2}{2}, \tag{96}$$

wobei angenommen werden muß, daß die Widerstandszahl λ nicht nur von der Reynoldsschen Kennzahl, sondern auch von M abhängt, siehe Abschn. IV,4. Mit Gl. (95) und (96) ist:

$$X = -\lambda \frac{W^2}{2} \frac{U}{4f}. \tag{97}$$

Damit ist die Kraft X durch W ausgedrückt. Das Verhältnis $4f/U$ werde als *hydraulischer Durchmesser* bezeichnet. Es ist der Durchmesser des Rohres kreisförmigen Querschnittes mit gleichem Wert von $4f/U$. Die Reibungsvorgänge in Rohren verschiedenster Querschnittsformen können also miteinander verglichen werden. Die mit dem Durchmesser des Rohres gebildete Reynoldssche Kennzahl ist in allen Teilen des Rohres im wesentlichen gleich, und die Versuche zeigen, daß λ innerhalb der Meßgenauigkeit als unabhängig von M angesehen werden kann. X variiert danach in Strömungsrichtung nur mit W^2.

Der Ausdruck (97) für die Kraft in die Bewegungsgleichung (56) eingesetzt, gibt mit der Kontinuitätsgleichung (55) und der Energiegleichung (58) (mit $\mathrm{d}q/\mathrm{d}x = 0$) drei Gleichungen mit der Geschwindigkeit W und zwei voneinander unabhängigen thermischen Zustandsgrößen als unbekannten Funktionen von x. Die Gleichungen werden zweckmäßig auf eine einzige Gleichung für die Machzahl reduziert, welche mit Tab. 5 für das id. Gas konst. sp. W. folgende Form hat:

$$\frac{1 - M^2}{1 + \frac{\varkappa - 1}{2} M^2} \frac{1}{M} \frac{\mathrm{d}M}{\mathrm{d}x} = \lambda \frac{\varkappa}{2} M^2 \frac{U}{4f}. \tag{98}$$

Nun kann wegen der Unabhängigkeit der Widerstandszahl λ von x integriert werden. Wird für $x = 0: M = 1$ gesetzt, so folgt aus Gl. (98)

$$\frac{1}{\varkappa}\left(1 - \frac{1}{M^2}\right) + \frac{\varkappa + 1}{2\varkappa} \ln\left[1 - \frac{2}{\varkappa + 1}\left(1 - \frac{1}{M^2}\right)\right] = \frac{\lambda U}{4f} x. \tag{99}$$

Gemessen allerdings wird stets der Druckverlauf im Rohr abhängig von der Durchflußmenge pro Flächeneinheit $G/f = \varrho W$. Mit der Zustandsgleichung und mit Tab. 5 ergibt sich, wenn der Ruhezustand des Gases vor dem Rohr mit dem Index 0 bezeichnet wird:

$$\frac{p}{p_0} = \frac{T}{T_0} \frac{\varrho}{\varrho_0} = \frac{T}{T_0} \frac{G}{f\varrho_0 W} = \frac{G}{f\varrho_0^* W^*} \left(\frac{2}{\varkappa + 1}\right)^{\frac{\varkappa}{\varkappa - 1}} \frac{1}{M\sqrt{1 + \frac{\varkappa - 1}{\varkappa + 1}(M^2 - 1)}}.$$

Hierin ist $f\varrho_0^* W^* = G_{\max}$ die maximale Durchflußmenge, welche überhaupt beim gegebenen Ruhezustand möglich ist. Mit p_0^* als kritischem Druck zu p_0 ist dann:

$$\frac{p}{p_0} \frac{G_{\max}}{G} = \frac{\frac{p_0^*}{p_0}}{M\sqrt{1 + \frac{\varkappa - 1}{\varkappa + 1}(M^2 - 1)}}. \tag{100}$$

Danach ist das Verhältnis $(p/p_0)(G_{\max}/G)$ Funktion der Machzahl allein. Mit diesem Verhältnis oder der Machzahl aufgetragen über $\frac{\lambda U}{4f} x$ können alle stoßfreien Druckverläufe in Rohren auf eine einzige Kurve reduziert werden.

Durch Subtraktion der Bewegungsgleichung (56) von der dem Energiesatz entstammenden Gl. (89) ergibt sich:

$$T \frac{\mathrm{d}s}{\mathrm{d}x} = X = \lambda \frac{W^2}{2} \frac{U}{4f}. \tag{101}$$

Durch Einführen der Machzahl mit Gl. (26) ist dann der Ruhedruckabfall nach Gl. (41) im Rohr zwischen x_1 und x_2 gegeben durch:

$$\ln \frac{p_{01}}{p_{02}} = \frac{s_2 - s_1}{c_p - c_v} = \frac{\varkappa}{2} \int_{x_1}^{x_2} \lambda M^2 \frac{U}{4f} \,\mathrm{d}x. \tag{102}$$

Noch einfacher wird dieser Wert der „Fanno-Kurve“ im s-i-Diagramm entnommen.

Abb. 14 und 15 zeigen Druckverteilungen in Rohren nach FRÖSSEL [8], die bei Reynoldschen Zahlen im Bereiche $3 \cdot 10^4 < Re < 4 \cdot 10^5$ (entsprechende Widerstandszahlen im Bereiche $0{,}022 > \lambda > 0{,}013$ [40], S. 554) durchgeführt wurden.

Der kritischen Geschwindigkeit entspricht nach Gl. (100) und Tab. 3 ein Wert von $(p/p_0)(G_{max}/G) = 0{,}528$, der im Rohr nicht durchschritten werden kann und der

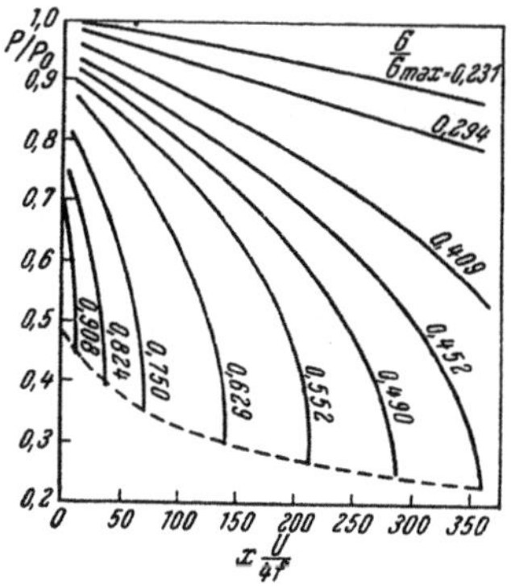

Abb. II,14. Druckverteilung bei Unterschallgeschwindigkeit im Rohr nach [8].

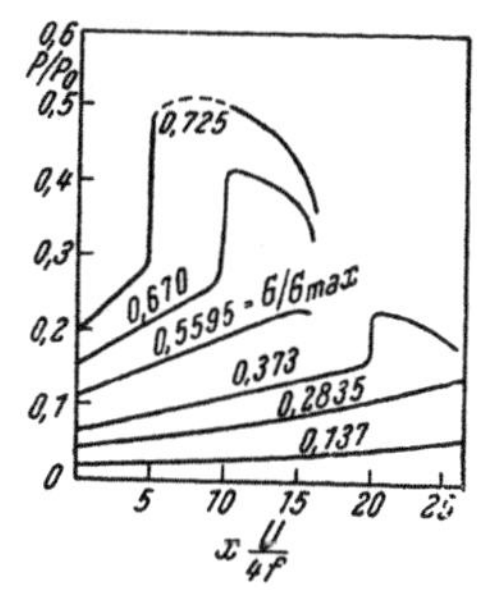

Abb. II,15. Druckverteilung bei Überschallgeschwindigkeit im Rohr nach [8].

bei genügend starken Unterdrücken am Rohrende zu erwarten ist. Man errechnet für folgende Durchflußmengen aus den Messungen von FRÖSSEL am Rohrende:

	Abb. 14					Abb. 15		
G/G_{max}	0,452	0,490	0,552	0,629	0,750	0,725	0,670	0,373
$(p/p_0)(G_{max}/G)$	0,498	0,500	0,470	0,478	0,466	0,502	0,485	0,482

Danach werden die kritischen Druckwerte manchmal erheblich unterschritten, wozu allerdings nur eine kleine Überschreitung von $M = 1$ erforderlich ist. Es handelt sich dabei zweifellos um einen Effekt am Rohrende, welcher mit einer einfachen Stromfadentheorie nicht mehr erfaßbar wird.

Abb. 16 zeigt den Verlauf der durch Gl. (99) und (100) gegebenen Kurve und die Reduktion der Frösselschen Versuche auf $(p/p_0)(G_{max}/G)$ als Ordinate und $\frac{\lambda U}{4f}x$ als Abszisse. Diese ist am Rohrende Null gesetzt. Die Kurve ist völlig festgelegt, wenn am Rohrende kritische Geschwindigkeit herrscht. Das gilt auch für die Strömung stromabwärts eines Stoßes. Für jeden anderen Fall, auch für die Überschalldruckverteilung vor dem Stoß (Abb. 16, Überschall: $G/G_{max} = 0{,}670$ und 0,373) muß der Druck am Rohranfang oder in irgendeinem anderen Punkt als „Anfangsbedingung“ der Differentialgleichung (98) gegeben sein.

Um den Ort des Verdichtungsstoßes in einem Rohr zu finden, welches bei Überschallströmung $M = 1$ bereits vor seinem Ende liefern würde, wird zum Überschallast in Abb. 16 diejenige Kurve gezogen, welche in jedem Punkt die dazugehörigen Werte hinter einem senkrechten Stoß wiedergibt, Abb. 17. Sie wird mittels der Stoßgleichung (35) leicht ermittelt. Vom Rohrende aus ist nun der Unterschallast der Kurve von Abb. 16 zu ziehen. Er verläuft flacher als die Verdichtungsstoßkurve und gibt im Schnittpunkt mit dieser den Ort des Stoßes.

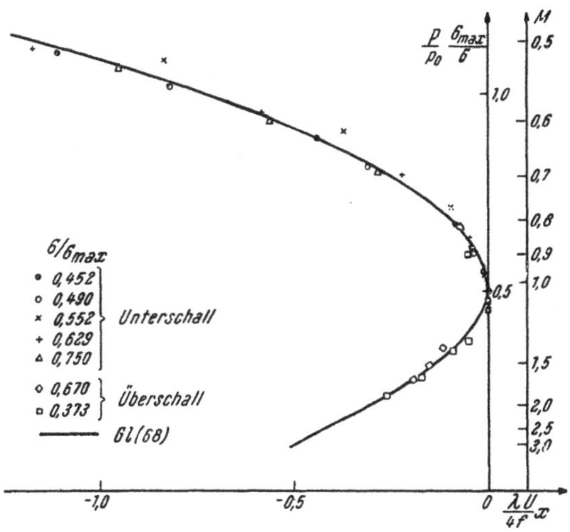

Abb. II,16. Reduktion der Druckverteilung in Rohren mit Reibung auf eine Kurve.

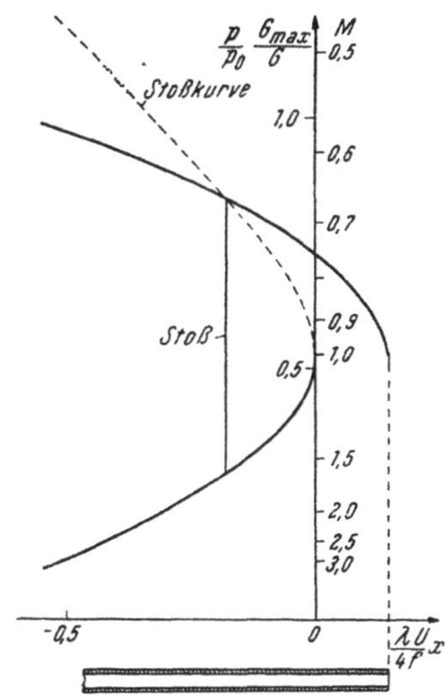

Abb. II,17. Verdichtungsstoß bei Reibungsverlusten und $M = 1$ am Rohrende.

Wird der Stoß durch starken Gegendruck am Rohrende verursacht, so ist dort anstatt des kritischen Wertes $(p/p_0)\,(G_{\max}/G) = p_0^*/p_0$ einfach der Wert des Gegendruckes zu nehmen.

In Abb. 16 entspricht ein Stoß einem Sprung in Richtung negativer x-Werte, denn nur so ist es dort möglich, zu dem hinter dem senkrechten Stoß auftretenden Druckwert zu gelangen. Dieses Zurückspringen entspricht der Möglichkeit, nach dem Stoß ein längeres Rohrstück zu überwinden.

Diese einfache Theorie der Rohrreibung genügt besonders bei Überschallströmung keinen allzu großen Ansprüchen. Der Reibungsansatz reicht für rasche Zustandsänderungen, wie sie insbesondere in Schallnähe auftreten, nicht mehr aus.

Auch die Stöße spielen sich im Rohr im allgemeinen nicht in scharfen Fronten ab. Es sind viel kompliziertere Vorgänge, welche sich über ein Rohrstück erstrecken.

Sofern auf diesem die Wandreibung vernachlässigt werden kann — was sicher weitgehend zulässig ist —, ist der Zustand hinter dem Stoß, wenn wieder konstante Zustände über dem Querschnitt eingetreten sind, wieder durch die Stoßgleichungen gegeben, denn sie sind, wie beim Stoß, durch die Kontinuitätsbedingung, die Impuls- und Energiegleichung (12) bedingt. Nur beansprucht der Vorgang im Rohr zum Unterschied vom Stoß eine gewisse Länge.

Nach Abb. 16 sind in Rohren Machzahlen über $M = 0{,}60$ zu vermeiden, da sie mit $\lambda = 0{,}016$ auf einer Rohrlänge von höchstens 30 Durchmessern zu $M = 1$ führen. Für den starken Druckabfall erweist sich dabei in erster Linie die Beschleunigung und erst in zweiter Linie der Ruhedruckverlust verantwortlich.

Die Wirkung von Kräften, welche keine Arbeit leisten, wie Reibungskräfte, Gitter oder Modelle in geschlossenen Kanälen, kann auch an Hand der Integralsätze untersucht werden. Das Gleichungssystem unterscheidet sich von den Gl. (12) für den senkrechten Stoß nur durch ein Zusatzglied im Impulssatz. Die Resultate haben große Ähnlichkeit mit jenen von Abschnitt 20 der Rohrströmung mit Energiezufuhr und sind nach dem Studium dieses Abschnittes leicht zu ermitteln.

15. Reibungsfreie Strömung mit Energiezufuhr und mit Relaxation im Kanal veränderlichen Querschnitts

Die stationäre Strömung im Kanal veränderlichen Querschnitts läßt sich unter sehr allgemeinen Voraussetzungen behandeln. Es kann Energiezufuhr, es kann Einwirkung äußerer Kräfte, verursacht durch Reibung oder durch Einbauten in den Kanal und es kann schließlich auch Massenzufuhr berücksichtigt werden. Letztere tritt beispielsweise beim Einspritzen von Brennstoff auf und ist dann im allgemeinen auch mit Beiträgen von Energie und Impuls verbunden. Eine solche Behandlung läuft darauf hinaus, daß in der Kontinuitätsbedingung, in der Bewegungsgleichung oder im Energiesatz Zusatzglieder berücksichtigt werden.

Die folgende Betrachtung soll zum überwiegenden Teil auf die stetige Änderung eines Gemisches vollkommener Gase in einem Kanal veränderlichen Querschnitts bei Wärmezufuhr beschränkt bleiben. Dabei seien Relaxationsphänomene zulässig. Mit der Energiezufuhr läßt sich später auch die Wirkung der Wärmestrahlung berücksichtigen. Gleichzeitig zeigt sich auch die nahe Verwandtschaft zwischen Gasreaktion und äußerer Wärmezufuhr.

Aus der Kontinuitätsbedingung (1) erhält man wegen $G =$ konst. Gl. (103). Die Bewegungsgleichung (57), in *spezifische Änderungen* $\mathrm{d}W/W$, $\mathrm{d}p/p$ umgeschrieben, liefert Gl. (104). Besonders sei vermerkt, daß sich Wärmezufuhr und Relaxation in der Form der Bewegungsgleichung nicht geltend machen. Darin kommt klar zum Ausdruck, daß es sich bei dieser Gleichung um ein Gleichgewicht der Kräfte und nicht um eine Energiebilanz handelt.

$$\text{Kontin. bed.} \qquad \frac{\mathrm{d}W}{W} + \frac{\mathrm{d}\varrho}{\varrho} = -\frac{\mathrm{d}f}{f}; \tag{103}$$

$$\text{Beweg. gleich.} \qquad \frac{\mathrm{d}W}{W} + \frac{\mathrm{d}p}{\varrho W^2} = 0. \tag{104}$$

Für die Energiebilanz sei Gl. (I,98) für die Mischung zweier Substanzen herangezogen. Für die *eingefrorene Schallgeschwindigkeit* c kann auf Grund derselben Gleichung (I,98) die Beziehung verwendet werden:

$$c^2 = \left(\frac{\partial p}{\partial \varrho}\right)_{s,\alpha} = -\frac{c_p}{c_v}\left(\frac{\partial T}{\partial \varrho}\right)_{p,\alpha}\left(\frac{\partial p}{\partial T}\right)_{\varrho,\alpha} = \frac{c_p}{c_v}\left(\frac{\partial p}{\partial \varrho}\right)_{T,\alpha}. \qquad (105)$$

Der Ausdruck ganz rechts ergibt sich aus der auf (I,97) folgenden Gleichung, wird erst später diskutiert und zunächst nicht benötigt.

Mit Gl. (105) ist dann bereits die angestrebte Form des Energiesatzes gefunden:

$$\frac{d\varrho}{\varrho} - \frac{1}{c^2}\frac{dp}{\varrho} = -\left[\frac{r_p}{c_p} + \left(\frac{\partial T}{\partial \alpha}\right)_{p,\varrho}\right]\frac{1}{\varrho}\left(\frac{\partial \varrho}{\partial T}\right)_{p,\alpha} d\alpha + \frac{1}{\varrho}\left(\frac{\partial \varrho}{\partial T}\right)_{p,\alpha}\frac{dq}{c_p}. \qquad (106)$$

Zu den Gln. (103), (104) und (106) ist noch eine Zustandsgleichung der Form

$$p = p(\varrho, T, \alpha)$$

hinzuzunehmen, um das Gleichungssystem für W, p, ϱ und T vollständig zu machen. Mittels der Zustandsgleichung lassen sich auch die erforderlichen Ableitungen in den Koeffizienten von Gl. (105) und (106) bilden. Spezielle Fälle für die Zustandsgleichung sind Gl. (I,7) für das Gasgemisch und Gl. (I,12) für das Phasengemisch. Die Änderung des Düsenquerschnittes in Gl. (103) sowie die Größe der Wärmezufuhr in Gl. (106) wird im allgemeinen als gegeben vorauszusetzen sein. Für die Änderung des Massenanteils $d\alpha$ dagegen wird eine Relaxationsgleichung der Form (I,127) oder (I,128) heranzuziehen sein, wenn nicht überhaupt thermodynamisches Gleichgewicht vorliegt und damit $\alpha = \bar{\bar{\alpha}}$ als Funktion von ϱ und T bekannt ist. Beispiele dafür wären Gl. (I,85) und (I,86) für Gasreaktionen und Gl. (I,111) für ein Phasengemisch.

Bei thermodynamischem Gleichgewicht hängt der Zustand des Mediums wiederum nur von zwei unabhängigen Zustandsvariablen ab, weshalb ein solches Medium auch als einfache Substanz angesehen werden darf und gemäß Abschn. 9 behandelt werden kann. Das läuft darauf hinaus, daß in den Gln. (105) und (106) α sowie die Ableitungen nach α und das Differential $d\alpha$ einfach weggelassen werden.

Selbstverständlich muß aber auch der Grenzfall des ungehemmten thermodynamischen Gleichgewichtes, Gl. (I,76), $g_1 = g_2$, in dem der Massenanteil α am zweckmäßigsten als Funktion von p und s aufgefaßt wird, $\alpha = \bar{\bar{\alpha}}(p, s)$, im Gleichungssystem enthalten sein. Das ist nicht nur von grundsätzlicher, sondern auch von praktischer Bedeutung, weil dieser Grenzfall im Rahmen des vorliegenden Systems bei sehr kleinen Reaktionszeiten erreicht werden muß. Der Zusammenhang ist jedoch nicht ganz einfach und soll daher im folgenden kurz erläutert werden.

Wird im Falle ungehemmten thermodynamischen Gleichgewichtes die Dichte als Funktion von t, s, α aufgefaßt, dann gilt:

$$\varrho(p, s, \alpha) = \varrho(p, s, \bar{\bar{\alpha}}(p, s)).$$

Das ungehemmte thermodynamische Gleichgewicht ist durch eine Zustandsänderung konstanter Entropie s nicht ausreichend gekennzeichnet, denn um eine solche handelt es sich auch beim eingefrorenen Gleichgewicht. Daher sei die Zustandsänderung und auch die Schallgeschwindigkeit bei ungehemmtem Gleichgewicht wie bei α, Abschn. I,12, wieder mit doppeltem Querstrich gekennzeichnet, was ein Gleichheitszeichen symbolisieren möge. Es gilt:

$$\frac{1}{\bar{\bar{c}}^2} = \left(\frac{\overline{\overline{\partial \varrho}}}{\partial p}\right)_s = \left(\frac{\partial \varrho}{\partial p}\right)_{s,\alpha} + \left(\frac{\partial \varrho}{\partial \alpha}\right)_{p,s} \left(\frac{\partial \bar{\bar{\alpha}}}{\partial p}\right)_s = \frac{1}{c^2} - \left[\frac{r_p}{c_p} + \left(\frac{\partial T}{\partial \alpha}\right)_{p,\varrho}\right] \left(\frac{\partial \varrho}{\partial T}\right)_{p,\alpha} \left(\frac{\partial \bar{\bar{\alpha}}}{\partial p}\right)_s . \tag{107}$$

In dieser Gleichung ist die aus Gl. (I,98) hervorgehende Beziehung für $g_1 = g_2$ benutzt:

$$\left(\frac{\partial \varrho}{\partial \alpha}\right)_{p,s} = -\left(\frac{\partial \varrho}{\partial T}\right)_{p,\alpha} \left[\frac{r_p}{c_p} + \left(\frac{\partial T}{\partial \alpha}\right)_{p,\varrho}\right].$$

Aus Gl. (107) läßt sich wieder wie in Abschn. I,14 folgern, daß die eingefrorene Schallgeschwindigkeit c stets größer ist als die Gleichgewichtsschallgeschwindigkeit $\bar{\bar{c}}$. Bei einer Gasreaktion wie beispielsweise der Dissoziation ist die Reaktionswärme r_p der positive dominierende Anteil in der eckigen Klammer. Die Dichte nimmt bei konstantem Druck und konstantem Massenanteil mit der Temperatur ab, wie beispielsweise Gl. (99) zeigt. Der Massenanteil $\bar{\bar{\alpha}}$ dagegen nimmt bei Gleichgewicht und konstanter Entropie mit dem Druck zu. Dies zeigt sich bei der Expansion eines dissoziierenden Gases in einer Lavaldüse, in der bei fallendem Druck Rekombination, also abnehmendes $\bar{\bar{\alpha}}$ zu beobachten ist. Der letzte Summand von Gl. (107) ist damit positiv und folglich $c^2 > \bar{\bar{c}}^2$.

Im Fall des Gleichgewichtes kann in Gl. (106) gesetzt werden:

$$d\alpha = d\bar{\bar{\alpha}} = \left(\frac{\partial \bar{\bar{\alpha}}}{\partial p}\right)_s dp + \left(\frac{\partial \bar{\bar{\alpha}}}{\partial s}\right)_p ds.$$

Da im Falle des Gleichgewichtes zufolge von Gl. (I,97) die Beziehung gilt:

$$dq = T\, ds,$$

läßt sich Gl. (106) mittels der beiden letzten Beziehungen schließlich schreiben:

$$\frac{d\varrho}{\varrho} - \left\{\frac{1}{c^2} - \left[\frac{r_p}{c_p} + \left(\frac{\partial T}{\partial \alpha}\right)_{p,\varrho}\right] \left(\frac{\partial \varrho}{\partial T}\right)_{p,\alpha} \left(\frac{\partial \bar{\bar{\alpha}}}{\partial p}\right)_s\right\} \frac{dp}{\varrho}$$
$$= \left\{1 - \left[\frac{r_p}{c_p} + \left(\frac{\partial T}{\partial \alpha}\right)_{p,\varrho}\right] \frac{c_p}{T} \left(\frac{\partial \bar{\bar{\alpha}}}{\partial s}\right)_p\right\} \frac{1}{\varrho} \left(\frac{\partial \varrho}{\partial T}\right)_{p,\alpha} \frac{dq}{c_p}.$$

Nun gilt für eine einfache Substanz, als welche das Gemisch im thermodynamischen Gleichgewicht aufgefaßt werden kann, ganz allgemein:

$$\left(\frac{\overline{\overline{\partial \varrho}}}{\partial T}\right)_p = \frac{c_p}{T} \left(\frac{\overline{\overline{\partial \varrho}}}{\partial s}\right)_p$$

und mit der auf Gl. (107) folgenden Beziehung:

$$\left(\frac{\overline{\overline{\partial \varrho}}}{\partial T}\right)_p = \frac{c_p}{T} \left[\left(\frac{\partial \varrho}{\partial s}\right)_{p,\alpha} + \left(\frac{\partial \varrho}{\partial \alpha}\right)_{s,p} \left(\frac{\partial \bar{\bar{\alpha}}}{\partial s}\right)_p\right]$$
$$= \left(\frac{\partial \varrho}{\partial T}\right)_{p,\alpha} - \left[\frac{r_p}{c_p} + \left(\frac{\partial T}{\partial \alpha}\right)_{p,\varrho}\right] \frac{c_p}{T} \left(\frac{\partial \bar{\bar{\alpha}}}{\partial s}\right)_p \left(\frac{\partial \varrho}{\partial T}\right)_{p,\alpha} . \tag{108}$$

Mit den Gln. (107) und (108) erhält die aus dem Energiesatz hervorgegangene vorletzte Gleichung schließlich die Form:

$$\frac{d\varrho}{\varrho} - \frac{1}{\bar{\bar{c}}^2}\frac{dp}{\varrho} = \frac{1}{\varrho}\left(\frac{\overline{\overline{\partial\varrho}}}{\partial T}\right)_p \frac{dq}{c_p}.$$

Damit ist der Zusammenhang zu Gl. (106) hergestellt für den Fall, daß stets ungehemmtes thermodynamisches Gleichgewicht vorliegt.

Aus dem System (103), (104) und (106) lassen sich dann jeweils Gleichungen für dW, dp und $d\varrho$ gewinnen:

$$\frac{dW}{W} = -\frac{dp}{\varrho W^2} = -\frac{1}{1-M^2}\frac{df}{f} + \frac{1}{1-M^2}\left\{\left[\frac{r_p}{c_p} + \left(\frac{\partial T}{\partial\alpha}\right)_{p,\varrho}\right]\frac{1}{\varrho}\left(\frac{\partial\varrho}{\partial T}\right)_{p,\alpha} d\alpha - \frac{1}{\varrho}\left(\frac{\partial\varrho}{\partial T}\right)_{\alpha,p}\frac{dq}{c_p}\right\}; \qquad (109)$$

$$\frac{d\varrho}{\varrho} = \frac{M^2}{1-M^2}\frac{df}{f} + \frac{1}{1-M^2}\left\{\left[\frac{r_p}{c_p} + \left(\frac{\partial T}{\partial\alpha}\right)_{p,\varrho}\right]\frac{1}{\varrho}\left(\frac{\partial\varrho}{\partial T}\right)_{p,\alpha} d\alpha - \frac{1}{\varrho}\left(\frac{\partial\varrho}{\partial T}\right)_{\alpha,p}\frac{dq}{c_p}\right\}.$$

In diesen Gleichungen ist die sogenannte *eingefrorene Machzahl*

$$M^2 = W^2 \Big/ \left(\frac{\partial p}{\partial\varrho}\right)_{s,\alpha} \qquad (110)$$

verwendet; es ist die mit der eingefrorenen Schallgeschwindigkeit c, Gl. (105), gebildete Machzahl. Bemerkenswert ist, daß die eingefrorene Machzahl M für die Relaxationsvorgänge die maßgebende Machzahl ist.

Ferner zeigen die Gl. (109), daß eine Gasreaktion für die Änderung von W, p und ϱ exakt als Wärmezufuhr gedeutet werden kann. Insbesondere wirkt eine Dissoziation oder Ionisation $d\alpha > 0$, wie eine Kühlung, $dq < 0$. Das erklärt sich einfach aus der für die Molekülaufspaltung aufzuwendenden Energie. Außerdem haben alle Änderungen dq, $d\alpha$ wie df bei Überschallströmung entgegengesetzte Wirkung auf dW, dp, $d\varrho$ wie bei Unterschallströmung. Die Wirkung auf den Druck beträgt bei tiefer Unterschallgeschwindigkeit, $M^2 \ll 1$, nur einige Staudrucke, ist also sehr gering. Daher ist eine Verbrennung bei tieferer Unterschallgeschwindigkeit im wesentlichen eine *Gleichdruckverbrennung*. Bei Hyperschall $M^2 \gg 1$ sind die Wirkungen von df, dq und $d\alpha$ auf die Geschwindigkeit gering. Dort wirkt eine Wärmezufuhr oder Dissoziation auch nur relativ wenig auf die Dichteänderung ein, nicht aber eine Querschnittsänderung!

Die weiteren Ausführungen seien auf Reaktionen zweier *idealer Gase* beschränkt. Für diese gilt mit Gl. (I,99):

$$\left(\frac{\partial T}{\partial\alpha}\right)_{p,\varrho} = -\frac{m}{m_1}\left(\frac{m_1}{m_2} - 1\right)T; \qquad \frac{1}{\varrho}\left(\frac{\partial\varrho}{\partial T}\right)_{p,\alpha} = -\frac{1}{T}.$$

Damit erhält man unter Heranziehung der Zustandsgleichung und der Gleichung für die Machzahl eines idealen Gases:

$$\frac{dW}{W} = -\frac{dp}{\varrho W^2} = -\frac{1}{1-M^2}\frac{df}{f} + \frac{1}{1-M^2}\left\{\frac{dq}{c_p T} - \left[\frac{r_p}{c_p T} - \left(\frac{m_1}{m_2} - 1\right)\frac{m}{m_1}\right] d\alpha\right\};$$

$$\frac{d\varrho}{\varrho} = \frac{M^2}{1-M^2}\frac{df}{f} - \frac{1}{1-M^2}\left\{\frac{dq}{c_p T} - \left[\frac{r_p}{c_p T} - \left(\frac{m_1}{m_2} - 1\right)\frac{m}{m_1}\right] d\alpha\right\}; \qquad (111)$$

$$d\left(\frac{R}{m}T\right)\Big/\left(\frac{R}{m}T\right) = \frac{(\varkappa-1)M^2}{1-M^2}\frac{df}{f} + \frac{1-\varkappa M^2}{1-M^2}\left\{\frac{dq}{c_p T} - \left[\frac{r_p}{c_p T} - \left(\frac{m_1}{m_2} - 1\right)\frac{m}{m_1}\right] d\alpha\right\};$$

$$d(\varkappa M^2)/(\varkappa M^2) = -\frac{2+(\varkappa-1)M^2}{1-M^2}\frac{df}{f} + \frac{1+\varkappa M^2}{1-M^2}\left\{\frac{dq}{c_p T} - \left[\frac{r_p}{c_p T} - \left(\frac{m_1}{m_2} - 1\right)\frac{m}{m_1}\right] d\alpha\right\}.$$

Auf der linken Seite der letzten beiden Gleichungen ist das unter Umständen veränderliche m und $\varkappa$ unter das Differentialzeichen gezogen. Dadurch wird erreicht, daß in der geschwungenen Klammer in allen vier Zeilen der gleiche Ausdruck steht. Im übrigen liefern die Änderungen von m und $\varkappa$ im allgemeinen nur untergeordnete Beiträge. Sie sind mehr der korrekten Vollständigkeit wegen berücksichtigt. Eine Wärmezufuhr ($dq > 0$) und eine Rekombination ($d\alpha < 0$) treiben wie eine Querschnittsabnahme ($df < 0$) die Machzahl stets dem Wert $M = 1$ entgegen.

Bei der Temperaturänderung dagegen bildet der Machzahlbereich

$$\frac{1}{\sqrt{\varkappa}} < M < 1 \qquad (112)$$

eine Ausnahme, indem in diesem Unterschallbereich der „eingefrorenen Machzahl“ M eine Wärmeabfuhr ($dq < 0$) oder eine Dissoziation ($d\alpha > 0$) eine Zunahme der Temperatur bedingt.

Es wurde nach Gl. (107) gezeigt, daß die eingefrorene Schallgeschwindigkeit c größer als die Gleichgewichtsgeschwindigkeit $\bar{c}$ ist. Diese ist wieder größer als die *isotherme Schallgeschwindigkeit*, d. i. beim idealen Gas $\sqrt{p/\varrho} = c/\sqrt{\varkappa}$. Das hat die Ungleichung zur Folge:

$$M < \overline{M} < \sqrt{\varkappa}\; M. \qquad (113)$$

Wenn nun die Gleichgewichtsströmung bereits im Überschallbereich liegt, $1 < \overline{M}$, dann gilt wegen (113): $1 < \sqrt{\varkappa}\, M$, das heißt, die Temperatur nimmt bei Dissoziation zu, obwohl mit Gl. (112) $M < 1$ angenommen wurde. Dies wird sich im nächsten Abschnitt noch als wichtig erweisen.

Neben der Änderung der Zustandsgrößen ist die Änderung des Ruhezustandes von größerem Interesse, weil sich aus der Betrachtung des Ruhezustandes oft ein tieferer Einblick in die physikalischen Vorgänge gewinnen läßt.

Beim Fortbleiben der potentiellen Energie in Gl. (5) (Schwerebeschleunigung

$g = 0$) und bei Einführen der Ruheenthalpie mittels Gl. (7) ergibt sich die Änderung von i_0 bei festen Werten W_1 und i_1 im Querschnitt f_1 zu:

$$di_0 = dq. \tag{114}$$

Unabhängig davon, ob etwa Gasreaktion stattgefunden hat, ob dabei Relaxationen aufgetreten sind, bei welcher Machzahl die Wärmezufuhr stattfand, ergibt sich die Änderung der Ruheenthalpie stets gemäß Gl. (114) gleich der von außen zugeführten Wärme.

Bei einem idealen Gas konst. spez. W. kann mit Gl. (I,24) daraus direkt auf die Änderung der Ruhetemperatur geschlossen werden. Bei einem Gasgemisch dagegen, in dem Gasreaktionen stattfinden, kann die Enthalpieänderung jedoch sowohl auf das Konto von Reaktionen, wie auch auf jenes von Erwärmungen gehen, siehe etwa Gl. (I,90). Gl. (114) gilt im übrigen dann allgemein und ist nicht wie die Gln. (107) auf vollkommene Gase beschränkt. In der Aussage dieser Gleichung sind Flüssigkeiten und Phasenänderungen mit einbegriffen.

Der Machzahlenbereich (112), in dem die statische Temperatur trotz äußerer Wärmezufuhr fällt, verliert damit auch einen Teil seiner Ausnahmestellung, da auch in diesem Bereich die Ruhetemperatur eines idealen Gases durch Wärmezufuhr zunimmt.

Für die Definition des Ruhedruckes und der Ruhedichte bedarf es einer Annahme, auf welche Weise das Abbremsen des Mediums auf Ruhe erfolgen soll. Zur Herleitung der Gl. (41) wurde eine verlustlose adiabatische Abbremsung, also eine isentrope Zustandsänderung angenommen. Dafür gibt es jedoch bei Gasreaktionen zwei Möglichkeiten, nämlich die Abbremsung bei ungehemmtem thermodynamischem Gleichgewicht, also bei $\alpha = \bar{\bar{\alpha}}$, und jene bei gehemmtem Gleichgewicht, also bei $\alpha =$ konst. Um in diesen Details nicht zu weitschweifig zu werden, sei für den Rest dieser Überlegungen eine *einfache Substanz*, was auf $\alpha = 0$ herausläuft, bei Wärmezufuhr angenommen. Für diese ergibt sich aus der auf die Ruhegrößen bezogene Entropiebeziehung (I,61):

$$\frac{1}{\varrho_0}\,dp_0 = di_0 - T_0\,ds.$$

Dabei kann $ds = ds_0$ gesetzt werden, da die Ruheentropie wegen der isentropen Abbremsung gleich der Entropie der strömenden Substanz ist. Ersetzt man hierin mit Gl. (114) di_0 durch dq und weiter mittels Gl. (60) dq durch $T ds$, so folgt:

$$\frac{1}{\varrho_0}\,dp_0 = -\,(T_0 - T)\,ds = -(T_0/T - 1)\,dq. \tag{115}$$

Da die Temperatur in der Strömung stets unter der Ruhetemperatur liegt, $T_0 > T$, ist also eine äußere Wärmezufuhr und die damit verknüpfte Entropieerhöhung des Gases mit einem Ruhedruckabfall verbunden. Aus der Zustandsgleichung geht dann ferner hervor, daß mit dem Ruhedruck auch die Ruhedichte abfällt, da die Zunahme der Ruhetemperatur im gleichen Sinne wirkt wie die Abnahme des Ruhedruckes. Die Abnahme des Ruhedruckes ist im allgemeinen Fall der äußeren Wärmezufuhr im Gegensatz zum Fall des Verdichtungsstoßes kein

Maß mehr für die Irreversibilität. Der Wärmeübergang kann nämlich im Grenzfall durchaus als reversible Wärmezufuhr gedacht werden, indem die Entropie des Wärmereservoirs in gleicher Weise abnimmt, wie jene des erwärmten Gases zunimmt. Die Entropie des geschlossenen Systems, zu dem hier auch das Reservoir des Wärmespenders gehört, kann also im idealen Grenzfall als konstant angenommen werden.

Der Ort oder auch die Machzahl der Wärmezufuhr ist in Gl. (115) nur durch die Temperatur T repräsentiert.

16. Relaxation im Verdichtungsstoß

Bei der späteren Untersuchung des Einflusses von Wärmeleitung und innerer Reibung auf die innere Struktur des Verdichtungsstoßes in Abschn. X,2, einer Untersuchung, die bereits in den ersten Jahrzehnten dieses Jahrhunderts durchgeführt wurde, ergibt sich eine Tiefe der Stoßfront von der Größenordnung der mittleren freien Weglänge. Der Verdichtungsstoß einer einfachen Substanz voll-

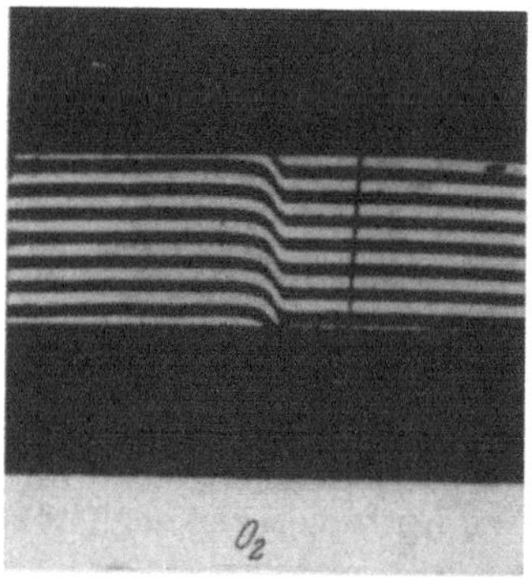

Abb. II,18. Relaxation der Molekülschwingungen hinter einem Stoß in O_2 nach [9].

zieht sich also in einigen Molekülzusammenstößen. Im allgemeinen werden jedoch einige wenige Molekülzusammenstöße keine Gasreaktion und im speziellen keine Dissoziation oder Ionisation einleiten. Die Tiefe, welche zur Herstellung des thermodynamischen Gleichgewichtes einer komplizierteren Substanz erforderlich ist, dürfte damit als wesentlich größer anzunehmen sein, als die Stoßfronttiefe einer einfachen Substanz. Selbst Molekülschwingungen können deutliche Relaxation aufweisen, wie Versuche von V. Blackman [9] zeigen, Abb. 18. In diesem Abschnitt soll die Relaxation eines dissoziierenden oder ionisierenden Gases, $m_1 = 2m_2$, im Zusammenhang mit einem Stoß behandelt werden.

Als erstes sei der Extremfall eines *sehr starken Stoßes* untersucht. Dieser weist für eine einfache Substanz, zu der auch die eingefrorene Substanz zu rechnen ist, eine derart geringe Tiefe auf, daß im ersten Moment der Kompression ein eingefrorener Verdichtungsstoß angenommen werden kann, hinter dem im Unterschallteil die Einstellung des thermodynamischen Gleichgewichtes nachhinkt. Erst mit dieser nachträglichen Einstellung des Gleichgewichtes wird der in Abschnitt 6 errechnete Zustand für den starken Stoß bei Dissoziation erreicht. Der Vorgang der Einstellung des Gleichgewichtes könnte mit Hilfe der Gln. (111) verfolgt werden, auf deren rechter Seite $\mathrm{d}f = 0$ und $\mathrm{d}q = 0$ zu setzen wäre, weil die Einstellung des Gleichgewichtes bei konstantem Stromfadenquerschnitt und ohne äußere Wärmezufuhr erfolgt. Die Untersuchungen können aber auch direkt im Anschluß an Abschn. 6 durchgeführt werden. Da sich der Vorgang bei $f =$ konst. abspielt, gilt an jeder Stelle hinter der Stoßfront die dynamische Adiabate, also für diesen ersten Teil der Untersuchung die dynamische Adiabate für einen starken Stoß. Legt man den Untersuchungen das Zweisubstanzenmodell eines Gasgemisches zugrunde, so muß auch in jedem Stadium der Relaxation die dynamische Adiabate Gl. (51) gelten:

$$\frac{\hat{\varrho}}{\varrho} = \frac{\varkappa + 1}{\varkappa - 1} + \frac{2\hat{\alpha}}{1 + \hat{\alpha}}\left[\frac{T_d}{\hat{T}} + \lambda - \frac{1}{\varkappa - 1}\right]. \tag{51}$$

Aus Gl. (49) folgt nach einfacher Umrechnung und Verwendung von Gl. (I,9):

$$\frac{\hat{T}}{T_d} = \frac{mW^2}{2RT_d}\,\frac{2}{1 + \hat{\alpha}}\,\frac{\varrho}{\hat{\varrho}}\left[1 - \frac{\varrho}{\hat{\varrho}}\right]. \tag{116}$$

Es sei daran erinnert, daß in diesen Gleichungen mit ϱ, m und $\varkappa$ die Werte dieser Größen vor der Stoßfront bezeichnet sind, wo außerdem $\alpha = 0$ gilt oder doch wenigstens ein verschwindend kleiner Wert von α anzunehmen ist. Unmittelbar hinter der Stoßfront, die an die Stelle $x = 0$ verlegt sei, herrscht noch ein eingefrorener Zustand, woraus sich mit Gl. (51) und (116) sofort die Werte von $\hat{\varrho}$ und $\hat{T}$ am Beginn des Vorgangs der Einstellung des Gleichgewichtes ergeben, nämlich:

$$x = +0: \hat{\alpha} = 0; \qquad \frac{\hat{\varrho}}{\varrho} = \frac{\varkappa + 1}{\varkappa - 1}; \qquad \frac{\hat{T}}{T_d} = \frac{mW^2}{2RT_d}\cdot\frac{4(\varkappa - 1)}{(\varkappa + 1)^2}. \tag{117}$$

Ausgehend von diesen Werten unmittelbar hinter der Stoßfront wird $\hat{\alpha}$ dem Gleichgewichtswert entgegenstreben, die Substanz wird dissoziieren, die Temperatur abnehmen und dabei wird sich $\hat{\varrho}$ und $\hat{T}$ ändern, an jeder Stelle x jedoch den Gln. (51) und (116) genügen. Im Gegensatz zu den Ausführungen im Abschnitt 6 sind die Werte hinter der Stoßfront nun also variabel.

$\hat{\alpha}$ wird dabei einer Relaxationsgleichung von der Form (I,127) genügen, in der die Funktion $f_d(T)$ wegen der geringen Temperaturabhängigkeit im Vergleich zum Temperatureinfluß, den die Exponentialfunktion ergibt, durch eine Konstante ersetzt werden kann. Wird außerdem noch die Beziehung (I, 85) für das thermodynamische Gleichgewicht benützt und werden die Symbole hinter der Stoßfront eingesetzt, so kann man schließlich unter Einführung einer *Relaxationszeit* τ schreiben:

$$\frac{\mathrm{d}\hat{\alpha}}{\mathrm{d}t} = \frac{1}{\tau}\left(\frac{\hat{\varrho}}{\varrho_d}\right)^2\left[(1 - \hat{\alpha})\,\frac{\hat{\bar{\alpha}}^2}{1 - \hat{\bar{\alpha}}} - \hat{\alpha}^2\right] = \frac{1}{\tau}\,\frac{\varrho}{\varrho_d}\left(\frac{\hat{\varrho}}{\varrho}\right)^2\left[(1 - \hat{\alpha})\,\frac{\hat{\bar{\alpha}}^2}{1 - \hat{\bar{\alpha}}} - \hat{\alpha}^2\right],$$

wobei $\hat{\hat{\alpha}}$, der Gleichgewichtsanteil im Stoß, durch die Gleichgewichtsbeziehung Gl. (52) gegeben ist:

$$\frac{\hat{\hat{\alpha}}^2}{1-\hat{\hat{\alpha}}} = \frac{\varrho_d}{\varrho}\frac{\varrho}{\hat{\varrho}}\left(\frac{\hat{T}}{T_d}\right)^{\lambda} e^{-T_d/\hat{T}} \, . \tag{52}$$

Im folgenden interessieren allerdings weniger die Abhängigkeit der Größen von der Zeit t als vom Abstand x von der Stoßfront. Mit Hilfe der Kontinuitätsbedingung läßt sich schreiben:

$$\frac{\mathrm{d}\hat{\alpha}}{\mathrm{d}t} = \frac{\mathrm{d}\hat{\alpha}}{\mathrm{d}x}\hat{W} = \frac{\mathrm{d}\hat{\alpha}}{\mathrm{d}x} W \frac{\varrho}{\hat{\varrho}},$$

worin W die Anströmgeschwindigkeit vor der Front darstellt.

Damit erhält man schließlich die von x abhängige Form der Relaxationsgleichung:

$$\frac{\mathrm{d}\hat{\alpha}}{\mathrm{d}x} = \frac{1}{\tau}\frac{1}{W}\left(\frac{\varrho}{\varrho_d}\right)^2\left(\frac{\hat{\varrho}}{\varrho}\right)^3\left[(1-\hat{\alpha})\frac{\hat{\hat{\alpha}}^2}{1-\hat{\hat{\alpha}}} - \hat{\alpha}^2\right]. \tag{118}$$

Für das in Abb. 19 wiedergegebene Resultat sind dieselben Kenngrößen maßgebend wie für den Stoß bei thermodynamischem Gleichgewicht, Gl. (53). Die in Gl. (118) eingeführte Relaxationszeit τ muß dem Versuch oder einer gaskinetischen Theorie entnommen werden. Das Ergebnis kann allerdings unabhängig von der

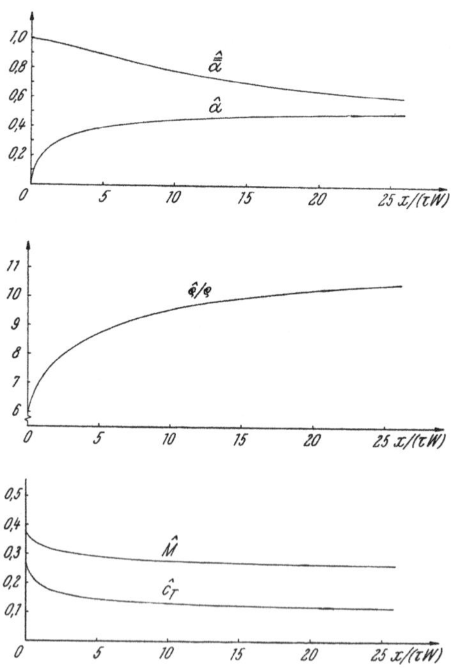

Abb. II,19. Starker Stoß mit Relaxation. $K_d = 1{,}00$; $\ln \varrho_d/\varrho = 12{,}00$; $\lambda = 1/2$; $m_1/m_2 = 2$; $\varkappa_1 = 1{,}4$; $\alpha = \bar{\bar{\alpha}} = 0$.

Angabe dieser Zeitgröße τ dargestellt werden, indem alle Größen abhängig von der dimensionslosen Länge

$$x/(\tau W) \qquad \text{oder} \qquad x\left(\frac{\varrho_d}{\varrho}\right)^2\Big/(\tau W) \tag{119}$$

dargestellt werden. ϱ/ϱ_d muß stets schon mit Rücksicht auf Gl. (52) bekannt sein.

Der Zustand des thermodynamischen Gleichgewichtes wird theoretisch erst für $x \to +\infty$ erreicht, praktisch jedoch meist sehr schnell, da die Angleichung an das Gleichgewicht exponentiell erfolgt. Der Endzustand ist unabhängig davon, ob er in einem Gleichgewichtsstoß gemäß Abschnitt 6 oder über einen eingefrorenen Stoß mit nachträglicher Einstellung des Gleichgewichtes erreicht wird. Der Entropieanstieg im eingefrorenen Stoß muß danach kleiner als im Gleichgewichtsstoß sein, da die Angleichung an das thermodynamische Gleichgewicht ebenfalls mit Anstieg der Entropie verbunden ist.

Bei einem ausreichend *schwachen Stoß* führt die Relaxation zu einer gänzlichen Auflösung des Stoßvorganges in eine kontinuierliche Zustandsänderung, wie im folgenden gezeigt wird. Bereits bei der Herleitung der Gleichgewichtsschallgeschwindigkeit eines dissoziierenden Gases, Gl. (I,103), (I,104) zeigte es sich, daß diese Schallgeschwindigkeit etwa in der Mitte zwischen der eingefrorenen Schallgeschwindigkeit und einer „isothermen“ Schallgeschwindigkeit liegt. Die Gleichgewichtsmachzahl liegt bei einem solchen Vorgang also etwa in der Mitte der in Gl. (113) aufgezeigten Grenzen. Liegt $\bar{\bar{M}}$ selbst nahe an 1, wie das bei einem schwachen „Gleichgewichtsstoß“ Abschnitt 6 der Fall ist, so kann die eingefrorene Machzahl M im Unterschallbereich liegen. Dann kann es aber keinen eingefrorenen Stoß geben. Diesem Sonderfall

$$M < 1 < \bar{\bar{M}} \tag{120}$$

seien die folgenden Untersuchungen gewidmet.

Für diese Untersuchung sind in Gl. (111) $\mathrm{d}f = 0$ und $\mathrm{d}q = 0$ zu setzen, wie das auch schon für den starken Stoß galt. Man bestätigt sofort, daß Druck und Dichte mit $\mathrm{d}\alpha$ ansteigt, wenn $M^2 < 1$ ist, da der Dissoziationsvorgang Energie verbraucht und folglich wie eine Kühlung wirkt. Wegen der Ungleichung (113) gilt im Bereich $1 < \bar{\bar{M}}$ stets $1 < \varkappa M^2$. Das bedeutet nach der vorletzten Gl. (111), daß im Bereich (120) bei Dissoziation, $\mathrm{d}\alpha > 0$, stets $\mathrm{d}(RT/m) > 0$ ist. Das hat wegen der dominanten Rolle der Dissoziationswärme r_p im Faktor von $\mathrm{d}\alpha$ zur Folge, daß die *Temperatur* im Bereich (120) bei Dissoziation *ansteigt*. Da für das thermodynamische Gleichgewicht aber — siehe etwa Gl. (I,101) — die Temperatur ausschlaggebend ist, ist die weitere Folge das Anwachsen von $\bar{\bar{\alpha}}$ in der Relaxationszone. Ein solcher Anstieg von $\bar{\bar{\alpha}}$ in der Relaxationszone ist jedoch überhaupt die notwendige Voraussetzung für eine Zunahme von α.

Die Rechnungen können mit Hilfe der Gl. (111) sowie mit einer Relaxationsgleichung durchgeführt werden. Dabei ergeben sich die Resultate von Abb. 20. Gemäß Gl. (111) fällt die eingefrorene Machzahl $\hat{M}$ zu kleineren Unterschallwerten ab. Der Gleichgewichtszustand, $\hat{\alpha} = \hat{\bar{\bar{\alpha}}}$, wird asymptotisch erreicht und entspricht einem Stoß bei thermodynamischem Gleichgewicht ohne Relaxation.

Letztere kann direkt mit Hilfe von Entwicklungen behandelt werden, die bei der Stromdichte quadratische Glieder der Geschwindigkeitsstörung oder auch der Dichtestörung mit einschließen muß. Versteht man in der allgemeinen Gl. (83) unter allen Symbolen die Werte bei thermodynamischem Gleichgewicht und entwickelt man bei $M_a^2 = \overline{M}_a^2 = 1$, so folgt:

$$\frac{\varrho W}{\varrho^* c^*} = -\Gamma\left(\frac{W}{c^*} - 1\right)^2 + \cdots. \tag{121}$$

Sowohl die kritische Schallgeschwindigkeit c^* als auch Γ sind als jene Werte zu verstehen, die bei thermodynamischem Gleichgewicht erreicht werden. Gemäß

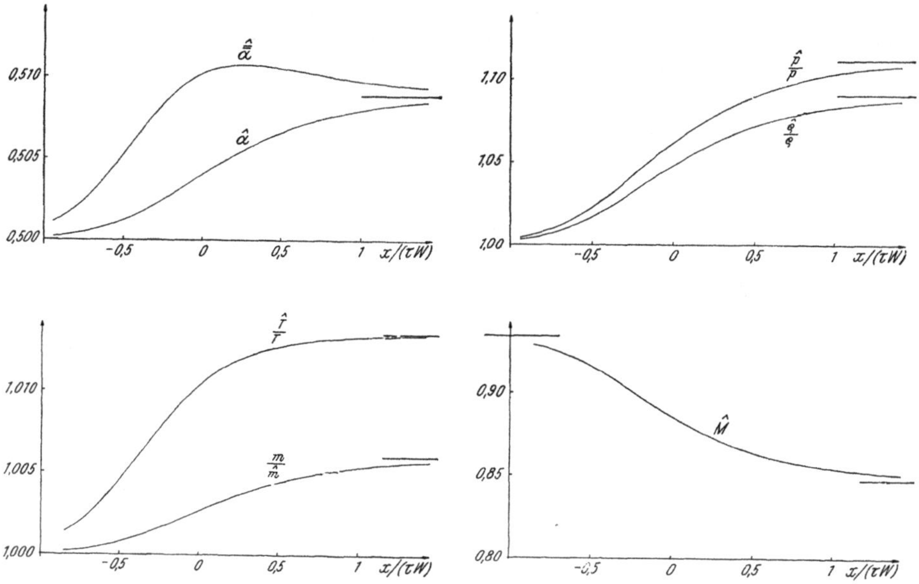

Abb. II,20. Zustandsänderung in der volldispergierten Welle, schwacher Stoß. $K_d = 0{,}101$; $\ln \varrho_d/\varrho = 10{,}5$; $\lambda = 1/2$; $m_1/m_2 = 2$; $\varkappa_1 = 1{,}4$; $M = 0{,}934$; $\alpha = \bar{\bar{\alpha}} = 0{,}50$.

Gl. (I,105) unterscheidet sich Γ bei Dissoziation nur wenig von den Werten bei konstanter spez. Wärme. Aus Gl. (121) ist für einen schwachen Stoß wiederum zu schließen:

$$1 - \frac{\hat{W}}{c^*} = \frac{W}{c^*} - 1; \qquad 1 - \hat{\overline{\overline{M}}} = \overline{\overline{M}} - 1, \tag{122}$$

was sich auch bestätigt.

Bei sehr kleinen Relaxationszeiten, $\tau \to 0$, schrumpfen die Stufenkurven von Abb. 20 zu einer Stufe zusammen. In den meisten Fällen wird man auch bei schwachen Stößen reagierender Gase die Tiefe der Stoßfront vernachlässigen können und den Stoß als einen Sprungvorgang behandeln dürfen. Zweifellos zeigt die vorangegangene Analyse aber einige interessante Aspekte.

17. Verdichtungsstoß mit Strahlung

Der Strahlungseinfluß sei im folgenden in erster Linie in Verbindung mit starken Stößen behandelt, weil gerade bei diesen hohe Temperaturen auftreten. Damit sind einige Vereinfachungen möglich, deren Fehlerbereich nicht über jenen des Strahlungsmodells von Abschn. I,18 hinausgeht. Da wieder nur Änderungen in x-Richtung zugelassen sind, werden die Strahlungsgleichungen zu gewöhnlichen Differentialgleichungen.

Die Gln. (I,135) und (I,137) erhalten mit der neuen dimensionslosen Koordinate x' die Form:

$$\alpha\, \mathrm{d}x = \mathrm{d}x';$$

$$\frac{\mathrm{d}Q_R}{\mathrm{d}x'} = 4(\sigma T^4 - \pi I_m); \qquad \frac{\mathrm{d}I_m}{\mathrm{d}x'} = -\frac{3}{4\pi} Q_R. \tag{123}$$

Da der sogenannte Volumenabsorptions-Koeffizient α die Dimension einer reziproken Länge besitzt, ist x' dimensionslos. Dabei kann α sogar noch örtlich abhängig sein. Der Strahlungsflußvektor $\vec{Q}_R$ besitzt also nun nur noch eine x-Komponente. I_m ist die mittlere Strahlungsintensität und σ die Strahlungskonstante, Gl. (I,132)f., des Stefan-Boltzmannschen Gesetzes.

Die Temperaturänderung zufolge von Wärmezufuhr $\mathrm{d}q$ bei konstantem Querschnitt, $\mathrm{d}f = 0$, und unveränderter Gaszusammensetzung sowie konstanter Molmasse m ist in der dritten Gl. (111) gegeben. Die dort auf die Masseneinheit bezogene Wärmezufuhr muß allerdings noch auf Q_R, d. i. die pro Flächeneinheit und Zeiteinheit in x-Richtung zugestrahlte Wärme, zurückgeführt werden. Es gilt dann mit G als Durchflußmenge:

$$G\, \mathrm{d}q = f \varrho_\infty W_\infty\, \mathrm{d}q = -f\, \mathrm{d}Q_R. \tag{124}$$

Wie auch bei Wärmeleitung bedingt die Abnahme des Energieflusses in x-Richtung eine Zufuhr von Wärme. Mit Gl. (111) gilt dann:

$$\varrho_\infty W_\infty c_p \frac{\mathrm{d}T}{\mathrm{d}x'} = -\frac{1 - \varkappa M^2}{1 - M^2} \frac{\mathrm{d}Q_R}{\mathrm{d}x'}.$$

Für einen Hyperschallstoß, der ja von sehr hohen Machzahlen auf kleine Machzahlen führt, folgt daraus:

$$\begin{aligned} M^2 \gg 1: &\quad \varrho_\infty W_\infty c^a \frac{\mathrm{d}T}{\mathrm{d}x'} = -\frac{\mathrm{d}Q_R}{\mathrm{d}x'}; \\ M^2 \ll 1: &\quad \varrho_\infty W_\infty c_p \frac{\mathrm{d}T}{\mathrm{d}x'} = -\frac{\mathrm{d}Q_R}{\mathrm{d}x'}. \end{aligned} \tag{125}$$

Auf der Seite der Hyperschallanströmung erfolgt die Wärmezufuhr also bei konstantem Volumen, die Wärmeabgabe hinter der Stoßfront dagegen bei konstantem Druck. Eine genauere Untersuchung würde zeigen, daß beide Näherungen sehr gut sind. Dabei ist c_v die spezifische Wärme bei konstantem Volumen des anströmenden Gases, c_p dagegen die spezifische Wärme bei konstantem Druck des von der Stoßfront abströmenden Gases. Beide Gase dürfen sich jedoch stark unterscheiden, indem das heiße Gas beispielsweise dissoziiert oder ionisiert sein darf, nur muß wegen der später folgenden Integration der Gl. (125) mit konstanten Werten von c_v und c_p gerechnet werden können.

Wird nun aus den beiden Gln. (123) I_m und sodann mit Gl. (125) auch die Ableitung von T eliminiert, so folgt zunächst die Beziehung:

$$\frac{\mathrm{d}^2 Q_R}{\mathrm{d}x'^2} + 16 \frac{\sigma T^3}{\varrho_\infty W_\infty c_p} \frac{\mathrm{d}Q_R}{\mathrm{d}x'} - 3 Q_R = 0.$$

Im mittleren Summanden erkennt man eine *Boltzmann-Zahl,* wie sie später für den Zustand weit stromabwärts verwendet wird:

$$Bo = \frac{c_{p+\infty} \varrho_\infty W_\infty}{\sigma T^3_{+\infty}}. \tag{126}$$

Die Boltzmann-Zahl ist eine wichtige Kennzahl von Strömungen mit Strahlung.

Der Wert von ϱW ist konstant und für $x \to \pm\infty$ derselbe. Man kann sich also in diesem Ausdruck das Vorzeichen im Index ersparen.

In der Anströmung, also auf der „kalten Seite", ist der Koeffizient des zweiten Summanden sehr klein, weshalb er dort gestrichen werden kann. Es sollen im übrigen aber überhaupt große Boltzmann-Zahlen angenommen werden, etwa:

$$Bo \gg 5.$$

Damit wird die Temperaturstörung in erster Ordnung erfaßt und die Lösung gleichzeitig vereinfacht. Man erhält dann für beide Seiten der Stoßfront die einfache Differentialgleichung:

$$\frac{\mathrm{d}^2 Q_R}{\mathrm{d}x'^2} - 3 Q_R = 0. \tag{127}$$

In Gl. (127) wie in der letzten Gl. (123) treten nunmehr ausschließlich Strahlungsgrößen auf. Für diese sind folgende Randbedingungen zu erfüllen. In großer Entfernung von der Stoßfront, die an die Stelle $x' = 0$ verlegt sein möge, muß Strahlungsgleichgewicht herrschen und auch der Energiefluß muß dort verschwinden. Da ferner die Stoßfront keine strahlende Fläche darstellt, muß auf $x = \pm 0$ die Strahlungsintensität wie auch der Energiefluß stetig sein. Mit $T_{\mp\infty}$ als Temperatur in großer Entfernung vor und hinter der Stoßfront ist demnach:

$$\begin{aligned} x' &\to \mp\infty: \quad Q_R \to 0;\ I_m \to \frac{\sigma}{\pi} T^4_{\mp\infty}; \\ x' &\to \mp 0: \quad Q_R(-0) = Q_R(+0);\ I_m(-0) = I_m(+0). \end{aligned} \tag{128}$$

Die Differentialgleichungen (127) sowie (123) rechts werden durch Ansätze mit Exponentialfunktionen befriedigt, wobei mit folgender Wahl der Konstanten auch die Randbedingungen (128) erfüllt werden. Es gilt für $x \lessgtr 0$:

$$Q_R = -\frac{2}{3}\sqrt{3}\,\sigma\,(T^4_{+\infty} - T^4_{-\infty})\,e^{\pm\sqrt{3}\,x'};$$
$$I_m = \pm\frac{\sigma}{2\pi}(T^4_{+\infty} - T^4_{-\infty})\,e^{\pm\sqrt{3}\,x'} + \frac{\sigma}{\pi}T^4_{\mp\infty}. \qquad (129)$$

Für den starken Stoß darf in dieser Gleichung $T^4_{-\infty}$ gegen $T^4_{+\infty}$ vernachlässigt werden.

Durch Integration der Gl. (125) erhält man dann unter Berücksichtigung der Randbedingungen für die Temperatur in großer Entfernung von der Stoßfront mit Bo gemäß Gl. (126) und mit:

$$\bar{\varkappa} = c_p(T_{+\infty})/c_v(T_{-\infty}) \qquad (130)$$

folgendes Ergebnis:

$$x' \leqq 0: \quad \frac{T - T_{-\infty}}{T_{+\infty}} = \frac{2}{3}\sqrt{3}\,\frac{\bar{\varkappa}}{Bo}\,e^{\sqrt{3}\,x'};$$
$$0 \leqq x': \quad \frac{T - T_{+\infty}}{T_{+\infty}} = \frac{2}{3}\sqrt{3}\,\frac{1}{Bo}\,e^{-\sqrt{3}\,x'}. \qquad (131)$$

Die Temperaturverteilung, den Strahlungsfluß und die Strahlungsintensität zeigt Abb. 21. Q_R ist überall negativ, weil die heißen Gase hinter der Stoßfront im wesentlichen ihre Energie an die kalten Gase vor der Stoßfront abgeben. In der Stoßfront

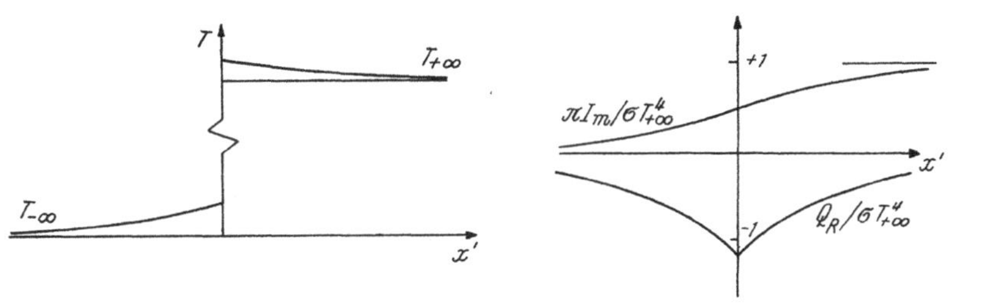

Abb. II,21. Temperatur, Strahlungsintensität I_m und Strahlungsfluß Q_R an einem starken Verdichtungsstoß.

steigt die Temperatur sprunghaft an, wobei die Größe dieses Sprunges offengelassen wurde. Sie hängt wie bei jedem starken Stoß, Abschn. 6, vor allem auch von den ersten beiden Kennzahlen (53) ab, wenn etwa Dissoziation oder Ionisation im Stoß vorliegt. Gemäß Gl. (131) ist der Temperatursprung im Stoß etwas kleiner als die Temperaturdifferenz $T_{+\infty} - T_{-\infty}$. Da Energieübertragung nur innerhalb des Gases stattfindet, muß der Energiefluß bei $x \to \mp\infty$ derselbe sein. Die Zustände dort sind daher auch über die Stoßgleichungen miteinander verknüpft. In dieser Hinsicht herrscht große Ähnlichkeit mit dem Stoß mit Relaxation des letzten Abschnittes aber auch mit dem Stoß unter Berücksichtigung der inneren Reibung und der Wärmeleitung, Abschn. X,2.

Da hinter der Stoßfront isobare Zustandsänderung herrscht, ändert sich die Geschwindigkeit dort nicht. Es leuchtet daher ein, daß sich die Ruheenthalpie zwischen $0 \leqq x \leqq +\infty$ nur um das Produkt von Temperaturdifferenz und spezifischer Wärme bei konstantem Druck ändert. Aber auch für $-\infty \leqq x \leqq 0$ ist im vorliegenden Rahmen schwacher Störung die Änderung der Ruheenthalpie leicht zu erfassen. Es gilt:

$$i_0 = i + \frac{W^2}{2} = e + \frac{p}{\varrho} + \frac{W^2}{2}.$$

Die Änderung von i_0 ist dann unter Heranziehung der differentiellen Bernoulli-Gleichung:

$$\mathrm{d}i_0 = c_v\,\mathrm{d}T - \frac{p}{\varrho^2}\,\mathrm{d}\varrho + \frac{1}{\varrho}\,\mathrm{d}p + W\mathrm{d}W = c_v\,\mathrm{d}T - (c_p - c_v)\,T\,\frac{\mathrm{d}\varrho}{\varrho} + \cdots$$

Nun ist aber unter den getroffenen Voraussetzungen gemäß Gl. (111) $\mathrm{d}T/T$ um den Faktor $\varkappa M^2$ größer als $\mathrm{d}\varrho/\varrho$. Daher ist $c_v\,\mathrm{d}T$ bereits die Änderung der Ruheenthalpie vor der Stoßfront. Gemäß Gl. (131) oder auch (125) liegt die Ruheenthalpie bei $x = -0$ um den gleichen Betrag über jener bei $x = -\infty$, um den die Ruheenthalpie bei $x = +0$ über jener bei $x = +\infty$ liegt:

$$i_0(-0) - i_0(-\infty) = i_0(+0) - i_0(+\infty).$$

Der Massenfluß ϱW und der Impulsfluß $(\varrho W^2 + p)$ erfahren im ganzen Bereich keine Änderung. Damit ist gezeigt, daß die Zustände weit stromabwärts und weit stromaufwärts durch die Stoßgleichungen gekoppelt sind.

Die Bouguer-Zahl, Bu, die zweite Kennzahl bei Strahlungsvorgängen, ist beim vorliegenden Stoßvorgang dadurch eliminiert, daß die x-Koordinate gemäß Gl. (123) mit dem Volumenabsorptionskoeffizienten α lokal gestreckt wurde. Wir werden der Bouguer-Zahl aber in Abschnitt III,15 begegnen.

18. Gasreaktionen in Lavaldüsen

Im folgenden soll die Beschleunigung reagierender Gase in Lavaldüsen auf Überschallgeschwindigkeit behandelt werden. Der Vorgang hat für Schubdüsen von Flüssigkeitsraketen besondere Bedeutung. Er gewährt darüber hinaus aber auch einen Einblick in die Strömung reagierender Substanzen, und er kann schließlich auch meßtechnisch eingesetzt werden, z. B. für die Bestimmung von Reaktionszeiten.

Die *Verweilzeit* eines Gasteilchens in einer Düse ist für subjektive Beobachtung außerordentlich kurz. Sie reicht im allgemeinen für die Einstellung des *Temperaturgleichgewichtes* aus, also für den Temperaturausgleich unter den verschiedenen Gasanteilen eines Raumelementes. Es kann allerdings insbesondere beim Auftreten freier Elektronen auch das Temperaturgleichgewicht ausbleiben, worauf hier jedoch nicht eingegangen werden soll. Darauf wurde bereits in Abschnitt I,3 hingewiesen.

Die *Einstellzeit* oder *Relaxationszeit* für die Molekülrotation ist bereits größer, und noch größer ist die Relaxationszeit für die Molekülschwingungen. Aber auch diese wird im allgemeinen von der Relaxationszeit für Gasreaktionen weit übertroffen. Letztere dominiert also im vorliegenden Fall und soll als einzige berücksichtigt werden. Dabei wird vor allem die Dissoziation und Rekombination ins Auge gefaßt, worunter aber auch andere Gasreaktionen einschließlich der Ionisation sub-summiert sind, vorausgesetzt, daß sie sich durch 2 Massenanteile α und $1-\alpha$ allein darstellen lassen. Für die thermodynamischen Beziehungen sei das Zweisubstanzenmodell herangezogen.

Der Geschwindigkeitsbetrag ergibt sich aus den thermodynamischen Größen am einfachsten aus dem Energiesatz (7). Im Ruhezustand vor der Lavaldüse wird wegen der dort angenommenen hohen Temperatur ein bestimmter Dissoziationsgrad α_0 vorliegen, der wesentlich unter dem Wert 1 liegen kann.

Wird in der Darstellung von Abschnitt I,13 als Ausgangszustand, gekennzeichnet durch den Index a, der Ruhezustand mit dem Index 0 gewählt, im Gegensatz zur dortigen Darstellung jedoch $a_a = a_0 \neq 0$ gesetzt, so erhält man auf ganz analogem Weg nach Zwischenrechnung:

$$i - i_0 = c_{p0}(T - T_0) + (\alpha - \alpha_0)\frac{R}{m_1}\left[T_d + \left(\lambda + \frac{m_1}{m_2} - 1\right)T\right]. \tag{132}$$

Hierin ist c_{p0} gemäß Gl. (I,94) die zum Ruhezustand gehörige eingefrorene spezifische Wärme:

$$c_{p0} = c_{p1}\left[1 + \alpha_0\frac{\varkappa_1 - 1}{\varkappa_1}\left(\lambda + \frac{m_1}{m_2} - 1\right)\right]. \tag{133}$$

Der Index 2 bezieht sich wie immer auf den voll dissoziierten, der Index 1 auf den voll rekombinierten Zustand. Im Falle des Hantel-Modells gilt beispielsweise gemäß der Tab. I,7:

$$\frac{\varkappa_1 - 1}{\varkappa_1}\left(\lambda + \frac{m_1}{m_2} - 1\right) = \frac{3}{7}.$$

Aus Gl. (132) und dem Energiesatz (II,7) folgt für die Maximalgeschwindigkeit unter der Voraussetzung

$$T \to 0,\ \alpha \to 0:\ W_{\max}^2 = 2\left[c_{p0}T_0 + \alpha_0\frac{R}{m_1}T_d\right]. \tag{134}$$

Es kann also bei einer bestimmten Temperatur T_0 eine weit über den Wert von Gl. (10) hinausgehende Maximalgeschwindigkeit erreicht werden, wenn ausreichende Rekombination vorliegt, z. B. $\alpha \to 0$. Ohne Rekombination dagegen, $\alpha = \alpha_0$, geht der Beitrag der Reaktionswärme verloren.

Vor der Darstellung der Strömung mit Relaxation seien die beiden Grenzfälle „eingefrorener Strömung", also gehemmten thermodynamischen Gleichgewichtes, $\alpha = \alpha_0$, und ungehemmten thermodynamischen Gleichgewichtes, $\alpha = \bar{\bar{\alpha}}$, besprochen. Der erste Fall erledigt sich dabei von selbst, weil es sich bei $\alpha = \alpha_0$ und dem Zweisubstanzenmodell um eine Strömung eines idealen Gases konstanter spezifischer Wärme mit den Eigenschaften des Ruhezustandes handelt, vgl. etwa Abschn. 11 und Tab. 4.

Für den Fall des ungehemmten thermodynamischen Gleichgewichtes dagegen ist zunächst die „Isentrope" für diese Zustandsänderung zu ermitteln. Auch hier kann die Vorgangsweise von Abschn. 13 verfolgt werden, wobei bei Gl. (132) im Ruhezustand $\alpha_0 \neq 0$ anzunehmen ist. Darüber hinaus muß im folgenden aber auch stets $\alpha = \bar{\bar{\alpha}}$ vorausgesetzt werden, weil nur bei Gleichgewicht „Isentropie" vorliegen kann. Nach Zwischenrechnung ergibt sich in Verallgemeinerung von Gl. (I,95) für $s = s_0 = s_a$:

$$0 = \frac{1}{\varkappa_1 - 1} \ln \frac{T}{T_0} - \ln\left(\frac{1 - \bar{\bar{\alpha}}}{1 - \bar{\bar{\alpha}}_0} \frac{\varrho}{\varrho_0}\right) + \bar{\bar{\alpha}}_0 \frac{T_d}{T_0}\left(1 - \frac{T_0}{T}\right)$$

$$+ (\bar{\bar{\alpha}}_0 - \bar{\bar{\alpha}}) \left[\frac{T_d}{T_0}\frac{T_0}{T} + \lambda + \frac{m_1}{m_2} - 1\right]. \tag{135}$$

Dazu kommt noch die aus Gl. (I,85) umgeschriebene Beziehung für das thermodynamische Gleichgewicht:

$$\frac{\bar{\bar{\alpha}}^{\frac{m_1}{m_2}}}{1 - \bar{\bar{\alpha}}} = \left(\frac{\varrho_d}{\varrho_0}\right)^{\frac{m_1}{m_2} - 1} \left(\frac{T_0}{T_d}\right)^{\lambda} \left(\frac{\varrho_0}{\varrho}\right)^{\frac{m_1}{m_2} - 1} \left(\frac{T}{T_0}\right)^{\lambda} e^{-\frac{T_d}{T_0}\frac{T_0}{T}}. \tag{136}$$

Die Gln. (135), (136) geben den funktionellen Zusammenhang zwischen je zwei der drei Veränderlichen:

$$\varrho/\varrho_0, \quad T/T_0, \quad \bar{\bar{\alpha}}.$$

Aus den beiden Gleichungen läßt sich ϱ/ϱ_0 leicht eliminieren, womit eine implizite Isentropenbeziehung von $\bar{\bar{\alpha}}$ und T/T_0 gewonnen wäre, wodurch die Behandlung jedoch kaum vereinfacht wird.

Als Kennzahlen treten für die Isentropie und gleichzeitig für die Gleichgewichtsströmung auf:

$$\varkappa_1, \quad T_d/T_0, \quad \varrho_d/\varrho_0, \quad m_1/m_2, \quad \lambda. \tag{137}$$

$\bar{\bar{\alpha}}_0$ hängt gemäß Gl. (136) von den übrigen Kennzahlen ab, ist also keine unabhängige neue Kennzahl. Bei vollständiger Verfolgung der Ausdehnung des Gases von völliger Dissoziation bis in den Bereich völliger Rekombination, $\alpha = 0$, kann nicht einmal auf die Kennzahl λ verzichtet werden, weil λ gemäß Gl. (I,82) das Verhältnis der spez. Wärme $\varkappa_2$ im Bereich völliger Dissoziation bestimmt.

Nach Ermittlung der Isentropen-Beziehung für die thermodynamischen Zustandsgrößen läßt sich die Geschwindigkeit mittels des Energiesatzes (7) Gl. (132) und (133) wie folgt darstellen:

$$\frac{W^2}{2c_{p0}T_0} = 1 - \frac{T}{T_0} + \frac{(\varkappa_1 - 1)(\alpha_0 - \alpha)}{\varkappa_1 + \alpha_0(\varkappa_1 - 1)\left(\lambda + \dfrac{m_1}{m_2} - 1\right)} \left[\frac{T_d}{T_0} + \left(\lambda + \frac{m_1}{m_2} - 1\right)\frac{T}{T_0}\right]. \tag{138}$$

Hierin ist thermodynamisches Gleichgewicht noch nicht angenommen; diese Gleichung gilt auch im Relaxationsbereich.

Für thermodynamisches Gleichgewicht braucht in Gl. (138) nur $\alpha = \bar{\bar{\alpha}}$ und $\alpha_0 = \bar{\bar{\alpha}}_0$ gesetzt zu werden. Zu den Kennzahlen (137) treten keine neuen Kennziffern hinzu. Immerhin treten zu $\varkappa_1$, der einzigen thermodynamischen Kennziffer der beschleunigten Strömung eines id. Gases konst. sp. W. durch eine Lavaldüse im allgemeinen bei einer einzigen Reaktion bereits vier thermodynamische Kennzahlen hinzu, was einen Vergleich der Strömungen unterschiedlich reagierender Substanzen außerordentlich erschwert.

Mit den Gln. (135), (136) und (138) läßt sich dann leicht eine Stromdichtekurve analog zu Abb. 8, jedoch abhängig von ϱ/ϱ_0 oder T/T_0 errechnen und damit jedem Düsenquerschnitt ein Strömungszustand zuordnen.

Der Druck folgt mit den bereits ermittelten Größen am einfachsten aus der Zustandsgleichung (I,7):

$$\frac{p}{p_0} = \frac{1 + \alpha\left(\frac{m_1}{m_2} - 1\right)}{1 + \alpha_0\left(\frac{m_1}{m_2} - 1\right)} \cdot \frac{\varrho}{\varrho_0} \cdot \frac{T}{T_0},$$

eine Beziehung, die ebenso wenig wie Gl. (138) an thermodynamisches Gleichgewicht gebunden ist.

Die Reaktion tritt im allgemeinen in einem stark begrenzten Temperaturbereich auf, an dessen „heißem" Ende recht genau $\bar{\bar{\alpha}} = 1$ und an dessen „kaltem" Ende recht genau $\bar{\bar{\alpha}} = 0$ ist. Da das Temperaturgefälle in Lavaldüsen selbst bei Gasreaktionen nicht gering ist, kann es auch im Falle ungehemmten thermodynamischen Gleichgewichtes vorkommen, daß Gasreaktionen praktisch nur in einem Teil der Düse auftreten. Ist beispielsweise $\bar{\bar{\alpha}}_0$ ziemlich klein, also etwa der Massenanteil der Dissoziation in der Düsenvorkammer gering, dann kann ein Wert $\bar{\bar{\alpha}} = 0$ bereits am Anfang des starken Temperaturgefälles im Überschall erreicht werden. Der Rest der Strömung ist dann die eines idealen Gases konstanter spezifischer Wärme. Ist dagegen $\bar{\bar{\alpha}}_0 = 1$ und liegt der Ruhezustand in der Düsenvorkammer tief im heißen Bereich völliger Dissoziation, dann kann die Strömung im ganzen Unterschallbereich jene eines idealen Gases konstanter spezifischer Wärme mit $\varkappa = \varkappa_2$ sein. Abweichungen von $\bar{\bar{\alpha}} = 1$ treten dann unter Umständen erst im Überschallteil nach dem Düsenhals auf. In einem solchen Fall läßt sich die Durchflußmenge besonders einfach mit den Beziehungen (30) und (66) für die kritischen Größen angeben.

Tritt bei der Durchströmung der Düse Relaxation auf, dann ist eine schrittweise Berechnung der Zustandsänderung mittels der Gln. (111) erforderlich, wobei der Beitrag der Wärmezufuhr dq zu streichen ist. Zu diesen Gleichungen ist dann noch eine Relaxationsgleichung, etwa von der Form (I,127), für die Berechnung des Massenanteils α hinzuzuziehen. Dabei ist M gemäß Gl. (110) die „eingefrorene" Machzahl.

In die Symbolik des Zweisubstanzenmodelles übertragen, würden beispielsweise für den Fall der Dissoziation und der Ionisation die Ausdrücke der Gln. (111) mittels (I,7), (I,8), (I,83) und (I,94) wie folgt zu ersetzen sein, $m_1 = 2m_2$:

$$\frac{r}{c_p T} = \frac{R}{m_1 c_p}\left[\frac{T_d}{T} + \lambda + 1\right]; \qquad \frac{m_1 c_p}{R} = \frac{\varkappa_1}{\varkappa_1 - 1} + \alpha(\lambda + 1);$$
$$\varkappa = \frac{c_p}{c_v} = \frac{\varkappa_1 + \alpha(\varkappa_1 - 1)(\lambda + 1)}{1 + \alpha(\varkappa_1 - 1)\lambda}; \qquad \frac{m_1}{m} = 1 + \alpha. \tag{139}$$

Für die „eingefrorene Schallgeschwindigkeit" c, die bei der Rechnung allerdings nicht direkt benötigt wird, ergibt sich gemäß Gl. (105) mit $\varkappa$ von Gl. (139) aus der Zustandsgleichung (I,7):

$$c^2 = \varkappa(1 + \alpha)\frac{R}{m_1}T.$$

Bei der Behandlung der Relaxation muß genau wie in Abschn. 16 die zeitliche Änderung von α in Gl. (I,127)f in eine örtliche Änderung umgewandelt werden, wodurch der Geschwindigkeitsbetrag in die Beziehung eingeht. Im Gegensatz zur Relaxation hinter der Stoßfront oder auch zur Relaxation einer Schwingung handelt es sich nicht um eine kleine Abweichung von einem weitgehend bestimmten Zustand. Der thermodynamische Zustand in der Lavaldüse ändert sich vielmehr außerordentlich stark und mit ihm auch die Relaxationszeit, die daher im allgemeinen in einer Düse keineswegs mehr als konstant angesehen werden kann.

In der Relaxationsgleichung (I,127)f sollen daher alle wesentlichen Faktoren berücksichtigt werden. Nur die Funktion $f_d(T)$ darf als konstant angesetzt werden, weil ihre Änderung gegenüber der Änderung der Exponentialfunktion mit der Temperatur vernachlässigt werden kann. Damit erhält die Relaxationsgleichung für $m_1 = 2m_2$ folgende Form:

$$\frac{d\alpha}{dx} = \frac{C}{W} \frac{\varrho}{\varrho_0} e^{-T_d/T} \left[(2 - \bar{\bar{\alpha}}) \frac{\bar{\bar{\alpha}} - \alpha}{\bar{\bar{\alpha}}} - (1 - \bar{\bar{\alpha}}) \left(\frac{\bar{\bar{\alpha}} - \alpha}{\bar{\bar{\alpha}}} \right)^2 \right]. \tag{140}$$

Die Konstante C hat die Dimension einer reziproken Zeit, als Relaxationszeit τ ist jedoch

$$\tau = \frac{1}{C} \frac{\varrho_0}{\varrho} e^{T_d/T}$$

anzusprechen, wobei sowohl die Dichteabhängigkeit als auch die Temperaturabhängigkeit näherungsweise berücksichtigt wurde.

Da die Relaxationszeit mit dem Dichte- und Temperaturabfall in der Düse zufolge der letzten Gleichung zunimmt, ist die Strömung in der ganzen Lavaldüse eingefroren, wenn sie bereits vor dem engsten Querschnitt eingefroren ist. Ist die Reaktion dagegen vor dem engsten Querschnitt nicht eingefroren, sondern nur verzögert, dann kann die Durchflußmenge durch eine vorgegebene Düse nur schrittweise bestimmt werden, da die Maximalstromdichte von dem zunächst unbekannten α-Wert im Düsenhals, diese ihrerseits jedoch zufolge von Gl. (140) vom Strömungsverlauf vor dem engsten Querschnitt abhängt. Es handelt sich hier um ein Problem, für dessen Behandlung auf die Spezialliteratur verwiesen sei [··2]. Ein Bild von der Zustandsänderung im Düsenhals bei Relaxation läßt sich leichter gewinnen, wenn man einen Zustandsverlauf vorgibt und daraus den Verlauf des Düsenquerschnittes f berechnet.

Einfacher ist der Fall, daß die Relaxationszeit zur Einstellung des thermodynamischen Gleichgewichtes bis in den divergenten Teil der Düse hinein ausreicht, nennenswerte Relaxation jedoch erst zufolge des starken Dichte- und Temperaturabfalles im Überschallbereich auftritt. Dann ist die Strömung auch noch im Düsenhals durch thermodynamisches Gleichgewicht gekennzeichnet und kann gemäß den Ausführungen am Anfang dieses Abschnittes berechnet werden. Im engsten Querschnitt herrscht in diesem Falle die Gleichgewichtsmachzahl $\bar{\bar{M}} = 1$. Gemäß Gl. (113) liegt die eingefrorene Machzahl im engsten Querschnitt dann noch im Unterschallbereich, $M < 1$. Bei schrittweiser Berechnung unmittelbar nach $\bar{\bar{M}} = 1$ wäre danach noch mit Gl. (111) im divergenten Düsenteil eine unbestimmte Form an der Stelle $M = 1$ zu durchschreiten, das ist gemäß Gl. (111) die Stelle:

$$\frac{df}{f} + \left[\frac{r_p}{c_p T} - \left(\frac{m_1}{m_2} - 1\right)\frac{m}{m_1}\right] d\alpha = 0.$$

Daraus erkennt man wieder, daß der Schalldurchgang, bezogen auf die eingefrorene Schallgeschwindigkeit, d. i. $M = 1$, wegen $d\alpha < 0$ im divergenten Teil der Düse, $df > 0$, liegen muß, denn der Ausdruck in der eckigen Klammer ist bei Dissoziation sicher positiv.

Die weiteren Überlegungen sollen nicht der Strömungsberechnung, sondern dem Phänomen des *Einfrierens* der Rekombination gewidmet sein. Dafür geben Versuche von P. P. Wegener [10], [11] ein sehr gutes Beispiel. Für die Behandlung des gesamten Problems und für weitere Literatur sei wieder auf die Monographie von K. N. C. Bray [••2] hingewiesen.

Bei den genannten Versuchen von P. P. Wegener handelt es sich um die Dissoziationsreaktion:

$$N_2O_4 \rightleftharpoons 2NO_2,$$

von der man die thermodynamischen Eigenschaften gut kennt und bei der sich die Anteile auf optischem Wege ausreichend genau bestimmen lassen. Die reagierenden Gase sind bei den Versuchen in inerten Stickstoff, N_2, eingebettet. Dieser spielt wohl bei den für die Reaktion wichtigen Molekülzusammenstößen eine Rolle, ändert jedoch nichts am Anfangs- und Endprodukt der Dissoziation. Der Massenanteil von N_2, also der Massenanteil an inerter Substanz, sei gemäß der Symbolik von Abschn. I,6 mit β bezeichnet. Der Massenanteil an reagierender Substanz ist dann $1 - \beta$. Er beträgt bei Wegeners Versuchen höchstens wenige Prozente.

Die Reaktion läßt sich innerhalb des auftretenden Temperaturbereiches von $280° < T < 400\,°K$ ausreichend genau durch ein Lighthill-Gas wiedergeben, Gl. (I,82), (I,83) und (I,85) mit:

$$T_d = 6730\,°K; \quad \varrho_d = 940000\ g/cm^3; \quad \lambda = 0; \quad m_1 = 2m_2.$$

Führt man anstelle der Dichte der reagierenden Substanz die Dichte ϱ des Gasgemisches von reagierender Substanz und inertem Gas ein, dann erhält man anstelle von Gl. (I,85) die Darstellung:

$$\frac{\bar{\bar{\alpha}}^2}{1 - \bar{\bar{\alpha}}} = \frac{\varrho_d}{(1 - \beta)\,\varrho}\, e^{-T_d/T}.$$

Wegen der vergleichsweise niedrigen Reaktionswärme T_d und dem geringen Massenanteil an reagierender Substanz im Gasgemisch wird Dichte und Temperatur der Gase nahezu völlig vom Stickstoff bestimmt. N_2O_4 ist in der Düsenvorkammer praktisch völlig zu NO_2 dissoziiert und wird in der Lavaldüse in einem „Stickstoffbad" expandiert und abgekühlt. Es zeigt sich daher nur ein außerordentlich geringer Einfluß der N_2O_4-Rekombination auf den Abfall von Gesamtdruck, Gesamtdichte und Temperatur in der Düse. Dadurch wird der

Überblick über den Vorgang ziemlich vereinfacht. Abb. 22 zeigt die Versuchsdüse und den α-Verlauf in ihr für einen Versuch mit folgenden Ausgangswerten:

$$T_0 = 400\,^\circ\mathrm{K}; \quad p_0 = 2{,}00\ \mathrm{atm}; \quad 1 - \beta = 0{,}0163.$$

Bei einem Vergleich mit dem in [11] als Versuch C bezeichneten Beispiel ist zu beachten, daß dort mit ϕ Molprozente, bei uns jedoch mit $(1 - \beta)$ der Massenanteil an reagierender Substanz bezeichnet wird.

Neben dem Versuchsergebnis, das im übrigen aus Fig. 2 von [11] neu ermittelt wurde, sind noch die theoretischen α-Verläufe bei ungehemmtem thermodyna-

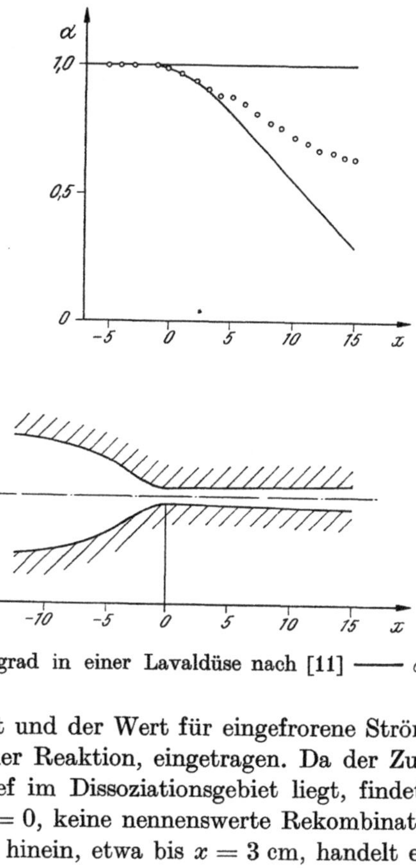

Abb. II,22. Dissoziationsgrad in einer Lavaldüse nach [11] —— $\alpha = \bar{\bar{\alpha}}$; ooo Experiment.

mischen Gleichgewicht und der Wert für eingefrorene Strömung, $\alpha = 1$, das ist bei Ausbleiben jeglicher Reaktion, eingetragen. Da der Zustand in der Düsenvorkammer bereits tief im Dissoziationsgebiet liegt, findet bis knapp vor der engsten Stelle, d. i. $x = 0$, keine nennenswerte Rekombination statt. Bis in den divergenten Düsenteil hinein, etwa bis $x = 3$ cm, handelt es sich dann um eine Ausdehnung im Dissoziationsgleichgewicht. Dann aber weicht die Zustandsänderung ziemlich plötzlich vom Gleichgewicht ab und hält sich beim vorliegenden Versuch in der Mitte zwischen eingefrorener Strömung und Gleichgewichtsströmung.

Der in der Relaxationszeit τ in Gl. (140)f auftretende thermodynamische Faktor wird bei den vorliegenden Versuchen fast ausschließlich durch die Stickstoffausdehnung bestimmt. Für den Faktor ermittelt man folgende Werte:

x (cm)	0	5	10	15
$\varrho_0/\varrho \exp (T_d/T)$	10^9	$0{,}32 \cdot 10^{11}$	$0{,}32 \cdot 10^{12}$	$0{,}29 \cdot 10^{13}$

Die Relaxationszeit wächst also zwischen $0 < x < 10$ cm auf den dreihundertfachen Wert an. In Fällen, bei denen sie am Anfang der Strömung gerade noch zur Herstellung des Gleichgewichtes ausreicht, tritt im weiteren Verlauf erhebliche Relaxation auf, wie das im vorliegenden Versuch offenbar der Fall ist.

Je nach der Größe des Massenanteiles $(1 - \beta)$ beobachtet P. P. WEGENER praktisch alle Zustandsänderungen in der Düse zwischen völligem Einfrieren und ungehemmtem thermodynamischen Gleichgewicht. Letzteres zeigt sich bei etwa $(1 - \beta) = 0{,}08$, also dem fünffachen Massenanteil des vorliegenden Versuches.

Unter bestimmten Voraussetzungen sind auch plötzliche Übergänge von Gleichgewichtsströmung zum völligen Einfrieren möglich [··2]. Solche plötzlichen Übergänge werden begünstigt, wenn inerte Substanzen fehlen. Dann wird nämlich durch die Rekombination wegen der dabei frei werdenden Wärme der Temperaturabfall in der Düse ganz wesentlich gemindert. Mit dem Eintreten von Relaxation erhöht sich aber gleichzeitig auch der Temperaturabfall, womit wieder erhöhte Relaxation verbunden ist. Auf diese Weise kann es dann leicht zum völligen Einfrieren in der Düse bei einem bestimmten Dissoziationsgrad kommen.

19. Kondensationseffekte

Da der Sättigungsdampfdruck außerordentlich stark — nach Abschnitt I,15 und I,16 im wesentlichen exponentiell — mit der Temperatur abfällt, führen die starken Abkühlungen bei Beschleunigung von feuchter Luft oder von Wasserdampf in Strömungen hoher Geschwindigkeit in der Regel dazu, daß der Sättigungsdruck unter den Dampfdruck sinkt. Man beobachtet diese Erscheinung insbesondere bei der Beschleunigung auf Überschallgeschwindigkeiten in Lavaldüsen. Bei Beschleunigung auf Hyperschallgeschwindigkeiten, also auf Machzahlen $M > 5$, wird sogar die Sättigungsgrenze von Sauerstoff und Stickstoff erreicht und unterschritten, weshalb mit Kondensation dieser Gase bei Hyperschallgeschwindigkeiten gerechnet werden muß, worauf am Ende dieses Abschnittes näher eingegangen wird.

Die bekannteste Form der Kondensation von Gasen ist die Wolkenbildung in der Erdatmosphäre, verursacht durch Kondensation des in der Luft enthaltenen Wasserdampfes, durch adiabatische Abkühlung der Luft beim Aufsteigen von der Erdoberfläche in größere Höhen. Bei diesem Vorgang fällt nach Unterschreiten der Sättigungsgrenze soviel Wasserdampf in Form von Wassertropfen aus, daß der Sättigungszustand annähernd aufrecht erhalten bleibt. Der Meteorologe spricht dann von *feucht adiabatischer* Ausdehnung, eine reversible Zustandsänderung, die besser als *feuchtisentrop* bezeichnet werden soll. Ihr wird in der Meteorologie die *trocken adiabatische* Zustandsänderung, bei uns besser *trocken isentrope* Zustandsänderung gegenüber gestellt. Darunter wird verstanden, daß kein Wasser ausfällt, daß die Zustandsänderung also gemäß Gl. (I,43) vor sich geht. Diese trocken isentrope Ausdehnung tritt in der Meteorologie im allgemeinen dann auf, wenn die Sättigungsgrenze des Wasserdampfes gar nicht oder nur kaum unterschritten wird, aber im allgemeiuen nicht deswegen, weil die Zeit zur Einstellung des Phasengleichgewichtes fehlt und die Zustandsänderung deshalb eine „eingefrorene" ist.

Die Bildung von Tropfen in einem Dampf — wie übrigens auch die Bildung von kleinen Wasserblasen in einer Flüssigkeit — ist dadurch erschwert, daß kleine Tropfen infolge der Kapillarkräfte an der Oberfläche einer Übersättigung bedürfen, um bestehen zu können. In einem vollkommen reinen übersättigten Dampf könnten nach dieser makroskopischen Theorie daher gar keine Tropfen entstehen, da das Tropfenwachstum bei verschwindendem Radius beginnen müßte und dafür eine unendliche Übersättigung erforderlich wäre. In atmosphärischer Luft befindet sich jedoch stets eine große Anzahl kleiner Salzpartikel, sogenannter *Kondensationskerne,* an denen die Tropfenbildung beginnen kann. In reiner Landluft werden 1000 solcher Kondensationskerne pro cm^3 gezählt, in Großstadtluft 100000 und mehr. Die Wachstumsgeschwindigkeit eines Tropfens ist groß genug, daß bei den in der Erdatmosphäre in Frage kommenden Verweilzeiten 1000 Kerne und folglich 1000 Tropfen pro cm^3 genügen, um das Phasengleichgewicht aufrecht zu erhalten. In einer Lavaldüse dagegen mit Verweilzeiten von 10^{-4} bis 10^{-2} Sekunden bietet selbst „schmutzige Großstadtluft" nicht genügend Kondensationskerne, um irgendeine wesentliche Kondensation zu ermöglichen. Selbst noch bei erheblichem Unterschreiten der Sättigungsgrenze des Wasserdampfes ist die Ausdehnung in einer Lavaldüse noch trocken isentrop. Auch über die engste Stelle einer Lavaldüse hinaus erfolgt die Ausdehnung des Dampfes im *eingefrorenen* trocken isentropen Gleichgewicht. Das gilt sowohl für die Strömung feuchter Luft [12] als auch für jene von reinem Wasserdampf [13], [14]. Daher ist der Massendurchsatz in diesen Fällen durch die trocken isentrope Maximalstromdichte gegeben, was die Rechnung wesentlich vereinfacht.

Man darf sich bei der Frage, ob wesentliche Kondensation stattfindet, d. h. ob die Ausdehnung wesentlich von der trocken isentropen Zustandsänderung abweicht, nicht von der Beobachtung von Nebel leiten lassen. Eine solche Beobachtung beruht auf komplizierten optischen Effekten und es kann sowohl der Fall eintreten, daß sichtbare Nebelbildung ohne wesentliche Kondensation und auch das wesentliche Kondensation ohne sichtbare Nebelbildung auftritt.

Übersättigungen lassen sich allerdings nicht beliebig steigern [15]. Bei Wasserdampf tritt bei Unterkühlung von etwa 35° unter der Sättigungsgrenze ein Zusammenbrechen des übersättigten Zustandes ein. Jedes zufällige Zusammentreffen mehrerer Moleküle bildet dann bereits den *Keim* für einen neuen Tropfen und führt zu der Bildung einer außerordentlich großen Tropfenzahl. Einer Unterkühlung von 35° entspricht eine Abkühlung durch isentrope Ausdehnung um etwa 55°. Diese isentrope Unterkühlung ist größer als die örtliche Unterkühlung, weil mit der Ausdehnung auch noch der Dampfdruck fällt. Abb. 23 zeigt das Zusammenbrechen des übersättigten Zustandes nach Versuchen von J. I. Yellott [13], A. M. Binnie und J. M. Wood [14] und K. Oswatitsch [12] abhängig von der *relativen Feuchte,* d. i. das Verhältnis von Dampfdruck und Sättigungsdruck, im Ruhezustand. Das Zusammenbrechen der Übersättigung erfolgt in der Regel erst bei Überschallgeschwindigkeit. Dort fällt die Temperatur in Strömungsrichtung nämlich so schnell, daß selbst eine Ungenauigkeit von einigen Celsiusgraden in der Bestimmung des Kondensationsbeginnes praktisch keinerlei Rolle spielt. Dieser effektive Kondensationsbeginn wird in der Dampftechnik als *Wilsonpunkt* bezeichnet.

Eine genauere Verfolgung der Kondensationsvorgänge macht eine schrittweise Berechnung der Strömung etwa mit Hilfe der Gln. (111) erforderlich. Dazu ist eine genaue Kenntnis des Kondensationsvorganges nötig, die man bei reinem Wasserdampf in ausreichendem Maße besitzt. Abb. 24 zeigt Versuche von YELLOTT [13] und die von K. OSWATITSCH [12] gegebene Theorie. Bis zum Beginn der Kondensation sind die Zustände *trocken isentrop*, also *eingefroren*, aus dem Düsenquerschnitt berechnet. Damit werden innerhalb der Versuchsgenauigkeit völlig richtige Resultate gewonnen, was auch auf die geringe Bedeutung der Reibung

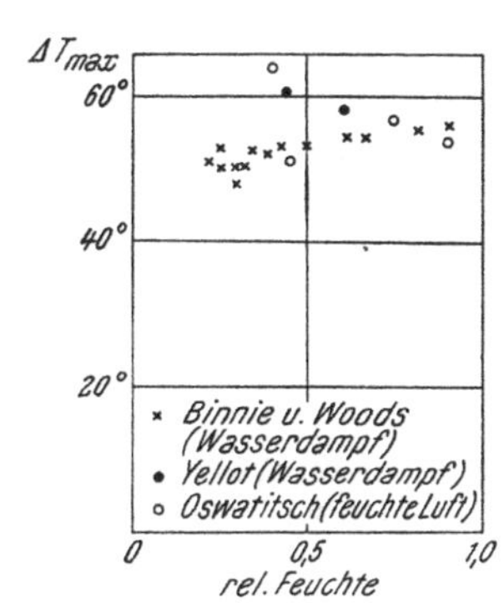

Abb. II,23. Isentrope Unterkühlung abhängig von der relativen Feuchte im Ruhezustand.

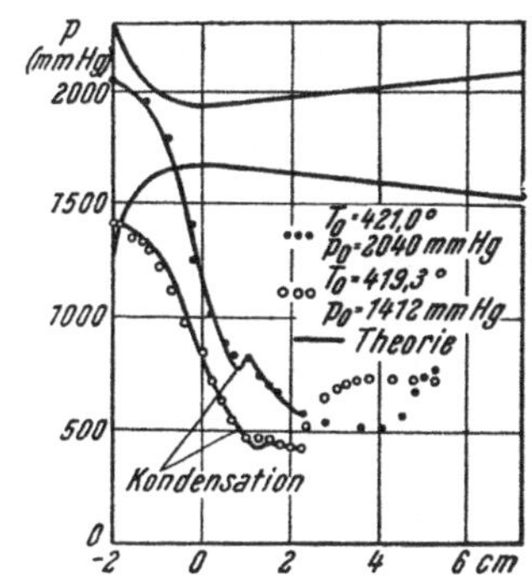

Abb. II,24. Kondensation in einer Dampfdüse nach Versuchen [13] bei $T_0 = 421{,}0°$; $p_0 = 2040$ mm Hg (· · ·) und bei $T_0 = 419{,}3°$; $p_0 = 1412$ mm Hg (ooo) und nach der Theorie [12].

bei kurzen Düsen und nicht zu hoher Überschallgeschwindigkeit hinweist. Der Druckanstieg nach dem Ende der theoretischen Kurven zeigt Verdichtungsstöße an, welche durch Gegendruck stromabwärts bedingt sind, eine Erscheinung, die mit der Kondensation also nichts weiter zu tun hat. Die Stöße sind nicht senkrecht, daher ein geringerer Drucksprung im Stoß als es einem senkrechten Stoß bei der lokalen Machzahl entspräche.

Es kann also nur bei sehr „langsamen" Vorgängen wie etwa in der Meteorologie mit feucht-isentroper Zustandsänderung gerechnet werden. In Düsen, Kanälen und Strömungsmaschinen erfolgt die Ausdehnung von feuchter Luft und von Wasserdampf zunächst stets „trocken" bis zu einem plötzlichen Zusammenbrechen des Übersättigungszustandes. Der Ort des Zusammenbrechens hängt von der Unterkühlung, also im wesentlichen von der relativen Feuchte im Ruhezustand, ab. Wegen des starken Absinkens der Temperatur in Überschallströmung tritt die Kondensation im allgemeinen schon bei geringer Überschallgeschwindigkeit, $M < 1{,}5$, auf. Die Stärke des Effektes hängt von der kondensierenden Wassermenge ab. Bei feuchter Luft kann mit einem Ausfall des größten Teiles des Wasserdampfes gerechnet werden. Bei reinem Wasserdampf ist die Abschätzung schwieriger. Hier ist durch Erreichen des Sättigungszustandes eine obere Grenze gegeben. Eine detaillierte Behandlung solcher Dampfströmungen in Turbinen gibt G. GYARMATHY [16]. Die Darstellung des Wasserdampfes in Dampfturbinen unter der Sättigungsgrenze als *gesättigten Naßdampf* entspricht also nur recht ungenau dem wirklichen Vorgang.

Der Kondensationsvorgang in Lavaldüsen wird wegen der damit verbundenen raschen Änderung des Strömungszustandes im Überschallbereich gerne als *Kondensationsstoß* bezeichnet. Darauf wird noch im nächsten Abschnitt eingegangen. Doch handelt es sich beim „Kondensationsstoß" stets um eine sehr rasche, aber nie um eine unstetige Änderung.

Auch im freien Flug können in den Soggebieten an Flugkörpern so starke Unterkühlungen erreicht werden, daß Nebelbildung in der Luft eintritt.

Bisher war nur von Kondensation und Sublimation des Wasserdampfes die Rede. Bei genügend tiefen Temperaturen, wie sie bei den starken Expansionen in Hyperschalldüsen erreicht werden, muß aber auch die Kondensation von Luft in Betracht gezogen werden. Den folgenden Überlegungen sei „trockene Luft" zugrunde gelegt. Zur Vermeidung von „Kondensationsstößen" ist bei Überschallwindkanälen in der Regel irgendeine Form der Lufttrocknung vorgesehen. Solche wasserdampffreie atmosphärische Luft besteht aus 78% Stickstoff (Volumenprozent N_2), 21% Sauerstoff (O_2), 0,9% Argon (A) und 0,03% Kohlendioxyd (CO_2). Bei der Expansion der Luft erreichen diese Gase in der Reihenfolge CO_2, A, O_2, N_2 die Sättigungsgrenze, vgl. etwa [··30], Fig. 6. Dabei liegt die Sättigungsgrenze des Stickstoffes nur wenig unter jener des Sauerstoffes, weil der N_2-Partialdruck in Luft rund das Vierfache des O_2-Partialdruckes ist.

Im Gegensatz zu den Beobachtungen bei Wasserdampf wird bei atmosphärischer Luft jedoch im allgemeinen keine Übersättigung festgestellt. Der Phasenwechsel tritt gleich nach Erreichen der Sättigungsgrenze ein. Die weitere Ausdehnung ist nahezu vollkommen feucht-isentrop. Diese nach den Erfahrungen mit Wasserdampf zunächst überraschende und für die Hyperschallmeßtechnik gleichzeitig auch unerwünschte Erscheinung ist damit zu erklären, daß das in Luft befindliche CO_2 bereits kondensiert oder sublimiert ist, nachdem Keimbildung von CO_2 infolge starker Unterkühlung eingetreten ist. Trotz des geringen Massenanteiles von CO_2 reicht seine Keimzahl als Kernzahl für die O_2- und N_2-Kondensation oder Sublimation aus, um eine feucht isentrope Ausdehnung der Hauptanteile der Luft zu gewährleisten.

Versuche mit Stickstoff von P. D. ARTHUR [17] untermauern diese Vorstellung recht eindrucksvoll. Bei reinem, CO_2-freiem Stickstoff werden Unterkühlungen von 16 bis 22° beobachtet. Werden jedoch nur 0,26% CO_2 beigefügt, so expandiert der Stickstoff bereits feucht-isentrop. Ähnliche Wirkungen werden erzielt, wenn der Stickstoff anstatt mit CO_2 mit H_2O „geimpft" wird. Betreffs Einzelheiten über diese Vorgänge sei wieder auf die Monographie von WEGENER—MACK [··30] hingewiesen, insb. s. 347ff.

20. Rohrströmung mit Energiezufuhr

In diesem Abschnitt soll die Wirkung einer Energiezufuhr an die Strömung in einem Rohr konstanten Querschnittes studiert werden. Dabei soll von der Einwirkung äußerer Kräfte, insbesondere von Wandreibungen, abgesehen werden

Zunächst kann durch ein Zusatzglied im Energiesatz jede Art von Energiezufuhr dargestellt werden. Die Wirkung eines von außen angetriebenen Propellers auf das im Rohr strömende Medium müßte durch ein zusätzliches Kraftglied berücksichtigt werden. Gedacht wird hier jedoch in erster Linie an Wärmezufuhren. Gedanklich am einfachsten erfolgt dies durch Anheizen der Rohrwände oder durch Einführen elektrischer Heizdrähte. Praktisch von größter Bedeutung ist die Verbrennung von Kohlenwasserstoffen in Luft und das Freiwerden der Verdampfungswärme bei der Kondensation des Wasserdampfes durch die Expansion von Dampf oder feuchter Luft in Laval-Düsen. Auch dabei wird man, wie in Abschnitt I,6 gezeigt, vielfach mit dem Bild einer Wärmequelle auskommen, weil die Wirkungen dieser Vorgänge überwiegend auf der hohen Umwandlungswärme und weniger in der Änderung der Zusammensetzung des Mediums beruhen. Im allgemeinen natürlich können völlige Änderungen der Zusammensetzungen des Mediums und dessen Aggregatzustandes auftreten. Sprengstoffe oder Treibstoffe in Kanonen gehen vom festen oder flüssigen Zustand in den gasförmigen über. Bei Gasreaktionen wie der Verbrennung eines Wasserstoff-Sauerstoff-Gemisches (Knallgas) zu Wasserdampf können auch erhebliche Volumenveränderungen (natürlich bezogen auf denselben Normalzustand) auftreten, indem die Teilchenzahlen im Endprodukt größer oder kleiner sind als im unverbrannten Gemisch.

Das Verbrennungsgemisch und das Gemisch der Verbrennungsprodukte kann stets jedes für sich als einfache Substanz angesehen werden. Wie beim senkrechten Stoß seien die Zustände vor und nach dem betrachteten Vorgang mit p, ϱ, W usw. und $\hat{p}$, $\hat{\varrho}$, $\hat{W}$ usw. bezeichnet. Sie gehorchen nun aber im allgemeinen verschiedenen Zustandsgleichungen. Auch spielen sich chemische Reaktionen keineswegs auf kleinen Wegstrecken ab wie senkrechte Stöße, so daß ein beliebig starkes Aneinanderrücken der Ebenen mit den beiden verschiedenen Zuständen nicht möglich ist.

Nach Streichen der Glieder für die potentielle Energie lautet der Energiesatz (5):

$$\frac{\hat{W}^2}{2} + \hat{\imath} = \frac{W^2}{2} + i + q. \tag{141}$$

Dabei ist q die der Masseneinheit zugeführte Energie oder auch die Wärme, welche bei der Umwandlung der Masseneinheit des strömenden Mediums frei wird.

Mit Kontinuitätsbedingung und Impulssatz zusammen gibt Gl. (141) ein System, welches sich vom Gleichungssystem für den senkrechten Stoß (12) nur durch den Summanden q im Energiesatz unterscheidet.

Führt man in Gl. (141) die in Gl. (43) definierte Größe $\Delta\hat{\imath}$ ein, die ein Maß für das Abweichen der Enthalpiedifferenz des Mediums ($\hat{\imath} - i$) von jener eines id. Gases konst. sp. W. darstellt

$$\hat{\imath} - i = \frac{\varkappa}{\varkappa - 1}\left(\frac{\hat{p}}{\hat{\varrho}} - \frac{p}{\varrho}\right),$$

und führt man ferner eine „korrigierte" Wärmezufuhr

$$q' = q + \Delta\hat{\imath} \tag{142}$$

ein, so erhält der Energiesatz dieselbe Form wie jener des id. Gases konst. sp. W. mit Wärmezufuhr, nämlich:

$$\frac{\hat{W}^2}{2} + \frac{\varkappa}{\varkappa - 1}\frac{\hat{p}}{\hat{\varrho}} = \frac{W^2}{2} + \frac{\varkappa}{\varkappa - 1}\frac{p}{\varrho} + q'. \tag{143}$$

Zusammen mit der Kontinuitätsbedingung und dem Impulssatz des Systems (12) hat man damit drei Gleichungen für die Unbekannten $\hat{W}$, $\hat{p}$, $\hat{\varrho}$. Für diese erhält man genau dieselben Lösungen, wie sie im folgenden für das id. Gas konst. sp. W. wiedergegeben werden, wenn nur die Wärmezufuhr q durch die in Gl. (142) definierte Wärmezufuhr q' ersetzt wird.

Damit erhält die folgende Behandlung allgemeinere Bedeutung, worauf schon früher, insbesondere in Anschluß an Gl. (54), hingewiesen wurde.

Die Rückführung der Wärmezufuhr q an ein beliebiges Medium auf die Wärmezufuhr q an ein id. Gas konst. sp. W. ist nur für die thermodynamischen Variablen p und ϱ exakt möglich. Für T, e und i ist ein exakter Vergleich im allgemeinen nicht mehr durchführbar.

Das id. Gas konst. sp. W. läßt wieder formal sehr einfache Lösungen zu. Mit Gl. (I,35) kann i wieder durch p und ϱ ausgedrückt und das System für die Unbekannten $\hat{W}$, $\hat{\varrho}$, $\hat{p}$ sodann gelöst werden. Es ergibt sich:

$$\begin{aligned}\frac{\hat{W}}{W} = \frac{\varrho}{\hat{\varrho}} &= 1 - \frac{1}{\varkappa + 1}\left\{\left(1 - \frac{1}{M^2}\right) \pm \sqrt{\left(1 - \frac{1}{M^2}\right)^2 - 2(\varkappa^2 - 1)\frac{q}{W^2}}\right\},\\ \frac{\hat{p}}{p} &= 1 + \frac{\varkappa M^2}{\varkappa + 1}\left\{\left(1 - \frac{1}{M^2}\right) \pm \sqrt{\left(1 - \frac{1}{M^2}\right)^2 - 2(\varkappa^2 - 1)\frac{q}{W^2}}\right\}.\end{aligned} \tag{144}$$

Mit den Gln. (33) lassen sich hieraus auch leicht Temperatur und Machzahl hinter dem Stoß berechnen.

In den Gln. (144) sind zwei Fälle zu unterscheiden. Der erste hat bei Unterschall ($M < 1$) ein positives, bei Überschall ($M > 1$) ein negatives Vorzeichen vor der Wurzel. Im zweiten Fall ist es umgekehrt. Der erste Fall ist durch die Identität bei verschwindender Wärmezufuhr gekennzeichnet. Er ergibt für kleine Wärmezufuhren auch kleine Zustandsänderungen. Hier kann jede größere Wärmezufuhr aus kleineren aufgebaut werden, wobei sich die ganze Zustandsänderung als Summe der einzelnen kleinen Zustandsänderungen ergibt. Eine Wärmezufuhr ist im Falle 1 und 2 stets bei $M < 1$ mit einer Geschwindigkeitszunahme und einer Druck- und Dichteabnahme verknüpft. Bei $M > 1$ führt der Fall 1 und 2 hingegen zu einer Geschwindigkeitsabnahme und zu einer Dichte- und Druckzunahme. Die Wärmezufuhr wirkt sich also stets in einer Zunahme jener Größe aus, die der größeren relativen Änderung fähig ist, im Unterschall bei der Geschwindigkeit, im Überschall bei der Dichte.

Da Druck und Geschwindigkeit stets entgegengesetzte Änderungen durchmachen, folgt aus Gl. (33) eine Zunahme der Machzahl bei Unterschall, eine Abnahme bei Überschall. Wie im Rohr mit Reibung nähert sich auch im Falle 1 die Machzahl stets mit zunehmender Wärmezufuhr dem Werte $M = 1$. Dieser kann also offenbar im Falle 1 nicht überschritten werden.

Im Gegensatz dazu führt der Fall 2 stets über die kritische Geschwindigkeit hinweg, und zwar ist der Zusammenhang der Endzustände von Fall 1 und 2 durch einen zusätzlichen senkrechten Stoß gegeben. Dies läßt sich durch Bilden des Geschwindigkeitsproduktes $\hat{W}_1 \hat{W}_2$ leicht zeigen. Mit Gl. (144) findet man für dieses:

$$\hat{W}_1 \hat{W}_2 = \frac{W^2}{(\varkappa + 1)^2} \left[\left(\varkappa + \frac{1}{M^2} \right)^2 - \left(1 - \frac{1}{M^2} \right)^2 + 2(\varkappa^2 - 1) \frac{q}{W^2} \right]$$

$$= 2 \frac{\varkappa - 1}{\varkappa + 1} \left[\frac{W^2}{2} + \frac{c^2}{\varkappa - 1} + q \right] = 2 \frac{\varkappa - 1}{\varkappa + 1} \left[\frac{c_0^2}{\varkappa - 1} + q \right].$$

Nun verhalten sich die Ruheenthalpien vor und nach der Energiezufuhr nach Gl. (141) so, wie wenn dem Gase die gesamte Energie im Ruhezustand bei $p_0 =$ konst. zugeführt worden wäre:

$$\hat{i}_0 = i_0 + q. \tag{145}$$

Das bedeutet für das id. Gas konst. sp. W.:

$$c_p \hat{T}_0 = c_p T_0 + q \tag{146}$$

und mit Gl. (30) für die kritischen Geschwindigkeiten:

$$\frac{1}{2} \frac{\varkappa + 1}{\varkappa - 1} \hat{c}^{*2} = \frac{\hat{c}_0^2}{\varkappa - 1} = \frac{c_0^2}{\varkappa - 1} + q.$$

Damit ist das Produkt $\hat{W}_1 \hat{W}_2$ gleich dem Quadrat der kritischen Geschwindigkeit $\hat{c}^{*2}$ nach der Energiezufuhr:

$$\hat{W}_1 \hat{W}_2 = \hat{c}^{*2},$$

eine Beziehung, die mit der Gl. (36) für den senkrechten Stoß identisch ist.

Offenbar ist der Zusammenhang für die beiden möglichen Zustände 1 und 2 nach der Energiezufuhr für *jedes* Medium durch den senkrechten Stoß gegeben. Denn die Wärmezufuhr q läßt sich stets als Summe zweier Vorgänge auffassen, einen unter Energiezufuhr von der Größe q und den anderen ohne Energiezufuhr. Letzterer läßt aber zwei Lösungen zu: Die Identität und den Stoß. Also muß es stets zwei Lösungen geben: Fall 1 vermehrt um die Identität (also Fall 1) und Fall 1 vermehrt um den Stoß, was den Fall 2 ergibt. Letzterer kann ebenso durch die umgekehrte Reihenfolge, nämlich Stoß vermehrt um Fall 1 gedeutet werden. Bei Unterschallgeschwindigkeiten ergibt sich dabei Fall 2 als Fall 1, vermehrt um einen Verdünnungsstoß, der allein nicht möglich ist. Es ist also fraglich, ob Fall 2 bei Unterschallgeschwindigkeit nicht dem Entropiesatz widerspricht. Das kann allerdings erst dann gesagt werden, wenn sich die Entropievermehrung im Falle 1 als kleiner erweist als die Entropieverminderung im Verdünnungsstoß.

Beim Verschwinden der Wurzel von Gl. (144) sind Fall 1 und 2 identisch. Mit Gl. (26) tritt das ein für

$$\frac{q}{c_p T} = \frac{1}{2(\varkappa + 1)} \frac{(M^2 - 1)^2}{M^2} \tag{147}$$

mit folgenden Zahlenwerten:

Tabelle II,7. *Machzahl für höchstzulässige Energiezufuhren ($\varkappa = 1{,}400$).*

q/c_pT	0.01	0,05	0,10	0,20	0,50	1,0	2,0	5,0	10,0
M {	1,12	1,28	1,40	1,60	2,0	2,6	3,4	5,1	7,1
	0,89	0,78	0,71	0,62	0,49	0,39	0,29	0,20	0,14

Für diese Werte wird die Schallgeschwindigkeit nach der Energiezufuhr eben erreicht, da nur dann Fall 1 und 2 identisch sein können. Natürlich läßt sich dies durch Ausrechnen von $\hat{M}$ mittels Gl. (144) und (34) auch direkt zeigen. Es genügt nach Tab. II,7 also bei $M = 1{,}12$ oder 0,89 eine Energiezufuhr von $\frac{q}{c_p T} = 0{,}01$, d. i. eine Zufuhr, welche die absolute Temperatur bei isobarer Zustandsänderung nur um 1% steigern würde, um den kritischen Strömungszustand zu erreichen. Es ist dies wieder eine Folge der geringen Veränderlichkeit der Stromdichte bei Schallnähe und ein Seitenstück zu den raschen Zustandsänderungen im Rohr mit Reibung nahe bei $M = 1$, Abb. 16.

Größere Werte von q/c_pT als die durch Gl. (147) angegebenen können bei einer Machzahl M im Rohranfang nicht auftreten. Eine Steigerung der Wärmezufuhr über diesen Grenzwert hätte bei Unterschall ein Absinken der Machzahl zur Folge, sie wirkt sich wie eine Verengung des Rohrquerschnittes aus. Bei Überschallgeschwindigkeit wird sie zu einem stromaufwärts wandernden Stoß führen. Mathematisch zeigt sich das Überschreiten der angegebenen Grenzen im Imaginärwerden der Wurzel von Gl. (144). Solche Vorgänge werden beispielsweise im Buch von F. Bartlmä [•51] behandelt.

Jedes beliebige Medium führt im Grenzfall der höchstmöglichen Energiezufuhr ebenfalls zur Schallgeschwindigkeit im Zustand nach der Energiezufuhr, da nur so Fall 1 und 2, deren einer $M = 1$ nie und deren anderer $M = 1$ stets überschreitet, identisch sein können. Zur Behandlung des allgemeinen Falles sei eine verallgemeinerte dynamische Adiabate eingeführt, welche sich von Gl. (16) nur um die Energiezufuhr q unterscheidet:

$$\hat{\imath} - i = q + \frac{1}{2}\left(\frac{1}{\hat{\varrho}} + \frac{1}{\varrho}\right)(\hat{p} - p). \tag{148}$$

Für das id. Gas konst. sp. W. läßt sich Gl. (148) nach einiger Rechnung in die Form bringen:

$$\frac{q}{c_p T} = \frac{1}{\varkappa}\frac{1}{2}\left(\frac{\varrho}{\hat{\varrho}} + 1\right)\left(\frac{\hat{p}}{p} - 1\right) + \frac{1}{2}\left(\frac{\hat{p}}{p} + 1\right)\left(\frac{\varrho}{\hat{\varrho}} - 1\right). \tag{149}$$

Das gibt auf der Isobare und der Isochore:

$$\hat{p} = p: \quad \frac{\varrho}{\hat{\varrho}} = 1 + \frac{q}{c_p T}; \qquad \hat{\varrho} = \varrho: \quad \frac{\hat{p}}{p} = 1 + \frac{q}{c_v T}, \tag{150}$$

womit ein Überblick über die Lage der Kurve gewonnen ist. Aus der Lage läßt sich beim id. Gas konst. sp. W. die Größe der Wärmezufuhr unmittelbar ablesen. Abb. 25 zeigt die Kurve (148) für eine Energiezufuhr von etwa $q/c_p T = 1/\varkappa$. Das Bild, welches für $\varkappa = 1{,}40$ gezeichnet ist, kann für die weitere Diskussion der Vorgänge im beliebigen Medium dienen.

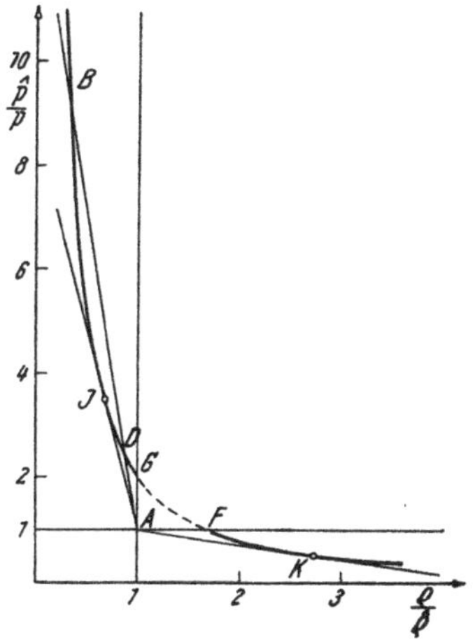

Abb. II,25. Rankine-Hugoniot-Kurve bei Energiezufuhr.

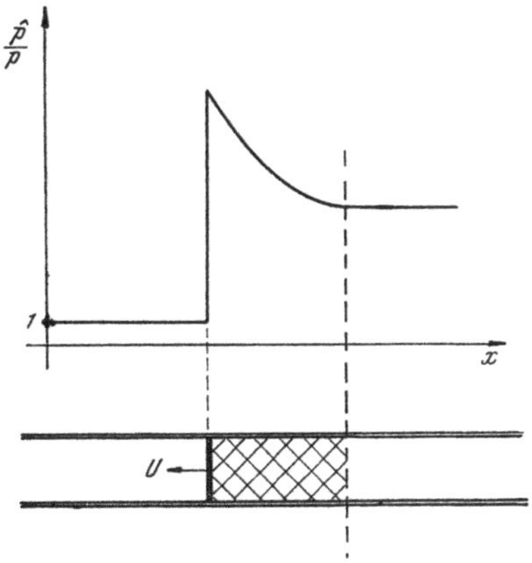

Abb. 26. Detonationswelle.

Gl. (22), welche die Geschwindigkeit vor dem senkrechten Stoß durch Druck und Dichte vor und hinter dem Stoß ausdrückt, wurde aus Kontinuitätsbedingung und Impulssatz allein abgeleitet und gilt in gleicher Weise hier:

$$W = \sqrt{\frac{\hat{\varrho}}{\varrho}\,\frac{\hat{p} - p}{\hat{\varrho} - \varrho}} = \frac{1}{\varrho}\sqrt{\frac{\hat{p} - p}{\dfrac{1}{\varrho} - \dfrac{1}{\hat{\varrho}}}}. \tag{22}$$

Bei einem festen Ausgangszustand (W, ϱ, p bekannt) und gegebener Wärmezufuhr q ergibt sich der Endzustand aus dem Schnitt der dynamischen Adiabate Gl. (148) mit der im $1/\varrho, p$-Diagramm eine Gerade darstellenden Gl. (22). Es kommen offenbar nur Zustandsänderungen in Frage, bei welchen die Dichte gleichzeitig mit dem Druck zu- oder abnimmt, da andernfalls W imaginär sein müßte. Die dynamische Adiabate zwischen Punkt F und G ist also physikalisch ohne Bedeutung. Die Punkte rechts von F entsprechen einer Druckabnahme, also einer Unterschallströmung, die Punkte links von G einer Druckzunahme, also Überschallströmung. Im allgemeinen gibt es zwei Schnittpunkte der Geraden

Gl. (22) mit der Rankine-Hugoniot-Kurve Gl. (148) entsprechend den beiden Lösungen des Falles 1 und 2. Nur in den Punkten J und K gibt es nur eine Lösung entsprechend dem Übereinstimmen von Fall 1 und 2 mit Schallgeschwindigkeit hinter der Stoßfront. Die schwächeren Zustandsänderungen entsprechen stets dem Fall 1, also herrscht *hinter* der Stoßfront zwischen K und F Unterschall, zwischen G und J Überschall, jenseits von J Unterschall und jenseits von K Überschall.

Vor der Energiezufuhr herrscht auf Punkten, welche gemeinsam auf der Geraden (22) liegen (Punkt B und D), stets dieselbe Mach-Zahl. Punkt F (isobare Wärmezufuhr) entspricht $M = 0$. Punkt G (Wärmezufuhr bei konstanter Dichte) entspricht $M = \infty$.

21. Verbrennung und Detonation

Für den Beobachter, der sich mit der Strömung vor der Energiezufuhr bewegt, erscheint diese als eine in ein ruhendes Medium hineinlaufende Störung. Herrschte vor der stehenden Welle Unterschallgeschwindigkeit (Abb. 25, rechts von Punkt F, Fall 1 und 2), so läuft nun die energieumsetzende Störung mit Unterschallgeschwindigkeit in das ruhende Medium hinein, wobei Druck und Dichte durch die Energiezufuhr abnehmen und die Geschwindigkeit nach der Reaktion (im sogenannten Schwaden), da sie im stationären Bezugssystem eine Zunahme erfahren hat, nun entgegengesetzt der Fortpflanzung der Störung gerichtet ist. Dieser Vorgang heißt *langsame Verbrennung*. Die Verbrennungsgeschwindigkeit wird durch Wärmeleitung, Diffusion und Reaktionsgeschwindigkeit bestimmt. Man mißt für Gemische von Wasserstoff und Sauerstoff rund 10 m/sec, Wasserstoff mit Luft 3 m/sec und für Gemische von Luft mit Benzin und Benzol rund 0,5 m/sec bei atmosphärischem Druck und Umgebungstemperatur. In Brennkammern werden durch Verwendung von Flammenhaltern höhere Anströmgeschwindigkeiten ermöglicht.

Überschallgeschwindigkeit vor der stehenden Welle gibt im bewegten Bezugssystem eine mit Überschallgeschwindigkeit laufende Welle mit Energieumsatz. Sie ist durch Druck- und Dichteerhöhung und Nachlaufen des Schwadens hinter der Front gekennzeichnet (Abb. 25, Rankine-Hugoniot-Kurve links von Punkt G, Fall 1 und 2).

Während verschiedene Verbrennungsgeschwindigkeiten gemessen werden, gibt es im Überschallbereich einen als *Detonation* bezeichneten Vorgang, dessen Fortschreitungsgeschwindigkeit nur vom Gaszustand und der umgesetzten Wärme — in der vereinfachten Darstellung der Gl. (144) also von q —, nicht aber von der Reaktionszeit τ abhängt. Nach kurzer Anlaufzeit stellt sich bei Detonation stets der in Abb. 25 durch J gekennzeichnete Zustand ein. Er wird in der Literatur nach zwei mit dem Problemkreis besonders verbundenen Autoren als *Chapman-Jouguet*-Punkt [18], [19] bezeichnet.

Die Bezeichnung „*Detonation*" wird in Naturwissenschaft und Technik einzig und allein für den hier geschilderten Vorgang verwendet. Die ziemlich verbreitete Ausdrucksweise „eine Bombe detoniert" ist wissenschaftlich falsch. Die Wirkung einer Bombe beruht auf dem raschen Entstehen von Pulvergasen aus festen oder flüssigen Sprengstoffen und der damit verknüpften Verdrängungs- und Sprengwirkung. Dieser Vorgang wird wissenschaftlich als *Explosion* bezeichnet. Das Detonieren eines Sprengstoffes versucht der Fachmann als unerwünschten Effekt im allgemeinen zu vermeiden.

Der Chapman-Jouguet-Zustand entspricht in der vereinfachten Darstellung von Gl. (144) dem Verschwinden des Wurzelausdruckes, weil beide möglichen Lösungen zusammenfallen. Damit muß aber Gl. (147) erfüllt sein. Man braucht M nur durch das Verhältnis von Detonationsgeschwindigkeit U und Schallgeschwindigkeit c vor der Detonationsfront zu ersetzen und erhält aus der darunter befindlichen Tabelle für $M = U/c > 1$ den Zusammenhang von Detonationsgeschwindigkeit und q. Der Zusammenhang von U/c mit $\hat{p}/p$ und $\hat{\varrho}/\varrho$ folgt ebenfalls aus den Gln. (144) durch Nullsetzen des Radikanden, also:

$$\frac{\hat{p}}{p} = 1 + \frac{\varkappa}{\varkappa + 1} (M^2 - 1) = 1 + \frac{\varkappa}{\varkappa + 1} \left(\frac{U^2}{c^2} - 1\right).$$

Zu ganz entsprechenden Gleichungen kommt man auch für beliebige Stoffe.

Wie bereits früher ausgeführt wurde, kann die vorliegende Lösung auch als Aufeinanderfolge eines senkrechten Stoßes und einer hinter der Stoßfront laufenden Unterschallverbrennung aufgefaßt werden, Abb. 26. Bei einem idealen Gas konstanter spezifischer Wärme als Ausgangssubstanz würde der Druck gemäß Gl. (34) also zunächst in einer Stoßfront etwa auf den doppelten Wert des Detonationsdruckes springen und in der nachfolgenden Unterschallverbrennung auf den in der letzten Gleichung wiedergegebenen Detonationsdruck absinken. Der geschilderte Ablauf entspricht den Beobachtungen. Danach ist die Detonation eine Unterschallverbrennung, die einen Verdichtungsstoß vor sich her in das ruhende Gas hinein treibt. Auch die im Rahmen der Detonation auftretende Unterschallverbrennung erfolgt mit beträchtlicher Geschwindigkeit, da die Unterschallmachzahl hinter dem senkrechten Stoß noch ziemlich groß ist. Die hohe Temperatur und Dichte hinter dem vorauslaufenden Verdichtungsstoß ermöglichen offenbar derart große Verbrennungsgeschwindigkeiten in dem der Stoßfront nachstürzenden Gas.

Der Chapman-Jouguet-Punkt zeichnet sich noch durch einige weitere Eigenschaften aus. Links vom Punkt J herrscht bei stationärer Front Unterschallgeschwindigkeit, Wellen können also hier die Vorgänge bei der Energiezufuhr beeinflußen. Diese Eigenschaft bleibt auch noch im bewegten System erhalten, da der Front selbst wie den Wellen hinter ihr nur eine Zusatzgeschwindigkeit zugefügt ist. Wenn der in Punkt B herrschende Ruhedruck also nicht künstlich aufrechterhalten wird, wird er absinken und die Detonationsfront abschwächen und verlangsamen, bis im Punkt J Vorgänge hinter der Front keinen Einfluß auf diese haben.

Die Punkte J und K in Abb. 25 sind dadurch gekennzeichnet, daß die Neigung der Hugoniot-Kurve die Richtung einer Geraden durch den Punkt A hat. Es sind $\hat{p}$ und $\hat{\varrho}$ variabel, hingegen p und ϱ fest, also folgt für die Punkte J und K:

$$\frac{\mathrm{d}\hat{p}}{\mathrm{d}(1/\hat{\varrho})} = \frac{\hat{p} - p}{1/\hat{\varrho} - 1/\varrho}.$$

Für die Entropieänderung längs der Hugoniot-Kurve folgt mit Gl. (148), da es sich um eine Kurve konstanten q-Wertes handelt:

$$\hat{T}\mathrm{d}\hat{s} = \mathrm{d}\hat{\imath} - \frac{1}{\hat{\varrho}}\,\mathrm{d}\hat{p} = \frac{1}{2}(\hat{p} - p)\,\mathrm{d}\left(\frac{1}{\hat{\varrho}}\right) - \frac{1}{2}\left(\frac{1}{\hat{\varrho}} - \frac{1}{\varrho}\right)\mathrm{d}\hat{p},$$

d. h. zusammen mit der vorhergehenden Gleichung, daß die Entropieänderung auf der Hugoniot-Kurve in den Punkten J und K verschwindet. Die Entropie nimmt dort Extremwerte an. Die Änderung von $\hat{p}$ und $\hat{\varrho}$ geht in diesen Punkten bei konstanter Entropie vor sich, also ist in J und K mit Gl. (23):

$$\frac{\hat{p} - p}{1/\hat{\varrho} - 1/\varrho} = \left(\frac{\partial \hat{p}}{\partial(1/\hat{\varrho})}\right)_s = -\hat{\varrho}^2\left(\frac{\partial \hat{p}}{\partial \hat{\varrho}}\right)_s = -\hat{\varrho}^2 \cdot \hat{c}^2.$$

Damit wird auf anderen Wegen gezeigt, daß hinter der stationären Detonationsfront $\hat{M} = 1$ gilt.

Wie schon im vorausgehenden Abschnitt erwähnt, gelten die lediglich aus der Kontinuitätsbedingung und dem Impulssatz abgeleiteten Gleichungen (22) in gleicher Weise auch hier.

Die letzte Gleichung in Gl. (22) eingesetzt ergibt also folgende Beziehungen für die Laufgeschwindigkeit U eines Detonationsstoßes und für die Nachlaufgeschwindigkeit ΔW einer in ein ruhendes Medium nach links laufenden Detonation:

$$U = +\hat{c}\,\frac{\hat{\varrho}}{\varrho}; \qquad \Delta W = -\hat{c}\left(\frac{\hat{\varrho}}{\varrho} - 1\right) = -(U - \hat{c}). \qquad (151)$$

Die Werte $\hat{\varrho}/\varrho$ und $\hat{c}$ ergeben sich aus dem Punkt J der entsprechenden Rankine-Hugoniot-Kurve, Abb. 25.

Tab. 8 zeigt die zufriedenstellende Übereinstimmung der dort gemessenen Detonationsgeschwindigkeit mit der nach R. Becker [3] durch den Punkt J gegebenen.

Der zwischen den Punkten G und J gelegene Teil der Hugoniot-Kurve in Abb. 25 hat ebenfalls physikalische Bedeutung. In diesen Teil ist die Kondensation durch

Tabelle II,8. *Detonationsgeschwindigkeiten, gemessen nach Lewis und Friauf* [20] *Ausgangstemperatur* 291 °K.

Mischung	Detonationsdruck/Ausgangsdruck (ber.)	Detonationstemperatur °K (ber.)	Detonationsgeschwindigkeit m/sec (ber.)	(beob.)
$(2H_2 + O_2)$	18,05	3583	2806	2819
$(2H_2 + O_2) + 3O_2$	15,3	2970	1925	1922
$(2H_2 + O_2) + 3N_2$	15,63	3003	2033	2055
$(2H_2 + O_2) + 4H_2$	15,97	2976	3627	3527
$(2H_2 + O_2) + 1.5H_2$	17,60	3412	3200	3010
$(2H_2 + O_2) + 5He$	16,32	3094	3613	3160
$(2H_2 + O_2) + 3A$	17,11	3265	1907	1800

Keimbildung infolge von starken Unterkühlungen zu verlegen, wenn sie in der vereinfachten Behandlung des Kondensationsstoßes dargestellt wird. Dieser Kurventeil entspricht einer *Überschallverbrennung*. Diese ist wie eine Unterschallverbrennung dadurch gekennzeichnet, daß mit der Wärmezufuhr auch alle Störungen verschwinden. Die in der Literatur vielfach verwendete Bezeichnung „schwache Detonation" ist nicht glücklich. Der Vorgang hat zwar mit der Detonation das Auftreten von Überschallgeschwindigkeiten gemeinsam, was ja auch in der Bezeichnung „Überschallverbrennung" zum Ausdruck kommt. Ihm fehlt jedoch völlig der für eine Detonation typische vorgelagerte Verdichtungsstoß und die Unabhängigkeit von der Reaktionsgeschwindigkeit.

22. Gleichdruckverbrennung

Neben der Wärmezufuhr bei konstantem Querschnitt spielt auch jene bei konstantem Druck eine wichtige Rolle. Bei dieser kann der Querschnitt nicht vorgegeben werden, er muß vielmehr so gewählt werden, daß eine isobare Zustandsänderung gewährleistet wird. Die Gleichungen werden dabei sehr einfach, weshalb sich dieser Vorgang für theoretische Erwägungen besonders eignet. Die Behandlung sei auf eine einfache Substanz beschränkt.

Aus der Bewegungsgleichung (57) folgt mit $p =$ konst. sofort $W =$ konst. Der Vorgang vollzieht sich bei konstanter Geschwindigkeit. Bei konstantem Druck und konstanter Geschwindigkeit ist die Änderung von i gleich der Energiezufuhr. i hinwiederum ist auf der Isobare nur abhängig von T, welches damit nur mehr von der Wärmezufuhr q abhängt. Es hängt aber auch die Dichte nur mehr von T und damit von q ab, womit über die Kontinuitätsbedingung Gl. (1) der Querschnitt f abhängig von q gegeben ist.

Für das id. Gas konst. sp. W. ergeben sich also folgende Beziehungen:

$$\left.\begin{aligned} \frac{\hat{i}}{i} - 1 &= \frac{\hat{T}}{T} - 1 = \frac{q}{c_p T}, \\ \frac{\hat{f}}{f} &= \frac{\varrho}{\hat{\varrho}} = \frac{\hat{T}}{T} = 1 + \frac{q}{c_p T}. \end{aligned}\right\} \tag{152}$$

Die Schallgeschwindigkeit spielt bei der Gleichdruckverbrennung nicht jene ausgezeichnete Rolle wie bei der Energiezufuhr im Rohr konstanten Querschnittes. Da sich die Geschwindigkeit nicht ändert, ändert sich die Mach-Zahl umgekehrt wie die Schallgeschwindigkeit, also umgekehrt wie die Wurzel aus der Temperatur:

$$\frac{\hat{M}}{M} = \sqrt{\frac{T}{\hat{T}}} = \sqrt{\frac{1}{1 + \dfrac{q}{c_p T}}}. \tag{153}$$

Die Mach-Zahl nimmt also ab und kann, wenn anfangs Überschallströmung herrschte, den Wert 1 ohne Schwierigkeit durchschreiten, weil sich der Querschnitt f dabei gleichzeitig vergrößert.

Mit Gl. (I,63) kann der Entropieanstieg für das id. Gas konst. sp. W. berechnet werden. Mit $p =$ konst. ergibt sich:

$$\hat{s} - s = c_p \ln \frac{\hat{T}}{T} = c_p \ln \left(1 + \frac{q}{c_p T}\right). \tag{154}$$

Daraus ergibt sich nun wieder der Ruhedruckabfall mit Gl. (146) für die Änderung der Ruhetemperatur:

$$\ln \frac{\hat{p}_0}{p_0} = \frac{\varkappa}{\varkappa - 1} \ln \frac{\hat{T}_0}{T_0} - \frac{\hat{s} - s}{c_p - c_v} = \frac{\varkappa}{\varkappa - 1} \left[\ln \left(1 + \frac{q}{c_p T_0}\right) - \ln \left(1 + \frac{q}{c_p T}\right)\right]. \tag{155}$$

Es ergab sich am Ende von Abschnitt 15 stets eine Abnahme des Ruhedruckes bei Energiezufuhr. Auch bei Gl. (155) ist dies — wegen $T_0 > T$ — stets der Fall. Natürlich ist bei kleiner Machzahl wegen des geringen Unterschiedes von T_0 und T auch der Ruhedruckabfall wieder sehr gering.

23. Joule-Thomson-Effekt

Handelt es sich um die Strömung eines *nicht idealen* Gases ohne Energiezufuhr, so ist der Energiesatz in der Form der Gl. (6) zu benutzen. Sind die Enthalpiedifferenzen gering, so können diese nach Temperatur- und Druckänderung entwickelt werden. Man erhält bei Vernachlässigung der Glieder höherer Ordnung:

$$\hat{i} - i = \left(\frac{\partial i}{\partial T}\right)_p (\hat{T} - T) + \left(\frac{\partial i}{\partial p}\right)_T (\hat{p} - p).$$

Nach Gl. (I,27) ist aber $(\partial i/\partial T)_p = c_p$, womit der Energiesatz wie folgt geschrieben werden kann:

$$\frac{\hat{W}^2}{2} + c_p \hat{T} = \frac{W^2}{2} + c_p T + \left(\frac{\partial i}{\partial p}\right)_T (p - \hat{p}). \tag{156}$$

Formal hat Gl. (156) also die gleiche Form wie der Energiesatz eines id. Gases konst. sp. W. bei Wärmezufuhr.

Für genügend kleine Machzahlen der Strömung ist nicht nur das Verhältnis der kinetischen Energie zum Produkt $c_p T$, welches beim idealen Gas dem Werte $\frac{W^2}{2} \Big/ c_p T = \frac{\varkappa - 1}{2} M^2$ entsprechen würde, sehr klein, sondern es können die kinetischen Energien auch gegen die Differenz $c_p(\hat{T} - T)$ vernachlässigt werden. Man erhält einfach die Änderung der *Ruhezustände*. Für diese erhält man bei Luft normalen Druckes weitgehend unabhängig von diesem:

$$\frac{\hat{T}_0 - T_0}{\hat{p}_0 - p_0} = -\frac{1}{c_p} \left(\frac{\partial i}{\partial p}\right)_T = 0{,}26 \left(\frac{273}{T}\right)^2 \ {}^\circ\text{C/at}. \tag{157}$$

Bei Luft ergibt sich das Abweichen vom idealen Gaszustand in einem Abfallen der Temperatur mit dem Druck. Der Druckabfall darf dabei nicht durch eine wesentliche Geschwindigkeitserhöhung hervorgerufen sein. Im physikalischen Versuch wird er durch einen in einem gut isolierten Rohr befindlichen Wattepropfen erzeugt. In der Technik kann der Joule-Thomson-Effekt Gl. (157) an Drosselventilen und Schiebern (Drosseleffekt) oft beobachtet werden. Stets ist er an starke Reibungsvorgänge (Turbulenz) gebunden. Nach Gl. (157) wird er erst bei höheren Luftdrücken bedeutungsvoll.

Ein Gas, welches vor einem Stoß als ideal angesehen werden kann, ist auch nach dem Stoß weitgehend ideal. Das Abweichen vom idealen Zustand ist ja an große Dichten geknüpft. Der Dichteanstieg im Stoß ist aber begrenzt, weshalb bei diesem ein Joule-Thomson-Effekt nur dann infrage kommt, wenn sich das Medium schon vor dem Stoß an der Grenze des idealen Gaszustandes befindet.

Literatur

[1] Rankine, W. J. M.: On the thermodynamic theory of waves of finite longitudinal disturbance. Philos. trans. Roy. Soc. Lond. **160**, 277—288 (1870).

[2] Hugoniot, H.: Mémoire sur la propagation du mouvement dans les corps et spécialement dans les gases parfaits. J. de l'École polyt., Cahier **57**, 1—97 (1887); Cahier 58, 1—125 (1889).

[3] Becker, R.: Stoßwelle und Detonation. Z. Physik **8**, 321 — 362, (1921/22).

[4] Döring, W. und Burghardt, G.: Beiträge zur Theorie der Detonation. FB 1939 (1944). Engl. Übersetzung: Techn. Rep. No. F-TS-1227-IA (GDAM-A9-T46) Air Material Command May 1949, pp. 353.

[5] Preiswerk, E.: Anwendung gasdynamischer Methoden auf Wasserströmungen mit freier Oberfläche. ETH-AERO MITT 7 (1938).

[6] Venant, B. St. et Wantzel, L.: Mémoire et expériences sur l'écoulement déterminé par des différences de pressions considérables. J. de l'École polyt., Cahier **27**, 85—122 (1839).

[7] Eggink, H.: Strömungsaufbau und Druckrückgewinn in Überschallkanälen. FB 1756 (1943).

[8] Frössel, W.: Strömungen in glatten geraden Rohren mit Über- und Unterschallgeschwindigkeit. Forsch. Ing.-Wes. **7**, 75—84 (1936).

[9] Blackman, V.: Vibrational Relaxation in Oxygen and Nitrogen. J. Fluid Mech. **1**, 61—85 (1956).

[10] Wegener, P. P.: Supersonic Nozzle Flow with a Reacting Gas Mixture. Phys. of Fluids **2**, 264—275 (1959).

[11] Wegener, P. P.: Experiments on the Departure from Chemical Equilibrium in a Supersonic Flow. A. R. S.-Journ., April 1960, 322—329.

[12] Oswatitsch, K.: Kondensationserscheinungen in Überschalldüsen. ZAMM **22**, 1—14 (1942).

[13] Yellott, J. I.: Supersaturated steam. Engineering **137**, 303—305; 333—335 (1934).

[14] Binnie, A. M. and Woods, M. W.: The pressure distribution in the convergent-divergent steam nozzle. Proc. Instn. mechan. Engr. **138**, 229—266 (1938).

[15] Becker, R. und Döring, W.: Kinetische Behandlung der Keimbildung in übersättigten Dämpfen. Ann. Physik (5) **24**, 719—752 (1935).

[16] Gyarmathy, G.: Grundlagen einer Theorie der Naßdampfturbine. Eidgen. Techn. Hochschule, Prom. Nr. 3221, Zürich 1962.

[17] Arthur, P. D.: Effects of inpurities on the supersaturation of nitrogen in a hypersonic wind tunnel. Thesis, Cal. Inst. of Techn., Pasadena 1952.

[18] CHAPMAN, D. L.: On the rate of explosion in gases. Phil. Mag. **47**, 5th series, No. 284, 90 to 104 (1899).
[19] JOUGUET, E.: Sur la propagation des réactions chimiques dans les gaz. J. Math. pures appl. 6e Serie, Tome **1**, Fasc. 4, 347—425 (1905); Tome 2, Fasc. 1, 1—86 (1906).
[20] LEWIS, B. and FRIAUF, G. B.: Explosions in detonating gas mixtures. 1. Calculation of rates of explosions in mixtures of hydrogen and oxygen and the influence of rare gases. J. Amer. Chem. Soc. **52**, 3905—3920 (1930).
[21] MACH, E: Über den Verlauf der Funkenwellen in der Ebene und im Raum. Sitzungsber. Akadem. Wiss. Wien, Bd. **77**, 819—838 (1878).

III. Instationäre Fadenströmung

1. Vorbemerkung

Instationäre Strömungen mit einheitlichen Zuständen in den einzelnen Querschnitten (instationäre Fadenströmungen) stellen bereits sehr allgemeine Strömungsformen dar, um so mehr sind Einschränkungen des Gebietes bei dem zur Verfügung stehenden begrenzten Raume erforderlich. Es sollen hier die für die Gasdynamik typischen instationären Vorgänge mit starken Dichte-, Druck-, Temperatur- und daher auch Schallgeschwindigkeitsunterschieden behandelt werden, wobei Vorgänge der inneren Reibung und der Wärmezufuhr, insbesondere der Wärmeleitung, möglichst vernachlässigt werden sollen. Verbrennung und Detonation in schmalen Fronten („Stößen") und alle Vorgänge mit innerer Umsetzung bleiben dabei nicht ausgeschlossen.

Schon im Abschnitt II,1 wurde gezeigt, daß die ebene und kugelsymmetrische Quellströmung ein Spezialfall der stationären Fadenströmung ist. Ebenso stellt die Ausbreitung ebener Wellen und jene von Zylinder- und Kugelwellen nur einen Spezialfall der Wellenausbreitung in einem Kanal veränderlichen Querschnittes dar. Die allgemeinste Bewegungsform ist nicht nur durch zeitlich veränderliche Zustände, sondern auch durch *zeitlich veränderliche Fadenquerschnitte gegeben.*

Während aber die stationäre Fadenströmung genau der stationären Strömung in einem Stromfaden entspricht, trifft das bei einer instationären räumlichen Strömung nicht mehr zu, wo sich ein Stromfaden im allgemeinen zu verschiedenen Zeiten aus verschiedenen Teilchen zusammensetzt. Ein Massenteilchen ist zwar nach kurzer Zeit an die Stelle seines vorausströmenden Teilchens gerückt, weist aber dort nicht mehr auf dieses hin, gehört also mit diesem nicht mehr einem gemeinsamen Stromfaden an. Eine Ausnahme machen beispielsweise kugel- und zylindersymmetrische Strömungen.

Das Zulassen großer Druck- und Schallgeschwindigkeitsunterschiede bedeutet zwar, daß die allgemeinen Gleichungen die Spezialfälle kleiner Zustandsänderungen enthalten, hat aber gleichzeitig eine Beschränkung der berechenbaren und bisher gelösten Aufgaben zur Folge.

Die Behandlung der Ausbreitung kleiner Störungen in ruhendem Medium wäre nämlich gleichbedeutend mit dem Schreiben eines Buches über Akustik allenfalls unter Einbeziehung der Knallausbreitung. Kleine periodische Störungen in Strömungen führen in das umfassende Gebiet der Berechnung von Luftkräften und Eigenschwingungen schwingender Platten und Flügel. Alles das kann weder hier noch in den späteren Kapiteln dieses Buches aufgenommen werden, wenngleich eine scharfe Abtrennung und Abgrenzung dieser Gebiete nicht immer möglich ist. Einige Beispiele, die mit Fragestellungen der Gasdynamik verknüpft sind, wie die

Wellenausbreitung unter dem Einfluß der Schwere oder der Strahlung sowie ein für die Motorentechnik typischer periodischer Vorgang finden sich in den Abschnitten 14, 15 und 37.

2. Eulersche und Lagrangesche Methode

Bei der stationären Fadenströmung wurden die Strömungszustände an bestimmten Orten des Fadens betrachtet. Dies ist die nach EULER bezeichnete und bei stationären Strömungen gegebene Darstellungsart. In ihr werden die mit den unverändert bleibenden Strömungsberandungen verbundenen Koordinaten neben der Zeit als unabhängige Veränderliche gewählt und in Abhängigkeit von diesen die Strömungszustände gesucht. Die Ableitungen $\partial/\partial x$ und $\partial/\partial t$ nach den beiden Unabhängigen x, t der Fadenströmung bedeuten hier, daß jeweils die zweite unabhängige Veränderliche festgehalten wird, in der Schreibweise der Thermodynamik also:

$$\frac{\partial}{\partial x} = \left(\frac{\partial}{\partial x}\right)_t; \qquad \frac{\partial}{\partial t} = \left(\frac{\partial}{\partial t}\right)_x.$$

Daneben kann entsprechend den Methoden der Punktmechanik und der Thermodynamik aber auch ein bestimmtes Massenteilchen herausgegriffen werden und nach dem Zustand und dem Ort der einzelnen Massenteilchen in Abhängigkeit von der Zeit gefragt werden. Bei dieser *Lagrangeschen* Darstellungsart sind unabhängige Veränderliche die Zeit t und eine Koordinate a, welche für jedes Massenteilchen kennzeichnend ist. Im folgenden wird mit a der Ort x des Teilchens im Ausgangszustand, $t = 0$, bezeichnet. Dann sind die gesuchten Veränderlichen, also die Zustandsgrößen und der Ort x der Teilchen, abhängig von der Zeit und der Ausgangslage a. Hier bedeuten nun die partiellen Ableitungen in ausführlicher Schreibweise:

$$\frac{\partial}{\partial a} = \left(\frac{\partial}{\partial a}\right)_t; \qquad \frac{\partial}{\partial t} = \left(\frac{\partial}{\partial t}\right)_a.$$

Insbesondere ist die Änderung des Ortes eines Teilchens mit der Zeit gleich der Geschwindigkeit. In Lagrangescher Bezeichnung also:

$$\frac{\partial x}{\partial t} = \left(\frac{\partial x}{\partial t}\right)_a = W.$$

Auch in der Eulerschen Darstellungsart interessiert die Änderung irgendeiner Teilcheneigenschaft mit der Zeit, etwa um den ersten Hauptsatz der Wärmelehre auszudrücken. Die Beziehung wird einfach mit der Kettenregel der partiellen Differentiation gewonnen, nach der die Ableitung einer Funktion g der Veränderlichen t, x, die selbst wieder Funktionen von ξ und η sind, gleich ist:

$$\frac{\partial g}{\partial \eta} = \frac{\partial g}{\partial t}\,\frac{\partial t}{\partial \eta} + \frac{\partial g}{\partial x}\,\frac{\partial x}{\partial \eta}.$$

Werden nun die Veränderlichen ξ und η den Lagrangeschen Variablen a und t gleichgesetzt und wird in üblicher Weise die zeitliche Änderung einer Teilcheneigenschaft bei Eulerscher Darstellung durch $\mathrm{d}/\mathrm{d}t$ ausgedrückt, so folgt:

$$\frac{\mathrm{d}g}{\mathrm{d}t} = \left(\frac{\partial g}{\partial t}\right)_a = \left(\frac{\partial g}{\partial t}\right)_x \left(\frac{\partial t}{\partial t}\right)_a + \left(\frac{\partial g}{\partial x}\right)_t \left(\frac{\partial x}{\partial t}\right)_a = \frac{\partial g}{\partial t} + W \frac{\partial g}{\partial x}. \tag{1}$$

Bei stationärer Strömung, $\left(\frac{\partial}{\partial t}\right)_x = 0$, ergibt sich die zeitliche Änderung einer Teilcheneigenschaft in Eulerscher Darstellung einfach durch Multiplikation der örtlichen Änderung mit der Geschwindigkeit. In Lagrangescher Darstellung ist die stationäre Strömung im übrigen mit keiner wesentlichen Vereinfachung verbunden.

3. Integralsätze in Eulerscher Darstellung

Nach der Aufstellung der Integralsätze für stationäre Fadenströmungen in Abschnitt II,2 ist es nun nicht schwer, die entsprechenden Sätze auf instationäre Vorgänge zu erweitern. Als weitere Möglichkeit einer Massenänderung, einer Impuls- oder Energieänderung kommt hier zum Durchfluß der entsprechenden Größen durch die Endquerschnitte die Zunahme von Masse, Impuls und Energie im betrachteten Raum. Er ist durch den Verlauf des Querschnittes f gegeben, der nur von der — längs der im Raum festen Mittellinie der Strömung bemessenen — Bogenlänge x und noch von der Zeit t abhängt. Die zwischen den zeitlich festen Punkten x_1 und x_2 eingeschlossene Masse, der eingeschlossene Impuls in Richtung der Kraft K und die eingeschlossene Energie sind gleich (Abb. II,1 mit dem Index 2 für den Endquerschnitt):

$$\int_{x_1}^{x_2} \varrho f \,\mathrm{d}x; \qquad \int_{x_1}^{x_2} \varrho W \cos\vartheta \, f \,\mathrm{d}x; \qquad \int_{x_1}^{x_2} \varrho \left(\frac{W^2}{2} + e\right) f \,\mathrm{d}x. \tag{2}$$

Die zeitlichen Änderungen dieser Integrale sind den entsprechenden Sätzen hinzuzufügen, um diese auf instationäre Vorgänge zu erweitern. Wegen der zeitlichen Unveränderlichkeit von Integrationsweg und -grenzen kann die zeitliche Ableitung einfach am Integranden ausgeführt werden.

Dies führt zur *Kontinuitätsbedingung:*

$$\frac{\partial}{\partial t}\int_{x_1}^{x_2} \varrho f \,\mathrm{d}x = \int_{x_1}^{x_2} \frac{\partial}{\partial t}(\varrho f)\,\mathrm{d}x = f_1\varrho_1 W_1 - f_2\varrho_2 W_2. \tag{3}$$

Wie in Gl. (II,2) wird hier von Massenquellen abgesehen. Da die Integrale der Gl. (2), nachdem über den Ort integriert wurde, reine Zeitfunktionen darstellen, ist die zeitliche Ableitung *vor* dem Integral einer gewöhnlichen Ableitung gleichzusetzen.

Als *Impulssatz* ergibt sich in Verallgemeinerung von Gl. (II,3):

$$\frac{\partial}{\partial t}\int_{x_1}^{x_2} \varrho W \cos\vartheta\, f\,\mathrm{d}x = \int_{x_1}^{x_2} \frac{\partial}{\partial t}(\varrho W \cos\vartheta\, f)\,\mathrm{d}x$$

$$= K + (p_1 + \varrho_1 W_1^2) f_1 \cos\vartheta_1 - (p_2 + \varrho_2 W_2^2) f_2 \cos\vartheta_2. \tag{4}$$

Und schließlich in Verallgemeinerung von Gl. (II,4) der *Energiesatz:*

$$\frac{\partial}{\partial t}\int_{x_1}^{x_2} \varrho\left(\frac{W^2}{2} + e\right) f\,\mathrm{d}x = \int_{x_1}^{x_2} \frac{\partial}{\partial t} f\varrho\left(\frac{W^2}{2} + e\right)\mathrm{d}x$$

$$= L + f_1\varrho_1 W_1\left(\frac{W_1^2}{2} + i_1\right) - f_2\varrho_2 W_2\left(\frac{W_2^2}{2} + i_2\right), \tag{5}$$

wobei unter L wieder alle von außen zugeführten Leistungen zusammengefaßt sind, insbesondere Wärmezufuhr oder Arbeitsleistungen durch äußere Kräfte (Änderungen der potentiellen Energie) und bei zeitlich veränderlichem Querschnitt die Arbeitsleistung, welche zum Zusammendrücken aufgewendet wird.

Das Auftreten von Ableitungen nach t in den Gln. (3), (4) und (5) legt eine weitere Integration dieser Gleichungen über die Zeit nahe, womit es sich dann dimensionsmäßig um Gleichungen für die Masse, die Bewegungsgröße und die Energie handeln würde und nicht um deren Ströme. Darüber mehr im nächsten Abschnitt.

4. Integralsätze in Lagrangescher Darstellung

Die Brauchbarkeit der Lagrange-Darstellung zeigt sich vor allem bei Vorgängen, die an Massenteilchen geknüpft sind. Das können Reaktionen oder auch Relaxationen von Reaktionen sein, es können aber auch Randbedingungen sein, die an Massenteilchen gebunden sind, etwa an den Boden eines Kolbens in einem Motorzylinder oder an den Boden eines Geschosses, das aus einem Rohr heraus getrieben wird. Ist außerdem, wie in den letzten beiden Fällen, der Stromfadenquerschnitt konstant, so ist die Lagrange-Methode der Eulerschen vorzuziehen.

Die *Kontinuitätsbedingung* hat wieder für eine massen-quellenfreie Strömung auszudrücken, daß die zwischen den bewegten Endquerschnitten eingeschlossene Masse zeitlich konstant sein muß, d. h.:

$$\int_{x_1(t)}^{x_2(t)} \varrho f\,\mathrm{d}x = \int_{a_1}^{a_2} \varrho_0 f_0\,\mathrm{d}a = \text{konst.} \tag{6}$$

Mit dem Index 0 ist dabei der Zustand zur Zeit $t = 0$ bezeichnet, wobei möglichst ein Ruhezustand als Ausgangszustand zu wählen sein wird. Ist der Ausgangszustand kein Ruhezustand, so unterscheidet sich allerdings die Bezeichnung von jener bei stationärer Strömung. Jedoch gibt dies kaum zu Irrtümern Anlaß, weil dem Ruhezustand bei instationärer Strömung keineswegs dieselbe Bedeutung zukommt wie bei stationären Vorgängen. Bei instationären Vorgängen kann nämlich durch Übergang in ein bewegtes Bezugssystem für ein bestimmtes Teilchen stets jeder beliebige Zustand zum Ruhezustand werden. Dies ist bei einer stationären Strömung nicht möglich, weil diese im bewegten Bezugssystem sogleich zu einer instationären Strömung wird.

Die Kontinuitätsbedingung in Lagrange-Koordinaten ist schon allein durch die zeitliche Unabhängigkeit des Integrals über $\varrho_0 f_0\, \mathrm{d}a$, der Masse des Elementes $\mathrm{d}a$, gegeben. In dieser Darstellung klingt die Kontinuitätsbedingung nahezu trivial. Das Integral über x zeigt folgende Beziehung für die Massenelemente in Eulerscher und Lagrangescher Schreibweise:

$$\varrho f\, \mathrm{d}x = \varrho_0 f_0\, \mathrm{d}a. \tag{7}$$

Die Kontinuitätsbedingung (6) drückt eine Massenbeziehung, die entsprechende Gl. (3) eine Durchflußmengenbeziehung (Masse/Zeit) aus. Durch zeitliche Ableitung von Gl. (6) ist ein Vergleich sofort möglich. Es zeigt sich, daß sich die beiden Kontinuitätsbedingungen, wie auch entsprechend die anschließend abgeleiteten Impuls- und Energiesätze, durch die Massenflußglieder $f\varrho W$ durch die Endflächen unterscheiden. Wird nämlich das Integral über x in Gl.(6) bei festem x nach t abgeleitet, so sind auch die zeitlichen Ableitungen nach der oberen und unteren Grenze auszuführen, was gerade die entsprechenden Glieder ergibt.

Für eine Funktion $F(x, t)$ gilt mit $\mathrm{d}/\mathrm{d}t$ als gewöhnlicher und $\partial/\partial t$ und $\partial/\partial x$ als partieller Ableitung bei festem x und t:

$$\frac{\mathrm{d}}{\mathrm{d}t}\int\limits_{x_1(t)}^{x_2(t)} F(x, t)\, \mathrm{d}x = \int\limits_{x_1}^{x_2} \frac{\partial F}{\partial t}\, \mathrm{d}x + F(x_2, t)\frac{\mathrm{d}x_2}{\mathrm{d}t} - F(x_1, t)\frac{\mathrm{d}x_1}{\mathrm{d}t}.$$

Speziell in diesem Abschnitt ist $\mathrm{d}x_1/\mathrm{d}t = W_1$; $\mathrm{d}x_2/\mathrm{d}t = W_2$.

Der *Impulssatz* als Gleichung für die Bewegungsgrößen und nicht wie Gl. (4) für deren Ströme aufgestellt, drückt aus, daß die Differenz der Bewegungsgrößen in Richtung der Kraft K zu den Zeiten t und $t = 0$ gleich ist dem Zeitintegral der Kräfte zwischen 0 und t. Wieder sollen die Druckkräfte auf die Endflächen gesondert geschrieben werden:

$$\begin{aligned}&\int\limits_{a_1}^{a_2} [W(a, t)\cos\vartheta(a, t) - W(a, 0)\cos\vartheta(a, 0)]\, \varrho_0 f_0 \mathrm{d}a \\ &\quad = \int\limits_0^t K\, \mathrm{d}t + \int\limits_0^t (p_1 f_1 \cos\vartheta_1 - p_2 f_2 \cos\vartheta_2)\, \mathrm{d}t.\end{aligned} \tag{8}$$

Ganz entsprechend ergibt sich die Gleichung für die *Energie* (und nicht für den Energiestrom):

$$\begin{aligned}&\int\limits_{a_1}^{a_2}\left[\frac{W^2(a, t)}{2} + e(a, t) - \frac{W^2(a, 0)}{2} - e(a, 0)\right]\varrho_0 f_0\, \mathrm{d}a \\ &\quad = \int\limits_0^t L\, \mathrm{d}t + \int\limits_0^t (p_1 W_1 f_1 - p_2 W_2 f_2)\, \mathrm{d}t.\end{aligned} \tag{9}$$

Dabei stehen im letzten Glied die Arbeitsleistungen der Druckkräfte an den Endflächen. Für den allgemeinsten Fall zeitlich veränderlichen Querschnittes $f(x, t)$ ist wieder auf die entsprechenden Arbeitsleistungen zu achten.

Grundsätzlich können die Integralsätze (6), (8) und (9) nach einer zeitlichen Ableitung ganz entsprechend zu den Sätzen des letzten Abschnittes hingeschrieben werden, doch werden in den folgenden Anwendungen gerade die hier wiedergegebenen Formen verwendet.

Mit Hilfe der Integralsätze dieses oder des vorhergehenden Abschnittes könnten nun die Bedingungen für instationäre Stöße gefunden werden, vgl. [•23], Beispiel III,1.

5. Differentialgleichungen in Eulerscher Darstellung

Die Anwendung der Integralsätze auf Längenelemente $\mathrm{d}x$ liefert sofort die entsprechende Differentialgleichung. Dabei ergeben die Differenzen der in den Endflächen f_2 und f_1 auftretenden Größen dividiert durch $\mathrm{d}x$ die örtlichen Änderungen der entsprechenden Größen. Beispielsweise ist in der Grenze:

$$\lim_{dx\to 0} \frac{f_2\varrho_2 W_2 - f_1\varrho_1 W_1}{\mathrm{d}x} = \frac{\partial f\,\varrho W}{\partial x} = f\varrho\frac{\partial W}{\partial x} + fW\frac{\partial \varrho}{\partial x} + \varrho W\frac{\partial f}{\partial x}. \tag{10}$$

Mit dem im allgemeinen vorgegebenen Querschnitt f auf der linken Gleichungsseite lautet die *Kontinuitätsbedingung* Gl. (3) dann:

$$\frac{1}{\varrho}\frac{\partial \varrho}{\partial t} + \frac{W}{\varrho}\frac{\partial \varrho}{\partial x} + \frac{\partial W}{\partial x} = \frac{1}{\varrho}\frac{\mathrm{d}\varrho}{\mathrm{d}t} + \frac{\partial W}{\partial x} = -\frac{W}{f}\frac{\partial f}{\partial x} - \frac{1}{f}\frac{\partial f}{\partial t} = -\frac{1}{f}\frac{\mathrm{d}f}{\mathrm{d}t}. \tag{11}$$

Zur Ableitung der Bewegungsgleichung ist der Impulssatz Gl. (4) wieder auf einen Kegelstumpf (Abb. II,7) anzuwenden. Die Rechnung unterscheidet sich im übrigen von jener bei stationärer Strömung nur dadurch, daß partielle Ableitungen nach der Zeit auftreten, von denen jene der Dichte $\partial\varrho/\partial t$ nach Anwendung der Kontinuitätsbedingung Gl. (11) wegfällt. Mit X als Massenkraft in x-Richtung bezogen auf die Masseneinheit ist:

$$\begin{aligned}\frac{\partial W}{\partial t} + W\frac{\partial W}{\partial x} = \frac{\mathrm{d}W}{\mathrm{d}t} &= -\frac{1}{\varrho}\frac{\partial p}{\partial x} + X \\ &= -\frac{\partial i}{\partial x} + T\frac{\partial s}{\partial x} - (g_1 - g_2)\frac{\partial \alpha}{\partial x} + X.\end{aligned} \tag{12}$$

Dabei wurde in der unteren Zeile der Druck p ganz analog wie in Gl. (II,59) mittels der thermodynamischen Beziehungen (I,71) und der Kettenregel der Differentiation durch i, s, α ersetzt. In der *Bewegungsgleichung* fehlt wieder der Querschnitt f.

Bevor der Energiesatz in die differentiierte Form übergeführt wird, sei die Leistung L genauer ausgedrückt. Sie besteht erstens aus der von außen zugeführten Wärme. Die der Masseneinheit eines Teilchens insgesamt zugeführte

Wärme war q, Gl. (I,22). Mithin ist die der Masseneinheit pro Zeiteinheit zugeführte Wärme:

$$\int_{x_1}^{x_2} \frac{\mathrm{d}q}{\mathrm{d}t} f\varrho \, \mathrm{d}x. \tag{13}$$

Zur zeitlichen Verengung des Stromfadens wird auch Leistung aufgewendet, die sich aus dem Produkt von Druck p und zeitlicher Volumenabnahme auf der Strecke $\mathrm{d}x$ ergibt

$$-\int_{x_1}^{x_2} p \frac{\partial f}{\partial t} \mathrm{d}x. \tag{14}$$

Die Arbeitsleistung der äußeren Kräfte X in x-Richtung ist schließlich

$$\int_{x_1}^{x_2} X \varrho f W \, \mathrm{d}x. \tag{15}$$

Dieser Ansatz hat zur Voraussetzung, daß die Kräfte auch wirklich an den bewegten Teilchen angreifen und auf diese Weise Arbeit leisten. Das würde nicht zutreffen bei Reibungskräften an ruhenden Wänden. In diesem Abschnitt interessieren aber Reibungskräfte kaum. Sie werden in allgemeinster Form später behandelt. Nach Einsetzen von L:

$$L = \int_{x_1}^{x_2} \frac{\mathrm{d}q}{\mathrm{d}t} f\varrho \, \mathrm{d}x - \int_{x_1}^{x_2} p \frac{\partial f}{\partial t} \mathrm{d}x + \int_{x_1}^{x_2} X \varrho f W \, \mathrm{d}x$$

in Gl. (5) und Anwendung dieser Gleichung auf eine Strecke $\mathrm{d}x$ ergibt sich nach kurzer Rechnung

$$\left(\frac{W^2}{2} + e\right)\left[\frac{\partial f\varrho}{\partial t} + \frac{\partial f\varrho W}{\partial x}\right] + f\varrho \frac{\mathrm{d}}{\mathrm{d}t}\left[\frac{W^2}{2} + e\right] + fW \frac{\partial p}{\partial x} + p \frac{\partial f W}{\partial x}$$
$$= \frac{\mathrm{d}q}{\mathrm{d}t} f\varrho - p \frac{\partial f}{\partial t} + X\varrho f W.$$

Mit der Kontinuitätsbedingung Gl. (11) fällt der erste Summand weg und können die Glieder mit p als Koeffizient transformiert werden. Nach Division durch $f\varrho$ folgt schließlich:

$$\frac{\mathrm{d}}{\mathrm{d}t}\left(\frac{W^2}{2} + e\right) - \frac{p}{\varrho^2} \frac{\mathrm{d}\varrho}{\mathrm{d}t} + \frac{W}{\varrho} \frac{\partial p}{\partial x} = \frac{\mathrm{d}q}{\mathrm{d}t} + XW. \tag{16}$$

Die Glieder dieser *Energiedifferentialgleichung* lassen sich in verschiedenster Weise zusammenfassen, doch führt keine zu einer ähnlich übersichtlichen Form wie bei stationärer Strömung. Es ist daher am besten, die Kräfte mit der mit W multiplizierten Bewegungsgleichung (12) zu eliminieren, womit der Energiesatz in dem für das Teilchen ruhenden Koordinatensystem, d. h. der *erste Hauptsatz der Wärmelehre*, gewonnen wird:

$$\frac{\mathrm{d}q}{\mathrm{d}t} = \frac{\partial q}{\partial t} + W\frac{\partial q}{\partial x} = \frac{\partial e}{\partial t} + W\frac{\partial e}{\partial x} + p\frac{\partial}{\partial t}\frac{1}{\varrho} + pW\frac{\partial}{\partial x}\frac{1}{\varrho} \tag{17}$$

$$= \frac{\mathrm{d}e}{\mathrm{d}t} + p\frac{\mathrm{d}}{\mathrm{d}t}\frac{1}{\varrho} = \frac{\mathrm{d}i}{\mathrm{d}t} - \frac{1}{\varrho}\frac{\mathrm{d}p}{\mathrm{d}t} = T\frac{\mathrm{d}s}{\mathrm{d}t} - (g_1 - g_2)\frac{\mathrm{d}\alpha}{\mathrm{d}t}.$$

Die Darstellungsform mit der Entropie ist mittels der Gln. (I,70) und (I,71) zu gewinnen, denen das Zweisubstanzenmodell zugrunde liegt. Bleibt die Zusammensetzung des Gemisches unverändert, $\mathrm{d}\alpha/\mathrm{d}t = 0$, oder herrscht zwischen den Teilsubstanzen thermodynamisches Gleichgewicht, $g_1 = g_2$, so fällt der Summand mit α weg. Der II. Hauptsatz gibt bei instationärer Strömung die beste Ergänzung zu den Differentialgleichungen der Bewegung und der Kontinuität.

Würden die Kräfte X keine Arbeit leisten, wie dies bei Reibungskräften, die an ruhenden Wänden angreifen, der Fall ist, so würde der Summand mit X in der Energiegleichung (16), nicht aber in der Bewegungsgleichung (12) fehlen. Nach Subtraktion der mit W multiplizierten Bewegungsgleichung stünde in Gl. (17) neben $\mathrm{d}q/\mathrm{d}t$ noch $-WX$, d. i. die von den *gegen* die Geschwindigkeit gerichteten Reibungskräften produzierte Wärme.

Bei *stationärer* Strömung fallen alle partiellen Ableitungen $\partial/\partial t$ nach der Zeit weg und die partielle Ableitung $\partial/\partial x$ kann durch $\mathrm{d}/\mathrm{d}x$ ersetzt werden. Es kann ferner durch W dividiert werden, womit die Gleichungen des Abschnittes II,7 wiedergewonnen sind.

6. Differentialgleichungen in Lagrangescher Darstellung

Zur Ableitung dieser Gleichungen kann sowohl von den entsprechenden Integralsätzen als auch von den Differentialgleichungen des letzten Abschnittes ausgegangen werden. Der zweite Weg soll hier begangen werden.

Die Kettenregel der Differentiation (Abschnitt 2) liefert für eine beliebige Funktion g mit Gl. (7):

$$\left(\frac{\partial g}{\partial a}\right)_t = \left(\frac{\partial g}{\partial x}\right)_t\left(\frac{\partial x}{\partial a}\right)_t + \left(\frac{\partial g}{\partial t}\right)_x\left(\frac{\partial t}{\partial a}\right)_t = \frac{\varrho_0 f_0}{\varrho f}\left(\frac{\partial g}{\partial x}\right)_t. \tag{18}$$

Mit Gl. (1) ergibt sich dann nach kurzer Transformation aus der *Kontinuitätsbedingung* (11):

$$\frac{\partial}{\partial t}\left(\frac{\varrho_0 f_0}{\varrho f}\right) = \frac{\partial W}{\partial a}, \tag{19}$$

worin ϱ_0 und f_0 Funktionen von a sein können. Da die Geschwindigkeit W selbst die zeitliche Ableitung von x bei festem a darstellt, können W und x in gleicher Weise als Unbekannte gewählt werden. Man gewinnt die *Kontinuitätsbedingung* für x durch Integration von Gl. (19) nach der Zeit:

$$\frac{\varrho_0 f_0}{\varrho f} = \frac{\partial x}{\partial a} \tag{20}$$

oder auch direkt aus Gl. (7).

Mit Gl. (18) folgt aus der *Bewegungsgleichung* (12) sofort

$$\begin{aligned}\frac{\partial W}{\partial t} = \frac{\partial^2 x}{\partial t^2} &= -\frac{f}{f_0}\frac{1}{\varrho_0}\frac{\partial p}{\partial a} + X \\ &= -\frac{f\varrho}{f_0\varrho_0}\left[\frac{\partial i}{\partial a} - T\frac{\partial s}{\partial a} + (g_1 - g_2)\frac{\partial \alpha}{\partial a}\right] + X.\end{aligned} \tag{21}$$

In der zweiten Zeile wurde die Ableitung des Druckes wie in Gl. (12) durch die Ableitungen von i, s und α ersetzt.

Die noch fehlende Beziehung zwischen Druck und Dichte wird durch den *ersten Hauptsatz* Gl. (17) gegeben. Er lautet in Lagrangescher Darstellung:

$$\frac{\partial q}{\partial t} = \frac{\partial e}{\partial t} + p\frac{\partial}{\partial t}\frac{1}{\varrho} = T\frac{\partial s}{\partial t} - (g_1 - g_2)\frac{\partial \alpha}{\partial t}. \tag{22}$$

Wo keine Wärmezufuhr stattfindet, auch keine Wärme durch Reibung entwickelt wird und außerdem ungehemmtes thermodynamisches Gleichgewicht herrscht, $g_1 = g_2$, oder gehemmtes thermodynamisches Gleichgewicht, $\alpha =$ konst., muß also die massenfeste zeitliche Ableitung der Entropie verschwinden. Im quellenfreien Feld ist die im folgenden mit dem Symbol μ bezeichnete Masse, die zwischen einem bestimmten Teilchen a_1 und einem Teilchen a eingeschlossen ist, ebenfalls eine zweckmäßige Lagrange-Variable. Es gilt mit a' als Integrationsvariable:

$$\mu = \int_{a_1}^{a} \varrho_0(a')\, f_0(a')\, da' \qquad \text{oder} \qquad \frac{\partial \mu}{\partial a} = \varrho_0(a)\, f_0(a). \tag{23}$$

Da μ seiner Definition nach nur von a, nicht aber von t abhängt, lautet die *Kontinuitätsbedingung* statt Gl. (19) oder (20) auch:

$$\frac{\partial}{\partial t}\left(\frac{1}{\varrho f}\right) = \frac{\partial W}{\partial \mu} \qquad \text{oder} \qquad \frac{1}{\varrho f} = \frac{\partial x}{\partial \mu} \tag{24}$$

und die *Bewegungsgleichung*:

$$\frac{\partial W}{\partial t} = \frac{\partial^2 x}{\partial t^2} = -f\frac{\partial p}{\partial \mu} + X. \tag{25}$$

Da festgehaltenes a gleichbedeutend ist mit festgehaltenem μ, kann der Energiesatz Gl. (22) unverändert beibehalten werden.

7. Strömungen ohne Beschleunigung

Sind strömende Teilchen ohne Einwirkung äußerer Kräfte sich selbst überlassen, so kann der Fall eintreten, daß sich jedes Teilchen mit der ihm eigenen, zeitlich unveränderlichen Geschwindigkeit vorwärtsbewegt. Es ist naheliegend, diesen Vorgang in der Lagrangeschen Darstellungsweise zu verfolgen. Aus der Bewegungsgleichung (21) folgt wegen $W = W(a)$ sofort:

$$W = W(a); \quad p = p(t), \tag{26}$$

unter den Teilchen muß also völliger Druckausgleich herrschen.

Um aus der Kontinuitätsbedingung (19) weitere Schlüsse zu ziehen, müssen Annahmen über den Querschnittsverlauf gemacht werden. Vor allem wird der ebene, der zylindrische und der kugelsymmetrische Fall interessieren. Es ist:

$$f = x^\sigma \tag{27}$$

mit $\sigma = 0$, 1 und 2 für ebene Strömung, für Zylinder- und Kugelsymmetrie, wobei der Querschnitt im Abstand $x = 1$ auf $f = 1$ festgelegt ist, was keine Einschränkung bedeutet. Mit Gl. (1) kann f sogleich abhängig von a und t dargestellt werden. Es ist:

$$\frac{\partial \ln f}{\partial t} = W \frac{\sigma}{x} \begin{cases} = 0 \text{ für } \sigma = 0 \\ = W \sigma f^{-1/\sigma} \text{ für } \sigma \neq 0. \end{cases}$$

Weil W nur von a abhängt, läßt sich diese Gleichung integrieren, was mit Rücksicht auf:

$$f = f_0 = a^\sigma \text{ für } t = 0$$

bei jedem σ zur Gleichung führt:

$$\frac{f}{f_0} = \left(1 + \frac{Wt}{a}\right)^\sigma. \tag{28}$$

Auch die Kontinuitätsbedingung (19) läßt sich integrieren. Mit $\partial W/\partial a = W'$ ist bei richtiger Wahl der Integrationskonstanten

$$\frac{\varrho_0}{\varrho} \frac{f_0}{f} = 1 + W't.$$

Hierin kann ϱ_0 wie f_0 noch von a abhängen.

Da aber keine Wärme zugeführt und eine einfache Substanz angenommen werden soll, dehnt sich jedes Teilchen für sich isentrop aus. ϱ/ϱ_0 ist also eine Funktion von p/p_0 und daher eine reine Zeitfunktion. Während aber p nach Gl. (26) nur von der Zeit abhängt, können ϱ_0 und ϱ einzeln auch noch von a abhängen. Nach der letzten Gleichung und Gl. (28) kann ϱ_0/ϱ nur dann unabhängig von a sein, wenn

$$W' = \text{konst.} \quad \text{und} \quad W = W'a \tag{29}$$

ist. Damit lautet die Lösung für eine unbeschleunigte Strömung

$$W = W'a; \quad \varrho_0/\varrho = (1 + W't)^{\sigma+1} \tag{30}$$

mit $\sigma = 0$, 1, 2 für den ebenen, zylinder- und kugelsymmetrischen Vorgang. Daraus läßt sich — etwa beim id. Gas konst. sp. W. — mit Hilfe der Isentrope die Änderung von Druck, Temperatur und Schallgeschwindigkeit ermitteln.

Das Ergebnis ist einleuchtend. Im Zentrum des Zylinders oder der Kugel ist die Geschwindigkeit Null. Je nachdem, ob W' positiv oder negativ ist, wächst die vom Zentrum weg oder auf das Zentrum hin gerichtete Geschwindigkeit proportional mit a über alle Grenzen. (Bei ebener Strömung gibt es kein Zentrum, der Punkt $a = 0$ ist nicht ausgezeichnet.) Entsprechend zur Volumenänderung

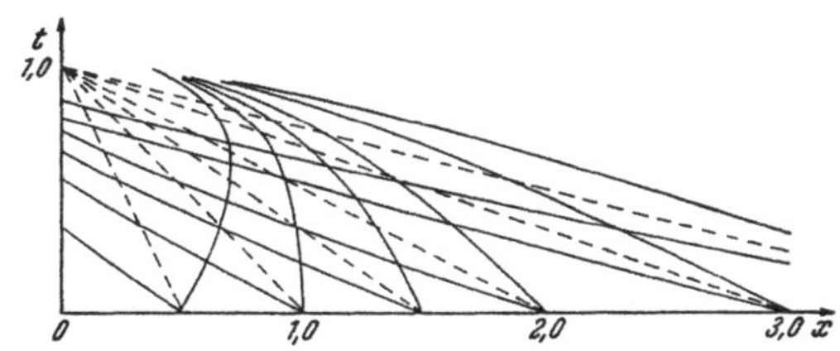

Abb. III,1. Kugelsymmetrische beschleunigungslose Strömung ($\varkappa = 1{,}4$) ——— Machlinien, - - - - Teilchenbahnen.

ändert sich die Dichte in den drei Fällen mit der ersten, zweiten oder dritten Potenz der Zeit. Bewegen sich die Teilchen auf das Zentrum zu ($W' < 0$), so steigt die Dichte und um so mehr der Druck über alle Grenzen.

Abb. 1 zeigt eine kugelsymmetrische, beschleunigungslose Strömung für ein id. Gas konst. sp. W. ($\varkappa = 1{,}40$) und konstanter Entropie. Die Maßstäbe sind so gewählt, daß die Teilchen in den Punkten $t = 0$; $x = 1{,}0$; 2,0; 3,0 mit einfacher, zweifacher, dreifacher Schallgeschwindigkeit strömen und sich zur Zeit $t = 1$ im Zentrum treffen. Bei der Kompression bleibt wohl die Geschwindigkeit der einzelnen Teilchen konstant, jedoch steigt mit Dichte und Druck auch die Schallgeschwindigkeit. Die Kurven, welche den Ort eines bestimmten Teilchens in jedem Zeitpunkt angeben, heißen *Teilchenbahnen*, in der älteren Literatur auch *Lebenslinien*. Sie ergeben sich durch Integration von $(\partial x/\partial t)_a = W$ hier als Geraden. Ist einmal $x(t, a)$ bekannt, so kann a aus den Gln. (30) eliminiert und der Vorgang in der x, t-Ebene dargestellt werden. In Abb. 1 sind ferner jene Kurven eingetragen, welche den Ort einer von einer gegebenen Stelle ausgehenden unendlich schwachen Schallwelle abhängig von der Zeit angeben. Diese Kurven heißen *Machsche Linien*. Die Fortpflanzungsgeschwindigkeit $\mathrm{d}x/\mathrm{d}t$ schwacher Schallwellen ergibt sich aus der Summe von Strömungsgeschwindigkeit und Schallgeschwindigkeit, je nachdem, ob sie in positiver oder negativer x-Richtung laufen, zu

$$\frac{\mathrm{d}x}{\mathrm{d}t} = W \pm c. \tag{31}$$

Die Kurvengleichung einer Machlinie ergibt sich dann durch Integration von Gl. (31). Diese ist nicht immer leicht durchführbar. Wenn jedoch die Lösung und damit $W(x, t)$ und $c(x, t)$ bekannt ist, läßt sich ein „Richtungsfeld" zeichnen, in dem mit Gl. (31) die beiden Neigungen der Machlinien in einer großen Zahl von Punkten in die x, t-Ebene eingezeichnet werden, woraus sich unmittelba ein Bild der Machlinien ergibt.

Weil bei Unterschallgeschwindigkeit die eine Schallwelle stets gegen di Strömung anzulaufen vermag, ist $W < c$ dadurch im Bild gekennzeichnet, da. die beiden Mach-Linien Neigungen entgegengesetzten Vorzeichens aufweiser während die Neigungen der Machlinien bei Überschallgeschwindigkeiten gleiche Vorzeichen mit jener der Teilchenbahn haben. Die Richtungskotangente de Teilchenbahn, gegeben durch W, ergibt sich mit Gl. (31) sofort als arithmetische Mittel der Richtungskotangenten beider Machlinien im selben Punkt. Be Schallgeschwindigkeit steht eine Machlinie senkrecht zur x-Achse. Aus de Differenz der Machlinienkotangenten ergibt sich sogleich die Schallgeschwindig keit. Aus den beiden Machlinienscharen ist somit der ganze Strömungszustan abzulesen.

Die Bedeutung der Machlinien liegt darin, daß sie die Grenzen der *Beein flußbarkeit* der einzelnen Teile untereinander darstellen, solange keine Stöße auf treten. Diese laufen ja mit Überschallgeschwindigkeit und vermögen dahe Störungen in Gebiete hereinzutragen, welche Machwellen nicht zugänglich sind Herrscht in Abb. 1 beispielsweise der Anfangszustand ($t = 0$) nur zwischen de Punkten $0{,}5 \leqq x \leqq 2{,}0$, so stellt das Bild die Vorgänge innerhalb jener Zon richtig dar, welche von der im Punkte $t = 0$, $x = 0{,}5$ nach rechts laufenden un im Punkte $t = 0$, $x = 2{,}0$ nach links laufenden Machlinie begrenzt wird. Inner halb dieser Zone kann sich eine Störung, wie sie eine Änderung der Anfangs bedingungen außerhalb des Intervalls darstellt, gar nicht bemerkbar machen

Um also beim beschriebenen Vorgang im Zentrum hohe Drücke zu erzeugen ist es keineswegs erforderlich, gleich hohe Drücke auch weiter draußen sicher zustellen, da sich die Zustände außen nur bedingt im Zentrum bemerkbar machen Es handelt sich bei Abb. 1 um einen der *Hohlraumwirkung* verwandten Effekt bei welchem die Energiekonzentration in einem Zentrum dort zu Kompressione und Druckerhöhungen führt, welchen auch starke Panzerplatten nicht meh gewachsen sind.

8. Das vereinfachte innerballistische Problem

Für die Frage, ob in einem durch bewegliche Kolben abgeschlossenen Zylinde einheitliche thermische Zustände angenommen werden können, ist die Möglich keit eines Druckausgleiches entscheidend. Voraussetzung ist dabei natürlich, da die einzelnen Teile des Mediums ausgehend von gleicher Entropie während de Ausdehnung gleiche Entropieänderungen erleiden oder sich überhaupt isentro ausdehnen. Andernfalls wäre mit einem Druckausgleich ja auch kein Ausgleic von Temperatur und Dichte verbunden.

Aus der Bewegungsgleichung (12) ergibt sich der örtliche Druckunterschie Δp von zwei Stellen, welche die Entfernung l haben, aus mittlerer Dichte un Beschleunigung $(\partial W/\partial t)_a$ wie folgt:

$$\Delta p \approx \varrho l \left(\frac{\partial W}{\partial t}\right)_a .$$

Der Druck ist, wenn man sich mit der Näherung durch ein ideales Gas begnügt, $\varkappa p = \varrho c^2$, woraus sich dann die *örtliche* Druckschwankung berechnet:

$$\frac{\Delta p}{p} \approx \varkappa \frac{l \left(\frac{\partial W}{\partial t}\right)_a}{c^2}. \tag{32}$$

In kleinsten Abständen l kann also bei endlichen Beschleunigungen stets Druckausgleich angenommen werden, was für die Anwendung der Thermodynamik quasistatischer Vorgänge auf die Teilchen des strömenden Mediums entscheidend ist.

Es leuchtet ein, daß sowohl die Schallgeschwindigkeit als auch die Entfernung l der Punkte mit dem Druckunterschied Δp in die Gleichung für die Druckschwankung eingehen muß. Dann läßt sich aber nur eine dimensionslose Größe zusammen mit der mittleren Beschleunigung der Gasmasse bilden. Deren Wert läßt sich für den Vorgang in einem Rohr der Länge l leicht abschätzen. War die Gasmasse anfangs mit der Geschwindigkeit $W = 0$ auf die Gegend des Rohrbodens konzentriert und hatte sie schließlich in der Rohrmitte $l/2$ die mittlere Geschwindigkeit $\overline{W}$, so brauchte sie zur Erlangung dieser Geschwindigkeit die Zeit $(l/2)/(\overline{W}/2) = l/\overline{W}$. Daraus errechnet sich eine mittlere Beschleunigung von $\overline{W}^2/l$ und mit Gl. (32) die Abschätzung:

$$\frac{\Delta p}{p} \approx \varkappa \frac{\overline{W}^2}{c^2}.$$

Örtlicher Druckausgleich im Rohr kann also angenommen werden, wenn die mittlere Geschwindigkeit des Treibstoffes (der Ladung) genügend klein gegen die Schallgeschwindigkeit ist. Diese beträgt rund den dreifachen Wert (etwa 1000 m/sec) der Schallgeschwindigkeit in Luft normaler Temperatur, weil die absolute Temperatur im Rohr rund zehnfache Außentemperatur annimmt.

Für nicht zu hohe Geschoßgeschwindigkeiten W_G kann also wie bei der beschleunigungslosen Strömung mit Druckausgleich im Rohr — $p = p(t)$; $\varrho = \varrho(t)$ — und folglich mit linearer Verteilung der Geschwindigkeit in jedem Zeitpunkt über die Rohrlänge gerechnet werden. Damit ist annähernd $\overline{W} = W_G/2$, wenn $\Delta p/p \approx (\varkappa/4)\,(W_G/c)^2 \ll 1$ ist.

Wird von äußeren Kräften abgesehen (freier Rohrrücklauf, während das Geschoß im Rohr ist) und wird der Nullpunkt der Zeitzählung in den Ruhezustand vor der Auslösung des Schusses verlegt, so kann der Impulssatz (8) mit f als Rohrquerschnitt wie folgt geschrieben werden:

$$\int\limits_{a=a_1}^{a_2} W(a, t)\, \varrho_0 f \,\mathrm{d}a = \int\limits_0^t (p_1 - p_2)\, f \,\mathrm{d}t.$$

Hierin sei a_1 der Rohrboden mit dem zeitlich veränderlichen Druck p_1 und a_2 der Geschoßboden. Die Reibung des Geschosses an der Rohrwand werde vernachlässigt. Dann sind $p_1 f$ und $p_2 f$ die auf Rohr und Geschoß wirkenden Kräfte, woraus sich mit M_R, W_R und M_G, W_G als Masse und Geschwindigkeit von Rohr und Geschoß nach NEWTON ergibt:

$$M_R \frac{\mathrm{d}W_R}{\mathrm{d}t} = -p_1 f; \qquad M_G \frac{\mathrm{d}W_G}{\mathrm{d}t} = +p_2 f.$$

Zur Berechnung des Impulsintegrals des Treibstoffes soll der lineare Geschwindigkeitsansatz für Strömung geringer Beschleunigung gewählt werden:

$$W = W_R + (W_G - W_R)\frac{a - a_1}{a_2 - a_1}. \tag{33}$$

Nach Ausrechnen aller Integrale auf Grund der obigen Ansätze erhält man schließlich mit $M_L = \varrho_0 f(a_2 - a_1)$ als Ladungsmasse den *Impulssatz*:

$$W_G\left[M_G + \frac{1}{2}M_L\right] = -W_R\left[M_R + \frac{1}{2}M_L\right]. \tag{34}$$

Gl. (34) gibt eine Bindung zwischen Rohr- und Geschoßgeschwindigkeit und Rohr-, Geschoß- und Ladungsmasse. — In der Ballistik wird gerne die Rohrgeschwindigkeit in x-Richtung positiv gezählt, was in Gl. (34) rechts ein positives Vorzeichen ergäbe. — Die Zuzählung der halben Ladungsmasse zur Rohrmasse ist von untergeordneter Bedeutung. Der Anteil der Ladung, welcher zur Geschoßmasse hinzuzuzählen ist, in Gl. (34) also der Faktor 1/2, heißt *Sébertscher Faktor*.

Zur Berechnung der Geschoßgeschwindigkeit muß vom Energiesatz Gl. (9) ausgegangen werden. Entsprechend einem Linearansatz der Geschwindigkeit sind die thermischen Zustandsgrößen und damit auch e als unabhängig von a, $e = e(t)$, anzusetzen. Als nach außen abgegebene Leistung sei nur eine abgegebene Wärmemenge Q angenommen:

$$Q = -\int_0^t L\,\mathrm{d}t.$$

Da $W_1\,\mathrm{d}t = W_R\,\mathrm{d}t$ und $W_2\,\mathrm{d}t = W_G\,\mathrm{d}t$ die Wegelemente von Rohr und Geschoß sind, stellen die Druckintegrale in Gl. (9) die Leistungen der Druckkräfte am Rohr und am Geschoß, also die kinetischen Energien der entsprechenden Massen dar:

$$-\int_0^t p_1 W_1 f\,\mathrm{d}t = -f\int_0^t p_R\,\mathrm{d}x = M_R\frac{W_R^2}{2};$$

$$\int_0^t p_2 W_2 f\,\mathrm{d}t = f\int_0^t p_G\,\mathrm{d}x = M_G\frac{W_G^2}{2}.$$

Die *Energiegleichung* (9) lautet dann:

$$\int_{a_1}^{a_2}\frac{W^2(a,t)}{2}\varrho_0 f\,\mathrm{d}a + M_R\frac{W_R^2}{2} + M_G\frac{W_G^2}{2}$$

$$= \int_{a_1}^{a_2}[e(a,0) - e(a,t)]\,\varrho_0 f_0\,\mathrm{d}a - Q$$

und nach Integration mit dem Ansatz für kleine Beschleunigungen:

$$M_L \frac{W_G^2 + W_G W_R + W_R^2}{6} + M_G \frac{W_G^2}{2} + M_R \frac{W_R^2}{2} = M_L[e(0) - e(t)] - Q. \quad (35)$$

Hierin kann noch die Rohrgeschwindigkeit mittels Gl. (34) eliminiert werden. Für große rücklaufende Rohrmassen, also *kleine* Geschwindigkeiten W_R, ist schließlich:

$$\frac{W_G^2}{2}\left(\frac{M_G}{M_L} + \frac{1}{3}\right) = e(0) - e(t) - \frac{Q}{M_L}. \quad (36)$$

In den Lehrbüchern der Ballistik wird die kinetische Energie der Ladung vielfach einfach aus deren mittlerer Geschwindigkeit berechnet, was sich so auswirkt, daß in der Klammer statt des Summanden $^1/_3$ der Wert $^1/_4$ steht. Zu dieser Ungenauigkeit besteht aber kein Anlaß.

Die Differenz der inneren Energie ergibt sich aus der Temperatur T_0, welche die Ladung annehmen würde, wenn sie im Ausgangszustand völlig verbrennen würde, und der Temperatur T zur Zeit des Geschoßaustrittes. Letztere ist im allgemeinen noch sehr hoch. Beträgt nämlich der Laderaum etwa 10% des Rohrvolumens, d. h. sinkt die Dichte bei der Ausdehnung auf rund 10%, so fällt die Temperatur bei isentropischer Ausdehnung nur etwa auf die Hälfte. Es wird also nur rund die Hälfte der verfügbaren Energie ausgenutzt, worin der Hauptverlust beim Schußvorgang liegt.

Legt man dem Verbrennungsprodukt folgende Zusammensetzung zugrunde [1]: 47(Vol.)% CO, 18% H_2, 17% H_2O, 11% N_2, 6% CO_2, so entspricht das einem mittleren Molgewicht von rund $m = 22$. Für ein Verhältnis der spezifischen Wärmen von [1] $\varkappa = 1{,}286$ errechnet sich aus Gl. (I,30) eine spezifische Wärme von $c_v = 0{,}32$ cal/g Grad. Bei einer Verbrennungstemperatur von $T_0 = 2800\,^\circ$K und einer Mündungstemperatur von $T = 1700\,^\circ$K wäre dann

$$e(T_0) - e(T) = c_v(T_0 - T) = 350 \text{ cal/g},$$

wobei hier näherungsweise mit den Formeln eines id. Gases konst. sp. W. gerechnet wurde.

Bei einem Verhältnis der Geschoßmasse zur Ladungsmasse von $M_G/M_L = 7$ würde mit Gl. (36) ohne Wärmeverluste an das Rohr ($Q = 0$) die Geschwindigkeit W_G sein:

$$W_G = \sqrt{2\frac{e(T_0) - e(T)}{\frac{M_G}{M_L} + \frac{1}{3}}} = 630 \text{ m/sec.}$$

Die hier und auch in späteren einschlägigen Abschnitten vorgenommene Vernachlässigung der Wärmeverluste des Pulvergases an das Rohr und der Reibung des Geschosses an der Rohrwand kann in vielen Fällen, wie etwa bei großen Kalibern, gerechtfertigt, wird jedoch für genauere Rechnungen nicht immer zulässig sein. Eine Berücksichtigung dieser Effekte liegt jedoch außerhalb des Rahmens dieses Buches. Die starke Erwärmung der Rohrwand ist aber noch kein stichhaltiges Argument für eine Berücksichtigung der Wärmeleitungs- und Reibungseffekte, weil eine solche Erwärmung oft erst nach einer ganzen Schußserie festgestellt wird.

Die Rohrgewichte richten sich nach den auftretenden Höchstdrucken. Um diese nach der Zündung in Grenzen zu halten, wird in der Ballistik mit Verzögerung der Verbrennung gearbeitet. Die durch das Vortreiben des Geschosses erzielte Erweiterung des Verbrennungsraumes führt dann zu einer Herabsetzung der Druckspitzen.

Auf das Abweichen der Strömung von der quasistationären Ausdehnung wird in genaueren Rechnungen der Abschnitte 38 und 42 eingegangen.

Verschiedentlich wird Gl. (36) auch auf Gase mit einfachen Zustandsgleichungen und ohne Wärmeverluste, $Q = 0$, angewendet. Für das „Abelsche" Gas mit dem Kovolumen b, Gl. (I, 3), erhält man beispielsweise aus den Gln. am Ende des Abschnittes I,11 — vgl. auch [•22] Beispiel 1,8 p. 38 — wie beim id. Gas konst. spez. W.:

$$e = c_v T + \text{konst.}; \quad c_p - c_v = R/m.$$

Aus der Entropiegleichung (I,61), der Zustandsgleichung (I,3) und der Gleichung für die Schallgeschwindigkeit (II,23) folgt dann:

$$\frac{T_0}{T} = \left(\frac{1 - \varrho_0 b}{\varrho_0/\varrho - \varrho_0 b}\right)^{\varkappa - 1}; \quad c^2 = \frac{\varkappa p}{\varrho(1 - \varrho b)}.$$

Berücksichtigt man noch, daß mit l als Abstand von Geschoß- und Rohr-Boden, Abb. 39, und f als Rohrquerschnitt unter den getroffenen Annahmen aus der Konstanz der Ladungsmasse

$$M_L = \varrho l f = \varrho_0 l_0 f$$

sich eine Beziehung zwischen Dichte und Geschoßlage l ergibt, so erhält man für die Geschoßgeschwindigkeit nach elementarer Zwischenrechnung:

$$\begin{aligned} W_G^2 \left(\frac{M_G}{M_L} + \frac{1}{3}\right) &= \frac{2}{\varkappa - 1} \frac{p_0}{\varrho_0} (1 - \varrho_0 b) \left[1 - \left(\frac{1 - \varrho_0 b}{l/l_0 - \varrho_0 b}\right)^{\varkappa - 1}\right] \\ &= \frac{2}{\varkappa(\varkappa - 1)} c_0^2 (1 - \varrho_0 b)^2 \left[1 - \left(\frac{1 - \varrho_0 b}{l/l_0 - \varrho_0 b}\right)^{\varkappa - 1}\right]. \end{aligned}$$

Hier geht als Kennzahl neben $\varkappa$ und neben dem Verhältnis M_L/M_G von Ladungs- und Geschoßmasse noch der Parameter $\varrho_0 b$, das Verhältnis von Kovolumen und spezifischem Ladungsvolumen $1/\varrho_0$, ein. Für $\varrho_0 b \ll 1$ folgt aus den letzten Gleichungen das Ergebnis für ein ideales Gas konst. sp. W. als Treibladung. Wenn der nicht geringe Einfluß des Kovolumens festgestellt werden soll, so muß festgehalten werden, ob bei gleichem T_0, bei gleichem p_0 und ϱ_0, oder bei gleichem c_0 verglichen werden soll!

9. Grundgleichungen für die Wellenausbreitung

Die instationären Vorgänge in Gasen können ganz allgemein als Ausbreitung von Wellen endlicher Amplitude aufgefaßt werden, Wellen, die sich in x-Richtung und entgegen der x-Richtung fortpflanzen können.

Für die besonders interessanten Fälle der Ausbreitung von ebenen Wellen (f = konst.), Zylinderwellen (f proportional x) und Kugelwellen (f proportional x^2) gilt:

$$\frac{1}{f}\frac{\mathrm{d}f}{\mathrm{d}t} = \frac{W}{f}\frac{\mathrm{d}f}{\mathrm{d}x} = \frac{\sigma}{x} W \begin{cases} \sigma = 0\text{: ebenes Problem} \\ \sigma = 1\text{: Zylinderwellen} \\ \sigma = 2\text{: Kugelwellen} \end{cases} \tag{37}$$

Durch die Kontinuitätsbedingung (11), die Bewegungsgleichung (12) und den ersten Hauptsatz der Wärmelehre (17) werden die Vorgänge voll beschrieben, wozu freilich noch Anfangs- und Randbedingungen zu treten haben. Die Wahl der geeigneten Variablen hängt allerdings sehr von der Aufgabe ab.

Bei zahlreichen Anwendungen ist es vorteilhaft, mit p, s und α zu arbeiten. Mit Hilfe der direkt aus Abschnitt I,14 übernommenen Form des *I. Hauptsatzes*, wobei ein Gasgemisch angenommen sei, Gl. (I,98) mit Berücksichtigung von (I,99),

$$\frac{1}{\varrho}\frac{d\varrho}{dt} = \frac{1}{c^2}\frac{1}{\varrho}\frac{dp}{dt} + \left[\frac{r_p}{c_p T} - \left(\frac{m_1}{m_2} - 1\right)\frac{m}{m_1}\right]\frac{d\alpha}{dt} - \frac{1}{c_p T}\frac{dq}{dt}, \tag{38}$$

kann die Ableitung der Dichte aus der Kontinuitätsgleichung (11) eliminiert werden und man erhält das System:

$$\begin{aligned}
&\frac{1}{c^2}\frac{1}{\varrho}\frac{\partial p}{\partial t} + \frac{W}{c^2}\frac{1}{\varrho}\frac{\partial p}{\partial x} + \frac{\partial W}{\partial x} = -\frac{1}{f}\frac{df}{dt} - \left[\frac{r_p}{c_p T} - \left(\frac{m_1}{m_2} - 1\right)\frac{m}{m_1}\right]\frac{d\alpha}{dt} + \frac{1}{c_p T}\frac{dq}{dt};\\
&\frac{\partial W}{\partial t} + W\frac{\partial W}{\partial x} + \frac{1}{\varrho}\frac{\partial p}{\partial x} = X;\\
&\frac{\partial s}{\partial t} + W\frac{\partial s}{\partial x} = \frac{g_1 - g_2}{T}\frac{d\alpha}{dt} + \frac{1}{T}\frac{dq}{dt}.
\end{aligned} \tag{39}$$

Beim Massenanteil α wurde absichtlich die massenfeste Ableitung nach der Zeit beibehalten, weil nämlich bei Relaxationsvorgängen der Wert von $d\alpha/dt$ noch durch eine weitere Gleichung, beispielsweise (I,127) oder (I,128), gegeben ist. In der eckigen Klammer der ersten Zeile liefert wieder der r_p-Summand den Haupteffekt der Gasreaktion. Der zweite zu $(m_1 - m_2)$ proportionale Summand, nämlich die durch die Änderung des Molgewichtes bedingte Ausdehnungsarbeit, wird dagegen meist zu vernachlässigen sein.

Bei einer *einfachen Substanz*, $\alpha = 0$, oder bei *eingefrorenem Gleichgewicht*, $\alpha =$ konst., fallen die beiden α-Terme weg. c ist wie immer die eingefrorene Schallgeschwindigkeit. Die Gln. (39) dürfen unter Weglassen der α-Terme jedoch auch für nicht eingefrorenes *thermodynamisches Gleichgewicht* verwendet werden, wenn nur c durch die Gleichgewichtsschallgeschwindigkeit $\bar{c}$ ersetzt wird; siehe auch Abschnitt II,15.

Bei einem Vergleich des Systems (39) mit einem entsprechenden System für stationäre Strömung, etwa Gl. (VI,10,18), fällt die größere Inhomogenität der Differentialgleichungen für instationäre Vorgänge auf. Diese ist in den unterschiedlichen Dimensionen von W und den thermodynamischen Größen p, ϱ usw. begründet. Wenn man jedoch, wie das im folgenden geschehen wird, die Schallgeschwindigkeit c selbst anstelle von p einführt, so zeigt sich wegen der gleichen Dimension von c mit W sofort größere Homogenität.

Für das Folgende sei ein einfaches ideales Gas angenommen. Eine Voraussetzung konstanter spezifischer Wärmen ist zunächst nicht erforderlich, wird jedoch in einem späteren Stadium bei der Anwendung des Gleichungssystems in der Regel getroffen.

Mit Gl. (II,25) kann c^2 leicht auf i zurückgeführt werden. Damit folgt aber aus den Gln. (I,67):

$$\left(\frac{\partial p}{\partial c}\right)_s = \frac{2}{\varkappa - 1} c \left(\frac{\partial p}{\partial i}\right)_s = \frac{2}{\varkappa - 1} c \cdot \varrho\,; \qquad \left(\frac{\partial p}{\partial s}\right)_c = \left(\frac{\partial p}{\partial s}\right)_i = -\frac{c^2}{\varkappa - 1} \frac{\varrho}{c_p}. \tag{40}$$

Mit (40) können nun p und ϱ aus dem System (39) eliminiert werden und man erhält:

$$\begin{aligned} &\frac{2}{\varkappa - 1} \frac{\partial c}{\partial t} + \frac{2}{\varkappa - 1} W \frac{\partial c}{\partial x} + c \frac{\partial W}{\partial x} = -\frac{c}{f} \frac{\mathrm{d}f}{\mathrm{d}t}; \\ &\frac{\partial W}{\partial t} + W \frac{\partial W}{\partial x} + \frac{2}{\varkappa - 1} c \frac{\partial c}{\partial x} = X + \frac{c^2}{\varkappa - 1} \frac{1}{c_p} \frac{\partial s}{\partial x}; \\ &\frac{\partial s}{\partial t} + W \frac{\partial s}{\partial x} = 0. \end{aligned} \tag{41}$$

Der Faktor $2/(\varkappa - 1)$ bedeutet in der kinetischen Gastheorie die Anzahl der Freiheitsgrade. Er tritt in (41) stets und ausschließlich bei den Ableitungen von c auf.

10. Potential- und Stromfunktionen

Oft ist es zweckmäßig, Funktionen einzuführen, welche die Eigenschaft haben, bestimmten Gleichungen zu genügen. Mit ihrer Hilfe ist es vielfach möglich, die Probleme auf die Lösung einer einzigen Differentialgleichung zweiter Ordnung zu reduzieren.

Wird die Kontinuitätsbedingung (11) in der Form

$$\frac{\partial(f\varrho)}{\partial t} + \frac{\partial(f\varrho W)}{\partial x} = 0$$

geschrieben, so zeigt sich, daß sie durch eine Funktion Ψ mit folgenden Ableitungen befriedigt wird:

$$\Psi_t = +f\varrho W; \qquad \Psi_x = -f\varrho. \tag{42}$$

Ψ erfüllt die Kontinuitätsbedingung identisch. Die Differenz der Ψ-Werte an einem bestimmten Ort x in zwei verschiedenen Zeitpunkten t_2 und t_1 gibt mit Gl. (42):

$$\Psi(x, t_2) - \Psi(x, t_1) = \int_{t_1}^{t_2} f\varrho W\,\mathrm{d}t,$$

d. h. also die Masse, welche am Ort x innerhalb der Zeit t_1 bis t_2 durchgeflossen ist. Die Neigung einer Kurve $\Psi = \text{konst.}$:

$$-\frac{\Psi_t}{\Psi_x} = W \tag{43}$$

ist überall gleich der Neigung der Bahnkurve eines Teilchens in der x, t-Ebene. Damit ist $\Psi =$ konst. die Gleichung einer „Teilchenbahn" oder „Lebenslinie". Wegen der Analogie zur entsprechenden Funktion bei stationärer Strömung werde die durch Gl. (42) definierte Funktion als „Stromfunktion" bezeichnet. Um für diese eine Gleichung zu erhalten, sei die Bewegungsgleichung für eine einfache Substanz zunächst in der Form geschrieben:

$$\begin{aligned}\frac{\partial W}{\partial t} + W\frac{\partial W}{\partial x} + \frac{1}{\varrho}\left(\frac{\partial p}{\partial \varrho}\right)_s \frac{\partial \varrho}{\partial x} + \frac{1}{\varrho}\left(\frac{\partial p}{\partial s}\right)_\varrho \frac{\partial s}{\partial x} = \\ = \frac{\partial W}{\partial t} + W\frac{\partial W}{\partial x} + \frac{c^2}{\varrho}\frac{\partial \varrho}{\partial x} + \frac{1}{\varrho}\left(\frac{\partial p}{\partial s}\right)_\varrho \frac{\partial s}{\partial x} = 0.\end{aligned} \tag{44}$$

Diese Gleichung ist mit $f\varrho$ zu multiplizieren:

$$f\varrho\frac{\partial W}{\partial t} + f\varrho W\frac{\partial W}{\partial x} + fc^2\frac{\partial \varrho}{\partial x} = -f\left(\frac{\partial p}{\partial s}\right)_\varrho \frac{\partial s}{\partial x}$$

und zu der mit W multiplizierten Kontinuitätsbedingung:

$$W\frac{\partial f\varrho}{\partial t} + 2W\frac{\partial f\varrho W}{\partial x} - f\varrho W\frac{\partial W}{\partial x} - W^2\frac{\partial f\varrho}{\partial x} = 0$$

zu addieren, um zu folgender Gleichung zu gelangen:

$$\frac{\partial f\varrho W}{\partial t} + 2W\frac{\partial f\varrho W}{\partial x} + (c^2 - W^2)\frac{\partial f\varrho}{\partial x} = c^2 f\varrho\,\frac{1}{f}\frac{\partial f}{\partial x} - f\left(\frac{\partial p}{\partial s}\right)_\varrho \frac{\partial s}{\partial x}. \tag{45}$$

Die Entropie einer einfachen Substanz *ohne Wärmezufuhr* ist auf Teilchenbahnen ($\Psi =$ konst.) konstant, d. h. sie ist nur abhängig von Ψ, weshalb wie folgt geschrieben werden kann:

$$\frac{\partial s}{\partial x} = \frac{\partial s}{\partial \Psi}\Psi_x = -f\varrho\frac{\mathrm{d}s}{\mathrm{d}\Psi}, \tag{46}$$

wobei $s = s(\Psi)$ eine durch die Ausgangswerte gegebene Funktion sein muß.

Mit Gl. (I,98) für $\alpha = 0$, Gl. (42) und (46) lautet Gl. (45) schließlich:

$$\Psi_{tt} + 2W\Psi_{xt} + (W^2 - c^2)\,\Psi_{xx} = -\Psi_x\frac{c^2}{f}\frac{\partial f}{\partial x} + f\left(\frac{\partial p}{\partial T}\right)_\varrho \frac{T}{c_v}\frac{\mathrm{d}s}{\mathrm{d}\Psi}\Psi_x. \tag{47}$$

Wie die Entropieverteilung über die Teilchenbahn muß natürlich auch der Querschnittsverlauf $[f = f(x, t)]$ bekannt sein. Mit Gl. (43) ist die Geschwindigkeit W und mit Gl. (42) die Dichte ϱ und also mit vorgegebenem $s = s(\Psi)$ auch jede andere Zustandsgröße wie c eine wenn auch recht komplizierte Funktion von Ψ. Gl. (47) stellt also eine die Vorgänge völlig beschreibende, allerdings sehr verwickelte Gleichung dar, die jedoch in einfachen Fällen von Nutzen sein kann.

Es ist auch möglich, die Bewegungsgleichung durch eine entsprechende Funktion — *Potentialfunktion* genannt — zu erfüllen, wobei nun eine Einschränkung auf *annähernd isentrope* Vorgänge gemacht werden soll. Es wird daher auch eingefrorenes, $\alpha =$ konst., oder nicht eingefrorenes, $g_1 = g_2$, thermodynamisches

Gleichgewicht vorausgesetzt. Äußere Kräfte müssen nicht unbedingt, aber sollen im folgenden wegfallen, $X = 0$. Man geht dann am besten von Gl. (12) aus und kann die Bewegungsgleichung unter der Annahme

$$T\frac{\partial s}{\partial x} \ll \frac{\partial i}{\partial x} \tag{48}$$

auch schreiben:

$$\frac{\partial W}{\partial t} + \frac{\partial}{\partial x}\left(\frac{W^2}{2} + i\right) = 0. \tag{49}$$

Sie wird durch folgenden Ansatz für die Potentialfunktion erfüllt:

$$\varphi_x = W; \qquad -\varphi_t = \frac{W^2}{2} + i - i_1 = \frac{W^2}{2} + \frac{1}{\varkappa - 1}(c^2 - c_1^2). \tag{50}$$

Der Ansatz mit i gilt für beliebige Medien, jener mit c nur für id. Gase konst. sp. W.. i_1 und c_1 sind konstante Größen, etwa eine Ruheenthalpie und eine Ruheschallgeschwindigkeit.

Die Geschwindigkeit stellt sich also als Gradient des Potentials dar, wie eine Kraft als Gradient eines Kräftepotentials, woraus auch die Bezeichnung entspringt. Die Ableitung des Geschwindigkeitspotentials φ nach der Zeit gibt gerade jene Verbindung von Geschwindigkeit und thermischer Zustandsgröße, wie sie im Energiesatz bei stationärer Strömung Gl. (II,7) auftritt. φ_t bleibt also für stationäre Strömung konstant und ist daher zur Beschreibung der instationären Effekte besonders geeignet.

Mit Gl. (50) gilt, indem die Ableitungen von i durch solche von ϱ ersetzt werden:

$$\varphi_{xt} = \frac{\partial W}{\partial t} = -W\frac{\partial W}{\partial x} - \frac{c^2}{\varrho}\frac{\partial \varrho}{\partial x} = -W\varphi_{xx} - \frac{c^2}{\varrho}\frac{\partial \varrho}{\partial x},$$

$$\varphi_{tt} = -W\frac{\partial W}{\partial t} - \frac{c^2}{\varrho}\frac{\partial \varrho}{\partial t} = -W\varphi_{xt} - \frac{c^2}{\varrho}\frac{\partial \varrho}{\partial t},$$

womit in der Kontinuitätsbedingung Gl. (11) nun leicht alle Ableitungen ausgedrückt werden können. Es ist:

$$\varphi_{tt} + 2W\varphi_{xt} + (W^2 - c^2)\,\varphi_{xx} = \frac{c^2}{f}\frac{\mathrm{d}f}{\mathrm{d}t} = \frac{c^2}{f}\frac{\partial f}{\partial t} + \varphi_x\frac{c^2}{f}\frac{\partial f}{\partial x}. \tag{51}$$

Auffallend ist die Ähnlichkeit von Gl. (51) mit Gl. (47). Jedoch lassen sich in der — allerdings nur für *annähernd isentrope* Vorgänge geltenden — Gl. (51) die Größen W und c besonders beim id. Gas konst. sp. W. mittels Gl. (50) verhältnismäßig einfach ausdrücken.

Die Bewegungsgleichung erhält man aus dem Impulssatz (4) — ohne Anwendung der Kontinuitätsbedingung! — in der *Divergenzform*:

$$\frac{\partial(\varrho W)}{\partial t} + \frac{\partial}{\partial x}(p + \varrho W^2) = 0. \tag{52}$$

Dabei ist wieder $X = 0$ gesetzt, keineswegs jedoch eine Annahme über die Art des Mediums oder seiner Zustandsänderung getroffen! In dieser Hinsicht sind die Voraussetzungen also viel allgemeiner als jene bei der Einführung einer Potentialfunktion. Es wird sich jedoch später zeigen, daß eine Verallgemeinerung des folgenden Ansatzes (53) auf mehrere Raumkoordinaten nicht so einfach ist wie bei der Potentialfunktion.

Man spricht bei Differentialgleichungen von *Divergenzformen*, wenn es sich um eine homogene Summe erster Ableitungen handelt, mit der Einheit als Koeffizient aller Summanden. Die Bezeichnung geht auf den Divergenzoperator der Vektorrechnung zurück. Vom mathematischen Gesichtspunkt spielt es dabei keine Rolle, ob nach der Zeit oder nach einer Ortskoordinate und welche Ausdrücke abgeleitet werden. Die Kontinuitätsbedingung, welche der Einführung der Stromfunktion (42), und die Bewegungsgleichung (49), die der Einführung der Potentialfunktion vorausgegangen ist, sind Beispiele für Divergenzformen. Die Einführung von Funktionen vom Potentialcharakter wie φ, Ψ und χ ist allerdings nur bei Divergenzformen möglich, die sich auf zwei Summanden beschränken, aber nicht für allgemeine Fälle wie Gl. (IV,14), (IV,18) und (IV,28).

Gl. (52) läßt die Einführung eines *Impulspotentials* χ zu:

$$\chi_x = \varrho W; \qquad -\chi_t = p + \varrho W^2. \tag{53}$$

Ähnlich wie beim Potential bildet man nun:

$$\chi_{xt} = W\frac{\partial \varrho}{\partial t} + \varrho\frac{\partial W}{\partial t}; \qquad -\chi_{tt} = \frac{\partial p}{\partial t} + \varrho W\frac{\partial W}{\partial t} + W\chi_{xt}.$$

Daraus folgt:

$$2W\chi_{xt} + \chi_{tt} = W^2\frac{\partial \varrho}{\partial t} - \frac{\partial p}{\partial t}.$$

Im folgenden sei eine einfache Substanz oder *thermodynamisches Gleichgewicht* angenommen. Mit Gl. (I,98) folgt dann:

$$2W\chi_{xt} + \chi_{tt} = (W^2 - \bar{c}^2)\frac{\partial \varrho}{\partial t} - \left(\frac{\partial p}{\partial T}\right)_\varrho \frac{T}{\bar{c}_v}\frac{\partial s}{\partial t}.$$

Damit läßt sich die Ableitung von ϱ und ϱW aus der Kontinuitätsbedingung (11) in der Form:

$$\frac{\partial \varrho}{\partial t} + \frac{\partial(\varrho W)}{\partial x} = -\frac{\varrho}{f}\frac{\mathrm{d}f}{\mathrm{d}t}$$

eliminieren, und man erhält:

$$\chi_{tt} + 2W\chi_{xt} + (W^2 - \bar{c}^2)\,\chi_{xx} = -\left(\frac{\partial p}{\partial T}\right)_\varrho \frac{T}{\bar{c}_v}\frac{\partial s}{\partial t} - (W^2 - \bar{c}^2)\frac{\varrho}{f}\frac{\mathrm{d}f}{\mathrm{d}t}. \tag{54}$$

Derselbe Rechengang läßt sich wiederholen für die Darstellung:

$$\frac{\partial p}{\partial t} = \left(\frac{\partial p}{\partial \varrho}\right)_T \frac{\partial \varrho}{\partial t} + \left(\frac{\partial p}{\partial T}\right)_\varrho \frac{\partial T}{\partial t}.$$

Damit kommt anstatt der Gleichgewichtsschallgeschwindigkeit $\bar{\bar{c}}$ die *isotherme Schallgeschwindigkeit* $\sqrt{(\partial p/\partial \varrho)_T}$ in die folgende Darstellung:

$$\chi_{tt} + 2W\chi_{xt} + \left[W^2 - \left(\frac{\partial p}{\partial \varrho}\right)_T\right]\chi_{xx} = -\left(\frac{\partial p}{\partial T}\right)_\varrho \frac{\partial T}{\partial t} - \left[W^2 - \left(\frac{\partial p}{\partial \varrho}\right)_T\right]\frac{\varrho}{f}\frac{\mathrm{d}f}{\mathrm{d}t}, \tag{55}$$

die gleichberechtigt neben Gl. (54) ist.

Für isentrope Strömung sind Gl. (47), (51) und (54) nahe verwandt. Die Bedeutung der unterschiedlichen Formen zeigt sich bei speziellen Problemen. Die Gln. (54) und (55) sind insofern sehr allgemein, da nur wenig einschränkende Annahmen getroffen wurden. So ist Wärmezufuhr zulässig. Der Übersichtlichkeit wegen wurde wohl $X = 0$ und thermodynamisches Gleichgewicht angenommen, aber auch diese Einschränkung wäre nicht notwendig gewesen. Bei einer einfachen Substanz ist in Gl. (54) für $\bar{\bar{c}}$ und $\bar{\bar{c}}_v$ einfach c und c_v zu setzen.

11. Impulspotential in Lagrangedarstellung

Auch in Lagrangedarstellung lassen sich ähnliche Funktionen wie im letzten Abschnitt einführen. Im Hinblick auf eine spätere Anwendung sei dies am Impulspotential gezeigt, das wieder mit χ bezeichnet werden möge. Die Darstellung sei auf ebene Wellen ohne äußere Wärmezufuhr, $q = 0$, beschränkt. Mit $f = f_0 = 1$ gilt dann für die Lagrange-Variable von Gl. (23):

$$\mathrm{d}\mu = \varrho_0 \,\mathrm{d}a. \tag{56}$$

Eine Reihe von Gleichungen schreiben sich in μ nun einfacher als in a.

p_0 sei der Druck bei Ruhe, $W = 0$, X in der Bewegungsgleichung (21) sei eine entgegen ansteigendem a oder μ wirkende Kraft pro Masseneinheit, die der negativen Schwerebeschleunigung g ($= 9{,}81$ m/sec²) gleichgesetzt werden kann. Dann gilt bei Ruhe gemäß Gl. (21) und (56):

$$X = -g = \frac{1}{\varrho_0}\frac{\mathrm{d}p_0}{\mathrm{d}a} = \frac{dp_0}{\mathrm{d}\mu}. \tag{57}$$

Es handelt sich bei (57) um die barometrische Höhenformel.

Mit (57) und (56) schreibt sich die Bewegungsgleichung (21) ohne weitere Einschränkung:

$$\frac{\partial W}{\partial t} + \frac{\partial(p - p_0)}{\partial \mu} = 0. \tag{58}$$

Es handelt sich also wieder um eine Divergenzform.

Für $f = f_0 = 1$ lautet die Kontinuitätsbedingung Gl. (24):

$$\frac{\partial W}{\partial \mu} - \frac{\partial}{\partial t}\left(\frac{1}{\varrho}\right) = 0.$$

Diese Kontinuitätsbedingung und auch die allgemeinere Gl. (19) ließen natürlich auch die Einführung einer „Stromfunktion“ zu.

Der I. Hauptsatz in der Form von Gl. (38) kann geschrieben werden:

$$-\frac{\partial}{\partial t}\left(\frac{1}{\varrho}\right) = \frac{1}{c^2\varrho^2}\frac{\partial p}{\partial t} + \left[\frac{r_p}{c_p T} - \left(\frac{m_1}{m_2} - 1\right)\frac{m}{m_1}\right]\frac{1}{\varrho}\frac{\partial \alpha}{\partial t}.$$

Diese Form könnte unter Verwendung thermodynamischer Beziehungen auch direkt aus Gl. (22) hergeleitet werden. Der letzte Summand enthält die Wärmeproduktion durch Gasreaktionen.

Aus den letzten beiden Gleichungen kann die Ableitung der Dichte eliminiert werden mit dem Ergebnis für die Kontinuitätsbedingung:

$$\frac{\partial W}{\partial \mu} + \frac{1}{\varrho^2 c^2}\frac{\partial(p - p_0)}{\partial t} = -\left[\frac{r_p}{c_p T} - \left(\frac{m_1}{m_2} - 1\right)\frac{m}{m_1}\right]\frac{1}{\varrho}\frac{\partial \alpha}{\partial t}. \quad (59)$$

Im System (58), (59) liegen zwei Gleichungen für W und $(p - p_0)$ vor. Bei einer einfachen Substanz, $\alpha = 0$, ist das System sogar homogen, obwohl nicht Isentropie angenommen wurde. Ähnliches wird sich bei Verwendung des Druckes als abhängige Variable immer wieder zeigen.

Die Bewegungsgleichung (58) kann nur durch das von Gl. (53) abweichende *Impulspotential*:

$$\frac{1}{\varrho_0}\chi_a = \chi_\mu = W; \quad -\chi_t = p - p_0 \quad (60)$$

befriedigt werden.

Führt man χ mit Gl. (60) in Gl. (59) ein, so erhält man je nach Verwendung von a oder μ:

$$\frac{1}{\varrho_0^2}\chi_{aa} - \frac{1}{\varrho_0^3}\frac{d\varrho_0}{da}\chi_a - \frac{1}{c^2\varrho^2}\chi_{tt} = \chi_{\mu\mu} - \frac{1}{c^2\varrho^2}\chi_{tt} = -\left[\frac{r_p}{c_p T} - \left(\frac{m_1}{m_2} - 1\right)\frac{m}{m_1}\right]\frac{1}{\varrho}\frac{\partial \alpha}{\partial t}. \quad (61)$$

Im Gegensatz zu den Gleichungen des letzten Abschnittes fehlen hier gemischte Ableitungen wie etwa $\chi_{\mu t}$.

12. Akustische Theorie ebener, zylindrischer und kugelsymmetrischer Wellen

Breiten sich schwächere Störungen in einem ruhenden Medium aus, sind also die Druckstörungen klein gegen den Druck, die Dichte- und Schallgeschwindigkeitsschwankungen klein gegen die Dichte und die Schallgeschwindigkeit des ruhenden Mediums, so lassen sich bedeutende Vereinfachungen in den Gleichungen durchführen. Es treten dann auch nur Strömungsgeschwindigkeiten W in den Wellen auf, welche klein gegen die Schallgeschwindigkeit c sind. In besonders starkem Maße treffen die Voraussetzungen kleiner Störungen in der *Akustik* zu. Aus diesem Gebiete sind die hier eingeführten Vereinfachungen übernommen, weshalb von *akustischer Theorie* gesprochen wird. Schallwellen großer Lautstärke verursachen im ruhenden Medium Geschwindigkeiten W von nur wenigen

Zentimetern pro Sekunde. Die Ableitung der Potentialfunktion nach t gemäß Gl. (50) kann mit $c_1 = c_0$ als Schallgeschwindigkeit des ruhenden Mediums wie folgt geschrieben werden:

$$-\varphi_t = \frac{1}{\varkappa - 1}(c + c_0)(c - c_0) + \frac{W^2}{2}$$
$$= \frac{2}{\varkappa - 1} c_0(c - c_0) + \frac{1}{\varkappa - 1}(c - c_0)^2 + \frac{W^2}{2}.$$

In diesem Abschnitt soll *Isentropie* und id. Gas konst. sp. W. vorausgesetzt werden. Dann lassen sich die Schallgeschwindigkeitsschwankungen mittels der Gleichung für c und für die Isentrope Gl. (I,41) auch durch Druck-, Dichte- und Temperaturschwankungen ausdrücken. Es ist dann bei Beschränkung auf die *Glieder erster Ordnung* der Störungen:

$$\varphi_x = W; \quad -\varphi_t = \frac{2}{\varkappa - 1} c_0(c - c_0)$$
$$= \frac{c_0^2}{\varkappa - 1}\frac{T - T_0}{T_0} = c_0^2 \frac{\varrho - \varrho_0}{\varrho_0} = \frac{c_0^2}{\varkappa}\frac{p - p_0}{p_0}. \tag{62}$$

Zur Berechnung kleiner Schwankungen wird es in der Differentialgleichung nur auf jene Glieder ankommen, welche nicht selbst noch kleine Koeffizienten haben. In Gl. (51) werden also alle Summanden mit W als Faktor fortgelassen werden können, während c^2 als Faktor durch c_0^2 ersetzt werden kann. Damit ergibt sich eine *lineare* Differentialgleichung mit konstanten Koeffizienten. Sie lautet mit Gl. (37) für den ebenen ($\sigma = 0$), zylindrischen ($\sigma = 1$) und kugelsymmetrischen ($\sigma = 2$) Fall:

$$\varphi_{tt} - c_0^2 \varphi_{xx} - c_0^2 \frac{\sigma}{x} \varphi_x = 0. \tag{63}$$

Auf Genauigkeit dieser Art von Linearisierung wird später zurückgekommen. Eine entsprechende *Linearisierung* in der Gleichung für die Stromfunktion soll nach Einführen einer „Störungsstromfunktion" ψ, definiert durch:

$$\psi_t = f\varrho W; \qquad \psi_x = -f(\varrho - \varrho_0), \tag{64}$$

durchgeführt werden (ϱ_0 Dichte des ruhenden Mediums, f nur abhängig von x). Wie Ψ Gl. (42) erfüllt auch ψ Gl. (64) die Kontinuitätsbedingung. Wie Ψ gibt auch ψ:

$$\psi(x, t_2) - \psi(x, t_1) = \int_{t_1}^{t_2} f\varrho W \, \mathrm{d}t$$

die Masse, welche den Ort x im Zeitintervall t_1 bis t_2 passiert hat. Jedoch ist $\psi =$ konst. *nicht* Teilchenbahn, weshalb die Entropie s im allgemeinen nicht von ψ allein abhängt und ψ nur zur Verwendung für isentrope Strömungen geeignet ist.

Die Ableitungen von ψ in Gl. (64) enthalten als Faktor W und $\varrho - \varrho_0$, also Glieder erster Ordnung der Störungen. Die Glieder erster Ordnung ergeben sich daher, indem alle übrigen Faktoren ihren Werten im ungestörten Medium gleichgesetzt werden. Mit der Isentropengleichung und der Gleichung für c ist also entsprechend zu Gl. (62):

$$\psi_t = f\varrho_0 W; \quad -\psi_x = f\varrho_0 \frac{\varrho - \varrho_0}{\varrho_0} = f\varrho_0 \frac{p - p_0}{\varkappa p_0} = \frac{2}{\varkappa - 1} f\varrho_0 \frac{c - c_0}{c_0}. \tag{65}$$

Bis auf einen dem Querschnitt f proportionalen Faktor entspricht das ψ_x dem φ_t und das ψ_t dem φ_x.

Mit den Gln. (64) und (42) überzeugt man sich leicht, daß

$$\psi_{tt} = \Psi_{tt}; \quad \psi_{xx} - \psi_x \frac{1}{f}\frac{\mathrm{d}f}{\mathrm{d}x} = \Psi_{xx} - \Psi_x \frac{1}{f}\frac{\mathrm{d}f}{\mathrm{d}x}$$

gilt, so daß Gl. (47) nach Linearisierung entsprechend zu Gl. (63) wie folgt geschrieben werden kann:

$$\psi_{tt} - c_0^2 \psi_{xx} + c_0^2 \frac{\sigma}{x} \psi_x = 0, \tag{66}$$

eine Gleichung, die sich lediglich im Vorzeichen des letzten Gliedes von der entsprechenden Gl. (63) für das Potential unterscheidet.

Gl. (63) und (66) gehen bei ebener Strömung ($\sigma = 0$, $f =$ konst.) in die bekannte Wellengleichung über:

$$\varphi_{tt} - c_0^2 \varphi_{xx} = 0; \quad \psi_{tt} - c_0^2 \psi_{xx} = 0 \tag{67}$$

mit der allgemeinen, für φ und ψ in gleicher Weise gültigen Lösung:

$$\begin{aligned} \varphi &= F_1(x - c_0 t) + F_2(x + c_0 t), \\ \psi &= F_3(x - c_0 t) + F_4(x + c_0 t), \end{aligned} \tag{68}$$

wobei F_1, F_2 beliebigen Funktionsverlauf haben können. Wegen der Beziehungen zwischen den Ableitungen von φ und ψ bestehen Beziehungen zwischen F_1, F_2 und F_3, F_4. Mit Gl. (62) und (66) ist:

$$\begin{aligned} \frac{2}{\varkappa - 1}\frac{c - c_0}{c_0} &= \frac{1}{c_0} F_1'(x - c_0 t) - \frac{1}{c_0} F_2'(x + c_0 t) \\ &= -\frac{1}{f\varrho_0} F_3'(x - c_0 t) - \frac{1}{f\varrho_0} F_4'(x + c_0 t), \\ \frac{W}{c_0} &= \frac{1}{c_0} F_1'(x - c_0 t) + \frac{1}{c_0} F_2'(x + c_0 t) \\ &= -\frac{1}{f\varrho_0} F_3'(x - c_0 t) + \frac{1}{f\varrho_0} F_4'(x + c_0 t). \end{aligned} \tag{69}$$

Danach stellen sich die Geschwindigkeit W und der thermische Zustand ($c - c_0$, $\varrho - \varrho_0$ oder $p - p_0$) genauso wie die Funktionen ψ und φ als Summe zweier Funktionen dar, deren eine das Argument $x - c_0 t$ und deren andere das Argument $x + c_0 t$ hat. In Gl. (69) bedeuten dabei die oben angefügten Striche (F_i') die

Ableitung der entsprechenden Funktion nach ihrem Argument. Die Lösungstypen müssen für φ und ψ dieselben sein wie für deren Ableitungen, weil diese wie jene die Wellengleichung in gleicher Weise erfüllen, wovon man sich durch Differentiation von Gl. (67) leicht überzeugen kann.

Die Gerade $x - c_0 t =$ konst. ist die Weg-Zeit-Linie einer in positiver Richtung laufenden Schallwelle, es ist also eine „Mach-Linie“, die auch durch Integration von Gl. (31) unter den vereinfachenden Annahmen $W = 0$, $c = c_0$ gewonnen werden kann. Auf jeder Machlinie $x - c_0 t =$ konst. hat $F_1'(x - c_0 t)$, unter der Voraussetzung $F_2 = 0$, also nach Gl. (69) Geschwindigkeit und thermischer Zustand, einen bestimmten gleichbleibenden Wert, Abb. 2. Damit kann die Lösung $\varphi = F_1(x - c_0 t)$ oder $\psi = F_3(x - c_0 t)$ als eine sich in x-Richtung bei *gleichbleibender* Gestalt fortpflanzende Schallwelle gedeutet werden. Vor und hinter der Welle bleibt das Medium im übrigen unbeeinflußt. Für die Funktionen F_2 und F_4 in Gl. (68) und deren Ableitungen nach dem Argument in Gl. (69) gilt ganz Entsprechendes, nur ist die Fortpflanzungsrichtung der x-Richtung entgegengesetzt. Damit kann die allgemeinste Lösung als die Summe zweier Wellen beliebiger Gestalt gedeutet werden, deren eine sich in positiver und deren andere sich in negativer x-Richtung fortbewegt.

Ist also die Geschwindigkeit und Druckverteilung in einem Zeitpunkt ($t = 0$) abhängig von x, oder ist die Quellwirkung (Stromdichte) an einem bestimmten Ort x abhängig von der Zeit gegeben, so kann innerhalb der getroffenen Näherungen die Geschwindigkeits- und Druckverteilung in der ganzen x, t-Ebene errechnet werden.

Die allgemeinste Lösung einer *kugelsymmetrischen* Strömung ($\sigma = 2$) ist nur wenig komplizierter. Man überzeugt sich, daß folgende Ansätze die Gln. (63) und (66) erfüllen:

$$\begin{aligned}\varphi &= \frac{1}{x} F_1(x - c_0 t) + \frac{1}{x} F_2(x + c_0 t),\\ \psi &= F_3(x - c_0 t) - x F_3'(x - c_0 t) + F_4(x + c_0 t) - x F_4'(x + c_0 t).\end{aligned} \tag{70}$$

Dabei ist wieder F_i' die Ableitung von F_i nach seinem Argument. x ist der Abstand vom Kugelzentrum und kann daher nur positive Werte annehmen. Wieder kann hier von einer in positiver und negativer x-Richtung laufenden Welle gesprochen werden, wobei sich letztere von ihrem Gegenstück bei ebener Strömung dadurch unterscheidet, daß sie nicht nach beliebig negativen Werten laufen kann, sondern entweder im Zentrum ($x = 0$) verschluckt oder reflektiert werden muß. Auch die Form einer positiv oder negativ laufenden Welle bleibt nicht unverändert, ihre Stärke nimmt mit der Entfernung vom Zentrum ab, was man schon aus einer Energiebetrachtung gar nicht anders erwarten kann. φ und seine Ableitungen:

$$\begin{aligned}W = \varphi_x = &- \frac{1}{x^2} F_1(x - c_0 t) + \frac{1}{x} F_1'(x - c_0 t)\\ &- \frac{1}{x^2} F_2(x + c_0 t) + \frac{1}{x} F_2'(x + c_0 t),\end{aligned} \tag{71}$$

$$\frac{2}{\varkappa - 1}(c - c_0) = -\frac{1}{c_0}\varphi_t = \frac{1}{x} F_1'(x - c_0 t) - \frac{1}{x} F_2'(x + c_0 t)$$

haben nun Formen, welche sich mit dem Fortwandern der Wellen ändern und abhängig von t bei festem x andere Werte ergeben als abhängig von x bei festem t. (Das gleiche gilt natürlich auch für ψ, ψ_x, ψ_t.)

Die Ableitungen von φ zeigen, daß Geschwindigkeit und Druck im Zentrum über alle Grenzen steigen, ein Resultat, das im Gegensatz zu den für die Linearisierung erforderlichen Voraussetzungen steht. Folglich ist diese Theorie kleiner Störungen in einem Kugelzentrum wohl eine mathematisch richtige Lösung der linearisierten Gleichungen, jedoch betreffs ihrer physikalischen Aussagen falsch. Wenn dennoch Lösungen behandelt werden, welche das Zentrum mit einschließen, so dürfen physikalische Schlüsse lediglich bei genügendem Abstand x gezogen werden, indem etwa angenommen wird, die Welle wäre erst an einer Kugel von genügend großem Radius x entstanden, wobei dieser Radius um so kleiner sein darf je schwächer die Störungen sind. Die physikalischen Folgerungen dieser Theorie über Kugelwellen (und Zylinderwellen) sind also nur außerhalb des Ursprungs gerechtfertigt und in diesem Sinne zu verstehen. Auch im Versuch ist im übrigen das Zentrum selbst vielfach ausgeschlossen. Ein Impuls oder eine Masse kann niemals in Wirklichkeit aus einem punktförmigen Zentrum fließen, sondern wird in seiner unmittelbaren Umgebung produziert.

Das Anwachsen von Druck und Geschwindigkeit über alle Grenzen im Zentrum überrascht nicht, da ein endlicher Energie- und Massenfluß durch einen verschwindend kleinen Querschnitt f nur auf diese Weise möglich ist. Hingegen hat die Gesamtmasse, welche in der Zeiteinheit durch die Fläche f fließt, nach Gl. (65) und (71):

$$\begin{aligned} f\varrho_0 W = & -\frac{\varrho_0 f}{x^2}\left[F_1(x - c_0 t) + F_2(x + c_0 t)\right] \\ & + \frac{\varrho_0 f}{x}\left[F_1'(x - c_0 t) + F_2'(x + c_0 t)\right], \end{aligned} \tag{72}$$

wegen der Proportionalität von f zu x^2 auch in der Nähe des Zentrums einen endlichen Wert. Dasselbe gilt auch für das Produkt $(c - c_0)f$, das man wie $\varrho_0 W f$ direkt als Ableitung von ψ erhalten kann, Gl. (65).

Wenn die Welle an einer Stelle zeitlich begrenzt ist, so behält sie diese Eigenschaft bei. Das Medium verfällt hinter der Welle in den vor der Welle herrschenden Ruhezustand. Während aber eine Quelle bei ebener Strömung nach Gl. (69) eine Überdruckwelle verursacht, verschwindet das Druckintegral einer zeitlich begrenzten Quelle bei einer Kugelwelle. Über der Zeit aufgetragen, ergibt sich für $\sigma = 2$ ebensoviel Unterdruck wie Überdruck, wie allgemein gezeigt werden kann:

Während für die Quellstärke $W\varrho_0 f$ in $x = 0$ einer ebenen Welle nach Gl. (69) die Ableitung $F_1'(x - c_0 t)$ [und $F_2'(x + c_0 t)$] verantwortlich ist, tritt im Zentrum einer Kugelwelle wegen der Proportionalität von f zu x^2 nach Gl. (72) nur $F_1(x - c_0 t)$ auf. $F_2(x + c_0 t)$ würde sich auf eine auf das Zentrum zu laufende Welle beziehen.

Soll in $x = 0$ eine Quelle $G = f\varrho_0 W$ nur innerhalb der Zeit $t = 0$ und $t = t_0$ vorhanden sein, so muß also $F_1(x - c_0 t)$ am Anfang und Ende der Quelltätigkeit verschwinden. Nun ist aber das Zeitintegral der Schallgeschwindigkeits- (oder

Druck-) Störung nach Gl. (71):

$$\int_{t_1}^{t_2} \frac{2}{\varkappa - 1}(c - c_0)\,\mathrm{d}t = \frac{1}{x}\int_{t_1}^{t_2} F_1'(x - c_0 t)\,\mathrm{d}t$$

$$= -\frac{1}{x}\frac{1}{c_0}\int_{t_1}^{t_2} F_1'(x - c_0 t)\,\mathrm{d}(x - c_0 t) \tag{73}$$

$$= -\frac{1}{x c_0}\left[F_1(x - c_0 t_2) - F_1(x - c_0 t_1)\right].$$

Die Argumente der Funktion F_1 geben den Ort einer nach rechts laufenden (positive x-Richtung) Schallwelle. F_1 verschwindet also bei jedem x am Anfang und am Ende der Störung und damit das zeitliche Druckintegral über die ganze Störung.

Das Auftreten von Unterdruckgebieten in Kugelwellen entspricht den Beobachtungen, daß bei Bombenwürfen die Fensterscheiben vielfach *vor* das Haus fallen.

Es ist freilich möglich, im Rahmen der vorliegenden Theorie innerhalb eines Zeitabschnittes durchweg Überdruck ohne nachfolgendes Unterdruckgebiet vorzuschreiben. Dabei wird sich allerdings herausstellen, daß die Bewegung dann nicht auf den Zeitraum begrenzt bleibt. Für das Argument von F_1 sei wie auch später das Symbol $\eta = x - c_0 t$ eingeführt, siehe etwa Gl. (121). $\eta =$ konst. entspricht in der vorliegenden Näherung der Bahn einer nach rechts laufenden Welle. Es sei ferner $F_2 \equiv 0$, also eine rechtslaufende Welle behandelt, bei der innerhalb der Grenzen η_1 und η_2 Überdruck herrsche. Dann gilt mit Gl. (71),

$$\eta_1 \leqq \eta = x - c_0 t \leqq \eta_2\colon \quad F_1'(\eta) > 0.$$

Im Gebiet vor der Welle herrsche Ruhe,

$$\eta_2 \leqq \eta = x - c_0 t\colon \quad F_1(\eta) = F_1'(\eta) = 0.$$

Im Gebiet hinter der Welle soll auch keine Druckstörung und damit keine Schallgeschwindigkeitsstörung vorliegen, also

$$\eta = x - c_0 t \leqq \eta_1\colon \quad F_1'(\eta) = 0.$$

Unter diesen Bedingungen muß aber die Funktion F_1 an der Stelle η_1, also am Wellenende, einen negativen Wert annehmen, der dann für alle Werte $\eta < \eta_1$ derselbe bleibt.

Aus Gl. (71) folgt damit zwangsläufig für den Strömungszustand,

$$x - c_0 t = \eta \leqq \eta_1\colon \quad W x^2 = -F_1(\eta_1), \quad c = c_0.$$

Bei der skizzierten Lösung schließt also am Wellenende eine stationäre inkompressible Kugelquelle an. Die Lösung innerhalb von η_1 und η_2 kann als der instationäre Übergang von Ruhe zu einer sich ausbreitenden stationären Kugelquellenströmung gedeutet werden. Dieser Übergang erfolgt in einem begrenzten Zeitabschnitt.

Es ist nun nur noch zu klären, warum die Druckstörung verschwindet. Die Dichteänderung bei der stationären Welle ist zufolge der Entwicklung von (II,72):

$$\frac{\varrho}{\varrho_0} - 1 = \frac{2}{\varkappa - 1}\,\frac{c - c_0}{c_0} = -\frac{1}{2} M^2 = -\frac{1}{2}\frac{W^2}{c^2}.$$

Die Schallgeschwindigkeitsänderung in der stationären Strömung ist also ein Effekt zweiter Ordnung in der Geschwindigkeit und ist folglich in der Theorie erster Ordnung der Wellenausbreitung nicht erfaßt.

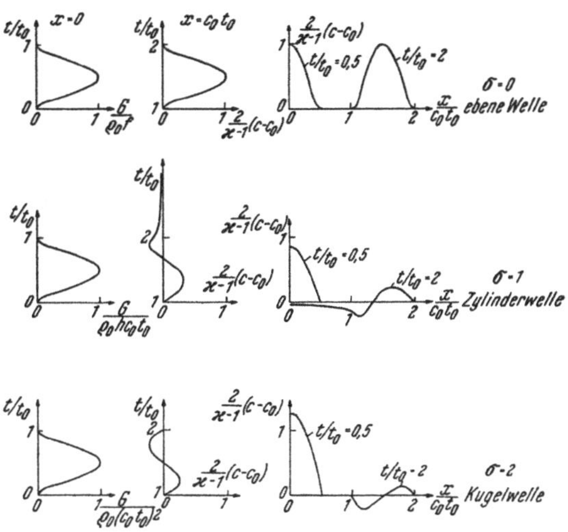

Abb. III,2. Ausbreitung schwacher Druckwellen. Quellstärke in $x = 0$ und Druckwelle in $x = c_0 t_0$ über der Zeit, Druckwelle zu den Zeiten $t = 0{,}5\, t_0$ und $t = 2\, t_0$ über dem Ort.

Dem in Abb. 2 wiedergegebenen Beispiel der Kugelwelle ist folgende Funktion F_1 zugrundegelegt:

$$-c_0 t_0 \leqq \eta = x - c_0 t \leqq 0{:}\quad F_1 = -\frac{4}{\pi}\frac{\eta^2}{(c_0 t_0)^2}(\eta + c_0 t_0)^2,$$

$$\eta \leqq -c_0 t_0 \quad \text{oder} \quad 0 \leqq \eta{:}\quad F_1(\eta) \equiv 0.$$

Im Zentrum, $x = 0$, ist also für

$$0 \leqq t \leqq t_0{:}\quad F_1 = -\frac{4 c_0^2 t_0^2}{\pi}\left(\frac{t}{t_0}\right)^2\left(1 - \frac{t}{t_0}\right)^2.$$

F_1 verschwindet für alle anderen Zeiten an der Achse.

Mit Gl. (72) bedeutet das, daß die Quellstärke im Zentrum in Form einer Glockenkurve anwächst und wieder abfällt. Das Extremum der Kurve liegt bei $t_0/2$, bei $t = 1$ und $t = t_0$ verschwindet F_1 und seine erste Ableitung. Die Funktion F_1, welche nach (71) die Dimension von einer Geschwindigkeit mal Fläche haben sollte, ist hier einfach mit der Dimension einer Fläche angesetzt, da es im Resultat, Abb. 2, nur auf einen Vergleich von Größen gleicher Dimension ankommt. Für die thermischen Größen folgt:

$$\frac{2}{\varkappa - 1}(c - c_0) = \frac{1}{x} F_1'(\eta) = -\frac{16}{\pi} \frac{\eta}{x} \left(\frac{1}{2} + \frac{\eta}{c_0 t_0}\right)\left(1 + \frac{\eta}{c_0 t_0}\right)$$

$$\text{für} \quad -c_0 t_0 \leqq \eta \leqq 0, \quad \text{sonst } F_1' = 0.$$

Die Funktion F_1 verschwindet also an den Endpunkten und in der Mitte, $\eta = -c_0 t_0/2$. In zeitlicher Reihenfolge ergeben sich anfangs Überdrucke. Da der Stromquerschnitt f selbst proportional zu x^2 ist, nehmen die Druckextreme proportional mit dem Abstand vom Zentrum ab.

Während die Darstellung von Kugelwellen bei Linearisierung noch einfach war, bedürfen *Zylinderwellen* einer weitergehenden Überlegung. Die Gln. (63) und (66) lassen sich nicht mehr so einfach lösen. Wegen der Linearität der Gleichungen sind aber Superpositionen möglich, die Summe zweier oder mehrerer Lösungen ist wieder eine Lösung. Werden also auf der ganzen Zylinderachse z gleiche Kugelwellen angenommen, so müssen diese eine Zylinderwelle ergeben. Da es in dem Raum höherer Dimension ($\sigma = 2$) einfache Lösungen gibt, gelingt es, auch im Raum kleinerer Dimensionen Lösungen aufzubauen. Man spricht von einer „Absteigemethode".

Ist nun x der Abstand von der Zylinderachse, Abb. 3, und z die Koordinate auf der Zylinderachse, so ist der Abstand eines Punktes x in der Ebene $z = 0$ von

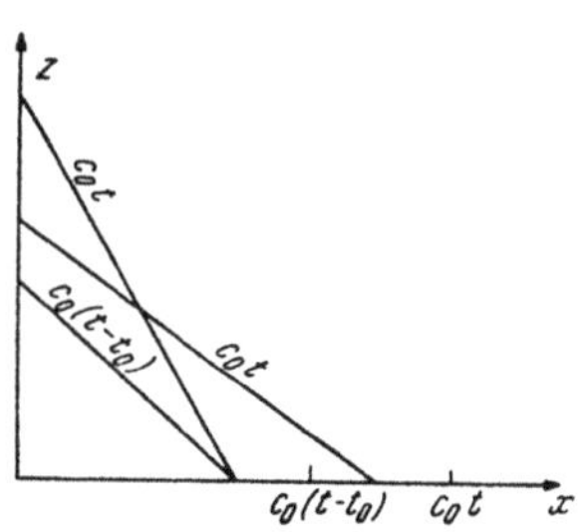

Abb. III,3. Skizze zur Ausbreitung einer Zylinderwelle.

einer Kugelquelle mit dem Zentrum auf der Zylinderachse im Abstand z vom Ursprung gleich $\sqrt{x^2 + z^2}$. Dieser Abstand ist überall dort, wo bei der Kugelquelle x steht, auch in $f \sim x^2$, einzusetzen und dann über jene Werte von F_1 zu integrieren, für welche sich die Funktion von Null unterscheidet.

Auf der Zylinderachse selbst herrscht Quelltätigkeit in der Zeit $0 \leqq t \leqq t_0$. Die vom Ursprung ausgehende Störung wird einen Punkt x der x-Achse in der Zeit $x/c_0 \leqq t \leqq x/c_0 + t_0$ durchlaufen. In dieser Zeit kommt noch die Störung aller Quellpunkte hinzu, die genügend nahe am Ursprung liegen, um an der Störung im Punkt x zur Zeit t mitzuwirken. Für sie darf der Abstand vom Punkt x, d. i. $\sqrt{x^2 + z^2}$, nicht größer sein als der Weg $c_0 t$, den eine Störung in der Zeit t zurückzulegen vermag. Damit sind die Grenzen durch $z = 0$ und $\sqrt{x^2 + z^2} = c_0 t$

festgelegt, solange die Störung aus dem Ursprung den betrachteten Punkt durchläuft. Für spätere Zeiten ($t \geqq x/c_0 + t_0$) beteiligen sich die Quellen am Ursprung nicht mehr, weil sie versiegt sind. Es kommen dann nur Quellpunkte mit $\sqrt{x^2 + z^2} \geqq c_0(t - t_0)$ in Frage. Damit ist das Potential einer sich *ausbreitenden Zylinderwelle* (der positive und negative Teil der z-Achse ergibt das gleiche Resultat):

für $x \leqq c_0 t \leqq x + c_0 t_0$:

$$\varphi = 2 \int\limits_0^{\sqrt{c_0^2 t^2 - x^2}} \frac{1}{\sqrt{x^2 + z^2}} F_1\left(\sqrt{x^2 + z^2} - c_0 t\right) dz,$$

für $c_0 t \geqq x + c_0 t_0$: (74)

$$\varphi = 2 \int\limits_{\sqrt{c_0^2 (t-t_0)^2 - x^2}}^{\sqrt{c_0^2 t^2 - x^2}} \frac{1}{\sqrt{x^2 + z^2}} F_1\left(\sqrt{x^2 + z^2} - c_0 t\right) dz$$

bei Quelltätigkeit für $0 \leqq t \leqq t_0$. Für Zeiten $c_0 t < x$ bleibt die Stelle noch ungestört.

Schon die bisherigen Betrachtungen zeigen einen grundlegenden Unterschied der Zylinderwelle von der ebenen Welle und der Kugelwelle. Das Medium kommt nach dem Durchgang der ersten Störung überhaupt nicht mehr zur Ruhe, es klingen dauernd Störungen, von entlegenen Kugelquellen kommend, nach.

Die Ableitungen von φ, Gl. (74), ergeben für $x \leqq c_0 t \leqq x + c_0 t_0$:

$$W = 2 \int\limits_0^{\sqrt{c_0^2 t^2 - x^2}} \left[\frac{1}{\sqrt{x^2 + z^2}} F_1'\left(\sqrt{x^2 + z^2} - c_0 t\right) - \frac{1}{x^2 + z^2} F_1\left(\sqrt{x^2 + z^2} - c_0 t\right)\right] \frac{x\, dz}{\sqrt{x^2 + z^2}},$$

$$\frac{2}{\varkappa - 1}(c - c_0) = 2 \int\limits_0^{\sqrt{c_0^2 t^2 - x^2}} \frac{1}{\sqrt{x^2 + z^2}} F_1'\left(\sqrt{x^2 + z^2} - c_0 t\right) dz. \qquad (75)$$

Für $c_0 t \geqq x + c_0 t$ ist wie in Gl. (74) wieder nur zwischen den Grenzen $\sqrt{c_0^2(t - t_0)^2 - x^2} \leqq z \leqq \sqrt{c_0^2 t^2 - x^2}$ zu integrieren. Die Ableitungen nach den Grenzen der Integrale von φ verschwinden mit der Funktion F_1 an diesen Stellen.

Gl. (75) kann aus Gl. (71) auch direkt gewonnen werden, indem das x der Kugelwelle wieder durch $\sqrt{x^2 + z^2}$ der Zylinderwellen ersetzt wird. Während sich $c - c_0$ als skalare Größe einfach durch die Summe der $(c - c_0)$-Werte aller Kugelwellen darstellt, muß bei der Geschwindigkeit W die Normalkomponente auf die z-Achse, also die mit $\frac{x}{\sqrt{x^2 + z^2}}$ multiplizierte Geschwindigkeit der Kugelwelle, integriert werden.

Es ist noch festzustellen, wie die Quelltätigkeit an der Achse mit der Funktion F_1 zusammenhängt. Die zeitlich durch einen Zylinder von der Höhe h und dem Radius x fließende Masse G ist innerhalb linearer Näherung mit Gl. (75):

$$G = 2\pi x h \varrho_0 W$$

$$= 4\pi x^2 \varrho_0 h \int\limits_0^{\sqrt{c_0^2 t^2 - x^2}} \left[\frac{1}{x^2 + z^2} F_1'\left(\sqrt{x^2 + z^2} - c_0 t\right) - \frac{1}{(x^2 + z^2)^{3/2}} F_1\left(\sqrt{x^2 + z^2} - c_0 t\right)\right] dz .$$

Hierin muß über z integriert und danach $x = 0$ gesetzt werden, wozu aber die Funktion F_1 bekannt sein muß. Endliche Werte für F_1 überall vorausgesetzt, lassen sich aber direkt schon Aussagen machen. Weil x^2 vor dem Integral als Faktor steht. kann von Ausdrücken ein Beitrag erwartet werden, deren Nenner bei $x = 0$ selbst gegen Null geht. Das können bei $x = 0$ nur Werte des Integranden bei $z = 0$ sein. Daher kann für *sehr kleine x-Werte* näherungsweise geschrieben werden:

$$G = 2\pi x h \varrho_0 W$$

$$= 4\pi x^2 h \varrho_0 \left[F_1'(-c_0 t) \int\limits_0^{\sqrt{c_0^2 t^2 - x^2}} \frac{dz}{x^2 + z^2} - F_1(-c_0 t) \int\limits_0^{\sqrt{c_0^2 t^2 - x^2}} \frac{dz}{(x^2 + z^2)^{3/2}}\right]$$

$$= 4\pi h \varrho_0 F_1'(-c_0 t)\, x \operatorname{arctg} \sqrt{\left(\frac{c_0 t}{x}\right)^2 - 1} - 4\pi h \varrho_0 F_1(-c_0 t) \sqrt{1 - \left(\frac{x}{c_0 t}\right)^2} .$$

Für $x = 0$ nimmt die *Quellstärke* auf der *Einheitsstrecke* der Zylinderachse also den Wert an:

$$G/h = -4\pi \varrho_0 F_1(-c_0 t) . \tag{76}$$

Genau derselbe Wert ergibt sich für die Kugel für G ($f = 4\pi x^2$), wenn in Gl. (72) zur Grenze $x = 0$ übergegangen wird; entsprechend zur Kugelwelle ist in Abb. 2 für die Zylinderwelle:

$$F_1(\eta) = -\frac{4}{\pi} \frac{\eta^2}{c_0^3 t_0^3} (\eta + c_0 t_0)^2$$

angenommen. Für die *Flächeneinheit* der ebenen Strömung hingegen erhält man mit Gl. (69) im Punkte $x = 0$:

$$G/f = \varrho_0 W = \varrho_0 F_1'(-c_0 t) .$$

Entsprechend den verschiedenen Dimensionen ist auch nur ein Vergleich von Quellstärken unterschiedlicher Dimension möglich. Der Quellstärke G bei drei Dimensionen ($\sigma = 2$) steht die Quellstärke pro Längeneinheit G/h bei zwei Dimensionen ($\sigma = 1$) und die Quellstärke pro Flächeneinheit oder Stromdichte G/f bei einer Dimension ($\sigma = 0$) gegenüber. In Abb. 2 sind alle Größen mittels $c_0 t_0$ auf die Dimension einer Geschwindigkeit gebracht, um einen direkten Vergleich mit $\frac{2}{\varkappa - 1}(c - c_0)$ zu ermöglichen. Der Maßstab ist dabei gleichgültig, nur müssen alle auftretenden Geschwindigkeiten klein gegen die Schallgeschwindigkeit sein. Die Berechnung der Zylinderwelle erfordert einigen Rechenaufwand.

13. Randbedingungen bei kleinen Störungen in ruhendem Medium

Trifft eine fortwandernde Welle auf eine feste Wand auf, so muß dort die Geschwindigkeit verschwinden. Gelangt eine Welle hingegen an das Ende eines offenen Rohres, so herrscht dort Druckausgleich mit der Umgebung, es muß also die Druckstörung und damit auch die Schallgeschwindigkeitsstörung verschwinden.

Es sei angenommen, daß es sich um eine rechtslaufende Welle handelt, welche auf ein geschlossenes oder offenes Rohrende trifft. Stets läßt sich eine linkslaufende Welle so angeben, daß die Bedingung $W = 0$ oder $c - c_0 = 0$ an einer beliebigen Stelle erfüllt wird. Beispielsweise ergibt sich für eine ebene Welle, die im Punkte $x = 0$ auf *eine feste Wand* auftrifft, nach Gl. (69) dort $W = 0$, wenn $F_2'(x + c_0t) = -F_1'(-x - c_0t)$ gilt. Es ist dann:

$$\begin{aligned} W &= F_1'(x - c_0t) - F_1'(-x - c_0t), \\ \frac{2}{\varkappa - 1}(c - c_0) &= F_1'(x - c_0t) + F_1'(-x - c_0t). \end{aligned} \tag{77}$$

Daraus geht hervor, daß sich $c - c_0$ und also auch $p - p_0$ einer ebenen Welle an der festen Wand *verdoppelt*. Die Bedingung eines offenen Rohrendes im Punkte $x = 0$, $c = c_0$ wird durch $F_2'(x - c_0t) = F_1'(-x - c_0t)$ erfüllt. Dann ist:

$$\begin{aligned} W &= F_1'(x - c_0t) + F_1'(-x - c_0t), \\ \frac{2}{\varkappa - 1}(c - c_0) &= F_1'(x - c_0t) - F_1'(-x - c_0t). \end{aligned} \tag{78}$$

Daher verdoppelt sich also die Geschwindigkeit W einer ebenen Welle am offenen Rohrende.

Abb. 4 gibt die rechts- und linkslaufende Welle einige Zeit vor dem Eintreffen im Punkte $x = 0$. Danach kann eine feste Wand verwirklicht werden, indem man spiegelbildlich die gleiche Druckwelle, $(c - c_0)$-Welle, ein offenes Rohrende, in dem man spiegelbildlich eine auch in den Drucken gespiegelte Welle laufen läßt, was physikalisch unmittelbar einleuchtet. Die Wellen geben wechselweise die Gestalt der Druckwelle nach der Reflexion an, wenn die Wellen völlig übereinander weggelaufen sind.

Die Reflexion einer *Kugelwelle* an einer kugelförmigen Wand läßt sich ganz entsprechend behandeln, wenn $x \neq 0$ ist. Das Auffinden der Funktion F_2, welche in x mit F_1 zusammen $W = 0$ ergibt, ist allerdings nicht mehr so einfach. Vor der

Reflexion haben die Wellen nicht mehr spiegelbildliche Gestalt. Die Wellen deformieren sich ja beim Fortschreiten und sollen sich erst im Punkte $x \neq 0$ zu $W = 0$ ergänzen.

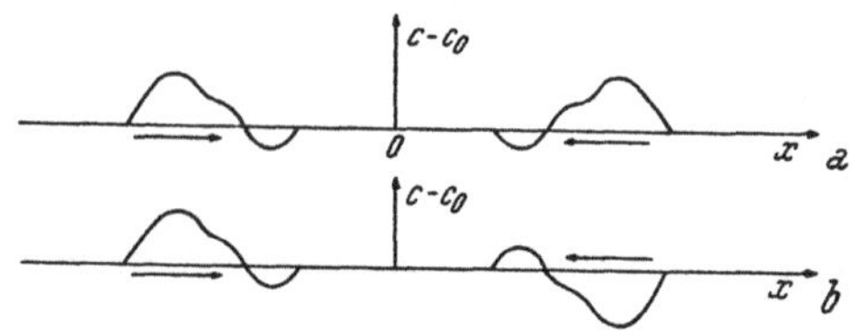

Abb. III,4. Die rechts- und linkslaufende Welle bei der Reflexion an der festen Wand (a) und am offenen Rohrende (b).

Die *Reflexion im Zentrum* $x = 0$ kann nicht an Hand der Ausdrücke für W behandelt werden, da W in $x = 0$ über alle Grenzen wächst. Da aber das Zentrum keine Senke sein soll, muß F_2 so angesetzt werden, daß die sich aus F_1 und F_2 ergebende Quellstärke $G = \varrho_0 W f$ verschwindet. Mit Gl. (72) ergibt sich das einfache Resultat:

$$F_2(x + c_0 t) = -F_1(-x + c_0 t). \tag{79}$$

14. Einfluß der Schichtung auf die Schallwellenamplitude

Die Abnahme der Luftdichte mit der Höhe hat einen starken Einfluß auf die Amplitude einer Schallwelle. Weil der Impuls in einer ebenen Welle beispielsweise erhalten bleiben muß, müssen die Bewegungen der Teilchen zunehmen, je mehr die Dichte abnimmt. Bei Wellenausbreitung in geschichteter Atmosphäre ist darauf zu achten, daß jedes einzelne Teilchen seinen Zustand wohl isentrop ändert, daß jedoch die Teilchen untereinander verschiedene Entropie aufweisen. Bei einer Behandlung eines solchen Vorganges in Eulerscher Darstellung dürfte die Entropie keinesfalls als Funktion der Höhe angesetzt werden, weil die Teilchen bei ihrer Bewegung in der Schallwelle die Entropie mit sich mitnehmen. Daher ist für den vorliegenden Fall die Lagrange-Darstellung vorzuziehen.

Es soll der einfachste Fall einer ebenen mit oder gegen die Schwerkraft wandernden Welle kleiner Amplituden untersucht werden. Die erste Behandlung geht auf E. Schrödinger zurück [2].

Da eine einfache Substanz vorliegt, ist in Gl. (61) $\alpha = 0$ zu setzen. Damit erhält man die Differentialgleichung für χ:

$$\chi_{aa} - \frac{1}{\varrho_0}\frac{d\varrho_0}{da}\chi_a - \frac{\varrho_0^2}{c^2\varrho^2}\chi_{tt} = 0. \tag{80}$$

Es seien kleine Störungen gegenüber dem mit dem Index 0 gekennzeichneten Ruhezustand angenommen. Mit Gl. (60) gilt:

$$\chi = \chi_0 + \chi_1 + \cdots; \quad \chi_{0a} = 0; \quad \chi_{0t} = 0. \tag{81}$$

Geht man mit diesem Ansatz in Gl. (80) und beschränkt man sich auf die Glieder erster Ordnung in den Störungen, so erhält man für diese die Differentialgleichung:

$$\chi_{1aa} - \frac{1}{\varrho_0}\frac{d\varrho_0}{da}\chi_{1a} - \frac{1}{c_0^2}\chi_{1tt} = 0. \tag{82}$$

Es wird nun *isotherme Schichtung* angenommen. Dann sind alle Koeffizienten konstant. Mit (57) gilt nämlich:

$$-g = \frac{1}{\varrho_0}\frac{dp_0}{da} = \frac{c_0^2}{\varkappa}\frac{1}{\varrho_0}\frac{d\varrho_0}{da} \tag{83}$$

und mit $\varrho_0(0)$ als Luftdichte am Boden $a = 0$:

$$\varrho_0(a) = \varrho_0(0)\exp\left(-\frac{\varkappa g}{c_0^2}a\right). \tag{84}$$

Damit liegt eine lineare Differentialgleichung für χ_1 vor:

$$\chi_{1aa} + \frac{\varkappa g}{c_0^2}\chi_{1a} - \frac{1}{c_0^2}\chi_{1tt} = 0. \tag{85}$$

Ihr kann mit einem Ansatz

$$\chi_1 = A\exp\{\beta' a + i(\beta'' a + \gamma t)\}. \tag{86}$$

genügt werden. β', β'', γ sind reelle Konstante, die sich aus Gl. (85) ergeben. Es handelt sich bei (86) um eine harmonische Welle mit einer von der „Höhe“ a abhängigen Amplitude.

Man erhält bei geeigneter Wahl der Konstanten mit l als Wellenlänge und A als Boden-Amplitude von χ_1:

$$\chi_1 = A\exp\left(-\frac{1}{2}\frac{\varkappa g}{c_0^2}a\right)\cos\frac{2\pi}{l}\left[a \pm c_0 t\sqrt{1+\left(\frac{\varkappa g l}{4\pi c_0^2}\right)^2}\right]. \tag{87}$$

Es ist leicht zu bestätigen, daß (87) die Gl. (85) erfüllt. Infolge des „Dämpfungsgliedes“ mit χ_{1a} in Gl. (85) weicht die Phasengeschwindigkeit der Welle um den Wurzelausdruck vom Wert c_0 ab.

$$\frac{c_0^2}{\varkappa g} = \frac{p_0(0)}{\varrho_0(0)\,g}$$

ist diejenige Höhe der Atmosphäre, die man erhält, wenn der Bodendruck $p_0(0)$ durch eine Luftsäule der konstanten Dichte $\varrho_0(0)$ verursacht würde. Diese Höhe ist rund 8 km.

Da die Wellenlänge im allgemeinen klein ist im Vergleich zu dieser Höhe, weicht der Wurzelausdruck kaum vom Wert 1 ab.

Der Exponent der e-Potenz in χ_1 ist nur halb so groß wie jener von ϱ_0, Gl. (84). Wenn man mittels Gl. (60) W und $p - p_0$ bildet, so ergeben sich wegen des Faktors

$1/\varrho_0$ unterschiedliche Amplitudeneinflüsse, nämlich:

$$W \sim \exp\left\{+\frac{1}{2}\frac{\varkappa g}{c_0^2}a\right\}; \qquad p - p_0 \sim \exp\left\{-\frac{1}{2}\frac{\varkappa g}{c_0^2}a\right\}. \tag{88}$$

Die Teilchenbewegung W ändert sich also entscheidend mit der Höhe, was unter anderem für die Ausbildung des Überschallknalles von Bedeutung ist.

15. Einfluß der Strahlung auf die Schallwelle

Auch bei der Behandlung dieses Einflusses verwendet man mit Vorteil das „Impulspotential", und zwar in der Eulerschen Darstellung, weil die Strahlung ein im wesentlichen an den Ort gebundener Vorgang ist. Es werde wieder gemäß der akustischen Theorie in der Strömungsebene nach kleinen Störungen linearisiert. Die Störungen erster Ordnung seien wieder mit dem Index 1 gekennzeichnet. Alle Glieder ohne Index seien solche nullter Ordnung. Auch die Gleichgewichtssymbole bei $\bar{c}$ und $\bar{c}_v$ seien weggelassen, und es sei nur vermerkt, daß ein beliebiges Medium im thermodynamischen Gleichgewicht als Träger der Welle angenommen werde. Für die „isotherme Schallgeschwindigkeit" sei das Symbol

$$c_T = \sqrt{(\partial p/\partial \varrho)_T} = \frac{1}{\sqrt{\varkappa}}\sqrt{(\partial p/\partial \varrho)_s} = \frac{1}{\sqrt{\varkappa}}c \tag{89}$$

eingeführt.

Für eine ebene Welle, $f =$ konst, die über ein ruhendes Medium hinwegstreicht $W = 0$ in den Koeffizienten), lauten dann die Gln. (54) und (55):

$$\chi_{1tt} - c^2\chi_{1xx} = -\left(\frac{\partial p}{\partial T}\right)_\varrho \frac{T}{c_v}\frac{\partial s_1}{\partial t}; \tag{90}$$

$$\chi_{1tt} - c_T^2\chi_{1xx} = -\left(\frac{\partial p}{\partial T}\right)_\varrho \frac{\partial T_1}{\partial t}. \tag{91}$$

Ähnlich wie in Abschnitt II,17 über die Wirkung der Strahlung auf einen Verdichtungsstoß, kann die zeitliche Wärmezufuhr pro Volumeneinheit auf die örtliche Abnahme des Strahlungsflusses Q_R zurückgeführt werden:

$$\varrho\frac{\mathrm{d}q}{\mathrm{d}t} = -\frac{\partial Q_R}{\partial x}.$$

Mit Gl. (17) für den Spezialfall thermodynamischen Gleichgewichtes erhält man für die Entropiestörung s_1 unter der in erster Ordnung gebotenen Vernachlässigung des konvektiven Gliedes, $W = 0$:

$$\varrho T\frac{\partial s_1}{\partial t} = -\frac{\partial Q_R}{\partial x}. \tag{92}$$

Aus den auf die x-Richtung beschränkten Strahlungsgln. (I,135) und (I,137) kann, wie ebenfalls in Abschnitt II,17, die mittlere Strahlungsintensität I_m

eliminiert werden, und es folgt unter Beschränkung auf die Störglieder erster Ordnung:

$$\frac{\partial^2 Q_R}{\partial x^2} = 3\alpha^2 Q_R + 16\alpha\sigma T^3 \frac{\partial T_1}{\partial x}. \tag{93}$$

Leitet man Gl. (93) nach x und t ab, so ist mittels der Gln. (90), (91) und (92) folgende Differentialgleichung für χ_1 leicht zu gewinnen:

$$16 \frac{\alpha\sigma T^3}{\varrho c_v} \frac{\partial^2}{\partial x^2} (\chi_{1tt} - c_T^2 \chi_{1xx}) + \frac{\partial^3}{\partial t\, \partial x^2} (\chi_{1tt} - c^2 \chi_{1xx}) - 3\alpha^2 \frac{\partial}{\partial t} (\chi_{1tt} - c^2 \chi_{1xx}) = 0. \tag{94}$$

Gl. (94) kann wieder mit einem Ansatz ähnlich Gl. (86) erfüllt werden. Es sei:

$$\chi_1 = A \exp \left\{ \omega \left(\frac{\beta x}{c} + it \right) \right\}. \tag{95}$$

Darin ist ω die Kreisfrequenz und β eine komplexe Zahl, deren Realteil für Dämpfung und deren Imaginärteil für die Phasengeschwindigkeit maßgebend ist.

Durch Einsetzen von (95) in (94) erhält man:

$$\frac{16}{\sqrt{3}} \frac{Bu}{Bo} (\varkappa + \beta^2) \cdot \beta^2 + i (\beta^2 - Bu^2)(1 + \beta^2) = 0 \tag{96}$$

mit

$$Bo = \frac{\varrho c_p c}{\sigma T^3}; \qquad Bu = \sqrt{3} \frac{\alpha c}{\omega}. \tag{97}$$

Bo ist die bereits in (II,17) verwendete *Boltzmannzahl*. Sie ist hier mit der Schallgeschwindigkeit gebildet, da bei der Wellenausbreitung im ruhenden Medium keine Grundströmung wie etwa beim stationären Stoß vorkommt. Im übrigen kann die Anströmgeschwindigkeit in II,17 auch als Fortpflanzungsgeschwindigkeit des Stoßes gedeutet werden. Daneben tritt nun aber auch die sogenannte *Bouguer-Zahl* als eine zweite Kenngröße auf. Sie ist mit dem Volumen-Absorptionskoeffizienten α gebildet, der als eine reziproke Eindringtiefe der Strahlung gedeutet werden kann. Der Faktor $\sqrt{3}$ ist der Einfachheit halber in die Bouguer-Zahl einbezogen worden. Da c/ω im wesentlichen eine Wellenlänge darstellt, ist Bu das Verhältnis einer typischen Länge des Problems, hier der Wellenlänge, zu einer Eindringtiefe. Als eine bereits bekannte Größe enthält Gl. (96) dann noch $\varkappa$, das effektive Verhältnis der spezifischen Wärmen.

Die Auflösung von Gl. (96) nach β ist zwar elementar, aber doch umständlich. Nach W. Schneider [3], auf dessen Arbeit auch betreffs der Einzelheiten und der Originalliteratur verwiesen sei, erhält man aber für eine Entwicklung nach Potenzen von $(\sqrt{\varkappa} - 1)$ einfache Formeln, in denen nur mehr eine Kombination der Kennzahlen (97) auftritt, nämlich:

$$\Gamma = \frac{16}{\sqrt{3}} \frac{1}{Bo} \frac{Bu}{1 + Bu^2}. \tag{98}$$

Als erstes Glied der Entwicklung nach $(\sqrt{\varkappa} - 1)$ erhält man für β:

$$\pm \beta = (\sqrt{\varkappa} - 1)\frac{\Gamma}{1 + \Gamma^2} + i\,\frac{1 + \sqrt{\varkappa}\,\Gamma^2}{1 + \Gamma^2} + \cdots \tag{99}$$

Das Dämpfungsglied, der Realteil, verschwindet für folgende Grenzfälle:

$$\Gamma \to 0: \quad \beta = \pm i; \qquad c;$$

$$\Gamma \to \infty: \quad \beta = \pm i\sqrt{\varkappa}; \quad c_T.$$

In der letzten Kolonne sind die Phasengeschwindigkeiten der Grenzfälle notiert. Wie man aus Gl. (98) erkennt, bedarf es nicht nur kleiner Boltzmann-Zahlen, im wesentlichen hoher Temperaturen, sondern auch mittlerer Bouguer-Zahlen, also mittlerer Absorption, damit die Phasengeschwindigkeit der isothermen Schallgeschwindigkeit c_T gleich wird.

Hier wurde nur die *modifizierte klassische Welle* dargestellt. Daneben enthält Gl. (96) aber noch eine zweite Lösung, eine *strahlungsinduzierte Welle*, deren Dämpfung und Phasengeschwindigkeit Extremwerte zwischen Null und Unendlich aufweisen, siehe ebenfalls [3].

16. Der Verdichtungsstoß in instationärer Strömung

Bei Ausbreitungsvorgängen, zu denen vor allem auch die instationäre Wellenfortpflanzung zählt, lassen sich Verdichtungsstöße nur in besonderen Fällen vermeiden, etwa bei reiner Expansion, wie sie bei innerballistischen Vorgängen vorliegt. Im allgemeinen muß jedoch besonders in Kompressionsgebieten mit dem Auftreten von Stößen gerechnet werden. Es wird sich allerdings zeigen, Abschnitt 32, daß schwache Wellen zur Ausbildung eines Stoßes sehr große Lauflängen brauchen. Daher haben die akustischen Theorien und damit die Linearisierung im Strömungsraum auch ihre Berechtigung. Für die folgenden allgemeineren Darlegungen ist jedoch eine Darstellung instationärer Stöße erforderlich.

Wegen der sprunghaften Änderungen im Stoß genügt es, Stöße konstanter Wandergeschwindigkeit und konstanter Zustände vor und hinter dem Stoß zu betrachten, da die Änderungsgeschwindigkeiten der Zustände in der Umgebung eines Stoßes gegenüber den Änderungsgeschwindigkeiten im Stoße selbst stets verschwindend klein bleiben. Die gewünschten instationären Stöße konstanter Eigenschaften ergeben sich sofort durch Betrachten eines Stoßes aus einem senkrecht zur Stoßfront bewegten Bezugssystem. Dieser Weg der Berechnung ist kürzer als eine Anwendung von Kontinuitätsbedingung, Impuls- und Energiesatz auf instationäre Strömungen. Allerdings bietet auch dieser letztere Weg interessante Einblicke. Er wurde in der ersten einschlägigen Veröffentlichung von F. Cap beschritten, [33].

Es ist zweckmäßig, den Stoßvorgang durch Größen zu charakterisieren, welche unabhängig vom Bezugssystem sind. Dies ist von vornherein bei allen thermischen Zustandsgrößen und der lediglich von der Temperatur abhängigen Schallgeschwindigkeit der Fall.

Durch Beobachtung des Stoßes von Abb. II,2 aus einem mit der Anströmung bewegten Bezugssystem erhält man einen nach links mit der *Fortpflanzungsgeschwindigkeit* $U = W$ in das ruhende Medium laufenden Stoß. Wollte man eine nach rechts wandernde Stoßfront erhalten, so müßte man von einem stationären Stoß ausgehen, der in einem nach links strömenden Medium steht. Die Fortpflanzungsgeschwindigkeit U für einen solchen rechtslaufenden Stoß ist wegen $W < 0$ und $U > 0$ dann $U = -W$.

Die Differenz $\hat{W} - W$ bei stationärer Strömung ist die *Relativgeschwindigkeit* ΔW des Mediums hinter dem Stoß zum Medium vor dem Stoß. Ruht also das Medium vor dem Stoß, so läuft dieser, je nachdem ob er rechts- oder linkslaufend ist, mit der Geschwindigkeit $\pm U$, wobei das Medium der Stoßfront mit der Geschwindigkeit ΔW nachströmt.

Durch die Substitution

$$W = \mp U; \quad \hat{W} - W = \Delta W$$

gehen die Stoßgleichungen (II,34) für einen in ein id. Gas konst. sp. W. hineinlaufenden rechts- (oberes Vorzeichen) oder linkslaufenden instationären Stoß über in:

$$\begin{aligned}
\frac{\Delta W}{c} &= \pm \frac{2}{\varkappa + 1} \frac{U}{c}\left(1 - \frac{c^2}{U^2}\right) = \pm \frac{2}{\varkappa + 1} \frac{c}{U}\left(\frac{U^2}{c^2} - 1\right);\\
\frac{\varrho}{\hat{\varrho}} &= 1 - \frac{2}{\varkappa + 1}\left(1 - \frac{c^2}{U^2}\right) = \frac{c^2}{U^2}\left[1 + \frac{\varkappa - 1}{\varkappa + 1}\left(\frac{U^2}{c^2} - 1\right)\right];\\
\frac{\hat{p}}{p} &= 1 + \frac{2\varkappa}{\varkappa + 1}\left(\frac{U^2}{c^2} - 1\right);\\
\frac{\hat{T}}{T} &= \frac{\hat{c}^2}{c^2} = \frac{c^2}{U^2}\left[1 + \frac{2\varkappa}{\varkappa + 1}\left(\frac{U^2}{c^2} - 1\right)\right]\left[1 + \frac{\varkappa - 1}{\varkappa + 1}\left(\frac{U^2}{c^2} - 1\right)\right].
\end{aligned} \tag{100}$$

Hierin sind alle Geschwindigkeiten durch die Schallgeschwindigkeit c im anströmenden Medium dimensionslos gemacht. Das Verhältnis der Laufgeschwindigkeit des Stoßes U zu c ist unmittelbar ein Maß für die Stärke des Stoßes. Der Unterschied der Zustände vor und hinter dem Stoß verschwindet für $U = c$, also für schwächste Wellen.

Aus Gl. (II,40) ergibt sich für den Entropieanstieg:

$$\frac{\hat{s} - s}{c_v} = \ln\left[1 + \frac{2\varkappa}{\varkappa + 1}\left(\frac{U^2}{c^2} - 1\right)\right] + \varkappa \ln\left\{\frac{c^2}{U^2}\left[1 + \frac{\varkappa - 1}{\varkappa + 1}\left(\frac{U^2}{c^2} - 1\right)\right]\right\}. \tag{101}$$

Wie alle thermischen Größen ändert auch s seine Bedeutung beim Betrachten aus einem bewegten Bezugssystem nicht. Anders ist dies mit den Größen Ruhedruck, Ruhedichte usw., deren Definition auf den Energiesatz stationärer Strömung Gl. (II,7) zurückgeht. Sie sind für die Beurteilung der Verluste in instationären Strömungen ungeeignet, weil sie nicht mehr als reine Entropiefunktionen darstellbar sind. Für schwächere Stöße kann die Beziehung Gl. (II,37) zwischen $\hat{s} - s$ und $\hat{p}/p$ unverändert übernommen werden. In der Beziehung zwischen $\hat{s} - s$ und der Machzahl ist M durch U/c zu ersetzen.

In den Gln. (100) kann jede linksstehende Größe durch jede andere solche dargestellt werden, wobei U/c als Parameter fungiert. Tab. (II,1) gibt die entsprechenden Zahlenwerte. Als besonders zweckmäßig erweist sich die Auftragung in einem Diagramm Abb. 5, dessen Abszisse $\Delta W/c$ und dessen Ordinate $\hat{c}/c = \sqrt{\hat{T}/T}$ ist. Entsprechend den beiden möglichen Laufrichtungen eines Stoßes ergeben sich zwei Kurven, die *Stoßpolaren*.

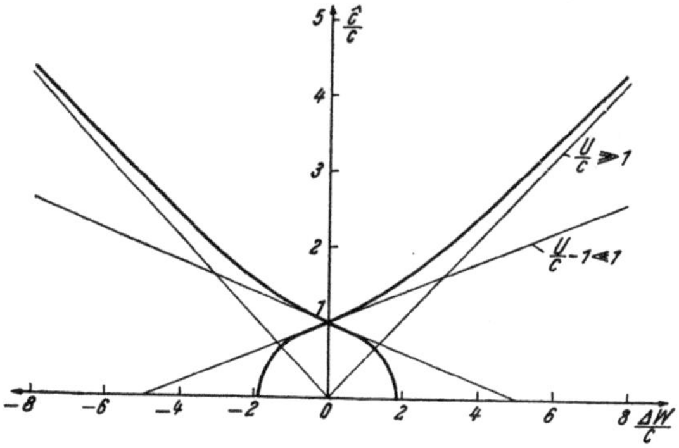

Abb. III,5. Stoßpolare (instationär, $\varkappa = 1{,}4$) in der ΔW, $\hat{c}$-Ebene.

Da Verdünnungsstöße nicht in Betracht kommen, haben die Kurven zunächst nur für $\hat{c} \geqq c$ physikalische Bedeutung, und zwar gilt dort die rechte Kurve für den rechtslaufenden Stoß, die linke für den linkslaufenden.

Für *hohe Stoßgeschwindigkeiten* U/c ergeben sich aus Gl. (100) und (101) in erster Näherung folgende Werte,

$$\begin{aligned} & & \Delta W &= \pm \frac{2}{\varkappa + 1} U; \\ & & \frac{\hat{\varrho}}{\varrho} &= \frac{\varkappa + 1}{\varkappa - 1}; \\ U^2/c^2 \gg 1: & & \frac{\hat{p}}{p} &= \frac{2\varkappa}{\varkappa + 1}\left(\frac{U}{c}\right)^2; \quad \hat{p} = \frac{2}{\varkappa + 1} \varrho U^2; \\ & & \hat{c} &= \frac{\sqrt{2\varkappa(\varkappa - 1)}}{\varkappa + 1} U; \\ & & \frac{\hat{s} - s}{c_v} &= \ln\left(\frac{2\varkappa}{\varkappa + 1} \frac{U^2}{c^2}\right) - \varkappa \ln \frac{\varkappa + 1}{\varkappa - 1}. \end{aligned} \tag{102}$$

Der erste der beiden Summanden gibt selbst für ziemlich große Werte von U/c nur eine schlechte Näherung. Man muß folglich den zweiten Summanden mitnehmen. $\ln(U^2/c^2)$ wächst nämlich mit U/c so schwach wie nur denkbar über alle Grenzen. Daher wird im praktischen Anwendungsbereich der erste Summand dem Betrage nach kaum wesentlich größer als der zweite. Auch in anderem Zusammenhang wird man in der Regel die rein logarithmischen Glieder nicht als eigene Größenordnung absondern, sondern zu den konstanten Gliedern schlagen.

Damit gilt folgende Beziehung zwischen $\hat{c}$ und ΔW,

$$U^2/c^2 \gg 1: \qquad \hat{c} = \pm\sqrt{\frac{\varkappa(\varkappa-1)}{2}}\,\Delta W. \tag{103}$$

Einfache Lösungen ergeben sich ferner aus Gl. (100) für *schwache* Stöße,

$$\frac{U}{c} - 1 \ll 1: \qquad \begin{aligned} \frac{\Delta W}{c} &= \pm\frac{4}{\varkappa+1}\left(\frac{U}{c} - 1\right); \\ \frac{\hat{\varrho}}{\varrho} &= 1 + \frac{4}{\varkappa+1}\left(\frac{U}{c} - 1\right) = 1 \pm \frac{\Delta W}{c}; \\ \frac{\hat{p}}{p} &= 1 + \frac{4\varkappa}{\varkappa+1}\left(\frac{U}{c} - 1\right) = 1 \pm \varkappa\frac{\Delta W}{c}; \\ \frac{\hat{c}}{c} &= 1 + 2\frac{\varkappa-1}{\varkappa+1}\left(\frac{U}{c} - 1\right) = 1 \pm \frac{\varkappa-1}{2}\frac{\Delta W}{c}. \end{aligned} \tag{104}$$

Die Näherungen für $U^2/c^2 \gg 1$ und $U/c - 1 \ll 1$ sind in Abb. 5 für den Zusammenhang von ΔW und $\hat{c}$ eingetragen.

Es wurde am Ende von Abschnitt II,5 ausgeführt, daß die Verdichtungsstoßgleichungen ihre Gültigkeit beibehalten, wenn alle auf den Zustand vor dem Stoß bezogenen Größen auf den Zustand hinter dem Stoß bezogen werden und umgekehrt. Es ist dies eine notwendige Folge der Symmetrie der Ausgangsgleichungen. Es sei nun, unter Beschränkung auf rechtslaufende Stöße, $\hat{U}$ die Relativgeschwindigkeit des Stoßes und $\Delta\hat{W}$ die Relativgeschwindigkeit des Mediums vor dem Stoß, beides bezogen auf das verdichtete Medium hinter dem Stoß. Dann gilt aus Gründen der Symmetrie beispielsweise:

$$\begin{aligned} \frac{\Delta\hat{W}}{\hat{c}} &= \frac{2}{\varkappa+1}\frac{\hat{c}}{\hat{U}}\left(\frac{\hat{U}^2}{\hat{c}^2} - 1\right); \\ \frac{p}{\hat{p}} &= 1 + \frac{2\varkappa}{\varkappa+1}\left(\frac{\hat{U}^2}{\hat{c}^2} - 1\right); \\ \frac{c^2}{\hat{c}^2} &= \frac{\hat{c}^2}{\hat{U}^2}\left[1 + \frac{2\varkappa}{\varkappa+1}\left(\frac{\hat{U}^2}{\hat{c}^2} - 1\right)\right]\left[1 + \frac{\varkappa-1}{\varkappa+1}\left(\frac{\hat{U}^2}{\hat{c}^2} - 1\right)\right]. \end{aligned} \tag{105}$$

Der Tatsache, daß hinter einem senkrechten Stoß stets Unterschallgeschwindigkeit herrscht, entspricht hier die Tatsache, daß sich die Stoßfront relativ zum verdichteten Medium mit einer Geschwindigkeit bewegt, die kleiner als die dortige Schallgeschwindigkeit ist, $\hat{U} \leqq \hat{c}$. Wäre das nicht der Fall, so könnte das verdichtete Medium die Stoßfront gar nicht beeinflussen. Der Stoß wird aber gerade durch die hohen Verdichtungen hinter seiner Front bedingt.

Es läßt sich leicht zeigen, daß die Stoßpolaren von Abb. 5 im Punkte $\hat{c}/c = 1$ einen Wendepunkt haben. Entwickelt man beispielsweise die Näherung (104) bis einschließlich der quadratischen Glieder in $(U/c - 1)$, so erweist sich die aus der letzten Zeile abzuleitende lineare Beziehung

$$\pm(\hat{W} - W) = \frac{2}{\varkappa - 1}(\hat{c} - c) \tag{106}$$

als richtig einschließlich quadratischer Glieder in den Störgrößen $(\hat{W} - W)$ und $(\hat{c} - c)$. Die durch den Punkt $\hat{c} = c$ in Abb. 5 gehende Gerade stimmt also auch noch in der 2. Ordnung mit der Stoßpolaren überein, weshalb deren Krümmung im Berührungspunkt verschwinden muß. Die Beziehung (106) wird später noch allgemeinere Bedeutung erlangen.

Aus den Beziehungen der letzten Zeile von (104) läßt sich folgende auf H. Pfriem [4] zurückgehende Gleichung herleiten:

$$\pm U + W = \frac{1}{2}[\pm c + W \pm \hat{c} + \hat{W}]. \tag{107}$$

Sie gilt im Gegensatz zu (106) allerdings nur in 1. Näherung.

Wie schon in Gl. (31) gezeigt wurde, ist $(\pm c + W)$ die absolute Geschwindigkeit einer rechts- oder linkslaufenden Schallwelle, also jene Laufgeschwindigkeit, die von einem Beobachter wahrgenommen wird, an dem das Medium mit der Geschwindigkeit W vorbeiströmt. Dementsprechend ist $(\pm\hat{c} + \hat{W})$ die absolute Laufgeschwindigkeit einer Schallwelle unmittelbar hinter der Stoßfront und $(\pm U + W)$ die absolute Laufgeschwindigkeit der Stoßfront.

Nach der Pfriemschen Formel Gl. (107) ist demnach die absolute Geschwindigkeit eines rechts- oder linkslaufenden schwachen Stoßes gleich dem arithmetischen Mittel der absoluten Laufgeschwindigkeiten der rechts- oder linkslaufenden Schallwellen unmittelbar vor und hinter der Stoßfront. Auch diese Beziehung wird sich als sehr wichtig erweisen. Sie gilt für beliebige Bezugssysteme.

17. Exakte Lösungen isentroper Strömungen

Es sollen einfache Lösungen ebener, $\sigma = 0$, zylindersymmetrischer, $\sigma = 1$, und kugelsymmetrischer, $\sigma = 2$, isentroper Vorgänge gesucht werden. Diesen liegt das Gleichungssystem (41) mit Gl. (37) für die Querschnittsänderung mit $X = 0$ und $s =$ konst. zugrunde, welches sich dadurch auszeichnet, daß alle Summanden Ableitungen erster Ordnung nach x oder t linear enthalten. Daher ist zu erwarten, daß es Lösungen gibt, welche lediglich von $\eta = x/t$ abhängen. Wird die Ableitung einer Funktion $F(\eta)$ nach η mit $F'(\eta)$ bezeichnet, so ist:

$$\frac{\partial F(\eta)}{\partial x} = \frac{1}{t}F'(\eta); \qquad \frac{\partial F(\eta)}{\partial t} = -\frac{\eta}{t}F'(\eta),$$

und das Gleichungssystem (41) erhält die Gestalt:

$$(W-\eta)\frac{2}{\varkappa-1}c'+cW'=-cW\frac{\sigma}{\eta};$$

$$(W-\eta)\,W'+\frac{2}{\varkappa-1}cc'=0; \tag{108}$$

$$\eta=\frac{x}{t}.$$

Lösungen ergeben sich aus dem Linearsatz $W=a_1+a_2\eta$, $c=b_1+b_2\eta$. Für die *ebene Welle*, $\sigma=0$, ist:

$$\frac{W}{c_0}=\pm\frac{2}{\varkappa+1}\left(\pm\frac{\eta}{c_0}-1\right)=\pm\frac{2}{\varkappa+1}\left(\pm\frac{x}{c_0t}-1\right);$$
$$\frac{2}{\varkappa-1}\frac{c-c_0}{c_0}=\frac{2}{\varkappa+1}\left(\pm\frac{x}{c_0t}-1\right)=\pm\frac{W}{c_0}. \tag{109}$$

c_0 ist die Schallgeschwindigkeit an der Stelle $W=0$. Die Lösung wird in Abschnitt 18 verwendet und diskutiert. Für Zylinder- und Kugelwellen führt ein Linearansatz nur zum Ziel, wenn W und c proportional zu η sind. Für W ist diese Forderung sinnvoll, weil sie bedeutet, daß die Geschwindigkeit im Zentrum verschwinden soll. Anders ist es bei c, das im Zentrum im allgemeinen als $c \neq 0$ vorausgesetzt werden wird. Der Ansatz könnte noch erweitert werden.

Um das Gleichungssystem (41) mit $X=0$ und $s=$ konst. auf Differentialgleichungen von Funktionen einer einzigen Veränderlichen η zurückzuführen, müssen c und W in gleicher Weise so angesetzt werden, daß ihre Ableitung nach t dieselbe Potenz von x multipliziert mit einer Funktion von η gibt, wie das Produkt von W oder c mit einer ihrer Ableitungen nach x. Damit verschwindet auch das x im σ-Glied, da eine Ableitung nach x oder eine Division durch x einer Funktion x^a stets zur Potenz x^{a-1} führt. Es sei mit c_1 als beliebiger Bezugsgeschwindigkeit:

$$\eta=\frac{x}{(\pm c_1t)^n};\qquad \frac{c}{c_1}=x^aF_1(\eta);\qquad \frac{W}{c_1}=x^aF_2(\eta).$$

Dann lauten mit $F_1'=\dfrac{dF_1}{d\eta}$ und $F_2'=\dfrac{dF_2}{d\eta}$ die Ableitungen:

$$\frac{c_t}{c_1^2}=\mp n\frac{x^{a+1}}{(\pm c_1t)^{n+1}}F_1'=\mp nx^{a-\frac{1}{n}}\eta^{1+\frac{1}{n}}F_1',$$

$$\frac{c_x}{c_1}=ax^{a-1}F_1(\eta)+\frac{x^a}{(\pm c_1t)^n}F_1'(\eta)=x^{a-1}\left[aF_1(\eta)+\eta F_1'(\eta)\right].$$

Mit $a = 1 - \frac{1}{n}$ stehen im Gleichungssytem (41) dann nur mehr Funktionen von η, Ableitungen nach η und η selbst. Der Ansatz muß also lauten:

$$\eta = \frac{x}{(\pm c_1 t)^n}; \quad \frac{c}{c_1} = x^{1-\frac{1}{n}} F_1(\eta); \quad \frac{W}{c_1} = x^{1-\frac{1}{n}} F_2(\eta). \tag{110}$$

Solche Lösungen, die auf gewöhnliche Differentialgleichungen führen, werden auch als *in sich ähnlich* bezeichnet (englisch: „self similar motions"). Sie sind nämlich dadurch gekennzeichnet, daß gewisse Variablenkombinationen, beispielsweise

$$\frac{W}{c_1} x^{-1+\frac{1}{n}} \quad \text{und} \quad \frac{c}{c_1} x^{-1+\frac{1}{n}},$$

als Funktion einer einzigen Veränderlichen, etwa η, dargestellt werden können. Damit kann aber der zeitliche Verlauf, z. B. von (W/c_1), an einer bestimmten Stelle x_1 mit dem zeitlichen Verlauf von (W/c_1) an einer Stelle x_2 durch Dehnung des Zeit- und (W/c_1)-Maßstabes zur Deckung gebracht werden. Einzelne Teile der Gesamtlösung lassen sich also durch Affintransformation in derselben Weise aufeinander abbilden wie „ähnliche" Lösungen in „entsprechenden" Punkten vergleichbarer Strömungen, vgl. etwa Abschnitt VII,10.

Solche „in sich ähnliche" Lösungen haben in der Gasdynamik ziemliche Bedeutung [•37]. Wir werden ihnen auch bei stationären Strömungen oft genug begegnen, ohne allerdings besonders auf die „Ähnlichkeit in sich" immer hinzuweisen.

Ausführlich werden instationäre „Self-Similar Motions" im Buche von Stanyukovich [•52] pp. 78—107 behandelt. Doch sind auch dort nicht alle Autoren genannt, beispielsweise nicht G. Guderley [6] mit der wichtigen Lösung von Abschnitt 24. Auch dürften die Lösungen in Lagrange-Variablen oder in charakteristischen Variablen noch nicht ausgeschöpft sein.

18. Ausgleich eines Drucksprunges im Rohr

Ist ein unendlich langes Rohr konstanten Querschnittes durch eine Wand in zwei Teile geteilt mit hohen Drucken auf der linken und niederen Drucken, allenfalls Vakuum, auf der rechten Seite, so führt das Wegnehmen der Wand zu einer druckausgleichenden Strömung, die im folgenden berechnet werden soll. Die Lösung gilt auch für Vorgänge in einem endlichen Rohr bis zu jenem Zeitpunkt, in dem die erste Störungswelle nach einer Reflexion an den Rohrenden in dem betrachteten Punkt anlangt. Der Druck ist wieder durch die Schallgeschwindigkeit repräsentiert. Das Verhältnis p/p_0 kann mit Hilfe der Isentropengleichung (Tab. II,5) aus c/c_0 berechnet oder der Strichleiter (Tafel III) über $T/T_0 = (c/c_0)^2$ direkt entnommen werden.

Gl. (109) mit den unteren Vorzeichen gibt an der Stelle $x/c_0t = -1$ die Werte $W = 0$ und $c = c_0$. Mit wachsendem x/c_0t nimmt W zu und fällt c, bis bei $\frac{x}{c_0t} = \frac{2}{\varkappa - 1}$ die Werte $c = 0$ und $W = \frac{2}{\varkappa - 1} c_0$ erreicht werden, Abb. 7. Werte $\frac{x}{c_0t} > \frac{2}{\varkappa - 1}$ sind sinnlos, da mit $c = 0$ auch der Wert $p = 0$, also Vakuum, erreicht ist. Der Wert $W = 0$ wandert entlang $x = -c_0t$ in das Medium hinein. Es handelt sich also um eine in ruhendes Medium mit der Schallgeschwindigkeit $c = c_0$ hineinwandernde Störung: die in die Hochdruckseite des Rohres wandernde Störungsfront. Die Grenze $\frac{x}{c_0t} = \frac{2}{\varkappa - 1}$ hat nur eine Bedeutung, wenn auf der Niederdruckseite von vornherein Vakuum herrscht, weil nur dann im Medium an der Front der Ausdehnung $c = 0$, also verschwindende Temperatur herrschen kann. Die *erste Störung in das Vakuum* läuft also bei verschwindender Schallgeschwindigkeit mit einer Strömungsgeschwindigkeit

$$W = \frac{2}{\varkappa - 1} c_0. \tag{111}$$

Damit übertrifft sie die in *stationärer* Strömung maximal erreichbare Strömungsgeschwindigkeit Gl. (II,30) ganz bedeutend. Beide Extremzustände haben im wesentlichen nur theoretische Bedeutung, weil sich die Gaseigenschaften am absoluten Nullpunkt ändern. Der behandelte Strömungszustand hat zur Zeit $t = 0$ verschwindende Ausdehnung und stellt zu diesem Zeitpunkt den Zustand im Rohr nach Entfernen der Wand dar.

Herrscht auf der Niederdruckseite des Rohres nicht absolutes Vakuum, so muß das dort befindliche Medium vom ausströmenden Medium der Hochdruckseite zusammengedrückt werden, wobei sich wegen der hohen Strömungsgeschwindigkeiten diese Kompressionswelle in Strömungsrichtung mit Überschallgeschwindigkeit fortpflanzen muß, also nur ein Verdichtungsstoß sein kann. Hinter diesem grenzen die beiden Medien irgendwo zusammen und müssen an dieser *Unstetigkeitslinie gleiche Geschwindigkeit* und *gleichen Druck* haben. Es sei vorausgesetzt, daß es sich auf der Hoch- und Niederdruckseite um das gleiche Gas handelt. Damit ist aber nicht verbunden, daß die Medien an der Grenzlinie auch dieselbe Temperatur und Schallgeschwindigkeit haben werden, denn über c im Ausgangsstadium ist noch keine Voraussetzung getroffen. Ist mit p_0, c_0, s_0 und p_1, c_1, s_1 als Ausgangswerten auf der Hoch- und Niederdruckseite $c_0 = c_1$, so herrschen an beiden Seiten der Unstetigkeitslinie sicher verschiedene Temperaturen, weil sich das eine Gas ausgedehnt und dabei das zweite verdichtet hat. Dieser Umstand rechtfertigt die Bezeichnung für die „Unstetigkeitslinie“. Hat die Hochdruckseite jene Temperaturen, welche sie durch isentrope Verdichtung der Niederdruckseite annehmen würde, ist also $s_0 = s_1$, so hat das Gas der Niederdruckseite noch immer an der Unstetigkeitslinie eine höhere Temperatur, weil es nach Verdichtung durch den Stoß eine höhere Entropie besitzt als sein Nachbar an der Unstetigkeitslinie. Temperatur- oder Schallgeschwindigkeitsgleichheit an dieser Stelle entspricht also keineswegs den Verhältnissen in der Praxis, geschweige denn dem allgemeinen Fall.

Die Ausdehnung des anfangs komprimierten Gases ist durch Gl. (109) gegeben. Es ist eine lineare Beziehung von W und c und würde in einem Diagramm mit W und c als Koordinaten als Gerade erscheinen. In das Diagramm Abb. 5 eingetragen, würden einem Schnittpunkt dieser Geraden mit der Stoßpolaren unterschiedliche Drucke auf den beiden Kurven zugeordnet sein. Da es neben der Gleichheit der Geschwindigkeit auf die Gleichheit des Druckes an der Unstetigkeitslinie ankommt, sei die Stoßpolare in ein Diagramm eingetragen, dessen

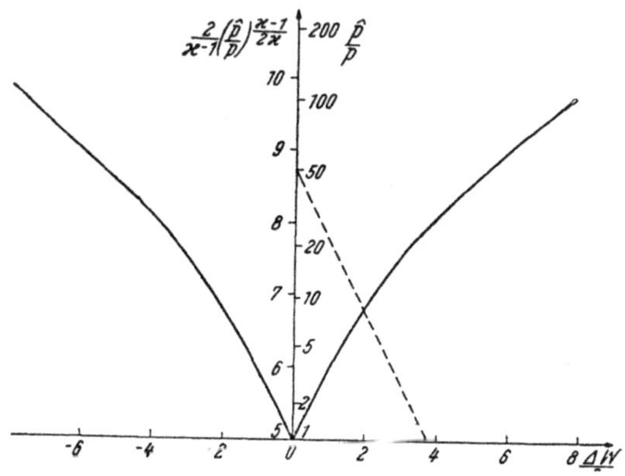

Abb. III,6. Stoßpolare (instationär, $\varkappa = 1{,}4$) in der verzerrten $\varDelta W$, $\hat{p}$-Ebene.

Abszisse wieder $\varDelta W/c$, dessen Ordinate nun aber eine Funktion des Druckes p ist, die so gewählt sei, daß die durch Gl. (109) gegebene lineare Beziehung zwischen c und W, Abb. 6, auch in dem neuen Zustandsdiagramm als Gerade erscheint. Die Ausdehnung ist isentrop, also ist mit Tab. II,5:

$$\frac{2}{\varkappa-1}\,\frac{c-c_0}{c_0} = \frac{2}{\varkappa-1}\left(\frac{p}{p_0}\right)^{\frac{\varkappa-1}{2\varkappa}} - \frac{2}{\varkappa-1} = \pm\frac{W}{c_0}.$$

Auf den Ruhezustand p_1, c_1 vor dem Stoß bezogen, gibt das:

$$\frac{2}{\varkappa-1}\left(\frac{p}{p_1}\right)^{\frac{\varkappa-1}{2\varkappa}}\left(\frac{p_1}{p_0}\right)^{\frac{\varkappa-1}{2\varkappa}}\frac{c_0}{c_1} - \frac{2}{\varkappa-1}\,\frac{c_0}{c_1} = \pm\frac{W}{c_1}. \tag{112}$$

Der Zusammenhang von W und p nach Gl. (112) ist in der $\frac{W}{c_1}$, $\frac{2}{\varkappa-1}\left(\frac{p}{p_1}\right)^{\frac{\varkappa-1}{2\varkappa}}$-Ebene eine Gerade, deren Neigung zur W/c_1-Achse

$$\pm\frac{c_1}{c_0}\left(\frac{p_0}{p_1}\right)^{\frac{\varkappa-1}{2\varkappa}} = \pm e^{\frac{s_1-s_0}{2c_p}} \tag{113}$$

nach Gl. (I,63) lediglich vom Entropieunterschied der Zustände p_0, c_0, s_0 und p_1, c_1, s_1 abhängt. Der Schnittpunkt der Geraden mit der p-Achse hängt nur vom Verhältnis c_0/c_1 ab und ist mit Gl. (113) über den Entropieunterschied auch aus dem Druckverhältnis angebbar.

Ein lehrreiches Beispiel ist jenes mit gleicher Ausgangsentropie, $s_0 = s_1$, weil in ihm die Entropievermehrung im Stoß klar hervortritt. Die Geraden (112) verlaufen dann unter 45° fallend [für positive W ist das negative Vorzeichen in Gl. (112) zu wählen], und ihr Schnittpunkt mit der p-Achse gibt dort das Druckverhältnis von Hoch- und Niederdruckseite im Ausgangsstadium. Da das Gas vor dem Stoß ruht, ist die Relativgeschwindigkeit ΔW gleich der Absolutgeschwindigkeit W, so daß die Gerade direkt in Abb. 6 eingetragen werden kann (es ist dort das Beispiel $p_0/p_1 = 50$, $s_0 = s_1$ gewählt; beachte die Maßstabsverzerrung). Im Schnittpunkt mit der Stoßpolaren hat die Gerade nun, wie erforderlich, gleiche Werte von W und p mit der Stoßpolaren, d. h. das expandierte Gas und das durch dieses im Stoß komprimierte Gas haben an der Berührungsstelle gleichen Druck und gleiche Geschwindigkeit. Sie unterscheiden sich aber in der Temperatur (Schallgeschwindigkeit), die beim expandierten Gas der Isentrope, beim komprimierten Gas zusammen mit der Laufgeschwindigkeit des Stoßes den Stoßbeziehungen (Tab. II,1) zu entnehmen ist.

Gl. (109) für die Geschwindigkeitsverteilung im expandierten Gas ist also bis zu den durch den Schnittpunkt mit der Stoßpolaren gegebenen Werten zu verwenden. Von da ab bis zur Berührungsfläche des expandierten Gases mit dem komprimierten Gas bleibt der Zustand (Geschwindigkeit, Druck usw.) konstant. An der Berührungsfläche springen alle Größen bis auf Druck und Geschwindigkeit. Die Mediengrenze ist eine Bahnlinie, ihre Lage ist einfach durch die Geschwindigkeit gegeben. Die Wanderungsgeschwindigkeit der Grenze und die noch höhere des Stoßes sind konstant, ihre Abstände vom Ursprung wie bei Gl. (109) proportional der Zeit. Bei hohen Ausgangsdruckverhältnissen ist nach Abb. (102) auch der Stoß kräftig. Er läuft dann nach Gl. (102) mit der Geschwindigkeit $\frac{\varkappa + 1}{2} \Delta W$, an der Grenze höchster Druckverhältnisse nach Gl. (111) also mit der Geschwindigkeit

$$\frac{U}{c_0} = \frac{\varkappa + 1}{2} \frac{\Delta W}{c_0} = \frac{\varkappa + 1}{\varkappa - 1}.$$

Ebenfalls nach Gl. (102) steigt die Schallgeschwindigkeit beim Ausgangsdruckverhältnis $\infty : 1$ auf den Wert

$$\frac{c}{c_0} = \sqrt{\frac{2\varkappa}{\varkappa - 1}},$$

d. h. die Temperatur liegt bei $\varkappa = 1{,}40$ im durch den Stoß komprimierten Gas beim siebenfachen Ausgangswert im Hochdruckgebiet! Dies ist ein Betrag, der in vielen Fällen über die Grenzen hinausführen wird, innerhalb denen mit id. Gasen konst. sp. W. gerechnet werden darf, eine Annahme, welche den Abb. 5, 6, 7 zugrunde liegt.

An der Ausgangsstelle der Störung, $x = 0$, herrscht zu allen Zeiten Schallgeschwindigkeit. Nur so kann sich der Vorgang in gleichbleibender Weise stromaufwärts geltend machen. In der x, t-Ebene sind die Machschen Linien Strahlen durch den Ursprung (in Abb. 7 für die Parameterwerte $\frac{1}{c_0} \frac{dx}{dt} = \frac{W - c}{c_0} = -1$;

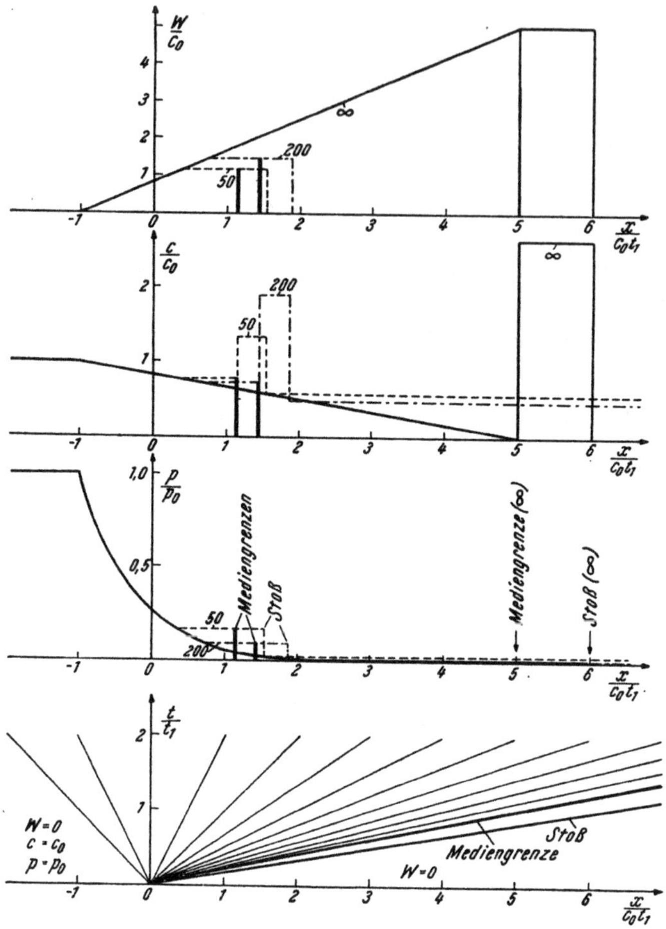

Abb. III,7. Die linkslaufenden Machlinien beim Ausgleich eines Drucksprunges ∞:1. Zustandsverteilung zur Zeit $t = t_1$ beim Ausgleich eines Drucksprunges ∞:1, 200:1 und 50:1 im Rohr ($\varkappa = 1{,}4$).

—0,5; 0; +0,5; usw. eingetragen). Ganz entsprechend zu maximal erreichbaren Geschwindigkeiten beim besprochenen Vorgang und bei der stationären Strömung in einer Laval-Düse sind auch die Werte an der Stelle $W = c$ gerade das Quadrat der kritischen Verhältnisse bei stationärer Strömung.

Der behandelte Vorgang kann auch als ebene Explosion gedeutet werden. In der Praxis allerdings wird im explodierenden Gas, dem sogenannten *Schwaden*, mit einem anderen $\varkappa$ gerechnet werden müssen als in der Luftumgebung. Die Rechnung wird dadurch nicht wesentlich erschwert. Auch dann ist damit zu rechnen, daß die Temperatur im explodierenden Schwaden bedeutend geringer ist als in der von ihm komprimierten Luft!

Bei einem kugel- oder zylindersymmetrischen Druckausgleich muß die erste Stoßwelle mit der Entfernung vom Zentrum an Intensität abnehmen. Die durch den Stoß komprimierte Luft erfährt mit abnehmender Stoßstärke abnehmende Entropieerhöhungen. Dies erschwert die Rechnungen bedeutend. Diese werden erst dann einfacher, wenn der Stoß so schwach geworden ist, daß sich die Entropie praktisch nicht mehr ändert. Auch dann sind die Zustände in der Luft zwischen Mediengrenze und Stoß natürlich nicht mehr konstant.

Die hier dargestellte instationäre Ausdehnung eines Hochdruckgases in ein Niederdruckgas wird heute als Versuchsanlage weitgehend benützt. Man nennt solche Anordnungen *Stoßwellenrohre* (Englisch "*shock tube*"). Betreffs Einzelheiten und Schrifttum sei auf das Buch von Oertel [·20] verwiesen.

Das Stoßwellenrohr kann als Windkanal verwendet werden. Man mißt dann im Gebiet konstanten Zustandes, Abb. 7, oder beschleunigt das komprimierte Niederdruckgas noch in einer am Ende des Rohres angefügten Lavaldüse. Für ausreichende Versuchszeiten braucht man für diesen Zweck allerdings lange Rohre, wodurch man dann aber mit Grenzschichtproblemen konfrontiert wird.

Noch stärker wird das Rohr zur Untersuchung von Gaseigenschaften unter extremen Bedingungen verwendet. Man erhält beispielsweise dann hohe Temperaturen im komprimierten Niederdruckgas, wenn dieses hohe Molmasse (Argon: $m = 40$) und das Hochdruckgas niedrige Molmasse (H_2: $m = 2$) aufweist. Das letztere erreicht dann bei einem bestimmten Druckverhältnis hohe Strömungsgeschwindigkeit und verursacht damit im Niederdruckgas starke Stöße. Auf diese Weise wird etwa bei einem Ausgangsdruckverhältnis von 530 mit H_2 als Treibgas im Argon eine Temperatur von 5000° erreicht, [·23], Beispiel III,12.

Die Versuchszeiten bei allen Stoßwellenrohren sind allerdings sehr kurz. Die einfache aerodynamische Anlage ist also mit aufwendiger Meßtechnik verknüpft.

19. Reflexion eines Stoßes an einer Wand

Das Auftreten von Verdichtungsstößen in Rohren legt die Frage nahe, was das Auftreffen eines Stoßes auf einer Wand zur Folge hat. Es soll hier der einfachste Fall behandelt werden, in dem konstante Zustände vor und hinter dem Stoß angenommen werden. Im allgemeinen kann in einer genügend kleinen Umgebung der Stoßfront während kurzer Zeit mit konstanten Zuständen gerechnet werden, so daß auch der allgemeinere Fall eines zeitlich veränderlichen Stoßes für den Moment des Auftreffens auf der Wand in der hier beschriebenen Art behandelt werden kann.

Eine feste Wand ist durch Verschwinden der Strömungsgeschwindigkeit gekennzeichnet. Aus der Reflexion schwacher Druckwellen, Abb. 4, läßt sich schließen, daß ein Stoß wieder als Stoß reflektiert wird, wobei die Strömungsgeschwindigkeit vor der Reflexion vor dem Stoß, nach der Reflexion hinter dem Stoß verschwinden muß. Wie bei schwachen Störungen kann der Reflexionsvorgang durch das Aufeinanderprallen zweier gleichartiger, entgegengesetzt laufender Stöße ersetzt werden, wobei die Symmetrieebene die reflektierende Wand darstellt.

Während der Zustand hinter dem anlaufenden Stoß durch einen Punkt der Stoßpolare, Abb. 5 oder Abb. 6, dargestellt wird, muß die Anwendung des Stoßpolarendiagramms für den reflektierten Stoß auf bewegte Gase vor dem Stoß erweitert werden. Dabei ist es zweckmäßig, $\hat{W}$ und $\hat{c}$ nicht mehr auf die Schallgeschwindigkeit vor dem Stoß, sondern auf eine beliebige Bezugsgeschwindigkeit zu beziehen, etwa die Schallgeschwindigkeit vor dem ersten Stoß.

Das Beziehen der Größen ΔW und $\hat{c}$ auf eine beliebige Geschwindigkeit c_1 kommt einer ähnlichen Vergrößerung der Polaren in Abb. 5 um den Faktor c/c_1 gleich, indem sich die neuen aus den alten Größen mittels

$$\frac{\Delta W}{c_1} = \frac{c}{c_1}\,\frac{\Delta W}{c}; \qquad \frac{\hat{c}}{c_1} = \frac{c}{c_1}\,\frac{\hat{c}}{c}$$

ergeben.

Werden die Relativgeschwindigkeiten ΔW durch die Geschwindigkeiten $\hat{W}$ nach dem Stoß ersetzt, so bleibt das Diagramm unverändert, wenn die Geschwindigkeit W vor dem Stoß verschwindet; für $W \neq 0$ erfährt es dagegen einfach eine Verschiebung des Ursprunges um W/c_1 auf der $\hat{W}/c_1$-Achse.

Für verschwindende Geschwindigkeit vor dem Stoß ergibt sich dann das Diagramm, Abb. 8, in welches noch Kurven konstanter Stoßgeschwindigkeit U

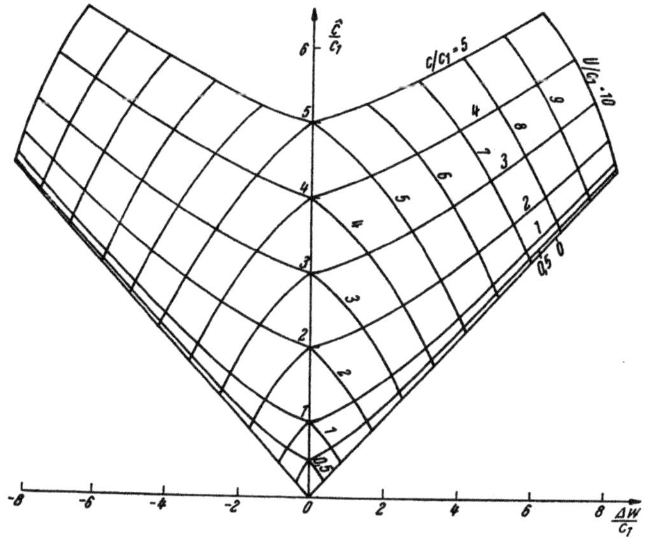

Abb. III,8. Stoßpolaren-Diagramm in der ΔW, $\hat{c}$-Ebene mit Kurven konstanter Laufgeschwindigkeit des Stoßes U/c_1 ($\varkappa = 1{,}4$).

(ebenfalls durch c_1 dividiert) eingetragen sind. Mit Hilfe dieses Diagramms ist die gestellte Aufgabe nun schnell gelöst.

In der x,t-Ebene („Strömungsebene") wird die Zeit mit einer geeigneten Schallgeschwindigkeit, in Abb. 9 mit c_1, der Schallgeschwindigkeit im ungestörten Feld vor dem Stoß, auf die Dimension einer Länge gebracht. Die durch c_1 dividierten Geschwindigkeiten stellen dann Neigungen in der x,c_1t-Ebene dar. Im wiedergegebenen Beispiel rast ein Stoß mit etwa vierfachem c_1 auf die Wand an der Stelle $x = 0$ zu. Hinter ihm strömt das Medium mit etwa dreifachem c_1 her, wie der daneben gezeichnete Teil der Stoßpolaren zeigt. In diesem entsprechen die

Punkte 1, 2 und 3 den Zuständen in den Feldern 1, 2 und 3 der Strömungsebene. Der reflektierte Stoß wird gefunden, indem die Achse des Stoßpolarendiagramms in den Punkt 2 verlegt und die einem rechtslaufenden Stoß entsprechende Polare herausgegriffen wird. Sie gibt alle Zustände wieder, welche durch einen Stoß ausgehend vom Strömungszustand 2 erreichbar sind. Es interessiert derjenige Zustand, welcher hinter dem Stoß die Geschwindigkeit $\hat{W} = 0$ ergibt, wodurch der Punkt 3 festgelegt ist. Die Relativgeschwindigkeiten $W_2 - W_1$ und $W_3 - W_2$ müssen gerade entgegengesetzt sein.

Für die Ermittlung der *absoluten* Stoßgeschwindigkeit ist zu berücksichtigen, daß der Stoß nun gegen das Medium im Zustand 2 anzulaufen hat. Die Neigung der Stoßlinie 2—3 ergibt sich also aus dessen Laufgeschwindigkeit U_{23} relativ zum Medium vor dem Stoß und der Geschwindigkeit W_2 wie folgt:

$$\frac{\mathrm{d}x}{\mathrm{d}(c_1 t)} = \frac{U_{23}}{c_1} + \frac{W_2}{c_1}, \tag{114}$$

worin W_2 im Beispiel Abb. 9 negativ ist. Die Neigungen der Teilchenbahnen zur t-Achse geben die Geschwindigkeit der Teilchen wieder. Aus dem Abstand der Teilchenbahnen von der Wand im Zustand 1 und 3 kann auf die Verdichtung geschlossen werden.

Abb. 9 zeigt einen Unterschied in der absoluten Laufgeschwindigkeit des Stoßes vor und nach der Reflexion. Hier ist „Einfallswinkel" und „Reflexions-

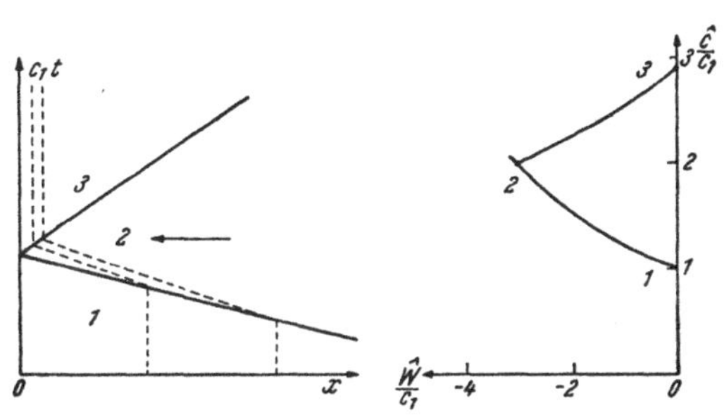

Abb. III,9. Reflexion eines Stoßes an einer festen Wand (- - - - Teilchenbahn). (Wenn, wie auch in mehreren der folgenden Bilder, kein Maßstab angegeben wird, muß dieser an den Koordinatenachsen gleich angenommen werden. Seine Länge hingegen bleibt willkürlich.)

winkel" verschieden im Gegensatz zu den Verhältnissen bei „kleinen Störungen", die alle mit ein und derselben Schallgeschwindigkeit laufen. Dort ergab sich an der festen Wand eine Verdoppelung des Störungsdruckes (Abschnitt 13).

Bei stärkeren, im wesentlichen aber noch isentropischen Störungen gilt die lineare Beziehung von Strömungs- und Schallgeschwindigkeit, Gl. (106). Dies führt zu einer Verdoppelung der Schallgeschwindigkeitsstörung nach der Reflexion an der Wand, $c_3 - c_1 = 2\,(c_2 - c_1)$, während die Druckstörung mehr als verdoppelt wird, was unmittelbar aus der Isentropie folgt. Es unterscheiden sich auch bereits „Einfalls- und Reflexionswinkel" des Stoßes.

Handelt es sich um sehr starke Stöße, so kann beim „einfallenden" Stoß mit den Gln. (102) und (103) gerechnet werden, nicht aber beim reflektierten Stoß. Mit

Gl. (103) ergibt sich $\frac{\Delta W}{c_2} = \sqrt{\frac{2}{\varkappa(\varkappa - 1)}}$. Da ΔW beim zweiten Stoß gleich ist, kann aus der ersten Gl. (100) das Verhältnis U_{23}/c_2 und aus den folgenden Gleichungen Dichte und Druck berechnet werden. Es ergibt sich für einen sehr starken einfallenden Stoß:

$$\frac{\varrho_3}{\varrho_2} = \frac{\varkappa}{\varkappa - 1}; \quad \frac{p_3}{p_2} = \frac{3\varkappa - 1}{\varkappa - 1}.$$

Die Verdichtung im ersten Stoß ist höchstens $\frac{\varrho_2}{\varrho_1} = \frac{\varkappa + 1}{\varkappa - 1}$, und damit ergibt sich die maximale Verdichtung bei einer Reflexion zu:

$$\frac{\varrho_3}{\varrho_1} = \frac{\varkappa(\varkappa + 1)}{(\varkappa - 1)^2}. \tag{115}$$

Das Druckverhältnis $\frac{p_3 - p_1}{p_2 - p_1}$, welches bei kleinsten Störungen den Wert 2 annimmt, kann bei einer Reflexion eines starken Stoßes, $p_1 \ll p_2$ und $p_1 \ll p_3$, den Betrag

$$\frac{p_3 - p_1}{p_2 - p_1} = \frac{3\varkappa - 1}{\varkappa - 1} \tag{116}$$

nicht übersteigen.

Die Reflexionsvorgänge an Stößen können auch in Abb. 5 verfolgt werden. Es wurde darauf hingewiesen (Abschnitt 16), daß die Kurvenäste unter $\hat{c}/c = 1$ die Werte vor dem Stoß wiedergeben, wenn die Werte nach dem Stoß bekannt sind. Abb. 5 gebe die Stoßpolare für den Zustand 2 wieder, also $c = c_2$. Dann liegt c_1/c_2 auf dem unteren, c_3/c_2 auf dem oberen Kurvenast beim gleichen durch die Aufgabe gegebenen $\Delta W/c_2$-Wert. Zur Auswertung wäre nur noch eine U/c-Skala an der Stoßpolaren anzubringen. Dieser für die Behandlung der Reflexion bedeutend einfachere Weg erscheint indessen nicht so verallgemeinerungsfähig.

Nicht immer ist eine Reflexion der hier geschilderten einfachen Art möglich. In diesem Zusammenhang kann es dann zu Stoßverzweigungen kommen (siehe etwa [5]).

20. Überlagerung gegenläufiger Verdichtungsstöße

Schon die Reflexion eines Stoßes an einer Wand konnte als Überlagerung zweier gleich starker gegenläufiger Stöße betrachtet werden. Es interessiert die Verallgemeinerung auf Stöße beliebiger Stärke. Dabei kann das Koordinatensystem — ohne die Allgemeinheit zu beeinträchtigen — stets so gewählt werden, daß beide Stöße in ein ruhendes Medium hineinlaufen, Abb. 10. Nachdem das Gas alle Stöße durchlaufen hat, muß es eine einheitliche Endgeschwindigkeit und einheitlichen Enddruck besitzen. Jedoch können sich die Gasteilchen, je nachdem, welche Stöße sie durchlaufen, in der Endentropie und somit in der Endtemperatur unterscheiden. Lediglich bei schwachen Stößen sind die Zustandsänderungen isentrop. Gemeinsamer Enddruck ist dann gleichbedeutend mit gleicher Schallgeschwindigkeit, der im folgenden besprochene Vorgang kann dann einfacher im Stoßpolarendiagramm der $\hat{c}$, $\hat{W}$-Ebene (Abb. 8) verfolgt werden („Isentrope Näherung"). Im Beispiel der Abb. 10 ist ein großer Unterschied in der Stoßstärke angenommen, um den allgemeinsten Fall darzustellen.

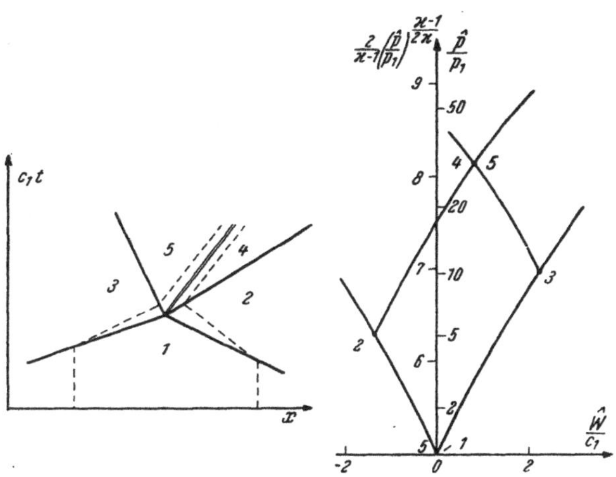

Abb. III,10. Überlagerung zweier gegenläufiger Stoßwellen in der Strömungsebene und im $\hat{W}$, $\hat{p}$-Stoßpolarendiagramm (- - - - Teilchenbahn; ═══ Unstetigkeitslinie; ——— Stoß).

Gegeben sind zwei in ein ruhendes Medium 1 vordringende Stöße und damit die Zustände 2 und 3, welche zwei Punkte auf den Stoßpolaren des Zustandes 1 in der verzerrten $\hat{p}/p_1$, $\hat{W}/c_1$-Ebene darstellen. (Eine nichtverzerrte $\hat{p}$, $\hat{W}$-Ebene zu wählen, ist wegen der großen Druckunterschiede unzweckmäßig.) Alle möglichen Zustände, welche mit einem Stoß vom Zustand 2 oder 3 aus zu erreichen sind, liegen auf Stoßpolaren, die die Punkte 2 und 3 als Fußpunkte haben. Der Schnittpunkt der beiden Polaren gibt Druck und Geschwindigkeit in den Punkten 4, 5, bezogen auf p_1 und c_1. Die Schallgeschwindigkeiten und Stoßgeschwindigkeiten in den Punkten 4 und 5 sind über die Druckverhältnisse p_4/p_2 und p_5/p_3 gesondert zu berechnen. Zur Ermittlung der Neigungen von Lebenslinien und Stoßlinien in der Strömungsebene sind zunächst alle Geschwindigkeiten auf c_1 zu beziehen. Auch darf nicht vergessen werden, zur Stoßgeschwindigkeit U relativ zum Medium vor dem Stoß die Geschwindigkeit vor dem Stoß zu addieren, Gl. (114), um die absolute Stoßgeschwindigkeit zu erhalten.

Die Stoßpolare in Abb. 6 bezieht sich auf den Zustand vor dem Stoß, für den Stoß 2 → 4 also auf den Zustand 2. Wenn $\hat{p}$ und $\hat{W}$ auf p_1 und c_1 bezogen werden sollen, ist $\frac{2}{\varkappa - 1}\left(\frac{\hat{p}}{p_2}\right)^{\frac{\varkappa-1}{2\varkappa}}$ mit dem Faktor $\left(\frac{p_2}{p_1}\right)^{\frac{\varkappa-1}{2\varkappa}}$ und $\hat{W}/c_2$ mit dem Faktor c_2/c_1 zu strecken. (Entsprechendes gilt natürlich auch für die im Punkte 3 beginnende Polare). Zum Unterschied von den Verhältnissen in Abb. 8 unter scheiden sich die Streckungen auf beiden Achsen um einen Faktor

$$\frac{c_1}{c_2}\left(\frac{p_2}{p_1}\right)^{\frac{\varkappa-1}{2\varkappa}} = e^{\frac{s_1-s_2}{2c_p}},$$

der nach Gl. (113) vom Entropieanstieg im Stoße $1 \rightarrow 2$ allein abhängt.

21. Nachlaufende Schall- und Stoßwellen

Laufen stetige oder stoßartige Verdichtungen hintereinander her, so läuf die nachkommende Verdichtung mit erhöhter Schallgeschwindigkeit auf der i Strömungsrichtung bewegten Gasmasse. Die Wellenfront steilt sich auf. Gln. (109 und (112) geben ein exaktes Beispiel für eine ebene, steiler werdende Druckwell Mit den oberen Vorzeichen erhält man eine positiv laufende Druckwelle, die i Abb. 11 für ein Druckverhältnis von etwa 1:20 gezeichnet wurde. (Der Zeit

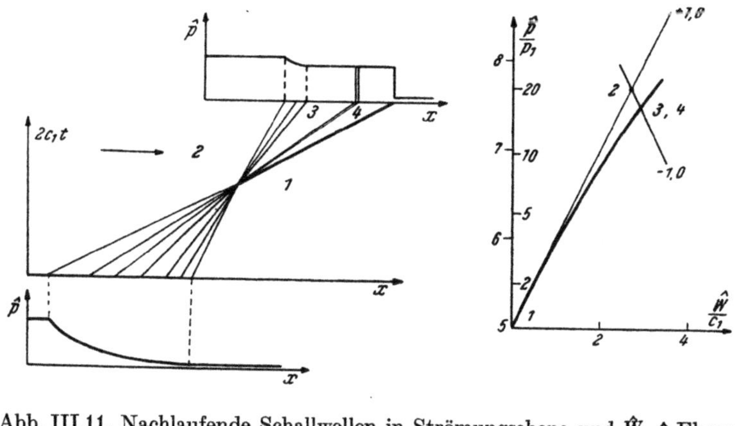

Abb. III,11. Nachlaufende Schallwellen in Strömungsebene und $\hat{W}$, $\hat{p}$-Ebene (——— Machlinie, ═══ Unstetigkeitslinie, ——— Stoß).

maßstab ist der größeren Deutlichkeit wegen mit dem Faktor 2 multipliziert An einer bestimmten Stelle wird der Druckanstieg unendlich, hier muß offenba ein Stoß ansetzen.

Die von 1 nach 2 führende Gerade sowie die in 1 ansetzende Stoßpolare i verzerrten $\hat{W}$, $\hat{p}$-Diagramm geben die stetige Verdichtung, Gl. (112), und d möglichen Stöße wieder. Es kann aber kein Stoß gefunden werden, der zu Zustand 2 führt. Nur in dem Gebiet, in welchem die nach 2 führende Gerade un die Stoßpolare praktisch zusammenfallen, also innerhalb der isentropen Näh rung, läge Punkt 2 auch auf der Polaren.

Im allgemeinen muß vom Ansatzpunkt des Stoßes also noch eine zwei Störung abgehen. Diese kann wieder nur die Lösung (112) sein. Mit dem untere

Vorzeichen genommen, ist sie eine im Polarendiagramm fallende Gerade, welche im Schnittpunkt mit der Stoßpolaren 3 und 4 Geschwindigkeit und Druck hinter dem Stoß ergibt. Da im Zustand 2 und 3 gleiche Entropie herrscht, $s_2 = s_3$, ist die Neigung der Geraden zur $\hat{W}/c_1$-Achse gleich $-1{,}0$; der Punkt 3, 4 in der Zustandsebene entspricht den beiden Seiten der Unstetigkeitslinie in der Strömungsebene. Wieder errechnen sich für c, T oder ϱ für das Feld 3 über die Isentropengleichungen, für 4 über die Stoßgleichungen unterschiedliche Werte. Außer dem Stoß ergibt sich also eine stromaufwärts laufende Verdünnung, welche — im Gegensatz zu den Verhältnissen in Abb. 7 — bei endlicher Strömungsgeschwindigkeit in 2 endigt.

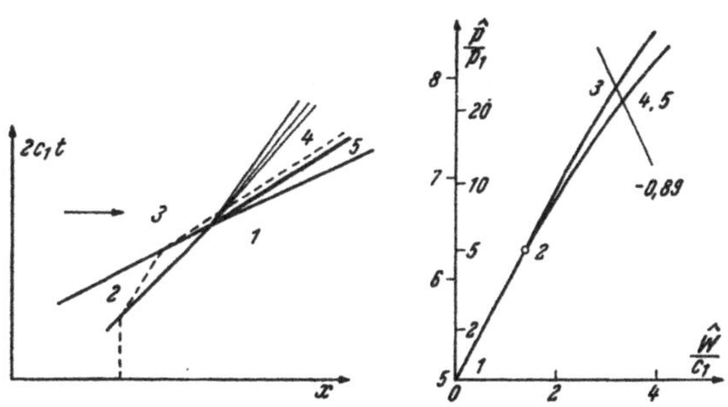

Abb. III,12. Zwei nachlaufende Stöße in der Strömungs- und Zustandsebene.

Die Lösung für zwei nachlaufende Stöße ergibt sich ganz analog, Abb. 12. Ein Stoß kann im allgemeinen nicht gleichzeitig vom Zustand 1 in den Zustand 2 und 3 führen. Vom Treffpunkt beider Stöße geht wieder eine Verdünnung aus, Gl. (112), welche im Polarendiagramm durch eine vom Punkt 3 ausgehende fallende Gerade dargestellt wird, deren Schnittpunkt mit der Polaren des Zustandes 1 die gesuchten Zustände in den Feldern 4 und 5 ergibt. Wegen $s_3 \neq s_1$ ist die Richtung der Geraden durch $-e^{\frac{s_2 - s_3}{2c_p}}$ (im vorliegenden Fall $= -0{,}89$) gegeben.

22. Reflexion eines Stoßes am offenen Ende

Es sei zunächst angenommen, daß ein Stoß konstanter Stärke in einem Rohr in ein ruhendes Medium laufe und dabei schließlich an das offene Rohrende gelange. Hier muß eine Reflexion so vor sich gehen, daß an der Reflexionsstelle stets der gleiche Druck p_1 herrscht. Es muß angenommen werden, daß ein Verdichtungsstoß ähnlich wie eine sehr kleine Verdichtung, Abb. 4, als Verdünnung reflektiert wird, wobei diese am Rohrende sprunghaft einsetzt. Am Stoßende muß also eine Lösung der Gl. (112) einsetzen, welche auf den Druck p_1 führt. Es ist die eine vom Punkt 2 ausgehende, im vorliegenden Fall mit der Richtungskonstanten $-e^{+\frac{s_1 - s_2}{2c_p}} = -0{,}99$ fallende Gerade, die im Schnittpunkt 3 mit der $\hat{W}$-Achse den Strömungszustand am Rohrende nach der Reflexion ergibt.

Während also an der festen Wand der Zustand nach der Reflexion dadurch gefunden wurde, daß in der Zustandsebene vom Punkte 2 ausgehend die Polar für einen entgegengesetzt laufenden Stoß bis zur Achse $\hat{W} = 0$ gezogen wurde muß hier die einem entgegengesetzt laufenden Verdünnungsfächer entsprechend Gerade bis zur Achse $\hat{p} = p_1$ gezogen werden. Ein Verdünnungsfächer ersetzt hie den thermodynamisch unmöglichen Verdünnungsstoß. Im Gegensatz zum Sto gibt der Fächer nur in einem einzigen Punkt einen sprunghaften Druckabfall.

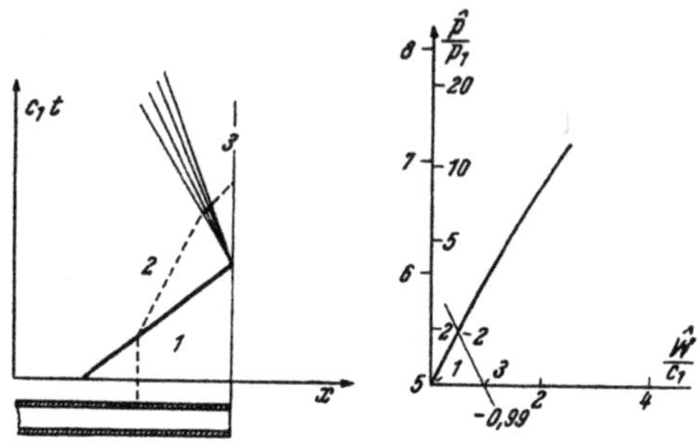

Abb. III,13. Reflexion eines Stoßes am offenen Rohrende.

Wenn das Medium vor dem Stoß strömt, so wird die Lösung durch ent sprechende Verschiebung der Polaren in W-Richtung im $\hat{W}, \hat{p}$-Diagramm gefun den. In diesem Fall oder auch bei stärkeren Stößen kann das Gas hinter dem Sto mit Überschallgeschwindigkeit strömen. Der in Abb. 13 eingezeichnete Ver dünnungsfächer weist dann aus dem Rohr heraus, im Rohr selbst wird der Druc durch das Rohrende nicht beeinflußt. Dies ist auch nicht zu erwarten. Die Be dingung von Gleichdruck am Rohrende gilt nur bei Unterschallströmung, wei nur diese vom Zustand jenseits des Rohrendes beeinflußt wird.

Die in den Abschnitten 18 bis 22 besprochenen Vorgänge sind dadurch gekenn zeichnet, daß die Strömungszustände auf Strahlen durch einen bestimmten Punk konstant sind. Es treten nur Entropiesprünge in Stößen und an Unstetigkeits linien auf. Unter diesen Umständen ist es möglich, mit Hilfe von Stößen und de stetigen Ausdehnung oder Kompression Gl. (112) exakte Lösungen des ebene Problems aufzubauen.

23. Exakte Lösungen anisentroper Vorgänge

Wird in die Gl. (41) für ein id. Gas konst. sp. W. die Querschnittsänderung (37 für das ebene, zylinder- und kugelsymmetrische Problem eingeführt, so ergib sich mit $X = 0$:

$$\begin{gathered}
\frac{2}{\varkappa - 1}\frac{\partial c}{\partial t} + \frac{2}{\varkappa - 1} W \frac{\partial c}{\partial x} + c\frac{\partial W}{\partial x} = -c W \frac{\sigma}{x};\\
\frac{\partial W}{\partial t} + W\frac{\partial W}{\partial x} + \frac{2}{\varkappa - 1} c \frac{\partial c}{\partial x} = \frac{c^2}{\varkappa - 1}\frac{\partial}{\partial x}\left(\frac{s}{c_p}\right); \qquad (117\\
\frac{\partial}{\partial t}\left(\frac{s}{c_p}\right) + W\frac{\partial}{\partial x}\left(\frac{s}{c_p}\right) = 0.
\end{gathered}$$

Der Ansatz Gl. (110) läßt sich auf eine exakte Lösung des anisentropen Vorganges Gl. (117) erweitern, welche von G. GUDERLEY [6] stammt. s nach x abgeleitet, muß eine Funktion von η gebrochen durch x ergeben. Der Ansatz

$$\begin{aligned} \eta &= \frac{x}{(\pm c_1 t)^n}; \qquad \frac{c}{c_1} = x^{1-\frac{1}{n}} F_1(\eta); \\ \frac{W}{c_1} &= x^{1-\frac{1}{n}} F_2(\eta); \qquad \frac{s-s_1}{c_p} = F_3(\eta) + A \ln x \end{aligned} \tag{118}$$

führt zu einem System gewöhnlicher Differentialgleichungen für die Funktionen $F_1(\eta)$, $F_2(\eta)$, $F_3(\eta)$:

$$\begin{aligned} &\frac{2}{\varkappa-1} F_1'\left(\mp n\eta^{\frac{1}{n}} + F_2\right) + F_2' F_1 + \frac{F_1 F_2}{\eta}\left[\frac{\varkappa+1}{\varkappa-1}\left(1-\frac{1}{n}\right) + \sigma\right] = 0; \\ &\frac{2}{\varkappa-1} F_1' F_2 + F_2'\left[\mp n\eta^{\frac{1}{n}} + F_2\right] - \frac{1}{\varkappa-1} F_3' F_1^2 + \frac{F_2^2}{\eta}\left(1-\frac{1}{n}\right) + \\ &\qquad + \frac{F_1^2}{\eta}\left[\frac{2}{\varkappa-1}\left(1-\frac{1}{n}\right) - \frac{A}{\varkappa-1}\right] = 0; \\ &F_3'\left(\mp n\eta^{\frac{1}{n}} + F_2\right) + A\frac{F_2}{\eta} = 0. \end{aligned} \tag{119}$$

Eine ausführliche Behandlung und weitere Reduktion des Gleichungssystems findet sich in der genannten Arbeit von GUDERLEY. In der großen Mannigfaltigkeit von Lösungen sind auch die isentropen Ansätze von Abschnitt 17 mit eingeschlossen.

24. Kugelige und zylindrische Stöße in der Nähe des Zentrums

Da sich Impuls, Energie und Massenfluß in der Nähe des Zentrums auf kleinen Raum zusammendrängen, müssen die Stoßintensitäten dort ungeheuer anwachsen, so daß der Stoßvorgang mit den vereinfachten Gleichungen (102) genähert werden kann. Mit der Veränderlichkeit der Stoßstärke muß auch die Stoßgeschwindigkeit U variieren. Sicher wird sie in der Nähe des Zentrums am größten sein, also wird die Stoßlinie keine Gerade wie bei der ebenen Reflexion an einer Wand, sondern eine Kurve sein, die mit $t = 0$ als Zeitpunkt für das Eintreffen des Stoßes in $x = 0$, durch

$$x = B(\pm c_1 t)^n$$

gegeben sei. Dabei gilt das negative Vorzeichen für einen auf das Zentrum zueilenden, das positive Vorzeichen für einen vom Zentrum weggehenden Stoß. In $x = 0$ muß wegen der Quellfreiheit ständig $W\varrho x^\sigma = 0$ sein. Aus der Stoßkurve ergibt sich die Stoßgeschwindigkeit für den einlaufenden Stoß zu:

$$\frac{U}{c_1} = -\frac{\mathrm{d}x}{\mathrm{d}(c_1 t)} = nB(-c_1 t)^{n-1} = nB^{\frac{1}{n}} x^{1-\frac{1}{n}}.$$

Damit ergeben sich nach Einsetzen von U in Gl. (102) für Geschwindigkeit und Schallgeschwindigkeit gerade jene Potenzen von x, wie sie in Gl. (118) bei einem bestimmten η auftreten. $\eta =$ konst. wiederum gibt gerade den Ansatz für die Stoßkurve. Sie sei durch $\eta = \eta_s = B$ gekennzeichnet. Der Ruhezustand 1, Abb. 14, im Zentrum vor Eintreffen des Stoßes herrscht bei negativen Werten von t. Für den ersten Stoß muß also eine Lösung von Gl. (119) gesucht werden, welche für $\eta = \eta_s$ bei $t < 0$ nach Gl. (102) und (118) folgende Werte liefert:

$$\frac{c}{c_1} = \frac{\sqrt{2\varkappa(\varkappa - 1)}}{\varkappa + 1} n\eta_s^{\frac{1}{n}} x^{1-\frac{1}{n}} = x^{1-\frac{1}{n}} F_1(\eta_s);$$

$$\frac{W}{c_1} = -n\eta_s^{\frac{1}{n}} x^{1-\frac{1}{n}} = x^{1-\frac{1}{n}} F_2(\eta_s);$$

$$\frac{s - s_1}{c_v} = \left(2 - \frac{2}{n}\right) \ln x + \frac{2}{n} \ln \eta_s + 2 \ln n = \varkappa F_3(\eta_s) + \varkappa A \ln x.$$

Daraus ergeben sich die Randwerte der Funktionen F_i für $\eta = \eta_s$. Auch der Entropieansatz genügt also den Anforderungen, wenn $\varkappa A = 2\left(1 - \frac{1}{n}\right)$ gesetzt wird. Der Exponent n bleibt zunächst noch unbestimmt.

Im Zentrum $x = 0$ muß nach der Reflexion ebenfalls Ruhe herrschen. Es ist also an der Linie des reflektierten Stoßes eine Lösung anzusetzen, welche neben den Stoßbedingungen auch noch die Bedingung der Quellfreiheit auf $x = 0$ liefert. Auch dies leistet eine Lösung des Gleichungssystems (119) für ein ganz bestimmtes n, welches von Guderley für $\varkappa = 1{,}40$ wie folgt bestimmt wurde:

$$\sigma = 1: \quad n = 0{,}834, \qquad \sigma = 2: \quad n = 0{,}717.$$

Die Geschwindigkeiten im Feld 2 am reflektierten Stoß haben sich gegenüber jenen am einfallenden Stoß geändert. Jedoch sind sie dort genau wie die Stoßgeschwindigkeit U proportional $x^{1-\frac{1}{n}}$. Damit ist diese Proportionalität am Stoß im Felde 3 gemäß Gl. (102) nicht nur für die Relativgeschwindigkeit ΔW, sondern auch für die Absolutgeschwindigkeit am Stoß in 3 und schließlich auch für die absolute Laufgeschwindigkeit des reflektierten Stoßes $U + W_2$ gegeben, der somit wieder auf einer Kurve $x/(c_1 t)^n =$ konst. liegt. Auch die Entropie am Stoß hat einen Summanden $A \ln x$, womit die Brauchbarkeit des Ansatzes (118) für das Feld 3 erwiesen ist.

In Abb. 14 ist die Zeit durch jene Zeit t_0 dimensionslos gemacht, welche der einfallende Stoß an der betrachteten Stelle bis zum Eintreffen im Zentrum braucht. Der Stoß treffe an der betrachteten Stelle mit der Geschwindigkeit U_0 ein. Mit U_0 und der Dichte ϱ_1 im Ruhezustand 1 vor dem Eintreffen des einfallenden Stoßes sind dimensionslose Größen gebildet. p_1 eignet sich nicht dazu, weil das Druckverhältnis $\frac{p}{p_1}$ in einem Stoß mit $\frac{U}{c} \gg 1$ gerade von der Größenordnung $\left(\frac{U}{c}\right)^2$ ist. Vergleichsweise sind die Werte für $\sigma = 0$ (im wesentlichen Abb. 9) für $\frac{U}{c} \gg 1$ hinzugefügt. Die Abstände $\frac{x}{U_0 t_0}$, für welche der Zustandsverlauf abhängig von der Zeit aufgetragen wird, sind für $\sigma = 0$: $\frac{x}{U_0 t_0} = 1$; $\sigma = 1$: $\frac{x}{U_0 t_0} = 1{,}20$; $\sigma = 2$: $\frac{x}{U_0 t_0} = 1{,}40$. Im ebenen Fall braucht der reflektierte Stoß für die Strecke vom Zentrum bis x die dreifache Zeit wie der einfallende Stoß, bei $\sigma = 1$ und $\sigma = 2$ geht es etwas schneller. Hinter dem reflektierten Stoß strömt das Medium langsamer nach und steigt der Druck bedeutend stärker als bei $\sigma = 0$ an.

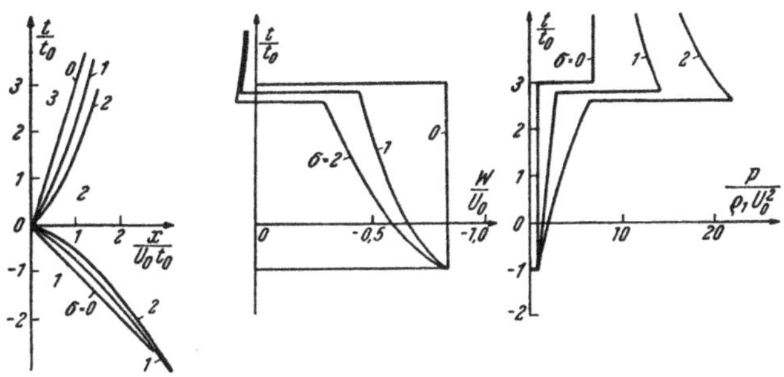

Abb. III,14. Reflexion eines kugeligen, $\sigma = 2$, und zylindrischen, $\sigma = 1$, Stoßes im Zentrum nach [6]. Stoßlinie in der Strömungsebene, Geschwindigkeit und Druckverlauf abhängig von der Zeit im Punkte x, der zur Zeit $t = -t_0$ von einem einfallenden Stoß der Geschwindigkeit U_0 erreicht wird ($\varkappa = 1{,}4$).

Die Berechnung des Vorganges mit den Methoden der Akustik liefert nicht einmal qualitativ richtige Resultate.

Die Arbeit von G. Guderley hat verschiedene Fortsetzungen erfahren. Unter diesen sei jene von W. Gretler [7] erwähnt, der Störungen zur Ähnlichkeitslösung von Guderley einführt, und zwar Störungen sowohl für den Strömungszustand als auch für den Zentralabstand x. Die Gleichungen für die Störungen sind zwar linear, die Lösung jedoch nicht ganz einfach, weshalb hier nur der Hinweis auf die Arbeit und die dort genannte Literatur gebracht werden kann.

25. Einfluß-, Abhängigkeits- und Fortsetzungsgebiet

Für alle behandelten instationären Vorgänge ist es kennzeichnend, daß sich eine in einem Punkte der Strömungsebene auftretende Störung nur in begrenztem Gebiet geltend machen kann. Entferntere Orte kommen erst dann unter den Einfluß der Störung, wenn die erste Schallwelle oder — bei starken Störungen — die erste Stoßwelle ausgehend von der Störung eingetroffen ist. Für jeden Ort x

gibt es zu einem Zeitpunkt t also ein *Einflußgebiet*, welches durch die vom Punkt x, t ausgehenden Bahnkurven der Schallfortpflanzung, die *Machlinien*, begrenzt ist, Abb. 15. Sie sind durch Gl. (31) gegeben:

$$\frac{dx}{dt} = W \pm c.$$

Für einen sich mit dem Medium, also mit der Geschwindigkeit W, bewegenden Beobachter der Zeichenebene läuft die eine Schallwelle nach rechts, die andere nach links, weshalb von einer *rechtslaufenden* $(W + c)$ und einer *linkslaufenden* $(W - c)$ Machlinie gesprochen werden soll. Im Falle kleinster Störungen oder am Rande eines ruhenden Mediums konstanter Schallgeschwindigkeit ist die Machlinie eine Gerade. Bei unstetigen Zustandsänderungen, also bei Stößen, ist das Einflußgebiet durch die Stoßkurven begrenzt.

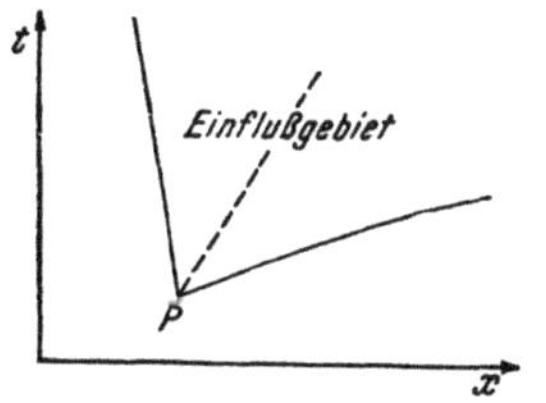

Abb. III,15. Einflußgebiet eines Punktes P (——— Machlinie, - - - - Teilchenbahn).

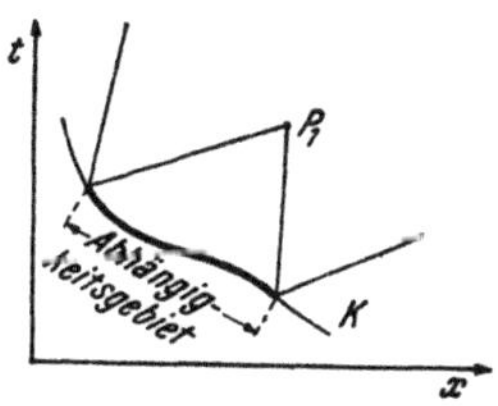

Abb. III,16. Abhängigkeitsgebiet eines Punktes P_1 auf einer Kurve K.

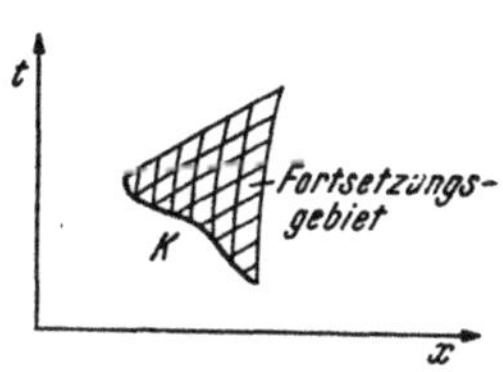

Abb. III,17. Fortsetzungsgebiet eines Kurvenstückes K.

Der Zustand irgendeines beliebigen Punktes $P_1(x_1, t_1)$ der Strömungsebene kann seinerseits nur von jenen Störungen abhängen, in deren Einflußgebiet der betrachtete Punkt liegt. Eine ausgedehntere Störung kann während einer Zeitspanne von einem Ort oder von einer Reihe von Orten ausgehen, sie ist also durch die Zustände auf einer beliebig gelegenen Kurve in der x, t-Ebene dargestellt. Es können auch alle von einer solchen Kurve ausgehenden Einflüsse als auf der Kurve K entstandene Störungen angesehen werden. Der Zustand im Punkt P_1, Abb. 16, hängt nur von den Einflüssen eines wieder durch zwei Machlinien begrenzten Stückes der Kurve K ab, welches das *Abhängigkeitsgebiet* des Punktes P_1 auf der Kurve K genannt wird.

Aus der Festlegung der Zustände auf einem Kurvenstück folgt schließlich die Festlegung der Zustände in allen Punkten, deren Abhängigkeitsgebiet von dem Kurvenstück umfaßt wird. Dieses Gebiet, dessen Berechnung allein aus der Kenntnis der Zustände auf einem Kurvenstück möglich sein muß, weil es nur von diesem abhängt, heißt *Fortsetzungsgebiet*, Abb. 17.

Im übrigen läßt sich — ausgehend vom Zustand auf dem Kurvenstück K — die Strömung in einem beschränkten Gebiet entgegen der Zeitrichtung ermitteln. Es gibt also noch einen zweiten Teil des Fortsetzungsgebietes, der in Abb. 17 unter dem Kurvenstück K einzuzeichnen wäre. Beide Teile zusammen formen ein Parallelogramm-artiges Feld. Der Zustand auf K ist folglich nur bei einem ganz bestimmten Strömungszustand in einem zu früheren Zeiten gelegenen „Fortsetzungsgebiet" möglich. Diese Bezeichnung ist für diesen zweiten Teil rein mathematisch zu verstehen und nicht zeitlich.

Die partiellen Differentialgleichungen, wie etwa die Kontinuitätsbedingung oder die Bewegungsgleichung, stellen Bindungen der Zustandsänderungen in zwei verschiedenen Richtungen dar. Sie gelten nicht über die Stoßwellen hin weg, aber beliebig nahe von beiden Seiten an diese heran. Die folgenden Schlüsse werden deshalb auch nicht über Stoßwellen hinweg, sonst aber überall gelten.

Wird ein Koordinatensystem so gewählt, daß eine Koordinatenlinie mit einer Machschen Linie zusammenfällt, die andere Koordinatenlinie aber beliebig verläuft, so kann durch Koordinatentransformation leicht die Änderung einer Größe — etwa der Geschwindigkeit — längs der genannten Machschen Linie ermittelt werden. Diese Änderung einer Größe längs der Machlinie darf nun aber nur vom Zustand auf der Machlinie selbst, womit auch die Änderungen des Zustandes längs dieser Machlinie einbegriffen sind, abhängen. Dies ist notwendig, weil sich sonst — entgegen den vorausgegangenen Schlüssen — Zustandsänderungen, welche auf das Einflußgebiet beschränkt sind, außerhalb desselben geltend machen würden, oder umgekehrt Vorgänge, welche außerhalb des Abhängigkeitsgebietes liegen, sich bemerkbar machen würden. Weil nun aber jede Machlinie Begrenzung eines geeignet gewählten Einflußgebietes oder Abhängigkeitsgebietes ist und durch jeden Punkt der Strömungsebene zwei Machlinien gehen, müssen die beiden Scharen links- und rechtslaufender Machlinien, als Koordinatenlinien eingeführt, Differentialgleichungen ergeben, in denen stets nur die Änderungen in einer der beiden Richtungen von Machlinien, also nur sogenannte *innere Ableitungen*, auftreten.

Es ist einleuchtend, daß diese einfachen Differentialgleichungen für die Behandlung allgemeiner Aufgaben besonders geeignet sein werden.

Eine Machlinie ist dadurch gekennzeichnet, daß sich ihr entlang eine kleine Störung fortpflanzen würde, wenn sie an einem ihrer Punkte hervorgerufen würde. Die Störung braucht realiter nicht gegeben zu sein. So gibt es auch in der ungestörten Parallelströmung und in einem ruhenden Medium zwei Scharen Machscher Linien. Die Störungen können sehr kleine Zustandssprünge oder auch beliebig starke Knicke im Zustandsverlauf sein, vgl. etwa Abb. 7, Machlinie $x = -c_0 t$. So kann aus dem Geschwindigkeitsgefälle auf der einen Seite der Machschen Linie nicht auf das Gefälle auf der anderen Seite geschlossen werden. Dies ist ein weiterer Grund, weshalb die Ableitungen längs der Machlinie nicht von jenen quer zu ihr abhängen können, weil letztere auf beiden Seiten verschieden und somit auf der Machlinie unbestimmt sein können.

Diese Eigenschaft der Machschen Linien spielt in der Theorie einer ganzen Klasse von Differentialgleichungen, deren einfachste Vertreterin die Wellengleichung (67) ist und die als *hyperbolische* Differentialgleichungen bezeichnet werden, eine hervorragende Rolle. Die den Machschen Linien entsprechenden Kurven werden allgemein als *Charakteristiken* oder „charakteristische Grundkurven" bezeichnet, ein Ausdruck, der im folgenden für die Machsche Linie öfters verwendet werden wird.

26. Transformation der Differentialgleichungen auf die Machschen Linien

Im folgenden sei die durch die Neigung $W + c$ gekennzeichnete *rechtslaufend* Machsche Linie oder Charakteristik mit $\eta =$ konst., die durch die Neigung $W -$ gekennzeichnete *linkslaufende* Machsche Linie mit $\xi =$ konst. bezeichnet. Be kleinen Störungen im ruhenden Medium, $W \ll c_0$, $c - c_0 \ll c_0$, sind die Nei gungen näherungsweise gegeben durch:

$$\left(\frac{\partial x}{\partial t}\right)_\xi = \frac{x_\eta}{t_\eta} = -\frac{\xi_t}{\xi_x} = -c_0; \qquad \left(\frac{\partial x}{\partial t}\right)_\eta = \frac{x_\xi}{t_\xi} = -\frac{\eta_t}{\eta_x} = c_0.$$

Hieraus folgt nach Integration bei einfachster Wahl der verfügbaren Konstanten

$$\xi = x + c_0 t; \qquad \eta = x - c_0 t. \qquad (120$$

Alle möglichen ξ- und η-Werte ergeben hier also in der x, c_0t-Ebene eine Scha unter 45° fallender und eine zweite Schar unter 45° steigender gerader Linien

Die Darstellung der Neigung durch die partiellen Ableitungen von ξ, η nac x, t entspricht genau der Darstellung der Stromlinienneigung durch die Strom funktion in Gl. (43). In beiden Fällen handelt es sich um die Berechnung de Neigungskoeffizienten aus einer impliziten Darstellung, etwa $\xi(x, t) =$ konst. Di Darstellung durch die partiellen Ableitungen von x, t nach ξ, η folgt daraus, da x und t ganz allgemein als Funktionen von ξ und η aufgefaßt werden können

$$x = x(\xi, \eta), \qquad t = t(\xi, \eta). \qquad (121$$

Wird in dieser Darstellung ξ festgehalten, so kann (121) als Parameter darstellung für die linkslaufenden Machlinien mit η als Parameter aufgefaßt werden Die Neigung der Kurve folgt dann sofort durch Ableitung nach dem Parameter η es ist in der Darstellung (121) die partielle Ableitung nach η. Diese letztere Aus drucksform für die Machlinienneigungen wird sich noch als sehr vorteilhaf erweisen.

Die exakten Neigungsbedingungen lauten, siehe auch Gl. (31):

$$\left(\frac{\partial x}{\partial t}\right)_\xi = \frac{x_\eta}{t_\eta} = -\frac{\xi_t}{\xi_x} = W - c; \qquad \left(\frac{\partial x}{\partial t}\right)_\eta = \frac{x_\xi}{t_\xi} = -\frac{\eta_t}{\eta_x} = W + c. \qquad (122$$

Diese lassen sich im allgemeinen nicht ohne weiteres integrieren, weil W und als Funktionen von x, y oder ξ, η zunächst unbekannt sind.

Man beachte hier und im folgenden, daß die Gleichungen ineinander über gehen, wenn bei einem Vertauschen von ξ und η gleichzeitig c durch $-c$ ersetz wird.

Zur Ableitung längs der Machlinien, also zur Bildung der sogenannten *innere Ableitungen*, ist ähnlich vorzugehen wie bei der zeitlichen Ableitung längs de

Teilchenbahn in Gl. (1). Mit Gl. (122) gilt für eine beliebige Funktion g:

$$\begin{aligned}\left(\frac{\partial g}{\partial t}\right)_\xi &= \frac{\partial g}{\partial t} + \frac{\partial g}{\partial x}\left(\frac{\partial x}{\partial t}\right)_\xi = \frac{\partial g}{\partial t} + (W-c)\frac{\partial g}{\partial x} = \frac{\mathrm{d}g}{\mathrm{d}t} - c\frac{\partial g}{\partial x};\\ \left(\frac{\partial g}{\partial t}\right)_\eta &= \frac{\partial g}{\partial t} + \frac{\partial g}{\partial x}\left(\frac{\partial x}{\partial t}\right)_\eta = \frac{\partial g}{\partial t} + (W+c)\frac{\partial g}{\partial x} = \frac{\mathrm{d}g}{\mathrm{d}t} + c\frac{\partial g}{\partial x}.\end{aligned} \tag{123}$$

Mit Hilfe dieser Beziehungen sei zunächst in den ersten beiden Gl. (39) die innere Ableitung auf der linkslaufenden Machlinie, $\xi =$ konst., eingeführt:

$$\frac{1}{c^2\varrho}\left[\left(\frac{\partial p}{\partial t}\right)_\xi + c\frac{\partial p}{\partial x}\right] + \frac{\partial W}{\partial x} = -\frac{1}{f}\frac{\mathrm{d}f}{\mathrm{d}t} - \left[\frac{r_p}{c_pT} - \left(\frac{m_1}{m_2} - 1\right)\frac{m}{m_1}\right]\frac{\mathrm{d}\alpha}{\mathrm{d}t} + \frac{1}{c_pT}\frac{\mathrm{d}q}{\mathrm{d}t};$$

$$\left(\frac{\partial W}{\partial t}\right)_\xi + c\frac{\partial W}{\partial x} + \frac{1}{\varrho}\frac{\partial p}{\partial x} = X.$$

Multipliziert man die erste Gl. mit c und zieht die zweite sodann ab, so erhält man:

$$\frac{1}{c\varrho}\left(\frac{\partial p}{\partial t}\right)_\xi - \left(\frac{\partial W}{\partial t}\right)_\xi = c\left\{-\frac{1}{f}\frac{\mathrm{d}f}{\mathrm{d}t} - \left[\frac{r_p}{c_pT} - \left(\frac{m_1}{m_2} - 1\right)\frac{m}{m_1}\right]\frac{\mathrm{d}\alpha}{\mathrm{d}t} + \frac{1}{c_pT}\frac{\mathrm{d}q}{\mathrm{d}t}\right\} - X. \tag{124}$$

Die inneren Ableitungen können, wie dies schon in Gl. (122) geschehen ist, auch wie folgt geschrieben werden:

$$\left(\frac{\partial p}{\partial t}\right)_\xi = \frac{\partial p}{\partial \eta}\Big/\frac{\partial t}{\partial \eta}; \qquad \left(\frac{\partial W}{\partial t}\right)_\xi = \frac{\partial W}{\partial \eta}\Big/\frac{\partial t}{\partial \eta}. \tag{125}$$

Nach Multiplikation mit t_η erhält man dann beim Verschwinden äußerer Kräfte, $X = 0$:

$$\begin{aligned}-\frac{\partial W}{\partial \eta} + \frac{1}{c\varrho}\frac{\partial p}{\partial \eta} &= \left\{-\frac{1}{f}\frac{\mathrm{d}f}{\mathrm{d}t} + \left[\frac{r_p}{c_pT} - \left(\frac{m_1}{m_2} - 1\right)\frac{m}{m_1}\right]\frac{\mathrm{d}\alpha}{\mathrm{d}t} + \frac{1}{c_pT}\frac{\mathrm{d}q}{\mathrm{d}t}\right\}c\frac{\partial t}{\partial \eta};\\ \frac{\partial W}{\partial \xi} + \frac{1}{c\varrho}\frac{\partial p}{\partial \xi} &= \left\{-\frac{1}{f}\frac{\mathrm{d}f}{\mathrm{d}t} + \left[\frac{r_p}{c_pT} - \left(\frac{m_1}{m_2} - 1\right)\frac{m}{m_1}\right]\frac{\mathrm{d}\alpha}{\mathrm{d}t} + \frac{1}{c_pT}\frac{\mathrm{d}q}{\mathrm{d}t}\right\}c\frac{\partial t}{\partial \xi}.\end{aligned} \tag{126}$$

Die zweite Gleichung folgt gleich aus der ersten durch die Vertauschung: $\xi \leftrightarrow \eta$, $c \leftrightarrow -c$.

Es handelt sich bei den Gln. (126) um eine allgemeine Form der sogenannten *Verträglichkeitsbedingungen* oder *Kompatibilitätsbedingungen*. Solche werden noch in unterschiedlicher Form für verschiedene Anwendungsbereiche hergeleitet werden.

Die rechten Seiten von Gl. (126) geben — wie die rechten Seiten der Gl. (39) — Effekte wieder, die im wesentlichen entweder — wie die Querschnittsänderung und die Wärmezufuhr — vorgegeben sind oder für die — wie bei der Relaxation — weitere Gleichungen vorliegen. Im einfachsten Fall der ebenen, $f =$ konst.-Strömung einer einfachen Substanz, $\alpha = 0$, ohne Wärmezufuhr, $q = 0$, würde die rechte Seite von (126) überhaupt verschwinden.

Die linken Seiten von (126) unterscheiden sich jedoch von den linken Seiten der ersten beiden Gln. (39), aus denen sie hergeleitet wurden, dadurch, daß in jeder Gleichung nur Ableitungen nach einer Variablen auftreten, oben nach η, unten nach ξ! Diese für die Verträglichkeitsbedingungen typische Tatsache erklärt sich dadurch, daß die Machlinien oder Charakteristiken nicht die Grenzen des Einflußgebietes darstellen könnten, wenn der Zustand auf ihnen auch von *herausführenden* Ableitungen bestimmt würde. Im Gegensatz zu den Ausführungen des letzten Abschnittes würden durch das Auftreten herausführender Ableitungen Einflüsse über die Grenzen des Einflußgebietes herausgetragen werden!

Aus denselben Gründen gibt es Verträglichkeitsbedingungen der Form (126) nur bei Ausbreitungsproblemen und dort nur auf Charakteristiken. Diese können im übrigen auch als Kurven unbestimmter Querableitung oder unbestimmter herausführender Ableitung definiert werden. Darauf wird auch in Abschnitt IX,18 eingegangen.

Die Verträglichkeitsbedingungen liefern zwei Aussagen über die Änderung des dynamischen Verhaltens der Strömung längs der Charakteristiken. Es wird sich zeigen, daß diese Aussagen bei Potentialströmung zur Bestimmung des Strömungsfeldes genügen. Im allgemeinen Fall müssen jedoch noch thermodynamische Beziehungen längs der Teilchenbahnen hinzugezogen werden. Immer erweist sich die Verwendung der Verträglichkeitsbedingung als eine der einfachsten unter den möglichen Methoden und vor allem als die adäquateste Methode für Ausbreitungsprobleme, weil nur auf diese Weise die Abhängigkeitsverhältnisse richtig erfaßt werden. Man bezeichnet alle mit den Verträglichkeitsbedingungen operierenden Berechnungsverfahren als *Charakteristikenmethoden*. Sie können graphisch, numerisch und analytisch behandelt werden.

Sofern die Strömung *anisentrop* ist, reichen die Gln. (126) für ihre Berechnung nicht aus. Die linken Seiten allein enthalten ja drei thermodynamische Variablen, nämlich p, ϱ, c, von denen selbst bei einer *einfachen Substanz*, $\alpha = 0$, die zunächst besprochen werden soll, zwei Variablen unabhängig sind. Die dritte Gl. (39), der Energiesatz, liefert die fehlenden Aussagen, im einfachsten Falle verschwindender Wärmezufuhr, $q = 0$, in der Form, daß die Entropie eines Teilchens konstant bleibt: $\mathrm{d}s/\mathrm{d}t = 0$. Der Energiesatz hat also die Form einer Verträglichkeitsbedingung für die Entropie auf der Teilchenbahn, da die massenfeste Ableitung nach der Zeit als einzige Ableitung auftritt. Besonders deutlich wird das in der Lagrange-Darstellung, Gl. (22). Die Charakteristik für die Entropie ist also in diesem Sinne die Teilchenbahn.

27. Ausbreitungsvorgang bei Relaxation

Dem Fall ausbleibenden thermodynamischen Gleichgewichtes, also $0 \neq \alpha \neq \bar{\bar{\alpha}}$, sei ein besonderer Abschnitt gewidmet, weil solche Vorgänge naturgemäß komplexer sind und nur der speziell interessierte Leser damit befaßt werden soll. Es gebe nun keine äußere Wärmezufuhr: $q = 0$. Hingegen darf sich der Querschnitt ändern.

In diesem Falle ist wie stets c als *eingefrorene Schallgeschwindigkeit* zu verstehen. Diese ist demnach bei Relaxationsvorgängen die maßgebende Schallgeschwindigkeit. Sie liegt stets über der Gleichgewichtsschallgeschwindigkeit; siehe etwa Gl. (I,103)ff.

Seien nun die durch die Gleichgewichtsschallgeschwindigkeit $\bar{\bar{c}}$ definierten *Gleichgewichts-Machlinien* mit $\bar{\bar{\xi}} =$ konst. und $\bar{\bar{\eta}} =$ konst. bezeichnet, so gilt für diese analog zu Gl. (122) die Neigungsbedingung:

$$\left(\frac{\partial x}{\partial t}\right)_{\bar{\bar{\xi}}} = W - \bar{\bar{c}} > W - c = \left(\frac{\partial x}{\partial t}\right)_{\xi};\ \left(\frac{\partial x}{\partial t}\right)_{\bar{\bar{\eta}}} = W + \bar{\bar{c}} < W + c = \left(\frac{\partial x}{\partial t}\right)_{\eta}. \quad (127)$$

Im gleichen Strömungsfeld ist daher gemäß der Ungleichung (127) die linkslaufende Gleichgewichts-Machlinie weniger, die rechtslaufende Gleichgewichtsmachlinie stärker geneigt als die zugehörigen *eingefrorenen* Machlinien.

Man beachte, daß die Ausdrücke von Gl. (127) die reziproken Neigungen der Machlinien in Abb. 18 darstellen und, daß sich die Aussage nicht auf den Betrag der Neigung, sondern auf ihren algebraischen Wert bezieht.

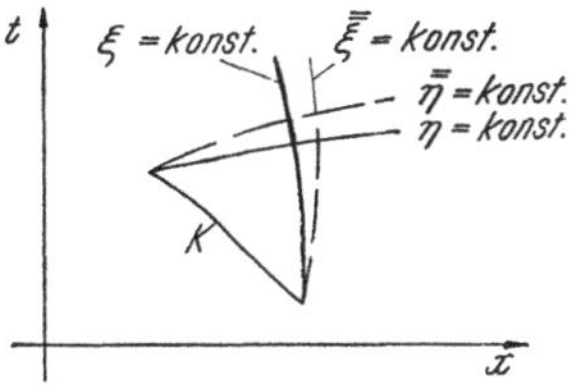

Abb. III,18. Gleichgewichtsmachlinien und eingefrorene Machlinien.

Das Fortsetzungsgebiet der für Relaxationsvorgänge maßgebenden eingefrorenen Machlinien ist demnach stets kleiner und das Einflußgebiet stets größer als die durch die Gleichgewichts-Machlinien begrenzten Gebiete.

Dieses Resultat entspricht durchaus auch den mathematischen Forderungen, obwohl die Ungleichung $c > \bar{\bar{c}}$ aus dem II. Hauptsatz der Wärmelehre folgt. In einer bereits klassischen Arbeit haben Friedrichs und Lewy [8] gezeigt, daß das Berechnungsverfahren mathematisch stabil bleibt, sofern die schrittweise Berechnung innerhalb des Fortsetzungsgebietes erfolgt. Es ist demnach zulässig, ausgehend vom Abhängigkeitsbereich, Abb. 16, bei einer schrittweisen Berechnung mit anderen Verfahren das Fortsetzungsgebiet nicht ganz auszufüllen. Wenn die Grenzen des Fortsetzungsgebietes dagegen überschritten werden, kommt es zum Aufschaukeln von Fehlern.

Beim Vorliegen thermodynamischen Gleichgewichtes kann wie mit einer einfachen Substanz gerechnet werden, folglich können $\bar{\bar{c}}$, $\bar{\bar{\xi}}$, $\bar{\bar{\eta}}$ verwendet werden. In den Verträglichkeitsbedingungen (126) ist dann das Glied mit $d\alpha/dt$ zu streichen und c ist durch $\bar{\bar{c}}$ zu ersetzen. Dieser Grenzfall thermodynamischen Gleichgewichtes wurde bereits in Abschnitt (II,15), Kleindruck, besprochen. Er unterscheidet sich bei instationärer Strömung nicht wesentlich vom stationären Fall.

Andererseits kann der Grenzfall thermodynamischen Gleichgewichtes auch mit Hilfe der Verträglichkeitsbedingungen (126) berechnet werden, wenn für $d\alpha/dt$

jene Änderung von $\alpha = \bar{\alpha}$ eingesetzt wird, die für die Aufrechterhaltung des thermodynamischen Gleichgewichtes erforderlich ist. Dieser Fall liegt insbesondere dann vor, wenn ein anfänglicher Relaxationsvorgang nach entsprechender Zeit bereits praktisch wieder das Gleichgewicht erreicht hat. Die maßgebenden Machlinien sind nun aber gemäß Gl. (122) die eingefrorenen ξ und $\eta =$ konst.. Das Fortsetzungsgebiet liegt gemäß Abb. 18 innerhalb des zulässigen Fortsetzungsgebietes für Gleichgewicht. Die Rechnung schreitet zwar langsamer vorwärts, ist aber mathematisch stabil.

Die Verträglichkeitsbedingungen (126) liefern wieder 2 Aussagen für W und p. Es liegen nun aber 3 unabhängige thermodynamische Variablen vor, so daß zwei weitere Gleichungen erforderlich sind. Das sind der Energiesatz, die dritte Gl. (39) mit $q = 0$, und eine Relaxationsgleichung, etwa Gl. (I,127) oder (I,128). Die letzte liefert die Änderung des Massenanteiles α, die erste die Änderung der Entropie längs der Teilchenbahn.

Es ist kennzeichnend für alle *Charakteristikenverfahren*, wie sie hier in den letzten beiden Abschnitten geschildert wurden, daß die Änderung der dynamischen Zustandsgrößen längs Machlinien, die Änderung des thermodynamischen Zustandes längs Teilchenbahnen bestimmt werden.

28. Weitere Formen der Verträglichkeitsbedingungen

Die zunächst folgende Form der Verträglichkeitsbedingung sei auf *Potentialströmungen einfacher Substanzen* beschränkt, weil es sich um eine gegenwärtig weniger gebräuchliche Darstellung handelt, die erforderlichen Falles leicht verallgemeinert werden kann.

Die Kontinuitätsbedingung des Systems (39) läßt sich unter der Voraussetzung $\alpha = 0$, $q = 0$ mit Gl. (I,67) leicht in die Gestalt bringen:

$$\frac{\mathrm{d}i}{\mathrm{d}t} + c^2 \frac{\partial W}{\partial x} = \frac{\mathrm{d}}{\mathrm{d}t}\left(i + \frac{W^2}{2}\right) - W \frac{\mathrm{d}W}{\mathrm{d}t} + c^2 \frac{\partial W}{\partial x} = -\frac{c^2}{f}\frac{\mathrm{d}f}{\mathrm{d}t}. \tag{128}$$

Nimmt man die Bewegungsgleichung (49) hinzu, so liegen zwei Gleichungen für $i + w^2/2$ und W vor, wobei die erste Variable im Grenzfalle stationärer Strömung konstant wird. Mit Gl. (123) erhält man aus (128) und (49):

$$\left[\frac{\partial}{\partial t}\left(i + \frac{W^2}{2}\right)\right]_\xi - W\left(\frac{\partial W}{\partial t}\right)_\xi + c\frac{\partial}{\partial x}\left(i + \frac{W^2}{2}\right) - c(W - c)\frac{\partial W}{\partial x} = -\frac{c^2}{f}\frac{\mathrm{d}f}{\mathrm{d}t};$$

$$\left(\frac{\partial W}{\partial t}\right)_\xi + \frac{\partial}{\partial x}\left(i + \frac{W^2}{2}\right) - (W - c)\frac{\partial W}{\partial x} = 0.$$

Durch Multiplikation der zweiten Gleichung mit c und Subtraktion folgt:

$$\left[\frac{\partial}{\partial t}\left(i + \frac{W^2}{2}\right)\right]_\xi - (W + c)\left(\frac{\partial W}{\partial t}\right)_\xi = -\frac{c^2}{f}\frac{\mathrm{d}f}{\mathrm{d}t}. \tag{129}$$

Durch Anwenden der Operation (125) und der Vertauschungsvorschrift $\xi \leftrightarrow \eta$, $c \leftrightarrow -c$ folgt die von R. Sauer [9] eingeführte Form der *Verträglichkeitsbedingungen*:

$$(W+c)\frac{\partial W}{\partial \eta} - \frac{\partial}{\partial \eta}\left(i + \frac{W^2}{2}\right) = \frac{c^2}{f}\frac{\mathrm{d}f}{\mathrm{d}t}\frac{\partial t}{\partial \eta};$$
$$(W-c)\frac{\partial W}{\partial \xi} - \frac{\partial}{\partial \xi}\left(i + \frac{W^2}{2}\right) = \frac{c^2}{f}\frac{\mathrm{d}f}{\mathrm{d}t}\frac{\partial t}{\partial \xi}. \tag{130}$$

Der nächsten Form der Verträglichkeitsbedingung sei ein *ideales Gas* zugrundegelegt. Für dieses lassen sich die ersten beiden Gleichungen von (41) mit Gl. (123) umschreiben, wobei $X = 0$ angenommen sei:

$$\frac{2}{\varkappa - 1}\left(\frac{\partial c}{\partial t}\right)_\xi + \frac{2}{\varkappa - 1} c \frac{\partial c}{\partial x} + c \frac{\partial W}{\partial x} = -\frac{c}{f}\frac{\mathrm{d}f}{\mathrm{d}t};$$

$$\left(\frac{\partial W}{\partial t}\right)_\xi + c\frac{\partial W}{\partial x} + \frac{2}{\varkappa - 1} c \frac{\partial c}{\partial x} = -\frac{c}{\varkappa - 1}\frac{1}{c_p}\left(\frac{\partial s}{\partial t}\right)_\xi.$$

Die innere Ableitung von s auf der Machlinie war wegen $\mathrm{d}s/\mathrm{d}t = 0$ mit Gl. (123) eicht einzuführen. Durch Subtraktion der oberen Gleichung folgt:

$$\left(\frac{\partial W}{\partial t}\right)_\xi - \frac{2}{\varkappa - 1}\left(\frac{\partial c}{\partial t}\right)_\xi = \frac{c}{f}\frac{\mathrm{d}f}{\mathrm{d}t} - \frac{c}{\varkappa - 1}\frac{1}{c_p}\left(\frac{\partial s}{\partial t}\right)_\xi. \tag{131}$$

Für ein ideales Gas konst. sp. W. ist die linke Seite linear und man erhält eine verallgemeinerte Form jener Verträglichkeitsbedingungen, die bereits von B. Riemann [10] in einer klassisch gewordenen Veröffentlichung 1860 für ebene isentrope Wellen bekanntgegeben wurden:

$$\frac{\partial}{\partial \eta}\left(W - \frac{2}{\varkappa - 1} c\right) = \frac{c}{f}\frac{\mathrm{d}f}{\mathrm{d}t}\frac{\partial t}{\partial \eta} - \frac{c}{\varkappa - 1}\frac{1}{c_p}\frac{\partial s}{\partial \eta};$$
$$\frac{\partial}{\partial \xi}\left(W + \frac{2}{\varkappa - 1} c\right) = -\frac{c}{f}\frac{\mathrm{d}f}{\mathrm{d}t}\frac{\partial t}{\partial \xi} + \frac{c}{\varkappa - 1}\frac{1}{c_p}\frac{\partial s}{\partial \xi}. \tag{132}$$

Es handelt sich um die insbesondere bei Isentropie, $s =$ konst., meist verwendete Form.

Ein Nachteil haftet allen diesen abgeleiteten Verträglichkeitsbedingungen an, der sich bei Kugel- und Zylinderwellen, die auf das Zentrum zulaufen, herausstellt. In diesen Fällen gilt Gl. (37). Das f-Glied in Gl. (126), (130), und (132) wächst mit $x \to 0$ über alle Grenzen, zumal die Strömungsgeschwindigkeit W in (37) hinter dem mit Annäherung an das Zentrum immer stärker werdenden Verdichtungsstoß auch zunimmt. Für ein id. Gas konst. sp. W. liefert die Lösung von Guderley, Abschnitt 23, sogar unendliche W-Werte im Zentrum.

Das Gas wird in Zentrumsnähe hohe Temperaturen annehmen, es wird dort mit Dissoziation und Ionisation zu rechnen sein und allenfalls auch mit Strahlung. Dennoch soll in der folgenden Rechnung nicht nur $f = f(x)$, $X = 0$, sondern auch

$\alpha = 0$ und $q = 0$ angenommen werden. Es ist also eine *einfache Substanz* vorausgesetzt, womit wohl Gaszerfall unter thermodynamischem Gleichgewicht berücksichtigt werden kann, nicht aber Relaxation und Strahlung. Die Verallgemeinerung auf die letzten beiden Effekte ist auf dem skizzierten Wege ohne weiteres möglich, beansprucht im vorliegenden Rahmen aber zu viel Platz.

Kontinuitätsbedingung (11) und Bewegungsgleichung (12) können wie folgt geschrieben werden:

$$f(x)\frac{\partial\varrho}{\partial t} + \frac{\partial(W\varrho f)}{\partial x} = 0;$$

$$\frac{\partial W}{\partial t} + \frac{\partial}{\partial x}\left(i + \frac{W^2}{2}\right) = T\frac{\partial s}{\partial x}.$$

Durch Multiplizieren der oberen Gleichung mit W, der unteren mit ϱf erhält man nach Addition:

$$\frac{\mathrm{d}}{\mathrm{d}t}(W\varrho f) + \varrho f\frac{\partial}{\partial x}\left(i + \frac{W^2}{2}\right) = \varrho f T\frac{\partial s}{\partial x}. \tag{133}$$

Die Kontinuitätsbedingung (128) läßt sich wegen $f = f(x)$ auch schreiben:

$$f\varrho\frac{\mathrm{d}i}{\mathrm{d}t} + c^2 f\varrho\frac{\partial W}{\partial x} + c^2\varrho W\frac{\partial f}{\partial x} = 0.$$

Als Bewegungsgleichung sei die unter Gl. (44) wiedergegebene Form gewählt. Sie lautet mit Gl. (I,98):

$$f\varrho\frac{\mathrm{d}W}{\mathrm{d}t} + fc^2\frac{\partial\varrho}{\partial x} = -f\frac{T}{c_v}\left(\frac{\partial p}{\partial T}\right)_\varrho\frac{\partial s}{\partial x}.$$

Multipliziert man die letzte Gleichung mit W/c^2 und die vorausgehende mit $1/c^2$, so erhält man nach Addition:

$$\frac{f\varrho}{c^2}\frac{\mathrm{d}}{\mathrm{d}t}\left(i + \frac{W^2}{2}\right) + \frac{\partial}{\partial x}(W\varrho f) = -\frac{Wf}{c^2}\frac{T}{c_v}\left(\frac{\partial p}{\partial T}\right)_\varrho\frac{\partial s}{\partial x}. \tag{134}$$

Unter Verwendung der Gl. (123) und Berücksichtigung von $\mathrm{d}s/\mathrm{d}t = 0$ erhält man aus Gl. (133) und (134):

$$\left[\frac{\partial(W\varrho f)}{\partial t}\right]_\xi - \frac{f\varrho}{c}\left[\frac{\partial}{\partial t}\left(i + \frac{W^2}{2}\right)\right]_\xi = -\frac{fT\varrho}{c}\left[1 + \frac{W}{c}\frac{1}{c_v\varrho}\left(\frac{\partial p}{\partial T}\right)_\varrho\right]\left(\frac{\partial s}{\partial t}\right)_\xi. \tag{135}$$

Und daraus folgt wieder auf dem bereits wiederholt beschrittenen Wege:

$$\begin{aligned}\frac{\partial(W\varrho f)}{\partial\eta} - \frac{f\varrho}{c}\frac{\partial}{\partial\eta}\left(i + \frac{W^2}{2}\right) &= -\left[1 + \frac{W}{c}\frac{1}{c_v\varrho}\left(\frac{\partial p}{\partial T}\right)_\varrho\right]\frac{f\varrho T}{c}\frac{\partial s}{\partial\eta};\\ \frac{\partial(W\varrho f)}{\partial\xi} + \frac{f\varrho}{c}\frac{\partial}{\partial\xi}\left(i + \frac{W^2}{2}\right) &= +\left[1 - \frac{W}{c}\frac{1}{c_v\varrho}\left(\frac{\partial p}{\partial T}\right)_\varrho\right]\frac{f\varrho T}{c}\frac{\partial s}{\partial\xi}.\end{aligned} \tag{136}$$

Die Verträglichkeitsbedingung ist in dieser Form neu. Sie wurde in verwandter Form von I. TEIPEL abgeleitet, siehe [11]. Man beachte, daß als abhängige Veränderliche benutzt werden $W\varrho f$, das ist die zeitliche Ableitung der Stromfunktion, Gl. (42), und $i + W^2/2$, d. i. die negative zeitliche Ableitung der Potentialfunktion, Gl. (50).

Neuerdings wurde von M. HORVAT nach mündlicher Mitteilung eine weitere Verträglichkeitsbedingung aufgestellt, die hier nur ohne Ableitung wiedergegeben werden kann:

$$\frac{\partial(W\varrho f)}{\partial\eta} - (W + c)\frac{\partial(\varrho f)}{\partial\eta} = c^2\varrho\frac{\partial f}{\partial x}\frac{\partial t}{\partial\eta} + \frac{\varrho c f}{c_p}\frac{\partial s}{\partial\eta};$$

$$\frac{\partial(W\varrho f)}{\partial\xi} - (W - c)\frac{\partial(\varrho f)}{\partial\xi} = c^2\varrho\frac{\partial f}{\partial x}\frac{\partial t}{\partial\xi} - \frac{\varrho c f}{c_p}\frac{\partial s}{\partial\xi}.$$

Sie leistet für die Berechnung von Kugel- und Zylinderwellen gute Dienste. Die beiden abhängigen Veränderlichen der linken Seite sind die Ableitungen der Stromfunktion nach t und nach x, Gl. (42). Ähnlich wie bei der Verträglichkeitsbedingung von R. SAUER, Gl. (130), tritt in den Koeffizienten die Neigung der Machlinien, $W \pm c$, auf. Wie in der Verträglichkeitsbedingung Gl. (136) dagegen kommt aber auch die Veränderliche $W\varrho f$ vor, mit der sich die Randbedingung im Zentrum besonders gut erfüllen läßt.

29. Einfache ebene Wellen

Das Problem der ebenen Wellen beliebiger Amplitude wurde zuerst von B. RIEMANN [10] behandelt. Eine ausgedehnte analytische Behandlung unter allgemeineren Voraussetzungen erfuhr das Problem durch K. BECHERT [12], [13], [14] auch für Kugel- und Zylinderwellen. Im folgenden sollen Methoden angewendet werden, die in ihrer Einfachheit für die Praxis besonders geeignet erscheinen. Die Beschränkung auf id. Gase konst. sp. W., welche im folgenden meist erfolgt, kann unter geringer Erhöhung des Aufwandes gegebenenfalls leicht beseitigt werden.

Es werden Bewegungen vom *Potentialcharakter* vorausgesetzt. Das bedeutet, daß Gl. (49) erfüllt ist. Wenn das Medium also nicht überhaupt überall gleiche Entropie aufweist, so müssen die Entropieunterschiede klein genug sein, daß die Bedingung (48) erfüllt ist.

Für ebene Wellen, $f =$ konst., verschwinden dann die rechten Seiten der Gl. (132). Eine Integration ist sofort möglich mit dem Resultat:

$$\text{auf linkslaufenden Machl.}\quad (\xi = \text{konst.}):\quad -W + \frac{2}{\varkappa - 1}c = 2s(\xi);$$

$$\text{auf rechtslaufenden Machl.}\quad (\eta = \text{konst.}):\quad +W + \frac{2}{\varkappa - 1}c = 2r(\eta). \tag{137}$$

$r(\eta)$ und $s(\xi)$ sind zunächst willkürliche Integrationsfunktionen, die der Erfüllung der Anfangs- und Randbedingungen dienen. Die Symbole sind von RIEMANN übernommen. Es gibt also im vorliegenden Falle zwei Kombinationen von W und c, nämlich die Riemannschen Variablen $r(\eta)$ und $s(\xi)$, die je auf einer Charakteristik konstante Werte aufweisen.

Die Umkehrung von Gl. (137) liefert:

$$W = r(\eta) - s(\xi);$$
$$\frac{2}{\varkappa - 1} c = r(\eta) + s(\xi). \tag{138}$$

Diese Beziehungen sind formal dieselben wie die Gln. (69) der linearen Theorie. Es ist nur F_1', F_2' zu ersetzen durch r, $-s$, nachdem mit Gl. (121) die Machlinien der linearen Theorie eingesetzt wurden.

Von den Machlinien kann im allgemeinen gefordert werden für

$$t = 0: \quad \xi = x; \qquad \eta = x, \tag{139}$$

da damit nur die Zählung der Machlinien festgelegt ist.

Wenn nun zur Zeit $t = 0$ sowohl $W(x, 0)$ als auch $c(x, 0)$ vorgeschrieben wird, so werden beide Funktionen $s(\xi)$ und $r(\eta)$ benötigt, um den Anfangsbedingungen zu genügen. Es entsteht aus der Anfangsbedingung wie in der linearen Theorie eine linkslaufende und eine rechtslaufende Welle. Begnügt man sich dagegen mit einer bestimmten Koppelung von W und c, so daß beispielsweise $s(\xi)$ für alle Anfangswerte zur Zeit $t = 0$ einen konstanten Wert annimmt, dann hängen gemäß Gl. (138) W und c nur mehr von η ab. Es liegt eine *einfache*, in diesem Fall nach rechts laufende Welle vor. Sie soll im folgenden näher untersucht werden. Selbstverständlich könnten ganz analoge Überlegungen an einer linkslaufenden Welle durchgeführt werden.

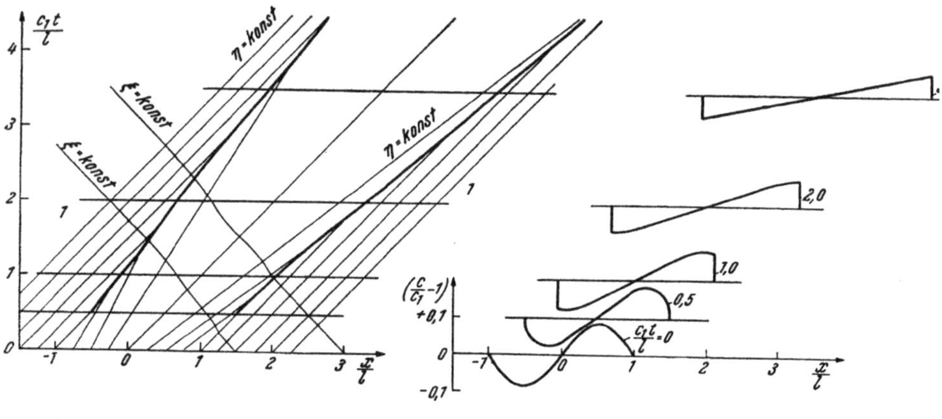

Abb. III,19. Isentrope ebene Welle endlicher Amplitude (—— Stoß, —— Machlinie).

Angenommen zur Zeit $t = 0$ sei zwischen $-1 \leqq x/l \leqq +1$ eine c-Störung gegeben, z. B. Abb. 19 rechts unten. Auf dem übrigen Teil der x-Achse herrschen zur Zeit $t = 0$ die konstanten Zustände W_1, c_1. Im Beispiel von Abb. 19 ist $W_1 = 0$ gesetzt, nicht aber bei den folgenden Überlegungen. Infolge der Bedingung für eine rechtslaufende „einfache" Welle $s(\xi) =$ konst. gilt:

$$2s(\xi) = 2s_1 = -W_1 + \frac{2}{\varkappa - 1} c_1 = -W + \frac{2}{\varkappa - 1} c$$

oder

$$\frac{W - W_1}{c_1} = \frac{2}{\varkappa - 1} \frac{c - c_1}{c_1}. \tag{140}$$

Man beachte, daß bei Luft, $2/(\varkappa - 1) = 5$, die Änderung der Teilchengeschwindigkeit das 5fache der Änderung der Schallgeschwindigkeit beträgt! Es handelt sich also beim Beispiel von Abb. 19 wohl um kleine c-Störungen, nicht aber um kleine Störungen von W, ϱ oder p. Nach Gl. (140) ist eine Zunahme der Strömungsgeschwindigkeit hinter der Front mit einer Erhöhung von c und somit von ϱ, also mit einer Kompression, verknüpft, was einleuchtet. Wegen Gl. (140) erübrigt es sich, neben der c-Verteilung noch eine W-Verteilung wiederzugeben.

Setzt man den konstanten Wert $s = s_1$ des ungestörten Feldes aus Gl. (140) in Gl. (138) ein, so erhält man zunächst für

$$W - W_1 = r(\eta) - s_1 - W_1 = r(\eta) - r_1,$$

wenn r_1 wie s_1 die entsprechenden Größen im ungestörten Feld bezeichnen. Eine analoge Beziehung erhält man aus der unteren Gl. (138) für $c - c_1$, woraus dann schließlich folgt:

$$W(\eta) - W_1 = r(\eta) - r_1 = \frac{2}{\varkappa - 1}[c(\eta) - c_1]. \tag{141}$$

Die Beziehung (140) wird damit nochmals bestätigt. Da W und c nur von η abhängen, müssen die rechtslaufenden Machlinien $\eta =$ konst. Geraden sein. Sie sind aus der zweiten Gl. (122) leicht zu ermitteln. Aus

$$x_\xi - [W(\eta) + c(\eta)]\, t_\xi = 0$$

folgt zunächst mit $f(\eta)$ als beliebiger Funktion:

$$x - [W(\eta) + c(\eta)]\, t = f(\eta)$$

und mit der Anfangsbedingung (139):

$$x - [W(\eta) + c(\eta)]\, t = \eta. \tag{142}$$

Die rechtslaufenden Machlinien der rechtslaufenden einfachen Welle sind also Geraden der Neigung

$$\begin{aligned}\left(\frac{\partial x}{\partial t}\right)_\eta = W(\eta) + c(\eta) &= W_1 + c_1 + \frac{\varkappa + 1}{\varkappa - 1}[c(\eta) - c_1] \\ &= W_1 + c_1 + \frac{\varkappa + 1}{\varkappa - 1}[c(x, 0) - c_1],\end{aligned} \tag{143}$$

die sich durch den letzten Summanden von der Neigung in der ungestörten Strömung unterscheidet. Darin besteht auch der Unterschied zur akustischen Theorie, Abschnitt 12. Die linkslaufenden Machlinien sind im Störbereich keineswegs mehr Geraden, sie lassen sich aus Gl. (122) nicht mehr einfach integrieren.

Die beschriebenen ebenen Wellen bestehen demnach aus lauter Elementarwellen, von denen jede einzelne auf dem vor ihr geschaffenen konstanten Zustand vorwärts läuft. Die Deformation der Welle ist schnell zu verfolgen. Je größer c, je höher also die Dichte ist, desto flacher verlaufen nach Gl. (143) die Machlinien (beachte, daß (143) den reziproken Neigungskoeffizient der Machlinien in Abb. 19 darstellt). Im Gebiete der Kompression des Gases konvergieren die Machlinien mit der Zeit, im Gebiete der Expansion divergieren sie. Daher werden die Kompressionsgebiete der Welle laufend steiler, die Expansionsgebiete laufend flacher. Die Aussage in dieser Form trifft auch auf linkslaufende Wellen zu.

Es sei darauf hingewiesen, daß der Anfangsverteilung von $(c - c_1)$ allein nicht anzusehen ist, wo Kompression und wo Expansion auftritt. Dazu muß entweder noch die W-Verteilung bekannt sein, die bei einer linkslaufenden Welle mit der c-Verteilung in Gl. (140) durch das negative Vorzeichen verbunden ist, oder es muß die Laufrichtung angegeben werden. Denn man versteht unter Kompressionswelle jenen Teil, in dem das Teilchen komprimiert wird, wenn die Welle darüber hinwegläuft. Im Kompressionsteil der Welle steigen folglich c, ϱ und p entgegen der Laufrichtung an, im Expansionsteil fallen c, ϱ und p entgegen der Laufrichtung ab. Anders und einfacher ausgedrückt: In einer Kompressionswelle wachsen c, ϱ und p an einem bestimmten Ort x mit der Zeit t, in einer Expansionswelle dagegen fallen diese Größen.

Lösung (109) mit dem unteren Vorzeichen stellt einen Spezialfall der hier behandelten Lösung dar, bei dem alle Machlinien von einem Punkt ausgehen. (Das Symbol η wird dort nicht für die Machlinie verwendet.) Abb. 7 gibt eine linkslaufende Welle wieder! Im besonderen Fall, daß zur Zeit $t = 0$ alle Machlinien $\eta =$ konst. im Punkte $x = 0$ beginnen, kann die Bedingung (139) für η nicht gestellt werden. Sie könnte beispielsweise durch die Bedingung $\eta = x$ für $t = t_1$ ersetzt werden.

Die Lösung für die Welle im stetigen Gebiet, also bis zum Einsetzen der Verdichtungsstöße in Abb. 19, wurde bereits von B. Riemann 1860 [10] veröffentlicht. Im weiteren Verlauf ergeben sich dann jedoch Überschneidungen der Machlinien, indem in Abb. 19 die aufgefächerten Machlinien in das Gebiet der ungestörten parallelen Machlinien hineinlaufen. Es gäbe dort dann jeweils 2 Zustände in einem Punkt, einen gestörten und einen ungestörten. Dieser Widerspruch der Überlappung der Kompressionsgebiete nach längerer Laufzeit der Welle konnte von Riemann damals nicht geklärt werden, weil Verdichtungsstöße noch unbekannt waren.

Für die Darstellung der Welle *einschließlich schwacher Stöße* ist es entscheidend, daß die Beziehungen (137) sowohl auf Machlinien als auch gemäß den Entwicklungen für schwache Stöße, letzte Gl. (104), über die Stoßfront hinweg gelten. Auf linkslaufenden Machlinien, die in Abb. 19 eine Stoßfront durchsetzen, bleiben die Gln. (137) bis einschließlich Störgliedern zweiter Ordnung gültig. Allerdings ist für die Gl. (137) selber vorausgesetzt worden, daß es sich um eine Potentialströmung handelt. Es muß also Gl. (49) gelten. Dabei wird es wichtig, daß nur eine ausreichend kleine Entropieänderung gemäß (48) angenommen zu werden braucht und nicht isentrope Strömung, die hinter einem Stoß veränderlicher Stärke, wie er in Abb. 19 auftritt, exakt nicht vorkommt.

Nachdem also die Zustände zwischen den Stößen bis einschließlich Störgliedern zweiter Ordnung als richtig nachgewiesen wurden, ist nur mehr die Stoßlage zu suchen. Diese kann ausgehend vom Stoßbeginn mit der Neigungsbedingung für Stöße gefunden werden. Begnügt man sich dabei mit den Störgliedern erster

Ordnung, so ist die Stoßfront gemäß der Pfriemschen Formel (107) so zu legen, daß sie in jedem Punkte die Winkelsymmetrale der von beiden Seiten einmündenden gleichlaufenden Machlinien darstellt, siehe Abb. 19. Die Fortsetzungen der Machlinien über die Stoßfront hinweg sind fortzulassen.

Früher oder später gehen alle Kompressionsgebiete der Welle in Stöße über. Bei der starken Welle in Abb. 19 geschieht dies sehr bald, bei schwachen Störungen spät, wie Abschnitt 32 zeigt. Nach gewisser Laufzeit entsteht aus einer sinusartigen Welle dann stets eine N-förmige, also: Kopfstoß — lineare Expansion — Schwanzstoß. Dabei nimmt die Stoßstärke mit $1/\sqrt{t}$ ab und die Wellenlänge mit $\sqrt{t}$ zu, Abschn. 33. Die durch ihre unveränderliche Gestalt gekennzeichnete akustische Wellenlösung, Abb. 2, ist folglich für große Laufzeit nicht zu brauchen.

30. Störtheorie der Wellenausbreitung

Ein Vergleich der akustischen Lösung für die ebene Welle, Gl. (68) und (69), mit der exakten Behandlung in Abschnitt 29 zeigt ein völlig unbefriedigendes Ergebnis. Die akustische Theorie gibt die wirklichen Vorgänge wohl in der Nähe des Ausgangspunktes der Störung richtig wieder, in „großen Entfernungen" ist die akustische Lösung dagegen völlig falsch. Anstatt einer sich in Stößen auflösenden Welle, deren Länge laufend zunimmt und deren Stärke gleichzeitig abnimmt, liefert die akustische Theorie für die einfache ebene Welle eine unveränderte Form, Abb. 2. Es wird sich später von selbst ergeben, was unter „großer" und „kleiner" Entfernung vom Störzentrum zu verstehen ist. Auch bei der späteren Behandlung der Überschallströmung wird sich zeigen, daß die akustische Theorie im allgemeinen für die Wiedergabe der Vorgänge in der Nähe der Störzentren, genauer in der Nähe der Orte, wo die Anfangs- und Randbedingungen vorgegeben werden, befriedigende Ergebnisse von abschätzbarer Genauigkeit liefert. Die Fernwirkungen dagegen können mit Hilfe der akustischen Theorie nicht erfaßt werden. Diese sind jedoch mit Rücksicht auf den durch Verdichtungsstöße hervorgerufenen Knall und mit Rücksicht auf die *Minenwirkung* starker Störzentren von besonderer Bedeutung. Da bereits äußerst schwache Stöße unangenehme Auswirkungen auf die menschlichen Organe haben und auch kleine Dichteunterschiede erhebliche Störungen an Objekten hervorrufen können, wenn sie auf große Flächen wirken, besteht auch für die Praxis ein ernster Bedarf nach einer im ganzen Feld gleichmäßig gültigen Störtheorie für die Wellenausbreitung.

Die Ursache für das Versagen der akustischen Theorie in großen Entfernungen ist offenbar darin zu suchen, daß die Machlinienneigungen „eingefroren" werden, indem sie den Machlinienneigungen im ungestörten Feld gleichgesetzt werden. Unter der Voraussetzung kleiner Störungen des Strömungszustandes, die auch im folgenden getroffen wird, weichen die Machlinienneigungen zwar nur wenig von jenen in der ungestörten Strömung ab; diese geringe Änderung in der Neigung kann sich aber sehr stark auswirken, wenn sie auf langen Strecken auftritt. Eben dies ist aber im Ausstrahlungsbereich einer Welle der Fall, siehe etwa die Umgebung der neutralen Machlinie in Abb. 19. Die Auswirkung kleiner Störungen auf lange Strecken ist typisch für Ausbreitungsprobleme. Etwas ähnliches gibt es nicht bei stationärer Unterschallströmung.

Die im folgenden entwickelte Störtheorie soll auf ebene Wellen, Zylinder- und Kugelwellen von Potentialcharakter beschränkt bleiben. Die erste einschlägige Arbeit für ebene Wellen geht auf PH. A. FOX [15] zurück. Die allgemeine Theorie für beliebige Wellen stammt vom Verfasser [16]. Es liegt nahe, im Hinblick auf eine gehörige Berücksichtigung der Einflußgebiete wie in jeder Charakteristikentheorie, zunächst die Zustände auf den Machlinien mit Hilfe der Verträglichkeitsbedingungen zu ermitteln, und sodann erst das Machlinienfeld in der Strömungsebene und damit die Orte der Störungen in der Strömungsebene zu bestimmen. Es handelt sich also um eine Störtheorie mit den Charakteristiken oder Machlinien als unabhängigen Veränderlichen. Dieselbe Methode, die im letzten Abschnitt für die exakte Berechnung der Einzelwelle verwendet wurde und die in den Abschnitten 39 für die schrittweise Berechnung von Ausbreitungsvorgängen mit starken Störungen dargestellt wird, wird im folgenden unter der Annahme kleiner Störungen analytisch behandelt.

Für eine möglichst weitgehende Auswertung der akustischen Theorie für die folgende hyperbolische Störtheorie ist es vorteilhaft, neben den charakteristischen Variablen ξ, η die Ortsveränderliche und die Zeit im ungestörten Feld x_0, t_0 einzuführen. Mit c_0 als Schallgeschwindigkeit im ungestörten Feld gilt dann:

$$\begin{aligned} \xi &= x_0 + c_0 t_0; \qquad \eta = x_0 - c_0 t_0; \\ 2x_0 &= \xi + \eta; \qquad 2c_0 t_0 = \xi - \eta. \end{aligned} \tag{144}$$

Es wird sich noch als wichtig erweisen, daß die Gln. (144) exakt sind und als Definitionsgleichungen für x_0 und t_0 aufgefaßt werden können. x_0 und t_0 sind jene Werte, welche x, t bei einer bestimmten Paarung von ξ, η annehmen würden, wenn man zu verschwindend kleinen Störungen übergeht. In Gegensatz zu den Gln. (144) handelt es sich bei den Gln. (120) jedoch um Näherungen, die in der akustischen Theorie verwendet werden und die nur bei Ruhe exakt sind.

Im folgenden werden die Verträglichkeitsbedingungen (132) verwendet, wobei ausreichend schwache Entropieänderungen angenommen werden, um die Ableitungen der Entropie vernachlässigen zu dürfen.

Mit der Kettenregel der Differentiation kann man unter Berücksichtigung der aus (144) abgeleiteten Beziehungen:

$$x_{0\xi} = \frac{1}{2}; \qquad x_{0\eta} = \frac{1}{2}; \qquad c_0 t_{0\xi} = \frac{1}{2}; \qquad c_0 t_{0\eta} = -\frac{1}{2}, \tag{145}$$

dann folgende, für ausreichend kleine Entropieänderungen noch immer exakt geltende Gleichungen herleiten:

$$\begin{aligned} \frac{\partial W}{\partial x_0} + \frac{2}{\varkappa - 1} \frac{1}{c_0} \frac{\partial c}{\partial t_0} &= -\frac{\sigma}{x} W c \frac{1}{c_0} \frac{\partial t}{\partial t_0}; \\ \frac{1}{c_0} \frac{\partial W}{\partial t_0} + \frac{2}{\varkappa - 1} \frac{\partial c}{\partial x_0} &= -\frac{\sigma}{x} W c \frac{\partial t}{\partial x_0}. \end{aligned} \tag{146}$$

In dieses System seien folgende Störansätze eingefügt:

$$
\begin{aligned}
c &= c_0\,[1 + c_1 + c_2 + \cdots]; \qquad & W &= c_0\,[w_1 + w_2 + \cdots];\\
x &= x_0 + x_1 + x_2 + \cdots; & t &= t_0 + t_1 + t_2 + \cdots .
\end{aligned} \tag{147}
$$

Alle Variablen c_i, w_i, x_i, t_i sind als Funktionen von ξ, η oder, was mit Gl. (144) auf dasselbe herauskommt, als Funktionen von x_0, t_0 anzusehen. Es ist dabei wohl angenommen, daß die Ordnungen von c_i und w_i mit einem Störparameter zunehmen. Hinsichtlich x_i und t_i dagegen wird eine entsprechende Annahme nur bei x im Nenner der rechten Seite von Gl. (146) getroffen. Die Entwicklung dieser Ausdrücke ergibt:

$$
\begin{aligned}
&\frac{\sigma}{x} W c \frac{1}{c_0}\frac{\partial t}{\partial t_0} = \frac{\sigma . c_0}{x_0}\left[w_1 + w_2 + w_1\left(c_1 - \frac{x_1}{x_0} + \frac{\partial t_1}{\partial t_0}\right) + \cdots\right];\\
&\frac{\sigma}{x} W c \frac{\partial t}{\partial x_0} = \frac{\sigma . c_0}{x_0} w_1 \frac{\partial t_1}{\partial x_0} + \cdots .
\end{aligned} \tag{148}
$$

Für die Störglieder erster Ordnung folgt damit aus (146) das System:

$$
\begin{aligned}
&\frac{\partial w_1}{\partial x_0} + \frac{2}{\varkappa - 1}\frac{1}{c_0}\frac{\partial c_1}{\partial t_0} = -\frac{\sigma}{x_0} w_1;\\
&\frac{1}{c_0}\frac{\partial w_1}{\partial t_0} + \frac{2}{\varkappa - 1}\frac{\partial c_1}{\partial x_0} = 0.
\end{aligned} \tag{149}
$$

Für $\sigma = 0$ ist das System (149) exakt.

Die zweite Gleichung legt die Einführung einer Potentialfunktion ω_1 nahe:

$$
\frac{\partial \omega_1}{\partial x_0} = w_1; \qquad -\frac{1}{c_0}\frac{\partial \omega_1}{\partial t_0} = \frac{2}{\varkappa - 1} c_1 . \tag{150}
$$

Trotz der formalen Ähnlichkeit mit dem Ansatz (62) für die Potentialfunktion φ der akustischen Theorie, handelt es sich bei ω_1 jedoch genau genommen nicht um eine Potentialfunktion im engeren Sinne. Denn weder stellt die zweite Gleichung (149) die Bewegungsgleichung dar noch die erste Gleichung (149) die Kontinuitätsbedingung. Beide Gleichungen sind vielmehr aus den Verträglichkeitsbedingungen gewonnen und folglich Kombinationen aus Bewegungsgleichung und Kontinuitätsbedingung. Für $\sigma = 0$ ist die Darstellung sowie die folgenden linearen Gleichungen für ω_1 im übrigen für isentrope Strömungen immer noch exakt, was für die Gleichungen der akustischen Theorie nicht zutrifft.

Der Ansatz (150) in (149) eingeführt ergibt:

$$
\frac{1}{c_0^2}\frac{\partial^2 \omega_1}{\partial t_0^2} - \frac{\partial^2 \omega_1}{\partial x_0^2} - \frac{\sigma}{x_0}\frac{\partial \omega_1}{\partial x_0} = 0. \tag{151}
$$

Lösungen aus der akustischen Theorie, Abschn. 12, können also unmittelbar übernommen werden, wenn folgende Substitution vorgenommen wird:

$$\varphi \leftrightarrow \omega_1; \qquad W \leftrightarrow w_1; \qquad c - c_0 \leftrightarrow c_1; \qquad x \leftrightarrow x_0; \qquad t \leftrightarrow t_0. \tag{152}$$

Damit hat man allerdings erst Lösungen in der x_0, t_0-Ebene gewonnen. Zur Auffindung der Lösung in der x, t-Ebene müssen in die Neigungsbedingungen, Gl. (122), die Störansätze (147) eingeführt werden. Faßt man die Glieder gleicher Ordnung zusammen, so erhält man:

$$x_{0\eta} + c_0 t_{0\eta} = 0; \qquad x_{0\xi} - c_0 t_{0\xi} = 0. \tag{153}$$

Man bestätigt leicht, daß diese Beziehungen von Gl. (144) erfüllt werden.

Für die Störglieder erster Ordnung erhält man unter Berücksichtigung der Beziehungen (145):

$$x_{1\eta} + c_0 t_{1\eta} = \frac{1}{2}(c_1 - w_1); \qquad x_{1\xi} - c_0 t_{1\xi} = \frac{1}{2}(c_1 + w_1). \tag{154}$$

Da c_1 und w_1 durch Lösung der Gl. (149) oder (151) bekannt sind, können sie mit (144) leicht als Funktionen ξ und η dargestellt werden. Durch Integration von (154) erhält man dann mit $\bar{\xi}$ und $\bar{\eta}$ als Integrationsveränderlichen zwei Gleichungen für x_1 und t_1:

$$\begin{aligned} x_1 + c_0 t_1 &= \frac{1}{2} \int\limits_{\eta_u(\xi)}^{\eta} [c_1(\xi, \bar{\eta}) - w_1(\xi, \bar{\eta})]\, d\bar{\eta} + K_1(\xi); \\ x_1 - c_0 t_1 &= \frac{1}{2} \int\limits_{\xi_u(\eta)}^{\xi} [c_1(\bar{\xi}, \eta) + w_1(\bar{\xi}, \eta)]\, d\bar{\xi} + K_1'(\eta). \end{aligned} \tag{155}$$

Hierin sind $\xi_u(\eta)$ und $\eta_u(\xi)$, $K_1(\xi)$ und $K_1'(\eta)$ beliebige Funktionen. Sie werden zur Erfüllung gewisser Anfangswerte von x_1 und t_1 verwendet, also etwa zur Erfüllung der Forderung, daß x_1 und t_1 im ungestörten Gebiet verschwinden. Man überzeugt sich leicht, daß die Lösungen (155) den Neigungsbedingungen (154) genügen.

Damit sind die Voraussetzungen für die Anwendung der Störtheorie gegeben.

31. Störtheorie des Stoßes und des Verdünnungsfächers

Die beiden folgenden Anwendungen sind von grundsätzlichem Interesse, sie eignen sich aber gleichzeitig auch sehr gut für eine Einführung in die Anwendung der Störtheorie des letzten Absatzes. Es wird dabei angenommen, daß die Ausgangslösung längs einer Machlinie, im Beispiel $\eta = 0$, einen Sprung in den Zustandsgrößen aufweist. Da eine ebene Strömung zugrundegelegt wird, wird die Darstellung besonders kurz, ohne die Allgemeinheit unnötig einzuschränken.

Es sei für

$$\eta < 0: \qquad \omega_1 = \tau\eta; \qquad w_1 = \tau; \qquad c_1 = \frac{\varkappa - 1}{2}\tau,$$

für $0 < \eta$ dagegen sollen alle Störungen verschwinden. Es handelt sich also bei $\tau > 0$ um eine rechtslaufende Druckwelle, bei $\tau < 0$ um eine rechtslaufende Verdünnungswelle.

Bei einer Integration zur Ermittlung der Störkoordinaten, Gl. (155), ist es nun entscheidend, ob die Integration am linken oder rechten Ufer von $\eta = 0$ erfolgt. Im Gebiete $0 < \eta$ verschwinden nämlich mit den Störungen auch die Integranden in Gl. (155). Da die Störung erst mit $\eta < 0$ beginnt, ist in (155) $\eta_u(\xi) = 0$ gesetzt. Im unteren Integral möge die Integration auf der x_0-Achse beginnen. Dort ist $\xi = \xi_u(\eta) = \eta$. Dies bedeutet keine Einschränkung, wenn man sich nur für das Strömungsfeld im Gebiete $0 < t_0$ interessiert, weil über $K_1'(\eta)$ noch nicht verfügt wurde. Damit ist zunächst:

$$x_1 + c_0 t_1 = -\frac{1}{2}\int\limits_0^\eta \frac{3-\varkappa}{2}\tau\, d\bar{\eta} + K_1(\xi) = -\frac{3-\varkappa}{4}\tau\eta + K_1(\xi);$$

$$x_1 - c_0 t_1 = \frac{1}{2}\int\limits_\eta^\xi \frac{\varkappa+1}{2}\tau\, d\bar{\xi} + K_1'(\eta) = \frac{\varkappa+1}{4}\tau(\xi - \eta) + K_1'(\eta).$$

Nun sei noch gefordert, daß die ξ-Zählung auf $\eta = 0$ nicht springen möge. Das bedeutet, daß $x_1 + c_0 t_1$ auf $\eta = 0$ verschwinden muß. Ferner soll die η-Zählung auf der x_0-Achse mit jener der ungestörten Strömung übereinstimmen. Das heißt wieder, $x_1 - c_0 t_1 = 0$ für $\xi = \eta$. Beide Forderungen führen zu den Gleichungen:

$$K_1(\xi) \equiv 0; \qquad K_1'(\eta) \equiv 0. \tag{156}$$

Gl. (156) läuft auf eine Festlegung der ξ- und η-Zählung im Störgebiet heraus, die auch anders getroffen hätte werden können, wenn sich eine andere Festlegung als vorteilhafter erwiesen hätte.

Damit sind die Koordinaten bis einschließlich der Störglieder x_1 und t_1 im Störgebiet festgelegt:

$$\begin{aligned} x + c_0 t &= \xi + x_1 + c_0 t_1 = \xi - \frac{3-\varkappa}{4}\tau\eta; \\ x - c_0 t &= \eta + x_1 - c_0 t_1 = \eta + \frac{\varkappa+1}{4}\tau(\xi - \eta). \end{aligned} \tag{157}$$

Wegen des linearen Zusammenhanges von x,t mit ξ,η sind im vorliegenden einfachen Beispiel $\eta =$ konst. und $\xi =$ konst. zwei Scharen paralleler Geraden, Abb. 20.

Für einen Verdichtungssprung auf $\eta = 0$, $\tau > 0$, erhält man in der Strömungsebene eine *Überfaltung*. Das Feld $\eta < 0$ überlappt sich mit dem Feld $\eta > 0$. Dies ist das Kennzeichen der Störtheorie für das Auftreten von Stößen. Bei einem

Verdünnungssprung auf $\eta = 0$, $\tau < 0$, dagegen klaffen die beiden Ufer von $\eta = 0$ auseinander und geben Raum für einen Verdünnungsfächer.

Bei der nachträglichen Einfügung von Fronten schwacher Verdichtungsstöße in das Faltungsgebiet wird der Zusammenhang von w_1 und c_1 auf der Stoßpolaren, letzte Gl. (104), stets von selbst erfüllt. Bei ebener Strömung ist die genannte Beziehung überhaupt identisch mit der Verträglichkeitsbedingung, Gl. (132),

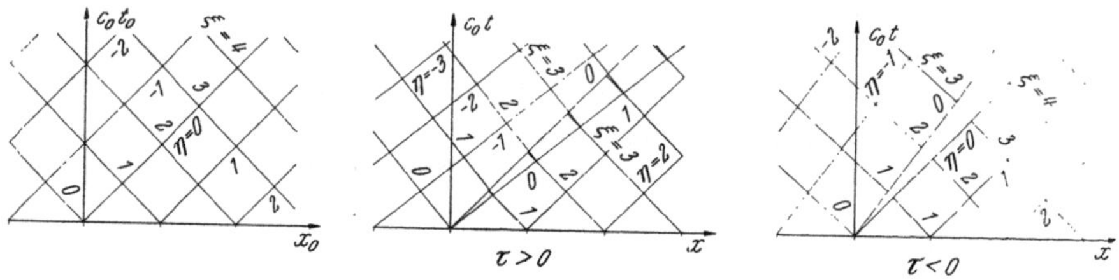

Abb. III,20. Machlinien einer Stufen-Welle.

wobei in dieser wie in den Gleichungen für den schwachen Stoß das Entropieglied wegzulassen ist. Bei Zylinder- oder Kugelwellen erweist sich die Faltung im allgemeinen noch als wesentlich weniger tief als bei ebener Strömung. Das σ-Glied, oder f-Glied, in der Verträglichkeitsbedingung liefert daher auf dem schmalen Streifen der Faltung nur Beiträge höherer Ordnung, so daß in erster Ordnung dort über die Faltung hinweg wieder nur die ebene Verträglichkeitsbedingung gilt. Damit wird den Änderungen von w_1 und c_1 auf der Stoßpolaren automatisch wieder genügt. Es handelt sich also in der hier behandelten ersten Näherung überhaupt nur um die Bestimmung der Stoßneigung, für die wieder die Pfriemsche Beziehung, Gl. (107), herangezogen wird.

Es sei eine rechtslaufende in das ruhende Medium herein fortschreitende Stoßwelle angenommen. Für diese gilt nach Einführung der Ansätze (147) in Gl. (107):

$$\frac{1}{c_0}\frac{\mathrm{d}x}{\mathrm{d}t} = 1 + \frac{1}{2}(c_1 + w_1). \tag{158}$$

Es erweist sich als vorteilhaft, anstelle von x, t die Variablen ξ und η einzuführen, weil c_1 und w_1 als Funktionen von ξ und η gegeben sind. Hier ist zu beachten, daß im Faltungsgebiet, Abb. 20, zu einem bestimmten Wertepaar x, t zwei Wertepaare ξ, η existieren, nämlich jene des ungestörten Gebietes vor der Stoßfront sowie jene des gestörten Gebietes hinter der Kopfwelle. Da jedoch c_1 und w_1 in Gl. (158) Funktionen von ξ, η im Störbereich sind, sind bei den folgenden Rechnungen stets ξ, η als Variablen des Störbereiches zu verstehen, im einfachen Fall des Beispiels von Abb. 20 also für $\eta < 0$.

Wird die Stoßfront nicht als Funktion $x(t)$ sondern als Funktion $\eta(\xi)$ aufgefaßt — bei einem linkslaufenden Stoß würde man die Stoßfront als Funktion $\xi(\eta)$ auffassen —, dann erhält man zunächst den Zusammenhang

$$\frac{\mathrm{d}x}{\mathrm{d}t} = \frac{x_\xi + x_\eta\,\mathrm{d}\eta/\mathrm{d}\xi}{t_\xi + t_\eta\,\mathrm{d}\eta/\mathrm{d}\xi} = U$$

oder durch Auflösen nach $d\eta/d\xi$ unter Berücksichtigung der Neigungsbedingung (122):

$$\frac{d\eta}{d\xi} = \frac{W + c - U}{U + c - W} \frac{t_\xi}{t_\eta} = \frac{1}{4}(w_1 + c_1)\frac{t_\xi}{t_\eta}. \tag{159}$$

Dabei ist der erste Ausdruck für $d\eta/d\xi$ exakt, während der zweite in erster Näherung gilt, weil nämlich mit Gl. (158) die Pfriemsche Näherung verwendet wird. Hier könnte man nun leicht dazu verleitet werden, für das Verhältnis t_ξ/t_η in erster Näherung $t_{0\xi}/t_{0\eta}$ zu schreiben, weil der Ausdruck $(w_1 + c_1)$ allein schon von erster Ordnung ist. Das Beispiel in Abschnitt 32 wird jedoch zeigen, daß bei einer rechtslaufenden Welle $t_{1\eta}$ sehr große Werte annehmen kann. Es wurde nämlich nur vorausgesetzt, daß die Neigung der Machlinien sich nicht stark ändert. Die Auffächerung der Machlinien weit draußen, Abb. 19, bedingt jedoch große Werte von t_η, damit große Werte von x_η, nicht jedoch von x_η/t_η. Dagegen ändert sich t mit ξ nicht viel anders als in der ungestörten Strömung. Mit Gl. (145) ist dann folgende Neigungsformel für die Stoßfront gewonnen:

$$\frac{d\eta}{d\xi} = \frac{1}{4}(w_1 + c_1)\frac{1}{-1 + 2c_0 t_{1\eta}}. \tag{160}$$

Bei verschwindender Störung, $w_1 = c_1 = 0$, wird die Stoßfront zu einer Machschen Linie $\eta =$ konst.

Im letzten Beispiel allerdings ist wegen der Konstanz der beiden Strömungsfelder $t_{1\eta}$ um die Größenordnung τ kleiner als $t_{0\eta}$, wie den Gln. (157) zu entnehmen ist. Damit erhält man für die Stoßfront:

$$\frac{d\eta}{d\xi} = -\frac{\varkappa + 1}{8}\tau \qquad \text{oder} \qquad \eta = -\frac{\varkappa + 1}{8}\tau\xi.$$

Diese Beziehung in die rechte Seite von Gl. (157) eingesetzt führt zu einer Parameterdarstellung von x, t als Funktion von η oder unter konsequenter Vernachlässigung der Ausdrücke in τ^2 nach Eliminierung von η und kurzer Zwischenrechnung zu folgender Gleichung für die Stoßfront:

$$x = \left(1 + \frac{\varkappa + 1}{4}\tau\right)c_0 t.$$

Wie vorauszusehen handelt es sich bei der Stoßfront im vorliegenden einfachen Beispiel um eine gerade Linie durch den Ursprung, Abb. 21. Nach Eintragung der Stoßfront sind sowohl jene Machlinien des ungestörten Feldes zu löschen, die über die Stoßfront hinweg infolge der Faltung in das Störgebiet hineinragen, als auch jene Machlinien des Störgebietes, die über die Stoßfront hinweg in das ungestörte Gebiet hineinreichen, das sind die in Abb. 21 gestrichelten Machlinien.

Im angeführten und auch in den folgenden Beispielen macht der ξ-Wert an der Stoßfront genau genommen einen Sprung, weil stetige Fortsetzung der linkslaufenden Machlinien an der ungestörten Machlinie $\eta = 0$ gefordert wurde und nicht an der Stoßfront selbst. Dieser Sprung im ξ-Wert ist jedoch von höherer Ordnung. Exakte Stetigkeit von ξ an der Stoßfront hätte freilich auch gefordert und erfüllt werden können, bedingt jedoch einigen zusätzlichen Aufwand.

In vielen Beispielen, insbesondere auch in den ursprünglich von B. RIEMANN behandelten und auch in Abb. 19, entsteht die Stoßfront nicht sprunghaft an einer Stelle, sondern erst allmählich. Ein solcher Stoßbeginn ist ein Faltungsbeginn und folglich durch Verschwinden der Jakobischen Abbildungs-Deter-

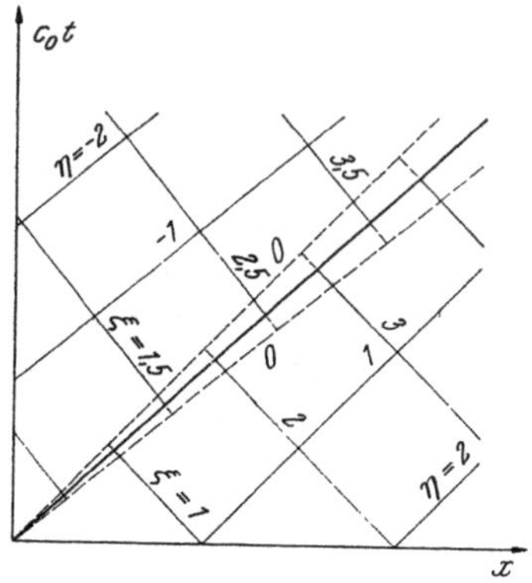

Abb. III,21. Machlinien und Stoß (———) im Überfaltungsgebiet.

minante gekennzeichnet. Mit den Neigungsbedingungen (122) gilt exakt am Ort der *Stoßentstehung*:

$$0 = x_\xi t_\eta - x_\eta t_\xi = [(W + c) - (W - c)]\, t_\xi t_\eta = 2c t_\xi t_\eta. \qquad (161)$$

Im Punkte des Stoßbeginnes muß folglich entweder t_ξ oder t_η verschwinden, was auch einleuchtet.

Wegen der Einfachheit der Determinante (161) gelten mit Gl. (VI,44) im übrigen folgende nützliche exakte Beziehungen:

$$\xi_x = \frac{1}{2ct_\xi}; \quad \xi_t = -\frac{W-c}{2t_\xi}; \quad \eta_x = -\frac{1}{2ct_\eta}; \quad \eta_t = \frac{W+c}{2ct_\eta}; \qquad (162)$$
$$\xi_x \eta_t - \eta_x \xi_t = 1/(2ct_\xi t_\eta).$$

Der Verdünnungsfächer in Abb. 20 ist nur durch die begrenzenden Machlinien zu erkennen. Er müßte eigentlich noch zwischen die beiden Machlinien $\eta = 0$ eingefügt werden. Dies kann in unterschiedlicher Weise geschehen. Beispielsweise könnten in Abb. 20 Störungen für verschiedene Bruchteile von τ angenommen werden, woraus sich dann andere Neigungen für $\eta =$ konst. ergeben. Allerdings hat man damit noch keine unterschiedlichen Zahlenwerte für η im Verdünnungsfächer gewonnen. Legt man darauf Wert, so kann man nach W. SCHNEIDER [IX,48] die Machlinien in der Ausgangslösung Abb. 20 links „bündeln". Man ordnet der rechtslaufenden Machlinie durch den Ursprung in der Ausgangslösung einen ganzen Wertebereich zu. Dann gilt allerdings die Beziehung (144) nur für $0 < \eta$. Sie muß für $\eta < 0$ durch eine neue Beziehung ersetzt werden. Für das Folgende ist jedoch das *Aufreißen* des Strömungsfeldes durch den Verdünnungsfächer von untergeordneter Bedeutung, weshalb hier dieser kurze Hinweis genügen möge, vgl. auch Abschnitt IX,39.

32. Das Aufsteilen von Wellenfronten

Dieses Problem ist erstmalig von HANTZSCHE und WENDT [17] für Zylinder- und Kugelwellen behandelt und gelöst worden. Im Hinblick auf eine möglichst einheitliche Darstellung soll im folgenden aber nicht der ursprüngliche Lösungsweg beschritten werden. Die hier bevorzugte Herleitung mit Hilfe der Störtheorie führt natürlich zum selben Ergebnis. Dabei zeigt sich, daß die Störtheorie am Rande des Störgebietes die exakten Differentialquotienten liefert, Abb. 22, sofern die Störung nicht mit einem Sprung im Strömungszustand, also mit einem

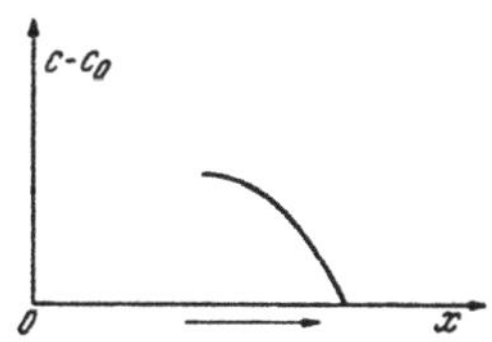

Abb. III,22. Wellenfront einer in x-Richtung laufenden Welle.

atoß beginnt. Dies wird von der akustischen Theorie nicht geleistet. Sie liefert Sm Rande des Störgebietes in einigen Fällen sogar unendliche Ableitungen, siehe z. B. Abschnitt IX,4, wo endliche Ableitungen auftreten sollen.

Zur Untersuchung der Verhältnisse in der Umgebung der Wellenfront sei von folgender Lösung der Gl. (151) ausgegangen:

$$\omega_1 = A x_0^{-\sigma/2} \eta^2/2 \qquad \text{für} \qquad \eta < 0. \tag{163}$$

Für ebene Wellen, $\sigma = 0$, und Kugelwellen, $\sigma = 2$, handelt es sich um eine exakte Lösung von Gl. (151). Sie kann, sofern die Störung nur ausreichend klein bleibt, für einen beliebigen η-Bereich angewendet werden. Für Zylinderwellen, $\sigma = 1$, dagegen handelt es sich um das erste Glied einer Entwicklung.

Man überzeugt sich leicht, daß die Gl. (151) für $\sigma = 1$ durch folgende unendliche Reihe befriedigt werden kann:

$$\omega_1 = x_0^{-1/2} F(\eta) + x_0^{-3/2} G(\eta) + x_0^{-5/2} H(\eta) + \cdots$$

$$\text{mit} \qquad G_\eta = \frac{1}{8} F(\eta); \qquad H_\eta = \frac{9}{16} G(\eta) \qquad \text{usw.}$$

Setzt man nun

$$F = A \frac{\eta^2}{2},$$

so erhält man die unendliche Reihe:

$$\omega_1 = A x_0^{-1/2} \frac{\eta^2}{2} \left[1 + \frac{1}{3} \left(\frac{\eta}{8 x_0} \right) + \frac{3}{8} \left(\frac{\eta}{8 x_0} \right)^2 + \cdots \right].$$

Daraus ist zu erkennen, daß der Ansatz (163) für $\sigma = 1$ in unmittelbarer Nähe der Wellenfront, $\eta/x_0 \ll 1$, sehr gute Dienste leistet.

Aus Gl. (163) folgt:

$$w_1 = \frac{\partial \omega_1}{\partial x_0} = A\left[-\frac{\sigma}{2}\, x_0^{-\frac{\sigma}{2}-1}\, \frac{\eta^2}{2} + x_0^{-\frac{\sigma}{2}}\, \eta\right];$$
$$\frac{2}{\varkappa - 1} c_1 = -\frac{1}{c_0}\frac{\partial \omega_1}{\partial t_0} = A x_0^{-\frac{\sigma}{2}}\, \eta. \tag{164}$$

Aus der unteren Gleichung folgt für die Stelle:

$$x_0 = 1, \quad c_0 t_0 = 1 \quad \text{also} \quad \eta = 0: \quad \frac{2}{\varkappa - 1}\frac{\partial c_1}{\partial x_0} = A. \tag{165}$$

A ist also der Gradient von $2c_1/(\varkappa - 1)$, das ist im wesentlichen die Dichtestörung, an der Wellenfront im Abstand $x_0 = 1$ in der x_0, t_0-Ebene.

Mit Hilfe der Gleichungen (155) kann nun die Lage der Machlinien ermittelt werden. Die Anfangsbedingung für die Welle ist zum Zeitpunkt $c_0 t_0 = 1$, Abb. 23, oder gemäß Gl. (144) $\xi - \eta = 2$ für $\eta < 0$ gestellt. Damit die Wellen-

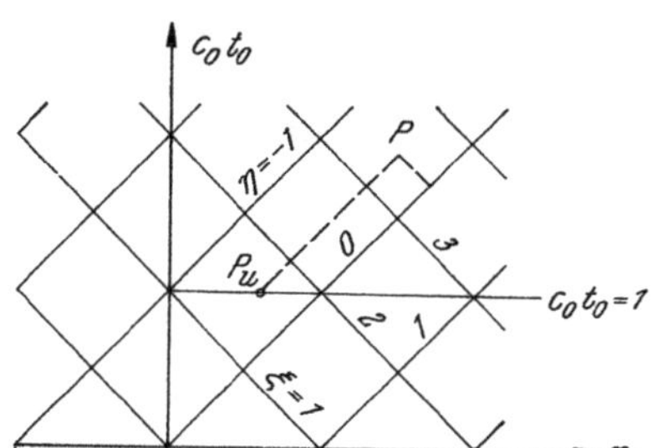

Abb. III,23. Integrationswege (– – – –) in der x_0, $c_0 t_0$-Ebene.

form in der Strömungsebene zur Zeit $c_0 t = 1$ mit der Wellenform in der $x_0, c_0 t_0$-Ebene übereinstimmt, müssen x_1 und t_1 für $\xi - \eta = 2$ und $\eta < 0$ verschwinden. Da die Welle bei $\eta = 0$ auch weiterhin stetig beginnt, soll ξ auf $\eta = 0$ für $2 < \xi$ keinen Sprung aufweisen. Daraus ergeben sich folgende Anfangsbedingungen für die Koordinaten:

$$\begin{aligned} &\text{für} \quad \xi - \eta = 2 \quad \text{und} \quad \eta \leqq 0: \quad x_1 - c_0 t_1 = 0, \quad x_1 + c_0 t_1 = 0; \\ &\text{für} \quad 2 \leqq \xi \quad \text{und} \quad \eta = 0: \quad x_1 + c_0 t_1 = 0. \end{aligned} \tag{166}$$

Damit ist gleichzeitig erreicht, daß A, Gl. (165), auch den Anfangsgradienten der Welle in der x,t-Ebene darstellt.

Die Anfangsbedingungen für die Koordinaten (166) werden durch die Gln. (155) durch folgende Wahl der drei verfügbaren Funktionen befriedigt:

$$K_1(\xi) \equiv 0; \quad \eta_u(\xi) = \xi - 2 \quad \text{für} \quad \xi \leqq 2; \quad \eta_u(\xi) = 0 \quad \text{für} \quad \xi \geqq 2.$$

$$K_1'(\eta) \equiv 0; \quad \xi_u(\eta) = 2 + \eta.$$

Aus Gl. (164) gewinnt man $w_1 + c_1$ und $w_1 - c_1$ und mit Gl. (155) schließlich:

$$\begin{aligned} x_1 - c_0 t_1 &= \frac{1}{2}\int\limits_{2+\eta}^{\xi} (w_1 + c_1)\,\mathrm{d}\bar{\xi} = A\,\frac{\varkappa+1}{2}[c_0 t_0 - 1]\,\eta && \text{für} \quad \sigma = 0;\\ &= A\left[(\varkappa+1)\left(\sqrt{c_0 t_0} - 1\right)\eta - \left(1 - 1/\sqrt{c_0 t_0}\right)\frac{1}{4}\eta^2\right] && \text{für} \quad \sigma = 1; \quad (167)\\ &= A\left[\frac{\varkappa+1}{2}\,\eta\,\ln(c_0 t_0) - \left(1 - 1/(c_0 t_0)\right)\frac{1}{4}\eta^2\right] && \text{für} \quad \sigma = 2. \end{aligned}$$

Für die Kombination $x_1 + c_0 t_1$ seien nur jene Werte für $2 \leqq \xi$ angegeben, die für das Aufsteilen besonders interessieren werden, und zwar auch nur für $\sigma = 0$ und $\sigma = 2$.

$$\begin{aligned} 2 \leqq \xi: \quad x_1 + c_0 t_1 &= \frac{1}{2}\int\limits_{0}^{\eta} (c_1 - w_1)\,\mathrm{d}\bar{\eta} = -A\,\frac{\varkappa+1}{8}\,\eta^2 && \text{für} \quad \sigma = 0;\\ &= -A\left[\frac{3-\varkappa}{2}\left(\eta - \xi\ln\left|\frac{\xi+\eta}{\xi}\right|\right) - \right. && (168)\\ &\quad \left. - \left(\frac{1}{2}\,\frac{2\xi\eta + \eta^2}{\xi+\eta} - \xi\ln\left|\frac{\xi+\eta}{\xi}\right|\right)\right] && \text{für} \quad \sigma = 2. \end{aligned}$$

Während die Lösung (167) für $\sigma \neq 1$ im Rahmen der Störtheorie exakt ist, stimmt für $\sigma = 1$, wie sich jetzt herausstellt, nur das erste Glied, denn die weggelassenen Glieder der Entwicklung für $\sigma = 1$, siehe Kleindruck, liefern Beiträge von der Größenordnung des Summanden mit $1/\sqrt{c_0 t_0}$. Mit großen Werten von ξ, also mit großen Werten von $c_0 t_0$ und $\eta \neq 0$, wächst $x_1 - c_0 t_1$ über alle Grenzen, weil der Integrationsweg beliebig lang wird, Abb. 22. Hingegen bleibt der Integrationsweg für $x_1 + c_0 t_1$ für Punkte unmittelbar hinter der Störfront selbst kurz und daher sind die Werte von $x_1 + c_0 t_1$ für η-Beträge nahe an Null stets proportional zu η^2 klein. Dies ist allein schon am Integral von Gl. (168) zu erkennen und bestätigt sich auch in den Resultaten für $\sigma = 2$, wenn man nach kleinen Werten von $-\eta/\xi$ entwickelt. Die Resultate (168) kommen also nur für Punkte im genügenden Abstand hinter der Stoßfront $\eta = 0$ zum tragen. Da dort aber die Darstellung (163) für $\sigma = 1$ nicht mehr gilt, wurde auf die Ausführung des Integrals (168) für diesen σ-Wert verzichtet.

Zur Ermittlung des Stoßbeginns bedarf man gemäß Gl. (161) der Ableitung t_η (auf $\eta = 0$ ist nach unseren Ansätzen ja $t_\xi = t_{0\xi} = 1/2c_0$). Zur exakten Berechnung dieser Ableitung auf $\eta = 0$ seien von Gl. (167) alle in η linearen Glieder mitgenommen. In Gl. (168) treten solche gar nicht auf. Mit Gl. (144) erhält man dann:

$$\begin{aligned} x - c_0 t &= x_0 - c_0 t_0 + x_1 - c_0 t_1 \\ &= \eta + A\,\frac{\varkappa+1}{2}\left(\frac{1}{2}\,\xi - 1\right)\eta + \cdots \qquad \text{für} \quad \sigma = 0; \\ &= \eta + A(\varkappa+1)\left(\sqrt{\frac{1}{2}\,\xi} - 1\right)\eta + \cdots \qquad \text{für} \quad \sigma = 1; \\ &= \eta + A\,\frac{\varkappa+1}{2}\,\eta\ln\left(\frac{1}{2}\,\xi\right) + \cdots \qquad \text{für} \quad \sigma = 2, \\ x + c_0 t &= \xi + \cdots \qquad \text{für} \quad \sigma = 0, 1, 2. \end{aligned} \tag{169}$$

Aus diesem Gleichungssystem wären η und ξ ohne weiteres als Funktionen von x,t zu ermitteln. Damit hätte man dann auch c_1 und w_1 als Funktion von x,t. Dieser Weg soll hier jedoch nicht beschritten werden.

Der Stoßbeginn kann mit Gl. (161) gefunden werden, und zwar kommt es im vorliegenden Beispiel auf die Faltung der rechtslaufenden Machlinien an, also auf die Stelle $t_\eta = 0$. Es ist mit Gl. (169) auf $\eta = 0$:

$$\begin{aligned} -c_0 t_\eta = x_\eta &= \frac{1}{2}\left[1 + A\,\frac{\varkappa+1}{2}\left(\frac{1}{2}\,\xi - 1\right)\right] \qquad \text{für} \quad \sigma = 0; \\ &= \frac{1}{2}\left[1 + A(\varkappa+1)\left(\sqrt{\frac{1}{2}\,\xi} - 1\right)\right] \qquad \text{für} \quad \sigma = 1; \\ &= \frac{1}{2}\left[1 + A\,\frac{\varkappa+1}{2}\ln\left(\frac{1}{2}\,\xi\right)\right] \qquad \text{für} \quad \sigma = 2. \end{aligned} \tag{170}$$

Daraus folgt, daß es zu einer Faltung nur bei $A < 0$, d. i. gemäß Abb. 22 und Gl. (165) nur bei einer Verdichtung an der Front, kommt. Bemerkenswert dabei ist, daß selbst Zylinder- oder Kugelwellen — trotz der Schwächung der Welle infolge zylindrischer oder sphärischer Ausbreitung — schließlich an der Front Verdichtungsstöße aufweisen. Da dort für $\eta = 0$, $2\xi = c_0 t = x$ gesetzt werden darf, siehe Gl. (169), ergibt sich für Laufzeit und Lauflänge bis zum Stoßbeginn:

σ	x-Minimum	x-Stoß
0		$1 - \frac{2}{\varkappa+1}\frac{1}{A}$
1	$\frac{1}{4}\left[1 - \frac{1}{\varkappa+1}\frac{1}{A}\right]^2$	$\left[1 - \frac{1}{\varkappa+1}\frac{1}{A}\right]^2$
2	$\frac{1}{e}\exp\left[-\frac{2}{\varkappa+1}\frac{1}{A}\right]^2$	$\exp\left[-\frac{2}{\varkappa+1}\frac{1}{A}\right]$

(171)

Dabei ist $x = 1$ jener Abstand vom Ursprung, in dem die Welle gemäß Gl. (165) den Gradienten A angenommen hat. Dies ist besonders für $\sigma \neq 0$ wesentlich. In der zweiten Kolonne sind spätere Resultate vorweggenommen.

In der Störtheorie sind wohl kleine Werte von c_1 und w_1 vorausgesetzt, nicht aber kleine Werte der Gradienten dieser Größen. Bei kurzwelligen Vorgängen beispielsweise lassen sich kleine Störungen des Zustandes ohne weiteres vereinbaren mit großen Gradienten des Zustandes, sonst könnten weder Stöße noch ein Stoßbeginn in die Untersuchungen mit eingeschlossen werden. Daher sind dem Wert von A zunächst keine Grenzen gesetzt.

Wenn allerdings die akustische Theorie stimmen soll, müssen die Lauflängen im Vergleich zu (171) klein sein. Diese Bedingung ist in der Akustik schon wegen der kleinen Werte von A, die Schallwellen gewöhnlich aufweisen, in der Regel erfüllt.

Für die Änderung des Gradienten von $\frac{2}{\varkappa - 1} c_1$ erhält man zunächst mit der Kettenregel der Differentialrechnung und mit Hilfe der Beziehungen (162):

$$\frac{\partial}{\partial x}\left(\frac{2}{\varkappa - 1} c_1\right) = \xi_x \frac{\partial}{\partial \xi}\left(\frac{2}{\varkappa - 1} c_1\right) + \eta_x \frac{\partial}{\partial \eta}\left(\frac{2}{\varkappa - 1} c_1\right)$$

$$= \frac{1}{2c}\left[\frac{1}{t_\xi} \frac{\partial}{\partial \xi}\left(\frac{2}{\varkappa - 1} c_1\right) - \frac{1}{t_\eta} \frac{\partial}{\partial \eta}\left(\frac{2}{\varkappa - 1} c_1\right)\right]. \tag{172}$$

Nun gilt aber mit Gl. (164) für $\eta \to 0$:

$$\frac{\partial}{\partial \xi}\left(\frac{2}{\varkappa - 1} c_1\right) = 0; \qquad \frac{\partial}{\partial \eta}\left(\frac{2}{\varkappa - 1} c_1\right) = A x_0^{-\sigma/2}$$

und damit:

$$\frac{2}{\varkappa - 1} \frac{\partial c_1}{\partial x} = -\frac{1}{2c_0 t_\eta} A x_0^{-\sigma/2}.$$

Daraus folgt weiter mit Gl. (170) wegen $\xi = 2x$ auf $\eta = 0$:

$$\frac{2}{\varkappa - 1} \frac{\partial c_1}{\partial x} = \frac{A}{1 + \frac{\varkappa + 1}{2} A (x - 1)} \qquad \text{für} \quad \sigma = 0;$$

$$= \frac{A}{\sqrt{x}\left[1 + (\varkappa + 1) A \left(\sqrt{x} - 1\right)\right]} \qquad \text{für} \quad \sigma = 1; \tag{173}$$

$$= \frac{A}{x\left[1 + \frac{\varkappa + 1}{2} A \ln x\right]} \qquad \text{für} \quad \sigma = 2.$$

Hierin darf natürlich wieder x durch $c_0 t$ ersetzt werden.

Die Lauflängen bis zum Stoß erkennt man in Gl. (173) wieder am Verschwinden der Nenner. Man kann aber auch nach den Extremwerten des c_1-Gradienten fragen. Es handelt sich stets um Minima, für die sich bei $\sigma \neq 0$ die in der zweiten

Kolonne von (171) angegebenen Werte durch eine einfache Extremalrechnung ergeben. Die Minima liegen stets bei kleineren x-Werten, und zwar bei $\sigma = 1$ bei 1/4 des Stoßabstandes vom Zentrum und bei $\sigma = 2$ bei $1/e \sim 0{,}37$ des Stoßabstandes. Wenn allerdings der Wert von A kleiner ist als

$$A = -\frac{1}{\varkappa + 1} \quad \text{bei} \quad \sigma = 1 \qquad \text{und} \qquad A = -\frac{2}{\varkappa + 1} \quad \text{bei} \quad \sigma = 2,$$

dann liegt gemäß Gl. (171) das Minimum innerhalb von $x = 1$.

Auslaufende Verdichtungswellen mit Werten

$$-\frac{1}{\varkappa + 1} < A < 0 \quad \text{für} \quad \sigma = 1, \qquad -\frac{2}{\varkappa + 1} < A < 0 \quad \text{für} \quad \sigma = 2$$

werden zunächst schwächer, steilen sich jedoch dann nach Durchwandern eines Minimums im Dichtegradienten an der Front zu einem Stoß auf. Auslaufende Verdünnungswellen werden für alle σ-Werte monoton schwächer.

Man kann dieselben Herleitungen auch für Wellen durchführen, die auf das Zentrum zulaufen, und kommt dabei zu denselben Gleichungen (171) und (173), weshalb die etwas langwierige Rechnung nicht wiederholt werden soll. Nur gilt jetzt $0 < x \leqq 1$ und, wie unmittelbar einleuchtet, ergibt sich nun für $A > 0$ eine Verdichtungswelle, für $A < 0$ eine Verdünnungswelle. Es zeigt sich, daß eine zum Zentrum laufende Verdichtungswelle monoton steiler wird, denn der Stoßwert von x wird gemäß Gl. (171) vor dem Minimum-Wert erreicht. Eine zum Zentrum laufende Verdünnungsfront dagegen wird für

$$A < -\frac{1}{\varkappa + 1} \quad \text{bei} \quad \sigma = 1 \qquad \text{und} \qquad A < -\frac{2}{\varkappa + 1} \quad \text{bei} \quad \sigma = 2$$

zunächst flacher, bis sie bei den x-Abständen von Gl. (171) den kleinsten Betrag des Abfalles erreicht und im Zentrum gemäß Gl. (173) unendliche Dichteabnahme aufweist. Bei A-Werten, die über der oben genannten Grenze liegen, erfolgt der Übergang zu unendlichen Gradienten im Zentrum monoton.

Gemäß der Originalarbeit [17] läßt sich folgende Differentialgleichung herleiten:

$$\frac{\mathrm{d}}{\mathrm{d}x}(\cot\mu) = -\frac{\varkappa + 1}{2} + \frac{\sigma}{2}\,\frac{1}{x}\cot\mu, \qquad \text{mit} \qquad \operatorname{tg}\mu = -\frac{2}{\varkappa - 1}\,\frac{\partial c_1}{\partial x},$$

die von den Lösungen (173) erfüllt wird. Dieser Gleichung ist sofort zu entnehmen, daß für das Extremum gilt:

$$\frac{\mathrm{d}}{\mathrm{d}x}(\cot\mu) = 0, \qquad \text{also:} \qquad \operatorname{tg}\mu = \frac{\sigma}{\varkappa + 1}\,\frac{1}{x} = -\frac{2}{\varkappa - 1}\,\frac{\partial c_1}{\partial x}$$

und folglich:

$$\frac{\mathrm{d}^2}{\mathrm{d}x^2}(\cot\mu) = -\frac{\sigma}{2}\,\frac{1}{x^2}(\cot\mu) = -\frac{\varkappa + 1}{2}\,\frac{1}{x} < 0.$$

Also hat $\cot\mu$ ein Maximum, $\operatorname{tg}\mu$ ein Minimum und $\partial c_1/\partial x$ ein Maximum.

33. Ausbreitung von Stoßwellen

In diesem Abschnitt wird im Rahmen der Störtheorie das Abklingen von Stößen mit der Entfernung vom Störzentrum für die wichtigsten Fälle der ebenen Strömung, $\sigma = 0$, und der kugelsymmetrischen Strömung, $\sigma = 2$, behandelt. Im letzteren Fall handelt es sich gleichzeitig um die Darstellung der Vorgänge in gewisser Entfernung von einem Explosionsherd. Bei kugelsymmetrischer Ausbreitung nimmt die Intensität der Vorgänge sehr rasch ab, so daß bereits in einigem Abstand vom Zentrum mit „kleinen Störungen" gerechnet werden kann. Dabei ist mit der Bezeichnung „kleine Störung" nur die theoretisch wichtige Annahme getroffen, daß die Druckstörungen klein sind gegenüber dem ungestörten Druck und die Strömungsgeschwindigkeiten klein sind gegenüber der Schallgeschwindigkeit.

Die Zerstörung, die eine solche „geringe Störung" anrichtet, kann immer noch sehr groß sein, weil kleine Druckunterschiede auf große Flächen wie Fensterscheiben oder Gebäudewände große Kräfte auslösen können.

Im folgenden wird die Annahme kleiner Störungen auch bereits in der Umgebung des Zentrums getroffen, um eine vollständige Darstellung des Vorganges zu ermöglichen. Man erhält damit aber trotzdem ein gutes Bild dessen, was in jedem Falle in großer Entfernung zu erwarten ist. Bei richtigen Explosionen müßte in der Umgebung des Störzentrums zunächst beispielsweise mit dem vollen Charakteristikenverfahren, vgl. Abschnitt 39, gerechnet werden. Erst weiter draußen könnte dann zum analytischen Charakteristikenverfahren übergegangen werden.

Den Rechnungen der Wellenausbreitung seien folgende Lösungen von Gl. (151) für das Störpotential zugrundegelegt,

$$0 \geqq \eta \geqq -1: \qquad \sigma = 0, \qquad \omega_1 = qF(\eta);$$
$$\sigma = 2, \qquad \omega_1 = -\frac{q}{4\pi}\frac{1}{x_0}F(\eta). \tag{174}$$

Für alle anderen η-Werte möge Ruhe herrschen. Die Begrenzung des Vorganges auf die η-Werte zwischen -1 und 0 entspricht der Rückführung aller Längen und Zeiten auf die Blaszeit der Quelle, vergl. Abb. 24 rechts. Über die Form der Funktion $F(\eta)$ möge zunächst noch keine weitere Annahme getroffen werden. Die physikalische Bedeutung des Faktors q wird noch erläutert werden.

Aus dem Ansatz (174) folgt mit den Gln. (150) und (144) für die Störung der Geschwindigkeit und der Schallgeschwindigkeit,

$$\sigma = 0: \qquad w_1 = \frac{2}{\varkappa - 1} c_1 = qF'(\eta);$$
$$\sigma = 2: \qquad w_1 = \frac{q}{4\pi}\left[\frac{1}{x_0^2}F(\eta) - \frac{1}{x_0}F'(\eta)\right]; \tag{175}$$
$$\frac{2}{\varkappa - 1} c_1 = -\frac{q}{4\pi}\frac{1}{x_0}F'(\eta).$$

Der Strich in $F'(\eta)$ bedeutet hier und im folgenden stets die Ableitung nach dem Argument η.

Die Wellenausbreitung kann bei ebener Strömung, $\sigma = 0$, durch einen bewegten Kolben ausgelöst werden. Mit Rücksicht auf die Ausbreitung der Kugelwelle stellt man sich aber besser im Koordinatenursprung eine „Explosion“ vor, die durch Abbrennen eines flüssigen oder festen Sprengstoffes ausgelöst wird. Dabei entsteht aus dem Sprengstoff ein gasförmiger *Schwaden*, der die umgebende Luft vom Ursprung verdrängt. Der Schwaden steht mit der Luft längs einer *Trennteilchenbahn* in Kontakt.

Da die Strömungsgeschwindigkeit an der Trennteilchenbahn klein im Vergleich zur Schallgeschwindigkeit ist, verläuft diese Teilchenbahn nahe an der t-Achse. Eine wesentliche Versetzung der Machlinien ist in der kleinen Umgebung der t-Achse noch nicht erfolgt, weshalb dort in unserer Näherung wie in der akustischen Theorie gerechnet werden darf, Abschn. 12. Es darf dort also $x = x_0$ und $t = t_0$ gesetzt werden. Auf der Trennteilchenbahn gilt wegen $x_0 \ll c_0 t_0$ mit Gl. (144) $\eta = -c_0 t_0 + \cdots$. Für die Bahnkurve der Trennteilchenbahn gilt folglich mit Gl. (147):

$$\frac{\mathrm{d}x_0}{\mathrm{d}(c_0 t)} = -\frac{\mathrm{d}x_0}{d\eta} = w_1 .$$

τ sei in wesentlicher Übereinstimmung mit der Bezeichnung in Abschnitt 31 der Abstand der Trennteilchenbahn vom Ursprung am Ende der Explosion, d. i. in unserer Näherung bei $\eta = -1$. Dann gilt mit Gl. (175) für $\sigma = 0$:

$$\tau = -\int_0^{-1} w_1 \, \mathrm{d}\eta = -qF(-1) .$$

Dabei wird hier, und im folgenden auch für $\sigma = 2$, $F(0) = 0$ vorausgesetzt. Ferner wird im folgenden für ebene Strömung, $\sigma = 0$, gefordert:

$$F(-1) = -1 .$$

Dann ist q das pro Flächeneinheit während der ganzen Explosionsperiode nach rechts verdrängte Luftvolumen. Dieses ist mit τ, der Verrückung der Teilchenbahn nach rechts am Ende der Explosion, identisch.

Bei Kugelwellen ist in der Umgebung der t-Achse nur der erste Summand in der mittleren Gleichung (175) zu berücksichtigen, weil wegen der Kleinheit der x_0-Werte auf der Trennteilchenbahn der erste Summand den zweiten um eine Größenordnung übertrifft. Somit erhält man aus der Bahngleichung:

$$-\frac{\mathrm{d}x_0}{\mathrm{d}\eta} = \frac{q}{4\pi} \frac{1}{x_0^2} F(\eta) .$$

Hierin lassen sich die Variablen leicht trennen und man bekommt für $\sigma = 2$:

$$\tau^3 = x_0^3 = -\frac{3q}{4\pi} \int_0^{-1} F(\eta) \, \mathrm{d}\eta .$$

Wird nun bei der Kugelwelle gefordert:

$$\int_0^{-1} F(\eta)\,\mathrm{d}\eta = -1,$$

so ist:

$$q = \frac{4\pi}{3}\tau^3. \tag{176}$$

Also ist q das Volumen einer Kugel vom Radius τ, d. i. das am Ende der Schwadenbildung verdrängte Luftvolumen, Abb. 24.

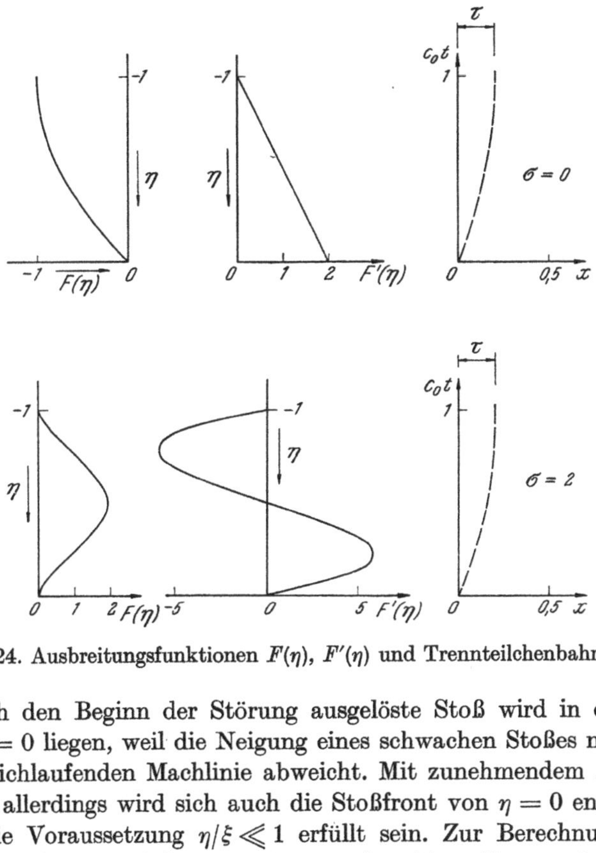

Abb. III,24. Ausbreitungsfunktionen $F(\eta)$, $F'(\eta)$ und Trennteilchenbahn (– – – –).

Der durch den Beginn der Störung ausgelöste Stoß wird in der Nähe der Machlinie $\eta = 0$ liegen, weil die Neigung eines schwachen Stoßes nur wenig von jener der gleichlaufenden Machlinie abweicht. Mit zunehmendem Abstand vom Störzentrum allerdings wird sich auch die Stoßfront von $\eta = 0$ entfernen. Stets wird aber die Voraussetzung $\eta/\xi \ll 1$ erfüllt sein. Zur Berechnung des Stoßverlaufes gem. Gl. (160) wird $(w_1 + c_1)$ unter der obigen Voraussetzung benötigt. Aus Gl. (175) folgt dafür zusammen mit Gl. (144),

$$\begin{aligned} \sigma = 0: &\qquad c_1 + w_1 = \frac{\varkappa + 1}{2} q F'(\eta); \\ \sigma = 2, \quad \eta/\xi \ll 1: &\qquad c_1 + w_1 = -\frac{\varkappa + 1}{2}\,\frac{q}{4\pi}\,\frac{2}{\xi} F'(\eta). \end{aligned} \tag{177}$$

Die Beziehung für $\sigma = 0$ gilt ohne Einschränkung.

Zur Bestimmung des zweiten Gliedes im Nenner der Stoßgleichung (160) hat die Integration in den Gln. (155) längs der Kurve nach Abb. 23 zu erfolgen. Wie bereits in Abschn. 31 gezeigt, bringt die Integration längs der Machlinie $\xi = 0$ wegen der Kürze des Integrationsweges keinen Beitrag. Es darf daher gesetzt werden:

$$2x_1 = -2c_0t_1 = \frac{1}{2}\int\limits_{\xi_u(\eta)}^{\xi} (c_1 + w_1)\, d\bar{\xi}.$$

Hierin ist bereits $K_1'(\eta) \equiv 0$ gesetzt, weil die Koordinatenstörung an der unteren Integrationsgrenze verschwinden soll.

Für den Fall ebener Wellen, $\sigma = 0$, kann die Integration ohne Schwierigkeit auf der x_0-Achse beginnen, $\xi_u = -\eta$. Daraus folgt dann zusammen mit Gl. (176) oben,

$$\sigma = 0: \quad 2x_1 = -2c_0t_1 = \frac{\varkappa + 1}{4} qF'(\eta)\,(\xi + \eta). \tag{178}$$

Dieser Gleichung entspricht das Verschwinden der Koordinatenstörungen auf der t-Achse, was durchaus willkommen ist. Unter der Voraussetzung $\eta \ll \xi$ folgt schließlich zusammen mit Gl. (160) folgende Stoßgleichung für den ebenen Fall, $\sigma = 0$:

$$\frac{d\eta}{d\xi} = -\frac{\varkappa + 1}{8} q \frac{F'(\eta)}{1 + \frac{\varkappa + 1}{4} F''(\eta) \cdot \xi}.$$

Die Funktionen $F'(\eta)$ und $F''(\eta)$ sind im allgemeinen völlig regulär. $F'(\eta)$ liefert gem. Gl. (175) ja die Störgrößen w_1 und c_1, die überall klein bleiben sollen. Solange also ξ in der Größenordnung der Einheit oder klein gegen die Einheit ist, kann der zweite Summand unter dem Bruchstrich ohne weiteres vernachlässigt werden. Eine konsequente Theorie erster Ordnung würde die Streichung dieses Summanden sogar zur Folge haben. Bei großen Entfernungen vom Zentrum dagegen, also bei Werten $\xi \gg 1$, ist eine solche Vernachlässigung nicht mehr möglich, da selbst bei noch so kleinen Werten von q der zur Diskussion stehende Ausdruck mit der Länge des Integrationsweges für t_1 über alle Grenzen wächst. Man nennt daher den Summanden $2c_0t_{1\eta}$ in der Stoßgleichung (160) einen *kumulativen* Term. Er muß auch bei ebener Strömung mitberücksichtigt werden, wenn der Stoß bis in große Abstände vom Zentrum berechnet werden soll.

Die gewöhnliche Differentialgleichung für die Stoßfront gestattet eine exakte Integration. Zunächst sei folgende Umschreibung vorgenommen:

$$1 = -\frac{\varkappa + 1}{4} qF''(\eta)\,\xi - \frac{\varkappa + 1}{8} qF'(\eta)\,\frac{d\xi}{d\eta}.$$

Diese Gleichung kann durch Multiplikation mit $F'(\eta)$ wie folgt geschrieben werden:

$$F'(\eta) = -\frac{\varkappa + 1}{8} q \frac{d}{d\eta}\,[F'^2(\eta)\,\xi].$$

Unter der bereits früher getroffenen Voraussetzung $F(0) = 0$, die nur eine mathematische Vereinfachung, aber keine physikalische Annahme enthält, erhält man daraus bei einem Stoßbeginn im Punkte $\xi = \eta = 0$ für $\sigma = 0$:

$$\xi = -\frac{8}{\varkappa + 1}\,\frac{1}{q}\,\frac{F(\eta)}{F'^2(\eta)}. \tag{179}$$

Damit ist die Stoßfront für eine beliebige Funktion $F(\eta)$ in der x_0, t_0-Ebene festgelegt. Es bedarf nur mehr einer Umrechnung in die Strömungsebene, die jedoch erst nach Ermittlung der entsprechenden Stoßgleichung für $\sigma = 2$ erfolgen soll.

Bei der Kugelwelle begegnet man in der unmittelbaren Umgebung des Zentrums gewissen Schwierigkeiten, weil dort die Geschwindigkeit in einem engen Bereich über alle Grenzen wächst und man dort zwangsläufig in ein Gebiet starker Störungen gerät. Man beschränkt dort die Rechnung daher besser auf das Gebiet außerhalb der *Schwadengrenze*, mit anderen Worten außerhalb der Trennteilchenbahn. Dort müssen die Störungen noch klein sein. Erforderlichenfalls kann die Lösung für die Wellenausbreitung auch über die Schwadengrenze hinweg gegen das Zentrum analytisch fortgesetzt werden. In Gl. (177)f sei die Trennteilchenbahn die untere Grenze der Integration:

$$\xi = \xi_u(\eta).$$

Man erhält dann für das Gebiet $\xi \gg \eta$ in der Stoßumgebung mit Gl. (177) unten:

$$2x_1 = -2c_0t_1 = -\frac{\varkappa+1}{2}\,\frac{q}{4\pi}\,F'(\eta)\int\limits_{\xi_u}^{\xi}\frac{1}{\bar\xi}\,d\bar\xi = -\frac{\varkappa+1}{2}\,\frac{q}{4\pi}\,F'(\eta)\ln\left(\frac{\xi}{\xi_u}\right)$$

$$= -\frac{\varkappa+1}{2}\,\frac{q}{4\pi}\,F'(\eta)\left[\ln\left(-\frac{\xi}{\eta}\right) + \ln\left(-\frac{\eta}{\xi_u}\right)\right].$$

Nun liegt aber die Trennteilchenbahn nahe an der x-Achse, das bedeutet mit Gl. (144):

$$\xi_u = -\eta + \cdots.$$

Der Unterschied hängt von der Quellstärke q ab und ist von der Größenordnung τ. Der zweite Logarithmus der rechten Seite der vorletzten Gleichung liefert folglich ein Glied höherer Ordnung in q und ist demnach im Rahmen der Störtheorie erster Ordnung zu vernachlässigen. Es gilt also in Stoßnähe für $\sigma = 2$:

$$2x_1 = -2c_0t_1 = -\frac{\varkappa+1}{2}\,\frac{q}{4\pi}\,F'(\eta)\ln\left(-\frac{\xi}{\eta}\right). \tag{180}$$

Für den Nenner der Stoßgleichung (160) folgt damit aus Gl. (180):

$$-1 + 2c_0t_{1\eta} = -1 + \frac{\varkappa+1}{2}\,\frac{q}{4\pi}\left[F''(\eta)\ln\left(-\frac{\xi}{\eta}\right) + F'(\eta)\,\frac{1}{\eta}\right].$$

Das anschließend gegebene Beispiel wird zeigen, daß die Funktion $F(\eta)$ für kleine η-Werte mit einem Term proportional zu η^2 beginnt, wie im übrigen auch die in

Abschn. 12 verwendete Funktion $F_1(\eta)$ für die Kugelwelle in der akustischen Theorie. Damit erweist sich der Ausdruck

$$\frac{\varkappa+1}{2}\,\frac{q}{4\pi}\,F''(\eta)\ln\left(-\frac{\xi}{\eta}\right)$$

als ein *kumulativer* Term, der nun jedoch im Gegensatz zum entsprechenden Term für $\sigma = 0$ in Gl. (178)f nicht nur für $\xi \to \infty$, sondern auch für $\eta \to 0$ über alle Grenzen wächst. Das hat zur Folge, daß dieser Ausdruck selbst am Stoßbeginn eine ausschlaggebende Rolle spielt. Der zweite Ausdruck

$$\frac{\varkappa+1}{2}\,\frac{q}{4\pi}\,\frac{1}{\eta}\,F'(\eta)$$

ist überall regulär, weil $F'(\eta)$ selbst den Faktor η enthält. Wegen der Voraussetzung kleiner Störungen, also letzten Endes ausreichend kleiner Werte von q, darf dieser Summand gegen den Wert -1 gestrichen werden, weil im Zähler der Stoßgleichung ja bereits der Faktor q enthalten ist.

Die Integration der Stoßgleichung wird jedoch wesentlich erleichtert, wenn die Hälfte des genannten Termes mitgenommen wird. Da es sich um ein Glied höherer Ordnung handelt, ist dies ohne weiteres zulässig. Mit Gl. (177) unten erhält die Stoßgleichung (160) für $\sigma = 2$ dann schließlich die Form:

$$\frac{d\eta}{d\xi} = \frac{\dfrac{\varkappa+1}{4}\,\dfrac{q}{4\pi}\,\dfrac{1}{\xi}\,F'(\eta)}{1-\dfrac{\varkappa+1}{4}\,\dfrac{q}{4\pi}\left[2F''(\eta)\ln\left(-\dfrac{\xi}{\eta}\right)+\dfrac{1}{\eta}\,F'(\eta)\right]}.$$

Hier ist nun eine ganz ähnliche Umformung möglich wie bei $\sigma = 0$ mit dem Ergebnis:

$$\begin{aligned} F'(\eta) &= \frac{\varkappa+1}{4}\,\frac{q}{4\pi}\left[F'^2(\eta)\,\frac{1}{\xi}\,\frac{d\xi}{d\eta}+2F'F''\ln\left(-\frac{\xi}{\eta}\right)+F'^2(\eta)\,\frac{1}{\eta}\right] \\ &= \frac{\varkappa+1}{4}\,\frac{q}{4\pi}\,\frac{d}{d\eta}\left[F'^2(\eta)\ln\left(-\frac{\xi}{\eta}\right)\right]. \end{aligned}$$

Mit der schon früher getroffenen Annahme $F(0) = 0$ und der Forderung eines Stoßbeginns im Punkte $\xi = \eta = 0$ folgt daraus für $\sigma = 2$:

$$\ln\left(-\frac{\xi}{\eta}\right) = \frac{4}{\varkappa+1}\,\frac{4\pi}{q}\,\frac{F(\eta)}{F'^2(\eta)}. \tag{181}$$

Für die Störkoordinaten an der Stoßfront folgt für $\sigma = 0$ mit $\eta \ll \xi$ aus Gl. (178) und (179) und für $\sigma = 2$ aus Gl. (180) und (181) dieselbe Beziehung, nämlich:

$$x_1 = -c_0 t_1 = -F(\eta)/F'(\eta). \tag{182}$$

Daraus folgt schließlich in gleicher Weise für $\sigma = 0$ und $\sigma = 2$ zusammen mit Gl. (144) für die Koordinaten der Stoßfront:

$$\begin{aligned} x - c_0 t &= x_0 - c_0 t_0 + x_1 - c_0 t_1 = \eta - 2F(\eta)/F'(\eta); \\ x + c_0 t &= x_0 + c_0 t_0 + x_1 + c_0 t_0 = \xi. \end{aligned} \tag{183}$$

Mit Gl. (179) für $\sigma = 0$ und mit Gl. (181) für $\sigma = 2$ liefert das System (183) eine Parameterdarstellung für die Koordinaten der Stoßfront. Die Störung hinter der Stoßfront folgt aus Gl. (175) mit $\eta \ll \xi$.

Zunächst seien Lösungen betrachtet, bei denen der Strömungszustand nur von $c_0 t/x$ abhängt. Solche Lösungen werden als *kegelig* bezeichnet, eine Bezeichnung, die der stationären räumlichen Überschallströmung entnommen ist, wo die Abhängigkeit des Strömungszustandes von y/x und z/x im allgemeinen an kegelige Körperformen geknüpft ist.

Bei alleiniger Abhängigkeit des Strömungszustandes von $c_0 t/x$ können die vollständigen partiellen Differentialgleichungen für reibungsfreie Strömung auf gewöhnliche Differentialgleichungen zurückgeführt werden. Durch schrittweise Integration können dann ähnlich wie später bei der Überschallströmung um Kreiskegel, Abschn. VI,12 und IX,15, exakte Lösungen für die Zylinder- und Kugelwelle gefunden werden [18]. Die exakte Lösung für die ebene Welle ist der aus dem Ursprung herauswandernde instationäre Stoß. Aber auch die in Abschn. 18, Abb. 7 behandelte Strömung ist ein Beispiel für eine derartige „kegelige" Strömung.

Physikalisch bedeutet die Kegeligkeit in unserem Fall, daß die Trennstromlinie sich mit konstanter Geschwindigkeit, d. i. $w_1 = \tau$, in den Raum hinein ausbreitet:

$$x = \tau\, c_0 t.$$

Diese Beziehung gilt in unserer ersten Näherung mit gleicher Genauigkeit für x_0 und $c_0 t_0$.

In einem solchen Falle breitet sich auch die Stoßwelle mit konstanter Geschwindigkeit in den Raum hinein aus. Für ebene Strömung ist die Lösung einfach der instationäre Stoß, wie er in Abschn. 31 behandelt wurde mit dem Ergebnis für $\sigma = 0$:

$$\eta = -\frac{\varkappa + 1}{8}\tau\xi; \qquad x = \left(1 + \frac{\varkappa + 1}{4}\tau\right) c_0 t.$$

Wenn w_1 und c_1 nur vom Verhältnis $x/c_0 t$ abhängen, dann hängen die Größen auch nur von $x_0/c_0 t_0$ oder von η/ξ ab, wie aus allen einschlägigen Gleichungen geschlossen werden kann. Gemäß Gl. (175) muß dann aber für $\sigma = 2$ die Funktion $F(\eta)$ proportional zu η^2 sein. Zusammen mit der vor Gl. (176) aufgestellten Bedingung folgt daraus:

$$F(\eta) = 3\eta^2; \qquad F'(\eta) = 6\eta$$

und mit Gl. (181) zusammen mit Gl. (176) für die Stoßlage:

$$\ln\left(-\frac{\xi}{\eta}\right) = \frac{4}{\varkappa + 1}\,\frac{4\pi}{q}\,\frac{1}{12} = \frac{1}{(\varkappa + 1)\,\tau^3}.$$

Aus Gl. (175) folgt schließlich für den Strömungszustand unmittelbar hinter der Stoßfront:

$$w_1 = \frac{2}{\varkappa - 1} c_1 = -\frac{3q}{4\pi} \frac{4\eta}{\xi} = \frac{4}{\tau^3} e^{-\frac{1}{(\varkappa+1)\tau^3}}.$$

Es handelt sich danach um einen außerordentlich kleinen Sprung in der Stoßfront.

Demgegenüber folgt aus der letzten Gl. (175) für die c-Störung auf der Trennstromlinie $x = \tau\, c_0 t$ in erster Näherung:

$$\frac{2}{\varkappa - 1} c_1 = -\frac{3q}{4\pi} \frac{2\eta}{x_0} = \frac{3q}{4\pi} \frac{2c_0 t_0}{x_0} = \tau^3\, 2 \frac{c_0 t}{x} = 2\tau^2.$$

Die Störung an der Stoßfront ist also im Vergleich zur Störung an der Trennstromlinie außerordentlich klein. Das hat weiter zur Folge, daß mit Gl. (183) die Stoßfront mit den aus dem Ursprung herauslaufenden Machlinien zusammenfallen würde:

$$x - c_0 t = \eta - 6\eta^2/(6\eta) = 0.$$

Die für den Stoßgeginn maßgebenden höheren Glieder sind im System (183) nämlich vernachlässigt. Deshalb ist diese Gleichung allerdings für den Kugelstoß noch keineswegs wertlos, jedoch nur für den weiter draußen liegenden Stoß, wo die Abweichung von der Machlinie bereits wesentlich wird.

Dennoch braucht auf die Berechnung der Lage des Kugelstoßes nicht verzichtet zu werden. Sie kann mit Gl. (158) erfolgen mit dem Ergebnis für $\sigma = 2$:

$$x = \left[1 + (\varkappa + 1)\, \tau^3\, e^{-\frac{1}{(\varkappa+1)\tau^3}}\right] c_0 t.$$

Während im kegeligen Fall bei $\sigma = 0$ die Kompression völlig im Verdichtungsstoß vor sich geht, liegt bei der Kugelwelle — immer im Rahmen der Theorie kleiner Störungen — im Stoß kaum eine Verdichtung vor. Sie spielt sich in diesem Stadium der Wellenausbreitung völlig in einer kontinuierlichen Kompression hinter der Stoßfront ab.

Auch bei der Zylinderwelle würde sich die Hauptkompression im kontinuierlichen Teil ergeben. Ähnliche Feststellungen werden später bei den analogen Beispielen der stationären Überschallströmung getroffen werden, nämlich bei der Strömung am Keil und am Kreiskegel, Abschn. IX,42.

Die einfachste Funktion, die bei ebener Strömung eine Quelltätigkeit zwischen $0 \geqq \eta \geqq -1$ darstellt und deren Quelltätigkeit bei $\eta = -1$ verschwindet, ist durch folgende Darstellung gegeben,

$$\sigma = 0: \quad F(\eta) = 2\eta + \eta^2; \quad F'(\eta) = 2(1 + \eta).$$

Für die Stoßfront folgt aus Gl. (179) nach einigen Umrechnungen die Beziehung:

$$\frac{\varkappa + 1}{2} q\xi + 1 = \frac{1}{(1 + \eta)^2}.$$

$\eta = -1$ ist die sogenannte *neutrale Machlinie*, es ist jene Machlinie, bei der wegen $F'(\eta) = 0$ die Druck-, Dichte- und Temperaturstörung verschwinden. Weil bei der ebenen Strömung auf der neutralen Machlinie gleichzeitig auch $w_1 = 0$ ist, handelt es sich um eine Gerade, die parallel zu den ungestörten rechtslaufenden Machlinien verläuft. Sie liegt im vorliegenden Fall am Ende des Bewegungsvorganges, weil keine Unterdruckgebiete auftreten.

Die letzte Gleichung, aber auch die allgemeinere Gleichung (179), zeigt, daß ξ mit Annäherung von η an den Wert der neutralen Machlinie über alle Grenzen wächst. Diese allgemeine Eigenschaft tritt im vorliegenden Beispiel in einfachster Weise zutage.

Für die Ermittlung der Stoßfront in der Strömungsebene sind $F(\eta)$ und $F'(\eta)$ in der oberen Gl. (183) einzusetzen. Man erhält nach einfacher Umrechnung:

$$x - c_0 t + 1 = \frac{1}{1 + \eta}.$$

Auf der linken Seite steht der Abstand des Ortes x des Stoßes von der neutralen Machlinie. Eliminiert man mit Hilfe dieser Gleichung das η aus der vorletzten Gleichung und setzt man schließlich ξ in der unteren Gl. (183) ein, so folgt:

$$\sqrt{\frac{\varkappa + 1}{2} q(x + c_0 t) + 1} = x - c_0 t + 1.$$

Die Stoßfront bildet also eine Parabel, die durch den Ursprung $x = t = 0$ geht. Der Abstand der Stoßfront von der neutralen Machlinie nimmt im wesentlichen mit der Wurzel aus der Entfernung vom Störzentrum zu, und zwar proportional mit der Wurzel aus der Quellstärke q.

Aus der oberen Gl. (175) folgt schließlich für die Störung unmittelbar hinter der Stoßfront:

$$\frac{2}{\varkappa - 1} c_1 = w_1 = 2q(1 + \eta) = \frac{2q}{1 + x - c_0 t}.$$

Die Störungen ändern sich also umgekehrt proportional mit dem Abstand der Stoßfront von der neutralen Machlinie.

Eine sägezahnartige Quelle führt zu einer sägezahnartigen Dichte- oder Druckstörung, wobei die gesamte Störung stets die gleiche Gesamtverdichtung einschließt, Abb. 25. Im übrigen würde auch jede andere ebene Explosion in großer Entfernung zu einer Sägezahnwelle mit Stoß führen.

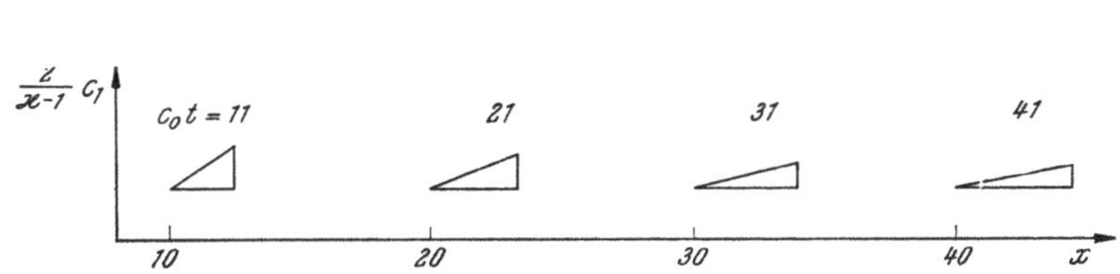

Abb. III,25. Die ebene Sägezahnwelle in vier verschiedenen Zeitpunkten und Abständen vom Zentrum.

Der kugelförmigen Explosion sei dieselbe Form der Funktion $F(\eta)$ zugrunde gelegt wie in Abschn. 12 für die akustische Theorie. Mit Rücksicht auf die Bedingung vor Gl. (176) ist dann, Abb. 24:

$$F(\eta) = 30\eta^2(1 + \eta)^2; \qquad F'(\eta) = 60\eta(1 + 2\eta)(1 + \eta).$$

Die neutrale Machlinie liegt gemäß der letzten Gl. (175) wieder bei $F'(\eta) = 0$, das wäre im vorliegenden Fall bei $\eta = 0$, $\eta = -1/2$ oder $\eta = -1$. Nun wird sich aber zeigen, daß nicht nur in der Nähe von $\eta = 0$ ein Stoß auftritt, sondern auch bei $\eta = -1$. Somit bleibt für die neutrale Machlinie nur der Wert $\eta = -1/2$. Dort ist wohl $c_1 = 0$, gemäß der mittleren Gl. (175) jedoch $w_1 \neq 0$. Das bedeutet, daß die neutrale Machlinie nun nicht mehr genau eine gerade Machlinie darstellt. Sie kann aber für das Folgende mit genügender Genauigkeit durch folgende ungestörte Machlinie genähert werden:

$$x - c_0 t + \frac{1}{2} = 0.$$

Eine genauere, mit Hilfe der Gl. (155) durchgeführte Rechnung für die Machlinie $\eta = -1/2$ würde zeigen, daß der Fehler von der Größenordnung τ^2 ist. w_1 auf der Trennstromlinie hat nämlich die Größenordnung τ, und das Glied mit $F(\eta)$ in Gl. (175) ist nur in einer Entfernung von der Größenordnung τ wirksam. Aus der Integration folgt damit die Größenordnung τ^2, also alles eher als ein „kumulativer" Effekt.

Aus Gl. (181) ist wieder zu ersehen, daß ξ an der neutralen Machlinie, $F'(\eta) \to 0$, über alle Grenzen wächst, dieses Mal jedoch logarithmisch. Für unsere spezielle Funktion folgt:

$$\ln\left(-\frac{\xi}{\eta}\right) = \frac{1}{\varkappa + 1}\,\frac{4\pi}{3q}\,\frac{1}{10(1 + 2\eta)^2} = \frac{1}{(\varkappa + 1)\,\tau^3}\,\frac{1}{10(1 + 2\eta)^2}.$$

Aus den Gln. (183) folgt ferner:

$$x - c_0 t = \frac{\eta^2}{1 + 2\eta};$$

$$x + c_0 t = \xi = -\eta \exp\left(\frac{1}{(\varkappa + 1)\,\tau^3\, 10(1 + 2\eta)^2}\right).$$

Daraus ist zu erkennen, daß die Exponentialfunktion weit draußen völlig dominiert. Es kann also gesetzt werden für $\eta \to -1/2$:

$$2x = 2c_0 t = \xi = \frac{1}{2} \exp\left(\frac{1}{(\varkappa + 1)\,\tau^3\, 10(1 + 2\eta)^2}\right).$$

Aus der oberen der beiden letzten Gleichungen erhält man weit draußen, $\eta \to -1/2$, für den Abstand des Verdichtungsstoßes von der neutralen Machlinie:

$$x - c_0 t + \frac{1}{2} = \frac{1}{4}\,\frac{1}{1 + 2\eta} = \frac{1}{4}\sqrt{(\varkappa + 1)\,\tau^3 \cdot 10 \ln 4x}.$$

Bei der Kugelwelle wächst damit der Abstand von der neutralen Machlinie mit der Entfernung vom Explosionsherd auch über alle Grenzen, jedoch äußerst langsam, nämlich mit $\sqrt{\ln 4x}$, und wieder mit der Wurzel aus der Quellstärke.

Für die Störung unmittelbar hinter der Stoßfront erhält man schließlich mit Gl. (175) und den letzten Gleichungen für $\eta \to -1/2$:

$$\frac{2}{\varkappa - 1} c_1 = \frac{3q}{4\pi} \frac{10}{\xi} (1 + 2\eta) = \frac{1}{2x} \sqrt{\frac{10\tau^3}{(\varkappa + 1) \ln 4\varkappa}} .$$

Der letzte Ausdruck stellt gleichzeitig in der vorliegenden Näherung die Dichtestörung und mit $\varkappa$ multipliziert die Druckstörung dar.

Die drittletzte Gleichung gilt auch für die Schwanzwelle. Bei den letzten beiden Gleichungen sind für die Schwanzwelle die negativen Werte der Wurzelausdrücke zu nehmen.

Die zuletzt wiedergegebenen asymptotischen Formeln wurden schon sehr früh von R. SAUER und etwas später von G. B. WHITHAM auf anderem Wege hergeleitet. Die vorliegende Darstellung schließt sich an jene von H. ROTHMANN [19] an, wo ausgedehnte Rechnungen im ganzen Feld durchgeführt worden sind und wo auch die Zylinderwelle und die zugehörigen Zitate gefunden werden können.

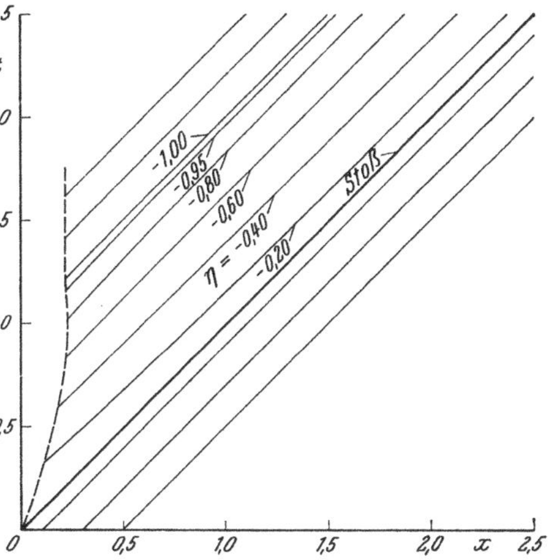

Abb. III,26. Stoßentstehung in der Nähe des Zentrums der Kugelwelle nach [19], $\tau = 0{,}215$.

Die Schwanzwelle bildet sich im vorliegenden Fall allerdings nicht unmittelbar an der Trennteilchenbahn, sondern erst weiter draußen, Abb. 26. Der Punkt für den Stoßbeginn ist gemäß Gl. (161) aus der Bedingung $t_\eta = 0$ zu ermitteln. In Gl. (181) kommt infolgedessen für die Schwanzwelle noch eine Integrationskonstante hinein. Dieser etwas herausgeschobene Stoßbeginn wirkt sich jedoch nicht auf die asymptotischen Beziehungen aus. Die Quelle weicht in der Nähe des Störzentrums bei den angenommenen „kleinen Störungen" nur sehr wenig von der akustischen Theorie ab, Abb. 27. Die Stöße sind dort noch kaum zu erkennen.

In großer Entfernung dagegen wird jede Welle zu einer sogenannten *N-Welle*. Von der ganzen Welle bleibt weit draußen nur die lineare Verteilung unmittelbar in der Umgebung der neutralen Machlinie über. Die größte positive Druckstörung ist dann unmittelbar hinter der Kopfwelle, die größte negative Druckstörung unmittelbar vor der Schwanzwelle anzutreffen, Abb. 28.

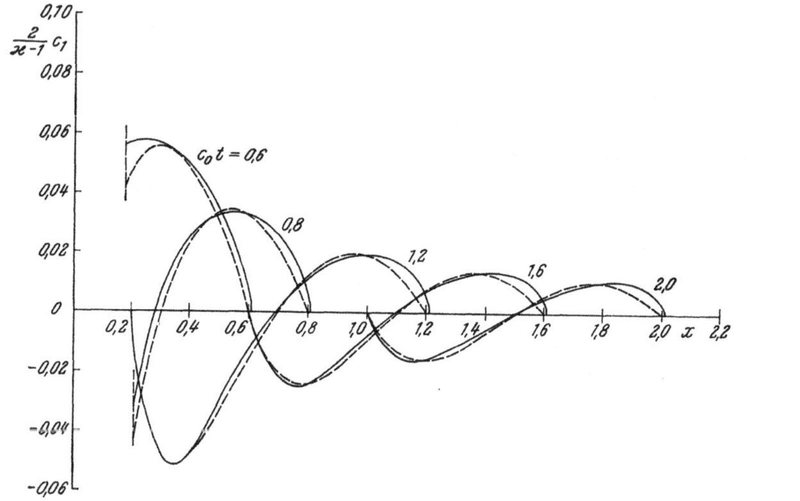

Abb. III,27. Kugelwelle in der Nähe des Zentrums nach [19], $\tau = 0{,}215$; ---- akustische Näherung.

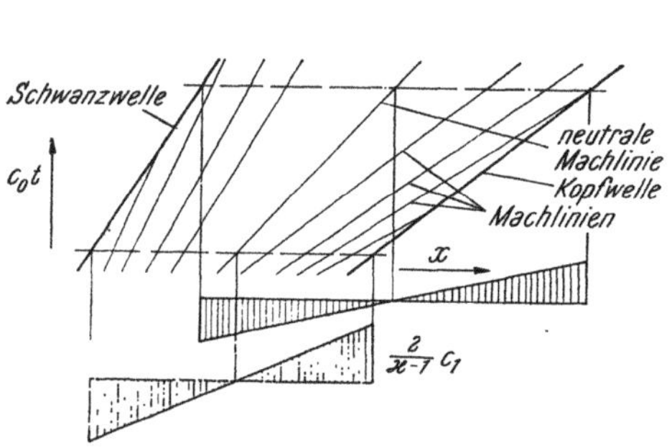

Abb. III,28. Skizze der Kopfwelle weit vom Zentrum; c_0t-Maßstab stark gerafft.

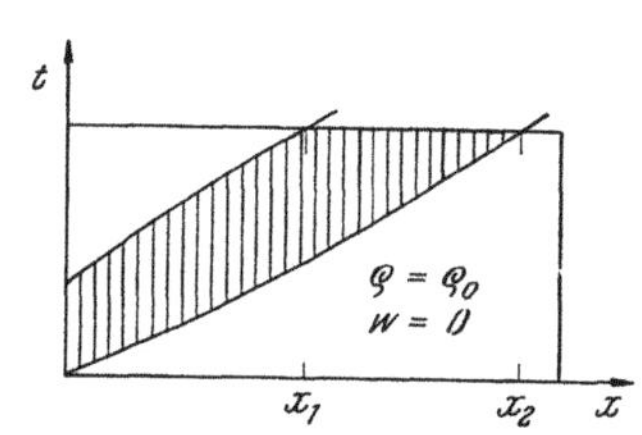

Abb. III,29. Zur Integralform der Kontinuitätsbedingung.

Die zum Schluß angegebenen asymptotischen Beziehungen haben zweifellos eine weit über die lineare Theorie hinausgehende Bedeutung. Die vor Gl. (42) wiedergegebene Form der Kontinuitätsbedingung kann für die Kugelwelle mit ϱ_0 als Dichte der ungestörten Luft wie folgt geschrieben werden:

$$\frac{\partial}{\partial t}\left(\frac{\varrho}{\varrho_0} x^2\right) + \frac{\partial}{\partial x}\left(\frac{\varrho}{\varrho_0} W x^2\right) = 0.$$

Durch Bildung des Doppelintegrals über die in Abb. 29 dargestellte Fläche erhält man nach kurzer Rechnung folgende Integralform der Kontinuitätsbedingung:

$$q = 4\pi \int_0^{t_1} \left(\frac{\varrho}{\varrho_0} W x^2 \right)_{x=0} dt = 4\pi \int_{x_1(t)}^{x_2(t)} \frac{\varrho(x,t) - \varrho_0}{\varrho_0} x^2 \, dx .$$

Die Quelltätigkeit erstrecke sich dabei auf die Zeit zwischen $0 < t < t_1$. Die Welle liegt zur Zeit t zwischen $x_1(t) \leqq x \leqq x_2(t)$. Das zweite Integral der letzten Gleichung stellt offenbar das verdrängte Luftvolumen dar. Wenn die Welle nur weit genug hinaus gewandert ist, können dort „kleine Störungen" angenommen werden. Damit muß aber gelten:

$$\frac{q}{4\pi} = \frac{2}{\varkappa - 1} \int_{x_1}^{x_2} c_1(x,t) \, x^2 \, dx .$$

Die Quellstärke der Explosion kann also unmittelbar mit der Verdichtung in der Explosionswelle in Verbindung gebracht werden, selbst wenn im Explosionsherd starke Störungen vorliegen und nur in der Welle kleine Störungen angenommen werden dürfen. Allerdings ist die Dichteerniedrigung infolge von Entropieerhöhung in starken Stößen unter Umständen mit zu berücksichtigen, das bedeutet, daß die Integration über die Dichtestörung genau genommen nicht bei x_1, sondern schon bei $x = 0$ zu beginnen hat. Die Beiträge sind dort im allgemeinen aber schon wegen der x-Potenz recht klein.

Auf eine weitere Besonderheit muß allerdings noch hingewiesen werden. Der Schwaden breitet sich im allgemeinen nicht monoton bis zum größten Durchmesser aus und behält diesen Durchmesser bei. Infolge der Trägheit der Gasmasse entstehen im Schwaden vielmehr Unterdruckgebiete, die zu einer nachfolgenden Schwingung des Schwadens führen. Diese der Explosion nachfolgenden Störungen sind im allgemeinen jedoch klein gegenüber jenen der anfänglichen Ausbreitung. Eine gewisse Überexpansion ist im übrigen auch schon im Rahmen der Theorie kleiner Störungen zu erkennen, Abb. 26. Bei einer starken Explosion werden der N-Welle also noch kleinere Schwingungen nachfolgen.

Die N-Welle tritt auch im Zusammenhang mit Problemen des Überschallknalles an Flugzeugen auf, Abschn. IX,40 und 42.

34. Berechnung ebener, instationärer Potentialströmungen

Ausbreitungsvorgänge, wie sie für das ebene Problem etwa durch Vorgänge in Rohren gegeben sind, spielen sich im allgemeinen nicht in einer Richtung ab. Sie bestehen im wesentlichen aus zwei entgegengesetzt gerichteten Wellensystemen. Übersteigen die dabei auftretenden Stöße nicht das Druckverhältnis von 1:2, und gibt es weder Wärmezufuhr noch Relaxation, so kann mit guter Näherung mit Gl. (49) gerechnet werden. Es darf Potentialströmung angenommen werden. Handelt es sich um reine Ausdehnungsvorgänge, so kommt es zu keinen

Stößen. Die Strömung bleibt dann bei beliebig starken Druckunterschieden exakt isentrop, wenn sie es im Ausgangszustand bereits war.

Die erste Arbeit auf diesem Gebiet stammt von K. KOBES [20] und wurde im Hinblick auf die Anwendung an Druckluftbremsen gemacht. Die neuen Methoden stammen von F. SCHULTZ-GRUNOW [21], R. SAUER [22], G. GUDERLEY [23] und W. DÖRING [24]. Es handelt sich dabei stets darum, die Machschen Linien als Koordinatenlinien zu verwenden, weshalb diese Methoden als *Charakteristikenverfahren* bezeichnet werden. Das erste derartige Verfahren stammt von L. PRANDTL und A. BUSEMANN und wurde für stationäre ebene Überschallströmungen (Abschn. IX,24) entwickelt. Alle Methoden beziehen sich ganz allgemein auch auf anisentrope Vorgänge bei veränderlichem Querschnitt oder können darauf erweitert werden. Es handelt sich dabei insofern um Näherungsverfahren, als ein schrittweises Berechnen, wie es hier dargestellt wird, notwendigerweise stets zu Ungenauigkeiten führen muß. Jedoch ergeben die Verfahren bei Verkleinerung der Schritte schließlich die exakte Lösung und können von diesem Gesichtspunkt aus als exakt bezeichnet werden. In den einfachsten Fällen führen die Methoden sehr rasch und mit völlig ausreichender Genauigkeit zum Ziel.

Angenommen, der Strömungszustand auf einer Kurve in der Strömungsebene, etwa auf der x-Achse oder auf der t-Achse, sei gegeben. Zwei Punkte P_r und P_l seien herausgegriffen, Abb. 30, mit denen ein Punkt P die rechtslaufende bzw. linkslaufende Charakteristik gemeinsam hat. Der Ort des Punktes P ist also zunächst nicht bekannt, sondern nur indirekt durch die Gemeinsamkeit der Machschen Linien mit P_r und P_l festgelegt. Dies ist kennzeichnend für alle nicht linearen Charakteristiken-Methoden.

Ort und Zustand im Punkte P sind zu suchen. Der Zustand W, c im Punkte P kann sofort exakt durch die Zustände W_r, c_r und W_l, c_l in den Punkten P_r und P_l ausgedrückt werden.

Für ein *ideales* Gas ist nach Gl. (137)

$$W + \frac{2}{\varkappa - 1} c = W_r + \frac{2}{\varkappa - 1} c_r,$$

$$-W + \frac{2}{\varkappa - 1} c = -W_l + \frac{2}{\varkappa - 1} c_l;$$

daraus folgt sofort exakt für W und c im Punkte P:

$$\begin{aligned} 2W &= (W_r + W_l) + \frac{2}{\varkappa - 1}(c_r - c_l), \\ 2c &= \frac{\varkappa - 1}{2}(W_r - W_l) + c_r + c_l. \end{aligned} \tag{184}$$

Den Ort des Punktes P bestimmt man aus der Richtung der Machschen Linien Gl. (122) in den Punkten P_r und P_l:

$$P_r\colon \left(\frac{\partial x}{\partial t}\right)_\eta = W_r + c_r; \qquad P_l\colon \left(\frac{\partial x}{\partial t}\right)_\xi = W_l - c_l. \tag{185}$$

Diese Ortsbestimmung stellt eine Näherung dar, welche um so genauer ist, je näher die Punkte aneinander liegen. Lediglich bei Linearisierung besitzt man in Gl. (121) die exakten Machschen Linien. Die Ortsbestimmung der Machschen Linien läßt sich aber sofort leicht um eine Ordnung verbessern, wenn man für die Richtungen von P_r nach P und von P_l nach P das Mittel aus den Richtungen in den Punkten P_r und P bzw. P_l und P bildet. Es ist deshalb zweckmäßig, zuerst den Zustand im Punkte P mit Gl. (184) zu bestimmen, womit die mittlere Richtung der Machschen Linie *ohne* Iteration angegeben werden kann.

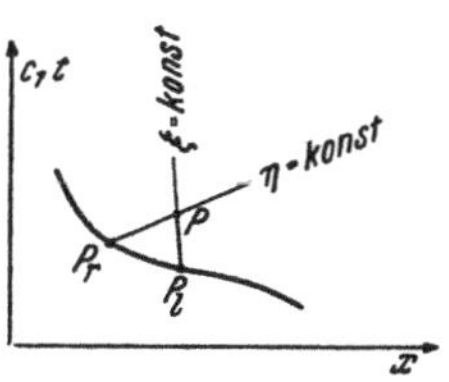

Abb. III,30. Schritt der Charakteristikenmethode.

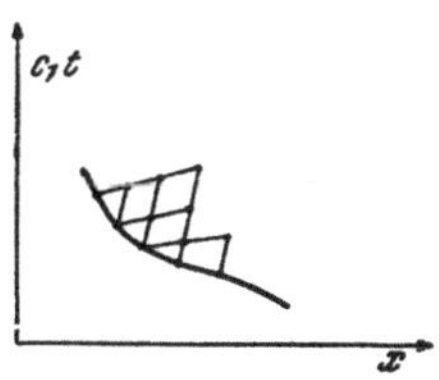

Abb. III,31. Schrittweise Berechnung.

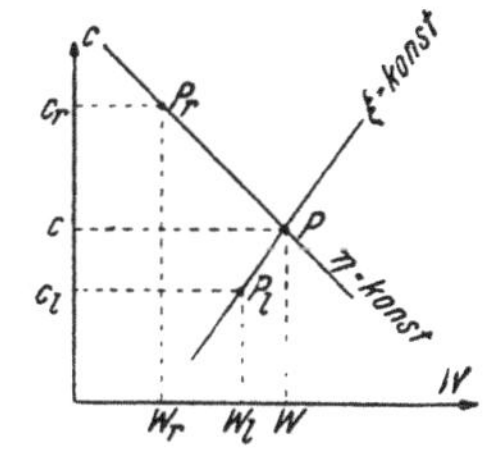

Abb. III,32. Lage der Punkte P_l, P_r und P in der Zustandsebene.

Die Charakteristikenverfahren wurden früher vorzugsweise graphisch ausgeführt, weil die Bestimmung der Lage des neuen Punktes P in der Strömungsebene und später gegebenenfalls auch in der Zustandsebene, vgl. etwa Abb. 32 oder 47 graphisch schneller erfolgte als numerisch. Freilich ist auch die numerische Rechnung elementar. Sie gelingt mit den elektronischen Rechenmaschinen sehr rasch und sei auch in Hinblick auf weitere Anwendung kurz behandelt. Es handelt sich um die Bestimmung der Koordinaten des Punktes $P(x, t)$ in einem Dreieckelement, aus den Koordinaten der Punkte $P_l(x_l, t_l)$ und $P_r(x_r, t_r)$ und aus den Richtungskoeffizienten der rechts- und linkslaufenden Machlinien. Die beiden Richtungskoeffizienten seien der Einfachheit halber vorübergehend mit m und n bezeichnet. Dann gilt:

$$\begin{aligned} t - t_r - (t - t_l) &= t_l - t_r; \\ x - x_r - (x - x_l) &= x_l - x_r; \\ x - x_r - m(t - t_r) &= 0; \\ x - x_l - n(t - t_l) &= 0. \end{aligned}$$

Das sind 4 Gleichungen für die gesuchten Differenzen $x - x_r$, $t - t_r$, $x - x_l$, $t - t_l$. Die Auflösung ergibt:

$$(t - t_r)(m - n) = (x - x_r)\,\frac{m - n}{m} = x_l - x_r - n(t_l - t_r);$$

$$(t - t_l)(m - n) = (x - x_l)\,\frac{m - n}{n} = x_l - x_r - m(t_l - t_r).$$

Man braucht natürlich nur die Beziehungen der oberen oder der unteren Zeile zur Festlegung von $P(x, t)$. Setzt man

$$m = W_r + c_r; \qquad n = W_l - c_l,$$

so ist die Rechnung in erster Ordnung genau. Kennt man jedoch bereits den Zustand W, c im Punkte P, so erreicht man eine Genauigkeit von der zweiten Ordnung, wenn man setzt:

$$m = \frac{1}{2}\,[(W_r + c_r) + (W + c)]; \; n = \frac{1}{2}\,[(W_l - c_l) + (W - c)].$$

Indem aus den bereits bestimmten Punkten wieder neue Punkte berechnet werden, Abb. 31, wird das Strömungsfeld in einem Punktgitter berechnet, weshalb auch von *Gitterpunktverfahren* gesprochen wird. Auf diese Weise wird das ganze „Fortsetzungsgebiet", Abb. 17, bestimmt. Dieses umfaßt, wenn die Zustände auf der ganzen x-Achse oder t-Achse bekannt sind, die gesamte Strömungsebene.

Das erste Verfahren von PRANDTL und BUSEMANN für stationäre Überschallströmung sowie das Verfahren von SCHULTZ-GRUNOW für instationäre ebene Wellen ist als sogenanntes *Felderverfahren* aufgebaut. Bei diesem wird angenommen, die Zustände in der Strömungsebene wären in kleinen Feldern, wie sie sich *zwischen* den beiden Scharen Machscher Linien, Abb. 17 und 31 ergeben, konstant, die Zustandsänderungen hingegen gingen sprungartig in den Machschen Linien wie in kleinen stufenartigen Schallwellen vor sich. Stromlinien, Randkurven und Machsche Linien sind dann Polygonzüge. Das Verfahren birgt eine Dualität in sich, indem Felder der Strömungsebene, die ja kleine Gebiete konstanter Zustände darstellen, Punkte der Zustandsebene darstellen. In den Kreuzungspunkten Machscher Linien hingegen treten alle Übergangszustände der vier angrenzenden Felder auf. Diese Punkte entsprechen ganzen Feldern in der Strömungsebene. Der Nachteil der Felderverfahren besteht in der durch die Feldereinteilung eingeführten Ungenauigkeit, welche sich besonders bei der Erweiterung der Methode auswirkt, so daß fast nur mehr mit Gitterpunktverfahren gerechnet wird. In mancher Hinsicht sind die Felderverfahren allerdings physikalisch anschaulicher. Man erkennt sie in den Arbeiten sofort daran, daß die Zustandswerte in die Felder der Strömungsebene hineingeschrieben sind, während die Zustandswerte bei den Gitterpunktverfahren den Gitterpunkten zugeordnet sind.

Wenn es sich hingegen um ein id. Gas konst. sp. W. handelt, so sind die Verträglichkeitsbedingungen (126) mit verschwindender rechter Seite zu verwenden. Bei Isentropie sind ϱ und c Funktionen von p allein. Es kann dann als neue Zustandsgröße eine Funktion von c eingeführt werden:

$$F(c) = \int \frac{\mathrm{d}p}{\varrho c}. \tag{186}$$

Sie kann auch als Funktion von p oder ϱ angesehen werden und tritt an Stelle von $2c/(\varkappa - 1)$ beim idealen Gas. Die Gln. (126) integriert lauten dann:

$$\begin{aligned} \xi &= \text{konst.:} \quad -W + F(c) = 2s(\xi); \\ \eta &= \text{konst.:} \quad +W + F(c) = 2r(\xi). \end{aligned} \tag{187}$$

Für die praktische Anwendung dieses Gleichungssystems muß die thermodynamische Funktion $F(c)$ für das jeweilige reale Gas bestimmt werden. Sie hängt außer von der Schallgeschwindigkeit c bei realen Gasen auch noch von der spezifischen Entropie s ab (nicht zu verwechseln mit der Riemann-Variablen s). Diese ist allerdings voraussetzungsgemäß im ganzen Feld konstant, oder höchstens schwach veränderlich. Mit $F(c)$ ist dann auch c in jedem Punkt bekannt, so daß die Neigung der Machlinien mit Gl. (185) wie früher bestimmt werden kann. Häufig ist es zweckmäßig, parallel und analog zum Strömungsdiagramm in einem Zustandsdiagramm fortzuschreiten. In Abb. 32 ist ein W, c-Diagramm gewählt, es kommen aber auch andere Zustandsdiagramme in Frage, siehe Abb. 47. Man braucht dann die Neigungen der Machlinien im Zustandsdiagramm. Für Abb. 32

beispielsweise sind sie mit Gl. (II,77) für Γ gegeben durch

$$\pm \frac{\mathrm{d}W}{\mathrm{d}c} = \left(\frac{\partial F}{\partial c}\right)_s = \left(\frac{\partial F}{\partial p}\right)_s \left(\frac{\partial p}{\partial \varrho}\right)_s \left(\frac{\partial \varrho}{\partial c}\right)_s = \frac{c}{\varrho}\left(\frac{\partial \varrho}{\partial c}\right)_s = \frac{1}{\Gamma - 1}, \tag{188}$$

mit dem oberen Vorzeichen für $\xi =$ konst., dem unteren Vorzeichen für $\eta =$ konst. Die Neigung der Machlinien hat in diesem Falle in der Zustandsebene im allgemeinen entgegengesetztes Vorzeichen wie in der Strömungsebene.

Für das ideale Gas nicht notwendig konstanten $\varkappa$-Wertes wäre:

$$\frac{c}{\varrho}\left(\frac{\partial \varrho}{\partial c}\right)_s = \frac{2}{\varkappa - 1}.$$

Man kann nun gerade so fortfahren wie in Abb. 31. In den Gln. (184) ist der Wert $2/(\varkappa - 1)$ durch den für reale Gase gültigen und im allgemeinen nicht mehr konstanten Wert von Gl. (188) zu ersetzen.

Die Konstruktion der Teilchenbahnen bietet keine Schwierigkeiten, ist aber ein wenig umständlich. Die Richtung ist durch

$$\frac{\mathrm{d}x}{\mathrm{d}t} = \left(\frac{\partial x}{\partial t}\right)_\psi = W$$

gegeben. Damit ist das ganze Richtungsfeld der Teilchenbahnen bekannt, wenn die Gitterpunkte berechnet sind. Die schrittweise Konstruktion einer Teilchenbahn macht allerdings Interpolationen erforderlich, welche am besten in den Kreuzungspunkten der Stromlinien mit den Machschen Linien ausgeführt werden.

35. Randbedingungen bei ebener Potentialströmung

Die Randbedingungen lassen sich bei Charakteristikenverfahren meist in einfachster Weise erfüllen. Ist an einer festen Stelle, $x = x_0$, eine *feste Wand*, $W = 0$, so wird zunächst die auf die Stelle zuwandernde Machlinie gezogen, Abb. 33. Auf der Machlinie besteht eine Bindung zwischen W und c, auf einer rechtslaufenden Machlinie eines id. Gases konst. sp. W. etwa

$$W + \frac{2}{\varkappa - 1} c = W_r + \frac{2}{\varkappa - 1} c_r,$$

wobei die Werte W_r, c_r durch den letzten Gitterpunkt gegeben sind. An der Stelle, wo die Machsche Linie auf die Gerade $x = x_0$ trifft, wird ein neuer Gitterpunkt gezeichnet, dessen $W = 0$ ist und dessen c-Wert sich aus der oberen Gleichung sofort ergibt.

Handelt es sich um eine *bewegte Wand*, so ist die Weg-Zeit-Kurve der Wand in der Strömungsebene bekannt. Auf ihr kennt man in allen Punkten W, also kann, wie bei der festen Wand, das c in einem Schnittpunkt mit einer Machschen Linie sofort angegeben werden, womit ein neuer Gitterpunkt, von welchem die weiteren Rechnungen ausgehen können, gefunden ist.

Ganz analog ist bei einem *offenen Ende*, aus welchem das Medium ausfließt, vorzugehen. Hier ist bei Unterschallgeschwindigkeiten der Druck gleich dem Außendruck. Mit der Isentropengleichung ist also am offenen Ende die Schallgeschwindigkeit c vorgeschrieben. Damit kann nun umgekehrt die Geschwindigkeit W der Punkte auf den Machschen Linien am offenen Ende sofort angegeben werden. Bei Überschallgeschwindigkeit im Austrittsquerschnitt laufen keine Machschen Linien vom Endquerschnitt in das Rohr hinein, Abb. 34. Die Werte in den Gitterpunkten am Austrittsquerschnitt werden mit Hilfe der Werte in zwei Gitterpunkten im Rohr bestimmt.

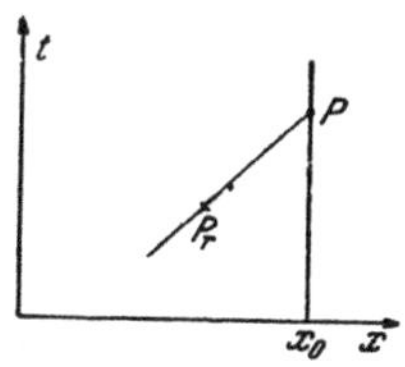

Abb. III,33. Zustandswerte im Randgitterpunkt.

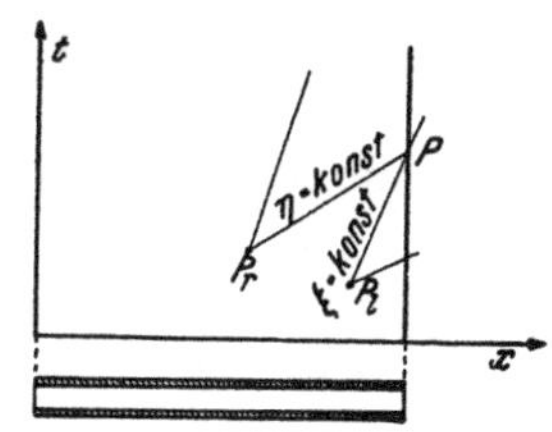

Abb. III,34. Überschallaustrittsgeschwindigkeiten am offenen Rohrende.

Alle besprochenen Randbedingungen lassen sich sehr einfach im Zustandsdiagramm verfolgen. Dies ist für den folgenden Fall besonders empfehlenswert. Strömt ein Medium in ein offenes Rohrende ein, so kann der Druck nicht mehr gleich dem Außendruck gesetzt werden, weil die Beschleunigung des Mediums auf die Einströmgeschwindigkeit mit einem Druckabfall verbunden ist. Die Strömung in der Umgebung des Rohrendes kann in jedem Zeitpunkt als stationär angesehen werden, wenn das Rohr lang im Verhältnis zu den Abmessungen ist, in welchen sich die Beschleunigung der Luft beim Einströmen vollzieht. Der Druckausgleich vollzieht sich ja mit Schallgeschwindigkeit, deren Wert bei den Vorgängen nicht stark variiert. Bei einem langen Rohr kommt die erste Schallwelle an das offene Ende zurück, nachdem dort schon viele Schallwellen im Beschleunigungsgebiet der Einströmung auf und ab laufen konnten und damit längst eine stationäre Strömung hergestellt haben. Weil das Einströmgebiet eine kugelige Senke darstellt, ist es sicher nur wenige Rohrdurchmesser groß. Das Rohr muß also lang im Verhältnis zu seinem Durchmesser sein, wenn am Rohrende mit quasistationärer Strömung gerechnet werden soll. Ganz entsprechende Überlegungen gelten bei einem Kessel, welcher durch ein Rohr entleert wird. Damit der Kesseldruck nicht zu rasch fällt, wird das Kesselvolumen im allgemeinen groß gegen das Rohrvolumen sein müssen, die Länge des Rohres aber wieder groß gegen dessen Durchmesser. Bei Zulässigkeit der Annahme quasistationärer Strömung am offenen Rohrende kann [21] mit dem Energiesatz stationärer Strömung, Gl. (II,29), gerechnet werden, der mit c_1 als Schallgeschwindigkeit des Ruhezustandes in der Rohrumgebung für ein id. Gas konst. sp. W. lautet:

$$\frac{\varkappa - 1}{2}\left(\frac{W}{c_1}\right)^2 + \left(\frac{c}{c_1}\right)^2 = 1 .$$

Diese Beziehung zwischen W/c_1 und c/c_1 gibt in der W, c-Ebene eine Ellipse, Abb. 35. Die Zustandswerte eines Gitterpunktes am *offenen Rohrende* müssen beim *Einströmen* sowohl auf dieser *Energieellipse* als auch auf der vom letzten Gitterpunkt zum Rohrende führenden Charakteristik liegen und sind damit an Hand von Abb. 35 leicht bestimmbar.

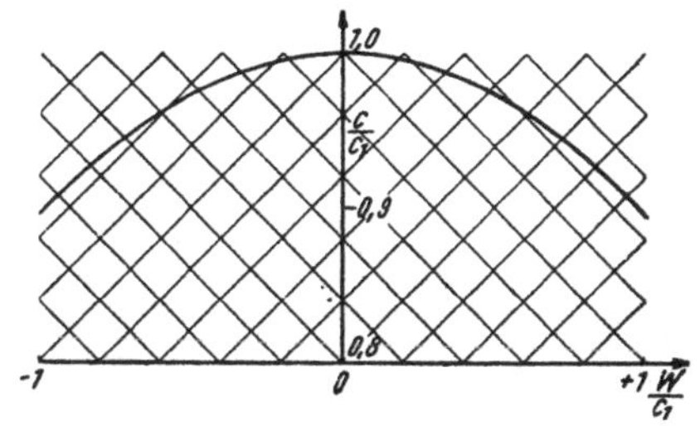

Abb. III,35. Charakteristiken und Energieellipse in der Zustandsebene für $\varkappa = 1{,}4$.

Auf das Verhalten von Stößen an den Rändern braucht nicht weiter eingegangen werden. Da die Stoßfronttiefe außerordentlich gering ist, kann der Zustand in der unmittelbaren Umgebung vor und hinter dem Stoß stets als konstant angesehen werden. Die entsprechenden Beispiele wurden bereits in den Abschnitten 19 bis 22 behandelt.

36. Anwendung der Charakteristikenmethode auf das Ausströmen aus einem unter Überdruck stehenden Rohr; Behandlung von Stoßfronten

Abb. 36 gibt die Strömung aus einem im Ausgangszustand unter Überdruck stehenden, linksseitig geschlossenen Rohr. Damit wird ein Einblick in die Methode gegeben, der ohne weiteres für die Anwendung des Verfahrens auf andere Beispiele ausreicht. Das Beispiel wurde ganz ähnlich bereits von Schultz-Grunow [21] gerechnet. Die Berechnung erfolgte im Felderverfahren und wurde hier für das Gitterpunktverfahren und ein etwas gesteigertes Druckverhältnis wiederholt. In der genannten Arbeit findet man ferner folgende Beispiele: Ausströmen aus einem Druckbehälter mit Ansatzrohr bei plötzlichem Öffnen des Absperrschiebers am Rohransatz (Berechnung der Strömung im Ansatzrohr); geschlossenes Rohr mit am linken Ende harmonisch bei Grundresonanzfrequenz hin und her bewegtem Kolben und schließlich das letzte Beispiel bei offenem Rohr.

In die Strömungsebene (a) und die Zustandsebenen (b, c, d, e) sind die Charakteristiken und Stöße eingetragen. Da ein und derselbe Zustand, also dieselbe Paarung von W und c, öfters vorkommt, sind einem Punkt der Zustandsebene mehrere Punkte der Strömungsebene zugeordnet. Die Zustandsebene wird also mehrfach überdeckt und wurde daher so in einzelne Teile (Blätter) aufgeteilt, daß in diesen keine Überdeckungen vorkommen. Es ist nicht unbedingt erforderlich, die Zustandsebene heranzuziehen. In Abb. 36 geben aber die verschiedenen

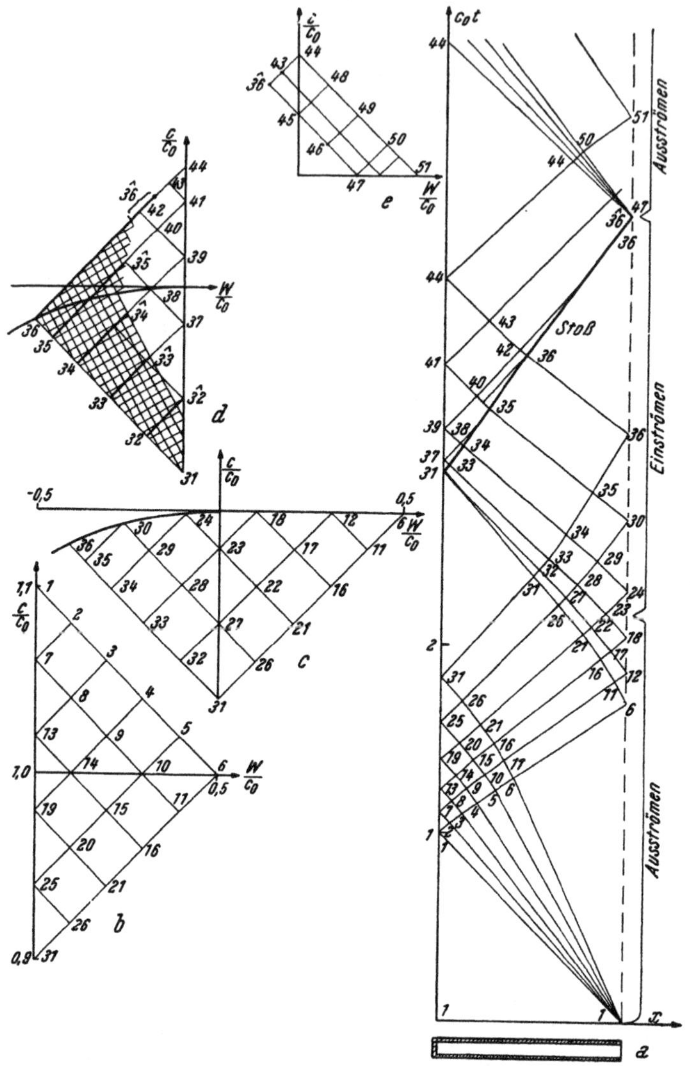

Abb. III,36. Ausströmen aus einem anfangs unter Überdruck stehenden Rohr; $\varkappa = 1{,}4$.

Blätter der Zustandsebene gleichzeitig ein Bild der Zustände in der Strömungsebene, weshalb die Wiedergabe einer Tabelle, welche die Zustände in den einzelnen Punkten wiedergibt, ausbleiben konnte. Aus demselben Grunde wurde auch keine Teilchenbahn eingezeichnet. Bei der praktischen Rechnung ist das Führen solch einer Tabelle aber empfehlenswert. Bei Anwendung elektronischer Rechenmaschinen, auf die bei derart einfachen Beispielen allerdings verzichtet werden kann, versteht es sich von selbst. In ihr können die Werte $W + c$ und $W - c$ für die Neigungen der Machschen Linien mit notiert werden; auch andere Größen, wie der aus der Isentropenbeziehung errechnete Druck, können mit eingetragen werden.

Von den beiden Scharen links- und rechtslaufender Machlinien, welche die Strömungsebene völlig dicht überdecken, wurden nur jene gezeichnet, die für die Rechnung Bedeutung haben. Es sind dies die Charakteristiken (und der Stoß), welche die durch die Zahlen 1, 6, 31, 36, 44 usw. gekennzeichneten Dreiecksfelder konstanten Strömungszustandes begrenzen (in welchem die Machschen Linien also parallele Gerade wären) und eine Anzahl Machscher Linien in den Gebieten veränderlicher Zustandswerte. Die Zahl der letzteren Machlinien ist durch das Verhältnis von geforderter Genauigkeit und zulässigem Arbeits- und Zeitaufwand bedingt. Die Gitterpunkte in der Strömungsebene und deren Bilder in der Zustandsebene sind mit gleichen Zahlen versehen. Den Feldern konstanten Zustandes (Dreiecksfelder 1, 6, 31 usw.) und den Linien konstanten Zustandes (etwa Gerade 6—6, 11—11, 16—16, 31—31 usw.) entspricht nur je ein Punkt der Zustandsebene. Dem Stoß in der Strömungsebene im Gebiete veränderlicher Anströmung aber ein ganzes Feld der Zustandsebene, Abb. 36d, nämlich das gesamte Gebiet zwischen den Punkten 32, 33 bis 36 vor und den Punkten $\hat{32}$, $\hat{33}$ bis $\hat{36}$ hinter dem Stoß. Die Punkte $\hat{32}$, $\hat{33}$ usw. liegen dabei auf den Stoßpolaren der Punkte 32, 33 usw. Die Polaren fallen innerhalb der Potentialströmungsnäherung mit den Charakteristiken der Zustandsebene zusammen. Im Gebiete konstanten Strömungszustandes 36 entspricht der Stoß hingegen einem Streckenstück in der Zustandsebene, nämlich der von 36 ausgehenden Stoßpolaren bis zum entferntesten der verschiedenen vorkommenden Zustände $\hat{36}$ hinter dem Stoß.

Das Verhältnis von Anfangsdruck p_1 im Rohr zum Außendruck wurde zu rund $p_1/p_0 = 2$ angenommen, genau $p_1/p_0 = (1{,}1)^{\frac{2\varkappa}{\varkappa - 1}}$. Daraus errechnet sich isentrop ein Schallgeschwindigkeitsverhältnis von $c_1/c_0 = 1{,}10$. Mit diesem c_0 ist c und W dimensionslos gemacht. Allerdings ist es nicht erforderlich, daß die Luft außen auch diese Schallgeschwindigkeit c_0 besitzt, solange kein Einströmen in das Rohr stattfindet. Die Randbedingung am offenen Ende ist durch den Druck p_0 bedingt; Entropie, Temperatur und Schallgeschwindigkeit des Außenmediums können zunächst beliebig sein. Erst wenn das Medium einströmt, fällt diese Freiheit wegen der Voraussetzung näherungsweiser Isentropie *im* Rohr fort.

Nach Öffnen des rechten Rohrendes gleicht sich dort die Strömung in einem Verdünnungsfächer sprunghaft dem Außendruck an. Punkt 6 ergibt sich im Zustandsdiagramm aus Punkt 1 durch den Schnittpunkt von dessen rechtslaufender Charakteristik mit der Geraden $c = c_0$, also der W/c_0-Achse. Die Strecke 1 bis 6 wird willkürlich unterteilt, woraus sich die Punkte 2 bis 5 ergeben, von denen jeder einzelne eine ganze Machsche Linie des Verdünnungsfächers darstellt (bei stärkerem Druckverhältnis würde der Fächer bis an den rechten Rohrrand der x,c_0t-Ebene reichen). Die Werte 1 bis 31 am linken Rohrende ergeben sich in der Zustandsebene aus den Schnitten der von den Punkten 1 bis 6 ausgehenden linkslaufenden Charakteristiken mit der Geraden $W = 0$ (c/c_0-Achse). Damit liegt das gesamte Gitterpunktsystem an der Wand fest, Abb. 36b, und die Machlinien können sehr genau aus dem Mittel der Richtungen in den entsprechenden Endpunkten konstruiert werden.

Die Reflexion am offenen Ende ergibt sich, Abb. 36c, durch den Schnitt der von 6 bis 31 ausgehenden rechtslaufenden Charakteristiken mit der W/c_0-Achse beim Ausströmen ($W/c_0 > 0$) und der Energieellipse beim Einströmen ($W/c_0 < 0$); (SCHULTZ-GRUNOW näherte die Energieellipse durch eine Treppenkurve, wobei stets der nächstgelegene Punkt des Quadratnetzes der Charakteristiken gewonnen wird). Zwischen Punkt 18 und 24 beginnt das Einströmen.

Nach der Reflexion am offenen Ende laufen die Machlinien zusammen und führen zu einem Stoß, vgl. auch Abschnitt 21, dessen Stärke sich einfach aus den Zuständen auf den zusammenlaufenden Charakteristiken ergibt. Die Reflexion des Stoßes an der Wand und am offenen Ende erfolgt ganz wie in den Abschnitten 19 und 22, Abb. 9 und 13, indem mit jenen Zuständen gearbeitet wird, welche vor und hinter dem ankommenden Stoß unmittelbar an der Reflexionsstelle herrschen.

Die *Fortsetzung der Stoßfront* kann ganz analog zu Abschnitt 21 über nachlaufende Schall- und Stoßwellen erfolgen, da die Stoßstärke auch hier durch nachlaufende Druckwellen bedingt ist, Abb. 37. Der Stoß sei bis zu einer bestimmten Stelle bereits bekannt (etwa Punkt 31 in Abb. 36). Dann läßt sich durch

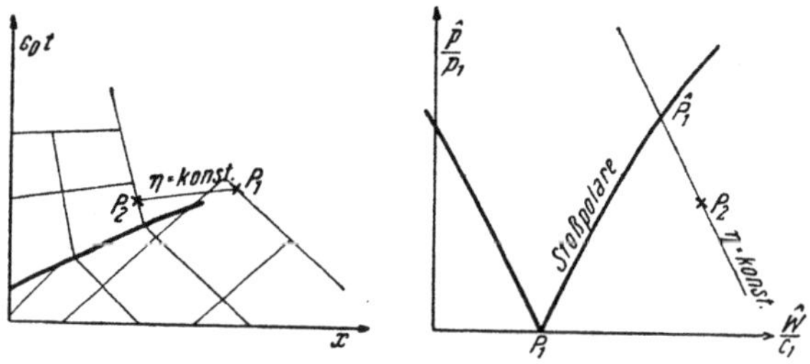

Abb. III,37. Konstruktion der Stoßfront, schematisch.

Extrapolation der Frontrichtung näherungsweise der Zustand vor dem Stoß im nächsten zu konstruierenden Punkt angeben und außerdem eine Machsche Linie konstruieren, welche in dem neuen Punkt in den Stoß mündet. Eine solche Machsche Linie muß allenfalls durch Interpolation neu eingefügt werden. Der Zustand hinter dem Stoß ist dann in der Zustandsebene (im allgemeinen die verzerrte W, p-Ebene) einfach durch den Schnittpunkt der Stoßpolaren des Punktes vor dem Stoß und dem Bild der einmündenden Machschen Linie in der Zustandsebene gegeben. Damit ist auch die Laufgeschwindigkeit des Stoßes bekannt, welche noch mit der Strömungsgeschwindigkeit vor dem Stoß zu überlagern ist, um die Richtung der Stoßfront zu erhalten. Mit der so errechneten Richtung läßt sich der Schritt bei hohen Genauigkeitsansprüchen wiederholen.

Diese allgemein geltende Stoßkonstruktion vereinfacht sich für die Potentialströmungs-Näherung schon dadurch, daß die Stoßpolaren mit den Charakteristiken in der W, c-Ebene zusammenfallen, die Verwendung des Stoßpolarendiagramms sich also erübrigt. Vielfach ist es noch einfacher, sich den Umstand zunutze zu machen, daß die Verträglichkeitsbeziehungen in der isentropen Näherung auch über den Stoß hinweg gelten. Die Zustände hinter dem Stoß sind also bekannt. Nur der Ort der Gitterpunkte ist etwas ungewiß, weil die Machschen Linien beim Durchgang durch den Stoß etwas geknickt werden und die Knickstelle erst gefunden werden muß. Für Punkte unmittelbar hinter dem Stoß ist aber der Ort des Knickes ziemlich bedeutungslos. Es können dann die dem Stoß gleichlaufenden Machlinien gezeichnet werden. Aus dem Mittel der Richtungen ergibt sich die Stoßfrontrichtung.

Es entsteht im übrigen kein wesentlicher Fehler, wenn über kürzere Stoßfronten hinweg mit dem Gitterpunktverfahren für die Machlinien weitergerechnet wird. Dies kann bei Anwendung elektronischer Rechenmaschinen leicht vorkommen. Dann entsteht in der Strömungsebene eine Überfaltung wie beim analytischen Charakteristikenverfahren, vgl. Abschnitt 31, in die der Stoß immer noch nachträglich eingefügt werden kann. Nur zu tieferen Überfaltungen wird man es im allgemeinen nicht kommen lassen dürfen.

Der Ablauf der Strömung nach Öffnen des Rohres ist physikalisch sehr einleuchtend. Es läuft eine Verdünnungswelle (divergierende Machlinien) in das Rohr hinein und wird am Rohrende als Verdünnungswelle reflektiert. Dabei ergeben sich im Feld 31 die tiefsten Unterdrucke (etwa $p/p_0 = 0{,}5!$). Am offenen Ende wird die Verdünnungswelle als Verdichtungswelle reflektiert (konvergierende Machlinien), welche sich vorne zu einem Stoß aufsteilt. Die anfängliche Überexpansion im Rohr hat nun Einströmen von Luft zur Folge. Die von der Wand zurückkommende Verdichtungswelle wird am offenen Ende wieder als Verdünnungswelle zurückgeworfen. Die Zustandsunterschiede sind geringer geworden, weshalb bei der nun einsetzenden Wiederholung des Vorganges auf die Fortkonstruktion gewisser Machscher Linien verzichtet werden kann.

Bemerkenswert ist, daß das Ausströmen zwischen Punkt 1 und 6 bei konstantem Strömungszustand erfolgt. Dies wird von H. Ludwieg [25] zum Bau eines *Rohrwindkanals* benutzt. Das Rohr muß freilich ziemlich lang sein, um ausreichende Blaszeiten zu gewährleisten. Die Ausnutzung des Überdruckes ist dabei jedoch ziemlich rationell.

37. Ansaugvorgang bei einem Kolbenmotor

Wellenausbreitungsvorgänge treten auch bei einer Reihe von Strömungen in Kolbenmotoren auf, z. B. im Ansaugrohr oder im Auspuff. Ihre Behandlung gewinnt zunehmend an Bedeutung. Solchen Vorgängen ist unter anderem das Werk von H. Seifert [·38] gewidmet.

Im Gegensatz zum Beispiel des letzten Abschnittes handelt es sich jetzt allerdings im allgemeinen um periodische Ausbreitungsvorgänge. Man kann solche periodische Vorgänge aber im allgemeinen sehr gut mit den gewöhnlichen Charakteristikverfahren behandeln. Ausgehend von einer bestimmten Ausgangsverteilung, etwa dem Ruhezustand, wird der periodische Zustand meist sehr schnell erreicht.

Im vorliegenden Abschnitt soll eine modellartig nachgebildete Strömung im Ansaugrohr eines Kolbenmotors behandelt werden. für die sowohl Rechnungen wie Versuche von W. Brandstetter [26] vorliegen. Aus einem Behälter mit dem konstanten Druck p_0 oder auch aus der Atmosphäre wird durch ein Ansaugrohr von der Länge L und von konstantem Querschnitt Luft in einen zweiten Behälter mit dem ebenfalls konstanten Druck p_1 angesaugt. Knapp vor dem zweiten Behälter befindet sich eine rotierende Scheibe, die den Zugang vom Rohr zum zweiten Behälter mit der Frequenz f pro Sekunde freigibt. Die rotierende Scheibe ersetzt das Einlaßventil, der zweite Behälter den Motorzylinder während des Ansaugvorganges, Abb. 38. Abb. 39 zeigt die Ventilöffnung abhängig von der Zeit. Die Maxima entsprechen dem vollen Rohrquerschnitt.

Die Charakteristikenrechnung wird ganz ähnlich wie in Abb. 36 abgewickelt, und zwar so lange, bis die periodische Lösung mit ausreichender Genauigkeit vorliegt. Das offene Ende des Rohres liegt nun beim Behälter I also auf der linken Seite. Hier ist die Randbedingung beim Einströmen durch Bernoullischen Druck-

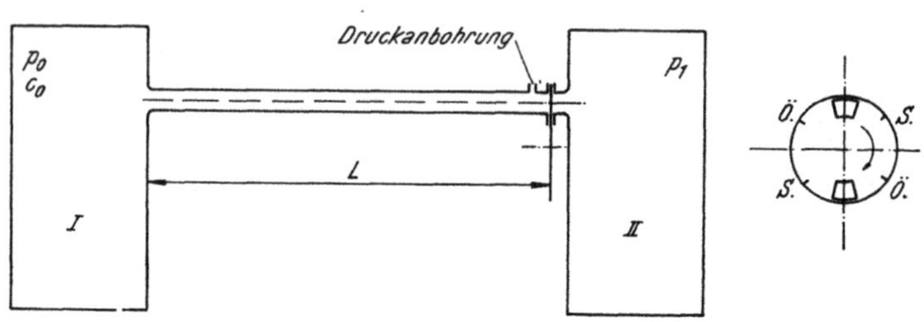

Abb. III,38. Saugrohr und Behälter.

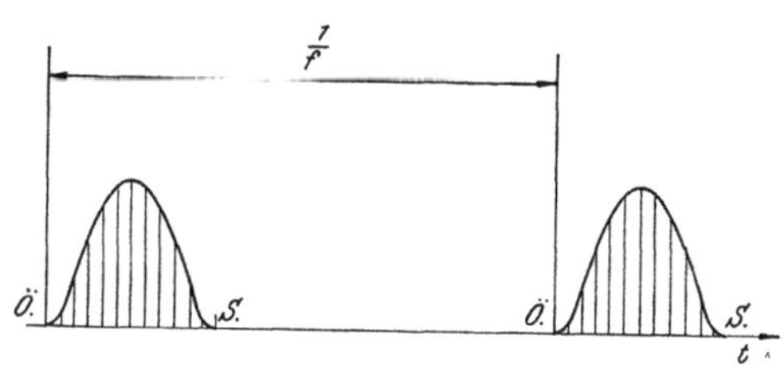

Abb. III,39. Ventilöffnung abhängig von der Zeit.

abfall, Ende des Abschnittes 35, und beim Ausströmen durch den Druck p_0 gegeben. Auf der Ventilseite dagegen liegt als Randbedingung ein Durchflußgesetz vor, nach dem die Durchflußmenge abhängig von der Ventilöffnung und dem Druckabfall in den Behälter II bekannt sein muß. Wegen der scharfen Kanten des Ventils muß dort auch noch ein Kontraktionsfaktor angenommen werden. Da der Vorgang in der unmittelbaren Umgebung des Ventils jedoch als quasistatisch angesehen werden darf, wurde die Durchflußmenge in Abhängigkeit von Öffnung und Druckdifferenz im stationären Versuch bestimmt. Da auch hier beide Strömungsrichtungen auftreten können, ist die Durchflußmenge auch für Rückströmungen zu bestimmen.

Die Versuche wurden mit verschieden langen Rohren bei verschiedenen Frequenzen und Unterdruckverhältnissen p_1/p_0 durchgeführt, die meisten und wichtigsten Versuche allerdings mit $p_1/p_0 = 0{,}95$. Bei derart geringen Druckunterschieden ist die Schallgeschwindigkeit c nahezu überall die gleiche und auch die Strömungsgeschwindigkeiten sind sehr klein im Vergleich mit der Schallgeschwindigkeit. Man erhält daher auch mit einem linearen Charakteristikenverfahren, also bei Einfrieren der Machlinienneigungen, sehr gute Ergebnisse.

Maßgebend für den Vorgang ist die Laufzeit einer Welle durch das Rohr während einer Periode. Daraus folgt die Kennzahl:

$$K = \frac{L \cdot f}{c_0}. \tag{189}$$

Dabei braucht die Schallgeschwindigkeit c unter den vorliegenden Umständen nicht unbedingt im Behälter I genommen zu werden.

Es handelt sich im Lichte der Theorie mechanischer Ähnlichkeit, Abschn. IV,4, um das Produkt von *Strouhal-Zahl* oder *reduzierte Frequenz* (IV,48) und *Machzahl* (IV,47), oder auch um eine an Stelle der Strömungsgeschwindigkeit jetzt mit der Schallgeschwindigkeit gebildete *reduzierte Frequenz*.

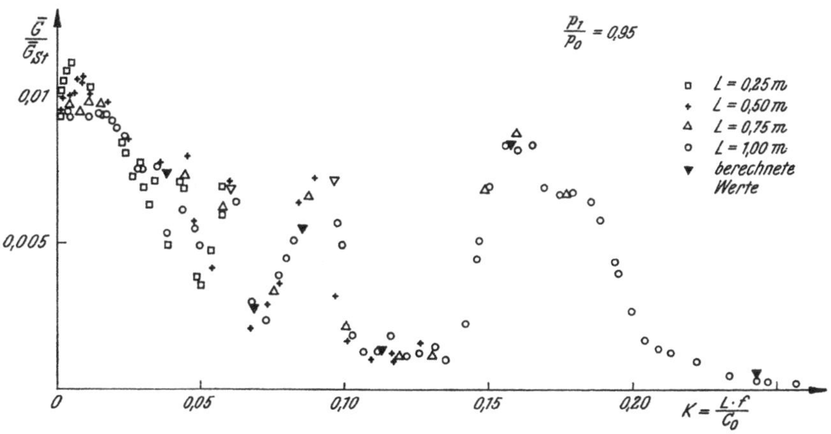

Abb. III,40. Mittlere Durchflußmenge abhängig von der Kennzahl K, Gl. (189).

Abb. 40 zeigt über der Kennzahl K als Abszisse das Verhältnis von mittlerer Durchflußmenge während einer Periode $\bar{G}$ zur Durchflußmenge $\bar{G}_{st}$ bei kurzem Rohr und niedriger Frequenz. $\bar{G}_{st}$ kann auch als jener Mittelwert angesehen werden, der sich aus dem stationären Eichversuch ergibt. Wiedergegeben sind die Ergebnisse für Versuche mit vier verschiedenen Rohrlängen und für die Charakteristikentheorie, die wegen des Aufwandes nur für bestimmte K-Werte ausgewertet wurde. Das Ähnlichkeitsgesetz wird glänzend bestätigt und die reibungsfreie Theorie erweist sich als durchaus ausreichend. Die Durchflußmenge hängt sehr stark vom K-Wert ab und erreicht nirgends den quasistationären Wert, wie das beim Auspuffsvorgang sehr wohl eintreten kann. Die quasistationäre Durchflußmenge ergibt sich beim vorliegenden Rohrdurchmesser von 32 mm und bei einem Druckverhältnis von $p_1/p_0 = 0{,}95$ bei Normalzustand im Behälter I zu

$$\bar{G}_{st} = 0{,}015 \text{ kg/sec}. \tag{190}$$

Abb. 41 zeigt schließlich den Druck abhängig von der Zeit im Rohr 6 cm vor dem Drehschieber. Wieder zeigen Versuch und Theorie bemerkenswert gute Übereinstimmung. $\ddot{O}$ kennzeichnet den Öffnungspunkt, S den Schließungspunkt des

Ventiles. Gleich bei der Öffnung stellt sich der Druck auf jenen des zweiten Behälters, $p_1/p_0 = 0{,}95$, ein. Nach dem Schließen des Ventiles übertrifft die Druckschwankung bei weitem die Druckdifferenz zwischen den beiden Behältern. Der Druck steigt zunächst durch die auf das geschlossene Ventil zuströmende Luft stark an. Die Druckwelle wandert aber dann natürlich durch das Rohr zur Öffnung, kehrt von dort nach 0,006 Sekunden als Verdünnungswelle wieder zurück, was genau der Laufzeit für die 2 m Rohrlänge entspricht. Nach weiteren 0,006 Sekunden erscheint die Welle wieder als Druckwelle.

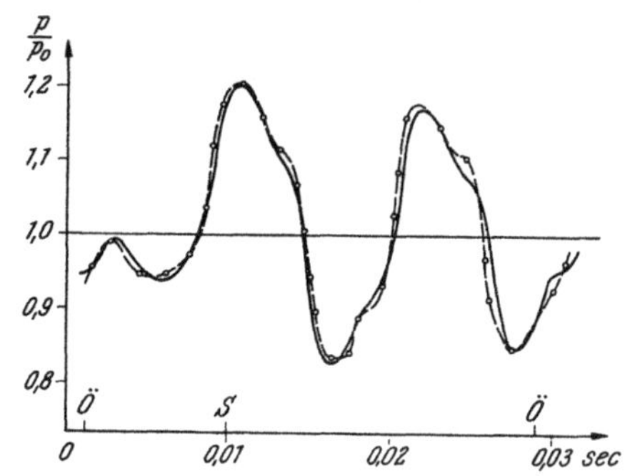

Abb. III,41. Druck abhängig von der Zeit; $f = 33{,}3$ Hz, $L = 1$ m, $K = 0{,}0970$.

Die Versuche bestätigen die immer wieder gemachte Erfahrung, daß derartige Wellenausbreitungsprobleme im wesentlichen durch die Trägheitskräfte und nur sehr wenig durch Reibungskräfte gelenkt werden. Letztere spielen nur am Ventil eine Rolle, sind dort jedoch durch die experimentelle Bestimmung der Ventilcharakteristik bereits berücksichtigt.

38. Innerballistische Vorgänge

Die Charakteristikenmethoden bieten die Möglichkeit, die Ausbreitungsvorgänge im Inneren eines mit einem bewegten Kolben abgeschlossenen Zylinders zu verfolgen. Wenn der Gasdruck am Kolbenboden im wesentlichen zur Beschleunigung des Kolbens dient, spricht man vom *innerballistischen Problem*. Es tritt bei Kanonen, Gewehren und Minenwerfern auf. Aber auch in der gasdynamischen Versuchstechnik werden sogenannte *Wasserstoff-* oder *Helium-Kanonen* verwendet. Das Treibgas oder *die Ladung* ist in diesem Fall ein leichtes ideales Gas und nicht ein Pulvergas wie bei der Ballistik.

Im allgemeinen wird auch das Kanonenrohr durch hohen Druck am Rohrboden in entgegengesetzter Richtung wie der Kolben oder das Geschoß bewegt. Wegen der verhältnismäßig großen Rohrmasse ist diese Bewegung jedoch gering. Sie soll vernachlässigt werden, um mit der Rohrmasse nicht noch einen zusätzlichen Parameter in die Rechnung hereinzubekommen. Die Randbedingungen sind dann mit $x = 0$ als Rohrboden und mit $x = l$ als Geschoßboden, mit f als Rohrquerschnitt und M_G als Geschoß- oder Kolbenmasse,

$$x = 0: \quad W = 0; \qquad x = l: \quad pf = M_G \frac{\mathrm{d}W}{\mathrm{d}t}. \tag{191}$$

Durch den Druck am Kolbenboden ist also die Änderung der Geschwindigkeit des Kolbenbodens mit der Zeit gegeben. Damit kann die Bahn des Kolbenbodens schrittweise extrapoliert werden.

Der Druck im Rohr ist als durchwegs sehr hoch angenommen, der Ausgangsdruck etwa bei $p_0 = 3000$ at. Damit kann auch der Gegendruck vor dem Kolben, der dort durch den Aufstau der verdrängten Luft entsteht, [27] pp. 8—10, vernachlässigt werden.

Die Randbedingung (191) gilt bis zu jenem Zeitpunkt, in dem der Kolben das Rohr verläßt. In der innerballistischen Praxis spielen freilich auch Reibungsvorgänge des Geschosses an der Rohrwand eine gewisse Rolle. Diese sowie der Wärmeübergang vom Treibgas an die Rohrwand sollen, wie bereits in Abschn. III,8, vernachlässigt werden.

Solange nur die Kolbenbeschleunigung behandelt wird, wäre die Verwendung der Lagrange-Darstellungsweise für das Problem vorzuziehen. Darauf wird in Abschn. 42 noch eingegangen. Im folgenden soll jedoch die Strömung im Rohr auch nach dem Kolbenaustritt verfolgt werden, wofür dann die Eulersche Darstellungsweise vorteilhafter ist. Nach dem Kolbenaustritt gibt es an der Rohrmündung zunächst ein Ausströmen gegen tiefen Unterdruck. Jenes Ausströmen aus dem Rohr, das schließlich mit Einströmen abwechselt, und in Abschn. 36 behandelt worden ist, tritt beim innerballistischen Problem erst viel später auf und ist in diesem Zusammenhang wenig interessant.

Abb. 42 zeigt die von H. Kratz [28] mit der Charakteristikenmethode erzielten Ergebnisse. Es ist in diesem Fall mit einem Verhältnis der spezifischen Wärmen von $\varkappa = 1{,}25$ und — zugunsten einer größeren Allgemeinheit — mit verschwindendem Kovolumen des Gases, $b\varrho_0 = 0$, gerechnet. Das allgemeine Strömungsbild wird durch eine solche Spezialisierung nicht beeinflußt. Zunächst breitet sich in beiden in der Abbildung gezeigten Fällen, durch die anfängliche Kolbenbeschleunigung bedingt, eine Verdünnungswelle nach links in das Rohr aus. Bis zum Zeitpunkt $tc_0/l_0 = 2$ bei $M_L/M_G = 0{,}127$ und bis zum Zeitpunkt $tc_0/l_0 = 2{,}8$ bei $M_L/M_G = 1{,}0$ steht der Bodendruck des Kolbens ausschließlich unter dem Einfluß dieser Verdünnungswellen. Dies ist die Periode, in der das Kovolumen den stärksten Einfluß besitzt. H. Kratz nennt diese Periode den ersten Teil des Bewegungsvorganges. Weil der Druck am Kolbenboden hier in einer durch die *einfache Welle* gegebenen Beziehung zur Kolbengeschwindigkeit steht, läßt sich dieser Bewegungsvorgang exakt erfassen. H. Kratz hat dies in der ersten Arbeit für das Abelsche Gas durchgeführt.

In einem zweiten Teil des Bewegungsvorganges erreicht die vom Kolben ausgehende Verdünnungswelle nach einmaliger Reflexion am Rohrboden rechtslaufend wieder den Kolbenboden. In dieser Zeitperiode befindet sich der Kolben bei $M_L/M_G = 0{,}127$ schon nahezu am Rohrende. Bei $M_L/M_G = 1$ verläßt der Kolben innerhalb dieser Periode bereits das Rohr. Auch für diesen zweiten Teil des Vorganges wurde von H. KRATZ [28] eine sehr gute Näherung für das Abelsche Gas und damit natürlich auch für das ideale Gas, $\varrho_0 b \to 0$, angegeben.

Nach dem Verlassen des Rohres bei lokaler Unterschallgeschwindigkeit des Geschoßbodens gegenüber dem Treibgas muß der beim Kolbenaustritt plötzlich entstehende Drucksprung durch einen von der Rohrmündung ausgehenden Expansionsfächer ausgeglichen werden, eine Expansionsströmung, wie sie in Abschnitt 18 ausführlich behandelt wurde und wie sie ähnlich in Abschnitt 22

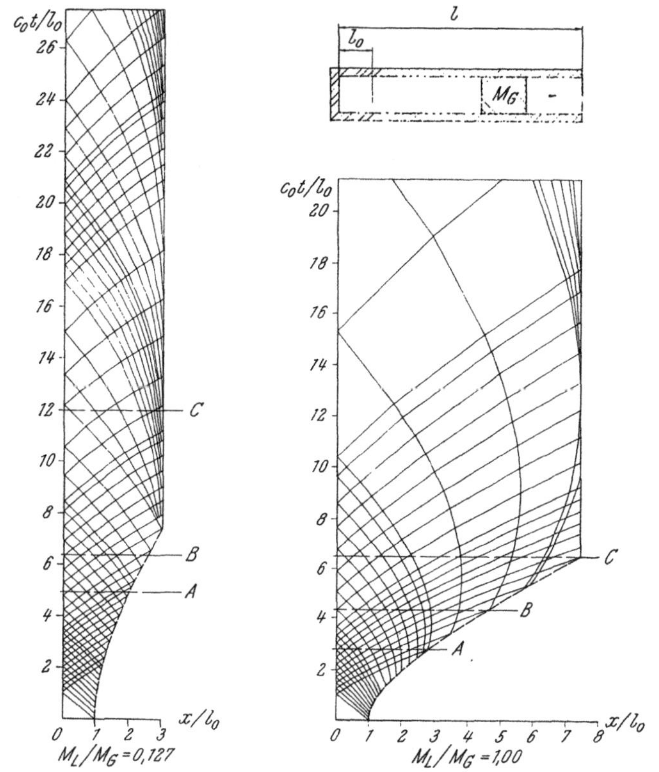

Abb. III,42. Wellenausbreitung im Rohr bei den Massenverhältnissen und Rohrlängen $M_L/M_G = 0{,}127$; $l = 3\ l_0$ (links) und $M_L/M_G = 1$; $l = 7{,}43\, l_0$; $\varkappa = 1{,}25$; $b\varrho_0 = 0$.

auftritt. Diese Expansionsströmung hält an, solange in der Rohrmündung Schallgeschwindigkeit herrscht, was in Abb. 42 durchwegs der Fall ist. Erst bei beginnender Unterschallgeschwindigkeit in der Rohrmündung kann sich der Außendruck dort bemerkbar machen und die Randbedingung am offenen Rohrende von Abschnitt 35 zur Geltung kommen.

Im Falle von $M_L/M_G = 1$ herrscht bereits vor dem Austritt des Kolbens aus dem Rohr Überschallgeschwindigkeit. Das ist dadurch zu erkennen, daß nun auch die „linkslaufenden" Machlinien nach rechts geneigt sind. Deshalb tritt der Fall der in Abb. 34 geschilderten Randbedingung ein: das Rohrende macht sich zunächst für die Strömung im Rohr überhaupt nicht bemerkbar. Erst wenn im

Verlauf des Vorganges die Strömung in der Mündung auf Schallgeschwindigkeit absinkt, was im vorliegenden Beispiel etwa bei $c_0 t/l_0 = 13$ der Fall ist, kommt es zur Bildung des durch Schallaustritt gegen Unterdruck beginnenden Verdünnungsfächers. Die linkslaufenden Machlinien laufen von dort dann wieder in negativer x-Richtung.

Der Verfasser hat seine Charakteristikenrechnungen auch in Hinblick auf die vereinfachte, quasistationäre Theorie von Abschn. 8 ausgewertet. In Abb. 43 sind für beide Massenverhältnisse sowohl der Geschwindigkeitsverlauf wie der

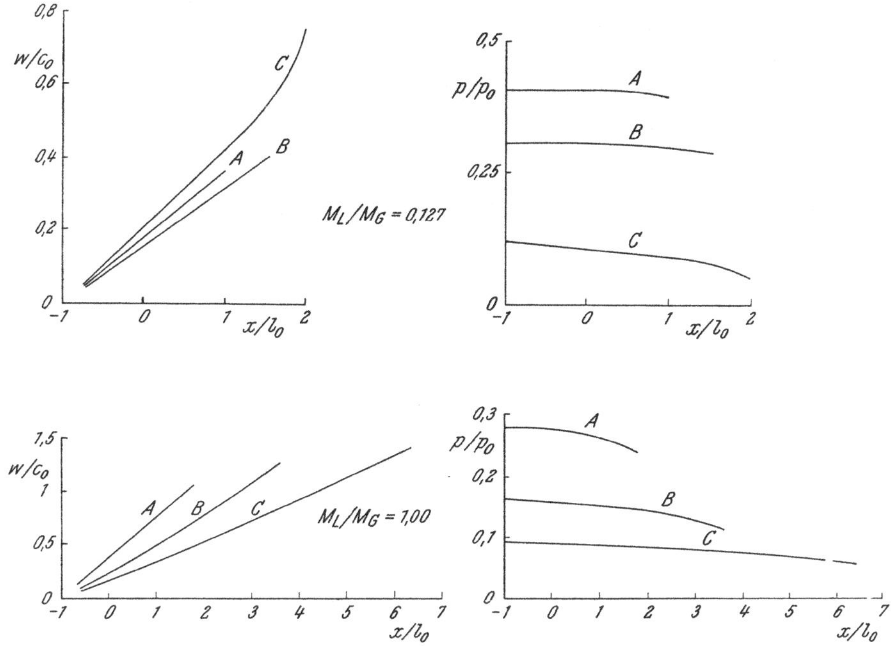

Abb. III,43. Geschwindigkeits- und Druckverteilung zu den in Abb. III,42 durch A, B, C gekennzeichneten Zeiten.

Druckverlauf über x/l_0 für drei verschiedene Zeitpunkte dargestellt worden. Man erhält dadurch einen Einblick, wie weit die Annahmen des vereinfachten ballistischen Problems erfüllt sind, das waren linearer Geschwindigkeitsverlauf und konstanter Druck in jedem Zeitpunkt. Es zeigt sich, daß beide Voraussetzungen in den gewählten Schnitten eigentlich erstaunlich gut erfüllt sind, wenn man bedenkt, daß ein Druckausgleich erst durch das wiederholte Auf- und Ablaufen von Wellen zustande kommt. Selbst bei Überschallgeschwindigkeit am Kolbenboden, Schnitt B und C im Bild rechts, sind die Druckunterschiede in einem bestimmten Zeitpunkt, gemessen am gesamten zeitlichen Druckabfall, gar nicht sehr groß. Es zeigt sich auch, daß die vereinfachte Formel am Ende des Kleindruckes von Abschnitt 8 selbst für den Extremfall von $M_L/M_G = 1$ gar nicht so schlechte Werte liefert; vgl. auch die Ausführungen in dem Abschnitt 42.

39. Berechnung beliebiger anisentroper Strömungen

Die allgemeinste Fadenströmung eines Mediums weist verschiedene Strömungsquerschnitte f und unterschiedliche Entropie s der einzelnen Teilchen auf. Die Entropieunterschiede sind dabei meist durch Verdichtungsstöße bedingt, besonders wenn zunächst von Wärmezufuhr und Relaxation abgesehen werden soll. Die Entropie eines Teilchens bleibt in der stetigen Strömung nach der letzten Gl. (39) dann konstant. Sie hat auf Teilchenbahnen *zwischen* den Stößen feste Werte und ändert sich nur auf den Stößen selbst sprunghaft. Werden also gleichzeitig mit dem Netz der Machschen Linien auch die Teilchenbahnen konstruiert, so kann die Entropie bei der Berechnung der Gitterpunkte als bekannt angesehen werden, da sie im Abhängigkeitsgebiet, Abb. 16, mit dem Ausgangszustand gegeben ist. Allerdings münden die Teilchenbahnen meist nicht gerade in jenen Gitterpunkten, in welchen der Entropiewert gefragt ist, wodurch Interpolationen erforderlich werden. Es ist deshalb zweckmäßig, die Entropie am Rande der Strömungsebene als Kurve aufzutragen, Abb. 44. Es werden aber später noch

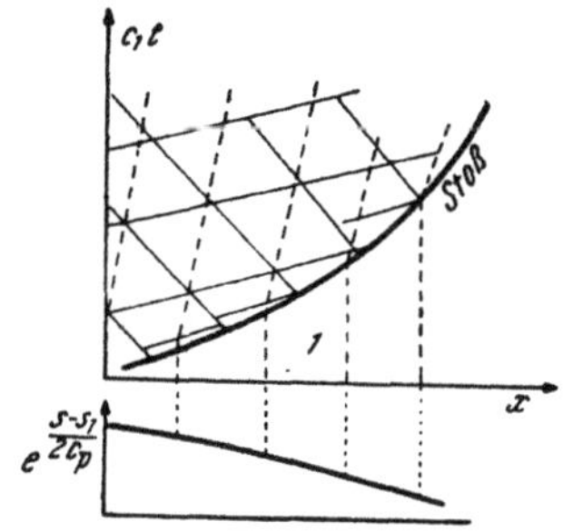

Abb. III,44. Gitterpunktberechnung in der Strömungsebene bei anisentroper Strömung, schematisch (– – – – Teilchenbahnen).

andere Möglichkeiten besprochen, die insbesondere beim Einsatz elektronischer Rechenmaschinen in Frage kommen.

In den meisten Fällen wird der Querschnitt f eine Ortsfunktion sein, so daß auch $(1/f)\,(\partial f/\partial x)$ als Funktion von x am Rande der Strömungsebene aufgetragen werden kann. Bei Anwendung auf Kugel- oder Zylinderwellen ist die Funktion besonders einfach, Gl. (37).

Es wird bei der allgemeinsten Form der Charakteristikenverfahren mit der Bestimmung des Ortes an Punkt P begonnen, der wieder mit bekannten Punkten P_r und P_l auf einer gemeinsamen rechtslaufenden und linkslaufenden Machlinie liegen möge. Deren Richtungen sind bekannt, Gl. (185), wodurch P in der Strömungsebene festgelegt ist.

Mit den Verträglichkeitsbedingungen (106) mit $\alpha = 0$ und $q = 0$ ist die Änderung von W und p längs Machscher Linien gegeben. Eine Integration dieser Gleichungen ist nun aber allgemein nicht mehr möglich. In der Zustandsebene sind die Charakteristiken keine von vornherein festliegenden Kurven. Die Gln. (126)

können wie folgt in Differentialform geschrieben werden:

$$\begin{aligned} -W + W_l + \frac{1}{\varrho c}(p - p_l) &= -c\left(\frac{W}{f}\frac{\partial f}{\partial x} + \frac{1}{f}\frac{\partial f}{\partial t}\right)(t - t_l), \\ W - W_r + \frac{1}{\varrho c}(p - p_r) &= -c\left(\frac{W}{f}\frac{\partial f}{\partial x} + \frac{1}{f}\frac{\partial f}{\partial t}\right)(t - t_r). \end{aligned} \tag{192}$$

Für eine erste Näherung sind ϱc und das Produkt von c mit der Querschnittsänderung in den Gitterpunkten P_r und P_l zu nehmen (höhere Genauigkeit für die Orts- und Zustandsbestimmung des Punktes P gewinnt man bei ein wenig Übung sofort, weil sich die Werte der entsprechenden Größen für die Halbierungspunkte von $\overline{PP_r}$ und $\overline{PP_l}$ leicht extrapolieren lassen, wenn einige Schritte gerechnet sind).

Die beiden Gln. (192) stellen in der W,p-Ebene gerade Linien dar, deren Richtungskonstante gegeben sind durch

$$\pm\, \varrho c. \tag{193}$$

Da ϱ und c von p und s allein abhängen, können sie aus den p-Werten in den Punkten P_r und P_l und den Entropiewerten auf den Teilchenbahnen bestimmt werden.

Die erste Gerade (192) geht durch den Punkt mit den Koordinaten

$$W = W_l + c\left(\frac{W}{f}\frac{\partial f}{\partial x} + \frac{1}{f}\frac{\partial f}{\partial t}\right)(t - t_l), \qquad p = p_l;$$

die zweite Gerade (192) durch den Punkt:

$$W = W_r - c\left(\frac{W}{f}\frac{\partial f}{\partial x} + \frac{1}{f}\frac{\partial f}{\partial t}\right)(t - t_r), \qquad p = p_r.$$

Diese beiden Punkte sind also um die Beträge:

$$\varDelta W = \pm\, c\left(\frac{W}{f}\frac{\partial f}{\partial x} + \frac{1}{f}\frac{\partial f}{\partial t}\right)(t - t_{l,r}) \tag{194}$$

gegenüber den Punkten P_l und P_r verschoben. Diese Beträge sind jeweils aus den t-Differenzen des Punktes P mit den Punkten P_l und P_r und den Querschnittsänderungen zu berechnen. Der Zustand im Punkte P ergibt sich dann als Schnitt der beiden Geraden (192), Abb. 45.

Für id. Gase konst. sp. W., die bei den Anwendungen ja stets Bedeutung haben, läßt sich die Verträglichkeitsbedingung (126) mit Gl. (113) für die links- und rechtslaufende Charakteristik leicht auf folgende Form bringen:

$$\mp\,\mathrm{d}\left(\frac{W}{c_1}\right) + e^{\frac{s-s_1}{2c_p}}\,\mathrm{d}\left[\frac{2}{\varkappa - 1}\left(\frac{p}{p_1}\right)^{\frac{\varkappa-1}{2\varkappa}}\right] = -\frac{c}{c_1}\left(\frac{W}{c_1}\frac{\partial \ln f}{\partial x} + \frac{\partial \ln f}{\partial (c_1 t)}\right)\mathrm{d}(c_1 t). \tag{195}$$

Der Druck erscheint hier wieder in derselben funktionellen Form, wie er schon in der verzerrten W,p-Ebene (Abb. 6, 12 usw.) des Stoßpolarendiagramms auf-

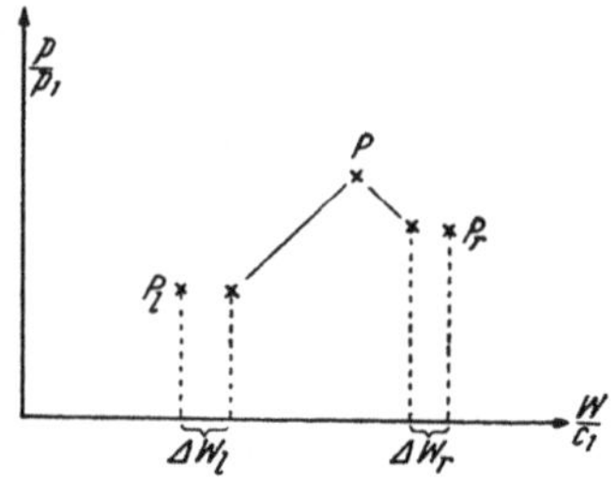

Abb. III,45. Bestimmung des Zustandes im Gitterpunkt P im allgemeinen Fall.

trat. In dieser Ebene ergibt sich der Zustand des gesuchten Punktes ganz analog zu Gl. (192) durch den Schnitt zweier Geraden

$$\begin{gathered}
-\frac{W}{c_1}+\left(\frac{W}{c_1}\right)_l+e^{\frac{s-s_1}{2c_p}}\left\{\left[\frac{2}{\varkappa-1}\left(\frac{p}{p_1}\right)^{\frac{\varkappa-1}{2\varkappa}}\right]-\left[\frac{2}{\varkappa-1}\left(\frac{p}{p_1}\right)^{\frac{\varkappa-1}{2\varkappa}}\right]_l\right\} \\
=-\frac{c}{c_1}\left(\frac{W}{c_1}\frac{\partial \ln f}{\partial x}+\frac{\partial \ln f}{\partial(c_1 t)}\right)(c_1 t-c_1 t_l), \\
+\frac{W}{c_1}-\left(\frac{W}{c_1}\right)_r+e^{\frac{s-s_1}{2c_p}}\left\{\left[\frac{2}{\varkappa-1}\left(\frac{p}{p_1}\right)^{\frac{\varkappa-1}{2\varkappa}}\right]-\left[\frac{2}{\varkappa-1}\left(\frac{p}{p_1}\right)^{\frac{\varkappa-1}{2\varkappa}}\right]_r\right\} \\
=-\frac{c}{c_1}\left(\frac{W}{c_1}\frac{\partial \ln f}{\partial x}+\frac{\partial \ln f}{\partial(c_1 t)}\right)(c_1 t-c_1 t_r),
\end{gathered} \tag{196}$$

deren Neigungen nun nur von der Entropie abhängen, also direkt am Diagrammrand abgelesen werden können. Sie gehen wieder durch jene Punkte, welche durch die W-Verschiebungen Gl. (194) aus P_l und P_r hervorgehen.

Es wird bei diesem Verfahren also mit drei thermischen Zustandsgrößen gearbeitet, mit s, $\frac{c}{c_1}$ und $\frac{2}{\varkappa-1}\left(\frac{p}{p_1}\right)^{\frac{\varkappa-1}{2\varkappa}}$. Das Mitführen der Entropie ist unvermeidlich, ebenso jenes der Schallgeschwindigkeit c, welche für die Ermittlung der Charakteristikenrichtungen erforderlich ist. Die Druckfunktion ist aber für die Arbeit im Stoßpolarendiagramm, für die Bedingungen an offenen Rohrenden und Unstetigkeitslinien besonders praktisch und schließlich auch die praktisch wichtigste Größe. Die Entropie wird am besten nur in der Form $e^{\frac{s-s_1}{2c_p}}$ notiert. Dann läßt sich mit Gl. (113) stets leicht $\frac{c}{c_1}$ aus $\left(\frac{p}{p_1}\right)^{\frac{\varkappa-1}{2\varkappa}}$ ermitteln und umgekehrt.

Die Fortsetzung einer Stoßfront unterscheidet sich kaum von der Methode, wie sie schon in Abschnitt 37 beschrieben wurde. Lediglich die vom Punkte P_2, Abb. 37, in die Stoßfront einmündende Charakteristik ist in der verzerrten W, p-Ebene nicht vom Punkte P_2, sondern von einem um ΔW nach Gl. (194) verschobenen Punkt aus zu zeichnen, um im Schnittpunkt mit der Stoßfront den

Zustand hinter dem Stoß zu gewinnen. Aus dem Druckverhältnis im Stoß folgt ohne weiteres das Schallgeschwindigkeitsverhältnis, der Entropieanstieg und die Laufgeschwindigkeit des Stoßes.

Die von den verschobenen Punkten aus gezogenen Hilfsgeraden, Abb. 45, sind natürlich keine Charakteristiken der Zustandsebene, sondern nur Hilfskurven zur Ermittlung des Zustandes im neuen Punkt. Die Charakteristiken sind nach wie vor die Verbindungslinien der Bildgitterpunkte in der Zustandsebene.

Die Charakteristikenverfahren können mit den verschiedensten Formen der Verträglichkeitsbedingungen durchgeführt werden. Es hängt von der Art des Problemes und von den zur Verfügung stehenden Rechenhilfsmitteln ab, welchen Variablen der Vorzug zu geben sein wird. Bei Vorgängen mit stärkeren Entropieänderungen, insbesondere mit solchen Änderungen, die durch Relaxation bedingt werden, wird man ganz ohne Rechenmaschine schlecht weiterkommen. Die Fülle elementarer Operationen bei jedem Gitterpunkt bedingt einen beträchtlichen Arbeitsaufwand. Allen Verfahren ist gemeinsam, daß die Koeffizienten bei den Ableitungen der Zustandsgrößen die Neigung der Kurvenelemente in Abb. 45 ergeben, die inhomogenen (rechten) Seiten der Verträglichkeitsbedingungen die „Verschiebungen" der Ausgangspunkte in der Zustandsebene gemäß Gl. (194).

Ferner wird im allgemeinen die Schrittlänge verringert werden müssen, wenn die Polygonzüge der Machlinien in der Strömungsebene zu starke Knicke aufweisen. Die Wahl der Unabhängigen kann daher entscheidend sein.

Die Variablen W und $i + W^2/2$ der Gl. (130) werden gegenwärtig weniger verwendet. Die Koeffizienten $(W + c)$ und $(W - c)$ auf der linken Seite von (190) werden auch für die Neigungen, Gl. (122), benötigt.

Die Verträglichkeitsbedingungen (132) sind für ebene Potentialströmungen vorzuziehen, für ebene anisentrope Strömungen sind sie etwa gleich einfach wie Gl. (126).

Für kugel- oder zylindersymmetrische Vorgänge in der Nähe des Zentrums sind dagegen die Bedingungen (136) mit den Variablen $W\varrho f$ und $i + W^2/2$ überlegen. Auch bei größeren Abständen vom Zentrum bieten diese Variablen gegenüber jenen von (132) im allgemeinen keinen Nachteil. Bei Isentropie handelt es sich bei (136) um homogene Beziehungen. Die ΔW in Abb. 45 fallen dann weg. Näheres wird noch in den Abschnitten 39 und 40 besprochen.

Allen anisentropen Vorgängen ist gemeinsam, daß man sich nicht auf die Verträglichkeitsbedingungen beschränken kann — sondern daß auch der Energiesatz etwa in Form der letzten Gl. (39) hinzugezogen werden muß. Bei Relaxationsvorgängen kommt noch eine weitere Gleichung für α, den Dissoziationsgrad oder dgl. hinzu. Diese Gleichung, etwa (I,181) oder (I,128), hat aber dieselbe Form wie der Energiesatz, indem sie über die zeitliche Änderung des Zustandes eines Teilchens Aussagen macht. Für ihre Behandlung gilt dasselbe, was im folgenden für die spez. Entropie s gesagt wird.

Mit q_s als „*Entropiequelle*"

$$q_s = \frac{g_1 - g_2}{T}\frac{d\alpha}{dt} + \frac{1}{T}\frac{dq}{dt}, \tag{197}$$

kann die 3. Gl. (39) geschrieben werden:

$$\frac{\partial s}{\partial t} + W\frac{\partial s}{\partial x} = q_s.$$

Dabei wird angenommen, daß entweder $q_s = 0$ ist, $\alpha = q =$ konst., oder daß q_s für den Elementar-Schritt bekannt oder bereits vorher berechnet wurde. Mittels der letzten Gleichung könnte dann die zeitliche Änderung von s auf einer Teilchenbahn ermittelt werden.

Zur Vermeidung von Interpolationen soll aber die Änderung längs Stromlinien durch die Änderung längs Machlinien ersetzt werden. Zum Beispiel kommt in (132) nur s auf den Machlinien vor. Mit Gl. (123) gilt:

$$\left(\frac{\partial s}{\partial t}\right)_\xi + \left(\frac{\partial s}{\partial t}\right)_\eta = 2\frac{\mathrm{d}s}{\mathrm{d}t} = 2q_s. \tag{198}$$

Geht man hier von den Differentialquotienten zu Differenzenquotienten über:

$$\frac{s - s_l}{t - t_l} + \frac{s - s_r}{t - t_r} = 2q_s,$$

so findet man für s im neuen Gitterpunkt:

$$s[(t - t_r) + (t - t_l)] = s_l(t - t_r) + s_r(t - t_l) + 2q_s(t - t_l)(t - t_r). \tag{199}$$

Diese Ermittlung von s wird dann besonders geeignet sein, wenn $(t - t_l)$ und $(t - t_r)$ bereits für die Bestimmung der Lage des neuen Gitterpunktes berechnet wurden, also beim Einsatz elektronischer Rechenmaschinen.

40. Randbedingungen, insbesondere im Zentrum

Bei der Anwendung der allgemeinen Methode führen die Randbedingungen nur im Zentrum zu einer neuen Fragestellung. Bei Stößen kann nämlich sonst in einer genügend kleinen Umgebung der Stoßfront die Strömung stets als isentrope ebene Parallelströmung angesehen werden. Randgitterpunkte ergeben sich dann ganz analog wie bei der drehungsfreien ebenen Strömung, wobei die Erfüllung der Bedingung in der Zustandsebene auf der Charakteristik mittels der Konstruktion einer Geraden erfolgt, erforderlichen Falles aber aus einem verschobenen Punkt, wie das in Abb. 45 für zwei Gitterpunkte dargestellt wurde.

Im Zentrum einer Zylinderwelle $\sigma = 1$, oder einer Kugelwelle, $\sigma = 2$, muß die Quellstärke als Funktion der Zeit bekannt sein:

$$\frac{1}{2\sigma\pi}q(t) = W\varrho f = W\varrho x^\sigma. \tag{200}$$

Im Gegensatz zur Theorie kleiner Störungen, Gl. (174)ff., handelt es sich nun bei $\sigma = 2$ nicht um ein in der Zeiteinheit austretendes Gasvolumen, sondern um eine in der Zeiteinheit austretende Masse. Bei $\sigma = 1$ dagegen ist $q(t)$ die pro Zeit- und Längeneinheit aus der Achse austretende Menge.

Bei einer Explosion muß $q(t)$ vorgegeben sein. Bei einer auf den Ursprung zueilenden Welle ist einfach $q(t) = 0$, woraus sich dann die Reflexion der Welle im Zentrum ergibt. Oft ist es zweckmäßig die Randbedingung (200) nicht genau im Zentrum, sondern in einem gewissen Abstand vom Zentrum vorzugeben, der klein ist im Vergleich zur Wellenlänge des Vorganges.

Auch bei verschwindender Quellstärke, $q(t) = 0$, braucht die Geschwindigkeit W im Zentrum noch nicht unbedingt zu verschwinden. Im Beispiel von Abschn. 24 wächst W unmittelbar hinter der Stoßfront mit Annäherung an das Zentrum über alle Grenzen. Die Art des Grenzüberganges ist hier mitentscheidend.

Wegen der Randbedingung (200) im Zentrum scheinen die Verträglichkeitsbedingungen (136) oder die im Kleindruck nachfolgende Beziehung zunächst den übrigen Formen der Verträglichkeitsbedingung überlegen, wenn Rechnungen in Zentrumsnähe durchgeführt werden sollen. Mit Gl. (200) wäre dann eine der beiden unabhängigen Veränderlichen der linken Seite für $x \to 0$ vorgeschrieben. Für die anderen Formen der Verträglichkeitsbedingungen wäre mit Gl. (200) nur eine funktionelle Beziehung zwischen den abhängigen Veränderlichen gegeben. Ein Vergleich der Verträglichkeitsbedingungen erweist sich jedoch als ziemlich kompliziert und eine Entscheidung zugunsten der einen oder der anderen Form der abhängigen Veränderlichen ist nicht ohne weiteres zu treffen.

41. Einfallende Kugelwelle

Das konzentrische Fortschreiten einer Kugelwelle auf ein Zentrum zu und ihre Reflexion dort hat praktische Bedeutung, weil mit starken Energiekonzentrationen im Zentrum zu rechnen ist, womit bestimmte physikalische und technische Effekte ausgelöst werden können. Allerdings müßte in unmittelbarer Umgebung des Zentrums mit sehr hohen Temperaturen gerechnet werden, was eine Berücksichtigung der Dissoziation oder der Ionisation des Gases notwendig machen würde. Damit würde nicht nur der Rechnungsaufwand zunehmen. Das jeweils herangezogene Beispiel hätte gleichzeitig eine auf den speziellen Fall beschränkte Bedeutung.

Aus diesem Grunde wird im folgenden trotz der extremen Bedingungen in der Umgebung des Zentrums mit einem idealen Gas konst. spez. Wärme gerechnet. Ein solches Beispiel eignet sich sehr gut für eine Kontrolle oder eine Entwicklung vereinfachter Methoden, mit denen dann unter Umständen der Wellenvorgang in komplizierteren Substanzen verfolgt werden kann.

In einer an der Techn. Hochschule Wien von P. Dangl durchgeführten Diplomarbeit, der auch das folgende Beispiel entnommen wurde, wurden mit Hilfe der Charakteristikenverfahren verschiedene Fälle mit den Verträglichkeitsbedingungen (132), (136) und (136)f. — im Kleindruck von Abschn. 28 — mit Hilfe eines Computers berechnet. Für die Beziehungen zwischen dem Querschnitt f und x gilt dabei stets Gl. (37) mit $\sigma = 2$.

In Abb. 46 ist die Welle durch ständiges Ausblasen im Abstand $x = 1$ vom Zentrum mit der Geschwindigkeit $W/c_0 = -0{,}6944$, beginnend im Zeitpunkt

$t = 0$, ausgelöst. c_0 ist dabei die Schallgeschwindigkeit im ruhenden Gas vor der Welle. Gemäß Tab. II,1 entspricht dies bei einem angenommenen Verhältnis der spezifischen Wärmen von $\varkappa = 1{,}40$ einem Verhältnis von Stoß- und Schallgeschwindigkeit von $U/c_0 = 1{,}50$. Das Druckverhältnis im Stoß ist mit 2,5 zwar bereits ziemlich groß, die Verdichtung im Stoß aber noch nahezu isentrop. Die Geschwindigkeit hinter der Stoßfront liegt im Unterschallbereich, was in der Abbildung daran zu erkennen ist, daß die rechtslaufenden Machlinien wirklich noch nach rechts geneigt sind. Aus diesem Grunde kann bei $x = 1$ auch nur *ein* Wert

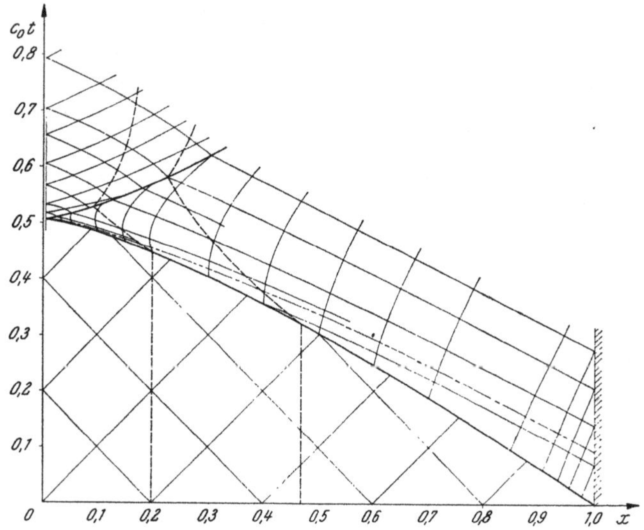

Abb. III,46. Reflexion einer Kugelwelle im Zentrum, —·— Grenz-Machlinie.

abhängig von der Zeit vorgegeben werden, wie im vorliegenden Fall etwa die Strömungsgeschwindigkeit. Die anderen Zustandsgrößen ergeben sich gemeinsam mit der Stoßkonstruktion und dem Charakteristikenverfahren.

Die hier getroffene Randbedingung auf $x = 1$ kann im Experiment etwa dadurch verwirklicht werden, daß an der Innenseite einer Kugel ein fester oder flüssiger Brennstoff abgebrannt wird. Das läßt sich gut durchführen, allerdings wird ein Abbrand mit konstanter Geschwindigkeit nicht leicht zu verwirklichen sein. Beim Vorliegen von Versuchen werden deshalb die Randbedingungen möglichst dem Versuch angepaßt, was viel leichter ist als das Umgekehrte.

Mit Annäherung an das Zentrum wird der Stoß stärker, etwa bei $x = 0{,}30$ durchschreitet der Zustand hinter der Stoßfront die Schallgeschwindigkeit, das heißt die rechtslaufende Machlinie ist dort senkrecht. Die Randbedingung wird nicht im Zentrum, sondern auf einem Kugelradius 0,005 erfüllt, wo dann wegen der verschwindenden Quellstärke und der endlichen Dichte die Geschwindigkeit $W = 0$ sein muß. Die Teilchenbahnen zeigen eine starke Verdichtung hinter der Stoßfront, jedoch eine Expansion hinter dem reflektierten Stoß. Der Einfluß der Randbedingung auf die Wellenausbreitung wird durch die von $x = 1$ ausgehenden linkslaufenden Machlinien begrenzt. Unter diesen ist die *Grenzmachlinie* ausgezeichnet. Es ist jene linkslaufende Machlinie, die zugleich mit der Kopfwelle im Zentrum eintrifft. Die Kopfwelle wird allein durch die Randbedingung zwischen $t = 0$ und dem Ausgangspunkt der Grenzmachlinie bestimmt, das ist also ein verhältnismäßig kleiner, jedoch sehr wichtiger Anteil der Randbedingung.

Für verschiedene Abstände x gibt der Verfasser folgende Werte für die Stoßgeschwindigkeit an:

	x	1	0,5	0,2	0,1	0,05	0,01	0,005
Abb. 46	U/c_0	1,50	1,85	2,50	3,21	4,16	7,74	10,10
GUDERLEY	U/c_0	1,50	1,97	2,83	3,72	4,90	9,25	12,16

Aus dem Wert von U/c_0 können mit der Stoßformel oder mittels Tabelle II,1 alle anderen Zustandsgrößen unmittelbar hinter der Stoßfront ermittelt werden.

In der letzten Zeile sind jene Werte von U/c_0 angegeben, die man erhalten würde, wenn auf das vorliegende Beispiel in ungerechtfertigter Weise die Beziehung von GUDERLEY, Abschn. 24, für einen starken, kugelsymmetrischen Stoß angewendet würde. Dafür würde sich nach kurzer Zwischenrechnung folgende Beziehung ergeben

$$\frac{U(x)}{c_0} = \frac{U(1)}{c_0} \left(\frac{1}{x}\right)^{\frac{1}{n} - 1},$$

mit $n = 0{,}717$ für $\sigma = 2$. Obwohl der Verdichtungsstoß erst für $x < 0{,}10$ als stark anzusprechen ist, ist die Übereinstimmung in der angeführten Aufstellung keineswegs schlecht. Die Lösung geht jedenfalls in Zentrumsnähe deutlich in die spezielle Guderley-Lösung über.

Die Rechnungen von B. DANGL ergaben für keine der drei angewendeten Verträglichkeitsbedingungen ausgesprochene Vorteile. Das hier gezeigte Beispiel wurde mit den Gln. (132) gerechnet. Die Verträglichkeitsbedingungen (136) ergaben wohl hohe Genauigkeit, in der Gegend der Machzahl $M = 1$ jedoch erhöhten Aufwand, was schon von F. BARTLMÄ [29] festgestellt wurde. Die Verträglichkeitsbedingung von M. HORVAT, Gl. (136)f., zeigt sich den anderen Gleichungen als durchaus ebenbürtig. Bei keiner der genannten Verträglichkeitsbedingungen ergab sich in der Nähe des Zentrums eine Vereinfachung etwa in der Art, daß dort einer der Terme vernachlässigt werden konnte. Das dürfte damit zusammenhängen, daß in Zentrumsnähe starke Änderungen des Strömungszustandes nach allen Richtungen auftreten, wogegen bei „kleinen Störungen" in Achsennähe die Änderungen von W in t-Richtung klein sind im Verhältnis zu den Änderungen von W in x-Richtung, woraus dort dann besondere Vereinfachungen folgen.

Für die Zunahme der Stoßstärke mit Annäherung an das Zentrum ist die Randbedingung bei $x = 1$ oder die Anfangsbedingung zur Zeit $t = 0$ ganz wesentlich. Wird, wie von F. BARTLMÄ [29], eine Sägezahn-Welle zur Zeit $t = 0$ mit einer Länge von nur 10% des Zentralabstandes angenommen, so nimmt die Stoßstärke mit Annäherung an das Zentrum zunächst ab und beginnt erst in Zentrumsnähe wieder anzusteigen. Verwandte Effekte wurden bereits in Abschn. 32 angetroffen.

R. F. CHISNELL [30] hat eine Näherungstheorie für die einfallende Stoßwelle entwickelt, die nicht auf starke Stöße beschränkt ist, wohl aber auf die Fortschreitungsrichtung zum Zentrum. Diese Näherung ergibt in Zentrumsnähe mit großer Genauigkeit die Guderley-Resultate.

Mit Hilfe einer Verallgemeinerung dieser Chisnell-Methode hat J. Teipel [31] einfallende Kugelstöße in Wasserstoff unter Berücksichtigung der Dissoziation und Ionisation berechnet.

Eine Energiekonzentration ist mit Hilfe einfallender Sägezahnwellen im übrigen nicht ohne weiteres zu erreichen. Mit zunehmender Stoßstärke läuft nämlich der Stoß am Kopf der Welle dem nahezu ungestörten Wellenende davon, wodurch sich dann die gesamte Energie über ein größeres Gebiet verteilt.

42. Charakteristiken-Methode in Lagrange-Ebenen

Auch die Lagrange-Darstellung der Strömung mit einer Teilchenkoordinate und der Zeit als unabhängigen Veränderlichen eignet sich für viele Aufgaben. Dabei ist es zweckmäßig, anstatt der Strömungsebene oder neben ihr eine Auftragung der Lagrange-Variablen als Koordinaten zu verwenden, nämlich die

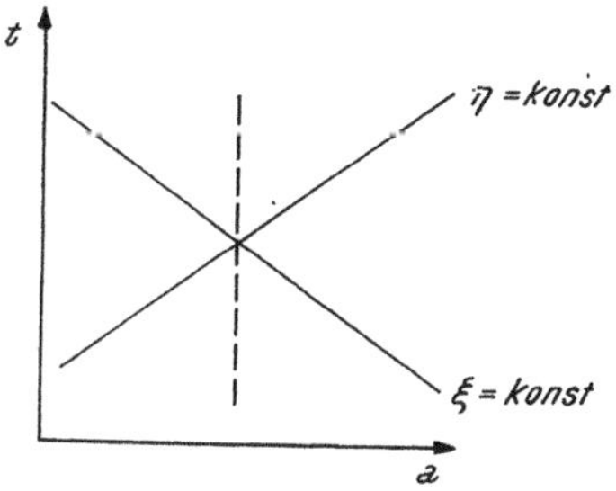

Abb. III,47. Machlinien und Teilchenbahn in einer Lagrange-Ebene.

Lagrange-Ebene, Abb. 47. Gegenüber den vorangegangenen Darstellungen unterscheiden sich nur die Neigungsbedingungen, nicht aber die Verträglichkeitsbedingungen.

Da Strömungsquerschnitt und offene Enden im allgemeinen vom Ort abhängen, wird die Lagrange-Darstellung bei Vorgängen konstanten Querschnittes in fest abgeschlossenen Räumen wie beim innerballistischen Problem und bei Vorgängen in mit Kolben abgeschlossenen Zylindern besonders in Frage kommen. Sie ist für die Behandlung von Randbedingungen an bewegten Wänden, deren Geschwindigkeit von den ausgeübten Kräften abhängt, besonders geeignet. Da stets dieselben Teilchen an die bewegte Wand angrenzen, ergibt sich die Randbedingung der Strömungsebene stets bei derselben Teilchenkoordinate, also bei gleichem Abszissenwert in der Lagrange-Ebene. Beim innerballistischen Problem zum Beispiel ergibt sich die Gasgeschwindigkeit unmittelbar am Geschoßboden aus der Geschwindigkeit der durch die Kraft bedingten Beschleunigung im zuletzt berechneten Zeitpunkt.

Bei Vorgängen ohne Wärmezufuhr hängt die Entropie nur von der Teilchenkoordinate ab, sie ist also in der Lagrange-Ebene auf Parallelen zur t-Achse konstant, denn diese sind ja in der Lagrange-Strömungsebene die Teilchenbahnen. Dies bedeutet einen wesentlichen Vorteil bei der Konstruktion anisentroper Vorgänge und macht die Lagrangemethode auch für die Behandlung von Vorgängen mit Reaktionen geeignet. Letztere werden allerdings im folgenden nicht weiter betrachtet.

Die Lagrange-Darstellung ergibt gegenüber der Eulerschen, wie erwähnt, lediglich Unterschiede in der Strömungsebene, nicht aber in der Zustandsebene, weshalb für die Berechnung der Zustände in neuen Gitterpunkten für die Erfüllung der Randbedingungen und die Behandlung von Stößen das Nötige von den früheren Ausführungen übernommen werden kann. Die Bilder der Machlinien in der Zustandsebene und die Verträglichkeitsbedingungen bleiben ja dieselben, wie auch die Strömungsebene verzerrt werden mag. Es handelt sich also nur um die Bestimmung der Richtungen von Machlinien und Stoßfronten für die Bestimmung der Gitterpunkte in der Lagrange-Ebene.

Irgendeine Kurve in der Eulerschen Strömungsebene sei durch eine Funktion $\xi(x, t) =$ konst. gegeben. Ihre Richtungskonstante $(\mathrm{d}x/\mathrm{d}t)_\xi$ ist dann in unabhängigen Veränderlichen a, t, wobei a die Teilchenkoordinate darstellt, nach der Kettenregel der Differentiation:

$$\left(\frac{\partial x}{\partial t}\right)_\xi = \left(\frac{\partial x}{\partial a}\right)_t \left(\frac{\partial a}{\partial t}\right)_\xi + \left(\frac{\partial x}{\partial t}\right)_a .$$

Mit Gl. (20) folgt daraus, wenn $f =$ konst. angenommen wird, für die Richtung der Kurve $\xi =$ konst. in der Lagrangeschen Strömungsebene folgender Zusammenhang für $(\mathrm{d}a/\mathrm{d}t)_\xi$:

$$\left(\frac{\partial x}{\partial t}\right)_\xi = \frac{\varrho_0}{\varrho}\left(\frac{\partial a}{\partial t}\right)_\xi + W . \tag{201}$$

Dabei ist ϱ_0 die Anfangsdichte des Teilchens und kann daher noch bei anisentropen Strömungen von der Teilchenkoordinate abhängen: $\varrho_0 = \varrho_0(a)$.

Wenn nun die letzte Gleichung auf die links- und rechtslaufenden Machlinien angewendet wird, so folgt mit Gl. (122) die Neigungsbedingung in der a, t-Ebene:

$$\left(\frac{\partial a}{\partial t}\right)_\xi = -c\,\frac{\varrho}{\varrho_0}; \qquad \left(\frac{\partial a}{\partial t}\right)_\eta = +\,c\,\frac{\varrho}{\varrho_0} . \tag{202}$$

Ist die Ausgangsdichte ϱ_0 von der Teilchenkoordinate abhängig, so ist allenfalls die durch Gl. (56) definierte Lagrange-Variable μ vorzuziehen. Für eine μ, t-Ebene ergibt sich dann die Neigungsbedingung:

$$\left(\frac{\partial \mu}{\partial t}\right)_\xi = -\,c\varrho; \qquad \left(\frac{\partial \mu}{\partial t}\right)_\eta = +\,c\varrho .$$

Stets weisen die beiden Machlinienneigungen in einem Punkt unabhängig von der Machzahl entgegengesetzte Neigungen auf, Abb. 47. Das leuchtet ein, denn die Teilchenbahnen sind ja Gerade $a =$ konst.

Bei Stoßkurven ist nur die lokale Schallgeschwindigkeit c durch die lokale Stoßgeschwindigkeit U zu ersetzen. Somit gilt für einen links- oder rechtslaufenden Stoß:

$$\left(\frac{\partial a}{\partial t}\right)_{\text{Stoß}} = \mp\, U\,\frac{\varrho}{\varrho_0} . \tag{203}$$

Bei Verwendung von μ als Lagrange-Abszisse würde auf der rechten Gleichungsseite wieder wie am Ende des Kleindruckes die Größe ϱ_0 wegbleiben.

Für den schwachen Stoß gilt eine auf die Lagrange-Ebene übertragene Pfriemsche Regel: Der Stoß ist auch hier örtlich die Winkelsymmetrale der beiderseits der Stoßfront einmündenden gleichlaufenden Machlinien.

Zu den Neigungsbedingungen kommen noch die Verträglichkeitsbedingungen, die den Abschnitten 27 und 28 für die im laufenden Abschnitt getroffenen Voraussetzungen konstanten Querschnittes entnommen werden können. Für ein ideales Gas wäre dies Gl. (137).

Nach Durchführung der Charakteristikenmethode in der Lagrange-Ebene wird im allgemeinen noch nach der Ortskoordinate gefragt. Aus

$$\frac{\partial x(a, t)}{\partial t} = W$$

folgt unter der Bedingung $t = 0$, $x = a$:

$$x = a + \int_0^t W(a, t')\, dt'. \tag{204}$$

43. Analytische Näherungslösung des Innerballistischen Problems

Die Auswertung dei Charakteristikenmethode durch H. Kratz zeigt, Abschn. 38, daß der Druck auch unter extremen Bedingungen im wesentlichen von der Zeit und verhältnismäßig wenig vom Ort abhängt. Dies trifft dann um so mehr bei der Schallgeschwindigkeit zu. Damit bietet sich aber ein Charakteristikenverfahren an, bei dem einerseits das Randwertproblem in der Lagrange-Ebene formuliert wird, damit die Randbedingungen bei festen Werten der Abszisse a gestellt werden können, andererseits aber die Charakteristikenneigung durch die quasistatische Lösung genähert wird. In den Neigungsgleichungen (202) werden also die rechten Gleichungsseiten als lediglich zeitabhängig angenommen. Die starke Abhängigkeit der Laufgeschwindigkeit der Welle ist damit also im wesentlichen berücksichtigt.

Die Aufgabe wurde für ein ideales Gas konstanter spezifischer Wärme als Ladung von H. Rothmann [32] durchgeführt. Über die Methode und ihre Ergebnisse wird hier kurz berichtet.

Der Rohrboden ist durch die Abszisse $a = 0$, der Kolbenboden durch die konstante Abszisse $a = l_0$ gegeben, vgl. auch Abb. 42. Wird in der Randbedingung am Kolbenboden (191) der Rohrquerschnitt f mittels der Ladungsmasse $M_L = l_0 \cdot f \cdot \varrho_0$ eliminiert und anstelle von Druck und Dichte die Schallgeschwindigkeit eingeführt, so erhält man zunächst

$$a = l_0\colon \quad \frac{l_0}{c_0} \frac{\partial (W/c_0)}{\partial t} = \frac{1}{\varkappa} \frac{M_G}{M_L} \left(\frac{c}{c_0}\right)^{\frac{2\varkappa}{\varkappa - 1}}$$

Dabei sei daran erinnert, daß die „massenfeste" Ableitung nach der Zeit in der Lagrange-Darstellung die partielle Ableitung nach der Zeit ist, nämlich die Ableitung bei konstantem a.

Es wird sich sofort die Einführung folgender neuer Zeitfunktion z als zweckmäßig erweisen:

$$dz = \left[\frac{c(l_0, t)}{c_0}\right]^{\frac{\varkappa+1}{\varkappa-1}} \frac{c_0}{l_0} dt; \qquad z = \frac{c_0}{l_0}\int_0^t \left[\frac{c(l_0, t')}{c_0}\right]^{\frac{\varkappa+1}{\varkappa-1}} dt'. \tag{205}$$

dz ist also ein mit einer geeigneten Potenz der Schallgeschwindigkeit am Kolbenboden $c(l_0, t)$ gedehntes Zeitelement dt.

Mit Gl. (205) erhält die Randbedingung am Rohrboden und Kolbenboden dann folgende exakte Formulierung:

$$a = 0\colon\ W/c_0 = 0; \qquad a = l_0\colon\ \frac{\partial}{\partial z}(W/c_0) = \frac{\varkappa - 1}{2\varkappa}\frac{M_L}{M_G}\left(\frac{2}{\varkappa - 1}\frac{c}{c_0}\right). \tag{206}$$

Die Neigungsbedingung der Machlinien, Gl. (202), sei für die linkslaufenden Machlinien genähert, woraus sich die Näherung für die rechtslaufende Machlinie von selbst ergibt. Man erhält zunächst durch Einführen der Schallgeschwindigkeit:

$$\frac{1}{c_0}\left(\frac{\partial a}{\partial t}\right)_\xi = -\left(\frac{c}{c_0}\right)^{\frac{\varkappa+1}{\varkappa-1}} = -\left[\frac{c(l_0, t)}{c_0}\right]^{\frac{\varkappa+1}{\varkappa-1}} + \cdots.$$

Wie bereits im Text angekündigt, wird also die Machlinienneigung durch die Neigung der quasistationären Näherung approximiert. Da die Schallgeschwindigkeit in dieser Näherung nur von der Zeit abhängt, kann sie an irgendeiner Stelle a angenommen werden, mit Rücksicht auf Gl. (205) also am besten gleich am Kolbenboden $a = l_0$.

Mit Gl. (205) erhält die Neigungsbedingung damit die genäherte Form:

$$\frac{1}{l_0}\left(\frac{\partial a}{\partial t}\right)_\xi = -1; \qquad \frac{1}{l_0}\left(\frac{\partial a}{\partial t}\right)_\eta = +1. \tag{207}$$

Damit kann ξ und η wie folgt dargestellt werden:

$$\xi = z + a/l_0; \qquad \eta = z - a/l_0. \tag{208}$$

Es liegt also eine enge Verwandtschaft zur „akustischen Theorie" vor, vgl. etwa Gl. (121) und die Gleichung davor. Dort ist das Vorzeichen von η allerdings umgekehrt, was unwesentlich ist. Der Unterschied liegt im wesentlichen darin, daß a eine Lagrange-Koordinate und z ein verzerrter Zeitmaßstab ist, Abb. 48. In der a, z-Ebene ist nun ein rein lineares Ausbreitungsproblem formuliert.

Mit Gl. (137) gilt auf der links- und rechtslaufenden Machlinie:

$$-\frac{W}{c_0} + \frac{2}{\varkappa - 1}\frac{c}{c_0} = 2s(\xi); \qquad +\frac{W}{c_0} + \frac{2}{\varkappa - 1}\frac{c}{c_0} = 2r(\eta). \tag{209}$$

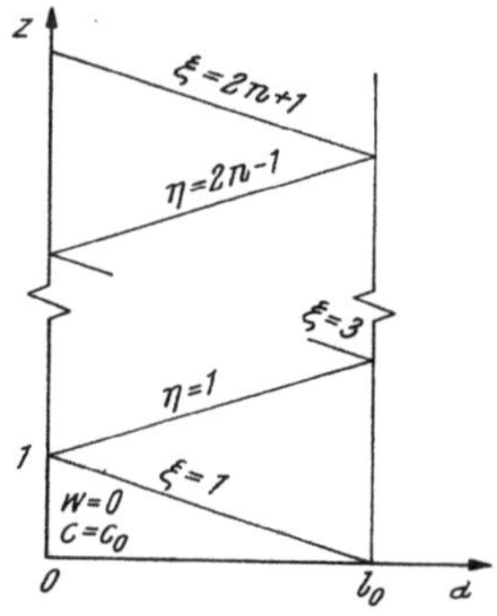

Abb. III,48. Machlinien in der verzerrten Lagrange-Ebene.

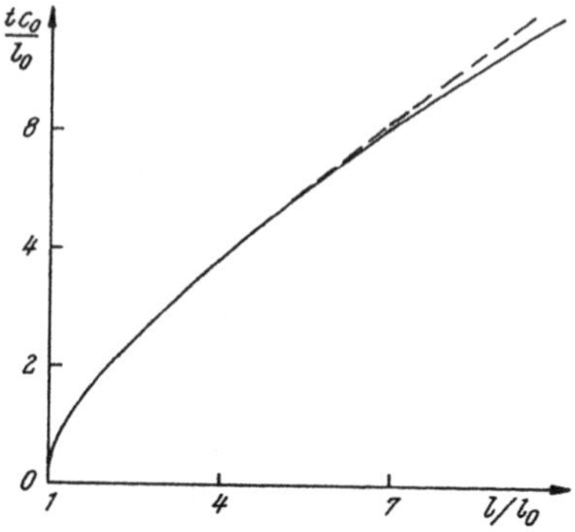

Abb. III,49. Kolbenbahn nach [32] und [28] bei $M_L/M_G = 1{,}00$; $\varkappa = 1{,}25$.

Dazu kommen die Anfangs- und Randbedingungen. Da der Ruhezustand erst durch die erste linkslaufende Welle gestört wird, gilt

$$\xi = 1\colon \ \frac{W}{c_0} = \frac{2}{\varkappa - 1}\left(\frac{c}{c_0} - 1\right) = 0. \tag{210}$$

Die Randbedingung (206) lautet schließlich in der Formulierung für die charakteristischen Veränderlichen:

$$\begin{aligned} \xi - \eta = 0\colon &\quad \frac{W}{c_0} = 0; \\ \xi - \eta = 2\colon &\quad \frac{\partial}{\partial \xi}\left(\frac{W}{c_0}\right) + \frac{\partial}{\partial \eta}\left(\frac{W}{c_0}\right) = \frac{\varkappa - 1}{2\varkappa}\frac{M_G}{M_L}\left(\frac{2}{\varkappa - 1}\frac{c}{c_0}\right). \end{aligned} \tag{211}$$

Das Problem kann natürlich auch in ein solches für die beiden Riemannschen Funktionen $s(\xi)$ und $r(\eta)$ von Gl. (209) umgeschrieben werden. Es wurde so dargestellt, daß c/c_0 überall mit dem Faktor $2/(\varkappa - 1)$ auftritt. Damit geht als einzige Kennzahl

$$\frac{\varkappa - 1}{2\varkappa}\frac{M_L}{M_G} \tag{212}$$

in die Rechnung ein. Je kleiner dieser Wert ist, desto häufiger ist der Wechsel von links- und rechtslaufenden Wellen während der Beschleunigung des Geschosses und desto richtiger muß die quasistationäre Lösung sein.

Die Lösung des in Gl. (209) bis (211) formulierten linearen Problems erfolgt schrittweise ausgehend von $\xi = 1$. Es führt zu rekursiven gewöhnlichen Differentialgleichungen für die Funktionen $r(\eta)$, $s(\xi)$ und schließlich zu einer vollständigen Lösung.

Abb. 49 zeigt die Kolbenbahn nach der dargestellten Näherung und nach der reinen Charakteristikenmethode, Abschn. 38. Selbst beim vorliegenden hohen Massenverhältnis von $M_L/M_G = 1$ ist die Übereinstimmung sogar bei großen Lauflängen l/l_0 noch sehr zufriedenstellend.

Abb. 50 zeigt die Ergebnisse für die Kolbengeschwindigkeit für mehrere Massenverhältnisse M_L/M_G. Ein Vergleich mit der am Ende von Abschn. 8 wiedergegebenen Formel für den Spezialfall verschwindenden Kovolumens, $b\varrho_0 = 0$,

$$\frac{W_G^2}{c_0^2} = \frac{2}{\varkappa(\varkappa - 1)} \frac{1 - (l_0/l)^{\varkappa-1}}{M_G/M_L + 1/3} \tag{213}$$

würde eine sehr gute Übereinstimmung mit dieser vereinfachten Formel ergeben.

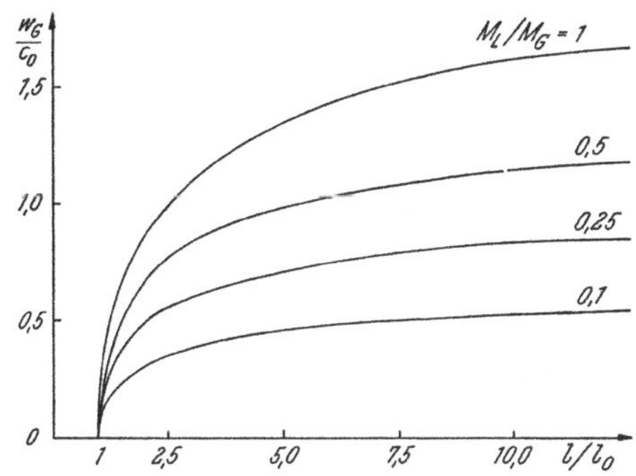

Abb. III,50. Kolbengeschwindigkeit W_G/c_0 abhängig von der Lauflänge l/l_0 nach [32].

Gl. (213) ist nicht mit dem in der Originalarbeit von H. Rothmann [32] als „Druckausgleichslösung" bezeichneten Ergebnis identisch. Diese „Druckausgleichslösung" ist aus der Integration der Randbedingung und der Berücksichtigung der Kontinuitätsbedingung bei Druckausgleich gewonnen, während Gl. (213) aus dem integrierten Energiesatz hervorgeht. Beide Lösungen können sich daher um Glieder höherer Ordnung in M_L/M_G unterscheiden, was auch der Fall ist. Rothmanns „Druckausgleichslösung" geht aus Gl. (213) hervor, indem der Bruch 1/3 gegen M_G/M_L gestrichen wird. Die so erhaltene Lösung erweist sich dann als etwas weniger genau, aber im Sinne der Entwicklung nach kleinem Massenverhältnis als gleich korrekt.

Literatur

[1] Pirkl, R.: Neue Grundlagen zur Berechnung von Mündungsbremsen. Diss., Techn. Hochschule Graz, 1941.

[2] Schrödinger, E.: Zur Akustik der Atmosphäre. Phys. Zeitschrift **18**, 445—453 (1917).

[3] Schneider, W.: Grundlagen der Strahlungsgasdynamik. Acta Mechanica **5**, 85—117 (1968).

[4] Pfriem, W.: Die stationäre Detonationswelle in Gasen. Forsch.-Ing.-Wesen **12**, 143 bis 158 (1941).

[5] Wecken, F.: Stoßwellenverzweigung bei Reflexion. ZAMM **28**, 11/12, 338—341 (1948).

[6] Guderley, G.: Starke kugelige und zylindrische Verdichtungsstöße in der Nähe des Kugelmittelpunktes. Lufo **19**, 302—312 (1942).

[7] Gretler, W.: Über die Störung einer Ähnlichkeitslösung zur Behandlung der Fortpflanzung starker Stöße. DLR-FB 68—52 (1968).

[8] Friedrichs, K. und Lewy, H.: Das Anfangswertproblem einer beliebigen, nicht linearen hyperbolischen Differentialgleichung beliebiger Ordnung von zwei unabhängigen Variablen; Existenz, Eindeutigkeit und Abhängigkeitsbereich der Lösung. Math. Annalen **99**, 200—221 (1928).

[9] SAUER, R.: Charakteristikenverfahren für die eindimensionale instationäre Gasströmung. Ing.-Arch. **13**, 79–89 (1942).

[10] RIEMANN, B.: Über die Fortpflanzung ebener Luftwellen von endlicher Schwingungsweite. Ges. Werke, 2. Aufl., 156–181 (1892).

[11] TEIPEL, I.: Ein neues Charakteristikenverfahren für instationäre Strömungen und seine Anwendungen. ZAMM **38**, 328–329, (1958), und DVL-Bericht Nr. 74 (1958).

[12] BECHERT, K.: Über die Ausbreitung von Zylinder- und Kugelwellen in reibungsfreien Gasen und Flüssigkeiten. Ann. Physik (5) **39**, 169–202 (1941).

[13] BECHERT, K.: Zur Theorie ebener Strömungen in reibungsfreien Gasen. Ann. Physik (5) **37**, 89–123 (1940); **38**, 1–25 (1940).

[14] BECHERT, K.: Über die Differentialgleichungen der Wellenausbreitung in Gasen. Ann. Physik (5) **39**, 357–372 (1941).

[15] FOX, PH. A.: Perturbation theory of wave propagation based on the method of characteristics. J. Math. and Physics **34**, 133–151 (1955).

[16] OSWATITSCH, K.: Das Ausbreiten von Wellen endlicher Amplitude. Z. f. Flugwiss. **10**, 130–138 (1962).

[17] HANTZSCHE, W., und WENDT, H.: Zum Verdichtungsstoß bei Zylinder- und Kugelwellen Jb. dtsch. Lufo **1940**, 536–538.

[18] TAYLOR, G. I.: The Air Wave Surrounding an Expanding Sphere. Proc. Royal Soc. **A 186**, 273–292 (1946).

[19] ROTHMANN, H.: Analytische Untersuchung der Ausbreitung von Kugel- und Zylinderwellen. DVL-Bericht Nr. 280 (1963) und: Das asymptotische Verhalten von Kugel- und Zylinderwellen, DLR-FB 66–38 (1966).

[20] KOBES, K.: Die Durchschlagsgeschwindigkeit bei den Luftsauge- und Druckluftbremsen. Z. Öst. Ing.- u. Arch.-Ver. **62**, 553–579 (1910).

[21] SCHULTZ-GRUNOW, F.: Nichtstationäre eindimensionale Gasbewegung. Forsch.-Ing. Wes. **13**, 125–134 (1942).

[22] SAUER, R.: Charakteristikenverfahren für die eindimensionale instationäre Gasströmung. Ing.-Arch. **13**, 79–89 (1942).

[23] GUDERLEY, G.: Nichtstationäre Gasströmung in dünnen Rohren veränderlichen Querschnittes. FB 1744 (1942).

[24] DÖRING, W., und BURGHARDT, G.: Beiträge zur Theorie der Detonation. FB 1939 (1944).

[25] LUDWIEG, H.: Der Rohrwindkanal. Z. f. Flugwiss. **3**, 206–216 (1955).

[26] BRANDSTETTER, W.: Der Gas- und Flüssigkeitsdurchsatz bei periodisch instationären Strömungen im Ansaugsystem der Verbrennungskraftmaschinen. Diss. Techn. Hochschule Wien (1965), siehe auch Automobil-Industrie 4/66 u. 3/67.

[27] OSWATITSCH, K.: Zwischenballistik. DLR-FB 64–37 (1964).

[28] KRATZ, H.: Beitrag zur Untersuchung der Ausströmvorgänge von Gasen unter hohem Anfangsdruck aus Rohren, wenn die Strömung durch Beschleunigung eines festen Körpers eingeleitet wird. Z. f. Flugwiss. **14**, 421–429 (1966); siehe auch Vereinfachte Methode zur Berechnung der ... Z. f. Flugwiss. **16**, 123–133 (1968).

[29] BARTLMÄ, F.: Berechnung von kugelsymmetrischen Verdichtungsstößen mittels Charakteristikenverfahren. DVL-Bericht Nr. 103 (1959).

[30] CHISNELL, R. F.: The motion of a shock in a channel with application to cylindrical and spherical shock waves. J. Fluid Mech. **2**, 286–298 (1957).

[31] TEIPEL, I.: Starke, kugelsymmetrische Verdichtungsstöße unter Berücksichtigung von Dissoziations- und Ionisationsvorgängen. Z. f. Flugwiss. 8, 187–202 (1960).

[32] ROTHMANN, H.: Die Bewegung eines Kolbens in einem einseitig geschlossenen Rohr. Z. f. Flugwiss. **20**, 407–410 (1972).

[33] CAP, F.: Zum Problem der instationären Stoßpolaren. Helvetica Physica Acta **21**, 505 bis 512 (1948).

IV. Allgemeine Gleichungen und Sätze

1. Integralsätze der Bewegung

Eine Erweiterung der Integralsätze für die Erhaltung der Masse (Kontinuität) des Impulses und der Energie auf beliebige zeitlich veränderliche (instationäre) Vorgänge bietet keine Schwierigkeit. Dabei soll ausschließlich die Eulersche Darstellungsweise feststehender, von einem Medium durchflossener Räume verwendet werden.

Es sei f die beliebig geformte Begrenzungsfläche eines räumlichen Bereiches B, Abb. 1. df sei ein Flächenelement von f und $\vec{n}$ der Einheitsvektor der nach außen gerichteten Flächennormale. Für die Menge, welche durch ein Flächenelement hindurchfließt, ist nur die Normalkomponente W_n des Geschwindigkeits-

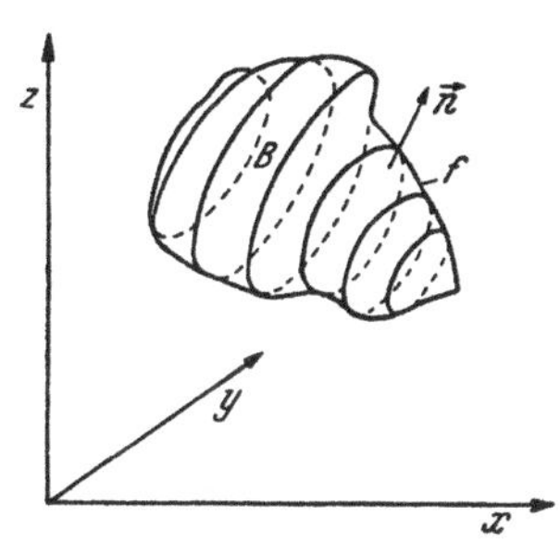

Abb. IV,1. Räumlicher Bereich.

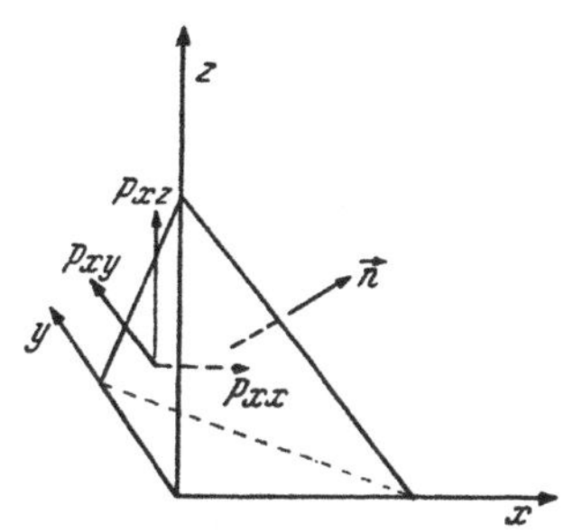

Abb. IV,2. Flächenelement und Flächenkräfte.

vektors $\vec{W}$ auf das Flächenelement maßgebend, sonst würde sich ja die Durchflußmenge ändern, wenn das Flächenelement von einem in tangentialer Richtung bewegten Beobachter aus betrachtet würde. Es seien (n, x), (n, y) und (n, z) die Winkel, welche die Richtung $\vec{n}$ mit der Richtung der drei kartesischen Koordinaten x, y, z einschließt, und u, v, w die entsprechenden Geschwindigkeitskomponenten. Dann ist W_n als Projektion der Geschwindigkeit W auf die Richtung $\vec{n}$

$$W_n = \vec{W} \cdot \vec{n} = u \cos(n, x) + v \cos(n, y) + w \cos(n, z). \tag{1}$$

Die Durchflußmenge durch das Element df ist in der Zeiteinheit:

$$\varrho W_n \, \mathrm{d}f.$$

Das Integral aller dieser Anteile über die Fläche f muß, da es sich bei W_n um eine nach außen gerichtete Geschwindigkeitskomponente handelt, gleich der zeitlichen Abnahme der im Raumbereich B befindlichen Masse

$$\iiint_B \varrho \, dx \, dy \, dz$$

mit der Zeit sein. Weil der betrachtete Bereich zeitlich unveränderlich im Raume steht, ist es gleichgültig, ob die zeitliche Ableitung vor oder unter dem Integralzeichen steht. Mithin lautet die *Kontinuitätsbedingung* in integraler Form:

$$\frac{d}{dt}\iiint_B \varrho \, dx \, dy \, dz + \iint_f \varrho W_n \, df = \iiint_B \frac{\partial \varrho}{\partial t} \, dx \, dy \, dz + \iint_f \varrho W_n \, df = 0. \qquad (2)$$

Im Gegensatz zur eindimensionalen Bewegung gibt es im Raume drei Gleichungen für den Impulssatz, für jede Koordinatenrichtung nämlich eine. Sie können in einer Vektorgleichung zusammengefaßt werden. Für den Vektor der Bewegungsgröße der Masseneinheit

$$\varrho \vec{W} (\varrho u, \varrho v, \varrho w) \qquad (3)$$

gilt, daß die zeitliche Änderung der Bewegungsgröße gleich sein muß der Resultierenden aller auf die Masse wirkenden Kräfte.

Es wirken Massenkräfte. Der Vektor der auf die Raumeinheit bezogenen Kraft sei

$$\vec{g} \, (X, Y, Z). \qquad (4)$$

Er hat die Dimension einer Beschleunigung. Im Spezialfall der Schwere handelt es sich um den Vektor der Schwerebeschleunigung.

Ferner wirken Flächenkräfte, nämlich Normal- und Schubspannungen, insbesondere der Druck p und die Reibungskräfte. Alle auf ein Flächenelement df mit der Normalenrichtung $\vec{n}$ wirkenden Oberflächenkräfte können durch die Komponenten eines Spannungstensors $\boldsymbol{P}$ ausgedrückt werden. Er sei wie der Druck p und die Wandschubspannung τ_w in Abschnitt II,14 auf die Flächeneinheit bezogen:

$$\boldsymbol{P}: \begin{pmatrix} p_{xx}, & p_{xy}, & p_{xz} \\ p_{yx}, & p_{yy}, & p_{yz} \\ p_{zx}, & p_{zy}, & p_{zz} \end{pmatrix} \qquad (5)$$

Dabei bezieht sich der erste Index der Komponenten auf die Normalenrichtung der Fläche, auf die die Kraft ausgeübt wird und der zweite Index auf die Richtung der Kraft, Abb. 2. p_{xy} ist also eine auf eine Fläche normal zur x-Achse wirkende Kraft in y-Richtung. Die Normalschubspannungen p_{xx}, p_{yy}, p_{zz} setzen sich aus dem gegen die Normalenrichtung wirkenden statischen Druck p und einem Rest $p_{xx} + p$, $p_{yy} + p$, $p_{zz} + p$ zusammen, der Reibungskräfte darstellt. Die letzteren sind in der Regel klein. Sie erlangen aber z. B. bei starken Änderungen des Strömungszustandes in Bewegungsrichtung, wie sie bei kleinen Wellenlängen oder bei Stößen auftreten, Bedeutung, vgl. etwa Abschnitt X,2.

Bei der weiteren Behandlung wird des öfteren eine Aufteilung des Tensors $\boldsymbol{P}$ in einen Drucktensor und einen Reibungstensor erfolgen

$$\begin{pmatrix} p_{xx}, & p_{xy}, & p_{xz} \\ p_{yx}, & p_{yy}, & p_{yz} \\ p_{zx}, & p_{zy}, & p_{zz} \end{pmatrix} = \begin{pmatrix} -p, & 0, & 0 \\ 0, & -p, & 0 \\ 0, & 0, & -p \end{pmatrix} + \begin{pmatrix} p_{xx} + p, & p_{xy}, & p_{xz} \\ p_{yx}, & p_{yy} + p, & p_{yz} \\ p_{zx}, & p_{zy}, & p_{zz} + p \end{pmatrix},$$

ohne daß dafür hier besondere Symbole eingeführt werden.

Auf die Flächeneinheit eines Flächenelementes df mit der Flächennormalen $\vec{n}$ wirkt der Kraftvektor $\vec{p}$

$$\vec{p} = \vec{n} \cdot \boldsymbol{P}: \quad (\cos(n, x); \cos(n, y); \cos(n, z)) \cdot \begin{pmatrix} p_{xx}, & p_{xy}, & p_{xz} \\ p_{yx}, & p_{yy}, & p_{yz} \\ p_{zx}, & p_{zy}, & p_{zz} \end{pmatrix} \tag{6}$$

mit den drei untereinander geschriebenen Komponenten:

$$\vec{p}: \quad \begin{aligned} & p_{xx} \cos(n, x) + p_{yx} \cos(n, y) + p_{zx} \cos(n, z); \\ & p_{xy} \cos(n, x) + p_{yy} \cos(n, y) + p_{zy} \cos(n, z); \\ & p_{xz} \cos(n, x) + p_{yz} \cos(n, y) + p_{zz} \cos(n, z). \end{aligned} \tag{7}$$

Um dies einzusehen, braucht man sich nur zu überlegen, daß sich beispielsweise die x-Komponente des Flächenkraftvektors $\vec{p}$ nur aus den x-Komponenten des Tensors $\boldsymbol{P}$, nämlich p_{xx}, p_{yx}, p_{zx}, zusammensetzen kann. Dabei kann aber jede dieser Spannungskomponenten nur proportional zur Angriffsfläche wirken, weshalb die Komponenten der Reihe nach mit den Komponenten von $\vec{n}$ zu multiplizieren sind.

Der Flächenkraftvektor $\vec{p}$ unterscheidet sich vom Massenkraftvektor $\vec{g}$, abgesehen von der Dimension (in einem Fall Kraft/Flächeneinheit, im anderen Kraft/Masseneinheit), vor allem dadurch, daß er von der Richtung $\vec{n}$ des Flächenelementes abhängt, an welchem man ihn angreifen läßt, Abb. 3, während der Massenkraftvektor $\vec{g}$ in der Regel eine nach Größe und Richtung vorgegebene Feldgröße darstellt.

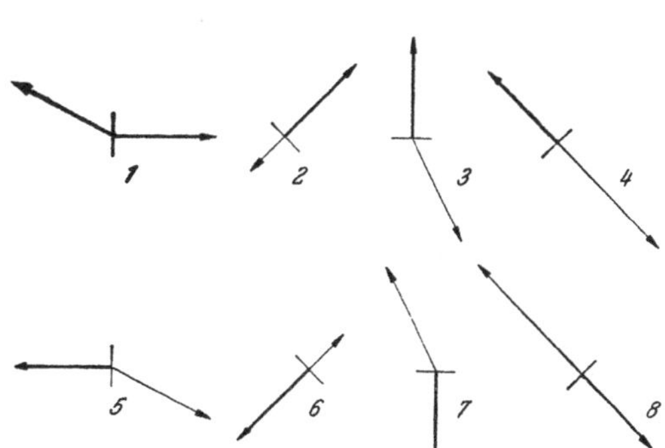

Abb. IV,3. Normalenvektor ⟶ und Flächenkraftvektor → einer Couette-Strömung.

In reibungsloser Strömung wird eine Oberflächenkraft nur durch den statischen Druck p bewirkt. Der Vektor $\vec{p}$ ist dann stets der Flächennormalen $\vec{n}$ entgegengerichtet und hat den Betrag p. Dies folgt natürlich auch formal sofort aus Gl. (6), da sich die Tensor-Komponenten auf den Wert $-p$ auf der Hauptdiagonale reduzieren. Die Reibungsschubspannung dreht den Vektor $\vec{p}$ im allgemeinen aus der Normalenrichtung heraus und ändert auch seinen Betrag.

Um die *Resultierende* der im Raumbereich B wirkenden *Massenkräfte* zu erhalten, ist $\vec{g}$ zunächst auf die Raumeinheit zu beziehen (d. h. mit ϱ zu multiplizieren) und dann über den ganzen Raum zu integrieren:

$$\iiint\limits_B \vec{g}\varrho \, \mathrm{d}x \, \mathrm{d}y \, \mathrm{d}z .$$

Analog erhält man die Resultierende der Flächenkräfte, indem man den Vektor $\vec{p}$, Gl. (6) bzw. (7), mit dem Flächenelement $\mathrm{d}f$ multipliziert und dann über die Oberfläche f integriert:

$$\iint\limits_f \vec{p} \, \mathrm{d}f .$$

Die Summe aller Massen- und Flächenkräfte muß gleich einer Erhöhung an Bewegungsgröße sein. Diese setzt sich aus der zeitlichen Änderung der Bewegungsgröße im Wirkungsbereich B

$$\frac{\mathrm{d}}{\mathrm{d}t} \iiint\limits_B \varrho \vec{W} \, \mathrm{d}x \, \mathrm{d}y \, \mathrm{d}z$$

zusammen (bei welcher die zeitliche Ableitung wieder unter das Integralzeichen genommen werden kann) und aus dem Transport von Bewegungsgröße durch die Begrenzungsfläche f in die Umgebung:

$$\iint\limits_f \varrho \vec{W} W_n \, \mathrm{d}f .$$

Somit lautet der Impulssatz:

$$\frac{\mathrm{d}}{\mathrm{d}t} \iiint\limits_B \varrho \vec{W} \, \mathrm{d}x \, \mathrm{d}y \, \mathrm{d}z + \iint\limits_f \varrho \vec{W} W_n \, \mathrm{d}f = \iiint\limits_B \vec{g}\varrho \, \mathrm{d}x \, \mathrm{d}y \, \mathrm{d}z + \iint\limits_f \vec{p} \, \mathrm{d}f . \qquad (8)$$

Er läßt sich mit Hilfe von (3), (4) und (7) leicht durch die Komponenten der Geschwindigkeit und der Kräfte ausdrücken.

Für den wichtigen Fall reibungsfreier Strömung reduziert sich der Flächenkraftvektor auf die einfache Form

$$\vec{p} = -p\vec{n} , \qquad (9)$$

und der Impulssatz lautet in diesem Falle:

$$\frac{\mathrm{d}}{\mathrm{d}t} \iiint\limits_B \varrho \vec{W} \, \mathrm{d}x \, \mathrm{d}y \, \mathrm{d}z + \iint\limits_f [\varrho \vec{W} W_n + p\vec{n}] \, \mathrm{d}f = \iiint\limits_B \vec{g}\varrho \, \mathrm{d}x \, \mathrm{d}y \, \mathrm{d}z . \qquad (10)$$

Die Reibungskräfte werden später in den Differentialgleichungen durch Deformationsgeschwindigkeiten ausgedrückt, bleiben aber hier besser in dieser Form stehen.

Die Aufstellung des allgemeinen *Energiesatzes* wurde im Abschnitt über instationäre Fadenströmung weitgehend vorbereitet. Es soll sich wieder um eine Leistungsbilanz handeln, in welcher die Leistung der Massen- und Flächenkräfte gleichgesetzt wird der zeitlichen Änderung an kinetischer Energie, an innerer Energie und der Energiezufuhr, für welche zunächst lediglich Wärmeleitung in Betracht gezogen werden soll. Es wird sich nämlich zeigen, daß damit bereits der erforderliche Einblick und die Voraussetzungen für Verallgemeinerungen gewonnen werden.

Wieder kann die Arbeitsleistung eine zeitliche Änderung von kinetischer und innerer Energie im betrachteten Bereich

$$\frac{\mathrm{d}}{\mathrm{d}t}\iiint\limits_B \varrho\left(\frac{W^2}{2}+e\right)\mathrm{d}x\,\mathrm{d}y\,\mathrm{d}z$$

und einen Transport der beiden Energiesorten durch die Begrenzungsfläche f bewirken:

$$\iint\limits_f \varrho W_n\left(\frac{W^2}{2}+e\right)\mathrm{d}f.$$

Mit λ als *Wärmeleitvermögen* ist der Wärmestrom pro Flächeneinheit

$$-\lambda\frac{\partial T}{\partial n},$$

der gesamte Wärmestrom somit:

$$-\iint\limits_f \lambda\frac{\partial T}{\partial n}\,\mathrm{d}f = -\iint\limits_f \lambda\left[\frac{\partial T}{\partial x}\cos(n,x)+\frac{\partial T}{\partial y}\cos(n,y)+\frac{\partial T}{\partial z}\cos(n,z)\right]\mathrm{d}f$$

$$= -\iint\limits_f \lambda\vec{n}\,\mathrm{grad}\,T\,\mathrm{d}f.$$

Mit entgegengesetzten Vorzeichen handelt es sich um eine Wärme*zufuhr,* da der Wärmestrom in Richtung des Temperaturgefälles verläuft, also in das Rauminnere gerichtet ist, wenn T in Normalenrichtung zunimmt.

Die Leistungen der Kräfte ergeben sich, indem die Projektionen der resultierenden Kraft auf die Geschwindigkeitsrichtung mit der Geschwindigkeit multipliziert und dann integriert werden.

Es muß also das innere Produkt von Geschwindigkeitsvektor und Kraftvektor gebildet werden. Damit folgt für die Leistung der Massenkräfte:

$$\iiint\limits_B \vec{W}\cdot\vec{g}\cdot\varrho\,\mathrm{d}x\,\mathrm{d}y\,\mathrm{d}z = \iiint\limits_B (uX+vY+wZ)\,\mathrm{d}x\,\mathrm{d}y\,\mathrm{d}z.$$

Die Leistung der Flächenkräfte ist

$$\iint_f \vec{p} \cdot \vec{W} \, \mathrm{d}f = -\iint_f p \cdot \vec{n} \cdot \vec{W} \, \mathrm{d}f + \iint_f (\vec{p} + p\vec{n}) \, \vec{W} \, \mathrm{d}f .$$

Wegen der Länge der Ausdrücke von Gl. (7) wurde die Komponentenschreibweise hier vermieden. Hingegen wurde eine Aufspaltung in die Leistung des statischen Druckes und die Leistung der Reibungskraft vorgenommen. Indem man den ersten Teil zum Energiefluß schlägt, erhält man folgende Form des Energiesatzes:

$$\begin{aligned} &\frac{\mathrm{d}}{\mathrm{d}t} \iiint_B \left(\frac{W^2}{2} + e\right) \varrho \, \mathrm{d}x \, \mathrm{d}y \, \mathrm{d}z + \iint_f \left(\frac{W^2}{2} + e + \frac{p}{\varrho}\right) \varrho W_n \, \mathrm{d}f \\ &= \iint_f \lambda \operatorname{grad} T \cdot \vec{n} \, \mathrm{d}f + \iiint_B \vec{W} \cdot \vec{g} \cdot \varrho \, \mathrm{d}x \, \mathrm{d}y \, \mathrm{d}z + \iint_f (\vec{p} + p\vec{n}) \, \vec{W} \, \mathrm{d}f . \end{aligned} \tag{11}$$

Auf der rechten Gleichungsseite steht der Reihe nach: die zeitliche Wärmezufuhr, die Leistung der Massenkräfte im Inneren und die Leistung der Reibungskräfte an der Oberfläche des Bereiches B. Im zweiten Summand links tritt wieder wie in den einfacheren Formen des Energiesatzes der Abschnitte II,1 und III,3 die Enthalpie der Masseneinheit auf:

$$i = e + \frac{p}{\varrho} .$$

Die Sätze (2), (8) und (11) gelten ganz allgemein für jedes beliebige Medium, betreffs dessen Eigenschaften ja keinerlei Voraussetzungen gemacht wurden. Sie geben für einen bestimmten Bereich B fünf Bindungen für fünf unbekannte unabhängige Funktionen: die drei Geschwindigkeitskomponenten und zwei thermische Zustandsgrößen. Von beiden letzteren hängen alle übrigen thermischen Zustandsgrößen ab.

Dies würde für eine „einfache Substanz“ gelten. Befindet sich das Medium jedoch weder im gehemmten noch im ungehemmten thermodynamischen Gleichgewicht, so müssen noch Relaxationsgleichungen mit herangezogen werden, wie etwa in Abschnitt II,16 die Gl. (118) für das Zweisubstanzenmodell.

2. Differentialgleichungen der Bewegung

Die Differentialgleichungen lassen sich leicht aus den Integralsätzen gewinnen nachdem alle Flächenintegrale in Raumintegrale umgewandelt sind.

Allerdings werden in den älteren Abhandlungen die Differentialgleichungen erst aufgestellt und sodann die Integralsätze gewonnen. Die ersteren stellen aber größere Anforderungen an die verwendeten Funktionen, wie die der Existenz von Differentialquotienten. Gerade das Auftreten von Sprüngen der Zustände in

Verdichtungsstößen macht ein direktes Ableiten der Integralsätze erforderlich. Deren Unabhängigkeit vom gewählten Koordinatensystem (die Invarianz gegen Drehungen und Galileitransformationen) ist auch viel augenfälliger als jene der Differentialgleichungen. Schließlich ist der hier gewählte Weg der Ableitung weder länger noch weniger anschaulich als eine direkte Aufstellung von Differentialgleichungen. Selbstverständlich muß bei der Herleitung der Differentialgleichungen aus den Integralsätzen eine entsprechende Differenzierbarkeit vorausgesetzt werden.

Die Erhaltungssätze für Masse, Impuls und Energie des letzten Abschnittes enthalten noch keine Differenzierbarkeitsvoraussetzung, weshalb im Bereich B ohne weiteres auch Verdichtungsstöße auftreten dürfen. Umgekehrt läßt sich für reibungsfreie *stetige* Strömung einer einfachen Substanz ein Erhaltungssatz für den Entropiefluß aufstellen. Siehe Kleindruck in Abschnitt 6.

Die Umwandlung der Flächenintegrale in Raumintegrale erfolgt mit Hilfe des Gaußschen Integralsatzes. Es gilt für ein Funktionentripel $L(x, y, z)$, $M(x, y, z)$, $N(x, y, z)$ mit den erforderlichen Differenzierbarkeitseigenschaften

$$\iint_f [L \cos(n, x) + M \cos(n, y) + N \cos(n, z)]\, df$$

$$= \iiint_B \left[\frac{\partial L}{\partial x} + \frac{\partial M}{\partial y} + \frac{\partial N}{\partial z}\right] dx\, dy\, dz. \tag{12}$$

Der Satz ist einleuchtend. Die Ausführung der Integration über den ersten Summanden des Raumintegrals ergibt:

$$\iiint_B \frac{\partial L}{\partial x}\, dx\, dy\, dz = \iint [L_r - L_l]\, dy\, dz.$$

L_r und L_l sind die Werte von L am linken und rechten Ende der Strecke parallel zur x-Achse, über welche integriert wurde, also Werte auf der Fläche f. Es ist ferner

$$dy\, dz = \pm \cos(n, x)\, df$$

am rechten und linken Ende, da die Normale rechts im wesentlichen die Richtung der positiven, links die Richtung der negativen x-Achse hat. Daraus ergibt sich dann

$$\iiint_B \frac{\partial L}{\partial x}\, dx\, dy\, dz = \iint_f L \cos(n, x)\, df.$$

Die entsprechende Integration kann dann bei den anderen Summanden gemacht werden, was in der Summe Gl. (12) ergibt.

Handelt es sich um „Flüsse“, also um den Transport von Masse, Impuls oder Energie, wie sie in den verschiedenen Erhaltungssätzen auftreten, dann setzt man mit $F(x, y, z)$ als beliebiger Funktion für die transportierte Größe

$$L = Fu, \quad M = Fv, \quad N = Fw$$

und erhält mit Gln. (1) und (12) die Beziehung:

$$\iint_f F W_n \, \mathrm{d}f = \iiint_B \left[\frac{\partial(Fu)}{\partial x} + \frac{\partial(Fv)}{\partial y} + \frac{\partial(Fw)}{\partial z}\right] \mathrm{d}x \, \mathrm{d}y \, \mathrm{d}z$$

$$= \iiint_B \operatorname{div}\left(F\vec{W}\right) \mathrm{d}x \, \mathrm{d}y \, \mathrm{d}z. \tag{13}$$

Der Gaußsche Integralsatz in der Form von Gl. (13) mit $F = \varrho$ auf Gl. (2) angewendet ergibt:

$$\iiint_B \frac{\partial \varrho}{\partial t} \mathrm{d}x \, \mathrm{d}y \, \mathrm{d}z + \iiint_B \left[\frac{\partial(\varrho u)}{\partial x} + \frac{\partial(\varrho v)}{\partial y} + \frac{\partial(\varrho w)}{\partial z}\right] \mathrm{d}x \, \mathrm{d}y \, \mathrm{d}z = 0.$$

Wird der Raumbereich so klein gewählt, daß die Ableitungen darin als unveränderlich angesehen werden können, so ergibt sich daraus die Kontinuitätsbedingung als Differentialgleichung folgender Form:

$$\frac{\partial \varrho}{\partial t} + \frac{\partial(\varrho u)}{\partial x} + \frac{\partial(\varrho v)}{\partial y} + \frac{\partial(\varrho w)}{\partial z} = 0. \tag{14}$$

Man nennt eine solche Summe erster partieller Ableitungen eine *Divergenz-Form* wegen ihrer Verwandtschaft mit dem Divergenzoperator der Vektorrechnung. Der Übergang von einer Differentialgleichung zu einer Differenzengleichung ist bei einer Divergenzform besonders einfach. Diese spielt daher in der modernen Rechentechnik auch eine wichtige Rolle.

Wird analog zu Gl. (III,1) eine zeitliche massenfeste Ableitung gebildet

$$\frac{\mathrm{d}}{\mathrm{d}t} = \frac{\partial}{\partial t} + u \frac{\partial}{\partial x} + v \frac{\partial}{\partial y} + w \frac{\partial}{\partial z}, \tag{15}$$

so kann die Kontinuitätsbedingung auch wie folgt geschrieben werden:

$$\frac{1}{\varrho} \frac{\mathrm{d}\varrho}{\mathrm{d}t} + \frac{\partial u}{\partial x} + \frac{\partial v}{\partial y} + \frac{\partial w}{\partial z} = 0. \tag{16}$$

Aus dieser folgt sofort die bekannte Kontinuitätsbedingung für dichtebeständige Medien ($\varrho =$ konst.).

Im Impulssatz Gl. (8) treten zwei Flächenintegrale auf. Das erste läßt sich mittels Gl. (13) sofort verwandeln. Die Komponenten von ϱW brauchen nur der Reihe nach durch F ersetzt werden. Man sieht dann, daß in Gl. (13) die Funktion F sowohl als skalare Größe wie auch als Vektor verstanden werden darf.

$$\iint_f \varrho \vec{W} W_n \, \mathrm{d}f = \iiint_B \left[\frac{\partial\left(\varrho u \vec{W}\right)}{\partial x} + \frac{\partial\left(\varrho v \vec{W}\right)}{\partial y} + \frac{\partial\left(\varrho w \vec{W}\right)}{\partial z}\right] \mathrm{d}x \, \mathrm{d}y \, \mathrm{d}z.$$

Im letzten Integral von Gl. (8) führt man mit Gl. (6) zunächst $\boldsymbol{P}$ ein. Man findet dann mit Gl. (7) und (12):

$$\iint_f \vec{p}\,\mathrm{d}f = \iint_f \vec{n}\boldsymbol{P}\,\mathrm{d}f = \iiint_B \operatorname{grad}\boldsymbol{P}\,\mathrm{d}x\,\mathrm{d}y\,\mathrm{d}z\,.$$

Dabei bedeutet

$$\operatorname{grad}\boldsymbol{P} = \left(\frac{\partial}{\partial x};\ \frac{\partial}{\partial y};\ \frac{\partial}{\partial z}\right)\begin{pmatrix} p_{xx};\ p_{xy};\ p_{xz} \\ p_{yx};\ p_{yy};\ p_{yz} \\ p_{zx};\ p_{zy};\ p_{zz}\end{pmatrix} = \begin{pmatrix} \frac{\partial p_{xx}}{\partial x} + \frac{\partial p_{yx}}{\partial y} + \frac{\partial p_{zx}}{\partial z} \\ \frac{\partial p_{xy}}{\partial x} + \frac{\partial p_{yy}}{\partial z} + \frac{\partial p_{zy}}{\partial z} \\ \frac{\partial p_{xz}}{\partial x} + \frac{\partial p_{yz}}{\partial y} + \frac{\partial p_{zz}}{\partial z}\end{pmatrix}. \quad (17)$$

Damit sind zunächst alle Integrale von Gl. (8) in Raumintegrale umgewandelt.

Man schließt genauso wie bei der Herleitung der Differentialgleichung (14) aus der darüber stehenden Integralform, daß die Summe aller Integranden der Raumintegrale verschwinden muß, wenn diese Integrale für jeden Bereich gelten sollen, und erhält damit die Divergenzform der Bewegungsgleichung:

$$\frac{\partial}{\partial t}\left(\varrho\vec{W}\right) + \frac{\partial}{\partial x}\left(\varrho u\vec{W}\right) + \frac{\partial}{\partial y}\left(\varrho v\vec{W}\right) + \frac{\partial}{\partial z}\left(\varrho w\vec{W}\right) = \varrho\vec{g} + \operatorname{grad}\boldsymbol{P}. \quad (18)$$

Bei Übergang zur Komponentenschreibweise ist der letzte Summand durch die rechte Seite von Gl. (17) zu ersetzen.

Im Gegensatz zur Kontinuitätsbedingung (14) handelt es sich bei Gl. (18) allerdings nur dann um einen reinen Divergenzausdruck, wenn keine äußeren Kräfte auftreten, $\vec{g} = 0$, und solange der Spannungstensor $\boldsymbol{P}$ noch nicht mittels Gl. (24) durch den mit dem Reibungskoeffizienten multiplizierten Deformationstensor ersetzt wird.

Die Ableitungen der linken Gleichungsseite von (18) können nach der Produktregel aufgespalten werden, so daß der eine Faktor jeweils der Geschwindigkeitsvektor $\vec{W}$ ist. Dann tritt auf der linken Seite die mit $\vec{W}$ multiplizierte Kontinuitätsbeziehung (14) auf. Für eine massenquellenfreie Strömung fallen diese Glieder weg, und man erhält die Form der Bewegungsgleichung:

$$\frac{\mathrm{d}\vec{W}}{\mathrm{d}t} = \frac{\partial\vec{W}}{\partial t} + u\frac{\partial\vec{W}}{\partial x} + v\frac{\partial\vec{W}}{\partial y} + w\frac{\partial\vec{W}}{\partial z} = \frac{1}{\varrho}\operatorname{grad}\boldsymbol{P} + \vec{g}\,. \quad (19)$$

Für den Übergang zur Komponentenschreibweise ist wieder Gl. (17) zu verwenden.

Gl. (19) ist gut zu verstehen. Auf der linken Seite steht die Beschleunigung der Masseneinheit. Sie wird bewirkt durch Massenkräfte $\vec{g}$, bezogen auf die Masseneinheit und durch Flächenkräfte, repräsentiert durch den Tensor $\boldsymbol{P}$. Dabei können nur jene Komponenten des Tensors auftreten, die in Richtung der Beschleunigung wirken, also z. B. in x-Richtung, vgl. Gl. (17), die Komponenten p_{xx}, p_{yx}, p_{zx}, da jeweils der zweite Index die Richtung der Kraft, der erste die Richtung der

Neigung der Fläche angibt. Ferner bewirken die Normalspannungen und die Schubspannungen noch keine Beschleunigung des Teilchens, wenn sie an der betreffenden Stelle konstant sind, weil sich die Wirkung gleich großer Spannungen auf zwei gegenüberliegende Flächen aufheben. Nur Änderungen der Spannungen senkrecht zur Angriffsfläche können Beschleunigungen bewirken· Daher stehen stets die Änderungen der Spannungen in Richtung der Flächennormalen in der Bewegungsgleichung: Die Koordinaten der Ableitungen stimmeen stets mit dem ersten Index der Tensorkomponente überein.

Im Falle reibungsloser Strömung gibt es nur Normalspannungen und diese sind gleich mit dem negativen Druck:

$$p_{xx} = p_{yy} = p_{zz} = -p; \qquad p_{yz} = p_{zy} = p_{zx} = p_{xz} = p_{xy} = p_{yx} = 0. \tag{20}$$

Aus Gl. (19) folgen dann die *Eulerschen Bewegungs*gleichungen, in Komponentenschreibweise mit Gl. (4), (7) und (20):

$$\frac{\mathrm{d}u}{\mathrm{d}t} = -\frac{1}{\varrho}\frac{\partial p}{\partial x} + X; \quad \frac{\mathrm{d}v}{\mathrm{d}t} = -\frac{1}{\varrho}\frac{\partial p}{\partial y} + Y; \quad \frac{\mathrm{d}w}{\mathrm{d}t} = -\frac{1}{\varrho}\frac{\partial p}{\partial z} + Z. \tag{21}$$

Sie unterscheiden sich formal nicht von den Eulerschen Gleichungen für dichtebeständige Medien, nur ist ϱ bei Strömungen von Gasen im allgemeinen natürlich nicht mehr konstant.

Die Reibungskräfte werden in der Strömungsmechanik in der Regel als lineare Funktionen der Deformationsänderungsgeschwindigkeit, dargestellt durch den Tensor $\boldsymbol{D}$, angesetzt. Es ist

$$\boldsymbol{D} = \begin{Bmatrix} \dfrac{\partial u}{\partial x}; & \dfrac{1}{2}\left(\dfrac{\partial u}{\partial y} + \dfrac{\partial v}{\partial x}\right); & \dfrac{1}{2}\left(\dfrac{\partial u}{\partial z} + \dfrac{\partial w}{\partial x}\right) \\ \dfrac{1}{2}\left(\dfrac{\partial v}{\partial x} + \dfrac{\partial u}{\partial y}\right); & \dfrac{\partial v}{\partial y}; & \dfrac{1}{2}\left(\dfrac{\partial v}{\partial z} + \dfrac{\partial w}{\partial y}\right) \\ \dfrac{1}{2}\left(\dfrac{\partial w}{\partial x} + \dfrac{\partial u}{\partial z}\right); & \dfrac{1}{2}\left(\dfrac{\partial w}{\partial y} + \dfrac{\partial v}{\partial z}\right); & \dfrac{\partial w}{\partial z} \end{Bmatrix}. \tag{22}$$

Mit $\boldsymbol{E}$ als Einheitstensor,

$$\boldsymbol{E} = \begin{pmatrix} 1; & 0; & 0 \\ 0; & 1; & 0 \\ 0; & 0; & 1 \end{pmatrix}, \tag{23}$$

kann der Tensor der Reibungskräfte wie folgt dargestellt werden:

$$\boldsymbol{P} + p \cdot \boldsymbol{E} = 2\mu \boldsymbol{D} + \bar{\mu}\, \mathrm{div}\, \vec{W} \cdot \boldsymbol{E}. \tag{24}$$

Bei allen Summanden von Gl. (24) handelt es sich um symmetrische Tensoren.

Hierin ist μ der Reibungskoeffizient und $\bar{\mu}$ ein Koeffizient der Volumenviskosität. Der letztere hat nur bei kompressiblen Medien Bedeutung. Seine praktische Bedeutung ist allerdings bisher gering.

Vielfach wird der statische Druck p dem negativen mittleren Normaldruck $-\frac{1}{3}(p_{xx} + p_{yy} + p_{zz})$ gleichgesetzt, woraus sich $\bar{\mu} = -\frac{2}{3}\mu$ ergibt. Diese Beziehung wird aber nicht durch die kinetische Gastheorie bestätigt und soll daher auch hier nicht verwendet werden.

Der Ansatz Gl. (24) kann nicht ohne tieferes Eingehen auf die Teilchendeformationen gerechtfertigt werden. Er soll hier als bekanntes Ergebnis der klassischen Hydrodynamik einfach übernommen werden [••23].

Die Elimination der Reibungskräfte in Gl. (19) durch die Deformationsgeschwindigkeiten Gl. (24) führt zu den *Navier-Stokes-Gleichungen* kompressibler Medien

$$\varrho \frac{d\vec{W}}{dt} = -\operatorname{grad} p + \vec{g} + \operatorname{grad} \cdot (\boldsymbol{P} + p\boldsymbol{E})$$

$$= -\operatorname{grad} p + \vec{g} + \operatorname{grad} \cdot (\mu 2\boldsymbol{D}) + \operatorname{grad}(\bar{\mu} \operatorname{div} \vec{W}), \tag{25}$$

oder in Komponenten

$$\varrho \frac{du}{dt} = -\frac{\partial p}{\partial x} + \varrho X + 2\frac{\partial}{\partial x}\left(\mu \frac{\partial u}{\partial x}\right) + \frac{\partial}{\partial y}\left[\mu\left(\frac{\partial u}{\partial y} + \frac{\partial v}{\partial x}\right)\right]$$

$$+ \frac{\partial}{\partial z}\left[\mu\left(\frac{\partial w}{\partial x} + \frac{\partial u}{\partial z}\right)\right] + \frac{\partial}{\partial x}\left[\bar{\mu}\left(\frac{\partial u}{\partial x} + \frac{\partial v}{\partial y} + \frac{\partial w}{\partial z}\right)\right] \tag{26}$$

und zwei entsprechenden Gleichungen für die y- und z-Richtung. Keineswegs können hierin μ und $\bar{\mu}$ als konstant angesehen werden und vor die Ableitungen gestellt werden. Diese Koeffizienten sind zwar bei idealen Gasen lediglich temperaturabhängig, ihre Temperaturabhängigkeit ist aber in vielen Fällen nicht geringer als jene der Dichte. In manchen Fällen kann selbst bei Gasströmungen eher ϱ als μ durch konstante Größen genähert werden. Bei Strömungen von Ölen starker Temperaturunterschiede zeigt sich wegen der Temperaturabhängigkeit von μ eine nahe Verwandtschaft der Probleme mit jenen der Gasdynamik.
Im Energiesatz (11) treten drei Flächenintegrale auf. Der Einfachheit halber seien die Druckintegrale zusammengefaßt. Dann handelt es sich beim ersten Flächenintegral um einen reinen Energiefluß und man erhält mit $F = (W^2/2 + e)\varrho$ aus dem Gaußschen Satz (13):

$$\iint_f \left(\frac{W^2}{2} + e\right)\varrho W_n \, df = \iiint_B \operatorname{div}\left[\left(\frac{W^2}{2} + e\right)\varrho \vec{W}\right] dx\, dy\, dz.$$

Im Wärmeleitungsintegral von (11) brauchen die Komponenten von $\lambda \operatorname{grad} T$ nur gleich L, M, N gesetzt werden und man erhält mit Gl. (12):

$$\iint_f \lambda \operatorname{grad} T \cdot \vec{n} \, df = \iiint_B \operatorname{div}(\lambda \operatorname{grad} T)\, dx\, dy\, dz.$$

Das Integral der Flächenkräfte schließlich läßt sich mit Gl. (12) wie folgt umformen:

$$\iint_f \vec{p} \cdot \vec{W} \, df = \iint_f (\vec{n} \cdot \boldsymbol{P}) \vec{W} \, df = \iint_f \vec{n}(\boldsymbol{P} \cdot \vec{W}) \, df = \iiint_B \operatorname{div} (\boldsymbol{P} \cdot \vec{W}) \, dx \, dy \, dz.$$

Dabei steht gemäß der Tensorsymbolik $\boldsymbol{P} \cdot \vec{W}$ für die drei „Komponenten":

$$\boldsymbol{P} \cdot \vec{W} = \begin{pmatrix} p_{xx}, p_{xy}, p_{xz} \\ p_{yx}, p_{yy}, p_{yz} \\ p_{zx}, p_{zy}, p_{zz} \end{pmatrix} \begin{pmatrix} u \\ v \\ w \end{pmatrix} = \begin{pmatrix} p_{xx}u + p_{xy}v + p_{xz}w \\ p_{yx}u + p_{yy}v + p_{yz}w \\ p_{zx}u + p_{zy}v + p_{zz}w \end{pmatrix}. \tag{27}$$

Auf dem bereits öfter beschrittenen Weg erhält man, weil die Summe der Integranden aller Raumintegrale verschwinden muß, schließlich die *Divergenzform der Energiedifferentialgleichung*:

$$\frac{\partial}{\partial t}\left[\varrho\left(\frac{W^2}{2} + e\right)\right] + \operatorname{div}\left[\left(\frac{W^2}{2} + e\right)\varrho\vec{W}\right]$$
$$= \operatorname{div}(\lambda \operatorname{grad} T) + \varrho\vec{W} \cdot \vec{g} + \operatorname{div}(\boldsymbol{P} \cdot \vec{W}). \tag{28}$$

Ähnlich wie bei der Bewegungsgleichung (18) handelt es sich nur dann um eine reine Divergenzform, wenn Wärmeleitung, Reibung und die äußeren Kräfte fortfallen.

Wieder ähnlich wie bei der Bewegungsgleichung (18) läßt sich nun auf Gl. (28) die Produktregel der Differentiation anwenden. Dabei ist für den letzten Summanden von (28) folgende Beziehung zu beachten, von der man sich leicht durch Übergang auf die Komponenten überzeugen kann:

$$\operatorname{div}(\boldsymbol{P} \cdot \vec{W}) = (\operatorname{grad} \cdot \boldsymbol{P}) \vec{W} + \operatorname{Spur}(\boldsymbol{P} \cdot \boldsymbol{D})$$
$$= (\operatorname{grad} \cdot \boldsymbol{P}) \vec{W} + \operatorname{Spur}[(\boldsymbol{P} + p\boldsymbol{E}) \cdot \boldsymbol{D}] - p \operatorname{div} \vec{W}.$$

Dabei versteht man unter der Spur eines Tensors die Summe der Glieder der Hauptdiagonale.

Man erhält damit:

$$\left(\frac{W^2}{2} + e\right)\left[\frac{\partial\varrho}{\partial t} + \operatorname{div}(\varrho \cdot \vec{W})\right] + \varrho \frac{d}{dt}\left(\frac{W^2}{2}\right) + \varrho \frac{de}{dt}$$
$$= \operatorname{div}(\lambda \operatorname{grad} T) + \varrho\vec{W} \cdot \vec{g} + (\operatorname{grad} \cdot \boldsymbol{P}) \cdot \vec{W} + \operatorname{Spur}[(\boldsymbol{P} + p\boldsymbol{E}) \cdot \boldsymbol{D}] - p \operatorname{div} \vec{W}.$$

Für ein quellenfreies Feld verschwindet der erste Summand. Der zweite, fünfte und sechste Summand ergeben zusammen das innere Produkt der Bewegungsgleichung (19) mit $\varrho \cdot \vec{W}$. Ferner läßt sich mit Gl. (16) schreiben:

$$\operatorname{div} \vec{W} = -\frac{1}{\varrho}\frac{d\varrho}{dt} = \varrho \frac{d}{dt}\left(\frac{1}{\varrho}\right). \tag{29}$$

Es bleibt damit folgende Form des Energiesatzes:

$$\frac{\mathrm{de}}{\mathrm{dt}} + p\frac{\mathrm{d}}{\mathrm{d}t}\left(\frac{1}{\varrho}\right) = \frac{1}{\varrho}\,\Phi + \frac{1}{\varrho}\left[\frac{\partial}{\partial x}\left(\lambda\frac{\partial T}{\partial x}\right) + \frac{\partial}{\partial y}\left(\lambda\frac{\partial T}{\partial y}\right) + \frac{\partial}{\partial z}\left(\lambda\frac{\partial T}{\partial z}\right)\right]. \quad (30)$$

Darin ist Φ die sogenannte *Dissipation*:

$$\Phi = \mathrm{Spur}\,[(\boldsymbol{P} + p\boldsymbol{E})\cdot\boldsymbol{D}] = (p_{xx} + p)\frac{\partial u}{\partial x} + (p_{yy} + p)\frac{\partial v}{\partial y} + (p_{zz} + p)\frac{\partial w}{\partial z}$$

$$+ p_{xy}\left(\frac{\partial v}{\partial x} + \frac{\partial u}{\partial y}\right) + p_{yz}\left(\frac{\partial w}{\partial y} + \frac{\partial v}{\partial z}\right) + p_{zx}\left(\frac{\partial u}{\partial z} + \frac{\partial w}{\partial x}\right). \quad (31)$$

Sie ist die Arbeit, welche die Reibungskräfte in der Zeiteinheit und Raumeinheit bei der Deformation des entsprechenden Teilchens leisten. Die ersten drei Summanden ergeben sich aus den Streckungen und Dehnungen in drei aufeinander senkrechten Richtungen, die letzten drei Summanden aus den reinen Scherungen. Mittels Gl. (24) auf die Deformationsgeschwindigkeiten zurückgeführt, lautet die Dissipation:

$$\Phi = \tilde{\mu}\left(\frac{\partial u}{\partial x} + \frac{\partial v}{\partial y} + \frac{\partial w}{\partial z}\right)^2 + 2\mu\left[\left(\frac{\partial u}{\partial x}\right)^2 + \left(\frac{\partial v}{\partial y}\right)^2 + \left(\frac{\partial w}{\partial z}\right)^2\right]$$

$$+ \mu\left[\left(\frac{\partial v}{\partial x} + \frac{\partial u}{\partial y}\right)^2 + \left(\frac{\partial w}{\partial y} + \frac{\partial v}{\partial z}\right)^2 + \left(\frac{\partial u}{\partial z} + \frac{\partial w}{\partial x}\right)^2\right]. \quad (32)$$

Der erste Summand bezieht sich dabei allein auf kompressible Medien. Die Zusammensetzung von Φ aus lauter quadratischen Ausdrücken entspricht ihrer physikalischen Bedeutung als richtungsunabhängige Größe. Im Einklang damit ist die Spur eines Tensors eine „Drehungsinvariante".

Gl. (30) stellt den ersten Hauptsatz der Wärmelehre dar. Auf der linken Gleichungsseite steht die Zunahme der inneren Energie und die Arbeitsleistung pro Masseneinheit in der Zeiteinheit. Die Summe dieser beiden muß gleich sein der zugeführten Wärme in der Zeiteinheit. Diese setzt sich unter den gemachten Voraussetzungen zusammen aus der durch die Arbeit der Reibungskräfte entstehenden und der durch Wärmeleitung zugeführten Wärme. So wenig wie der Reibungskoeffizient kann auch das Wärmeleitvermögen als konstant angesehen werden. Es muß daher unter dem Differentialzeichen stehen bleiben. Beim idealen Gas ist die Temperaturabhängigkeit von λ ähnlich jener von μ.

Die Verwandtschaft mit dem für die instationäre Fadenströmung aufgestellten I. Hauptsatz, Gl. (III,17), ist offensichtlich. Wie dort können auch in Gl. (30) e, p und ϱ durch andere thermodynamische Funktionen ersetzt werden. Zusammen mit der Kontinuitätsbedingung und den drei Navier-Stokes-Gleichungen (25) besitzt man nun fünf Gleichungen für die drei Komponenten des Geschwindigkeitsvektors und für die Darstellung des thermodynamischen Zustandes. Dieser weist bei einer einfachen Substanz zwei unabhängige Zustandsgrößen auf. Beim Zwei-Substanzen-Modell tritt noch das Massenverhältnis α hinzu, zu dessen Bestimmung es noch einer Relaxationsgleichung bedarf, oder des Vorliegens thermodynamischen Gleichgewichtes.

Gl. (30) kann auch als erweiterte *Wärmeleitungsgleichung* angesehen werden, wobei sich aus der Dichteänderung des Gases und dem Reibungsvorgang Zusatzglieder ergeben. Wie die stationäre Fadenströmung mit Wärmezufuhr zeigte, gehen die Vorgänge bei kleinen Machzahlen isobar vor sich. Kann auch die Dissipation vernachlässigt werden, so bleibt mit Gl. (I,27) (wegen $p =$ konst. ist $\mathrm{d}i/\mathrm{d}t = (\partial i/\partial T)_p\,(\mathrm{d}T/\mathrm{d}t)$)

$$c_p\varrho\,\frac{\mathrm{d}T}{\mathrm{d}t} = c_p\varrho\left(\frac{\partial T}{\partial t} + u\,\frac{\partial T}{\partial x} + v\,\frac{\partial T}{\partial y} + w\,\frac{\partial T}{\partial z}\right)$$

$$= \frac{\partial}{\partial x}\left(\lambda\frac{\partial T}{\partial x}\right) + \frac{\partial}{\partial y}\left(\lambda\frac{\partial T}{\partial y}\right) + \frac{\partial}{\partial z}\left(\lambda\frac{\partial T}{\partial z}\right), \tag{33}$$

die Wärmeleitungsgleichung mit den konvektiven Gliedern $u\,\frac{\partial T}{\partial x}$, $v\,\frac{\partial T}{\partial y}$, $w\,\frac{\partial T}{\partial z}$. Danach muß in der Wärmeleitungsgleichung wegen des Druckausgleiches stets c_p (und nicht c_v) stehen, was nicht immer beachtet wird.

3. Verdichtungsstöße allgemeiner Lage

Zu einer vollständigen Beschreibung von Strömungen veränderlicher Dichte treten neben die Differentialgleichungen noch die Gleichungen, welche die Strömungszustände vor und hinter Verdichtungsstößen koppeln. Allerdings wären diese Stoßgleichungen exakt nur bei Strömungen ohne Reibung und Wärmeleitung erforderlich. Bei Reibung und Wärmeleitung können nämlich keine sprunghaften Änderungen von Zuständen auftreten. Beispielsweise bedeutet ein Temperatursprung ein unendliches Temperaturgefälle, das bei noch so kleinem Wärmeleitvermögen stets einen unendlichen Wärmestrom zur Folge hätte. Ein Temperatursprung müßte sich demnach sofort in eine stetige Temperaturverteilung auflösen. Daraus ergibt sich eine Abschätzung der Tiefe des Stoßes, welche von der Größenordnung der mittleren freien Weglänge der Moleküle ist und die sich daher mit den Mitteln der Kontinuumsphysik gar nicht berechnen läßt (Genaueres: Abschnitt X,2). Stöße sind also trotzdem auch in reibenden und wärmeleitenden Gasen praktisch als richtige Sprünge der Zustandsgrößen anzusehen, woraus sich die Bedeutung der Stoßgleichungen auch in diesem Falle ergibt.

Es wäre natürlich möglich, die allgemeinste Form von Stößen aus der allgemeinsten Form der Integralsätze abzuleiten. Jedoch gelangt man schneller zum Ziel, wenn man die Gleichungen durch Transformation auf ein bewegtes Bezugssystem ableitet, wie dies in III, Abschnitt 16, für die instationäre Fadenströmung gemacht wurde. Allerdings ist es zunächst nur erlaubt, auf gleichförmig bewegte Bezugssysteme zu transformieren (Galilei-Transformation), weil die Bewegungsgleichungen in beschleunigten Systemen ihre Gestalt ändern. Bereits die Berechtigung der Anwendung der Stoßgleichung auf veränderliche Zustände am Stoß könnten angezweifelt werden.

Die Berechtigung, mit Stößen als quasistationären Vorgängen zu rechnen, wird davon abhängen, um welchen Bruchteil sich etwa die Dichte, die Strömungsgeschwindigkeit oder auch die Schallgeschwindigkeit in jener Zeit ändert, in welcher sich die Änderung durch die Stoßfront hindurch bemerkbar macht. Ist Δx die Stoßfronttiefe, c die mittlere Schallgeschwindigkeit und $\partial F/\partial t$ die zeitliche Änderung irgendeiner Zustandsfunktion F, so kommt es also auf die Kleinheit folgenden dimensionslosen Ausdruckes an:

$$\frac{1}{F}\,\frac{\partial F}{\partial t}\,\frac{\Delta x}{c}.$$

Er ist fast stets verschwindend klein. Als Funktion F kann auch die Neigung $U + W$ der Stoßkurve in der x, t-Ebene genommen werden. Die zeitliche Ableitung ist dann im wesentlichen die Krümmung der Stoßkurve. Da es ja nur auf Größenordnungen ankommt, handelt es sich also darum, daß der Krümmungsradius der Stoßkurve in einer x, c_0t-Ebene groß gegen die Stoßfronttiefe ist. Dies ist nun praktisch stets der Fall bis auf jene Stellen, an welchen Stöße ineinanderlaufen und folglich geknickt sind. Dort dürften die Stoßgleichungen auf die Abstände von mehreren Stoßtiefen falsch sein, was noch immer keine Rolle spielt.

Wird ein senkrechter, stationärer Stoß aus einem in Stoßfrontrichtung bewegten Bezugssystem betrachtet, so ergibt sich wieder ein stationärer Stoß, denn die Zustände am Stoß bleiben gleich, der Stoß bewegt sich nicht. Die Geschwindigkeit vor und hinter der Stoßfront steht nun aber nicht mehr senkrecht auf ihr, weshalb von einem *schiefen Verdichtungsstoß* gesprochen wird. Da die Betrachtung bei einem beliebig schwachen Stoß aus einem beliebig schnell bewegten System gemacht werden kann, ergeben sich daraus die verschiedenen Stoßneigungen mit beliebig kleinen Geschwindigkeitsunterschieden vor und hinter dem Stoß. Es kann also auch ohne weiteres hinter einem schiefen Stoß Überschallgeschwindigkeit herrschen. Solche Stöße sind als Kopf- und Schwanzwelle fliegender Geschosse sehr bekannt. Die Wellen sind im allgemeinen gekrümmt. Ein genügend kleiner Ausschnitt aus einer solchen Stoßwelle kann aber stets als ein gerades Stück eines schiefen Stoßes angesehen werden. Diese Näherung ist stets möglich, wenn — ganz wie beim instationären Stoß — der Krümmungsradius als groß gegen die Stoßtiefe angesehen werden kann. Dies ist bei allen bisher aufgetretenen Beispielen der Fall.

Bei der Betrachtung eines senkrechten stationären Stoßes aus einem entlang der Stoßfront bewegten Bezugssystem werden die Geschwindigkeitsbeträge der eindimensionalen Theorie, Gl. (II,12), W und $\hat{W}$ zu Normalkomponenten der Geschwindigkeit auf die Stoßfront W_n und $\hat{W}_n$, während die thermodynamischen Zustandsgrößen p, $\hat{p}$, ϱ, $\hat{\varrho}$ und i, $\hat{\imath}$ die gleichen bleiben. Die Geschwindigkeit weist nun aber auch Tangentialkomponenten auf, nämlich dem Betrag nach die Bewegungsgeschwindigkeit des Beobachters $W_t = \hat{W}_t$, siehe etwa Abb. IX,20, für den Spezialfall ebener Strömung. Daraus folgt aber mit der letzten Gl. (II,12):

$$\frac{1}{2}\,\hat{W}_t^2 + \frac{1}{2}\,\hat{W}_n^2 + \hat{\imath} = \frac{1}{2}\,W_t^2 + \frac{1}{2}\,W_n^2 + i.$$

Auf beiden Seiten der Gleichung steht nun das vollständige (halbe) Geschwindigkeitsquadrat. Der Energiesatz (II,6) gilt damit auch über beliebig schiefe stationäre Stoßfronten hinweg. Folglich sind die Zustandsänderungen in allen stationären Verdichtungsstößen „isoenergetisch".

Die Gleichungen für die allgemeinste Form eines sich beliebig im Raume bewegenden Stoßes ergeben sich aus der Betrachtung eines senkrechten stationären Stoßes aus einem allgemein bewegten Bezugssystem. Aus einem entlang der Stoßfront bewegten Bezugssystem folgen in Abschnitt IX,7 die Gleichungen für einen stationären schiefen Stoß.

4. Ähnlichkeitssätze

In Versuchstechnik und Praxis spielt die Frage eine große Rolle, wann und unter welchen Umständen sich Ergebnisse eines Modellversuches auf die praktische Ausführung übertragen lassen. Dabei wird bei den folgenden Untersuchungen geometrische Ähnlichkeit der Strömungsberandungen in den Vergleichsfällen vorausgesetzt. Beispielsweise wird verlangt, daß der im Windkanal untersuchte Flügel dasselbe Profil besitzt wie die in der Praxis verwendete Großausführung. Bei bewegten Berandungen (Vorgänge in Kolbenmotoren, Flügelflattern, Anfahrvorgänge) werden auch Vorschriften über den zeitlichen Ablauf der Bewegung erforderlich sein. Alle diese Fragen faßt man in Erweiterung des Begriffes *Geometrische Ähnlichkeit* unter der Bezeichnung *Mechanische Ähnlichkeit* zusammen. Es erweist sich für die Darstellung als zweckmäßig unter *Modell* den gesamten Modellversuch zu verstehen, also das geometrische Modell einschließlich der Strömung und des verwendeten Mediums. Es wird verglichen mit dem *Prototyp*, d. i. der Vorgang unter den in der Praxis gestellten Bedingungen.

Als strömendes Medium wird in diesem Abschnitt ein ideales Gas angenommen, auf welches als äußere Kraft lediglich die Schwerkraft wirkt, gegeben durch eine konstante, in negativer z-Richtung wirkende Schwerebeschleunigung g. Die Resultate können leicht auch auf dichtebeständige Medien ausgedehnt werden. Wärmequellen im Medium selbst werden ausgeschlossen. Nur am Ende des Abschnittes wird ein Beispiel mit Wärmequellen kurz diskutiert. An den Rändern sind jedoch Wärmeübergangsvorgänge ohne weiteres zulässig.

Die Theorie der mechanischen Ähnlichkeit läßt sich freilich viel allgemeiner behandeln. Insbesondere interessieren gegenwärtig Strömungen von realen Gasen mit Gasreaktionen, mit Dissoziation und Ionisation, unter der Einwirkung von Strahlung und vieles andere. Eine derart generelle Darstellung würde jedoch den hier gesetzten Rahmen sprengen. Umfassend wurde das Problem von W. SCHNEIDER [1] behandelt. Beispiele für Gasreaktionen bietet Abschnitt II,6, für Strahlung Abschnitt II,17. Dort ergeben sich auch Kennzahlen, die im folgenden wegen der getroffenen Einschränkungen nicht auftreten werden.

Die Herleitung der Ähnlichkeitsgesetze geschieht auf dem üblichen Weg. Die unabhängigen und die abhängigen Veränderlichen sowie die Stoffwerte werden zuerst dimensionslos gemacht: es werden *reduzierte* Veränderliche geschaffen. Sodann werden die Gleichungen und die Rand- und Anfangsbedingungen in den reduzierten Größen geschrieben. Damit treten in diesen Gleichungen neben den reduzierten Variablen noch dimensionslose *Kennzahlen* auf. Alle das physikalische Problem beschreibenden Gleichungen müssen sich ineinander überführen lassen,

d. h., Prototyp und Modell müssen in den Kennzahlen übereinstimmen, wenn die Resultate übertragbar sein sollen. Die Übertragung der Resultate läßt sich abschließend dann durch Übergang von den reduzierten zu den ursprünglichen Größen leicht durchführen.

Bereits bei der Bildung der reduzierten Größen ergeben sich verschiedene Möglichkeiten. Wenn dabei in gewissen Details neue Wege beschritten werden, so geschieht dies mit der Absicht einer Ergänzung der früheren Herleitungen [••23].

Für eine knappe Darstellung der Differentialgleichungen ist jene in Vektorschreibweise die gegebene. Es gilt der Reihe nach für die Kontinuitätsbedingung, die Bewegungsgleichung, den Schubspannungsansatz, den ersten Hauptsatz der Wärmelehre und die Zustandsgleichung:

$$\frac{1}{\varrho}\frac{\mathrm{d}\varrho}{\mathrm{d}t} + \operatorname{div}\vec{W} = 0; \tag{16}$$

$$\frac{\mathrm{d}\vec{W}}{\mathrm{d}t} = \frac{1}{\varrho}\operatorname{grad}\cdot\boldsymbol{P} + \vec{g}; \tag{19}$$

$$\boldsymbol{P} + p\boldsymbol{E} = 2\mu\boldsymbol{D} + \bar{\mu}\operatorname{div}\vec{W}\boldsymbol{E}; \tag{24}$$

$$c_p\frac{\mathrm{d}T}{\mathrm{d}t} - \frac{1}{\varrho}\frac{\mathrm{d}p}{\mathrm{d}t} = \frac{1}{\varrho}\operatorname{Spur}[(\boldsymbol{P} + p\boldsymbol{E})\cdot\boldsymbol{D}] + \frac{1}{\varrho}\operatorname{div}(\lambda\operatorname{grad}T); \tag{34}$$

$$p = \frac{R}{m}\varrho T = (c_p - c_v)\,\varrho T. \tag{I,2}$$

Hierin sind die spezifischen Wärmen c_v, c_p, die Koeffizienten der inneren Reibung μ, $\bar{\mu}$ und das Wärmeleitvermögen λ reine Temperaturfunktionen. Das gilt sowohl für ideale Gase wie auch für dichtebeständige Medien, wie etwa Öle.

In der Literatur ist gelegentlich die Bemerkung zu finden, daß entsprechend einem Ergebnis der kinetischen Gastheorie μ und λ proportional zu $\sqrt{T}$ sein müßten. Das trifft jedoch nur zu, wenn die Moleküle als starre Kugeln betrachtet werden. Abhängig vom Anziehungsgesetz, welches zwischen den Molekülen angesetzt wird, gibt die kinetische Gastheorie die verschiedensten Temperaturabhängigkeiten. Zu den bei Luft unter normalen Bedingungen herrschenden Gesetzmäßigkeiten ist in Abschnitt X.4 ein Ansatz gegeben. In der Regel nimmt bei Gasen die Zähigkeit mit der Temperatur zu, bei Ölen hingegen ab.

Zunächst seien für die kinematischen Veränderlichen dimensionslose Größen eingeführt, indem die Koordinaten x, y, z durch eine bestimmte Länge L — etwa die Länge eines Profiles, den Durchmesser oder die Länge eines Rohres — und alle Geschwindigkeiten durch eine bestimmte Geschwindigkeit W_0 — die Fluggeschwindigkeit eines Körpers, die Ruheschallgeschwindigkeit, eine maximale Kolbengeschwindigkeit — dividiert werden. Die Zeit t dagegen sei mit L und W_0 reduziert.

Es seien folgende Symbole eingeführt:

$$t' = \frac{W_0 t}{L}; \quad x' = \frac{x}{L}; \quad y' = \frac{y}{L}; \quad z' = \frac{z}{L}; \quad \vec{W}' = \frac{\vec{W}}{W_0}.$$

Damit wird bei t ähnlich vorgegangen, wie in vielen Beispielen von Abschnitt III, wo die Zeit mit c_0 auf die Dimension einer Länge gebracht wird, Abb. III,36, wie die Koordinaten also nur mehr durch eine Länge geteilt zu werden braucht.

Von den thermischen Unabhängigen sei nur die Dichte ϱ durch die Dichte ϱ_1 in einem bestimmten, durch den Index 1 gekennzeichneten Zustand (einen Ruhezustand, den Anströmzustand vor einem fliegenden Körper oder dgl.), dimensionslos gemacht. Für den Druck diene für diese Zwecke ein mit ϱ_1 und W_0 gebildeter Staudruck. Die absolute Temperatur T sei mit c_{p1} auf eine Enthalpie gebracht und sodann durch $W_0^2/2$, eine kinetische Energie der Masseneinheit, dividiert:

$$\varrho' = \varrho/\varrho_1; \qquad p' = p\Big/\frac{\varrho_1 W_0^2}{2}; \qquad T' = c_{p1} T\Big/\frac{W_0^2}{2}.$$

In der Regel wird man $\varrho_1 = \varrho_0$ wählen, so daß es sich bei p' um die Division durch den Staudruck in einem bestimmten Punkt handelt. Es ist aber zweckmäßig, sich die Möglichkeit $\varrho_1 \neq \varrho_0$ offenzuhalten. p' ist mit dem Druckkoeffizient verwandt, T' ist physikalisch analog zu p' gebildet.

Die Bildung von T' entspricht den im Energiesatz (II,9) auftretenden Größen. Es käme auch in Betracht, T durch Multiplikation mit $c_{p1}(\varkappa - 1)$ auf ein Schallgeschwindigkeitsquadrat c^2 zu bringen und dann mit W_0^2 dimensionslos zu machen. Im Punkte mit dem Zustand c_0 wäre dann $T_0 = 1/M_0^2$. Alle solchen Varianten haben ihre Vor- und Nachteile.

Entsprechendes wie für ϱ gilt auch für die spezifischen Wärmen, die Koeffizienten der inneren Reibung und die Wärmeleitfähigkeit, wobei möglichst wie bei ϱ_1 die Werte im selben Zustand 1 heranzuziehen sein werden.

Die derart gebildeten Dimensionslosen

$$\bar{c}_v = \frac{c_v}{c_{v1}}; \quad \bar{c}_p = \frac{c_p}{c_{p1}}; \quad \bar{\varkappa} = \frac{\varkappa}{\varkappa_1}; \quad \bar{\mu} = \frac{\mu}{\mu_1}; \quad \bar{\tilde{\mu}} = \frac{\tilde{\mu}}{\mu_1}; \quad \bar{\lambda} = \frac{\lambda}{\lambda_1}$$

sind reine Temperaturfunktionen, die von vornherein für den zu untersuchenden Vorgang und seinen Vergleichsvorgang gegeben sind. Der Reibungskoeffizient $\tilde{\mu}$ ist bewußt mit μ_1 und nicht mit $\tilde{\mu}_1$ dimensionslos gemacht.

Es seien „entsprechende Punkte“ solche Punkte, welche dieselben dimensionslosen Orts- und Zeitvariablen haben. Sie decken sich bei zwei Vergleichsvorgängen, wenn die Berandungen durch ähnliche Vergrößerung oder Verkleinerung zur Deckung gebracht werden. Bei instationären Vorgängen muß dies durch Dehnung des Zeitmaßstabes in jedem Zeitpunkt t' der Fall sein: Die Randbedingungen und gegebenenfalls die Anfangsbedingungen müssen, in dimensionslosen Veränderlichen geschrieben, dieselbe Gestalt aufweisen.

Es muß aber auch gefordert werden, daß die dimensionslosen Materialkoeffizienten $\bar{c}_v, \bar{c}_p, \ldots \bar{\lambda}$ in entsprechenden Punkten übereinstimmen, d. h., daß diese Größen in den Vergleichsfällen innerhalb des auftretenden Temperaturbereiches dieselben Funktionen der dimensionslosen Temperatur T' sind. Im Falle konstanter Materialkoeffizienten oder bei Übereinstimmung der Temperaturbereiche ist diese Forderung von selbst erfüllt. Unterscheiden sich jedoch die Temperaturbereiche in den Vergleichsfällen, so kann der Forderung, z. B. wie in Abschnitt X,4, durch einen Potenzansatz in der Temperatur genügt werden, wenn nicht allzu große Temperaturunterschiede auftreten.

Es bedarf nun noch einer Umformung der Differentialoperatoren und der Tensoren. Dabei sei die Ableitung nach einer dimensionslosen Unabhängigen durch einen an den Operator angefügten Apostroph symbolisiert:

$$L \operatorname{div} \equiv \operatorname{div}'; \qquad L \operatorname{grad} \equiv \operatorname{grad}'.$$

Für die massenfeste zeitliche Ableitung gilt dann folgerichtig:

$$\frac{\mathrm{d}}{\mathrm{d}t} = \frac{\partial}{\partial t} + \vec{W} \operatorname{grad} = \frac{W_0}{L} \frac{\partial}{\partial t'} + \frac{W_0}{L} \vec{W}' \operatorname{grad}' = \frac{W_0}{L} \frac{\mathrm{d}'}{\mathrm{d}t'}. \tag{35}$$

Ebenso wie die Vektoren transformieren sich auch die Tensoren, nämlich wie ihre Komponenten. Denn beim linearen Auftreten eines Tensors erscheinen auch die Komponenten linear. Alle Schub- und Normalspannungen seien wie der statische Druck dimensionslos gemacht.

$$p'_{xy} = p_{xy} \bigg/ \frac{\varrho_1 W_0^2}{2}. \tag{36}$$

Mit Gl. (5) für $\boldsymbol{P}$ und Gl. (22) für $\boldsymbol{D}$ gilt dann:

$$\boldsymbol{P} = \frac{\varrho_1 W_0^2}{2} \boldsymbol{P}'; \qquad \boldsymbol{D} = \frac{W_0}{L} \boldsymbol{D}'.$$

Der Einheitstensor $\boldsymbol{E}$ (23) ist im gestrichenen System der gleiche. Das Differentialgleichungssystem erhält in reduzierten Größen nach elementaren Divisionen damit folgende Form:

$$\frac{1}{\varrho'} \frac{\mathrm{d}'\varrho'}{\mathrm{d}t'} + \operatorname{div}' \vec{W}' = 0; \tag{37}$$

$$\frac{\mathrm{d}'\vec{W}'}{\mathrm{d}t'} = \frac{1}{2\varrho'} \operatorname{grad}' \cdot \boldsymbol{P}' + \frac{\vec{g} \cdot L}{W_0^2}; \tag{38}$$

$$\boldsymbol{P}' + p'\boldsymbol{E} = \frac{\mu_1}{\varrho_1 W_0 L} [4\bar{\mu}\boldsymbol{D}' + 2\bar{\bar{\mu}} \operatorname{div}' \vec{W}'\boldsymbol{E}']; \tag{39}$$

$$\bar{c}_p \frac{\mathrm{d}'T'}{\mathrm{d}t'} - \frac{1}{\varrho'} \frac{\mathrm{d}'p'}{\mathrm{d}t'} = \frac{1}{\varrho'} \operatorname{Spur} [(\boldsymbol{P}' + p'\boldsymbol{E}') \cdot \boldsymbol{D}'] - \frac{\lambda_1}{L W_0 c_{p1} \varrho_1} 2 \operatorname{div}' (\bar{\lambda} \operatorname{grad}' T') \tag{40}$$

$$p' = \frac{\varkappa_1 - 1}{\varkappa_1} \varrho' T'. \tag{41}$$

Die reduzierte Kontinuitätsbedingung (37) liefert bei der zuvor getroffenen Wahl der reduzierten Größen keine Kennzahl.

In der reduzierten Bewegungsgleichung (38) tritt als einziges nicht reduziertes Glied der letzte Summand auf. Wird vorausgesetzt, daß $\vec{g}$ nur eine Komponente in z-Richtung besitze, nämlich die Schwerebeschleunigung g, dann folgt aus der

Bewegungsgleichung (38) für die Erfüllung mechanischer Ähnlichkeit die Forderung nach Übereinstimmung der *Froudeschen Zahl* [2]

$$gL/W_0^2 = Fr. \tag{42}$$

Diese Kennzahl besitzt besondere Bedeutung bei vielen meteorologischen Strömungsproblemen. Auch bei Flugbahnberechnungen kann sie eine Rolle spielen. Wird beispielsweise mit W_0 die Anfangsgeschwindigkeit einer Rakete und mit L ihre Steighöhe bezeichnet, so kann Fr als Verhältnis einer potentiellen zu einer (doppelten) kinetischen Energie gedeutet werden.

Die Erdatmosphäre erstreckt sich über Höhen, die relativ klein sind im Vergleich zum Erdradius, so daß g bei aerodynamischen Anwendungen sehr gut als konstant angesehen werden kann. Handelt es sich jedoch um veränderliche Massenkräfte, so genügt die Übereinstimmung in der Kennzahl (42) bei Prototyp und Modellversuch nicht. Ähnlich wie bei den Stoffeigenschaften muß noch die Bedingung gleichen Verlaufes der reduzierten Schwerkraft als Funktion der reduzierten Raumkoordinaten gefordert werden.

Aus dem Schubspannungsansatz (39) folgt die Forderung nach Übereinstimmung in der *Reynolds-Zahl* [3].

$$Re = \frac{\varrho_1 W_0 L}{\mu_1}. \tag{43}$$

Wenn für L eine Länge von der Größenordnung der Reibungsschichtdicke gewählt wird, etwa der Durchmesser eines Rohres, oder wenn Re überhaupt mit einer Reibungsschichtdicke gebildet wird, dann läßt sie sich deuten als Verhältnis vom Staudruck zur Reibungskraft. Dies entspricht auch der Art, wie die Komponenten des Spannungstensors $\boldsymbol{P}$ reduziert wurden, Gl. (36). Die Bedeutung von Re als Verhältnis von Trägheitskraft zur Reibungskraft dagegen trifft nur in ganz bestimmten Fällen zu, in der gesamten Grenzschichttheorie sicher nicht.

Es wurde schon darauf hingewiesen, daß mechanische Ähnlichkeit nur gewährleistet ist, wenn auch die Funktionen für die reduzierten Stoffwerte, also vor allem

$$\bar{\mu}(T'), \quad \bar{\bar{\mu}}(T'), \quad \bar{\lambda}(T'), \quad \bar{c}_p(T'), \quad \bar{\varkappa}(T')$$

für Prototyp und Modell in dem in Frage kommenden Temperaturbereich dieselben sind. Bei $\bar{\bar{\mu}}$ führt diese Forderung dazu, sofern Volumenviskosität überhaupt ins Spiel kommt, daß $\bar{\bar{\mu}}_1/\mu_1$ in den Vergleichsfällen gleiche Werte annimmt. Im übrigen ist die Temperaturabhängigkeit von c_p und $\varkappa$ im allgemeinen viel geringer und daher weit weniger von Einfluß als jene von μ und λ!

Die hohen Geschwindigkeiten, bei welchen Strömungsversuche mit Gasen in der Regel ausgeführt werden, bedingen im allgemeinen auch hohe Reynoldssche Zahlen. Die Reibungsvorgänge spielen sich bei Umströmungsproblemen in dünneren Reibungsschichten am Körper ab. Es zeigt sich, daß die Kräfte bei Hochgeschwindigkeitsaufgaben überwiegend durch die reibungsfreie Außenströmung bedingt und die Reibungskräfte diesen gegenüber von geringerer Bedeutung sind. Wenn also in der Gasdynamik vorwiegend reibungsfreie Strömungen behandelt werden, so entspricht dies nicht nur einer mathematischen

Notwendigkeit, welche durch die Schwierigkeit der Aufgabe bedingt ist, sondern es wird damit auch im allgemeinen der am meisten interessierende Teil einer kompressiblen Strömung erfaßt. Allerdings gibt es auch sehr eindrucksvolle Reibungseffekte, wie die Rohrströmung mit Reibung oder der wechselseitige Einfluß von Grenzschicht- und Hyperschallströmung zeigen. Der Hyperschallflug in der hohen Atmosphäre wirft, wegen der dort auftretenden geringen Dichten, Probleme hoher Machzahlen bei verhältnismäßig kleinen Reynoldszahlen auf, womit man sich allerdings bereits der Grenze der Kontinuumsmechanik und somit dem Anwendungsbereich der kinetischen Gastheorie nähert.

Das Verhältnis $\mu/\varrho = \nu$ wird als *kinematische Zähigkeit* bezeichnet. Es hat die einfache Dimension einer Fläche durch eine Zeit. Dieselbe Dimension besitzt die sogenannte *Temperaturleitfähigkeit* $\lambda/(c_p\varrho)$.

Aus dem ersten Hauptsatz in reduzierter Form, Gl. (40), folgt die Forderung gleicher *Péclétscher Kennzahl*

$$Pe = \frac{L W_0 \varrho_1 c_{p1}}{\lambda_1}. \tag{44}$$

Sie ist in analoger Weise gebildet wie *Re*, nur ist die kinematische Zähigkeit im Punkte 1 durch die Temperaturleitfähigkeit im selben Punkte ersetzt.

Da nun aber eine Kennzahl stets ersetzt werden darf durch eine geeignete Kombination von Kennzahlen untereinander, läßt sich *Pe* ersetzen durch die *Prandtlsche Kennzahl* [4]:

$$Pr = \frac{\mu \cdot c_{p1}}{\lambda_1} = Pe/Re. \tag{45}$$

Diese hat gegenüber *Pe* den Vorteil, daß es sich um eine reine Stoffgröße handelt. Sie kann bei Flüssigkeiten die verschiedensten Werte annehmen. Bei idealen Gasen liegt sie jedoch stets nahe an der Einheit und in der kinetischen Gastheorie wird gezeigt, daß *Pr* nur Funktion von $\varkappa$ ist. Damit besitzt *Pr* bei Gasen nur geringe Temperaturabhängigkeit. Das bedeutet ferner, daß die Temperaturabhängigkeit von λ bei Gasen nahezu dieselbe ist wie jene von μ. Folglich ist bei gleicher funktioneller Abhängigkeit $\bar{\mu}(T')$ bei Prototyp und Modell auch die Abhängigkeit $\bar{\lambda}(T')$ dieselbe. Wegen der geringen Temperaturabhängigkeit von c_p entspringt aus dem Energiesatz (40) als wesentliche zusätzliche Kennzahl demnach nur *Pr*.

Aus der reduzierten Zustandsgleichung (41) kommt noch die Kennzahl $\varkappa_1$ hinzu, also das Verhältnis der spezifischen Wärmen des Gases muß bei Prototyp und Modell dasselbe sein. Es wird sich zeigen, daß die Forderung nach gleichen $\varkappa$ in der Theorie kleiner Störungen im allgemeinen fallen gelassen werden kann. Im Hyperschallbereich allerdings wird auch bei kleinen Störungen der Wert von $\varkappa$ wesentlich.

Die letzte Kennzahl zeigt, daß Gase bei Versuchen nicht ohne weiteres ausgetauscht werden können, wenn die Übertragbarkeit der Resultate auf den Prototyp gesichert sein soll. Bei realen Gasen, insbesondere bei Dissoziation und Ionisation ist selbst bei thermodynamischem Gleichgewicht die Forderung nach gleichen Verhältnissen der spezifischen Wärmen durch wesentlich einschneidendare Forderungen zu ersetzen. Damit sind aber Ähnlichkeitsgesetze keineswegs ausgeschlossen, vgl. etwa Abschnitt II,6.

Für ideale Gase sind die Kennzahlen, die dem reduzierten Gleichungssystem (37) bis (40) zu entnehmen sind, aufgezählt. Aus den Stoßgleichungen ergeben sich keine neuen Kennzahlen. Im speziellen Falle eines idealen Gases konstanter spez. Wärme kann das Gleichungssystem (II,12) leicht auf die gestrichenen Größen umgeschrieben werden, wobei neben den reduzierten abhängigen Veränderlichen keine neuen Kennzahlen auftreten.

Von besonderer Bedeutung sind bei der gewählten Darstellung die Rand- und Anfangsbedingungen. Auch dort müssen, wie erwähnt, die reduzierten abhängigen Veränderlichen für den Prototyp und das Modell dieselben Gleichungen erfüllen. Im Anströmgebiet, d. i. bei Unterschallströmung im Unendlichen, bei Überschallströmung vor der Kopfwelle und bei Grenzschichtproblemen außerhalb der Reibungsschicht, sind in der Regel die abhängigen Veränderlichen vorgeschrieben. Das bedeutet, daß die reduzierten Abhängigen dort dieselben Werte annehmen müssen. Für den Geschwindigkeitsvektor $\vec{W}'$ ist diese Bedingung bei stationären Strömungen nahezu selbstverständlich erfüllt, insbesondere, da für W_0 in der Regel ohnehin die Anströmgeschwindigkeit gewählt wird. Für die thermodynamischen Variablen bedeutet die Forderung hingegen — wenn der Anströmzustand mit dem Index Unendlich bezeichnet wird — daß

$$\varrho'_\infty = \varrho_\infty/\varrho_1; \qquad p'_\infty = p_\infty \Big/ \frac{\varrho_1 W_\infty^2}{2}; \qquad T'_\infty = c_{p1} T_\infty \Big/ \frac{W_0^2}{2}$$

im Anströmgebiet gleiche Werte annehmen müssen. Für ϱ'_∞ ist das ebenso auch wie für W'_∞ selbstverständlich, weil sich in den reduzierten Größen dieselben Resultate ergeben, müssen auch die Dichte- oder Geschwindigkeitsverhältnisse, ja auch die Druck- und Temperaturverhältnisse in zwei verschiedenen aber entsprechenden Punkten bei ähnlichen Lösungen gleich sein. Die Forderung gleicher Werte für p'_∞ und T'_∞ läuft also auf die Übereinstimmung in folgenden „Kennzahlen" heraus:

$$p_\infty \Big/ \frac{\varrho_\infty W_\infty^2}{2} \quad \text{und} \quad c_{p\infty} T_\infty \Big/ \frac{W_\infty^2}{2}. \tag{46}$$

Daraus folgt ferner, daß ähnliche Lösungen gleiche Druckkoeffizienten, Gl. (II,81), in entsprechenden Punkten aufweisen.

Da auch $\varkappa_\infty$ eine Kennzahl ist, kann mit Gl. (II,25) aus einer der beiden Kennzahlen (46) sofort die *Machzahl* als Kennzahl hergeleitet werden:

$$M_\infty = W_\infty/c_\infty. \tag{47}$$

Diese bekannteste Kennzahl der Gasdynamik entspringt bei der hier verwendeten Darstellung also nicht den Differentialgleichungen, sondern der Rand- oder Anfangsbedingung.

Die Machzahl unterscheidet sich im übrigen von den zuvor abgeleiteten Kennzahlen dadurch, daß es sich um eine Zustandsgröße handelt, die im allgemeinen Fall im Strömungsraum sehr unterschiedliche Werte annehmen kann, deren Wert in einem bestimmten, geeignet gewählten Punkt, beispielsweise also im Anströmgebiet, jedoch eine Kennzahl darstellt.

Die Randbedingungen an ruhenden Körpern oder Konturen von der Art, daß bei reibungsloser Strömung die Normalkomponente der Geschwindigkeit verschwindet oder bei reibender Strömung der Geschwindigkeitsvektor Null sein muß, führen bei der getroffenen Voraussetzung geometrischer Ähnlichkeit zu keiner neuen Kennzahl.

Bei instationären Vorgängen kommt es darauf an, ob nur Anfangsbedingungen vorliegen oder auch instationäre Randbedingungen. Im ersten Fall, also bei einer Wellenausbreitung mit vorgegebener Anfangsbedingung oder beim Beispiel von Abb. 36, ist keine zusätzliche Kennzahl erforderlich. Im zweiten Fall jedoch, also bei Flügelflattern, bei Strömungen in Kolbenmotoren, bei beschleunigtem oder verzögertem Flug tritt die Zeit t in der Randbedingung zusammen mit charakteristischen Zeit τ, d. i. etwa die reziproke Frequenz oder Tourenzahl, die Zeit, die ein Körper zur Verdoppelung seiner Geschwindigkeit braucht, und dgl., auf. Die Randbedingungen sind in so einem Fall stets als Funktion eines Verhältnisses von t/τ gegeben. Die Randbedingungen müssen jedoch für Modell und Prototyp dieselben Funktionen von t' sein:

$$t' = \frac{W_0 t}{L} = \frac{t}{\tau} \cdot \frac{W_0 \tau}{L}.$$

Dies kann aber nur dann erfüllt sein, wenn die *Strouhalzahl* [5] dieselbe ist:

$$Sr = \frac{L}{W_0 \tau}. \tag{48}$$

Es handelt sich um eine rein kinematische für bestimmte instationäre Vorgänge maßgebende Kenngröße. Die Forderung gleicher Kennzahl Sr läuft im Beispiel des Flügelflatterns etwa auf die Forderung heraus, daß ein Flüssigkeitsteilchen während einer Periode bei Modellen und Prototyp über den gleiche Flügelteil hinwegströmt. Bei derartigen periodischen Vorgängen kann die Schwingungszeit τ im Nenner durch die Frequenz im Zähler ersetzt werden. Man nennt die Kennzahl dann eine *reduzierte Frequenz.*

Es können aber durch Randbedingungen an bewegten Körpern noch weitere Kennzahlen hinzukommen, wenn es sich nicht um eine rein kinematische Bedingung handelt, sondern um eine Koppelung der Bewegung an die am Rand auftretenden Kräfte.

Beispielsweise lautet mit M_G als Geschoßmasse die Bedingung am Geschoßboden mit der Fläche f beim innerballistischen Problem, Abschnitt III,8, III,38 und III,43

$$M_G \frac{d^2 x}{dt^2} = p f,$$

oder in den dimensionslosen Größen

$$\frac{M_G}{f \cdot L \cdot \varrho_0} 2 \frac{d^2 x'}{dt'^2} = p',$$

wenn als Dichte ϱ_1 die Ruhedichte ϱ_0 des als komprimiertes ideales Gas genäherten Treibpulvers gewählt wird. Als einzige Länge kommt nur jene des Laderaumes in Frage.

Die in der letzten Gleichung, also in der reduzierten Randbedingung auftretende Kennzahl

$$\frac{M_G}{\varrho_0 f L}$$

stellt das Verhältnis von Geschoßmasse zu Treibstoffmasse dar. Es muß in Vergleichsfällen übereinstimmen.

Bei *Detonationsvorgängen* sind Laufgeschwindigkeit des Stoßes U und Nachlaufgeschwindigkeit des Gases durch die Gl. (II,151) gegeben. Handelt es sich um einen in ein ruhendes Medium fortschreitenden Vorgang, so wird dessen Schallgeschwindigkeit c_0 als Bezugsgeschwindigkeit und dessen Zustand p_0, ϱ_0 als Bezugszustand zu nehmen sein. Für ein ideales Gas ist dann nach Gl. (II,151):

$$\frac{U}{c_0} = \frac{\hat{c}}{c_0}\,\frac{\hat{\varrho}}{\varrho_0} = \sqrt{\frac{\hat{p}}{p_0}\,\frac{\hat{\varrho}}{\varrho_0}}; \qquad \frac{\Delta W}{c_0} = \frac{U}{c_0} - \frac{\hat{c}}{c_0}.$$

Nach Gl. (II,149) ergeben sich gleiche Sprungwerte im Detonationsstoß $\hat{\varrho}/\varrho_0$, $\hat{p}/p_0$, $\hat{c}/c_0$, wenn das Verhältnis $q/(c_p T_0)$ mit q als pro Masseneinheit freiwerdender Wärme das gleiche ist. Der Vorgang läuft bei gleichem c_0 dann so ab, daß alle Zeitintervalle wie die Länge gedehnt sind, womit ein von CRANZ stammendes Ähnlichkeitsgesetz ausgesprochen ist.

Bei Problemen mit Wärmeleitung enthält die Randbedingung auch Forderungen bezüglich der Wandtemperatur, welche bei den Vergleichsvorgängen erfüllt sein müssen. Eine einfache Bedingung ist das Ausbleiben jeglichen Wärmeüberganges an der Wand, $\partial T/\partial n = 0$: das „Thermometerproblem“. Es kann durch eine wärmeisolierende Schicht an der Oberfläche erreicht werden. Findet Wärmeübertragung statt, so muß dafür gesorgt werden, daß an entsprechenden Punkten der Berandungen dieselben dimensionslosen Temperaturen T'' herrschen da diese Forderung sonst natürlich nicht in der Strömung selbst erfüllt sein kann

5. Allgemeine Wirbelsätze

Die bekannten Wirbelsätze — in den einschlägigen Lehrbüchern der Hydrodynamik und Vektoranalysis behandelt [•15], [••23] — sollen hier nur kurz unter Anwendung der Vektorschreibweise abgeleitet werden. Sie haben natürlich auch für die Gasdynamik erhebliche Bedeutung.

Ist $\vec{W}$ der Geschwindigkeitsvektor mit dem Betrag W und den Komponenten u, v, w, so wird unter rot $\vec{W}$ (Rotation) ein Vektor mit folgenden Komponenten verstanden:

$$\operatorname{rot}\vec{W}\begin{cases} 2\omega_x = \dfrac{\partial w}{\partial y} - \dfrac{\partial v}{\partial z}, \\[2ex] 2\omega_y = \dfrac{\partial u}{\partial z} - \dfrac{\partial w}{\partial x}, \\[2ex] 2\omega_z = \dfrac{\partial v}{\partial x} - \dfrac{\partial u}{\partial y}. \end{cases} \tag{49}$$

Für einen solchen Vektor gilt der *Stokessche Integralsatz,* der ein Integral über eine Fläche f in ein Integral über die die Fläche begrenzende Kurve C verwandelt, dem Gaußschen Integralsatz Gl. (12) also verwandt ist:

$$\iint\limits_f \mathrm{rot}_n \vec{W}\, \mathrm{d}f = \oint\limits_C W_t\, \mathrm{d}\sigma = \oint\limits_C (u\, \mathrm{d}x + v\, \mathrm{d}y + w\, \mathrm{d}z). \tag{50}$$

Die Indizes n und t besagen, daß die Normalkomponente von rot $\vec{W}$ auf das Flächenelement $\mathrm{d}f$ und die Tangentialkomponente der Geschwindigkeit $\vec{W}$ zum Bogenelement $\mathrm{d}\sigma$ zu nehmen ist.

Der Satz läßt sich ähnlich wie der Gaußsche Satz beweisen. Es ist:

$$\iint\limits_f \mathrm{rot}_n \vec{W}\, \mathrm{d}f = \iint\limits_f \left[\left(\frac{\partial w}{\partial y} - \frac{\partial v}{\partial z}\right) \cos(n, x) + \left(\frac{\partial u}{\partial z} - \frac{\partial w}{\partial x}\right) \cos(n, y) + \left(\frac{\partial v}{\partial x} - \frac{\partial u}{\partial y}\right) \cos(n, z)\right] \mathrm{d}f.$$

Schließt beispielsweise die Flächennormale n mit den drei Koordinatenrichtungen Winkel kleiner als 90° ein, so ist weiter:

$$\iint\limits_f \mathrm{rot}_n \vec{W}\, \mathrm{d}f = \iint \left(\frac{\partial w}{\partial y} - \frac{\partial v}{\partial z}\right) \mathrm{d}y\, \mathrm{d}z + \iint \left(\frac{\partial u}{\partial z} - \frac{\partial w}{\partial x}\right) \mathrm{d}z\, \mathrm{d}x + \iint \left(\frac{\partial v}{\partial x} - \frac{\partial u}{\partial y}\right) \mathrm{d}x\, \mathrm{d}y.$$

Bei den letzten drei Integralen ist über die in positiver x-, y-, z-Richtung genommenen Projektionen der Fläche f auf die entsprechenden Koordinatenebenen zu integrieren (die Integrale $\iint \mathrm{d}y\, \mathrm{d}z$, $\iint \mathrm{d}z\, \mathrm{d}x$, $\iint \mathrm{d}x\, \mathrm{d}y$ müssen ja für sich positive Werte ergeben). Für den v-Anteil ergibt sich

$$\int \left[-\int \frac{\partial v}{\partial z}\, \mathrm{d}z + \int \frac{\partial v}{\partial x}\, \mathrm{d}x\right] \mathrm{d}y$$

mit den Werten der Variablen auf der Fläche f und den x-, y-, z-Werten der Kurve C als Grenzen. Die Integration werde zunächst bei festem $y = \bar{y}$ ausgeführt. Der Schnitt der Fläche f mit der Ebene $y = \bar{y}$ (Abb. 4) ist eine Kurve, über welche die Integrationen in der eckigen Klammer zu erstrecken sind. Die Randkurve C erscheint als Endpunkt P_l und P_r der Integration. Es ist:

$$\int\limits_{x_l}^{x_r} \frac{\partial v}{\partial x}\, \mathrm{d}x - \int\limits_{z_r}^{z_l} \frac{\partial v}{\partial z}\, \mathrm{d}z = \int\limits_{P_l}^{P_r} \mathrm{d}v = v_r - v_l.$$

Diese v-Differenz ist nun über alle vorkommenden y-Werte zu integrieren. Bei Integration über die Kurve C in positiver Drehrichtung ergeben sich bei v_l abnehmende y-Werte. Daraus folgt

$$\iint \frac{\partial v}{\partial x}\, \mathrm{d}x\, \mathrm{d}y - \iint \frac{\partial v}{\partial z}\, \mathrm{d}z\, \mathrm{d}y = \int\limits_{y_{\min}}^{y_{\max}} (v_r - v_l)\, \mathrm{d}y = \oint\limits_C v\, \mathrm{d}y.$$

Mit entsprechenden Resultaten für die anderen Geschwindigkeitskomponenten ergibt sich schließlich der Stokessche Satz Gl. (50).

Der Stokessche Satz macht die Bedeutung von rot $\vec{W}$ als Wirbelvektor unmittelbar einleuchtend. Ein Wirbel kann auch durch eine Winkelgeschwindigkeit ω und die Richtung seiner Achse (zwei unabhängige Winkel) oder durch drei Winkelgeschwindigkeiten ω_x, ω_y, ω_z um die drei Koordinatenachsen festgelegt werden. Der Stokessche Satz auf ausreichend kleine Gebiete angewendet, ergibt die Winkelgeschwindigkeit als halben Betrag des Wirbelvektors:

$$\omega = \frac{1}{2}\,|\,\mathrm{rot}\,\vec{W}\,|\,.$$

Wird die Fläche f zu einer *geschlossenen* Fläche gebogen, so verschwindet die Randkurve C und mit ihr das Integral über C. Es ist dann:

$$\iint\limits_f \mathrm{rot}_n \vec{W}\,\mathrm{d}f = 0, \tag{51}$$

was sich mit Hilfe des Gaußschen Satzes und der Definition von rot $\vec{W}$ leicht direkt zeigen läßt.

Eine *Wirbellinie* sei eine Linie, die in jedem ihrer Punkte in Richtung des Wirbelvektors verläuft (sie verhält sich also zu diesem wie die Stromlinie zum Geschwindigkeitsvektor). Eine *Wirbelröhre* sei ein Gebilde, dessen Mantelfläche aus lauter Wirbellinien besteht, Abb. 5. Unter *Wirbelfaden* wird eine Wirbelröhre

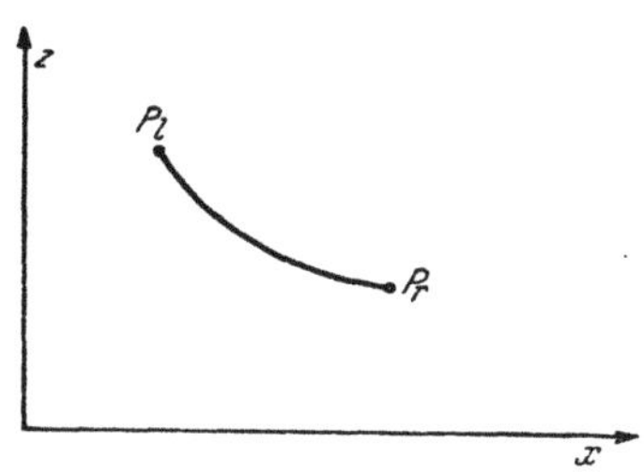

Abb. IV,4. Fläche f im Schnitt $y = \bar{y}$.

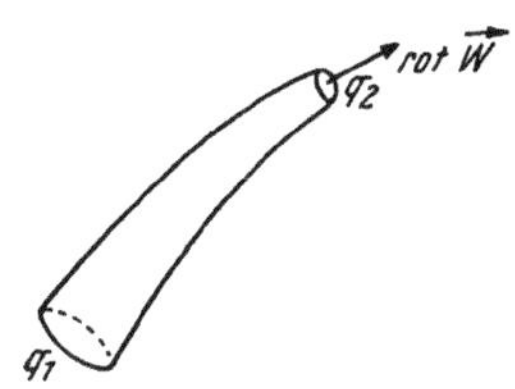

Abb. IV,5. Wirbelröhre.

verstanden, die so schlank ist, daß die Zustände in jedem ihrer Querschnitte als konstant angesehen werden können. Wirbelfaden und Wirbelvektor stehen damit in genauer Analogie zu Stromfaden und Geschwindigkeitsvektor. Gl. (51) werde nun auf einen Abschnitt einer Wirbelröhre angewendet. Die geschlossene Fläche f besteht dann aus einem Anfangs- und Endquerschnitt q_1 und q_2 und einer Röhrenwand, auf welcher die Normalkomponente von rot $\vec{W}$ definitionsgemäß verschwinden muß. Mithin ist:

$$\iint\limits_{q_1} \mathrm{rot}_n \vec{W}\,\mathrm{d}f + \iint\limits_{q_2} \mathrm{rot}_n \vec{W}\,\mathrm{d}f = 0,$$

oder wenn die Normalkomponente nicht nach außen, sondern stets in derselben Richtung gezogen wird,

$$\iint\limits_{q_1} \mathrm{rot}_{n_1} \vec{W}\,\mathrm{d}f = \iint\limits_{q_2} \mathrm{rot}_{n_2} \vec{W}\,\mathrm{d}f.$$

Damit ist der *Helmholtzsche Wirbelsatz* ausgesprochen, welcher besagt, daß der Wirbelfluß $\iint_q \mathrm{rot}_n \vec{W}\, \mathrm{d}f$ einer Wirbelröhre örtlich konstant bleibt. Eine Wirbelröhre kann danach nirgends *in* einem Medium endigen. Sie muß entweder geschlossen sein oder bis an den Rand des Mediums reichen. Es handelt sich bei diesem Satz um eine mathematische Aussage, welche aus der Definition von Wirbelvektor und Wirbelröhre allein gefolgert wurde, ohne daß physikalische Sätze herangezogen wurden; dies wird erst bei den folgenden Sätzen geschehen.

Das Linienintegral der Tangentialgeschwindigkeit über eine geschlossene Kurve C wird auch als *Zirkulation* Γ,

$$\Gamma = \oint_C W_t\, \mathrm{d}\sigma = \iint_f \mathrm{rot}_n \vec{W}\, \mathrm{d}f, \tag{52}$$

bezeichnet. Die Zirkulation um eine Wirbelröhre bleibt also örtlich konstant.

Zur Untersuchung der zeitlichen Änderungen von Wirbeln sei die Zirkulation Γ um eine massenfeste Kurve, welche sich also mit dem Medium bewegt, nach der Zeit abgeleitet. Es ist:

$$\frac{d\Gamma}{\mathrm{d}t} = \oint_C \left\{\frac{\mathrm{d}u}{\mathrm{d}t}\mathrm{d}x + \frac{\mathrm{d}v}{\mathrm{d}t}\mathrm{d}y + \frac{\mathrm{d}w}{\mathrm{d}t}\mathrm{d}z\right\} + \oint_C \left\{u\frac{\mathrm{d}(\mathrm{d}x)}{\mathrm{d}t} + v\frac{\mathrm{d}(\mathrm{d}y)}{\mathrm{d}t} + w\frac{\mathrm{d}(\mathrm{d}z)}{\mathrm{d}t}\right\}.$$

Die Differentiation muß auch an den Differentialen $\mathrm{d}x$, $\mathrm{d}y$, $\mathrm{d}z$ ausgeführt werden, die sich beim Fortbewegen mit dem Medium ändern. Nun ist aber die zeitliche Änderung des Abstandes $\mathrm{d}x$ zweier Teilchen gleich dem Geschwindigkeitsunterschied $\mathrm{d}u$ der beiden Teile, weshalb das zweite Integral

$$\oint_C \left[u\frac{\mathrm{d}(\mathrm{d}x)}{\mathrm{d}t} + v\frac{\mathrm{d}(\mathrm{d}y)}{\mathrm{d}t} + w\frac{\mathrm{d}(\mathrm{d}z)}{\mathrm{d}t}\right] = \oint_C [u\,\mathrm{d}u + v\,\mathrm{d}v + w\,\mathrm{d}w] = \oint_C \mathrm{d}\left(\frac{W^2}{2}\right) = 0$$

verschwindet.

Für ein *reibungsloses* Medium, dessen äußere Kräfte nur von einem Potential Ω abhängen, $\vec{g} = \mathrm{grad}\,\Omega$, ergibt sich somit:

$$\frac{\mathrm{d}\Gamma}{\mathrm{d}t} = -\oint_C \left[\frac{1}{\varrho}\frac{\partial p}{\partial x}\mathrm{d}x + \frac{1}{\varrho}\frac{\partial p}{\partial y}\mathrm{d}y + \frac{1}{\varrho}\frac{\partial p}{\partial z}\mathrm{d}z\right] - \oint_C \left[\frac{\partial \Omega}{\partial x}\mathrm{d}x + \frac{\partial \Omega}{\partial y}\mathrm{d}y + \frac{\partial \Omega}{\partial z}\mathrm{d}z\right].$$

Das zweite Integral ist die Änderung der potentiellen Energie auf einer geschlossenen Kurve, also gleich Null, woraus die bekannte Beziehung folgt:

$$\frac{\mathrm{d}\Gamma}{\mathrm{d}t} = \frac{\mathrm{d}}{\mathrm{d}t}\oint_C W_t\,\mathrm{d}\sigma = -\oint_C \frac{\mathrm{d}p}{\varrho}. \tag{53}$$

Für ein imkompressibles Medium folgt daraus sofort die zeitliche Unveränderlichkeit der Zirkulation auf einer massenfesten Kurve. Für das Zweisubstanzenmodell dagegen folgt mit Gl. (I,70) zunächst folgender Zusammenhang für eine beliebige Änderung der Zustandsgrößen:

$$-\frac{1}{\varrho}\,\mathrm{d}p = -\,\mathrm{d}i + T\,\mathrm{d}s + (g_2 - g_1)\,\mathrm{d}\alpha. \tag{54}$$

Mit ihm läßt sich der Zirkulationssatz (53) auch in die Form bringen:

$$\frac{\mathrm{d}\Gamma}{\mathrm{d}t} = \oint_C [T\mathrm{d}s + (g_2 - g_1)\,\mathrm{d}\alpha]. \tag{55}$$

Bei Isentropie und thermodynamischem Gleichgewicht der von der Integration erfaßten Teilchen ändert sich die Zirkulation auf einer geschlossenen massenfesten Kurve nicht (*Thomsonscher Satz*). In einer solchen Strömung können Wirbel also weder entstehen noch vergehen. Es ist dabei nur erforderlich, daß das Medium an der betrachteten Kurve C isentrop und im thermodynamischen Gleichgewicht ist. Es kann durchaus von einem anderen Medium umgeben sein oder ein solches selbst umringen.

Wird nun eine geschlossene Kurve um eine Wirbelröhre gezogen, eine zweite Kurve an der Oberfläche der Wirbelröhre, so muß die Zirkulation auf beiden Kurven zeitlich konstant bleiben. Damit ist ein zweiter *Helmholtzscher Satz* gewonnen, der aussagt, daß eine Wirbelröhre dauernd von denselben Teilchen gebildet wird.

Bei anisentropen Vorgängen einfacher Substanzen kann die Zirkulationsänderung auch wie folgt dargestellt werden (mit $\times$ ist das äußere Produkt bezeichnet):

$$\frac{\mathrm{d}\Gamma}{\mathrm{d}t} = \iint_f \left[\operatorname{grad} p \times \operatorname{grad}\frac{1}{\varrho}\right]_n \mathrm{d}f = \iint_f [\operatorname{grad} T \times \operatorname{grad} s]_n\,\mathrm{d}f.$$

Mit dem ersten Integral als rechter Gleichungsseite stammt der Satz von V. BJERKNES und wird in der Meteorologie angewendet.

Die Eulersche Gleichung im kräftefreien Feld kann auch in folgende Vektorform gebracht werden:

$$\frac{\mathrm{d}\vec{W}}{\mathrm{d}t} = \frac{\partial\vec{W}}{\partial t} + (\vec{W}\cdot\operatorname{grad})\,\vec{W} = \frac{\partial\vec{W}}{\partial t} + \operatorname{grad}\frac{W^2}{2} - \vec{W}\times\operatorname{rot}\vec{W} = -\frac{1}{\varrho}\operatorname{grad} p, \tag{56}$$

wie sich durch Einsetzen der Komponenten leicht verifizieren läßt.
Mit Gl. (54) gilt dann für eine Mischung zweier Substanzen:

$$\frac{\partial\vec{W}}{\partial t} + \operatorname{grad}\frac{W^2}{2} - \vec{W}\times\operatorname{rot}\vec{W} = -\operatorname{grad} i + T\operatorname{grad} s + (g_2 - g_1)\operatorname{grad}\alpha. \tag{57}$$

Für stationäre Strömung fällt der erste Summand weg und mit dem Energiesatz (II,7) kann die Ruheenthalpie i_0 eingeführt werden. — Betreffs der Gültigkeit von (II,7) im Raume siehe Ende Abschnitt 3. — Man erhält:

$$\vec{W} \times \operatorname{rot} \vec{W} = -T \operatorname{grad} s - (g_2 - g_1) \operatorname{grad} \alpha + \operatorname{grad} i_0 . \tag{58}$$

Man erkennt daraus, daß die Strömung wirbelbehaftet sein muß (rot $\vec{W} \neq 0$) bei Entropieunterschieden, bei Relaxation ($g_1 \neq g_2$, $\alpha \neq$ konst.) und bei Unterschieden in der Ruheenthalpie, also z. B. bei äußerer Wärmezufuhr, es sei denn, daß sich die aufgezählten Effekte gerade aufheben!

Nun ändert sich in einem stationären Verdichtungsstoß wohl die Entropie, nicht aber der Energiefluß. Die reibungsfreie stationäre Strömung mit beliebigen Verdichtungsstößen hat also konstantes i_0, wenn i_0 im Anströmgebiet konstant ist. Alle reibungsfreien, stationären Strömungen mit konstantem Anströmzustand sind damit über alle Stöße hinweg *isoenergetisch*.

Setzt man Gleichgewicht oder eine einfache Substanz voraus, $g_1 = g_2$ oder $\alpha =$ konst., dann ist:

$$\vec{W} \times \operatorname{rot} \vec{W} = -T \operatorname{grad} s . \tag{59}$$

Dieser von L. Crocco stammende Satz [6], [7] besagt:

1. Jede drehungsfreie (wirbelfreie), stationäre, isoenergetische Strömung muß isentrop sein.

2. Jede anisentrope, isoenergetische, stationäre Strömung hat Wirbel.

Die Strömung hinter der Kopfwelle eines mit Überschallgeschwindigkeit fliegenden Körpers kann also exakt nicht mehr als drehungsfrei angesehen werden. Die Änderung der Zirkulation ist allerdings im allgemeinen gering, wie Gl. (55) zeigt. Wird nämlich dort als eine erste Näherung die absolute Temperatur im Integranden konstant gleich der Anströmtemperatur gesetzt, so ergibt sich noch keine Zirkulationsänderung:

$$\oint_C T \, \mathrm{d}s \approx T_\infty \oint_C \mathrm{d}s = 0 .$$

Aus Gl. (59) kann im übrigen nicht gefolgert werden, daß die Strömung wirbelfrei ist, wenn die Entropie konstant ist, weil das äußere Produkt zweier Vektoren auch dann verschwindet, wenn die Vektoren gleiche Richtung haben.

Der Croccosche Wirbelsatz gilt auch beim Vorhandensein äußerer Kräfte, die ein Potential haben. Allgemeinere Ableitungen auch für instationäre Strömungen und Strömungen mit Reibung gibt A. Vazsonyi, [8]. Überflüssigerweise und fälschlich wird dabei der Reibungskoeffizient allerdings als konstant angenommen.

Für instationäre Strömungen hat H. Ertel [9] einen Wirbelsatz abgeleitet, der unter den hier gemachten Voraussetzungen folgende Form annimmt:

$$\frac{\mathrm{d}}{\mathrm{d}t}\left(\frac{\operatorname{rot} \vec{W} \operatorname{grad} s}{\varrho}\right) = 0 .$$

Er wurde in der Gasdynamik bisher noch kaum angewendet.

6. Spezielle Beziehungen für reibungsfreie Strömung

Für reibungs- und wärmeleitungsfreie Strömung gibt es einige einfache spezielle Gleichungen und Zusammenhänge, die im folgenden hergeleitet werden sollen. Dabei wird es sich weniger um neue Beziehungen handeln, sondern um neue Zusammenhänge und allgemeinere Herleitungen. Multipliziert man die Euler-Gleichungen (56) skalar mit $\vec{W}$, so erhält man zunächst:

$$\frac{\mathrm{d}}{\mathrm{d}t}\left(\frac{W^2}{2}\right) = \frac{\partial}{\partial t}\left(\frac{W^2}{2}\right) + \vec{W}\,\mathrm{grad}\left(\frac{W^2}{2}\right) = -\frac{1}{\varrho}\,\vec{W}\,\mathrm{grad}\,p. \tag{60}$$

Für den speziellen Fall stationärer Strömung folgt daraus die *Bernoulligleichung* in differentieller Form:

$$\vec{W}\,\mathrm{grad}\left(\frac{W^2}{2}\right) = -\frac{1}{\varrho}\,\vec{W}\,\mathrm{grad}\,p. \tag{61}$$

Das innere Produkt von $\vec{W}$ und dem Operator „Gradient" ist nämlich bis auf einen Faktor die Ableitung in Stromlinienrichtung. Der Faktor spielt jedoch keine Rolle, da er auf beiden Seiten von Gl. (61) auftritt. Damit ist die bereits im Rahmen der Stromfadentheorie hergeleitete Gleichung (II,57) nochmals formal aus den Differentialgleichungen der räumlichen Strömungen gewonnen worden.

Es handelt sich bei Gl. (61) wie auch bei Gl. (60) um echte Bewegungsgleichungen, bei denen lediglich Reibungskräfte ausgeschlossen wurden. Dagegen wäre Wärmeleitung durchaus zulässig, was beispielsweise bei flüssigen Metallen wie Quecksilber oder heißem Natrium in Frage käme, wo wegen der niedrigen Prandtl-Zahl die Wärmeleitung nicht notwendig gleichzeitig mit der inneren Reibung vernachlässigt werden muß. Vor allem aber gilt die Bernoulligleichung ohne weiteres bei äußerer Wärmezufuhr oder Kühlung, die wohl in den Energiesatz eingeht, nicht aber die Form von Gl. (61) ändert. In dieser macht sich Wärmezufuhr nur dadurch geltend, daß es den Zusammenhang von Druck und Dichte beeinflußt.

Wird nun der *Energiesatz* Gl. (30) hinzugezogen, bei dem das Fehlen äußerer Wärmezufuhr vorausgesetzt ist, so gilt bei Vernachlässigung von Reibung und Wärmeleitung:

$$\frac{\mathrm{d}e}{\mathrm{d}t} + p\,\frac{\mathrm{d}}{\mathrm{d}t}\left(\frac{1}{\varrho}\right) = \frac{\mathrm{d}i}{\mathrm{d}t} - \frac{1}{\varrho}\,\frac{\mathrm{d}p}{\mathrm{d}t} = T\,\frac{\mathrm{d}s}{\mathrm{d}t} - (g_1 - g_2)\,\frac{\mathrm{d}\alpha}{\mathrm{d}t} = 0. \tag{62}$$

Für die letzte Formulierung in Gl. (62) wurde die für eine Mischung zweier Substanzen geltende Beziehung (54) herangezogen, die für beliebige Zustandsänderungen $\mathrm{d}p$, $\mathrm{d}i$, $\mathrm{d}s$ und $\mathrm{d}\alpha$ gilt und folglich um so mehr für den Spezialfall der Zustandsänderung eines Teilchens herangezogen werden darf. Gl. (62) stimmt wiederum formal mit Gl. (III,17) für den Spezialfall $\mathrm{d}q/\mathrm{d}t = 0$ überein. Nur enthält der Operator $\mathrm{d}/\mathrm{d}t$ laut Gl. (15) nun drei Ableitungen nach dem Ort und nicht nur eine wie in Gl. (III,1).

Man erkennt aus Gl. (62) wieder, daß die Entropie eines sich stetig ausdehnenden oder komprimierenden Teilchens nur dann konstant bleibt, wenn es sich im eingefrorenen ($\alpha = \text{const.}$) oder nicht eingefrorenen ($g_1 = g_2$) thermodynamischen Gleichgewicht befindet.

Für den Spezialfall stationärer Strömung gilt mit Gl. (15) beim Fehlen äußerer Wärmezufuhr:

$$\frac{1}{\varrho}\,\vec{W}\,\text{grad}\,p = \vec{W}\,\text{grad}\,i\,.$$

Dies in Gl. (61) eingesetzt führt zum Energiesatz in der Form:

$$\vec{W}\,\text{grad}\left(\frac{W^2}{2} + i\right) = \vec{W}\,\text{grad}\,i_0 = 0\,. \tag{63}$$

Der Gradient von i_0 steht also normal auf der Stromlinie. Es handelt sich um das bereits in Gl. (II,7) wiedergegebene Resultat, daß sich die Summe von kinetischer Energie und Enthalpie — beides bezogen auf die Masseneinheit — längs Stromlinien nicht ändert, wenn keine äußere Wärmezufuhr stattfindet. Da diese Summe auch über Stoßfronten hinweg konstant bleibt, wie in Abschnitt 3 gezeigt wurde, ist eine stationäre Strömung ohne äußere Wärmezufuhr, aber mit Verdichtungsstößen beliebigen Entropieanstieges, *isoenergetisch*, wenn die Ruheenthalpie in der Anströmung überall dieselbe ist. Dieses Teilresultat ist insbesonders für den Croccoschen Wirbelsatz wichtig.

Der Energiesatz in der letzten Form läßt die Möglichkeit von inneren Umsetzungen, Verbrennungsvorgängen, Dissoziationen oder Ionisation unabhängig davon, ob thermodynamisches Gleichgewicht vorliegt oder nicht, völlig offen. Die Enthalpie in Gl. (63) wie auch in Gl. (II,7) kann gemäß Gl. (I,47) und (I,50) gesetzt werden:

$$i = (1 - \alpha)\,i_1 + \alpha i_2 = i_1 + r_p \alpha\,.$$

Danach kann bei zwei Substanzen infolge von inneren Umsetzungen zur Enthalpie der ersten Substanz, i_1, die durch Entstehen der zweiten Substanz frei werdende Wärme $r_p \cdot \alpha$ hinzutreten.

Für thermodynamisches Gleichgewicht kann aus Kontinuitätsbedingung (14) und Energiesatz (62) eine Beziehung über den „Entropiefluß" hergeleitet werden:

$$\frac{\partial \varrho}{\partial t} + \text{div}\,(\varrho \vec{W}) = 0; \qquad \frac{\partial s}{\partial t} + \vec{W}\,\text{grad}\,s = 0\,.$$

Multipliziert man die erste Gleichung mit s, die zweite mit ϱ und addiert, so folgt

$$\frac{\partial (s\varrho)}{\partial t} + \text{div}\,(s\varrho\vec{W}) = 0\,, \tag{64}$$

oder nach Anwendung des Gaußschen Integralsatzes Gl. (30) mit $F = s \cdot \varrho$ über einen zeitlich unveränderten Bereich:

$$\frac{\mathrm{d}}{\mathrm{d}t}\iiint\limits_B s\varrho\,\mathrm{d}x\,\mathrm{d}y\,\mathrm{d}z + \iint\limits_f s\varrho\,W_n\,\mathrm{d}f = 0\,. \tag{65}$$

Im Gegensatz zu den Integralsätzen von Abschnitt 1, Gl. (2), (8) und (11) ist in Gl. (65) mit der Differentialgleichung für die Entropie stetige Zustandsänderung vorausgesetzt. Gl. (65) darf also nicht auf Bereiche angewendet werden, die Verdichtungsstöße enthalten. Sonst würde man beispielsweise bei stationärer Strömung auch beim Auftreten von Stößen verschwindenden Entropiefluß durch die den Bereich B umschließende Fläche f erhalten, was natürlich falsch ist. Dies zeigt, daß Integralsätze, die aus Differentialgleichungen gewonnen werden, nicht kritiklos auf unstetige Vorgänge angewendet werden dürfen.

Vielfach erweist es sich als vorteilhaft, die Dichteänderungen in der Kontinuitätsbedingung durch die Druckänderungen zu ersetzen. Dies läßt sich in genau derselben Weise durchführen, wie in Abschn. II,15. Gl. (II,108) kann als rein thermodynamische Beziehung ohne weiteres übernommen werden. Damit ergibt sich beim Fehlen äußerer Wärmezufuhr:

$$\frac{1}{\varrho}\frac{d\varrho}{dt} = \frac{1}{c^2}\frac{1}{\varrho}\frac{dp}{dt} - \left[\frac{r_p}{c_p} + \left(\frac{\partial T}{\partial \alpha}\right)_{p,\varrho}\right]\frac{1}{\varrho}\left(\frac{\partial \varrho}{\partial T}\right)_{\alpha,p}\frac{d\alpha}{dt}. \tag{66}$$

c ist die eingefrorene Schallgeschwindigkeit, der Ausdruck in der eckigen Klammer im wesentlichen eine Reaktionswärme durch eine spezifische Wärme. Die Ableitungen von T und ϱ sind für ein ideales Gas vor Gl. (II,111) angegeben.

Damit erhält die *Kontinuitätsbedingung* (16) die Form:

$$\frac{1}{\varrho}\frac{dp}{dt} + c^2\left[\frac{\partial u}{\partial x} + \frac{\partial v}{\partial y} + \frac{\partial w}{\partial t}\right] = \left[\frac{r_p}{c_p} + \left(\frac{\partial T}{\partial \alpha}\right)_{p,\varrho}\right]\frac{c^2}{\varrho}\left(\frac{\partial \varrho}{\partial T}\right)_{\alpha,p}\frac{d\alpha}{dt}. \tag{67}$$

In diese Form der Kontinuitätsbedingung geht nun die Relaxation ein. Auch bei thermodynamischem Gleichgewicht reagierender Substanzen würde die rechte Gleichungsseite in (67) nicht verschwinden. Allerdings kann man im letzteren Fall genauso wie im Kleindruck von Abschn. II,15 zeigen, daß die rechte Seite von Gl. (67) und (66) gleich Null gesetzt werden kann, wenn nur die eingefrorene Schallgeschwindigkeit c durch die Gleichgewichtsschallgeschwindigkeit $\bar{c}$ ersetzt wird, vgl. insbesonders Gl. (II,106).

7. Gasdynamische Gleichung

Vielfach erweist es sich als vorteilhaft, das Differentialgleichungssystem, mit dem die Strömung dargestellt werden soll, möglichst auf ein solches für die Geschwindigkeitskomponenten zu reduzieren. Bei stationärer Strömung gelingt dies in vielen wichtigen Fällen, bei instationärer Strömung muß allerdings stets eine thermodynamische Größe, sei es der Druck p oder auch nur die von der Temperatur abhängige Schallgeschwindigkeit c, dabei sein, wie sich das im Teil III immer wieder gezeigt hat.

Mit Hilfe von Gl. (60) lassen sich in der Kontinuitätsbedingung der Form (67) alle örtlichen Ableitungen von p eliminieren und man erhält:

$$\frac{1}{\varrho}\frac{\partial p}{\partial t} - \frac{\partial}{\partial t}\left(\frac{W^2}{2}\right) + c^2 \operatorname{div}\vec{W} - \vec{W}\operatorname{grad}\left(\frac{W^2}{2}\right) = \left[\frac{r_p}{c_p} + \left(\frac{\partial T}{\partial \alpha}\right)_{p,\varrho}\right]\frac{c^2}{\varrho}\left(\frac{\partial \varrho}{\partial T}\right)_{\alpha,p}\frac{d\alpha}{dt}. \tag{68}$$

Die rechte Gleichungsseite hat im wesentlichen nur dann Bedeutung, wenn es sich um Relaxationsvorgänge handelt. Dann kann die Ableitung $d\alpha/dt$ mit Hilfe einer Relaxationsgleichung, etwa (I,127) oder (I,128) eliminiert werden. Bei thermodynamischem Gleichgewicht kann die rechte Seite wieder wegbleiben, wenn c durch die Gleichgewichts-Schallgeschwindigkeit $\bar{\bar{c}}$ ersetzt wird.

Eine der wichtigsten Varianten von Gl. (68) ist jene für stationäre Strömung, bei der im übrigen in den meisten Anwendungen auch noch das Relaxationsglied wegbleibt. Sie lautet in Komponenten-Schreibweise:

$$(c^2 - u^2)\left(\frac{\partial u}{\partial x}\right) + (c^2 - v^2)\frac{\partial v}{\partial y} + (c^2 - w^2)\frac{\partial w}{\partial z} - vw\left(\frac{\partial w}{\partial y} + \frac{\partial v}{\partial z}\right)$$
$$- wu\left(\frac{\partial u}{\partial z} + \frac{\partial w}{\partial x}\right) - uv\left(\frac{\partial v}{\partial x} + \frac{\partial u}{\partial y}\right) = \left[\frac{r_p}{c_p} + \left(\frac{\partial T}{\partial \alpha}\right)_{p,\varrho}\right]\frac{c^2}{\varrho}\left(\frac{\partial \varrho}{\partial T}\right)_{\alpha,p}\frac{d\alpha}{dt}. \quad (69)$$

Es handelt sich um die *gasdynamische Gleichung* für stationäre Strömung. Sie bildet zusammen mit dem Croccoschen Wirbelsatz (58), dem Energiesatz (62) für s und α und dem Energiesatz (II,7) ein vollständiges Differentialgleichungssystem in den Geschwindigkeitskomponenten und den thermodynamischen Variablen.

Als eine zweite wichtige Variante von Gl. (68) sei die Form für relaxationsfreie und drehungsfreie instationäre Strömung gewählt. Dann kann wegen der annähernden Isentropie die Ableitung des Druckes in Gl. (68) mit Gl. (I,67) durch jene der Enthalpie ersetzt werden. Man erhält nach einfachen Umformungen folgende instationäre Form der gasdynamischen Gleichung:

$$\frac{\partial}{\partial t}\left(\frac{W^2}{2} + i\right) - 2\left(u\frac{\partial u}{\partial t} + v\frac{\partial v}{\partial t} + w\frac{\partial w}{\partial t}\right) + (c^2 - u^2)\frac{\partial u}{\partial x} + (c^2 - v^2)\frac{\partial v}{\partial y}$$
$$+ (c^2 - w^2)\frac{\partial w}{\partial z} - vw\left(\frac{\partial w}{\partial y} + \frac{\partial v}{\partial z}\right) - wu\left(\frac{\partial u}{\partial z} + \frac{\partial w}{\partial x}\right) + uv\left(\frac{\partial v}{\partial x} + \frac{\partial u}{\partial y}\right) = 0. \quad (70)$$

Die thermodynamische Variable i tritt hier in derselben Verbindung mit der kinetischen Energie $W^2/2$ der Masseneinheit auf, wie im stationären Energiesatz. Man könnte diese Summe durch i_0 ersetzen, eine Größe, die freilich jetzt bei instationärer Strömung nicht mehr konstant ist. Allerdings wird auch i selbst zur Bestimmung von c benötigt.

Zur Gl. (70) könnten wegen der getroffenen Annahmen nun die Gleichungen der Drehungsfreiheit hinzugezogen werden. Damit hat man allerdings erst drei Gleichungen für die drei Komponenten und eine thermodynamische Variable, weil von den drei Gleichungen der Drehungsfreiheit nur zwei unabhängig voneinander sind. Die noch fehlende Gleichung erhält man, indem man Gl. (57) unter der Annahme $s = \text{const.}$ und $\alpha = \text{const.}$ skalar mit $\vec{W}$ multipliziert:

$$\frac{\partial}{\partial t}\left(\frac{W^2}{2}\right) + \vec{W}\cdot \operatorname{grad}\left(\frac{W^2}{2} + i\right) = 0. \quad (71)$$

Diese Gleichung kann man unter der Annahme von Isentropie auch ebensogut aus Gl. (60) herleiten. Der Vorteil der in den letzten Gleichungen gewählten Variablen wird erst im nächsten Abschnitt deutlich werden.

8. Das Geschwindigkeitspotential

In Abschnitt 5 wurden verschiedene Wirbelsätze abgeleitet, aus denen man den Schluß ziehen konnte, daß eine Strömung „drehungsfrei“ sein muß, wenn bestimmte Voraussetzungen erfüllt sind. So folgt aus dem Thomsonschen Satz Gl. (35), daß die Zirkulation und damit die Drehung bei einer isentropen Strömung verschwinden muß, wenn die Anströmung drehungsfrei ist, und aus dem Croccoschen Satz (58) für stationäre Strömung dasselbe, wenn die Anströmung isoenergetisch ist. Es wurde schon mehrfach darauf hingewiesen, daß strenge Isentropie im Rahmen einer Näherungsrechnung nicht erforderlich ist, sondern daß schwache Entropieprofile in der Strömung zulässig sind, wie sie von Stößen von schwach veränderlicher Stoßstärke längs der Front verursacht werden. Daher soll zwischen „Isentropie“ und *Drehungsfreiheit* streng unterschieden werden und im folgenden nur letztere vorausgesetzt werden. Mit Gl. (49) gilt dann:

$$\operatorname{rot} \vec{W} = 0. \tag{72}$$

Die Bewegungsgleichungen (57) können für ausreichend kleine Entropieänderungen und für ausreichendes thermodynamisches Gleichgewicht geschrieben werden:

$$\frac{\partial \vec{W}}{\partial t} + \operatorname{grad}\left(\frac{W^2}{2} + i\right) = 0. \tag{73}$$

Es handelt sich hier um eine Verallgemeinerung der Ausführungen in Abschnitt III,10 auf drei räumliche Dimensionen.

Das Gleichungssystem (72) und (73) kann erfüllt werden mit dem Ansatz:

$$\vec{W} = \operatorname{grad} \Phi, \quad \frac{W^2}{2} + i = i_0 - \frac{\partial \Phi}{\partial t}. \tag{74}$$

Man nennt Φ das *Geschwindigkeitspotential.* Es ist dadurch gekennzeichnet, daß sich die Geschwindigkeitskomponente in irgendeiner Richtung durch die Ableitung des Potentials nach der entsprechenden Richtung ergibt. Insbesondere ist der Geschwindigkeitsbetrag gleich der Ableitung des Potentials nach der Bogenlänge in Stromlinienrichtung. Selbstverständlich erfüllt der Ansatz (74) auch die Bewegungsgleichung (71) identisch.

Durch Einsetzen von (74) in Gl. (70) erhält man die *gasdynamische Gleichung* für das Potential:

$$-\frac{\partial^2 \Phi}{\partial t^2} - 2u\frac{\partial^2 \Phi}{\partial x\,\partial t} - 2v\frac{\partial^2 \Phi}{\partial y\,\partial t} - 2w\frac{\partial^2 \Phi}{\partial z\,\partial t} + (c^2 - u^2)\frac{\partial^2 \Phi}{\partial x^2}$$
$$+ (c^2 - v^2)\frac{\partial^2 \Phi}{\partial y^2} + (c^2 - w^2)\frac{\partial^2 \Phi}{\partial z^2} - 2vw\frac{\partial^2 \Phi}{\partial y\,\partial z} - 2wu\frac{\partial^2 \Phi}{\partial z\,\partial x} - 2uv\frac{\partial^2 \Phi}{\partial x\,\partial y} = 0. \tag{75}$$

Es handelt sich um eine *quasilineare Differentialgleichung* zweiter Ordnung, quasilinear deshalb, weil in den Koeffizienten mit u, v, w und c noch erste Ableitungen des Potentials auftreten. Es macht keine Schwierigkeit mit Hilfe von (74) die Geschwindigkeitskomponenten in (75) durch grad Φ zu ersetzen. Für die Schallgeschwindigkeit c erhält man aber nur bei idealen Gasen konst. spez. Wärme einfache Formen. Ganz analog zu Gl. (III,50) erhält man, wenn man die additive Konstante von i gleich null setzt oder in die Ableitung von $\partial\Phi/\partial t$ hineinzieht:

$$(\varkappa - 1)(c^2 - c_0^2) = -\Phi_t - \frac{W^2}{2} = -\Phi_t - \frac{1}{2}(\Phi_x^2 + \Phi_y^2 + \Phi_z^2). \tag{76}$$

Wenn es sich um weniger einfache Substanzen handelt, als das id. Gas konst. sp. W. eine ist, dann wird man im allgemeinen analytische Formeln für c als Funktion der Ableitungen von Φ nur im Rahmen von Entwicklungen oder von Störtheorien erhalten können.

Obwohl also Gl. (75) auf eine Gleichung von Φ allein zurückgeführt werden kann, zieht man die Darstellung (75), in der nur die Ableitungen zweiter Ordnung von Φ eingesetzt sind, im allgemeinen vor, weil die Eigenschaften der Gleichung so besser zu erkennen sind.

Es läßt sich zeigen, daß sich Gl. (75) bei ausreichend langsamer zeitlicher Änderung und natürlich speziell bei stationärer Strömung auf die Laplacegleichung zurückführen läßt, wenn außerdem $M^2 \ll 1$ gilt. In einem solchen Falle dominieren nämlich die drei Summanden mit den Koeffizienten c^2. Nach den Ausführungen in Teil II ist es nicht mehr überraschend, daß $M^2 \ll 1$ zum Spezialfall inkompressibler Strömung führt.

Im allgemeinen wird in der Mathematik die Theorie der Laplace-Gleichung als *Potentialtheorie* bezeichnet, im wesentlichen in Anlehnung an die Theorie des Schwerepotentials oder des elektrostatischen Potentials. In der Strömungsmechanik dagegen führt das Strömungspotential Φ im allgemeinen nur bei inkompressibler Strömung auf die mathematische Potentialtheorie der Laplace-Gleichung. Bei $M \neq 0$ dagegen genügt das Strömungspotential nur einer quasilinearen Differentialgleichung zweiter Ordnung, nämlich der gasdynamischen Gleichung (75).

9. Momentengleichung

Momentengleichungen werden in der Strömungsmechanik nur wenig verwendet. Die bekannteste Anwendung stellt die Eulersche Turbinengleichung dar. Da außerdem aber eine gewisse Verwandtschaft zwischen dem Impulsmoment und dem Wirbelvektor besteht, seien die Momentenbeziehungen in diesem Abschnitt kurz für reibungslose Strömung behandelt.

Bildet man für eine solche reibungslose Strömung bei Fehlen äußerer Kräfte das äußere Produkt der Gleichung (18) mit dem Ortsvektor $\vec{x}$, mit den Komponenten x, y, z, dann erhält man nach kurzer Rechnung:

$$\frac{\partial}{\partial t}[\varrho(\vec{W} \times \vec{x})] + \frac{\partial}{\partial x}[\varrho u(\vec{W} \times \vec{x})] + \frac{\partial}{\partial y}[\varrho v(\vec{W} \times \vec{x})] + \frac{\partial}{\partial z}[\varrho w(\vec{W} \times \vec{x})] = -\operatorname{rot}(p\vec{x}). \tag{77}$$

Zusammen mit der Kontinuitätsbedingung kann man diese Gleichung umschreiben auf

$$\varrho \frac{\mathrm{d}}{\mathrm{d}t}(\vec{W} \times \vec{x}) = -\operatorname{rot}(p\vec{x}), \tag{78}$$

eine Form, die sich auch direkt aus den Eulerschen Bewegungsgleichungen herleiten läßt.

Es liegt aber auch nahe, auf Gl. (77) den Gaußschen Integralsatz anzuwenden. Man erhält dann:

$$-\iint_f p(\vec{n}\times\vec{x})\,\mathrm{d}f = \frac{\mathrm{d}}{\mathrm{d}t}\iiint_B (\vec{W}\times\vec{x})\,\varrho\,\mathrm{d}x\,\mathrm{d}y\,\mathrm{d}z + \iint_f (\vec{W}\times\vec{x})\,\varrho W_n\,\mathrm{d}f. \tag{79}$$

In der letzten Gleichung wurde allerdings eine zeitlich feste Begrenzungsfläche f des Bereiches B angenommen.

Die folgenden Erläuterungen der Gl. (79) müssen sich daher auch auf stehende Berandungen beschränken, also etwa auf den Leitapparat einer Strömungsmaschine. Bei stationärer Strömung fällt das Raumintegral fort. Wählt man die Kontrollfläche am Eintritt und Austritt des Leitapparates als Ebene senkrecht zur Achse des Apparates, so läßt sich das Druckintegral als Moment der Luftkräfte auf den Leitapparat deuten, das Flächenintegral auf der rechten Seite als Strom des Impulsmomentes.

Das vom strömenden Medium auf den Leitapparat ausgeübte Drehmoment ist also gleich dem Unterschied von einfließendem und ausfließendem Impulsmoment des strömenden Mediums: *Eulerscher Turbinensatz.*

Literatur

[1] Schneider, W.: Über die Rolle der Flüssigkeits- und Gaseigenschaften in der Theorie mechanisch ähnlicher Strömungen. Acta Mechanica **12**, 275–305 (1971).
[2] Froude, W. and Froude, R. E.: Trans. Inst. Nav. Arch. **22** (1881).
[3] Reynolds, O.: An Experimental Investigation of the Circumstances which determine whether the Motion of Water shall be Direct or Sinous and the Law of Resistance in Parallel Channels. Phil. Trans. Roy. Soc. London **174**, 935–982 (1883); Scientific Papers II, 51.
[4] Prandtl, L.: Eine Beziehung zwischen Wärmeaustausch und Strömungswiderstand der Flüssigkeiten. Phys. Z. **11**, 1072–1078 (1910).
[5] Strouhal, V.: Über eine besondere Art der Tonerregung. Ann. Phys. und Chem. Neue Folge **5**, 216–251 (1878).
[6] Crocco, L.: Eine neue Stromfunktion für die Erforschung der Bewegung der Gase mit Rotation. ZAMM **17**, 1–7 (1937).
[7] Oswatitsch, K.: Zur Ableitung des Croccoschen Wirbelsatzes. Lufo **20**, 260 (1943).
[8] Vazsonyi, A.: On rotational gas flow. Quart. Appl. Math. **3**, 29–37 (1945).
[9] Ertel, H.: Über das Verhältnis des neuen hydrodynamischen Wirbelsatzes zum Zirkulationssatz von Bjerknes. Meteorolog. Z. **59**, 385–387 (1942).

V. Anwendungen der Integralsätze, Luftkräfte

1. Impulssatz und Luftkräfte, stationär

Bei stationärer Strömung, wie sie in diesem Abschnitt angenommen werden soll, lassen sich wichtige Zusammenhänge zwischen den auf die Berandung der Strömung ausgeübten Kräften und der Strömungsstruktur im Zu- und Abfluß herleiten. Es kann sich dabei sowohl um eine Strömung durch ein Schaufelsystem handeln, als auch um die Umströmung eines Körpers. Die Fläche f, Abb. IV,1, die den in die Beobachtung eingehenden Bereich B abgrenzt, wird im folgenden aufgeteilt in zwei Teilflächen:

$$f = f_r + f_k. \tag{1}$$

Die erste, die *Randfläche* f_r, sei von den Körperkonturen gebildet und durch verschwindende Normalkomponenten der Geschwindigkeit gekennzeichnet, $W_n = 0$. Es darf auf f_r wohl Reibung herrschen und die Haftbedingung $W = 0$ erfüllt sein, doch darf im allgemeinen keine Absaugung oder kein Ausblasen von Medium in den Raum durch f_r hindurch erfolgen. Die zweite Fläche, die *Kontrollfläche* f_k, wird dagegen in geeigneter Weise mitten durch die Strömung gezogen. Sie ist in den Abbildungen zu den Beispielen in der Regel gestrichelt eingezeichnet, Abb. 3, 5, 9, 14 usw. f_k wird im allgemeinen vom Medium durchflossen, $W_n \neq 0$. Dagegen soll vorausgesetzt werden, daß auf f_k keine Reibungskräfte wirken. Diese Annahme ist keineswegs einschneidend, vereinfacht jedoch die Behandlung wesentlich. Es zeigt sich, daß selbst im Nachlauf kurz hinter einem Körper die Reibungsschubspannungen und Reibungsnormalspannungen vernachlässigt werden dürfen. Zusammenfassend wurde mit Gl. IV,24 vorausgesetzt:

$$\text{auf } f_r\colon W_n = 0; \quad \text{auf } f_k\colon \boldsymbol{P} + p\cdot\boldsymbol{E} = 0. \tag{2}$$

Schon bei der Herleitung der Integralsätze durfte die Fläche f mehrfach zusammenhängend sein. Dies gilt um so mehr für f_r und f_k. Jede dieser Teilflächen dagegen braucht nun nicht mehr geschlossen zu sein.

Die Luftkräfte werden im allgemeinen im schwerelosen Feld dargestellt. Daher soll auch $\vec{g} = 0$ gesetzt werden. Mit den Voraussetzungen Gl. (2) und Gl. (IV,6) folgt aus dem Impulssatz (IV,8) für stationäre Strömung:

$$\iint_{f_k} \varrho\vec{W}\cdot W_n\,\mathrm{d}f = \iint_{f_r} \vec{p}\,\mathrm{d}f - \iint_{f_k} p\,\vec{n}\cdot\boldsymbol{E}\,\mathrm{d}f = \iint_{f_r} \vec{p}\,\mathrm{d}f - \iint_{f_k} p\,\vec{n}\,\mathrm{d}f.$$

Das Integral über die Randfläche f_r ist nach den Annahmen in Abschn. IV,1 die vom Rand, also von der Flüssigkeitsbegrenzung, auf die Strömung ausgeübte

Kraft. Es ist die Kraft, mit der der Rand entgegen den von der Strömung ausgeübten Kräften gehalten werden muß. Sie sei daher *Haltekraft* genannt und mit dem Symbol $\vec{\mathrm{K}}(\mathrm{K}_x, \mathrm{K}_y, \mathrm{K}_z)$ bezeichnet:

$$\vec{\mathrm{K}} = \iint_{f_r} \vec{p}\, df. \tag{3}$$

Diese Kraft umfaßt sowohl den Druck als auch die Reibungskräfte. Die Komponenten von $\vec{p}$ gibt Gl. (IV,7). Die von der Strömung auf die Randfläche f_r ausgeübten Kräfte, die sogenannten *Luftkräfte*, sind dann einfach $-\vec{\mathrm{K}}$.

Im speziellen Fall, in dem es sich um jene Kräfte handelt, die ein in einer Parallelströmung eingebetteter Körper erfährt, unterscheidet man unter anderem den *Widerstand* W und den *Auftrieb* A. Der Widerstand ist definiert als die Kraftkomponente, die die Strömung in Anströmrichtung auf den Körper ausübt, der Auftrieb dagegen ist die Kraftkomponente der Strömung auf den Körper senkrecht zur Anströmung. Bei räumlicher Strömung wäre damit der Auftrieb allerdings noch nicht festgelegt. Beim gewöhnlichen Kursflug, bei dem der Körper parallel zur Erdoberfläche fliegt, ist es die Kraftkomponente entgegen der Schwerkraft. Wird die Anströmung — gekennzeichnet durch den Index ∞ — in x-Richtung angenommen, dann gilt gemäß der vorangegangenen Definition:

$$v_\infty = 0, \; w_\infty = 0: \; \mathrm{W} = -\mathrm{K}_x; \; \mathrm{A} = -\mathrm{K}_y. \tag{4}$$

Da die Definition von Widerstand und Auftrieb an die Einbettung in eine Parallelströmung gebunden ist, gibt es bei Strömungen durch Flügelgitter mit unterschiedlicher Zu- und Abströmung wohl natürlich Luftkräfte, nicht aber Widerstand und Auftrieb. Diese können zwar durch eine Erweiterung der Definition eingeführt werden. Man gewinnt damit jedoch keine wesentlichen Vorteile.

Aus Gl. (2) erhält man damit die Haltekraft ausgedrückt durch Integrale über die Kontrollfläche in Form folgenden *Impulssatzes*:

$$\vec{\mathrm{K}} = \iint_{f_k} [\varrho \vec{W} \cdot W_n + p \cdot \vec{n}]\, df. \tag{5}$$

Für jede *geschlossene* Fläche f, auf die ein konstanter Druck $p = p_1$ wirkt, erhält man:

$$\iint_f p\vec{n}\, df = p_1 \iint_f \vec{n}\, df = 0. \tag{6}$$

Das zweite Doppelintegral stellt nämlich die Projektion der geschlossenen Fläche f auf die drei Koordinatenrichtungen dar. Die Projektion einer geschlossenen Fläche auf irgendeine Richtung muß jedoch stets verschwinden.

Es sei ferner angenommen, daß der Bereich B quellenfrei sei, was zwar häufig, jedoch nicht immer der Fall ist, vgl. etwa den Abschnitt über die Rakete. Dann gilt:

$$\iint_{f_k} \varrho W_n\, df = 0. \tag{7}$$

Ist nun $\vec{W}_1$ der Vektor einer bestimmten konstanten Bezugsgeschwindigkeit und p_1 ein Bezugsdruck, dann gilt bei geschlossener Kontrollfläche und quellenfreiem

Feld schließlich mit Gl. (5), (6) und (7) folgende Form des *Impulssatzes*:

$$\vec{K} = \iint_{f_k} [\varrho W_n(\vec{W} - \vec{W}_1) + (p - p_1)\vec{n}]\, df. \tag{8}$$

Gl. (8) ist besonders geeignet, wenn nicht Absolutdrücke, sondern Relativdrücke verwendet werden sollen. Dies kommt insbesondere auch dann in Betracht, wenn eine Druckstörung nach Geschwindigkeitsstörungen entwickelt werden soll.

Bei der Bestimmung der Luftkräfte, die durch verlustfreie Vorgänge hervorgerufen werden, kann man ähnlich wie bei dichtebeständiger Strömung in der Regel auf die Heranziehung des Energiesatzes verzichten. Man kennt zwar nicht die Dichte wie etwa bei inkompressiblen Vorgängen, man kann sie jedoch über die Entropiebeziehung auf den Druck zurückführen. Bei Vorgängen mit Verlusten dagegen wird der Energiesatz meist gebraucht. Unter den getroffenen Annahmen fällt in Gl. (IV,11) wieder das instationäre Glied, das Schweieglied und die Arbeit der Reibungskräfte auf der Kontrollfläche weg. Damit muß aber auch die Wärmeleitung durch die Kontrollfläche vernachlässigt werden, während die Wärmeleitung an der Randfläche erlaubt sei. Die Randfläche f_r möge völlig ruhen, sich also auch nicht „in sich" bewegen, wie dies bei einem drehenden Zylinder oder einer schiebenden Platte der Fall wäre, was mit stationärer Strömung durchaus vereinbar ist. Wegen dieser Ruhebedingung fallen dann die Leistungen der Schubspannungskräfte am Rande weg und es bleiben mit Q als am Rand in der Zeiteinheit zugeführter Wärme:

$$Q = \iint_{f_r} \lambda \operatorname{grad} T \cdot \vec{n}\, df = \iint_{f_k} \left(\frac{W^2}{2} + i\right) \varrho W_n\, df. \tag{9}$$

Der gesamte Energiestrom durch f_k ist gleich der zugeführten Wärmeleistung durch f_r.

Zunächst sollen Anwendungen bei einigen einfacheren Strömungsformen gebracht werden. In den letzten Abschnitten werden sich jedoch auch sehr allgemeine, wichtige Zusammenhänge ergeben.

2. Carnotscher Stoßverlust, Mischvorgänge

Es sei in einem Rohr eine stufenförmige Erweiterung angenommen, Abb. 1. Das Medium, welches stationär mit angenähert konstanten Zuständen durch den Querschnitt f_1 einströmt, wird sich nach stärkerer Durchwirbelung in der Nähe der Stufe später wieder beruhigen und mit angenähert konstanten Zuständen über den Querschnitt f weiter strömen. Von den Reibungskräften an der Rohrwand sei abgesehen. Ihr Einfluß bedarf für genauere Rechnungen einer gesonderten Untersuchung. Als „Kontrollfläche" dienen die Querschnitte f_1 und f, mit den Normalenvektoren $\vec{n}$ (1, 0, 0) und $\vec{n}_1$ (−1, 0, 0). Es ist nur die x-Komponente der Geschwindigkeit und der Haltekraft vorhanden. Letztere kann durch den statischen Druck p_2 an der Stufe leicht ausgerechnet werden, nämlich $K_x = p_2(f - f_1)$.

Wärmezufuhr durch die Wand sei ausgeschlossen. Es folgt dann aus Gl. (7) und (9):

$$\varrho W f = \varrho_1 W_1 f_1; \qquad \text{Kontinuitätsbedingung.}$$

$$(\varrho W^2 + p) f = (\varrho_1 W_1^2 + p_1) f_1 + p_2(f - f_1); \qquad \text{Impulssatz.}$$

$$\left(\frac{W^2}{2} + i\right)\varrho W f = \left(\frac{W_1^2}{2} + i_1\right)\varrho_1 W_1 f_1; \qquad \text{Energiesatz.}$$

Der Energiesatz kann mit der Kontinuitätsbedingung sofort auf die bekannte Form Gl. (II,6) gebracht werden. Da an der Rohrstufe nicht mit einheitlichen Zuständen über den Querschnitt gerechnet werden kann — in der Mitte ist Strömung, außen Ruhe — fällt dieser Vorgang bereits aus dem Rahmen der einfachen Stromfadentheorie heraus.

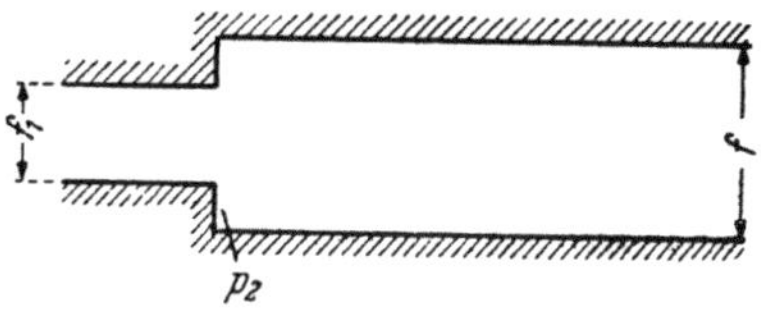

Abb. V,1. Carnotscher Stoßverlust.

Ohne weitere Rechnung kann gesagt werden, daß es zu jedem Anströmzustand mindestens zwei Lösungen geben wird. Es kann nämlich jedem Endzustand noch ein zu diesem gehöriger Verdichtungsstoß oder Verdünnungsstoß hinzugefügt werden, der auch Lösung des Gleichungssystems sein muß. Ein Verdünnungsstoß ist allerdings nach dem zweiten Hauptsatz unzulässig, er muß aber im Gleichungssystem enthalten sein und wird erst ausgeschieden, weil er im Widerspruch zum zweiten Hauptsatz der Wärmelehre Entropieabfall eines abgeschlossenen Systems ergibt. Hier entspricht das Anfügen eines „Verdünnungsstoßes" nur einer mathematischen Konstruktion. Physikalisch handelt es sich um einen einzigen verwickelteren Vorgang, von dem zu untersuchen ist, ob er im ganzen zu einem Entropieabfall führt, bevor über seine Realisierbarkeit entschieden wird.

Bei Unterschallströmung im Querschnitt f_1, $M_1 < 1$, sei wie beim Austritt aus einer Mündung mit $p_1 = p_2$ gerechnet. Bei $M_1 > 1$ sind zwei Fälle zu unterscheiden. Ist in f die Mach-Zahl $M < 1$, so ist der Druck in f durch die Verhältnisse stromabwärts bedingt. p ist also gegeben und im einfachsten Fall, daß das Rohr in f endet, gleich dem Umgebungsdruck. Das Gleichungssystem enthält dann ϱ, W und p_2 als einzige Unbekannte, die sich also eindeutig berechnen lassen. Ist hingegen $M > 1$, dann ist ϱ, W, p und p_2 unbekannt. Die ersten drei Größen lassen sich nur als Funktion von p_2 bestimmen. Dieser „Totraumdruck" ist durch das Gleichgewicht zuströmender langsamer Reibungsschichtmaterie und am Totraumrand mitgerissener Materie bedingt. Eine Berechnung von p_2 kann also nur auf Grund einer theoretischen Verfolgung turbulenter Vorgänge erfolgen und ist bis jetzt nicht gelungen. Die Behandlung des letzten Falles ($M_1 > 1$, $M > 1$) ist ohne Berücksichtigung der Reibungsvorgänge überhaupt nur von theoretischem Interesse. Bei Überschallströmungen stellen sich nämlich konstante Zustände über den Querschnitt nur sehr langsam ein, während die Rohrreibung

(Abschnitt II,14) bereits auf verhältnismäßig kurzen Strecken von ausschlaggebender Bedeutung ist.

Bei *dichtebeständigen* Strömungen sind, da $\varrho = \varrho_1$ und $p_1 = p_2$ ist, W und p aus Kontinuitätsbedingung und Impulssatz allein zu berechnen. Es ergibt sich der Verlust an der Stufe aus der Differenz an kinetischer Energie, welche das Medium annimmt, wenn es vor und nach dem Verlust auf denselben Druck gebracht wird (*Carnotscher Stoßverlust*). Der Verlust ergibt sich unabhängig davon, bei welchem Druck man vergleicht, einfach als Differenz der Ruhedrucke oder „Gesamtdrucke". Bei kompressiblen Medien würden sich dabei abhängig vom Bezugsdruck verschiedene Differenzen an kinetischer Energie ergeben. Auch hier ist die Entropie das gegebene Maß für die Beurteilung von Verlusten.

Die Auflösung des Gleichungssystems für id. Gase konst. sp. W. nach W ergibt:

$$\frac{W}{W_1} = \frac{M^*}{M_1^*} = \frac{1}{(\varkappa + 1) M_1^2} \left[1 + \varkappa M_1^2 + \frac{p_2}{p_1} \left(\frac{f}{f_1} - 1 \right) \right.$$
$$\left. \pm \sqrt{(M_1^2 - 1)^2 + 2(1 + \varkappa M_1^2) \frac{p_2}{p_1} \left(\frac{f}{f_1} - 1 \right) + \left(\frac{p_2}{p_1} \right)^2 \left(\frac{f}{f_1} - 1 \right)^2} \right]. \tag{10}$$

Die beiden Parameter p_2/p_1 und f/f_1 treten stets nur in einer bestimmten Verbindung auf. Da die kritische Schallgeschwindigkeit c^* bei der einfachen Form des Energiesatzes ungeändert bleibt, kann $W/W_1 = M^*/M_1^*$ gesetzt werden. Für $f = f_1$ ergibt sich bei positivem Vorzeichen der Wurzel die Identität $W = W_1$, bei negativem Vorzeichen Verdichtungs- und Verdünnungsstoß, je nachdem, ob $M_1 > 1$ oder $M_1 < 1$ ist.

Entropieanstieg oder Ruhedruckverlust ergeben sich am einfachsten wie folgt aus Energiesatz und Kontinuitätsbedingung:

$$\frac{s - s_1}{c_v} = (\varkappa - 1) \ln \frac{p_{10}}{p_0} = \ln \frac{T}{T_1} - (\varkappa - 1) \ln \frac{\varrho}{\varrho_1}$$
$$= \ln \left[1 + \frac{\varkappa - 1}{2} M_1^2 \left(1 - \frac{W^2}{W_1^2} \right) \right] - (\varkappa - 1) \ln \frac{W_1 f_1}{W f}. \tag{11}$$

Hierin ist W/W_1 aus Gl. (10) einzusetzen. Das Verhältnis des Druckes p zum Druck p_s, welchen das Medium ohne Verluste bei der Geschwindigkeit W angenommen hätte, ist gleich dem Ruhedruckverhältnis

$$\frac{p}{p_s} = \frac{p_0}{p_{10}} = e^{-\frac{s - s_1}{c_p - c_v}}, \tag{12}$$

da bei gleichen Geschwindigkeiten auch die Temperaturen übereinstimmen und sich folglich p/p_s wie p_0/p_{10} aus dem Entropieanstieg errechnet.

Für gegebenen Druck ist W aus Kontinuitätsbedingung und Energiegleichung allein zu gewinnen:

$$\frac{W}{W_1} = \frac{M^*}{M_1^*} = \sqrt{1 + \frac{2}{\varkappa - 1} \frac{1}{M_1^2} + \left(\frac{1}{\varkappa - 1} \frac{1}{M_1^2} \frac{p}{p_1} \frac{f}{f_1} \right)^2} - \left(\frac{1}{\varkappa - 1} \frac{1}{M_1^2} \frac{p}{p_1} \frac{f}{f_1} \right). \tag{13}$$

Die Verluste ergeben sich dabei wieder aus Gl. (11).

Es ergibt sich Unterschallgeschwindigkeit in $f(M^* < 1)$ für:

$$\frac{p}{p_1}\frac{f}{f_1} > \frac{M_1^2}{M_1^*}. \tag{14}$$

Für sehr große Werte von (p/p_1) (f/f_1) geht M^* gegen sehr kleine Werte, also gegen inkompressible Strömung, für sehr kleine Werte von (p/p_1) (f/f_1) gegen den möglichen Maximalwert $M^* = \sqrt{\frac{\varkappa + 1}{\varkappa - 1}}$.

Bei gegebenem p/p_1 errechnet sich p_2/p_1 aus Impulssatz und Kontinuitätsbedingung zu:

$$\frac{p_2}{p_1}\left(\frac{f}{f_1} - 1\right) = \frac{p}{p_1}\frac{f}{f_1} + \varkappa M_1^2 \frac{W}{W_1} - (1 + \varkappa M_1^2). \tag{15}$$

Es dürfen die Vorgaben dabei nie so getroffen werden, daß das Verhältnis p_2/p_1 den Wert des senkrechten Verdichtungsstoßes übertrifft. Sonst läuft nämlich eine Stoßwelle stromaufwärts und die Überschallströmung im Querschnitt f_1 bricht zusammen, siehe auch [·23] S. 63ff.

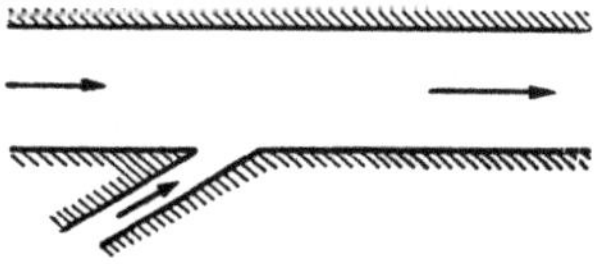

Abb. V,2. Mischvorgang.

In ähnlicher Weise, wie hier der Carnotsche Stoßverlust behandelt wurde, lassen sich auch die verschiedensten *Mischvorgänge*, Abb. 2, durchrechnen. Zu beachten ist, daß sich dann aber der Energiesatz nicht als Summe von Energie der Form (II,7) ergibt, sondern daß sich die Durchflußmenge als Faktor nun nicht mehr wegkürzen läßt.

3. Strahlkontraktion, Borda-Mündung

Es sei der stationäre Ausfluß aus einer beliebig geformten Öffnung eines Kessels betrachtet. Zur Aufrechterhaltung der stationären Strömung möge der Kessel durch ein senkrecht zur Richtung des Ausfluß-Strahles gerichtetes Rohr gespeist werden. Dann entstehen durch das Nachfüllen des Kessels keine Wirkungen in Strahlrichtung (x-Richtung). Da die Kontrollfläche in Abb. 3 geschlossen ist, läßt sich Gl. (8) anwenden. Mit $w_1 = 0$ und $p = p_a$ erhält man für die x-Komponente der Haltekraft, mit f' als Strahlquerschnitt:

$$K_x = \varrho u^2 f' = \varrho W^2 f'.$$

Werden für die Haltekraft nur Druckkräfte verantwortlich gemacht, was der Wirklichkeit sehr nahe kommt, so erhält man mit Gl. (3) und (IV,9):

$$K_x = -\iint_{f_r} p \cos(n, x)\, df = -\iint_{\text{Innenwand}} (p - p_a) \cos(n, x)\, df.$$

Dabei ist zu beachten, daß sich f_r über die äußere und innere Kesselwand erstreckt. Da die äußere Kesselwand, auf die der Druck p_a wirkt, entgegengesetzte Normale hat wie die Innere, kann das erste Doppelintegral durch das zweite ersetzt werden.

Setzt man ferner in Gl. (6) $p_1 = p_0 - p_a$ und berücksichtigt man, daß die innere Wand zusammen mit der Fläche f in Abb. 3 eine geschlossene Fläche bildet, dann erhält man:

$$K_x = f(p_0 - p_a) + \iint_{\text{Innenwand}} (p_0 - p) \cos(n, x)\, df.$$

Der erste Beitrag ist die Kraft zufolge des Fehlens der Kesselwand an der Stelle der Austrittsfläche, das Doppelintegral dagegen gibt den Beitrag zur Haltekraft infolge des Druckabfalls in der Umgebung der Mündung von p_0 auf p_a infolge der Beschleunigung der Strömung.

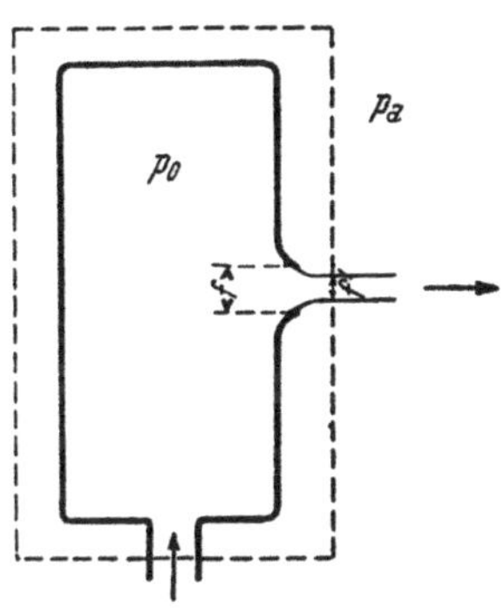

Abb. V,3. Ausfluß aus einem Kessel.

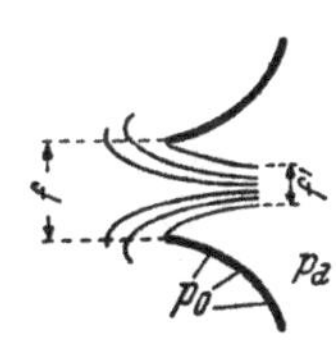

Abb. V,4. Bordamündung.

Aus der Gegenüberstellung der beiden Ausdrücke für K_x folgt dann:

$$\varrho W^2 f' = f(p_0 - p_a) + \iint_{\text{Innenwand}} (p_0 - p) \cos(n, x)\, df.$$

ϱW^2 im Strahl beim Druck p_a ist mit der Bernoulli-Gleichung (II,68) und Isentropengleichung (I,43) durch p_0 und p_a allein auszudrücken:

$$\varrho W^2 = \frac{2\varkappa}{\varkappa - 1} p_0 \left(\frac{p_a}{p_0}\right)^{\frac{1}{\varkappa}} \left[1 - \left(\frac{p_a}{p_0}\right)^{\frac{\varkappa-1}{\varkappa}}\right] = \frac{2\varkappa}{\varkappa - 1} p_a \left[\left(\frac{p_0}{p_a}\right)^{\frac{\varkappa-1}{\varkappa}} - 1\right]. \tag{16}$$

Das ergibt für die *Strahlkontraktion*:

$$\frac{f'}{f} = \frac{\frac{\varkappa - 1}{2\varkappa}}{\left(\frac{p_0}{p_a}\right)^{\frac{\varkappa-1}{\varkappa}} - 1} \left[\left(\frac{p_0}{p_a} - 1\right) + \frac{1}{f} \iint\limits_{\text{Innenwand}} \frac{p_0 - p}{p_a} \cos(n, x)\, df\right]. \tag{17}$$

Da der Druck an der Kesselwand nicht größer als der Ruhedruck sein kann ($p_0 > p$) und in der Umgebung der Düsenmündung, wo allein wesentliche Differenzen $p_0 - p$ auftreten, $\cos(n, x)$ positiv ist, ist das Integral in Gl. (17) stets positiv. Es ergibt sich die stärkste Strahlkontraktion, wenn das Integral verschwindet, wenn also überall an der Wand $p_0 = p$ ist. Dies ist bei der *Borda-Mündung* der Fall. Sie ist stark in den Kessel hereingezogen, Abb. 4, so daß der Druck erst an der scharfen, nach innen gerichteten Kante vom Werte p_0 auf p_a abfällt. Die Strahlkontraktion ergibt sich dann aus dem ersten Summanden in der eckigen Klammer von Gl. (17) allein und ist in diesem einfachen Falle also berechenbar.

Für inkompressible Strömung, für kleine Druckunterschiede also, folgt aus Gl. (17) das bekannte Ergebnis $2f' = f$.

4. Strahlablenker bei stationärer Strömung

Ein aus einem Rohre in x-Richtung austretender Strahl, Abb. 5, werde von einem Strahlablenker aufgefangen und in die Richtung n abgelenkt. Die Zustände über dem Strömungsquerschnitt seien konstant, Reibung spiele keine Rolle. Welche Kraft übt die Strömung in x-Richtung und normal zur x-Richtung (y-Richtung) auf den Strahlablenker aus?

Wenn Überschallgeschwindigkeit herrscht, braucht der Druck p am Ende des Strahlablenkers nicht dem Außendruck p_a gleich zu sein. Im Austrittsquerschnitt f_1 des Rohres kann sich der Druck p_1 auch bei Unterschallgeschwindigkeit von p_a unterscheiden, wenn der Spalt am Rohr genügend klein ist.

Hier leistet die Form (8) des Impulssatzes sehr gute Dienste. Es sei in Gl. (8) $\vec{W}_1 = 0$ und $p_1 = p_a$ gesetzt. Dann gibt es auf der Kontrollfläche von Abb. 5

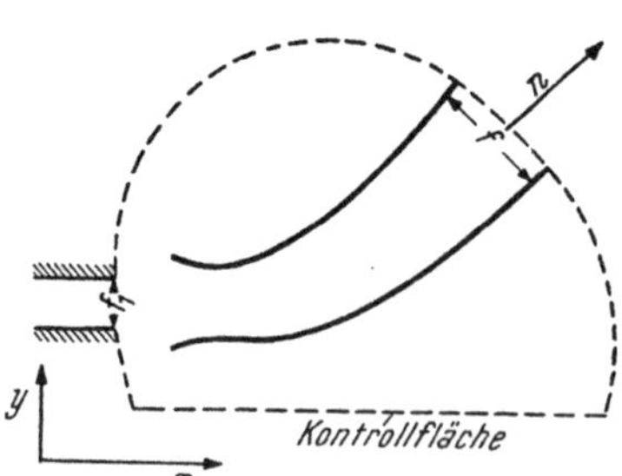

Abb. V,5. Strahlablenker.

nur Beiträge auf f_1 und f. Dort gilt:

$$\begin{aligned} f&: W_n = W, \vec{W}\bigl(W \cos(n,x);\ W \sin(n,x);\ 0\bigr), \vec{n}\bigl(\cos(n,x), \cos(n,y), 0\bigr);\\ f_1&: W_n = -W_1, \vec{W}(W_1, 0, 0), \vec{n}(-1, 0, 0). \end{aligned} \tag{18}$$

Man beachte, daß $\vec{n}$ als nach außen gerichtet festgelegt wurde. Für die Komponenten von $\vec{K}$ folgt damit:

$$\begin{aligned} K_x &= f(\varrho W^2 + p - p_a)\cos(n,x) - f_1(\varrho_1 W_1^2 + p_1 - p_a),\\ K_y &= f(\varrho W^2 + p - p_a)\cos(n,y). \end{aligned} \tag{19}$$

Welcher Druck muß nun im Endquerschnitt f herrschen, damit ein Maximum an Kraftwirkung erzielt wird? Offenbar muß unter der Voraussetzung konstanter Durchflußmenge $G = f\varrho W$ der Impulsausdruck

$$I = f(\varrho W^2 + p - p_a) = GW + f(p - p_a)$$

einen Maximalwert annehmen. Die Ableitung von I nach p muß verschwinden. Für diese ergibt sich mit Gl. (II,57)

$$\frac{dI}{dp} = f\varrho W \frac{dW}{dp} + f + (p - p_a)\frac{df}{dp} = (p - p_a)\frac{df}{dp}.$$

Abgesehen von der kritischen Geschwindigkeit, ist $df/dp \neq 0$, d. h. I hat einen Extremwert, wenn $p = p_a$ ist. Für $p = p_a$ ist

$$\frac{d^2I}{dp^2} = \frac{df}{dp} + (p - p_a)\frac{d^2f}{dp^2} = \frac{df}{dp}.$$

Bei Überschallgeschwindigkeit, für welche allein der Fall $p \neq p_a$ Bedeutung hat, ist $df/dp < 0$, d. h. I und damit K_x und K_y haben *Maximalwerte*, wenn $p = p_a$ ist. Dann wird

$$\begin{aligned} K_x &= GW\cos(n,x) - GW_1 - f_1(p_1 - p_a), \qquad (20)\\ K_y &= GW\cos(n,y). \end{aligned}$$

Dieses wichtige Resultat gilt unabhängig davon, ob Wärme zugeführt wurde oder nicht.

Der größtmögliche Schub K_x in x-Richtung wird natürlich bei einer Umlenkung von 180° [$\cos(n,x) = -1$] erreicht. Die Austrittsgeschwindigkeit W aus dem Strahlablenker hängt dabei vom Druckverhältnis ab. Sie erreicht den Höchstwert beim Außendruck $p_a = 0$, nämlich die stationäre Maximalgeschwindigkeit, bei einem id. Gas konst. sp. W., Gl. (II,30). Es ist für die Anwendung bemerkenswert, daß sich W auch bei einem Druckverhältnis von $p_a/p_0 = 0{,}001$ noch wesentlich von $W_{\max}$ unterscheidet (Tab. II,4). In dieser Hinsicht ist also selbst ein so kleiner Außendruck p_a noch keineswegs als Vakuum anzusprechen.

5. Schaufelgitter

Für den Bau von Turbinen und Verdichtern interessiert die stationäre Strömung durch Schaufelgitter, Abb. 6. Sie ist für kompressible Medien von A. Betz [1] bearbeitet worden.

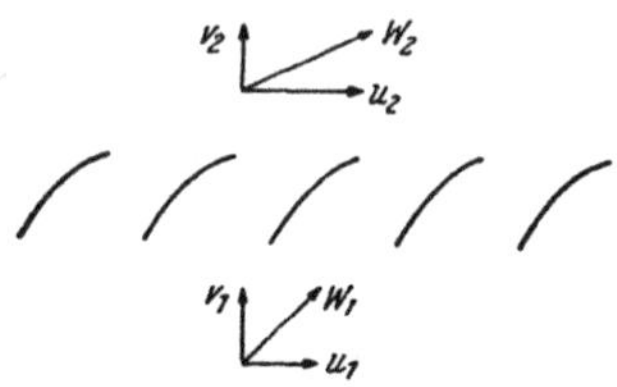

Abb. V,6. Schaufelgitter.

Hier soll nur die verlustfreie Strömung behandelt werden. Es verlaufe x in Richtung und y quer zur Richtung der Schaufelreihe; mit den Indizes 1 und 2 werden die Zustände vor und hinter dem Gitter bezeichnet. a sei der Abstand der Schaufeln, die *Gitterteilung*, und b die Länge der Schaufeln (normal zur Zeichenebene gemessen). Die Kontrollfläche werde von Austritts- und Eintrittsquerschnitt gebildet.

Die Kraftkomponenten, welche die Strömung auf die Schaufeln ausüben, sind den Haltekräften entgegengerichtet, also $-\mathrm{K}_x$ und $-\mathrm{K}_y$. Austritts- und Eintrittsfläche sind gleich groß, nämlich $a \cdot b$. Wieder sollen die Zustände auf der Kontrollfläche als konstant angenommen werden und, da die Vorgänge zwischen allen Schaufeln gleich sind, genügt die Anwendung der Kontinuitätsbedingung (7) und des Impulssatzes (5) auf eine einzige Teilung. Es gilt:

$$\text{im Eintritt:}\quad W_n = -v_1;\quad \vec{W}(u_1, v_1, 0);\quad \vec{n}(0, -1, 0);$$
$$\text{im Austritt:}\quad W_n = v_2;\quad \vec{W}(u_2, v_2, 0);\quad \vec{n}(0, +1, 0).$$

Zunächst gibt die Kontinuitätsbedingung Gl. (7):

$$\varrho_1 v_1 = \varrho_2 v_2. \tag{21}$$

Dann folgt aus den Impulssätzen Gl. (5):

$$\mathrm{K}_x = ab\,(\varrho_2 v_2 u_2 - \varrho_1 v_1 u_1) = ab\,\varrho_1 v_1 (u_2 - u_1),$$
$$\mathrm{K}_y = ab\,[p_2 - p_1 + \varrho_1 v_1 (v_2 - v_1)]. \tag{22}$$

Bei inkompressiblen Medien lautet die Kontinuitätsbedingung $v_1 = v_2$, womit in der unteren Gleichung nur eine Druckdifferenz stehenbleibt.

In der Praxis ist das Schaufelsystem nicht unendlich lang, sondern kreisförmig geschlossen. Ebene Gitter gemäß Abb. 6 werden vor allem im Modellversuch verwendet. Als Abwicklungen sind sie freilich nur Näherungen der Prototypen. Für die Leistung eines Axialrades ist die Komponente K_x maßgebend, weil sie als Tangentialkraft in das Moment des nicht abgewickelten

Gitters eingeht. K_y, die Normalkraft, muß dagegen bei einem Laufrad durch die Achsenlager aufgefangen werden.

Die weiteren Ausführungen beziehen sich auf das id. Gas konst. sp. W. Eine Verallgemeinerung auf irgendwelche andere Medien ist ohne weiteres möglich, wenn die entsprechenden Zustandsgleichungen bekannt sind.

Wird in Gl. (II,68) mit Gl. (II,30) die Ruheschallgeschwindigkeit c_0 eingeführt, so ist

$$\frac{\varkappa - 1}{2}\left[\left(\frac{u}{c_0}\right)^2 + \left(\frac{v}{c_0}\right)^2\right] = 1 - \left(\frac{\varrho}{\varrho_0}\right)^{\varkappa-1} = 1 - \left(\frac{p}{p_0}\right)^{\frac{\varkappa-1}{\varkappa}}.$$

Zusammen mit der Kontinuitätsbedingung (21) kann dann bei gegebenem Anfangszustand u_1, v_1, ϱ_1 usw. eine der Größen u_2, v_2, ϱ_2, p_2 durch eine andere von ihnen ausgedrückt werden, wobei Zweideutigkeiten auftreten können. Damit kann in den Gl. (22) K_x und K_y durch den Anfangszustand und durch eine einzige Größe des Endzustandes, etwa p_2, dargestellt werden. Wird als Parameter stets der Anfangszustand $u_1 = 0$, $v_1 = v_a$ eingeführt, so ergibt sich nach kurzer Rechnung folgender Zusammenhang zwischen u_2 und v_2 (*Leitlinien*):

$$1 - \frac{\varkappa - 1}{2}\left[\left(\frac{u_2}{c_0}\right)^2 + \left(\frac{v_2}{c_0}\right)^2\right] = \left(\frac{c_0}{v_2}\right)^{\varkappa-1} \cdot \left(\frac{v_a}{c_0}\right)^{\varkappa-1}\left[1 - \frac{\varkappa - 1}{2}\left(\frac{v_a}{c_0}\right)^2\right]. \quad (23)$$

Diese Kurven sind in der Geschwindigkeitsebene, Abb. 7, mit u/c_0 und v/c_0 als Koordinaten eingetragen. Der Kurvenparameter ist einfach der Wert auf der v-Achse. Für einen beliebigen Anfangszustand u/c_0, v/c_0 können die möglichen Endzustände auf derselben Leitlinie abgelesen werden.

Das Verhältnis p/p_0 hängt nur von $W^2/c_0^2 = (u/c_0)^2 + (v/c_0)^2$ ab, das gilt natürlich auch für ϱ/ϱ_0, ist also auf Kreisen konstant und kann dem Diagramm auch

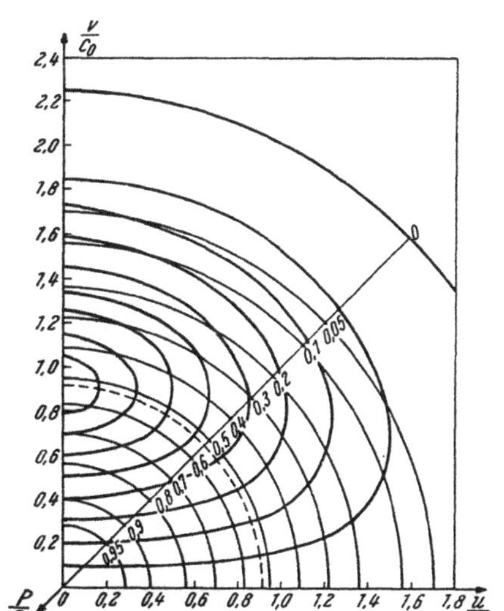

Abb. V,7. Leitlinien für Zustandsänderungen durch Schaufelgitter nach [1].

direkt entnommen werden. Der Schallkreis ist gestrichelt eingezeichnet. Die Geschwindigkeitsrichtung ergibt sich einfach als Richtung des vom Ursprung ausgehenden Radialstrahls. Er tangiert die Leitlinien am Schallkreis. Dort ergibt also eine kleine Winkeländerung eine große Druckänderung.

Bei Überschallgeschwindigkeit ergibt eine Vergrößerung des Richtungswinkels einen Druckabfall, bei Unterschallgeschwindigkeit ist es umgekehrt. Überschallgeschwindigkeit scheint bei hohen Druckverhältnissen besonders geeignet zu sein, was nicht überrascht.

Da die x-Komponente der Geschwindigkeit das Vorzeichen wechseln kann, ist Abb. 7 an der v-Achse zu spiegeln, um alle Möglichkeiten der Umlenkung in einem Schaufelgitter zu erfassen.

6. Düsenschub

Die Kraft K, mit welcher eine stationär durchströmte Düse gehalten werden muß, Abb. 8, ergibt sich einfach als Spezialfall des Strahlablenkers für $(n, x) = 0$, Gl. (19):

$$\mathrm{K} = f(\varrho W^2 + p - p_a) - f_1(\varrho_1 W_1^2 + p_1 - p_a). \tag{24}$$

Die Schubkraft der Düse hat das entgegengesetzte Vorzeichen. Bei Unterschallgeschwindigkeit im Austrittsquerschnitt ist $p = p_a$. Bei Überschallgeschwindig-

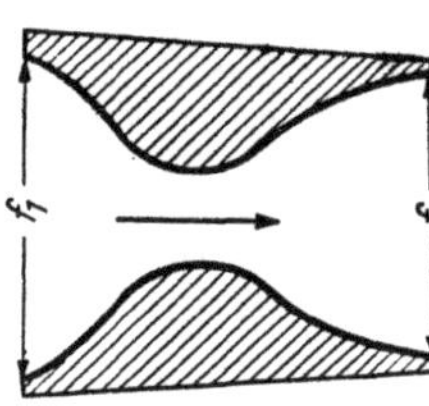

Abb. V,8. Überschallschubdüse.

keiten (Raketenschubdüsen) herrscht bei $p = p_a$ der Maximalschub, also jener Wert, der anzustreben wäre, wenn alle Verluste vermieden werden sollen:

$$\mathrm{K}_{\max} = G(W - W_1) - f_1(p_1 - p_a). \tag{25}$$

G ist hierin wieder die durchströmende *Masse* pro Zeiteinheit. Es zeigt sich allerdings, daß der Schub bei hohen Überschallgeschwindigkeiten durch Verkleinerung des Austrittsquerschnittes nur wenig abnimmt. Beispielsweise ergibt bei einer ursprünglichen Machschen Zahl im Austritt von $M = 3$ eine Verminderung des Austrittsquerschnittes auf die Hälfte nur eine Schubverminderung von 3 bis 4%. Weil nun Düsen mit großen Austrittsquerschnitten auch hohe Gewichte haben, ist es vielfach günstig, auf die volle Expansion auf p_a zu verzichten. Eine verfeinerte Theorie muß natürlich auch die Geschwindigkeitsverteilung im Austrittsquerschnitt selbst berücksichtigen. Es zeigt sich, daß der Maximalschub bei konstantem Strömungszustand über den Querschnitt erzielt wird, daß aber auch hier die Empfindlichkeit gegen Abweichungen vom günstigsten Strömungszustand gering ist.

Da Unterschalldiffusoren Öffnungswinkel von 8 bis 10° nicht übersteigen dürfen, findet man vielfach ähnliche Forderungen auch bei Laval-Düsen gestellt. Dies ist aber sinnlos, denn der Öffnungswinkel von Unterschalldiffusoren ist deshalb begrenzt, weil zu starke Druckanstiege zu Rückströmungen im Rohr führen. In Schubdüsen herrscht hingegen Druckabfall, womit jede Gefahr einer Rückströmung fortfällt.

7. Mechanischer Antrieb, Strahlwirkungsgrad

Die Geschwindigkeit der an einen Körper heranströmenden Luft sei in einem bestimmten Bereich in mechanischer Weise, etwa durch einen Propeller, erhöht. Wird in genügender Entfernung vom Antrieb eine Kontrollfläche gelegt, so kann der Druck überall gleich dem Außendruck p_a gesetzt werden, der Propeller wirkt sich lediglich in einer Geschwindigkeitserhöhung im Propellerstrahl aus, Abb. 9.

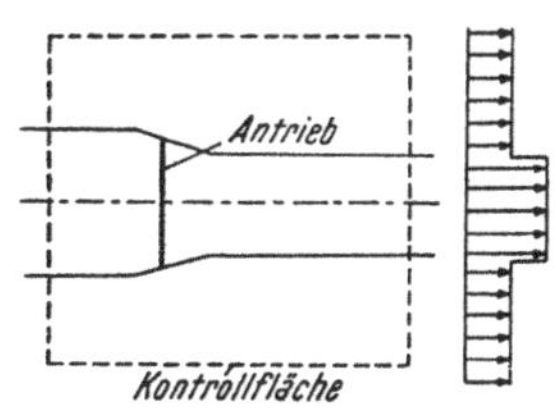

Abb. V,9. Mechanischer Antrieb.

Die Haltekraft, d. i. bis auf das Vorzeichen der Schub, ergibt sich bei stationärer Strömung mit dem Impulssatz (5) einfach zu:

$$\mathrm{K} = G(W - W_\infty). \tag{26}$$

W_∞ ist die Anströmgeschwindigkeit, W die Geschwindigkeit im „Antriebsstrahl". Die auf den Körper ausgeübte Kraft hat das entgegengesetzte Vorzeichen wie die Geschwindigkeitszunahme, weil sie die entgegengesetzte Richtung besitzt. Die Luft außerhalb des Antriebsstrahles muß bei gleichem Druck $p_\infty = p_a$ nach der Bernoullischen Gleichung auch wieder gleiche Geschwindigkeit W_∞ annehmen.

Dagegen wirkt sich der Antrieb wie eine Erhöhung des Ruhedruckes im Antriebsstrahl aus, womit dieser bei gleichem Druck $p = p_\infty$ erhöhte Geschwindigkeit aufweist, $W > W_\infty$.

Bei Überschallströmung ($M_\infty > 1$) wird die Strömung außerhalb des Antriebsstrahles auch bei Reibungsfreiheit im allgemeinen Verluste aufweisen, da die Querschnittsänderungen des Antriebsstrahles leicht Verdichtungsstöße in seiner Umgebung auslösen. Es genügt dann nicht, zur Berechnung des Schubes die Übergeschwindigkeiten im Antriebsstrahl allein zu berücksichtigen. Die Untergeschwindigkeiten in seiner Umgebung, bedingt durch die Stoßverluste, können den Schub wesentlich vermindern.

In der Energiebilanz Gl. (9) fällt zwar die Wärmezufuhr Q weg, an ihre Stelle muß jedoch als zeitlich zugeführte Energie die mechanische Leistung L gesetzt werden. Ebensogut kann der Energiesatz Gl. (II,4) der stationären Fadenströmung verwendet werden, weil zwischen der vom Antrieb beschleunigten Luft und ihrer Umgebung kein Energieaustausch besteht. Es soll die Luftbeschleunigung verlustfrei vor sich gehen. Das Medium im Antriebsstrahl muß also bei gleichem Druck auch gleiche Temperatur angenommen haben. Damit muß es auch wieder die Enthalpie i_∞ besitzen, und die Leistungsbilanz lautet:

$$L = G\left(\frac{W^2}{2} - \frac{W_\infty^2}{2}\right). \tag{27}$$

Bei stationärer Fluggeschwindigkeit $(-W_\infty)$ leistet der Antrieb in der Zeiteinheit eine Arbeit, die gleich ist dem Produkt von Schub (—K) und Geschwindigkeit $(-W_\infty)$. Das Verhältnis von dieser Nutzleistung zur aufgewendeten Leistung L ist dann der Wirkungsgrad η: Mit Gl. (26) und (27) ist

$$\eta = \frac{\mathrm{K} W_\infty}{L} = \frac{2 W_\infty}{W + W_\infty}. \tag{28}$$

Die gesamte aufgewendete Leistung wird nutzbar gemacht, $\eta \to 1$, wenn $W \to W_\infty$ Nach Gl. (26) heißt das, es muß einer möglichst großen Masse in der Zeiteinheit G eine nur kleine Übergeschwindigkeit erteilt werden. Als verloren muß nämlich folgende Leistung angesehen werden:

$$L - \mathrm{K} W_\infty = G \frac{(W - W_\infty)^2}{2}, \tag{29}$$

das ist die kinetische Energie, welche relativ zur anströmenden Luft pro Zeiteinheit erzeugt wird.

Es handelt sich beim besprochenen Beispiel um einen rein mechanischen Antrieb und nicht um eine Wärmekraftmaschine, weshalb theoretisch ein Wirkungsgrad $\eta = 1$ erreichbar ist; η nach Gl. (28) wird als *Strahlwirkungsgrad* bezeichnet. Erst das Produkt aus diesem Strahlwirkungsgrad und dem Wirkungsgrad der Wärmekraftmaschine, welche den Propeller antreibt, gibt den Gesamtwirkungsgrad: das Verhältnis von Schubleistung und aufgewendeter Heizleistung.

Dem Antrieb allzu großer Massen sind natürlich technische Grenzen gesetzt, weshalb die praktisch günstigsten Bedingungen nicht bei den theoretischen Extremen liegen.

8. Staustrahl-Antrieb

Es zeigt sich, daß eine Wärmeabgabe an die Strömung allein zu einem Vortrieb führen kann. Da die zugeführte Wärme schließlich stets an die umströmende Luft der Temperatur T_∞ abgeführt wird, kann nach den Lehren der Thermodynamik (Abschnitt I,7) von einem solchen Antrieb nur dann ein guter Wirkungsgrad erwartet werden, wenn die Wärme bei Temperaturen, welche möglichst hoch über T_∞ liegen, zugeführt wird. Die Luft wird beim Staustrahl-Triebwerk zunächst durch Stauwirkung möglichst stark erwärmt, ehe ihr die Wärme zugeführt wird. Schließlich verläßt sie nach Expansion in einer Düse den Körper unter erhöhtem Impuls und ergibt also einen Schub. Diese Antriebsart geht auf den Franzosen Lorin zurück. Es handelt sich um einen reinen Strömungsantrieb, ohne irgendwelche beweglichen Teile. Er wird als Staustrahlantrieb, im Englischen als *Ramjet* bezeichnet.

Die Querschnittsverhältnisse eines den Antrieb durchsetzenden Stromfadens zeigt Abb. 10. Bei Überschallgeschwindigkeiten ergibt sich ein Querschnittsminimum, wenn bei der Kompression und Expansion die Schallgeschwindigkeit

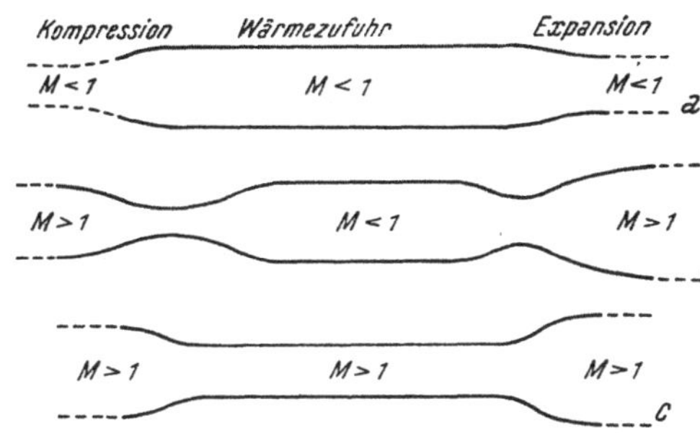

Abb. V,10. Schema des Antriebes in Unterschallströmung (*a*), Überschallströmung mit Wärmezufuhr bei $M < 1$ (*b*) und $M > 1$ (*c*).

durchschritten wird. Auch eine Wärmezufuhr bei Überschallgeschwindigkeit kommt in Betracht. Der Querschnittsverlauf ist dann gerade umgekehrt wie beim Unterschall-Antrieb. Solange aber die Wärmezufuhr bei hohen Geschwindigkeiten nicht gelingt, hat diese letzte Variante nur theoretisches Interesse. In den folgenden Rechnungen ist sie ohne weiteres mit eingeschlossen.

Es soll eine verlustfreie, stationäre Strömung angenommen werden. Das Medium expandiere in der Schubdüse auf den Außendruck p_∞, so daß der Schub wieder durch Gl. (26) gegeben ist. Die Wärmezufuhr wird praktisch meist durch Verbrennen von Kohlenwasserstoffen bewerkstelligt. Nach Abschnitt I,5, Gl. (39) ist die Massenzufuhr dabei so unbedeutend, daß praktisch wie mit einer Wärmequelle gerechnet werden kann. Es handle sich um eine Gleichdruckverbrennung, bei welcher die Temperatur vom Wert T auf T' erhöht wird. Die Geschwindigkeit bleibt dabei konstant, Abschnitt II,22, der Brennkammerquerschnitt muß abhängig von Wärmezufuhr und Strömungsgeschwindigkeit zunehmen; die in der Zeiteinheit zugeführte Wärmeenergie ist dann:

$$Q = G c_p (T' - T),$$

wobei wieder mit einem id. Gas konst. sp. W. gerechnet wird. Nach dem Energiesatz, Gl. (II,9), ist

$$c_p T + \frac{W^2}{2} = c_p T_\infty + \frac{W_\infty^2}{2} \quad \text{und} \quad c_p T' + \frac{W^2}{2} = c_p T_a + \frac{W_a^2}{2},$$

wenn T_a und W_a Ausstoßtemperatur und Ausstoßgeschwindigkeit beim Verlassen des Antriebes sind. Weil es sich um Gleichdruckverbrennung handelt, gilt

$$\frac{p}{p_\infty} = \frac{p'}{p_a}$$

und, weil die Kompression und Expansion verlustfrei, also isentrop sein soll, auch:

$$\frac{T}{T_\infty} = \frac{T'}{T_a}.$$

Damit ist:

$$\frac{Q}{G} = c_p(T_a - T_\infty) + \frac{W_a^2}{2} - \frac{W_\infty^2}{2} = c_p \frac{T}{T_\infty}(T_a - T_\infty) = \frac{\frac{W_a^2}{2} - \frac{W_\infty^2}{2}}{1 - \frac{T_\infty}{T}}. \tag{30}$$

Die Nutzleistung besteht wie beim mechanischen Antrieb in der Schubleistung:

$$\mathrm{K} W_\infty = G W_\infty (W_a - W_\infty).$$

Der *Energieverlust* in der Zeiteinheit ist also:

$$Q - \mathrm{K} W_\infty = G\left\{c_p(T_a - T_\infty) + \frac{1}{2}(W_a - W_\infty)^2\right\}. \tag{31}$$

Er besteht nun nicht nur in kinetischer Energie, sondern auch noch in Wärme, welche der Umgebung ungenutzt zugeführt wird. Entsprechend setzt sich nun der Wirkungsgrad

$$\eta = \frac{\mathrm{K} W_\infty}{Q} = \left(1 - \frac{T_\infty}{T}\right) \frac{2 W_\infty}{W_a + W_\infty} \tag{32}$$

aus zwei Faktoren zusammen. Der zweite Faktor ist der Strahlwirkungsgrad, der auch beim mechanischen Antrieb auftrat, Gl. (28). Ein bestimmter Schub wird dann wieder unter geringstem Aufwand erzielt, wenn einer möglichst großen Masse eine kleine Übergeschwindigkeit erteilt wird. Der Strahlwirkungsgrad ist in Gl. (32) mit $\left(1 - \frac{T_\infty}{T}\right)$ multipliziert, das ist der Wirkungsgrad einer idealen, zwischen den Temperaturniveaus T und T_∞ arbeitenden Wärmekraftmaschine, Gl. (I,57). Dieser Anteil kommt bei einem Propellerantrieb erst durch die antreibende Wärmekraftmaschine herein.

Es ist also eine möglichst hohe Temperatur vor der Wärmezufuhr, d. h. ein Abbremsen der Geschwindigkeit W_∞ auf einen kleinen Betrag anzustreben. Als größtmöglicher Wert ergibt sich mit Tab. II,5 abhängig von der Machzahl der Anströmung:

$$\eta_c = 1 - \frac{T_\infty}{T_0} = \frac{1}{1 + \frac{2}{\varkappa - 1} \frac{1}{M_\infty^2}}. \tag{33}$$

Der Carnotsche Wirkungsgrad allein schon ist bei Unterschallgeschwindigkeit recht niedrig und erreicht bei $M_\infty = 1$ erst 17%. Dennoch kommt der Antrieb wegen seiner großen Einfachheit auch für $M_\infty < 1$ in Betracht. Bei hohen Überschallgeschwindigkeiten wird der Wirkungsgrad sehr gut (für $M_\infty = 3{,}0$, $\eta_c = 64\%$). Freilich wird der Wirkungsgrad in der praktischen Ausführung durch unvermeidbare Verluste herabgesetzt. Sie treten vor allem bei der Kompression auf, weshalb dieser Teil des Antriebes — der *Diffusor* — besonders sorgfältig ausgebildet sein muß. Da sich der Schub aus der Differenz von Austritts- und Eintrittsimpuls ergibt, wirkt sich bei kleinem Wirkungsgrad jeder Impulsverlust im Diffusor ganz entscheidend aus. Abb. 10b ist nur schematisch zu verstehen. Wie schon in Abschnitt II,12 ausgeführt, gelingt es im allgemeinen nicht, die Luft in einer Laval-Düse zu komprimieren, weil sich ein Stoß vor die Düse lagert. Zu hohe Temperaturen durch Stauwirkung oder Verbrennung sind wegen der Materialbeanspruchung und wegen Dissoziationen in den Verbrennungsprodukten zu vermeiden.

Der Hauptnachteil des Staustrahltriebwerkes ist das Fehlen von Standschub. Es funktioniert wegen des erforderlichen aerodynamischen Aufstauens der Luft nur im Flug.

Das Strahltriebwerk der im Schall- und Überschallbereich fliegenden Flugzeuge unterscheidet sich (bei sehr großer Vereinfachung) vom Staustrahltriebwerk im wesentlichen dadurch, daß die Verdichtung durch einen Axialkompressor besorgt wird, wozu noch eine Stauverdichtung hinzukommt. Die Expansion hinter der Brennkammer dagegen wird zu einem Teil in einer Turbine besorgt, die die Leistung für den Kompressor aufbringen muß. Die Leistung von Turbine und Kompressor hebt sich aus der Energiebilanz heraus, so daß für den idealen Strahltriebwerkprozeß wiederum Gln. (31) und (32) gelten.

Das Hauptproblem liegt wieder bei der Verwirklichung von Verdichtern hohen Wirkungsgrades. Doch hat das Strahltriebwerk Standschub.

9. Raketenantrieb

Die Bewegung einer Rakete stellt eine Aufgabe der Mechanik starrer Körper dar und fällt aus dem Rahmen dieses Buches. Zum Antrieb selbst ist in Verbindung mit den Integralsätzen einiges Interessante zu bemerken. Zunächst sei eine ruhende Pulverrakete betrachtet, bei welcher eine konstante Menge in der Zeiteinheit abbrennt und ausgestoßen wird, Abb. 11.

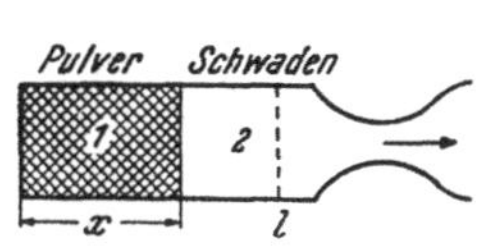

Abb. V,11. Pulverrakete.

Die Flüssigkeitsrakete unterscheidet sich für die folgenden Betrachtungen grundsätzlich kaum von der Pulverrakete. Während bei letzterer das Pulver unter Vergrößerung des Brennraumes durch langsam strömendes Gas ersetzt wird, dringt bei der Flüssigkeitsrakete bei unverändertem Brennofen langsames Gas in die Flüssigkeitsbehälter ein. In beiden Fällen ist die Zunahme an Bewegungsgröße durch das Schwinden des Treibstoffes in einem körperfesten Bezugssystem zu vernachlässigen.

Nach einem kurzen Anlaufzustand stellt sich ein quasistationärer Endzustand ein, bei welchem eine Verbrennungsfront mit konstanter Geschwindigkeit in das Pulver hineinwandert. Ihre Lage sei durch die Koordinate $x(t)$ festgelegt und es seien konstante Zustände über dem Querschnitt f angenommen (für die ersten Überlegungen genügen auch die Sätze der instationären Fadenströmung). Für die Berücksichtigung der instationären Glieder genügt es, bis zu einer Stelle l unverminderten Querschnittes vor der Düse zu integrieren. Die Kontinuitätsbedingung lautet dann (Index 1: Pulver, Index 2: Schwaden)

$$f \frac{\mathrm{d}}{\mathrm{d}t}\left[\int_0^x \varrho_1 \,\mathrm{d}x + \int_x^l \varrho_2 \,\mathrm{d}x\right] + f \cdot \varrho_2 W_2 = 0,$$

oder

$$G = -f(\varrho_1 - \varrho_2)\frac{\mathrm{d}x}{\mathrm{d}t}. \tag{34}$$

$\left(-\frac{\mathrm{d}x}{\mathrm{d}t}\right)$ ist der Geschwindigkeitsbetrag der Verbrennung. Es ist zu beachten, daß die pro Zeiteinheit verbrennende Pulvermenge $\left(-f\varrho_1 \frac{\mathrm{d}x}{\mathrm{d}t}\right)$ größer ist als die ausgestoßene Menge G, weil der freiwerdende Raum durch Schwaden aufgefüllt werden muß.

Im Impulssatz kann — wie erwähnt — das instationäre Glied wegen der geringen Bewegungsgröße der im Brennofen strömenden Gase vernachlässigt werden. Daher läßt sich Gl. (8) genauso wie in Abschnitt 3 anwenden. Man erhält bei einem Ausströmdruck $p = p_a$ am Düsenende und bei einer Ausströmgeschwindigkeit $W = W_a$ für die Haltekraft:

$$\mathrm{K} = G W_a. \tag{35}$$

Gl. (35) unterscheidet sich von Gl. (26) nur dadurch, daß mit dem Zustrom auch der zuströmende Impuls $G \cdot W_\infty$ wegfällt.

Der Energiesatz lautet, wenn die kinetische Energie des Schwadens in der Brennkammer vernachlässigt wird, was den praktischen Verhältnissen entspricht,

$$f \frac{\mathrm{d}}{\mathrm{d}t}\left[\int_0^x e_1\varrho_1 \,\mathrm{d}x + \int_x^l e_2\varrho_2 \,\mathrm{d}x\right] + f\varrho_2 W_2\left(e_2 + \frac{p_2}{\varrho_2}\right) = 0.$$

Die Kontrollfläche ist dabei an der Stelle l gezogen, wo ebenfalls der Zustand 2 mit dem Druck $p_2 = p_1$ herrscht. Wird die Gleichung mit $(\varrho_1 - \varrho_2)$ multipliziert, so ergibt sich mit Gl. (34)

$$-G(e_1\varrho_1 - e_2\varrho_2) + G\left(e_2\varrho_1 - e_2\varrho_2 + p_2\frac{\varrho_1}{\varrho_2} - p_2\right) = 0,$$

oder nach Reduktion und Division durch ϱ_1:

$$0 = \left(e_1 + \frac{p_1}{\varrho_1}\right) - \left(e_2 + \frac{p_2}{\varrho_2}\right) = i_1(T_1) - i_2(T_2).$$

Es ist dies das dem Thermodynamiker bekannte Ergebnis, daß die Enthalpien der Masseneinheiten bei Gleichdruckprozessen gleich sein müssen, i_2 ist dabei bei der bedeutend höheren Temperatur $T_2 > T_1$ genommen. Auf dieselbe Temperatur bezogen, lautet die Gleichung:

$$i_1(T_1) - i_2(T_1) = i_2(T_2) - i_2(T_1) = c_p(T_2 - T_1).$$

Die Differenz der Enthalpien bei derselben Temperatur ist die Umwandlungswärme oder Verbrennungswärme bei konstantem Druck, und diese ist natürlich gleich der Temperaturerhöhung multipliziert mit der spezifischen Wärme bei konstantem Druck. Diese rein thermodynamische Betrachtung zeigt, wie auch diese Vorgänge in den allgemeinen Integralsätzen enthalten sind.

Im Gegensatz zu den in den letzten Abschnitten behandelten Antrieben stellt die Rakete keine kontinuierlich arbeitende Maschine dar. Ihr thermischer Wirkungsgrad ist auch nicht durch die Temperatur der Umgebung, an welche die

Abb. V,12. Rakete im Fluge.

Wärme abgeführt wird, begrenzt. Ihre Wirkungsweise ist überhaupt nicht an die Umgebung geknüpft, ihr Idealfall ist die Bewegung im Vakuum, weshalb sie auch im folgenden unter dieser Voraussetzung behandelt werden soll. Tatsächlich liegt das Anwendungsgebiet der Rakete, in welchem sie allen anderen Antriebsarten überlegen ist, in den hohen Regionen der Erdatmosphäre und im Weltraum.

Bei stationärem oder quasistationärem Antrieb im Vakuum wird die gesamte Enthalpie in kinetische Energie verwandelt. Das id. Gas konst. sp. W., das für einen ersten Einblick recht gute Dienste leistet, erreicht dann die durch Gl. (II,30) gegebene Maximalgeschwindigkeit:

$$W_{\max} = \sqrt{2 c_p T_2} = \sqrt{\frac{2\varkappa}{\varkappa - 1} \frac{R T_2}{m}}. \tag{36}$$

Sie wächst mit der Temperatur T_2 nach der Verbrennung und mit abnehmendem Molgewicht.

Im folgenden sei eine Kontrollfläche um den Raketenkörper und den ganzen Raketenstrahl gezogen. Die Betrachtung sei also zunächst in einem Inertialsystem durchgeführt. Von äußeren Kräften, etwa der Schwerkraft, werde abgesehen. Nach dem Impulssatz Gl. (IV,8), in dem bei der in Abb. 12 gewählten Kontrollfläche nur das instationäre Glied übrig bleibt, muß dann die gesamte von der Rakete und ihrem Strahl getragene Bewegungsgröße zeitlich konstant sein. Die Bewegungsgröße des Schwadens in der Rakete unmittelbar hinter der Brennfläche sei, wie es schon früher von seiner kinetischen Energie vorausgesetzt wurde, zu vernachlässigen. Dann ist die Änderung der Bewegungsgröße der Rakete gleich der Änderung des Produkts von Raketenmasse M_R (einschließlich der veränderlichen Ladung) und Raketengeschwindigkeit W_R. Die Teilchen, welche die Rakete verlassen haben, ändern später weder Energie noch Impuls, da sie sich völlig kräftefrei bewegen. Daher nimmt der Impuls des Strahles nur um den in der Zeiteinheit aus der Rakete ausgestoßenen Impuls zu. Er ist das Produkt von zeitlich ausgestoßener Masse $G = -\frac{\mathrm{d}M_R}{\mathrm{d}t}$ und Ausstoßgeschwindigkeit, das ist die Summe von Fluggeschwindigkeit W und Ausstoßgeschwindigkeit relativ zur Rakete W_a (alle Geschwindigkeiten werden nach rechts positiv gezählt, in Abb. 12 besitzt die Rakete eine negative Geschwindigkeit). Es ist also:

$$\frac{\mathrm{d}}{\mathrm{d}t}(M_R W_R) - \frac{\mathrm{d}M_R}{\mathrm{d}t}(W_R + W_a) = 0.$$

In einem mit der Momentangeschwindigkeit der Rakete gleichförmig mitbewegten System würde der Schub $-K$, Gl. (35), gleich der Masse mal der Beschleunigung zu setzen sein.

$$M_R \frac{\mathrm{d}W_R}{\mathrm{d}t} = -W_a\left(-\frac{\mathrm{d}M_R}{\mathrm{d}t}\right) = W_a \frac{\mathrm{d}M_R}{\mathrm{d}t},$$

was natürlich zum selben Ergebnis führen muß.

Wird anstatt nach der Zeit nach der Masse abgeleitet, so ist:

$$\frac{\mathrm{d}}{\mathrm{d}M_R}(M_R W_R) - W_R - W_a = M_R \frac{\mathrm{d}W_R}{\mathrm{d}M_R} - W_a = 0.$$

Diese Differentialgleichung ist für *konstante Ausstoßgeschwindigkeit* W_a — eine Voraussetzung, welche in der Praxis weitgehend zutrifft — leicht zu integrieren und ergibt, wenn für die Anfangsmasse $M_R = M_0$ die Geschwindigkeit $W_R = 0$ angenommen wird, die bekannte Raketengleichung:

$$-\frac{W_R}{W_a} = \ln \frac{M_0}{M_R}. \tag{37}$$

Hohe Endgeschwindigkeiten können also nur mit großen Massenverhältnissen (Anfangsmasse/Endmasse) und hohen Ausstoßgeschwindigkeiten erreicht werden. Nicht nur bei Flüssigkeitsraketen, sondern auch bei Pulverraketen kommt es mit Gl. (36) also vor allem darauf an, hohe Brennkammertemperaturen und niedere Molmassen in der Brennkammer vor dem Ausfluß aus der Lavaldüse zu erzielen, da das ausströmende Medium einem idealen Gase in allen Fällen sehr nahe kommt. Da die Molmassen der Feststoffraketen mit Werten von rund $20 < m < 30$, vgl. etwa [·7] S. 148, weit über den Werten der mittleren Molgewichte der besten Flüssigkeitsraketen mit $m = 9$ liegen, vgl. [·7] S. 63, weisen die letzteren wesentlich höhere Ausströmgeschwindigkeiten auf, die allerdings mit wesentlich größerem Herstellungs- und Bedienungsaufwand bezahlt werden müssen.

In den einschlägigen Werken der Raketentechnik wird gerne der sogenannte *spezifische Impuls* I_s angegeben. Er ist definiert als der Schub, den die pro Sekunde durchgesetzte Gewichtseinheit des Treibstoffes am Erdboden erzeugt. Mit g_0 als Normalschwerebeschleunigung ($g_0 = 9{,}81$ m/sec²) gilt demnach:

$$I_s = \frac{G \cdot W_a}{G \cdot g_0} = \frac{W_a}{g_0}.$$

Die Ausströmgeschwindigkeit W_a unterscheidet sich vom spezifischen Impuls also nur durch den Faktor g_0.

Man kann gegenwärtig mit folgenden Ausströmgeschwindigkeiten rechnen, [·7], S. 237:

Festtreibstoffe:	$W_a = 2600$ m/sec
Flüssigtreibstoffe:	$W_a = 4000$ m/sec.

Bei Flüssigkeitstreibstoffen scheint die obere Grenze noch keineswegs erreicht. Vor allem steht atomar aufgeheizter Wasserstoff stark in Erwägung. Umgekehrt wird bei den im Einsatz befindlichen Triebwerken zum Teil mit beträchtlich niedrigeren Werten gearbeitet [·7], S. 220. Die Ausstoßgeschwindigkeit W_a ist, wie Gl. (37) zeigt, keineswegs die obere Grenze der Raketengeschwindigkeit $(-W_R)$. Doch sind durch Massenverhältnis und Ausstoßgeschwindigkeit Grenzen gesetzt, die bei chemischen Raketen nur durch Stufenanordnungen überwunden werden können.

Wirkungsgrade spielen in der Raketentechnik eine sehr untergeordnete Rolle. Dennoch können Energieüberlegungen gewisse Aufschlüsse vermitteln, weshalb sie nicht völlig übergangen werden mögen.

Nach dem Energiesatz muß die Anfangs- und Endenergie des gesamten Systems gleich sein. Eine anfänglich ruhende Rakete besitzt nur innere Energie. Beim Flug im Vakuum hat sich schließlich der gesamte Energieunterschied von unverbranntem Treibstoff und völlig abgekühltem Schwaden in kinetische Energie von Rakete und Schwaden verwandelt. Die erstere, gegeben durch $(W_R^2/2)\, M_R$, ist als Nutzarbeit anzusprechen. Die kinetische Energie des Strahles dagegen ist ein Integral über die verschiedenen Geschwindigkeiten, welche im Strahl auftreten, und wird durch

$$\int\limits_{\text{Ladung}} \frac{W^2}{2}\,\mathrm{d}M$$

gegeben.

Damit ist dann der Wirkungsgrad η (abweichend von der üblichen Definition):

$$\eta = \frac{W_R^2 M_R}{W_R^2 M_R + \int\limits_{\text{Ladung}} W^2\, dM}.$$

Der Gesamtimpuls muß in jedem Augenblick verschwinden, da im Ausgangsstadium Ruhe angenommen wurde:

$$W_R M_R + \int\limits_{\text{Ladung}} W\,\mathrm{d}M = 0. \tag{38}$$

Damit ist der Wirkungsgrad der Rakete

$$\eta = \frac{1}{1 + \dfrac{\int W^2\,\mathrm{d}M}{-W_R \int W\,\mathrm{d}M}}. \tag{39}$$

wobei die Integrale über die Ladung zu erstrecken sind (W_R hat einen negativen Wert). Besonders übersichtlich wird Formel (39) für den theoretischen Fall, daß der Raketenstrahl einheitliche Geschwindigkeit $W = W_{\text{St}}$ hat. Damit dies erreicht wird, müßte also die Ausstoßgeschwindigkeit entsprechend reguliert werden. Die Formel bekommt dann die Gestalt wie bei der Annahme, daß zwei feste Körper der Massen M_R und M_L plötzlich auseinandergetrieben werden:

$$\eta = \frac{1}{1 + \frac{W_{St}}{-W_R}} = \frac{1}{1 + \frac{M_R}{M_L}}. \tag{40}$$

Gl. (40) fordert — ganz entsprechend wie Gl. (28) für den Strahlwirkungsgrad des stationären mechanischen Antriebes — für einen guten Wirkungsgrad den Ausstoß von viel Masse mit nur geringer Übergeschwindigkeit gegen die Fluggeschwindigkeit. Für die gängige Rakete mit konstanter Ausstoßgeschwindigkeit W_a wird also ein Verhältnis W_R/W_a anzustreben sein, das etwas über dem Wert eins liegt, weil dann ein Minimum an Strahlenergie verpufft wird.

10. Auffüllen eines Kessels

Ein Kessel, in welchem sich Luft vom Druck p_a und der Temperatur T_a befinde, werde aus der Atmosphäre (Temperatur T_0) auf den Druck p_E aufgefüllt. Die Endtemperatur T_E im Kessel wird unter der Voraussetzung gesucht, daß die Wände wärmeundurchlässig sind. Die Luft werde als id. Gas konst. sp. W. angesehen.

Die Endtemperatur ist offenbar durch den Massen- und Energiezuwachs im Kessel bedingt. Es sei also eine Kontrollfläche um den Kessel gezogen, Abb. 13,

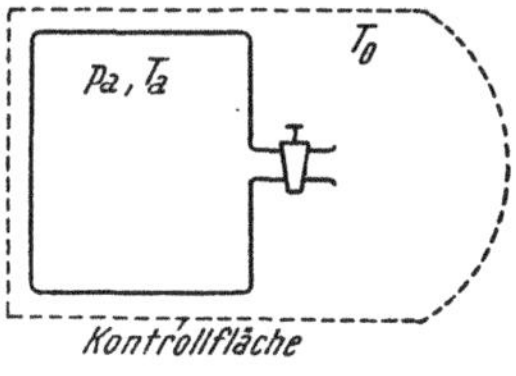

Abb. V,13. Auffüllen eines Kessels.

und eine Energiebetrachtung angestellt. Vor dem Öffnen und nach dem Schließen des Kessels herrscht in seiner ganzen Umgebung der ungestörte Außenzustand. Mit V als Kesselvolumen ist die Energiezunahme im Kessel:

$$V(\varrho_E c_v T_E - \varrho_a c_v T_a) = V \frac{1}{\varkappa - 1} (p_E - p_a).$$

Es ist beachtenswert, daß die innere Energie eines bestimmten Raumes durch den darin herrschenden Druck allein gegeben ist. Nach dem Energiesatz Gl. (IV,11) muß der Energiezuwachs im Kessel gleich sein dem Zeitintegral über den Energiefluß durch die Kontrollfläche. Diese sei groß genug gewählt, um die kinetische Energie in ihrer Umgebung vernachlässigen und die Temperatur der Ruhetemperatur T_0 gleichsetzen zu können. Sicher können dort dann auch alle Reibungs- und Wärmeleitungserscheinungen vernachlässigt werden. Damit ist der Energiezuwachs vom Zeitpunkt $t = 0$ des Öffnens bis zum Augenblick des Schließens $t = t_E$:

$$\int_0^{t_E}\left[\iint_f\left(\frac{W^2}{2}+e+\frac{p}{\varrho}\right)\varrho W_n\,df\right]dt = c_p T_0\int_0^{t_E}\left[\iint_f \varrho W_n\,df\right]dt = c_p T_0(\varrho_E-\varrho_a)\,V.$$

Das nach dem Herausheben von $c_p T_0$ verbleibende Integral ist, nach der Kontinuitätsbedingung Gl. (IV,2), der Massenzuwachs. In der letzten Gleichung ist nun die Dichte mit der Zustandsgleichung zu eliminieren und der Ausdruck dem in der vorhergehenden Gleichung gewonnenen Wert für den Energiezuwachs gleichzusetzen. Daraus folgt nach kurzer Rechnung:

$$\frac{T_E}{T_0} = \frac{\varkappa}{1+\left(\varkappa\frac{T_0}{T_a}-1\right)\frac{p_a}{p_E}}. \tag{41}$$

Die Endtemperatur T_E ist danach unabhängig vom Außendruck p_0. Bei einem leeren Kessel ($p_a = 0$) wird also im Kessel der $\varkappa$-fache Wert der absoluten Außentemperatur T_0 erreicht. Dies ist ein wichtiger Unterschied gegenüber der stationären Strömung, bei welcher die Luft stets auf die Ausgangstemperatur abgebremst wird. Wird der Kessel also auch außerordentlich langsam aufgefüllt und kann die Geschwindigkeitsverteilung um die Kesselöffnung herum auch in jedem Augenblick als stationär angesehen werden, so ist der Endzustand im Kessel doch nicht jener der stationären Strömung, da der einströmenden Energie kein entsprechender Energieabfluß gegenübersteht.

11. Auftrieb und Zirkulation in stationärer Strömung

Für einen Flugkörper, der in eine in x-Richtung verlaufende Parallelströmung konstanter Geschwindigkeit eingebettet ist, gilt mit Gl. (4) und Gl. (8) für den Auftrieb

$$\mathrm{A} = -\mathrm{K}_y = -\iint_{f_k}\left[\varrho W_n v + (p-p_\infty)\cos(n,y)\right]df, \tag{42}$$

wenn $\vec{W}_1$ und p_1 als Geschwindigkeitsvektor und Druck in der Parallelströmung gewählt werden:

$$\vec{W}_1\colon\ u_\infty, 0, 0; \quad p_1 = p_\infty. \tag{43}$$

f_k ist dabei eine Kontrollfläche, die, wie in einem Schnitt in Abb. 14 angedeutet, den Flugkörper ganz umschließt.

Es sei nun nicht nur thermodynamisches Gleichgewicht, sondern auch Isentropie des Mediums im ganzen Raum angenommen. Damit wird der als Gl. (44) abgeleitete Satz für Flugkörper in Überschallströmung wegen des Auftretens von Verdichtungsstößen nur mehr näherungsweise gültig. Es nähert sich jedoch wegen der Annahme gleicher Entropie weit draußen die Dichte einem konstanten Wert: $\varrho \to \varrho_\infty$.

In genügender Entfernung vom Körper kann man sich mit den Gliedern erster Ordnung in den Störungen gegenüber der Parallelströmung begnügen. Die Glieder höherer Ordnung würden nämlich mit Ausdehnung der Kontrollfläche ins Unendliche verschwinden. Setzt man in der Entwicklung für den Druck, Gl. (II,81), für den mit dem Index a gekennzeichneten Ausgangszustand den Zustand der

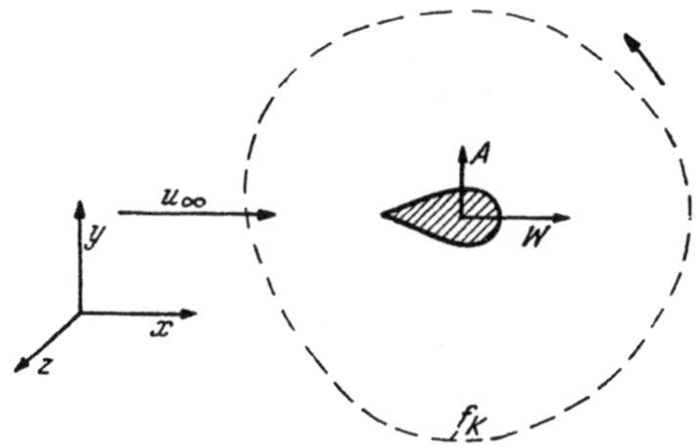

Abb. V,14. Auftrieb und Widerstand.

Parallelströmung ein, dann findet man, mit Gl. (IV,1) für die Normalkomponente W_n, schließlich in erster Näherung:

$$\begin{aligned} \mathrm{A} &= \iint_{f_k} [-\varrho_\infty u_\infty v \cos(n, x) + \varrho_\infty u_\infty (u - u_\infty) \cos(n, y)]\, \mathrm{d}f \\ &= -\varrho_\infty u_\infty \iint_{f_k} [v \cos(n, x) - u \cos(n, y)]\, \mathrm{d}f. \end{aligned}$$

Der Übergang zum zweiten Doppelintegral ist mit Gl. (6) möglich, weil die Projektion einer geschlossenen Fläche auf irgend eine bestimmte Richtung verschwinden muß.

Da $\mathrm{d}f$ stets ein positives Flächenelement darstellt, so gilt bei einer Durchwanderung der Schnittkurve von Abb. 14 in Pfeilrichtung folgender Zusammenhang:

$$\cos(n, x)\, \mathrm{d}f = \mathrm{d}y\, \mathrm{d}z; \qquad \cos(n, y)\, \mathrm{d}f = -\mathrm{d}z\, \mathrm{d}x,$$

denn bei negativen Werten von $\cos(n, x)$ nimmt y ab, während x bei negativen Werten von $\cos(n, y)$ zunimmt. Damit erhält man folgende Darstellung für den Auftrieb:

$$\mathrm{A} = -\varrho_\infty u_\infty \int \oint [v\, \mathrm{d}y + u\, \mathrm{d}x]\, \mathrm{d}z.$$

Der Ausdruck in der eckigen Klammer ist gemäß Gl. (IV,52) die Zirkulation auf einer in einem Schnitt $z =$ konst. liegenden ebenen Kurve in einer Entfernung vom Körper, in der die quadratischen Glieder in den Störungen bereits weggelassen werden können.

Da nun die Strömung im Anströmgebiet wirbelfrei ist, muß nach dem Thomsonschen Satz in der reibungsfreien und isentropen Strömung die Zirkulation auf allen aus der Anströmung herfließenden geschlossenen Kurven verschwinden, Abb. 15. Deshalb darf die Kurve von Abb. 14 in einer Ebene $z =$ konst. ganz auf den Körper zusammengezogen werden, ohne daß sich die Zirkulation deshalb ändert.

Damit erhält man folgenden Zusammenhang zwischen Auftrieb und Zirkulation in isentroper Strömung:

$$A = -\varrho_\infty u_\infty \int \Gamma(z)\, dz. \tag{44}$$

Die Integration über z ist über das ganze Gebiet $\Gamma \neq 0$ zu erstrecken. Γ kann auf irgend einer Kurve in Ebenen $z =$ konst. gebildet werden, wenn nur außerhalb der Kurve auf $z =$ konst. bis ins Unendliche Wirbelfreiheit herrscht.

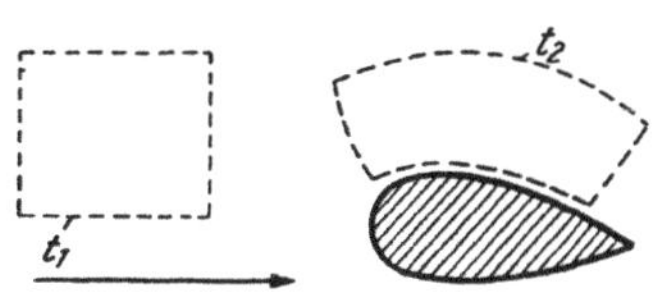

Abb. V,15. Massenfeste Kurve in zwei Zeitpunkten.

Bei ebener Strömung ist Γ unabhängig von z. Es ergibt sich dann mit b als Flügelbreite der *Kutta-Joukowskische Satz*

$$A = -\varrho_\infty u_\infty \Gamma b, \tag{45}$$

mit Γ als Zirkulation über irgendeine Kurve um den Körper in drehungsfreiem Gebiet. Auftrieb herrscht bei negativer Zirkulation, d. h. bei Zirkulation im negativen Drehsinn.

In den meisten Lehrbüchern findet man in Gl. (45) das umgekehrte Vorzeichen. Dann müßte aber die Zirkulation als positiv definiert werden, wenn sie im negativen Drehsinn erfolgt.

In anisentroper Strömung kann dieser Satz nicht mehr gelten. In ihr ändert sich die Zirkulation einer massenfesten Kurve gemäß Gl. (IV,55) mit der Zeit, unterscheidet sich also auf den einzelnen Kurven um ein Profil.

12. Widerstand in stationärer Strömung

Zur Ermittlung des Widerstandes eines in Parallelströmung eingebetteten Körpers seien wieder im Impulssatz, Gl. (8), $\vec{W}_1$ und p_1 mit Gl. (43) durch die Werte der Anströmung ersetzt. Der Widerstand ist dann mit Gl. (4) bis auf das Vorzeichen die x-Komponente der Luftkraft:

$$W = \iint_{f_k} [\varrho W_n(u_\infty - u) + (p_\infty - p) \cos(n, x)]\, df. \tag{46}$$

Diese Gleichung kann natürlich auch beim Vorhandensein von Schub, also „negativem“ Widerstand, verwendet werden.

Für den Widerstand gibt es verschiedene Ursachen, die jedoch alle die Eigenschaft gemeinsam haben, daß an das strömende Medium Energie abgegeben wird, die hinter dem Körper abströmt und verlorengeht, wenn nicht besondere Vorkehrungen zu einer Auswertung der abströmenden Energie getroffen werden. Von einer solchen Möglichkeit soll jedoch im folgenden abgesehen werden, indem angenommen wird, daß sich der betrachtete Flugkörper allein in der Parallelströmung befindet. Versetzt man sich in das in der Anströmung ruhende Koordinatensystem, so ist es die durch das Schleppen des Körpers mit der Geschwindigkeit u_∞ aufgebrachte Leistung, die in einer Zunahme an kinetischer Energie, an Wärme oder im Extremfall auch an chemischer Energie im Medium wieder zu finden sein muß.

Die Reibungsschubspannung am Körper erzeugt Nachlaufdellen, die durch innere Reibung in Wärme übergehen. Der Druckwiderstand in Überschall-

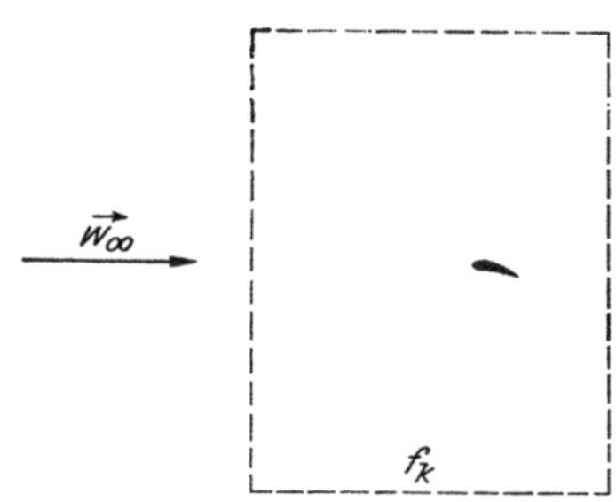

Abb. V,16. Kontrollfläche f_k im Mittelschnitt.

strömung ist mit Stößen — im wesentlichen mit einer Kopfwelle und einer Schwanzwelle — verknüpft, deren Verlust sich in Entropieanstiegen äußert. Es gibt aber auch eine Form des Widerstandes, die von keinen thermodynamischen Verlusten begleitet ist, nämlich der *induzierte Widerstand* tragender Systeme, also im wesentlichen von Flügeln endlicher Spannweite. Bei diesen wird ein vom tragenden Körper erzeugtes Wirbelsystem im Nachlauf weggetragen.

Nach dem Helmholtzschen Wirbelsatz kann ein Wirbelfaden in der Strömung nicht enden. Da jedoch Auftrieb zwangsweise mit Zirkulation verbunden ist, Gl. (44), müssen sich die am Körper erzeugten Wirbelfäden gegen die Flügelenden hin umbiegen und in Form von freien Wirbeln, die das sogenannte *Wirbelband* bilden, abfließen.

Die Wirbelform wird wohl durch Reibung etwas beeinflußt. Die Wirkung der Reibung auf das Wirbelsystem ist jedoch derart gering, daß man dem wirklichen Vorgang äußerst nahe kommt, wenn man in der Tragflächentheorie reibungsfrei, also isentrop rechnet. Wegen dieser Ausnahmestellung soll zunächst der „induzierte Widerstand" behandelt werden, weil bei diesem im thermodynamischen Sinne verlustfreien Vorgang anders vorzugehen ist als beim Reibungswiderst and oder beim mit Stößen verbundenen Druckwiderstand in Überschallströmung.

Es sei eine Kontrollfläche f_k eingeführt, die im wesentlichen aus zwei Ebenen senkrecht zur Anströmung besteht und aus einer zylindrischen Fläche, deren Oberfläche in Anströmrichtung verläuft, Abb. 16. Der zylindrische Teil von f_k, sowie der Teil in der Anströmung, seien so weit vom Flugkörper entfernt, daß ihre beiden Beiträge zum Flächenintegral (46) vernachlässigt werden dürfen. Damit verbleibt nur der Beitrag auf der Abströmebene. Dieser verschwindet bei einem Wirbelsystem selbst dann nicht, wenn dieser Teil der Kontrollfläche auch hinter dem Flugkörper weit stromabwärts verlegt wird. Man spricht in letzterem Fall von der *Trefftz-Ebene*. Mit Rücksicht auf Anwendungen auf den sogenannten Äquivalenzsatz sei jedoch die Möglichkeit offen gehalten, daß sich der Abströmteil von f_k am Ende des Körpers oder auch am Körper befindet. Im letzteren Fall werden dann freilich nur Aussagen über den Widerstandsanteil des innerhalb der Kontrollfläche liegenden Teiles des Flugkörpers gemacht werden können.

Auf der Kontrollfläche gilt dann, sofern der Integrand von (46) nicht überhaupt verschwindet:

$$\cos(n, x) = 1 \qquad \text{und} \qquad W_n = u.$$

Man kann Druck und Dichte mit Hilfe der Gln. (II,81) entwickeln und erhält, wenn man sich mit den Gliedern dritten Grades in den Geschwindigkeitsstörungen begnügt:

$$p - p_\infty = -\frac{\varrho_\infty}{2}(W^2 - W_\infty^2) + \frac{\varrho_\infty}{2}\frac{1}{4}M_\infty^2\frac{1}{W_\infty^2}(W^2 - W_\infty^2)^2$$
$$-\frac{\varrho_\infty}{2}\frac{1}{24}M_\infty^4\frac{1}{W_\infty^4}(3 - 2\Gamma_\infty)(W^2 - W_\infty^2)^3 + \cdots.$$

Γ_∞ ist hier nicht die Zirkulation, sondern die thermodynamische Größe (II,77). Beim id. Gas konst. sp. W. ist also $\Gamma_\infty = (\varkappa + 1)/2$.

Der Geschwindigkeitsbetrag in Komponenten ausgedrückt ergibt exakt wegen $v_\infty = 0$:

$$W^2 - \mathrm{W}_\infty^2 = u^2 + v^2 + w^2 - u_\infty^2 = 2u_\infty(u - u_\infty) + (u - u_\infty)^2 + v^2 + w^2. \quad (47)$$

Das in Gl. (46) auftretende Produkt ϱu braucht nur bis zu quadratischen Gliedern entwickelt zu werden. Man erhält

$$\varrho = \varrho_\infty - \frac{1}{2}M_\infty^2\frac{\varrho_\infty}{W_\infty^2}(W^2 - W_\infty^2) + \frac{1}{4}M_\infty^2(3 - 2\Gamma_\infty)\frac{\varrho_\infty}{W_\infty^4}(W^2 - W_\infty^2)^2 + \cdots$$

und schließlich nach Einführen der Komponenten:

$$\varrho u(u - u_\infty) + p - p_\infty = \frac{\varrho_\infty}{2}[(1 - M_\infty^2)(u - u_\infty)^3 - v^2 - w^2]$$
$$-\frac{\varrho_\infty M_\infty^2}{u_\infty}\left[1 - M_\infty^2 + \frac{2}{3}\Gamma_\infty M_\infty^2\right](u - u_\infty)^3 + \cdots. \quad (48)$$

Diese Entwicklung beginnt also überhaupt erst bei den quadratischen Gliedern in den Störkomponenten und das Glied dritten Grades enthält die Querkomponenten v und w überhaupt nicht. Ferner sei bereits hier vermerkt, daß die Störkomponenten $u - u_\infty$, v, w keineswegs die gleiche Größenordnung in den Störungen besitzen müssen. Es sind demnach lediglich die gleichen Potenzen der Störkomponenten zusammengefaßt. Die Größenordnungen dagegen erweisen sich abhängig von Körper und Machzahlbereich unter Umständen als durchaus verschieden.

Die Entwicklung (48) in (46) eingesetzt, führt für eine Trefftz-Ebene oder eine entsprechende Ebene am Körper als Kontrollfläche bei einer thermodynamisch verlustfreien Strömung zu folgender Beziehung:

$$\mathrm{W} = \frac{\varrho_\infty}{2} \iint\limits_{f_k} \left[v^2 + w^2 - (1 - M_\infty^2)(u - u_\infty)^2 + 2\frac{M_\infty^2}{u_\infty}\left(1 - M_\infty^2 + \frac{2}{3}\Gamma_\infty M_\infty^2\right)(u - u_\infty)^3 \right] \mathrm{d}y\,\mathrm{d}z. \tag{49}$$

Der dritte Summand im Integranden ist zwar negativ, doch werden die Anwendungen zeigen, daß die Hauptverluste durch Querkomponenten geliefert werden. Dabei handelt es sich um eine abfließende kinetische Energie.

Bei den Widerstandsformen mit thermodynamischen Verlusten infolge von Reibungsdissipation, Ruhedruckabfall in Stößen und Entropieanstieg zufolge von Relaxation, sei der Energiesatz Gl. (9) herangezogen. Da Energieabgabe durch den Flugkörper an die Strömung ausgeschlossen sein soll, ist in Gl. (9) $Q = 0$. Da ferner der Massenfluß durch die Kontrollfläche verschwinden muß, gilt der Energiesatz in folgender für eine Störungsrechnung geeigneten Form:

$$0 = \iint\limits_{f_k} \varrho W_n \left[\frac{W^2}{2} - \frac{u_\infty^2}{2} + i - i_\infty\right] \mathrm{d}f = \iint\limits_{f_k} \varrho W_n \left[(u - u_\infty)\, u_\infty + \frac{(u - u_\infty)^2 + v^2 + w^2}{2} + i - i_\infty\right] \mathrm{d}f. \tag{50}$$

Durch Multiplikation von Gl. (46) mit u_∞ und Addition der letzten Gleichung erhält man:

$$u_\infty \mathrm{W} = \iint\limits_{f_k} \left\{\varrho W_n \left[\frac{(u - u_\infty)^2 + v^2 + w^2}{2} + i - i_\infty\right] - u_\infty (p - p_\infty) \cos(n, x)\right\} \mathrm{d}f. \tag{51}$$

Diese Gleichung läßt sich unterschiedlich auswerten. Wegen

$$\varrho(i - i_\infty) = \varrho(e - e_\infty) + p - p_\infty \frac{\varrho}{\varrho_\infty}$$

erhält man für eine Trefftz-Ebene, $\cos(n, x) = 1$ und $W_n = u$, mit Hilfe der Kontinuitätsbedingung (7):

$$u_\infty \mathrm{W} = \iint\limits_{f_k} \left\{\varrho u \left[\frac{(u - u_\infty)^2 + v^2 + w^2}{2} + e - e_\infty\right] + p(u - u_\infty)\right\} \mathrm{d}y\,\mathrm{d}z. \tag{52}$$

Diese Gleichung ist im Rahmen der Voraussetzungen exakt. Sie enthält keine Entwicklungen wie etwa Gl. (49). Links steht die *Schleppleistung*, nämlich die

Leistung, mit der der Körper entgegen seinem Widerstand durch die Luft geschleppt werden muß, wenn er seine Geschwindigkeit beibehalten soll. Im Integranden stehen der Reihe nach: der Ausfluß an kinetischer Energie und innerer Energie, beides relativ zur ruhenden Luft, und schließlich eine Ausschubleistung.

Zu einer anderen Aussage kommt man, wenn man mit der Kontrollfläche in Gl. (51) ähnlich wie bei den Überlegungen über den Auftrieb, in große Entfernungen geht, so daß man sich mit den Störgliedern erster Ordnung auf der Kontrollfläche begnügen darf. Über die Form von f_k sei in diesem Fall jedoch nichts vorausgesetzt. Die kinetischen Glieder in (51) können dann wegbleiben und man erhält für den Integranden in erster Näherung mit Gl. (I,70) und (I,71) für ein Zweisubstanzenmodell:

$$\frac{1}{\varrho}(p - p_\infty) = i - i_\infty - T_\infty(s - s_\infty) + (g_1 - g_2)(\alpha - \alpha_\infty).$$

Wegen

$$\varrho W_n = \varrho_\infty u_\infty \cos(n, x) + \cdots$$

gilt für den Schleppwiderstand:

$$u_\infty \mathrm{W} = \iint_{f_k} \varrho W_n [T_\infty(s - s_\infty) - (g_1 - g_2)(\alpha - \alpha_\infty)]\, \mathrm{d}f.$$

Hat sich nun auf der ganzen Kontrollfläche wieder thermodynamisches Gleichgewicht eingestellt, was bei ausreichender Entfernung der Kontrollfläche angenommen werden darf, so gilt auf f_k überall $g_1 = g_2$ und es bleibt:

$$u_\infty \mathrm{W} = T_\infty \iint_{f_k} \varrho W_n (s - s_\infty)\, \mathrm{d}f = T_\infty \iint_{f_k} s \varrho W_n\, \mathrm{d}f. \tag{53}$$

Die Kontrollfläche darf nun nachträglich wieder auf das Gebiet der Entropieänderungen zusammengezogen werden, weil sich dadurch der Wert des Doppelintegrals nicht ändert.

Der Schleppwiderstand eines Körpers in Parallelströmung ist also gleich T_∞ multipliziert mit dem Entropiefluß durch eine Fläche, die alle vom Körper verursachten Entropieänderungen umschließt.

Dieser Satz könnte nur dann auf den induzierten Widerstand angewendet werden, wenn die Kontrollfläche so weit stromabwärts verlegt wird, daß sich das Wirbelsystem rund um das Wirbelband durch Reibung aufgelöst hat, daß sich also die kinetischen Verluste in thermodynamische umgewandelt haben. Ein solcher Grenzübergang hat jedoch nur theoretische Bedeutung.

Das eigentliche Anwendungsgebiet des Satzes sind jedoch Reibungswiderstände und Überschalldruckwiderstände sowie Widerstand durch thermodynamische Relaxation. Aus Gl. (53) folgt sofort das „d'Alembertsche Paradoxon", daß nämlich ein in ungestörte Parallelströmung eines relaxationsfreien Mediums eingebetteter Körper in reibungsfreier Unterschallströmung keinen Widerstand aufweisen kann. Es muß allerdings eine „reine" Unterschallströmung sein, die also auch keine lokalen Überschallgebiete aufweist. Dann sind nämlich Verdichtungsstöße ausgeschlossen und mit der Reibung und Relaxation auch jede andere Entropieerhöhung.

Bei einer Berechnung oder Messung der Entropieerhöhung ist allerdings darauf zu achten, daß diese nicht nur in Stößen oder in Reibungsschichten am Körper vor sich geht, sondern daß nach diesen Entropieanstiegen beim langsamen Übergang zur Parallelströmung weitere Entropieanstiege folgen, die mit dem Geschwindigkeits- und Temperaturausgleich im Nachlauf verbunden sind. Diese weiteren Entropieanstiege werden beim Reibungsnachlauf allerdings bereits etwa eine Körperlänge hinter dem Körper bedeutungslos. Bei Überschallströmungen spielen die sekundären Entropieanstiege nur bei starken Stößen eine Rolle, [•24] Abschn. II, 14. Bei schwächeren Stößen kann der Entropieanstieg im Integral von Gl. (53) dem Entropieanstieg in den Stößen gleichgesetzt werden.

Der Entropiesatz Gl. (53) steht in naher Beziehung zu einem Satz der Thermodynamik, wonach die Verminderung der Nutzarbeit einer Wärmekraftmaschine gleich der Entropieerhöhung des gesamten Systems ist, multipliziert mit der Umgebungstemperatur, [•42] S. 1057. Ein Hinweis über den Zusammenhang von Widerstand und Entropieanstieg ist bereits bei A. Busemann zu finden, [••3] S. 443. Die analytische Formulierung des Satzes, Gl. (53), stammt vom Verfasser [2] und die Erweiterung auf Relaxationsvorgänge von Romberg [3]. Von J. Ackeret wurde der Satz bereits zuvor auf Relaxationsvorgänge angewendet, [4].

Der Widerstand tritt demnach in drei unterschiedlichen Formen in Erscheinung: 1. Als Integral über die Oberflächenkräfte, also im wesentlichen die Druck- und Reibungskräfte, am Flugkörper. 2. Als Impulsintegral über geeignete Kontrollflächen. Diese können als eine Art Trefftz-Ebene gewählt werden, aber auch als Einhüllende der Belegungsebene, wie das im nächsten Abschnitt geschieht. Schließlich kann der Widerstand 3. mit der im Medium erzeugten Energie in Zusammenhang gebracht werden, d. i. weit draußen im wesentlichen Entropieproduktion. Unter Umständen ist jedoch auch Erzeugung von kinetischer Energie im Medium in Betracht zu ziehen, wie dies beim induzierten Widerstand durch Wirbel oder bei Überschallströmungen durch Wellen geschieht. Betreffs des letzteren, des sogenannten *Wellenwiderstandes*, sei auf Abschn. IX,43 verwiesen.

13. Luftkräfte

Zu den wichtigsten Fragestellungen in der Strömungsmechanik gehören jene nach dem Zusammenhang zwischen Körperform und Lage eines Flugkörpers einerseits und den auf den Körper ausgeübten Kräften andererseits. Dabei werden die vom statischen Druck an der Körperoberfläche ausgeübten Kräfte in der Regel so berechnet, als ob das strömende Medium keine innere Reibung aufweisen würde. Diese tritt unter den gewöhnlichen Flugbedingungen nur in einer schmalen *Grenzschicht* oder *Reibungsschicht* in Erscheinung, deren *Verdrängungsdicke* so klein ist, daß ihr Einfluß auf die Druckverteilung meist vernachlässigt werden darf, siehe etwa Abschn. X,4. Trifft dies zu, so können die Reibungskräfte nachträglich mit den Methoden der Grenzschichttheorie aus der reibungslos gerechneten Druckverteilung ermittelt werden. Dieser zweite Schritt wird in diesem Buch allerdings nur andeutungsweise behandelt.

Es gab jedoch immer schon Fälle, wo das Konzept der reibungsfreien Berechnung der Luftkräfte versagte, wie etwa beim dicken Körper mit Ablösung. Der querangeströmte Kreiszylinder bei hohen Reynoldszahlen und inkompressibler Strömung stellt dazu ein klassisches Beispiel dar. Aber auch bei den technisch wichtigeren schlanken Körpern treten ganz ähnliche Erscheinungen bei starker Anstellung an der Saugseite auf. Dazu kommen neuerdings Erscheinungen in der Hyperschallströmung, wo die Grenzschicht am Körperanfang starke Druckstörungen hervorruft, Abschn. X,9, oder wo die Reibung infolge der wegen geringer Dichte niedrigen Reynoldszahl entscheidenden Einfluß gewinnt.

Die Umströmung von Körpern wird meist durch Belegung von Flächen oder Linien mit quellartigen oder wirbelartigen Lösungen dargestellt. Das schließt nicht aus, daß auf dieselbe Weise auch kleinere oder größere *Ablösungsgebiete* mit erfaßt werden, Gebiete also, wo sich das strömende Medium vom Körper ablöst, die Strömungsberandung also nur zum Teil durch die Körperform gegeben ist. Im folgenden sollen vor allem jene Fälle ins Auge gefaßt werden, bei denen die Belegungsfläche nicht notwendig mit der Körperoberfläche zusammenfällt.

Wird eine Fläche oder Linie nicht nur mit wirbelartigen Lösungen, sondern auch mit quellartigen Lösungen belegt, so befindet sich zwischen der Belegung und der Anströmung eine *Trennstromfläche*, deren Schnitt mit einer Ebene $z =$ konst. in Abb. VIII,7 zu sehen ist. Wenn sich auf der Belegung ebensoviele Senken wie Quellen befinden, kann die Trennstromfläche geschlossen werden, was aber zunächst nicht wesentlich ist. Zur Umströmung durch das anströmende Medium kommt also noch eine innere Strömung zwischen Trennstromfläche und Belegung. Die Trennstromfläche kann ohne weiteres durch eine Körperfläche ersetzt werden. Damit entsteht die Frage nach dem Zusammenhang von Belegung und Körperform oder Trennstromfläche. Darüber wird in Abschn. VIII,4. einiges gesagt werden.

Die Oberflächenkräfte an der Innen- und Außenseite der Trennstromfläche sind bis auf das wegen der entgegengesetzten Normalenrichtung auch entgegengesetzte Vorzeichen dieselben. Es erweist sich sehr oft als wesentlich einfacher, die Luftkräfte nicht aus den Kräften an der Körperoberfläche zu berechnen, sondern aus den aus der Belegung austretenden Impulsen, indem eine Kontrollfläche unmittelbar um die Belegung herum gelegt wird.

Bei der folgenden Herleitung der Beziehungen zwischen Belegung und Luftkraft soll reibungsfreie stationäre Strömung angenommen werden. Die Belegung erfolge in der Ebene $y = 0$ und im Spezialfall von Linienbelegungen auf der x-Achse. Für die Anströmgeschwindigkeit sei eine x- und eine y-Komponente zugelassen, damit auch Auftriebsprobleme behandelt werden können.

An der Belegungsfläche machen die Geschwindigkeitskomponenten und der Druck im allgemeinen Sprünge, weshalb die Ober- und Unterseite der Belegung genau unterschieden werden müssen. Beispielsweise bläst bei einer Quellbelegung das Medium auf $y = 0$ an der Oberseite aufwärts und an der Unterseite abwärts, so daß die v-Komponente auf $y = 0$ also einen Vorzeichensprung aufweist. Ähnliches trifft bei Wirbelbelegungen für die u-Komponenten und den Druck zu.

An der Belegung können sehr große Geschwindigkeiten auftreten. Stumpfe Nasen in Unterschallströmung werden beispielsweise oft durch starke Quellen am Belegungsanfang erzeugt. Die Quellen blasen dort zum Teil gegen die Anströmung aus und erzeugen auf diese Weise das gewünschte Staugebiet. Bei Ausblasen aus der x-Achse, wie es bei Rotationskörpern vorliegt, wächst die Geschwindigkeit bei Unter- und Überschallströmung an der Achse über alle Grenzen. Dies würde zunächst den Schluß nahelegen, daß in solchen Gebieten die Voraussetzungen kleiner Störungen, wie sie später häufig getroffen werden, oder die Voraussetzung von $M < 1$ oder gar $M^2 \ll 1$ verletzt und eine Theorie mit solchen Voraussetzungen daher falsch sein müsse. Dies ist jedoch nicht der Fall. Es genügt, wenn die Voraussetzungen in der wirklichen Strömung um den Körper herum erfüllt sind. Zwischen Belegung und Körper dagegen kann mit den in der wirklichen Strömung verwendeten Gleichungen, Erhaltungssätzen und anderen Beziehungen operiert werden, auch wenn die physikalischen Voraussetzungen dort verletzt sind, indem man sich ein Ersatzmedium vorstellt, das den angenommenen Gesetzen gehorcht.

Die folgenden Überlegungen seien auf endliche Körper beschränkt, die Körperoberfläche sei also geschlossen. Die Kontrollfläche f_k verlaufe knapp über und unter der Ebene $y = 0$. Bei Belegung der x-Achse sei f_k ein Kreiszylinder, der die x-Achse knapp umschließt. Unter Beachtung gewisser Vorsicht kann f_k als geschlossene Fläche angesehen werden. Wegen der Geschlossenheit des Körpers und der Quellenfreiheit des Gebietes zwischen f_k und der Körperinnenfläche, muß Gl. (7) gelten. Damit darf Gl. (8) angewendet werden und es gilt mit $\vec{W}_1 = \vec{W}_\infty$, $p = p_\infty$ und einer Kontrollfläche über und unter der x,z-Ebene:

$$f_k\colon\; y = \pm 0;\; W_n = \mp v;\; \vec{n}(0, \mp 1, 0), \tag{54}$$

$$\vec{\mathrm{K}} = \iint\limits_{y=\pm 0} [\mp \varrho v(\vec{W} - \vec{W}_\infty) + (p - p_\infty)\vec{n}]\, \mathrm{d}z\, \mathrm{d}x. \tag{55}$$

Mit $y = \pm 0$ ist ein konstanter y-Wert knapp über und knapp unter der Ebene $y = 0$ zu verstehen. Nachdem das Integral für einen sehr kleinen Wert von y ausgeführt ist, ist zur Grenze $y \to 0$ zu gehen. An Stellen, an denen der Integrand endlich ist, was überall zutrifft, kann der Grenzübergang bereits im Integranden durchgeführt werden.

Die drei Komponenten der Luftkraft (55) umfassen jetzt nicht mehr Widerstand und Auftrieb, da die x- und y-Komponente nunmehr gegenüber der Anströmung gedreht sind. Im allgemeinen wird in den Körper eine Skelettlinie oder Skelettfläche verlegt, als welche hier die Belegungsfläche oder Belegungslinie dienen soll. Man definiert dann die Kraftkomponente in Richtung der Skelettfläche, also in Richtung der Belegungsfläche, als *Tangentialkraft* T, die Komponente in y-Richtung als *Normalkraft* N und die Komponente in z-Richtung (Spannweitenrichtung) als *Querkraft*. Die letztere spielt nur für besondere Flugmanöver eine Rolle und wird hier folglich nicht behandelt. Da es sich bei Gl. (55) um die Luftkraft an der Innenseite des Körpers handelt, sind nun T und N identisch mit K_x und K_y. Es gilt also

$$\mathrm{T} = K_x = \iint\limits_{y=\pm 0} [\mp \varrho v(u - u_\infty)]\, \mathrm{d}z\, \mathrm{d}x; \tag{56}$$

$$\mathrm{N} = \mathrm{K}_y = \iint\limits_{y=\pm 0} [\mp \varrho v(v - v_\infty) \mp (p - p_\infty)]\, \mathrm{d}z\, \mathrm{d}x. \tag{57}$$

Wenn es sich um eine tragende ebene Platte handelt, dann verschwindet die v-Komponente auf der Belegung, der erste Summand im Integranden von Gl. (57)

fällt also in diesem Fall weg. Die Normalkraft ergibt sich einfach aus dem Überdruck an der Unterseite und dem Sog an der Oberseite. Bei der Tangentialkomponente ist allerdings mit dem Übergang $y \to 0$ im Integranden bei einer Umströmung der Vorderkante Vorsicht geboten, wie in Abschnitt VII noch gezeigt werden wird.

Das Moment einer tragenden Platte um die z-Achse läßt sich sofort aus Gl. (57) herleiten. $\mp\int (p - p_\infty)\, \mathrm{d}z$ ist die Kraft eines Plattenstreifens der Breite $\mathrm{d}x$. Also ist das Moment einer tragenden Platte um die z-Achse:

$$\mathrm{M} = \iint\limits_{y=\pm 0} \mp (p - p_\infty)\, \mathrm{d}z \cdot x\, \mathrm{d}x. \tag{58}$$

Bei der Umströmung angestellter und nicht angestellter Rotationskörper, deren Körperachse im Körperinneren liegt (also keine Ringflügel), wird im allgemeinen die x-Achse als Körperachse gewählt und mit Quellen und Dipolen belegt. Analog zur Vorgangsweise beim Flügel könnten die Luftkräfte aus dem Impulsstrom aus der Achse und dem Druck in Achsenumgebung ermittelt werden, indem ein schlanker koaxialer Kreiszylinder um die x-Achse gelegt wird und der Zylindermantel als Kontrollfläche f_k verwendet wird. Wenn schließlich zur Grenze verschwindenden Zylinderradiusses übergegangen wird, erhält man verhältnismäßig einfache Formen, die jedoch wegen des singulären Verhaltens der Strömung in Achsennähe nicht sehr praktisch sind. Daher soll bei Rotationskörpern Gl. (8) auf die Körperoberfläche angewendet werden.

Man führt gemäß Gl. (VI,64) Zylinderkoordinaten ein

$$y = r \cos\beta, \quad z = r \sin\beta$$

mit den zugehörigen Geschwindigkeitskomponenten

$$W_1 = v \cos\beta + w \sin\beta, \; W_2 = -v \sin\beta + w \cos\beta.$$

Es sei daran erinnert, daß W_1 die Radialkomponente und W_2 die Umfangskomponente der Geschwindigkeit in Richtung zunehmender Winkel β ist, Abb. VI,6.

Mit $r = h(x)$ als Körperoberfläche und $h_x = \operatorname{tg}\vartheta$ gilt dann für die Kontrollfläche, die nun gleichzeitig Randfläche ist:

$$f_k = f_r\colon \; r = h(x), \; W_n = 0; \; \vec{n}\,(\sin\vartheta, \; -\cos\vartheta\cos\beta, \; -\cos\vartheta\sin\beta). \tag{59}$$

ϑ ist auch der Strömungswinkel in der Ebene $z = 0$, weshalb es gerechtfertigt sein mag, für den Neigungswinkel von $r = h(x)$ kein neues Symbol einzuführen.

Mit

$$\mathrm{d}f = h\, \mathrm{d}\beta\, \mathrm{d}x/\cos\vartheta$$

für das Oberflächenelement erhält Gl. (8) in Zylinderkoordinaten die Form:

$$\vec{\mathrm{K}} = \iint\limits_{\beta=0}^{2\pi} [p(x, h, \beta) - p_\infty]\, \vec{n} h\, \mathrm{d}\beta\, \frac{\mathrm{d}x}{\cos\vartheta}. \tag{60}$$

Daraus folgt für die Tagentialkomponente der Luftkraft:

$$\mathrm{T} = \mathrm{K}_x = \int \int\limits_{\beta=0}^{2\pi} [p(x, h, \beta) - p_\infty]\, h_x \cdot h \, \mathrm{d}\beta \, \mathrm{d}x. \tag{61}$$

Für die Normalkomponente der Luftkraft folgt:

$$\mathrm{N} = \mathrm{K}_y = -\int \int\limits_{\beta=0}^{2\pi} [p(x, h, \beta) - p_\infty] \cos\beta \, \mathrm{d}\beta \, h \, \mathrm{d}x. \tag{62}$$

Es ist zu beachten, daß Gl. (8) einen geschlossenen Körper voraussetzt, oder anders aufgefaßt, daß Gl. (8) nur den Beitrag der Druck*störungen* zur Luftkraft liefert. Ist beispielsweise nach der vollen Luftkraft auf den Mantel eines Rotationskörpers gefragt, der bei $x = 1$ mit der Querschnittsfläche $F(1)$ endet, dann ist zu (61) noch der Beitrag $F(1) \cdot p_\infty$ zu addieren.

Bei der Entwicklung des Druckes nach der Geschwindigkeit ist darauf zu achten, daß wegen der Anstellung der Anströmung anstelle der Gl. (47) nunmehr gilt:

$$\begin{aligned} W^2 - W_\infty^2 &= u^2 + v^2 + w^2 - u_\infty^2 - v_\infty^2 \\ &= 2u_\infty(u - u_\infty) + (u - u_\infty)^2 + W_1^2 + W_2^2 - v_\infty^2. \end{aligned} \tag{63}$$

Aus der Gleichung vor Gl. (47) erhält man dann die Druckstörung als Funktion der Störung in den Geschwindigkeitskomponenten:

$$\begin{aligned} p - p_\infty &= -\frac{\varrho_\infty}{2}[2u_\infty(u - u_\infty) + (1 - M_\infty^2)(u - u_\infty)^2 + v^2 + w^2 - v_\infty^2] \\ &= -\frac{\varrho_\infty}{2}[2u_\infty(u - u_\infty) + (1 - M_\infty^2)(u - u_\infty)^2 + W_1^2 + W_2^2 - v_\infty^2]. \end{aligned} \tag{64}$$

In dieser Entwicklung wurden Glieder dritten Grades nicht mehr berücksichtigt und v_∞ wurde in der Entwicklung wie eine Störgröße behandelt. Es besteht keine weitere Schwierigkeit, anstelle von v den Ausdruck $(v - v_\infty)$ einzuführen.

Damit sind die Luftkräfte mit der später erforderlichen Genauigkeit auf die Störungen der Geschwindigkeitskomponenten zurückgeführt.

14. Luftkraftbeiwerte

Da in der Strömungsmechanik sehr oft anstatt mit Luftkräften mit *Luftkraftbeiwerten* gerechnet wird, ist es angebracht diese jetzt einzuführen.

Bei der Übertragung von Versuchsresultaten und bekannten Ergebnissen aus der Praxis auf neue Prototypen wird man wie in der Ähnlichkeitstheorie reduzierte Größen einführen, indem die Geschwindigkeit durch eine bestimmte Geschwindigkeit, die Dichte durch eine bestimmte Dichte und der Druck oder die Druckunterschiede durch einen bestimmten Staudruck dividert werden. Es liegt bei Umströmungsproblemen nahe, für die Reduktionen die Größen im Anströmgebiet zu verwenden. Eine Luftkraftkomponente ist gemäß Gl. (8) stets proportional einem Druck oder einer Impulsstromdichte multipliziert mit einer Fläche. Es liegt daher nahe, die Luftkraftkomponenten durch den Staudruck der Anströmung und durch eine typische Fläche f_p dimensionslos zu machen. Nach der Ähnlichkeitstheorie würde allerdings anstatt f_p zunächst L^2, das Quadrat der typischen Länge auftreten. Dieses ist aber weniger anschaulich und unterscheidet sich von f_p im übrigen nur durch einen bei ähnlichen Modellen gleichbleibenden Faktor. Man setzt demnach

$$\mathrm{W} = c_w f_p \frac{\varrho_\infty W_\infty^2}{2}; \quad \mathrm{A} = c_a f_p \frac{\varrho_\infty W_\infty^2}{2}; \quad \mathrm{T} = c_t f_p \frac{\varrho_\infty W_\infty^2}{2}; \quad \mathrm{N} = c_n f_p \frac{\varrho_\infty W_\infty^2}{2} \tag{65}$$

und nennt c_w den Widerstandsbeiwert, c_a den Auftriebsbeiwert, c_t den Tangentialkraftbeiwert und c_n den Normalkraftbeiwert. Alle Beiwerte lassen sich durch Impulsintegrale oder Oberflächenintegrale über reduzierte Größen ausdrücken.

In der Wahl von f_p hat man eine gewisse Freiheit. In der Aerodynamik der Flugzeuge wird wegen der überragenden Bedeutung des Auftriebes in der Regel die größte Projektionsfläche des Flügels als f_p gewählt, (daher auch der Index p), in der Theorie dagegen zieht man als Fläche f_p die Belegungsfläche des Flügels vor. In der Ballistik wählt man wegen der Bedeutung des Widerstandes den Maximalquerschnitt des Geschosses als Fläche f_p.

Es ist jedoch darauf zu achten, daß alle Beiwerte durch Division der Luftkraftkomponenten durch dieselbe Fläche f_p gebildet werden, anderenfalls würden bereits die folgenden Gleichungen (68) nicht mehr gelten. Auch bei der Zusammensetzung von Luftkräften, etwa aus Rumpfwiderstand und Flügelwiderstand, ist darauf zu achten, daß die allenfalls aus verschiedenen Werken entnommenen Beiwerte zunächst auf dieselbe Fläche f_p umgerechnet werden.

Für den wichtigen Momentenbeiwert ist über die bisherige Bildung hinaus noch die Division des Momentes durch eine typische Länge L erforderlich. Damit gilt

$$\mathrm{M} = c_m \cdot L \cdot f_p \frac{\varrho_\infty W_\infty^2}{2}, \tag{66}$$

wobei für L in der Regel die Flügeltiefe gewählt wird.

Zwischen den Beiwerten und dem Anstellwinkel ε, der bei Anstellung der Anströmung mit den Geschwindigkeitskomponenten der Anströmung in folgendem Zusammenhang steht, Abb. 17,

$$\operatorname{tg} \varepsilon = v_\infty / u_\infty; \quad \sin \varepsilon = v_\infty / W_\infty, \tag{67}$$

gilt:

$$\begin{aligned} c_w &= c_t \cos \varepsilon + c_n \sin \varepsilon; \quad & c_t &= c_w \cos \varepsilon - c_a \sin \varepsilon; \\ c_a &= -c_t \sin \varepsilon + c_n \cos \varepsilon; \quad & c_n &= c_w \sin \varepsilon + c_a \cos \varepsilon. \end{aligned} \tag{68}$$

Diese Beziehungen, die eine Umrechnung von Widerstand und Auftrieb auf Tangential- und Normalkraft gestatten, folgen ohne weiteres anschaulich aus Abb. 17. Für verschwindenden Anstellwinkel gilt:

$$\varepsilon = 0: c_w = c_t; \; c_a = c_n. \tag{69}$$

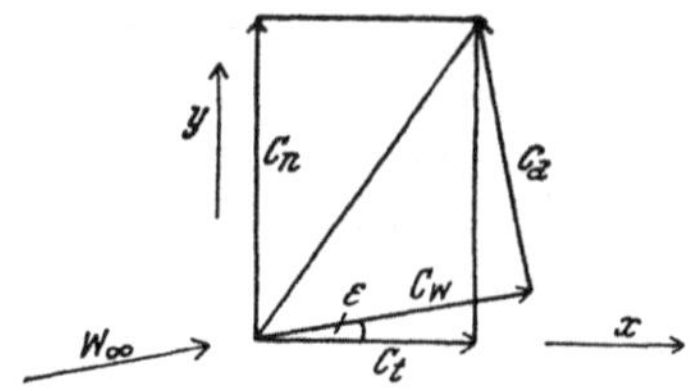

Abb. V,17. Zusammenhang zwischen den Kraftbeiwerten.

Auch bei kleinem Anstellwinkel ist der Widerstand noch näherungsweise gleich der Tangentialkraft und der Auftrieb näherungsweise gleich der Normalkraft.

Literatur

[1] Betz, A.: Einfluß der Elastizität der Gase auf die Wirkung von Schaufelgittern. Ing.-Arch. **16**, 249—254 (1948).
[2] Oswatitsch, K.: Der Luftwiderstand als Integral des Entropiestromes. Nachr. Ges. Wiss. Göttingen, math.-phys. Kl. **1945**, 88—90.
[3] Romberg, G.: Widerstand und Schub in stationären Strömungen ohne äußere Kräfte. ZAMM **46**, 303—314 (1966).
[4] Ackeret, J.: Über Widerstände, die durch gasdynamische Relaxation hervorgerufen werden. Z. f. Flugwiss. **4**, 14—17 (1956).

VI. Allgemeine Gleichungen und spezielle, exakte Lösungen für stationäre reibungslose Strömung

1. Grundgleichungen der ebenen und achsensymmetrischen Strömung

Ein überwiegender Teil der Lösungsmethoden für stationäre Strömungen bezieht sich auf Probleme mit zwei unabhängigen Veränderlichen, insbesondere auf die ebene oder achsensymmetrische Strömung eines Mediums, das sich im thermodynamischen Gleichgewicht befindet. Bei der ebenen Strömung seien stets alle Zustände von z unabhängig, $w = 0$, $u = u(x, y)$, $v = v(x, y)$ usw. Bei der achsensymmetrischen Strömung sei die x-Achse stets als Symmetrieachse gewählt. In allen Ebenen durch die x-Achse herrscht dann dasselbe Strömungsbild, so daß die Strömung in der x, y-Ebene als Repräsentantin der gesamten achsensymmetrischen Strömung angesehen werden kann. In ihr ist ebenfalls $w = 0$ und der Strömungszustand nur Funktion von x und y.

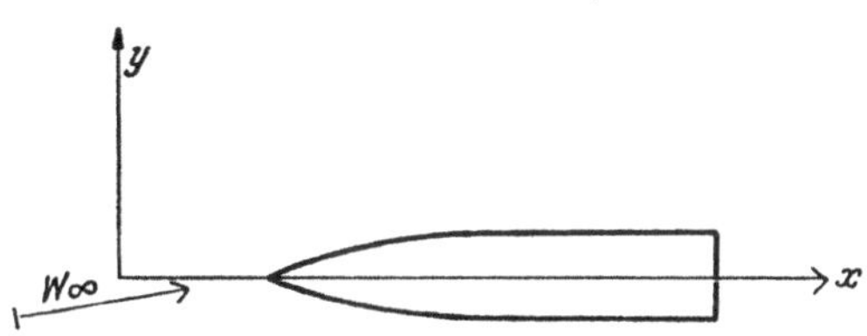

Abb. VI,1. Achsensymmetrischer Körper angestellt gegen die Anströmung.

Während eine ebene Strömung bei Anstellung des Körpers in y-Richtung stets eben bleibt, ist das Entsprechende bei achsensymmetrischer Strömung nicht mehr der Fall. Es zeigt sich aber, daß das Problem achsensymmetrischer Körper bei geringer Anstellung mit Methoden behandelt werden kann, welche wenig von der Behandlung rein achsensymmetrischer Strömungen abweichen. Da die Auftriebseigenschaften kaum weniger interessieren als die Widerstandseigenschaften, soll die eigentlich räumliche Strömung um den angestellten achsensymmetrischen Körper in Verbindung mit der achsensymmetrischen Strömung behandelt werden. Dabei bleibt die x-Achse stets die Körperachse, während die Anströmrichtung in der x, y-Ebene um einen kleinen Winkel gedreht wird, Abb. 1. Aus Gründen der Symmetrie ist auch in diesem Falle in der x, y-Ebene $w = 0$.

Damit gelten in der x, y-Ebene für die *ebene*, die *achsensymmetrische* und für die Strömung um einen achsensymmetrischen Körper bei *Anstellung* die Eulerschen Gleichungen in der Form:

$$\begin{aligned} u\frac{\partial u}{\partial x} + v\frac{\partial u}{\partial y} + \frac{1}{\varrho}\frac{\partial p}{\partial x} &= 0; \\ u\frac{\partial v}{\partial x} + v\frac{\partial v}{\partial y} + \frac{1}{\varrho}\frac{\partial p}{\partial y} &= 0. \end{aligned} \tag{1}$$

Die dritte Eulersche Gleichung verschwindet in der x, y-Ebene identisch. Der Druck p ist in z symmetrisch, also ist für $z = 0$: $\partial p/\partial z = 0$.

Für alle drei Strömungstypen lautet der Energiesatz, Gl. (IV,6), in der x, y-Ebene bei thermodynamischem Gleichgewicht

$$u\frac{\partial s}{\partial x} + v\frac{\partial s}{\partial y} = 0, \tag{2}$$

und bei *wirbelfreier* Strömung Gl. (IV,7):

$$\frac{\partial v}{\partial x} - \frac{\partial u}{\partial y} = 0. \tag{3}$$

Bei der Kontinuitätsbedingung Gl. (IV,14) und der ihr im wesentlichen gleichwertigen gasd. Gl. (IV,69) bedarf es einer Fallunterscheidung, da $\partial w/\partial z$ nur bei *ebener* Strömung verschwindet. Für diese gilt

$$\frac{\partial(\varrho u)}{\partial x} + \frac{\partial(\varrho v)}{\partial y} = 0 \tag{4}$$

und die *gasd. Gl.*:

$$(c^2 - u^2)\frac{\partial u}{\partial x} - uv\left(\frac{\partial u}{\partial y} + \frac{\partial v}{\partial x}\right) + (c^2 - v^2)\frac{\partial v}{\partial y} = 0. \tag{5}$$

Bei *achsensymmetrischer* Strömung verschwindet $\partial\varrho/\partial z$ auf $z = 0$. Für w hingegen besteht folgende Bindung:

$$\frac{w}{v} = \frac{z}{y}. \tag{6}$$

Daraus folgt

$$\frac{\partial w}{\partial z} = \frac{z}{y}\frac{\partial v}{\partial z} + \frac{v}{y}$$

und folglich in der x, y-Ebene ($z = 0$):

$$z = 0\colon\ \frac{\partial w}{\partial z} = \frac{v}{y}. \tag{7}$$

Damit lautet die Kontinuitätsbedingung für achsensymmetrische Strömung (in der x, y-Ebene)

$$\frac{\partial(\varrho u)}{\partial x} + \frac{\partial(\varrho v)}{\partial y} + \frac{\varrho v}{y} = 0, \tag{8}$$

oder auch nach Multiplikation mit y entsprechend Gl. (4):

$$\frac{\partial(\varrho u y)}{\partial x} + \frac{\partial(\varrho v y)}{\partial y} = 0. \tag{9}$$

Die gasd. Gl. reduziert sich auf:

$$(c^2 - u^2)\frac{\partial u}{\partial x} - uv\left(\frac{\partial u}{\partial y} + \frac{\partial v}{\partial x}\right) + (c^2 - v^2)\frac{\partial v}{\partial y} + c^2\frac{v}{y} = 0. \tag{10}$$

Da sich in allen Meridianebenen durch die x-Achse bei achsensymmetrischer Strömung dasselbe Bild ergibt, kann bei dieser v einfach als Radialkomponente der Geschwindigkeit und y als Abstand von der x-Achse gedeutet werden.

Das Problem des angestellten achsensymmetrischen Körpers wird in Abschnitt VII,9 behandelt.

2. Geschwindigkeitspotential

Bei drehungsfreier Strömung läßt sich mit Gl. (IV,74) ein Geschwindigkeitspotential einführen. Es gilt für die Komponenten:

$$u = \Phi_x, \qquad v = \Phi_y. \tag{11}$$

Ist ϑ der Winkel, den die Strömungsrichtung mit der x-Achse einschließt, so gilt:

$$\operatorname{tg}\vartheta = \frac{v}{u} = \Phi_y/\Phi_x. \tag{12}$$

Die *gasd.* Gl. kann nun wie folgt geschrieben werden:

eben:

$$\left(1 - \frac{u^2}{c^2}\right)\Phi_{xx} - 2\frac{uv}{c^2}\Phi_{xy} + \left(1 - \frac{v^2}{c^2}\right)\Phi_{yy} = 0;$$

achsensymmetrisch: (13)

$$\left(1 - \frac{u^2}{c^2}\right)\Phi_{xx} - 2\frac{uv}{c^2}\Phi_{xy} + \left(1 - \frac{v^2}{c^2}\right)\Phi_{yy} + \frac{1}{y}\Phi_y = 0.$$

Hierin können u, v und c wieder durch erste Ableitungen von Φ ausgedrückt werden, womit eine einzige Gleichung für die Funktion Φ gefunden ist, eine *quasilineare* Differentialgleichung *zweiter* Ordnung.

Vielfach ist es vorteilhaft, nur die Geschwindigkeitsunterschiede zu einer konstanten Anströmgeschwindigkeit $u = u_\infty$, $v = v_\infty$ als Ableitung eines *Störpotentials* φ einzuführen. Dann ist:

$$\varphi = \Phi - u_\infty x - v_\infty y, \qquad u - u_\infty = \varphi_x, \qquad v - v_\infty = \varphi_y. \tag{14}$$

Wie Φ erfüllt φ die Gleichungen der Wirbelfreiheit identisch. Auch für φ ergibt sich eine quasilineare Differentialgleichung zweiter Ordnung. Keineswegs ist die Einführung eines Störpotentials an kleine Störungen gebunden.

3. Stromfunktion

Wie bei instationärer Strömung (Abschnitt III,10), läßt sich auch bei stationärer Strömung die Kontinuitätsbedingung durch Einführung einer *Stromfunktion* identisch befriedigen, wenn lediglich zwei unabhängige Veränderliche auftreten. Es ist:

$$\begin{aligned} &\text{für ebene Strömung:} && \varrho u = \Psi_y, \quad \varrho v = -\Psi_x, \\ &\text{für achsensymmetrische Strömung:} && y\varrho u = \Psi_y, \quad y\varrho v = -\Psi_x \end{aligned} \tag{15}$$

zu setzen, womit Gl. (4) und (9) befriedigt ist.

Der Betrag des Gradienten ist bei ebener Strömung gleich der Stromdichte, bei achsensymmetrischer Strömung gleich der mit y multiplizierten Stromdichte:

$$\begin{aligned} &\text{ebene Strömung:} && \varrho W = \sqrt{\Psi_x^2 + \Psi_y^2} = |\text{grad}\ \Psi|, \\ &\text{achsensymmetrische Strömung:} && y\varrho W = \sqrt{\Psi_x^2 + \Psi_y^2} = |\text{grad}\ \Psi|. \end{aligned} \tag{16}$$

In beiden Fällen gibt $\Psi = \text{konst.}$ die Gleichung der Stromlinie. Es ist nämlich:

$$\text{tg}\ \vartheta = \frac{v}{u} = -\Psi_x/\Psi_y. \tag{17}$$

Bei stationärer Strömung ist die Stromlinie auch Teilchenbahn.

Durch eine entsprechende Bildung war auch bei instationärer Strömung die Richtung der Teilchenbahn gegeben. Eine Gegenüberstellung von Gl. (17) und Gl. (12) zeigt, daß Potentiallinie ($\Phi = \text{konst.}$) und Stromlinie ($\Psi = \text{konst.}$) stets *senkrecht* aufeinander stehen, Abb. 2. Doch kann das Strömungsfeld nur bei

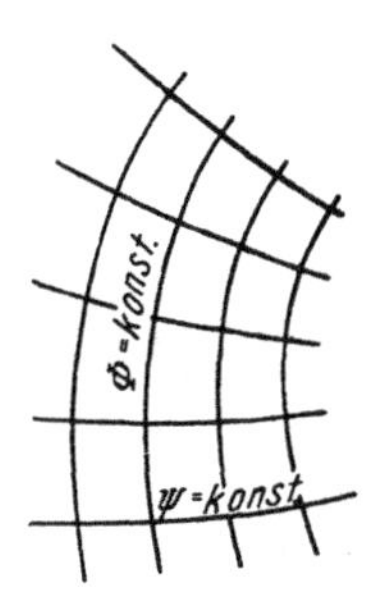

Abb. VI,2. Orthogonalität von Stromlinien ($\Psi = \text{konst.}$) und Potentiallinien ($\Phi = \text{konst.}$).

dichtebeständiger Strömung ($M^2 \ll 1$) in ein Kurvennetz aufgelöst werden, das in kleinsten Abständen lauter Quadrate bildet. Damit sind konforme Abbildungen auf kompressible Strömungen im allgemeinen nicht mehr anwendbar.

Während die Einführung eines Geschwindigkeitspotentials auch bei drei unabhängigen Veränderlichen möglich ist, aber an Wirbelfreiheit gebunden ist, kann die Stromfunktion auch beim Vorhandensein von Wirbeln benutzt werden, erfordert aber eine Beschränkung auf zwei Unabhängige. Wie bei der instationären Strömung (Abschnitt III,10), wird auch beim Croccoschen Satz zweckmäßig der Umstand ausgenutzt, daß die Entropie s nur von Ψ abhängt, da sie ja auf Stromlinien konstant ist.

Eine Funktion $\Psi(x, y, z) =$ konst. stellt im Raume keine Kurve, sondern eine Fläche dar. Deshalb lassen sich die Potentialflächen wohl durch $\Phi(x, y, z) =$ konst. darstellen, nicht aber die Stromlinien. Für deren Darstellung braucht man zwei Flächenscharen $\Psi_1(x, y, z) =$ konst. und $\Psi_2(x, y, z) =$ konst. Die Kontinuitätsbedingung (IV,14) läßt sich bei stationärer Strömung mit folgendem Ansatz befriedigen, siehe auch [••23], S. 80ff.:

$$\varrho\vec{W} = \operatorname{grad}\Psi_1 \times \operatorname{grad}\Psi_2 .$$

Es ergibt sich bei ebener oder bei achsensymmetrischer Strömung in der Ebene $z = 0$ mit $w = 0$ aus Gl. (IV,59):

$$v\left(\frac{\partial v}{\partial x} - \frac{\partial u}{\partial y}\right) = -T\frac{\partial s}{\partial x} = +T\frac{\mathrm{d}s}{\mathrm{d}\Psi}\varrho v\left(= T\frac{\mathrm{d}s}{\mathrm{d}\Psi}y\varrho v\right).$$

$$-u\left(\frac{\partial v}{\partial x} - \frac{\partial u}{\partial y}\right) = -T\frac{\partial s}{\partial y} = -T\frac{\mathrm{d}s}{\mathrm{d}\Psi}\varrho u\left(= -T\frac{\mathrm{d}s}{\mathrm{d}\Psi}y\varrho u\right).$$

In Klammern sind jeweils die rechten Gleichungsseiten bei Achsensymmetrie beigefügt. Beide Gleichungen ergeben dasselbe Resultat:

$$\frac{\partial v}{\partial x} - \frac{\partial u}{\partial y} = T\varrho\frac{\mathrm{d}s}{\mathrm{d}\Psi}\left(= T\varrho y\frac{\mathrm{d}s}{\mathrm{d}\Psi}\right). \tag{18}$$

Für ein id. Gas konst. sp. W. lautet der *Croccosche Satz* schließlich bei *ebener* Strömung

$$\frac{\partial v}{\partial x} - \frac{\partial u}{\partial y} = \frac{p}{c_p - c_v}\frac{\mathrm{d}s}{\mathrm{d}\Psi} = \frac{p}{p_0'}\frac{p_0'}{c_p - c_v}\frac{\mathrm{d}s}{\mathrm{d}\Psi} \tag{19}$$

und bei *achsensymmetrischer* Strömung

$$\frac{\partial v}{\partial x} - \frac{\partial u}{\partial y} = \frac{yp}{c_p - c_v}\frac{\mathrm{d}s}{\mathrm{d}\Psi} = y\frac{p}{p_0'}\frac{p_0'}{c_p - c_v}\frac{\mathrm{d}s}{\mathrm{d}\Psi}, \tag{20}$$

mit p_0' als örtlichem Ruhedruck.

Da der Ruhedruck in Verdichtungsstößen springt, ist in solchen Fällen p_0' stets der Ruhedruck p_0 nach dem letzten Stoß auf derselben Stromlinie. In Gl. (19) und (20) läßt sich p/p_0' mittels der Bernoullischen Gleichung (II,68) durch den Geschwindigkeitsbetrag ersetzen, $\mathrm{d}s/\mathrm{d}\Psi$ und p_0' sind dagegen auf Stromlinien konstant, also nur Funktionen von Ψ.

Um eine einzige Gleichung für die Stromfunktion zu gewinnen, sind in Gl. (19) und (20) die Ableitungen $\partial v/\partial x$ und $\partial u/\partial y$ durch solche von Ψ auszudrücken. Die Rechnung soll für den ebenen Fall kurz durchgeführt werden. Es ist mit Gl. (15):

$$\Psi_x = -\varrho_0'\frac{\varrho}{\varrho_0'}v; \qquad \Psi_y = \varrho_0'\frac{\varrho}{\varrho_0'}u.$$

Hierin ist die Ruhedichte ϱ_0' nur Funktion von Ψ und ϱ/ϱ_0' nur Funktion von $W^2/W^2_{\max}$. Insbesondere gilt mit Gl. (II,64):

$$\frac{\mathrm{d}\left(\frac{\varrho}{\varrho_0'}\right)}{\mathrm{d}W} = -\frac{M^2}{W}\frac{\varrho}{\varrho_0'} = -\frac{W}{c^2}\frac{\varrho}{\varrho_0'},$$

weil ϱ_0' als isentrope Ruhedichte definiert ist. Man findet:

$$\frac{1}{\varrho}\Psi_{xx} = -\left(1-\frac{v^2}{c^2}\right)\frac{\partial v}{\partial x} + \frac{uv}{c^2}\frac{\partial u}{\partial x} + \frac{\varrho}{\varrho_0'}v^2\frac{\mathrm{d}\varrho_0'}{\mathrm{d}\Psi};$$

$$\frac{1}{\varrho}\Psi_{xy} = \left(1-\frac{u^2}{c^2}\right)\frac{\partial u}{\partial x} - \frac{uv}{c^2}\frac{\partial v}{\partial x} - \frac{\varrho}{\varrho_0'}uv\frac{\mathrm{d}\varrho_0'}{\mathrm{d}\Psi};$$

$$\frac{1}{\varrho}\Psi_{xy} = -\left(1-\frac{v^2}{c^2}\right)\frac{\partial v}{\partial y} + \frac{uv}{c^2}\frac{\partial u}{\partial y} - \frac{\varrho}{\varrho_0'}uv\frac{\mathrm{d}\varrho_0'}{\mathrm{d}\Psi};$$

$$\frac{1}{\varrho}\Psi_{yy} = \left(1-\frac{u^2}{c^2}\right)\frac{\partial u}{\partial y} - \frac{uv}{c^2}\frac{\partial v}{\partial y} + \frac{\varrho}{\varrho_0'}u^2\frac{\mathrm{d}\varrho_0'}{\mathrm{d}\Psi}.$$

Aus den beiden ersten Gleichungen kann $\partial u/\partial x$, aus den beiden letzten Gleichungen $\partial v/\partial y$ eliminiert werden. Wird ferner mit Gl. (II,41), die nicht nur für verlustlose Strömungen, sondern für alle isoenergetischen Strömungen gilt, die Ableitung der Ruhedichte nach Ψ durch die Ableitung von s' nach Ψ ersetzt, so ergibt sich für die *ebene Strömung*:

$$\left(1-\frac{u^2}{c^2}\right)\Psi_{xx} - 2\frac{uv}{c^2}\Psi_{xy} + \left(1-\frac{v^2}{c^2}\right)\Psi_{yy}$$
$$= -\frac{\varrho}{\varrho_0'}\frac{p}{p_0'}[1+(\varkappa-1)M^2]\frac{\varrho_0'p_0'}{c_p-c_v}\frac{\mathrm{d}s'}{\mathrm{d}\Psi}. \tag{21}$$

Auf entsprechendem Weg erhält man bei *Achsensymmetrie*:

$$\left(1-\frac{u^2}{c^2}\right)\Psi_{xx} - 2\frac{uv}{c^2}\Psi_{xy} + \left(1-\frac{v^2}{c^2}\right)\Psi_{yy} - \frac{1}{y}\Psi_y$$
$$= -y^2\frac{\varrho}{\varrho_0'}\frac{p}{p_0'}[1+(\varkappa-1)M^2]\frac{\varrho_0'p_0'}{c_p-c_v}\frac{\mathrm{d}s'}{\mathrm{d}\Psi}. \tag{22}$$

Auf der rechten Gleichungsseite von (21) und (22) lassen sich ϱ/ϱ_0', p/p_0' und der Ausdruck in der eckigen Klammer auf den Geschwindigkeitsbetrag W zurückführen; der Rest hängt nur mehr von Ψ ab. Auffallend ist die große Ähnlichkeit der linken Gleichungsseite mit jener von Gl. (13). Während es sich dort aber um die Kontinuitätsbedingung handelt, welche das Geschwindigkeitspotential erfüllen muß, handelt es sich in Gl. (21) und (22) um den Croccoschen Wirbelsatz und im Grenzfall $\mathrm{d}s'/\mathrm{d}\Psi \to 0$ um die Wirbelfreiheit. Die Ähnlichkeit beider Gleichungen besteht auch nur, solange c und die Geschwindigkeitskomponenten

u, v nicht durch die Ableitungen von Φ und Ψ ausgedrückt werden. Dies ist bei der Stromfunktion recht kompliziert. Mit Gl. (16) ist bei ebener Strömung die Stromdichte durch $|\text{grad}\,\Psi|$ gegeben. Schon bei isentroper Strömung läßt sich die Geschwindigkeit und Dichte nicht analytisch (und auch nicht eindeutig) durch die Stromdichte ausdrücken. Bei anisentroper Strömung spielt außerdem noch das von Ψ abhängige ϱ_0' herein. Die letzte Schwierigkeit läßt sich allerdings durch eine von L. Crocco [IV,6] eingeführte Stromfunktion umgehen.

Anstatt der Stromfunktion Ψ in Gl. (15) kann auch eine Stromfunktion $\overline{\Psi}$ wie folgt angesetzt werden:

$$\overline{\Psi}_x = f(\Psi)\cdot\Psi_x, \qquad \overline{\Psi}_y = f(\Psi)\cdot\Psi_y,$$

wobei f jede beliebige Funktion der Stromfunktion sein kann. Es gilt dann auch:

$$d\overline{\Psi} = \overline{\Psi}_x\,dx + \overline{\Psi}_y\,dy = f\,d\Psi.$$

Die neue Stromfunktion kann direkt in Gl. (21) eingeführt werden und ergibt dann für *ebene* Strömung

$$\left(1-\frac{u^2}{c^2}\right)\overline{\Psi}_{xx} - 2\frac{uv}{c^2}\overline{\Psi}_{xy} + \left(1-\frac{v^2}{c^2}\right)\overline{\Psi}_{yy}$$
$$= -f^2\frac{\varrho}{\varrho_0'}\frac{p}{p_0'}\left[1+(\varkappa-1)M^2 - \varkappa M^2\frac{c_p-c_v}{f}\frac{df}{ds'}\right]\frac{\varrho_0'p_0'}{c_p-c_v}\frac{ds'}{d\overline{\Psi}}. \tag{23}$$

Crocco wählt $f = 1/\varrho_0'$ und erreicht damit, daß $u, v, c, \varrho/\varrho_0$ usw. nur mehr von den Ableitungen von $\overline{\Psi}$, nicht mehr aber von der Größe selbst abhängen. Die Croccosche Stromfunktion springt jedoch an einem senkrechten Stoß.

Gln. (21), (22) und (23) sind außerordentlich kompliziert und können daher nur für allgemeine Aussagen oder unter Vernachlässigungen benutzt werden.

Vielfach ist es nützlich, mit *Störstromfunktionen* zu arbeiten:

ebene Strömung:

$$\psi = \Psi - u_\infty\varrho_\infty y; \qquad \psi_x = -\varrho v; \qquad \psi_y = u\varrho - u_\infty\varrho_\infty,$$

achsensymmetrische Strömung: (24)

$$\psi = \Psi - u_\infty\varrho_\infty\frac{y^2}{2}; \qquad \psi_x = -y\varrho v; \qquad \psi_y = y\varrho u - y\varrho_\infty u_\infty.$$

$u_\infty\varrho_\infty$ ist dabei als Stromdichte im Anströmgebiet anzusehen. Es ist zu beachten, daß dann $\psi =$ konst. nicht Stromlinie ist.

4. Strömungstypen, Machwinkel, Machlinien

Bei Strömungsgeschwindigkeiten, die klein gegen die Schallgeschwindigkeit sind, kann die Strömung unter den getroffenen Voraussetzungen als wirbelfrei angenommen werden, und die gasd. Gl. für das Potential Gl. (13) und für die Stromfunktion Gl. (21) reduziert sich bei ebener Strömung nach Streichung aller Glieder mit den Koeffizienten u^2/c^2, v^2/c^2 und uv/c^2 ohne weiteres auf die Laplacesche Gleichung:

$$\Delta\Phi = \Phi_{xx} + \Phi_{yy} = 0; \qquad \Delta\Psi = \Psi_{xx} + \Psi_{yy} = 0. \tag{25}$$

Wirbelfreiheit und gasd. Gl. (5), in welcher nun die Summanden mit den Koeffizienten c^2 die einzig ausschlaggebenden sind, ergeben für die Geschwindigkeitskomponenten die Cauchy-Riemannschen Differentialgleichungen

$$\frac{\partial u}{\partial x} + \frac{\partial v}{\partial y} = 0; \qquad \frac{\partial u}{\partial y} - \frac{\partial v}{\partial x} = 0. \tag{26}$$

Bei kleinen Machzahlen ist die Änderung der Dichte praktisch bedeutungslos; nach Gl. (II,72) ergibt sich bei einer Geschwindigkeit von 60 m/sec eine Dichte, welche nur 2% unter der Ruhedichte liegt. Das Medium muß sich also so bewegen, als ob es unzusammendrückbar wäre.

Bei einer Überschallströmung jedoch, bei welcher lediglich $v \ll c$, hingegen ständig $u > c$ ist, hat die zweite Ableitung von Φ und Ψ nach x in Gl. (13) und (21) einen Koeffizienten, dessen Vorzeichen zu jenen der zweiten Ableitungen nach y gerade entgegengesetzt ist. Die Gleichungen haben mit der Laplaceschen Gl. (25) nichts mehr gemeinsam, sie ähneln vielmehr der Wellengleichung (III,63) und (III,66).

Beispielsweise sei angenommen, es handle sich um kleine Störungen in einer Parallelströmung $u = u_\infty$, $v = 0$, $c = c_\infty$. Unter Berücksichtigung nur von Gliedern der ersten Ordnung, vgl. Abschnitt VII,3, lautet die gasd. Gl. (5) dann

$$(1 - M_\infty^2)\frac{\partial u}{\partial x} + \frac{\partial v}{\partial y} = 0, \tag{27}$$

oder nach Einführen eines Störpotentials Gl. (14):

$$(1 - M_\infty^2)\,\varphi_{xx} + \varphi_{yy} = 0; \qquad (M_\infty^2 - 1)\,\varphi_{xx} - \varphi_{yy} = 0. \tag{28}$$

In der ersten Gleichung ist der Klammerausdruck bei $M_\infty < 1$, in der zweiten bei $M_\infty > 1$ positiv. Die allgemeinste Lösung der Wellengleichung wurde bereits unter (III,68) angegeben. Sie lautet:

$$\varphi = F_1\left(x - \sqrt{M_\infty^2 - 1}\,y\right) + F_2\left(x + \sqrt{M_\infty^2 - 1}\,y\right). \tag{29}$$

Es ist nun nicht erforderlich, daß man sich auf reelle Funktionen und Argumente beschränkt. Bei komplexen Lösungen linearer Gleichungen ist bekanntlich der Real- und Imaginärteil für sich eine Lösung. So kann Gl. (29) durchaus noch als Lösung für $M_\infty < 1$ benutzt werden, wenn beim Herausschälen des Realteiles nur beachtet wird, daß $\sqrt{M_\infty^2 - 1} = i\sqrt{1 - M_\infty^2}$ imaginär ist.

Für $F_1(\eta) = u_\infty A e^{-i\eta}$ und $F_2(\eta) \equiv 0$ ist bei $M_\infty < 1$:

$$\varphi = u_\infty A e^{-i\left(x - i\sqrt{1-M_\infty^2}\,y\right)} = u_\infty A e^{-\sqrt{1-M_\infty^2}\,y}\,(\cos x - i\sin x),$$

bei $M_\infty > 1$ dagegen

$$\begin{aligned}\varphi &= u_\infty A e^{-i\left(x - \sqrt{M_\infty^2 - 1}\,y\right)}\\ &= u_\infty A\left[\cos\left(x - \sqrt{M_\infty^2 - 1}\,y\right) - i\sin\left(x - \sqrt{M_\infty^2 - 1}\,y\right)\right].\end{aligned}$$

Die Realteile ergeben also folgende Lösungen von Gl. (28):

$M_\infty < 1$:

$$\varphi = u_\infty A e^{-\sqrt{1-M_\infty^2}\,y}\cos x; \qquad \frac{u}{u_\infty} - 1 = -A e^{-\sqrt{1-M_\infty^2}\,y}\sin x;$$

$$\frac{v}{u_\infty} = -A\sqrt{1-M_\infty^2}\,e^{-\sqrt{1-M_\infty^2}\,y}\cos x. \tag{30}$$

$M_\infty > 1$:

$$\varphi = u_\infty A \cos\left(x - \sqrt{M_\infty^2 - 1}\,y\right);$$

$$\frac{u}{u_\infty} - 1 = -A\sin\left(x - \sqrt{M_\infty^2-1}\,y\right); \tag{31}$$

$$\frac{v}{u_\infty} = A\sqrt{M_\infty^2-1}\sin\left(x - \sqrt{M_\infty^2-1}\,y\right) = -\sqrt{M_\infty^2-1}\left(\frac{u}{u_\infty} - 1\right).$$

Bei kleinen Störungen in einer Parallelströmung ist v/u_∞ in erster Näherung die Neigung der Stromlinie:

$$\operatorname{tg}\vartheta = \frac{v}{u} = \frac{v}{u_\infty + (u - u_\infty)} = \frac{v}{u_\infty}\left[1 - \frac{u-u_\infty}{u_\infty} + \left(\frac{u-u_\infty}{u_\infty}\right)^2 + \cdots\right]. \tag{32}$$

In unmittelbarer Umgebung von $y = 0$ hat die Stromlinie im wesentlichen die Form einer harmonischen Welle. Während sich aber diese Form bei Überschallströmung in der Richtung $\frac{y}{x} = \frac{1}{\sqrt{M_\infty^2 - 1}}$ bis ins Unendliche unverändert reproduziert, nimmt die Amplitude bei Unterschallströmung mit einer e-Potenz in y-Richtung ab, Abb. 3. Bei stationärer Strömung ist also das Verhalten einer Unter- und Überschallströmung grundverschieden.

In einer Überschallströmung vermögen nur außerordentlich kräftige stoßartige Störungen stromaufwärts zu laufen. Schwache Störungen hingegen, wie

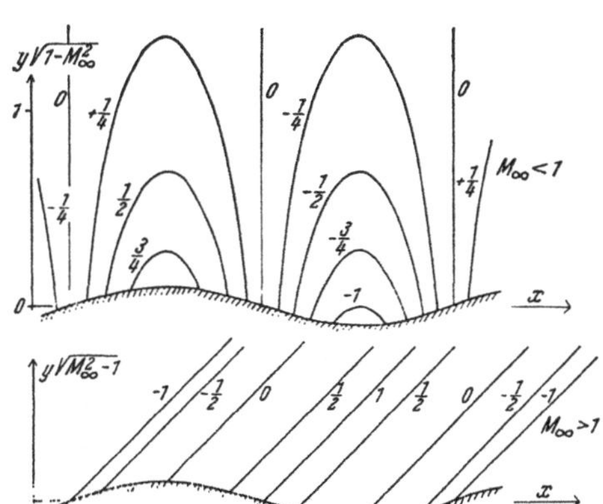

Abb. VI,3. Kurven konstanter Geschwindigkeit (Isotachen) an einer welligen Wand.

sie durch schlanke Körper oder durch stetig gekrümmte Berandungen hervorgerufen werden, laufen relativ zum ruhenden Medium mit Schallgeschwindigkeit, vermögen sich also überhaupt nur in einem bestimmten Winkelbereich stromabwärts geltend zu machen, Abb. 4. Es ergeben sich bei der stationären Überschallströmung wie bei der instationären Unter- und Überschallströmung Einflußgebiete (Abschnitt III, 25), woraus sich die nahe Verwandtschaft der entsprechenden Differentialgleichungen physikalisch erklärt.

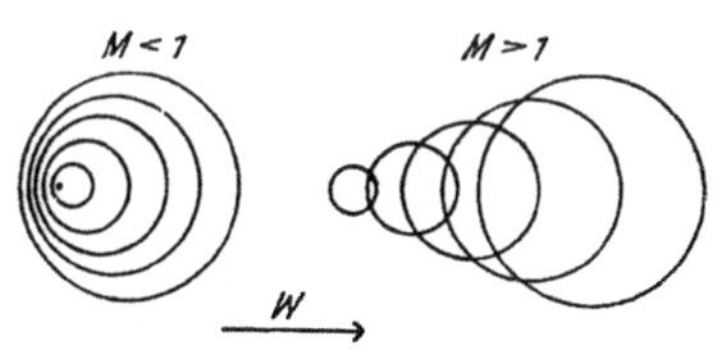

Abb. VI,4. Kreisförmige Ausbreitung einer kleinen Störung in einer Unterschall- und einer Überschallströmung.

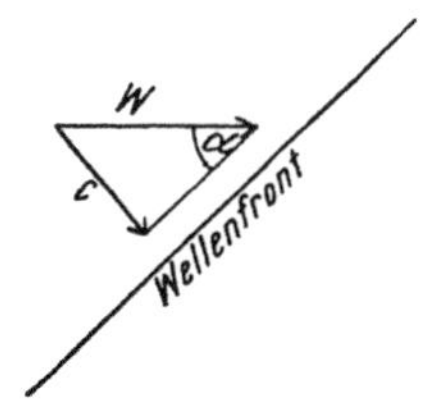

Abb. VI,5. Stehende Welle.

In einer stationären Überschallströmung allgemeinster Art können sich stehende Schallwellen ausbilden. Damit eine solche weder stromaufwärts läuft noch stromabwärts getragen wird, muß die Normalkomponente der Geschwindigkeit auf die Schallwellenfront der örtlichen Schallgeschwindigkeit c gleich sein. Der Winkel α, welchen die Wellenfront mit der Geschwindigkeitsrichtung einschließt, heißt *Machscher Winkel.* Es ergibt sich für ebene oder achsensymmetrische Strömung die Abb. 5. α steht offenbar zur Machschen Zahl in folgender Beziehung:

$$\sin \alpha = \frac{c}{W} = \frac{1}{M}. \tag{33}$$

In jedem Punkt eines ebenen oder achsensymmetrischen stationären Überschallfeldes gibt es zwei mögliche, zur Geschwindigkeitsrichtung ϑ symmetrische Lagen stehender Schallwellen mit den Neigungen

$$\vartheta + \alpha \quad \text{und} \quad \vartheta - \alpha. \tag{34}$$

Das Richtungsfeld dieser Wellenfronten liefert, wieder in voller Analogie zur instationären Fadenströmung, Abb. III, 15, 16, 17, ein aus zwei Scharen *Machscher Linien* [1] bestehendes Kurvennetz. Diese müssen bei gemischter Unter-Überschallströmung stets an der Schallisotache oder *Schallinie* enden, wo sie unter einer Neigung von 90° zur Strömungsrichtung einmünden. Dort fallen also beide Scharen Machscher Linien zusammen. Auch bei $M = \infty$ gibt es nur mehr eine Schar Machscher Linien mit dem gemeinsamen Winkel $\alpha = 0°$.

Bei der unter Annahme kleiner Störungen gewonnenen linearisierten Gl. (28) ergeben sich die Machschen Linien, in Analogie zur akustischen Theorie in Abschnitt III,12, als zwei Scharen paralleler Geraden. In der Richtung der einen reproduziert sich in Abb. 3 die Wellenform ungedämpft.

Bei stationärer Unterschallströmung gibt es keine zu den Machschen Linien analogen Kurven. Der Machsche Winkel in Gl. (33) erweist sich als imaginär. Eine Störung macht sich, wenn auch in größerer Entfernung nur in sehr geringem Maße, nach allen Richtungen geltend. Es gibt keine Einflußgebiete. Eine Unterschallströmung hat also in dieser Hinsicht alle von der dichtebeständigen Strömung her bekannten Eigenschaften, wenngleich sich die Lösung der sie betreffenden Aufgaben im allgemeinen als bedeutend schwieriger erweisen wird.

Der an den linearisierten Gln. (28) besprochene Typenunterschied besteht ebenso in den vollständigen Gleichungen und Gleichungssystemen. Während der Typus jedoch als Folge der Linearisierung in Gl. (27) oder (28) in der ganzen Strömungsebene derselbe ist, kann er in den allgemeinen Gleichungen, etwa in Gl. (13) oder (29), im Zusammenhang mit dem benachbarten Auftreten von Unter- und Überschallströmungen wechseln. Darauf wird in Abschnitt 8 präziser eingegangen. Der Wechsel des Typus erklärt sich allein aus dem unterschiedlichen

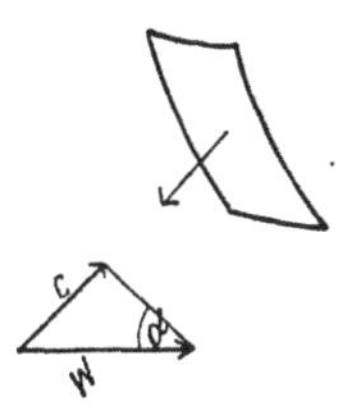

Abb. VI,6. Wellenfront im Raume.

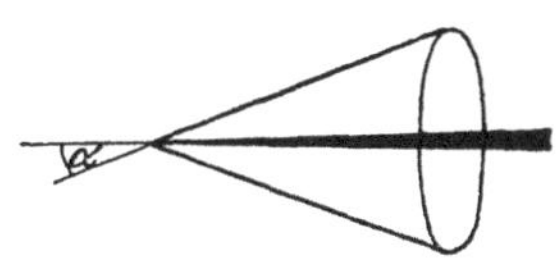

Abb. VI,7. Machscher Kegel.

Verhalten einer Strömung bei $M < 1$ und $M > 1$. In Analogie zu den entsprechenden Kegelschnittsgleichungen wird der eine stationäre ebene oder achsensymmetrische Unterschallströmung beschreibende Gleichungstypus (im einfachsten Falle die Laplacesche Gleichung) als *elliptisch,* der eine stationäre ebene oder achsensymmetrische Überschallströmung oder eine beliebige instationäre Fadenströmung beschreibende Gleichungstypus (im einfachsten Falle die Wellengleichung) als *hyperbolisch* bezeichnet. Die Verschiedenheit der Typen erklärt ihre getrennte Behandlung in Teil VIII und Teil IX.

Als *parabolisch* wird jener Differentialgleichungstypus bezeichnet, bei welchem lediglich eine zweite Ableitung nach der einen Veränderlichen auftritt, etwa die Wärmeleitungsgleichung (IV,33) bei einer einzigen Ortsveränderlichen. Die Probleme der ebenen, achsen- oder kugelsymmetrischen instationären Wärmeleitung ergeben dafür physikalische Beispiele. Bei der stationären, kompressiblen Strömung nehmen die Gleichungen diesen Typus, dem eine Mittelstellung zwischen dem elliptischen und hyperbolischen Typus zukommt, lediglich auf einer Kurve, nämlich der Schallinie, an, weshalb er im folgenden von untergeordneter Bedeutung ist. Der Übergang von $M < 1$ auf $M > 1$ ist mit einem Typenwechsel verbunden. Daher stellt die *schallnahe* Strömung [•24] eines der schwierigsten Gebiete der Gasdynamik dar.

Auch in der räumlichen stationären Überschallströmung rufen kleine Störungen stehende Schallwellen hervor. Hier muß nun die Komponente der Geschwindigkeit in Richtung der Flächennormalen der Schallgeschwindigkeit c gleich sein, Abb. 6.

Eine kleine Störung, bedingt etwa durch eine scharfe Spitze, erzeugt eine kegelförmige Schallwelle (*Machscher Kegel*), welche das Einflußgebiet der Störung abgrenzt, Abb. 7. Wieder gibt es nichts Entsprechendes in einer stationären Unterschallströmung. Bei drei unabhängigen Veränderlichen ist jedoch die Typenunterscheidung problematischer.

Um dies zu erkennen, sei eine schwach gestörte Parallelströmung in x-Richtung betrachtet. Ganz entsprechend zu Gl. (28) kann dann aus Gl. (IV,75) eine linearisierte Form für ein Störpotential φ abgeleitet werden:

$$(1 - M_\infty^2)\,\varphi_{xx} + \varphi_{yy} + \varphi_{zz} = 0. \tag{35}$$

Bei Unterschallströmung ($M_\infty < 1$) sind die Koeffizienten aller drei Ableitungen positiv. Damit entspricht Gl. (35) völlig dem elliptischen Typus. Bei Überschallströmung ($M_\infty > 1$) erhält φ_{xx} einen negativen Koeffizienten und Gl. (35) erhält, je nachdem, ob die Änderungen in x-Richtung oder etwa in y-Richtung bedeutungslos werden, elliptischen oder hyperbolischen Charakter. Gl. (35) enthält sowohl die *ebene* Überschallströmung als etwa auch die Überschallströmung um einen unendlich langen, nahezu axial angeströmten Kreiszylinder. Letztere kann aber einfach dadurch gewonnen werden, daß ein mit sehr kleiner Geschwindigkeit quer zur Achse angeströmter Kreiszylinder aus einem axial mit Überschallgeschwindigkeit bewegten Bezugssystem betrachtet wird. Damit ist die Lösung aus einem typisch elliptischen Problem abgeleitet. Das Auftreten elliptischer Elemente wird bei der Behandlung des Pfeileffektes, Abschnitt VII,12, und bei der Behandlung kegeliger Überschallströmungen [•24] besonders deutlich.

5. Koordinaten-Transformationen

Das Einführen neuer Koordinaten ist sowohl für manche allgemeine Betrachtungen als auch für das Auffinden spezieller Lösungen vorteilhaft. Zunächst seien für ebene oder achsensymmetrische Strömungen zwei neue unabhängige Veränderliche ξ und η gewählt:

$$\xi = \xi(x, y); \quad \eta = \eta(x, y). \tag{36}$$

Für die Ableitungen gelten dann folgende Beziehungen:

$$\begin{gathered}\xi_x = \frac{y_\eta}{x_\xi y_\eta - x_\eta y_\xi}; \quad \xi_y = -\frac{x_\eta}{x_\xi y_\eta - x_\eta y_\xi}; \quad \eta_x = -\frac{y_\xi}{x_\xi y_\eta - x_\eta y_\xi};\\ \eta_y = \frac{x_\xi}{x_\xi y_\eta - x_\eta y_\xi}; \quad \xi_x\eta_y - \xi_y\eta_x = \frac{1}{x_\xi y_\eta - x_\eta y_\xi}.\end{gathered} \tag{37}$$

Der letzte Ausdruck, die sogenannte Jakobische Determinante der ξ, η nach den x, y, muß stets endliche, von Null verschiedene Werte haben, wenn die Transformation in Gl. (36) umkehrbar eindeutig sein soll.

Im folgenden werden die Glieder, welche bei achsensymmetrischer Strömung zu denen der ebenen Strömung hinzukommen, in geschweifte Klammern gesetzt. *Kontinuitäts*bedingung (4) und (8) lauten dann:

$$\begin{gathered}\varrho u_\xi \xi_x + \varrho u_\eta \eta_x + \varrho v_\xi \xi_y + \varrho v_\eta \eta_y + \varrho_\xi (u \xi_x + v \xi_y)\\ + \varrho_\eta (u \eta_x + v \eta_y) + \left\{\frac{\varrho v}{y}\right\} = 0.\end{gathered} \tag{38}$$

y im Nenner des letzten Gliedes kann durch ξ, η nur ersetzt werden, wenn die Transformation Gl. (36) explizit gegeben ist.

In den Eulerschen Gln. (39) sowie im Energiesatz (40) besteht bei ebener und achsensymmetrischer Strömung kein Unterschied:

$$\begin{aligned} \varrho u_\xi(u\xi_x + v\xi_y) + \varrho u_\eta(u\eta_x + v\eta_y) + p_\xi \xi_x + p_\eta \eta_x &= 0; \\ \varrho v_\xi(u\xi_x + v\xi_y) + \varrho v_\eta(u\eta_x + v\eta_y) + p_\xi \xi_y + p_\eta \eta_y &= 0. \end{aligned} \tag{39}$$

Der *Energiesatz* folgt aus Gl. (IV, 66) mit $\alpha =$ konst.:

$$p_\xi(u\xi_x + v\xi_y) + p_\eta(u\eta_x + v\eta_y) - c^2\varrho_\xi(u\xi_x + v\xi_y) - c^2\varrho_\eta(u\eta_x + v\eta_y) = 0. \tag{40}$$

Die *gasd.* Gl. lautet

$$\begin{aligned} u_\xi[(c^2 - u^2)\,\xi_x - uv\xi_y] + u_\eta[(c^2 - u^2)\,\eta_x - uv\eta_y] + v_\xi[(c^2 - v^2)\,\xi_y - uv\xi_x] \\ + v_\eta[(c^2 - v^2)\,\eta_y - uv\eta_x] + \left\{c^2 \frac{v}{y}\right\} = 0, \end{aligned} \tag{41}$$

und die Gleichung für die *Drehungsfreiheit*:

$$u_\xi \xi_y + u_\eta \eta_y - v_\xi \xi_x - v_\eta \eta_x = 0. \tag{42}$$

Für den häufig verwendeten Fall, daß es sich bei Gl. (36) um *orthogonale* Koordinaten handelt, wird zweckmäßig der Winkel β eingeführt, welchen die ξ-Richtung ($\eta =$ konst.) mit der x-Richtung ($y =$ konst.) einschließt. Denselben Winkel β schließen η- und y-Richtung miteinander ein. Er ist im allgemeinen eine Funktion des Ortes, hängt also von x, y oder ξ, η ab, Abb. 8. Wird der Betrag der Gradienten von ξ und η mit h_1 und h_2 bezeichnet

$$h_1 = |\operatorname{grad} \xi| = \sqrt{\xi_x^2 + \xi_y^2}, \qquad h_2 = |\operatorname{grad} \eta| = \sqrt{\eta_x^2 + \eta_y^2}, \tag{43}$$

so gelten folgende Beziehungen für die Winkelfunktionen:

$$\sin\beta = \frac{1}{h_1}\,\xi_y = -\frac{1}{h_2}\,\eta_x; \qquad \cos\beta = \frac{1}{h_1}\,\xi_x = \frac{1}{h_2}\,\eta_y. \tag{44}$$

Sie enthalten die *Orthogonalitätsbedingung*:

$$\xi_x \eta_x + \xi_y \eta_y = 0. \tag{45}$$

Die Gleichungen erfahren wesentliche Vereinfachungen, wenn gleichzeitig mit den Orthogonalkoordinaten auch die Geschwindigkeitskomponenten W_1 in ξ-Richtung und W_2 in η-Richtung eingeführt werden. Es bestehen dann folgende Beziehungen, Abb. 9:

$$\begin{aligned} W_1 &= u\cos\beta + v\sin\beta; & u &= W_1\cos\beta - W_2\sin\beta; \\ W_2 &= -u\sin\beta + v\cos\beta; & v &= W_1\sin\beta + W_2\cos\beta. \end{aligned} \tag{46}$$

Beim Einführen der neuen Geschwindigkeitskomponenten in die Differentialgleichungen ergeben sich auch Ableitungen von β. Es gehen in die neuen Gleichungen also die Krümmungen der neuen Koordinaten und mit Gl. (44)

auch ihre Gradienten h_1 und h_2 ein. Nach elementarer Rechnung ergibt sich die *Kontinuitäts*bedingung:

$$h_1 W_{1\xi} + h_2 W_{2\eta} - h_1 W_2 \beta_\xi + h_2 W_1 \beta_\eta + h_1 W_1 \frac{1}{\varrho} \varrho_\xi + h_2 W_2 \frac{1}{\varrho} \varrho_\eta + \left\{\frac{v}{y}\right\} = 0. \quad (47)$$

Im letzten Glied wäre wieder y durch ξ und η, aber auch v mittels Gl. (46) durch W_1 und W_2 zu ersetzen.

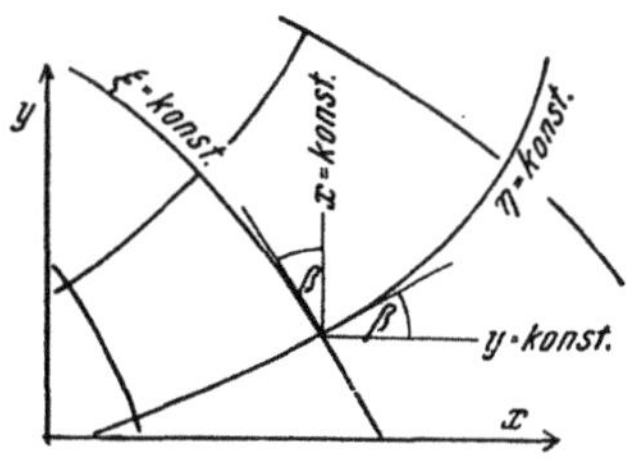

Abb. VI,8. Krummlinige Orthogonalkoordinaten.

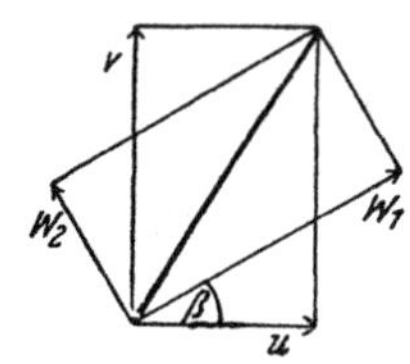

Abb. VI,9. Beziehung zwischen den Geschwindigkeitskomponenten.

Aus beiden Eulerschen Gln. (39) ergibt sich ein neues Paar von folgender Form:

$$\begin{aligned} &h_1 W_1 W_{1\xi} + h_2 W_2 W_{1\eta} - h_1 W_1 W_2 \beta_\xi + h_2 W_2^2 \beta_\eta + h_1 \frac{1}{\varrho} p_\xi = 0; \\ &h_1 W_1 W_{2\xi} + h_2 W_2 W_{2\eta} + h_1 W_1^2 \beta_\xi + h_2 W_1 W_2 \beta_\eta + h_2 \frac{1}{\varrho} p_\eta = 0. \end{aligned} \quad (48)$$

Der *Energiesatz* lautet:

$$h_1 W_1 p_\xi + h_2 W_2 p_\eta - c^2 h_1 W_1 \varrho_\xi - c^2 h_2 W_2 \varrho_\eta = 0. \quad (49)$$

Man erhält folgende *gasd.* Gl.:

$$\begin{aligned} h_1 W_{1\xi}(c^2 - W_1^2) + h_2 W_{2\eta}(c^2 - W_2^2) - h_2 W_1 W_2 W_{1\eta} - h_1 W_1 W_2 W_{2\xi} \\ + c^2 h_2 W_1 \beta_\eta - c^2 h_1 W_2 \beta_\xi + \left\{c^2 \frac{v}{y}\right\} = 0. \end{aligned} \quad (50)$$

Hierin ist wieder c^2 nur Funktion des Geschwindigkeitsbetrages:

$$W^2 = W_1^2 + W_2^2.$$

Die Gleichung der *Drehungsfreiheit* ergibt sich als

$$h_1 W_{2\xi} - h_2 W_{1\eta} + h_1 W_1 \beta_\xi + h_2 W_2 \beta_\eta = 0. \quad (51)$$

Bei ebener Strömung geht in alle Gleichungen lediglich das Verhältnis h_1/h_2 der Gradientenbeträge ein, welches beispielsweise für alle konformen Transformationen gleich 1 ist.

6. Polar- und Zylinderkoordinaten

Für *Polarkoordinaten* hat man

$$x = r\cos\beta; \quad y = r\sin\beta; \quad \xi = r = \sqrt{x^2+y^2}; \quad \eta = \beta = \operatorname{arctg}\frac{y}{x};$$

$$\xi_x = \frac{x}{r} = \cos\beta; \qquad \xi_y = \frac{y}{r} = \sin\beta; \tag{52}$$

$$\eta_x = -\frac{y}{r^2} = -\frac{1}{r}\sin\beta; \qquad \eta_y = \frac{x}{r^2} = \frac{1}{r}\cos\beta;$$

mit Gl. (43) also:

$$h_1 = 1; \quad h_2 = \frac{1}{r}; \quad \beta_\xi = 0; \quad \beta_\eta = 1. \tag{53}$$

Damit bekommt die *Kontinuitäts*bedingung die Form:

$$\varrho r W_{1r} + \varrho W_1 + r W_1 \varrho_r + \varrho W_{2\beta} + W_2 \varrho_\beta + \{\varrho W_1 + \varrho W_2 \cot\beta\} = 0. \tag{54}$$

Gl. (51) für die *Drehungsfreiheit* reduziert sich auf

$$W_{1\beta} = r W_{2r} + W_2 = \frac{\partial}{\partial r}(W_2 r) \tag{55}$$

und die *gasd.* Gl. auf

$$W_{1r}(c^2 - W_1^2) + \frac{1}{r} W_{2\beta}(c^2 - W_2^2) - \frac{1}{r} W_1 W_2 W_{1\beta} - W_1 W_2 W_{2r}$$
$$+ c^2 \frac{W_1}{r} + \left\{c^2 \frac{W_1}{r} + c^2 \frac{W_2}{r}\cot\beta\right\} = 0. \tag{56}$$

Bei *Zylinderkoordinaten*, Abb. 10, soll die x-Achse als Zylinderachse und in jeder Ebene normal auf diese ein Variablenpaar entsprechend zu Gl. (52) gewählt werden:

$$\begin{aligned} y &= r\cos\beta; \qquad & r &= \sqrt{y^2+z^2}; \\ z &= r\sin\beta; & \beta &= \operatorname{arctg}\frac{z}{y}. \end{aligned} \tag{57}$$

Dementsprechend seien nun die Geschwindigkeitskomponenten in Richtung des Radius r und des Umfanges:

$$\begin{aligned} W_1 &= v\cos\beta + w\sin\beta; \qquad & v &= W_1\cos\beta - W_2\sin\beta; \\ W_2 &= -v\sin\beta + w\cos\beta; & w &= W_1\sin\beta + W_2\cos\beta. \end{aligned} \tag{58}$$

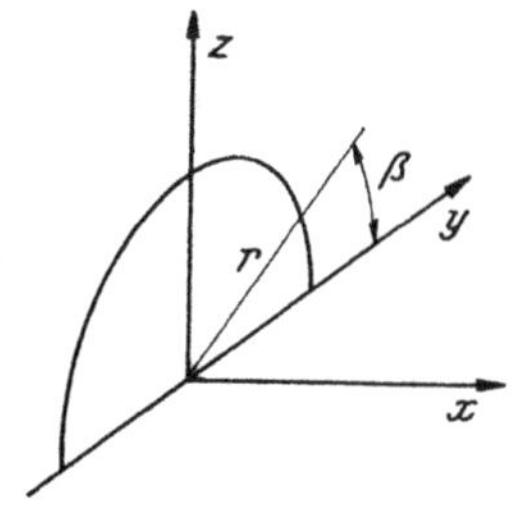

Abb. VI,10. Zylinderkoordinate.

Bei den Umrechnungen können dann die Formeln (44) verwendet werden, wenn x durch y und y durch z ersetzt wird. Nach einfacher Rechnung ergibt sich aus Gl. (IV,69) mit $\alpha = 0$ die *gasd.* Gl.:

$$(c^2 - u^2)\frac{\partial u}{\partial x} + (c^2 - W_1^2)\frac{\partial W_1}{\partial r} + (c^2 - W_2^2)\frac{1}{r}\frac{\partial W_2}{\partial \beta} - uW_1\left(\frac{\partial W_1}{\partial x} + \frac{\partial u}{\partial r}\right)$$
$$- W_1 W_2\left(\frac{\partial W_2}{\partial r} + \frac{1}{r}\frac{\partial W_1}{\partial \beta}\right) - W_2 u\left(\frac{1}{r}\frac{\partial u}{\partial \beta} + \frac{\partial W_2}{\partial x}\right) + c^2\frac{W_1}{r} = 0. \tag{59}$$

Entsprechendes gilt für die aus Gl. (IV,72) gewonnenen Gleichungen der *Drehungsfreiheit*:

$$\frac{\partial W_1}{\partial x} - \frac{\partial u}{\partial r} = 0; \quad \frac{1}{r}\frac{\partial W_1}{\partial \beta} - \frac{\partial W_2}{\partial r} - \frac{W_2}{r} = 0; \quad \frac{1}{r}\frac{\partial u}{\partial \beta} - \frac{\partial W_2}{\partial x} = 0. \tag{60}$$

Wieder können u, W_1 und W_2 als Ableitungen eines Potentials dargestellt werden. Und zwar erfüllt

$$u = \Phi_x, \quad W_1 = \Phi_r, \quad W_2 r = \Phi_\beta \tag{61}$$

die Gl. (60) und natürlich auch (58). Damit gewinnt die *gasd. Gl.* die Form:

$$(c^2 - u^2)\,\Phi_{xx} + (c^2 - W_1^2)\,\Phi_{rr} + (c^2 - W_2^2)\frac{1}{r^2}\,\Phi_{\beta\beta} - 2uW_1\Phi_{xr} +$$
$$- 2W_1W_2\frac{1}{r}\,\Phi_{r\beta} - 2W_2u\frac{1}{r}\,\Phi_{\beta x} + (c^2 + W_2^2)\frac{1}{r}\,\Phi = 0. \tag{62}$$

Mit $\Phi_x = 0$, $\Phi_{xx} = 0$ ergibt sich ohne weiteres die gasd. Gl. für das Potential in *ebenen Polarkoordinaten*.

7. Stromlinienkoordinaten

Ein in gewissem Sinne natürliches Koordinatennetz stellen die Stromlinien und deren Orthogonaltrajektorien dar. Diese sind unter der zunächst getroffenen

Annahme der Wirbelfreiheit die Potentiallinien. Es ist dann mit Gl. (11), (15) und (43) bei *ebener* Strömung:

$$\xi = \Phi, \qquad \eta = \Psi, \qquad h_1 = W, \qquad h_2 = \varrho W. \tag{63}$$

Die Geschwindigkeitskomponente längs der Stromlinie (ξ-Richtung) ist der Geschwindigkeitsbetrag W, quer zur Stromlinie verschwindet die Geschwindigkeit und die Stromlinienneigung zur x-Richtung ist die unbekannte Strömungsrichtung ϑ:

$$W_1 = W; \qquad W_2 = 0; \qquad \beta = \vartheta. \tag{64}$$

Aus der Kontinuitätsbedingung (47) folgt:

$$\frac{1}{\varrho^2 W} \frac{\partial(\varrho W)}{\partial \Phi} + \frac{\partial \vartheta}{\partial \Psi} = 0. \tag{65}$$

Die Änderung der Stromdichte längs der Stromlinie ist proportional der Änderung des Strömungswinkels quer zur Stromlinie, d. h. dem Öffnungswinkel des Stromfadens.

Aus der ersten Eulerschen Gl. (48) folgt die Bernoullische Gleichung in der Form:

$$\varrho W W_\Phi + p_\Phi = 0, \tag{66}$$

aus der zweiten Eulerschen Gleichung eine Gleichung für die Zentrifugalkräfte. ϑ_Φ ist ja im wesentlichen die Stromlinienkrümmung. Diese zweite Eulersche Gleichung kann jedoch wegbleiben, weil sie auf Gl. (68) für die Drehungsfreiheit hinausläuft.

Die Energiegleichung (2) liefert das Resultat $s_\Phi = 0$. Die *gasd.* Gl. kann sowohl direkt aus Gl. (50) als auch aus Gl. (65) abgeleitet werden. Da die Strömung drehungsfrei vorausgesetzt ist, ist sie auch isentrop. Die Ableitung der Stromdichte hängt mit der Ableitung der Geschwindigkeit dann in der von der Fadenströmung her bekannten Weise zusammen. Es ist:

$$(1 - M^2) \frac{1}{\varrho W} W_\Phi + \vartheta_\Psi = 0. \tag{67}$$

Die Gleichung der *Drehungsfreiheit* lautet:

$$\frac{\varrho}{W} W_\Psi - \vartheta_\Phi = 0. \tag{68}$$

Da der thermodynamische Zustand nur von W allein abhängt, kann Gl. (67) oder (68) stets so geschrieben werden, daß neben der Ableitung von ϑ eine Ableitung einer Funktion von W steht. Damit ist es möglich, neue „Stromfunktionen" oder „Potentialfunktionen" einzuführen, welche der Gl. (67) oder (68) identisch genügen. Dieses exakte Gleichungspaar zeigt den Einfluß der Machschen Zahl M auf den Gleichungstypus besonders klar. Etwas störend wirkt in den Gleichungen das Auftreten der Dichte ϱ, was mit der unterschiedlichen physikalischen Dimension von Φ und Ψ zusammenhängt.

8. Lineare Darstellung

Beim Übergang zu einer linearen Darstellung, auch *Linearisierung* genannt, sind zwei grundverschiedene Vorgänge zu unterscheiden, nämlich 1. exakte Transformationen der Veränderlichen, die zu linearen Formen führen und 2. lineare Näherungen der exakten Gleichungen z. B. unter der Annahme kleiner Störungen einer Grundströmung, vgl. etwa die Reduktion von Gl. (5) auf Gl. (27). Mitunter werden auch beide Arten der Linearisierung miteinander verknüpft, wenn beispielsweise beim analytischen Charakteristikenverfahren zuerst auf Machlinien transformiert und dann linearisiert wird, Abschn. III,30ff. und Abschn. IX,38ff. Das Ziel ist natürlich stets dasselbe, nämlich die Ausnützung der großen mathematischen Vorteile, welche lineare Gleichungen wegen der Superponierbarkeit von Lösungen bieten. In diesem Abschnitt wird ein exaktes lineares Differentialgleichungssystem mit konstanten Koeffizienten für ebene drehungsfreie kompressible Strömungen durch Transformation gewonnen.

Zuerst sei in Gl. (67) und (68) eine neue Veränderliche eingeführt, die allein Funktion des Geschwindigkeitsbetrages ist und die im Unter- und Überschallbereich unterschiedlich definiert wird:

$$
\begin{aligned}
M \leqq 1:\quad & \mathrm{d}q = \sqrt{1 - M^2}\,\mathrm{d}W/W; \qquad q = \int\limits_{W_0}^{W} \sqrt{1 - M'^2}\,\frac{\mathrm{d}W'}{W'};\\
M \geqq 1:\quad & \mathrm{d}q = \sqrt{M^2 - 1}\,\mathrm{d}W/W; \qquad q = \int\limits_{W_0}^{W} \sqrt{M'^2 - 1}\,\frac{\mathrm{d}W'}{W'}.
\end{aligned} \tag{69}
$$

M hängt nur von W ab, doch soll mit Rücksicht auf eine bessere Übersicht M' in den Integranden von (69) nicht durch W' ausgedrückt werden. M' und W' sind die Integrationsvariablen zu M und W. Für die untere Integrationsgrenze W_0 kommt vor allem die Anströmgeschwindigkeit aber auch die kritische Geschwindigkeit in Frage. Die Definition von q in Gl. (69) zeigt bereits, daß die kritische Geschwindigkeit weder von der Unterschallseite noch von der Überschallseite her überschritten werden darf, weil anderenfalls q komplex wird. q sei als *Tschapligin-Variable* bezeichnet [2], zu Ehren des russischen Gelehrten, der sich bereits sehr früh mit ähnlichen Transformationen befaßte.

Führt man q in den Gleichungen (67) und (68) ein, so erhalten diese eine symmetrische Gestalt:

$$
\begin{aligned}
M \leqq 1:\quad & \frac{\partial q}{\partial \Phi} + \frac{\varrho}{\sqrt{1 - M^2}}\,\frac{\partial \vartheta}{\partial \Psi} = 0; \qquad \frac{\varrho}{\sqrt{1 - M^2}}\,\frac{\partial q}{\partial \Psi} - \frac{\partial \vartheta}{\partial \Phi} = 0;\\
M \geqq 1:\quad & \frac{\partial q}{\partial \Phi} - \frac{\varrho}{\sqrt{M^2 - 1}}\,\frac{\partial \vartheta}{\partial \Psi} = 0; \qquad \frac{\varrho}{\sqrt{M^2 - 1}}\,\frac{\partial q}{\partial \Psi} - \frac{\partial \vartheta}{\partial \Phi} = 0.
\end{aligned} \tag{70}
$$

Der Koeffizient $\varrho/\sqrt{|1 - M^2|}$ tritt überall im Zusammenhang mit der Ableitung nach Ψ auf. Dieser Umstand ermöglicht eine Linearisierung durch eine Transformation der unabhängigen Veränderlichen. Man führt ein neues Variablenpaar s, t ein in der Form des Differentialgleichungssystems:

$$
\begin{aligned}
M \leqq 1:\quad & \frac{\partial \Phi}{\partial s} = K \frac{\partial \Psi}{\partial t}; \quad \frac{\partial \Phi}{\partial t} = -K \frac{\partial \Psi}{\partial s}; \quad K(q) = \frac{\sqrt{1 - M^2}}{\varrho}; \\
M \geqq 1:\quad & \frac{\partial \Phi}{\partial s} = K \frac{\partial \Psi}{\partial t}; \quad \frac{\partial \Phi}{\partial t} = K \frac{\partial \Psi}{\partial s}; \quad K(q) = \frac{\sqrt{M^2 - 1}}{\varrho}.
\end{aligned} \tag{71}
$$

Das System für $M \leqq 1$ unterscheidet sich von den bekannten Cauchy-Riemannschen Differentialgleichungen durch die Funktion $K(q)$. Man bezeichnet ein solches quasilineares System als *Beltrami-Gleichung*. Das System ist wegen $K(q) > 0$ für $M < 1$ wie das Cauchy-Riemannsche Differentialgleichungssystem „elliptisch", jedoch im Gegensatz zu dem letzteren quasilinear.

Durch Anwenden der Kettenregel der Differentiation erhält man aus Gl. (70) mit Hilfe der Gln. (71) schließlich die Systeme:

$$
\begin{aligned}
M \leqq 1:\quad & \frac{\partial q}{\partial s} + \frac{\partial \vartheta}{\partial t} = 0; \quad \frac{\partial q}{\partial t} - \frac{\partial \vartheta}{\partial s} = 0; \\
M \geqq 1:\quad & -\frac{\partial q}{\partial s} + \frac{\partial \vartheta}{\partial t} = 0; \quad \frac{\partial q}{\partial t} - \frac{\partial \vartheta}{\partial s} = 0.
\end{aligned} \tag{72}
$$

Diese Transformation geht für Unterschallströmung auf S. A. CHRISTIANOWITSCH [·12], pp. 109—124, zurück. Für Überschall wird sie sich als einfaches Nebenresultat der ebenen Charakteristikentheorie erweisen. Die Gln. (70) sind aus den Gln. (72) mit Hilfe von (71) sehr schnell herzuleiten.

Mit (72) ist gezeigt, daß sich die drehungsfreie ebene Strömung für das gesamte Unterschallgebiet auf die Cauchy-Riemannschen Differentialgleichungen zurückführen läßt. Die Unterschallströmung hat also *elliptischen Typus*. Analog ist das Gleichungssystem (72) für $M > 1$ exakt auf die Form der Wellengleichung (III,67) zu transformieren. Es handelt sich danach im ganzen Überschallbereich um Ausbreitungsprobleme. Das Gleichungssystem ist von *hyperbolischem Typus*.

Die Brauchbarkeit der neuen Gleichungen wird sich vor allem bei Unterschallströmungen erweisen, bei Überschallströmung sind die hier vorgenommenen Vereinfachungen bereits durch die Charakteristikenverfahren vorweggenommen. Bei $M < 1$ kann man zur Lösung von Gl. (72) die Potentialtheorie der Laplace-Gleichung heranziehen. Hat man dann eine Lösung $q(s, t)$, $\vartheta(s, t)$, dann ist mit Hilfe der Beltrami-Gleichungen (71), die nun nicht mehr quasilinear sondern linear mit veränderlichen Koeffizienten sind, weil $K(q)$ bereits als Funktion von s, t festliegt, Φ und Ψ zu ermitteln. Dies ist freilich nur näherungsweise oder unter Einführung weiterer Vereinfachungen möglich. Aus Φ und Ψ wären dann erst die Koordinaten der Lösung zu finden.

Zunächst sei die Berechnung der Koordinaten x, y aus Φ, Ψ behandelt, eine Aufgabenstellung, auf die man auch in anderem Zusammenhang treffen kann. Setzt man in den Umkehrformeln (37) $\xi = \Phi$ und $\eta = \Psi$, so erhält man mit Gl. (11) und (15) wegen

$$\Phi_x \Psi_y - \Phi_y \Psi_x = \varrho W^2 \tag{73}$$

folgende Ausdrücke für die Ableitungen der Koordinaten nach Φ und Ψ:

$$x_\Phi = \frac{1}{W}\cos\vartheta; \qquad x_\Psi = -\frac{1}{\varrho W}\sin\vartheta; \qquad y_\Phi = \frac{1}{W}\sin\vartheta; \qquad y_\Psi = \frac{1}{\varrho W}\cos\vartheta. \tag{74}$$

Ist beispielsweise die Lösung in der Form bekannt, daß q und ϑ einerseits und Ψ und Φ andererseits als Funktionen von s, t vorliegen, dann sind auch W, ϑ als Funktion von Φ, Ψ festgelegt. Die Koordinaten der Körperkontur können dann durch eine Quadratur von x_Φ und y_Φ längs $\Psi =$ konst. ermittelt werden, vgl. etwa Gl. (VIII,7).

Man kann aber auch auf den Weg der Berechnung von x, y über Φ und Ψ verzichten und das System (71) mit Hilfe der Gln. (74) direkt in ein solches für x, y verwandeln. Es gilt ja mit Gl. (11) und (15) für eine beliebige Veränderliche z:

$$\Phi_z = u x_z + v y_z; \qquad \Psi_z = -\varrho v x_z + \varrho u y_z. \tag{75}$$

Setzt man nun abwechselnd $z = s$ und $z = t$ und eliminiert man mit Gl. (75) Φ und Ψ aus den Gln. (71) zugunsten von x, y, so erhält man nach elementarer Umformung:

$$\begin{aligned} M \leqq 1:\quad & x_s + y_s \operatorname{tg}\vartheta + x_t\sqrt{1-M^2}\operatorname{tg}\vartheta - y_t\sqrt{1-M^2} = 0;\\ & -x_s\sqrt{1-M^2}\operatorname{tg}\vartheta + y_s\sqrt{1-M^2} + x_t + y_t\operatorname{tg}\vartheta = 0.\\ M \geqq 1:\quad & x_s + y_s \operatorname{tg}\vartheta + x_t\sqrt{M^2-1}\operatorname{tg}\vartheta - y_t\sqrt{M^2-1} = 0;\\ & x_s\sqrt{M^2-1}\operatorname{tg}\vartheta - y_s\sqrt{M^2-1} + x_t + y_t\operatorname{tg}\vartheta = 0. \end{aligned} \tag{76}$$

Diese Gleichungssysteme sind nun allerdings nicht mehr so übersichtlich wie die Systeme (71). Sie haben jedoch den Vorteil, daß man mit ihrer Lösung bereits die gesuchten Koordinaten $x(s, t)$ und $y(s, t)$ gefunden hätte. Weil nun im Gegensatz zu Φ und Ψ die Koordinaten x und y gleiche Dimension besitzen, tritt die Dichte ϱ nicht mehr in Gl. (76) auf. Die Gln. (76) werden sich später für die Störtheorie als sehr brauchbar erweisen. Im Überschallsystem von (76) tritt neben $\operatorname{tg}\vartheta$ noch eine weitere Winkelfunktion auf, nämlich mit Gl. (33):

$$\sqrt{M^2-1} = \cot\alpha. \tag{77}$$

Dies läßt weitere Vereinfachungen mit Hilfe trigonometrischer Formen erwarten. Daher sei auch bei Unterschallgeschwindigkeit ein dem Machwinkel entsprechender Winkel eingeführt. Während aber die Wurzel in der letzten Gleichung zwischen Null und Unendlich liegen kann, schwankt der entsprechende Ausdruck für $M < 1$ zwischen Null und Eins. Schon aus Gl. (33) ging hervor, daß der Machwinkel für $M < 1$ komplex sein muß. Die Winkelfunktionen komplexer Argumente führen jedoch auf Hyperbelfunktionen. Es zeigt sich, daß folgende Ansätze zweckmäßig sind:

$$M \leqq 0:\quad \beta = \sqrt{1-M^2} = \operatorname{th}\alpha'' = \frac{e^{\alpha''}-e^{-\alpha''}}{e^{\alpha''}+e^{-\alpha''}} = -i\operatorname{tg}(i\alpha''). \tag{78}$$

Mit dem Symbol β ist der *Prandtl-Faktor*, Abschn. VII. 10, vorweggenommen. Es handelt sich allerdings im vorliegenden Falle um eine Variable und nicht um eine Konstante wie bei der Prandtlschen Regel.

Man kann also den Machwinkel als eine komplexe Größe, $\alpha = \alpha' + i\alpha''$, in folgender Form ansetzen:

M	$1/M$	α'	α''
$0 \leqq M \leqq 1$	$\operatorname{ch} \alpha''$	$\pi/2$	$\infty \geqq \alpha'' \geqq 0$
$1 \leqq M < \infty$	$\sin \alpha'$	$\pi/2 \geqq \alpha' > 0$	$0.$

Im Überschallbereich ist der Imaginärteil $\alpha'' = 0$ und folglich $\alpha' = \alpha$. Im Unterschallbereich dagegen ist der Realteil von α d. i. $\alpha' = \pi/2$ und der Imaginärteil schwankt zwischen den Werten Unendlich und Null. Der Übergang ist bei $M = 1$ mit dem Wert $\alpha = \pi/2$ stetig.

Bei Einführung eines komplexen Machwinkels im Unterschallbereich empfiehlt sich gleichzeitig der Übergang zu komplexen Variablen:

$$\begin{aligned} M \leqq 1: \quad & \xi = s + it; \quad \bar{\xi} = s - it. \\ M \geqq 1: \quad & \xi = s - t; \quad \eta = s + t. \end{aligned} \tag{79}$$

In der zweiten Zeile sind für $M \geqq 1$ die charakteristischen Variablen vorweggenommen, um die Gegenüberstellung der Unter- und Überschallströmung vornehmen zu können.

Mit Gl. (78) und (79) vereinfachen sich die Differentialgleichungen für die Koordinaten Gl. (76) zu folgender Form:

$$\begin{aligned} M \leqq 1: \quad & x_\xi + y_\xi \operatorname{tg}(\vartheta - i\alpha'') = 0; \quad x_{\bar{\xi}} + y_{\bar{\xi}} \operatorname{tg}(\vartheta + i\alpha'') = 0, \\ M \geqq 1: \quad & y_\xi - x_\xi \operatorname{tg}(\vartheta - \alpha) = 0; \quad y_\eta - x_\eta \operatorname{tg}(\vartheta + \alpha) = 0. \end{aligned} \tag{80}$$

Die nahe Verwandtschaft der beiden Systeme für $M \leqq 1$ und $M \geqq 1$ ist offensichtlich. Sie unterscheiden sich lediglich durch das Vorzeichen und durch das Auftreten der imaginären Einheit bei Unterschallströmung. Die Auswechslung von x mit y erfolgt, weil der Realteil des Machwinkels in Unterschallströmung $\alpha' = \pi/2$ ist. Die Darstellung in Gl. (80) ist auch für Unterschallströmung wesentlich eleganter als in den Gln. (76). Das bedeutet jedoch nicht, daß sie für die praktische Rechnung unbedingt vorzuziehen wäre.

Abschließend sei noch darauf hingewiesen, daß im hyperbolischen Gebiet, also bei $M > 1$, nur trigonometrische Winkelfunktionen auftreten, im elliptischen Gebiet dagegen auch Hyperbelfunktionen.

9. Quelle und Wirbel

Entsprechend der Bezeichnung bei dichtebeständiger Strömung wird eine Strömung, welche radial von einem Zentrum aus verläuft, als Quelle oder Senke bezeichnet, je nachdem, ob die Teilchen vom Mittelpunkt weg oder auf diesen zu strömen. Alle Größen sind also nur vom Zentrumsabstand abhängig. Mithin ergibt sich für eine *ebene Quelle* aus Gl. (54) mit $W = W_1$:

$$\varrho r W_r + \varrho W + r W \varrho_r = \frac{\mathrm{d}}{\mathrm{d}r}(r \varrho W) = 0;$$

die Stromdichte ist dem Abstand vom Zentrum verkehrt proportional, ein Resultat, welches auch mit Hilfe der stationären Fadenströmung hätte gegeben werden können. Da die Stromdichte den bei $M = 1$ erreichten Maximalwert $\varrho^* W^*$ nicht übersteigt, muß es einen kleinsten Radius $r = r^*$ geben, innerhalb

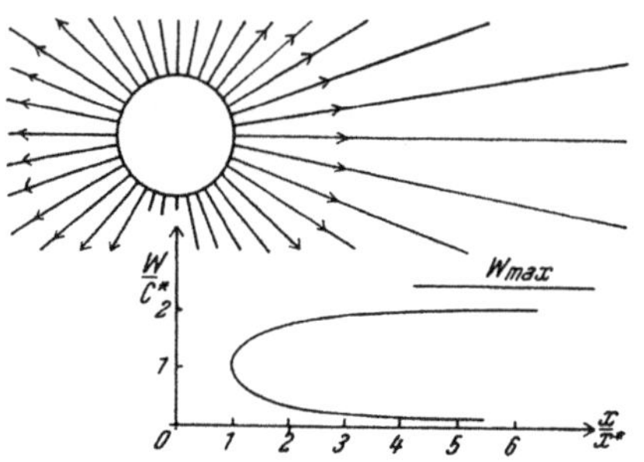

Abb. VI,11. Ebene Quellströmung.

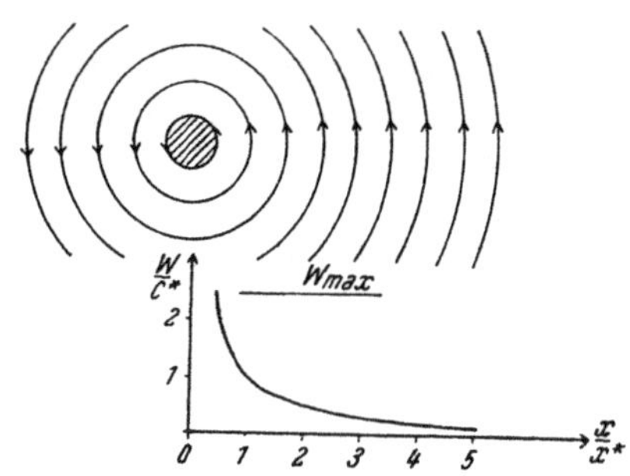

Abb. VI,12. Potentialwirbel.

dessen keine Lösung existiert. In Analogie zur ebenen Quelle kann auch eine räumliche Quelle und Senke gebildet werden, bei welcher sich die Stromdichte umgekehrt wie die Quadrate der Radien verhalten muß:

$$\text{ebene Quelle: } \frac{W\varrho}{W^*\varrho^*} = \frac{r^*}{r}; \qquad \text{räumliche Quelle: } \frac{W\varrho}{W^*\varrho^*} = \left(\frac{r^*}{r}\right)^2. \tag{81}$$

Mit Gl. (81) und Tab. II,4 kann die Geschwindigkeitsverteilung leicht ermittelt werden. Es ergibt sich für $r > r^*$ entweder stets Unterschallströmung mit abnehmenden Geschwindigkeitsbeträgen nach außen, oder Überschallströmung mit nach außen zunehmenden Geschwindigkeitsbeträgen, Abb. 11. Wegen der Empfindlichkeit dieses Strömungszustandes gegen Änderungen des Stromfadenquerschnittes in der Umgebung der Schallgeschwindigkeit erfolgen die wesentlichsten Zustandsänderungen nahe am kritischen Radius r^*. Dort wächst der Geschwindigkeitsgradient über alle Grenzen. Dies ist nicht verwunderlich, da sich an der engsten Stelle einer Laval-Düse — an einer Stelle ohne Querschnittsänderung also — bei $M = 1$ ein endlicher Geschwindigkeitsgradient ergibt.

Ein Gegenstück zur Quelle stellt der *Potentialwirbel* dar, ein Wirbel, bei welchem die Strömung wohl örtlich wirbelfrei ist, bei dem sich aber dennoch auf einer das Zentrum umschlingenden geschlossenen Kurve eine Zirkulation ergibt. Es ist $\vartheta = \beta + \pi/2$, $W_1 = 0$, $W_2 = W$. Die Gl. (55) für die Wirbelfreiheit bekommt damit die einfache Form:

$$\frac{\mathrm{d}}{\mathrm{d}r}(Wr) = 0,$$

mit der speziellen Lösung, Abb. 12:

$$\frac{W}{c^*} = \frac{r^*}{r}. \tag{82}$$

Hierin spielt der Radius r^*, auf welchem gerade Schallgeschwindigkeit herrscht, keinerlei ausgezeichnete Rolle. Wie Gl. (55) gilt auch Lösung (82) in gleicher Weise für kompressible und inkompressible Medien, nur kann bei letzteren c^* nicht als kritische Schallgeschwindigkeit gedeutet werden. Außerdem kann bei kompressiblen Medien die Maximalgeschwindigkeit nicht überschritten werden, da dort der Druck $p = 0$ erreicht wird und negative Drucke und Dichten nicht in Frage kommen.

Die Strömung in einem Potentialwirbel kann in einem Krümmer rechteckigen Querschnittes realisiert werden. Wird dafür gesorgt, daß der Krümmer die Stelle kleinsten Kanalquerschnittes bei hohem Druckverhältnis darstellt, so wird sich im Krümmer im Mittel über den Querschnitt maximale Stromdichte einstellen.

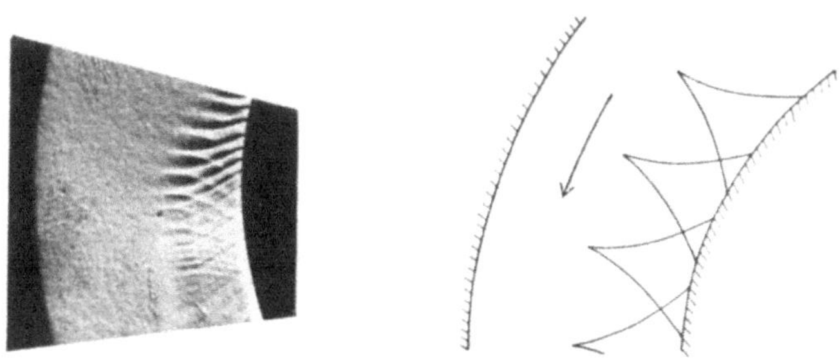

Abb. VI,13. Machsche Linien im Potentialwirbel.

In der Mitte etwa wird also gerade Schall-, an der Innenseite Überschall-, an der Außenseite Unterschallgeschwindigkeit herrschen. Die Machschen Linien müssen am Schallkreis mit senkrechter Tangente münden. Mit Hilfe des Schlierenverfahrens [•30] ist es möglich, Machsche Linien sichtbar zu machen, wenn für entsprechend kleine Störungen in der Strömung gesorgt wird. Abb. 13 zeigt die Machschen Linien in Theorie und Versuch. Die von künstlichen Wandrauhigkeiten ausgehenden Wellen werden an der Schallgrenze und daraufhin an der Wand selbst wieder reflektiert. Das Unterschallgebiet ist übrigens nicht völlig unberührt von den Störungen der Überschallströmung. Eine nähere Untersuchung [4] zeigt, daß die Störung in der Unterschallströmung analog zur Lösung (30), Abb. 3, mit einer Exponentialfunktion abklingt. Dieser Vorgang hat in der Optik in den Erscheinungen der Totalreflexion sein Gegenstück.

10. Wirbelquelle und Spiralströmung

Eine Verallgemeinerung der Quell- und Wirbelströmung stellen beliebig drehsymmetrische Lösungen dar. Die Geschwindigkeitskomponenten W_1 und W_2 sind dabei nur Funktionen von r. Die *Wirbelquellströmungen* wurden zuerst von

G. J. TAYLOR [4] nach H. BATEMAN [5] behandelt. Mit $\partial/\partial\beta = 0$ ergibt sich aus Gl. (55) analog zu Gl. (81):

$$W_2 = W_2^* \frac{r^*}{r}.$$

Damit kann aus Gl. (56), welche sich auf

$$\frac{dW_1}{dr}(c^2 - W_1^2) - W_1 W_2 \frac{dW_2}{dr} + c^2 \frac{W_1}{r} = 0$$

reduziert, W_2 eliminiert werden. Es ist dabei zu beachten, daß W_2 auch in c auftritt. Die Aufgabe ist damit auf die Lösung einer gewöhnlichen Differentialgleichung zurückgeführt. Abb. 14 zeigt eine Lösung. Während die Quellströmung

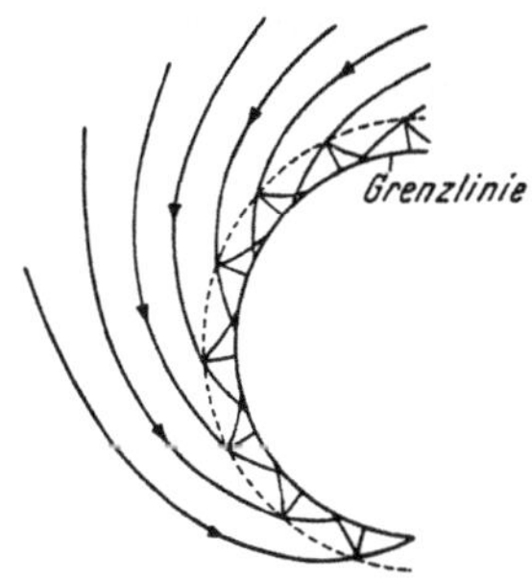

Abb. VI,14. Wirbelquellströmung; —→— Stromlinien, ——— Machlinien, - - - - Schallinie.

an der Schallinie endigt und auch beim Potentialwirbel $M = 1$ nirgends von einem einzelnen Teilchen durchschritten wird, endigt die Strömung bei der Lösung der Abb. 14 im Bereich der Überschallgeschwindigkeit. Sie besitzt dort eine *Grenzlinie* [6]. Diese ist „Einhüllende" der einen Schar Machscher Linien. Beide Scharen Machscher Linien münden am Schallkreis wieder normal auf die Stromlinie.

Eine andere von W. TOLLMIEN [7] behandelte exakte ebene Lösung ergibt sich, wenn logarithmische Spiralen, mit ω als Polarwinkel,

$$\xi = \ln r + a\omega$$

als Kurven konstanter Normal- und Tangentialgeschwindigkeit W_1 und W_2 eingeführt werden. Die Orthogonaltrajektorien der Kurven $\xi =$ konst. sind dann wieder logarithmische Spiralen:

$$\eta = \ln r - \frac{1}{a}\omega.$$

In den Gln. (50) und (51) tritt nur das Verhältnis h_1/h_2 auf, welches sich als konstant erweist. Mit Gl. (43) und (45) ist:

$$\frac{h_1}{h_2} = \sqrt{\frac{\xi_x^2 + \xi_y^2}{\eta_x^2 + \eta_y^2}} = \frac{\xi_x}{\eta_y} = -a.$$

Etwas komplizierter ist die Berechnung von β_ξ und β_η. Mit Gl. (44) ist:

$$\operatorname{tg}\beta = \frac{\xi_y}{\xi_x} = \frac{\operatorname{tg}\omega + a}{1 - a\operatorname{tg}\omega}, \qquad \beta = \frac{a}{1+a^2}(\xi - \eta) + \operatorname{arctg} a.$$

Damit erweisen sich die Ableitungen

$$\beta_\xi = \frac{a}{1+a^2}; \qquad \beta_\eta = -\frac{a}{1+a^2}$$

als konstant. Folglich treten in Gl. (50) und (51) nur mehr W_1 und W_2 und deren Ableitungen nach ξ und η auf. Sollen W_1 und W_2 auf der einen Schar konstant sein, so bleiben zwei gewöhnliche Differentialgleichungen, deren Lösungen neue

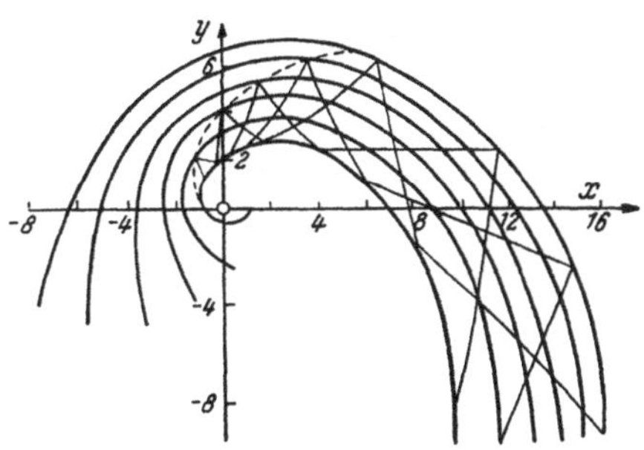

Abb. VI,15. Tollmiensche Spiralströmung; ——— Stromlinien, ——— Machlinien, - - - - Schallinie.

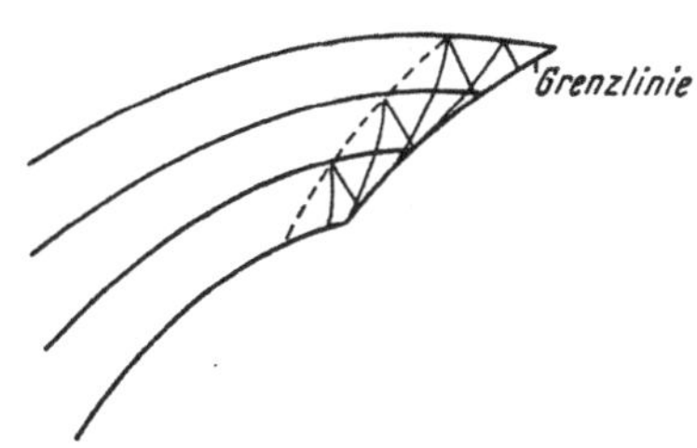

Abb. VI,16. Tollmiensche Spiralströmung mit Grenzlinie.

exakte Beispiele für kompressible Strömungen darstellen. a ist dabei ein Maßstabsfaktor, der zweckmäßig gleich 1 gesetzt wird. Abb. 15 zeigt eine Lösung, welche als Verallgemeinerung der Strömung im Potentialwirbel aufgefaßt werden kann. Auffallend sind die geringen Unterschiede im Stromlinienabstand bei schallnaher Strömung. Abb. 16 zeigt eine andere mögliche Lösung in der Umgebung der Schallinie und der Grenzlinie. Hier ist das tangentiale Einmünden einer Schar Machscher Linien besonders deutlich. Bei allen Beispielen sind theoretisch beide Strömungsrichtungen zulässig.

11. Prandtl-Meyersche Eckenströmung

Während Wirbel und Quelle und auch die Wirbelquelle Lösungen der ebenen Strömung darstellen, welche nur von der radialen Polarkoordinate abhängen, soll nun eine Lösung gesucht werden, die nur Funktion des Polarenwinkels β ist. Sie entspricht damit genau derjenigen Lösung instationärer eindimensionaler Rohrströmung, welche lediglich vom Verhältnis x/t abhängt (Abschnitt III,17) und mit deren Hilfe der Ausgleich eines Drucksprunges im Rohr behandelt werden konnte.

Mit $\partial/\partial r = 0$ folgt für ebene Strömung aus Gl. (55):

$$W_{1\beta} = W_2 . \tag{83}$$

Aus Gl. (56) folgt mit Hilfe von Gl. (83):

$$(W_{2\beta} + W_1)(c^2 - W_2^2) = 0 .$$

Das Nullsetzen des ersten Klammerausdruckes führt zusammen mit Gl. (83) auf die Parallelströmung, daher braucht nur die Lösung

$$c = W_2 \tag{84}$$

behandelt zu werden. Da W_2 die Normalkomponente der Geschwindigkeit auf die Radien ist, besagt Gl. (84), daß die Radien Machsche Linien darstellen. Die Lösung kann also nur bei Überschallströmung auftreten. Das Analogon der instationären Strömung, Abb. III,7, zeigt auch Strahlen durch den Ursprung als Machsche Linien, gilt aber bei Unter- und Überschallströmung entsprechend der Tatsache, daß die eindimensionale instationäre Strömung stets ein „hyperbolisches Problem" darstellt.

Aus Energiesatz und Gl. (84) folgt, wenn die Strömung in Uhrzeigerrichtung verläuft:

$$W_2 = -\sqrt{\frac{\varkappa - 1}{\varkappa + 1}} \sqrt{W_{\max}^2 - W_1^2} .$$

Damit läßt sich Gl. (83) leicht integrieren und liefert mit der Anfangsbedingung $W_1 = 0$ für $\beta = \pi/2$:

$$W_1 = W_{\max} \sin \sqrt{\frac{\varkappa - 1}{\varkappa + 1}} \left(\frac{\pi}{2} - \beta\right);$$

$$W_2 = c = -\sqrt{\frac{\varkappa - 1}{\varkappa + 1}}\, W_{\max} \cos \sqrt{\frac{\varkappa - 1}{\varkappa + 1}} \left(\frac{\pi}{2} - \beta\right).$$

Auf $\beta = \pi/2$ herrscht Schallgeschwindigkeit $W^2 = W_1^2 + W_2^2 = c^2$. Die Machsche Linie steht senkrecht auf der Strömungsrichtung. Mit abnehmendem Winkel β wächst W_1 und damit die Machsche Zahl,

$$M^2 = \frac{W^2}{c^2} = \frac{W_1^2}{c^2} + 1 ,$$

die Strömungsrichtung dreht sich in zunehmendem Maße in die Radialrichtung und verläuft schließlich bei

$$\beta = -\frac{\pi}{2}\left(\sqrt{\frac{\varkappa + 1}{\varkappa - 1}} - 1\right) = \vartheta, \quad W_2 = c = 0, \quad W_1 = W_{\max} \tag{85}$$

völlig radial, Abb. 17. Die Stromlinie macht im Zentrum einen Knick.

Für Strömungswinkel ϑ und Machzahl findet man folgenden Zusammenhang. Aus dem Strömungsbild ergibt sich:

$$-\vartheta = \alpha - \beta = \frac{\pi}{2} - \beta - \left(\frac{\pi}{2} - \alpha\right).$$

Aus den eben abgeleiteten Gleichungen und aus der Definition des Machwinkels folgt damit:

$$-\vartheta = \sqrt{\frac{\varkappa+1}{\varkappa-1}}\,\operatorname{arctg}\left(\sqrt{\frac{\varkappa-1}{\varkappa+1}}\sqrt{M^2-1}\right) - \operatorname{arctg}\sqrt{M^2-1}. \tag{86}$$

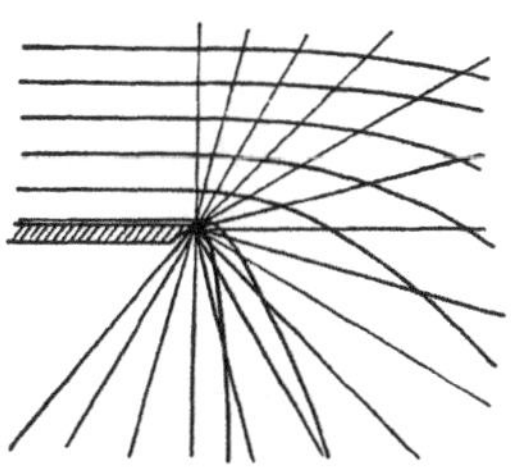

Abb. VI,17. Prandtl-Meyersche Eckenströmung ins Vakuum; ——— Stromlinien, ——— Machlinien.

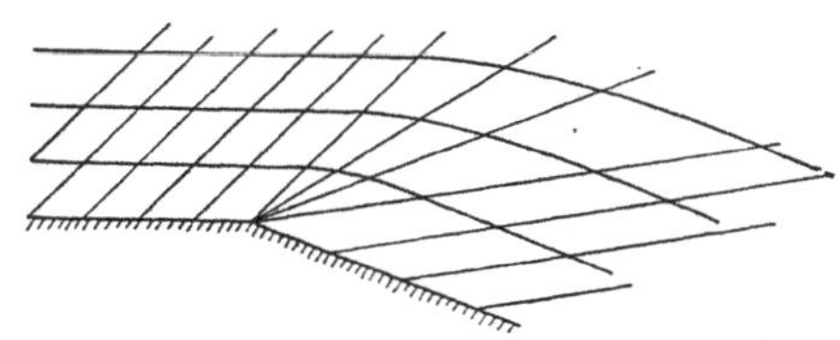

Abb. VI,18. Stückelung einer Prandtl-Meyer-Strömung mit Parallelströmungen; ——— Stromlinien, ——— Machlinien.

Mit Tab. II,5 ergibt sich daraus leicht die Beziehung von ϑ und M^*, p/p_0 usw. Für eine Expansion gegen den Uhrzeigersinn hat ϑ das entgegengesetzte Vorzeichen.

Weil die Strömungszustände auf Strahlen konstant sind, läßt sich die Prandtl-Meyer-Strömung Gl. (86) mit Überschallparallelströmungen zu Strömungen um Ecken oder in gekrümmten Kanälen bestimmter Begrenzung stückeln, Abb. 18. Die Zustände können dabei auch im Sinne einer Kompression durchlaufen werden, wenngleich die praktisch größere Bedeutung dieser Lösung in der Wiedergabe der Expansion um eine Ecke liegt. Im Extremfalle einer Expansion von kritischer Strömung, $M = 1$, auf den Druck 0, $W = W_{\max}$, $M = \infty$, durchläuft die Strömung sogar einen Winkel von über 90°.

Da eine Strömung im allgemeinen in einem genügend kleinen Bereich als ebene Parallelströmung angesehen werden kann, hat Lösung (86) auch für die unmittelbare Umgebung quer zur Strömungsrichtung verlaufender konvexer Wandknicke in räumlicher Überschallströmung Bedeutung.

12. Achsensymmetrisch-kegelige Strömung

Als kegelig im allgemeinsten Sinne wird eine Strömung bezeichnet, bei welcher die Zustände auf räumlich von einem Zentrum ausgehenden Strahlen konstant sind. Ein spezieller Fall hiervon ergibt sich, wenn außerdem Achsensymmetrie gefordert wird, wenn also die Flächen konstanten Zustandes Kreiskegelflächen sind. Diese Strömung wird durch Gl. (55) und (56) mit $\partial/\partial r = 0$ einschließlich der beiden Glieder in der geschwungenen Klammer beschrieben. Das analoge instationäre Problem stellt die Ausbreitung von Zylinderwellen dar, deren Zustand nur von x/t abhängt.

Mit Gl. (55) gilt also wieder Gl. (83). Aus Gl. (56) folgt mit Gl. (83) nun aber die kompliziertere Gleichung

$$W_{2\beta} = -W_1 - \frac{W_1 + W_2 \cot\beta}{1 - \dfrac{W_2^2}{c^2}} = -W_1 - F(\beta), \tag{87}$$

wobei $F(\beta)$ eine lediglich für die folgende Ableitung eingeführte Abkürzung darstellt.

Gl. (83) und (87) stellen ein System gewöhnlicher Differentialgleichungen dar, welches zuerst von TAYLOR und MACCOLL [8] rechnerisch behandelt wurde. Hier sei das System auf eine von A. BUSEMANN [9] aufgestellte Gleichung für den Krümmungsradius R der Integralkurve in der Geschwindigkeitsebene (Hodograph) zurückgeführt.

Ist eine Kurve durch die Parameterdarstellung $u(\beta)$, $v(\beta)$ gegeben, so gilt bekanntlich für den Krümmungsradius

$$R = \frac{\left[\left(\dfrac{du}{d\beta}\right)^2 + \left(\dfrac{dv}{d\beta}\right)^2\right]^{3/2}}{\dfrac{du}{d\beta}\dfrac{d^2v}{d\beta^2} - \dfrac{dv}{d\beta}\dfrac{d^2u}{d\beta^2}}.$$

Mit den Gln. (46) sind u und v mittels W_1 und W_2 indirekt als Funktionen von β gegeben. Es ist mit Rücksicht auf die Gln. (83) und (87), mit deren Hilfe die Ableitungen $dW_1/d\beta$ und $dW_2/d\beta$ eliminiert werden können:

$$\frac{du}{d\beta} = F\sin\beta; \qquad \frac{dv}{d\beta} = -F\cos\beta.$$

Die zweiten Ableitungen ergeben sich zu:

$$\frac{d^2u}{d\beta^2} = \frac{dF}{d\beta}\sin\beta + F\cos\beta; \qquad \frac{d^2v}{d\beta^2} = -\frac{dF}{d\beta}\cos\beta + F\sin\beta.$$

Bei der Bildung des Nenners von R fällt die Ableitung $dF/d\beta$ fort, braucht also gar nicht erst gebildet zu werden, und es bleibt:

$$R = F = \frac{W_1 + W_2\cot\beta}{1 - \dfrac{W_2^2}{c^2}}, \tag{88}$$

wobei c die durch den Energiesatz Gl. (II,29) gegebene Funktion des Geschwindigkeitsbetrages W ist.

Mit Gl. (88) kann bei gegebenen Anfangswerten der Geschwindigkeitsverlauf abhängig von β leicht im Hodographen (Geschwindigkeitsebene) konstruiert werden, Abb. 19. Es sei für eine bestimmte Anfangsrichtung $\beta = \overline{\beta}$, Betrag $\overline{W}$ und Richtung $\overline{\vartheta}$ des Geschwindigkeitsvektors gegeben. Dann läßt sich W_2 und $W_1 + W_2 \cot \beta$ unmittelbar aus dem Hodographen ablesen, also R leicht mit Gl. (88) angeben (c wird am besten einer Tabelle entnommen). Mit Hilfe des Krümmungsradius kann ein Kurvenstück — genähert durch seinen Krümmungskreis — gezeichnet werden. Damit ist der Geschwindigkeitsvektor in einer neuen

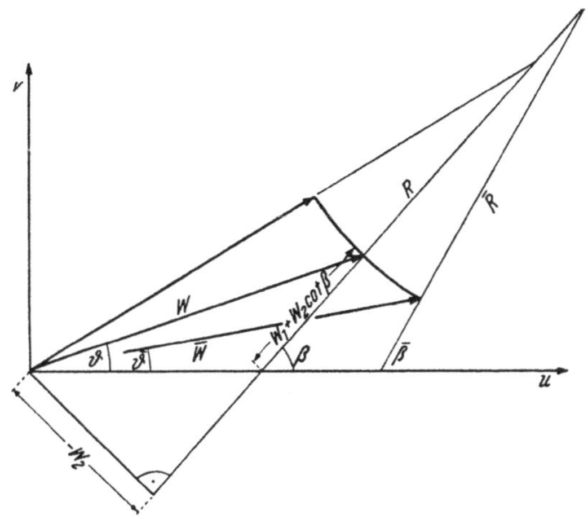

Abb. VI,19. Ermittlung des Geschwindigkeitsverlaufes einer kreiskegeligen Strömung mittels Gl. (88).

Richtung ermittelt und der Konstruktionsvorgang wiederholt sich nun für den in der neuen Richtung mit Gl. (88) zu bestimmenden Krümmungsradius.

Es zeigt sich, daß Überschallströmungen an Kreiskegeln, wie sie näherungsweise an Geschoßspitzen beobachtet werden, stets in Verbindung mit Verdichtungsstößen auftreten, weshalb die Auswertung des hier gewonnenen Ergebnisses erst im Anschluß an die Behandlung schiefer Stöße erfolgen kann.

13. Die Differentialgleichungen in der Geschwindigkeitsebene

Die Differentialgleichungen (3) und (5) der ebenen stationären Strömung zeichnen sich dadurch aus, daß die kartesischen Koordinaten x und y lediglich in den Ableitungen auftreten und daß diese in jedem Summanden in der ersten Ordnung und im ersten Grade vorkommen. Diese Eigenschaft besitzen auch die netsprechenden Differentialgleichungen der instationären Wellenausbreitung im Rohr, weshalb dort ganz entsprechende Transformationen vorgenommen werden können, wobei an Stelle der u, v-Ebene bei stationärer ebener Strömung die W, c-Ebene bei instationärer Rohrströmung zu treten hat.

Werden in den Transformationsformeln (36) und (37) als neue Koordinaten einfach $u = \xi$ und $v = \eta$ gewählt, so können die kartesischen Koordinaten x und y als abhängige Veränderliche der nun Unabhängigen u, v dargestellt werden.

Ausnahmen ergeben sich nur dort, wo die Abbildung nicht mehr eindeutig ist. Die Jacobische Determinante in den Gln. (37) läßt sich in den Gleichungen kürzen, und die Gl. (3) der *Drehungsfreiheit* lautet nun:

$$-\frac{\partial y}{\partial u} + \frac{\partial x}{\partial v} = 0. \tag{89}$$

Die *gasd.* Gl. lautet:

$$(c^2 - u^2)\frac{\partial y}{\partial v} + uv\left(\frac{\partial x}{\partial v} + \frac{\partial y}{\partial u}\right) + (c^2 - v^2)\frac{\partial x}{\partial u} = 0. \tag{90}$$

Es handelt sich also beim Gleichungssystem (89), (90) um ein Paar *linearer* Differentialgleichungen, deren Koeffizienten allerdings noch von den Unabhängigen u, v abhängen.

Eine entsprechende Transformation bei achsensymmetrischen Problemen hätte keinen Erfolg, weil sich die Jacobische Determinante nicht wegkürzen läßt,

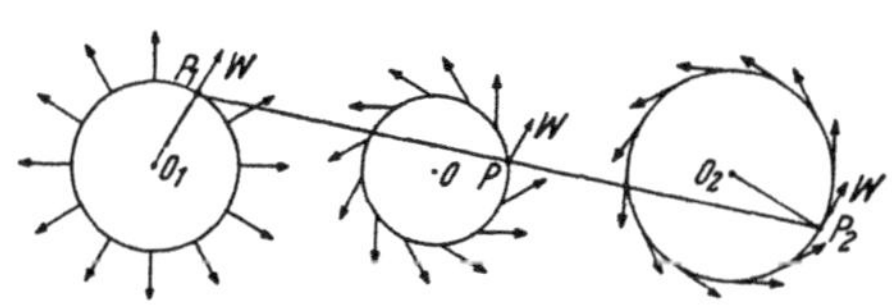

Abb. VI,20. Konstruktion der Wirbelquelle aus Quelle und Wirbel nach [10].

weshalb die Linearität verlorenginge. Bei räumlicher Strömung würden die Transformationsgleichungen (37) im Zähler nichtlineare Verbindungen der Ableitungen aufweisen, die Nennerdeterminante allerdings ließe sich wegkürzen. Die folgenden Ausführungen müssen daher auf die *ebene*, stationäre Strömung beschränkt bleiben.

Die Linearität des Gleichungssystems ermöglicht das Superponieren von Lösungen, in welchen sich der Ort x, y als Funktion des Strömungszustandes u, v oder W, ϑ darstellt. Sind also $x_1(u, v)$, $y_1(u, v)$ und $x_2(u, v)$, $y_2(u, v)$ zwei Lösungen des Gleichungssystems (89), (90), so können mit zwei *beliebigen* konstanten Koeffizienten λ_1 und λ_2 neue Lösungen,

$$x = \lambda_1 x_1 + \lambda_2 x_2, \qquad y = \lambda_1 y_1 + \lambda_2 y_2, \tag{91}$$

aufgebaut werden. Nach R. Sauer [10] gewinnt man diese durch eine einfache geometrische Konstruktion, die in Abb. 20 für die Superposition einer Quelle und eines Wirbels zu einer „Wirbelquelle" wiedergegeben ist. Zunächst müssen bei den beiden bekannten Ausgangslösungen x_1, y_1 und x_2, y_2 die Orte gleichen Strömungszustandes (gleichen Geschwindigkeitsvektors) aufgesucht werden. Dann ergibt sich der Ort eines bestimmten Zustandes der neuen Lösung aus dem durch Gl. (91) gegebenen Teilungsverhältnis auf der Verbindungsgeraden der Orte desselben Zustandes der Ausgangslösungen.

So lassen sich mit Hilfe aller hier angeführten exakten Lösungen neue Lösungen aufbauen.

14. Legendre-Potential und -Stromfunktion

Gl. (89) hat dieselbe Form wie Gl. (3), was das Einführen einer Potentialfunktion Φ nahelegt. Es sei:

$$x = \overline{\Phi}_u, \quad y = \overline{\Phi}_v, \tag{92}$$

womit die Forderung der Drehungsfreiheit erfüllt ist. Man kann sich leicht durch Differentiation davon überzeugen, daß das Potential $\overline{\Phi}$ folgendem Zusammenhang genügt:

$$\overline{\Phi} = ux + vy - \Phi, \tag{93}$$

eine Beziehung, die wegen ihrer geometrischen Bedeutung als *Legendresche Berührungstransformation* bezeichnet wird. Beispielsweise findet man:

$$\overline{\Phi}_u = x + u\frac{\partial x}{\partial u} + v\frac{\partial y}{\partial u} - \Phi_x\frac{\partial x}{\partial u} - \Phi_y\frac{\partial y}{\partial u} = x.$$

Für das Legendre-Potential $\overline{\Phi}$ erhält man nun die lineare Differentialgleichung zweiter Ordnung:

$$(c^2 - u^2)\,\overline{\Phi}_{vv} + 2uv\overline{\Phi}_{uv} + (c^2 - v^2)\,\overline{\Phi}_{uu} = 0, \tag{94}$$

oder abhängig von W und ϑ, den Polarkoordinaten des Hodographen:

$$c^2W^2\overline{\Phi}_{WW} + W(c^2 - W^2)\,\overline{\Phi}_W + (c^2 - W^2)\,\overline{\Phi}_{\vartheta\vartheta} = 0. \tag{95}$$

Ganz analog kann auch eine Stromfunktion eingeführt werden, welche Gl. (90) identisch befriedigt. Zu diesem Zweck wird besser von der Kontinuitätsbedingung (4) ausgegangen. x und y müssen nun abhängig von ϱu und ϱv als neue Koordinaten dargestellt werden, [·36] S. 85, 86. Dabei ergeben sich alle Nachteile wie bei Gl. (21) und (22) daraus, daß sich die Geschwindigkeit nicht explizit als Funktion der Stromfunktion darstellen läßt. Während aber die Gln. (21) und (22) insofern gegenüber den Potentialfunktionsgleichungen (13) einen Fortschritt bedeuten, als auch Wirbel zugelassen sind, fällt dieser Vorteil mit der Voraussetzung der Drehungsfreiheit hier weg. Deshalb dürfte Gl. (94) und (95) in jedem Falle einer entsprechenden Stromfunktionsgleichung vorzuziehen sein.

15. Molenbroek-Transformation

Es ist auch möglich, bei Beibehalten des gewöhnlichen Potentials Gl. (11) und der gewöhnlichen Stromfunktionen Gl. (15) lineare Gleichungen mit Geschwindigkeitsrichtung und Betrag als unabhängigen Veränderlichen zu erhalten. Diese Transformation wurde zuerst von Molenbroek [11] durchgeführt.

Wird in den Gln. (67), (68) mit Hilfe der Beziehungen Gl. (36) mit $x = \Phi$ und $y = \Psi$ zu neuen Unabhängigen $\xi \equiv W$ und $\eta \equiv \vartheta$ übergegangen, so fällt wieder die Jacobische Determinante fort und es bleibt die lineare Beziehung:

$$(1 - M^2) \frac{1}{\varrho W} \Psi_\vartheta + \Phi_W = 0; \qquad \frac{\varrho}{W} \Phi_\vartheta - \Psi_W = 0. \tag{96}$$

M und ϱ sind hierin Funktionen von W, was bei der folgenden Ableitung zu beachten ist.

Nach A. Busemann [12] läßt sich das Gleichungssystem (96) auch auf eine symmetrische Form bringen.

Wird in beiden Gln. (96) Ψ isoliert auf eine Seite gebracht, die gemischte Ableitung $\Psi_{W\vartheta}$ gebildet und aus beiden Gleichungen eliminiert, so folgt schließlich die lineare Gleichung für das Potential Φ:

$$W^2(1 - M^2)\, \Phi_{WW} + W\Phi_W(1 + \varkappa M^4) + (1 - M^2)^2\, \Phi_{\vartheta\vartheta} = 0. \tag{97}$$

Auf demselben Weg erhält man für die Stromfunktion die erstmals von Tschapligin [2] abgeleitete Gleichung:

$$W^2\Psi_{WW} + (1 + M^2)\, W\Psi_W + (1 - M^2)\, \Psi_{\vartheta\vartheta} = 0. \tag{98}$$

Daraus gewann Ringleb [13] durch Separationsansatz die Lösung

$$\Psi = \frac{C}{W} \sin\vartheta,$$

von deren Richtigkeit man sich leicht durch Einsetzen überzeugt. Die Berechnung von x und y macht allerdings einige Mühe.

Mit Gl. (96) ist:

$$\Psi_W = \Psi_x\, x_W + \Psi_y\, y_W = -\varrho v x_W + \varrho u y_W;$$

$$\Phi_W = -(1 - M^2) \frac{1}{\varrho W} \Psi_\vartheta = \Phi_x\, x_W + \Phi_y\, y_W = u x_W + v y_W.$$

Entsprechende Formeln findet man für x_ϑ und y_ϑ. Damit lassen sich die Ableitungen von x und y nach W und ϑ bestimmen. Beispielsweise ergibt sich:

$$x_W = -\frac{1}{\varrho W} \left[\Psi_W \sin\vartheta + (1 - M^2) \frac{1}{W} \Psi_\vartheta \cos\vartheta \right].$$

Hierin sind die Ableitungen der Lösung von Gl. (98) einzusetzen und x ist durch Integration zu ermitteln.

Ringlebs Lösung stellt eine Verallgemeinerung der dichtebeständigen Strömung um eine Kante dar und ist in Abb. 21 wiedergegeben. Die Kurven konstanten Zustandes sind Kreise. Innerhalb eines weiß gelassenen Gebietes gibt es keine Lösung. Außerhalb der ersten durchgehenden Stromlinie gibt Abb. 21 die Umströmung einer abgestumpften Kante. Ein Fortschritt gegenüber den bisher gezeigten Lösungen besteht darin, daß die Teilchen ein lokales Überschallgebiet durchschreiten und bei stetiger Verdichtung wieder Unterschallgeschwindigkeit annehmen.

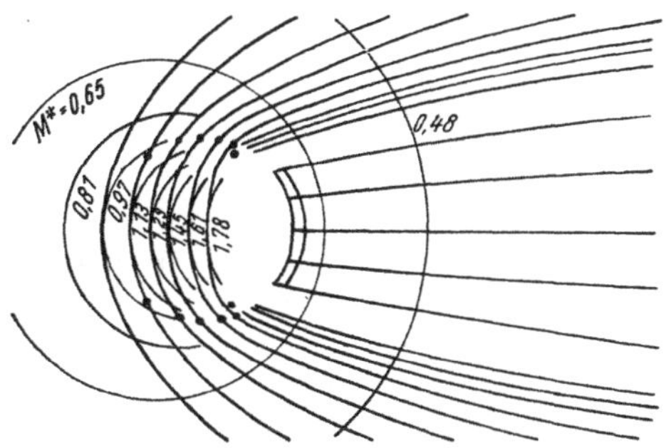

Abb. VI,21. Umströmung einer abgestumpften Kante nach [13], ——— Stromlinien, ——— Isotachen; · Punkte mit $M = 1$.

Ringleb hat in der genannten Arbeit auch ein allgemeines Integrationsverfahren für die Geschwindigkeitsebene angegeben [·36], S. 90. Für ein solches ist M mit Hilfe des Energiesatzes durch W zu ersetzen, woraus folgende Gleichung zu gewinnen ist:

$$\left(c_0^2 - \frac{\varkappa - 1}{2} W^2\right) W^2 \Psi_{WW} + \left(c_0^2 + \frac{3 - \varkappa}{2} W^2\right) W \Psi_W + \left(c_0^2 - \frac{\varkappa + 1}{2} W^2\right) \Psi_{\vartheta\vartheta} = 0. \tag{99}$$

Hierin wird die Geschwindigkeit W zweckmäßig durch die Ruheschallgeschwindigkeit c_0 dimensionslos gemacht, was darauf hinausläuft, daß in Gl. (99) $c_0 = 1$ zu setzen ist.

16. Tschapligin-Transformation

Die Gleichungen des vorigen Abschnittes legen die Frage nahe, ob es möglich ist, durch Einführen einer neuen Veränderlichen $g(W)$ etwa Gl. (99) auf jene Form zu bringen, welche sie bei dichtebeständiger Strömung, $M = 0$, annehmen würde. Nach Gl. (98) müßte die Gleichung mit g wie folgt lauten:

$$g^2 \Psi_{gg} + g \Psi_g + \Psi_{\vartheta\vartheta} = 0. \tag{100}$$

Zur Bestimmung der Funktion $g(W)$ muß diese in Gl. (99) eingeführt werden. Bei der Bildung der Ableitungen von Ψ tritt die erste und zweite Ableitung von g nach dem Argument W auf. Da die Koeffizienten in Gl. (99) und (100) bis auf eine beliebige multiplikative Funktion festgelegt sind, ergeben sich durch Koeffizientenvergleich zwei gewöhnliche Differentialgleichungen für $g(W)$, die im allgemeinen nicht gleichzeitig erfüllt werden können. Es zeigt sich aber, daß es eine Lösung für den Wert $\varkappa = -1$ gibt. Gl. (99) nimmt dann folgende Form an:

$$\left(1 + \frac{W^2}{c_0^2}\right) W^2 \Psi_{WW} + \left(1 + 2\frac{W^2}{c_0^2}\right) W \Psi_W + \Psi_{\vartheta\vartheta} = 0 \tag{101}$$

und wird mit der nach Tschapligin [2] benannten Transformation

$$g = \frac{1 - \sqrt{1 + \frac{W^2}{c_0^2}}}{W}; \quad \frac{1}{g}\frac{\mathrm{d}g}{\mathrm{d}W} = \frac{1}{W\sqrt{1 + \frac{W^2}{c_0^2}}} \tag{102}$$

mit der Umkehrung

$$W = \frac{2g}{g^2 - \frac{1}{c_0^2}}$$

in Gl. (100) übergeführt. Diese Gleichung zeigt im übrigen, daß dieselbe Aufgabe von einer mit einer beliebigen Konstanten multiplizierten Funktion g geleistet wird.

Nach Einführen entsprechender rechtwinkeliger kartesischer Koordinaten nimmt Gl. (100) die Form der Laplace-Gleichung (25) an. Wegen des grundsätzlich verschiedenen Charakters von Unter- und Überschallströmung kann dies nur die Bedeutung haben, daß Gl. (101) bereits von rein elliptischem Typus ist. Dies erkennt man am Energiesatz, der für $\varkappa = -1$ folgende Form annimmt:

$$c^2 - W^2 = c_0^2 = c_1^2 - W_1^2, \tag{103}$$

nach der bei reellem c_0 stets $c > W$ sein muß.

Ein Gas mit negativem Verhältnis der spezifischen Wärmen $\varkappa$ ist allerdings kaum vorstellbar. Es besäße beispielsweise bei reellem Druck und reeller Dichte nach Gl. (II,25) eine imaginäre Schallgeschwindigkeit. Doch gelangt man nach Tschapligin [2] und Tsien [14] zur Form des Energiesatzes (103) und damit von Gl. (98) zu (101), wenn die Isentrope im $1/\varrho, p$-Diagramm in einem Punkte $1/\varrho_1, p_1$ durch ihre Tangente genähert wird, Abb. 22. Dann ist:

$$p - p_1 = -\varrho_1^2 \left(\frac{\partial p}{\partial \varrho}\right)_{s1} \left(\frac{1}{\varrho} - \frac{1}{\varrho_1}\right) = \varrho_1^2 c_1^2 \left(\frac{1}{\varrho_1} - \frac{1}{\varrho}\right) + \cdots.$$

Für die Schallgeschwindigkeit in einem benachbarten Punkte ergibt sich:

$$c^2 = \frac{\mathrm{d}p}{\mathrm{d}\varrho} = c_1^2 \left(\frac{\varrho_1}{\varrho}\right)^2 + \cdots.$$

c fällt danach mit wachsender Dichte und wachsendem Druck. Aus der Bernoullischen Gl. (II,67) folgt schließlich Gl. (103):

$$W^2 - W_1^2 = -2\int_{p_1} \frac{\mathrm{d}p}{\varrho} = c_1^2 \left[\left(\frac{\varrho_1}{\varrho}\right)^2 - 1\right] + \cdots = c^2 - c_1^2 + \cdots.$$

Eine lineare Näherung der Isentrope im $1/\varrho, p$-Diagramm ergibt also Gl. (101) und mit der Tschapligin-Transformation (102) den Gleichungstypus der dichtebeständigen Strömung.

Auf entsprechende Art erhalten die Gln. (96) die Form der Cauchy-Riemannschen Differentialgleichungen. Es ist:

$$\frac{c_0}{c_1}\frac{1}{\varrho_1}\Psi_\vartheta + g\Phi_g = 0; \qquad \Phi_\vartheta - \frac{1}{\varrho_1}\frac{c_0}{c_1} g\Psi_g = 0. \tag{104}$$

Mit $\ln g$ und ϑ als unabhängigen Veränderlichen gewinnen die Gln. (104) die Form der Gl. (26). Ganz dasselbe gilt bei Vertauschung von Abhängigen und Unabhängigen für die Gl. (67) und (68). Es ist:

$$\frac{1}{g} g_\Phi + \frac{c_1}{c_0}\varrho_1\vartheta_\Psi = 0; \qquad \frac{c_1}{c_0}\varrho_1\frac{1}{g} g_\Psi - \vartheta_\Phi = 0, \tag{105}$$

womit wieder der Strömungszustand als abhängige und ein Koordinatennetz der Strömungsebene als unabhängige Veränderliche gewonnen ist. Natürlich kann Gl. (105) auch direkt aus Gl. (104) mit Hilfe der Transformationsgleichungen (37) gewonnen werden.

Es gibt auch eine Tschapligin-Transformation bei ständig herrschender Überschallgeschwindigkeit. In Gl. (103) ist dann $W_1 > c_1$ und folglich stets $W > c$.

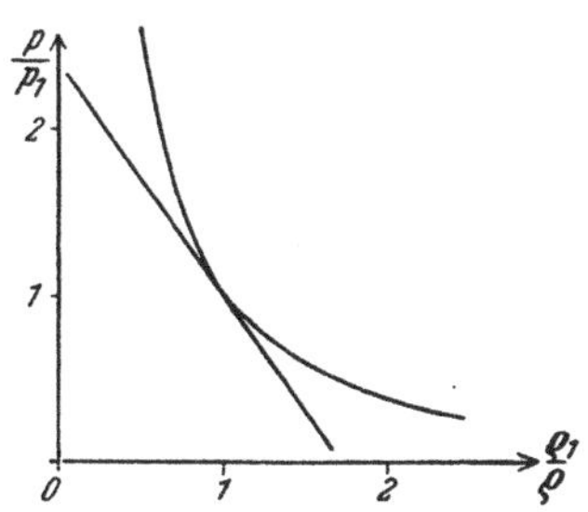

Abb. VI,22. Näherung der Isentrope durch eine Tangente.

Daß c_0 unter dieser Voraussetzung imaginär wird, stört nicht, da der Ruhezustand, $W = 0$, außerhalb des Überschallbereiches liegt. Wie sich zeigen wird, ist die Überschallströmung aber weitgehend exakt berechenbar, weshalb für sie eine Näherung durch Linearisierung der Isentropenbeziehung, Abb. 22, kaum Interesse besitzt. Aber auch für die ebene Unterschallströmung hat die Tschapligin-Transformation durch die lineare Darstellung von Abschnitt 8 ihre Bedeutung eingebüßt. Bei der räumlichen kegeligen Überschallströmung [·24] jedoch spielt die Tschapligin-Transformation eine wichtige Rolle.

Der Fehler, welcher durch die Linearisierung der p, $1/\varrho$-Beziehung in die Rechnungen getragen wird, wurde anfänglich unterschätzt. Störrechnungen erster Ordnung bieten bei reiner Unterschallströmung keine Schwierigkeit, wie in Abschnitt VIII,15 gezeigt werden wird. Das *Tschapligin-Gas* wurde von v. Kármán-Tsien [14] verwendet, um noch übersichtliche Resultate zweiter Ordnung erzielen zu können. Zu diesem Zweck müssen jedoch alle Beziehungen, also auch die Druck-Dichte-Abhängigkeit bis zu Störgliedern zweiter Ordnung berücksichtigt werden. Führt man eine solche Entwicklung für ein id. Gas konst. sp. W. durch, so erhält man für p/p_1 als Funktion von $(\varrho/\varrho_1)^n$:

$$\frac{p}{p_1} - 1 = \frac{\varkappa}{n}\left[\left(\frac{\varrho}{\varrho_1}\right)^n - 1\right] + \frac{1}{2}\frac{\varkappa}{n}\left(\frac{\varkappa}{n} - 1\right)\left[\left(\frac{\varrho}{\varrho_1}\right)^n - 1\right]^2 + \cdots. \tag{106}$$

Man erkennt sofort, daß die Beziehung (106) für $n = \varkappa$ natürlich linear bleibt, daß aber andererseits der Koeffizient des quadratischen Gliedes für $n = -1$, nämlich für das Tschapligin-Gas, dem Betrage nach etwa gleich groß ist wie der Koeffizient des linearen Gliedes. Eine Vernachlässigung des quadratischen Gliedes in Gl. (106) ist bei Störrechnungen bis einschließlich zweiter Ordnung folglich nicht gerechtfertigt.

Literatur

[1] MACH, E. und SALCHER, P.: Photographische Fixierung der durch Projektile in der Luft eingeleiteten Vorgänge. S.-B. Akad. Wiss. Wien (IIa) **95**, **764** (1887).

[2] TSCHAPLIGIN, C. A.: Über Gasstrahlen. Wiss. Ann. Univ. Moskau Math. Phys. **21**, 1—121 (1904) oder NACA TM 1063.

[3] CHRISTIANOWITSCH, S. A.: Die Umströmung von Körpern durch ein Gas bei großen Unterschallgeschwindigkeiten. Arbeiten des Z.A.G.I., H. 481. (1940).

[4] TAYLOR, G. J.: Strömung um einen Körper in einer kompressiblen Flüssigkeit. ZAMM **10**, 334—345 (1930).

[5] BATEMAN, H.: Irrotational motion of a compressible inviscid fluid. Proc. nat. Acad. Sci. **16**, 816—825 (1930).

[6) TOLLMIEN, W.: Grenzlinien adiabatischer Potentialströmung. ZAMM **21**, 140—152, 308 (1941).

[7] TOLLMIEN, W.: Zum Übergang von Unter- in Überschallströmung. ZAMM **17**, 117—136 (1937).

[8] TAYLOR, G. J. and MACOLL, J. C.: Air pressure on a cone moving at high speeds. Proc. Roy. Soc. A **139**, 278—311 (1933).

[9] BUSEMANN, A.: Die achsensymmetrische kegelige Überschallströmung. Lufo **19**, 137—144 (1942).

[10] SAUER, R.: Linearverbindung kompressibler ebener Strömungsfelder. ZAMM **21**, 313 bis 315 (1942).

[11] MOLENBROEK, P.: Über einige Bewegungen eines Gases mit Annahme eines Geschwindigkeitspotentials. Arch. Math. Phys. (Grunert-Hoppe) (2) **9**, 157—195 (1890).

[12] BUSEMANN, A.: Hodographenmethode der Gasdynamik. ZAMM **17**, 73—79 (1937).

[13] RINGLEB, F.: Lösungen der Differentialgleichung einer adiabatischen Strömung. ZAMM **20**, 185—198 (1940).

[14] TSIEN, H. S.: Two-dimensional subsonic flow of compressible fluids. J. aeronaut. Sci. **6**, 399—407 (1939).

VII. Lösungseigenschaften bei der Umströmung schlanker Körper, Randbedingungen

1. Vorbemerkung

Ein Großteil der Bemühungen auf theoretischem Gebiete der Strömungsmechanik und Gasdynamik ist der Berechnung der Umströmung von einzelnen Körpern im freien Flug gewidmet. Das Hauptziel ist dabei die Bestimmung der Luftkräfte und die Gewinnung eines Einblickes in die strömungsmechanischen Flügel- und Rumpfeigenschaften. Dieses Gesamtgebiet wird mit der weitgehend eingeführten Bezeichnung „Aerodynamik" umschrieben. Dabei werden sehr häufig Potentialströmungen vorausgesetzt. Der überwiegende Teil der folgenden Darstellung ist dem in einer Parallelströmung eingebetteten Flugkörper oder Flügel gewidmet, wobei wiederum in erster Linie stationäre Strömungen interessieren. Dem praktisch sehr bedeutenden Fall von „Flattervorgängen", also der Schwingungen von Flügeln und Rümpfen, sind wegen des Umfanges der Probleme in der Regel eigene Werke gewidmet, siehe Werksverzeichnis in [·24], während die praktisch weniger wichtigen, theoretisch jedoch sehr interessanten Vorgänge bei Beschleunigung oder Verzögerung von Flugkörpern gerne in Zusammenhang mit der allgemeinen Gasdynamik behandelt werden, vgl. etwa [·24], Teil IV.

Den Lösungen dieses eben umrissenen Gebietes der Aerodynamik liegen eine Reihe gemeinsamer Eigenschaften und Methoden zugrunde, unabhängig davon, ob es sich um Unterschall-, Schall- oder Überschallströmungen handelt. Nur die Hyperschallströmung fällt aus diesem Rahmen etwas heraus. Teil VII ist der Behandlung dieser gemeinsamen Eigenschaften und Methoden gewidmet. Spezialisierung auf die Unter- und Überschallströmung um Profile und Rotationsrümpfe folgt in den beiden nächsten Teilen. Die Schallnähe, der Hyperschall, die Tragflächen sowie die Beschleunigungs- und Verzögerungseffekte werden im einzelnen in [·24] behandelt.

2. Symmetrien

Das Koordinatensystem wird bei den folgenden räumlichen Darstellungen stets so gewählt, daß die Anströmrichtung der Parallelströmung in die x,y-Ebene fällt. Es soll jedoch dabei noch die Möglichkeit offen bleiben, daß die Anströmung angestellt wird, $v_\infty \neq 0$, oder unangestellt bleibt, $v_\infty = 0$. Auch brauchen die Körper oder Flügel keine zur z,x-Ebene symmetrische Form zu besitzen. Meistens wird der Körper oder der Flügel zur x,y-Ebene symmetrisch sein, jedoch nicht immer und vor allem dann nicht, wenn wie in [·24] die Vorgänge an einem Flügelrand untersucht werden. Im ersten Fall ist das Geschwindigkeitspotential eine in z gerade Funktion. Stets wird jedoch die Spannweitenerstreckung eines Flügels in die Richtung der z-Achse verlegt.

In der Tragflügel- und der Tragflächentheorie wird dafür in der Regel die y-Achse bevorzugt, weil die wesentlichen Rechnungen in einem solchen Fall in der Flügelebene durchgeführt werden. Für die folgende Darstellung soll sich jedoch der Fall der ebenen oder der achsensymmetrischen Strömung in einfacher Weise als Spezialfall vollkommen räumlicher Strömung ergeben, weshalb hier die z-Achse für die Spannweitenrichtung vorgezogen wird.

Jede Funktion des Raumes und der Zeit kann in die Summe aus einem in y geraden und einem in y ungeraden Anteil zerlegt werden. Dies soll im folgenden am Geschwindigkeitspotential Φ durchgeführt werden, wenngleich die Beziehungen (1) bis (4) in irgendeiner Funktion Geltung besitzen. Es sei:

$$\begin{aligned} \Phi^+(x, y, z, t) &= \frac{1}{2}[\Phi(x, y, z, t) + \Phi(x, -y, z, t)]; \\ \Phi^-(x, y, z, t) &= \frac{1}{2}[\Phi(x, y, z, t) - \Phi(x, -y, z, t)]. \end{aligned} \tag{1}$$

Die untere Beziehung gelte aus Gründen der Normierung für $y > 0$, d. h. Φ^- sei durch die Differenz der Lösung aus dem oberen Halbraum und jener aus dem unteren Halbraum gegeben.

Das Geschwindigkeitspotential Φ^+ stellt eine zur z,x-Ebene *symmetrische*, das Geschwindigkeitspotential Φ^- eine *antisymmetrische* Strömung dar. Aus Gl. (1) folgt nämlich sofort:

$$\begin{aligned} \Phi^+(x, -y, z, t) &= \frac{1}{2}[\Phi(x, -y, z, t) + \Phi(x, y, z, t)] = \Phi^+(x, y, z, t); \\ \Phi^-(x, -y, z, t) &= \frac{1}{2}[\Phi(x, -y, z, t) - \Phi(x, y, z, t)] = -\Phi^-(x, y, z, t). \end{aligned} \tag{2}$$

Damit kann aus Gl. (1) gefolgert werden, daß sich jede Potentialströmung aus einer symmetrischen und einer antisymmetrischen Potentialströmung additiv zusammensetzen läßt:

$$\begin{aligned} \Phi(x, y, z, t) &= \Phi^+(x, y, z, t) + \Phi^-(x, y, z, t); \\ \Phi(x, -y, z, t) &= \Phi^+(x, y, z, t) - \Phi^-(x, y, z, t). \end{aligned} \tag{3}$$

Wegen der Einfachheit der Beziehungen (2) genügt im allgemeinen eine Beschränkung von Φ^+ und Φ^- auf den oberen Halbraum. Der Unterschied von Φ im oberen und unteren Halbraum besteht gemäß Gl. (3) nur im Vorzeichen des antisymmetrischen Anteils.

Aus der Definition des symmetrischen und antisymmetrischen Anteils folgt für die Ableitung anschaulich unmittelbar, Abb. 1:

$$\frac{\partial \Phi^+(x, y, z, t)}{\partial y} = -\frac{\partial \Phi^+(x, -y, z, t)}{\partial y}; \quad \frac{\partial \Phi^-(x, y, z, t)}{\partial y} = \frac{\partial \Phi^-(x, -y, z, t)}{\partial y}. \tag{4}$$

Durch die Ableitung nach y geht also die in y gerade Funktion in eine in y ungerade Funktion über. Umgekehrt geht die in y ungerade Funktion durch die Ableitung nach y in eine gerade Funktion über. Auch diese Folgerung gilt ganz allgemein und unabhängig vom physikalischen Sinn der Funktion. Die Ableitungen nach x, z und t dagegen ändern nichts an der Eigenschaft der Geradheit oder Ungeradheit.

Für eine symmetrische Strömung gilt also:

$$\Phi^+(x, y, z, t) = \Phi^+(x, -y, z, t);$$
$$u^+(x, y, z, t) = u^+(x, -y, z, t); \quad v^+(x, y, z, t) = -v^+(x, -y, z, t); \tag{5}$$
$$w^+(x, y, z, t) = w^+(x, -y, z, t); \quad i^+(x, y, z, t) = i^+(x, -y, z, t).$$

Der hochgestellte Index + oder — soll nicht besagen, daß die indizierte Funktion in y gerade oder ungerade ist, sondern er soll nur ausdrücken, daß die Strömung symmetrisch oder antisymmetrisch ist, daß also Φ in y gerade oder ungerade ist.

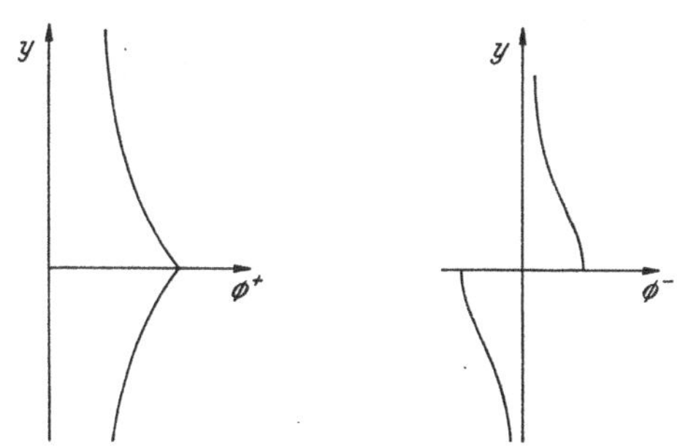

Abb. VII,1. Potential am Dickenmaximum eines nichtangestellten Profils und an der angestellten Platte.

Die v-Komponente einer symmetrischen Strömung ist nämlich gemäß Gl. (4) und (5) antisymmetrisch. Wenn die Strömung im oberen Halbraum eine Geschwindigkeitskomponente nach aufwärts besitzt, so besitzt sie im Spiegelpunkt des unteren Halbraumes eine solche nach abwärts. Die völlig anschauliche Aussage über die Enthalpie i in Gl. (5) folgt aus Gl. (IV,74) für $\partial\Phi/\partial t$.

Bei der Verfolgung der Symmetrieeigenschaften der gasdynamischen Gleichung (IV,74) ist zu beachten, daß die einfachen Ableitungen nach y stets mit dem Faktor v auftreten, nämlich im dritten, achten und zehnten Summanden. Sonst tritt v nur als Quadrat und die Ableitung nach y nur in zweiter Ordnung auf, nämlich im sechsten Summanden. Es besteht demnach kein grundsätzlicher Unterschied in den Spiegelungseigenschaften der zehn Summanden von Gl. (IV,75). Im speziellen Falle der symmetrischen Lösung (5) sind alle zehn Summanden der gasdynamischen Gleichung symmetrisch. Es gibt also symmetrische Lösungen. Die stationäre oder instationäre Umströmung symmetrischer Körper sind einleuchtende Beispiele. Weitere exakte Beispiele sind die ebene und die räumliche Quelle. Die letzteren werden für die analytischen Methoden noch besondere Bedeutung gewinnen.

Für das antisymmetrische Potential würde im Gegensatz zu Gl. (5) anzusetzen sein:

$$\Phi^-(x, y, z, t) = -\Phi^-(x, -y, z, t);$$
$$u^-(x, y, z, t) = -u^-(x, -y, z, t); \quad v^-(x, y, z, t) = v^-(x, -y, z, t); \tag{6}$$
$$w^-(x, y, z, t) = -w^-(x, -y, z, t).$$

Die Rolle von v einerseits und den übrigen Komponenten und Φ andererseits sind gegenüber Gl. (5) vertauscht. Es liegen nun in Spiegelpunkten der Ebene $y = 0$ gleiche y-Komponenten der Geschwindigkeit vor.

Über i läßt sich jedoch nun keine der Gleichung (5) entsprechende Aussage treffen. Der Umstand, daß keine negativen Enthalpien auftreten können, ist dabei weniger störend. Da i ohnehin nur bis auf eine additive Konstante festgelegt ist und da außerdem in Gl. (IV,74) zu $\partial\Phi/\partial t$ noch eine beliebige Konstante hinzugenommen werden darf, ohne die gasdynamische Gleichung zu ändern, könnte sich die Antisymmetrie auf eine Differenz $(i - i_1)$ beziehen, wobei die Wahl von i_1 noch frei bleibt. Die Schwierigkeit liegt vielmehr beim Geschwindigkeitsquadrat in der Gleichung für $\partial\Phi/\partial t$.

Das Geschwindigkeitsquadrat einer beliebigen Funktion

$$f = f^+ + f^-; \quad f^2 = (f^+)^2 + 2f^+f^- + (f^-)^2 \tag{7}$$

enthält nämlich stets einen symmetrischen Anteil:

$$(f^2)^+ = (f^+)^2 + (f^-)^2; \quad (f^2)^- = 2f^+f^-. \tag{8}$$

Der antisymmetrische Anteil $(f^2)^-$ dagegen verschwindet, wenn nur einer der beiden Anteile f^+ oder f^- gleich Null ist.

Daher besitzt im Falle des Ansatzes (6) $i = i^+ + i^-$ einen in y geraden und einen in y ungeraden Anteil. Dasselbe muß dann aber auch wegen des einfachen isentropen Zusammenhanges der thermodynamischen Zustandsgrößen für p, ϱ, T und auch für c^2 gelten. Vergleiche etwa Gl. (IV,76).

Da jedoch c^2 nun auch einen antisymmetrischen Anteil besitzt, kann die gasdynamische Gl. (IV,75) im allgemeinen nicht von rein antisymmetrischen Ansätzen (6) erfüllt werden. Es gibt also im allgemeinen keine rein antisymmetrische, instationäre Lösung der gasdynamischen Gleichung. Im Spezialfall inkompressibler Strömung ist eine solche Lösung allerdings möglich, weil dann nur die drei mit dem Koeffizienten c^2 versehenen Glieder von (IV,75) übrigbleiben und folglich c^2 herausgekürzt werden kann.

Es gibt jedoch stationäre antisymmetrische Lösungen der gasdynamischen Gleichung. Der Potentialwirbel, Abschn. (VI,9), liefert dafür ein exaktes Beispiel. Bei den Singularitätenmethoden werden die Wirbel eine ähnliche Rolle für die antisymmetrischen Lösungen spielen wie die Quellen für die symmetrischen.

Mit dem Energiesatz, oder mit Gl. (IV,74) und Gl. (8), folgt für eine stationäre antisymmetrische Lösung also:

$$\Phi^-(x, y, z) = -\Phi(x, -y, z);$$
$$u^-(x, y, z) = -u^-(x, -y, z); \quad v^-(x, y, z) = v^-(x, -y, z); \tag{9}$$
$$w^-(x, y, z) = -w^-(x, -y, z); \quad i^-(x, y, z) = i^-(x, -y, z),$$

wobei i für jede thermodynamische Größe stets und genauso symmetrisch ist wie im Fall von Gl. (5).

Mindestens so wichtig wie die Eigenschaften der Strömungen sind die Eigenschaften der „Störströmungen", also die Abweichungen von einer Grundströmung, die im allgemeinen als Parallelströmung angenommen werden darf. Das „Störpotential" φ bezüglich einer Grundströmung mit den Komponenten u_∞, v_∞ ist dann für stationäre wie für instationäre Strömung:

$$\varphi = \Phi - u_\infty x - v_\infty y. \tag{10}$$

Mit einem solchen Ansatz ist noch nichts über die Größe der Störung angenommen. Sie braucht keineswegs „klein" sein. Es gilt dann mit Gl. (IV,74):

$$\begin{gathered} u - u_\infty = \varphi_x; \qquad v - v_\infty = \varphi_y; \qquad w = \varphi_z; \\ i - i_\infty + \frac{1}{2}(W^2 - W_\infty^2) = -\varphi_t; \end{gathered} \tag{11}$$

Bei einer rein symmetrischen Strömung gemäß Gl. (5), die es nur bei $v_\infty = 0$ geben kann, ist auch φ symmetrisch. Damit sind auch die Störungen einschließlich der Störungen des thermodynamischen Zustandes symmetrisch bis auf die v-Komponente, die wie in Gl. (5) antisymmetrisch ist.

$$\varphi^+(x, y, z, t) = \varphi^+(x, -y, z, t).$$

Da es bereits im allgemeinen keine exakt instationäre antisymmetrische Lösung für Φ gab, wird es auch keine solche für die Störung geben. Man kann sich auf die stationären antisymmetrischen Störlösungen beschränken. Für solche gilt der Ansatz:

$$\begin{gathered} \varphi^-(x, y, z) = -\varphi^-(x, -y, z); \\ \varphi_x^-(x, y, z) = -\varphi_x^-(x, -y, z); \qquad \varphi_y^-(x, y, z) = \varphi_y^-(x, -y, z); \\ \varphi_z^-(x, y, z) = -\varphi_z^-(x, -y, z). \end{gathered} \tag{12}$$

Für die Enthalpiestörung erhält man nach den Gln. (11) mit $\varphi_t = 0$:

$$i - i_\infty = -u_\infty \varphi_x - v_\infty \varphi_y - \frac{1}{2}(\varphi_x^2 + \varphi_y^2 + \varphi_z^2). \tag{13}$$

Bei einer antisymmetrischen Strömung gemäß Gl. (12) enthält also $i - i_\infty$ im ersten Summanden der rechten Seite einen antisymmetrischen Beitrag. Der Rest ist symmetrisch. Das hat zur Folge, daß sich die Koeffizienten der gasdynamischen Gleichung (IV,75) aus symmetrischen und antisymmetrischen Termen additiv zusammensetzen. Auch u^2 und andere Größen in den Koeffizienten enthalten Beiträge, die gerade und die ungerade in y sind. Dies trifft ja bereits beim Quadrat der u-Komponenten gemäß Gl. (11) und (12) zu. Daraus folgt aber, daß im allgemeinen eine antisymmetrische Störströmung der gasdynamischen Gleichung (IV,75) nicht genügen kann, denn die Ableitungen von Φ können ohne weiteres durch solche von φ ersetzt werden. Eine antisymmetrische Störlösung gemäß (12) kann es bei kompressiblen Strömungen nur in Sonderfällen geben, vor allem in jenen Fällen, wo sich die gasdynamische Gleichung linearisieren läßt. In einem solchen Fall gehen nämlich die Lösungen nicht in die Koeffizienten ein. Diese sind alle symmetrisch und die gasdynamische Gleichung kann sowohl von einer rein symmetrischen wie von einer rein antisymmetrischen Lösung erfüllt werden. Davon wird bei den Belegungsmethoden noch ausgiebig Gebrauch gemacht.

Beim Auftreten von Stößen folgt die Unmöglichkeit der Existenz antisymmetrischer Lösungen bereits aus dem Fehlen von Verdünnungsstößen.

Selbst bei einer Linearisierung der gasdynamischen Gleichung, etwa im Spezialfall der inkompressiblen Strömung, bleibt immer noch die Tatsache bestehen, daß sich die Störungen des thermodynamischen Zustandes, also auch die Druckstörung bei antisymmetrischen Lösungen, aus einem symmetrischen und einem antisymmetrischen Beitrag zusammensetzen. Dies geht schon allein aus der Bernoulligleichung für inkompressible Strömung hervor, die formal auf eine ganz ähnliche Form führt, wie sie in Gl. (13) vorliegt. Für die Normalkraft, Gl. (V,57) wirkt sich allerdings nur der antisymmetrische Anteil der Druckstörungen aus, weil sich der symmetrische Anteil der oberen und unteren Seite aufhebt. Der symmetrische Anteil ist jedoch vorhanden. Davon wird noch bei der Berechnung von Druckverteilungen und Auftrieb beim rotationssymmetrischen Körper, Abschn. 9, die Rede sein.

3. Kleine Störungen

Wegen der beschränkten Möglichkeiten, die für eine exakte Behandlung gasdynamischer Probleme bestehen, werden Theorien „kleiner Störungen“ bevorzugt angewendet. Unter „kleinen Störungen“ versteht man dabei kleine Abweichungen von einer exakten Lösung. Die Gleichungen und die Randbedingungen werden nach Potenzen der „Störungen“ entwickelt. Es kann sich dabei um Störungen der Geschwindigkeitskomponenten und des thermodynamischen Zustandes handeln. Es kann aber auch nach „Störparametern“ entwickelt werden, wie beispielsweise nach dem Dickenverhältnis eines Flügels oder Flügelprofiles, dem Maximalquerschnitt eines Rotationskörpers, dem Anstellwinkel irgendeines Flugkörpers oder auch nach der Machzahl und dgl., worauf später zurückgekommen wird.

Als Grundströmung wird in der überwiegenden Anzahl der Anwendungen und auch in diesem Abschnitt eine Parallelströmung gewählt, die zumeist mit der Anströmung identisch ist, aber nicht identisch zu sein braucht. So wird beispielsweise bei leicht angestellter Anströmung meist nach der nicht angestellten Strömung entwickelt und bei schallnahen Vorderkanten, Abschn. IV, 7 in [·24] kann die geeignete Grundströmung überhaupt erst nachträglich festgelegt werden. Eine Parallelströmung als Grundströmung führt für die Störungen erster Ordnung zumeist auf eine lineare Differentialgleichung zurück.

Die Möglichkeit einer Wahl anderer exakter Lösungen als Grundströmung dürfte in der Strömungsmechanik trotz zahlreicher Arbeiten noch gar nicht ausgeschöpft worden sein. Erwähnt sei die Arbeit von G. J. Taylor [1], wo der kompressible Potentialwirbel gestört wird. Auch die zweidimensionale Düsenströmung, [·24], Abschn. I, 25 als Störung der eindimensionalen Düsenströmung ist in diesem Zusammenhang zu nennen.

Der große Vorteil der Störtheorie liegt nicht wie in anderen Gebieten der Physik und Mechanik, beispielsweise der Stabilitätstheorie, nur in der radikalen Vereinfachung der Gleichungen. Beim Flugkörperproblem der Strömungsmechanik kommt noch hinzu, daß Flügel und Rümpfe im allgemeinen ziemlich schlank gebaut und nicht allzu stark angestellt werden. Die Annahme „kleiner Störungen" entspricht damit auch weitgehend den Erfordernissen der Praxis.

Die Grundströmung, als Störung nullter Ordnung, sei mit dem Index 0 gekennzeichnet. Sie hat als Parallelströmung die konstanten Zustände u_0, v_0, c_0 und i_0. Damit soll die Grundströmung von der Anströmung u_∞, v_∞ usw., mit der sie identisch sein kann aber nicht sein muß, deutlich unterschieden werden. Die Zustandsgrößen mit dem Index 0, c_0, i_0, p_0, sind in der folgenden Störtheorie also nicht die Ruhegrößen, wie etwa in Teil II. Ruhegrößen treten in der Störtheorie nicht auf, weshalb für Verwechslungen kaum Gefahr besteht. Ganz analog zum Störansatz (11) gilt nun für das Störpotential:

$$\begin{aligned} \varphi_x &= u - u_0; \quad \varphi_y = v - v_0; \quad \varphi_z = w, \\ -\varphi_t &= i - i_0 + \frac{1}{2}(W^2 - W_0^2). \end{aligned} \tag{14}$$

Der vollständigen Einführung des Störpotentials Gl. (14) in die gasdynamische Gleichung (IV,75) steht nur entgegen, daß dort c^2, das Quadrat der Schallgeschwindigkeit, auftritt, während in Gl. (14) i auftritt.

Zur Berücksichtigung beliebiger Medien wenigstens bis zu Störgliedern der ersten Ordnung von φ_t sei c^2 nach i mittels der von Hayes eingeführten Größe Γ, Gl. (II,77), in erster Ordnung entwickelt. Da ohnehin Potentialströmung angenommen wurde, kann die Entwicklung auf isentrope Störungen beschränkt bleiben. Gemäß Gl. (II,78) gilt:

$$\Gamma = 1 + \frac{1}{2}\,\frac{\varrho}{c^2}\left(\frac{\partial c^2}{\partial \varrho}\right)_s.$$

Daraus folgt für ein beliebiges Medium:

$$\left(\frac{\partial c^2}{\partial i}\right)_s = \left(\frac{\partial c^2}{\partial \varrho}\right)_s \left(\frac{\partial \varrho}{\partial p}\right)_s \left(\frac{\partial p}{\partial i}\right)_s = \left(\frac{\partial c^2}{\partial \varrho}\right)_s \frac{\varrho}{c^2} = 2\,(\Gamma - 1); \tag{15}$$

und man erhält durch Entwicklung in erster Ordnung:

$$c^2 - c_0^2 = \left(\frac{\partial c^2}{\partial i}\right)_{s_0} (i - i_0) + \cdots = 2(\Gamma_0 - 1)\,(i - i_0) + \cdots = (\varkappa - 1)\,(i - i_0). \tag{16}$$

Der Ausdruck mit Γ_0 gilt in erster Ordnung. Bei Beschränkung auf ein id. Gas konst. sp. W. ist jedoch mit Gl. (II,82) $\Gamma = (\varkappa + 1)/2$ konstant. Der Ausdruck mit $\varkappa$ in Gl. (16) ist also, auf das id. Gas konst. sp. W. beschränkt, exakt. Für dieses fallen alle Glieder höherer Ordnung weg. Selbstverständlich folgt die Beziehung für das id. Gas konst. sp. W. einfach direkt aus Gl. (I,35) und (II,25).

Mit Gl. (16) und (14) erhält man schließlich:

$$c^2 - c_0^2 = -2(\Gamma_0 - 1)(\varphi_t + u_0\varphi_x + v_0\varphi_y) - \frac{\varkappa - 1}{2}(\varphi_x^2 + \varphi_y^2 + \varphi_z^2). \tag{17}$$

Für ein beliebiges Medium muß diese Entwicklung auf die linearen Glieder in den Ableitungen von φ beschränkt bleiben, weil die Reihe (16) mit dem linearen Glied in $(i - i_0)$ abgebrochen wurde. Bei einem id. Gas konst. sp. W. dagegen kommen keine weiteren Glieder hinzu. Es braucht nur noch

$$2(\Gamma_0 - 1) = \varkappa - 1 \qquad \text{oder} \qquad 2\Gamma_0 = \varkappa + 1 \tag{18}$$

gesetzt werden. Dasselbe gilt auch für die folgenden Formen der gasdynamischen Gleichung. Wird diese für ein beliebiges Medium verwendet, dann gilt die Gleichung nur mit jener Genauigkeit, in der auf die $\varkappa$-Glieder verzichtet werden kann, d. s. also die Ausdrücke, die Produkte dreier Ableitungen von φ enthalten.

Durch Einsetzen von (14) und (17) in die gasdynamische Gleichung (IV,75) erhält man eine sehr lange Gleichung, die im folgenden nach Produkten der Ableitungen von φ geordnet ist:

$$\begin{aligned}
&-\varphi_{tt} - 2u_0\varphi_{xt} - 2v_0\varphi_{yt} + (c_0^2 - u_0^2)\,\varphi_{xx} + (c_0^2 - v_0^2)\,\varphi_{yy} + c_0^2\varphi_{zz} - 2u_0v_0\varphi_{xy}\\
&-2\varphi_x\varphi_{xt} - 2\varphi_y\varphi_{yt} - 2\varphi_z\varphi_{zt} - 2[(\Gamma_0 - 1)\,\varphi_t + \Gamma_0u_0\varphi_x + (\Gamma_0 - 1)\,v_0\varphi_y]\,\varphi_{xx}\\
&-2[(\Gamma_0 - 1)\,\varphi_t + (\Gamma_0 - 1)\,u_0\varphi_x + \Gamma_0v_0\varphi_y]\,\varphi_{yy} - 2(\Gamma_0 - 1)\,[\varphi_t + u_0\varphi_x + v_0\varphi_y]\,\varphi_{zz}\\
&-2v_0\varphi_z\varphi_{yz} - 2u_0\varphi_z\varphi_{zx} - 2(u_0\varphi_y + v_0\varphi_x)\,\varphi_{xy} \qquad\qquad (19)\\
&-\left[\frac{\varkappa + 1}{2}\varphi_x^2 + \frac{\varkappa - 1}{2}(\varphi_y^2 + \varphi_z^2)\right]\varphi_{xx} - \left[\frac{\varkappa + 1}{2}\varphi_y^2 + \frac{\varkappa - 1}{2}(\varphi_z^2 + \varphi_x^2)\right]\varphi_{yy}\\
&-\left[\frac{\varkappa + 1}{2}\varphi_z^2 + \frac{\varkappa - 1}{2}(\varphi_x^2 + \varphi_y^2)\right]\varphi_{zz} - 2\varphi_y\varphi_z\varphi_{yz} - 2\varphi_z\varphi_x\varphi_{zx} - 2\varphi_x\varphi_y\varphi_{xy} = 0.
\end{aligned}$$

Die erste Zeile von Gl. (19) enthält lineare Glieder in φ, die zweite bis vierte Zeile die quadratischen Glieder und die fünfte und sechste Zeile die kubischen Glieder. In den kubischen Gliedern ist die Gleichung für ein id. Gas konst. sp. W. noch exakt. Höhere Glieder treten für ein solches nicht auf.

Die Wiedergabe einer derart umfangreichen Differentialgleichung ist selbst im Hinblick auf die Möglichkeiten, die elektronische Rechenmaschinen bieten, nur deshalb gerechtfertigt, weil in den verschiedenen Theorien unterschiedliche Gruppierungen der Summen von Gl. (19) verwendet werden. Die größte Bedeutung besitzt natürlich die erste Zeile, nämlich die linearen Glieder im Störpotential.

Kleinere Potenzen in den Ableitungen von φ bedeuten freilich keineswegs unbedingt geringere Größenordnungen in den Störungen. Da v_0 wegen der Annahme kleiner Anstellwinkel klein ist, enthält bereits die erste Zeile Summanden, die im Großteil des Strömungsraumes wesentlich kleiner sind als gewisse Summanden der folgenden Zeilen. Es wird sich jedoch zeigen, daß die Rechtfertigung von Vernachlässigungen sehr stark von der Problemstellung abhängt.

Gerade bei kleinen Störungen ist die Zusammensetzung einer Strömung aus symmetrischen und antisymmetrischen Anteilen zweckmäßig. Jeder der beiden Anteile von φ hat dann eine bestimmte Größenordnung, auf die im folgenden Abschnitt aus den Rand- und Anfangsbedingungen geschlossen werden kann. Folgende Ansätze werden sich als nützlich erweisen:

$$\varphi = \delta^+ u_0 \varphi_1^+ + \delta^- u_0 \varphi_1^- + (\delta^+)^2 u_0 \varphi_2^{++} + 2\delta^+\delta^- u_0 \varphi_2^{+-} + (\delta^-)^2 u_0 \varphi_2^{--} + \cdots. \quad (20)$$

Der symmetrische und antisymmetrische Anteil am Störpotential, nämlich φ_1^+, φ_1^-, φ_2^{++} usw. sind in Gl. (20) als dimensionslose Größen eingeführt, indem u_0 als Faktor vorangesetzt wurde. Allerdings hätte damit φ noch immer die Dimension einer Länge. Es ist jedoch angenommen, daß die Koordinaten selbst in einer geeigneten Länge, der Profillänge, der Körperlänge oder der Länge des Flügelmittelschnittes gemessen werden, womit die Koordinaten bereits dimensionslose Zahlen darstellen.

Durch geeignete Wahl von δ^+ und δ^-, den Störparametern für die symmetrische Lösung und für die antisymmetrische Lösung, soll für die Potentiale φ_1^+, φ_1^- usw. die Größenordnung der Einheit erzielt werden.

Für die zweite Ordnung sind zwei symmetrische Störpotentiale, nämlich φ_2^{++} und φ_2^{--}, und ein antisymmetrisches, nämlich φ_2^{+-}, angesetzt. Der Ansatz zweier symmetrischer Anteile zweiter Ordnung wäre nicht unbedingt erforderlich, hat aber den Vorzug, daß sich die im wesentlichen von der Dicke herrührenden und durch δ^+ gekennzeichneten Effekte völlig von jenem vom Auftrieb herrührenden Effekt trennen lassen. Wenn nämlich φ_2^{++}, φ_2^{+-} und φ_2^{--} bestimmt werden, so ist φ bis einschließlich zur zweiten Ordnung für jede Kombination von δ^+ und δ^-, also für jede Kombination von Dickenanteil und Auftriebsanteil bekannt. Daraus geht hervor, daß in dritter Ordnung bereits zwei symmetrische Beiträge, nämlich φ^{+++} und φ^{+--}, und zwei antisymmetrische Beiträge, nämlich φ^{++-} und φ^{---} angesetzt werden müssen.

Der Ansatz Gl. (20) in Gl. (19) eingeführt ergibt nach Division durch u_0 und c_0^2 folgende Reihung in Produkten und Potenzen von δ^+, δ^- und v_0/u_0:

$$\begin{aligned} 0 = {} & \delta^+ \left\{ -\frac{1}{c_0^2}\,\varphi_{1tt}^+ - 2\frac{u_0}{c_0^2}\,\varphi_{1xt}^+ + \left(1 - \frac{u_0^2}{c_0^2}\right)\varphi_{1xx}^+ + \varphi_{1yy}^+ + \varphi_{1zz}^+ \right\} \\ & + \delta^- \left\{ -\frac{1}{c_0^2}\,\varphi_{1tt}^- - 2\frac{u_0}{c_0^2}\,\varphi_{1xt}^- + \left(1 - \frac{u_0^2}{c_0^2}\right)\varphi_{1xx}^- + \varphi_{1yy}^- + \varphi_{1zz}^- \right\} \\ & - 2\delta^+ \frac{v_0}{u_0}\left[\frac{u_0}{c_0^2}\,\varphi_{1yt}^+ + \frac{u_0^2}{c_0^2}\,\varphi_{1xy}^+\right] - 2\delta^- \frac{v_0}{u_0}\left[\frac{u_0}{c_0^2}\,\varphi_{1yt}^- + \frac{u_0^2}{c_0^2}\,\varphi_{1xy}^-\right] \\ & + (\delta^+)^2\,\{\varphi_2^{++}, \varphi_1^+\} + 2\delta^+\delta^-\,\{\varphi_2^{+-}, \varphi_1^+, \varphi_1^-\} + (\delta^-)^2\,\{\varphi_2^{--}, \varphi_1^-\} + \cdots. \end{aligned} \quad (21)$$

Die zunächst nur in Symbolen zusammengefaßten Ausdrücke der letzten Zeile sind in Gl. (22) für das Hauptanwendungsgebiet, nämlich für die stationäre

Strömung, wiedergegeben:

$$\{\varphi_2^{++}, \varphi_1^-\} = \left(1 - \frac{u_0^2}{c_0^2}\right) \varphi_{2xx}^{++} + \varphi_{2yy}^{++} + \varphi_{2zz}^{++} - 2\left(\frac{u_0}{c_0}\right)^2 [\Gamma_0 \varphi_{1x}^+ \varphi_{1xx}^+$$

$$+ (\Gamma_0 - 1)\, \varphi_{1x}^+ \varphi_{1yy}^+ + (\Gamma_0 - 1)\, \varphi_{1x}^+ \varphi_{1zz}^+ + \varphi_{1z}^+ \varphi_{1zx}^+ + \varphi_{1y}^+ \varphi_{1xy}^+];$$

$$\{\varphi_2^{+-}; \varphi_1^+, \varphi_1^-\} = \left(1 - \frac{u_0^2}{c_0^2}\right) \varphi_{2xx}^{+-} + \varphi_{2yy}^{+-} + \varphi_{2zz}^{+-} \qquad (22)$$

$$- \frac{u_0^2}{c_0^2} [\Gamma_0 (\varphi_{1x}^+ \varphi_{1xx}^- + \varphi_{1x}^- \varphi_{1xx}^+) + (\Gamma_0 - 1)\, (\varphi_{1x}^+ \varphi_{1yy}^- + \varphi_{1x}^+ \varphi_{1zz}^-$$

$$+ \varphi_{1x}^- \varphi_{1yy}^+ + \varphi_{1x}^- \varphi_{1zz}^+) + \varphi_{1z}^+ \varphi_{1zx}^- + \varphi_{1z}^- \varphi_{1zx}^+ + \varphi_{1y}^+ \varphi_{1xy}^- + \varphi_{1y}^- \varphi_{1xy}^+)]\,.$$

Für den letzten Ausdruck von Gl. (21) schließlich erhält man formal genau das gleiche Ergebnis wie für den drittletzten Ausdruck in dieser Gleichung. In den ersten beiden Zeilen von Gleichung (22) werden nur die oberen Indices (+) an allen Stellen durch obere Indices (—) zu ersetzen sein.

Der Lösungsvorgang ist mit der Entwicklung nach den Störparametern δ^+ und δ^- wesentlich übersichtlicher geworden. Wird zunächst von den Gliedern der dritten Zeile in (21) abgesehen, die nur bei $v_0/u_0 \neq 0$, also nur bei Anstellung der Anströmung eine Rolle spielen, gewinnt man die Lösung von Gl. (21) durch Nullsetzen aller Ausdrücke in den geschwungenen Klammern. Das führt zu folgender sukzessiven Lösung, über deren Konvergenz freilich noch nichts ausgesagt wird.

Das Verschwinden der ersten beiden Klammerausdrücke führt zu homogenen Differentialgleichungen vom Typus

$$-\frac{1}{c_0^2} \varphi_{1tt} - 2\frac{u_0}{c_0^2} \varphi_{1xt} + \left(1 - \frac{u_0^2}{c_0^2}\right) \varphi_{1xx} + \varphi_{1yy} + \varphi_{1zz} = 0 \qquad (23)$$

sowohl für den symmetrischen Beitrag φ_1^+ als auch für den antisymmetrischen Beitrag φ_1^-. Es ist hier wie bei allen übrigen instationären Gliedern zu beachten, daß c_0 stets entweder im Verhältnis u_0/c_0 oder im Zusammenhang $c_0 t$ auftritt. Wenn also wie im Teil III $c_0 t$ zusammengefaßt wird und damit dieselbe Dimension wie die Ortskoordinaten erzielt wird, dann treten nur dimensionslose Koeffizienten auf. Ist Gl. (23) unter Berücksichtigung der Anfangs- und Randbedingungen gelöst, dann kann zur Lösung der Differentialgleichungen für die φ_2 geschritten werden. Sie ergeben sich durch Nullsetzen der Ausdrücke (22). Es handelt sich um lineare Differentialgleichungen für φ_2 mit denselben Koeffizienten, wie sie bereits in Gl. (23) auftreten. Jedoch haben diese Gleichungen inhomogene Beiträge, die die Lösung φ_1 quadratisch enthalten. Das Verhältnis u_0/c_0 tritt als gemeinsamer Koeffizient des gesamten inhomogenen Gliedes auf. Dieses verschwindet also bei kleiner Machzahl mit dem Quadrat von u_0/c_0.

Bei einem id. Gas konst. sp. W. ist $2\Gamma_0 = \varkappa + 1$ zu setzen. Einem Tschaplygin-Gas würde ein Wert von $\Gamma_0 = 0$ entsprechen. Mit Gl. (16) gelangt man nämlich in der dort angenommenen Näherung zum Energiesatz in der Form:

$$W^2 + \frac{1}{\Gamma_0 - 1} c^2 = W_0^2 + \frac{1}{\Gamma_0 - 1} c_0^2.$$

Diese geht in den Energiesatz des Tschapligin-Gases, Gl. (VI,103), über für $\Gamma_0 = 0$, was seinerseits wieder einem $\varkappa = -1$ entspricht. Aus Gl. (22) ist zu erkennen, daß sich die Annahme eines Tschapligin-Gases entscheidend auf die zweite Näherung auswirkt.

Die Ausdrücke in den eckigen Klammern in der dritten Zeile von Gl. (21) sind nur bei Anstellung der ungestörten Strömung vorhanden, $v_0/u_0 \neq 0$. Unter der anfangs getroffenen Voraussetzung kleiner Werte der Anstellung, $v_0/u_0 \ll 1$ würden diese Glieder zur unteren Zeile der zweiten Ordnung gehören. Als lineare Glieder φ_1 können sie zu den ersten beiden Zeilen geschlagen werden. Gl. (23) erhält damit noch lineare Zusatzglieder. Sie kann ohne diese Zusatzglieder mit ausreichender Genauigkeit für die Berechnung der Störungen an Körperoberflächen verwendet werden. Für die Berechnung von Kopfwellen an angestellten Rotationskörpern in Überschallströmung allerdings reicht Gl. (23) nicht aus, wie in Abschn. IX,45 gezeigt werden wird.

4. Randbedingungen und Anströmbedingungen für Flügel und Profile

Die Rand- und Anfangsbedingungen sollen in diesem Abschnitt in erster Linie im Hinblick auf ihre Berücksichtigung im Rahmen der analytischen Methoden der folgenden Teile behandelt werden. Die exakten Formen der Rand- und Anfangsbedingungen gelten natürlich in gleicher Weise auch für die numerischen Verfahren, wie sie durch die Entwicklung der elektronischen Rechenmaschinen große Bedeutung gewonnen haben. Jedoch hängen die Vereinfachungen der Bedingungen sehr stark von den verwendeten mathematischen Methoden ab. So werden die Randbedingungen bei den numerischen Verfahren einschließlich der Charakteristikenmethoden im allgemeinen nur in bestimmten „Gitterpunkten“ des Strömungsfeldes erfüllt, wobei die Gitterpunkte häufig genau auf die Ränder verlegt werden können. Bei den analytischen Methoden dagegen kommt es zumeist darauf an, die erforderlichen Bedingungen auf möglichst einfachen Konturen zu stellen.

Bei den analytischen Verfahren unterscheidet sich die Behandlung der Randwertprobleme von der klassischen Methode, wobei beispielsweise im Rahmen der zweiten Randwertaufgabe das Verschwinden der Normalkomponente der Geschwindigkeit auf der Kontur — d. i. bei Potentialströmungen die Normalableitung des Potentials — gefordert wird. Allen Methoden gemeinsam ist die Aufteilung des Randes in zwei Teile. Den einen bildet die Körperoberfläche oder auch eine Fläche in der Nähe des Körpers. Den anderen Rand bildet eine Fläche, die genügend weit vom Körper entfernt ist, um dort die ungestörte Parallelströmung vorschreiben zu können.

Für ausreichende Entfernung vom Körper muß also die *Anströmbedingung* gelten:

$$u = u_\infty; \quad v = v_\infty; \quad w = 0; \quad c = c_\infty; \quad M = M_\infty. \tag{24}$$

Ist die Anströmung nicht angestellt, so ist $v_\infty = 0$.

Die Anströmbedingung muß stets in großer Entfernung vor dem Körper gelten. Sie kann jedoch bei *stationärer Unterschallströmung*, $M_\infty < 1$, nur als Grenzwert angesehen werden, dem sich die Strömung mit wachsender Entfernung vom Körper, $\sqrt{x^2 + y^2 + z^2} \to \infty$, im zunehmenden Maße nähert, ohne sie im Endlichen zu erreichen. Bei tragenden Körpern im *Raum* allerdings reichen Störungen in Form von Wirbeln stromabwärts, da Auftrieb nach Gl. (V,44) stets mit Zirkulation verbunden sind, ein Wirbel aber nach dem Helmholtzschen Satz nicht im Endlichen endigen kann. In einem solchen Fall gelten die Bedingungen (24) wohl im Anströmgebiet, nicht jedoch im Abströmgebiet.

Schon in Abschn. (VI,4) wurde gezeigt, daß sich Störungen in stationärer Überschallströmung nur in einem begrenzten Gebiet ausbreiten können, z. B. eine punktförmige, schwache Störung nur innerhalb eines Machkegels, Abb. VI,7. Das hat zur Folge, daß der Strömungszustand auf einem Körper in Überschallströmung außer von der Körperform nur von jenem Teil der Anströmung abhängen kann, von dem Einflüsse auf die Strömung am Körper ausgeübt werden

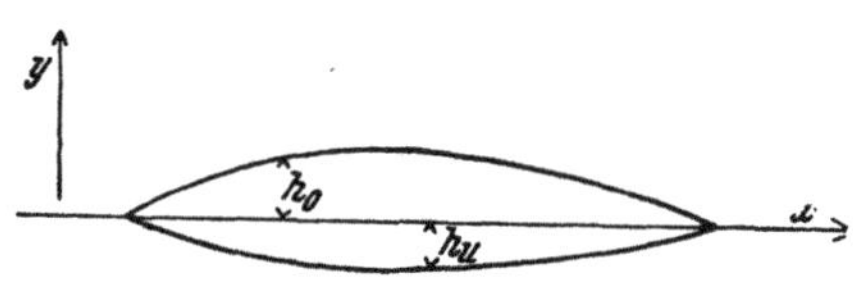

Abb. VII,2. Achsenanordnung im Flügelprofil.

können. Es gibt wie bei instationärer Strömung, Abb. III,16, ein *Abhängigkeitsgebiet*, dessen Strömungszustand allein für die Geschwindigkeits- und Druckverteilung am Körper maßgebend ist. Bei stationärer Überschallströmung ist die Anströmbedingung (24) also nur im Abhängigkeitsgebiet zu stellen. Es ist bei ebener Strömung eine Kurve, bei räumlicher Strömung eine Fläche. In mathematischer Ausdrucksweise ist dann die Bedingung (24) auch keine Randbedingung mehr, sondern eine *Anfangsbedingung*.

Bei instationären Vorgängen, wie sie etwa in Abschn. IV,23 in [•24] bei Beschleunigung oder Verzögerung eines Flugkörpers auftreten, wird wie in Teil III bei der Behandlung in der Regel das luftruhende System vorgezogen. Dann wäre in Gl. (24) $u_\infty = v_\infty = M_\infty = 0$ zu setzen. Die Bedingungen (24) stellen in einem solchen Fall den Zustand vor dem Eintreffen der ersten Störung dar. Es handelt sich also wieder um eine Anfangsbedingung.

Bei den im folgenden häufig verwendeten Singularitäten-Methoden bietet die Erfüllung von Gl. (24) zumeist keine größeren Probleme, weil die Gesamtlösung aus Teillösungen aufgebaut wird, deren jede einzelne bereits Gl. (24), d. h. das Verschwinden aller Störungen im Anströmgebiet, befriedigt.

Obwohl in der überwiegenden Anzahl der Fälle zeitlich unveränderliche Körperformen angenommen werden, kann der Allgemeinheit wegen doch eine zeitlich veränderliche Randbedingung behandelt werden, wie sie bei Flattervorgängen oder bei Beschleunigung von Körpern auftritt. Die Körperkontur muß allerdings im allgemeinen auf der Ober- oder Unterseite verschieden angenommen werden, Abb. 2, etwa:

$$y > 0\colon\ y = h_0(x, z, t); \qquad y < 0\colon\ y = -h_u(x, z, t). \tag{25}$$

Nur im Falle eines symmetrischen Körpers, der nicht schwingen, jedoch symmetrisch pulsieren darf, gilt:

$$h_0(x, z, t) = h_u(x, z, t) = h(x, z, t). \tag{26}$$

Die Körperfläche sei zunächst implizit gegeben durch eine verallgemeinerte Stromfläche:

$$\Psi(x, y, z, t) = 0. \tag{27}$$

Da sich ein Massenteilchen stets auf der Fläche $\Psi = 0$ befindet, muß die massenfeste Ableitung von Ψ nach der Zeit, Gl. (IV,15), verschwinden:

$$\frac{\mathrm{d}\Psi}{\mathrm{d}t} = \frac{\partial\Psi}{\partial t} + u\,\frac{\partial\Psi}{\partial x} + v\,\frac{\partial\Psi}{\partial y} + w\,\frac{\partial\Psi}{\partial z} = 0. \tag{28}$$

Schreibt man Gl. (25) in impliziter Form

$$y - h(x, z, t) = \Psi(x, y, z, t) = 0,$$

wobei h in dieser Gleichung für h_0 und h_u stehen kann, so folgt aus (28) die Randbedingung:

$$y = h(x, z, t){:}\ -\frac{\partial h}{\partial t} - u\,\frac{\partial h}{\partial x} + v - w\,\frac{\partial h}{\partial z} = 0. \tag{29}$$

Zunächst seien *schlanke Profile* und *Flügel* betrachtet. Abgesehen von stumpfen Flügelnasen, die für die ebene Strömung noch gesondert untersucht werden, ist in einem solchen Fall stets $h_x \ll 1$. Aber auch w ist klein im Verhältnis zu u und es gilt von sehr starken Pfeilungen abgesehen $h_z \ll 1$. Größenordnungen können dem Abschnitt für den schiebenden Flügel entnommen werden.

Damit reduziert sich die Randbedingung auch für Flügel zunächst auf

$$y = h{:}\quad v = \frac{\partial h}{\partial t} + u\,\frac{\partial h}{\partial x} + \cdots.$$

Des weiteren ist zu berücksichtigen, daß sich die Geschwindigkeitskomponenten mit y nur wenig ändern und daß sich u nur wenig von u_0 unterscheidet. Bei ebener, stationärer Strömung gilt an der Oberseite des Profiles beispielsweise mit Gl. (14):

$$v(x, h) = v(x, +0) + \left(\frac{\partial v}{\partial y}\right)_{y=+0} \cdot h + \cdots = [u_0 + \varphi_x(x, h) + \cdots]\,\frac{\mathrm{d}h}{\mathrm{d}x}.$$

u_0 wird dabei meist der Anströmkomponente gleichgesetzt, $u_0 = u_\infty$, bei schallnaher Strömung aber auch gelegentlich der kritischen Geschwindigkeit, $u_0 = c^*$.

Da $\varphi_x(x, h)$ bereits ein Störglied darstellt und sich von seinem Wert auf der Achse nur wenig unterscheidet, gilt schließlich unter Berücksichtigung aller Glieder zweiter Ordnung auf $y = +0$:

$$v(x, +0) + \left(\frac{\partial v}{\partial y}\right)_{y=+0} h = [u_0 + \varphi_x(x, +0)]\,\frac{\mathrm{d}h}{\mathrm{d}x}. \tag{30}$$

Da sich bei Flügeln und Profilen v in y-Richtung nur langsam ändert, erweisen sich die zweiten Summanden auf beiden Gleichungsseiten als Glieder höherer Ordnung. Die Randbedingungen zweiter Ordnung für Profile werden in Abschnitt VIII,12 hergeleitet.

Für schlanke Flügel und Profile gelangt man auf diese Weise zu folgender Randbedingung erster Ordnung:

$$v(x, +0, z, t) = \frac{\partial h}{\partial t} + u_0 \frac{\partial h}{\partial x} + \cdots, \tag{31}$$

also zu einer Vorschrift über die v-Komponente auf der Ebene $y = 0$, der sogenannten *Belegungsebene*.

Die zweite Randwertaufgabe in der klassischen Form des Verschwindens der Normalkomponente auf der Kontur ist in Gl. (31) ersetzt durch die Vorgabe der Normalkomponente auf der Ebene $y = 0$. Diese Form der zweiten Randwertaufgabe hat den Vorteil einer meist wesentlich einfacheren Lösbarkeit. Durch diese abgeänderte Fassung der Randwertaufgabe wird nicht etwa ein Fehler in die Erfüllung der Differentialgleichung hineingetragen. Nur die Form des durch Gl. (25) wiedergegebenen Körpers wird nicht völlig richtig dargestellt. Der zur Lösung gehörige Körper kann jedoch mit beliebiger Genauigkeit durch Lösung der partiellen Differentialgleichung erster Ordnung, Gl. (29), ermittelt werden.

Auch relativ dicke Körper können, solange die Dicke nicht größer ist als die Tiefe, durch Belegungen auf der Ebene $y = 0$ dargestellt werden. Nur ist bei stumpfen Vorderkanten die Belegungsfläche kleiner als die Projektionsfläche des Körpers. Die v-Komponente wächst in einem solchen Fall an der Vorderkante über alle Grenzen, was zu einem lokalen Ausblasen gegen die Anströmung und somit zu einer stumpfen Nase führt.

Die Strömung um einen vorgeschriebenen schlanken Körper kann auch auf iterativem Wege gefunden werden, indem die Randbedingung nach den Störparametern entwickelt wird. Gl. (31) wäre dabei die Randbedingung für das Störpotential erster Ordnung, Gl. (23). Die einschlägigen Methoden gehen auf F. Keune zurück und man wird sich über die Einzelheiten auch am besten bei diesem Autor unterrichten [·11]. Man bezeichnet die Vereinfachung von Gl. (29) auf die Form Gl. (31) vielfach auch als Linearisierung der Randbedingung, eine Bezeichnung, die im folgenden nicht angewendet werden soll, denn Gl. (29) ist sowohl in φ als auch in h linear, allerdings mit nicht konstanten Koeffizienten.

Die Vereinfachung der Randbedingung erfolgt, wie bereits angedeutet, im wesentlichen in zwei Schritten. Erstens: indem kleine Störungen angesetzt werden, und zweitens: indem die Randbedingung auf die Belegungsebene $y = 0$ projiziert wird. Im zweiten Schritt ist noch die Projektion der u, v und w Komponenten auf die „Belegungsebene" zu unterscheiden. Die damit verbundenen Korrekturen hängen nicht nur vom Dickenverhältnis, sondern auch von der Machzahl und von der „Streckung" ab, d. i. das Verhältnis der Spannweite zur Tiefe des Flügels. Diese Abhängigkeit von drei Parametern führt zu zahlreichen Fallunterscheidungen und macht eine kurze Darstellung der an und für sich klaren Beziehungen nicht möglich. Auf zwei Erscheinungen soll jedoch hingewiesen werden. Die Projektion der v-Komponente auf die Belegungsebene ist mit einem Fehler behaftet, der in Gl. (30) den Faktor $1 - u_0^2/c_0^2$ enthält. Die Verlegung der v-Komponente erweist sich in der Tat gerade in Schallnähe, $u_0/c_0 \sim 1$, als besonders gut gerechtfertigt. Bei Hyperschallströmungen dagegen, $u_0^2/c_0^2 \gg 1$, ist eine Verlegung der Randbedingung sehr bedenklich. Dies wird sich später noch mehrfach bestätigen. Bei Körpern kleiner Streckung ist die Querkomponente w verhältnismäßig groß, aber auch die

Ableitung h_z, d. i. die Änderung der Körperdicke in Spannweitenrichtung. Bei Körpern kleiner Streckung ist also die Streichung des letzten Summanden von Gl. (29) im Auge zu behalten. Besonders wird sich dies bei Rotationskörpern bestätigen, die in gewissem Sinn ja als Körper kleiner Streckung anzusehen sind.

Für den allgemeinen Fall der Strömung, die aus einem Anteil zusammengesetzt werden kann, der in y symmetrisch ist, und einem zweiten Anteil, der in y antisymmetrisch ist, ist die Randbedingung (31) für die Oberseite und die Unterseite der Belegungsebene, Abb. 2, getrennt zu formulieren. Spaltet man gemäß Gl. (3) auch die v-Komponente in einen symmetrischen und einen antisymmetrischen Anteil auf, so erhält man mit Gl. (31):

$$v(x, +0, z, t) = \frac{\partial h_0}{\partial t} + u_0 \frac{\partial h_0}{\partial x} = v^+(x, +0, z, t) + v^-(x, +0, z, t);$$

$$v(x, -0, z, t) = -\frac{\partial h_u}{\partial t} - u_0 \frac{\partial h_u}{\partial x} = v^+(x, -0, z, t) + v^-(x, -0, z, t)$$
$$= -v^+(x, +0, z, t) + v^-(x, +0, z, t).$$

Man kann sich nun auf die v-Werte der oberen Halbebene beschränken und erhält für diese durch Addition und Subtraktion der letzten beiden Gleichungen:

$$\begin{aligned} v^+(x, +0, z, t) &= \frac{1}{2}\left[\frac{\partial}{\partial t}(h_0 + h_u) + u_0 \frac{\partial}{\partial x}(h_0 + h_u)\right]; \\ v^-(x, +0, z, t) &= \frac{1}{2}\left[\frac{\partial}{\partial t}(h_0 - h_u) + u_0 \frac{\partial}{\partial x}(h_0 - h_u)\right]. \end{aligned} \tag{32}$$

Damit ist das Randwertproblem für den symmetrischen und für den antisymmetrischen Anteil getrennt formuliert.

Die Erfüllung der Anströmbedingung (24) durch die Lösungsanteile bildet kein Problem, weil mit den Störansätzen gearbeitet wird, von denen jeder einzelne im Anströmgebiet verschwindet.

$h_0 + h_u$ ist die in y-Richtung gemessene Dicke des Flügels. Sie ist im Rahmen der Näherung dünner Flügel der wirklichen Dicke des Flügels gleichzusetzen, also dem Abstand eines beliebigen Punktes der oberen Seite zum nächstgelegenen Punkt der Unterseite.

$$\frac{1}{2}(h_0 - h_u) = h_0 - \frac{1}{2}(h_0 + h_u)$$

dagegen ist bei einem Profil die Mittellinie, bei einem Flügel die Mittelfläche. Sie wird als *Skelettlinie* und *Skelettfläche* bezeichnet.

Bei gewölbten Profilen, also gewölbten Skelettlinien — dem Fall von Abb. 2 — kann durch Wahl eines entsprechenden Wertes von v_∞ *stoßfreier Eintritt* verwirklicht werden. Man bezeichnet damit jenen Strömungszustand, bei dem die Vorderkante nicht umströmt wird. Die Bezeichnung stammt aus der Theorie der Strömungsmaschine und hat mit dem Verdichtungsstoß nichts zu tun, sondern nur mit starken lokalen Normalkraftbelastungen der Vorderkante.

Bei einem symmetrischen angestellten Flügel ist die Anstellung der Anströmung, $v_\infty \neq 0$, einer Anstellung des Flügels vorzuziehen. Wegen $h_0 = h_u$ gilt in diesem Falle auf der Skelettfläche $y = 0$ die Bedingung:

$$h_0 = h_u = h: \quad v^+(x, +0, z, t) = \frac{\partial h}{\partial t} + u_0 \frac{\partial h}{\partial x}; \quad v^-(x, +0, z, t) = 0. \tag{33}$$

Dabei handelt es sich sogar um die exakte Randbedingung für die Umströmung einer ebenen Platte in einer angestellten Anströmung. Dieser Fall wird im Schrifttum und auch in diesem Buch sehr häufig behandelt. Dies geschieht weniger wegen des Interesses an den aerodynamischen Eigenschaften ebener Platten, die praktisch ohnehin nicht gebaut werden können, ganz abgesehen davon, daß die Umströmung scharfer Vorderkanten wegen der dort auftretenden starken Übergeschwindigkeiten, Abb. VIII,5, im Rahmen der Theorie kleiner Störungen in der Kantenumgebung falsch ist. Umströmungen angestellter ebener Platten werden vorwiegend mit dem Ziel der Ermittlung des antisymmetrischen Anteils der Strömung eines angestellten symmetrischen Flügels behandelt.

5. Randbedingungen am Rotationskörper

Im folgenden wird unter Rotationskörper, wenn nicht ausdrücklich etwas anderes festgestellt wird, ein Drehkörper mit der x-Achse als Körperachse verstanden, der die Achsenumgebung ausfüllt, also ein *Rotationsrumpf*. Solche Körper besitzen als Geschoß, als Sonde und als Flugzeugrumpf praktische Bedeutung. Ihre aerodynamischen Eigenschaften lassen sich gut herleiten. Die Auftriebsfrage soll dabei durchwegs durch Anstellung der Anströmung, $v_0 \neq 0$, behandelt werden. Freilich sind auch Ringflügel Rotationskörper und in verschiedener Hinsicht von Interesse. Die analytische Behandlung der Aerodynamik von Ringflügeln ist jener von Doppeldeckern verwandt und bedarf daher eines größeren Aufwandes, der aus dem hier gestellten Rahmen herausfällt. Die Anströmbedingungen (24) und deren Berücksichtigung unterscheiden sich kaum von jenen bei Flügeln, wohl aber deren Randbedingung, weshalb diese hier in einem gesonderten Abschnitt behandelt wird. Auch bei Rotationskörpern ist die Aufteilung in einen symmetrischen und einen antisymmetrischen Strömungsanteil sinnvoll. Bei Verwendung der Koordinaten gemäß Abschn. VI,6, mit W_1 als radiale Komponente und W_2 als Umfangskomponente der Geschwindigkeit, mit β als Umfangswinkel, läßt sich sofort mit Gl. (VI,58) folgendes feststellen:

$$\begin{aligned} &W_1^+(x, y, z, t) = W_1^+(x, -y, z, t); \qquad W_2^+(x, y, z, t) = -W_2^+(x, -y, z, t); \\ &W_1^-(x, y, z, t) = -W_1^-(x, -y, z, t); \qquad W_2^-(x, y, z, t) = -W_2^-(x, -y, z, t). \end{aligned} \tag{34}$$

Gl. (34) ergibt sich unmittelbar aus den Symmetrieeigenschaften von v und w, Gl. (5) und (6), sowie aus jenen von $\sin\beta$ und $\cos\beta$. $\sin\beta$ ist in symmetrischen Punkten des dritten und vierten Quadranten negativ. $\cos\beta$ ist negativ im zweiten und dritten Quadranten.

Damit ähnelt die Radialkomponente W_1 hinsichtlich der Symmetrieeigenschaften den Komponenten u und w, die Umfangskomponente W_2 dagegen der v-Komponente. Dies darf deshalb nicht überraschen, weil W_1 — im Gegensatz zu v — von der Achse weg als positiv gerechnet wird, während für W_2 die positive Zählung in Umfangsrichtung erfolgt.

Wird im Gegensatz zum Flügel nun mit $h(x, t)$ der allenfalls zeitlich veränderliche Radius des Rotationskörpers bezeichnet und mit

$$F(x, t) = h^2(x, t)\,\pi \tag{35}$$

die gegebenenfalls zeitlich veränderliche Querschnittsfläche, so kann die implizite Darstellung der Oberfläche in die folgende Form gebracht werden:

$$\Psi(x, y, z, t) = y^2 + z^2 - h^2(x, t) = r^2 - \frac{1}{\pi} F(x, t) = 0 .$$

Die Bedingung (28) in Zylinderkoordinaten umgeschrieben lautet:

$$\frac{d\Psi}{dt} = \frac{\partial \Psi}{\partial t} + u \frac{\partial \Psi}{\partial x} + W_1 \frac{\partial \Psi}{\partial r} + W_2 \frac{1}{r} \frac{\partial \Psi}{\partial \beta} = 0 . \tag{36}$$

Dies führt mit der darüberstehenden Gleichung, der Randbedingung, auf:

$$r = h(x, t): \quad r W_1 = \frac{1}{2\pi} \left[\frac{\partial F}{\partial t} + u \frac{\partial F}{\partial x} \right]. \tag{37}$$

Da die Störung der u-Komponente bei Rotationskörpern doch wesentlich geringer ist als bei gleich dicken Flügeln, kann in Gl. (37) noch mit wesentlich größerer Berechtigung als in Gl. (29) u durch u_0 ersetzt werden.

$$r = h(x, t): \quad r W_1 = \frac{1}{2\pi} \left[\frac{\partial F}{\partial t} + u_0 \frac{\partial F}{\partial x} \right] + \cdots . \tag{38}$$

Die Randbedingung (38) kann nur von W_1^+ erfüllt werden, weil es sich dabei um eine symmetrische Forderung handelt, während W_1^- nach Gl. (34) eine antisymmetrische Funktion darstellt. Also gilt in der Näherung von Gl. (38) auch:

$$r = h(x, t): \quad W_1^-(x, y, z, t) = 0 . \tag{39}$$

Bei nichtanalytischen Verfahren, etwa bei graphischen oder numerischen Methoden, könnte allerdings auch Gl. (37) exakt erfüllt werden. Weil bei angestellten Rotationskörpern u auch einen antisymmetrischen Anteil enthält, würde anstelle der Null auf der rechten Seite von Gl. (39) ein kleiner Beitrag stehen, vgl. Gl. (IX,116) unten.

Für analytische Methoden stört in (38) zunächst der Umstand, daß die Bedingung auf der Körperoberfläche erfüllt werden soll. Entwickelt man, ähnlich wie in Gl. (30) die v-Komponente, jetzt das Produkt $r \cdot W_1$ in Achsennähe, so erhält man für schlanke Körper bei stationärer rotationssymmetrischer Strömung mit Gl. (VI,41) näherungsweise:

$$(rW_1)_{r=h} = (rW_1)_{r=0} + \left(\frac{\partial r W_1}{\partial r}\right)_{r=0} h + \cdots$$

$$= (rW_1)_{r=0} - \left(1 - \frac{u_0^2}{c_0^2}\right) \frac{\partial u_1}{\partial x} h^2 + \cdots. \tag{40}$$

Der zweite Summand erweist sich ähnlich wie in Gl. (30) als wesentlich kleiner als der erste Summand. In der Theorie kleiner Störungen kann das Produkt $r \cdot W_1$ in der Achsenumgebung einer rotationssymmetrischen Strömung als konstant angesehen werden. Dies läßt sich anhand vieler Beispiele bestätigen, Gl. (IX,39). Damit lautet in erster Näherung die Randbedingung für den achsensymmetrischen Anteil, d. i. hier der symmetrische Anteil:

$$r = 0: \quad rW_1^+ = \frac{1}{2\pi}\left[\frac{\partial F}{\partial t} + u_0 \frac{\partial F}{\partial x}\right] + \cdots. \tag{41}$$

Die Tatsache, daß das Produkt $r \cdot W_1^+$ in Achsennähe bei stationärer Strömung nur von x und sonst nur von x und t abhängt, bedeutet gleichzeitig, daß $r \to 0$, $W_1 \to \infty$ gilt. Es bedarf auf der Achse selbst einer unendlichen Radialkomponente, damit dort eine endliche Menge auszuströmen vermag, durch die die Körperform $F(x, t)$ dargestellt wird. Die großen Werte von W_1^+ widersprechen dabei nicht der Annahme kleiner Störungen. Die Vereinfachung der Differentialgleichung und der Randbedingungen muß nur auf dem Rand und außerhalb des Körpers gerechtfertigt sein, nämlich im Gebiet der wirklich vor sich gehenden Strömung.

Die Randbedingung bei einem nicht angestellten Rotationskörper wird also auf seiner Skelettlinie, d. i. nämlich auf seiner Achse, gestellt. Der Fehler, welcher durch die Näherung (41) hereingetragen wird, äußert sich wiederum nur darin, daß der Zusammenhang zwischen Quellverteilung auf der Achse und Körperform in Gl. (41) wohl sehr gut, aber nicht exakt erfaßt ist. Der genaue Körper könnte wieder nachträglich aus (37) ermittelt werden, was allerdings in der Praxis kaum lohnt.

6. Luftkräfte bei kleinen Störungen in stationärer Strömung

Der erste Teil dieses Abschnittes sei den Luftkräften an Flügeln und Profilen mit Belegungen auf der Ebene $y = 0$ gewidmet. Beim Ausdruck für die Tangentialkraft (V,56) ist unter der Annahme kleiner Störungen sowohl v als auch $(u - u_\infty)$ klein im Vergleich zu u_∞. Die Tangentialkraft ist also mindestens von der Größenordnung des Quadrates der Störungen und man kann $\varrho = \varrho_\infty$ setzen, wenn man sich mit dem ersten, nicht verschwindenden Glied in den Störungen begnügt. Es kommt also auf das Produkt $v(u - u_\infty)$ an. Dieses soll zunächst für die Oberseite der Belegung, $y = +0$, in den symmetrischen und antisymmetrischen Anteil zerlegt werden.

Mit den Symbolen von Abschn. 2 erhält man für

$$y = +0: \quad v(u - u_\infty) = (v^+ + v^-)(\varphi_x^+ + \varphi_x^-)$$
$$= v^+\varphi_x^+ + v^+\varphi_x^- + v^-\varphi_x^+ + v^-\varphi_x^- .$$

Es ist zweckmäßig, v nicht durch φ_y zu ersetzen, da v im wesentlichen durch die Randbedingungen gegeben ist.

Auch auf der Unterseite soll ähnlich vorgegangen werden. Nur sollen die Werte der Unterseite in einem zweiten Schritt auf Grund der Symmetrieeigenschaften durch die Werte der Oberseite ausgedrückt werden. Man erhält für

$$y = -0: \quad v(u - u_\infty) = [v^+\varphi_x^+ + v^+\varphi_x^- + v^-\varphi_x^+ + v^-\varphi_x^-]_{y=-0}$$
$$= [-v^+\varphi_x^+ + v^+\varphi_x^- + v^-\varphi_x^+ - v^-\varphi_x^-]_{y=+0} .$$

Damit ist sowohl der Integrand der Oberseite wie jener der Unterseite durch die Werte der Oberseite ausgedrückt. Bildet man gemäß Gl. (V,56) die Differenz von Unter- und Oberseite, dann fallen die gemischten symmetrisch-antisymmetrischen Beiträge fort und man erhält in erster Näherung für die Tangentialkraft:

$$\mathrm{T} = -2\varrho_\infty \iint\limits_{y=+0} [v^+\varphi_x^+ + v^-\varphi_x^-)\, \mathrm{d}z\, \mathrm{d}x + \cdots . \tag{42}$$

Man beachte, daß sich in dieser Näherung die Tangentialkraft aus zwei Summanden zusammensetzt, von denen der eine dem symmetrischen Beitrag, der andere dem antisymmetrischen Beitrag entspringt. Der zweite Teil wird in der Umgebung der umströmten Vorderkante besonders vorsichtig zu behandeln sein, vgl. Gl. (62) und Abschn. VIII,5.

Die Formel für die Normalkraft, Gl. (V,57), weist nur im Druckglied gemäß der Entwicklung (V,64) ein lineares Glied in den Störungen auf. In erster Näherung kann auf alle quadratischen Glieder verzichtet werden. Man erhält aus Gl. (V,64):

$$p - p_\infty = -\varrho_\infty u_\infty (u - u_\infty) + \cdots = -\varrho_\infty u_\infty (\varphi_x^+ + \varphi_x^-) + \cdots . \tag{43}$$

Indem man wieder in Gl. (V,57) die Werte der Unterseite durch jene der Oberseite ausdrückt, gelangt man sofort zum Ergebnis:

$$\mathrm{N} = 2\varrho_\infty u_\infty \iint\limits_{y=+0} \varphi_x^-\, \mathrm{d}z\, \mathrm{d}x + \cdots . \tag{44}$$

Dieses Integral legt eine innere Integration über die x-Richtung nahe. Sei $x_h(z)$ die Hinterkante, dann folgt mit Rücksicht darauf, daß $\varphi^-(x, 0, z)$ im Anströmgebiet verschwinden muß, weil es sich um eine ungerade Funktion handelt, die dort auf $y = 0$ stetig ist:

$$\mathrm{N} = 2\varrho_\infty u_\infty \int \varphi^-(x_h, +0, z)\, \mathrm{d}z .$$

Es handelt sich um eine Integration des Potentials über die Hinterkante. Man kann sich aber nun leicht überlegen, daß zwischen der Zirkulation $\Gamma(z)$ und dem Störpotential an der Hinterkante folgender Zusammenhang besteht, wenn man Γ längs einer Kurve $z =$ konst. an der

Oberseite und Unterseite des Flügels mit der Vorderkante $x_v(z)$ und der Hinterkante $x_h(z)$ bildet:

$$\Gamma = \int\limits_{z=\mathrm{const}} W_t \, \mathrm{d}s = \int\limits_{x_v}^{x_h} u(x, -0, z) \, \mathrm{d}x + \int\limits_{x_h}^{x_v} - u(x, +0, z) \, \mathrm{d}(-x)$$

$$= \int\limits_{x_v}^{x_h} [u(x, -0, z) - u_\infty] \, \mathrm{d}x - \int\limits_{x_v}^{x_h} [u(x, +0, z) - u_\infty] \, \mathrm{d}x$$

$$= \int\limits_{x_v}^{x_h} \varphi_x^-(x, -0, z) \, \mathrm{d}x - \int\limits_{x_v}^{x_h} \varphi_x^-(x, +0, z) \, \mathrm{d}x = -2\varphi^-(x_h(z), +0, z).$$

Damit ist aber die Normalkraft, die in der vorliegenden Näherung dem Auftrieb gleichzusetzen ist, durch den Kutta-Joukowskischen Satz, Gl. (V,44), ausgedrückt.

Die Gleichung für das Moment (V,58) ist dann folgerichtig in erster Näherung:

$$\mathrm{M} = 2\varrho_\infty u_\infty \iint\limits_{y=+0} \varphi_x^- \, \mathrm{d}z \, x \, \mathrm{d}x. \tag{45}$$

Für einen Rotationsrumpf mit x-Achse als Körperachse und gegebenenfalls mit angestellter Anströmung werden am besten die Gln. (V,61) und (V,62) herangezogen. Die Entwicklung der im Integranden auftretenden Druckstörungen nach den Störungen der Geschwindigkeitskomponenten ist in Gl. (V,64) wiedergegeben. Dazu ist zu bemerken, daß die Störung der u Komponente bei Rotationskörpern um eine Größenordnung kleiner ist als die Störung der Querkomponente. Die Quadrate der Querkomponenten müssen also in Gl. (V,64) mitberücksichtigt werden, während das Quadrat der u-Störung, $(1 - M_\infty^2)(u - u_\infty)^2$, als höheres Glied wegbleiben darf, wenn man vom Bereich höherer Überschallgeschwindigkeit, $M_\infty^2 \gg 1$, absieht. Dies wurde in der älteren Literatur nicht immer richtig durchgeführt, wie M. J. Lighthill [2] zeigte. Man erhält also für die Druckstörung in niedrigster Ordnung:

$$p - p_\infty = -\frac{\varrho_\infty}{2} [2u_\infty(u - u_\infty) + W_1^2 + W_2^2 - v_\infty^2] + \cdots. \tag{46}$$

Bei der Darstellung der Druckstörung auf der Körperoberfläche $r = h$ ist zu beachten, daß mit Gl. (39) der antisymmetrische Anteil wegfällt, also $W_1^- = 0$, und gleichzeitig jedoch für den achsensymmetrischen Anteil der Umfangskomponente $W_2^+ = 0$ gilt. Damit erhält man für die Druckstörung auf der Körperoberfläche in niedrigster Näherung:

$$r = h(x): \; p - p_\infty = -\frac{\varrho_\infty}{2} [2u_\infty(\varphi_x^+ + \varphi_x^-) + (W_1^+)^2 + (W_2^-)^2 - v_\infty^2 + \cdots]. \tag{47}$$

Daraus folgt mit Gl. (V,61) für die Tangentialkomponente der Luftkraft bis auf Glieder höherer Ordnung:

$$\mathrm{T} = -\frac{\varrho_\infty}{2} \iint\limits_{\beta=0}^{2\pi} [2u_\infty(\varphi_x^+ + \varphi_x^-) + (W_1^+)^2 + (W_1^-)^2 - v_\infty^2] \, \mathrm{d}\beta \, h h_x \, \mathrm{d}x.$$

Hierin ist zu beachten, daß φ_x^+, $(W_1^+)^2$, $(W_2^-)^2$, v_∞^2 symmetrische Funktionen in y sind. Sie liefern also im ersten und vierten Quadranten von β dieselben Beiträge wie im zweiten und dritten Quadranten. φ_x^- dagegen liefert im ersten und vierten Quadranten von β die entgegengesetzten Beiträge wie im zweiten und dritten Quadranten. Daher liefert φ_x^- keinen Beitrag zur Tangentialkraft. Mit der Beziehung (35) für den Körperquerschnitt F bleibt damit schließlich:

$$\mathrm{T} = -\frac{\varrho_\infty}{4\pi} \iint\limits_{\beta=0}^{2\pi} [2u_\infty\varphi_x^+ + (W_1^+)^2 + (W_2^-)^2 - v_\infty^2]\, \mathrm{d}\beta\, \frac{\mathrm{d}F}{\mathrm{d}x}\, \mathrm{d}x. \tag{48}$$

Wieder setzt sich die Tangentialkomponente der Luftkraft aus einem Beitrag für symmetrische Strömung und einem Beitrag für antisymmetrische Strömung additiv zusammen.

Führt man schließlich die Entwicklung (47) in Gl. (V,62) ein, so erhält man zunächst:

$$\mathrm{N} = \frac{\varrho_\infty}{2} \iint\limits_{\beta=0}^{2\pi} [2u_\infty\varphi_x^+ + (W_1^+)^2 + 2u_\infty\varphi_x^- + (W_2^-)^2 - v_\infty^2] \cos\beta\, \mathrm{d}\beta\, h\, \mathrm{d}x.$$

Hierin ist die Druckstörung, d. i. der Ausdruck in den eckigen Klammern, mit $\cos\beta$ multipliziert, d. i. eine Funktion, die im ersten und vierten Quadranten von β gerade entgegengesetzte Werte hat wie im zweiten und dritten Quadranten. Daher fallen bei der Normalkraft gerade jene Beiträge weg, die bei der Tangentialkraft in Gl. (48) übrig geblieben sind und umgekehrt. Es bleibt:

$$\mathrm{N} = \varrho_\infty u_\infty \iint\limits_{\beta=0}^{2\pi} \varphi_x^- \cos\beta\, \mathrm{d}\beta\, h\, \mathrm{d}x. \tag{49}$$

Es zeigt sich also, daß beim Druck in Gl. (47) Beiträge mitgenommen werden müssen, die sich jedoch bei der Berechnung der Normalkraft in Gl. (49) wegheben. Dies wurde erstmalig von Ackeret, Degen und Rott [3] gezeigt und mit ausführlichen Versuchen bei $M_\infty^2 \ll 1$ belegt, siehe auch Abschn. VIII,9.

Das Moment um die z-Achse ergibt sich für einen Rotationskörper aus Gl. (49) genauso wie das Moment des Flügels, Gl. (45) aus Gl. (44):

$$\mathrm{M} = \varrho_\infty u_\infty \iint\limits_{\beta=0}^{2\pi} \varphi_x^- \cos\beta\, \mathrm{d}\beta\, h(x)\, x\, \mathrm{d}x. \tag{50}$$

7. Störparameter und Störungen bei Profilen und Flügeln

In diesem Abschnitt werden die Störparameter δ^+ und δ^- im *Linearisierungsgebiet* der gasdynamischen Gleichung für stationäre Strömung festgelegt, d. i. jenes Gebiet, in dem die gasdynamische Gleichung (23) als erste Näherung zulässig ist. Dabei wird nun eine Störung der Anströmung ins Auge gefaßt, womit

Gl. (23) die Form erhält:

$$(1 - M_\infty^2)\,\varphi_{1xx} + \varphi_{1yy} + \varphi_{1zz} = 0. \qquad (51)$$

Diese gilt sowohl für den symmetrischen wie den antisymmetrischen Anteil φ_1^+ und φ_1^-. Weil Gl. (51) linear ist, enthält sie keinen Störparameter.

Es wird sich zeigen, daß Gl. (51) in schwach gestörten *reinen* Unterschallströmungen und *reinen* Überschallströmungen gilt, d. s. Unterschallströmungen ohne Überschallgebiete und Überschallströmungen ohne Unterschallgebiete. In schallnahen Strömungen erweist sich Gl. (51) dagegen nur in Sonderfällen anwendbar, weil nämlich das Glied zweiter Ordnung in Gl. (19) mit dem Produkt $\varphi_x\varphi_{xx}$ die gleiche Größenordnung annimmt wie das erste Glied von Gl. (51). Die Umströmung in Schallnähe erfährt daher in [·24] eine eigene Behandlung mit eigener Parameterbestimmung, wenngleich Teile der Ausführungen über Anströmbedingungen und Randbedingungen die gleichen bleiben. Es wird sich zeigen, daß sich die Gleichung für kleine Störungen in Schallnähe von Gl.(51) nur dadurch unterscheidet, daß der Faktor des ersten Gliedes $(1 - M_\infty^2)$ durch den Faktor $(1 - M^2)$ ersetzt werden muß, wobei M die lokale Machsche Zahl darstellt. Der Bereich der Hyperschallströmung kann schon wegen des Potentialansatzes nicht mit einbezogen werden.

Mit der Beschränkung auf reine Unter- und Überschallströmung ist die Festlegung der Störparameter δ^+ und δ^- allerdings noch nicht eindeutig, wenn auch praktisch einleuchtend.

Bei Beschränkung auf die linearen Anteile in den Störparametern lautet das Störpotential gemäß Gl. (20):

$$\varphi = \delta^+ u_\infty \varphi_1^+ + \delta^- u_\infty \varphi_1^-; \qquad (52)$$

mit den Komponenten gemäß Gl. (14):

$$u - u_\infty = \delta^+ u_\infty \varphi_{1x}^+ + \delta^- u_\infty \varphi_{1x}^-;$$
$$v = \delta^+ u_\infty \varphi_{1y}^+ + v_\infty + \delta^- u_\infty \varphi_{1y}^-; \qquad w = \delta^+ u_\infty \varphi_{1z}^+ + \delta^- u_\infty \varphi_{1z}^-. \qquad (53)$$

v_∞ ist in der Gleichung für v absichtlich vor den antisymmetrischen Anteil gesetzt worden, weil v_∞ selbst ja einen antisymmetrischen Anteil darstellt.

Da sich die folgenden Darlegungen ausdrücklich auf die Störglieder erster Ordnung beziehen, bleiben die Hinweise auf die Entwicklungen, also die Zeichen $+ \ldots$, in diesem und in den folgenden Abschnitten weg.

Die Anströmbedingung Gl. (24) bekommt für φ_1^+ und φ_1^- mit den Ansätzen (53) die einfache Form:

$$\varphi_{1x}^+ = 0; \quad \varphi_{1y}^+ = 0; \quad \varphi_{1z}^+ = 0; \quad \varphi_{1x}^- = 0; \quad \varphi_{1y}^- = 0; \quad \varphi_{1z}^- = 0. \qquad (54)$$

Die Randbedingung (32) erhält bei Störungen einer stationären Parallelströmung die Form:

$$v^+(x, +0, z) = \frac{1}{2}\, u_\infty \frac{\partial}{\partial x}\,(h_0 + h_u);$$

$$v^-(x, +0, z) = \frac{1}{2}\, u_\infty \frac{\partial}{\partial x}\,(h_0 - h_u).$$

Es ist zweckmäßig, bei der Darstellung der Dicke des Flügels $(h_0 + h_u)$ das *Dickenverhältnis* τ, d. i. das Verhältnis von maximaler Dicke zur Tiefe des Flügels, als Faktor herauszuheben. Da vereinbarungsgemäß alle Längen und alle Koordinaten bereits durch die Tiefe des Flügels dimensionslos gemacht werden, so ist also:

$$h_0 + h_u = \tau f(x, z) \quad \text{mit} \quad |f(x, z)| \leqq 1. \tag{55}$$

Gemäß dieser Gleichung ist also zu unterscheiden das Dickenverhältnis τ von der *Dickenverteilung* $f(x, z)$, d. i. die lokale Dicke des Flügels geteilt durch seine Maximaldicke. Verschieden verdickte Flügel zum Beispiel besitzen unterschiedliches Dickenverhältnis, jedoch gleiche Dickenverteilung.

Ähnlich sei mit $(h_0 - h_u)/2$ vorgegangen, d. i. die Höhe der Skelettfläche:

$$h_0 - h_u = 2kg(x, z) \quad \text{mit} \quad |g(x, z)| \leqq 1. \tag{56}$$

k ist dann die Maximalabweichung der Skelettfläche von der Ebene $y = 0$ geteilt durch die Tiefe des Flügels. k wird beim Profil als *Wölbungshöhe* bezeichnet. Während τ bei allen Flügeln positiv ist, kann k auch negative Werte annehmen. Auch S-Schläge von Profilen und dgl. können in Frage kommen. $g(x, z)$ ist die *Wölbungsverteilung*. Diese hat wie $f(x, z)$ für Flügel, die in y-Richtung verzerrt sind, die gleiche Funktionsform.

Die Randbedingungen für den symmetrischen Anteil erhalten damit die Gestalt:

$$y \to +0: \qquad \delta^+ \varphi_{1y}^+ = \frac{1}{2}\, \tau f_x(x, z). \tag{57}$$

Dies legt die Parameterwahl $\delta^+ = \tau$ nahe; man erhält dann:

$$\delta^+ = \tau; \quad y \to +0: \quad \varphi_{1y}^+ = v_1^+ = \frac{1}{2}\, f_x(x, z). \tag{58}$$

Als Randbedingung für den antisymmetrischen Anteil folgt aus Gl. (53):

$$y \to +0: \qquad \frac{v_\infty}{u_\infty} + \delta^- \varphi_{1y}^- = k g_x(x, z). \tag{59}$$

In der folgenden Darstellung soll die Skelettfläche wölbungsfreier Flügel und Profile mit der Ebene $y = 0$ zusammenfallen. Damit ist der *Anstellwinkel* ε gegeben durch

$$\operatorname{tg} \varepsilon = \frac{v_\infty}{u_\infty}. \tag{60}$$

Wenn vorwiegend wenig gewölbte oder nicht gewölbte Flügel und Profile betrachtet werden, wie dies in diesem Buch der Fall ist, dann setzt man am besten $\delta^- = \operatorname{tg} \varepsilon$ und erhält als Randbedingung:

$$\delta^- = \operatorname{tg} \varepsilon; \; y \to +0: \; \varphi_{1y}^- = v_1^- = -1 + k \cot \varepsilon \; g_x(x, z). \tag{61}$$

Bei nicht angestellter Anströmung dagegen wäre $\delta^- = k$ zu setzen. Man kann dann in die Funktion g nicht nur Wölbung und S-Schlag, sondern auch die Neigung des Flügels oder des Profiles einbeziehen.

Aus der Differentialgleichung (51), der Anström- und der Randbedingung für das Störpotential φ_1^+ oder φ_1^-, lassen sich bereits wichtige Folgerungen herleiten. Es sei mit dem symmetrischen Anteil begonnen. Bei Wahl des Störparameters $\delta^+ = \tau$ tritt weder dieser noch das Dickenverhältnis in der Differentialgleichung (51), in den Anströmbedingungen (54) und in der Randbedingung (58) auf. Die Lösung von φ_1^+ ist damit bei gleicher Dickenverteilung unabhängig von der Größe des Dickenverhältnisses geworden, wobei freilich die Voraussetzung $\tau = \delta_1^+ \ll 1$ erfüllt bleiben muß. Gemäß Gl. (53) sind also die Störungen der Geschwindigkeitskomponenten in einem bestimmten Punkt des Strömungsraumes und speziell in einem bestimmten Punkt der Ebene $y = 0$ proportional zum Dickenverhältnis τ für Flügel gleicher Dickenverteilung $f(x, z)$.

Der symmetrische Störanteil des Potentials und der Geschwindigkeitskomponenten von Flügeln gleicher Dickenverteilung ist in irgendeinem Punkt des Raumes proportional zum Dickenverhältnis. Da bei schlanken Flügeln und Profilen die Störung auf der Flügeloberfläche jener auf der Belegungsebene $y = 0$ bei gleichen x und z gleichgesetzt werden darf, gilt die Aussage auch für die Störungen auf der Flügeloberfläche. Bei angestellten oder gewölbten Flügeln läßt sich eine ähnliche Aussage nur treffen, wenn in der Randbedingung (61) nicht nur die Wölbungsteilung in den Vergleichsfällen dieselbe ist, sondern auch $k \cdot \cot \varepsilon$, d. i. im wesentlichen das Verhältnis von Wölbungshöhe und Anstellwinkel.

Freilich läßt sich der Wölbungsanteil und Anstellanteil getrennt behandeln, indem man jedem einen Anteil des antisymmetrischen Potentials φ_1^- zuordnet. Eine solche Vorgangsweise kommt für aerodynamische Studien sehr wohl in Frage, würde aber den Rahmen unserer Darstellung sprengen.

Unter der Voraussetzung, daß die Wölbungshöhe k wie der Anstellwinkel $\operatorname{tg} \varepsilon$ geändert wird, oder daß im Spezialfall überhaupt $k = 0$ ist, ist der antisymmetrische Anteil des Störpotentials und der Störung der Geschwindigkeitskomponenten in gleichen Raumpunkten proportional zum Anstellwinkel ε. Die Aussage gilt wiederum insbesondere für die Belegungsfläche $y = 0$ und damit für die Flügeloberfläche.

Für die Tangentialkraft erhält man, wenn man in Gl. (42) die Störansätze einführt, mit dem Parameter $\delta^+ = \tau$ und $\delta^- = \operatorname{tg} \varepsilon$ folgende Gleichung:

$$T = -2\varrho_\infty u_\infty^2 \iint\limits_{y \to +0} \left[\frac{1}{2}\tau^2 \varphi_{1x}^+ f_x(x, z) + \operatorname{tg}^2 \varepsilon\, \varphi_{1x}^-(1 + \varphi_{1y}^-)\right] dz\, dx$$

$$= -\frac{\varrho_\infty u_\infty^2}{2}\left[2\tau^2 \iint\limits_{y \to 0} \varphi_{1x}^+ f_x(x, z)\, dz\, dx + 4 \operatorname{tg}^2 \varepsilon \iint\limits_{y \to 0} (1 + \varphi_{1y}^-)\varphi_{1x}^-\, dz\, dx\right]. \quad (62)$$

Die beiden Anteile der Tangentialkraft sind also proportional zu τ^2 und $\operatorname{tg}^2 \varepsilon$. Man muß sich jedoch bei der Umströmung von Vorderkanten davor hüten, im zweiten Integral gemäß der Randbedingung (61) für $k = 0$, $\varphi_{1y}^- = -1$ zu setzen, indem man den Grenzübergang $y \to +0$ im Integranden ausführt anstatt nach der Integration. Dies führt zu einem berühmt gewordenen Fehler, der in Abschn. VIII,5 genauer behandelt wird.

Bei Normalkraft und Moment begegnet man dagegen keinen weiteren Schwierigkeiten. Aus Gl. (44) folgt:

$$\mathrm{N} = \frac{\varrho_\infty u_\infty^2}{2} 4 \operatorname{tg} \varepsilon \iint\limits_{y=+0} \varphi_{1x}^- \, \mathrm{d}z \, \mathrm{d}x. \tag{63}$$

Hier könnte man wieder auf die Zirkulation zurückgehen, wie im Kleindruck von Abschnitt 6 gezeigt wurde. Aus Gl. (45) folgt für das Moment um die z-Achse:

$$\mathrm{M} = \frac{\varrho_\infty u_\infty^2}{2} 4 \operatorname{tg} \varepsilon \iint\limits_{y=+0} \varphi_{1x}^- \, \mathrm{d}z \, x \, \mathrm{d}x. \tag{64}$$

Normalkraft und Moment sind im gesteckten Rahmen proportional zu $\operatorname{tg} \varepsilon$.

8. Störparameter und Störungen bei nicht angestellten Rotationsrümpfen

Auch für den nicht angestellten Rotationskörper sollen dieselben Einschränkungen auf stationäre Strömung und auf das Linearisierungsgebiet der gasdynamischen Gleichung getroffen werden, wie dies im letzten Abschnitt für Flügel und Profile gemacht wurde. Dann gilt wieder für die erste Ordnung in den Störungen Gl. (51), die jedoch für die folgenden Darlegungen besser auf Zylinderkoordinaten umgeschrieben wird. Mit den Symbolen von Gl. (VI,62) erhält die linearisierte gasdynamische Gleichung die Form:

$$(1 - M_\infty^2)\, \varphi_{1xx} + \varphi_{1rr} + \frac{1}{r^2} \varphi_{1\beta\beta} + \frac{1}{r} \varphi_{1r} = 0. \tag{65}$$

Der symmetrische Anteil des Störpotentials, nämlich φ_1^+, ist unabhängig vom Winkel β und muß daher die lineare gasdynamische Gleichung (66) befriedigen:

$$(1 - M_\infty^2)\, \varphi_{1xx}^+ + \varphi_{1rr}^+ + \frac{1}{r} \varphi_{1r}^+ = 0. \tag{66}$$

Die Anströmbedingung (54) kann übernommen werden, wird aber besser in Zylinderkoordinaten umgeschrieben:

$$\varphi_{1x}^+ = 0; \qquad \varphi_{1r}^+ = 0. \tag{67}$$

Die Randbedingung (41) für stationäre Strömung und $u_0 = u_\infty$ lautet:

$$r \to 0: \quad r W_1^+ = \frac{u_\infty}{2\pi} \frac{\mathrm{d}F}{\mathrm{d}x}, \tag{68}$$

mit $F(x)$ als Querschnittsfläche und $h(x)$ als Radius des Rotationsrumpfes gemäß Gl. (35).

Ganz analog zur Vorgangsweise beim Flügel ist nun zu setzen:

$$F = F_{\max} \cdot f(x) = \pi \frac{\tau^2}{4} f(x), \qquad f(x) \leqq 1. \tag{69}$$

Hierin ist τ wieder das Dickenverhältnis des Rotationskörpers und $F_{\max}$ die maximale Querschnittsfläche, gemessen in Tiefen des Körpers. $f(x)$ ist jetzt die Querschnittsverteilung, also der lokale Querschnitt geteilt durch den Maximalquerschnitt. Rümpfe gleicher Querschnittsverteilung sind also Rümpfe affin verzerrten Querschnitts.

Wird nun mittels des Ansatzes (52) die Radialkomponente der Geschwindigkeit durch φ_1^+ ausgedrückt, so erhält die Randbedingung (68) mit dem Ansatz (69) die Form:

$$r \to 0: \quad \delta^+ r \varphi_{1r}^+ = \frac{1}{2\pi} F_{\max} f_x(x).$$

Mit der Parameterwahl $\delta^+ = F_{\max}$ erhält man dann die Randbedingung:

$$\delta^+ = F_{\max} = \frac{\tau^2 \pi}{4}; \qquad r \to 0: \quad r\varphi_{1r}^+ = \frac{1}{2\pi} f_x(x). \tag{70}$$

Mit der Parameterwahl von Gl. (70) tritt der Parameter weder in der Differentialgleichung (66) noch in der Anströmbedingung (67) oder der Randbedingung (70) auf. In letzterer steht wieder nur die Querschnittsverteilung $f(x)$. Daher ist die Lösung für φ_1^+ für alle Rümpfe gleicher Querschnittsverteilung, also alle Rümpfe affin verzerrten Längsschnittes dieselbe, solange nur die Forderung kleiner Störungen erfüllt bleibt. Damit sind aber das Störpotential gemäß Gl. (52), und die Störkomponenten in einem bestimmten Ort des Strömungsraumes proportional zu $\delta^+ = F_{\max}$.

Im Gegensatz zu den Folgerungen beim Profil und beim dünnen Flügel darf beim Rumpf daraus jedoch nicht der Schluß gezogen werden, daß die Störkomponenten auf der Rumpfoberfläche $r = h$ proportional zu $F_{\max} = \tau^2\pi/4$ sind. Bei der Stromlinienneigung W_1/u_∞ wäre ein solcher Fehlschluß sofort augenfällig, denn W_1 auf $r = h$ ist proportional zur Stromlinienneigung, also zu τ und keineswegs zu τ^2. Die Strömungsstruktur ändert sich nämlich in Achsennähe einer achsensymmetrischen Strömung derart stark, daß Ortsveränderungen dort genauestens berücksichtigt werden müssen. Eine Aussage über Eigenschaften am gleichen Ort in Achsennähe darf nicht verwechselt werden mit einer Aussage über Eigenschaften auf der Oberfläche, da ja die Oberfläche des dünneren Körpers näher an der Achse liegt als jene eines dickeren Körpers.

Schon bei der Behandlung der Randbedingung in Gl. (40) haben sich die besonderen Verhältnisse an der Achse gezeigt. Anhand der linearen Gleichung (66) kann die Änderung des Strömungszustandes in Achsennähe nun genau verfolgt werden.

Da Gl. (70) in einer gewissen Umgebung der Achse gilt, kann man in dieser Umgebung auch über r integrieren und erhält für $r^2 \ll 1$:

$$\varphi_1^+ = \frac{1}{2\pi} f_x(x) \ln r + R(x). \tag{71}$$

Die Funktion $R(x)$ verschwindet keineswegs, sie wird später als *Raumeinfluß* bezeichnet und kann erst in Abschn. VIII,7 und IX,3 für Unter- und Überschallgeschwindigkeit berechnet werden. Man sieht aber bereits, daß das Störpotential mit $\ln r$ an der Achse über alle Grenzen wächst. Dasselbe gilt für die x-Komponente der Geschwindigkeit. Aus (71) folgt nämlich wieder für $r^2 \ll 1$:

$$\varphi_{1x}^{+} = \frac{1}{2\pi} f_{xx}(x) \ln r + R_x(x). \tag{72}$$

Die Ableitung von $f_x(x)$ setzt natürlich Stetigkeit dieser Funktion voraus, das bedeutet gemäß Gl. (35) Unzulässigkeit von Knicken in der Körperoberfläche an der betrachteten Stelle.

Unter solchen Stetigkeitsvoraussetzungen kann aber iteriert werden. Schreibt man Gl. (66) in der Form

$$(1 - M_\infty^2) r \varphi_{1xx}^{+} + \frac{\partial}{\partial r} (r \varphi_{1r}^{+}) = 0, \tag{73}$$

so kann man mit Gl. (73) eine höhere Ordnung der Entwicklung in Achsennähe von $r\varphi_{1r}^{+}$ aus φ_{1x}^{+} von Gl. (72) ermitteln und findet für $r^2 \ll 1$:

$$r\varphi_{1r}^{+} = \frac{1}{2\pi} f_x(x) - (1 - M_\infty^2) \frac{r^2}{2} \left[\frac{1}{2\pi} f_{xxx} \left(\ln r - \frac{1}{2}\right) + R_{xx}(x)\right].$$

Weil r^2 klein ist, ist der zweite Summand der rechten Seite in der Tat von höherer Ordnung. Die Gleichung geht in der Grenze $r \to 0$ in Gl. (70) über.

Damit steht fest, daß die Querkomponente φ_{1r}^{+} an der Achse wie $1/r$ über alle Grenzen wächst, φ_1^{+} und φ_{1x}^{+} dagegen wie $\ln r$.

Beim Vergleich der Geschwindigkeitsverteilung an der Oberfläche zweier affin verzerrter Rotationsrümpfe, ein Vergleich, der allgemein stärker interessiert als ein Vergleich an bestimmten Stellen des Raumes, ist es zweckmäßig, jenen Anteil herauszuschälen, der proportional zu $F_{\max}$ ist, d. i. in der Komponente jener Teil in Gl. (72), in dem F auftritt. Man erhält für $r = h(x)$ mit Gl. (70) und (72):

$$\varphi_{1x}^{+} = \frac{1}{4\pi} f_{xx}(x) \ln \frac{F}{\pi} + R_x(x) = \frac{1}{4\pi} f_{xx} \left[\ln \frac{F_{\max}}{\pi} + \ln f(x)\right] + R_x(x).$$

Damit ist:

$$\varphi_{1x}^{+}(x, h) - \frac{1}{4\pi} f_{xx}(x) \ln \frac{F_{\max}}{\pi} = \frac{1}{4\pi} f_{xx}(x) \ln f(x) + R_x(x). \tag{74}$$

Aus der rechten Gleichungsseite (74) geht hervor, daß die Differenz der linken Gleichungsseite nur von der Dickenverteilung, nicht aber vom Dickenverhältnis abhängt. Es handelt sich bei der Differenz auf der linken Gleichungsseite um einen Ausdruck, der auch auf der Achse endlich bleibt und bei Rotationsrümpfen dieselben Dienste leistet wie die u-Komponente auf der Skelettlinie von Profilen. Die Genauigkeit ist im allgemeinen für den praktischen Gebrauch völlig ausreichend. Sie nimmt mit Annäherung an die Schallnähe im übrigen nur zu, worauf schon die Entwicklung unter Gl. (73) hindeutet.

Gemäß Gl. (47) setzt sich die Druckstörung und damit der Druckkoeffizient auf der Körperoberfläche aus einem Anteil der symmetrischen und einem Anteil der antisymmetrischen Strömung zusammen:

$$r = h(x):\quad c_p = c_p^+ + c_p^-, \tag{75}$$

mit der üblichen Definition des Druckkoeffizienten, Abschn. II,9. Dabei ist auf $r = h(x)$:

$$\begin{aligned} c_p^+ &= -2\,\frac{\varphi_x^+}{u_\infty} - \left(\frac{W_1^+}{u_\infty}\right)^2; \\ c_p^- &= -2\,\frac{\varphi_x^-}{u_\infty} - \left(\frac{W_2^-}{u_\infty}\right)^2 + \operatorname{tg}^2 \varepsilon. \end{aligned} \tag{76}$$

Die beiden Anteile von c_p sind also dadurch gekennzeichnet, daß sich der eine nur aus Ergebnissen der symmetrischen Lösung, der andere nur aus solchen der antisymmetrischen Lösung zusammensetzt. Es ist durchaus nicht selbstverständlich, daß eine solche Aufteilung möglich ist, weil c_p eine quadratische Funktion der Geschwindigkeitsstörungen ist. c_p ist dabei keineswegs selbst eine antisymmetrische Funktion. Sie besitzt in den letzten beiden Summanden symmetrische Anteile.

Der symmetrische Anteil c_p^+ sei nun mit Hilfe von Gleichung (52), Gl. (68) und Gl. (69) auf die Lösung erster Ordnung zurückgeführt. Man findet nach kurzer Rechnung auf $r = h(x)$:

$$c_p^+ = -F_{\max}\left[2\varphi_{1x}^+(x, h) + \frac{1}{4\pi}\,\frac{f_x^2}{f}\right]. \tag{77}$$

Durch φ_{1x}^+ kommt in c_p^+ ein Ausdruck herein, in dem $F_{\max}$ nicht nur als Faktor sondern auch als Argument eines Logarithmus auftritt. Mit Gl. (74) findet man:

$$c_p^+ = -F_{\max}\left[2R_x(x) + \frac{1}{2\pi}\,f_{xx}(x)\left(\ln\frac{F_{\max}}{\pi} + \ln f(x)\right) + \frac{1}{4\pi}\,\frac{f_x^2}{f}\right]. \tag{78}$$

Dabei ist $R(x)$ wieder der in Gl. (71) eingeführte Raumeinfluß, d. i. der endliche Anteil des Potentials φ_1^+ auf der Achse, der erst im Rahmen der Lösung des Strömungsproblemes bestimmt werden kann.

Mit Gl. (48) sei nun der Tangentialkraftbeiwert c_t, Abschn. V,14, dargestellt. Die Integration über β gibt 2π, da die Anteile der Lösung von β unabhängig sind. Man erhält mit Gl. (76) und (70):

$$c_t^+ = \frac{1}{F_{\max}}\,\frac{2}{\varrho_\infty u_\infty^2}\,\mathrm{T}^+ = -\frac{1}{F_{\max}}\int_0^1 \frac{1}{u_\infty^2}\,[2u_\infty\varphi_x^+ + (W_1^+)^2]\,\frac{\mathrm{d}F}{\mathrm{d}x}\,\mathrm{d}x = \int_0^1 c_p^+ f_x\,\mathrm{d}x. \tag{79}$$

Hier ist es nun vorteilhaft, die Darstellung (78) für die Körperoberfläche einzuführen. Man erhält nach Umformung:

$$\frac{c_t^+}{F_{\max}} = -\int_0^1 \left[2R_x(x) + \frac{1}{2\pi}\,f_{xx}\ln\frac{F_{\max}}{\pi} + \frac{1}{4\pi f_x}\,\frac{\mathrm{d}}{\mathrm{d}x}\,(f_x^2 \ln f)\right] f_x\,\mathrm{d}x.$$

Hierin lassen sich alle Integrationen bis auf jene über den Raumeinfluß ohne Kenntnis der speziellen Form von $f(x)$ ausführen. Man erhält unter der Annahme, daß der Körper mit einer Spitze beginnt wegen $f_x(0) = 0$:

$$c_t^+/F_{\max} = -2\int\limits_0^1 R_x(x)\, f_x\, dx - \frac{1}{4\pi} f_x^2(1) \ln\left(\frac{F_{\max}}{\pi} f(1)\right). \tag{80}$$

Zur Ermittlung von c_t^+ bleibt also nur noch die Ausführung der Integration über $R_x(x)$. Endet der Körper spitz auf der Achse wie etwa eine Spindel oder zylindrisch wie der Mantel vieler Geschosse, so fällt der letzte Summand weg wegen $f_x(1) = 0$. In diesen beiden speziellen Fällen ist der mit $F_{\max}$ gebildete Tangentialkraftbeiwert proportional zu $F_{\max}$.

Der Vorteil der Gleichungen vom Typus (71), (72), (74), (78) und (80) liegt darin, daß sich die Berechnung auf den Raumeinfluß $R(x)$ beschränken kann, d. i. eine Größe, die auf der Belegungsachse wohl definiert ist. Die Rechnungen können damit in erster Ordnung ganz ähnlich vor sich gehen wie beim Flügel oder Profil, wo im wesentlichen auf der Belegungsfläche $y = 0$ gearbeitet wurde. Alle übrigen Glieder in den genannten Gleichungen sind durch die Dickenverteilungsfunktion $f(x)$, Gl. (69), gegeben.

Diese Reduktion auf die Achse entspringt der Beziehung (68) für die Achsenumgebung, eine Näherung, die gerade auch für Schallnähe besonders gut ist. Daher können alle Folgerungen aus dieser Beziehung auch für Schallnähe übernommen werden.

9. Störparameter, Störungen und Luftkräfte bei angestellten Rotationsrümpfen

Die Differentialgleichung (65), die ja Rotationssymmetrie noch nicht voraussetzt, läßt folgenden Separationsansatz für den antisymmetrischen Anteil des Störpotentials (52) zu:

$$\varphi_1^-(x, r, \beta) = \varphi_1^-(x, r, 0) \cos\beta\,. \tag{81}$$

$\varphi_1^-(x, r, 0)$ ist dabei als Wert von φ_1^- für den Winkel $\beta = 0$ nur eine Funktion von x und r. Da in Gl. (65) nur die zweifache Ableitung nach β vertreten ist, würde man eine weitere Lösung erhalten, wenn $\cos\beta$ in Gl. (81) durch $\sin\beta$ ersetzt würde. Diese zweite Lösung würde jedoch nicht den Bedingungen (12) für die Antisymmetrie genügen, was bei $\cos\beta$ sehr wohl der Fall ist. Diese Funktion ist positiv im ersten und vierten Quadranten, d. i. $y > 0$, und negativ im zweiten und dritten Quadranten, d. i. bei $y < 0$, wie das bei Zylinderkoordinaten, Gl. (VI,57) nicht anders sein kann.

Der Ansatz (81) ist nicht an die Form des ersten Gliedes von Gl. (65) gebunden. Dies hat zur Folge, daß nahezu alle Schlüsse dieses Abschnittes auch für schallnahe Strömungen gelten. Die untergeordnete Bedeutung des ersten Summanden von Gl. (65) mit dem Faktor $(1 - M_\infty^2)$ ist auch daran zu erkennen, daß dieser Faktor in den folgenden Resultaten nicht auftritt.

Der Ansatz (81) in die Gl. (65) eingesetzt ergibt für $\varphi_1^-(x, r, 0)$ die Differentialgleichung in x und r:

$$(1 - M_\infty^2)\,\varphi_{1xx}^- + \varphi_{1rr}^- + \frac{1}{r}\,\varphi_{1r}^- - \frac{1}{r^2}\,\varphi_1^- = 0. \tag{82}$$

Man überzeugt sich leicht, daß die Differentialgleichung (82) für φ_1^- aus der Gl. (66) für φ_1^+ durch eine Ableitung nach r hervorgeht. Ist also φ_1 eine Lösung von Gl. (66), so ist φ_{1r} eine Lösung von Gl. (82).

Da mit Gl. (70) $r\varphi_{1r}^+$ für Achsennähe eine Funktion von x allein ist, gilt daher nun für $\varphi_1^-(x, r, 0)$:

$$r \to 0{:}\quad r\varphi_1^- = C(x). \tag{83}$$

Dieser Ansatz führt in der Tat zu folgenden Größenordnungen der Summanden von Gl. (82) in r:

$(1 - M_\infty^2)\,\varphi_{1xx}^-$	φ_{1rr}	$\frac{1}{r}\,\varphi_{1r}^-$	$\frac{1}{r^2}\,\varphi_1^-$
r^{-1}	r^{-3}	r^{-3}	r^{-3}

Die letzten drei Summanden von Gl. (82) wachsen damit in Achsennähe mit dem Faktor $1/r^2$ schneller über alle Grenzen als der erste Summand. Sie müssen also in Achsennähe für sich verschwinden.

Die Differentialgleichung (82) läßt sich auch in der Form einer Differentialgleichung für $r\varphi_1^-$ schreiben:

$$(1 - M_\infty^2)\, r\,\frac{\partial^2}{\partial x^2}(r\varphi_1^-) + \frac{\partial}{\partial r}\left[r\,\frac{\partial}{\partial r}(r\varphi_1^-) - 2(r\varphi_1^-)\right] = 0. \tag{84}$$

Hier verschwindet der erste Summand unter der Annahme (83) an der Achse, während der zweite Summand vom Ansatz (83) erfüllt wird. Schreitet man iterativ zu höheren Potenzen von r fort, so erhält man für $r\varphi_1^-$ genau dieselbe Entwicklung in r wie für $r\varphi_{1r}^+$ im Kleindruck des letzten Abschnittes, freilich mit einer anderen Bedeutung der x-Funktionen $f(x)$ und $R(x)$. Damit kann der Ansatz (83) als erste Näherung einer r-Entwicklung in Achsenumgebung angesehen werden.

Nicht weniger brauchbar als die Differentialgleichungsform (84) sind folgende Formen von Gl. (82):

$$(1 - M_\infty^2)\,\varphi_{1xx}^- + \frac{\partial}{\partial r}\left(\varphi_{1r}^- + \frac{1}{r}\,\varphi_1^-\right) = (1 - M_\infty^2)\,\varphi_{1xx}^- + \frac{\partial}{\partial r}\left[\frac{1}{r}\,\frac{\partial}{\partial r}\,(\varphi_{1r}^-)\right] = 0.$$

Mit Ermittlung der Eigenschaften von φ_1^- in der Umgebung der Achse, Gl. (83), läßt sich auch die Randbedingung, Gl. (39), erfüllen.

Der gesamte antisymmetrische Anteil des Geschwindigkeitspotentials ist gemäß Gl. (10) und (52):

$$\Phi^- = v_\infty y + \varphi^- = v_\infty y + \delta^- u_\infty \varphi_1^-$$

und in Zylinderkoordinaten mit Gl. (81):

$$\Phi^- = [v_\infty r + \delta^- u_\infty \varphi_1^-(x, r, 0)]\cos\beta. \tag{85}$$

Für die Geschwindigkeitskomponenten folgt daraus im ganzen Strömungsraum:

$$\Phi_x^- = \delta^- u_\infty \varphi_{1x}^-(x, r, 0) \cos\beta; \quad W_1^- = \Phi_r^- = v_\infty + \delta^- u_\infty \varphi_{1r}^-(x, r, 0) \cos\beta;$$

$$\frac{1}{r}\Phi_\beta = W_2^- = -[v_\infty r + \delta^- u_\infty \varphi_1^-(x, r, 0)] \sin\beta. \tag{86}$$

Zur Erfüllung der Randbedingung (39) gilt dann mit (83):

$$r = h\colon W_1^- = 0 = v_\infty - \delta^- u_\infty \frac{C(x)}{r^2} = v_\infty - \delta^- u_\infty \frac{C(x)}{h^2(x)}.$$

Zur Befriedigung der Randbedingung muß also die zunächst in Gl. (83) noch unbestimmte Funktion $C(x)$ bis auf einen konstanten Faktor proportional zu h^2, also nach Gl. (35) zu $F(x)$, gewählt werden.

Wählt man wie vorhin einen von der Körperdicke und vom Anstellwinkel abhängigen Störparameter δ^-, so gewinnt man wieder wie früher Randbedingungen, die von τ und ε unabhängig sind. Mit

$$\delta^- = F_{\max} \operatorname{tg} \varepsilon, \qquad C(x) = \frac{1}{\pi} f(x) = h^2(x)/F_{\max}, \tag{87}$$

erhält man die Randbedingung:

$$r^2 \ll 1\colon \; r\varphi_1^-(x, r, 0) = \frac{1}{\pi} f(x). \tag{88}$$

Selbstverständlich hätte der Faktor π in den Parameter δ^- hereingezogen werden können, womit in Gl. (88) nur mehr die Dickenverteilungsfunktion $f(x)$ stünde. Die hier gewählte Darstellung schließt jedoch konsequenter an die Festlegung bei nicht angestellten Körpern, Gl. (70), an. Sehr zum Unterschied zu den Verhältnissen beim Flügel und beim Profil, Gl. (61), gehen Dicke und Dickenverteilung beim Rotationsrumpf sehr wohl in die Randbedingung und damit in die Störung der Strömung durch Anstellung ein.

Die Störung durch die Anstellung, also nur die zu δ^- proportionale Abweichung von der angestellten Parallelströmung, ist also gemäß Gl. (85) in einem festen Raumpunkt proportional zu $\delta^- = F_{\max} \operatorname{tg} \varepsilon$. Bei schlanken Körpern und kleinem Anstellwinkel handelt es sich also um eine sehr kleine Störung.

Noch viel weniger als bei nicht angestellten Rotationskörpern darf daraus jedoch geschlossen werden, daß ähnliches für die Störungen auf der Körperoberfläche gilt. Um diese zu ermitteln, seien zunächst die Störungen irgendwo in Achsennähe berechnet. Mit Gl. (85), (86) und (88) gilt:

$$r \ll 1\colon \; \Phi^- = \left(r + \frac{h^2(x)}{r}\right) \operatorname{tg} \varepsilon \, u_\infty \cos\beta;$$

$$\Phi_x^- = \varphi_x^- = \frac{2h}{r}\frac{dh}{dx} \operatorname{tg} \varepsilon \, u_\infty \cos\beta; \quad W_1^- = \Phi_r^- = \left[1 - \frac{h^2}{r^2}\right] \operatorname{tg} \varepsilon \, u_\infty \cos\beta; \tag{89}$$

$$W_2^- = \frac{1}{r}\Phi_\beta^- = -\left[1 + \frac{h^2}{r^2}\right] \operatorname{tg} \varepsilon \, u_\infty \sin\beta.$$

Aus dieser Darstellung geht die außerordentlich starke Änderung der Störung mit dem Achsenabstand r deutlich hervor. Auf der Körperoberfläche erhält man:

$$r = h:\quad \Phi_x^- = \varphi_x^- = 2\,\frac{\mathrm{d}h}{\mathrm{d}x}\,\mathrm{tg}\,\varepsilon\, u_\infty \cos\beta;\quad W_1^- = 0;\quad W_2^- = -2\,\mathrm{tg}\,\varepsilon\, u_\infty \sin\beta. \tag{90}$$

Dort ist also die u-Störung proportional zu $\mathrm{d}h/\mathrm{d}x \cdot \mathrm{tg}\,\varepsilon$ und die W_2-Störung überhaupt proportional zu $\mathrm{tg}\,\varepsilon$ allein.

Es ist bemerkenswert und überraschend, daß mit Gl. (89) und (90) bereits die Geschwindigkeitsstörungen in Achsennähe und am Körper gewonnen wurden, ohne daß der Lösungsvorgang der Differentialgleichung (82) deutlich geworden ist. Es handelt sich jedoch bei Gl. (83) um eine Lösung der Differentialgleichung (82) unter Vernachlässigung des ersten Summanden. Die Berechtigung dieser Vorgangsweise wird später bei der Behandlung in den verschiedenen Machzahlbereichen noch ausführlich bestätigt. Vorläufig kann aber die Feststellung gemacht werden, daß das Ergebnis von Gl. (90) unabhängig von der Machzahl der Anströmung M_∞ gilt. Dieses Ergebnis wird sich noch in dieser und in einer allgemeineren Form auch für Schallnähe als richtig erweisen.

Für den antisymmetrischen Anteil des Druckkoeffizienten erhält man mit Gl. (75) und (90) auf $r = h(x)$:

$$c_p^- = -4\,\frac{\mathrm{d}h}{\mathrm{d}x}\,\mathrm{tg}\,\varepsilon \cos\beta + (1 - 4\sin^2\beta)\,\mathrm{tg}^2\,\varepsilon. \tag{91}$$

Ein Vergleich dieses Ergebnisses mit Versuchen für den niederen Geschwindigkeitsbereich wird in Abschn. VIII,9 gegeben.

Für den Beitrag der antisymmetrischen Glieder zum Tangentialkraftbeiwert Gl. (48) erhält man, wenn der Beiwert wieder mit $F_{\max}$ als Bezugsfläche gebildet wird:

$$\begin{aligned} c_t^- &= -\frac{1}{2\pi F_{\max}} \int\!\!\int \left[\left(\frac{W_2}{u_\infty}\right)^2 - \mathrm{tg}^2\,\varepsilon\right] \mathrm{d}\beta\, \frac{\mathrm{d}F}{\mathrm{d}x}\,\mathrm{d}x \\ &= -\frac{1}{F_{\max}}\,\mathrm{tg}^2\,\varepsilon \int_0^1 \frac{\mathrm{d}F}{\mathrm{d}x}\,\mathrm{d}x = -\frac{F(1)}{F_{\max}}\,\mathrm{tg}^2\,\varepsilon. \end{aligned} \tag{92}$$

Dieser Beitrag verschwindet also bei geschlossener Oberfläche, $F(1) = 0$.

Für das sowohl in Gl. (48) für die Normalkraft als auch in Gl. (50) für das Moment auftretende Integral über dem Winkel β erhält man:

$$\int_0^{2\pi} \varphi_x^- \cos\beta\, \mathrm{d}\beta = 2\,\frac{\mathrm{d}h}{\mathrm{d}x}\, u_\infty\, \mathrm{tg}\,\varepsilon \int_0^{2\pi} \cos^2\beta\, \mathrm{d}\beta = 2\pi u_\infty\, \frac{\mathrm{d}h}{\mathrm{d}x}\,\mathrm{tg}\,\varepsilon.$$

Daraus folgt für den mit $F_{\max}$ gebildeten Normalkraftbeiwert:

$$c_n = \frac{2\mathrm{N}}{F_{\max}\varrho_\infty u_\infty^2} = \frac{4\pi}{F_{\max}}\,\mathrm{tg}\,\varepsilon \int_0^1 \frac{\mathrm{d}h}{\mathrm{d}x}\, h\, \mathrm{d}x = \frac{2\,\mathrm{tg}\,\varepsilon}{F_{\max}} \int_0^1 \frac{\mathrm{d}F}{\mathrm{d}x}\,\mathrm{d}x = 2\,\frac{F(1)}{F_{\max}}\,\mathrm{tg}\,\varepsilon. \tag{93}$$

Der Normalkraftbeiwert ist also proportional zum Endquerschnitt des Körpers und verschwindet mit diesem. Die Beiträge zur Normalkraft sind in Teilen zunehmenden Querschnittes positiv und in Teilen abnehmenden Querschnittes negativ.

Für einen stabförmig ins Unendliche reichenden angestellten Rotationskörper, der bei $x = 1$ mit dem Querschnitt $F(1)$ und mit horizontaler Tangente in den unendlichen Stab konstanten Querschnittes übergeht, erhält man gemäß den Gln. (92) und (93) einen von der Anstellung herrührenden Widerstand, während ein nicht angestellter, ins Unendliche reichender Halbkörper im reinen Unterschallbereich bekanntlich keinen Widerstand besitzt. Bei der Überlegung ist die Annahme eines stromabwärts ins Unendliche reichenden Körpers wichtig, weil bei einem mit $F(1) \neq 0$ abgeschnittenen Rumpf Probleme des Bodensoges auftreten würden.

Aus Gl. (V,68) folgt für den Anstellanteil mit Gl. (92) und (93):

$$c_w^- = c_t^- \cos\varepsilon + c_n^- \sin\varepsilon = -\frac{F(1)}{F_{\max}} \operatorname{tg}^2\varepsilon \cos\varepsilon + 2\frac{F(1)}{F_{\max}} \operatorname{tg}\varepsilon \sin\varepsilon$$

$$= \frac{F(1)}{F_{\max}} \operatorname{tg}^2\varepsilon \cos\varepsilon .$$

Es handelt sich bei c_w^- um den Beiwert des induzierten Widerstandes, der sich energetisch aus dem im Nachlauf um den Stab angeordneten abgehenden Wirbel erklärt. Dieser induzierte Widerstand kann auch direkt durch Anwendung von Gl. (V,41) auf eine Trefftzebene ermittelt werden, wobei allerdings besser nicht die Anströmung, sondern der Körper angestellt wird.

Ganz entsprechend zur Herleitung des Normalkraftbeiwertes erhält man den Beiwert des Momentes um die z-Achse:

$$c_m = \frac{2 \operatorname{tg}\varepsilon}{F_{\max}} \int_0^1 x \frac{\mathrm{d}F}{\mathrm{d}x} \mathrm{d}x. \tag{94}$$

Das Moment um die z-Achse eines geschlossenen Rotationsrumpfes verschwindet also keineswegs. Alle Beiwerte sind wie auch die Geschwindigkeitsstörung auf der Oberfläche in der vorliegenden Näherung von der Machzahl der Anströmung M_∞ unabhängig. Damit erstreckt sich, wie noch eingehender gezeigt werden wird, der Anwendungsbereich der Gleichungen von niedrigen Geschwindigkeiten bis an den Hyperschallbereich heran.

10. Allgemeine Prandtl-Regel

Die Differentialgleichung (51) ist eine lineare Form der gasdynamischen Gleichung und damit der Kontinuitätsbedingung. Die der Vereinfachung zugrundeliegende Annahme läßt sich gut aus der Stromfadentheorie heraus verstehen. Für isentrope Strömung einer einfachen Substanz lautet die Kontinuitätsbedingung, d. i. die erste Gleichung (II,111):

$$(1 - M^2) \frac{1}{W} \frac{\mathrm{d}W}{\mathrm{d}x} + \frac{1}{f} \frac{\mathrm{d}f}{\mathrm{d}x} = 0. \tag{95}$$

Der erste Summand stellt die Änderung der Stromdichte dar, deren Entwicklung in Gl. (II, 83) wiedergegeben ist. Unter der Voraussetzung

$$\frac{1}{2} \frac{M_\infty^2}{1 - M_\infty^2} [3(1 - M_\infty^2) + 2M_\infty^2 \Gamma] \left(\frac{W}{W_\infty} - 1\right) \ll 1 \tag{96}$$

oder für Schallnähe

$$\frac{\Gamma}{1 - M_\infty^2} \left(\frac{W}{W_\infty} - 1\right) \ll 1 \tag{97}$$

läßt sich die Entwicklung der Stromdichte nach der Geschwindigkeit linearisieren und man erhält anstelle von Gl. (95):

$$(1 - M_\infty^2) \frac{1}{W_\infty} \frac{\mathrm{d}W}{\mathrm{d}x} + \frac{1}{f_\infty} \frac{\mathrm{d}f}{\mathrm{d}x} = 0. \tag{98}$$

Im Rahmen kleiner Störungen bei der Umströmung eines Flügels oder Profiles läßt sich mit Gl. (V,47) die Geschwindigkeitsstörung durch die Störung der u-Komponente ersetzen. Damit stellt aber der erste Summand von Gl. (98) den

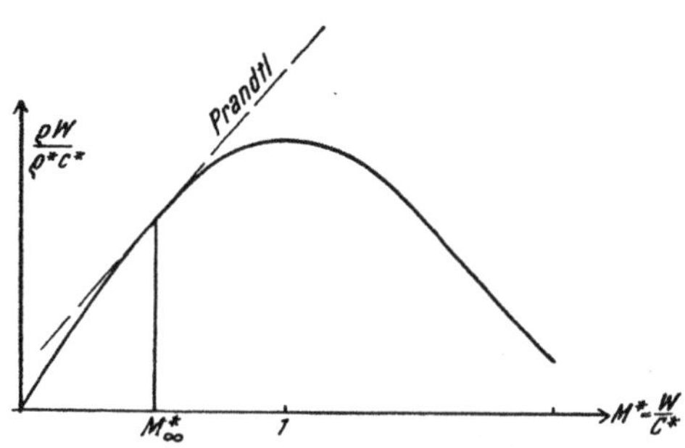

Abb. VII,3. Näherung der Stromdichtekurve durch eine Tangente.

ersten Summanden von Gl. (51) dar, wenn man von dem allen Gliedern gemeinsamen Störparameter absieht. Die Querschnittsänderung in Gl. (98) dagegen ist in Gl. (51), wieder abgesehen vom Störparameter, durch die letzten beiden Summanden gegeben:

$$\frac{1}{f_\infty} \frac{\mathrm{d}f}{\mathrm{d}x} = \frac{1}{u_\infty} \frac{\partial v_1}{\partial y} + \frac{1}{u_\infty} \frac{\partial w_1}{\partial z}.$$

Stellt man sich beispielsweise einen Stromfaden als rechtwinkligen Kanal vor mit Begrenzungen parallel zur z- und zur y-Achse, dann sind v_1/u_∞ und w_1/u_∞ die Neigungen der Kanalwände und in der letzten Gleichung steht die Erweiterung der Kanalwände in beiden Querrichtungen. Abgesehen von den Annahmen kleiner Störungen stellt die linearisierte gasdynamische Gleichung also eine Linearisierung der Stromdichtekurve nach der Geschwindigkeit dar. Die Stromdichtekurve wird durch die Tangente im Anströmungspunkt ersetzt, Abb. 3. Schon daraus, wie auch aus Gl. (47), ist die Beschränkung der Brauchbarkeit einer solchen Linearisierung in Schallnähe zu erkennen. Bei $M_\infty = 0$ und bei der Überschallmachzahl $M_\infty^2 = 3/(3 - 2\,\Gamma)$ hat die Stromdichtekurve einen Wendepunkt. Die Linearisierung ist dort also besonders berechtigt. Bei Rotationsrümpfen allerdings treten zur Störung der u-Komponenten in Gl. (V,63) die Quadrate der Querkomponenten als gleichberechtigte Summanden dazu. Daher könnten an der Berechtigung der Linearisierung der gasdynamischen Gleichung Zweifel entstehen. Darauf wird bei Behandlung schallnaher Strömung um Rotationskörper ausführlicher eingegangen.

Der Faktor $(1 - M_\infty^2)$ in der Differentialgleichung (51) läßt sich nun durch eine Affintransformation der Querkoordinaten auf den Wert $+1$ oder -1 bringen, je nachdem, ob es sich um eine Unter- oder Überschallströmung handelt. In Hinblick auf diese Reduktion sei der sogenannte *Prandtl-Faktor* β bei $M_\infty < 1$ und der Machwinkel der Anströmung bei $M_\infty > 1$ eingeführt:

$$M_\infty < 1: \quad \beta = \sqrt{1 - M_\infty^2}; \qquad M_\infty > 1: \quad \cot\alpha = \sqrt{M_\infty^2 - 1}. \tag{99}$$

Die Indizes bei β und α können wegbleiben, da Verwechslungen ausgeschlossen sind, später jedoch eine möglichst einfache Symbolik erwünscht ist. Das Symbol β für den Prandtl-Faktor ist dermaßen gebräuchlich, daß davon trotz der Gleichheit mit dem Winkel bei Zylinderkoordinaten nicht abgegangen werden soll. Führt man nun die Affintransformation für die Koordinaten ein:

$$\begin{aligned} M_\infty < 1: &\quad \bar{y} = \beta y; &\quad \bar{z} = \beta z; \\ M_\infty > 1: &\quad \bar{y} = y \cot\alpha; &\quad \bar{z} = z \cot\alpha; \end{aligned} \tag{100}$$

und mit A als zunächst beliebigem konstantem Faktor die Transformation für das Störpotential:

$$A\varphi_1(x, y, z) = \bar{\varphi}_1(x, \bar{y}, \bar{z}); \tag{101}$$

so erhält Gl. (51) nach Anwendung der Kettenregel der Differentiation folgende Gestalt für die transformierten Größen:

$$M_\infty \lessgtr 1: \quad \pm \frac{\partial^2 \bar{\varphi}_1}{\partial x^2} + \frac{\partial^2 \bar{\varphi}_1}{\partial \bar{y}^2} + \frac{\partial^2 \bar{\varphi}_1}{\partial \bar{z}^2} = 0. \tag{102}$$

Die Form von Gl. (102) hätte auch durch eine alleinige oder gleichzeitige Affintransformation der x-Koordinate erreicht werden können, wenn nur das Dehnungsverhältnis zu den Querkoordinaten aufrecht erhalten bleibt. Dies läuft dann auf das Hintereinanderschalten einer Affintransformation und einer Ähnlichkeitstransformation heraus. Da zuvor jedoch alle Längen durch die Flügel- oder Körpertiefe dimensionslos gemacht wurden und die Körperlänge damit auf die Längeneinheit der x-Achse gebracht wurde, ist es folgerichtig, den Abszissenmaßstab beizubehalten.

Die Transformation (100) und (101) und die daraus zu ziehenden Folgerungen bezeichnet man als *Prandtl-Regel* oder auch als *Prandtl-Glauertsche Analogie*, [4].

PRANDTL brachte die Transformation in seiner Vorlesung bereits viele Jahre vor den ersten Veröffentlichungen.

Bei den folgenden Gegenüberstellungen soll der Anströmzustand, nämlich u_∞, ϱ_∞, p_∞, mit Ausnahme von M_∞ und der Anstellkomponente v_∞ als gleich angesehen werden. Gleichzeitige Änderung der anfangs genannten Größen, also etwa $\bar{u}_\infty \neq u_\infty$, ändern weder den Druckkoeffizienten noch die Luftkraftbeiwerte. Sie führt zu einer Belastung mit Symbolen und liefert nur triviale Aussagen.

Gl. (102) stellt für $M_\infty < 1$ die Potentialgleichung für inkompressible Strömung dar. Also wird in diesem Falle der Anströmzustand bei $M_\infty \neq 0$ mit der Anströmung bei $\bar{M}_\infty = 0$ verglichen. Bei Überschallanströmung dagegen, $M_\infty > 1$, entspricht Gl. (102) einer Machzahl $\bar{M}_\infty = \sqrt{2}$ oder einem Machwinkel von $\bar{\alpha} = 45°$, wie ein Vergleich von Gl. (102) mit Gl. (51) sofort zeigt. Die Norm — oder Vergleichsmachzahl — bei Überschallgeschwindigkeiten ist also $\bar{M}_\infty = \sqrt{2}$. Sie kann größer oder kleiner als M_∞ sein, während bei Unterschallgeschwindigkeit stets $\bar{M}_\infty = 0 < M_\infty$ ist.

Für die Prandtlsche Regel ist die Hyperschallströmung $M_\infty^2 \gg 1$ nicht das geeignete Gegenstück zur inkompressiblen Strömung $M_\infty^2 \ll 1$. Die Hyperschallströmung eignet sich schon deshalb nicht als Normmachzahl anstatt $\bar{M}_\infty = \sqrt{2}$, weil weder die linearisierte gasdynamische Gleichung (51) noch die im letzten Abschnitt eingeführten Randbedingungen für $M_\infty^2 \gg 1$ anwendbar sind.

Während nach der Einführung der Störparameter δ^+ und δ^- die Störungen in einem bestimmten Punkt des Strömungsraumes bei unterschiedlichen Werten der Körperdicke und des Anstellwinkels, aber bei gleichem M_∞ miteinander verglichen wurden, werden bei der Prandtlschen Regel gemäß den Affintransformationen (100) und (101) Strömungen in unterschiedlichen Punkten gegenübergestellt. Die durch die Transformation zugeordneten Punkte seien *entsprechende Punkte* genannt, Abb. 4. Bei $M_\infty < 1$ liegt der Bildpunkt $\bar{P}(x, \bar{y}, \bar{z})$ stets näher

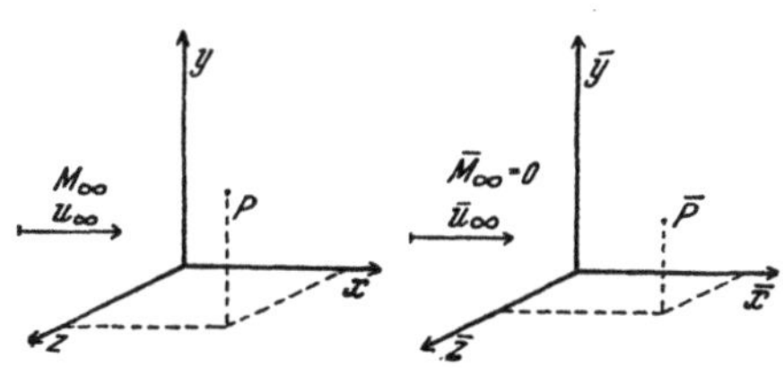

Abb. VII,4. Punkt P und Bild-Punkt $\bar{P}$ der dichtebeständigen Vergleichsströmung nach der Prandtlschen Regel.

an der x-Achse als der entsprechende Punkt $P(x, y, z)$. Bei Überschallanströmung dagegen kann der Bildpunkt $\bar{P}$ in kleinerer oder größerer Entfernung von der x-Achse liegen als der „entsprechende" Punkt, je nachdem, ob $M_\infty \lesseqgtr \sqrt{2}$ ist.

Für die weiteren Überlegungen ist wieder die Umströmung von Flügel und Profilen von der Umströmung von Rotationsrümpfen zu unterscheiden, denn Störparameter und Randbedingungen sind in diesen beiden Fällen verschieden. Nur bei einer entsprechenden Analogie in den Randbedingungen kann es aber eine Analogie im Strömungsraum oder am Körper geben.

Gemäß der Randbedingung für den symmetrischen Anteil, Gl. (58), gilt für die beiden Vergleichsströmungen:

$$y \to 0: \quad \varphi_{1y}^{+} = \frac{1}{2} f_x(x, z); \quad \bar{y} \to 0: \quad \varphi_{1\bar{y}}^{+} = \frac{1}{2} \bar{f}_x(x, \bar{z}).$$

Das hat zur Folge, daß die y-Ableitungen der Vergleichsströmungen auf der Belegungsebene in entsprechenden Punkten dieselben sein müssen. Die Flügelformfunktionen f und $\bar{f}$ nehmen ja gemäß Gl. (55) im Dickenmaximum den Wert 1 an. Dies gilt genauso für den antisymmetrischen Anteil gemäß Gl. (61), so daß die weiteren Schlüsse für φ_1^+ und φ_1^- gelten.

Aus Gl. (101) folgt nun für $M_\infty < 1$:

$$A\varphi_{1y}(x, y, z) = \bar{\varphi}_{1\bar{y}}(x, \bar{y}, \bar{z},) \frac{\partial \bar{y}}{\partial y} = \bar{\varphi}_{1\bar{y}}(x, \bar{y}, \bar{z})\, \beta$$

Übereinstimmung in den y-Ableitungen, also $\varphi_{1y} = \bar{\varphi}_{1\bar{y}}$, in „entsprechenden" Punkten kann nur für $A = \beta$ erreicht werden und für $M_\infty > 1$ für $A = \cot\alpha$. Hiermit wird:

$$\begin{aligned}
M_\infty < 1:\quad & \beta\varphi_1(x, y, z) &&= \bar{\varphi}_1(x, \bar{y}, \bar{z}); \quad && \beta\varphi_{1x}(x, y, z) &&= \bar{\varphi}_{1x}(x, \bar{y}, \bar{z});\\
& \varphi_{1y}(x, y, z) &&= \bar{\varphi}_{1\bar{y}}(x, \bar{y}, \bar{z}); && \varphi_{1z}(x, y, z) &&= \bar{\varphi}_{1z}(x, \bar{y}, \bar{z});\\
M_\infty > 1:\quad & \cot\alpha\varphi_1(x, y, z) &&= \bar{\varphi}_1(x, \bar{y}, \bar{z}); && \cot\alpha\varphi_{1x}(x, y, z) &&= \bar{\varphi}_{1x}(x, \bar{y}, \bar{z});\\
& \varphi_{1y}(x, y, z) &&= \bar{\varphi}_{1\bar{y}}(x, \bar{y}, \bar{z}); && \varphi_{1z}(x, y, z) &&= \bar{\varphi}_{1\bar{z}}(x, \bar{y}, \bar{z}).
\end{aligned} \tag{103}$$

Daraus folgt aber, daß sich der Flügel in Spannweitenrichtung genauso verzerren muß, wie die Querkoordinaten gemäß Gl. (100), $f(x, z) = \bar{f}(x, \bar{z})$, wenn die Randbedingung übertragbar sein soll.

Insbesondere gilt für die *Streckung* 2σ, d. i. das Verhältnis von Spannweite zur Tiefe des Flügels, Abb. 5:

$$M_\infty < 1: \quad \bar{\sigma} = \beta\sigma; \quad M_\infty > 1: \quad \bar{\sigma} = \sigma\cot\alpha; \tag{104}$$

Im Rahmen der Prandtlregel lassen sich im allgemeinen danach nur Flügel vergleichen, deren Streckung oder Pfeilung sich mit der Machzahl der Anströmung nach Gl. (104) ändern. Bei $M_\infty > 1$ bedeutet das eine Änderung der Streckung proportional zu tg α. Ausnahmen zu dieser Regel bilden nur die Flügel unend-

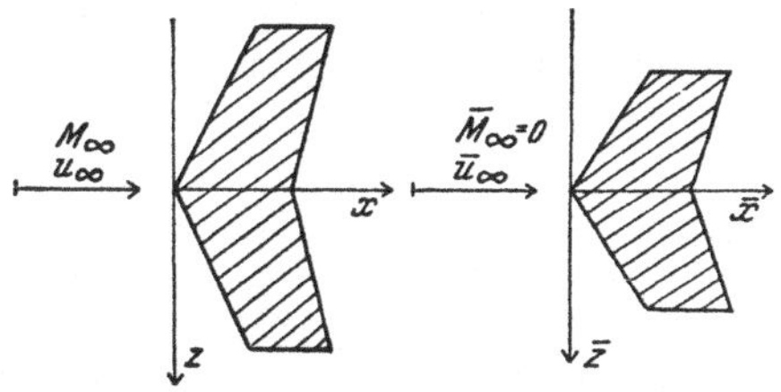

Abb. VII,5. Änderung eines Körpergrundrisses nach der Prandtlschen Regel.

licher Streckung, d. i. das ebene Problem, aber auch Flügel kleiner Streckung, Abschn. III,7 in [·24].

Wegen der Affin-Transformation Gl. (100) lassen sich im Rahmen der Prandtl-Glauert-Analogie nur Gitter unterschiedlicher *Teilung* miteinander vergleichen, d. i. das Verhältnis des Abstandes der Schaufelvorderkanten zur Schaufeltiefe, a in Abb. 6 links. Der *Staffelungswinkel* Λ muß sich gemäß Gl. (100) bei vergleichbaren Gittern wie folgt ändern:

$$M_\infty < 1: \ \operatorname{tg} \bar{\Lambda} = \beta \operatorname{tg} \Lambda; \quad M_\infty > 1: \ \operatorname{tg} \bar{\Lambda} = \cot \alpha \cdot \operatorname{tg} \Lambda,$$

also wie der Pfeilwinkel gemäß Abb. 5, denn die Abszisse der Schaufelvorderkante bleibt ja unverändert. Aus demselben Grund gilt für die Teilung:

$$a \cdot \cos \Lambda = \bar{a} \cdot \cos \bar{\Lambda}.$$

Die Platten in Abb. 6 können auch als Skelettlinien schlanker Profile angesehen werden. Ebensowenig wie Vergleichsflügel brauchen Vergleichsschaufeln gleiches Dickenverhältnis τ und $\bar{\tau}$, und gleiche Anstellwinkel ε und $\bar{\varepsilon}$ aufzuweisen.

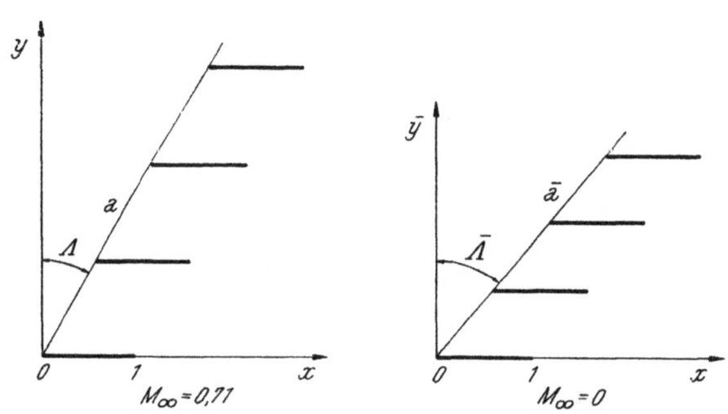

Abb. VII,6. Prandtl-Regel für das gestaffelte Plattengitter.

Mit Gl. (52) gilt unter der bereits gestellten Voraussetzung $u_\infty = \bar{u}_\infty$:

$$\varphi = u_\infty[\tau \varphi_1^+ + \operatorname{tg} \varepsilon \, \varphi_1^-]; \qquad \bar{\varphi} = u_\infty[\bar{\tau} \bar{\varphi}_1^+ + \operatorname{tg} \bar{\varepsilon} \, \bar{\varphi}_1^-].$$

Daraus folgt mit Gl. (101) beispielsweise für $M_\infty < 1$:

$$\varphi = u_\infty \frac{\tau}{\bar{\tau}\beta} \left[\bar{\tau} \bar{\varphi}_1^+ + \frac{\bar{\tau}}{\tau} \frac{\operatorname{tg} \varepsilon}{\operatorname{tg} \bar{\varepsilon}} \operatorname{tg} \bar{\varepsilon} \, \bar{\varphi}_1^- \right].$$

Der Vergleich der beiden übereinanderstehenden Gleichungen zeigt, daß die Gesamtströmungen nur miteinander verglichen werden können, wenn sich die Anstellwinkel wie die Dicken transformieren:

$$\frac{\operatorname{tg} \bar{\varepsilon}}{\operatorname{tg} \varepsilon} = \frac{\bar{\varepsilon}}{\tau}. \tag{105}$$

Dies war nicht anders zu erwarten, weil schon die Störströmungen bei gleicher Machzahl nur unter der Bedingung (105) miteinander verglichen werden können.

Es bleibt jedoch unbenommen, die Analogie auf den symmetrischen Anteil allein oder auf den antisymmetrischen Anteil allein anzuwenden.

Unter der Voraussetzung von Gl. (105) folgt:

$$\varphi(x, y, z) = \frac{\tau}{\bar{\tau}\beta}\bar{\varphi}(x, \bar{y}, \bar{z}); \quad \varphi_x = \frac{\tau}{\bar{\tau}\beta}\bar{\varphi}_x; \quad \varphi_y = \frac{\tau}{\bar{\tau}}\bar{\varphi}_{\bar{y}}; \quad \varphi_z = \frac{\tau}{\bar{\tau}}\bar{\varphi}_{\bar{z}}. \tag{106}$$

Ferner folgt ganz entsprechendes mit Gl. (43) für den Druckkoeffizienten und mit Gl. (44) und Abschnitt V,14 für den Normalkraftbeiwert oder den Auftriebsbeiwert. Jedoch ist insbesondere bei den Beiwerten zu beachten, daß sich der Vergleich nicht auf Flügel gleicher Streckung bezieht:

$$c_p = \frac{\tau}{\bar{\tau}\beta}\bar{c}_p; \qquad c_a(\sigma) = \frac{\operatorname{tg}\varepsilon}{\beta \operatorname{tg}\bar{\varepsilon}}\bar{c}_a(\bar{\sigma}). \tag{107}$$

Für Überschallgeschwindigkeit gilt sinngemäß dasselbe. Es ist nur anstelle β der Ausdruck $\cot\alpha$ zu setzen und anstelle der inkompressiblen Strömung die Strömung bei $\overline{M}_\infty = \sqrt{2}$.

Zunächst seien Körper gleicher Dickenverteilung in entsprechenden Längsschnitten, $\beta \cdot z = \bar{z} =$ konst., insbesondere also im Mittelschnitt $z = \bar{z} = 0$, verglichen. Dann ist mit Gl. (105):

$$\tau = \bar{\tau}; \qquad \operatorname{tg}\varepsilon = \operatorname{tg}\bar{\varepsilon}. \tag{108}$$

Für ebene oder flache Körper bedeutet das gleiche v-Verteilung in entsprechenden Punkten der Belegungsebene. Keineswegs gehen jedoch dabei die Punkte der Körperoberfläche ineinander über, denn diese ändern ihren Abstand von der Belegungsebene gemäß Gl. (100). Punkte der Körperoberfläche sind demnach beim Fall von Gl. (108) keine entsprechenden Punkte. Dies ist aber bei flachen Körpern deshalb bedeutungslos, weil der Strömungszustand an der Körperoberfläche im Rahmen der geforderten Genauigkeit mit dem Strömungszustand auf der Belegungsfläche gleichgesetzt wird, die durch die Analogie sehr wohl in sich abgebildet wird.

Für die Analogie in der Form (108) ist gemäß Gl. (106) und (107) die Geschwindigkeitsstörung und der Druckkoeffizient in entsprechenden Punkten und damit an der Profil- und Flügeloberfläche gleich dem $1/\beta$-fachen ($\operatorname{tg}\alpha$-fachen) der inkompressiblen Strömung (der Strömung bei $\overline{M}_\infty = \sqrt{2}$). Insbesondere ist der Auftriebsbeiwert bei der ebenen Strömung gleich dem $1/\beta$-fachen des Auftriebsbeiwertes bei inkompressibler Strömung. In der Form des letzten Satzes wurde die Regel ursprünglich von L. Prandtl formuliert.

Zunächst könnte man allenfalls vermuten, daß die Geschwindigkeitserhöhung wie im Kanal mit variablem Querschnitt verläuft, und zwar proportional zu $1/(1 - M_\infty^2)$, d. i. der Faktor, mit der sich die Geschwindigkeit bei vorgeschriebener Stromdichte in erster Ordnung ändert. Jedoch ist zu beachten, daß sich die Einengung der Stromröhre mit dem Faktor $\sqrt{|1 - M_\infty^2|}$ verringert, weil sich der Abstand der Stromlinien, bei gleichbleibender Stromlinienneigung, bei der Analogie wie die Koordinatenabstände ändert. Das wird bei der Analogie für Flügel, Abb. 5, besonders stark.

Die Verzerrung in Spannweitenrichtung bringt für die Stromröhre keine Einengung, weil dieselbe Verzerrung in der Anströmung erfolgt. Damit bleibt für die Geschwindigkeitsänderung bei gleichbleibender v-Komponente nur mehr der Faktor $1/\sqrt{|1 - M_\infty^2|}$ übrig.

Wenn die Stromlinien und Stromflächen bei der Transformation ineinander übergehen sollen, so müssen die Stromlinienneigungen und das Dickenverhältnis in gleicher Weise geändert werden wie die Koordinaten:

$$\beta \tau = \bar{\tau}; \qquad \beta \operatorname{tg} \varepsilon = \operatorname{tg} \bar{\varepsilon}. \tag{109}$$

Diese Form der Prandtl-Regel wird als *Stromlinienanalogie* bezeichnet. Sie wurde bereits im Jahre 1928 von A. BUSEMANN [5] vorgeschlagen, also im gleichen Jahr, in dem GLAUERT seine einschlägige Arbeit veröffentlichte. Richtig bekannt

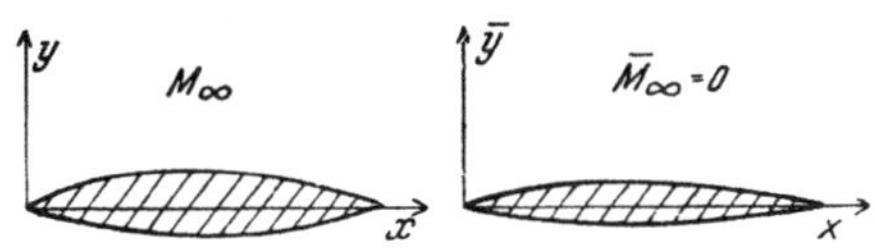

Abb. VII,7. Änderung eines Körperschnittes in $z = \bar{z} = 0$ nach der Stromlinienanalogie.

wurde diese Form der Analogie aber erst durch eine Arbeit von B. GOETHERT [6], der sie im Jahre 1943 unabhängig von den früheren Veröffentlichungen und allgemeiner für räumliche Strömungen entwickelte. Nach ihm wird die Stromlinienanalogie in den Vereinigten Staaten auch *Goethert-rule* genannt.

Mit Gl. (106), (107) und (109) folgt für die Stromlinienanalogie: Die Geschwindigkeits- und Druckverteilung an einem beliebig geformten, schlanken Körper bei einer Machzahl $M_\infty < 1$ ergibt sich als das $1/\beta^2$-fache der Strömung in entsprechenden Punkten eines in y- und z-Richtung β-fach verdünnten Körpers bei $\bar{M}_\infty = 0$, Abb. 7. Die Aussage gilt insbesondere auch für die Störungen auf der Körperoberfläche.

Die Stromlinienanalogie ist für alle schlanken Körper mit nicht schlankem *Querschnitt*, Abb. 8, von Bedeutung. Bei Rumpf- oder Flügelübergängen von Körpern, die „schlank" sind und folglich nur kleine Störungen verursachen, sind

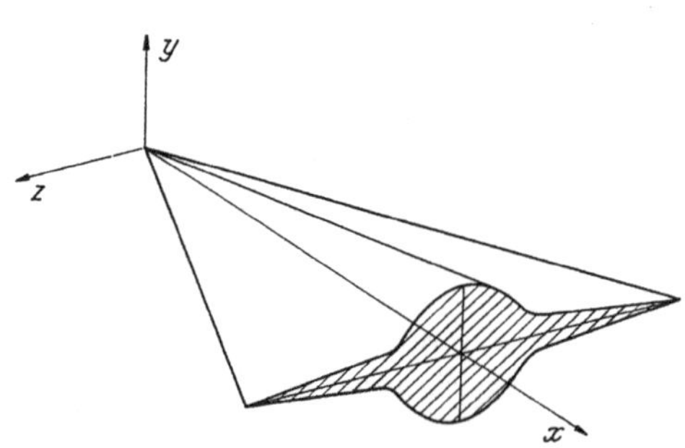

Abb. VII,8. Rumpf-Flügel-Kombination.

die Oberflächenelemente wohl zur Anströmung wenig angestellt, quer zur Anströmung aber beliebig geneigt:

$$h_x^2 \ll 1; \qquad 0 \leqq h_z^2 \leqq \infty. \tag{110}$$

Wegen der ersten Bedingung (110) bleibt die u-Komponente wenig gestört. Die Randbedingung (29) läßt sich für stationäre Strömung bei kleinen Störungen schreiben, für

$$y = h(x, z): \quad v = u_\infty h_x + w h_z. \tag{111}$$

Bei der Stromlinienanalogie gilt nun für die Körperoberfläche:

$$\beta h(x, z) = \bar{h}(x, \bar{z}); \qquad \beta h_x(x, z) = \bar{h}_x(x, \bar{z}); \qquad h_z = \bar{h}_{\bar{z}}. \tag{112}$$

Danach werden also Körperquerschnitte aufeinander ähnlich abgebildet.

Für die Komponenten gilt gemäß Gl. (106) und (109):

$$\varphi_x = \frac{1}{\beta^2}\bar{\varphi}_x; \qquad \varphi_y = \frac{1}{\beta}\bar{\varphi}_{\bar{y}}; \qquad \varphi_z = \frac{1}{\beta}\bar{\varphi}_{\bar{z}}. \tag{113}$$

Multipliziert man nun Gl. (111) mit β, dann folgt mit Gl. (112) und (113):

$$\bar{v} = u_\infty \bar{h}_x + \bar{w} h_{\bar{z}}.$$

Die Randbedingung an der Oberfläche selbst bleibt im Rahmen der Theorie kleiner Störungen erfüllt, wenn ihr bei einem der Vergleichskörper genügt wird.

Bei Körpern mit beliebigen Werten von h_z spielen wie bei Rotationskörpern auch die Querkomponenten in die Entwicklung der Geschwindigkeitsverteilung herein. In der Tat geht analog Gl. (V,47):

$$\frac{W}{u_\infty} - 1 = \frac{u}{u_\infty} - 1 + \frac{1}{2}\left(\frac{v}{u_\infty}\right)^2 + \frac{1}{2}\left(\frac{w}{u_\infty}\right)^2 + \cdots$$

die Geschwindigkeitsstörung einschließlich quadratischer Glieder in jene für $\bar{M}_\infty = 0$ über. Multipliziert man mit β^2, so folgt gemeinsam mit Gl. (113):

$$\beta^2\left(\frac{W}{u_\infty} - 1\right) = \left(\frac{\bar{W}}{u_\infty} - 1\right). \tag{114}$$

Damit gilt auch für den Druckkoeffizienten gemäß Gl. (II,81) einschließlich quadratischer Glieder:

$$\beta^2 c_p = \bar{c}_p; \qquad \frac{c_p}{\tau^2} = \bar{c}_p \frac{1}{\bar{\tau}^2}, \tag{115}$$

wie immer in entsprechenden Punkten, also bei der Stromlinienanalogie auch auf der Oberfläche.

Dieses Resultat könnte eine Überlegenheit der Stromlinienanalogie gegenüber den anderen Formen der Prandtl-Regel vermuten lassen. Diese Überlegenheit beschränkt sich jedoch ausschließlich auf Körper mit beliebigen h_z-Werten, da die Linearisierung der gasdynamischen Gleichung Fehler mit sich führt, die durch die Stromlinienanalogie nicht beseitigt sind. Die Bedeutung der Stromlinienanalogie besteht vor allem für Flügelrumpfübergänge und dgl., nicht so sehr für Rotationsrümpfe, die sich allgemeiner behandeln lassen.

Eine dritte wichtige Variante der Prandtl-Regel bildet jene Form, die die u-Störung ungeändert läßt. Dabei gehen dann die Potentiallinien ineinander über, weshalb diese Variante als *Potentiallinienanalogie* bezeichnet wird. L. PRANDTL hat sie bereits im Jahre 1928 in einer Diskussionsbemerkung zu [5] ausgesprochen und auf ihre Bedeutung im Zusammenhang mit Grenzschichtvorgängen hingewiesen. Gemäß Gl. (106) muß bei ihr

$$\tau = \bar{\tau}\beta \tag{116}$$

gewählt werden. Damit weisen die Vergleichsströmungen gleiche u-Störungen auf. Die v- und natürlich auch die w-Störung verringert sich gegenüber der inkompressiblen Störung genauso wie das Dickenverhältnis in Gl. (116). Es leuchtet ohne weiteres ein, daß Flügel und Profile bei hohen Unterschallmachzahlen um den Faktor β dünner sein müssen, wenn die Geschwindigkeitsstörung die gleiche bleiben soll.

Damit sind jedoch die Möglichkeiten für die Prandtl-Glauert-Analogie noch keineswegs erschöpft. Im Verlaufe der Darstellung werden beispielsweise bei der Behandlung der Schallnähe und bei der Behandlung stumpfer Profile noch weitere Formen der Prandtl-Regel eingeführt.

Die speziellen Formen für $M_\infty > 1$ ergeben sich folgerichtig aus jenen bei $M_\infty < 1$. Eine gesonderte Erläuterung für Überschallgeschwindigkeiten erübrigt sich deshalb.

11. Analogie für Rotations-Rümpfe

In Abschnitt 9 gelang es, den Anstelleffekt auf der Oberfläche angestellter Rotationskörper in erster Näherung zu berechnen. Alle gewonnenen Gleichungen, nämlich (90) bis (94), zeigten dabei Unabhängigkeit von der Machzahl. Das bedeutet freilich nicht, daß auch die Störung in entsprechenden Punkten ohne Machzahleinfluß ist, aber die wichtigste Frage, nämlich jene nach den Machzahleinflüssen auf der Körperoberfläche, ist damit beantwortet. Dieser Abschnitt ist daher in erster Linie der Problemstellung bei nicht angestellten Rotationskörpern gewidmet.

Da die Formfunktion f bei analogen Strömungen dieselbe sein muß, folgt aus der Randbedingung, Gl. (70):

$$r \to 0, \quad \bar{r} \to 0: \quad r\varphi_{1r}^{+} = \frac{1}{2\pi} f_x(x) = \frac{1}{2\pi} \bar{f}_{\bar{x}}(x) = \bar{r}\bar{\varphi}_{1\bar{r}}^{+}.$$

Aus Gl. (100) und (101) ergibt sich, beispielsweise für $M_\infty < 1$:

$$\bar{r} = \beta r; \qquad A\varphi_{1r}^{+}(x, r) = \bar{\varphi}_{1\bar{r}}^{+}(x, \bar{r})\,\beta$$

und damit:

$$r\varphi_{1r}^{+} = \frac{1}{A}\,\bar{r}\bar{\varphi}_{1\bar{r}}^{+} \qquad \text{und} \qquad A = 1.$$

Für die symmetrische Störfunktion des Rotationskörpers gilt also:

$$r\beta = \bar{r}; \quad \varphi_1^+(x,r) = \bar{\varphi}_1^+(x,\bar{r}); \quad \varphi_{1x}^+(x,r) = \bar{\varphi}_{1x}^+(x,\bar{r}); \quad \varphi_{1r}^+(x,r) = \beta\bar{\varphi}_{1\bar{r}}^+(x,\bar{r}). \tag{117}$$

Aus der Gleichheit der u-Störung in entsprechenden Punkten darf aber keineswegs auf Gleichheit der u-Störung auf der Körperoberfläche geschlossen werden.

Bezeichnet man den Raumeinfluß, die Funktion $R(x)$ in Gl. (71), der Vergleichsströmung mit $\bar{R}(x)$, so folgt aus der Gleichheit der Störpotentiale in entsprechenden Punkten für die Achsennähe wegen der Gleichheit der Formfunktionen $f(x)$:

$$\frac{1}{2\pi} f_x(x) \ln r + R(x) = \frac{1}{2\pi} f_x(x) \ln \bar{r} + \bar{R}\,(x).$$

Der Raumeinfluß entsprechender Strömungen steht also für Unter- und Überschallströmung in folgender Beziehung:

$$\begin{aligned} M_\infty < 1:\quad R(x) &= \bar{R}(x) + \frac{1}{2\pi} f_x(x) \ln \beta; \\ M_\infty > 1:\quad R(x) &= \bar{R}(x) + \frac{1}{2\pi} f_x(x) \ln (\cot \alpha). \end{aligned} \tag{118}$$

Für die u-Störung des nichtangestellten Rotationsrumpfes in einem Punkte des Raumes folgt mit Gl. (52), (70) und (117):

$$\frac{1}{F_{\max}}\left[\frac{u^+(x,r)}{u_\infty} - 1\right] = \frac{1}{\bar{F}_{\max}}\left[\frac{\bar{u}^+(x,\bar{r})}{u_\infty} - 1\right]. \tag{119}$$

Die u-Störungen in entsprechenden Punkten verhalten sich unabhängig von der Machzahl wie die Querschnittsverhältnisse.

Die Aussage über die Störungen an der Körperoberfläche erhält man, wenn Gl. (74) für die Strömung und die Vergleichsströmung angesetzt wird. Mit Gl. (118) lassen sich dann die Raumeinflüsse eliminieren und mit Gl. (52) und (70) die vollen u-Störungen einführen, mit dem Ergebnis auf der Körperoberfläche:

$$\begin{aligned} &\frac{1}{F_{\max}}\left(\frac{u^+(x,h)}{u_\infty} - 1\right) - \frac{1}{4\pi}\frac{F_{xx}}{F_{\max}} \ln \frac{\beta^2 F_{\max}}{\pi} \\ &\quad = \frac{1}{\bar{F}_{\max}}\left(\frac{\bar{u}^+(x,\bar{h})}{u_\infty} - 1\right) - \frac{1}{4\pi}\frac{\bar{F}_{xx}}{\bar{F}_{\max}} \ln \frac{\bar{F}_{\max}}{\pi}. \end{aligned} \tag{120}$$

Dasselbe Ergebnis läßt sich für die Geschwindigkeitsstörungen erzielen. Es braucht nur auf beiden Seiten der Beitrag der y-Komponente der Geschwindigkeit hinzugefügt zu werden. Auf demselben Wege wie Gl. (120) erhält man mit Gl. (78) für den Druckkoeffizienten an der Körperoberfläche die Beziehung:

$$\frac{1}{F_{\max}} c_p^+(x,h) + \frac{1}{2\pi} f_{xx}(x) \ln \frac{\beta^2 F_{\max}}{\pi} = \frac{1}{\bar{F}_{\max}} \bar{c}_p(x,\bar{h}) + \frac{1}{2\pi} f_{xx}(x) \ln \frac{\bar{F}_{\max}}{\pi}. \tag{121}$$

In Gl. (121) ist auch der spezielle Fall der Stromlinienanalogie enthalten. Für diese gilt mit Gl. (109):

$$M_\infty < 1:\ \beta^2 F_{\max} = \bar{F}_{\max}; \qquad M_\infty > 1:\ \cot^2\alpha F_{\max} = \bar{F}_{\max}, \tag{122}$$

Mit (122) fällt nun das logarithmische Glied in Gl. (121) weg, und es bestätigt sich wieder Gl. (115), da ja bei der Stromlinienanalogie Oberflächenpunkte gleicher Abszisse x „entsprechende Punkte" sind.

Für den Beitrag der symmetrischen Strömung zur Tangentialkraft, Gl. (8), sei der Fall der Überschallströmung gewählt. In Gl. (80) tritt dann nämlich ein Integral über $R(x)$ und das andere Mal ein solches über $\bar{R}(x)$ auf. Nun gilt aber mit Gl. (118):

$$\int_0^1 R_x(x)\, f_x\, dx = \int_0^1 \bar{R}_x(x)\, f_x\, dx + \frac{1}{2\pi} \ln(\cot\alpha) \int_0^1 f_{xx} f_x\, dx$$

$$= \int_0^1 \bar{R}_x(x)\, f_x\, dx + \frac{1}{4\pi} f_x^2(1) \ln(\cot\alpha),$$

wie immer unter der Voraussetzung, daß der Körper mit einer Spitze beginnt, $f_x(0) = 0$.

Damit fällt aber der Beitrag des Raumeinflusses bei einem Vergleich von c_t^+ und $\bar{c}_t^+$ heraus, und es folgt nach kurzer Rechnung:

$$c_t^+/F_{\max} = \bar{c}_t^+/\bar{F}_{\max} - \frac{1}{4\pi} f_x^2(1) \ln\left(\frac{F_{\max}\cot^2\alpha}{\bar{F}_{\max}}\right). \tag{123}$$

Wie zu erwarten war, fällt bei der Stromlinienanalogie mit Gl. (122) der logarithmische Beitrag wieder weg. Aber auch für die beiden Fälle eines spitz oder zylindrisch endenden Körpers macht sich wegen $f_x(1) = 0$ der Machzahleinfluß nicht in der Tangentialkraft Gl. (123), sondern nur in der Druckverteilung Gl. (121) geltend.

Die Analogie auf der Körperoberfläche wurde erstmals vom Verfasser dieses Buches für den Fall von Vergleichskörpern gleichen Querschnittverhältnisses, $F_{\max} = \bar{F}_{\max}$, hergeleitet und in der Form für $r = h(x) = \bar{h}(x)$ wiedergegeben, [7], [8]:

$$\begin{aligned} \frac{W}{u_\infty} - 1 &= \frac{\bar{W}}{u_\infty} - 1 + \frac{1}{2\pi} F_{xx}(x) \ln\beta; \qquad M_\infty < 1,\ \ \bar{M}_\infty = 0; \\ \frac{W}{u_\infty} - 1 &= \frac{\bar{W}}{u_\infty} - 1 + \frac{1}{2\pi} F_{xx}(x) \ln(\cot\alpha); \qquad M_\infty > 1,\ \ \bar{M}_\infty = \sqrt{2}. \end{aligned} \tag{124}$$

Die dort aufgestellte Beziehung zwischen c_t^+ und $\bar{c}_t^+$ läßt sich leicht mit Gl. (123) bestätigen.

Die Analogie für den antisymmetrischen Anteil im Raume sei wegen ihrer geringeren Bedeutung nur kurz für den Fall $M_\infty < 1$ wiedergegeben. Aus der Randbedingung für Achsennähe, Gl. (88), folgt:

$$r\varphi_1^-(x, r, 0) = \frac{1}{\pi} f(x) = \bar{r}\bar{\varphi}_1^-(x, \bar{r}, 0).$$

Dies läßt sich mit $r \cdot \beta = \bar{r}$ und dem Ansatz (101) nur erfüllen für

$$\beta A = 1. \tag{125}$$

Daraus folgt:

$$\beta \bar{\varphi}_1^-(x, \bar{r}, 0) = \varphi_1^-(x, r, 0).$$

Mit Gl. (52), (81) und dem Parameterwert (87) für δ^- folgt daraus für das Störpotential φ^- sowie für den antisymmetrischen Anteil der u-Komponente in entsprechenden Punkten:

$$\frac{1}{\mathrm{F}_{\max} \operatorname{tg} \varepsilon}\left(\frac{u^-}{u_\infty} - 1\right) = \frac{\beta}{\bar{F}_{\max} \operatorname{tg} \bar{\varepsilon}}\left(\frac{\bar{u}^-}{u_\infty} - 1\right). \tag{126}$$

In entsprechenden Punkten ist bei gleichen Querschnittsverhältnissen und gleichem Anstellwinkel die Störung von u^- gleich dem β-fachen Betrag der Störung von $\bar{u}^-$. Die Störung ist also bei gleicher Körperdicke und gleichem Anstellwinkel um so kleiner, je mehr sich die Anströmgeschwindigkeit der Schallgeschwindigkeit nähert, ganz im Gegensatz etwa zu den Ergebnissen bei der ebenen Profilströmung.

Eine einfache Aussage über die *gesamte* u-Störung, $u^+ + u^-$, in entsprechenden Punkten läßt sich, wie ein Vergleich mit Gl. (119) zeigt, nur machen für

$$\beta \operatorname{tg} \varepsilon = \operatorname{tg} \bar{\varepsilon}: \quad \frac{1}{\mathrm{F}_{\max}}\left[\frac{u(x, r, \beta)}{u_\infty} - 1\right] = \frac{1}{\bar{F}_{\max}}\left[\frac{\bar{u}(x, \bar{r}, \beta)}{u_\infty} - 1\right]. \tag{127}$$

Im Gegensatz zur Profil- und Flügeltheorie, wo für eine solche Aussage die Gl. (105) erfüllt sein müßte, müssen sich beim angestellten Rotationsrumpf die Anstellwinkel wie bei der Stromlinienanalogie, Gl. (109), ändern. Damit ist noch nicht gesagt, daß sich auch die Querschnitte wie bei der Stromlinienanalogie ändern. Erst diese zweite Forderung würde zur vollen Stromlinienanalogie führen.

12. Pfeileffekt

Ein langer, zur Strömungsrichtung angestellter Flügelteil konstanter Tiefe und gleichbleibender Profilform, Abb. 9, muß in Richtung seiner Vorderkante annähernd gleichbleibende Geschwindigkeitsverteilungen aufweisen. Damit muß sich senkrecht zur Vorderkante eine Geschwindigkeitsverteilung ergeben, welche man erhält, wenn das entsprechende Profil mit der Normalkomponente der Anströmgeschwindigkeit u_∞ auf die Vorderkante angeströmt wird.

Der durch die Anstellung in der x, z-Ebene sich ergebende „Pfeileffekt" sei an einem Teil eines unendlich lang gedachten *schiebenden* Flügels studiert, indem die Geschwindigkeit in der x, z-Ebene in eine Normalkomponente u' und eine Tangentialkomponente w' zerlegt wird, während die Komponente in y-Richtung

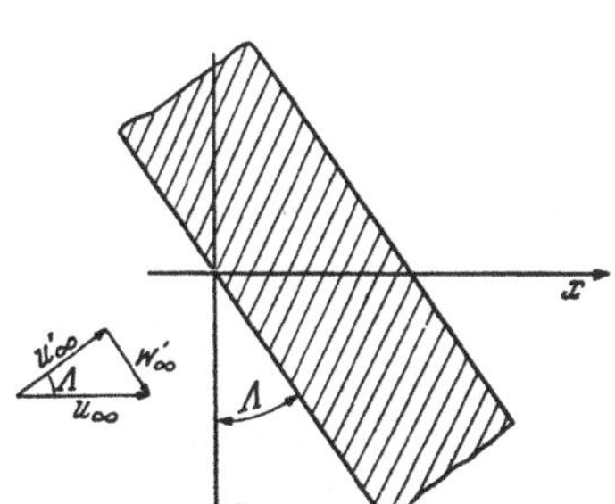

Abb. VII,9. Schiebender Flügel.

untransformiert bleibt ($v' = v$). Der Pfeileffekt als solcher ist natürlich keineswegs an Strömungen kleiner Störungen gebunden, ebensowenig an eine Unter- oder Überschallströmung, jedoch lassen sich gerade im Anwendungsbereich der Prandtl-Regel besonders leicht Aussagen machen.

Mit Λ als Pfeilwinkel, als Winkel von Vorderkante und z-Richtung, ergeben sich folgende Beziehungen:

$$\begin{aligned} u' &= u \cos\Lambda - w \sin\Lambda; \qquad & u &= u' \cos\Lambda + w' \sin\Lambda; \\ w' &= u \sin\Lambda + w \cos\Lambda; \qquad & w &= -u' \sin\Lambda + w' \cos\Lambda. \end{aligned} \tag{128}$$

Im Anströmgebiet ist nun wegen $w_\infty = 0$:

$$u'_\infty = u_\infty \cos\Lambda; \qquad w'_\infty = u_\infty \sin\Lambda = w', \tag{129}$$

wobei der Wert von w' im ganzen Raum gilt, weil die Strömung aus einer Anströmung in u'-Richtung und einer Translation in w'-Richtung zusammensetzbar ist. Aus Gl. (128) ergeben sich dann die Geschwindigkeitskomponenten sehr einfach aus der Lösung für die ebene Strömung in u'-Richtung:

$$u = u' \cos\Lambda + u_\infty \sin^2\Lambda; \quad v = v'; \quad w = -u' \sin\Lambda + u_\infty \sin\Lambda \cos\Lambda. \tag{130}$$

Aus Gl. (129) folgt der Geschwindigkeitsbetrag exakt:

$$W^2 = u'^2 + v'^2 + w'^2 = u'^2 + v^2 + u_\infty^2 \sin^2\Lambda \tag{131}$$

und bei kleinen Störungen in erster Näherung:

$$\frac{W}{u_\infty} - 1 = \sqrt{\left[\frac{u' - u'_\infty}{u'_\infty} + 1\right]^2 \cos^2\Lambda + \sin^2\Lambda} - 1 = \frac{u' - u'_\infty}{u'_\infty} \cos^2\Lambda. \tag{132}$$

Für verschiedene Anwendungen ist die Stromlinienrichtung auf dem Flügel, d. i. im wesentlichen das Verhältnis w/u_∞, von Interesse. Aus Gl. (130) folgt mit Gl. (129):

$$\frac{w}{u_\infty} = -\frac{u'}{u'_\infty} \sin\Lambda \cos\Lambda + \sin\Lambda \cos\Lambda = -\left(\frac{u'}{u'_\infty} - 1\right) \sin\Lambda \cos\Lambda.$$

Diese Beziehung ist exakt. Führt man unter der Annahme kleiner Störungen mit Gl. (132) die Geschwindigkeitsstörung ein, so erhält man:

$$\frac{w}{u_\infty} = -\left(\frac{W}{u_\infty} - 1\right) \operatorname{tg}\Lambda. \tag{133}$$

In Gebieten von Übergeschwindigkeiten hat also die seitliche Richtungsänderung der Stromlinie entgegengesetztes Vorzeichen wie der Pfeilwinkel, in Gebieten von Untergeschwindigkeiten jedoch das gleiche Vorzeichen.

Gl. (133) gibt gleichzeitig auch einen Einblick in die Größenordnung von w/u_∞. Für große Streckungen σ, das bedeutet kleine Pfeilwinkel Λ, verschwindet w/u_∞. Für mittlere Streckungen, das bedeutet ein $\operatorname{tg}\Lambda$ von der Größenordnung der Einheit, ist w/u_∞ von der Größenordnung der Geschwindigkeitsstörung, also von der Größenordnung des Dickenverhältnisses.

Da die Schallgeschwindigkeit der Anströmung für das gestrichene und das nicht gestrichene System dieselbe ist, gilt:

$$M'_\infty = \frac{u'_\infty}{c'_\infty} = \frac{u_\infty}{c_\infty} \cos \Lambda = M_\infty \cos \Lambda . \tag{134}$$

M'_∞ ist die Normalkomponente der ungestörten Machzahl auf die Vorderkante. Diese ist selbstverständlich immer kleiner als 1, wenn $M_\infty < 1$ ist. Für Überschallanströmung dagegen kann M'_∞ größer oder kleiner als 1 sein. Mit Gl. (134) gilt:

$$\begin{aligned} &\cos \Lambda < \sin \alpha_\infty; \quad \pi/2 - \Lambda < \alpha_\infty: \quad M'_\infty = M_\infty \cos \Lambda < 1; \\ &\cos \Lambda > \sin \alpha_\infty; \quad \pi/2 - \Lambda > \alpha_\infty: \quad M'_\infty = M_\infty \cos \Lambda > 1. \end{aligned} \tag{135}$$

Wenn also die Pfeilung größer ist als jene des Machkegels, dann liegt die Normalkomponente der Anströmung der Machzahl im Unterschallbereich, man spricht von *Unterschallvorderkanten,* $M_\infty \cos \Lambda < 1$. Ist dagegen die Pfeilung kleiner als jene des Machkegels, so spricht man von *Überschallvorderkanten,* $M_\infty \cos \Lambda > 1$, Abb. 10.

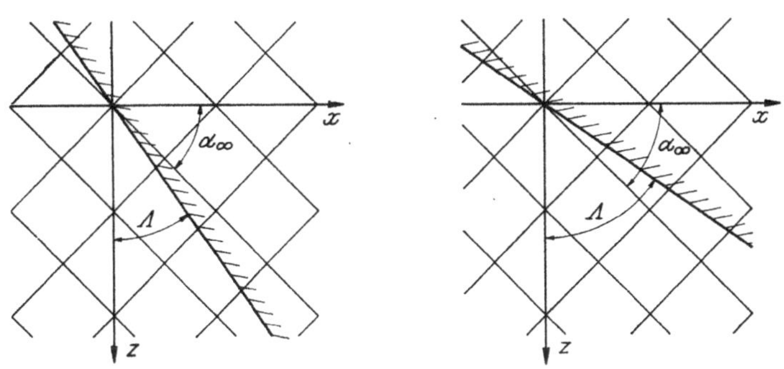

Abb. VII,10. Schiebender Flügel mit Über- und Unterschallvorderkante.

Nur bei Unterschallanströmung, wo es ein ähnliches Unterscheidungsmerkmal nicht gibt, und bei Überschallvorderkanten kann die Strömung des schiebenden Flügels auf die ebene Strömung bei gleicher Machzahl zurückgeführt werden. Bei Unterschallvorderkanten ist dies jedoch nicht möglich, weil die Strömung wesentlich anderen Charakter als eine ebene Überschallströmung besitzt. Dies wird sich auch im folgenden bestätigen.

In allen Fällen ist zu beachten, daß das Dickenverhältnis τ' des Flügels wegen der Verkürzung der Tiefe in x'-Richtung bei gleich bleibender Dicke zum Dickenverhältnis des ungepfeilten Flügels, d. i. das Dickenverhältnis des Längsschnittes, in der Beziehung steht:

$$\tau' = \frac{\tau}{\cos \Lambda} . \tag{136}$$

Beim Vergleich des gepfeilten mit dem nicht gepfeilten Flügel ist eine Änderung des Dickenverhältnisses und der Machzahl zu beachten.

Für $M_\infty < 1$ kann mit Gl. (106) die Strömung nicht nur auf eine inkompressible Vergleichsströmung zurückgeführt werden, sondern auch auf eine beliebige andere Unterschallmachzahl. Es gilt dann:

$$\beta \varphi_x / \tau = \overline{\varphi}_x / \overline{\tau} = \beta' \varphi'_x / \tau' , \tag{137}$$

wobei φ_x die u-Störung und damit auch die Geschwindigkeitsstörung des ungepfeilten Flügels darstellt.

Mit Gl. (134) und (136) folgt also aus der letzten Gleichung:

$$\frac{u'}{u'_\infty} - 1 = \left(\frac{W}{u_\infty} - 1\right)_{\Lambda=0} \sqrt{\frac{1 - M_\infty^2}{1 - M_\infty^2 \cos^2 \Lambda}} \, \frac{1}{\cos \Lambda}$$

und diese in Gl. (132) eingesetzt ergibt:

$$\frac{W}{u_\infty} - 1 = \left(\frac{W}{u_\infty} - 1\right)_{\Lambda=0} \sqrt{\frac{1 - M_\infty^2}{1 - M_\infty^2 \cos^2 \Lambda}} \cos \Lambda = \left(\frac{W}{u_\infty} - 1\right)_{\Lambda=0} \frac{\beta}{\sqrt{\operatorname{tg}^2 \Lambda + \beta^2}} . \tag{138}$$

Damit ist die Geschwindigkeitsstörung des schiebenden Flügels auf jene des ungepfeilten Flügels bei gleicher Machzahl der Anströmung zurückgeführt. Der Pfeileffekt wirkt sich in Gl. (138) nicht nur im Faktor $\cos \Lambda$, sondern auch unter der Wurzel günstig auf die Verminderung der Geschwindigkeitsstörung aus.

Die Herleitung einer entsprechenden Gleichung der Überschallanströmung bei Überschallvorderkanten unterscheidet sich nur dadurch, daß in Gl. (137) anstelle von β und β' die Werte $\cot \alpha$ und $\cot \alpha'$ zu setzen sind. Dies führt schließlich wieder zu Gl. (138), in der dann unter der Wurzel Zähler und Nenner durch ihre negativen Werte zu ersetzen wären. Durch goniometrische Umformung kann die Beziehung für Überschall aber auch noch in eine zweite praktische Form gebracht werden:

$$\frac{W}{u_\infty} - 1 = \left(\frac{W}{u_\infty} - 1\right)_{\Lambda=0} \sqrt{\frac{M_\infty^2 - 1}{M_\infty^2 \cos^2 \Lambda - 1}} \cos \Lambda = \left(\frac{W}{u_\infty} - 1\right)_{\Lambda=0} \frac{1}{\sqrt{1 - \operatorname{tg}^2 \alpha \operatorname{tg}^2 \Lambda}} . \tag{139}$$

Dabei ist α der Machwinkel der ungestörten Strömung, wie stets in diesem Abschnitt.

Im letzten Ausdruck erkennt man deutlich die Grenze für den Anwendungsbereich von Gl. (139), nämlich $\cot \Lambda = \operatorname{tg} \alpha$, d. i. die *Schallvorderkante*. Bei Unterschallvorderkanten, also für $M_\infty > 1 > M_\infty \cos \Lambda$, führt man mit Gl. (137) φ'_x am besten auf die inkompressible Strömung $\overline{\varphi}_x$ zurück. Dann ist:

$$\frac{u'}{u'_\infty} - 1 = \left(\frac{\overline{W}}{u_\infty} - 1\right)_{\Lambda=0} \frac{\cos \Lambda}{\sqrt{1 - M_\infty^2 \cos^2 \Lambda}} .$$

Dies in Gl. (132) eingesetzt ergibt mit $\overline{M}_\infty = 0$ und $M_\infty \cos \Lambda < 1$:

$$\frac{W}{u_\infty} - 1 = \left(\frac{\overline{W}}{u_\infty} - 1\right)_{\Lambda=0} \frac{\cos \Lambda}{\sqrt{1 - M_\infty^2 \cos^2 \Lambda}} = \left(\frac{\overline{W}}{u_\infty} - 1\right) \frac{1}{\sqrt{1 - M_\infty^2 \cos^2 \Lambda}} . \tag{140}$$

Im ersten Teil dieser Formel ist die Geschwindigkeitsstörung auf jene bei $\overline{M}_\infty = 0$ und $\Lambda = 0$ zurückgeführt, im zweiten Teil auf jene bei $\overline{M}_\infty = 0$ und gleiche Pfeilung. Diese zweite Beziehung ist die Prandtl-Regel für den Spezialfall des schiebenden Flügels.

Gl. (140) ist nicht auf Unterschallvorderkanten, also $M_\infty > 1$ beschränkt. Sie gilt auch für $M_\infty < 1$ und kann direkt in Gl. (138) übergeführt werden. Auf der rechten Seite dieser Gleichung wäre nur die Geschwindigkeitsstörung bei inkompressibler Strömung und $\Lambda = 0$ mit Gl. (106) und (108) einzuführen.

Der Pfeileffekt spielt bei hohen Geschwindigkeiten eine große Rolle, worauf zuerst A. Busemann [9] und A. Betz [10] hinwiesen. Die einfachen Überlegungen dieses Abschnittes zeigen im übrigen deutlich die Problematik der Typenunterscheidung im Raume, siehe auch den Schluß von Abschn. VI,4, indem Strömungen bei $M_\infty > 1$ unter bestimmten Umständen, nämlich bei Unterschallkanten, auf Unterschallströmungen zurückgeführt werden können.

Literatur

[1] Taylor, G. I.: Strömung um einen Körper in einer kompressiblen Flüssigkeit. ZAMM **10**, 334—345 (1930).

[2] Lighthill, M. J.: Supersonic Flow past Bodies of Revolution. R. & M 2003 (A. R. C. Techn. Rep.) (1945).

[3] Ackeret, J., Degen, M. und Rott, N.: Über die Druckverteilung an schräg angeströmten Rotationskörpern bei Unterschallgeschwindigkeit. L'Aerotecnica **31**, 11—19 (1951).

[4] Glauert, H.: The effect of compressibility on the flow around slender bodies of revolution. Proc. Roy. Soc. A **118**, 113—119 (1927).

[5] Busemann, A.: Profilmessungen bei Geschwindigkeiten nahe der Schallgeschwindigkeit. Jahrbuch 1928 der Wiss. Ges. für Luftfahrt, S. 95—99.

[6] Goethert, B.: Ebene und räumliche Strömung bei hohen Unterschallgeschwindigkeiten. Jahrbuch 1941 der deutschen Luftfahrt, S. 156—158.

[7] Oswatitsch, K.: The effect of compressibility on the flow around slender bodies of revolution. KTH-AERO TN 12 (1950).

[8] Oswatitsch, K.: Der Kompressibilitätseffekt bei schlanken Rotationskörpern in Unter- und Überschallströmungen. Arch. Math. **2**, 401—404 (1949/50).

[9] Busemann, A.: Aerodynamischer Auftrieb bei Überschallgeschwindigkeit. Voltakongreß **1936**, 329—332.

[10] Ludwieg, H.: Pfeilflügel bei hohen Geschwindigkeiten. Lilienthalges. Ber. **127**, 44 (1940).

VIII. Stationäre, reibungsfreie, ebene und achsensymmetrische Unterschallströmung

1. Vorbemerkung

Vor allem bei der ebenen stationären Unterschallströmung ist eine Beschränkung auf eine kleine Auswahl der vorhandenen Methoden erforderlich, wenn dieser Teil nicht den Umfang eines Spezialwerkes annehmen soll. Es ist selbstverständlich, daß eine solche Auswahl in gewissem Grade subjektiven Charakter trägt. Dennoch darf nicht angenommen werden, daß hier die nach Ansicht des Verfassers in jeder Hinsicht zweckmäßigsten Verfahren geboten werden. Es gibt eine große Reihe brauchbarer Verfahren, die in der Regel für bestimmte Spezialfälle besonders geeignet und unter Umständen für solche Spezialfälle allen anderen Methoden überlegen sind. Bei der folgenden Darstellung wird vor allem auf weitgehende Einheitlichkeit und Allgemeinheit Wert gelegt und ferner auf möglichste Exaktheit im Rahmen von Störtheorien.

Aus dem ersten Grunde werden komplexe Variable und konforme Abbildungen nur wenig herangezogen. Ihre Bedeutung für die Behandlung ebener Unterschallströmung ist nach wie vor unumstritten. Es fehlt jedoch eine rationelle Verallgemeinerung auf achsensymmetrische und auf allgemein räumliche Probleme.

Gegenwärtig stehen Näherungstheorien zur Verfügung, die formelmäßige Darstellungen der Geschwindigkeitsverteilung auf der Profiloberfläche bis zur zweiten Ordnung in den Störungen zulassen. Daher wurden die noch in der ersten Auflage wiedergegebenen Approximationen von E. Krahn, [•22] Abschnitt VII,6, insbes. Gl. (48), und von v. Kármán und Tsien, [•22] Abschnitt VII,9, insbes. Gl. (61), nicht mehr aufgenommen.

Auch die Hodographenmethode erfährt nur eine sehr knappe Behandlung, die einen Einblick in die Vorzüge und Probleme dieses Verfahrens geben soll. Ein solcher Einblick ist schon deshalb notwendig, weil im folgenden des öfteren auf die Hodographenverfahren hingewiesen wird.

Die numerischen Verfahren, wie etwa die Relaxationsmethode, [•22] Abschnitt VII,8, wurden völlig weggelassen. Hier ist die Entwicklung im Zusammenhang mit der Schaffung elektronischer Rechenmaschinen sehr stark in Gang gekommen. Die numerischen Methoden werden sicherlich bald spezielle Darstellungen in Buchform erfahren. Allerdings dürfte das Anwendungsgebiet dieser numerischen Verfahren bei der genauen Berechnung der Strömung und Druckverteilung für spezielle Flügelformen liegen. Für eine übersichtliche Darstellung von Strömungseigenschaften dürften aber auch in Zukunft analytische Methoden geeigneter sein, sofern sich analytische Lösungen der Probleme überhaupt gewinnen lassen.

Die Strömung durch ebene Gitter kann nur im Hinblick auf ihre besonderen gasdynamischen Eigenschaften gestreift werden.

2. Quellartige Singularitäten

Die Lösung der der Prandtl-Regel zugrundeliegenden, linearisierten gasdynamischen Gl. (VII,51), kommt auf die Lösung der Laplace-Gleichung hinaus. Dieses Problem soll hier zuerst behandelt werden, weil auf diesem Wege die ersten beiden Summanden der Entwicklung (VII,20) gewonnen werden. Es soll dabei nur die Umströmung von Körpern mit Parallelströmung im Unendlichen behandelt werden. Wegen der Linearität der Gleichungen kann die Lösung durch Superpositionen aufgebaut werden. Für die Grundlösung bietet sich die Funktion an:

$$\varphi_1 = -\frac{q}{4\pi\sqrt{(x-\xi)^2+(1-M_\infty^2)(y-\eta)^2+(1-M_\infty^2)(z-\zeta)^2}} \tag{1}$$

mit q als zunächst freier Konstanten und mit den Ableitungen:

$$\begin{aligned}
\varphi_{1x} &= \frac{q(x-\xi)}{4\pi[(x-\xi)^2+(1-M_\infty^2)(y-\eta)^2+(1-M_\infty^2)(z-\zeta)^2]^{3/2}},\\
\varphi_{1y} &= \frac{q(1-M_\infty^2)(y-\eta)}{4\pi[(x-\xi)^2+(1-M_\infty^2)(y-\eta)^2+(1-M_\infty^2)(z-\zeta)^2]^{3/2}},\\
\varphi_{1z} &= \frac{q(1-M_\infty^2)(z-\zeta)}{4\pi[(x-\xi)^2+(1-M_\infty^2)(y-\eta)^2+(1-M_\infty^2)(z-\zeta)^2]^{3/2}}.
\end{aligned} \tag{2}$$

Daß es sich wirklich um eine Lösung der Gl. (VII,51) handelt, ergibt sich allein schon aus der Anwendung der Prandtl-Regel (VII,100) auf die dichtebeständige Quellströmung im Punkt $x = \xi$, $\bar{y} = \bar{\eta}$, $\bar{z} = \bar{\zeta}$ mit dem Potential:

$$\bar{\varphi}_1 = \frac{A}{\sqrt{(x-\xi)^2+(\bar{y}-\bar{\eta})^2+(\bar{z}-\bar{\zeta})^2}}.$$

Die Störungen wachsen im Quellpunkt über alle Grenzen. Natürlich ist die Lösung, wie auch alle folgenden, nur dort sinnvoll, wo die Störungen klein im Vergleich zur Hauptströmung bleiben. Die exakte Quellströmung, Abb. VI,11, reicht gar nicht bis in das Zentrum. Die Grundlösung, Gl. (1), gibt danach dort das Verhalten der Strömung keineswegs richtig wieder. Zunächst kommt es aber nur darauf an, eine Teillösung von Gl. (VII,51) zu besitzen.

q ist gleich dem Flächenintegral der Normalkomponente φ_{1n} über eine beliebige, den Quellpunkt umschließende Kontrollfläche, wie gleich gezeigt werden soll. Es handelt sich also im wesentlichen um ein durch die Kontrollfläche austretendes Volumen in der Zeiteinheit.

Die Kontrollfläche kann deshalb beliebig um den Quellpunkt gelegt werden, weil die Strömung außerhalb vom Quellpunkt quellenfrei ist und für alle den Quellpunkt nicht umschließenden Kontrollflächen gilt:

$$\iint_{f_k} \varphi_{1n}\, \mathrm{d}f = 0 .$$

Zur Vereinfachung der Darstellung sei der Quellpunkt in den Ursprung verlegt und als Kontrollfläche ein Kreiszylindermantel mit r als Radius und der x-Achse als Zylinderachse gewählt.

Mit den Zylinderkoordinaten von Abschnitt VI,6, dem Prandtlfaktor $\beta = \sqrt{1 - M_\infty^2}$ und Gl. (1) gilt dann:

$$\varphi_1 = -\frac{q}{4\pi \sqrt{x^2 + \beta^2 r^2}}; \qquad \varphi_{1r} = \frac{\beta^2 q r}{4\pi (x^2 + \beta^2 r^2)^{3/2}} .$$

Daraus folgt für jede den Quellpunkt, also den Ursprung umschließende Kontrollfläche:

$$\iint_{f_k} \varphi_{1n}\, \mathrm{d}f = \iint_{\text{Zylinder}} \varphi_{1n}\, \mathrm{d}f = 2r\pi \int_{-\infty}^{+\infty} \varphi_{1r}\, \mathrm{d}x = q r^2 \beta^2 \int_0^{\infty} \frac{\mathrm{d}x}{[x^2 + \beta^2 r^2]^{3/2}} = q ,$$

womit die Behauptung bewiesen ist.

Lösung (1) kann direkt zum Aufbau achsensymmetrischer Strömungen verwendet werden. Zur Erzeugung *ebener* Strömungen sind Quellstärken anzunehmen, welche unabhängig von z sind. Wollte man allerdings das Potential der ebenen Quellströmung einfach durch eine Integration von (1) mit $q = q(\xi, \eta)$ über ζ erhalten, so käme man im allgemeinen nicht zum Ziel. Das Geschwindigkeitspotential besitzt ja eine willkürliche Konstante, welche von Quellpunkt ξ, η, ζ zu Quellpunkt verschieden sein kann. Die Summation solcher willkürlicher Konstanten unendlich vieler Quellpunkte ergibt für sich unendlich große Werte, wenn nicht besondere Vorkehrungen getroffen werden.

Da die ebene Strömung in allen Ebenen $z =$ konst. gleich ist, wird sie am einfachsten in $z = 0$ berechnet. Wird die verfügbare Konstante im Punkte ξ, η, ζ so gewählt, daß das Potential im Koordinatenursprung $x = y = z = 0$ den Wert $\varphi_1 = 0$ annimmt:

$$\varphi_1 = -\frac{q}{4\pi}\left[\frac{1}{\sqrt{(x-\xi)^2 + \beta^2 (y-\eta)^2 + \beta^2 (z-\zeta)^2}} - \frac{1}{\sqrt{\xi^2 + \beta^2 \eta^2 + \beta^2 \zeta^2}}\right],$$

so ergibt auch ein Integral über solche Potentiale einen verschwindenden Wert im Koordinatenursprung, also endliche Werte im Endlichen. Damit erhält man als

Quellpotential der *ebenen* Strömung (Integraltafel):

$$\varphi_1 = -\frac{q}{4\pi}\int\limits_{-\infty}^{+\infty}\left[\frac{1}{\sqrt{(x-\xi)^2+\beta^2(y-\eta)^2+\beta^2\zeta^2}} - \frac{1}{\sqrt{\xi^2+\beta^2\eta^2+\beta^2\zeta^2}}\right]\mathrm{d}\zeta$$

$$= -\frac{q}{4\pi\beta}\left[\ln\left(\beta\zeta+\sqrt{(x-\xi)^2+\beta^2(y-\eta)^2+\beta^2\zeta^2}\right)\right.$$

$$\left.-\ln\left(\beta\zeta+\sqrt{\xi^2+\beta^2\eta^2+\beta^2\zeta^2}\right)\right]\Bigg|_{-\infty}^{+\infty}$$

und nach Grenzübergang das logarithmische Potential:

$$\varphi_1 = +\frac{q}{2\pi\beta}\left[\ln\sqrt{(x-\xi)^2+\beta^2(y-\eta)^2} - \ln\sqrt{\xi^2+\beta^2\eta^2}\right]. \tag{3}$$

Der zweite Logarithmus in Gl. (3) stellt eine additive Konstante dar, welche im allgemeinen bedeutungslos ist und nur das Potential auf den Wert $\varphi_1 = 0$ im Ursprung normiert. Für die Ableitungen ergibt sich aus Gl. (3):

$$\varphi_{1x} = \frac{q}{2\pi\beta}\,\frac{x-\xi}{(x-\xi)^2+\beta^2(y-\eta)^2}; \quad \varphi_{1y} = \frac{q}{2\pi}\,\frac{\beta(y-\eta)}{(x-\xi)^2+\beta^2(y-\eta)^2}. \tag{4}$$

q stellt nun bei ebener Strömung das Kurvenintegral der Normalkomponente φ_{1n} einer den Quellpunkt umschließenden, aber im übrigen beliebig geführten Kontrollkurve dar. Um dies zu zeigen, sei der Quellpunkt in den Ursprung der Ebene $z = 0$ verlegt. Räumlich betrachtet handelt es sich um einen konstanten q-Wert auf der z-Achse. Die geschlossene Kontrollkurve sei von zwei zur x-Achse parallelen Geraden, $y = \pm h$, über und unter dem Ursprung im Abstande h gebildet. Dann ist:

$$\oint \varphi_{1n}\,\mathrm{d}s = \int\limits_{-\infty}^{+\infty}\varphi_{1y}(x, +h)\,\mathrm{d}x - \int\limits_{-\infty}^{+\infty}\varphi_{1y}(x, -h)\,\mathrm{d}x.$$

Zu beachten ist, daß an der Unterseite $\varphi_{1n} = -\varphi_{1y}$ ist. Es folgt:

$$\oint \varphi_{1n}\,\mathrm{d}s = 2\int\limits_{+\infty}^{-\infty}\frac{q}{2\pi}\,\frac{\beta h}{x^2+\beta^2h^2}\,\mathrm{d}x = \frac{q}{\pi}\,\mathrm{arctg}\,\frac{x}{\beta h}\Bigg|_{-\infty}^{+\infty} = q.$$

Das logarithmische Potential Gl. (3) ist wegen seiner Unabhängigkeit von z eine Lösung der linearen gasdynamischen Gleichung (VII,51) für die ebene Strömung

$$(1 - M_\infty^2)\,\varphi_{1xx} + \varphi_{1yy} = 0,$$

einer Form, der man immer wieder begegnet, wie etwa in Gl. (VI,28).

Für zahlreiche Anwendungen interessiert das Verhalten der Strömung in großer Entfernung vom Störzentrum, also hier vom Quellpunkt. Ein isolierter Quellpunkt in einer Parallelströmung stellt dabei in der Ebene wie im Raume einen Halbkörper dar. Gl. (2) und (4) zeigen, daß die Geschwindigkeitsstörungen im *Raume* umgekehrt wie das Quadrat des Abstandes, in der *Ebene* umgekehrt wie der Abstand selbst vom Störzentrum abklingen. Da die Strömung in großem Körperabstand nur wenig gestört ist, kann sie dort stets mit der linearisierten Gl. (VII,51) genähert werden. Das heißt, das Abklingen in großer Entfernung vom Störzentrum erfolgt bei kompressibler Strömung mit *derselben* Potenz des Abstandes wie bei dichtebeständiger Strömung. Der Unterschied besteht lediglich im Faktor vor der Potenz. Er ist bei kompressibler Strömung auch noch von der Richtung abhängig, da wohl die y- und z-Koordinate, nicht aber die x-Koordinate mit dem Prandtl-Faktor β multipliziert ist.

3. Wirbelartige Singularitäten

Bei ebener Strömung spielt neben der Lösung (3), (4) noch eine zweite Lösung der letzten Gleichung eine wichtige Rolle:

$$\varphi_1 = \frac{\Gamma_1}{2\pi} \operatorname{arctg} \frac{\beta(y-\eta)}{x-\xi}. \tag{5}$$

Es ist das Störpotential eines um den Punkt ξ, η kreisenden Wirbels der Zirkulation Γ_1. Die Komponenten sind:

$$\varphi_{1x} = -\frac{\Gamma_1}{2\pi} \frac{\beta(y-\eta)}{(x-\xi)^2+\beta^2(y-\eta)^2}; \qquad \varphi_{1y} = \frac{\Gamma_1}{2\pi} \frac{\beta(x-\xi)}{(x-\xi)^2+\beta^2(y-\eta)^2}. \tag{6}$$

Die Zirkulation ist in völliger Analogie zur Gl. (IV,52) zu bilden. Die Tangentialkomponente der Geschwindigkeit dort, W_t, kann hier durch die Tangentialableitung von φ_1, also durch φ_{1t}, ersetzt werden:

$$\Gamma_1 = \oint_c \varphi_{1t}\, ds.$$

Man beachte die wechselseitige Ähnlichkeit der Größen in Gl. (4) und (6). Es gilt also für das Abklingen des Wirbels in großem Abstand vom Wirbelkern dasselbe wie für die Quelle.

In unmittelbarer Umgebung des Störzentrums kann natürlich keine der genannten Lösungen als brauchbare Näherung einer kompressiblen Strömung angesehen werden, da dort die Störungen groß sind, was den Voraussetzungen, welche zur Linearisierung der gasd. Gl. führten, widerspricht. Entsprechendes gilt auch für alle späteren Lösungen, ob sie nun aus den genannten Lösungen aufgebaut sind oder nicht. Sie können nur dort als richtig angesehen werden, wo sie die Vereinfachungsannahmen erfüllen.

Es sei erwähnt, daß diese Forderung vom mathematischen Standpunkt nicht hinreichend, in der Regel aber notwendig ist. Die bisher bekannten mit Linearisierung gewonnenen Lösungen von Problemen der Gasdynamik erwiesen sich allerdings stets im angegebenen Gültigkeitsgebiet auch als richtig. Im übrigen sind alle mathematischen Lösungen physikalischer Probleme durch Vernachlässigungen und Abstraktionen gewonnen. Deshalb sind sie auch fast stets in zeitlich oder örtlich engbegrenzten Gebieten der Lösung falsch.

4. Ebene Strömung, erste Ordnung

Mit den Teillösungen (3) und (5) sind die Voraussetzungen zur Gewinnung einer Lösung erster Ordnung in den Störungen gemäß Gl. (VII,52) geschaffen. Bei einer Anordnung dieser Teillösung auf der x-Achse ist in beiden Lösungen $\eta = 0$. Gl. (3) liefert dann eine symmetrische Teillösung, also φ_1^+, Gl. (5) eine antisymmetrische Teillösung, also φ_1^-, wie sie Gl. (VII,12) und der vorangehenden Gleichung entsprechen.

Zunächst sei die symmetrische Lösung behandelt. Sie werde durch eine *Quellbelegung* auf der x-Achse zwischen $0 \leqq x \leqq 1$ erzeugt. Das bedeutet nichts anderes, als daß alle Längen durch die Länge der Belegungslinie dimensionslos gemacht sind. Die Länge der Belegungslinie ist für spitze Profile, Abb. 1, praktisch gleich

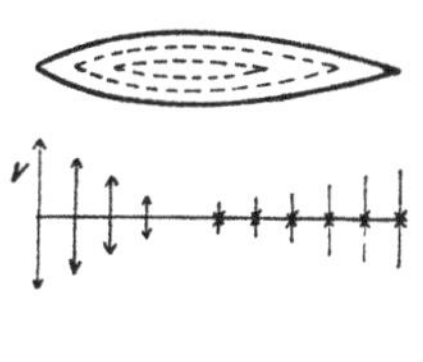

Abb. VIII,1. Darstellung eines symmetrischen Profils durch Quell-Senken-Verteilungen.

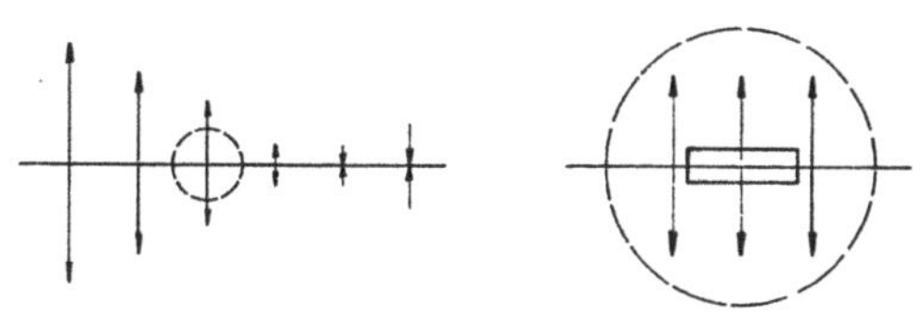

Abb. VIII,2. - - - Umgebung eines Quellelementes.

der Profillänge. Bei stumpfen Nasen ist die Profillänge allerdings etwas größer als die Belegungslinie, wovon noch die Rede sein wird.

Die Quellstärke dq des Beitrages eines *Quellelementes* ist gemäß Abb. 2 und den Darlegungen anschließend an Gl. (4):

$$dq = \varphi_{1n}\, ds = v_1(\xi, +0)\, d\xi - v_1(\xi, -0)\, d\xi = 2 v_1(\xi, +0)\, d\xi .$$

Der Faktor 2 erklärt sich völlig einleuchtend aus dem Ausblasen aus der Belegungslinie nach oben und nach unten.

Auf die Berücksichtigung der additiven ξ-Funktion in Gl. (3), d. i. im wesentlichen wegen $\eta = 0$ der Ausdruck $\ln |\xi|$, kann verzichtet werden. Die Normierung des Störpotentials im Ursprung mit dem Wert $\varphi_1(0,0) = 0$ fällt also weg, und man erhält durch Integration über alle Quellbeiträge auf der Belegungsgeraden das Ergebnis:

$$\varphi_1^+ = \frac{1}{\beta\pi}\int_0^1 v_1^+(\xi, +0) \ln \sqrt{(x - \xi)^2 + \beta^2 y^2}\, d\xi ;$$

$$\varphi_{1x}^+ = u_1^+ = \frac{1}{\beta\pi}\int_0^1 \frac{v_1^+(\xi, +0)\,(x - \xi)}{(x - \xi)^2 + \beta^2 y^2}\, d\xi ; \qquad \varphi_{1y}^+ = v_1^+ = \frac{1}{\pi}\int_0^1 \frac{v_1^+(\xi, +0)\,\beta y}{(x - \xi)^2 + \beta^2 y^2}\, d\xi . \tag{7}$$

Die Herleitung von Gl. (7) kann freilich auf eine wesentlich korrektere Weise erfolgen als auf dem hier gewählten anschaulichen Weg. Die mathematisch befriedigendste Vorgangsweise dürfte jene über den Greenschen Satz sein, vgl. etwa [·24], Abschnitt I, 27. Es sollte jedoch an dieser Stelle eine Wiederholung dessen vermieden werden, was bereits ausführlich genug in verschiedenen Werken steht. Für den weniger vertrauten Leser seien jedoch noch einige Hinweise gemacht. Es kann leicht verifiziert werden, daß φ_1 der Differentialgleichung (VII,51) genügt. Auf das Verschwinden im Unendlichen wird noch im übernächsten Abschnitt eingegangen. Es soll jedoch noch kurz skizziert werden, daß für $y \to +0$ sich aus der letzten Gl. (7) die Identität $v_1(x, +0) = v_1(x, +0)$ ergibt, daß also die Randbedingung auf der Belegungslinie erfüllt wird.

Es ist zu beachten, daß Beiträge vom letzten Integral für $y \to 0$ nur geliefert werden können, wo gleichzeitig $\xi \to x$ gilt, weil anderenfalls der Integrand verschwindet. Also gilt mit $0 < \varepsilon \ll 1$:

$$v_1(x, \varepsilon) = \frac{1}{\pi} \int_0^1 v_1(\xi, +0) \frac{\beta}{(x-\xi)^2 + \varepsilon^2} d\xi = \frac{1}{\pi} v_1(x, +0) \int_0^1 \frac{\beta}{(x-\xi)^2 + \varepsilon^2} d\xi$$

$$= \frac{1}{\pi} v_1(x, +0) \operatorname{arctg} \frac{\xi - x}{\varepsilon} \Big|_0^1 = \frac{1}{\pi} v_1(x, +0) \left[\operatorname{arctg} \frac{1-x}{\varepsilon} + \operatorname{arctg} \frac{x}{\varepsilon}\right].$$

Man überzeugt sich leicht, daß der Ausdruck in der eckigen Klammer für alle $0 < x < 1$ beim Grenzübergang $\varepsilon \to 0$ gegen π strebt, für alle anderen x-Werte jedoch verschwindet.

Es interessiert vor allem die Störgeschwindigkeit am Profil, welche der u_1^+-Verteilung unmittelbar an der Achse gleichzusetzen ist. Für $y \to 0$ wächst der Integrand von u_1^+ an der Stelle $x = \xi$ über alle Grenzen. Diese Stelle ist durch einen sogenannten *Cauchyschen Hauptwert* auszuschließen, weil nur der Grenzwert für $y \to 0$ gesucht wird. Damit ist an der Achse:

$$\varphi_{1x}^+ = u_1^+ = \frac{1}{\beta\pi} \int_0^1 \frac{v_1^+(\xi, +0)}{x - \xi} d\xi = \frac{1}{\beta\pi} \lim_{\varepsilon \to 0} \left[\int_0^{x-\varepsilon} \frac{v_1^+(\xi, +0)}{x-\xi} d\xi + \int_{x+\varepsilon}^1 \frac{v_1^+(\xi, +0)\, d\xi}{x - \xi}\right]. \tag{8}$$

Der v_1^+-Wert auf der Belegungslinie ist durch die von z unabhängige Dickenverteilung $f(x)$, Gl. (VII,58), gegeben. Damit ist $u_1^+(x, 0)$ vollständig bestimmt:

$$u_1^+(x, 0) = \varphi_{1x}^+(x, 0) = \frac{1}{2\beta\pi} \int_0^1 f_x(\xi) \frac{d\xi}{x - \xi}. \tag{9}$$

Beschränkt man sich zunächst auf das Verdrängungsproblem, das Dickenproblem, also auf das symmetrische nicht angestellte Profil, Abb. 1, dann ist $\varphi_1^- \equiv 0$ und man erhält mit $\delta^+ = \tau$ als Störparameter gemäß Gl. (VII,58) und (VII,53):

$$\frac{u - u_\infty}{u_\infty} = \tau \varphi_{1x}^+ = \frac{\tau}{\beta} \frac{1}{2\pi} \int_0^1 f_x(\xi) \frac{d\xi}{x - \xi}. \tag{10}$$

Das Integral hängt nur mehr von der Dickenverteilung $f(x)$, nicht aber vom Dickenverhältnis τ ab.

Gl. (10) enthält natürlich die Prandtl-Regel in allen Spielarten für ebene Strömung. Zunächst zeigt sich für dichtebeständige Strömung, $\beta = 1$, daß die Geschwindigkeitsstörung bei affin verdickten Profilen proportional zum Dickenverhältnis wächst. Ferner ist die Geschwindigkeitsstörung und damit auch die Druckstörung umgekehrt proportional zum Prandtl-Faktor, womit sich die Möglichkeit ergibt, Profile unterschiedlichen Dickenverhältnisses und unterschiedlicher Mach-Zahlen der Anströmung zu vergleichen, soweit die Voraussetzung kleiner Störung erfüllt ist.

Abb. 3 gibt die Geschwindigkeitsstörung, die in der angewandten Näherung der u-Störung gleichzusetzen ist, an einem Parabelbogenzweieck gem. Gl. (10).

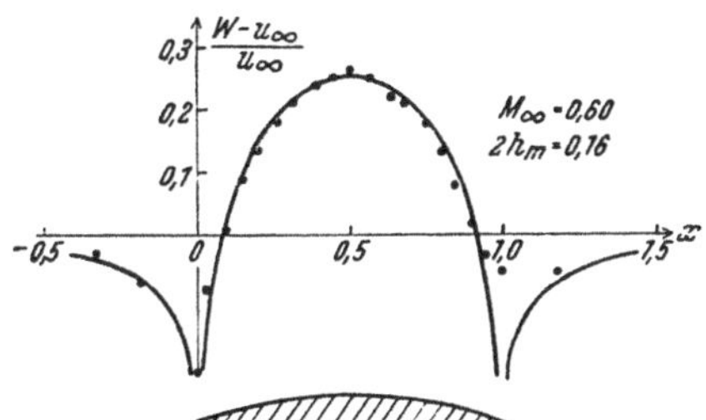

Abb. VIII,3. Geschwindigkeitsverteilung an einem Parabelbogen-Zweieck von 16% Dicke nach Gl. (10) und nach Versuchen an einem Kreisbogensegment [1]. $M_\infty = 0{,}60$; $\tau = 0{,}16$

Sie wird mit Versuchen von W. FRÖSSEL verglichen [1], welche an einem an der Kanalwand befindlichen Kreisbogen-Segment gemacht wurden; ein Vergleich, der in erster Ordnung zulässig ist.

Gemäß Gl. (VII,55) gilt für die Verteilungsfunktion der Parabel:

$$0 < x < 1: \quad h = 2\tau(x - x^2); \quad f(x) = 4(x - x^2); \quad f_x = 4(1 - 2x);$$
$$x < 0 \quad \text{und} \quad 1 < x: \quad h = 0; \quad f(x) = 0; \quad f_x = 0.$$

Mit Gl. (10) ergibt sich dann, ohne daß aus der Bildung des Hauptwertes zusätzliche Glieder resultieren, symmetrisch zur Profilmitte:

$$\frac{W - u_\infty}{u_\infty} = \frac{u - u_\infty}{u_\infty} = \frac{4}{\pi}\frac{\tau}{\beta}\left[1 - \left(\frac{1}{2} - x\right)\ln\left|\frac{1 - x}{x}\right|\right].$$

Bei der ansonsten einfachen Integration ist darauf zu achten, daß das Argument der Logarithmus-Funktion stets positiv zu nehmen ist. Als Folge der Vereinfachung wachsen die Werte an den Profilenden, also an den Staupunkten, logarithmisch über alle Grenzen. Trotz dieses Fehlers ist die Übereinstimmung von Theorie und Versuch auch in unmittelbarer Staupunktsumgebung noch sehr zufriedenstellend. Natürlich werden auch die Versuche dort durch die anströmende Reibungsschicht etwas beeinflußt.

Die Teillösung (5) ist für $\eta = 0$ antisymmetrisch. Anordnungen solcher Teillösungen auf der x-Achse bieten sich folglich zum Aufbau eines antisymmetrischen Potentials φ_1^- an.

Für die Ermittlung eines *Wirbelelementes* auf der Belegungslinie, Abb. 4, sei genauso wie bei der Ermittlung eines Quellelementes ein Belegungspunkt heraus-

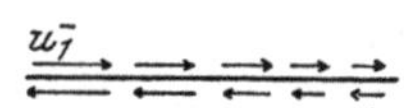

Abb. VIII,4. u-Störung an einer angestellten Platte.

gegriffen. Mit der Gleichung für die Zirkulation, nämlich der letzten Gleichung von Abschnitt 3, ist dann:

$$\mathrm{d}\Gamma_1 = -u_1^-(x, +0)\,\mathrm{d}x + u_1^-(x, -0)\,\mathrm{d}x = -2u_1^-(x, +0)\,\mathrm{d}x .$$

Durch Überlagerung von Wirbeln auf der x-Achse zwischen 0 und 1 erhält man nun:

$$\varphi_1^-(x, y) = -\frac{1}{\pi}\int_0^1 u_1^-(\xi, +0)\,\mathrm{arctg}\,\frac{\beta y}{x-\xi}\,\mathrm{d}\xi ;$$

$$\varphi_{1x}^- = u_1^- = \frac{1}{\pi}\int_0^1 u_1^-(\xi, +0)\,\frac{\beta y}{(x-\xi)^2 + \beta^2 y^2}\,\mathrm{d}\xi ; \qquad (11)$$

$$\varphi_{1y}^- = v_1^- = -\frac{\beta}{\pi}\int_0^1 u_1^-(\xi, +0)\,\frac{x-\xi}{(x-\xi)^2 + \beta^2 y^2}\,\mathrm{d}\xi .$$

Für die v_1^--Verteilung auf der x-Achse ergibt sich ganz analog zu Gl. (8):

$$v_1^-(x, 0) = -\frac{\beta}{\pi}\int_0^1 \frac{u_1^-(\xi, +0)}{x-\xi}\,\mathrm{d}\xi , \qquad (12)$$

wobei wieder der entsprechende Cauchysche Hauptwert zu nehmen wäre.

Bei der Behandlung von Gl. (12) ist das *direkte* Problem vom *indirekten* Problem zu unterscheiden. Das einfachere ist das letztere. Bei ihm wird die u_1^--Verteilung vorgegeben und $v_1^-(x, 0)$, d. i. im wesentlichen Anstellung und Wölbung, berechnet. Eine solche Aufgabenstellung ist vom praktischen Standpunkt aus gesehen keineswegs abwegig. Denn mit der u_1^--Verteilung kann die Auftriebsverteilung am Flügel vorgeschrieben werden, was den Flugzeugentwurf etwa für den Kursflug erleichtert. Für alle anderen Flugzustände allerdings muß dann die für den Kursflug ermittelte Wölbungsverteilung und Wölbungshöhe hingenommen werden, und dies führt dann wiederum zum direkten Problem.

Beim direkten Problem also ist die linke Seite von Gl. (12) mit Gl (VII,61) gegeben. Die Bestimmung von u_1^- auf der Belegungslinie führt also auf die Integralgleichung,

$$0 < x < 1: \quad -1 + k \cot \varepsilon \, g_x(x) = \frac{\beta}{\pi} \int_0^1 u_1^-(\xi, +0) \frac{d\xi}{\xi - x}. \tag{13}$$

Gemäß den Ausführungen bei Gl. (VII,56) ist k die Wölbungshöhe, $g(x)$ die bei ebener Strömung nur von x abhängige Wölbungsverteilung. Das Produkt beider Größen ist durch die Differenz $(h_0 - h_u)/2$ festgelegt. Die in Gl. (VII,61) getroffene Parameterwahl für δ^- setzt Wölbungshöhen k voraus, die nicht groß im Verhältnis zu tg ε sein dürfen.

Bei vorgegebener linker Seite handelt es sich bei Gl. (13) um die erstmalig von A. Betz gelöste Integralgleichung der singulären Wirbelschicht. Man begegnet ihr auch auf anderen Gebieten der Aerodynamik.

Wie bei der Berechnung von Integralen interessiert hier nur die Lösung, nicht aber der Weg, der zur Lösung führt. In der Betzschen Umkehrformel, Integraltafel, seien die Funktionen durch entsprechende große Buchstaben symbolisiert, um eine Verwechslung mit der Wölbungsverteilung $g(x)$ zu vermeiden. Dann ist zu setzen:

$$G(x) = -1 + k \cot \varepsilon \, g_x(x); \qquad F(\xi) = \frac{\beta}{\pi} u_1^-(\xi, +0),$$

und man gewinnt aus der Umkehrformel

$$u_1^-(x, +0) = \frac{\pi C}{\beta \sqrt{x(1-x)}} + \frac{1}{\pi\beta} \frac{1}{\sqrt{x(1-x)}} \int_0^1 [1 - k \cot \varepsilon \, g_x(t)] \sqrt{t(1-t)} \frac{dt}{t - x} \tag{14}$$

den Wert von $u_1^-(x, +0)$ als Funktion der Wölbungseigenschaften und des Anstellwinkels.

Dabei ist C noch eine frei verfügbare Konstante, die durch die sogenannte *Abströmbedingung* oder *Kutta-Joukowsky*-Bedingung festgelegt werden kann, wie im folgenden Beispiel ausgeführt wird.

Als solches Beispiel sei zunächst die ebene Platte gewählt. Dann ist die Wölbungshöhe $k = 0$ und Gl. (13) führt auf:

$$u_1^-(x, +0) = \frac{\pi}{\beta} \frac{C}{\sqrt{x(1-x)}} + \frac{1}{\beta\pi} \frac{1}{\sqrt{x(1-x)}} \int_0^1 \sqrt{t(1-t)} \frac{dt}{t - x}.$$

Der Wert ergibt sich aus dem in der Integraltafel angeführten unbestimmten Integral:

$$u_1^-(x, +0) = \frac{\pi}{\beta} \frac{C}{\sqrt{x(1-x)}} + \frac{1}{\beta} \frac{1/2 - x}{\sqrt{x(1-x)}}.$$

Daß die Geschwindigkeitsverteilung nur bis auf eine Konstante festliegt, kann nicht überraschen. Das entspringt dem Umstand, daß die Gesamtzirkulation um das Profil noch frei verfügbar bleibt. Sie wird durch die „Abströmbedingung" festgelegt, daß nämlich die Hinterkante nicht umströmt wird, eine Forderung, welche den Idealvorstellungen für ein tragendes Profil entspricht. Mathematisch kann die Abströmbedingung wie folgt formuliert werden,

$$y = 0,\ x = 1:\ u_1^- = 0.$$

Daraus folgt weiter für die Geschwindigkeitsstörung unmittelbar an der Plattenoberseite, Abb. 5:

$$u_1^-(x, +0) = \frac{1}{\beta}\sqrt{\frac{1-x}{x}}. \tag{15}$$

Die Geschwindigkeitsstörung und der Auftrieb wachsen also umgekehrt proportional zum Prandtl-Faktor, was von der Prandtl-Regel her bereits bekannt ist.

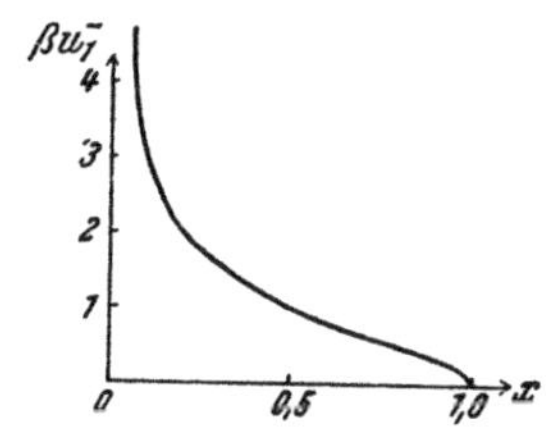

Abb. VIII,5. u_1-Verteilung gemäß Gl. (15).

Die unendliche Störung an der Vorderkante widerspricht freilich der Voraussetzung „kleiner Störungen". Selbst bei inkompressibler Strömung, wo die Ausgangsgleichung für das Potential linear ist und die Annahme kleiner Störungen daher fallengelassen werden kann, können unendliche Geschwindigkeiten nicht auftreten. Bei Luft würden sich lokale Überschallgebiete bilden, bei Wasser Kavitations-Hohlräume. Die Lösung (15) ist jedoch als Teillösung für eine angestellte Platte endlicher Dicke mit kleinem Nasenradius zu verstehen. Es kommt dann darauf an, daß der Anstellwinkel ausreichend klein und der Nasenradius ausreichend groß ist, um genügend kleine Störungen an der Profilnase und nicht am Vorderrand der Belegung zu gewährleisten.

Mit Hilfe der Gleichungen (VII,63) und (VII,64) können Normalkraft und Moment in der angestrebten Näherung berechnet werden. Diese Größen werden bei einem Flügel unendlicher Spannweite, wie das dem ebenen Fall entspricht, freilich unendlich. Man muß daher die Kräfte und Momente für eine bestimmte Spannweitenbreite, etwa b, berechnen. Bei der Bildung der Beiwerte gemäß Gl. (V,65) ist dann durch eine bestimmte Fläche f_p zu dividieren. Als solche nimmt man zweckmäßig die Belegungsfläche, d. i. $f_p = b$, weil die Belegungstiefe den Wert 1 hat. Damit fällt aber b wieder bei den Beiwerten weg, und man erhält für c_n und c_m in der angestrebten Näherung:

$$\begin{aligned} c_n &= \frac{u_\infty^2}{W_\infty^2}\, 4 \operatorname{tg} \varepsilon \int_0^1 \varphi_{1x}^- \,\mathrm{d}x = 2 \sin(2\varepsilon) \int_0^1 \varphi_{1x}^- \,\mathrm{d}x; \\ c_m &= 2 \sin(2\varepsilon) \int_0^1 \varphi_{1x}^- \, x \,\mathrm{d}x. \end{aligned} \tag{16}$$

Hier könnte bezweifelt werden, ob es in dieser Näherung noch Sinn hat, die Abweichung des Wertes $u_\infty/W_\infty = \cos\varepsilon$ von 1 zu berücksichtigen. Wenn man sich mit der vorliegenden Näherung begnügt, kann natürlich $\sin(2\varepsilon) = 2\,\mathrm{tg}\,\varepsilon = 2\varepsilon$ gesetzt werden. Wenn jedoch höhere Näherungen berücksichtigt werden, dann ist die präzise Formulierung der ersten Ordnung wesentlich.

Durch Einsetzen der Verteilung in Gl. (16) erhält man dann die Beiwerte für die ebene Platte:

$$c_n = \frac{\pi}{\beta}\sin(2\varepsilon); \qquad c_m = \frac{\pi}{4\beta}\sin(2\varepsilon). \tag{17}$$

Man erkennt auch in diesen Formeln alle Varianten der Prandtlschen Regel. Da es sich bei c_m um den Momentenbeiwert um die Vorderkante der Platte handelt, ist der Abstand l des Angriffspunktes der Luftkräfte an der Platte von der Vorderkante gegeben durch $l \cdot \mathrm{N} = \mathrm{M}$ oder mit Gl. (17) durch

$$l = c_m/c_n = \frac{1}{4}. \tag{18}$$

l ist also in dieser Näherung unabhängig von β und daher von M_∞ gleich dem Wert bei $M_\infty = 0$, wie das gar nicht anders erwartet werden kann.

In reiner Unterschallströmung muß der Widerstand und damit der Widerstandsbeiwert auch bei einer unendlich dünnen Platte verschwinden zufolge des Satzes (VI,53) oder auch des d'Alembertschen Paradoxons. Allerdings muß dabei an dem Bild festgehalten werden, daß bei der Vorderkantenumströmung keine Verluste etwa in Form von Stößen auftreten, also genau an dem Bild, wie es durch die Lösung Gl. (II,11) wiedergegeben wird. Für dieses verschwindet mit dem Widerstand auch der Widerstandsbeiwert. Damit folgt aus den Beiwertsbeziehungen VI,68 für den Spezialfall der ebenen Platte in Ergänzung zu den Resultaten (17) nach kurzer Rechnung:

$$c_w = 0; \qquad c_t = -\frac{2\pi}{\beta}\sin^2\varepsilon; \qquad c_a = \frac{2\pi}{\beta}\sin\varepsilon. \tag{19}$$

Der negative Tangentialkraftbeiwert entspricht einem *Nasensog* an der Platte, dessen Analyse der nächste Abschnitt gewidmet ist.

Die Bedingung des glatten Abströmens kann in Gl. (14) ganz allgemein gestellt werden. Man erhält dann aus der Bedingung $u_1^-(1, +0) = 0$ die Konstante C im wesentlichen durch ein Integral ausgedrückt. Setzt man den so gewonnenen Wert von C in Gl. (14) ein, dann gewinnt man nach einigen Reduktionen folgenden Ausdruck für $u_1^-(x, +0)$, der die Kutta-Joukowski-Bedingung bereits befriedigt:

$$u_1^-(x, +0) = \frac{1}{\pi\beta}\sqrt{\frac{1-x}{x}}\int_0^1 [1 - k\cot\varepsilon\, g_x(t)]\sqrt{\frac{t}{1-t}}\frac{dt}{t-x}. \tag{20}$$

Mit Gl. (VII,53) kann nun die u-Störung in erster Ordnung — und das ist gleichzeitig die Geschwindigkeitsstörung in dieser Ordnung — für Profile endlicher

Dicke mit Wölbung und Anstellung in Form von Integralen angegeben werden. Mit Gl. (VII,58) und (VII,61) für die Störparameter ist für $y \to +0$:

$$\frac{u - u_\infty}{u_\infty} = \delta^+ \varphi_{1x}^+ + \delta^- \varphi_{1x}^- = \tau u_1^+(x, 0) + \operatorname{tg} \varepsilon \, u_1^-(x, +0). \tag{21}$$

Setzt man u_1^+ aus Gl. (9) und u_1^- aus Gl. (20) ein, so erhält man für die Ober- und Unterseite des Profils unter Berücksichtigung der Abströmbedingung für

$y = \pm 0$:

$$\frac{u - u_\infty}{u_\infty} = \frac{\tau}{2\beta\pi} \int_0^1 f_x(\xi) \frac{d\xi}{x - \xi} \pm \frac{1}{\beta\pi} \sqrt{\frac{1-x}{x}} \int_0^1 [\operatorname{tg} \varepsilon - k g_x(t)] \sqrt{\frac{t}{1-t}} \frac{dt}{t - x}. \tag{22}$$

Auch diese Gleichung enthält wieder alle Formen der Prandtl-Regel.

Die Rückführung auf die Profileigenschaften erfolgt mit Gl. (VII,55) und (VII,56), die der Vollständigkeit halber hier für den Spezialfall der ebenen Strömung nochmals notiert seien:

$$h_0 + h_u = \tau f(x); \qquad h_0 - h_u = 2k g(x). \tag{23}$$

5. Nasensog in erster Ordnung

In diesem Abschnitt soll der Nasensog direkt aus Gl. (VII,62) ermittelt werden, so daß er also nicht als Ergebnis des d'Alembertschen Paradoxons erhalten wird, sondern, daß dieses vielmehr durch die Rechnung bestätigt wird. Für die rein antisymmetrische ebene Strömung, $\varphi_1^+ \equiv 0$, erhält man für die Tangentialkraft der Breiteneinheit anstelle von Gl. (VII,62):

$$\mathrm{T} = -\frac{\varrho_\infty u_\infty^2}{2} 4 \operatorname{tg}^2 \varepsilon \int_{y \to 0} (1 + \varphi_{1y}^-) \varphi_{1x}^- \, dx.$$

Die Kontrollfläche $y =$ konst. ist also über der Belegungslinie, also der x-Achse, zu führen. Nach Ausführung der Integration ist dann mit $y \to 0$ zu gehen. Die Integration über die unter der Belegungslinie liegende Kontrollfläche ist in obiger Darstellung bereits mit einbezogen.

Beim Erfassen des Nasensoges kommt es auf die Vorgänge bei der Umströmung der Vorderkante in ihrer unmittelbaren Umgebung an. Für diese Kantenumgebung würde eine Auswertung der Gl. (11) folgende Resultate liefern:

$$r = \sqrt{x^2 + \beta^2 y^2} < 1: \quad u_1^-(x, y) = \pm \frac{1}{\beta r} \sqrt{\frac{1}{2}(r + x)}; \quad \text{für} \quad y \gtrless 0$$

$$v_1^-(x, y) = -1 + \frac{1}{r} \sqrt{\frac{1}{2}(r - x)}. \tag{24}$$

Die Ermittlung dieses Ergebnisses aus Gl. (11) ist gar nicht so sehr einfach. Man kommt aber ziemlich schnell zum Ziel, wenn man sich komplexer Variabler bedient.

Aus Gl. (24) erhält man folgende Resultate für die negative x-Achse, $y = 0$, $r = -x$, und für die positive x-Achse, $y = 0$, $r = x$:

$$y = 0,\ x < 0: \qquad u_1^-(x, 0) = 0; \qquad v_1^-(x, 0) + 1 = \frac{1}{\sqrt{-x}};$$

$$y = 0,\ x > 0: \qquad u_1^-(x, \pm 0) = \pm \frac{1}{\beta \sqrt{x}}; \qquad v_1^-(x, 0) + 1 = 0.$$

Die Stromlinien in der Umgebung der Vorderkante und die Geschwindigkeitsverteilung auf der x-Achse ist in Abb. 6 wiedergegeben.

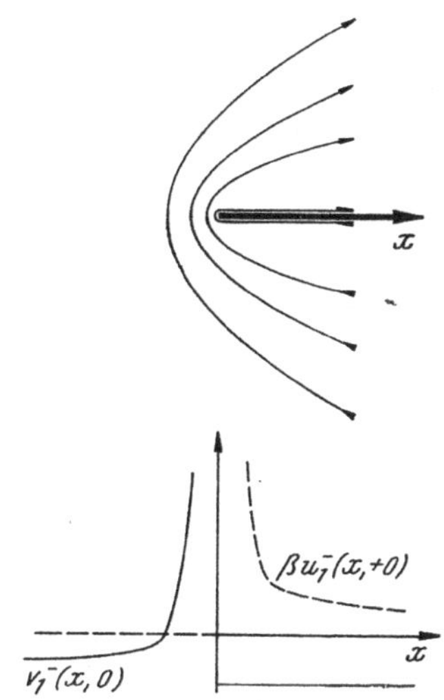

Abb. VIII,6. Strömungszustand an einer angestellten Vorderkante.

Auf der x-Achse ist also jeweils einer der beiden Faktoren im Tangentialkraftintegral gleich 0. Dagegen zeigt der Integrand in der Nähe der x-Achse wesentliche Beiträge, gemäß Gl. (24) nämlich:

$$[1 + v_1^-(x, y)]\, u_1^-(x, y) = \frac{y}{2r^2} = \frac{y}{2(x^2 + \beta^2 y^2)}.$$

Daraus erhält man für den Tangentialkraftbeiwert, der genauso wie im letzten Abschnitt gebildet werden soll:

$$c_t = -\frac{u_\infty^2}{W_\infty^2} 4 \operatorname{tg}^2 \varepsilon \int\limits_{-L, y \to 0}^{+L} (1 + \varphi_{1y}^-)\, \varphi_{1x}^-\, \mathrm{d}x = -2 \sin^2 \varepsilon \int\limits_{-L, y \to +0}^{+L} \frac{y\, \mathrm{d}x}{x^2 + \beta^2 y^2}$$

$$= -2 \sin^2 \varepsilon \frac{2}{\beta} \lim_{y \to +0} \operatorname{arctg} \frac{L}{\beta y} = -\frac{2\pi}{\beta} \sin^2 \varepsilon$$

in voller Übereinstimmung mit Gl. (19).

Man beachte, daß für den Grenzübergang $y \to +0$ nur wesentlich ist, daß y gegenüber L verschwindet. Daher kommt es nur darauf an, bei der Darstellung (24) die Strömung in einem Bereich $L \gg y$ richtig wiederzugeben, wobei L noch immer wesentlich kleiner sein kann als die Länge der Belegungslinie. Die für das Tangentialkraftintegral maßgebenden großen Geschwindigkeiten treten eben nur in unmittelbarer Nasennähe auf.

6. Die Stromfunktion beim ebenen Umströmungsproblem

Es ist nützlich, die vorangegangene Rechnung mit der Stromfunktion zu wiederholen. Man kann wie früher Störungen verschiedener Ordnung sowie Störparameter einführen, muß sich aber auf ebene und achsensymmetrische Strömungen beschränken, wenn man mit einer Stromfunktion auskommen will. Aus diesem Grunde wurde ja auch der Potentialfunktion für die allgemeine Darstellung der Vorzug eingeräumt. Begnügt man sich mit derselben Ordnung wie in den vorangegangenen Abschnitten, dann muß die Störstromfunktion (VI,24)

$$\psi_x = -v\varrho\,; \qquad \psi_y = u\varrho - u_\infty \varrho_\infty$$

die Differentialgleichung

$$\beta^2 \psi_{xx} + \psi_{yy} = 0 \tag{25}$$

erfüllen. Sie geht aus der vollständigen gasdynamischen Gleichung (VI,21) in gleicher Weise hervor wie die linearisierte Potentialgleichung (VI,28) aus (VI,13) und hat auch einen ähnlichen Anwendungsbereich wie diese.

Die Zusammenhänge beider Methoden seien am Dickenproblem, also an der symmetrischen Profillösung gezeigt. Für diese gilt:

$$\psi(x, y) = +\frac{1}{\pi} \int_0^1 \psi(\xi, +0) \frac{\beta y}{(x - \xi)^2 + \beta^2 y^2} \, d\xi. \tag{26}$$

Diese Gleichung erfüllt Gl. (25), die Anströmbedingungen und schließlich genau wie $v_1^+(x, y)$ in Gl. (7) die Randbedingung

$$y \to +0: \quad \psi(x, y) = \psi(x, +0).$$

Die Beziehung von $\psi(x, +0)$ zur halben Körperdicke $h_0(x) = h_u(x) = h(x)$ könnte aus der Stromlinienneigung hergeleitet werden, folgt aber schöner direkt aus der Kontinuitätsbedingung für die in Abb. 7 skizzierte Kontrollfläche:

$$\int_0^h \varrho u(x, y) \, dy = \varrho_\infty u_\infty h(x) + \cdots = \int_0^x \varrho v(x, +0) \, dx = -\psi(x, +0). \tag{27}$$

Abb. VIII,7. Beziehung zwischen Körperdicke und Quellbelegung.

Aus (26) und (27) errechnet sich:

$$\frac{\varrho u}{\varrho_\infty u_\infty} - 1 = \frac{1}{\varrho_\infty u_\infty}\,\psi_y = -\frac{\beta}{\pi}\int_0^1 h(\xi)\,\frac{(x-\xi)^2-\beta^2y^2}{[(x-\xi)^2+\beta^2y^2]^2}\,\mathrm{d}\xi;$$

$$\frac{\varrho v}{\varrho_\infty u_\infty} = -\frac{1}{\varrho_\infty u_\infty}\,\psi_x = -\frac{2\beta y}{\pi}\int_0^1 h(\xi)\,\frac{x-\xi}{[(x-\xi)^2+\beta^2y^2]^2}\,\mathrm{d}\xi.$$

Die Prandtl-Regel entspricht einer Näherung der Stromdichtekurve durch eine Gerade, Abschn. VII,10, Abb. VII,3. Bei Annahme kleiner Strömungswinkel ist daher gemäß der Entwicklung (II,83) mit dem Index $a = \infty$:

$$\frac{\varrho u}{\varrho_\infty u_\infty} - 1 = \beta^2\left(\frac{u}{u_\infty} - 1\right) + \cdots.$$

Daraus folgt:

$$\frac{u}{u_\infty} - 1 = -\frac{1}{\beta\pi}\int_0^1 h(\xi)\,\frac{(x-\xi)^2-\beta^2y^2}{[(x-\xi)^2+\beta^2y^2]^2}\,\mathrm{d}\xi.$$

Diese Gleichung kann mittels partieller Integration direkt in die entsprechende Gl. (7) überführt werden, womit der Zusammenhang mit der Potentialfunktion hergestellt ist.

Gl. (25) läßt eine weitere Form der Prandtl-Regel zu, indem die Stromdichte der kompressiblen Strömung auf die Geschwindigkeit der inkompressiblen Strömung zurückgeführt wird. Aus der Stromdichtestörung kann dann die Geschwindigkeitsstörung auch nicht linear ermittelt werden, was unter Umständen zu Verbesserungen führt, vgl. etwa [•22], S. 242 ff. Solche Verfahren haben aber durch die Entwicklung exakter Methoden an Bedeutung verloren.

In Entfernungen, welche groß gegen die Profillänge sind, kann wegen der Kleinheit von ξ gegenüber $\sqrt{x^2+\beta^2y^2}$ im Integral näherungsweise gesetzt werden:

$$\frac{(x-\xi)^2-\beta^2y^2}{[(x-\xi)^2+\beta^2y^2]^2} = \frac{x^2-\beta^2y^2}{[x^2+\beta^2y^2]^2} + \frac{2x(x^2-3\beta^2y^2)}{[x^2+\beta^2y^2]^3}\,\xi + \cdots,$$

$$\frac{x-\xi}{[(x-\xi)^2+\beta^2y^2]^2} = \frac{x}{[x^2+\beta^2y^2]^2} + \frac{3x^2-\beta^2y^2}{[x^2+\beta^2y^2]^3}\,\xi + \cdots.$$

ξ kann den Wert 1 nicht überschreiten, weshalb bereits das erste Glied eine gute Näherung darstellt. Bei den Abschätzungen ist es nicht erforderlich, auf kleine

β-Werte Rücksicht zu nehmen, da sich für solche die Linearisierung der Differentialgleichung als untauglich erweisen wird.

Damit ist die Störgeschwindigkeit in *größerem Körperabstand*:

$$\frac{u}{u_\infty} - 1 = -\frac{1}{\beta\pi}\,\frac{x^2 - \beta^2 y^2}{(x^2 + \beta^2 y^2)^2}\int_0^1 h(\xi)\,\mathrm{d}\xi + \cdots,$$

$$\frac{v}{u_\infty} = \frac{\varrho v}{\varrho_\infty u_\infty} + \cdots = -\frac{1}{\pi}\,\frac{2\beta x y}{(x^2 + \beta^2 y^2)^2}\int_0^1 h(\xi)\,\mathrm{d}\xi.$$

Während die Wirkung in den Staugebieten stromaufwärts und stromabwärts vom Körper, $y = 0$, bei kompressibler Strömung um den Faktor β^{-1} erhöht ist, ist sie es in den Übergeschwindigkeitsgebieten seitlich vom Körper, $x = 0$, um den Faktor β^{-3}. Die Berechnung solcher Fernwirkungen spielt für Korrekturen in der Windkanaltechnik eine große Rolle.

Das Integral stellt die *halbe Fläche* des Profilquerschnittes dar. In großer Entfernung wirkt sich also bei flachen Profilen nur deren Platzbedarf in der Strömungsebene aus. Das gilt, wie alle vorausgegangenen Formeln, auch für dichtebeständige Strömung, $\beta = 1$. Bei dieser erweist sich die Fernwirkung eines Kreiszylinders gleicher Fläche gerade doppelt so groß wie diejenige eines schlanken Profils, was natürlich auf seine große Dicke zurückzuführen ist.

Bei angestellten oder asymmetrischen Körpern kommen noch weitere Fernwirkungen hinzu, die im übrigen gegenüber dem Dickeneffekt dominieren!

7. Nichtangestellter Rotationsrumpf, 1. Ordnung

Eine achsensymmetrische Strömung erhält man durch Quellbelegung der x-Achse. Mit $\eta = \zeta = 0$ wird dann φ_1 von Gl. (1) zu einem symmetrischen Potential φ_1^+. Die Quellstärke eines Quellelementes dq ist gemäß den Ausführungen in Ab-

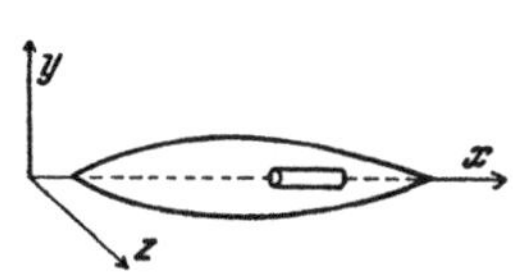

Abb. VIII,8. Bestimmung der Quellstärke an der Achse eines schlanken Rotationskörpers.

schnitt 2 gegeben durch das Volumen, das in der Zeiteinheit aus einem die x-Achse umgebenden Zylinderelement austritt, Abb. 8:

$$\mathrm{d}q = \int_{\vartheta=0}^{2\pi} \varphi_{1r}^+ r\,\mathrm{d}x = 2\pi r \varphi_{1r}^+\,\mathrm{d}x = 2\pi \lim_{r\to 0}(r\varphi_{1r}^+)\,\mathrm{d}x.$$

Durch Integration der Quellelemente über die Belegungslinie, die wieder innerhalb $0 \leqq \xi \leqq 1$ liegen möge, erhält man mit $r^2 = y^2 + z^2$:

$$\varphi_1^+(x, r) = -\frac{1}{2}\int_0^1 (r\varphi_{1r}^+)_0 \frac{d\xi}{\sqrt{(\xi - x)^2 + \beta^2 r^2}};$$

$$u_1^+(x, r) = \varphi_{1x}^+ = -\frac{1}{2}\int_0^1 (r\varphi_{1r}^+)_0 \frac{(\xi - x)\, d\xi}{[(\xi - x)^2 + \beta^2 r^2]^{3/2}}; \qquad (28)$$

$$\varphi_{1r}^+ = \frac{\beta^2 r}{2}\int_0^1 (r\varphi_{1r}^+)_0 \frac{d\xi}{[(\xi - x)^2 + \beta^2 r^2]^{3/2}}$$

Dabei ist $(r\varphi_{1r}^+)_0 = \lim_{r \to 0} (r\varphi_{1r}^+)$ gemäß Gl. (VII,70) durch die Formfunktion $f(x)$ mit Gl. (VII,69) gegeben.

Wie schon in der Profiltheorie interessiert auch in Gl. (28) vor allem die Geschwindigkeitsverteilung an der Körperoberfläche. Jedoch kann man weder im Integrand für das Potential noch in jenem für u_1^+ zur Grenze $r \to 0$ übergehen, wie das etwa beim Profil in Gl. (8) geschehen ist. Der Kern für das Potential φ_1^+ geht nämlich für $\beta r \to 0$ über in $1/|\xi - x|$, Abb. 9 rechts. Seine Fläche besitzt

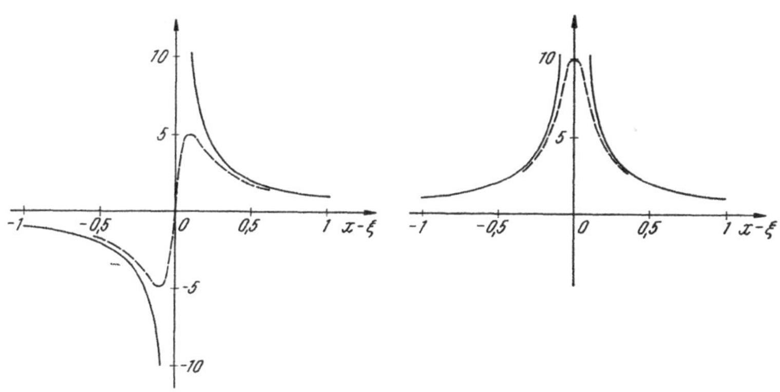

Abb. VIII,9. Die Kerne von ebener und achsensymmetrischer Strömung für $\beta r = 0{,}10$ (- - -) und $\beta r = 0$ (———).

einen logarithmisch unendlichen Inhalt. Dagegen hat der Kern in Gl. (8) die Form $1/(x - \xi)$ mit positiven und negativen Beiträgen, Abb. 9 links. Der Wert des Potentials φ_1^+ in Gl. (28) steigt nicht etwa wegen eines unzweckmäßigen Grenzüberganges mit $r \to 0$ über alle Grenzen. Es wird sich zeigen, daß das Potential an der Achse eines Rotationsrumpfes in der Tat logarithmisch unendlich ist.

Vor der Untersuchung der Strömungseigenschaften in Achsennähe sei die Querschnittsverteilung mit Gl. (VII,70) in Gl. (28) eingeführt:

$$\varphi_1^+(x, r) = -\frac{1}{4\pi}\int_0^1 f_x(\xi)\frac{d\xi}{\sqrt{(\xi - x)^2 + \beta^2 r^2}}. \tag{29}$$

Die Schwierigkeit beim Grenzübergang $r \to 0$ tritt offenbar an der Stelle $\xi = x$ auf. Es sei daher gemäß F. KEUNE [2] vor dem Grenzübergang folgende Identität eingeführt:

$$\begin{aligned} \varphi_1^+(x, r) &= -\frac{1}{4\pi} f_x(x)\int_0^1 \frac{d\xi}{\sqrt{(\xi - x)^2 + \beta^2 r^2}} - \frac{1}{4\pi}\int_0^1 \frac{f_x(\xi) - f_x(x)}{\sqrt{(\xi - x)^2 + \beta^2 r^2}}\, d\xi \\ &= \frac{1}{4\pi} f_x(x)\left\{\ln\left[1 - x + \sqrt{(1 - x)^2 + \beta^2 r^2}\right] + \ln\left[x + \sqrt{x^2 + \beta^2 r^2}\right]\right. \\ &\quad \left. - 2\ln(\beta r)\right\} - \frac{1}{4\pi}\int_0^1 \frac{f_x(\xi) - f_x(x)}{\sqrt{(\xi - x)^2 + \beta^2 r^2}}\, d\xi. \end{aligned} \tag{30}$$

Der Ausdruck in den geschwungenen Klammern ist mit Hilfe der Formel 2 der Integraltabelle berechnet, wobei nach Einsetzen der Grenzen noch eine elementare Umformung vorgenommen wurde. Vernachlässigungen gegenüber der Form Gl. (29) liegen in Gl. (30) noch nicht vor.

In Gl. (30) kann nun im Gebiete $0 \leqq x \leqq 1$ für Achsennähe, d. i. für

$$\beta^2 r^2 \ll (1 - x)^2 \qquad \text{und} \qquad \beta^2 r^2 \ll x^2, \tag{31}$$

$\beta^2 r^2$ überall vernachlässigt werden außer in dem Ausdruck $\ln(\beta r)$. Damit gilt für alle Punkte, die den Ungleichungen (31) genügen, näherungsweise:

$$\begin{aligned} \varphi_1^+(x, r) &= -\frac{1}{4\pi} f_x(x)\ln\frac{4(1 - x)\, x}{\beta^2 r^2} - \frac{1}{4\pi}\int_0^1 \frac{f_x(\xi) - f_x(x)}{|\xi - x|}\, d\xi \\ &= -\frac{1}{4\pi} f_x(x)\ln\frac{4(1 - x)\, x}{\beta^2 r^2} - \frac{1}{4\pi}\left[\int_0^x \frac{f_x(\xi) - f_x(x)}{x - \xi}\, d\xi + \int_x^1 \frac{f_x(\xi) - f_x(x)}{\xi - x}\, d\xi\right]. \end{aligned} \tag{32}$$

Der Abstand r tritt nur mehr im Logarithmus des ersten Summanden auf, kann dort aber nicht weggeschafft werden, weil φ_1^+ mit $r \to 0$ logarithmisch über alle Grenzen wächst.

Gl. (32) gilt im übrigen allgemeiner als die Voraussetzung (31) zunächst vermuten ließe. Außerhalb der Belegungslinie läßt sich in Gl. (29) ohne Schwierigkeit $r = 0$ setzen, weil der Punkt $\xi = x$ nirgends erreicht wird. Gl. (32) ist also auch außerhalb der Belegungslinie gültig, weil dort $f_x(x) = 0$ gilt. Ein Körper ist dort nicht mehr vorhanden.

Man überzeugt sich ferner sehr leicht davon, daß dem Grenzübergang (VII,70) von Gl. (32) genügt wird.

Ein Vergleich des Resultates von Gl. (32) mit Gl. (VII,71) liefert für die dort als *Raumeinfluß* definierte Funktion den Wert:

$$R(x) = \frac{1}{2\pi} f_x(x) \ln \beta - \frac{1}{4\pi} f_x(x) \ln 4(1-x)\,x$$
$$- \frac{1}{4\pi} \left[\int_0^x \frac{f_x(\xi) - f_x(x)}{x - \xi} \,\mathrm{d}\xi + \int_x^1 \frac{f_x(\xi) - f_x(x)}{\xi - x} \,\mathrm{d}\xi \right]. \tag{33}$$

Die Machzahl ist nur im logarithmischen Faktor des ersten Summanden enthalten, $\beta = \sqrt{1 - M_\infty^2}$, womit sich der bereits in Gl. (VII,118) wiedergegebene Machzahleinfluß bestätigt.

Durch partielle Integration erhält man nach kürzerer Rechnung noch folgende zweckmäßige Darstellung:

$$R(x) = \frac{1}{2\pi} f_x(x) \ln \beta - \frac{1}{4\pi} f_x(0) \ln 2x - \frac{1}{4\pi} f_x(1) \ln 2(1-x)$$
$$- \frac{1}{4\pi} \int_0^x f_{xx}(\xi) \ln 2(x-\xi) \,\mathrm{d}\xi + \frac{1}{4\pi} \int_x^1 f_{xx}(\xi) \ln 2(\xi - x) \,\mathrm{d}\xi. \tag{34}$$

Der Wert von $f_x(0)$ folgt aus der Form des Körperanfangs. Mit Gl. (VII,69) erhält man für einen mit dem Spitzenwinkel ϑ_0 einerseits und für einen stumpfen, mit dem Nasenradius R_0 andererseits beginnenden Körper die beiden Darstellungen für kleine x-Werte:

$$\text{Spitzer Körper:} \quad f = \frac{4}{\tau^2} \operatorname{tg}^2 \vartheta_0 \, x^2 + \cdots,$$
$$\text{Stumpfer Körper:} \quad f = \frac{8}{\pi} \frac{R_0}{\tau^2} x + \cdots. \tag{35}$$

Im allgemeinen wird man sich wegen der Annahme kleiner Störungen auf vorne spitze Körper beschränken müssen. Wohl können mit Achsenbelegungen der Form (28) auch stumpfe Körper erzeugt werden. Der durch die Randbedingung VII,70 gegebene Zusammenhang der Quellstärke mit der Körperform bedarf dann jedoch einer gewissen Korrektur, auf die im folgenden Rahmen nicht näher eingegangen werden soll, da es sich schon um ein Problem der inkompressiblen Strömung handelt, für dessen Darstellung hier der Raum fehlt.

Aus Gl. (35) folgt aber für vorne spitze Körper $f_x(0) = 0$. Ebenso gilt für spitz oder zylindrisch endende Körper $f_x(1) = 0$. Die weitere Darstellung soll sich ausschließlich auf solche Körpertypen beziehen, Abb. 10. Die Herleitung des Raumeinflusses $R_x(x)$ für die x-Komponente der Geschwindigkeit aus Gl. (33) oder (34) ist verhältnismäßig umständlich wegen der Ableitung nach der Integralgrenze x.

Man kommt schneller weiter, wenn man Gl. (28) für $u_1^+(x, r)$ zunächst partiell integriert. Nach Einführung der Dickenverteilungsfunktion $f(x)$ erhält man:

$$u_1^+(x, r) = \frac{f_x(1)}{4\pi\sqrt{(1-x)^2+\beta^2 r^2}} - \frac{f_x(0)}{4\pi\sqrt{x^2+\beta^2 r^2}} - \frac{1}{4\pi}\int_0^1 f_{xx}(\xi)\frac{d\xi}{\sqrt{(x-\xi)^2+\beta^2 r^2}}. \tag{36}$$

Für Körper vom Typus $f_x(0) = f_x(1) = 0$ unterscheidet sich die rechte Seite von Gl. (36) von der rechten Seite von Gl. (29) nur dadurch, daß die zweite Ableitung

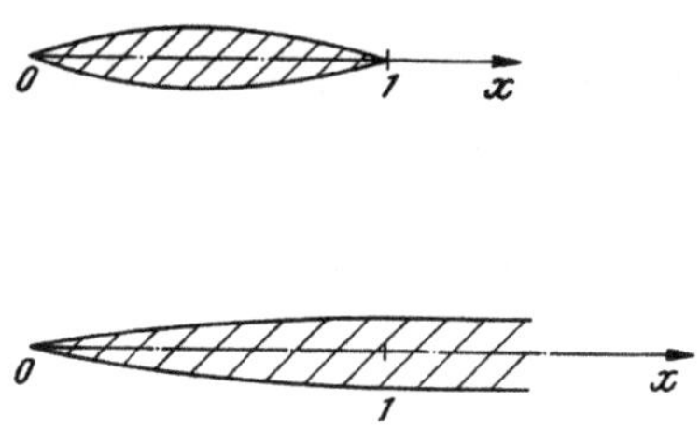

Abb. VIII,10. Rotationsrümpfe vom Typus $f_x(0) = f_x(1) = 0$.

f_{xx} anstelle der ersten f_x auftritt. Der Grenzübergang für Achsennähe kann also in gleicher Weise vollzogen werden wie für φ_1^+ mit dem Ergebnis:

$$u_1^+(x, r) = -\frac{1}{4\pi} f_{xx}(x)\ln\frac{4x(1-x)}{\beta^2 r^2} - \frac{1}{4\pi}\int_0^1 \frac{f_{xx}(\xi) - f_{xx}(x)}{|\xi - x|}\,d\xi. \tag{37}$$

Der Vergleich mit Gl. (VII,72) liefert:

$$R_r(x) = \frac{1}{2\pi} f_{xx}(x)\ln\beta - \frac{1}{4\pi} f_{xx}(x)\ln 4(1-x)\,x - \frac{1}{4\pi}\int_0^1 \frac{f_{xx}(\xi) - f_{xx}(x)}{|x-\xi|}\,d\xi. \tag{38}$$

Bei der Bestimmung des Geschwindigkeitsbetrages sind wie bei der Bestimmung der Druckkoeffizienten, Gl. (VII,76), die Querkomponenten nicht zu vernachlässigen. Im Hinblick auf die späteren Anwendungen soll auch gleich der Anstellanteil mit berücksichtigt werden. Aus Gl. (V,63) folgt zunächst exakt und dann in erster Näherung:

$$\frac{W}{W_\infty} - 1 = \left\{1 + \left[2\frac{u-u_\infty}{u_\infty} + \left(\frac{u-u_\infty}{u_\infty}\right)^2 + \left(\frac{W_1}{u_\infty}\right)^2 + \left(\frac{W_2}{u_\infty}\right)^2\right]\cos^2\varepsilon - \sin^2\varepsilon\right\}^{1/2} - 1$$
$$= \left[\frac{u-u_\infty}{u_\infty} + \frac{1}{2}\left(\frac{W_1}{u_\infty}\right)^2 + \frac{1}{2}\left(\frac{W_2}{u_\infty}\right)^2 - \frac{1}{2}\,\mathrm{tg}^2\varepsilon\right]\cos^2\varepsilon. \tag{39}$$

Dabei kann natürlich der Faktor $\cos^2\varepsilon$ durch 1 ersetzt werden, wenn man sich wie im vorliegenden Abschnitt mit der ersten Ordnung begnügt.

Dies gilt insbesondere auch für die Körperoberfläche $r = h(x)$, wo wie in Gl. (VII,47) $W_1^- = 0$ gilt, mit dem Ergebnis:

$$\frac{W}{W_\infty} - 1 = \frac{u - u_\infty}{u_\infty} + \frac{1}{2}\left(\frac{W_1^+}{u_\infty}\right)^2 + \frac{1}{2}\left(\frac{W_2^-}{u_\infty}\right)^2 - \frac{1}{2}\operatorname{tg}^2\varepsilon. \tag{40}$$

Für $\operatorname{tg}\varepsilon = 0$ gilt dann auf $r = h(x)$ mit Gl. (VII,52), (VII,68) und (VII,69) ganz entsprechend zu Gl. (VII,77) und (VII,78):

$$\frac{W}{u_\infty} - 1 = F_{\max}\left[\varphi_{1x}^+(x, h) + \frac{1}{8\pi}\frac{f_x^2}{f}\right]$$

$$= F_{\max}\left\{R_x(x) + \frac{1}{4\pi} f_{xx}(x)\left[\ln\frac{F_{\max}}{\pi} + \ln f(x)\right] + \frac{1}{8\pi}\frac{f_x^2}{f}\right\}. \tag{41}$$

Der Geschwindigkeitsbetrag W des nicht angestellten Körpers ist natürlich auch durch Ableitung des Potentials auf $r = h(x)$ längs der Körperoberfläche zu erhalten. Dabei ist jedoch streng darauf zu achten, daß die Ableitung längs der Oberfläche nicht durch die Ableitung längs der x-Achse ersetzt werden darf, wie dies in erster Ordnung bei der Profiltheorie durchaus zulässig wäre. Mit s als Bogenlänge längs der Körperoberfläche und ϑ als Strömungswinkel dort ist nämlich:

$$W = \frac{\partial\Phi}{\partial s} = \frac{\partial}{\partial x}\{u_\infty x + \varphi[x, h(x)]\}\frac{dx}{ds} = \left[u_\infty + \varphi_x + \varphi_r\frac{dh}{dx}\right]\cos\vartheta$$

$$= [u_\infty + \varphi_x + (u_\infty + \varphi_x)\operatorname{tg}^2\vartheta]\cos\vartheta = (u_\infty + \varphi_x)\frac{1}{\cos\vartheta}$$

$$= u_\infty + \varphi_x + u_\infty\frac{1}{2}\left(\frac{dh}{dx}\right)^2 + \cdots$$

Man erkennt daraus die Bedeutung der Ableitung φ_r bei achsensymmetrischen Körpern, die einen Betrag von der gleichen Größenordnung liefert wie φ_x, weil sich φ in r-Richtung sehr stark ändert. Die in der Herleitung verwendete Beziehung $u_\infty + \varphi_x = u = W\cos\vartheta$ versteht sich von selbst und hätte auch als Ausgangspunkt der Ableitung dienen können. Die Kleinheit der u-Störung bei achsensymmetrischer Strömung zwingt zu großer Vorsicht bei den Vereinfachungen.

Als Anwendungsbeispiel sei die Geschwindigkeitsverteilung an der Parabelbogenspindel berechnet. Sie hat denselben Längsschnitt und dieselbe h-Verteilung wie das Parabelbogenprofil in Abb. 3. Aus

$$h = 2\tau x(1 - x) \quad \text{folgt} \quad F(x) = 4\tau^2\pi(x^2 - 2x^3 + x^4) \quad \text{für} \quad 0 \leqq x \leqq 1.$$

Mit Gl. (VII,69) gewinnt man die Dickenverteilung und ihre Ableitungen:

$$f(x) = 16(x^2 - 2x^3 + x^4); \qquad f_x(x) = 32(x - 3x^2 + 2x^3);$$

$$f_{xx}(x) = 32(1 - 6x + 6x^2).$$

Solche Polynome eignen sich besonders zur Ausführung des Integrals im Raumeinfluß, Gl. (38). Durch die zweite Ableitung wird der Grad des Polynoms nur verringert und die Integration nur vereinfacht. Aus Gl. (41) folgt schließlich nach elementarer Rechnung die Geschwindigkeitsverteilung auf $r = h(x)$:

$$\frac{W}{u_\infty} - 1 = 2\tau^2\left\{(1 - 6x + 6x^2)\,[\ln \tau^2 x(1 - x) + 3 + 2 \ln \beta] + (1 - 2x)^2\right\}.$$

Es ist zu beachten, daß das Dickenverhältnis τ nicht nur als Faktor, sondern nochmals als ein Beitrag zur Querschnittsströmung im Argument des Logarithmus auftritt. Dies bedeutet jedoch keineswegs, daß der Ausdruck mit $\ln \tau^2$ als gesonderte Größenordnung zu betrachten wäre. Für sehr kleine τ-Werte, also im Extremfall für $\tau \to 0$, ist $\ln \tau^2$ die schwächst mögliche Singularität. Der Beitrag des logarithmischen Ausdruckes bewegt sich durchaus im Zahlenbereich der übrigen Beiträge des Klammerausdruckes.

Für das Staugebiet vor und hinter dem Körper auf der x-Achse darf in Gl. (36) $r = 0$ gesetzt werden, und man erhält dort folgenden von der Machzahl unabhängigen Geschwindigkeitsbetrag für $x < 0$ oder $1 < x$:

$$\frac{W}{u_\infty} - 1 = \pm 2\tau^2 \left[3(1 - 2x) - (1 - 6x + 6x^2) \ln \frac{x - 1}{x}\right].$$

Die Ergebnisse sind in Abb. 11 wiedergegeben.

Im letzten Ergebnis tritt kein $\ln \tau$ auf. Es sei daran erinnert, daß die Werte in „entsprechenden" Raumpunkten, wie sie auch durch die x-Achse vor und hinter dem Körper repräsentiert werden, bei achsensymmetrischer Strömung proportional zu τ^2 sind, wie in Abschnitt VII,8 gezeigt wurde. Der Ausdruck $\ln \tau$ kommt nur dadurch herein, daß die Oberfläche des Körpers eine mit τ unterschiedliche Lage im $x, \bar{r}$-Raum aufweist.

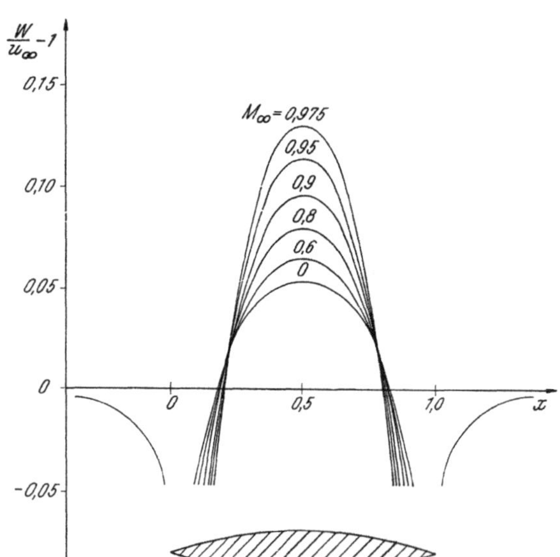

Abb. VIII,11. Geschwindigkeitsverteilung an einer 16% dicken Parabelbogenspindel nach Gl. (41).

8. Störungen in großem Abstand vom Rotationsrumpf

Ähnlich wie für das Profil läßt sich auch für den nicht angestellten Rotationsrumpf leicht eine Darstellung für die Geschwindigkeitsstörung im großen Abstand vom Körper angeben.

Aus Gl. (29) folgt nach partieller Integration wegen $f(0) = f(1) = 0$:

$$\varphi_1^+(x, r) = -\frac{1}{4\pi} \int_0^1 f(\xi) \frac{(\xi - x)\, d\xi}{[(\xi - x)^2 + \beta^2 r^2]^{3/2}}. \qquad (42)$$

Für Entfernungen, die groß gegen die Körperlänge sind, kann der Kern wieder vor das Integral gezogen werden. Mit Gl. (VII,52) und (VII,69) und (VII,70) erhält man dann für $\sqrt{x^2 + \beta^2 r^2} \gg 1$:

$$\varphi = \frac{u_\infty}{4\pi} \frac{x}{[x^2 + \beta^2 r^2]^{3/2}} \int_0^1 F(\xi)\, d\xi + \cdots.$$

Daraus folgt dann in derselben Näherung für die Komponenten:

$$\left.\begin{aligned} \frac{u}{u_\infty} - 1 &= \frac{1}{4\pi} \frac{\beta^2 r^2 - 2x^2}{[\beta^2 r^2 + x^2]^{5/2}} \int_0^1 F(\xi)\, d\xi; \\ \frac{v}{u_\infty} &= \frac{1}{4\pi} \frac{3\beta^2 x r}{[\beta^2 r^2 + x^2]^{5/2}} \int_0^1 F(\xi)\, d\xi. \end{aligned}\right\} \qquad (43)$$

Das Integral in Gl. (43) ist das Körpervolumen. Zu diesem sind also die Geschwindigkeitsstörungen in einem bestimmten Abstand proportional. Die Störungen beider Komponenten haben jetzt die gleiche Größenordnung. Bei dichtebeständiger Strömung, $\beta = 1$, erzeugt eine Kugel gleichen Volumens wegen ihres größeren Dickenverhältnisses eine 3/2-mal so große Störung.

9. Angestellter Rotationsrumpf

Für das für den Anstelleffekt maßgebende Störpotential $\varphi_1^-(x, r, 0)$ eines angestellten Rotationskörpers wurde bereits in Abschnitt VII,9 die Differentialgleichung (VII,82) hergeleitet:

$$(1 - M_\infty^2)\, \varphi_{1xx}^- + \varphi_{1rr}^- + \frac{1}{r} \varphi_{1r}^- - \frac{1}{r^2} \varphi_1^- = 0. \qquad \text{(VII,82)}$$

Man erhält den Typus dieser Differentialgleichung, wenn man Gl. (VII,66) nach r ableitet. Dies führt nämlich nach Änderung der Differentiationsreihenfolge zu:

$$(1 - M_\infty^2)\, \varphi_{1rxx}^+ + \varphi_{1rrr}^+ + \frac{1}{r} \varphi_{1rr}^+ - \frac{1}{r^2} \varphi_{1r}^+ = 0. \qquad \text{(VII,65)}$$

Daraus folgt aber unmittelbar, daß φ_{1r}^+ eine Lösung der Differentialgleichung (VII,82) für φ_1^- ist. Damit hat man bereits eine ganze Reihe von singulären Einzellösungen. Beispielsweise ergibt sich aus der Lösung

$$\varphi_1^+ = \frac{1}{\sqrt{x^2 + (1 - M_\infty^2)\, r^2}}; \qquad \varphi_1^-(x, r, 0) = \frac{(1 - M_\infty^2)\, r}{[x^2 + (1 - M_\infty^2)\, r^2]^{3/2}}, \tag{44}$$

wobei wegen der Linearität der Differentialgleichung konstante Faktoren keine Rolle spielen.

Die Lösung (44) von φ_1^- ist allerdings im Ursprung stark singulär. Man erhält ferner durch Differentiation nach x oder Integration über x neue Lösungen von Gl. (VII,82) und Gl. (VII,65), weil x nicht in den Koeffizienten der Differentialgleichung auftritt. Eine Integration der Lösung von φ_1^- in Gl. (44) über x liefert folgende weitere singuläre Lösung:

$$\varphi_1^-(x, r, 0) = \frac{x}{r\sqrt{x^2 + (1 - M_\infty^2)\, r^2}}. \tag{45}$$

Alle angeführten Lösungen sind auch bei Überschallgeschwindigkeit zu verwenden. Für $M_\infty < 1$ sei die singuläre Lösung (44) herangezogen.

Durch Anordnung solcher singulärer Lösungen auf der x-Achse zwischen 0 und 1 mit dem Gewicht $g(\xi)$ erhält man zunächst die Lösung:

$$\varphi_1^-(x, r, 0) = \beta^2 r \int_0^1 g(\xi)\, \frac{d\xi}{[(x - \xi)^2 + \beta^2 r^2]^{3/2}}.$$

Gemäß Gl. (VII,88) muß dieser Ansatz für $r \to 0$ einen Grenzwert für $r\varphi_1^-$ ergeben, der gleich ist der Dickenverteilungsfunktion $f(x)$ geteilt durch π. Für $r \to 0$ kann wieder nur die Gewichtsfunktion $g(\xi)$ an der Stelle $\xi = x$ maßgebend sein, weil der Integrand für $\xi \neq x$ verschwindet. Demnach ist für $r \to 0$:

$$r\varphi_1^-(x, r, 0) = \frac{1}{\pi} f(x) = \int_0^1 g(\xi)\, \frac{\beta^2 r^2\, d\xi}{[(x - \xi)^2 + \beta^2 r^2]^{3/2}} = g(x) \int_0^1 \frac{\beta^2 r^2\, d\xi}{[(x - \xi)^2 + \beta^2 r^2]^{3/2}}$$

$$= g(x) \left[\frac{1 - x}{\sqrt{(1 - x)^2 + \beta^2 r^2}} - \frac{x}{\sqrt{x^2 + \beta^2 r^2}}\right] \to 2 g(x).$$

Damit ist die Gewichtsfunktion $g(x)$ auf die Querschnittsverteilung zurückgeführt und es gilt:

$$\varphi_1^-(x, r, 0) = \frac{\beta^2 r}{2\pi} \int_0^1 f(\xi)\, \frac{d\xi}{[(x - \xi)^2 + \beta^2 r^2]^{3/2}}. \tag{46}$$

Zusammen mit dem Ergebnis von Abschnitt 7 kann nun das gesamte Potential des angestellten Rotationskörpers dargestellt werden. Mit Gl. (VII,10) und (VII,52) gilt:

$$\Phi = u_\infty [x + y \operatorname{tg} \varepsilon + \delta^+ \varphi_1^+ + \delta^- \varphi_1^-]. \tag{47}$$

Setzt man hierin die Störparameter für Rotationsrümpfe gemäß Gl. (VII,70) und (VII,87) sowie den Separationsansatz (VII,81) ein, so gilt speziell für Rotationsrümpfe:

$$\Phi = u_\infty[x + y \operatorname{tg} \varepsilon + F_{\max}\varphi_1^+ + F_{\max} \operatorname{tg} \varepsilon \, \varphi_1^-(x, r, 0) \cos \beta]. \tag{48}$$

Hier ist also nur mehr das Ergebnis (29) und (46) einzusetzen, um das Potential im ganzen Strömungsraum für einen Rotationsrumpf mit der Querschnittsverteilung $f(x)$ zu erhalten:

$$\Phi = u_\infty \left[x + y \operatorname{tg} \varepsilon - \frac{F_{\max}}{4\pi} \int_0^1 f_x(\xi) \frac{d\xi}{\sqrt{(\xi - x)^2 + \beta^2 r^2}} \right.$$
$$\left. + \frac{F_{\max}\, \beta^2 y \operatorname{tg} \varepsilon}{2\pi} \int_0^1 f(\xi) \frac{d\xi}{[(\xi - x)^2 + \beta^2 r^2]^{3/2}} \right]. \tag{49}$$

Für die Körperumgebung ist die Darstellung mit dem Raumeinfluß und der Querschnittsströmung vorzuziehen. Der Anstelleffekt besitzt dabei nur eine „Querschnittsströmung". Sie ist im wesentlichen bereits durch Gl. (VII,88) gegeben. Zusammen mit Gl. (VII,71) gilt dann für Körper- und Achsennähe:

$$\Phi = u_\infty \left[x + y \operatorname{tg} \varepsilon + \frac{F_{\max}}{2\pi} f_x(x) \ln r + F_{\max} R(x) + \frac{F_{\max} f(x)}{r^2 \pi} y \operatorname{tg} \varepsilon \right]. \tag{50}$$

Der Raumeinfluß ist durch Gl. (33) oder (34) gegeben. Er allein enthält einen Machzahleinfluß.

Die beiden Summanden in Gl. (50), welche antisymmetrische Anteile liefern,

$$\Phi^-(x, y, z) = v_\infty y \left[1 + \frac{F_{\max} f(x)}{r^2 \pi} \right] \tag{51}$$

stellen eine ebene Umströmung eines Kreiszylinders in einer Ebene $x =$ konst. dar, Abb. 12, siehe auch die erste Gl. (VII,89). Die Änderung des Potentials in x-Richtung und damit die u-Komponente ist nur eine Folge der Änderung des Körperradius. Bei einem in Achsenrichtung unendlich ausgedehnten Stab konstanten Querschnittes, der mit geringer Geschwindigkeit v_∞ von unten angeströmt wird, wäre die obere Lösung im übrigen exakt.

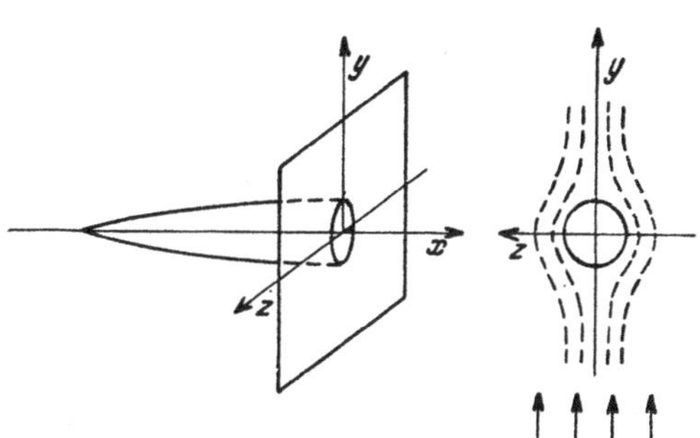

Abb. VIII,12. Strömung in einer Querschnittsebene.

In der Ebene $y = 0$, das ist $\beta = \pi/2$, ist die Aufwärtskomponente am Körper d. i. $-W_2$, in Gl. (VII,90), gerade $-W_2 = 2v_\infty$. Bekanntlich nimmt die Strömungsgeschwindigkeit bei $M_\infty^2 < 1$ an einem quer angeblasenen Kreiszylinder die doppelte Anströmgeschwindigkeit an.

Der Druckkoeffizient und die Luftkräfte konnten bereits in Abschn. VII,9 unabhängig von der Machzahl angegeben werden. Der Druckkoeffizient setzt sich dabei in Gl. (VII,91) aus einem zu tg ε proportionalen und einem zu tg^2 ε pro-

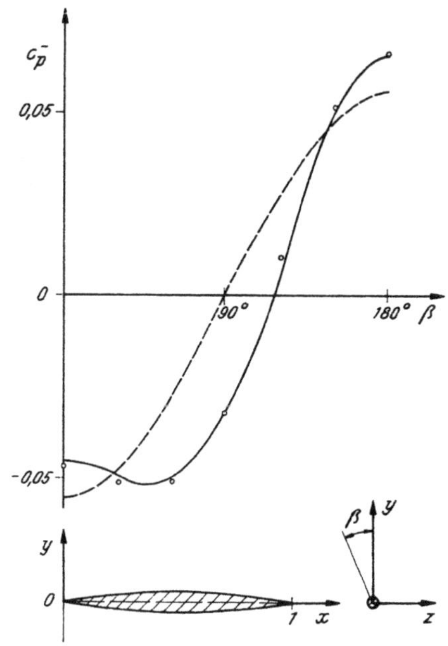

Abb. VIII,13. Anstellanteil des Druckkoeffizienten einer Parabelbogenspindel, $\tau = 0{,}087$, nach [VII,3]; $\varepsilon = 6°$; ooo Messungen, ——— Gl. (VII,91), - - - - erster Summand von Gl. (VII,91).

portionalen Summanden zusammen. Nur der erste Anteil liefert Beiträge zur Normalkraft. Beim zweiten zu tg^2 ε proportionalen Summanden heben sich die Beiträge auf der Druck- und Saugseite auf. Es ist jener Anteil, der bei einem unendlich langen Stab, das bedeutet $dh/dx = 0$, übrig bleibt. Für die Druckverteilung am Körper, also etwa für angestellte Meßsonden, wird dieser Teil wesentlich, wenn tg ε gegenüber dh/dx überwiegt. Dies zeigen sehr eindrucksvolle Messungen von Ackeret, Degen, Rott [VII,3], die in Abb. 13 wiedergegeben sind.

10. Das Verfahren von Janzen und Rayleigh

Werden in den verschiedenen Formen der gasd. Gl., abgesehen von den Gliedern, welche im Laplaceschen Operator stehen, alle Glieder auf die rechte Gleichungsseite geschafft, so ergibt sich der Typus einer *Poissonschen Gleichung*.

Es sei dies durchgeführt an der Gl. (VI,13), welche zunächst für ein auf u_∞ bezogenes Potential umgeschrieben sei, nachdem c mit dem Energiesatz (II,29) auf c_∞ und Geschwindigkeitskomponenten zurückgeführt ist. Mit

$$\Phi_x = \frac{u}{u_\infty}; \qquad \Phi_y = \frac{v}{u_\infty}; \qquad c^2 = c_\infty^2 - \frac{\varkappa - 1}{2}(u^2 + v^2 - u_\infty^2)$$

kann geschrieben werden:

$$\Phi_{xx} + \Phi_{yy} = M_\infty^2 \left\{ \frac{\varkappa - 1}{2} (\Phi_x^2 + \Phi_y^2 - 1)(\Phi_{xx} + \Phi_{yy}) + \Phi_x^2 \Phi_{xx} \right.$$
$$\left. + 2\Phi_x \Phi_y \Phi_{xy} + \Phi_y^2 \Phi_{yy} \right\}. \tag{52}$$

Die rechte Seite verschwindet mit M_∞^2, was zur Laplace-Gleichung für das Potential bei inkompressibler Strömung, d. h. bei Geschwindigkeiten, die klein gegen die Schallgeschwindigkeit sind, führt. Die Bedeutung der rechten Seite ist diejenige von Quellen, wie aus der Potentialtheorie bekannt ist.

Physikalisch ergeben sich die Quellen daraus, daß die Stromdichte mit wachsendem M nicht in dem Maße zunimmt wie bei $\varrho =$ konst. Im Vergleich zur inkompressiblen Strömung wächst der Platzbedarf mit der Geschwindigkeit. Die kompressible Strömung ist gemäß Gl. (IV,16) *exakt* deutbar als inkompressible Strömung mit Quellen an Stellen von Beschleunigung und Senken an Stellen von Verzögerung. Die Schwierigkeit liegt nur darin, daß die Quellstärke unbekannt ist, weil sie sich aus der *gesuchten* Geschwindigkeitsverteilung ergibt.

Bei kleinem M_∞^2 allerdings ist die Korrektur, welche sich aus der Quellverteilung ergibt, klein und es bedarf zu ihrer Berechnung keiner sehr genauen Kenntnis der Strömung. Gl. (52) kann dann iteriert werden, indem, ausgehend von der dichtebeständigen Strömung, auf der rechten Seite stets die errechnete Strömung eingesetzt wird, um eine nächste Näherung zu finden. Bei jeder neuen Lösung der Poissonschen Gl. (52) sind die Randbedingungen zu erfüllen (Verschwinden der Normalkomponente der Geschwindigkeit auf der Profilkontur), worin ein Hauptteil der Arbeit steckt. Dieses Integrationsverfahren wurde zuerst von Janzen [3] auf die Umströmung des Kreiszylinders und einige Jahre später von Rayleigh [4] auf die Umströmung des Kreiszylinders und — unter Übertragung der Methode auf Achsensymmetrie — auf die Umströmung der Kugel angewendet. Es wird nach beiden Autoren benannt.

Die Zusätze, welche sich bei jedem neuen Schritt ergeben, werden im Konvergenzgebiet des Verfahrens immer kleiner, und zwar sind sie proportional M_∞^2, M_∞^4, M_∞^6 usw. Zweckmäßig setzt man daher an:

$$\Phi = \Phi_0 + M_\infty^2 \Phi_1 + M_\infty^4 \Phi_2 + \cdots. \tag{53}$$

Ganz ähnlich wie die Entwicklung (VI,20) des Störpotentials nach den Störparametern δ^+ und δ^- handelt es sich bei Gl. (53) um eine Entwicklung nach der Machzahl der Anströmung M_∞. Die letzte Entwicklung ist bei dicken Körpern vorzuziehen. Wie die Resultate zeigen, kann bei reiner Unterschallströmung M_∞

ohnehin nicht zu groß werden. Wegen der starken Störungen erübrigt sich die Einführung eines Störpotentials.

Für jede einzelne der Potentialfunktionen Φ_i muß die Normalkomponente auf dem Profilrand verschwinden. Die Gleichungen ergeben sich durch Einsetzen des Ansatzes in Gl. (52) und Nullsetzen der Koeffizienten bei den einzelnen Potenzen von M_∞. Denn Φ_0 ergibt sich aus $M_\infty^i = 0$ mit $i > 0$, Φ_1 ergibt sich aus $M_\infty^i = 0$ mit $i > 2$ usw. Für Φ_0 und Φ_1 gilt beispielsweise:

$$\Phi_{0xx} + \Phi_{0yy} = 0; \qquad \Phi_{1xx} + \Phi_{1yy} = \Phi_{0x}^2 \Phi_{0xx} + 2\Phi_{0x}\Phi_{0y}\Phi_{0xy} + \Phi_{0y}^2 \Phi_{0yy}. \quad (54)$$

Da die Berechnung der dichtebeständigen Strömung um ein beliebig geformtes Profil schon einigen Aufwand erfordert, gilt dies um so mehr für die Lösung einer allgemeinen Randwertaufgabe bei einer Poissonschen Differentialgleichung, zumal deren rechte Gleichungsseite alles eher als einfach ist. Die Methode von Janzen-Rayleigh (und ihre verschiedenen, noch zu schildernden Abarten) kommt daher weniger als allgemeine Berechnungsmethode in Frage. Sie stellt aber einen Weg dar zur möglichst genauen Berechnung einfacher Beispiele, welche dann für die Prüfung der Genauigkeit einfacher Methoden verwendet werden können. Deshalb soll hier nur über einige Ergebnisse und verschiedene Abwandlungen des Verfahrens berichtet werden.

Die Anwendung kann wie schon erwähnt auch im Raume erfolgen. Bei ebener und achsensymmetrischer Strömung kann dabei ebenso von den Gleichungen für die *Stromfunktion* ausgegangen werden. Wieder kommt es auf die Lösungen Poissonscher Gleichungen, nun aber für die Stromfunktion, hinaus. Wenn deren rechte Gleichungsseite vielfach als „Quellverteilung" bezeichnet wird, so entspricht das einem mathematischen Sprachgebrauch, der physikalisch nicht gerechtfertigt ist. Denn die gasd. Gl. für die Stromfunktion (VI,21 und 22) ist eine Wirbelgleichung. Es handelt sich also bei einer Poisson-Gleichung für die Stromfunktion um eine Wirbelverteilung.

Anstatt von der dichtebeständigen Strömung als erster Näherung kann auch von der Prandtl-Lösung ausgegangen werden. Dieses als *Prandtlsche Iterationsmethode* bezeichnete Verfahren kann natürlich im ebenen und achsensymmetrischen Fall auch auf Ψ angewendet werden und kommt, als iterative Verbesserung der Prandtl-Näherung, vor allem bei schlankeren Profilen und höheren M_∞-Werten in Frage. Für die Potentialfunktion wäre also folgende Gleichung zu iterieren, die nun besser für ein Störpotential, $\varphi_x = u/u_\infty - 1$, $\varphi_y = v/u_\infty$, geschrieben wird:

$$\begin{aligned}(1 - M_\infty^2)\,\varphi_{xx} + \varphi_{yy} = {} & M_\infty^2[(\varkappa + 1)\,\varphi_x\varphi_{xx} + 2\varphi_y\varphi_{xy} + (\varkappa - 1)\,\varphi_x\varphi_{yy}] \\ & + M_\infty^2 \left\{\left[\frac{\varkappa + 1}{2}\varphi_x^2 + \frac{\varkappa - 1}{2}\varphi_y^2\right]\varphi_{xx} + 2\varphi_x\varphi_y\varphi_{xy}\right. \\ & \left. + \left[\frac{\varkappa - 1}{2}\varphi_x^2 + \frac{\varkappa + 1}{2}\varphi_y^2\right]\varphi_{yy}\right\}. \qquad (55)\end{aligned}$$

Für genügend kleine Störungen und nicht zu hohe M_∞-Werte steht links ein Glied erster Ordnung, rechts in der ersten Zeile ein Glied zweiter Ordnung, das allein beim ersten Iterationsschritt zu berücksichtigen ist, und in der zweiten und dritten Zeile ein Glied dritter Ordnung, vgl. H. Görtler [5]. Dieses Verfahren läuft auf die Störparameter-Entwicklung des Abschn. VII,3 hinaus, wobei allerdings die symmetrischen und antisymmetrischen Anteile nicht getrennt werden.

Eine Abwandlung zur numerischen Berechnung, welche auf alle bisher genannten Varianten anwendbar ist, erfuhr die Methode durch Göthert [6], der die kontinuierliche Quellverteilung durch eine Quellverteilung in einer Anzahl diskreter Punkte konzentriert. Der wesentliche Vorteil liegt darin, daß der Aufwand mit der Anzahl der Iterationsschritte nicht mehr ansteigt und das Ver-

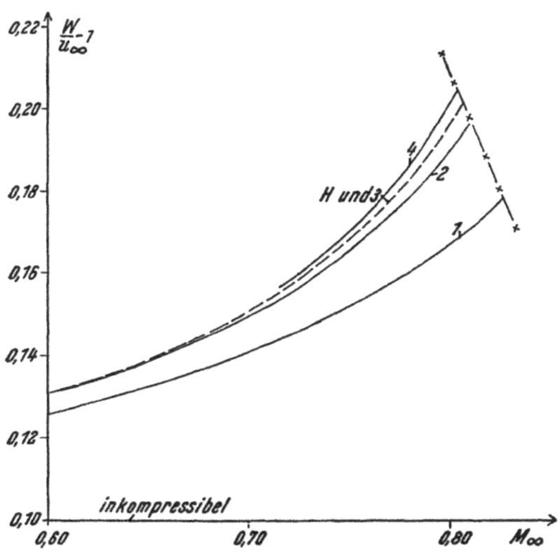

Abb. VIII,14. Maximalgeschwindigkeit am elliptischen Zylinder von 10% Dicke. 1 bis 4: Göthert-Rayleigh-Jansen 1 bis 4te Näherung ($\varkappa = 1{,}40$).

fahren weitgehend schematisiert werden kann. Für die Durchführung des Verfahrens würde der Einsatz elektronischer Rechenmaschinen sehr in Betracht kommen.

E. Krahn [7], [8] zeigt, daß zur Durchführung des zweiten Schrittes, d. h. zur Berechnung von Φ_1 aus der Poissonschen Gl. (54), nur die Kenntnis der Geschwindigkeitsverteilung am Profilrand erforderlich ist. Vielfach [9], [10] wird auch zu komplexen Variablen

$$\xi = x + iy\sqrt{1 - M_\infty^2}, \qquad \eta = x - iy\sqrt{1 - M_\infty^2} \tag{56}$$

übergegangen. Im einfachsten Fall — der Laplace-Gleichung — wurde ja auch die Lösung (VI,30) an der welligen Wand auf diesem Wege gefunden. W. Gretler [14] bedient sich neuerdings dieses Weges mit Erfolg.

Es ist üblich, als erste Näherung die Laplace-Gleichung zu bezeichnen. Die erste Näherung des Verfahrens von Janzen und Rayleigh ist also die dichtebeständige Lösung, $M_\infty^2 = 0$, bei der Prandtl-Iteration die Prandtl-Näherung.

In Abb. 14 sind die nach Göthert berechneten Maximalgeschwindigkeiten an der Ellipse von 10% Dicke aufgetragen und mit der Berechnung von Hantzsche verglichen [10], dessen dritte Näherung mit Götherts dritter Näherung praktisch zusammenfällt. Die erste Näherung entspricht der Prandtl-Regel für die Geschwindigkeiten. Der Wert für $M_\infty = 0$ fällt mit der Abszisse zusammen. Göthert verwendet in jedem Quadranten zwölf Quellpunkte. Die Übereinstimmung ist sehr zufriedenstellend und zeigt gleichzeitig den Wert der Methoden als Kriterien vereinfachter Formeln. Der Gültigkeitsbereich der Formeln ist in den Bildern durch die Linie, an welcher der Wert $M = 1$ erreicht ist, begrenzt. Bei solch schlanken Profilen wird der wesentliche Effekt bereits durch die Prandtl-Regel erfaßt.

In Abb. 15 sind die Maximalgeschwindigkeiten an Rotationsellipsoiden angegeben, welche von C. Schmieden und K. H. Kawalki [11] mit Hilfe der Prandtl-

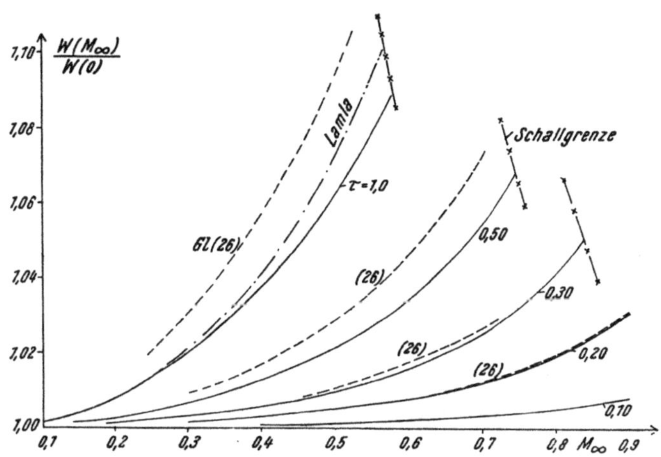

Abb. VIII,15. Maximalgeschwindigkeit am Rotationsellipsoid bezogen auf die entsprechende dichtebeständige Geschwindigkeit nach [11] und nach Gl. (26).

Iteration für die Störungsstromfunktion berechnet wurden. Es ist nur der zweite Schritt gerechnet, womit bei nicht zu dicken Rotationskörpern wegen der Kleinheit der verursachten Störungen bereits eine ausreichende Genauigkeit erzielt wird. Für das Dickenverhältnis $\tau = 1$ ist der Unterschied zur genaueren Rechnung von Lamla [12] (dritte Näherung) merklich, im Verhältnis zur absoluten Größe der Maximalgeschwindigkeit bei $M_\infty = 0$, nämlich $W(0) = 1{,}5\, u_\infty$, immer noch geringfügig.

In Abb. 15 sind außerdem die Kompressibilitätskorrekturen für schlanke Körper nach Gl. (VII, 124) eingetragen. Sie geben bis zu einem Dickenverhältnis von $\tau = 0{,}3$ sehr zufriedenstellende Resultate. Für größere Dickenverhältnisse sind die Abweichungen bereits für kleine M_∞-Werte merklich, weil die Körperform durch die Quellbelegung auf der Achse nicht mehr gut genug wiedergegeben wird und von der linearisierten gasd. Gl. ausgegangen wurde.

In allen Bildern dieses Teiles wurden die Ergebnisse nur bis zu jener Mach-Zahl M_∞ der Anströmung wiedergegeben, bei welcher die Maximalgeschwindigkeit gleich der Schallgeschwindigkeit ist. Man nennt diesen M_∞-Wert die *untere kritische Machsche Zahl.* Ihre praktische Bedeutung liegt darin, daß sie eine obere Grenze für Strömungen von reinem Unterschalltypus darstellt. Auch wird sich zeigen, daß der Widerstand bei „überkritischer Strömung“ mit wachsendem M_∞ sehr bald anzusteigen beginnt. (Die Bezeichnung über- und unterkritische Strömung in der Gasdynamik hat mit derselben Bezeichnung bei der Strömungstypenunterscheidung, abhängig von der Reynolds-Zahl, natürlich keinerlei Zusammenhang.) Abb. 16 gibt eine Zusammenstellung von HANTZSCHE [10] der nach verschiedenen Methoden berechneten kritischen Mach-Zahlen an elliptischen Zylindern, abhängig vom Dickenverhältnis. Die zweite Näherung des *gewöhnlichen* Janzen-Rayleigh-Verfahrens [13] ist für kleine Dickenverhältnisse natürlich ziemlich schlecht, da es sich dabei um eine Entwicklung nach M_∞ handelt, dessen kritischer Wert bei kleinem Dickenverhältnis nahe an 1 liegt. Für das Dickenverhältnis 1 dürfte der Wert von HANTZSCHE, der mit einer Entwicklung nach dem Dickenverhältnis gewonnen ist, nicht mehr sehr gut sein. Nach HANTZSCHE läge die kritische Mach-Zahl für den Kreiszylinder bei $M_\infty = 0{,}40$, während sich nach LAMLAS [12] vierter Näherung bei $M_\infty = 0{,}40$ noch unterkritische Strömung ergibt, am Geschwindigkeits- und Dickenmaximum nämlich $M_{max} = 0{,}975$.

Bei genügend hohen M_∞-Werten kann man sowohl mit der Prandtl-Regel als auch mit verschiedenen Abarten des Janzen-Rayleigh-Verfahrens lokale Über-

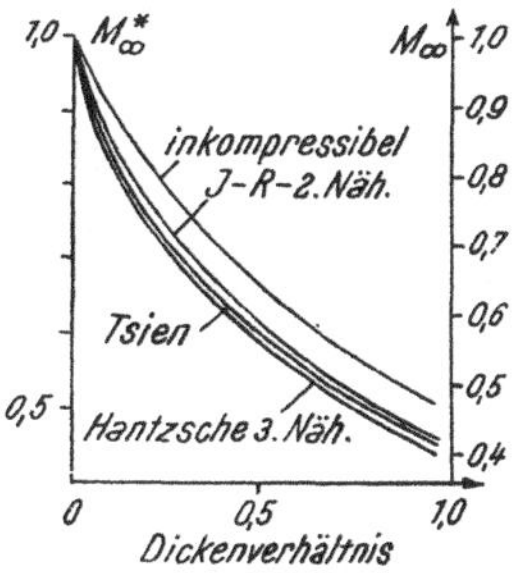

Abb. VIII,16. Kritische Machzahl elliptischer Zylinder abhängig vom Dickenverhältnis.

schallgebiete bekommen. Der Wert solcher Ergebnisse ist aber zweifelhaft, nicht weil der Kompressibilitätseffekt einer Quell-Senken-Verteilung in einer dichtebeständigen Strömung gleichgesetzt wurde, sondern weil die Konvergenz der Iteration fraglich ist, wie kurz skizziert werden soll. Zu diesem Zweck sei die gasd. Gl. für das Potential wie folgt geschrieben:

$$\Phi_{xx} + \Phi_{yy} = \frac{u^2}{c^2}\,\Phi_{xx} + 2\,\frac{uv}{c^2}\,\Phi_{xy} + \frac{v^2}{c^2}\,\Phi_{yy}$$

und die Umgebung des Dickenmaximums eines Profils betrachtet. Dort ist nur das erste Glied der rechten Gleichungsseite von Bedeutung. Dieses ist aber im Überschallgebiet größer als Φ_{xx}. In dieses größere Glied $u^2/c^2\,\Phi_{xx}$ wird nun im Verlauf der Iteration stets der ungenauere Wert eingesetzt, um eine bessere Genauigkeit für $\Phi_{xx} + \Phi_{yy}$ zu erhalten. Eine Steigerung der Genauigkeit kann sich nur daraus ergeben, daß sich die in die rechte Gleichungsseite getragene Ungenauigkeit auf die beiden Glieder der linken Seite gleichmäßig verteilt. Die

Ausgangsgleichung $\Delta\Phi = 0$ ist jedenfalls in einem Überschallgebiet als elliptische Gleichung nicht einmal qualitativ richtig, weshalb man allgemein nur im unterkritischen Gebiet mit zuverlässigen Resultaten rechnet. Endgültig geklärt ist die Frage nach den Grenzen für die Konvergenz der Methode allerdings noch nicht.

Für die Prandtl-Iteration gilt im übrigen dasselbe. An Stelle kleiner v-Werte kann man schreiben:

$$(1 - M_\infty^2)\, \Phi_{xx} + \Phi_{yy} = (M^2 - M_\infty^2)\, \Phi_{xx} + \cdots.$$

Wieder ist im Überschallgebiet der Koeffizient von Φ_{xx} rechts größer als links.

Die Bedenken gegen die Konvergenz der Methode besagen jedoch keineswegs, daß die Existenz stoßfreier lokaler Überschallgebiete angezweifelt werden soll.

11. Profiltheorie im Rahmen der linearen Darstellung; allgemeine Ausführungen

Als zweckmäßig und weiter entwicklungsfähig bietet sich für die Profiltheorie die lineare Darstellung von Abschnitt VI,8 an. Die Ausführungen seien dabei auf jene Ergebnisse beschränkt, bei denen sich Vorteile gegenüber den anderen Methoden ergeben, das betrifft vor allem die Strömung in der Umgebung stumpfer Nasen und an Staupunkten. Die Darstellung folgt zum Teil einer Dissertation von A. Glaninger [21], der unter anderem auch die Abb. 20 und 22 entnommen sind.

Bei dieser neuen, im folgenden herangezogenen Methode erfüllen die Tschapligin-Variable q, Gl. (VI,69), für Unterschallströmung und der Strömungswinkel ϑ die Cauchy-Riemannschen Differentialgleichungen

$$\frac{\partial q}{\partial s} + \frac{\partial \vartheta}{\partial t} = 0, \qquad \frac{\partial q}{\partial t} - \frac{\partial \vartheta}{\partial s} = 0 \tag{VI,72}$$

in den unabhängigen Variablen s, t. Diese sind mit der Potential- und Stromfunktion Φ und Ψ durch ein Paar von Beltrami-Gleichungen verknüpft:

$$\frac{\partial \Phi}{\partial s} = K \frac{\partial \Psi}{\partial t}; \qquad \frac{\partial \Phi}{\partial t} = -K \frac{\partial \Psi}{\partial s}; \qquad K = \frac{\sqrt{1 - M^2}}{\varrho}. \tag{VI,71}$$

Sind diese gelöst und somit $\Phi(s, t)$ und $\Psi(s, t)$ bekannt, so können x und y mit Hilfe der Gleichungen (VI,74) durch einfache Integration ermittelt werden. Damit wäre allerdings erst eine indirekte Methode gewonnen, indem aus Lösungen von (VI,72) über die Gln. (VI,71) und (VI,74) die zur Lösung $q(s, t)$ und $\vartheta(s, t)$ gehörige Darstellung in der Strömungsebene im allgemeinen und das dazugehörige Profil im speziellen gefunden wäre, wobei freilich die Lösung des Beltrami-Systems (VI,71) auch noch erst gewonnen werden muß.

Setzt man jedoch „kleine Störungen" voraus, so läßt sich grundsätzlich in schrittweiser Näherung auch das direkte Problem lösen, indem zu einem vorgegebenen Profil die zugehörige Geschwindigkeitsverteilung angegeben werden kann. Dabei soll die folgende Darstellung auf die Angaben am Profil beschränkt werden.

Mit der q-Verteilung dort ist auch die W- und p-Verteilung bekannt und die zumeist gestellte Frage nach den Luftkräften an der Körperkontur leicht zu beantworten.

Über die mögliche Wahl der unabhängigen Veränderlichen s, t gewinnt man sofort einen gewissen Einblick, wenn man in Gl. (VI,71) inkompressible Strömung annimmt. Dann reduzieren sich die Gleichungen, in denen die Dichte bereits durch ihren Wert in der Anströmung dimensionslos gemacht ist, mit $\varrho = 1$ und $K = 1$ auf die Cauchy-Riemannschen Differentialgleichungen und man erkennt, daß in diesem Falle alle durch konforme Abbildung mit Φ und Ψ zusammenhängenden Veränderlichen s, t als Unabhängige in Betracht kommen. Da die Randbedingung auf der Kontur vorgegeben wird und die Lösung ebenfalls dort gesucht wird, bieten sich die Potentialfunktion und die Stromfunktion der inkompressiblen Strömung als Unabhängige s und t an, wobei die Kontur der Einfachheit halber auf $t = 0$ gewählt werden kann. Allerdings ist die Festlegung von s und t damit noch nicht eindeutig. Wenn Zirkulation herrscht, hängen die Werte von s und t von der Größe der Zirkulation ab. Nun ist es aber wünschenswert, daß selbst bei einem angestellten symmetrischen Profil an der Ober- und Unterseite dasselbe Koordinatensystem vorliegt. Anderenfalls würde nämlich zwischen Anfang und Ende des Profils an der Oberseite eine andere s-Differenz herrschen als an der Unterseite. Dies führt zu Schwierigkeiten bei der Formulierung der Randbedingungen, denn das schließlich in der Strömungsebene berechnete Profil ist dann unter Umständen nicht geschlossen, wenn nicht zusätzlich noch eine „Schließbedingung" erfüllt wird.

Diese Schwierigkeit tritt allerdings erst bei der Entwicklung der Theorie zu höheren Ordnungen auf, die im vorliegenden Rahmen aber nicht behandelt werden sollen.

Im folgenden sei die Profilkontur durch $t = 0$ gegeben. Das läuft in den Beltrami-Gln. (VI,71) auf die Randbedingung $t = 0$: $\Psi = 0$ hinaus. Damit erstreckt sich das Profil, Abb. 17, in der s, t-Ebene auf ein Geradenstück der s-

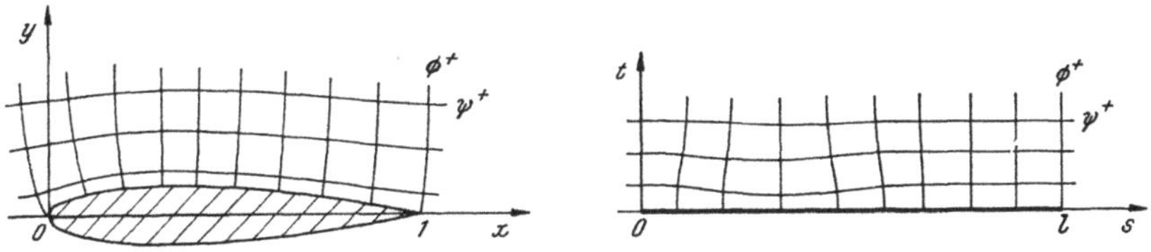

Abb. VIII,17. Beziehungen zwischen den Systemen x, y; s, t und Φ^+, Ψ^+.

Achse zwischen $0 < s < l$. Der Wert $s = 0$ am Profilanfang darf gefordert werden. Der Wert l dagegen soll nachträglich so bestimmt werden, daß das Profil in der Strömungsebene bei $x = 1$ endet,

$$s = l: \; x = 1. \tag{57}$$

Bei einer Erweiterung der Theorie auf nichtsymmetrische Profile wäre die Profilkontur ganz analog zu Gl. (VII,32) in einen symmetrischen Anteil $\frac{1}{2}(h_0 + h_u)$ und einen antisymmetrischen Anteil $\frac{1}{2}(h_0 - h_u)$ aufzuspalten. s und t sind dann Potential- und Stromfunktion der inkompressiblen Strömung um das Profil mit der Dickenverteilung $h = \frac{1}{2}(h_0 + h_u)$.

Das Anströmgebiet ist wieder durch $\sqrt{s^2 + t^2} \to \infty$ gegeben. Das Profil in der s, t-Ebene entspricht genau der Belegungslinie in der x, y-Ebene in der Theorie erster Ordnung, nur ist $t = 0$ jetzt exakt die Profilkontur. Dagegen muß in Kauf genommen werden, daß der Wert von s weder mit x noch etwa mit der Bogenlänge auf der Profilkontur übereinstimmt. Jedoch ist in erster Ordnung s bei schlanken Körpern mit x gleichzusetzen. Diese Annahme ist selbst noch bei stumpfen Nasen gerechtfertigt, die deshalb im folgenden nicht ausgeschlossen zu werden brauchen.

Aus den Ergebnissen der Profiltheorie inkompressibler Medien ist z. B. bekannt, daß zwischen dem Potential $\Phi = s$ auf der Ellipsenkontur und der Abszisse eines Oberflächenpunktes folgende exakte Beziehung besteht,

$$t = 0 : s = (1 + \tau)\, x. \tag{58}$$

Diese Beziehung gilt auch noch für den Grenzfall der Parabelnase, $\tau \to 0$. Daraus ist zunächst im Inkompressiblen zu schließen, daß bei genügend kleinem Nasenradius R auch bei stumpfen Nasen s an der Profiloberfläche näherungsweise durch x ersetzt werden darf. Ist R der durch die Profillänge dimensionslos gemachte Nasenradius, also das „Nasenradiusverhältnis", so gilt bei der Ellipse die Beziehung $2R = \tau^2$. Daraus kann gefolgert werden, daß bei Profilen näherungsweise x durch s ersetzt werden darf, wenn das Nasenradiusverhältnis und das Dickenverhältnis klein genug sind:

$$\sqrt{2R} \ll 1 \quad \text{und} \quad \tau \ll 1. \tag{59}$$

Selbst bei dicken Körpern darf aber noch immer mit guter Näherung auf der Profiloberfläche s zwar nicht gleich, immerhin aber proportional zu x gesetzt werden, wobei der Proportionalitätsfaktor nachträglich aus der Bedingung (57) zu bestimmen ist.

Aus der Festlegung von s und t folgt im Rahmen der vorliegenden Näherung, daß selbst beim angestellten symmetrischen Profil s eine in y gerade und t eine in y ungerade Funktion ist. Daher sind jene Strömungsgrößen, die gerade Funktionen in y sind, wie beispielsweise das Potential Φ^+ des nicht angestellten Profiles, auch gerade Funktionen in t. Dasselbe gilt für die ungeraden Funktionen. Bei der Aufspaltung in Anteile des Verdrängungseffektes und des Anstelleffektes kann sich der obere Index $+$ und $-$ ebenso auf y wie auch auf t beziehen. Diesbezüglich besteht also kein Unterschied zu den Ausführungen in Abschnitt VII,2.

Schon bei der früheren Aufspaltung in geraden Anteil und ungeraden Anteil wurde festgelegt, daß sich der obere Index $+$ und $-$ darauf bezieht, ob die Strömung symmetrisch oder antisymmetrisch ist, daß aber etwa die v-Komponente einer symmetrischen Strömung eine in y ungerade Funktion ist und umgekehrt, Gl. (VII,5) und (VII,6). Ferner kann ein Anteil der antisymmetrischen Strömung, wie etwa der Druckkoeffizient (VII,91), auch symmetrische Anteile enthalten, nämlich den durch $\mathrm{tg}^2\,\varepsilon$ gekennzeichneten zweiten Summanden. Darauf wurde bereits mit Gl. (VII,7) und (VII,8) hingewiesen. Unter anderem besitzt der Geschwindigkeitsbetrag W^- und folglich auch q^- sowie der Strömungswinkel ϑ^- einer antisymmetrischen Strömung sowohl gerade als auch ungerade Anteile in t, was im folgenden sehr zu beachten sein wird.

Es sei also wie früher eine Aufteilung des symmetrischen und antisymmetrischen Strömungsanteiles vorgenommen:

$$q = q^+ + q^-; \qquad \vartheta = \vartheta^+ + \vartheta^-. \tag{60}$$

Diese Aufteilung führt wegen der Linearität der Gln. (VI,72) zu getrennten und unabhängigen Cauchy-Riemannschen Differentialgleichungssystemen für beide Anteile:

$$\frac{\partial q^+}{\partial s} + \frac{\partial \vartheta^+}{\partial t} = 0; \quad \frac{\partial q^+}{\partial t} - \frac{\partial \vartheta^+}{\partial s} = 0, \tag{61}$$

$$\frac{\partial q^-}{\partial s} + \frac{\partial \vartheta^-}{\partial t} = 0; \quad \frac{\partial q^-}{\partial t} - \frac{\partial \vartheta^-}{\partial s} = 0. \tag{62}$$

Die nach der Ermittlung von q^+ und q^- zu berechnenden Geschwindigkeits- und Druckverteilungen ergeben sich jedoch keineswegs additiv aus Funktionen der zwei Anteile W^+ und W^-.

Beispielsweise folgt für ein id. Gas konst. sp. W. aus Gl. (VI,69) nach elementarer aber längerer Integration bei Verwendung der Tabelle II,5:

$$q = \sqrt{\frac{\varkappa + 1}{\varkappa - 1}} \operatorname{Arth} \sqrt{\frac{\varkappa - 1}{\varkappa + 1}(1 - M^2)} - \operatorname{Arth}\sqrt{1 - M^2} + q^*, \tag{63}$$

wobei die Konstante q^* der Wert von q bei $M = 1$ ist und aus der Bedingung $q = 0$ für $M = M_\infty$ folgt. In Gl. (63) wäre also noch M durch die Geschwindigkeit oder durch M^* zu ersetzen. Im allgemeinen Fall läßt sich also W gar nicht explizit als Funktion von q darstellen, wenn man nicht auf Entwicklungen zurückgreifen will.

Lehrreich ist ein kurzer Blick auf die Beziehungen bei inkompressibler Strömung. Wird die Geschwindigkeit, wie durchwegs in diesem Abschnitt, durch die Anströmgeschwindigkeit $W_0 = W_\infty$ dimensionslos gemacht, so daß also im Anströmgebiet $W = 1$ gilt, so erhält man gemäß Gl. (VI,69) wegen $M'^2 \to 0$ mit i als Index für die inkompressible Strömung die Beziehung:

$$q = \ln W_i. \tag{64}$$

Hier wird besonders deutlich, daß der Unterschied zwischen Störgröße und absoluter Größe bei q wegfällt, denn im Anströmgebiet gilt wegen $W = 1$ ohnehin $q_\infty = 0$.

Die Zusammenhänge zwischen antisymmetrischem und symmetrischem Anteil sind in inkompressibler Strömung zufolge von Gl. (64)

$$\ln W_i = q = q^+ + q^- = \ln W_i^+ + \ln W_i^- = \ln (W_i^+ \cdot W_i^-). \tag{65}$$

Hier kann also wohl eine Aufteilung in symmetrische und antisymmetrische Geschwindigkeitsanteile vorgenommen werden. Die Gesamtgeschwindigkeit W setzt sich jedoch aus dem *Produkt* der Anteile W^+ und W^- zusammen.

Im folgenden sei mit der Ermittlung des antisymmetrischen Strömungsanteiles begonnen, weil diese Teilaufgabe besonders einfach zu lösen ist. Zu den Differentialgleichungen (62) für q^- und ϑ^- kommt noch die Anströmbedingung

$$\sqrt{s^2 + t^2} \to \infty: \quad q^- = 0; \quad \vartheta^- = \varepsilon. \tag{66}$$

Bei den Randbedingungen allerdings ist etwas Vorsicht geboten, weil vom Wert der v-Komponente nicht übereilig auf jenen des Winkels ϑ^- geschlossen werden darf. Der Zusatzwinkel, der durch die Anstellung zum Profilwinkel hinzukommt, das ist ϑ^-, ist wohl auf der ganzen Saugseite gleich 0 und verschwindet auch an der Druckseite hinter dem Staupunkt. Vor dem Staupunkt dagegen fließt die Strömung auf der Druckseite gegen die Anströmrichtung, folglich ist dort $\vartheta^- = \pi$, während die v-Komponente an der Platte überall $v^- = 0$ ist. Bezeichnet man den zunächst unbekannten s-Wert des Staupunktes mit s^*, so gilt also für die Randbedingung:

$$\begin{aligned} t &= +0, & 0 < s < l: && \vartheta^- &= 0; \\ t &= -0, & s^* < s < l: && \vartheta^- &= 0; \\ t &= -0, & 0 < s < s^*: && \vartheta^- &= \pi. \end{aligned} \tag{67}$$

Man kann auch ϑ^- in einen symmetrischen und einen antisymmetrischen Anteil zerlegen:

$$\vartheta^-(s, +0) = \frac{1}{2}[\vartheta^-(s, +0) - \vartheta^-(s, -0)] + \frac{1}{2}[\vartheta^-(s, +0) + \vartheta^-(s, -0)];$$

$$\vartheta^-(s, -0) = -\frac{1}{2}[\vartheta^-(s, +0) - \vartheta^-(s, -0)] + \frac{1}{2}[\vartheta^-(s, +0) + \vartheta^-(s, -0)],$$

wobei jeweils der erste Anteil von symmetrischem Typus ist, also durch eine Quellbelegung darzustellen wäre.

Auf diese Weise stellt sich die Randbedingung etwas übersichtlicher dar, nämlich für $t = 0$:

	$0 < s < s^*$	$s^* < s < l$
$\frac{1}{2}[\vartheta^-(s, +0) - \vartheta^-(s, -0)]$	$-\frac{\pi}{2}$	0
$\frac{1}{2}[\vartheta^-(s, +0) + \vartheta^-(s, -0)]$	$+\frac{\pi}{2}$	0

(68)

Zu (64) und (65) kommt dann noch die Kutta-Joukowsky-Bedingung

$$t = 0, \quad s = l: \quad q^- = 0. \tag{69}$$

Man beachte nun, daß weder in dem Differentialgleichungssystem (62) noch in den Randbedingungen (66), (67) oder (68) und (69) eine Machzahl oder ein Kompressibilitätseffekt explizit auftritt. Freilich kann s^* oder l von der Machzahl der Anströmung abhängen. In diese beiden Größen geht bei ihrer nachträglichen Festlegung übrigens auch die Verdrängungsströmung ein. Dies ändert jedoch nichts an der Tatsache, daß die gewählte Formulierung des Problems unabhängig von M_∞ geworden ist!

Die q^--Verteilung könnte nun freilich durch Lösung des gerade definierten Randwertproblems gefunden werden. Es ist aber kürzer und einfacher, die Lösung der inkompressiblen Strömung aus Gl. (VIII,15) herzuleiten. Mit dem Prandtl-faktor $\beta = 1$, der Länge der Platte l anstatt 1 und der laufenden Unabhängigen

s anstelle von x erhält man für die inkompressible Plattenströmung folgendes exakte Ergebnis für die obere und untere Seite $t = \pm 0$:

$$u^- = u_\infty \pm u_\infty \operatorname{tg} \varepsilon \cdot u_1^- = u_\infty \left[1 \pm \operatorname{tg} \varepsilon \sqrt{\frac{l-s}{s}}\right].$$

Da an der Platte überall $v = 0$ gilt, ist der obere Ausdruck bis auf das Vorzeichen auch gleich dem Geschwindigkeitsbetrag. Dagegen ist jedoch in der Anströmung $u_\infty = W_\infty \cos \varepsilon$. Daraus folgt:

$$\frac{W^-}{W_\infty} = \left|\cos \varepsilon \pm \sin \varepsilon \sqrt{\frac{l-s}{s}}\right|$$

oder mit Gl. (64), in der W bereits die durch W_∞ dimensionslos gemachte Geschwindigkeit darstellt, für $t = \pm 0$:

$$q^- = \ln \left|\cos \varepsilon \pm \sin \varepsilon \sqrt{\frac{l-s}{s}}\right|. \tag{70}$$

Bei (70) handelt es sich also bereits um die allgemeine Lösung für q^- an einem unter dem Winkel ε angestellten symmetrischen Profil in reiner, im übrigen aber beliebiger Unterschallströmung.

Das Ergebnis Gl. (70) läßt sich auch wie folgt darstellen. Für $t = \pm 0$:

$$q^- = \ln \sqrt{\left|\cos^2 \varepsilon - \frac{l-s}{s} \sin^2 \varepsilon\right|} \pm \ln \sqrt{\frac{\cos \varepsilon + \frac{l-s}{s} \sin \varepsilon}{\left|\cos \varepsilon - \frac{l-s}{s} \sin \varepsilon\right|}}. \tag{71}$$

In dieser Darstellung erkennt man besser den ersten symmetrischen Anteil von q^- und den zweiten antisymmetrischen Anteil. Der Staupunktswert $s = s^*$ tritt weder in Gl. (70) noch in Gl. (71) explizit auf.

Der Staupunkt ist an der Funktion q selbst daran zu erkennen, daß diese logarithmisch negativ unendlich wird. Man erkennt das im Spezialfall der inkompressiblen Strömung an Gl. (64) aber auch an Gl. (63) für das id. Gas konst. sp. W., da folgendes gilt:

$$M \to 0: \quad \operatorname{Arth} \sqrt{1 - M^2} \to -\ln \infty .$$

Wenn folglich in Gl. (60) q^+ oder q^- wie $\lim_{\varepsilon \to 0} (\ln \varepsilon)$ über alle Grenzen wächst, dann liegt an der entsprechenden Stelle ein Staupunkt vor. Beim symmetrischen Profil, $q^- \equiv 0$, muß q^+ logarithmisch unendlich werden. Beim dicken angestellten Körper wird dagegen, wie noch gezeigt wird, der Staupunkt an der Nase gelöscht, dadurch daß q^- für $s \to 0$ gemäß Gl. (70) oder (71) über alle positiven Grenzen wächst. Der vordere Staupunkt rückt bei dem vorliegenden Problem des angestellten symmetrischen Profiles an die Stelle, an welcher in Gl. (70) das Argument des Logarithmus verschwindet, d. i. bei

$$s = s^* = l \sin^2 \varepsilon . \tag{72}$$

Der Wert von s^*/l hängt also nur vom Anstellwinkel, nicht aber von der Machzahl oder von der Dickenverteilung des symmetrischen Profiles ab. Dies bedeutet freilich nicht, daß die Staupunktslage am Profil unabhängig von der Profilform und der Machzahl ist, denn die zu s^* gehörigen Koordinaten müssen ja noch bestimmt werden.

Der symmetrische Anteil von q auf der Profiloberfläche $t = 0$ kann ohne Schwierigkeiten ganz analog zu Gl. (8) gebildet werden, indem dieselben Symbolvertauschungen vorgenommen werden wie bei der angestellten Platte. Es ist:

$$q^+(s, 0) = \frac{1}{\pi} \int\limits_0^l \vartheta^+(\sigma, +0) \frac{\mathrm{d}\sigma}{s - \sigma} . \tag{73}$$

Dabei ist allerdings zunächst ϑ^+ als Funktion von σ und nicht als Funktion von x angenommen. Jedoch unterscheiden sich s und x bei schlanken Profilen nur wenig. Außerdem sei vermerkt, daß der Ausdruck $\mathrm{d}\sigma/(s - \sigma)$ bei Dehnung von s und daher von σ unveränderlich bleibt.

Es wurde bereits im Anschluß an Gl. (8) festgestellt, daß das Integral an Sprungstellen der Belegungsfunktion in Gl. (73), also an Sprungstellen von ϑ^+ logarithmische Singularitäten liefert. Daher wird also am Anfang oder Ende des Profils etwa in Abb. 3 die Störung negativ logarithmisch unendlich und liefert richtige Staupunkte mit verschwindenden Geschwindigkeiten. Dies trifft sowohl bei Profilen zu, die mit spitzen Winkeln beginnen, als auch bei solchen mit stumpfen Nasen. Lediglich durch zusätzliche Anstellung wird der vordere Staupunkt verschoben, während der hintere Staupunkt bei Einhalten der Kutta-Joukowski-Bedingung erhalten bleibt.

Bei den Lösungen (70) und (73) handelt es sich um exakte Ergebnisse der Differentialgleichungssysteme (62) und (61) in der s, t-Ebene. Nur dadurch, daß die Randwerte auf der Profilkontur als Funktion von s und nicht als Funktion von x vorgeschrieben werden mußten, konnte die Randbedingung nicht genau erfüllt werden. Die Form des Profiles in der Strömungsebene muß in einem gewissen Grad hingenommen werden. Da es sich jedoch zeigt, daß die hinzunehmende Konturänderung gering ist, soll der Weg zur Bestimmung der zur Lösung gehörigen exakten Profilform nur knapp skizziert werden.

Aus der ersten und dritten Gleichung (VI,74) ergeben sich für die Koordinaten der Profiloberfläche folgende Integrale:

$$x(s, 0) = \int\limits_0^s \frac{\cos \vartheta(s')}{W(s')} \frac{\partial \Phi(s')}{\partial s'} \mathrm{d}s' ; \quad y(s, 0) = \int\limits_0^s \frac{\sin \vartheta(s')}{W(s')} \frac{\partial \Phi(s')}{\partial s'} \mathrm{d}s' . \tag{74}$$

s' ist hierin die zu s gehörige Integrationsvariable. Alle Werte sind auf der Kontur zu nehmen. Es steht also $W(s')$ für $W(s', 0)$, $\vartheta(s')$ für $\vartheta(s', 0)$ usw.

Eine Aufteilung in symmetrische und antisymmetrische Anteile der Funktionen bleibt hier besser weg, da ja die Profilkoordinaten für das gesamte Problem, also gegebenenfalls für das Profil mit Anstellung zu bestimmen sind.

Bei inkompressibler Strömung darf dann $\Phi = s$ gesetzt werden, was auch ausgenützt wurde. Damit sind für den letzteren Fall die Integranden von (74) bekannt und einer Integration steht nichts mehr im Wege, wenngleich sie unter Umständen nur numerisch oder graphisch durchgeführt werden kann.

Für kompressible Strömung dagegen bedarf die Bestimmung von $\partial\Phi/\partial s$ einer Lösung der Beltrami-Gleichungen (VI,71), die dem System von gasdynamischer Gleichung und Gleichung der Drehungsfreiheit nahe verwandt sind. Die Problematik ist also gegenüber der direkten Lösung der gasdynamischen Gleichung auf die Bestimmung der Koordinaten verschoben. Dennoch ist damit ein wesentlicher Fortschritt erzielt, weil an die letztere Lösung keine allzu großen Genauigkeitsforderungen gestellt zu werden braucht.

Von den möglichen Näherungen soll hier eine wiedergegeben werden, die sehr durchsichtig ist, wenn sie vielleicht auch nicht die beste Lösung darstellt. Für die Festlegung der zu erwartenden Fehler ist sie jedoch sicher ausreichend.

Der Beltrami-Koeffizient kann wie folgt entwickelt werden:

$$K(q) = \sqrt{1 - M^2}/\varrho = \beta - \frac{\varkappa + 1}{2} \frac{M_\infty^4}{\beta^2} q + \cdots. \tag{75}$$

In dieser Entwicklung liegt allerdings bereits die ganze Schwäche der Vorgangsweise, denn für große Störungen konvergiert die Entwicklung von K nach Potenzen von q schlecht.

Wird die Entwicklung (75) in die Beltrami-Gleichungen (VI,71) eingeführt, so erhält man folgendes System:

$$\frac{\partial\Phi}{\partial s} - \beta \frac{\partial\Psi}{\partial t} = -\frac{\varkappa + 1}{2} \frac{M_\infty^4}{\beta^2} q \frac{\partial\Psi}{\partial t} + \cdots;$$

$$\frac{\partial\Phi}{\partial t} + \beta \frac{\partial\Psi}{\partial s} = \frac{\varkappa + 1}{2} \frac{M_\infty^4}{\beta^2} q \frac{\partial\Psi}{\partial s} + \cdots.$$

Faßt man die rechte Seite als Störglied auf, was durch das Auftreten von q gerechtfertigt ist, so erhält man für die homogene Lösung, nämlich für $q \to 0$, folgendes Ergebnis:

$$\Phi = s, \quad \beta\Psi = t. \tag{76}$$

Es genügt der gestellten Bedingung, nämlich $\Psi = 0$ auf $t = 0$, und entspricht gleichzeitig auch der Prandtl-Glauert-Analogie in der vorliegenden Darstellung.

Wird die als nullte Näherung anzusprechende homogene Lösung (76) in die rechte Seite der darüberstehenden Gleichungen eingesetzt, so entsteht das System

$$\begin{aligned} \frac{\partial\Phi}{\partial s} - \beta \frac{\partial\Psi}{\partial t} &= -\frac{\varkappa + 1}{2} \frac{M_\infty^4}{\beta^3} q + \cdots; \\ \frac{\partial\Phi}{\partial t} + \beta \frac{\partial\Psi}{\partial s} &= 0 + \cdots \end{aligned} \tag{77}$$

mit der Lösung

$$\begin{aligned} \Phi &= s + \frac{\varkappa + 1}{4} \frac{M_\infty^4}{\beta^3} \left[t\vartheta - \int\limits_{-\infty}^{s} q(s', t)\, ds' \right] + \cdots; \\ \beta\Psi &= t + \frac{\varkappa + 1}{4} \frac{M_\infty^4}{\beta^3} qt + \cdots. \end{aligned} \tag{78}$$

Wieder wird die Randbedingung $\Psi = 0$ auf $t = 0$ erfüllt. Der Lösung für Ψ sieht man auch gleich an, daß sie sich weit draußen wegen $q \to 0$ dem Wert der Parallelströmung, d. h. der homogenen Lösung (76), nähert. Das Integral in der oberen Beziehung (78) stellt eine Potentialfunktion für q und ϑ dar.

Die Lösung (78) nähert sich bei niedriger Machzahl der Lösung für inkompressible Strömung, und zwar, wenn β als Faktor bei Ψ belassen wird, mit M_∞^4. Demgegenüber ist aber die Empfindlichkeit der Annäherung an die kritische Machzahl wegen des Faktors β^3 im Nenner sehr zu beachten.

Für die Ableitung $\partial\Phi/\partial s$ in Gl. (74) erhält man auf $t = 0$:

$$\frac{\partial \Phi}{\partial s} = 1 - \frac{\varkappa + 1}{4} \frac{M_\infty^4}{\beta^3} q(s, 0) + \cdots.$$

Dieses Ergebnis in Gl. (74) eingeführt, ergibt schließlich für die Koordinaten der Profilkontur folgende Näherung:

$$\begin{aligned} x(s, 0) &= \int\limits_0^s \frac{\cos \vartheta(s')}{W(s')} \left[1 - \frac{\varkappa + 1}{4} \frac{M_\infty^4}{\beta^3} q(s') \right] ds'; \\ y(s, 0) &= \int\limits_0^s \frac{\sin \vartheta(s')}{W(s')} \left[1 - \frac{\varkappa + 1}{4} \frac{M_\infty^4}{\beta^3} q(s') \right] ds'. \end{aligned} \tag{79}$$

Die Bestimmung der Profilkontur ist damit auf eine Integration entlang der Profiloberfläche zurückgeführt. Wegen der schlechten Konvergenz der Entwicklung (75), auf der die gesamte Herleitung der Gl. (79) fußt, wird diese Beziehung in der Umgebung starker Störungen, also etwa in der Umgebung des Staupunktes stumpfer Profile den Fehler nur größenordnungsmäßig erfassen. In Gebieten schwacher Störungen dagegen handelt es sich um eine saubere Entwicklung.

12. Schlanke Profile mit keilförmigen Enden

Bei nichtangestellten symmetrischen Profilen mit keilförmigen Enden, wie etwa beim Parabelbogenzweieck, liefert die Singularitätentheorie in ihrer einfachsten Form an den Orten der Staupunkte negativ logarithmisch unendliche Geschwindigkeiten. Dieser bekannte Fehler, vgl. etwa Abschn. 3, wird durch die Vereinfachung der Randbedingung hervorgerufen. Nach Gl. (VII,31) wird nämlich

$$v/u = v/u_\infty = h_x$$

gesetzt, während mit Annäherung an den Staupunkt mit dem Geschwindigkeitsbetrag auch v und u gegen Null gehen. Die y-Komponente macht also an dem spitzen Ende des Profils keinen Sprung, wie es die vereinfachte Randbedingung vorschreibt. Wohl hat aber der Strömungswinkel einer solchen Stelle eine Unstetigkeit.

Es sei der Einfachheit halber für das Folgende angenommen, daß solche Sprünge des Strömungswinkels nur am Anfang, $s = 0$, und am Ende des Profils, $s = l$, auftreten. Dann lassen sich die Sprungstellen durch partielle Integration von Gl. (73) herausschälen mit dem Ergebnis:

$$q^+(s, 0) = \frac{1}{\pi} \vartheta^+(0, +0) \ln |s| - \frac{1}{\pi} \vartheta^+(l, +0) \ln |s - l| + \frac{1}{\pi} \int_0^l \frac{d\vartheta^+}{d\sigma} \ln |s - \sigma| \, d\sigma . \tag{80}$$

Hierin muß allerdings ϑ^+ als Funktion von s gegeben sein. Bei schlanken Profilen darf der Winkel ϑ^+ durch $\operatorname{tg} \vartheta^+$ ersetzt werden und die Randbedingung würde dann die Form annehmen:

$$t = 0; \quad 0 < s < l: \quad \vartheta^+(s, 0) = h_x(s) . \tag{81}$$

Die zu s gehörige Abszisse folgt aus der oberen Gl. (79). Diese läßt sich für schlanke Profile wesentlich vereinfachen. Dabei spielt es keine Rolle, daß in einer sehr engen Umgebung der Staupunkte, vgl. Abb. 3, auch große Störungen auftreten können, weil diese nur im Integranden stehen.

Durch Entwicklung der Funktion von Gl. (63) nach kleinen Störungen von W, das bedeutet kleine Störungen des Wertes von $\ln W$ bis einschließlich zu Gliedern zweiter Ordnung, gelangt man zu folgender Beziehung:

$$q = \beta \ln W - \frac{M_\infty^2}{2\beta} \left(1 + \frac{\varkappa - 1}{2} M_\infty^2\right) \ln^2 W + \cdots . \tag{82}$$

Wie bereits in Gl. (64) ist hier W der durch den Anströmwert dividierte Geschwindigkeitsbetrag. Der Übergang zu $M_\infty^2 \to 0$ ist leicht zu durchschauen.

Die Umkehrformel von Gl. (82) lautet:

$$\ln W = \frac{1}{\beta} q + \frac{M_\infty^2}{2\beta^4} \left[1 + \frac{\varkappa - 1}{2} M_\infty^2\right] q^2 + \cdots . \tag{83}$$

Bei Beschränkung auf das erste Glied der Entwicklung nach kleinen Störungen folgt zusammen mit Gl. (64):

$$\beta \ln W = \ln W_i = q , \tag{84}$$

eine neue, der vorliegenden Methode entsprechende Form der Prandtl-Glauert-Analogie für die Umrechnung der Geschwindigkeit von inkompressibler auf kompressible Strömung. Gl. (84) soll als *logarithmische Prandtl Regel* bezeichnet werden. Die Beziehung zur geläufigeren Form der Prandtl-Regel ergibt sich sofort durch Entwicklung von W und W_i nach kleinen Abweichungen vom Werte 1.

Für den Geschwindigkeitsanteil der Integranden von Gl. (79) erhält man dann in derselben Ordnung:

$$W^{-1}\left[1-\frac{\varkappa+1}{4}\frac{M_\infty^4}{\beta^3}q\right]=[1-\ln W]\left[1-\frac{\varkappa+1}{4}\frac{M_\infty^4}{\beta^3}q\right]$$
$$=1-\left(\frac{1}{\beta}+\frac{\varkappa+1}{4}\frac{M_\infty^4}{\beta^3}\right)q.$$

Unter Vernachlässigung quadratischer Störglieder lautet die Beziehung zwischen x und s dann schließlich:

$$x(s,0)=\int_0^s\left[1-\left(\frac{1}{\beta}+\frac{\varkappa+1}{4}\frac{M_\infty^4}{\beta^3}\right)q(s',0)\right]ds'.$$

Damit läßt sich für eine vorgegebene Winkelverteilung $\vartheta^+(s,0)$ zunächst mit Gl. (73) die dazugehörige q-Verteilung und schließlich mit der letzten Gleichung die richtige Form des Profiles ermitteln. In nullter Näherung gilt: $x=s$ und $l=1$. Dies ermöglicht beispielsweise auch eine Ermittlung des neuen Profiles auf iterativem Wege.

Zur Herausarbeitung der wesentlichen Staupunkteffekte genügt die nullte Näherung für die Koordinaten und die erste Näherung für die Entwicklung der Geschwindigkeit in Gl. (83). In dieser, der Prandtl-Glauertschen Analogie entsprechenden Approximation erhält man zunächst:

$$\beta\ln W^+=\frac{1}{\pi}h_x(0)\ln|x|-\frac{1}{\pi}h_x(1)\ln|1-x|+\frac{1}{\pi}\int_0^1 h_{xx}(\xi)\ln|x-\xi|\,d\xi.$$

Führt man hier mit Gl. (VII,55) das Dickenverhältnis τ als Störparameter und die Dickenverteilungsfunktion $f(x)$ ein, so würde man erkennen, daß $\ln W$ proportional zum Störparameter und umgekehrt proportional zum Prandtl-Faktor ist. Wird dagegen aus der genannten Gleichung eine Beziehung für die Geschwindigkeit hergeleitet, so folgt nach zulässiger Entwicklung der Exponentialfunktion:

$$W^+=|x|^{\frac{\tau f_x(0)}{2\beta\pi}}\cdot|1-x|^{-\frac{\tau f_x(1)}{2\beta\pi}}\cdot\left[1+\frac{\tau}{2\beta\pi}\int_0^1 f_{xx}(\xi)\ln|x-\xi|\,d\xi\right]. \tag{85}$$

Diese Form liefert in den Staupunkten $x=0$ und $x=1$ die exakten Werte $W^+=0$. Sie zeigt, daß die Geschwindigkeitsstörung in der Umgebung der Staupunkte gar nicht mehr als proportional zum Störparameter τ oder auch als proportional zum Umlenkungswinkel ϑ^+ angesetzt werden kann.

Bei inkompressibler Strömung erhält man mit Hilfe der Methode der konformen Abbildung bei einer Umlenkung der Strömung im Ursprung um den Winkel ϑ, Abb. 18, folgende bekannte Beziehung zwischen dem Geschwindigkeitsbetrag und dem Abstand von der Ecke:

$$W=C\cdot r^{\frac{\vartheta}{\pi-\vartheta}} \tag{86}$$

mit C als unbestimmte positive Konstante. Man erkennt für $\beta = 1$ und kleinen Strömungswinkel ϑ völlige Übereinstimmung mit dem ersten Faktor von Gl. (85), wenn in der Potenz von Gl. (86) nur das erste Glied der Entwicklung nach kleinen Werten von ϑ/π mitgenommen wird.

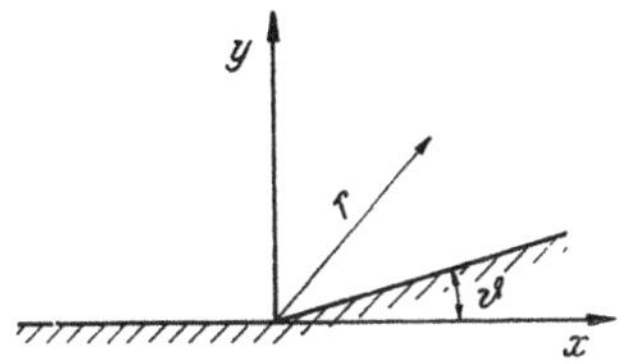

Abb. VIII,18. Zur inkompressiblen Strömung an einer Ecke.

Dem Ergebnis für kompressible Strömung, $\beta \neq 1$, kommt allerdings nicht die gleiche Genauigkeit zu, weil es sich bei Gl. (83) um eine Entwicklung nach kleinen Störungen handelt. Wegen der außerordentlich geringen Ausdehnung des Staugebietes in der konkaven Ecke, darf Gl. (85) als sehr brauchbare Näherung auch dort angesehen werden. Eine genauere Betrachtung der Staupunktsumgebung folgt später bei stumpfen Nasen. In der Nähe des Geschwindigkeitsmaximums ist Gl. (85) im wesentlichen von derselben Genauigkeit wie die einfache Prandtlsche Regel.

Abb. 19 zeigt Geschwindigkeitsverteilungen gemäß Gl. (85) am Parabelbogenzweieck. Im Gegensatz zu Gl. (10) fallen in der vorliegenden Näherung die Punkte verschwindender Geschwindigkeitsstörung nun nicht mehr zusammen. Sie rücken ein wenig gegen die Profilmitte, und zwar um so mehr, je höher die Machzahl der Anströmung ist. Dieser Effekt entspricht durchaus genaueren Theorien.

Die Behandlung angestellter, symmetrischer, spitzer Profile fällt aus dem Rahmen der reinen Unterschallströmung. Es handelt sich um ein gar nicht einfaches schallnahes Problem, auf das in [·24], Abschn. I kurz eingegangen wird.

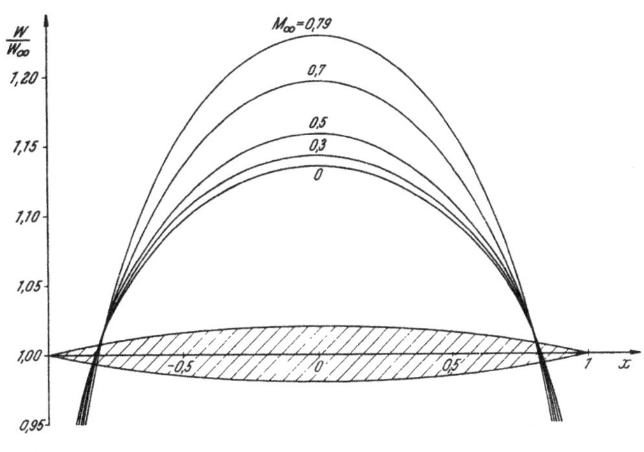

Abb. VIII,19. Geschwindigkeitsverteilung auf einem Parabelbogenzweieck nach der linearen Theorie mit Verzerrung des Geschwindigkeitsprofils bei verschiedenen Machzahlen. Dickenverhältnis 10%.

Reine Unterschallströmung kann bei scharfen Kanten nur bei örtlich tangentiale Anströmung aufrecht erhalten bleiben. Auftrieb kann daher in reiner Unterschall strömung bei scharfkantigen Profilen nur erzeugt werden, wenn diese gewölb sind.

13. Strömung um die Parabelnase

Die Strömung in der Umgebung einer stumpfen Nase kann an der Umströmun einer Parabel gut studiert werden. Mit R als Nasenkrümmungsradius gilt für di halbe Dicke der Parabel im Bereich

$$0 < x < \infty: \qquad h^2(x) = 2Rx.$$

Das „Dickenverhältnis" einer solchen Parabel ist $\tau = 0$ und ihre „Länge" is unendlich. x kann also in diesem Beispiel nur in Vielfachen von R als der einzige auftretenden Länge gemessen werden.

Es wurde bereits im Anschluß an Gl. (58) darauf hingewiesen, daß für da Potential s der symmetrischen inkompressiblen Strömung auf der Parabel di Beziehung $s = x$ gilt. Dies kann nachträglich noch bestätigt werden. Damit gilt

$$\vartheta^+(s, +0) = \vartheta^+(x, +0) = \operatorname{arctg} h_x = \operatorname{arctg} \sqrt{R/2x}.$$

Mit $l \to \infty$ in Gl. (73) erhält man schließlich mit Hilfe der Tabelle für bestimmt Integrale:

$$q^+(x, 0) = \frac{1}{\pi} \int_0^\infty \operatorname{arctg} \sqrt{\frac{R}{2\xi}}\, \frac{d\xi}{x - \xi} = \ln \sqrt{\frac{2x}{2x + R}} = \ln(\cos\vartheta). \qquad (87$$

Aus Gl. (64) folgt für die Geschwindigkeit bei inkompressibler Strömung:

$$W_i = \cos\vartheta$$

und aus der oberen Gl. (79) wieder für $M_\infty^2 \to 0$:

$$x = s,$$

wie das auch aus Gl. (58) für den Fall der Parabel, nämlich $\tau \to 0$, gefolgert werden kann

Mit Hilfe von Gl. (63) kann aus Gl. (87) für ein bestimmtes M_∞, das bedeute für einen bestimmten Wert von q^*, die Geschwindigkeitsverteilung gefunde werden. Freilich handelt es sich um eine von der Parabel etwas abweichend Kontur. Sie kann näherungsweise gerechnet werden, indem

$$\vartheta^+(s, +0) = \sqrt{R/2s} \quad \text{und folglich} \quad q^+(s, 0) = \ln[\cos\vartheta(s)]$$

gesetzt wird. Aus Gl. (84) folgt dann der zu s gehörige Näherungswert von x un durch Integration schließlich $h(x)$. W. Gretler [14] hat mit einer von Gl. (84 etwas abweichenden Näherung die Kontur berechnet und dabei nur äußers geringe Abweichungen von der Parabel festgestellt. Gl. (87) kann also sehr gu approximativ für die Geschwindigkeitsverteilung an der Parabel dienen.

Abb. 20 zeigt Ergebnisse für $M_\infty = 0{,}75$. Der Vergleich mit exakten, freilich aber viel aufwendigeren Methoden zeigt die Brauchbarkeit der Näherung. Außerdem ist noch die erste Näherung von Gl. (87), also die logarithmische Prandtl-Regel wiedergegeben. Sie werden einem Ergebnis der Hodographenmethode gegenübergestellt, um einen Einblick in die Brauchbarkeit der gelegentlich verwendeten Vereinfachungen zu bekommen.

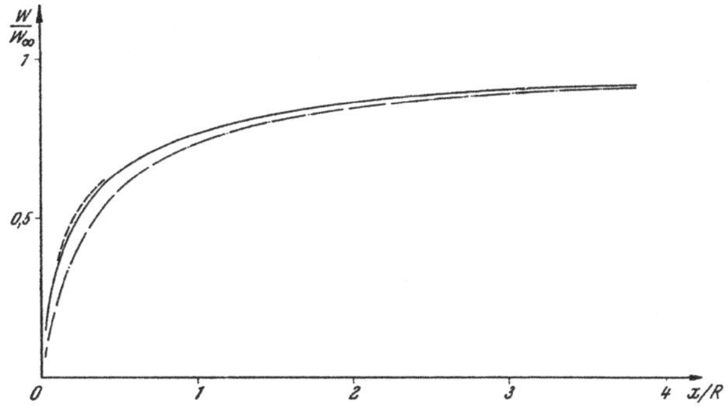

Abb. VIII,20. Strömung an der Parabelnase bei $M_\infty = 0{,}75$, ——— Gl. (78), ——·——· log. Prandtl-Regel; - - - - [20].

Die der Geschwindigkeit verwandte Funktion exp (q) läßt sich aus Gl. (63) mit bekannten Beziehungen für hyperbolische Funktionen wie folgt schreiben:

$$e^q = \frac{M\left(1+\sqrt{1-M_\infty^2}\right)}{M_\infty\left(1+\sqrt{1-M^2}\right)}\left[\frac{1+\sqrt{\frac{\varkappa-1}{\varkappa+1}(1-M^2)}}{1+\sqrt{\frac{\varkappa-1}{\varkappa+1}(1-M_\infty^2)}}\;\frac{\sqrt{1+\frac{\varkappa-1}{2}M_\infty^2}}{\sqrt{1+\frac{\varkappa-1}{2}M^2}}\right]^{\sqrt{\frac{\varkappa+1}{\varkappa-1}}}. \tag{88}$$

Daraus folgt für die Umgebung der Staupunkte, also für kleine Machzahlen M und weiter für kleine Geschwindigkeitsverhältnisse W/W_∞, das heißt in der Symbolik dieses Abschnittes kleine Werte von W:

$$e^q = W\frac{1+\beta}{2\sqrt{1+\frac{\varkappa-1}{2}M_\infty^2}}\left[\frac{\left(1+\sqrt{\frac{\varkappa-1}{\varkappa+1}}\right)\sqrt{1+\frac{\varkappa-1}{2}M_\infty^2}}{1+\sqrt{\frac{\varkappa-1}{\varkappa+1}}\beta}\right]^{\sqrt{\frac{\varkappa+1}{\varkappa-1}}}. \tag{89}$$

In Abb. 21 ist das Geschwindigkeitsverhältnis, das ist in der Symbolik von Tabelle II,5

$$\frac{W}{W_\infty} = \frac{M^*}{M_\infty^*} = \frac{M}{M_\infty}\sqrt{\frac{1+\frac{\varkappa-1}{2}M_\infty^2}{1+\frac{\varkappa-1}{2}M^2}},$$

abhängig von exp (q) für $M_\infty = 0{,}75$ aufgetragen. Die logarithmische Prandtl-Regel, das ist das erste Glied der Entwicklung (83), stellt natürlich in der Umgebung kleiner Störungen eine gute Näherung dar, bis auf die Stelle unmittelbar bei $M \to 1$, wo exp (q) mit senkrechter Tangente endet. Auch im Gebiete großer Störungen $(W - 1)$ ist die logarithmische Prandtl-Regel gemessen an der Größe der Störung eine gute Näherung, gemessen an der absoluten Geschwindigkeit jedoch eine sehr schlechte Näherung. Die Kurve für die logarithmische Prandtl-Regel endet bei $W \to 0$ mit horizontaler Tangente, während die Entwicklung Gl. (89) zeigt, daß dort W proportional zu exp (q) verläuft. Die Kurve (88) hat an der Stelle $M = 0$ im übrigen sogar einen Wendepunkt. Die Geschwindigkeitszunahme aus dem Staupunkt heraus wird durch die inkompressible Strömung also sogar besser genähert als durch die log. Prandtl-Regel, die bei $M = 0$ sogar eine horizontale Tangente aufweist, während sich die eine Gerade darstellende Beziehung für inkompressible Strömung nur durch die Neigung vom exakten Wert in der Umgebung von $M = 0$ unterscheidet.

Aus Gl. (87) folgt, daß in unmittelbarer Umgebung des Staupunktes die Beziehung gilt:

$$e^{q^+} = h/R + \cdots.$$

Die Geschwindigkeit nimmt dort also wie die Höhe, das heißt aber auch wie die Bogenlänge zu. Abb. 21 zeigt also in der Umgebung des Staupunktes gleichzeitig

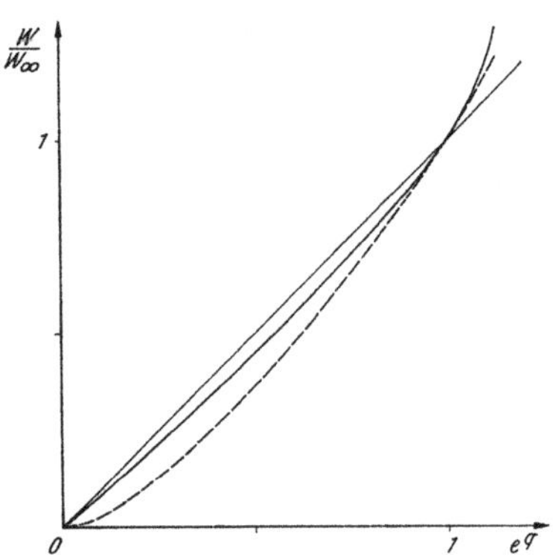

Abb. VIII,21. Geschwindigkeit als Funktion von e^q bei $M_\infty = 0{,}75$; ——— $M_\infty = 0$; - - - - log. Prandtl-Regel.

auch die Zunahme der Geschwindigkeit mit dem Verhältnis von Bogenlänge zum Krümmungsradius.

Eine in das Unendliche reichende Parabel läßt sich zwar nicht anstellen, weil die Strömungsrichtung im Unendlichen durch die Richtung der Parabelachse festgelegt ist; es läßt sich jedoch der symmetrischen Anströmung der Nase eine im wesentlichen antisymmetrische Umströmung superponieren.

Diese Lösung wird erhalten, wenn in Gl. (70) mit der „Profillänge" l über alle Grenzen, dabei aber gleichzeitig mit dem Anstellwinkel in geeigneter Weise gegen Null gegangen wird. Es gilt also mit Gl. (70):

$$l \to \infty \quad \text{mit} \quad \sqrt{l} \cdot \sin \varepsilon = A \sqrt{R/2} = e^{q^-(0,0)} \cdot \sqrt{R/2}. \tag{90}$$

Da l die Dimension einer Länge hat und in der oberen Gleichung der Nasenradius R eingeführt wurde, ist A eine dimensionslose Größe. Es wird sich erst in der Rechnung herausstellen, daß A den Wert $\exp(q)$ im Scheitel der Parabel besitzt, ein Ergebnis, das in Gl. (90) vorweggenommen wurde.

Mit dem skizzierten Grenzübergang erhält man aus Gl. (70) für $0 < s < l$:

$$q^-(s, \pm 0) = \ln \left| 1 \pm e^{q^-(0,0)} \sqrt{R/2s} \right|. \tag{91}$$

Mit Gl. (60) und (87) folgt dann für den Gesamtwert von q, wenn wieder einfach $s = x$ gesetzt wird:

$$e^{q(x, \pm 0)} = \frac{\left| 1 \pm e^{q(0,0)} \sqrt{R/2x} \right|}{\sqrt{1 + R/2x}}. \tag{92}$$

Der Wert im Scheitel der Parabel $q(0, 0) = q^-(0, 0)$ ist dabei frei, so wie bei einem endlichen Profil die Geschwindigkeit an der Nase mit dem Anstellwinkel geändert werden kann. Mit Gl. (64) enthält das Ergebnis (92) die exakte Lösung für die inkompressible Umströmung der Parabel.

Der Staupunkt ist an die Unterseite gerückt und liegt an der Stelle

$$2x/R = e^{2q(0,0)}. \tag{93}$$

In Abb. 22 sind die Ergebnisse für den Fall $q(0, 0) = 0$ dargestellt; das bedeutet, daß in diesem Falle am Parabelscheitel dieselbe Geschwindigkeit herrscht wie in der Anströmung, und zwar nicht nur bei inkompressibler Strömung, sondern auch bei kompressibler Strömung. Auf der Saugseite der Parabel treten daher erhebliche Übergeschwindigkeiten auf. Wenn auch die Ergebnisse von KAPLAN und VAN DYKE wegen Beschränkung der Entwicklung auf M_∞^2-Terme etwas zu niedrige Werte wiedergeben dürften, so sind die Werte der vorliegenden Näherung im Übergeschwindigkeitsgebiet zweifellos zu hoch.

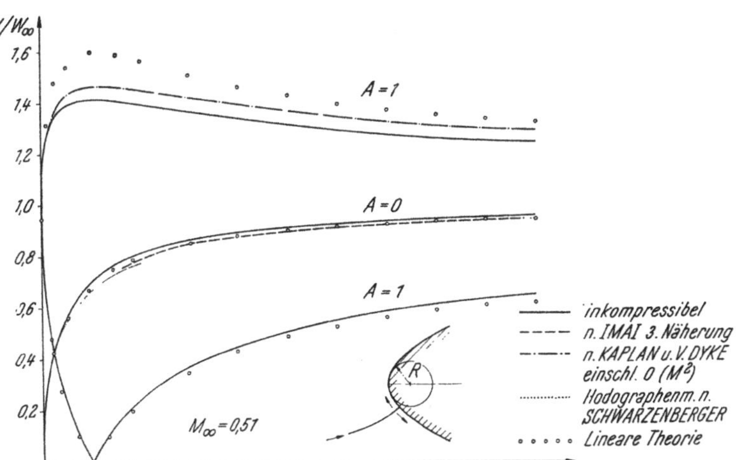

Abb. VIII,22. Geschwindigkeitsverteilung an einer Parabelnase bei symmetrischer Strömung und Quasi-Anstellung.

Darin äußert sich eine bereits in Abb. 21 zu erkennende typische Schwäche der vorliegenden Theorie. Für $M > 1$ gibt es gemäß Gl. (88) nämlich überhaupt keine reellen q-Werte. Die Auswertung wird mit Annäherung $M \to 1$ empfindlich gegen kleine Fehler. Dies schließt eine Anwendung der Theorie im schallnahen Bereich keineswegs aus, wie dies in [·24], Abschnitt I,13 bis I,17 deutlich werden wird. Jedoch wird im schallnahen Bereich eine Koordinatenstreckung unumgänglich, was sich in den Beltrami-Gleichungen (VI,71) bereits ankündigt. Einer sehr guten Brauchbarkeit der Methode in ihrer einfachsten Form in der Umgebung der Staugebiete steht also eine gewisse Empfindlichkeit in der Nähe der kritischen Schallgeschwindigkeit gegenüber.

14. Schlanke Profile mit stumpfer Nase

Reine Unterschallströmung kann bei angestellten Profilen in der Umgebung der Nase nur erreicht werden, wenn diese stumpf und der Anströmwinkel ε nicht zu groß ist. Die Maximalgeschwindigkeit wird dann, ähnlich wie bei dichtebeständiger Strömung, in einiger Entfernung vom Scheitel der Nase auf der Saugseite erreicht, sie ergibt sich aus dem Dicken- und dem Anstelleffekt.

Die partielle Integration, die für den Dickeneffekt auf Gl. (80) führt, ist auch bei stumpfer Nase zulässig. Sie bringt jedoch keinen wesentlichen Vorteil, weil der Integrand wegen der großen Werte von $\mathrm{d}\vartheta^+/\mathrm{d}s$ an der Nase nicht mehr wesentlich vereinfacht werden kann.

Wie die Untersuchungen an der Parabelnase zeigten, darf jedoch wieder in erster Näherung $s = x$ gesetzt werden. Man gewinnt dann aus Gl. (73) die Beziehung für die Werte auf der Flügeloberfläche, $t = 0$:

$$q^+(x, 0) = \frac{1}{\pi} \int_0^1 \vartheta^+(\xi, 0) \frac{\mathrm{d}\xi}{x - \xi} + \cdots. \tag{94}$$

Der zweite Wert in den Argumenten bedeutet immer bei der vorliegenden Methode $t = 0$ und nicht etwa $y = 0$, sondern $y = h$. Mit Gl. (63) wäre aus q wieder sofort M oder W zu bestimmen.

Der wesentliche Unterschied zum Integranden von Gl. (10) besteht darin, daß dort der Strömungswinkel in der Form $\operatorname{tg} \vartheta^+ = h_x(\xi)$ in Erscheinung tritt. Gl. (94) sei daher zunächst in folgende Form gebracht:

$$q^+(x, 0) = \frac{1}{\pi} \int_0^1 [\vartheta^+(\xi) - \operatorname{tg} \vartheta^+(\xi)] \frac{\mathrm{d}\xi}{x - \xi} + \frac{1}{\pi} \int_0^1 \operatorname{tg} \vartheta^+(\xi) \frac{\mathrm{d}\xi}{x - \xi} + \cdots.$$

Der letzte Integrand ist nun nur mehr ein solcher kleiner Störungen, wenn der Nasenradius genügend klein, das heißt von der Größenordnung τ^2 ist, wie das etwa beim Joukowski-Profil und der längs angeströmten Ellipse der Fall ist. Bei letzterer liefert dieser letzte Summand im übrigen im gesamten Bereich $0 < x < 1$ den gleichen Wert τ.

Für das Joukowski-Profil

$$f(x) = \frac{16\sqrt{3}}{9}\sqrt{x}\,(1-x)^{3/2}; \qquad \operatorname{tg}\vartheta = h_x = \frac{\tau}{2}\,f_x(x) = \tau\,\frac{4\sqrt{3}}{9}\sqrt{\frac{1-x}{x}}\,(1-4x),$$

das wegen seiner stumpfen Nase, aber auch wegen seines scharfen Endes, ein besseres Beispiel darstellt als die Ellipse, gilt mit Gl. (9):

$$\tau u_1^+ = \frac{1}{\pi}\int\limits_0^1 \operatorname{tg}\vartheta(\xi)\,\frac{\mathrm{d}\xi}{x-\xi} = \tau\,\frac{4\sqrt{3}}{9}\,(3-4x).$$

Die Werte des Integrals bleiben also trotz der stumpfen Nase überall im Bereich kleiner Störungen. Diesbezüglich besteht also ein ganz bemerkenswerter und im Grunde überraschender Unterschied zu schlanken Profilen mit keilförmigen Enden, bei denen trotz der kleineren Strömungswinkel die Geschwindigkeit an den Profilenden logarithmisch negativ unendlich wird.

Es liegt nun nahe, den für die Abweichung von kleinen Störungen verantwortlichen ersten Summanden durch den Wert zu ersetzen, den die Parabel liefert. Seine Beiträge können sich nämlich auf einen nur verhältnismäßig kurzen Bereich der x-Achse erstrecken, da voraussetzungsgemäß R die Größenordnung τ^2 aufweist und für große Werte $x/2R \gg 1$ der Ausdruck $(\vartheta - \operatorname{tg}\vartheta)$ verschwindet.

Der gesamte Naseneffekt spielt sich also bei der hier in Betracht gezogenen Klasse schlanker Profile mit kleinem Nasenradius nur im allervordersten Teil des Profiles ab. Gemäß Abb. 22 hat die Geschwindigkeit beim nichtangestellten Profil bereits im Abstand von 2 Nasenradien den Zustand „kleiner Störungen" erreicht, bei angestellten Profilen allerdings erst bei etwa 5 Nasenradien, das sind im letzteren Fall also rund 5% der Profiltiefe.

Es sei daher mit Gl. (87) folgende Näherung eingeführt:

$$\frac{1}{\pi}\int\limits_0^1 [\vartheta(\xi) - \operatorname{tg}\vartheta(\xi)]\,\frac{\mathrm{d}\xi}{x-\xi} = \frac{1}{\pi}\int\limits_0^\infty [\vartheta(\xi) - \operatorname{tg}\vartheta(\xi)]\,\frac{\mathrm{d}\xi}{x-\xi}$$

$$= \frac{1}{\pi}\int\limits_0^\infty \vartheta(\xi)\,\frac{\mathrm{d}\xi}{x-\xi} = \ln(\cos\vartheta).$$

Der Beitrag von $\operatorname{tg}\vartheta$ verschwindet nämlich gemäß der Integraltabelle. Dabei wäre ϑ zunächst der Winkel der Schmiegungsparabel an die Nase, also die in Gl. (87) wiedergegebene Funktion x mit R als Nasenradius des Profiles. Eine solche Lösung wäre einer gesonderten Untersuchung wert, geht aber für die vorliegende Darstellung zu weit in die Einzelheiten.

Mit gleicher Berechtigung, wie im Integranden ϑ des Profiles durch den Winkel der Schmiegungsparabel ersetzt wurde, kann aber umgekehrt nun im $\ln(\cos\vartheta)$ der Winkel des Profiles gewählt werden. Dies wird zumindest bei inkompressibler Strömung mit Erfolg gemacht und soll auch hier geschehen. Damit ist die Beziehung zu älteren auf ganz andere Weise hergeleiteten Theorien hergestellt.

Wegen der Kleinheit des letzten Summanden in der letzten Darstellung für q^+ kann nunmehr geschrieben werden

$$q^+(x, 0) = \ln(\cos\vartheta) + \ln\left[1 + \frac{1}{\pi}\int\limits_0^1 \operatorname{tg}\vartheta(\xi)\frac{d\xi}{x - \xi}\right] + \cdots,$$

und somit unter Verwendung von Gl. (VII,55) und (9):

$$e^{q^+(x,0)} = \cos\vartheta[1 + \tau u_{i1}^+ + \cdots]. \tag{95}$$

Diese Darstellung ist für inkompressible Strömung im wesentlichen bereits in der Dissertation von F. Keune [15], siehe auch [19], zu finden und wurde später wiederholt wiederentdeckt. Betreffs des Schrifttums und der Erweiterungen sei auf das Buch von Keune und Burg verwiesen [·11].

Für kompressible Strömung liefert Gl. (95) wegen der Empfindlichkeit der Tschapligin-Funktion in der Nähe der kritischen Geschwindigkeit am Geschwindigkeitsmaximum in der Regel zu hohe Werte. In der Staupunktsumgebung sind die Ergebnisse jedoch sehr zufriedenstellend.

Wird nun die Anstellung des symmetrischen Profiles mit Gl. (70) mitberücksichtigt, so erhält man immer mit der Näherung $s = x$ und unter der Voraussetzung kleiner Anstellwinkel, $\operatorname{tg}^2\varepsilon \ll 1$, zusammen mit der letzten Beziehung:

$$e^q = e^{q^+} \cdot e^{q^-} = \left|1 \pm \operatorname{tg}\varepsilon\sqrt{\frac{1 - x}{x}}\right| \cos\vartheta[1 + \tau u_{i1}^+ + \cdots]. \tag{96}$$

Das untere Vorzeichen gilt für die Druckseite. Bei den angenommenen kleinen Anstellwinkeln liegt der Staupunkt bei kleinen x-Werten. Für seine Lage erhält man unabhängig von der Machzahl der Anströmung übrigens genau so wie bei der einfachen Theorie des Abschnittes 4 die folgende Beziehung, nur daß es sich im vorliegenden Fall um die Lage auf der Kontur handelt:

$$x = \operatorname{tg}^2\varepsilon + \cdots. \tag{97}$$

Von großem Interesse ist auch die Geschwindigkeit am Nasenscheitel, also im Punkte $x = 0$. Dort genügt für $\cos\vartheta$ die Näherung durch die Schmiegungsparabel, Gl. (87). Nach Zwischenrechnung erhält man:

$$e^{q(0,0)} = \operatorname{tg}\varepsilon\sqrt{\frac{2}{R}}[1 + \tau u_{i1}^+(0)]. \tag{98}$$

Wenn der Wert von $\operatorname{tg}\varepsilon$ nahe an $\sqrt{R/2}$ liegt, dann handelt es sich um einen Wert im Bereich kleiner Störungen und es genügt das erste Glied der Entwicklung (83). Man erhält für die Geschwindigkeit im Scheitelpunkt $x = 0$ unter dieser Voraussetzung:

$$W(0) = \left(\operatorname{tg}\varepsilon\sqrt{\frac{2}{R}}\right)^{1/\beta}[1 + \tau u_1^+(0)]. \tag{99}$$

Wenn keine genaueren Analysen der Vorgänge im Staupunkt gefordert werden, sondern nur eine einigermaßen richtige Verteilung der Störgeschwindigkeiten in der Nasenumgebung, dann wird man sich konsequenterweise auch in der Gl. (96) mit dem ersten Glied der Entwicklung von Gl. (83) begnügen und erhält auf diese Weise:

$$W = \left(\left| 1 \pm \operatorname{tg} \varepsilon \sqrt{\frac{1-x}{x}} \right| \cos \vartheta \right)^{1/\beta} [1 + \tau u_1^+ + \cdots]. \tag{100}$$

Diese Gleichung für angestellte symmetrische Profile mit stumpfen Nasen ist das Gegenstück zu Gl. (85) für allerdings nicht angestellte Profile mit keilförmigen Enden. Wie dort tritt der Prandtl-Faktor β im Nenner der Exponenten jener Faktoren auf, die für die Staupunkte verantwortlich sind, während β im Störglied der Klammerausdrücke in derselben Weise erscheint wie bei der Prandtlschen Regel. In einiger Entfernung vom stumpfen Profilanfang kann der Ausdruck mit dem Faktor $\operatorname{tg} \varepsilon$ bereits als klein gegenüber der Einheit angesehen werden. Dort darf dann $1/\beta$ vom Exponenten mit Hilfe des Binomischen Lehrsatzes zum Störglied heruntergezogen werden und es darf $\cos \vartheta = 1$ gesetzt werden. Das läuft dann im wesentlichen auf die Beziehungen des Abschnittes 3 hinaus.

Begnügt man sich dagegen im Staupunkt nicht allein mit dem richtigen Wert $W = 0$, sondern fordert dort auch die richtige Geschwindigkeitszunahme, so muß auf Gl. (96) zurückgegriffen und diese für den Staupunkt ausgewertet werden. Das läuft im wesentlichen auf Gl. (92) für die Parabelnase hinaus, mit dem mittels Gl. (98) zu bestimmenden Wert von $\exp q(0, 0)$. Die Geschwindigkeit W unmittelbar in der Umgebung des Staupunktes würde man auch mit Gl. (88) erhalten.

Damit hat man zwar nur eine Genauigkeit erreicht, die wie jene des Abschnittes 4 einer Theorie erster Ordnung im Dickenverhältnis und im Anstellwinkel entspricht, aber im Gegensatz zu jener Theorie wird nun auch die Strömung in der Umgebung des Staupunktes richtig erfaßt.

Abb. 23 zeigt die Geschwindigkeitsverteilung an einem nicht angestellten Joukowski-Profil von 6% Dickenverhältnis; $\varepsilon = 0$, $\tau = 0{,}06$. Die Geschwindig-

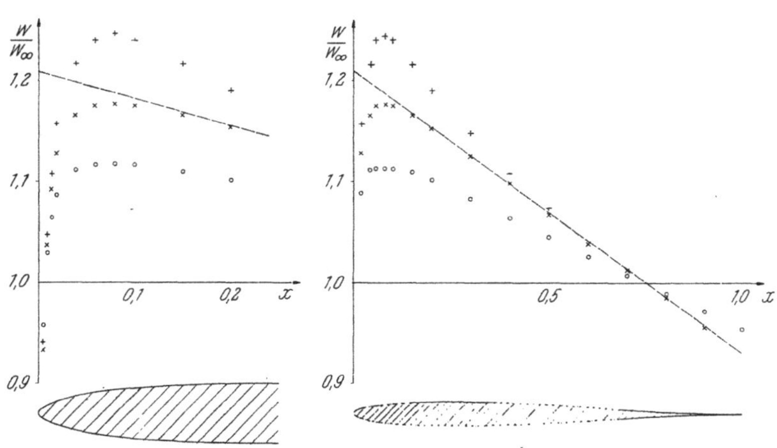

Abb. VIII,23. Geschwindigkeitsverteilung am nicht angestellten Joukowski-Profil. $\varepsilon = 0$ bei $M_\infty = 0$ (○ ○ ○) und bei $M_\infty = 0{,}75$ gemäß Gl. (95) (+ + +) und Gl. (100) (× × ×), $\tau = 0{,}06$.

keit gem. Gl. (100), die der log. Prandt-Regel entspricht, paßt sich bereits bei $x = 0{,}10$ sehr stark dem Ergebnis der einfachen Theorie von Gl. (9) an. Bei den an der Nase auftretenden starken Störungen sind diese Werte aber sicherlich etwas zu klein. Die mit Gl. (95) exakt aus exp (q) gewonnenen Störungen dürften dagegen etwas zu groß sein. Die kritische Geschwindigkeit liegt bei $c^*/W_\infty = 1{,}284$.

15. Profiltheorie in zweiter Näherung

Im Rahmen dieses Abschnittes soll die folgerichtige Erweiterung der in Abschn. 4 dargelegten Theorie erster Ordnung durchgeführt werden. Das bedeutet, daß mit der Entwicklung des Störpotentials, Gl. (VII,20), nach Potenzen der Störparameter δ^+ und δ^- für symmetrische und antisymmetrische Strömung gearbeitet wird, wobei gemäß Gl. (VII,58) und (VII,61) die Störparameter dem Dickenverhältnis und dem Tangens des Anstellwinkels gleichgesetzt werden:

$$\delta^+ = \tau; \qquad \delta^- = \operatorname{tg} \varepsilon.$$

Die Resultate zeigen, daß bei gewölbten Profilen und verschwindendem Anstellwinkel, $\varepsilon = 0$, für den Parameter der antisymmetrischen Strömung die „Wölbungshöhe" $\delta^- = k$ zu setzen ist, vgl. Abschn. VII,7. Gewölbte Profile bei verschwindendem Anstellwinkel ε sind also durch die obige Parameterwahl keineswegs ausgeschlossen.

Wie beispielsweise in den letzten Abschnitten gezeigt wurde, gibt es unterschiedliche Möglichkeiten der Weiterentwicklung zur höheren Näherung. Auch bei der in den letzten Abschnitten verwendeten Methode ist eine Entwicklung zu höheren Ordnungen ohne weiteres möglich und führt natürlich im wesentlichen zum selben Ergebnis. Dennoch besteht ein Bedarf nach Entwicklung verschiedener Verfahren. So viele Vorteile etwa die letzte Methode für die Strömung ab Staupunkt bietet, so wenig läßt sie sich z. B. im Gegensatz zur folgenden Methode auf räumliche Strömungen erweitern.

Die vorliegende Darstellung übernimmt im wesentlichen die Ergebnisse einer Arbeit von W. Gretler [16], der die zweite Näherung für beliebige Profile auf Integrale über die Profilform zurückführen konnte. In der Aufgliederung der Terme unterscheidet sich folgende Darstellung allerdings von jener der Originalarbeit.

Wird als Bezugsgröße für die Geschwindigkeitsstörungen die u-Komponente des Anströmzustandes gewählt und somit in Gl. (VII,20) $u_0 = u_\infty$ gesetzt, so erhält man folgende Entwicklung für das Störpotential:

$$\varphi = u_\infty[\tau\varphi_1^+ + \operatorname{tg} \varepsilon\varphi_1^- + \tau^2\varphi_2^{++} + 2\tau \operatorname{tg} \varepsilon\varphi_2^{+-} + \operatorname{tg}^2 \varepsilon\varphi_2^{--}]. \qquad (101)$$

Für die Glieder erster Ordnung φ_1^+ und φ_1^- gilt getrennt Gl. (VII,51), in der nur die Ableitungen nach z wegzulassen sind. Die Lösung ist bereits in Abschnitt 4 gefunden worden.

Für die Beiträge zweiter Ordnung erhält man die Differentialgleichungen durch Einsetzen der Ausdrücke (VII,22). Wieder fallen alle Ableitungen nach z

weg und für das ideale Gas folgt mit Gl. (VII,18):

$$(1 - M_\infty^2)\,\varphi_{2xx}^{++} + \varphi_{2yy}^{++} = M_\infty^2[(\varkappa + 1)\,\varphi_{1x}^{+}\varphi_{1xx}^{+} + (\varkappa - 1)\,\varphi_{1x}^{+}\varphi_{1yy}^{+} + 2\varphi_{1y}^{+}\varphi_{1xy}^{+}];$$

$$\begin{aligned}(1 - M_\infty^2)\,\varphi_{2xx}^{+-} + \varphi_{2yy}^{+-} = M_\infty^2[(\varkappa + 1)\,(\varphi_{1x}^{+}\varphi_{1xx}^{-} + \varphi_{1x}^{-}\varphi_{1xx}^{+}) \\ + (\varkappa - 1)\,(\varphi_{1x}^{+}\varphi_{1yy}^{-} + \varphi_{1x}^{-}\varphi_{1yy}^{+}) + 2(\varphi_{1y}^{+}\varphi_{1xy}^{-} + \varphi_{1y}^{-}\varphi_{1xy}^{+})];\end{aligned} \qquad (102)$$

$$(1 - M_\infty^2)\,\varphi_{2xx}^{--} + \varphi_{2yy}^{--} = M_\infty^2[(\varkappa + 1)\,\varphi_{1x}^{-}\varphi_{1xx}^{-} + (\varkappa - 1)\,\varphi_{1x}^{-}\varphi_{1yy}^{-} + 2\varphi_{1y}^{-}\varphi_{1xy}^{-}].$$

Dabei wurde in allen Koeffizienten das Verhältnis $u_\infty/c_\infty = M_\infty$ gesetzt, was nur bei $\operatorname{tg}\varepsilon = 0$ exakt stimmt. Im allgemeinen wird damit ein Fehler von der Größe

$$u_\infty^2/c_\infty^2 = M_\infty^2 \cos^2\varepsilon = M_\infty^2[1 - \operatorname{tg}^2\varepsilon + \cdots] \qquad (103)$$

in die Differentialgleichungen getragen. Das gibt in der Gl. (VII,21) Beiträge mit dem Faktor $\tau\,\operatorname{tg}^2\varepsilon$ und $\operatorname{tg}^3\varepsilon$, folglich also Einflüsse in der Theorie dritter Ordnung.

Im Gegensatz zur entsprechenden Darstellung bei W. GRETLER, [16] Gl. (II,9), ist in den Differentialgleichungen (102) eine Aufspaltung vorgenommen derart, daß in den symmetrischen Beiträgen, φ_2^{++}, nur die symmetrische Strömung φ_1^{+} eingeht, in dem für den Auftrieb maßgebenden antisymmetrischen Beitrag φ_2^{+-} auf der inhomogenen rechten Seite nur Produkte von φ_1^{+} und φ_1^{-}, und schließlich in einem zweiten symmetrischen Anteil φ_2^{--} nur Produkte der Ableitungen von φ_1^{-}.

Die Randbedingungen für die Teilpotentiale von φ_2 können direkt auf Gl. (VII,30) hergeleitet werden. Dabei genügt die Bedingung an der Oberseite der Skelettlinie, weil die symmetrischen und antisymmetrischen Terme bereits durch den Ansatz (101) getrennt sind. Zu beachten ist allerdings, daß die Anströmung eine y-Komponente aufweist:

$$\Phi = u_\infty x + v_\infty y + \varphi. \qquad (104)$$

Die Oberseite des Profiles stellt sich mit Gl. (VII,55) und (VII,56) wie folgt dar:

$$h_0(x) = \frac{\tau}{2} f(x) + k g(x). \qquad (105)$$

Darin ist k die „Wölbungshöhe". Die Dickenverteilungsfunktion $f(x)$ und die Wölbungsverteilung $g(x)$ überschreiten definitionsgemäß nirgends den Wert 1.

Durch Einführen der Störansätze (101) und (104), sowie des Ansatzes (105) für die obere Seite des Profiles in Gl. (VII,30) erhält man zunächst unter Einbeziehung aller Ausdrücke bis einschließlich quadratischer Glieder in den Störparametern nach Division durch u_∞:

$$\begin{aligned}&\operatorname{tg}\varepsilon + \tau v_1^{+} + \operatorname{tg}\varepsilon v_1^{-} + \tau^2 v_2^{++} + 2\tau\,\operatorname{tg}\varepsilon v_2^{+-} + \operatorname{tg}^2\varepsilon v_2^{--} \\ &\quad + [\tau v_{1y}^{+} + \operatorname{tg}\varepsilon v_{1y}^{-}]\cdot\left[\tau\frac{1}{2} f(x) + k g(x)\right] \\ &= [1 + \tau u_1^{+} + \operatorname{tg}\varepsilon u_1^{-}]\cdot\left[\tau\frac{1}{2} f_x(x) + k g_x(x)\right].\end{aligned}$$

Aus der ersten Ordnung entspringen die bereits in Gl. (VII,58) und Gl. (VII,61) ganz allgemein für Flügel wiedergegebenen Randbedingungen.

In den Ausdrücken zweiter Ordnung sind noch die Ableitungen nach y, v_{1y}^{+} und v_{1y}^{-} störend, sie können jedoch mit Hilfe der gasdynamischen Gleichung erster Ordnung auf u_{1x}^{+}, u_{1x}^{-} zurückgeführt werden.

Damit gelten für die y-Komponenten zweiter Ordnung die Randbedingungen auf $y = +0$:

$$v_2^{++} = \frac{1}{2} f_x u_1^{+} + \frac{1}{2} f \beta^2 u_{1x}^{+};$$

$$v_2^{+-} = \frac{1}{4} f_x u_1^{-} + \frac{1}{2} k \cot \varepsilon g_x u_1^{+} + \frac{1}{4} f \beta^2 u_{1x}^{-} + \frac{1}{2} k \cot \varepsilon\, g \beta^2 u_{1x}^{+}; \tag{106}$$

$$v_2^{--} = k \cot \varepsilon g_{1x} u_1^{-} + k \cot \varepsilon g \beta^2 u_{1x}^{-}.$$

Wie bereits bei der Randbedingung erster Ordnung, Gl. (VII,61), tritt bei gewölbten Profilen stets das Verhältnis von Wölbungshöhe und Anstellwinkel auf, $k/\cot \varepsilon$. Die Lösungen erster Ordnung $u_1^{+}(x, 0)$ und $u^{-}(x, 0)$ sind bereits durch die Gln. (9) und (20) auf die Dickenverteilung und die Wölbungsverteilung zurückgeführt und sollen hier und im folgenden nicht weiter explizit ausgedrückt werden.

In den Randbedingungen sind typische Gesetzmäßigkeiten zu erkennen. Für die y-Komponente der symmetrischen Strömung φ_2^{++} und φ_2^{--} gilt:

$$v_2^{++}(x, +0) = -v_2^{++}(x, -0); \qquad v_2^{--}(x, +0) = -v_2^{--}(x, -0).$$

Die Randbedingungen für v_2^{+} setzen sich nur aus symmetrischen Elementen zusammen, nämlich der Dickenverteilung $f(x)$ und $u_1^{+}(x, +0) = u_1^{+}(x, -0)$. Die Randbedingungen für v_2^{--} hingegen setzen sich aus dem Produkt zweier antisymmetrischer Elemente zusammen, der Wölbungsverteilung $g(x)$ und $u_1^{-}(x, +0) = -u_1^{-}(x, -0)$. Die Ableitungen nach x ändern nichts an den Symmetrieeigenschaften in y. Diese Randbedingungen werden daher mit einer Quellverteilung auf der x-Achse zu befriedigen sein; dies kommt auch in den Ergebnissen zum Ausdruck.

Die Randbedingungen für die antisymmetrischen Strömungen setzen sich aus einem Produkt eines symmetrischen und eines antisymmetrischen Elementes zusammen, nämlich aus $f(x)$ und u_1^{-} oder aus $g(x)$ und u_1^{+}. Dieser für den Auftrieb und das Moment maßgebende Strömungsanteil muß also wieder durch eine Wirbelbelegung auf der Skelettlinie dargestellt werden, wie immer wenn dort für die Randbedingungen gilt:

$$v_2^{+-}(x, +0) = v_2^{+-}(x, -0).$$

Das Ergebnis für u_2^{+-} kann daher wie in der ersten Ordnung nur durch Lösung einer Integralgleichung gewonnen werden, wobei wieder die Abströmbedingung, nun jedoch in zweiter Ordnung, erfüllt werden muß:

$$u_2^{+-}(1, \pm 0) = 0.$$

Die Randbedingungen im Unendlichen sind wie immer in der Profiltheorie sehr einfach, dort müssen alle Störkomponenten verschwinden.

Im Gegensatz zur Theorie erster Ordnung ist jedoch nun mit Gl. (102) eine

Poisson-Gleichung zu lösen, wobei die rechten Gleichungsseiten als Quellglieder anzusehen sind. Die Lösung kann rein formal mit Hilfe der Greenschen Formel gefunden werden. Die Vorgangsweise ist in [•24], Abschnitt I,27 bei der Herleitung der Integralgleichung für schallnahe Strömung erläutert. Der Unterschied gegenüber der Darstellung bei Schallnähe besteht im wesentlichen darin, daß dort auf der inhomogenen Seite der Differentialgleichung im allgemeinen nur ein Ausdruck steht, dieser jedoch unbekannt ist, während im vorliegenden Fall die rechte Seite zwar komplizierter, jedoch durch die Lösung erster Ordnung gegeben ist. Es handelt sich also um eine Prandtl-Iteration, vgl. Abschnitt 10.

Die Durchführung der Methode ist allerdings wesentlich schwieriger als ihre Schilderung und erfordert einigen mathematischen Aufwand, der dann allerdings zu verhältnismäßig einfachen Ergebnissen führt. Hier können daher nur die Resultate mitgeteilt werden, während betreffs der Herleitung auf die Originalarbeit verwiesen werden muß.

Mit der erst in den Gliedern zweiter Ordnung auftretenden Machzahlfunktion

$$C_2(M_\infty) = \frac{M_\infty^2}{1 - M_\infty^2} + \frac{\varkappa + 1}{4} \frac{M_\infty^4}{(1 - M_\infty^2)^2}, \tag{107}$$

die mit der bei Überschallgeschwindigkeiten auftretenden Funktion C_2, Gl. (IX,80) nahe verwandt aber nicht identisch ist, kommt man auf der Oberseite der Skelettlinie, $y = +0$, zu folgenden Ergebnissen:

$$u_2^{++} = (1 + C_2) \frac{\beta}{\pi} \int_0^1 \frac{1}{2} \frac{\mathrm{d}}{\mathrm{d}\xi} (f u_1^+) \frac{\mathrm{d}\xi}{x - \xi} + C_2 \frac{1}{4} \left(f f'' + \frac{1}{2} f'^2 \right) + \frac{C_2}{2} \beta^2 (u_1^+)^2;$$

$$\begin{aligned} u_2^{+-} = {} & (1 + C_2) \frac{\beta}{2\pi} \sqrt{\frac{1-x}{x}} \int_0^1 \frac{\mathrm{d}}{\mathrm{d}\xi} \left(\frac{1}{2} f u_1^- + k \cot \varepsilon \, g u_1^+ \right) \sqrt{\frac{\xi}{1-\xi}} \frac{\mathrm{d}\xi}{x - \xi} \\ & + \frac{C_2}{2} k \cot \varepsilon \frac{1}{2} (f g'' + f' g' + f'' g') + \frac{C_2}{2} \beta^2 u_1^+ u_1^-; \end{aligned} \tag{108}$$

$$\begin{aligned} u_1^{--} = {} & (1 + C_2) \frac{\beta}{\pi} k \cot \varepsilon \int_0^1 \frac{\mathrm{d}}{\mathrm{d}\xi} (g u_1^-) \frac{\mathrm{d}\xi}{x - \xi} + C_2 (k \cot \varepsilon)^2 \left(g g'' + \frac{1}{2} g'^2 \right) \\ & + \frac{C_2}{2} [\beta^2 (u_1^-)^2 - 1]. \end{aligned}$$

Wie in der Lösung erster Ordnung, Gl. (9) und (20), ist die Dickenverteilungsfunktion $f(x)$ stets mit dem Faktor 1/2, die Wölbungsverteilungsfunktion stets mit dem Faktor $k \cot \varepsilon$ multipliziert. Bei verschwindender Wölbung reduziert sich $u_1^{--}(x, 0)$ auf den letzten Summanden. Auch der Ausdruck für u_2^{+-} wird in einem solchen Fall ganz wesentlich einfacher.

Bei Wölbungshöhen k, die groß sind im Vergleich zum Anstellwinkel, aber voraussetzungsgemäß natürlich der Bedingung $k \ll 1$ kleiner Störungen genügen muß, wird am besten anstelle des Anstellwinkels die Wölbungshöhe als Störparameter eingeführt, $\delta^- = k$. Das läuft darauf hinaus, daß alle Ausdrücke, die $g(x)$ linear enthalten, in den Gln. (108) mit $\operatorname{tg} \varepsilon / k$ und alle Ausdrücke die g^2 enthalten, mit $(\operatorname{tg} \varepsilon/k)^2$ zu multiplizieren sind. Anschließend kann dann der Grenzübergang $\operatorname{tg} \varepsilon \to 0$ ohne weiteres durchgeführt werden, womit auch der Fall gewölbte Profile ohne Anstellwinkel in der Theorie miteingeschlossen erscheint.

Die Integrale in den Gln. (108) werden bei komplizierten Profilformen nu numerisch ausgewertet werden können, was im übrigen auch schon bei den Beiträgen erster Ordnung, u_1^+ und u_1^-, in Frage kommt. Die Integrale enthalten sowoh die Beiträge aus der Skelettlinienbelegung gemäß den Randbedingungen (106 als auch die Beiträge der inhomogenen rechten Seiten der Differentialgleichunge (102). Die ausintegrierten Bestandteile dagegen entsprechen ausschließlich de Inhomogenität der Differentialgleichung. Bei inkompressibler Strömung $M_\infty^2 \to 0$, $\beta = 1$, $C_2 = 0$, für die die Theorie selbstverständlich ebenso gilt reduzieren sich die Lösungen auf die Integrale über die Belegungen (106) de Skelettlinie. Das muß auch so sein, weil bei inkompressibler Strömung auch i zweiter Näherung die Laplace-Gleichung $\Delta\varphi_2 = 0$ gilt, die inhomogene recht Seite also wegbleibt.

Es ist bemerkenswert, daß die zweite Ordnung der Unterschallströmung in Rahmen dieser Theorie nicht aufwendiger ist als die zweite Ordnung der inkompressiblen Strömung. Die den Hauptaufwand verursachenden Integrale sind nämlich in beiden Fällen exakt dieselben. Sie werden lediglich mit Machzahlfunktionen multipliziert und durch ausintegrierte Bestandteile ergänzt.

Im allgemeinen wird nicht nach dem Zustand auf der Skelettlinie gefragt sondern nach dem Zustand auf der Körperoberfläche, also auf $y = h(x)$. Wegen der Aufteilung in symmetrische und antisymmetrische Strömung kann man sich dabei auf die Oberseite des Profiles beschränken und erhält dort zunächst auf Grund einer Taylor-Entwicklung, ähnlich jener, die zu den Randbedingungen (106) geführt hatte:

$$\begin{aligned}
u(x, h) - u_\infty &= u(x, +0) - u_\infty + \left(\frac{\partial u}{\partial y}\right)_{y=0} h + \cdots \\
&= u(x, +0) - u_\infty + \left(\frac{\partial v}{\partial x}\right)_0 \left(\tau \frac{1}{2} f + kg\right) + \cdots \\
&= u(x, +0) - u_\infty + u_\infty \left(\tau v_{1x}^+ + \operatorname{tg} \varepsilon\, v_{1x}^-\right) \left(\tau \frac{1}{2} f + k g\right) + \cdots.
\end{aligned}$$

Wegen der Beschränkung auf Glieder zweiter Ordnung in den Störparametern τ und $\operatorname{tg} \varepsilon$ durfte für $\partial v/\partial x$ das Glied erster Ordnung eingeführt werden, das dann wieder mit Gl. (VII,58) und (VII,61) durch die Randbedingungen eliminiert werden kann.

Nach Einführen der Störansätze für u gemäß Gl. (101) erhält man schließlich durch Koeffizientenvergleich folgende Ergebnisse:

$$\begin{aligned}
u_1^+(x, h) &= u_1^+(x, +0); \qquad u_1^-(x, h) = u_1^-(x, +0); \\
u_2^{++}(x, h) &= u_2^{++}(x, +0) + \frac{1}{4} f \cdot f''; \\
u_2^{+-}(x, h) &= u_2^{+-}(x, +0) + \frac{1}{2} k \cot \varepsilon \left(\frac{1}{2} fg'' + \frac{1}{2} gf''\right); \\
u_2^{--}(x, h) &= u_2^{--}(x, +0) + (k \cot \varepsilon)^2 \cdot g \cdot g''.
\end{aligned} \tag{109}$$

Die Ergebnisse der ersten Zeile wurden in Abschn. 4 bereits vorweggenommen, indem dort die u-Störungen auf der Kontur jenen auf der Skelettlinie gleichgesetzt wurden.

Der Unterschied zwischen den Störgliedern zweiter Ordnung auf der Kontur und auf der Skelettlinie ist im wesentlichen durch die Dickenverteilungsfunktion und die Wölbungsfunktion gegeben.

Bei der Berechnung der Geschwindigkeit angestellter Profile ist zu beachten, daß die Dimensionslosen im allgemeinen mit W_∞ gebildet werden, während im Störansatz u_∞ als Faktor steht. Diese Umrechnung läßt sich einfach durch folgende Beziehung bewerkstelligen:

$$\frac{W^2}{W_\infty^2} = \frac{W^2}{u_\infty^2}\cos^2\varepsilon = \frac{W^2}{u_\infty^2}(1 - \sin^2\varepsilon) = \frac{W^2}{u_\infty^2}(1 - \operatorname{tg}^2\varepsilon + \cdots). \tag{110}$$

Unter Berücksichtigung aller dieser Einzelheiten gewinnt man schließlich für die Geschwindigkeit auf der Oberseite der Kontur folgende Darstellung:

$$\begin{aligned} W^2(x,h)/W_\infty^2 - 1 = {} & 2\tau u_1^+(x, +0) + 2\operatorname{tg}\varepsilon\, u_1^-(x, +0) \\ & + \tau^2\left[2u_2^{++} + (u_1^+)^2 + \frac{1}{2}\left(\frac{1}{2}f'^2 + ff''\right)\right] \\ & + 2\tau\operatorname{tg}\varepsilon\left[2u_2^{+-} + u_1^+u_1^- + \frac{1}{2}k\cot\varepsilon\,(fg'' + f'g' + f''g)\right] \\ & + \operatorname{tg}^2\varepsilon\left[-1 + 2u_2^{--} + (u_1^-)^2 + 2(k\cot\varepsilon)^2\left(\frac{1}{2}g'^2 + gg''\right)\right]. \end{aligned} \tag{111}$$

Auf der rechten Seite sind alle u-Störungen auf der Oberseite der Skelettlinie zu nehmen, wie das in den ersten beiden Summanden angedeutet ist. Die Glieder erster Ordnung finden sich bereits in Abschnitt 4, die Terme zweiter Ordnung sind in Gl. (108) zusammengestellt.

Für die Entwicklung des Druckkoeffizienten sei Gl. (II,81) in der folgenden Form herangezogen:

$$c_p = -\left(\frac{W^2}{W_\infty^2} - 1\right) + \frac{1}{4}M_\infty^2\left(\frac{W^2}{W_\infty^2} - 1\right)^2 + \cdots. \tag{II,81}$$

Bei dieser Beziehung handelt es sich um eine sehr rasch konvergente Näherung; selbst bei einer Machzahl von $M_\infty = 0{,}80$, die also auch bei schlanken Profilen bereits annähernd der kritischen Machzahl entspricht, ergibt die obige Entwicklung für den Druckkoeffizienten im Staupunkt, $W = 0$, einen Fehler von nur etwa 1%. Die Genauigkeit dieser Gleichung könnte allerdings nur wirksam werden, wenn auch die Darstellung (111) bis auf 1% richtig wäre. Dies trifft jedoch nicht im Staupunkt zu; anders wäre es bei Heranziehen der Geschwindigkeitsverteilungen des letzten Abschnittes.

W. Gretler [16] hat in der Originalarbeit allerdings wohl Erweiterungen angegeben, die die hier dargestellten Näherungen auch in den Staupunkten gültig machen. Sie sind mit den Darstellungen von F. Keune [•11] und anderen Autoren verwandt. Es bleibt jedoch die Frage offen, ob diese Formeln in der Nähe des Nasenscheitels genauer sind, als die Näherungen des letzten Abschnittes, die sich ihrerseits allerdings nur auf ungewölbte Profile beziehen Selbst bei stumpfen Nasen haben die Näherungen zweiter Ordnung des vorliegenden Ab schnittes jedoch volle Gültigkeit, sofern sie nur außerhalb des engeren Bereiches der stumpfe Nase angewendet werden.

Führt man in der oberen Entwicklung für den Druckkoeffizienten die Dar stellung (111) und dort wieder die Darstellung (9), (14) und (108) ein, so erhäl man eine überraschend einfache Beziehung, nämlich:

$$c_p = c_{p1} + c_{p2} + \cdots = \frac{1}{\beta} c_{pi1} + [1 + C_2(M_\infty)]\, c_{pi2} + \cdots. \qquad (112$$

Dabei sind c_{p1} und c_{p2} die Beiträge der ersten und der zweiten Ordnung zum Druck koeffizienten, c_{pi1} und c_{pi2} die entsprechenden Beiträge bei inkompressible Strömung am selben Profil. $C_2(M_\infty)$ ist die Machzahlfunktion von Gl. (107).

Die Beziehung (112) wurde schon sehr früh von M. D. Van Dyke [17] un von W. D. Hayes [18] hergeleitet. Es ist bemerkenswert, daß es überhaupt ein derart einfache Formel gibt, bei der die Effekte erster und zweiter Ordnung de inkompressiblen Strömung nur mit Machzahlfaktoren zu multiplizieren sind, un die Ergebnisse in der gleichen Ordnung für kompressible Strömung zu erhalten Für die Geschwindigkeit oder das Quadrat der Geschwindigkeit gibt es derar einfache Beziehungen nämlich nicht.

Für die beiden Anteile zu den Druckkoeffizienten für inkompressible Strö mung erhält man nach Durchführung der skizzierten Rechnungen

$$c_{pi1} = -2\tau u_1^+ - 2 \operatorname{tg} \varepsilon\, u_1^- \qquad (113$$

und

$$\begin{aligned} c_{pi2} = &-\tau^2 \left[\frac{1}{\pi}\int_0^1 \frac{\mathrm{d}}{\mathrm{d}\xi}(f u_1^+)\frac{\mathrm{d}\xi}{x-\xi} + \frac{1}{2}\left(f f'' + \frac{1}{2} f'^2\right) + (u_1^+)^2\right] \\ &-2\tau \operatorname{tg}\varepsilon \left[\frac{1}{\pi}\sqrt{\frac{1-x}{x}}\int_0^1 \frac{\mathrm{d}}{\mathrm{d}\xi}\left(\frac{1}{2} f u_1^- + k \cot\varepsilon\, g u_1^+\right)\sqrt{\frac{\xi}{1-\xi}}\,\frac{\mathrm{d}\xi}{x-\xi}\right. \\ &\left. + u_1^+ u_1^- + k\cot\varepsilon\,\frac{1}{2}(f g'' + f' g' + f'' g)\right] \\ &-\operatorname{tg}^2\varepsilon\left[-1 + \frac{2}{\pi} k\cot\varepsilon \int_0^1 \frac{\mathrm{d}}{\mathrm{d}\xi}(g u_1^-)\frac{\mathrm{d}\xi}{x-\xi} + (u_1^-)^2 + 2(k\cot^2\varepsilon)\left(g g'' + \frac{1}{2} g'^2\right)\right] \end{aligned} \qquad (114$$

Dabei sind u_1^+ und u_1^- in Gl. (113) und (114) die Störungen bei inkompressible Strömung, also die Integrale von Gl. (9) und (14) mit $\beta = 1$.

Aus Gl. (112) lassen sich einige allgemeine Schlüsse über die Druckverteilun ziehen. In erster Ordnung befinden sich gemäß Abschn. 4 die Punkte des Über ganges von Unterdruck zu Überdruck, das ist $c_p = 0$, bei kompressibler und in kompressibler Strömung an derselben Stelle. Das trifft aber in zweiter Ordnung gemäß Gl. (112) nicht mehr zu, da nicht gleichzeitig $c_{pi1} + c_{pi2} = 0$ und $c_{p1} + c_{p2} = 0$ sein kann. Wie schon in Abschn. 12 erwähnt, rücken die Punkte verschwindender Druckstörung, $c_p = 0$, mit zunehmender Machzahl zusammen. Ebenso liegt der Punkt maximalen Soges, das ist $\mathrm{d}c_p/\mathrm{d}x = 0$, nur in erster Ordnung unabhängig von der Machzahl an der gleichen Stelle. In zweiter Ordnung trifft das nur mehr bei Profilen zu, die bezüglich der Geraden $y = 0$ und $x = 1/2$ symmetrisch sind, wie etwa das Parabelbogenzweieck. Die Beispiele zeigen, daß die Stellen maximaler Geschwindigkeit mit zunehmender Machzahl im allgemeinen näher an das Dickenmaximum heranrücken.

Dies ist deshalb bemerkenswert, weil ältere Formeln „zweiter Ordnung“, die c_p nur als Funktion von c_{pi} darstellen, wie etwa die ältere Formel von KÁRMÁN-TSIEN, solche Effekte zweiter Ordnung nicht wiederzugeben vermochten.

16. Auftriebsbeiwert in zweiter Ordnung

Es ist zu erwarten, daß für den Auftriebsbeiwert eine ähnliche Beziehung gilt wie Gl. (112) für den Druckkoeffizienten. Dennoch wurde dafür ein besonderer Abschnitt gewählt, weil sich die Beziehung als allgemeiner erweist. Allerdings soll nur der Fall eines angestellten symmetrischen Profiles behandelt werden, da dafür bereits viel Vorarbeit geleistet wurde.

Bereits im Kleindruck nach Gl. (VII,44) wurde die Zirkulation auf das Störpotential am Profilende zurückgeführt. Mit dem Störansatz VII,20 und den Störparametern VII,58 und VII,61 gewinnt man dann zunächst folgende Beziehung:

$$\Gamma = -2\varphi^-(1, +0) = -2u_\infty[\mathrm{tg}\, \varepsilon\varphi_1^-(1, +0) + 2\, \mathrm{tg}\, \varepsilon\tau\varphi_2^{+-}(1, +0)] + \cdots.$$

Alle anderen Beiträge zum Störpotential bis zur zweiten Ordnung sind bezüglich der Skelettlinie symmetrisch und können damit keine Beiträge zur Zirkulation liefern.

Für den Auftriebsbeiwert folgt dann aus dem Kutta-Joukowskischen Satz (V,45):

$$c_a = -\frac{2\varrho_\infty W_\infty \Gamma}{\varrho_\infty W_\infty^2} = 4\, \mathrm{tg}\, \varepsilon[\varphi_1^-(1, +0) + 2\tau\varphi_2^{+-}(1, +0) + \cdots]. \tag{115}$$

Der Unterschied zwischen u_∞ und W_∞ in der vorliegenden Gleichung geht erst in die Störglieder dritter Ordnung ein.

Für das symmetrische Profil erhält man mit Gl. (15) und der Integraltabelle:

$$\varphi_1^-(1, +0) = \int_0^1 u_1(x, +0)\, \mathrm{d}x = \frac{1}{\beta} \int_0^1 \sqrt{\frac{1-x}{x}}\, \mathrm{d}x = \frac{1}{\beta}\, \frac{\pi}{2}. \tag{116}$$

Dies in Gl. (115) eingeführt bestätigt nur das Ergebnis erster Ordnung, Gl. (19).

Für den Beitrag zweiter Ordnung in Gl. (115) erhält man mit der mittleren Gleichung (108) bei verschwindender Wölbung, $k = 0$, zunächst:

$$\varphi_2^{+-}(1, +0) = \int\limits_0^1 u_2^{+-}(x, +0)\,\mathrm{d}x = (1 + C_2)\frac{\beta}{4\pi}\int\limits_{x=0}^{1}\sqrt{\frac{1-x}{x}}\int\limits_{\xi=0}^{1}\frac{\mathrm{d}}{\mathrm{d}\xi}(f u_1^-)\sqrt{\frac{\xi}{1-\xi}}\frac{\mathrm{d}\xi}{x-\xi}$$
$$+ \frac{C_2}{2}\beta^2\int\limits_0^1 u_1^+ u_1^-\,\mathrm{d}x.$$

Hier ist nun wieder überall die u_1^--Verteilung des ungewölbten Profiles mit Gl. (15) einzuführen. u_1^+ kann mittels Gl. (9) eliminiert werden. Kehrt man ferner die Integrationsreihenfolge um, so gelangt man zunächst zu folgendem Zwischenergebnis:

$$\varphi_2^{+-}(1, +0) = (1 + C_2)\frac{1}{4\pi}\int\limits_{\xi=0}^{1}\left[f_\xi - \frac{f}{2\xi(1-\xi)}\right]\int\limits_{x=0}^{1}\sqrt{\frac{1-x}{x}}\frac{\mathrm{d}x}{x-\xi}\,\mathrm{d}\xi$$
$$+ \frac{C_2}{2}\frac{1}{2\pi}\int\limits_{\xi=0}^{1} f_\xi(\xi)\int\limits_{x=0}^{1}\sqrt{\frac{1-x}{x}}\frac{\mathrm{d}x}{x-\xi}\,\mathrm{d}\xi.$$

Nun geben aber die Integrale über x gemäß Fall 29 der Integraltabelle S. 711 für alle Werte $0 < \xi < 1$ denselben konstanten Wert $-\pi$. Das hat zur Folge, daß die Beiträge mit den Integranden f_ξ wegfallen, da voraussetzungsgemäß das Profil geschlossen ist und somit $f(0) = f(1) = 0$ gilt.

Es bleibt nur:

$$\varphi_2^{+-}(1, +0) = (1 + C_2)\frac{1}{8}\int\limits_0^1 \frac{f(\xi)}{\xi(1-\xi)}\,\mathrm{d}\xi. \tag{117}$$

Im letzten Integral kann aber als Integrationsfunktion ebenso x dienen. Damit erhält man für den Auftriebsbeiwert eines angestellten symmetrischen Profiles bis einschließlich Glieder zweiter Ordnung:

$$c_a = \frac{2\pi}{\beta}\,\mathrm{tg}\,\varepsilon + [1 + C_2(M_\infty)]\,\mathrm{tg}\,\varepsilon\,\tau\int\limits_0^1 \frac{f(x)}{x(1-x)}\,\mathrm{d}x. \tag{118}$$

Die Bauart dieser Beziehung ist genau dieselbe wie jene der Gl. (112) für den Druckkoeffizienten. Denn die bei $1/\beta$ und bei $[1 + C_2]$ stehenden Ausdrücke können als die Beiträge erster und zweiter Ordnung zum Auftrieb bei inkompressibler Strömung angesprochen werden.

Dadurch, daß im Integral für den Beitrag zweiter Ordnung über die Dickenverteilungsfunktion $f(x)$ integriert wird, darf die Formel auch für Profile mit Nasenkrümmungsradien von der Größenordnung τ^2, wie sie bei der Ellipse und beim Joukowski-Profil auftreten, verwendet werden. Das Nasengebiet ist nämlich dann nur von einer Ausdehnung auf der x-Achse von der Größenordnung τ^2 und wird damit erst für die hier vernachlässigten Glieder dritter und höherer Ordnung von Bedeutung.

Dies leuchtet auch aus Überlegungen über die Druckverteilung ein. Die Druckverteilung für u_1^-, Gl. (15), kann nur über eine Längenerstreckung in der Größenordnung τ^2 falsch sein. Der Fehler in der Zirkulation wird damit höchstens von der Größenordnung $\tau^2 \cdot \operatorname{tg} \varepsilon$, das ist aber ein Glied dritter Ordnung.

Für das Joukowski-Profil mit der Dickenverteilungsfunktion im Kleindruck von Abschn. 14 erhält man mit Gl. (118):

$$c_a = 2\pi \operatorname{tg} \varepsilon \left[\frac{1}{\beta} + \frac{4\sqrt{3}}{9}\tau(1 + C_2)\right] = 2\pi \operatorname{tg} \varepsilon \left[\frac{1}{\beta} + (1 + C_2)\sqrt{\frac{R}{2}}\right]. \quad (119)$$

R ist darin der Nasenkrümmungsradius des Profiles. Diese Formel mit dem Nasenradius ist für inkompressible Strömung, das heißt $\beta = 1$, $C_2 = 0$, schon lange bekannt und keineswegs auf Joukowski-Profile beschränkt. Sie gilt im wesentlichen für schlanke Profile mit kleinem Nasenradius. Danach ist die Auftriebskorrektur im Inkompressiblen gleich der Wurzel aus dem halben Nasenradius. Sie gilt aber auch mit den entsprechenden Machzahlfaktoren für kompressible Strömungen, solange die kritische Geschwindigkeit nirgends überschritten wird, wie das überall im vorliegenden Buchteil vorausgesetzt wurde. Die eben durchgeführte Abschätzung über den Fehler ist nämlich keineswegs auf inkompressible Strömung beschränkt. Im Integral von Gl. (118) verleiht die Funktion im Nenner des Integranden dem Anfang und dem Ende des Profiles ein besonderes Gewicht. Es ist daher nicht verwunderlich, daß der Nasenradius für die Auftriebskorrektur von besonderer Bedeutung ist.

Es überrascht zunächst, daß die in den Abschnitten 15 und 16 ausdrücklich auf kleine Störungen beschränkte Theorie auch Einflüsse stumpfer Profile mit kleinem Nasenradius auf den Gesamtauftrieb richtig wiedergibt. Wie ein Blick auf Abb. 23 sofort zeigt, spielt der Unterschied in der Geschwindigkeitsverteilung an der Nase gemäß Gl. (9) der Theorie kleiner Störungen und gemäß Gl. (100) für stumpfe Nasen in das Zirkulationsintegral erst in höherer Ordnung hinein.

17. Hodographenmethoden

Die Hauptschwierigkeiten beim Aufsuchen von Lösungen gasdynamischer Probleme ergeben sich daraus, daß die charakteristischen Strömungseigenschaften gekennzeichnet sind durch $M > 1$ und $M < 1$, also nicht vom Ort in der Strömungsebene, sondern von dem dort herrschenden Zustand abhängen. Schon Tschapligin wählte daher die Zustandsgrößen W, ϑ als unabhängige Variable und gelangte zu den Gln. (VI,98) und (VI,99), für die er allgemeine Lösungen angab.

Die Darstellung einer Lösung in der u, v-Ebene nennt man den Hodographen der Lösung, die Geschwindigkeitsebene selbst die Hodographenebene. W und ϑ sind die Polarkoordinaten dieser Ebene. Die Hodographenmethoden sind die Lösungsverfahren in der Geschwindigkeitsebene. Sie haben eine sehr starke Entwicklung erfahren, die sich in einem ausgedehnten Schrifttum niedergeschlagen hat. Im vorliegenden Rahmen kann nur auf die markantesten Eigenschaften der Methode hingewiesen werden.

Wird angesetzt

$$\Psi = \sum_{n=0}^{\infty} P_n(W)\,(A_n \cos n\,\vartheta + B_n \sin n\,\vartheta), \tag{120}$$

so ergibt sich Ψ als Lösung von Gl. (VI,99), wenn die Funktionen P_n folgende gewöhnliche Differentialgleichungen erfüllen:

$$W^2\left(c_0^2 - \frac{\varkappa - 1}{2} W^2\right)\frac{\mathrm{d}^2 P_n}{\mathrm{d}W^2} + W\left(c_0^2 + \frac{3-\varkappa}{2} W^2\right)\frac{\mathrm{d}P_n}{\mathrm{d}W} - n^2\left(c_0^2 - \frac{\varkappa + 1}{2} W^2\right) P_n = 0. \tag{121}$$

Gl. (121) läßt sich in die hypergeometrische Differentialgleichung überführen, deren Lösungen allerdings nicht tabuliert sind. c_0 kann aus Gl. (121) leicht, etwa durch Einführen von M^* für W, eliminiert werden. Aus Gl. (121) ergeben sich die Funktionen P_n als konvergente Reihen:

$$P_n = \sum_{\nu=n}^{\infty} c_\nu W^\nu, \tag{122}$$

für deren Koeffizienten c_ν sich Rekursionsformeln angeben lassen. Es erweist sich hier eben der große Vorteil, den eine lineare Differentialgleichung wie Gl. (VI,99) dadurch bietet, daß sich Lösungen superponieren lassen. Für dichtebeständige Strömung ($c_0 \to \infty$) geht P_n über in $P_n = W^n$, wie mit Gl. (121) leicht einzusehen ist.

Das Auffinden der Lösung in der Strömungsebene wurde schon in Abschnitt VI,15 gezeigt, die dort wiedergegebene Lösung von Ringleb entspricht einem Ansatz nach gebrochenen Potenzen in Gl. (122).

Die entscheidenden Schwierigkeiten ergeben sich bei allen Hodographenmethoden aus der Darstellung der Randbedingungen. Eine Kurve im Hodographen ist eine Beziehung zwischen v und u. Diese Beziehung auf der Profilstromlinie ist zu berechnen, wenn die Druckverteilung bestimmt werden soll. Das heißt aber, daß der Verlauf des Bildes der Profilstromlinie im Hodographen unbekannt ist. Dazu kommt, daß ein Zustand in der Strömung im allgemeinen zweimal auftritt, wenn es sich um ein Umströmungsproblem handelt. In Abb. 24 ist der Verlauf des Bildes der Profilstromlinie und einer zweiten Stromlinie im Hodographen für ein in Anströmrichtung symmetrisches Profil skizziert. Für die entsprechenden Stromlinien der unteren Halbebene ergeben sich dieselben Kurven,

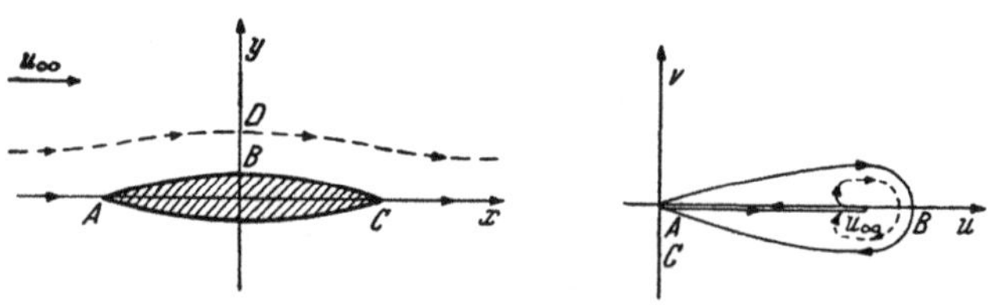

Abb. VIII,24. Hodographenbild (qualitativ) zweier Stromlinien am Kreisbogenzweieck.

aber mit entgegengesetztem Durchlaufungssinn. Die Punkte der Strömungsebene überdecken also einen Teil der Geschwindigkeitsebene zweifach, während der Rest der Geschwindigkeitsebene freibleibt. Es leuchtet ein, daß sich daraus weitere Schwierigkeiten in der Darstellung ergeben. Im allgemeinen ist der Ansatz Gl. (120) einer entsprechenden Gleichung für das Potential vorzuziehen, da sich die Randbedingungen für Ψ wenigstens in der Strömungsebene besser darstellen lassen.

Auf der eben genannten Grundlage wurde schon früh ein Verfahren zur näherungsweisen Berechnung von Profilströmungen von RINGLEB [VI,13] entwickelt. Er geht dazu von folgender Näherung aus:

$$P_n = P_1^n.$$

Dies gilt exakt für $M_\infty = 0$ mit $P_n = W^n$. Damit ergibt sich für die Stromfunktion formal dieselbe Darstellung wie bei $\varrho =$ konst., nur treten an Stelle der Potenzen von W entsprechende Potenzen von P_1. Jeder inkompressiblen Strömung entspricht also eine kompressible um eine etwas abgeänderte Profilform, die sich nachträglich bestimmen läßt. Die Änderungen sind dabei nicht groß und können bei flachen Profilen und nicht zu hohen Anströmgeschwindigkeiten vernachlässigt werden.

Beispielsweise ergibt sich die dichtebeständige Vergleichsströmung eines Kreiszylinders bei $M_\infty = 0{,}426$, als die Umströmung einer um 8% schlankeren Ellipse, das entspricht etwa der Pr.-Regel in Form der Stromlinienanalogie. Die Übereinstimmung der Ringleb-Werte mit den Rechnungen von LAMLA [12] erweist sich in diesem Falle als ausgezeichnet. Unter Vernachlässigung der Profilkorrektur kann P_1 einfach aus der Geschwindigkeit der dichtebeständigen Vergleichsströmung bestimmt werden. Dabei benutzt RINGLEB noch folgende Näherung für P_1:

$$\left(\frac{W}{c_0}\right)_{M_\infty=0} = \frac{P_1}{c_0} = \left[1 - \frac{1}{4}\left(\frac{W}{c_0}\right)^2 + \frac{1}{40}\left(\frac{W}{c_0}\right)^4\right]\frac{W}{c_0}. \tag{123}$$

Bemerkenswert ist, daß die Staupunktsgeschwindigkeit richtig wiedergegeben wird.

Ein Nachteil aller Hodographenmethoden besteht darin, daß sich die Güte der Näherungsannahmen meist schwerer abschätzen läßt als in der Strömungsebene; ein Vorteil, daß sie meist über die kritische Geschwindigkeit hinweg gültig sind.

Daher wird die Methode gerne bei Problemen schallnaher Strömung benutzt. Es gibt aber auch für reine Unterschallströmung entwickelte Verfahren wie etwa die Operatorenmethode von STEFAN BERGMANN [•13].

Literatur

[1] FRÖSSEL, W.: Experimentelle Untersuchung der kompressiblen Strömung an und in der Nähe einer gewölbten Wand. M. P. Inst. Strömf. Mitteil. 4 (1951).

[2] KEUNE, F.: Low Aspect Ratio Wings with Small Thickness at Zero Lift in Subsonic and Supersonic Flow. Stockholm Kungl. Tekn. Högsk.-Aero TN 21 (1952).

[3] Janzen, O.: Beitrag zu einer Theorie der stationären Strömung kompressibler Flüssigkeiten. Physik. Z. **14**, 639—643 (1913).
[4] Lord Rayleigh: On the flow of compressible fluid past an obstacle. Philos. Mag. (6) **32**, 1—6 (1916).
[5] Görtler, H.: Gasströmungen mit Übergang von Unterschall- zu Überschallgeschwindigkeiten. ZAMM **20**, 254—262 (1940).
[6] Göthert, B. und Kawalki, K. H.: Die kompressible Strömung um verschiedene dünne Profile in der Nähe der Schallgeschwindigkeit. UM 1471 (1944).
[7] Kraus, E.: Die Janzen-Rayleigh zweite Näherung der kompressiblen Strömung um ein beliebiges Profil. ZAMM **23**, 33—35 (1943).
[8] Krahn, E.: Berechnung der zweiten Näherung der kompressiblen Strömung um ein Profil nach Janzen-Rayleigh. Lufo **20**, 147—151 (1943).
[9] Hantzsche, W. und Wendt, H.: Der Kompressibilitätseinfluß für dünne wenig gekrümmte Profile bei Unterschallgeschwindigkeit. ZAMM **22**, 72—86 (1942).
[10] Hantzsche, W.: Die Prandtl-Glauertsche Näherung als Grundlage für ein Iterationsverfahren zur Berechnung kompressibler Unterschallströmungen. ZAMM **23**, 185—199 (1943).
[11] Schmieden, C. und Kawalki, K. H.: Beiträge zum Umströmungsproblem bei hohen Geschwindigkeiten. Lilienthalges. Ber., 13/1, 40—68 (1942).
[12] Lamla, E.: Die symmetrische Potentialströmung eines kompressiblen Gases um Kreiszylinder und Kugel im unterkritischen Gebiet. Jahrb. dtsch. Lufo **1**, 165—178 (1939).
[13] Kaplan, C.: Two dimensional subsonic compressible flow past elliptic cylinders. NACA Rep. 624 (1938).
[14] Gretler, W.: Eine indirekte Methode zur Berechnung der ebenen Unterschallströmung. J. Mécanique **7**, 83—96 (1968).
[15] Keune, F.: Die ebene Potentialströmung um allgemeine dicke Tragflügelprofile, Jahrbuch 1938 der deutschen Luftfahrtforschung, **1**, 13—26.
[16] Gretler, W.: Neuere Methode zur Berechnung der ebenen Unterschallströmung an dünnen Profilen bei kleinen Anstellwinkeln. Acta Mechanica **1**, 109—134 (1965).
[17] Van Dyke, M. D.: The second-order compressibility rule for airfoils. J. Aeron. Sci. **21**, 647—648 (1954).
[18] Hayes, W. D.: Second-order pressure law for twodimensional compressible flow. J. Aeron. Sci. **22**, 284—286 (1955).
[19] Helmbold, H. B. und Keune, F.: Beiträge zur Profilforschung, Zeitschrift für Luftfahrtforschung **20**, 88—80, 81—96, 152—171, 192—206 (1943).
[20] Schwarzenberger, R.: Über exakte Lösungen der gasdynamischen Grundgleichungen. DVL-FB 151 (1961).
[21] Glaninger, A.: Stationäre, ebene, inkompressible und kompressible Strömung um stumpfe Profile. Diss. Techn. Hochschule Wien (1971).

IX. Stationäre, reibungsfreie ebene und achsensymmetrische Überschallströmung

1. Schwach gestörte ebene Parallelströmung

Im allgemeinen Teil VI, Abschnitt 4, wurde die Lösung Gl. (VI,29) der linearisierten Überschallgleichung (VI,28) für das Störungspotential φ,

$$\varphi = F_1\left(x - \sqrt{M_\infty^2 - 1}\,y\right) + F_2\left(x + \sqrt{M_\infty^2 - 1}\,y\right) \quad \text{(VI,29)},$$

$$(M_\infty^2 - 1)\,\varphi_{xx} - \varphi_{yy} = 0 \quad \text{(VI,28)},$$

bereits wiedergegeben. Die Lösung ist so einfach, daß sie dem Aufbau einer Lösung etwa aus quellartigen Lösungen weit vorzuziehen ist. Letzteres wird bei achsensymmetrischen, Abschnitt 3, und bei räumlichen Strömungen [·24] gemacht werden. Bei diesen ergibt sich die ebene Strömung dann als eigentümlicher Sonderfall.

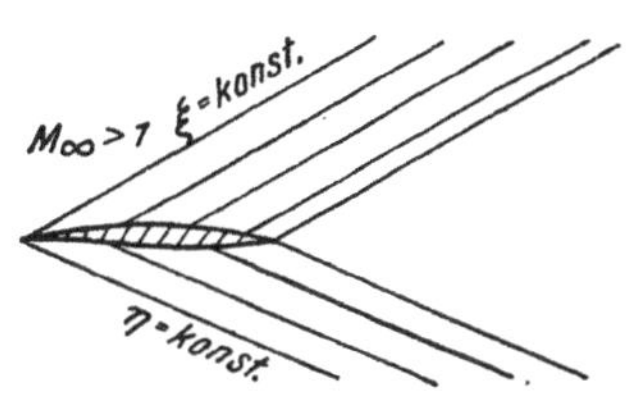

Abb. IX,1. Schlankes Profil in Überschallströmung.

Ein Profil in Überschallströmung kann nur stromabwärts wirken, es wird also stromabwärts nach oben und unten Störungen aussenden, Abb. 1. Lösung (VI,29) setzt sich aus einer Funktion F_1 zusammen, welche auf Geraden ξ = konst.

$$\xi = x - \sqrt{M_\infty^2 - 1}\,y, \tag{1}$$

und einer zweiten Funktion F_2, welche auf Geraden η = konst.

$$\eta = x + \sqrt{M_\infty^2 - 1}\,y \tag{2}$$

konstant ist. Da ξ = konst. eine steigende Gerade (eine in Stromlinienrichtung *links*-laufende Gerade) ist, gibt F_1 die nach oben ausgesandten Störungen wieder. F_2 gibt die abwärts ausgesandten Störungen, sie sind auf den fallenden Geraden η = konst. (*rechts*-laufende Gerade) konstant. ξ = konst. und η = konst. sind die beiden Scharen Machscher Linien der Gl. (VI,28).

Lösung (VI,29) gilt wie die Differentialgleichung selbst nur in der freien Strömung, also nicht über das Profil hinweg. Die Lösung sagt also nur über die Wirkungen etwas aus, welche die Profiloberfläche auf die Strömung ausübt. Eine Änderung etwa an der Unterseite kann sich an der Oberseite gar nicht auswirken. Die Strömungszustände an beiden Seiten sind demnach völlig unabhängig voneinander. An der Oberseite gilt also

$$\varphi = F_1\left(x - \sqrt{M_\infty^2 - 1}\,y\right); \qquad u - u_\infty = \varphi_x = F_1'\left(x - \sqrt{M_\infty^2 - 1}\,y\right);$$
$$v = \varphi_y = -\sqrt{M_\infty^2 - 1}\,F_1'\left(x - \sqrt{M_\infty^2 - 1}\,y\right),$$

und an der Unterseite:

$$\varphi = F_2\left(x + \sqrt{M_\infty^2 - 1}\,y\right); \qquad u - u_\infty = \varphi_x = F_2'\left(x + \sqrt{M_\infty^2 - 1}\,y\right);$$
$$v = \sqrt{M_\infty^2 - 1}\,F_2'\left(x + \sqrt{M_\infty^2 - 1}\,y\right).$$

Damit besteht folgende Beziehung zwischen $u - u_\infty$ und v, d. h. innerhalb der Näherung zwischen Geschwindigkeitsbetrag und Geschwindigkeitswinkel an der Ober- und Unterseite des Profils:

$$u - u_\infty = \mp \frac{v}{\sqrt{M_\infty^2 - 1}}. \tag{3}$$

Nach dieser Ackeretschen Formel [1] hängt also die Geschwindigkeitsstörung nur vom lokalen Strömungswinkel, also auch nicht von der Profilform vor der betrachteten Stelle ab. Oberflächenelemente, welche in die Strömung hereingedreht sind, ergeben Untergeschwindigkeiten und Überdrücke (Stauwirkung); Oberflächenelemente, welche aus der Strömung herausgedreht sind, ergeben Übergeschwindigkeiten (Sogwirkung) und Unterdrücke. Für ein Kreisbogenzweieck ergibt sich also eine Geschwindigkeitsverteilung, Abb. 2, die sich von

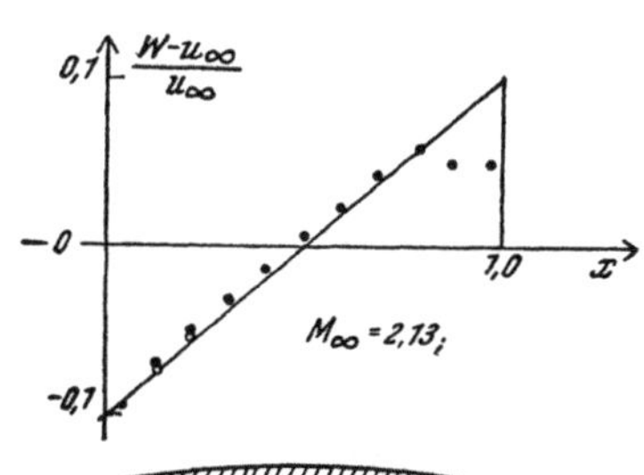

Abb. IX,2. Geschwindigkeitsverteilung an einem Parabelbogenzweieck und nach [2], • ○ • Ober- und Unterseite. $\tau = 0{,}10$

jener in Unterschallströmung, Abb. VIII,3, ganz wesentlich unterscheidet. An der Vorderkante herrscht Untergeschwindigkeit und Überdruck, an der Hinterkante Übergeschwindigkeit und Unterdruck, eine Verteilung, die notwendigerweise Widerstand zur Folge hat. Auch bei schlanken Profilen ergeben sich nach Gl. (3) mit $M_\infty \to 1$ anwachsende Störungen. Diese können bei kleinen M_∞-

Werten nur mehr für kleine Dickenverhältnisse als klein angesehen werden. Die Übereinstimmung von Gl. (3) mit den Versuchen von FERRI [2] ist sehr gut. Über die Abweichungen an der Hinterkante — ein Reibungseffekt — wird in X,9 noch gesprochen werden.

Das Ergebnis von Gl. (3) hat tiefgehende Folgen. Da die u-Störung, also in der vorliegenden Näherung die Geschwindigkeitsstörung und auch der Druckkoeffizient, an der Oberseite des Profiles nur von der Oberseite der Profilform abhängt, und an der Unterseite zwangsläufig entsprechendes gilt, kann Ober- und Unterseite völlig unabhängig voneinander behandelt werden. Die Form der Unterseite macht sich also auf der Oberseite nicht geltend. Es ist beispielsweise für die Geschwindigkeitsverteilung in Abb. 2 an der Oberseite irrelevant, ob es sich um die Oberseite eines Parabelbogenzweiecks, eines Parabelbogensegmentes oder gar um die Oberseite einer parabelförmig gewölbten unendlich dünnen Platte handelt. Die bei Unterschallströmung so fruchtbare Unterscheidung zwischen symmetrischen Lösungen und antisymmetrischen Lösungen verliert hier völlig an Bedeutung. Es macht sich an der Ober- oder Unterseite gar nicht bemerkbar, ob ein Verdrängungsproblem vorliegt, das bei Unterschallströmung etwa durch eine Quellbelegung erzeugt werden würde, oder ob es sich um ein Anstellproblem handelt, für das bei Unterschallströmung zweckmäßigerweise Wirbelbelegungen herangezogen würden. Daher spielt der Symmetriecharakter im folgenden keine Rolle. Die Lösung (VI,29) für das Einzelprofil, Abb. 1, setzt sich einfach aus einer für die Oberseite, $F_1(\xi)$, und einer zweiten für die Unterseite verantwortlichen Lösung $F_2(\eta)$ additiv zusammen.

Diese Unabhängigkeit an der Ober- und Unterseite ist nicht etwa eine Folge der Linearisierung, sondern eine Eigenschaft reiner ebener Überschallströmung. Sie tritt auch unter bestimmten Bedingungen bei Flügeln endlicher Spannweite in Überschallströmung auf.

Die folgenden Herleitungen können alle auf die Oberseite beschränkt bleiben. Die Unterseite kann additiv ergänzt werden, wobei nur zu beachten ist, daß wegen Gl. (3) v durch $-v$ und folglich h_0 durch $-h_u$ zu ersetzen ist. Ferner bleibt die Anströmung stets unangestellt, $v_\infty = 0$, da die Unterscheidung vom Verdrängungsproblem und Anstellproblem fortfällt. Die Anstellung wird durch entsprechende Wahl von h_0 und h_u bewerkstelligt.

Dadurch, daß die Anströmung in x-Richtung erfolgt, sind die Luftkraftkomponenten in x- und y-Richtung nun Widerstand und Auftrieb. Da sich ferner die Ackeretformel Gl. (3) auf den Zusammenhang von v und $u - u_\infty$ an irgendeiner Stelle der Strömungsebene und nicht etwa nur auf die x-Achse bezieht, kann diese Gleichung am besten gleich für einen Oberflächenpunkt des Profiles angewendet werden. Man berechnet die Luftkräfte im vorliegenden Falle am vorteilhaftesten aus der Druckverteilung an der Oberfläche und hat in diesem Fall gleichzeitig die Berechnungen höherer Ordnung vorbereitet.

Wählt man die Kontrollfläche f_k in Gl. (V,8) als $y = h_0$ und setzt man $p_1 = p_\infty$, so erhält man für den Luftkraftanteil der Oberseite folgendes Integral über den Druckkoeffizienten:

$$\vec{\mathrm{K}} = \frac{\varrho_\infty W_\infty^2}{2} \iint\limits_{y=h_0} c_p \cdot \vec{n}\, \mathrm{d}f. \tag{4}$$

$\vec{n}\,\mathrm{d}f$ ist die Projektion von h_0 auf die drei Koordinatenrichtungen, also

$$\vec{n}\,\mathrm{d}f:\quad h_{0x}\,\mathrm{d}x\,\mathrm{d}z\,,\qquad -\mathrm{d}x\,\mathrm{d}z\,,\quad h_{0z}\,\mathrm{d}x\,\mathrm{d}z\,, \tag{5}$$

wobei zu beachten ist, daß die Flächennormale $\vec{n}$ auf der Oberseite nach abwärts weist.

Daraus folgt noch immer exakt für die Anteile der Oberseite zum Widerstand, zum Auftrieb und zum Moment um die z-Achse:

$$\begin{aligned} \mathrm{W} &= \frac{\varrho_\infty W_\infty^2}{2}\iint\limits_{y=h_0} c_p(x,h_0,z)\,h_{0x}\,\mathrm{d}x\,\mathrm{d}z\,; \qquad \mathrm{A} = -\frac{\varrho_\infty W_\infty^2}{2}\iint\limits_{y=h_0} c_p(x,h_0,z)\,\mathrm{d}x\,\mathrm{d}z\,;\\ \mathrm{M} &= -\frac{\varrho_\infty W_\infty^2}{2}\iint\limits_{y=h_0} c_p(x,h_0,z)\,x\,\mathrm{d}x\,\mathrm{d}z\,. \end{aligned} \tag{6}$$

Für die Unterseite wäre wie in der folgenden Gl. (8) h_0 durch $-h_u$ zu ersetzen.

Bei der vorliegenden ebenen Strömung fällt die Abhängigkeit von z natürlich fort. Man erhält für die Beiwertsanteile der Oberseite noch immer ohne Vernachlässigungen mit Gl. (V,65):

$$c_w = \int\limits_0^1 c_p(x,h_0)\,h_{0x}\,\mathrm{d}x\,;\quad c_a = -\int\limits_0^1 c_p(x,h_0)\,\mathrm{d}x\,;\quad c_m = -\int\limits_0^1 c_p(x,h_0)\,x\,\mathrm{d}x\,. \tag{7}$$

Für den Druckkoeffizienten an der Oberseite erhält man gemäß Gl. (II,81) oder (V,64) und Gl. (3) in der vorliegenden ersten Näherung:

$$c_p(x,h_0) = +2\,\frac{v}{u_\infty}\,\mathrm{tg}\,\alpha_\infty = 2\,\frac{\mathrm{d}h_0}{\mathrm{d}x}\,\mathrm{tg}\,\alpha_\infty\,. \tag{8}$$

Dies in (7) eingesetzt liefert bei Berücksichtigung der Vorzeichenregel für die Unterseite:

$$\begin{aligned} c_w &= 2\,\mathrm{tg}\,\alpha_\infty\int\limits_0^1 [h_{0x}^2 + h_{ux}^2]\,\mathrm{d}x\,;\\ c_a &= -2\,\mathrm{tg}\,\alpha_\infty\int\limits_0^h (h_{0x}-h_{ux})\,\mathrm{d}x = -2\,\mathrm{tg}\,\alpha_\infty[h_0(1)-h_0(0)-h_u(1)+h_u(0)]\,;\\ c_m &= -2\,\mathrm{tg}\,\alpha_\infty\int\limits_0^1 x(h_{0x}-h_{ux})\,\mathrm{d}x\,. \end{aligned} \tag{9}$$

Die Beiwerte seien für das angestellte Parabelbogenzweieck berechnet. Wegen der Voraussetzung kleiner Dickenverhältnisse und Anstellwinkel darf die Dickenverteilung vereinfacht wie folgt dargestellt werden:

$$\begin{aligned} 0\leqq x\leqq 1\qquad h_0 &= 2\tau x(1-x) - x\,\mathrm{tg}\,\varepsilon\,; & h_u &= 2\tau x(1-x) + x\,\mathrm{tg}\,\varepsilon\\ h_{0x} &= 2\tau(1-x) - \mathrm{tg}\,\varepsilon\,; & h_{ux} &= 2\tau\,(1-x) + \mathrm{tg}\,\varepsilon\,. \end{aligned}$$

Daraus errechnen sich mit den Gln. (9) die Luftkraftkoeffizienten:

$$c_w = \frac{16}{3} \frac{\tau^2}{\sqrt{M_\infty^2 - 1}} + \frac{4}{\sqrt{M_\infty^2 - 1}} \operatorname{tg}^2 \varepsilon = c_w(0) + \frac{4}{\sqrt{M_\infty^2 - 1}} \operatorname{tg}^2 \varepsilon;$$
$$c_a = \frac{4}{\sqrt{M_\infty^2 - 1}} \operatorname{tg} \varepsilon; \qquad c_m = \frac{2}{\sqrt{M_\infty^2 - 1}} \operatorname{tg} \varepsilon. \tag{10}$$

In der vorliegenden Näherung setzen sich die beiden Werte aus jenen des nichtangestellten Profiles, also $\operatorname{tg} \varepsilon = 0$, und jenen der angestellten Platte, also $\tau = 0$ additiv zusammen. Diese Eigenschaft zeigen alle symmetrischen Profile, ja selbst auch die nichtsymmetrischen.

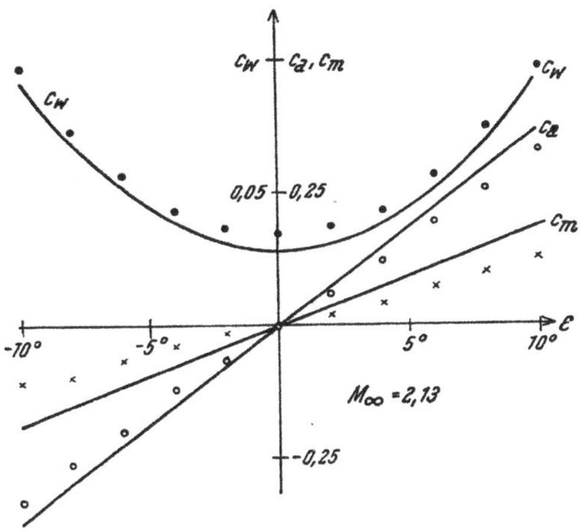

Abb. IX,3. Luftkraftbeiwerte eines 10% dicken Parabelbogenzweiecks nach Gl. (10) und nach Versuchen [2].

Abb. 3 zeigt Messungen von Ferri an einem Kreisbogenzweieck gegenübergestellt den Ergebnissen von Gl. (10). Die Übereinstimmung ist mit Rücksicht auf den Reibungseinfluß und die Beschränkung auf die Theorie erster Ordnung durchaus zufriedenstellend.

Eine Gegenüberstellung der Resultate für die ebene Platte, Gl. (10), $\tau = 0$, mit jenen der Unterschallströmung, Gl. (VIII,19), zeigt bemerkenswerte Unterschiede. Während in reiner Unterschallströmung der Widerstandsbeiwert verschwindet, gibt es bei Überschallströmung wohl Widerstand, jedoch keine Tangentialkraft. Aus Gl. (V,68) folgt nämlich mit Gl. (10) für $\tau = 0$:

$$c_t = c_w \cos \varepsilon - c_a \sin \varepsilon = 0. \tag{11}$$

Da die Vorderkante bei Überschallgeschwindigkeit nicht umströmt wird, kann es nämlich keinen Nasensog geben. Die Luftkräfte können in Richtung der ebenen Plattenoberfläche nirgends Kräfte ausüben, da von Reibung abgesehen wurde. Damit fällt die Tangentialkomponente der Luftkräfte bei einer ebenen Platte weg.

Für den Abstand l des Druckpunktes von der Vorderkante ergibt sich mit Gl. (VIII,18), weil in erster Ordnung $c_a = c_n$ gilt:

$$l = \frac{c_m}{c_n} = \frac{1}{2}. \tag{12}$$

Dieses Resultat leuchtet unmittelbar ein. Da der Sog an der Oberseite und der Überdruck auf der Unterseite entlang einer angestellten ebenen Platte konstant ist, liegt konstante Normalkraftverteilung vor. Die Resultierende der Kräfte muß daher in der Mitte der Platte angreifen und in Richtung der Normalkraft wirken. Dieses Resultat gilt im übrigen für angestellte ebene Platten im Überschallbereich exakt, Abschnitt 22.

Die Wanderung des Druckpunktes vom Werte $l = 1/4$ bei reiner Unterschallströmung zum Werte $l = 1/2$ bei reiner Überschallströmung macht die ebene Platte als Tragflügel bei Überschallgeschwindigkeit für die meisten Anwendungen unbrauchbar. Die Wanderung des Druckpunktes bei Beschleunigung vom Start weg auf Überschallgeschwindigkeiten müßte durch große Höhenruder ausgeglichen werden, was zusätzliche Gewichte und Widerstände zur Folge hat. Hierin liegt ein wesentlicher Grund für die Verwendung von Dreiecksflügeln und stark gepfeilten Flügeln bei Flugzeugen, die zeitweilig oder dauernd im Schallbereich fliegen.

2. Profile geringsten Widerstandes

Da Profile unter einem bestimmten Dickenverhältnis nicht mehr mit der erforderlichen Festigkeit gebaut werden können, liegt die Frage nach dem geringsten Widerstand eines Profils gegebenen Dickenverhältnisses nahe. Zunächst sei gefordert, daß der Widerstandsanteil des oberen Profilteiles von der Vorderkante bis zum Dickenmaximum ein Minimum sei, Abb. 4. Diese Bedingung ist not-

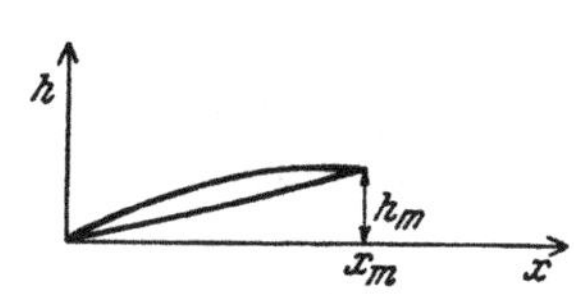

Abb. IX,4. Skizze zum Profil geringsten Widerstandes.

wendig. Wenn sie nicht erfüllt wäre, könnte der Widerstand des ganzen Profiles durch Änderung des genannten Profilteiles bei gleichem Dickenverhältnis herabgesetzt werden.

Es sei $m = h_m/x_m$ die mittlere Neigung. Dann ist

$$h_m = \int_0^{x_m} \frac{dh}{dx}\, dx = \int_0^{x_m} \left[m + \left(\frac{dh}{dx} - m\right)\right] dx = h_m + \int_0^{x_m} \left(\frac{dh}{dx} - m\right) dx,$$

also verschwindet das letzte Integral. Der Widerstand des Teiles ist mit Gl. (9) gegeben durch:

$$\frac{1}{2} c_{w_1} \sqrt{M_\infty^2 - 1} = \int\limits_0^{x_m} \left(\frac{dh}{dx}\right)^2 dx = \int\limits_0^{x_m} \left[m^2 + 2m\left(\frac{dh}{dx} - m\right) + \left(\frac{dh}{dx} - m\right)^2\right] dx$$

$$= m^2 x_m + \int\limits_0^{x_m} \left(\frac{dh}{dx} - m\right)^2 dx.$$

Das letzte Integral kann nicht negativ werden, also ist der geringste Widerstand gegeben durch eine Gerade:

$$\frac{dh}{dx} = m = \frac{h_m}{x_m}; \qquad \frac{1}{2} c_{w_1} \sqrt{M_\infty^2 - 1} = m^2 x_m = \frac{h_m^2}{x_m}.$$

Nimmt man an, daß die dickste Stelle oben und unten beim selben Wert x_m liegt, so ist der Gesamtwiderstand für ein Dickenverhältnis τ gegeben durch:

$$\frac{1}{2} c_w \sqrt{M_\infty^2 - 1} = \frac{h_m^2}{x_m} + \frac{h_m^2}{1 - x_m} + \frac{(\tau - h_m)^2}{x_m} + \frac{(\tau - h_m)^2}{1 - x_m}$$

$$= (2h_m^2 - 2\tau h_m + \tau^2)\left(\frac{1}{x_m} + \frac{1}{1 - x_m}\right).$$

Das ist ein Produkt einer Funktion von h_m und einer Funktion von x_m, die jede für sich einen Minimalwert annehmen müssen. Nach elementarer Rechnung ergibt sich für diesen:

$$h_m = \frac{\tau}{2}, \qquad x_m = \frac{1}{2}; \tag{13}$$

das Profil kleinsten Widerstandes bei gegebenem Dickenverhältnis ist also ein nicht angestellter Rhombus.

Den praktischen Erfordernissen dürften allerdings andere Forderungen besser entsprechen, wie etwa die, daß die Profilfläche (das Flügelvolumen) vorgegeben ist und ähnliches [3]. Als Profil geringsten Widerstandes bei vorgegebenem Flächeninhalt ermittelt G. Drougge das Parabelbogenzweieck, Abb. 2.

3. Berechnung wenig gestörter achsensymmetrischer Strömungen mit Singularitätenbelegungen

In Gl. (VIII,1) ist eine Lösung der linearisierten gasd. Gl. (VI,35) für das Störungspotential im Raume angegeben. Diese Lösung stellt das Potential einer Quelle in einer Parallelströmung bei $M_\infty < 1$ dar, kann aber ebenso als Lösung der gasd. Gl. (VI,35) für $M_\infty > 1$ angesehen werden, da über den Wert von M_∞ keine Voraussetzung gemacht wurde.

Bei $M_\infty > 1$ ist die Lösung Gl. (VIII,1) allerdings nicht mehr im ganze Strömungsraum reell. Der Radikand im Nenner verschwindet auf dem Doppel kegel

$$(x-\xi)^2 = (M_\infty^2 - 1)\,[(y-\eta)^2 + (z-\zeta)^2], \tag{14}$$

dessen halber Öffnungswinkel durch die Beziehung (vgl. VI,33)

$$\cot\alpha = \sqrt{M_\infty^2 - 1} \tag{15}$$

gegeben ist.

Mit Rücksicht darauf, daß bei der vorliegenden Linearisierung nur der Mach winkel der Anströmung auftritt, wird hier und auch später in ähnlichen Fälle der Index ∞ der Einfachheit halber weggelassen, $\alpha = \alpha_\infty$.

Der Doppelkegel Gl. (14) setzt sich also aus dem stromabwärts von de Singularität $\xi = x$, $\eta = y$, $\zeta = z$ gelegenen Machschen Einflußkegel (siehe VI

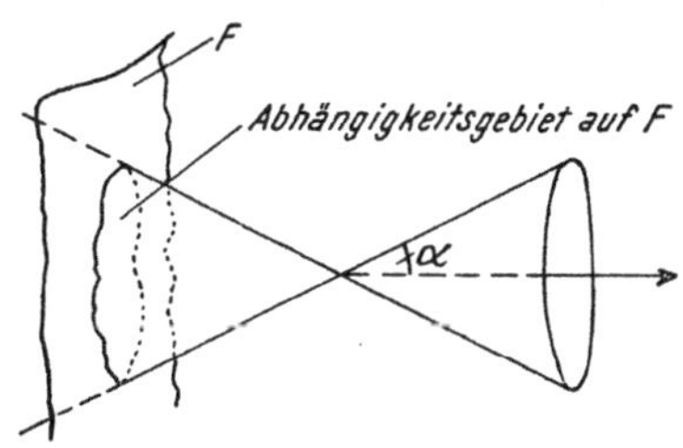

Abb. IX,5. Abhängigkeits- und Einflußkegel.

Abschnitt 4) und dem stromaufwärts gelegenen *Abhängigkeitskegel* zusammen Abb. 5. Beim Einflußkegel faßt man in Gl. (14) x, y, z als Variable und ξ, η, als Konstante auf. Dann umgrenzt der stromabwärts liegende Teil des Kegel mantels Gl. (14) alle Punkte $P(x, y, z)$ des Raumes, die unter dem Einfluß eine Störung im Punkte $Q(\xi, \eta, \zeta)$ stehen. Beim Abhängigkeitskegel dagegen werde besser ξ, η, ζ als Variable angesehen und x, y, z als Konstante. Dann umgrenz der durch Gl. (14) gegebene, stromaufwärts gelegene Teil des Kegelmantels all Störquellen $Q(\xi, \eta, \zeta)$, welche den Zustand im Aufpunkt $P(x, y, z)$ beeinflusser Ist eine Anfangswertverteilung auf einer speziellen Fläche F gegeben wie in Abb. 5 dann grenzt der Abhängigkeitskegel das *Abhängigkeitsgebiet* auf F ab.

Der Einfluß- und Abhängigkeitsraum eines Punktes ist nur bei Linearisierun der gasd. Gl. exakt ein Kegel, da nur in diesem Falle der Machsche Winkel α Gl. (15), im ganzen Raume konstant ist.

Für $M_\infty > 1$ sei mit Gl. (15) die singuläre Lösung (VIII,1) wie folgt geschrieben

$$\varphi_1 = -\frac{q}{4\pi\sqrt{(x-\xi)^2 - \cot^2\alpha(y-\eta)^2 - \cot^2\alpha(z-\zeta)^2}}. \tag{16}$$

Im Gegensatz zu Gl. (VIII,1) kann Gl. (16) nicht als „Quelle" oder als Stör potential einer Quelle in einer Parallelströmung angesprochen werden. φ i Gl. (16) wird nicht nur im Punkte $x = \xi$, $y = \eta$, $z = \zeta$ singulär, es wächst auc am Doppelkegel Gl. (14) über alle Grenzen. Die Quellstärke müßte durch ein

Integration der Stromdichte über eine Fläche innerhalb des Einflußkegels bestimmt werden. Dabei würde sich aber eine unendliche Quellstärke ergeben. Außerdem dürfte eine Quelle in einer Überschallparallelströmung, abweichend von Lösung (16), nur reelle Werte im Einflußkegel, nicht aber auch im Abhängigkeitskegel aufweisen. Schließlich sei erwähnt, daß die Quelle bei Unterschallströmung auch ohne Parallelströmung eine Lösung darstellt, während die hyperbolische Form der gasd. Gl. (VI,35) an das Vorhandensein einer Hauptströmung mit $M_\infty > 1$ gebunden ist. Daher kann (16) nicht als „Quelle", sondern mit Rücksicht auf die Verwandtschaft zu Gl. (VIII,1) für $M_\infty < 1$ nur als *quellartige Singularität* bezeichnet werden, die allerdings noch weitreichende Anwendung finden wird.

Wie in Abschnitt VIII,7 über den nichtangestellten Rotationsrumpf in Unterschallströmung soll auch im folgenden eine Belegung der x-Achse vorgenommen werden. Dann ist in Gl. (16) $\eta = \zeta = 0$ zu setzen. Mit $r^2 = y^2 + z^2$ erhält man die symmetrische singuläre Lösung:

$$\varphi_1^+ = -\frac{q}{4\pi\sqrt{(x-\xi)^2 - r^2\cot^2\alpha}}. \tag{17}$$

Man überzeugt sich leicht, daß sie der Differentialgleichung (VII,66) genügt. Im Gegensatz zu den Überlegungen bei Unterschallströmung ist aber bei einer anschaulichen Bestimmung der Quellstärke im Überschallbereich Vorsicht geboten. Diese sei daher auf mathematischem Weg ermittelt, wobei gleichzeitig auch eine zweite Möglichkeit der q-Bestimmung im Unterschallbereich angedeutet wird.

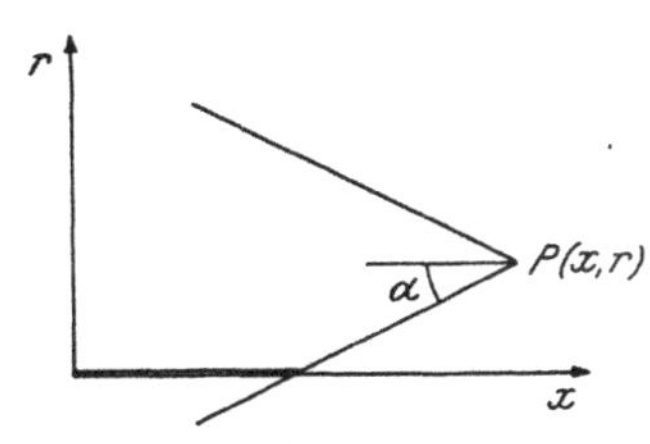

Abb. IX,6. Abhängigkeitsgebiet auf der x-Achse.

Das Abhängigkeitsgebiet ist im vorliegenden Fall die Achse. Nur jene Störungen, die innerhalb des Abhängigkeitskegels des Aufpunktes liegen, Abb. 6, können im Aufpunkt $P(x, r)$ Einflüsse ausüben. Da der Körper außerdem erst im Ursprung beginnt, erhält man für das Störpotential erster Ordnung einer Belegung der x-Achse:

$$\varphi_1^+ = -\frac{1}{4\pi}\int\limits_0^{x - r\cot\alpha} \frac{q(\xi)\,d\xi}{\sqrt{(x-\xi)^2 - r^2\cot^2\alpha}}. \tag{18}$$

Nur wenn das Körperende, etwa $\xi = 1$, im Abhängigkeitsgebiet liegt, die Störungen also noch innerhalb des Abhängigkeitsgebietes aufhören

$$x - r\cot\alpha \geqq 1 \tag{19}$$

ist die obere Grenze in Gl. (18) durch das Körperende, in dem ins Auge gefaßten Fall also durch $\xi = 1$ zu ersetzen.

Die Darstellung (18) unterscheidet sich von ihrem Gegenstück bei $M_\infty < 1$, Gl. (VIII, 28) durch das Auftreten unabhängiger Veränderlicher in der Grenze. Es könnten daher Zweifel entstehen, ob der Ansatz (18) wirklich Gl. (VII,66) genügt, weil bei der Verifizierung nicht nur im Integranden, sondern auch nach der oberen Grenze zu differenzieren ist. Da aber der Integrand an der oberen Grenze singulär wird, kann die Verifikation nicht ohne besondere Vorsichtsmaßnahmen durchgeführt werden, wie etwa vorausgehende partielle Integration oder ähnliches, wodurch der Rechenaufwand aber ansteigt. Mit der im folgenden wieder gegebenen Darstellung ist die Verifizierung etwas bequemer durchzuführen, keineswegs jedoch so einfach wie bei $M_\infty < 1$. Es seien folgende neue Variable eingeführt:

$$\xi^2 = \operatorname{tg}^2\alpha(x-\xi)^2 - r^2; \qquad R = \operatorname{tg}\alpha(x-\xi) = \sqrt{r^2+\xi^2}. \tag{20}$$

Wird ξ als neue Integrationsvariable verwendet, dann sind die Integrationsgrenzen

$$\begin{aligned} \xi &= 0; & \xi &= \sqrt{x^2\operatorname{tg}^2\alpha - r^2}; & R &= x\operatorname{tg}\alpha \\ \xi &= x - r\operatorname{tg}\alpha; & \xi &= 0; & R &= r \end{aligned} \tag{21}$$

und man erhält die Darstellung in der neuen Integrationsvariablen:

$$\varphi_1^+(x,r) = -\frac{1}{4\pi}\int\limits_0^{\sqrt{x^2\operatorname{tg}^2\alpha - r^2}} q(x - R\cot\alpha)\frac{\mathrm{d}\xi}{R}, \qquad R = \sqrt{r^2+\xi^2}. \tag{22}$$

Es ist die Darstellung, die in der Arbeit von v. KÁRMÁN-MOORE [4] verwendet wurde, der ersten Arbeit, in der Rotationsrümpfe in Überschallströmung behandelt wurden. Die enge Verwandtschaft zum Problem der Zylinderwelle ist offensichtlich. In der oberen Gleichung (III,74), sind die Variablen nur gemäß den untereinanderstehenden Symbolen der beiden folgenden Zeilen zu ersetzen:

$$\begin{matrix} x & z & t & c_0 & \sqrt{x^2+z^2} \\ r & \xi & x & \operatorname{tg}\alpha & R \end{matrix} \tag{23}$$

Die Lösung (22) und folglich auch die Lösung (18) kann wie die Lösung (VIII,74) als Ergebnis eines Absteigevorgangs verstanden werden.

Der Integrand in Gl. (22) ist auch an den Grenzen nicht mehr singulär, solange die Belegungsfunktion q nicht singulär ist, da $R > 0$ gilt wie Gl. (21) zeigt. Daher sind die Ableitungseigenschaften des Integrales (22) wesentlich einfacher als jene des Integrales (18). Dennoch erfordert die Verifikation von Gl. (VII,66) mit Gl. (22) einige Rechenarbeit.

Die Verifikation kann noch weiter erleichtert werden, wenn folgende neue Integrationsvariable eingeführt wird:

$$\cosh z = \frac{x-\xi}{r\cot\alpha}; \qquad z = \operatorname{arcosh}\frac{x-\xi}{r\cot\alpha}; \qquad \mathrm{d}z = -\frac{\mathrm{d}\xi}{\sqrt{(x-\xi)^2 - r^2\cot^2\alpha}}.$$

Die Grenzen der Integration sind dann folgende:

$$\begin{aligned} \xi &= 0: & z &= \operatorname{arcosh}\frac{x}{r\cot\alpha} = z(0); \\ \xi &= x - r\cot\alpha: & z &= 0. \end{aligned}$$

Man erhält die Integraldarstellung:

$$\varphi_1^+ = -\frac{1}{4\pi}\int\limits_0^{z(0)} q(x - r\cot\alpha\cosh z)\,\mathrm{d}z.$$

Der Integrand ist nun regulär, sofern q regulär ist. Die Funktion in der oberen Grenze $z(0)$ erfüllt im übrigen für sich die Differentialgleichung von φ_1^+.

Aus Gl. (18) sei noch eine anschließend gebrauchte Darstellung für φ_{1x}^+ hergeleitet.

Wegen der Voraussetzung „kleiner Störungen" muß der Rumpf vorne spitz beginnen, was weiter zur Folge hat, daß $q(0) = 0$ ist, wie nachträglich noch bestätigt werden wird. Durch partielle Integration erhält man unter dieser Voraussetzung:

$$\varphi_1^+ = -\frac{1}{4\pi}\int\limits_0^{x-r\cot\alpha} q_\xi \ln\frac{x-\xi+\sqrt{(x-\xi)^2-r^2\cot^2\alpha}}{r\cot\alpha}\,\mathrm{d}\xi\,. \tag{24}$$

Daraus gewinnt man wiederum, weil der Integrand an der oberen Grenze verschwindet:

$$\varphi_{1x}^+ = -\frac{1}{4\pi}\int\limits_0^{x-r\cot\alpha} q_\xi \frac{\mathrm{d}\xi}{\sqrt{(x-\xi)^2-r^2\cot^2\alpha}}\,. \tag{25}$$

Die Ableitung von φ_1^+ nach x wirkt sich im Integral also wie eine Ableitung von q nach ξ in Gl. (18) aus.

Man kann nun für die Achsenumgebung zu einer ähnlichen Beziehung kommen wie in Abschn. VIII,7, vgl. etwa Gl. (VIII,32). Allerdings liegt bei $M_\infty > 1$ die Schwierigkeit eines Grenzüberganges $r \to 0$ in Gl. (18) oder auch in Gl. (25) nur an der oberen Grenze. Daher sei von folgender Identität ausgegangen:

$$\varphi_1^+ = -\frac{1}{4\pi}q(x-r\cot\alpha)\int\limits_0^{x-r\cot\alpha}\frac{\mathrm{d}\xi}{\sqrt{(x-\xi)^2-r^2\cot^2\alpha}} - \frac{1}{4\pi}\int\limits_0^{x-r\cot\alpha}\frac{q(\xi)-q(x-r\cot\alpha)}{\sqrt{(x-\xi)^2-r^2\cot^2\alpha}}\,\mathrm{d}\xi$$

$$= -\frac{1}{4\pi}q(x-r\cot\alpha)\ln\frac{x+\sqrt{x^2-r^2\cot^2\alpha}}{r\cot\alpha} - \frac{1}{4\pi}\int\limits_0^{x-r\cot\alpha}\frac{q(\xi)-q(x-r\cot\alpha)}{\sqrt{(x-\xi)^2-r^2\cot^2\alpha}}\,\mathrm{d}\xi\,.$$

In dieser Beziehung sei bei festem x zu sehr kleinen r-Werten gegangen. Dann gilt für $r^2\operatorname{ctg}^2\alpha \ll x^2$:

$$\varphi_1^+ = -\frac{1}{4\pi}q(x)\ln\frac{2x}{r\cot\alpha} + \frac{1}{4\pi}\int\limits_0^{x}\frac{q(x)-q(\xi)}{x-\xi}\,\mathrm{d}\xi\,. \tag{26}$$

Im Gegensatz zu Gl. (VIII,32) kommt die Belegung für $\xi > x$ nicht mehr ins Spiel, auch nicht unmittelbar an der Achse. Das macht sich in Gl. (26) gegenüber Gl. (VIII,32) darin bemerkbar, daß im ersten Summanden nur $\ln(2x/r)$ steht und nicht außerdem $\ln\big(2(1-x)/r\big)$. Nur die Quellen vor dem Aufpunkt auf der

Achse sind für die Körperform verantwortlich. Mit Gl. (26) läßt sich nun leicht die Randbedingung (VII,70) erfüllen.

$$r \to 0:\ r\varphi_{1r}^{+} = \frac{1}{2\pi} f_x(x) = \frac{1}{4\pi} q(x)\,.$$

Dies führt zu folgender Beziehung zwischen der Quellfunktion $q(x)$ und der Dickenverteilung $f(x)$, Gl. (VII,69):

$$q(x) = 2 f_x(x)\,. \tag{27}$$

Da ein Körper, der bei Überschallgeschwindigkeiten nur schwache Störungen hervorrufen soll, mit einer Spitze beginnen muß, ist gem. Gl. (VIII,35) $f_x(0) = 0$ und somit auch $q(0) = 0$.

Gl. (27) in Gl. (18) eingesetzt liefert:

$$\varphi_1^{+}(x, r) = -\frac{1}{2\pi} \int_0^{x - r\cot\alpha} f_x(\xi) \frac{d\xi}{\sqrt{(x-\xi)^2 - r^2 \cot^2\alpha}}\,. \tag{28}$$

Eine Gegenüberstellung dieser Beziehung zu Gl. (VIII,29) zeigt, daß es zur Erzeugung derselben Dickenverteilung $f(x)$ bei Überschall der doppelten Quellstärke bedarf wie bei Unterschallgeschwindigkeit, eben weil nur die Quellen stromaufwärts zur Erzeugung der Zunahme des Querschnittes beitragen können, nicht aber die stromabwärts liegende Umgebung des betrachteten Querschnittes.

Für Achsennähe erhält man mit Gl. (26) und (27) die zu Gl. (VIII,32) entsprechende Darstellung für $r^2 \cot^2\alpha \ll x^2$:

$$\varphi_1^{+} = -\frac{1}{2\pi} f_x(x) \ln \frac{2x}{r\cot\alpha} + \frac{1}{2\pi} \int_0^x \frac{f_x(x) - f_x(\xi)}{x - \xi}\, d\xi\,. \tag{29}$$

Eine Gegenüberstellung von Gl. (29) mit Gl. (VII,71) liefert folgende Darstellung für den „Raumeinfluß“ bei Überschallströmung:

$$R(x) = \frac{1}{2\pi} f_x(x) \ln(\cot\alpha) - \frac{1}{2\pi} f_x(x) \ln 2x + \frac{1}{2\pi} \int_0^x \frac{f_x(x) - f_x(\xi)}{x - \xi}\, d\xi\,. \tag{30}$$

Die „Querschnittsströmung“, der erste Summand von Gl. (VII,71), ist in Gl. (VIII,32) und (29) dieselbe, wie es auch sein muß.

Wie bei $M_\infty < 1$, Gl. (VIII,34), kann auch folgende Darstellung des Raumeinflusses nützlich sein:

$$R(x) = \frac{1}{2\pi} f_x(x) \ln(\cot\alpha) - \frac{1}{2\pi} \int_0^x f_{xx}(\xi) \ln 2(x - \xi)\, d\xi\,. \tag{31}$$

Sie läßt sich durch partielle Integration aus Gl. (30) gewinnen oder schneller noch direkt aus Gl. (24) für $r^2 \cot^2\alpha \ll x^2$ ermitteln.

Mit Hilfe von Gl. (27) erhält man nun für die u-Komponente im Raume anstelle von Gl. (25):

$$u_1^+(x, r) = \varphi_{1x}^+ = -\frac{1}{2\pi}\int\limits_0^{x-r\cot\alpha} f_{xx}(\xi)\frac{d\xi}{\sqrt{(x-\xi)^2 - r^2\cot^2\alpha}}. \tag{32}$$

Dieses Ergebnis unterscheidet sich von Gl. (28) nur durch die höhere Ableitung von φ_1^+ und $f(x)$.

Genauso verhalten sich die beiden Beziehungen in der Achsenumgebung, $r^2\cot^2\alpha \ll x^2$:

$$\varphi_{1x}^+ = -\frac{1}{2\pi} f_{xx}(x)\ln\frac{2x}{r\cot\alpha} + \frac{1}{2\pi}\int\limits_0^x \frac{f_{xx}(x) - f_{xx}(\xi)}{x-\xi}d\xi. \tag{33}$$

Diese Beziehung läßt sich auch direkt aus Gl. (29) herleiten, wobei der Ableitung noch eine partielle Integration vorausgehen muß. Damit erhält man für den Raumeinfluß der x-Komponente:

$$R_x(x) = +\frac{1}{2\pi} f_{xx}(x)\ln(\cot\alpha) - \frac{1}{2\pi} f_{xx}(x)\ln 2x + \int\limits_0^x \frac{f_{xx}(x) - f_{xx}(\xi)}{x-\xi}d\xi. \tag{34}$$

Dieser braucht zur Ermittlung des Druckkoeffizienten nur in Gl. (VII,78) und zur Ermittlung des Tangentialkraftbeiwertes in Gl. (VII,80) eingesetzt zu werden.

Die Geschwindigkeitsstörung unterscheidet sich vom Druckkoeffizient in der vorliegenden Näherung bekanntlich nur um den Faktor $-1/2$. Sie ist in Gl. (VIII, 41) ausführlich angeschrieben.

Für die bereits bei $M_\infty < 1$ in Abschn. VIII,7 herangezogene Parabelbogenspindel mit der Darstellung für kleine Dicken, S. 457, erhält man nun für den Raumeinfluß bei $M_\infty > 1$ gemäß Gl. (34):

$$R_x(x) = \frac{16}{\pi}[(1 - 6x + 6x^2)(\ln\cot\alpha - \ln 2x) - 6x + 9x^2].$$

Daraus folgt weiter mittels Gl. (VIII,41) nach einigen Vereinfachungen:

$$\frac{W}{u_\infty} - 1 = 4\tau^2\left\{(1 - 6x + 6x^2)[\ln(\cot\alpha) + \ln\tau(1-x)] - 6x + 9x^2 + \frac{1}{2}(1-2x)^2\right\}.$$

Auffallend und kennzeichnend für Überschallgeschwindigkeiten ist das Wegfallen der logarithmischen Singularität an der Spitze $x = 0$. Dies kann nicht überraschen, denn auch das Parabelbogenprofil, Abb. 2, verursacht in Überschallströmung an der Vorderkante nur einen endlichen Drucksprung. Umso überraschender ist die Tatsache, daß am Spindelende, also bei $x \to 1$, sehr wohl eine logarithmische Singularität auftritt, es herrscht dort lokal Unterschallgeschwindigkeit! Offenbar verläuft die Stromlinie am Körperende näherungsweise parallel mit der Oberfläche, was bei Achsensymmetrie zu einer Verminderung des Stromfadenquerschnittes führt und bei Überschallgeschwindigkeiten folglich mit Abbremsung verbunden ist. Das lokale Unterschallgebiet am Körperende scheint keine Folge einer unerlaubten Linearisierung in dieser Umgebung zu sein, denn man begegnet dem Effekt auch bei genauer Theorie, Abschnitt 37. Allerdings handelt es sich um ein theoretisches Ergebnis der reibungsfreien Strömung. In der Praxis ist die Umgebung des Körperendes durch Grenzschichtmaterie weitgehend ausgefüllt, deren Ansammlung durch den Druckanstieg noch begünstigt wird. Es wird am Körperende also keineswegs ein Staupunkt, unter besonders gelagerten Fällen aber vielleicht ein sehr kleines Unterschallgebiet entstehen.

Für die Geschwindigkeitsverteilung auf der Achse $r = 0$ im Körpernachlauf ist gemäß Gl. (32) und den Ausführungen nach Gl. (19):

$$1 < x: \quad u_1^+(x, 0) = -\frac{1}{2\pi} \int_0^1 f_{xx}(\xi) \, \frac{d\xi}{x - \xi}. \tag{35}$$

Ein Vergleich mit Gl. (VIII,36), angewendet auf die Körperachse im Nachlauf, zeigt, daß die Störung dort bei $M_\infty > 1$ genau doppelt so stark ist wie beim gleichen Körper in Unterschallströmung. Folglich kann für den Nachlauf hinter

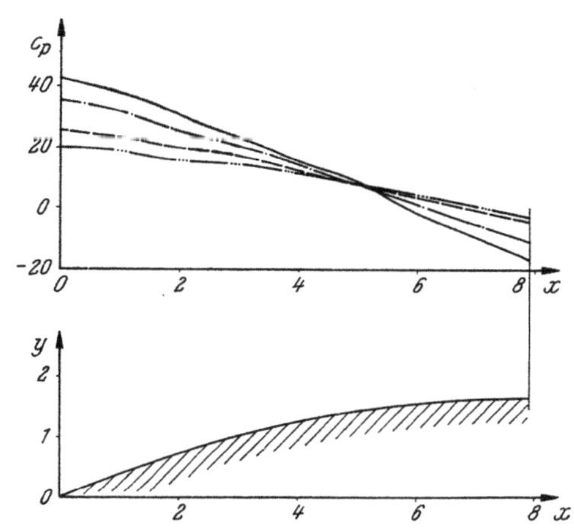

Abb. IX,7. Druckverteilung nach [4].

——— $M_\infty = 1{,}20$; — · — · $M_\infty = 1{,}41$; — — — $M_\infty = 2{,}00$; — · · · — $M_\infty = 2{,}50$.

der Spindel das Resultat Abschn. VIII,7 nach Verdoppelung einfach übernommen werden. Es gilt für die Parabelbogenspindel:

$$1 < x: \quad \frac{W}{u_\infty} - 1 = 4\tau^2 \left[(1 - 6x + 6x^2) \ln \frac{x-1}{x} - 3(1 - 2x) \right].$$

Damit liegen die wichtigsten Gleichungen vor. Abb. 7 zeigt ein Ergebnis an der Halbspindel, das mit der ersten einschlägigen, von v. Kármán und Moore stammenden Methode [4] berechnet wurde.

Wie bereits bei der Profiltheorie ist das Geschwindigkeitsmaximum an der Vollspindel bei Überschall gegenüber jenem bei Unterschall, Abb. VIII,11, stromabwärts verschoben. Im Gegensatz zur Profilströmung, Abb. 2, tritt jedoch das Geschwindigkeitsmaximum nicht im Gebiet stärkster negativer Oberflächenneigung, auch nicht an der Stelle stärkster Querschnittsänderung, $f_{xx} = 0$, sondern nur in deren Nähe auf, vergl. Abb. 111. Außerdem weist die Strömung wieder im Gegensatz zum Profil hinter dem Rotationskörper einen Nachlauf auf, der genau wie bei der Unterschallströmung machzahlunabhängig ist.

Der Tangentialkraftsbeiwert, der im vorliegenden Falle gleich dem Widerstandsbeiwert ist, kann mit Gl. (VII,80) berechnet werden. Man kann aber auch unter Verwendung der letzten Ergebnisse eine spezielle Widerstandsformel herleiten, die sich als besonders übersichtlich erweist, wenn f_x nicht nur am Körperanfang, sondern auch am Körperende verschwindet, wenn es sich also um einen Rumpf vom Typus der Abb. VIII,10 handelt. In diesem Falle fällt der zweite Summand in Gl. (VII,80) weg und man erhält nach partieller Integration zunächst mit Gl. (31):

$$c_t^+/F_{\max} = 2\int_0^1 R(x)\, f_{xx}\, dx$$

$$= \frac{1}{\pi} \ln(\cot\alpha) \int_0^1 f_x(x)\, f_{xx}(x)\, dx - \frac{1}{\pi}\int_0^1 f_{xx}(x) \int_0^x f_{xx}(\xi) \ln 2(x-\xi)\, d\xi\, dx.$$

Der erste Summand der letzten Zeile verschwindet wegen der Voraussetzung $f_x(0) = f_x(1) = 0$. Aus demselben Grund kann im Logarithmus im zweiten Summanden der Faktor 2 weggelassen werden. Das Doppelintegral ist dann über das in Abb. 8 wiedergegebene schraffierte Integrationsgebiet zu erstrecken. Er-

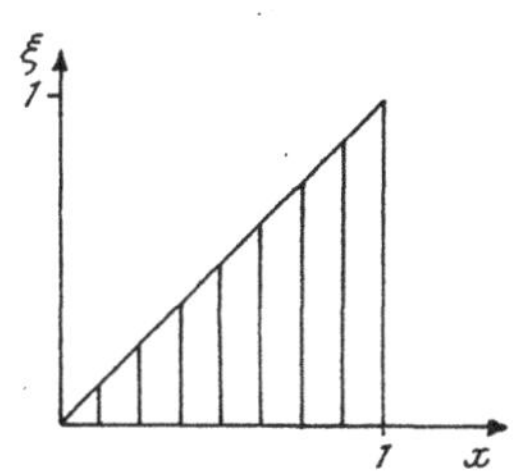

Abb. IX,8. Integrationsgebiet.

setzt man im Argument des Logarithmus die Klammer durch ein Absolutzeichen, dann erhält man einen Integranden, der bezüglich der Geraden $x = \xi$ symmetrisch ist. Man kann also dann über das Quadrat $0 \leqq x \leqq 1$, $0 \leqq \xi \leqq 1$ integrieren, muß aber vor das Integral den Faktor 1/2 setzen, weil man sonst den doppelten Wert erhält. Dies führt zu:

$$\begin{aligned} c_t^+/F_{\max} &= -\frac{1}{2\pi}\int_0^1\int_0^1 f_{xx}(x)\, f_{xx}(\xi) \ln|x-\xi|\, dx\, d\xi \\ &= \frac{1}{2\pi}\int_0^1\int_0^1 f_{xx}(x)\, f_x(\xi)\, \frac{d\xi}{\xi - x}\, dx. \end{aligned} \tag{36}$$

Das erste Doppelintegral ist eine bereits auf v. KÁRMÁN zurückgehende Darstellung. Man erhält für den Tangentialkraftsbeiwert der Parabelbogenspindel, bezogen auf den maximalen Querschnitt:

$$c_w^+ = c_t^+ = \frac{16^2}{6\pi} \frac{\tau^2 \pi}{4}.$$

Der Beiwert ist unabhängig von M_∞, wie es auch Gl. (VII,123) entspricht. Er ist proportional zum Maximalquerschnitt, wenn der Beiwert wie hier auf den Querschnitt bezogen wird. Vgl. auch [·23], S. 97, 98.

Für das Abklingen der Störung auf der Achse hinter dem Körper könnte auch Gl. (VIII,43) für $r = 0$ bei Verdoppelung des Koeffizienten verwendet werden. Daraus erkennt man, daß die Störung im Nachlauf in großer Entfernung wie $1/x^3$ abklingt. Dieses Ergebnis ist natürlich auch in der Formel für $1 < x$ enthalten, was nicht unmittelbar zu erkennen ist. Um dies zu zeigen muß der Logarithmus bis zum fünften Glied entwickelt werden:

$x \to \infty$:

$$\frac{W}{u_\infty} - 1 = 4\tau^2 \left[-(6x^2 - 6x + 1) \left(\frac{1}{x} + \frac{1}{2}\frac{1}{x^2} + \frac{1}{3}\frac{1}{x^3} + \frac{1}{4}\frac{1}{x^4} + \frac{1}{5}\frac{1}{x^5} + \cdots \right) - 3 + 6x \right]$$

$$= -4\tau^2 \frac{1}{x^3}\frac{1}{30} + \cdots = -\frac{2\tau^2}{15}\frac{1}{x^3} + \cdots.$$

Es handelt sich um die Potenz des räumlichen Abklingens eines Dipols, wenn wie im vorliegenden Falle der Körper geschlossen ist.

Das Abklingen der Störung von der Achse weg in den Raum hinein wird von der akustischen Theorie, der Linearisierung in der Strömungsebene, nur bedingt richtig wiedergegeben und muß deshalb gesondert behandelt werden.

4. Kegelströmung und Knicke an Rotationskörpern

Zu den einfachsten Lösungen im Überschallbereich gehört die sogenannte *Kegelige Strömung*. Man versteht darunter ganz allgemein Strömungen, deren Zustand auf Strahlen durch ein „Abbildungszentrum" konstant ist. Druck, Geschwindigkeit, Strömungsrichtung, Geschwindigkeitskomponenten hängen also nur vom Koordinatenverhältnis y/x und z/x ab, wenn der Ursprung als Kegelspitze und Abbildungszentrum gewählt wird. Bei ebener und achsensymmetrischer Strömung läuft dies auf die Abhängigkeit von einer einzigen Variablen, nämlich y/x oder r/x, heraus und damit auf die Behandlung gewöhnlicher Differentialgleichungen anstatt partieller Differentialgleichungen. Ein Beispiel für eine solche Strömung lieferte bereits die Prandtl-Meyer-Eckenströmung, Abschnitt VI,11, und die achsensymmetrische Kegelströmung, Abschnitt VI,12 und IX,15. Wenn es sich um eine Körperumströmung handelt, dann muß der Körper ein allgemeiner Kegel sein, im achsensymmetrischen Falle also ein Kreiskegel, bei ebener Strömung ein Keil oder ein konvexer Knick.

Bei *reiner* Überschallströmung kann der Schluß gezogen werden, daß jede Umströmung eines Kegels bei Parallelanströmung zu einer kegeligen Strömung führt. Es genügt, den Beweis am Kreiskegel zu führen. Bei zwei ähnlichen Kreiskegeln unterschiedlicher Länge, Abb. 9, muß die Geschwindigkeit unmittelbar

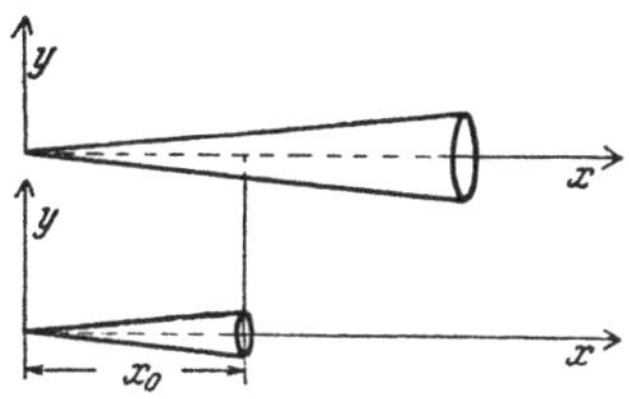

Abb. IX,9. Ähnliche Kegel.

vor der Hinterkante die gleiche sein, wie aus der Ähnlichkeitstheorie reibungsfreier stationärer Strömung hervorgeht. Der längere Kegel muß aber auch an der Stelle x_0, an der der kürzere Kegel endigt, dieselbe Geschwindigkeit aufweisen wie der letztere. Denn das Abschneiden des längeren Kegels unmittelbar hinter dieser Stelle darf sich bei reiner Überschallströmung stromaufwärts nicht bemerkbar machen. Da die Länge des kleineren Kegels nicht festgelegt wurde, muß der größere Kegel auf der ganzen Oberfläche also dieselbe Geschwindigkeit aufweisen. Derselbe Schluß läßt sich für beliebige Strahlen durch die Körperspitze und für beliebige Zustandsgrößen wiederholen.

Eine analoge Schlußfolgerung läßt sich bei Unterschallgeschwindigkeit, wenn diese auch nur lokal auftreten sollte, nicht durchführen, weil ein Abschneiden des Körpers stromaufwärts wirkt. In der Tat gibt es in Unterschallströmung keine kegeligen Lösungen für den gesamten Strömungszustand.

Bei der Überschall-Kegelströmung müssen also u und v und folglich u_1^+ und v_1^+ homogene Funktionen nullter Ordnung in x, y sein, d. h., das Potential φ_1^+ muß eine homogene Funktion erster Ordnung in den Koordinaten sein, weil die Ableitungen dieser Funktion die Geschwindigkeitskomponenten liefern. Daraus folgt aber, daß $q(\xi)$ in Gl. (18) eine lineare Funktion in ξ sein muß.

Eine Verallgemeinerung der kegeligen Lösung stellen die sogenannten *homogenen Lösungen* dar. Das Störpotential ist dann eine homogene Funktion beliebiger Ordnung in den Koordinaten, was ebenfalls interessante Lösungen ergeben kann, im vorliegendem Rahmen aber zu weit führt.

Mit $q(\xi) = A\xi$ in Gl. (18) erhält man mit Hilfe der Integrationstabelle

$$\varphi_1^+ = \frac{A}{4\pi}\left[-x \ln \frac{x + \sqrt{x^2 - r^2 \cot^2 \alpha}}{r \cot \alpha} + \sqrt{x^2 - r^2 \cot^2 \alpha}\right],$$

das gesuchte achsensymmetrische homogene Potential erster Ordnung. Diese Lösung kann auch zur Prüfung der Genauigkeit der Randbedingungen am Rotationskörper, Abschn. VII,8, gute Dienste leisten.

Die Geschwindigkeitsstörung an der Oberfläche eines schlanken Kegels erweist sich immer als klein. Selbst bei Hyperschallströmungen wird sich dies bestätigen. Aus diesem Grunde wird stets nur ein Fehler höherer Ordnung verursacht, wenn an der Oberfläche von Rotationsrümpfen W_1/u durch W_1/u_∞ ersetzt wird. Bei Überschallströmungen höherer Machzahl kann sich dagegen der Machwinkel der Spitze der Kegeloberfläche ziemlich stark nähern. In einem solchen Fall kann es sehr darauf ankommen, ob die Randbedingung genau an der Körperoberfläche erfüllt wird, oder annäherungsweise an der Achse. Im ersteren Fall würde mit ϑ_0 als halbem Kegelöffnungswinkel und Gl. (VII,52) gelten:

$$r = x \operatorname{tg} \vartheta_0 : \quad \operatorname{tg} \vartheta_0 = \frac{\varphi_r}{u_\infty} = \delta^+ \varphi_{1r} = \frac{\delta^+ A}{4\pi} \sqrt{\left(\frac{x}{r}\right)^2 - \cot^2 \alpha}$$
$$= \frac{\delta^+ A}{4\pi} \sqrt{\cot^2 \vartheta_0 - \cot^2 \alpha}\,.$$

Für die Erfüllung der Randbedingung an der Körperoberfläche ergibt sich also gemäß dieser Gleichung

$$\delta^+ A = \frac{4\pi \operatorname{tg}^2 \vartheta_0}{\sqrt{1 - \operatorname{tg}^2 \vartheta_0 \cdot \cot^2 \alpha}} \tag{37}$$

und damit für die Geschwindigkeitskomponenten das Ergebnis erster Ordnung:

$$\begin{aligned} \frac{u - u_\infty}{u_\infty} &= \delta^+ \varphi_{1x}^+ = -\frac{\operatorname{tg}^2 \vartheta_0}{\sqrt{1 - \operatorname{tg}^2 \vartheta_0 \cot^2 \alpha}} \ln \frac{x + \sqrt{x^2 - r^2 \cot^2 \alpha}}{r \cot \alpha}; \\ \frac{W_1}{u_\infty} &= \delta^+ \varphi_{1r}^+ = \frac{\operatorname{tg}^2 \vartheta_0}{\sqrt{1 - \operatorname{tg}^2 \vartheta_0 \cot^2 \alpha}} \sqrt{\left(\frac{x}{r}\right)^2 - \cot^2 \alpha}\,. \end{aligned} \tag{38}$$

Gemäß der vereinfachten Theorie Gl. (28) wäre die Verteilungsfunktion für einen Kegel, nämlich $f(x) = x^2$ einzusetzen gewesen, der Störparameter ist gemäß Gl. (VII,70) auf das Dickenverhältnis τ zurückgeführt und dieses ist beim Kegel $\tau = 2 \operatorname{tg} \vartheta_0$, also $\delta^+ = \operatorname{tg}^2 \vartheta_0 \pi$. Auf diesem Weg erhält man nach Durchführung der Rechnung:

$$\begin{aligned} \frac{u - u_\infty}{u_\infty} &= -\operatorname{tg}^2 \vartheta_0 \ln \frac{x + \sqrt{x^2 - r^2 \cot^2 \alpha}}{r \cot \alpha}; \\ \frac{W_1}{u_\infty} &= \operatorname{tg}^2 \vartheta_0 \sqrt{\left(\frac{x}{r}\right)^2 - \cot^2 \alpha}\,. \end{aligned} \tag{39}$$

Die beiden Resultate (38) mit der Erfüllung der Randbedingung an der Kegeloberfläche und (39) mit Erfüllung der Randbedingung gemäß Gl. (VII,70) auf der Kegelachse unterscheiden sich um den Faktor:

$$\sqrt{1 - \operatorname{tg}^2 \vartheta_0 \cot^2 \alpha}\,. \tag{40}$$

Er nimmt den Wert der Einheit an für $\operatorname{tg}^2 \vartheta_0 \cot^2 \alpha \to 0$, wenn also das Quadrat des Verhältnisses von $\operatorname{tg} \vartheta_0 / \operatorname{tg} \alpha$ verschwindet, der Körper also genügend schlank im Verhältnis zum Machkegel ist. Wird der Machkegel gar kleiner als der Körperkegel, so wird der Ausdruck (40) imaginär, es gibt keine Lösung mehr. Das wird mit Abb. 10 auch sofort verständlich. Das Ende des Abhängigkeitsgebietes des Körperpunktes P, also die obere Integrationsgrenze, liegt in diesem Fall ja vor der Kegelspitze! An der Grenze $\vartheta_0 = \alpha$ verschwinden die Näherungswerte (39) an der Oberfläche $r = x \operatorname{tg} \vartheta_0$. Die Näherungswerte (38) dagegen haben noch an

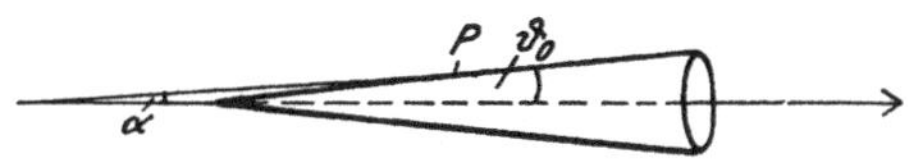

Abb. IX,10. Singularitätenbelegung bei großer Machzahl.

dieser Grenze auf der Oberfläche einen endlichen Wert, allerdings nicht jenen, welcher bei Hyperschallgeschwindigkeit zu erwarten wäre. Der Wertebereich $\operatorname{tg} \vartheta_0 \cdot \cot \alpha \sim 1$ wird sich als echte Hyperschallströmung erweisen. Es kann daher nicht verwundern, daß dort die Linearisierung versagt. Für diese erweist sich immer wieder $\operatorname{tg}^2 \vartheta_0 \cot^2 \alpha \ll 1$ als notwendige, in Schallnähe allerdings nicht als hinreichende Bedingung.

Der Strömungszustand an der Spitze eines beliebigen Körpers wie etwa der Parabelbogenspindel, stimmt mit dem Strömungszustand an einem Kegel gleichen Öffnungswinkels und gleicher Machzahl der Anströmung natürlich überein. Dies ist ein weiterer Grund, weshalb der Kegelströmung besondere Bedeutung zukommt.

Bei der ebenen Strömung, Abschn. 1, hatte ein Knick in der Strömungsrichtung, verursacht etwa durch eine keilförmige Vorderkante, mit dem Sprung in der v-Komponente auch einen Sprung in der u-Komponente zur Folge, vgl. etwa Gl. (3) und die vorangehende Gleichung. Der Sprung in der Komponente pflanzt sich bei ebener Strömung längs einer Machlinie fort, nämlich nach oben längs $\xi = \text{const.}$, nach unten längs $\eta = \text{const.}$ Dieser Sprung im Strömungszustand wird sich in Abschn. 8 im Rahmen der Behandlung des schiefen Stoßes auch in einer exakten Lösung bestätigen.

An einem von der Kegelspitze ausgehenden Machkegel zeigt sich jedoch nichts ähnliches. Gl. (38) oder (39) zeigen, daß die Geschwindigkeitskomponenten für $r \to x \operatorname{tg} \alpha$ verschwinden. Sie zeigen lediglich eine in das Innere des Kegels führende unendliche Ableitung auf, wie man sofort sieht, wenn man eine der Komponenten nach x oder y ableiten würde, und den Ort der Ableitung in den Machkegel verlegt.

Damit wird die Frage aufgeworfen, wie sich ein bestimmter Belegungsablauf an der Achse entlang des Machkegelmantels ausbreitet. Für eine solche Untersuchung empfiehlt es sich, ähnlich wie in Gl. (1) und (2), charakteristische Veränderliche einzuführen:

$$\xi = x - r \cot \alpha; \qquad \eta = x + r \cot \alpha. \tag{41}$$

Zur Vermeidung von Verwechslungen sei die Integrationsvariable in Gl. (18) im folgenden mit $\bar{x}$ bezeichnet. Mit (41) kann (18) dann in der Form geschrieben werden:

$$\varphi_1^+ = -\frac{1}{4\pi} \int_0^\xi \frac{q(\bar{x})\, d\bar{x}}{\sqrt{(\xi - \bar{x})(\eta + \bar{x})}}. \tag{42}$$

Für das Gebiet unmittelbar hinter der Kopfwelle, $\xi = 0$, ist bei ausreichendem Achsenabstand η $\xi/\eta \ll 1$, Punkt P in Abb. 11. Da $\bar{x}$ im Integral (42) höchstens den Wert ξ annimmt und $\xi \ll \eta$ gilt, liegt der Ausdruck $(\eta + \bar{x})$ stets nahe bei η, während $(\xi - \bar{x})$ alle Werte zwischen ξ und 0 annehmen kann. Es liegt also nahe,

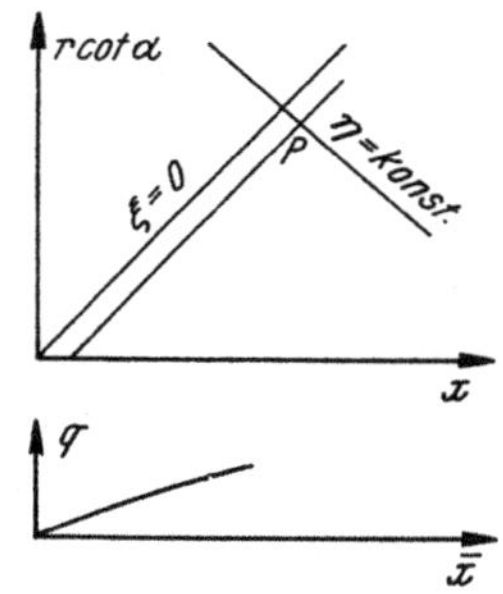

Abb. IX,11. Kopfwellen-Nähe.

den Kern im Integral (42) nach kleinen $\bar{x}/\eta$-Werten zu entwickeln, was folgende erste Entwicklungsglieder ergibt, vergl. auch Gl. (225) ff. Für $\xi/\eta \ll 1$ folgt

$$\varphi_1^+ = -\frac{1}{\sqrt{\eta}}\,\frac{1}{4\pi}\int_0^{\xi}\frac{q(\bar{x})\,d\bar{x}}{\sqrt{\xi - \bar{x}}} + \frac{1}{\sqrt{\eta^3}}\,\frac{1}{8\pi}\int_0^{\xi}\frac{q(\bar{x})\,\bar{x}\,d\bar{x}}{\sqrt{\xi - \bar{x}}} + \cdots. \tag{43}$$

Für den Quellansatz eines Kegels $q = A\bar{x}$ liefert (43) die Entwicklung für $\xi/\eta \ll 1$f

$$\varphi_1^+ = -A\,\frac{1}{3\pi}\,\frac{\xi^{3/2}}{\sqrt{\eta}} + A\,\frac{2}{15\pi}\,\frac{\xi^{5/2}}{\eta^{3/2}} + \cdots. \tag{44}$$

Bildet man die Komponenten durch Ableiten von φ_1 mit Hilfe der Kettenregel der Differentiation unter Heranziehung von Gl. (41)

$$\varphi_{1x} = \varphi_{1\xi} + \varphi_{1\eta}; \qquad \varphi_{1r} = (-\varphi_{1\xi} + \varphi_{1\eta})\cot\alpha, \tag{45}$$

so ist zunächst sofort zu erkennen, daß es in Kopfwellennähe in erster Linie auf die Ableitung $\varphi_{1\xi}$ ankommt, weil die Ableitung $\varphi_{1\eta}$ mit $\xi \to 0$ schneller verschwindet als $\varphi_{1\xi}$ selbst.

Daraus folgt die wichtige Erkenntnis, die sich später noch in verschiedener Weise bestätigen wird, daß unmittelbar hinter der Kopfwelle zwischen der u- und v- oder W_1-Störung die Ackeretsche Beziehung für ebene Strömung Gl. (3) gilt!

Die Ableitung $\varphi_{1\xi}$ in Gl. (44) geht aber noch mit $\sqrt{\xi}$ am Machkegel gegen Null. Damit wird klar, daß die Komponente am Machkegel $\xi = 0$ verschwindet, die in den Kegel hineinführenden Ableitungen der Komponente jedoch über alle Grenzen wachsen. Lediglich die Ableitungen entlang dem Machkegel, d. i. $\varphi_{1\eta}^+$, $\varphi_{1\eta\eta}^+$ usw., bleiben Null.

Zur Verwirklichung endlicher Komponenten am Machkegel und damit endlicher aber natürlich kleiner Störungen dort, muß die Entwicklung für φ_1^+ in Gl. (43) mit dem Faktor ξ beginnen. Das kann aber, wie schon Dimensionsbetrachtungen zeigen, nur erreicht werden, wenn $q = A\sqrt{x}$ angesetzt wird. Damit erhält man aus (43) für $\xi/\eta \ll 1$

$$\varphi_1^+ = -A\,\frac{1}{8}\,\frac{\xi}{\sqrt{\eta}} + A\,\frac{3}{64}\,\frac{\xi^2}{\eta^{3/2}} + \cdots \tag{46}$$

und hat damit Sprünge des Strömungszustandes am Machkegel $\xi = 0$ gewonnen, Sprünge, die allerdings an der Kegelspitze $\eta \to 0$ über alle Grenzen wachsen.

Wird nun ganz entsprechend wie bei den Beziehungen, die zu Gl. (37) führten, gefordert, daß an einem Zylinder vom Radius $r = h$ ein Knick mit dem Winkel ϑ_0 vorliegt, so führt dies mit Gl. (45) und (46) zu folgender Randbedingung auf $\xi = 0$:

$$r = h:\quad \operatorname{tg}\vartheta_0 = \delta^+\varphi_{1r} = -\delta^+\cot\alpha\,\varphi_{1\xi} = \cot\alpha\,\delta^+A\,\frac{1}{8}\,\frac{1}{\sqrt{\eta}}\,.$$

Nun ist aber auf $\xi = 0$ gemäß Gl. (41)

$$\eta = 2r\cot\alpha\,. \tag{47}$$

Damit gewinnt man für das folgende konstante Produkt den Wert

$$\delta^+A = 8\operatorname{tg}\vartheta_0\sqrt{\frac{2h}{\cot\alpha}} \tag{48}$$

und für die Geschwindigkeitskomponenten unmittelbar hinter der Kopfwelle $\xi = 0$:

$$\frac{u - u_\infty}{u_\infty} = -\frac{W_1}{u_\infty}\operatorname{tg}\alpha = \delta^+\varphi_{1\xi} = -\operatorname{tg}\vartheta_0\sqrt{\frac{2h}{\eta\cot\alpha}} = -\operatorname{tg}\vartheta_0\cdot\operatorname{tg}\alpha\sqrt{h/r}\,. \tag{49}$$

Störungen nehmen also entlang der Kopfwelle $\xi = 0$ wie $\sqrt{h/r}$ ab, wobei die Komponenten untereinander durch die Ackeretbeziehung, Gl. (3) verknüpft sind, Abb. 12.

Auf diese Weise lassen sich auch an einem beliebig geformten Kegel Knicke erzeugen, wenn nur auf der Körperachse an der Spitze des zum Knick führenden Machkegels eine $\sqrt{x}$-Belegung angeordnet wird.

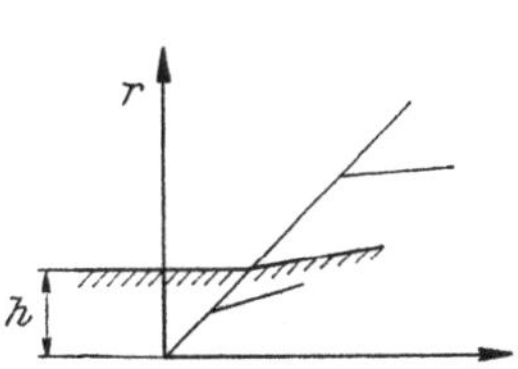

Abb. IX,12. Knick an einem Drehkörper.

Freilich kann mit der Belegung $q = A \cdot \xi$ auch das vollständige Integral der Gl. (18) gerechnet werden ohne Einführung von Entwicklungen. Am Machkegel $\xi = 0$ kommt man dann zu einem bereits bekannten Ergebnis in Form von vollständigen elliptischen Integralen. Das Resultat gilt dann auch für beliebige ξ-Werte, siehe etwa [•23], Beispiele VIII,9 und VIII,10. Dort finden sich auch die Zitate der Originalarbeiten von R. SAUER und seinen Mitarbeitern.

5. Rümpfe geringsten Widerstandes

Von größerem praktischen Interesse als die Profile geringsten Widerstandes, Abschn. 2, ist der Rumpf geringsten Widerstandes. Das Problem ist vor allem für den Fall behandelt worden, daß bei einer bestimmten Länge nicht das Dickenverhältnis τ, sondern das Volumen gegeben ist. Die Vorgabe des Volumens muß natürlich so getroffen werden, daß der Körper die Voraussetzung ausreichender Schlankheit erfüllt. Mit Rücksicht auf das Auffinden geeigneter Geschoßformen wird dabei vielfach vorausgesetzt, daß der Körper mit verschwindender Tangente, aber mit endlichem Querschnitt endigt: $f(1) \neq 0$; $f_x(1) = 0$. Dabei kann es sich nur um ein Minimum des Mantelwiderstandes handeln. Wie die Reibung bleibt auch der Bodensog unberücksichtigt.

Bei der Formulierung des Extremalproblems, das auf ein Variationsproblem führt, ist darauf zu achten, daß die Aufgabe für den Widerstand und nicht für den Widerstandsbeiwert zu formulieren ist, da ja $F_{\max}$ nur bei vorgegebenem Dickenverhältnis, nicht aber bei vorgegebenem Volumen festliegt. Die Aufgabe wurde zuerst von W. HAACK [5] und unabhängig davon einige Jahre später von W. R. SEARS gelöst [6]. Das Ergebnis soll ohne Wiedergabe des Lösungsweges hier nur kurz besprochen werden, weil es allgemeine Bedeutung besitzt.

Für die Verteilungsfunktion erhalten die Autoren das Ergebnis:

$$0 \leqq x \leqq 1: \quad f(x) = \frac{1}{\pi}\left[\arccos(1-2x) - 2(1-2x)\sqrt{x(1-x)}\right].$$

Dieser Körper beginnt stumpf. Man findet durch Entwicklung der Verteilungsfunktion für $x \ll 1$:

$$f(x) = \frac{16}{3\pi}\, x^{3/2} + \cdots; \qquad h(x) = \frac{2\tau}{\sqrt{3\pi}}\, x^{3/4} + \cdots.$$

Wegen der geringen Angriffsfläche des Körpers in Achsennähe ist der Widerstandsbeitrag durch das Abstumpfen der Körpernase nur unbedeutend. Daher kann darin kein wesentlicher Widerspruch zur Annahme „kleiner Störungen“ erblickt werden. Dies wird sich auch noch im folgenden bestätigen.

Da sehr oft Interesse an einfachen Verteilungsfunktionen $f(x)$ besteht, entsteht die Frage, welche geringsten Widerstände bei vorgegebenem Volumen erreicht werden können, wenn die Verteilungsfunktion $f(x)$ durch ein Polynom gegeben ist. Dabei kann eine Kegelspitze des Körpers im Polynomansatz erzwungen werden. Wieder soll der Körper bei verschwindender Tangente bei Maximalquerschnitt endigen. Für die Koeffizienten des Polynomes ist damit ein

Extremalproblem mit Nebenbedingung formuliert. Die Aufgabe wurde von W. SCHMIDT [7] gelöst. Der Autor erhält folgende Verteilungsfunktionen:

$$P_{3,4} \qquad f(x) = x^2(3 - 2x);$$

$$P_{5,6} \qquad f(x) = x^2(5 - 10x + 10x^2 - 4x^3).$$

Sie beginnen alle, zur Gewährleistung einer Kegelspitze, mit x^2.

Die obere Verteilungsfunktion gibt das kürzeste Polynom, mit dem sich eine Kegelspitze und dazu eine ebene Tangente bei $x = 1$ verwirklichen lassen. Es gibt den geringsten Widerstand nicht nur für ein Polynom dritten Grades, sondern auch für ein solches vierten Grades. Analog erfüllt die untere Verteilungsfunktion die Extremwertaufgabe für ein Polynom fünften und sechsten Grades. Die Mantelwiderstandsbeiwerte sind für den Haack-Körper und die beiden Polynome die Folgenden, was etwa auch durch Einsetzen der Verteilungsfunktionen in Gl. (36) bestätigt werden kann.

Körper	$P_{3.4}$	$P_{5,6}$	Haack	Spindel
$c_W^+/F_{\max}$	$9/2\pi$	$25/6\pi$	$4/\pi$	$16^2/6\pi$

Auch der einfache durch $P_{3.4}$ gekennzeichnete Körper weicht nur um 12% vom optimalen Widerstand ab. Die unmittelbare Umgebung der Nase ist offensichtlich von untergeordneter Bedeutung.

Der starke Unterschied zum bereits früher ermittelten Beiwert c_W^+ für die Spindel ist nur zum Teil auf die Optimierung zurückzuführen. Durch die Verlagerung des Körpermaximums an das Körperende wird der Geschoßkörper wesentlich schlanker als die Spindel, was quadratisch zu Buche schlägt. Dazu kommt die Vernachlässigung des Basisdruckes. Alle Ergebnisse sind wieder wegen $f_x(1) = 0$ unabhängig von M_∞.

6. Angestellte Rotationsrümpfe

Die erste Arbeit über angestellte Rotationsrümpfe stammt von H. S. TSIEN [8]. In ihr sind im wesentlichen alle hier wiedergegebenen Resultate enthalten. Wie bei Unterschallströmung wird vom Separationsansatz (VII,81) ausgegangen. Damit erhält man für den antisymmetrischen Anteil des Störpotentials, φ_1^-, Gl. (VII,82), die sich für Überschallgeschwindigkeit wie folgt schreibt:

$$-\cot^2\alpha\, \varphi_{1xx}^- + \varphi_{1rr}^- + \frac{1}{r}\varphi_{1r}^- - \frac{1}{r^2}\varphi_1^- = 0.$$

Wieder wie bei $M_\infty < 1$ bekommt man für φ_1^- eine spezielle Lösung, indem man φ_1^+ nach r ableitet. Damit erhält man das Überschallgegenstück zum Ansatz (VIII,44):

$$\varphi_1(x, r, 0) = -\frac{r\cot^2\alpha}{\sqrt{x^2 - r^2\cot^2\alpha}}. \tag{50}$$

Hierin könnte der Faktor $-\cot^2\alpha$ als multiplikative Konstante auch wegbleiben. Die spezielle Lösung (50) ist jedoch für eine Achsenbelegung bei $M_\infty > 1$ ziemlich ungeeignet, weil der Nenner des Integranden an der oberen Grenze $\xi = x - r\cot\alpha$ mit der Potenz 3/2 verschwindet.

Da x in den Koeffizienten der Differentialgleichung für φ_1^- nicht auftritt, erhält man aus (50) wiederum eine spezielle Lösung, wenn man die letztere über x integriert, nämlich:

$$\varphi_1^-(x, r, 0) = \frac{x}{r\sqrt{x^2 - r^2\cot^2\alpha}}. \tag{51}$$

In dieser tritt nur mehr die Wurzel selbst im Nenner auf, womit die Schwierigkeit an der oberen Grenze des Integrals wegfällt. Es wird also mit der singulären Lösung (51) angesetzt:

$$\varphi_1^-(x, r, 0) = \frac{1}{r}\int_0^{x - r\cot\alpha} \frac{dq(\xi)}{d\xi}\,\frac{x-\xi}{\sqrt{(x-\xi)^2 - r^2\cot^2\alpha}}\,d\xi. \tag{52}$$

Die zunächst freie Quellverteilung wurde als Ableitung $dq/d\xi$ gewählt, um die weitere Rechnung zu vereinfachen.

Die Randbedingung (VII,88)

$$r \to 0: \qquad r\varphi_1^- = \frac{1}{\pi} f(x)$$

läßt sich mit dem Ansatz (52) leicht erfüllen. Man erhält:

$$\lim_{r\to 0} (\varphi_1^- r) = \int_0^x \frac{dq}{d\xi}\,\frac{x-\xi}{|x-\xi|}\,d\xi = q(x) = \frac{1}{\pi} f(x).$$

Damit ist die Belegungsfunktion q auf die Dickenverteilungsfunktion $f(x)$ zurückgeführt. Man hat damit das gesuchte Resultat:

$$\varphi_1^-(x, r, 0) = +\frac{1}{r\pi}\int_0^{x - r\cot\alpha} f_x(\xi)\,\frac{x-\xi}{\sqrt{(x-\xi)^2 - r^2\cot^2\alpha}}\,d\xi. \tag{53}$$

Dieses Ergebnis unterscheidet sich etwas von der Lösung (VIII,46). Doch würde bei der letzteren eine partielle Integration zu einer ganz ähnlichen Darstellung führen, wie sie bei Gl. (53) vorliegt.

Die Herleitung der Geschwindigkeitsverteilung am Körper, $r = h(x)$, würde nur zu einer Wiederholung der bereits im Teil VII wiedergegebenen Gln. (VII,90), (VII,91) usw. führen. Im Grunde ist die Geschwindigkeitsverteilung in Achsennähe und damit am Körper bereits durch die Randbedingung (VII,88) festgelegt, die einen Zusammenhang zwischen Geschwindigkeitspotential und Dickenverteilung herstellt.

Für das aus Dicken- und Anstellteil zusammengesetzte Gesamtpotential erster Ordnung kann auf die bereits für Unterschallgeschwindigkeiten hergeleitete Gleichung (VIII,48) zurückgegriffen werden. Unter Verwendung der speziellen Überschallösung (IX,28) und (IX,53) gilt dann:

$$\begin{aligned}\Phi &= u_\infty \left[x + \operatorname{tg}\varepsilon\, y + F_{\max}\varphi_1^+ + F_{\max}\operatorname{tg}\varepsilon\,\varphi_1^-(x,r,0)\cos\beta\right] \\ &= u_\infty \left[x + \operatorname{tg}\varepsilon\, y - \frac{F_{\max}}{2\pi}\int\limits_0^{x-r\cot\alpha} f_x(\xi)\,\frac{\mathrm{d}\xi}{\sqrt{(x-\xi)^2 - r^2\cot^2\alpha}}\right. \\ &\quad \left. + \frac{F_{\max}\operatorname{tg}\varepsilon}{\pi}\,\frac{\cos\beta}{r}\int\limits_0^{x-r\cot\alpha} f_x(\xi)\,\frac{(x-\xi)\,\mathrm{d}\xi}{\sqrt{(x-\xi)^2 - r^2\cot^2\alpha}}\right].\end{aligned} \tag{54}$$

Für Achsennähe kann Gl. (VIII,50) verwendet werden. In dieser Gleichung ist aber natürlich der Raumeinfluß $R(x)$ für Überschallgeschwindigkeit einzusetzen gemäß Gl. (IX,31).

Auch für den angestellten Kreiskegel liefert Gl. (54) eine kegelige Lösung, indem Φ zu einer homogenen Funktion ersten Grades in den Koordinaten wird, wenn kegelige Belegung vorliegt. Die Lösungen für die Komponenten hängen nun aber nicht nur von r/x, sondern natürlich auch von β ab. Wie bei nicht angestelltem Kegel läßt sich die Randbedingung an der Körperoberfläche auch exakt befriedigen, wenn man die vereinfachte Randbedingung (VII,88) durch eine genauere Randbedingung ersetzt. Anstelle von $f_x(\xi)$ im zweiten Integral von Gl. (54) ist dann zunächst ein Linearansatz $B \cdot \xi$ einzusetzen. Man kommt sogar zu ähnlichen Ergebnissen wie in Abschnitt IX,4; vgl. auch Aufgabe VIII,7 in [·23]. Wie weit eine Verfeinerung der Randbedingung bei Beibehaltung der Linearisierung der gasdyn. Gleichung gerechtfertigt ist, bleibt freilich noch zu untersuchen.

Neben den Werten unmittelbar an der Oberfläche interessiert wegen der später zu berechnenden Stärke der Kopfwelle auch der Wert unmittelbar hinter dem von der Kegelspitze ausgehenden Machkegel. Dabei sei die Rechnung auf das erste Glied der Entwicklung nach kleinen Kopfwellenabständen beschränkt. Mit den in Gl. (41) für die Machlinien eingeführten Symbolen und mit $\bar{x}$ als Integrationsveränderliche erhält man:

$$\begin{aligned}\varphi_1^+ + \operatorname{tg}\varepsilon\,\varphi_1^-(x,r,0)\cos\beta &= -\frac{1}{2\pi}\int\limits_0^{\xi} f_x(\bar{x})\,\frac{\mathrm{d}\bar{x}}{\sqrt{(\eta+\bar{x})(\xi-\bar{x})}} \\ &\quad + \frac{\operatorname{tg}\varepsilon\cdot\cos\beta}{r}\int\limits_0^{\xi} f_x(\bar{x})\,\frac{r\cot\alpha + \xi - \bar{x}}{\sqrt{(\eta+\bar{x})(\xi-\bar{x})}}\,\mathrm{d}\bar{x}.\end{aligned}$$

Begnügt man sich auch hier mit dem ersten Glied der Entwicklung, das entspricht für φ_1^+ dem ersten Glied in der Entwicklung der Gl. (43), dann kann unter der Wurzel $\bar{x}$ gegen η gestrichen werden, mit gleicher Genauigkeit aber auch $(\xi - \bar{x})$ im Zähler des zweiten Integrals gegen $r \cot \alpha$ weggelassen werden. Damit erhalten aber beide Integrale dieselbe Form und man bekommt als erstes Glied der Entwicklung für $\xi/\eta \ll 1$:

$$\varphi_1^+ + \operatorname{tg} \varepsilon \, \varphi_1^-(x, r, 0) \cos \beta$$
$$= -\frac{1}{2\pi \sqrt{\eta}} \int_0^{\xi} f_x(\bar{x}) \frac{d\bar{x}}{\sqrt{\xi - \bar{x}}} [1 - 2 \operatorname{tg} \varepsilon \cot \alpha \cos \beta] + \cdots. \tag{55}$$

Dieses Ergebnis gilt für beliebige Körperform, also beliebige Dickenverteilungsfunktionen. Das Integral stellt die sogenannte *Whitham-Funktion* dar, worauf noch später zurückgekommen wird.

Es fällt auf, daß der Anstelleffekt hinter dem Machkegel der Spitze nur als additiver Zusatz im Faktor des Dickeneffektes aufscheint. Dieser Zusatz ist mit dem Anstellwinkel $\operatorname{tg} \varepsilon$ stets klein. Wegen der Linearisierung muß im allgemeinen sogar $\operatorname{tg} \varepsilon \cot \alpha \ll 1$ vorausgesetzt werden.

Der Zusatz ist auf der Saugseite, $\beta = 0$, natürlich negativ und auf der Druckseite, $\beta = \pi$, positiv. Zunächst mag überraschen, daß der Anstelleffekt hinter der Kopfwelle klein gegen den Dickeneffekt ist, selbst dann, wenn er den Dickeneffekt auf der Körperoberfläche weit übertrifft! Das ist darauf zurückzuführen, daß der Anstelleffekt viel stärker mit dem Körperabstand abklingt als der Dickeneffekt und folglich bei mittlerer Überschallgeschwindigkeit in größerem Körperabstand stets weit unter dem Dickeneffekt liegt.

Beispiele für die Druckverteilung an angestellten Rümpfen werden im Abschnitt IX,33 im Zusammenhang mit der Darstellung anderer Berechnungsmethoden gebracht.

Bei der Anwendung von Linearisierungen in der geschilderten Weise bei $M_\infty > 1$ ist, wie bereits dargelegt, stets zu beachten, daß die Genauigkeit vom Verhältnis der Neigungen von Stromlinien und Machlinien abhängt, daß die Näherung für den Anstelleffekt mit steigender Machzahl also schlechter wird. Während für unangestellte Rotationskörper aber auf gute Charakteristiken-Verfahren zurückgegriffen werden kann, Abschnitt 34ff., liegen entsprechend einfache Verfahren für angestellte Rotationskörper nicht vor. Lediglich für wenig angestellte Kegel gibt es Lösungen [9], [10]. Diese weisen auf der Körperoberfläche ausreichend Genauigkeit auf. Sie sind jedoch in der Umgebung der Kopfwelle mit kritischem Vorbehalt anzuwenden [43].

Während die einfache Formal (VII,90) völlige Unabhängigkeit von M ergibt, steigt nach Kopal [9] der Normalkraftbeiwert mit M. Nun können zwar über die in Gl. (VII,90) angegebenen Glieder hinaus auch innerhalb der Linearisierung noch weitere Machzahl-abhängige Glieder entwickelt werden. Doch liefern diese eine Abnahme der Normalkraftbeiwerte mit M! Mit einer solchen Entwicklung nach höheren Gliedern wird also offensichtlich die Zulässigkeitsgrenze einer Linearisierung der gasdynamischen Gleichung überschritten.

7. Der schiefe Verdichtungsstoß

Bei Verzicht auf die Einschränkung, welche durch die Voraussetzung kleiner Störungen gegeben ist, muß mit dem Auftreten von Verdichtungsstößen gerechnet werden. Daß allgemeine Strömungsformen ohne solche Stöße nur in Sonderfällen möglich sind, ergibt schon eine Betrachtung der Prandtl-Meyer-Eckenströmung, Abb. VI,17. Diese exakte Lösung kann in zwei Richtungen durchlaufen werden. Für die negative Richtung in Abb. VI,17 ergibt sich eine stetige Verdichtungsströmung, bei welcher alle Machlinien in einem Punkte P, Abb. 13, zusammen-

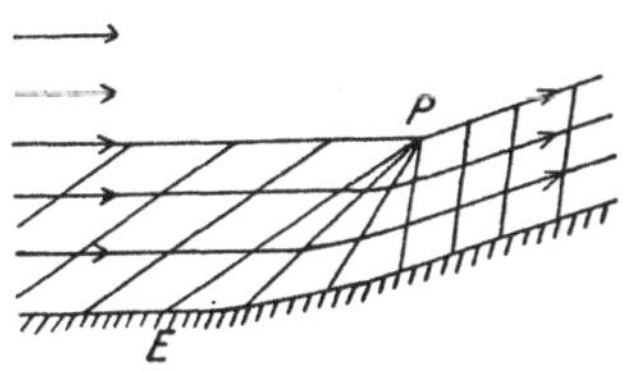

Abb. IX,13. Prandtl-Meyer-Verdichtungsströmung.

laufen. Es ist unmöglich, daß die Strömung in der konkaven Ecke bei P stetig ist, wenn Parallelströmung auch noch oberhalb der letztgezeichneten Stromlinie herrscht. Denn die erste Störung der stetigen Strömung kann erst bei der vom Anfangspunkt E der Wandkrümmung ausgehenden Machlinie einsetzen. Diese wird jedoch von den späteren Machlinien im Punkte P durchkreuzt. Vom Punkte P muß also eine Störung ausgehen, welche steiler in der Strömung steht als die Machlinie der Anströmung. Dies muß eine Störung sein mit größerer Relativgeschwindigkeit zum Gas, als eine kleine Störung sie besitzt. Es ist also offenbar ein schief in der Strömung liegender Stoß.

Zur Aufstellung der Stoßbeziehungen sei ein stationärer senkrechter Stoß aus einem Bezugssystem betrachtet, welches sich abwärts in Richtung der Front des senkrechten Stoßes bewegt, Abb. 14. Die früheren Strömungsgeschwindigkeiten

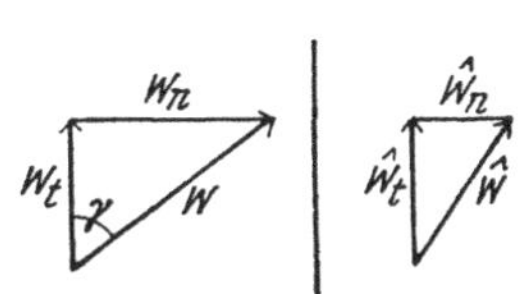

Abb. IX,14. Senkrechter stationärer Stoß im bewegten System.

vor und hinter dem senkrechten Stoß erscheinen nun als Normalkomponenten der Geschwindigkeiten auf die Stoßfront (W_n, $\hat{W}_n$) und es gelten alle in Teil II abgeleiteten Stoßformeln, wenn an Stelle der Geschwindigkeitsbeträge nun die entsprechenden Normalkomponenten gesetzt werden. Zu diesen treten aber noch Tangentialkomponenten ($\hat{W}_t$, W_t), die einander gleich sind:

$$W_t = \hat{W}_t. \tag{56}$$

Die Stoßfront und die geänderte Anströmrichtung bilden nun den *Stoßfrontwinkel* γ. Es ist:

$$W_n = W \sin\gamma, \qquad W_t = W \cos\gamma. \tag{57}$$

Der Winkel γ beim schiefen Stoß entspricht dem Machwinkel α bei der Machschen Welle. Er geht für schwache Störungen in diesen über, hängt aber im allgemeinen nicht — wie α — von der Machzahl der Anströmung allein, sondern auch von der Stoßstärke, also vom Zustand hinter der Stoßfront ab.

Während der Zustand hinter dem senkrechten Stoß ($\gamma = 90°$) eindeutig durch den Zustand davor gegeben ist, hängt der Zustand hinter dem schiefen Stoß noch vom Winkel γ ab, so daß in die Stoßgleichungen nun zwei Parameter eingehen: M und γ, oder $W/c^* = M^*$ und γ.

Der thermodynamische Zustand bleibt aus jedem beliebig bewegten System betrachtet der gleiche, er ist „bewegungsinvariant". Das Verhältnis thermischer Zustandsgrößen — früher nur abhängig von $M = W/c$ — ist nur Funktion von W_n/c, also mit Gl. (57) nur Funktion von:

$$\frac{W_n}{c} = \frac{W}{c}\sin\gamma = M \sin\gamma. \tag{58}$$

Denn auch c ist bewegungsinvariant, weil es nur vom thermischen Zustand abhängt. Für das id. Gas konst. sp. W. ergeben sich also nach Gln. (II,34), (II,42) und (58) folgende Beziehungen:

$$\frac{\varrho}{\hat{\varrho}} = 1 - \frac{2}{\varkappa+1}\left(1 - \frac{1}{M^2\sin^2\gamma}\right) = \frac{1}{M^2\sin^2\gamma}\left[1 + \frac{\varkappa-1}{\varkappa+1}(M^2\sin^2\gamma - 1)\right];$$

$$\frac{\hat{p}}{p} = 1 + \frac{2\varkappa}{\varkappa+1}(M^2\sin^2\gamma - 1); \tag{59}$$

$$\frac{\hat{T}}{T} = \frac{\hat{c}^2}{c^2} = \frac{1}{M^2\sin^2\gamma}\left[1 + \frac{2\varkappa}{\varkappa+1}(M^2\sin^2\gamma - 1)\right]\cdot\left[1 + \frac{\varkappa-1}{\varkappa+1}(M^2\sin^2\gamma - 1)\right];$$

$$\frac{\hat{\varrho}_0}{\varrho_0} = \frac{\hat{p}_0}{p_0} = \left[1 + \frac{2\varkappa}{\varkappa+1}(M^2\sin^2\gamma - 1)\right]^{-\frac{1}{\varkappa-1}}\left[1 - \frac{2}{\varkappa+1}\left(1 - \frac{1}{M^2\sin^2\gamma}\right)\right]^{-\frac{\varkappa}{\varkappa-1}}.$$

Da das Ruhedruckverhältnis nur vom Entropieanstieg abhängt, ist es ebenfalls bewegungsinvariant.

Die Definition des Ruhedruckes selbst ließ dieses einfache Ergebnis gar nicht erwarten, denn der Ruhezustand ist natürlich keineswegs bewegungsinvariant. Er verliert seine Eigenschaft bei Betrachtung aus einem bewegten Bezugssystem.

Daß c, die Fortpflanzungsgeschwindigkeit des Schalles, ebenfalls bewegungsinvariant ist, ist leichter zu erklären, denn sie ist als Wellengeschwindigkeit relativ zum Medium definiert, in das die Welle hineinläuft.

Der zweite Hauptsatz der Wärmelehre verbietet also auch schiefe Verdünnungsstöße. Die Extreme des Druckanstieges liegen nach Gl. (58) und

Gl. (VI,33) bei

$$\sin\gamma = 1{:}\quad \gamma = 90^\circ \quad \text{und} \quad \sin\gamma = \frac{1}{M}{:}\quad \gamma = \alpha.$$

Bei einer bestimmten Machzahl der Anströmung zeigt also der senkrechte Stoß den stärksten Druckanstieg. Bei verschwindendem Druckanstieg entartet der schiefe Stoß erwartungsgemäß zu einer Machschen Linie.

Tab. II,1 für die Zustandsänderungen im senkrechten Stoß kann auch für die Änderungen der thermischen Zustandsgrößen und des Ruhedruckes im schiefen Stoß verwendet werden, indem $M \sin\gamma$ gebildet wird, und mit diesem Zahlenwert in die Kolonne für M in Tab. II,1 eingegangen wird.

Die Ruheschallgeschwindigkeit ändert sich, wenn sie auf das bewegte System bezogen wird, völlig. Werden die Größen des Systems, in welchem der Stoß senkrecht erscheint, mit einem Strich gekennzeichnet, so schreibt sich der Energiesatz in diesem System wie folgt ($T = T'$; $c \neq c'$, $W' = W_n$):

$$W_n^2 + 2c_pT = \frac{2}{\varkappa - 1}\, c_0'^2 = \frac{\varkappa + 1}{\varkappa - 1}\, c^{*\prime 2}.$$

Daraus folgt durch Addieren von W_t^2:

$$W^2 + 2c_pT = \frac{2}{\varkappa - 1}\, c_0'^2 + W_t^2 = \frac{\varkappa + 1}{\varkappa - 1}\, c^{*\prime 2} + W_t^2 = \frac{2}{\varkappa - 1}\, c_0^2 = \frac{\varkappa + 1}{\varkappa - 1}\, c^{*2}.$$

Also gilt folgende Beziehung für das mit W_t bewegte System:

$$c_0'^2 = c_0^2 - \frac{\varkappa - 1}{2}\, W_t^2; \qquad c^{*\prime 2} = c^{*2} - \frac{\varkappa - 1}{\varkappa + 1}\, W_t^2. \tag{60}$$

Aus der einfachen Prandtlschen Beziehung (II,35) folgt dann:

$$W_n \cdot \hat{W}_n + \frac{\varkappa - 1}{\varkappa + 1}\, W_t^2 = c^{*2}. \tag{61}$$

Für die Anwendung ist eine Beziehung anzustreben, bei welcher sich die Anströmung in x-Richtung, Stoßrichtung und Strömungsgeschwindigkeit nach dem Stoß abhängig vom Ablenkungswinkel, d. i. der Strömungswinkel ϑ nach dem Stoß ergibt. Zu diesem Zweck ist also $\hat{W}_n$ und W_t durch $\hat{u}$ und $\hat{v}$ auszudrücken, wenn $u = W_n$ und $v = 0$ ist.

W_t und W_n können als Geschwindigkeitskomponenten in einem gegenüber der x-Richtung um den Stoßfrontwinkel γ gedrehten Bezugssystem aufgefaßt werden. In den Drehungsbeziehungen (VI,46) ist nur zu setzen:

$$\beta = \gamma; \qquad W_1 = W_t; \qquad W_2 = -W_n.$$

Dasselbe gilt für die mit dem Dach gekennzeichneten Größen hinter der Stoßfront. Vor der Stoßfront bestätigen sich wegen $v = 0$ mit Gl. (VI,46) nochmals die Beziehungen (57).

Ferner erhält man aus den linken Gln. (VI,46) mit Gl. (56):

$$W_t = u \cos\gamma = \hat{W}_t = \hat{u}\cos\gamma + \hat{v}\sin\gamma;$$
$$W_n = u \sin\gamma; \quad \hat{W}_n = \hat{u}\sin\gamma - \hat{v}\cos\gamma.$$

Aus der oberen Zeile läßt sich sofort die wichtige Beziehung herleiten:

$$\operatorname{tg}\gamma = \frac{u - \hat{u}}{\hat{v}}. \tag{62}$$

Sie ist auch aus Abb. 15 zu verstehen, die durch Drehung der Anströmrichtung in Abb. 14 und Aufeinanderlegen der Komponentendreiecke entsteht.

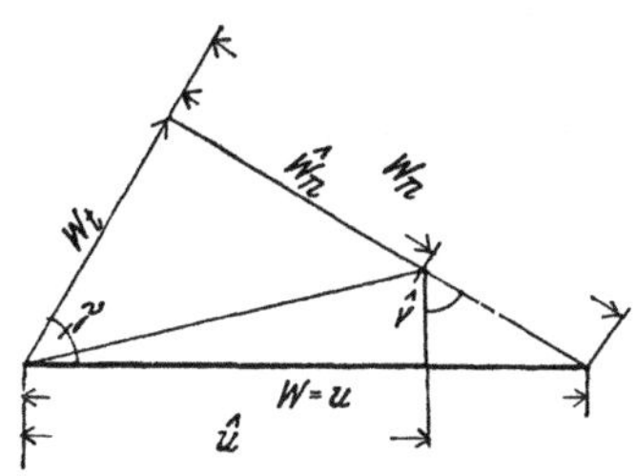

Abb. IX,15. Komponenten nach dem schiefen Stoß.

Wird W_n, $\hat{W}_n$, W_t und γ in Gl. (61) mittels der letzten Gleichungen durch u, $\hat{u}$ und $\hat{v}$ ersetzt, so folgt daraus der analytische Ausdruck für das „Cartesische Blatt", Abb. 16:

$$\left(\frac{\hat{v}}{c^*}\right)^2\left[1 + \frac{2}{\varkappa + 1}\left(\frac{u}{c^*}\right)^2 - \frac{u}{c^*}\frac{\hat{u}}{c^*}\right] = \left(\frac{u}{c^*}\frac{\hat{u}}{c^*} - 1\right)\left(\frac{u}{c^*} - \frac{\hat{u}}{c^*}\right)^2. \tag{63}$$

Für ein gegebenes u/c^* ergibt sich $\hat{v} = 0$ für:

$$1 = \frac{u}{c^*}\frac{\hat{u}}{c^*} \quad \text{und} \quad \frac{u}{c^*} = \frac{\hat{u}}{c^*}.$$

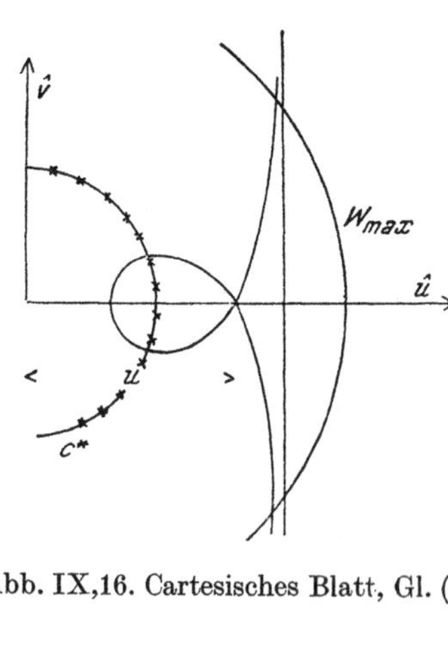

Abb. IX,16. Cartesisches Blatt, Gl. (63).

Das sind die beiden Grenzfälle für den senkrechten Stoß und die Machsche Linie. Zwischen ihnen liegt ein Zustand maximaler Ablenkung, der nahezu auf Schallgeschwindigkeit, exakt auf etwas Unterschallgeschwindigkeit führt. Es wird sich zeigen, daß alle von dem betrachteten Kurvenstück — die von A. BUSEMANN zuerst eingeführte *Stoßpolare* — wiedergegebenen Strömungszustände auch auftreten.

Der Rest des Cartesischen Blattes wird gerne als keinem physikalischen Zustand entsprechend bezeichnet. Dies trifft aber nur für die Werte $\hat{W} > W_{\max}$ zu, weil sie negativen Drücken, Temperaturen und Dichten entsprächen. Die zwischen $u < W < \hat{W}_{\max}$ gelegenen Kurventeile geben die Strömungszustände *vor* dem Stoß, wenn mit $u, v = 0$ der Zustand hinter dem Stoß bezeichnet wird. Dies folgt daraus, daß dieses umgekehrte Problem mit genau denselben Gleichungen zu behandeln ist, nur mit der Voraussetzung: $\hat{u} > u$. Diese Stoßpolare für gegebene Anströmung hat beispielsweise praktische Bedeutung für die Konstruktion von Schwanzwellen. Eine entsprechende Fragestellung trat beim Stoß in instationärer Strömung auf (Abschnitt III,16).

Bei Variation der Anströmgeschwindigkeit ergibt sich das Busemannsche Stoßpolarendiagramm (Tafel I). Mit Hilfe des Diagramms lassen sich nun wichtige Aufgaben einfach lösen. Sie können entweder als exakte Lösungen einfacher Probleme oder auch als Lösungen in einer kleinen Umgebung einer komplizierten Strömung angesehen werden. Vielfach besteht starke Verwandtschaft mit entsprechenden instationären Problemen.

Mittels der bereits verwendeten Beziehungen zwischen den u, v-Komponenten und den W_n, W_t-Komponenten kann $\hat{u}$, $\hat{v}$ zunächst auf $\hat{W}_n$, $\hat{W}_t$ zurückgeführt werden. Wird sodann mittels

$$\hat{W}_n = W_n \varrho/\hat{\varrho}, \qquad \hat{W}_t = W_t$$

W_n und W_t eingeführt, und werden diese Komponenten schließlich mittels Gl. (57) auf $u = W$ zurückgeführt, so gelangt man zu den für beliebige Medien gültigen Gleichungen:

$$\hat{u} = u[1 - \sin^2\gamma(1 - \varrho/\hat{\varrho})]; \qquad \hat{v} = u(1 - \varrho/\hat{\varrho}) \sin\gamma \cos\gamma.$$

Damit ließe sich Gl. (62) sofort bestätigen. Vor allem aber ist damit die Gleichung für die Abströmrichtung hinter der Front zu gewinnen:

$$\cot\vartheta = \frac{\hat{u}}{\hat{v}} = \operatorname{tg}\gamma\left[\frac{1}{(1 - \varrho/\hat{\varrho})\sin^2\gamma} - 1\right] = \operatorname{tg}\gamma\left[\frac{\frac{\varkappa + 1}{2} M^2}{M^2 \sin^2\gamma - 1} - 1\right]. \quad (64)$$

Das erste Ergebnis gilt für beliebige Medien, enthält allerdings noch $\varrho/\hat{\varrho}$. Im zweiten Ergebnis wurde mittels der ersten Gl. (59) der Wert von $\varrho/\hat{\varrho}$ für das id. Gas konst. sp. W. eingesetzt.

Für beliebige Medien gilt auch die einfache symmetrische Beziehung:

$$\operatorname{tg}(\gamma - \vartheta) = \operatorname{tg}\gamma \cdot \varrho/\hat{\varrho}.$$

Sie kann mittels der Kontinuitätsbedingung direkt aus Abb. 15 gewonnen werden. Die Herleitung aus Gl. (64) ist etwas umständlicher.

8. Der Stoß an einem Keil

Die Konstruktion des Stoßes an einem Keil oder an einer konkav geknickten Wand stellt dieselbe Aufgabe dar. In jedem Falle ist die Machsche Zahl der Anströmung gegeben. Stoßfrontrichtung und Geschwindigkeit hinter dem Stoß ist mit Hilfe der dort vorgeschriebenen Strömungsrichtung zu bestimmen.

Bei der in Abb. 17 wiedergegebenen geknickten Wand ist zunächst die durch M^* gegebene Stoßpolare im Polarendiagramm aufzusuchen. Das kann entweder durch Ausmessen erfolgen ($M^* = 1$ etwa $= 13$ cm), oder es kann in Tab. IX,2

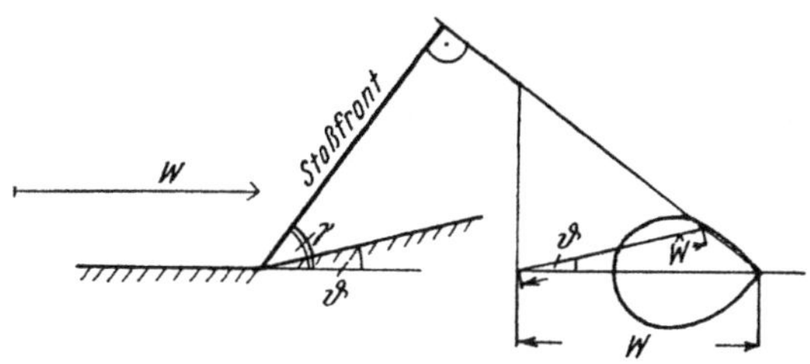

Abb. IX,17. Stoß am Wandknick in der Strömungsebene und im Hodographen (Stoßpolarendiagramm).

die zu M^* gehörige *Ch*-Zahl aufgesucht werden, nach welcher die entsprechende Stoßpolare bezeichnet ist. Die Zweckmäßigkeit der Verwendung dieser *Ch*-Zahlen wird sich später im Zusammenhang mit der Charakteristikenmethode erweisen. Aus der Richtung ϑ hinter dem Stoß ergibt sich unmittelbar $\hat{W}$. Die Verbindungsgerade der Endpunkte von den Vektoren W und $\hat{W}$ stellt nach Abb. 15 die Normalenrichtung auf die Stoßfront dar. Damit ist der Zustand hinter dem Stoß völlig bekannt. Der Druck kann beispielsweise entweder aus Tab. II,1 mit $M \sin\gamma$ anstelle von M bestimmt werden oder auch mit Hilfe der Bernoullischen Gleichung (also mit Tafel III), wobei das Resultat noch mit dem aus dem Stoßpolarendiagramm entnehmbaren Ruhedruckverhältnis zu multiplizieren ist.

Die in Abb. 17 gezeigte Strömung bildet das Gegenstück zur Prandtl-Meyer-Expansion an einem konvexen Wandknick. Übrigens gibt die Stoßpolare für eine bestimmte nicht zu große Ablenkung zwei mögliche Lösungen. Neben der eben verwendeten gibt es noch eine mit steilerer Stoßfront und Unterschallgeschwindigkeit nach dem Stoß.

Im Gebiet dieser „starken" Lösung nimmt der Druck mit wachsendem Knickwinkel ϑ ab. Eine kleine Winkelvergrößerung hätte also eine Druckabnahme an der Wand zur Folge, was offenbar zu instabilen Strömungsverhältnissen führt [11]. Diese zweite Lösung kommt nur in Frage, wenn stromabwärts noch stärkere Hindernisse auftreten, welche die Geschwindigkeit auf $M < 1$ abbremsen. Durch die Unterschallströmung wirkt das Hindernis dann stromaufwärts und drückt den Stoß gegen die Anströmung.

Bei verschwindendem Knickwinkel ϑ ginge von der Knickstelle nur eine Machsche Welle mit verschwindendem Druckanstieg aus. Bei langsamer Steigerung von ϑ würde die hier wiedergegebene Lösung erreicht. Bei weiterer Steigerung von ϑ würde schließlich — abhängig von der Machzahl der Anströmung — ein ϑ_{max} erreicht, von welchem an die Stoßfront am Knick nicht mehr anliegen kann. Eine genauere Untersuchung [12] zeigt, daß die Stoßfront bereits ein wenig vor $\vartheta = \vartheta_{max}$ vom Knick abrückt, nämlich dann, wenn hinter der Front Schallgeschwindigkeit erreicht wird. Praktisch ist dieser Unterschied allerdings nur bei sehr genauer Beobachtung bemerkbar. Bei zu großem Winkel ϑ muß der Stoß, die Kopfwelle, vor dem Hindernis liegen. Ihr Abstand vom Hindernis muß dabei von der Größe des Hindernisses selbst abhängen, Abb. 18. Mit Vergrößerung des

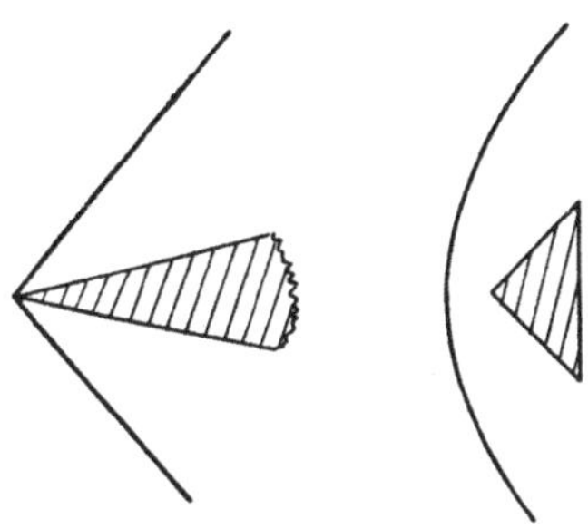

Abb. IX,18. Anliegende und abgelöste Kopfwelle.

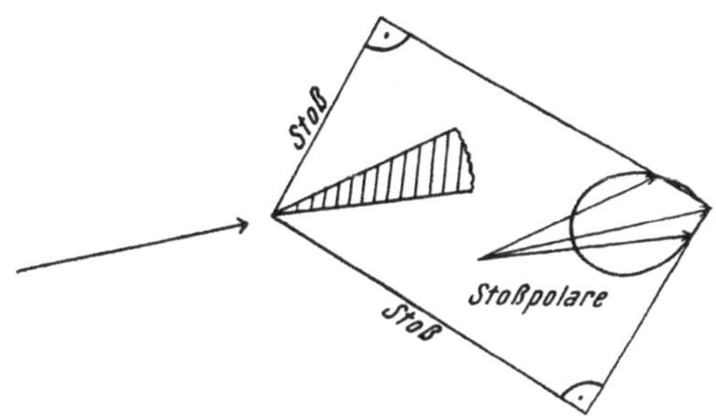

Abb. IX,19. Allgemeine Lage eines Keiles in Überschallströmung.

Hindernisses bei Beibehalten der Form muß der Stoß also stromaufwärts rücken. Das heißt aber, daß es für einen unendlich langen Keil mit $\vartheta > \vartheta_{max}$ keine Strömung mit Überschallgeschwindigkeit im Anströmgebiet gibt. Die Länge des Keiles bei $\vartheta < \vartheta_{max}$ dagegen ist auf die Strömungsverhältnisse an der Spitze ohne Einfluß. Es ist interessant, daß sich bei Überschallanströmung auf so einfache Weise unerfüllbare Randbedingungen aufstellen lassen.

Die Berechnung einer abgelösten Kopfwelle stellt eine schwierige Aufgabe dar, weil Unter- und Überschallströmung nebeneinander auftreten. Sie gehört damit zum Problemkreis der schallnahen Strömungen, interessiert vor allem aber auch bei Hyperschallanströmung.

Bei einem beliebig asymmetrischen Keil mit beliebiger Anströmrichtung ist das Stoßpolarendiagramm entsprechend zu drehen. Wenn die Ablenkungswinkel nur unter der Höchstgrenze für anliegende Kopfwellen liegen, ergeben sich oben und unten zwei voneinander unabhängige Lösungen (Abb. 19). Die eine Seite kann sich auf der anderen ja nicht bemerkbar machen. Das ändert sich sofort, wenn der Keil zu kräftig ist und die Kopfwelle sich ablöst.

9. Reflexion des Stoßes an einer Wand

Diese Aufgabe kann ganz analog zu Abschnitt III,19, Abb. III,9, behandelt werden. Bei einer auf eine Wand zustrebenden Stoßfront, Abb. 20, ist die Strömungsrichtung hinter der Front (Feld 2) der Wand zugekehrt. Das Polarendiagramm ist nun auf die Strömungsrichtung in Feld 2 einzustellen. Der Schnittpunkt der zugehörigen Stoßpolaren mit der Wandrichtung gibt den Zustand im

Feld 3 hinter dem reflektierten Stoß. Im Polarendiagramm werden die Zustände am besten durch die Endpunkte der entsprechenden Vektoren gekennzeichnet. Ein Stoß wird an der festen Wand als Stoß reflektiert.

Wie beim Stoß an der konkaven Ecke gibt es wieder zwei Lösungen im Feld 3, wobei abermals der schwächere Stoß zu wählen ist. Es kann aber wie beim vorausgegangenen Beispiel auch gar keine Lösung geben, wenn der erste Stoß so kräftig

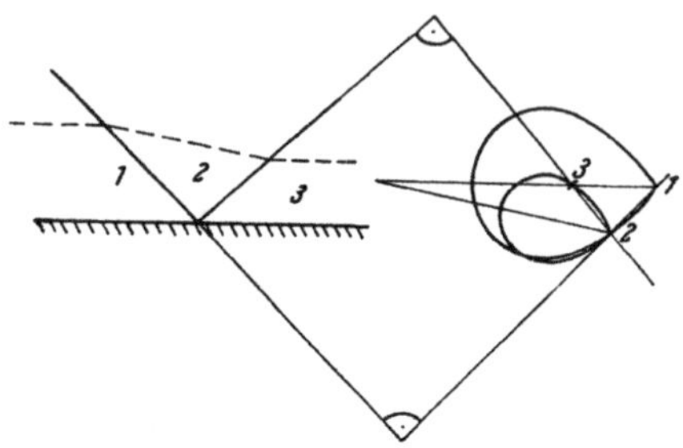

Abb. IX,20. Reflexion eines Stoßes an einer Wand. (– – – –) Stromlinie.

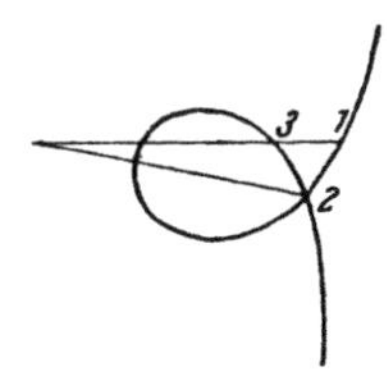

Abb. IX,21. Reflexion im vollständigen Polarenbild.

ist, daß die Umlenkung von Richtung 2 auf Richtung 3 nicht mehr möglich ist. Dann kommt schon der erste Stoß nicht zustande.

Ein Überblick über die möglichen Reflexionen ergibt sich, wenn von der vollständigen Polaren des Zustandes 2 ausgegangen wird, Abb. 21. Dann liegt der Punkt 1 auf dem Teil $\hat{W} > W$ und der Zustand 3 auf dem Teil $\hat{W} < W$. Beide Vektoren müssen in eine Richtung fallen, liegen also auf einer Geraden durch den Ursprung des Hodographen. Dabei ergibt sich sofort, daß es für zu große Werte von 1 — nun bei gegebenem Zustand 2 — keinen Zustand 3 gibt.

Im allgemeinen unterscheiden sich „Einfallswinkel" und „Reflexionswinkel" der Stoßfronten, werden aber im Grenzfall sehr schwacher Stöße (Machscher Linien) einander gleich.

10. Reflexion des Stoßes am freien Strahlrand, Herzkurve

Bei der Reflexion eines Stoßes am freien Strahlrand, Abb. 22, vgl. auch Abb. III,13, soll der Druck nach der Reflexion, Feld 3, dem vor der Reflexion, Feld 1, gleich sein. Dabei ist vorausgesetzt, daß sich das Medium jenseits des

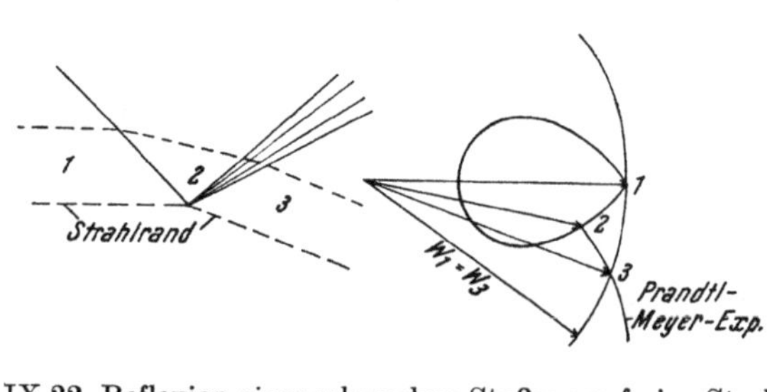

Abb. IX,22. Reflexion eines schwachen Stoßes am freien Strahlrand.

Strahlrandes in Ruhe befindet. Im Reflexionspunkt muß der Druck also sprunghaft absinken. Das ist nur so möglich, daß sich an dieser Stelle das Zentrum einer Prandtl-Meyer-Expansion befindet, in der der Druck vom Werte hinter dem Stoß, Feld 2, auf den Wert vor dem Stoß abfällt. Bei schwachen Stößen ($M \sin\gamma - 1 \ll 1$) bleibt die Entropie näherungsweise konstant. Die Forderung gleichen Druckes am Strahlrand ist dann mit Rücksicht auf die Bernoullische Gleichung identisch mit der Forderung konstanter Geschwindigkeit. In dieser sehr häufig benutzten *isentropen Näherung* kann die Aufgabe leicht im Hodographen gelöst werden, indem dort außer der Stoßpolaren noch die Prandtl-Meyer-Strömung eingetragen wird. Die Expansion erfolgt im gleichen Sinne wie in Abb. VI,17, so daß Formel (VI,86) direkt verwendet werden kann, bis auf eine zu ϑ zu addierende Konstante, welche so zu wählen ist, daß ϑ bei der Machschen Zahl hinter dem Stoß auch der Strömungsrichtung hinter dem Stoß entspricht. Abb. 22 zeigt, daß sich die Strömung im Stoß- und Expansionsteil in gleicher Richtung dreht. Die Reflexion führt zu einem scharfen Knick im Strahlrand, wobei die Verdichtung als Verdünnung zurückgeworfen wird.

Bei starken Stößen muß der Ruhedruckabfall berücksichtigt werden. Ist dieser nicht groß, so ergibt sich durch Entwickeln der Bernoullischen Gleichung (Tafel II,5) nach dem Ruhedruck folgende Änderung der Geschwindigkeit mit dem Ruhedruck bei festgehaltenem statischen Druck:

$$\frac{\Delta W}{W} = \frac{1}{\varkappa M^2}\left(\frac{\hat{p}_0}{p_0} - 1\right) + \cdots. \tag{65}$$

Im Schnittpunkt der Prandtl-Meyer-Kurve mit jenem Kreis im Hodographen, welcher der durch den Ruhedruckabfall verminderten Geschwindigkeit entspricht, findet man dann den Zustand 3 nach der Reflexion.

Für Aufgaben, welche Druckbedingungen enthalten, empfiehlt es sich aber im folgenden überhaupt ein Diagramm zu verwenden, welches als Koordinaten Druck und Strömungswinkel ϑ aufweist im Gegensatz zum Hodographen, dessen Polarkoordinaten W und ϑ sind. Es ist üblich und praktisch als kartesische Koordinaten $\log(p/p_1)$ und ϑ zu verwenden ($\log$ = Logarithmus mit der Basis 10). Es ist dabei von untergeordneter Bedeutung, auf welchen Druck p_1 bezogen wird — in Frage käme etwa der Ruhedruck oder der statische Druck vor dem Stoß — weil dies nur Einfluß auf die Lage des O-Punktes, nicht aber auf den Maßstab hat. Die Gerade $\log(p/p_1) = 0$ ($p = p_1$) gibt den Bezugsdruck wieder. Die in die $\log(p/p_1)$, ϑ-Ebene gezeichnete Stoßpolare heißt ihrer Form nach *Herzkurve*, Abb. 23. Bei Schallnähe zeigt sie noch deutliche Ähnlichkeit mit der Busemannschen Stoßpolaren. Der Herzkurve kann aber der Stoßwinkel γ nicht mehr so leicht entnommen werden, weshalb es praktisch ist, γ-Kurven in das Herzkurvendiagramm einzuzeichnen. Aus der Stoßtabelle II,1 folgt für jedes Druckverhältnis der Wert von $M \sin\gamma$. Mit dem Wert von γ weiß man dann auch M, M^* und alle Daten hinter dem Stoß. Alle thermischen Größen einschließlich des Ruhedruckverhältnisses ergeben sich direkt aus dem Druckverhältnis in Tab. II,1.

Zur Feststellung des Zustandes 3 wird auch die Prandtl-Meyer-Expansion, Gl. (VI,86), in ein $\log(p/p_1)$, ϑ-Diagramm eingezeichnet (möglichst auf durchsichtigem Papier). Es ergeben sich je eine Kurve für die Expansion im und gegen

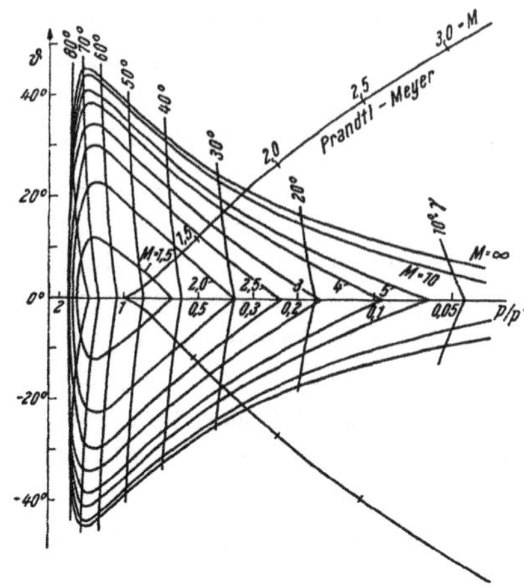

Abb. IX,23. Herzkurvendiagramm (Stoßpolare in der $\log(p^*/p)$, ϑ-Ebene).

den Uhrzeigersinn, Abb. 24. An der Kurve sind die zugehörigen Machzahlen notiert. Eine Parallelverschiebung der Kurve in ϑ-Richtung kommt einer Änderung des Winkels bei $M = 1$, eine Parallelverschiebung in $\log(p/p_1)$-Richtung kommt einer Änderung des Bezugsdruckes gleich. Um die vom Zustand 2 aus-

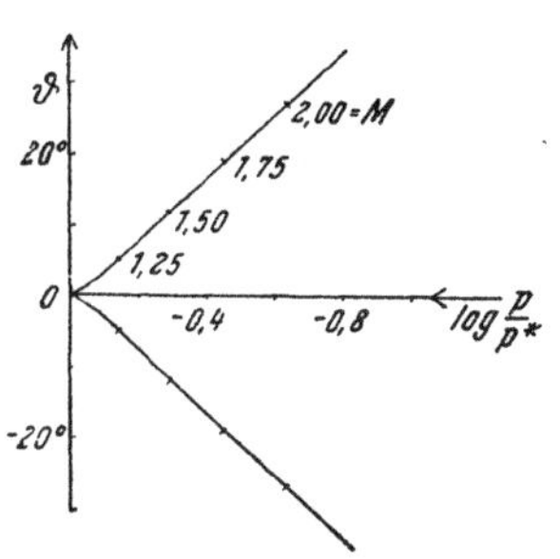

Abb. IX,24. Prandtl-Meyer-Expansion in der verzerrten p-, ϑ-Ebene.

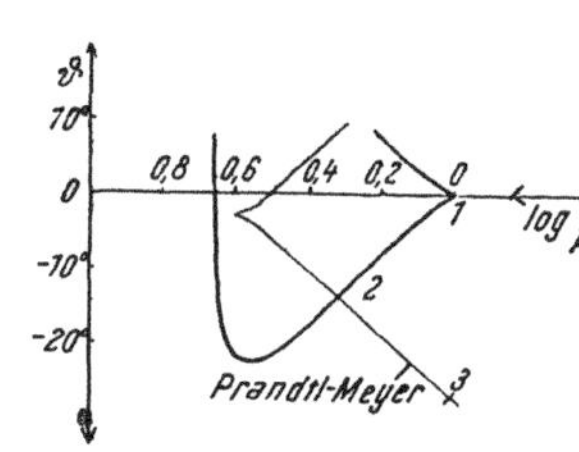

Abb. IX,25. Reflexion am Strahlrand im Herzkurvendiagramm.

gehende Expansion zu erfassen, ist die Prandtl-Meyer-Kurve so zu verschieben, daß sie durch den Punkt 2 der Herzkurve geht und sich mit der dortigen Machschen Zahl deckt. Der Zustand 3 ergibt sich dann auf den Geraden $\log(p/p_1) = 0$, Abb. 25. Die Ähnlichkeit mit dem Stoßpolarenbild 22 ist deutlich.

11. Der Stoß im Zentrum einer Prandtl-Meyer-Kompression

Die Frage, was im Zentrum einer durch eine konkave Wand vorgegebenen Prandtl-Meyer-Kompression geschieht, Abb. 13, kann nun leicht beantwortet werden. Der Zustand 2 nach der Kompression ist durch Druck und Richtung völlig bestimmt. Da er durch isentrope Verdichtung aus dem Zustand 1 erreicht wurde, kann er nicht gleichzeitig auch über einen schiefen Stoß hergestellt werden. Dies ist nur näherungsweise in „isentroper Näherung“ möglich, in der sich der Stoß ohne weiteres aus der vorgeschriebenen Richtungsänderung ergibt, wobei an der von P ausgehenden Stromlinie der gleiche Druck entsteht wie bei der stetigen Kompression.

Exakt ist der Druck bei gleicher Ablenkung nach einem Stoß stets etwas kleiner als nach einer stetigen Verdichtung. Dieser muß also eine von P ausgehende Expansion folgen, die so groß ist, daß an der Begrenzungsstromlinie von stetig und unstetig verdichtetem Medium wieder derselbe Druck $p_3 = p_4$, Abb. 26, herrscht. Der Endzustand in den Feldern 3 und 4 ergibt sich sofort aus der von 1 ausgehenden Herzkurve und der gegen den Uhrzeiger drehenden, vom Zustand 2

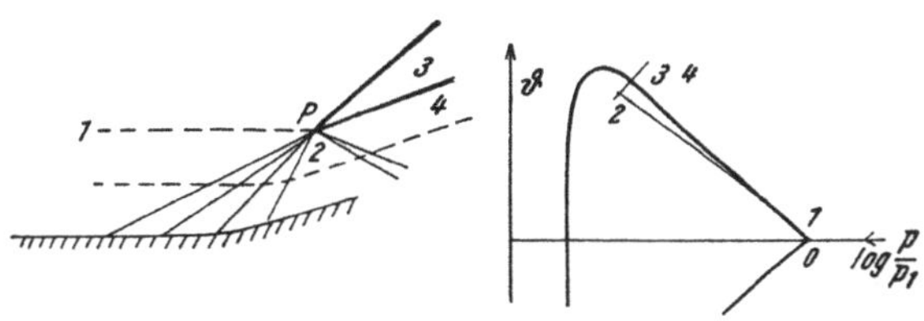

Abb. IX,26. Zustand im Zentrum einer Prandtl-Meyer-Verdichtung.

ausgehenden Prandtl-Meyer-Expansion. M_3 ergibt sich dabei aus der Herzkurve, M_4 hingegen aus der Prandtl-Meyer-Kurve. Der Unterschied zwischen den Zuständen 3 und 4 ist im allgemeinen gering und die Expansion von 2 nach 4 schwach, vgl. auch Abb. III,11.

Die in P ansetzende Stromlinie liegt an einem Geschwindigkeitssprung, es ist eine Unstetigkeitslinie. Mathematisch wäre dieser Geschwindigkeitssprung durch eine Wirbelbelegung darzustellen. Die Strömung ist als ganze nicht mehr wirbelfrei, wohl aber noch in den Teilgebieten beiderseits der Wirbelbelegung. Im allgemeinen kann also eine Strömung mit schiefen Stößen nicht mehr als wirbelfrei angesehen werden.

12. Zusammentreffen gleichlaufender Stoßwellen

Die Prandtl-Meyer-Verdichtung kann als Grenzfall einer großen Anzahl in einem Punkte zusammenlaufender schiefer Stöße aufgefaßt werden. Der Vorgang im Treffpunkt zweier gleichlaufender schiefer Stöße — hervorgerufen etwa durch zwei aufeinanderfolgende Wandknicke, Abb. 27, siehe auch Abb. III,12 — ist also nahe verwandt. Wieder ist der Verlust in beiden schiefen Stößen zusammen

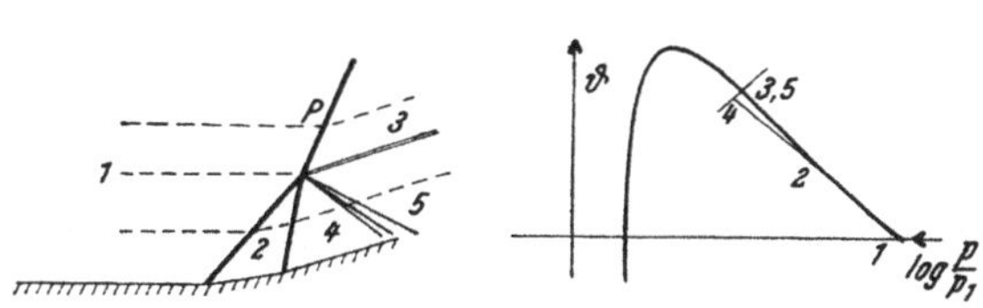

Abb. IX,27. Zusammentreffen gleichlaufender Stöße.

geringer als in dem einen Stoß, der jenseits des Zusammentreffens entsteht. Immerhin ist der Verlust aber größer als bei einer isentropen Verdichtung auf gleichen Strömungswinkel. Der vom Treffpunkt P ausgehende Verdünnungsfächer ist also im allgemeinen noch schwächer als beim vorangegangenen Beispiel. Die „isentrope Näherung“ ist meist schon recht gut, was sich in einem geringen Abweichen der Herzkurven voneinander äußert.

Der Zustand 2 und 3 liegt auf der Herzkurve des Zustandes 1. Im Punkte 2 setzt die zu diesem Zustand gehörige Herzkurve an und führt zu dem durch den zweiten Wandknick gegebenen Zustand 4. Der Schnittpunkt der von dort ausgehenden Prandtl-Meyer-Expansion mit der Herzkurve von 1 gibt die Zustände 3 und 5, wobei sich wieder M_3 und M_3^* aus der Herzkurve, M_5 und M_5^* aus der Prandtl-Meyer-Expansion ergeben.

13. Zusammentreffen entgegenlaufender Stoßwellen

Die Reflexion eines Stoßes an einer Wand, Abb. 20, kommt dem Zusammentreffen zweier gegenläufiger, gleichstarker Stoßwellen in der Wandebene gleich. Das Zusammentreffen von Stößen unterschiedlicher Stärke sei wieder im Herzkurvendiagramm betrachtet, Abb. 28. Die Zustände 2 und 3 liegen nun auf der

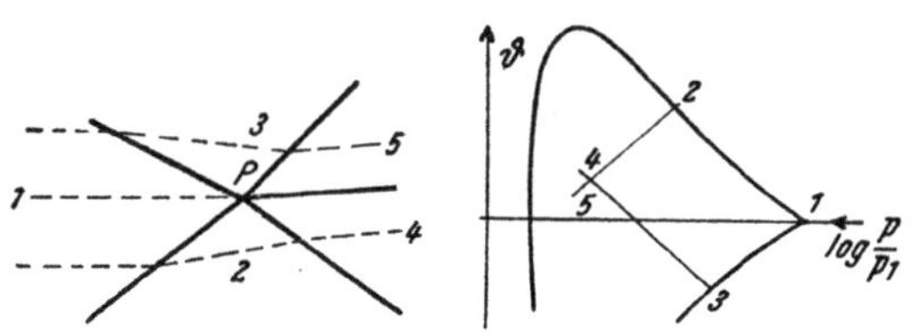

Abb. IX,28. Zusammentreffen entgegenlaufender Stöße.

positiven und negativen Seite der Herzkurve des Zustandes 1. Dort sind die Herzkurven von 2 und 3 anzusetzen, aus deren Schnittpunkt sich nun sofort die Zustände 4 und 5 gleichen Druckes und gleicher Richtung, aber im allgemeinen unterschiedlicher Machzahl ergeben. Bei häufiger Behandlung dieser Aufgabe empfiehlt es sich, zwei durchsichtige Herzkurvendiagramme zu haben, die auf einem undurchsichtigen verschoben werden. Die Mannigfaltigkeit aller Lösungen läßt sich gut überblicken, wenn man ähnlich wie in Abb. 21 „vollständige“ Herzkurven zu Hilfe nimmt. Zustand 1 und Zustand 4—5 sind dann zwei Schnittpunkte der vollständigen Herzkurven vom Zustand 2 und 3.

Die entsprechende instationäre Aufgabe zeigt Abb. III,10.

14. Der Gabelstoß

Es erweist sich auch durchaus als möglich, daß beim Zusammentreffen zweier Stöße nur ein einziger Stoß abzweigt, ohne daß es zu einem Prandtl-Meyer-Fächer kommt. Man spricht dann von Gabelstößen. Sie sind in Wandnähe im Zusammenhang mit Grenzschichtvorgängen oft zu beobachten. Um die Möglichkeiten eines

Gabelstoßes bei einer bestimmten Machzahl M_1 der Anströmung zu studieren, sind für die verschiedenen Punkte der Herzkurve des Zustandes 1 die zugehörigen Herzkurven zu zeichnen, Abb. 29. Ergibt sich ein Schnittpunkt der Herzkurve des Zustandes 2, welcher selbst ein Punkt der Herzkurve 1 ist, mit der Herzkurve 1, so gibt es einen Gabelstoß. Denn der Zustand 3 ist dann sowohl über *einen*

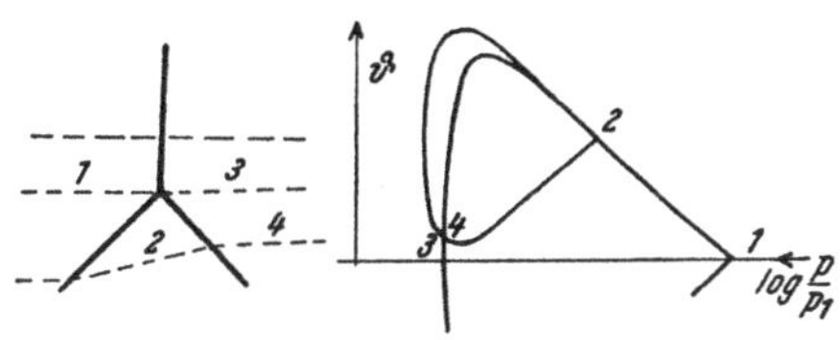

Abb. IX,29. Der Gabelstoß.

Stoß als auch über zwei Stöße vom Zustand 1 aus erreichbar. Die Erscheinung kann in isentroper Näherung natürlich auch direkt im Busemannschen Stoßpolarendiagramm studiert werden, wobei sich der Strömungszustand etwas schneller ergibt als aus dem Herzkurvendiagramm.

Mit dem Gabelstoß haben sich erstmalig A. Weise [13] und H. Eggink [14] beschäftigt. Verbesserungen und Vereinfachungen gibt W. Wuest [15]. Eine genaue Feststellung aller Möglichkeiten bedarf einer sehr genauen Untersuchung, welche F. Wecken [16] gibt. Dabei zeigt sich, daß es unter Umständen nicht nur zwei, sondern auch drei Lösungen bei gegebenen Zuständen 1 und 2 geben kann.

Unter einer bestimmten Machzahl (für $\varkappa = 1{,}405$: $M_1 = 1{,}2447$ nach W. Wuest) gibt es keinen Gabelstoß. Dies ist interessant, weil die Überlegungen auch für einen Punkt einer beliebigen Strömung gelten. Denn der Vorgang der Gabelung vollzieht sich in einem außerordentlich kleinen Bereich, in dem die Strömung im allgemeinen als parallel angesehen werden kann.

15. Kegel-Strömung

Wie alle in den letzten Abschnitten behandelten Strömungen, zeichnet sich auch die Strömung an einem Kreiskegel dadurch aus, daß der Strömungszustand lediglich vom Polarwinkel abhängt, auf allen von der Kegelspitze ausgehenden Kegelflächen also konstant ist. Voraussetzung ist dabei, daß eine entsprechende Strömung überhaupt besteht, d. h., daß die Kopfwelle an der Kegelspitze anliegt. Tut sie das nicht, etwa weil der Kegel stumpf ist, so kann man genau wie beim Keil schließen, Abschn. 8, daß es an einem unendlich langen Kegel keine Überschallströmung gibt.

Anschließend an die Prandtl-Meyer-Strömung wurde in Abschnitt VI,12 eine kegelige Kompressionsströmung behandelt. Mit deren Hilfe ist es allerdings nicht möglich, vom Kegel ausgehend die Strömung vor diesem zu berechnen, weil die Größe der Geschwindigkeit am Kegel unbekannt ist. Doch läßt sich für einen gegebenen Stoßwinkel γ — ausgehend von den Bedingungen hinter dem Stoß — die Strömung bis zum Kegel leicht nach Abb. VI,19 konstruieren. Da es sich um eine Konstruktion im Hodographen handelt, ergibt sich für jeden Stoß bei einem bestimmten M_∞, d. h., für die Punkte der Stoßpolare als Anfangsbedingung ein kegeliges Feld, Abb. 30. Die Endpunkte der Konstruktion geben die Kegelwinkel ϑ und die Geschwindigkeitsbeträge W am Kegel, welche zu dem entsprechenden Stoßwinkel gehören. Die Endpunkte bilden die sogenannten *Apfelkurven* [17], [58], sie geben den Zusammenhang von W und ϑ am Kegel bei gegebener Anströmung.

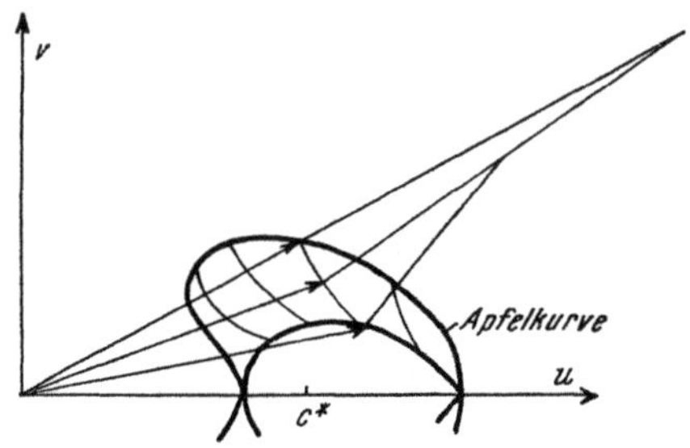

Abb. IX,30. Stoßpolare und Apfelkurve für $M_\infty = 1{,}78$.

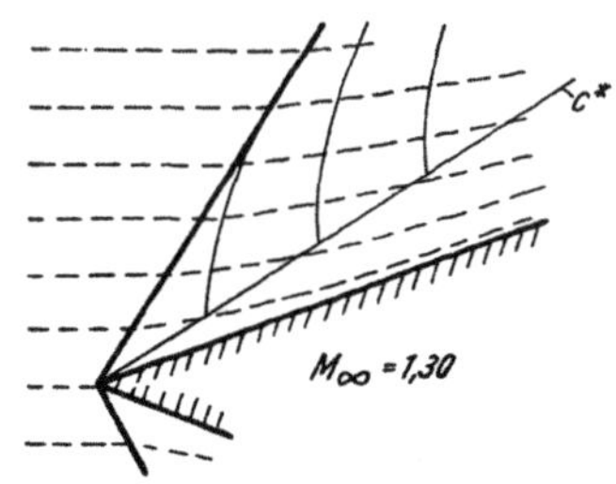

Abb. IX,31. Kegelströmung bei $M_\infty = 1{,}30$ nach [18]. ——— Machlinien, - - - - Stromlinien.

Bei derselben Stoßlage ist nach dem Verlauf der Apfelkurve die Strömung am Kegel steiler als hinter dem Stoß, also steiler als an einem Keil gleichen Stoßwinkels. Die Stromlinien biegen sich gegen den Uhrzeigersinn. Dabei kann hinter dem Stoß reine Überschall-, reine Unterschall- oder auch gemischte Strömung herrschen. Den letzten Fall gibt Abb. 31 für eine Machzahl der Anströmung $M_\infty = 1{,}30$ wieder. Auf der Schallisotache müssen die Machlinien senkrecht zur Stromlinie enden.

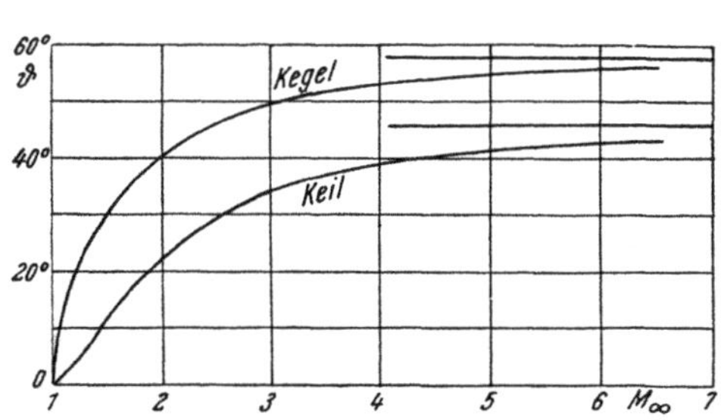

Abb. IX,32. Grenzwinkel von Keil und Kegel, abhängig von M_∞ ($\varkappa = 1{,}405$).

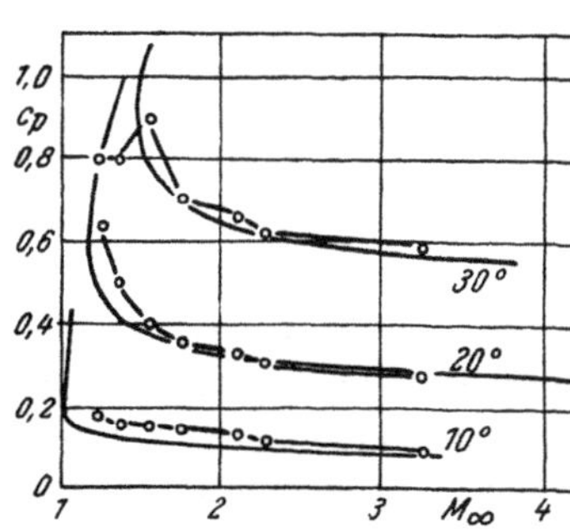

Abb. IX,33. Druckkoeffizient nach Theorie [18] und Versuch [19] an Kegeln mit 10°, 20°, 30° halbem Öffnungswinkel.

Der maximal zulässige Kegelwinkel ist bedeutend größer als beim Keil mit gleicher Machzahl der Anströmung M_∞. Abb. 32 zeigt die Grenzwinkel für Kegel und Keil. Diese sind allerdings nicht völlig identisch mit dem Anliegen der Kopfwelle, wie in Abschnitt 8 ausgeführt, weil die Strömung schon bei einem etwas kleineren Winkel instabil wird. Für den praktischen Gebrauch spielt dieser Unterschied aber kaum eine Rolle.

Aus der dünnen, von der Apfelkurve zur Stoßpolare gehenden Verbindungslinie ergibt sich der gesamte Strömungszustand zwischen Stoß und Kegel. Der Vektor vom Ursprung zu einem Punkt dieser Kurve gibt Geschwindigkeitsbetrag und Richtung. Die Normalen-Richtung der Kurve (die Richtung des Krümmungsradius) gibt nach Abb. VI,19 die zugehörige Richtung des kegeligen Strömungsfeldes.

Abb. 33 zeigt Versuche und die exakte Theorie, beides nach TAYLOR-MACOLL [18] bzw. [19].

Abb. 34 gibt die Druckkoeffizienten am Kegel und Keil verschiedenen Öffnungswinkels abhängig von M_∞. Mit ihrer Hilfe läßt sich bereits ein Bild von den möglichen Widerständen in Überschallströmung gewinnen.

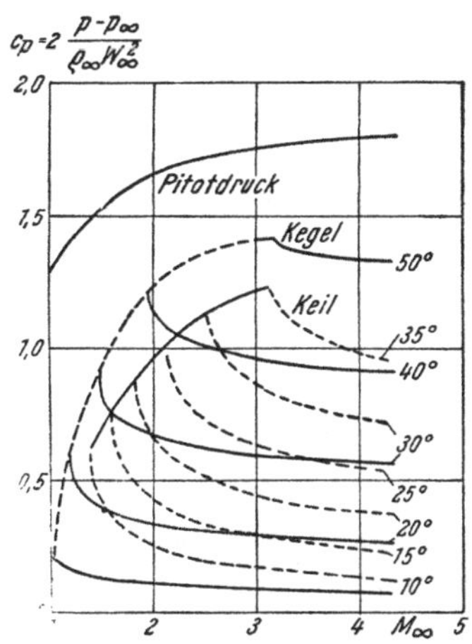

Abb. IX,34. Druckkoeffizient an Keil und Kegel ($\varkappa = 1{,}405$).

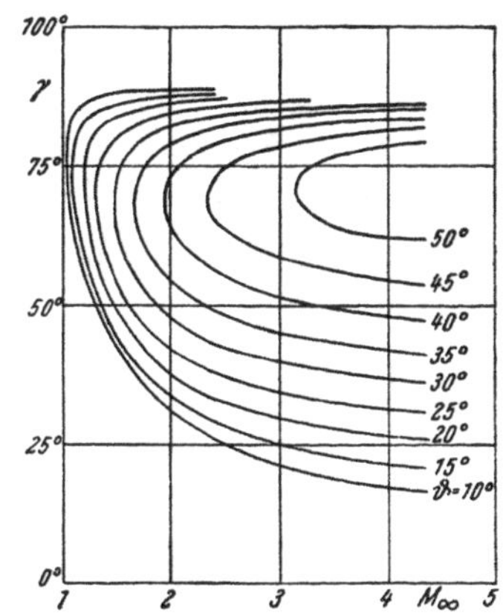

Abb. IX,35. Stoßwinkel am Kegel, abhängig vom Kegelwinkel und M_∞ ($\varkappa = 1{,}405$).

Für die Berechnung der Geschwindigkeitsverteilung an Körperspitzen, die näherungsweise stets als Kegel angesehen werden können, ist die Kenntnis des Stoßwinkels γ bei gegebenem Kegelwinkel und gegebenem M_∞ Voraussetzung. Zu dessen Ermittlung dient das Diagramm Abb. 35. Wie beim Keil, Abschn. 8, ist auch beim Kegel stets der kleinere der beiden möglichen Stoßfrontwinkel zu wählen. Nach ermitteltem γ ist dann mit der Konstruktion nach Abb. VI,19 die Kegelströmung schnell konstruiert. Wegen mangelhafter Ablesegenauigkeit kann sich in der Konstruktion dabei ein geringfügig geänderter Kegelwinkel ergeben. Nach Wiederholung der Konstruktion mit etwas geändertem Stoßwinkel ist die gewünschte Kegelströmung dann bald gefunden. Es macht daher wenig aus, daß das Diagramm Abb. 34 und 35 abweichend von den Tabellen dieses Buches für $\varkappa = 1{,}405$ gezeichnet ist.

Bei schwachen Stößen ergibt sich der Zustand hinter dem Stoß nur ungenau aus γ. Deshalb empfiehlt es sich, bei schlanken Kegeln die Geschwindigkeit am Kegel etwa mit Abb. 34 zu bestimmen und die Konstruktion des Strömungsfeldes am Kegel zu beginnen.

Eine genaue Analyse der Kegelströmung gibt A. BUSEMANN [20]. Dabei können solche Strömungen nur als Verdichtungen in Verbindung mit Stößen auftreten, worin ein wesentlicher Unterschied zur verwandten ebenen Strömung nach

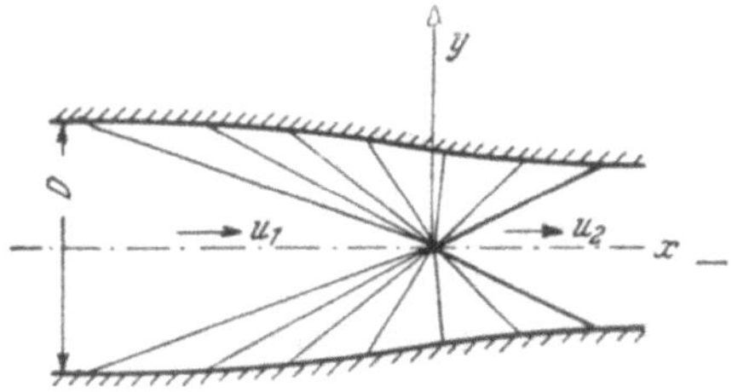

Abb. IX,36. Achsensymmetrische Verdichtungsdüse nach [20].

PRANDTL-MEYER besteht. Außer den Strömungen am Kegel hat noch eine Verdichtungsströmung in Düsen die Eigenschaft konstanter Strömungszustände auf Strahlen durch ein Zentrum, Abb. 36. Diese endet mit einem kegeligen Stoß.

Ausführliche Tabellen der Kegelströmung für $\varkappa = 1{,}405$ und $\varkappa = 1{,}33$ wurden in Amerika gerechnet [21], [22].

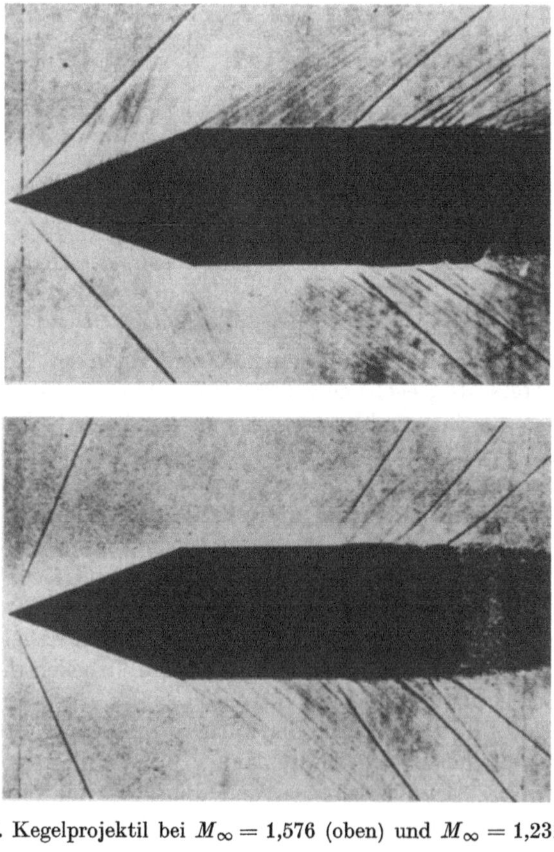

Abb. IX,37. Kegelprojektil bei $M_\infty = 1{,}576$ (oben) und $M_\infty = 1{,}231$ nach [19].

Abb. 37 zeigt Aufnahmen fliegender Körper mit Kegelspitze. (Über das Sichtbarmachen von Stößen und Machwellen siehe etwa [·30], [·32].)

Für die Strömung am Kegel ist die Form des Körpers dahinter ohne Einfluß, wenn überall Überschallströmung herrscht. Bei $M_\infty = 1{,}576$ zeigen sich von den Rauhigkeiten der Kegeloberfläche ausgehend deutlich Machwellen. Erst dort, wo die vom Kegelende ausgehende Machwelle auf den Stoß auftrifft, kann sich bei diesem eine Krümmung bemerkbar machen. Bei $M_\infty = 1{,}231$ hingegen herrscht am Kegel bereits Unterschallgeschwindigkeit, daher können keine Machwellen mehr auftreten. Die Endlichkeit des Kegels beeinflußt nun die ganze Kegelströmung. Tatsächlich ist die Stoßfront auch etwas gekrümmt. Eine Kegelströmung mit Unterschallgeschwindigkeit läßt sich mit *endlichen* Kegeln exakt nicht mehr verwirklichen. Es handelt sich dabei bereits um ein typisches Problem schallnaher Strömung.

16. Stoßströmung

Da in *ebener* Strömung hinter einem Stoß wieder Parallelströmung herrscht, allerdings mit geänderter Machzahl, läßt sich eine nur aus Verdichtungsstößen und Parallelstromfeldern zusammengesetzte Strömung — eine Stoßströmung — aufbauen. Schwierigkeiten können erst dort auftreten, wo sich die Stöße durchkreuzen. Dieses Gebiet sei aber hier nicht betrachtet; durch entsprechende Wände können Stoßdurchdringungen überhaupt vermieden werden, Abb. 38. Praktische Bedeutung besitzt eine solche Strömung für die Verwirklichung eines guten

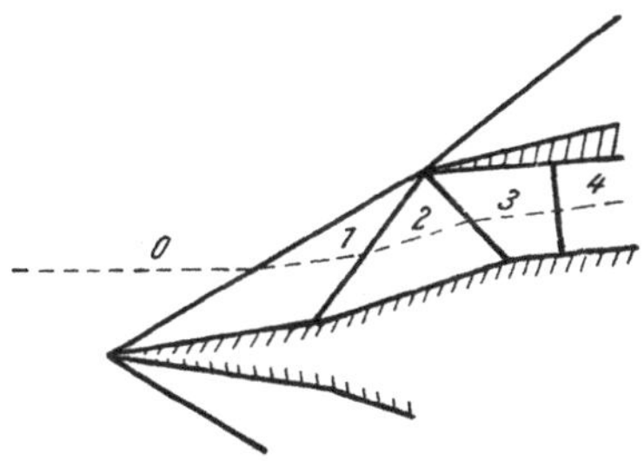

Abb. IX,38. Stoßströmung.

Druckrückgewinnes. Der Ruhedruckverlust ist bei höheren Machzahlen im senkrechten Stoß ganz erheblich und kann durch Auflösen des senkrechten Stoßes in schiefe Teilstöße wesentlich verringert werden. Das gelingt besonders gut an scharfen Vorderkanten, wo die Grenzschicht ohne Einfluß ist. Den geringsten Verlust gäbe natürlich eine stetige isentrope Verdichtung. Doch zeigt es sich, daß diese durch Grenzschichteffekte (hervorgerufen durch die starken Druckanstiege) gestört wird, wobei sich schiefe Stöße bilden.

Beim Aufbau einer Stoßströmung tritt die Frage auf, wie der Druckanstieg auf eine bestimmte Anzahl von Stößen verteilt werden muß, damit der gesamte Ruhedruckverlust einen Minimalwert annimmt. Es muß dabei gefordert werden, daß der letzte Stoß zu einer bestimmten Machzahl führt (etwa $M = 1$) oder daß er ein senkrechter Stoß ist. Ohne eine solche Einschränkung ergibt sich nämlich der geringste Verlust dann, wenn alle Stöße in Machwellen ausarten, womit dann allerdings auch jeder Druckanstieg ausbleibt. Obwohl die Aufgabenstellung elementar ist — es handelt sich um eine Extremwertaufgabe mehrerer unabhängiger Veränderlicher mit Nebenbedingungen — kommt man nur bei geschickter Darstellung zum Ziel [23]. Bei $M_n = 1$ (M_n = Machzahl nach dem n-ten Stoß) ergibt sich als Resultat, daß für alle Stöße der Wert von $M \sin \gamma$ derselbe sein muß. Das heißt, die Verluste in den einzelnen Stößen müssen einander gleich sein! Für den praktisch wichtigeren Fall, daß der letzte Stoß senkrecht ist, ergibt sich für die schiefen Stöße wieder gleiches $M \sin \gamma = M_0 \sin \gamma_0$ (M_0 = Machzahl der Anströmung), aber ein etwas abweichendes M_{n-1} (Machzahl vor dem letzten Stoß):

Tabelle IX, 1, [23]. *Höchstmöglicher Ruhedruck $\hat{p}_0$ nach $n - 1$ schiefen und einem senkrechten Stoß ($\varkappa = 1{,}405$).*

M_0	$n = 1$	$n = 2$			$n = 3$		
	$\hat{p}_0/p_0$	$M_0 \sin \gamma_0$	M_{n-1}	$\hat{p}_0/p_0$	$M_0 \sin \gamma_0$	M_{n-1}	$\hat{p}_0/p_0$
1,0	1,000	1,000	1,000	1,000	1,000	1,000	1,000
1,5	0,929	1,215	1,168	0,980	1,125	1,095	0,990
2,0	0,721	1,470	1,388	0,900	1,279	1,222	0,949
2,5	0,499	1,724	1,622	0,715	1,443	1,365	0,863
3,0	0,328	1,966	1,854	0,586	1,600	1,508	0,744
3,5	0,213	2,198	2,079	0,435	1,752	1,649	0,615
4,0	0,139	2,418	2,288	0,314	1,892	1,782	0,488

Danach zeigt sich bei höheren Machzahlen ein ganz entscheidender Effekt. Während bei geringem Überschall schon mit zwei Stößen das Wesentliche erreicht wird, wird bei hohen Machzahlen möglichst über drei Stöße herausgegangen werden. Dabei ist es nicht wichtig, die hier angegebenen Zahlen genau einzuhalten, da geringe Abweichungen in der Umgebung eines Extremwertes nur wenig am Resultat ändern.

Der hier berührte Fragenkomplex hat im Hinblick auf seine Bedeutung für Überschallstrahlantriebe bereits umfassende Bearbeitung gefunden [·10]. Entscheidend für einen brauchbaren Entwurf ist der Eintritt in den Kanal, in Abb. 38 also der Übergang von Feld 2 nach Feld 3, weil dort die in Abschnitt II,12 behandelte Blockierung auftreten kann.

17. Transformation der Differentialgleichungen auf die Machlinien

In Abschnitt VI,4 über die Typenunterscheidung der Differentialgleichung wurde festgestellt, daß Störungen in Überschallströmungen begrenzte Einflußgebiete besitzen. Diese werden, wie bei den instationären Strömungen, durch die Machschen Linien begrenzt, wenn die Störungen schwach oder die Zustandsänderungen stetig sind. Wie bei den instationären Strömungen kann also von

„Einflußgebieten“, „Abhängigkeitsgebieten“ und „Fortsetzungsgebieten“ gesprochen werden, wobei die Abb. III,15, 16, 17 einfach in die x, y-Ebene, die Strömungsebene der ebenen oder achsensymmetrischen Strömung, zu übertragen sind.

Bei achsensymmetrischer Strömung kann in allen folgenden Ausführungen y durch $r = \sqrt{y^2 + z^2}$ ersetzt werden. Einfacher ist es noch, wie in Abschnitt VI,1, die x, y-Ebene als speziellen repräsentativen Achsenschnitt anzusehen. Alle Kurven in dieser Ebene sind bei achsensymmetrischer Strömung dann Schnitte von Drehflächen um die x-Achse mit der Ebene $z = 0$. Bei Deutung der ebenen als Spezialfall der räumlichen Strömung sind dagegen die Kurven in der x, y-Ebene Schnitte dieser Ebene mit Flächen senkrecht zu ihr.

Jede Machsche Linie kann als Rand eines Einflußgebietes in Frage kommen. Durch die Zustände *auf* der Machlinie sind die Ableitungen *längs* der Machlinie gegeben. Diese dürfen nun aber nicht mit den Ableitungen zusammenhängen, welche von der Machlinie wegführen, weil sonst entgegen der Voraussetzung ein Einfluß über das Einflußgebiet hinaus bestehen würde (siehe Abschnitt III,25). Es muß also bei der stationären Überschallströmung wie bei der instationären Strömung eine besonders einfache Gestalt der Differentialgleichungen nach Transformation auf die Machschen Linien erwartet werden. Diese werden wieder als Charakteristiken bezeichnet.

Beim Blick in Strömungsrichtung sei die *links*-laufende Charakteristik, welche den Neigungswinkel $\vartheta + \alpha$ mit der x-Achse einschließt, mit $\xi =$ konst., die

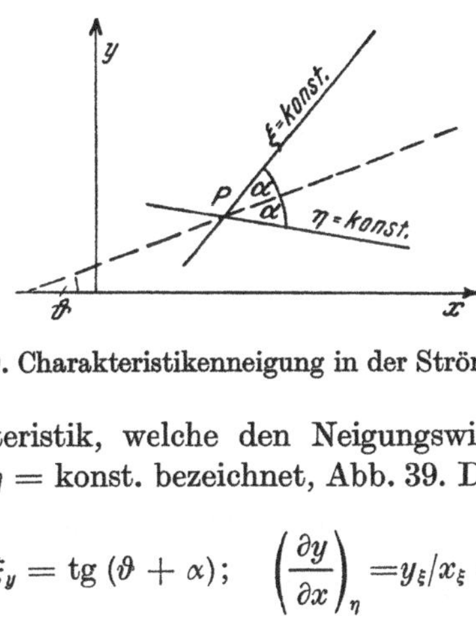

Abb. IX,39. Charakteristikenneigung in der Strömungsebene.

rechts-laufende Charakteristik, welche den Neigungswinkel $\vartheta - \alpha$ mit der x-Achse einschließt, mit $\eta =$ konst. bezeichnet, Abb. 39. Dann ist:

$$\left(\frac{\partial y}{\partial x}\right)_\xi = y_\eta / x_\eta = -\xi_x / \xi_y = \operatorname{tg}(\vartheta + \alpha); \quad \left(\frac{\partial y}{\partial x}\right)_\eta = y_\xi / x_\xi = -\eta_x / \eta_y = \operatorname{tg}(\vartheta - \alpha). \tag{66}$$

Diese Gleichungen führen zum Spezialfall kleiner Störungen, wenn $\vartheta = 0$ und $\alpha = \alpha_\infty$ gesetzt wird. Die Machlinien sind dann zwei Scharen paralleler Geraden, Abb. 1, mit den Neigungen:

$$\xi_x / \xi_y = -\operatorname{tg} \alpha_\infty = -\frac{1}{\sqrt{M_\infty^2 - 1}}; \qquad \eta_x / \eta_y = \operatorname{tg} \alpha_\infty = \frac{1}{\sqrt{M_\infty^2 - 1}}. \tag{67}$$

Gln. (1) und (2) genügen natürlich Gl. (67).

Hier interessiert nur der allgemeine Fall. Es ist zweckmäßig, entsprechend zu Gl. (VI,43) die Beträge der Gradienten von ξ und η einzuführen. Aus Gl. (66) folgt dann:

$$\xi_x = \sin(\vartheta + \alpha)\sqrt{\xi_x^2 + \xi_y^2} = h_1 \sin(\vartheta + \alpha); \quad \xi_y = -h_1 \cos(\vartheta + \alpha),$$
$$\eta_x = -\sin(\vartheta - \alpha)\sqrt{\eta_x^2 + \eta_y^2} = -h_2 \sin(\vartheta - \alpha); \quad \eta_y = h_2 \cos(\vartheta - \alpha). \tag{68}$$

Dabei liegt eine Willkür in der Wahl der positiven Gradientenrichtung. Die Wahl wurde so getroffen, daß die Zählung von ξ in Richtung von x und die Zählung von η in Richtung von y verläuft, wenn $-\pi/2 < \vartheta < \pi/2$ ist. Der Betrag des Machschen Winkels α übersteigt definitionsgemäß nie den Wert $\pi/2$. Die Differentialgleichungen wurden bereits in Abschnitt VI,5 auf allgemeine Koordinaten transformiert. Vor deren Anwendung sollen noch folgende, häufig vorkommende Ausdrücke mittels Gl. (68) und Gl. (VI,33) vereinfacht werden:

$$u\xi_x + v\xi_y = h_1 W[\sin(\vartheta + \alpha)\cos\vartheta - \cos(\vartheta + \alpha)\sin\vartheta] = h_1 W \sin\alpha = h_1 c.$$
$$u\eta_x + v\eta_y = h_2 W[-\sin(\vartheta - \alpha)\cos\vartheta + \cos(\vartheta - \alpha)\sin\vartheta] = h_2 W \sin\alpha = h_2 c. \tag{69}$$

Daß hier nur c vorkommt, kann nicht verwundern, denn es handelt sich um ein inneres Produkt von Geschwindigkeitsvektor und Gradient der Machlinie, Abb. 40. Die Normalkomponente der Geschwindigkeit auf diese ist aber c.

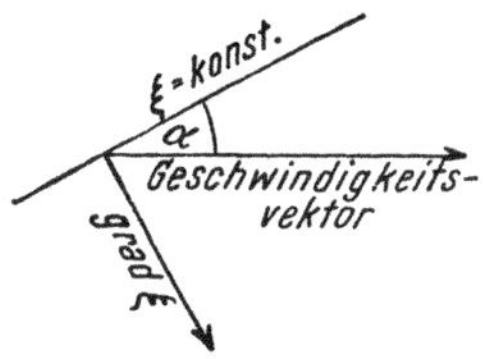

Abb. IX,40. Geschwindigkeitsvektor und Gradient der Machlinie.

Aus der Kontinuitätsbedingung (VI,38) sei die Dichte mit dem Energiesatz (VI,40) eliminiert, so daß sich zusammen mit den beiden Eulerschen Gln. (VI,39) drei Gleichungen für u, v, p ergeben. Mit Gl. (68) und (69) gilt dann:

$$c\varrho h_1 \sin(\vartheta + \alpha)\, u_\xi - c\varrho h_2 \sin(\vartheta - \alpha)\, u_\eta - c\varrho h_1 \cos(\vartheta + \alpha)\, v_\xi$$
$$+ c\varrho h_2 \cos(\vartheta - \alpha)\, v_\eta + h_1 p_\xi + h_2 p_\eta + \left\{\frac{\varrho v}{y} c\right\} = 0;$$
$$c\varrho h_1 u_\xi + c\varrho h_2 u_\eta + h_1 \sin(\vartheta + \alpha)\, p_\xi - h_2 \sin(\vartheta - \alpha)\, p_\eta = 0;$$
$$c\varrho h_1 v_\xi + c\varrho h_2 v_\eta - h_1 \cos(\vartheta + \alpha)\, p_\xi + h_2 \cos(\vartheta - \alpha)\, p_\eta = 0.$$

Das eingeklammerte Glied in der ersten Gleichung gilt dabei für achsensymmetrische Strömung. Die Eulerschen Gleichungen weisen kein entsprechendes

Zusatzglied auf. Nach den früheren Überlegungen darf nun etwa auf der linkslaufenden Machlinie ($\xi =$ konst.) keine Ableitung u_ξ, v_ξ, p_ξ vorkommen. Aus dem System läßt sich durch Multiplizieren der drei Gleichungen mit

$$1; \quad -\sin(\vartheta + \alpha); \quad \cos(\vartheta + \alpha)$$

und nachfolgender Addition leicht u und v fortschaffen. Tatsächlich verschwindet dann gleichzeitig auch der Koeffizient von p_ξ. Nach trigonometrischen Umformungen und Division durch $2ch_2 \cos\alpha$ bleibt

$$-\sin\vartheta u_\eta + \cos\vartheta v_\eta + \frac{\cos\alpha}{c\varrho} p_\eta + \left\{\frac{v}{2yh_2\cos\alpha}\right\} = 0.$$

Es ist hier zweckmäßig, W und ϑ einzuführen; mit Gl. (VI,33) ist:

$$\vartheta_\eta + \cot\alpha \frac{p_\eta}{\varrho W^2} + \left\{\frac{\sin\vartheta}{2yh_2\cos\alpha}\right\} = 0.$$

Für ebene Strömung wäre man mit obiger Gleichung schon am Ziel, mit einer sehr einfachen Gleichung auf $\xi =$ konst. als Resultat. Bei achsensymmetrischer Strömung ist es jedoch zweckmäßig, die Bogenlänge l längs der Machschen Linie einzuführen. Das Bogenlängenelement ist bekanntlich gegeben durch

$$dl = \sqrt{x_t^2 + y_t^2}\, dt,$$

wenn die Kurve durch die Parameterdarstellung $x(t)$, $y(t)$ dargestellt wird. Die Kurve $\xi = \xi_1 =$ konst. hat dann die Darstellung $x(\xi_1, \eta)$, $y(\xi_1, \eta)$. Mit den Gln. (VI,36, 37) ergibt sich nun allgemein

$$x_\eta^2 + y_\eta^2 = \frac{\xi_x^2 + \xi_y^2}{(\xi_x\eta_y - \xi_y\eta_x)^2}$$

$$= \frac{h_1^2}{h_1^2 h_2^2 [\sin(\vartheta + \alpha)\cos(\vartheta - \alpha) - \sin(\vartheta - \alpha)\cos(\vartheta + \alpha)]^2} = \frac{1}{h_2^2 \sin^2 2\alpha},$$

woraus für das Bogenelement folgt

$$\left(\frac{\partial l}{\partial \eta}\right)_\xi = \sqrt{x_\eta^2 + y_\eta^2} = \frac{1}{h_2 \sin 2\alpha}; \qquad \left(\frac{\partial l}{\partial \xi}\right)_\eta = \frac{1}{h_1 \sin 2\alpha}, \tag{70}$$

eine Beziehung, die sich auch geometrisch deuten ließe. Wird mit dieser die Größe h_2 eliminiert, so ergibt sich die Gleichung

$$\vartheta_\eta + \frac{\cot\alpha}{\varrho W^2} p_\eta + \left\{\sin\alpha \sin\vartheta \frac{1}{y} \frac{\partial l}{\partial \eta}\right\} = 0 \tag{71}$$

längs der linkslaufenden Charakteristik $\xi =$ konst.; indem das negative Vorzeichen von α genommen wird

$$-\vartheta_\xi + \frac{\cot\alpha}{\varrho W^2} p_\xi + \left\{\sin\alpha \sin\vartheta \frac{1}{y} \frac{\partial l}{\partial \xi}\right\} = 0 \tag{71}$$

längs der rechtslaufenden Charakteristik $\eta =$ konst..

Die Gln. (71) sind das Analogon zu den Gln. (III,126) auf den Machlinien der instationären eindimensionalen Strömung und werden wie diese *Verträglichkeitsbedingungen* genannt. Sie reichen zur Berechnung isentroper Strömungen aus, weil dann auch der Druck nur von W abhängt, womit ϑ und W als einzige Unbekannte auftreten. Wie M hängt ja auch α bei isoenergetischer Strömung über den Energiesatz (II,29) stets nur von W ab. Die entsprechenden Formeln in Tab. II,4 gelten über Verdichtungsstöße hinweg. Im allgemeinen Fall der isoenergetischen Strömung kommt noch Gl. (VI,2) dazu, die aussagt, daß die Entropie auf Stromlinien konstant ist, daß die Bernoullische Gleichung also auf jeder Stromlinie zwischen Stößen gilt mit einem mit der Stromlinie sich allenfalls ändernden Ruhedruck p_0.

18. Die Machlinien als Kurven unbestimmter Querableitung

Obwohl mit den Gln. (71) bereits das gewünschte Ziel erreicht wurde, sei hier zur Vertiefung des Verständnisses noch eine andere Darstellung gegeben, zumal ein entsprechender Weg auch bei der instationären eindimensionalen Strömung beschritten werden kann. Die Betrachtung sei dabei auf den ebenen Fall beschränkt. Sie könnte dabei an der gasd. Gl. (VI,5) und dem Croccoschen Wirbelsatz Gl. (VI,18) — als zwei Gleichungen mit den Unbekannten u, v — durchgeführt werden, doch sei hier wieder das System von Kontinuitätsbedingung und Eulerscher Gleichung bevorzugt. Bei Achsensymmetrie ist die Betrachtung nicht nennenswert anders.

Es sei von der Frage ausgegangen, ob es Kurven in der Strömungsebene gibt, bei denen es nicht möglich ist, auf den Strömungszustand in der Nachbarschaft der Kurve zu schließen, wenn der Strömungszustand auf der Kurve gegeben ist. Zur Beantwortung der Frage seien neue allgemeine Koordinaten ξ, η gemäß Gl. (VI,36) eingeführt. Eine solche zunächst noch hypothetische Kurve mit der eben geforderten Eigenschaft sei $\xi =$ konst., so daß die bekannten Ableitungen der Zustände längs der Kurve durch die Ableitungen nach η und die gesuchten, von der Kurve wegführenden Ableitungen durch die Ableitungen nach ξ gegeben sind. Nach Elimination der Dichte aus der Kontinuitätsbedingung Gl. (VI,38) mit dem Energiesatz (VI,40) seien die bekannten Ableitungen auf die rechte Gleichungsseite gebracht, mit folgendem Ergebnis:

$$
\begin{aligned}
c^2\varrho\xi_x u_\xi + c^2\varrho\xi_y v_\xi + (u\xi_x + v\xi_y)\, p_\xi &= -c^2\varrho\eta_x u_\eta - c^2\varrho\eta_y v_\eta - (u\eta_x + v\eta_y)\, p_\eta;\\
\varrho(u\xi_x + v\xi_y)\, u_\xi \quad + \xi_x p_\xi &= -\varrho(u\eta_x + v\eta_y)\, u_\eta \quad - \eta_x p_\eta;\\
\varrho(u\xi_x + v\xi_y)\, v_\xi \quad + \xi_y p_\xi &= -\varrho(u\eta_x + v\eta_y)\, v_\eta \quad - \eta_y p_\eta.
\end{aligned}
$$

Bei gegebenem Kurvennetz $\xi(x, y)$, $\eta(x, y)$ stehen oben drei Gleichungen für die unbekannten Ableitungen u_ξ, v_ξ, p_ξ. Da das Kurvensystem nur indirekt durch eine Forderung gegeben ist, enthalten die Gleichungen die noch zu bestimmenden Ableitungen ξ_x, ξ_y, η_x, η_y. Nach der Kramerschen Regel für die Auflösung linearer

Gleichungssysteme ergibt sich etwa für p_ξ:

$$p_\xi = \frac{\begin{vmatrix} c^2\varrho\xi_x; & c^2\varrho\xi_y; & -c^2\varrho\eta_x u_\eta - c^2\varrho\eta_y v_\eta - (u\eta_x + v\eta_y)\, p_\eta \\ \varrho(u\xi_x + v\xi_y); & 0; & -\varrho(u\eta_x + v\eta_y)\, u_\eta - \eta_x p_\eta \\ 0; & \varrho(u\xi_x + v\xi_y); & -\varrho(u\eta_x + v\eta_y)\, v_\eta - \eta_y p_\eta \end{vmatrix}}{\begin{vmatrix} c^2\varrho\xi_x; & c^2\varrho\xi_y; & (u\xi_x + v\,\xi_y) \\ \varrho(u\xi_x + v\xi_y); & 0; & \xi_x \\ 0; & \varrho(u\xi_x + v\xi_y); & \xi_y \end{vmatrix}} \tag{72}$$

Wenn p_ξ unbestimmt sein soll, so muß die Nennerdeterminante, die übrigens für u_ξ und v_ξ gleichlautet, verschwinden. Aus dem Nullsetzen der Nennerdeterminante ergibt sich die einfache Gleichung

$$(u\xi_x + v\xi_y)[(u^2 - c^2)\,\xi_x^2 + 2uv\xi_x\xi_y + (v^2 - c^2)\,\xi_y^2] = 0. \tag{73}$$

Danach gibt es in einem Punkt drei Richtungen, für die die Ableitungen u_ξ, v_ξ, p_ξ unbestimmt sind, und zwar

$$-\frac{\xi_x}{\xi_y} = \frac{v}{u} = \operatorname{tg}\vartheta; \tag{74}$$

und:

$$-\frac{\xi_x}{\xi_y} = \frac{uv \pm c\sqrt{W^2 - c^2}}{u^2 - c^2} = \frac{v\sqrt{W^2 - c^2} \pm uc}{u\sqrt{W^2 - c^2} \mp vc} = \frac{\operatorname{tg}\vartheta \pm \operatorname{tg}\alpha}{1 \mp \operatorname{tg}\vartheta\operatorname{tg}\alpha} = \operatorname{tg}(\vartheta \pm \alpha).$$

Zu den beiden Richtungen der Machschen Linien, nämlich $\operatorname{tg}(\vartheta \pm \alpha)$ kommt also noch die Richtung der Stromlinie hinzu. Das ist aber auch nach den behandelten Beispielen nicht verwunderlich (etwa Abb. 26), weil die Geschwindigkeit — allerdings nicht der Druck — bei anisentroper Strömung an einer Stromlinie sogar einen Sprung machen kann, der aus der Verteilung auf der einen Seite der Stromlinie nicht berechenbar ist. Bei isentroper Strömung tritt die Stromlinie als dritte Charakteristik nicht auf.

Soll nun p_ξ endlich bleiben, dann muß gleichzeitig mit der Nennerdeterminante in Gl. (72) auch die Zählerdeterminante verschwinden. Daraus ergeben sich dann die „Verträglichkeitsbedingungen" und aus dieser Eigenschaft ergibt sich auch ihre Bezeichnung. Durch Nullsetzen der Zählerdeterminante folgt nach einigen einfachen Reduktionen:

$$vc^2\varrho[\xi_x\eta_y - \eta_x\xi_y]\,u_\eta - uc^2\varrho[\xi_x\eta_y - \eta_x\xi_y]\,v_\eta$$
$$-\{\eta_x[(u^2 - c^2)\,\xi_x + uv\xi_y] + \eta_y[(v^2 - c^2)\,\xi_y + uv\xi_x]\}\,p_\eta = 0.$$

Nun ergibt sich aus der unteren Gl. (74)

$$(u^2 - c^2)\,\xi_x + uv\xi_y = \mp\,\xi_y c\sqrt{W^2 - c^2}$$

und

$$(v^2 - c^2)\,\xi_y + uv\xi_x = \pm\,\xi_x c\sqrt{W^2 - c^2}.$$

Diese Richtungsbedingung von $\xi =$ konst. in den Koeffizienten von p_η eingesetzt, führt für $\xi_x \eta_y - \eta_x \xi_y \neq 0$ sofort auf

$$v u_\eta - u v_\eta \mp \cot \alpha \frac{1}{\varrho} p_\eta = 0, \tag{75}$$

die Verträglichkeitsbedingung für die beiden Richtungen $\vartheta \pm \alpha$. Sie lassen sich leicht in die Verträglichkeitsbedingungen (71) für ebene Strömung überführen. Es sei darauf hingewiesen, daß bei dieser Herleitung $\xi =$ konst. als eine der beiden Machschen Linien angenommen wurde, während $\eta =$ konst. beliebig sein konnte. Bei der Ableitung von Gl. (75) konnten daher nur Beziehungen für ξ_x/ξ_y verwendet werden.

Im folgenden seien nun aber stets $\xi =$ konst. und $\eta =$ konst. die beiden Scharen Machscher Linien.

19. Die drehungsfreie Profilströmung

In diesem Abschnitt, der mit Abschnitt III über die Ausbreitung ebener Wellen nahe verwandt ist, wird die ebene drehungsfreie Strömung um ein Profil exakt behandelt. Zu diesem Zweck sei von den entsprechenden Verträglichkeitsbedingungen (71) ausgegangen, nachdem der Druck mittels der Bernoullischen Gl. (II,67) durch die Geschwindigkeit ersetzt wurde.

Bei dieser, aus der Stromfadentheorie gewonnenen Form der Bernoulli-Gleichung handelt es sich um eine Integration längs einem Stromfaden, also gemäß den Voraussetzungen um eine Integration bei konstanter Entropie. Die untere Grenze des Integrals, nämlich der Ruhedruck, kann sich noch von Stromlinie zu Stromlinie ändern, was beispielsweise dann eintritt, wenn es sich um eine Strömung hinter einem gekrümmten Verdichtungsstoß handelt. Kann ein solcher Fall ausgeschlossen und konstante Entropie und somit gleicher Ruhedruck auf allen in Frage kommenden Stromlinien angenommen werden, so fällt die Ableitung nach der unteren Grenze fort, und das folgende Ergebnis, Gl. (76), gilt exakt. Aber auch wenn die Ruhedruckänderung über die Stromlinien hinweg nur gering ist, kann die Ableitung nach der unteren Grenze vernachlässigt werden. Das läuft darauf hinaus, daß die Ruhedruckänderung so ist, daß sie im Croccoschen Wirbelsatz vernachlässigt werden darf und somit wirbelfrei gerechnet werden kann. Die Ausführungen dieses Abschnittes gelten daher exakt für drehungsfreie Strömungen. Dabei bleibt dahingestellt, ob die Voraussetzung der Drehungsfreiheit erfüllt oder nur als Näherung gerechtfertigt ist.

Auf der links- und rechtslaufenden Machlinie gilt dann:

$$\vartheta_\eta - \frac{\cot \alpha}{W} W_\eta = 0; \qquad \vartheta_\xi + \frac{\cot \alpha}{W} W_\xi = 0. \tag{76}$$

Diese Gleichungen stellen die Änderungen des Strömungszustandes auf den Machlinien dar. Sie lassen sich exakt integrieren, denn $\cot \alpha$ selbst ist mit c über den Energiesatz (II,7) nur Funktion von W. Für diesen Zusammenhang von α

und W ist beim idealen Gas nur Isoenergie vorauszusetzen und Isentropie nicht erforderlich.

Die Isoenergie ist freilich keine Folge der Isentropie, denn es sind leicht Strömungen mit konstanter Entropie denkbar, welche nicht isoenergetisch sind. Zu diesem Zweck braucht nur mit T_0 auch p_0 entsprechend variiert werden. Praktische Bedeutung haben solche Strömungen bisher allerdings nicht erlangt.

$$\mathrm{d}q = \cot\alpha \frac{\mathrm{d}W}{W}$$

ist das Differential der bereits in Gl. (VI,69) für Überschallgeschwindigkeit eingeführten Tschapligin-Variablen. Zur Ausführung der Integration und analytischen Darstellung von q muß allerdings der funktionelle Zusammenhang von M und W gegeben sein. Für ein id. Gas konst. sp. W. erhält man mit Tabelle II,4 nach Durchführen der Quadratur:

$$\vartheta \mp \left[\sqrt{\frac{\varkappa+1}{\varkappa-1}} \operatorname{arctg} \sqrt{\frac{\varkappa-1}{\varkappa+1}(M^2-1)} - \operatorname{arctg}\sqrt{M^2-1}\right] = \vartheta^*. \quad (77)$$

Für die Darstellung in der Hodographen-Ebene, Abb. 41, gilt folgende Beziehung

$$\begin{aligned}\vartheta \mp \Bigg[\sqrt{\frac{\varkappa+1}{\varkappa-1}} \operatorname{arctg} \sqrt{\frac{M^{*2}-1}{\frac{2}{\varkappa-1}-(M^{*2}-1)}} \\ - \operatorname{arctg} \sqrt{\frac{\varkappa+1}{\varkappa-1}\,\frac{M^{*2}-1}{\frac{2}{\varkappa-1}-(M^{*2}-1)}}\Bigg] = \vartheta^*,\end{aligned} \quad (78)$$

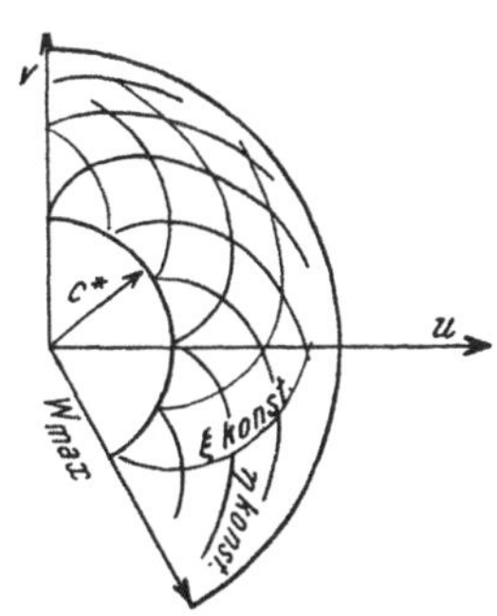

Abb. IX,41. Die Hodographen der Charakteristiken ebener drehungsfreier Strömung.

auf der links- (oberes Vorzeichen) und rechtslaufenden Machlinie. Die Integrationskonstante ϑ^* ändert dabei im allgemeinen von einer Charakteristik zur anderen ihren Wert. Sie ist der Wert von ϑ für $M = M^* = 1$. Dann ist nämlich die nach ϑ stehende, etwas komplizierte Geschwindigkeitsfunktion gleich Null.

Gl. (78) stellt als Beziehung von W und ϑ auf der Machlinie das Bild der Machlinie in der Geschwindigkeitsebene dar. Es ist der sogenannte Hodograph der Machlinie, Abb. 41. Dieser liegt bei ebener drehungsfreier Strömung also von vornherein fest. — Auch bei instationärer, ebener, isentroper Rohrströmung lagen die Charakteristiken in der Zustandsebene fest. — Es ist daher zweckmäßig, die Hodographen der Charakteristiken ein für allemal einzuzeichnen, Abb. 41. Man erhält damit ein im folgenden häufig verwendetes Diagramm, welches daher wie das Stoßpolarendiagramm als Tafel II in Großausführung beigegeben ist.

Eine rechtslaufende Machlinie ergibt sich in der Hodographen-Ebene bei Betrachten aus dem Ursprung wieder als mit zunehmender Geschwindigkeit rechtslaufende Kurve.

Auch bei beliebiger Zustandsgleichung liegen die Hodographen der Charakteristiken fest, doch ist zur Berechnung die Kenntnis der Zustandsgleichung und der Funktion $e(p, T)$ erforderlich. Im allgemeinen Fall wird es notwendig sein, für jeden Ruhezustand p_0, T_0 ein besonderes Diagramm zu zeichnen. Für viele allgemeine Überlegungen kommt es aber nicht auf die Kenntnis der Kurven, sondern nur auf die Tatsache ihres Festliegens in der Hodographenebene an. Die entsprechenden Schlüsse können dann ohne weiteres auf nichtideale Gase übertragen werden.

Die Bildkurven der Machschen Linien in der Geschwindigkeitsebene sind dort wieder Charakteristiken, eine ganz allgemeine Eigenschaft hyperbolischer Differentialgleichungen oder Differentialgleichungssysteme. Dies kann an Hand der Gleichungen mit u, v als unabhängigen Veränderlichen leicht gezeigt werden und ist im übrigen kein unerwartetes Resultat. Danach kann völlig eindeutig von Charakteristiken in der Hodographenebene gesprochen werden, womit gleichzeitig sowohl die Begrenzungskurven von Einflußgebieten in der Geschwindigkeitsebene als auch das Bild der Machschen Linien verstanden wird. Der Ausdruck „Machsche Linie" wird hier nur für die Charakteristiken der Strömungsebene verwendet.

Gl. (77) für die rechtslaufende Machlinie ist mit Gl. (VI,86) für die Prandtl-Meyer-Expansion oder -Kompression identisch, wenn die Integrationskonstante ϑ^* gleich Null gesetzt wird. Dies wird sofort klar nach Einzeichnen einer rechtslaufenden Machlinie in einem Verdünnungsfächer, Abb. 42. Die Konstante ϑ^*

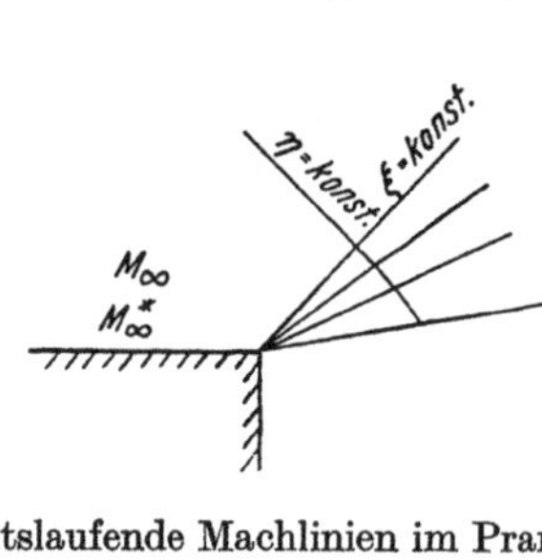

Abb. IX,42. Rechtslaufende Machlinien im Prandtl-Meyer-Fächer.

für die rechtslaufende Charakteristik ist dadurch festgelegt, daß für $M^* = M^*_\infty$ $\vartheta = 0$ ist. Daraus ergibt sich aus Gl. (78) mit dem unteren Vorzeichen für jedes beliebige ϑ ein ganz bestimmtes M^*, das um so größer ist, je stärkere negative Werte ϑ annimmt. Jedem ϑ ist also auch ein α und ein $(\vartheta + \alpha)$-Wert zugeordnet. Daraus ergibt sich für jede Neigung einer Linie $\xi =$ konst. der gesamte Strömungszustand. Diese Überlegung gilt auch für jede Linie η = konst., da ja auch sie alle aus der Parallelströmung $M^* = M^*_\infty$, $\vartheta = 0$ kommen.

Das erlaubt aber sofort eine Verallgemeinerung auf beliebige Wand- oder Profilformen, Abb. 43. Zunächst seien allerdings Stöße ausgeschlossen. Zur Bestimmung der Geschwindigkeit in einem Punkte P mit bekannter Strömungsrichtung bei

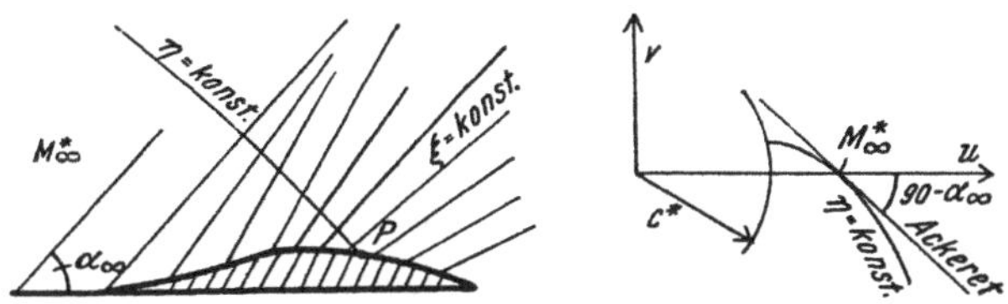

Abb. IX,43. Machlinien der Profilströmung.

Parallelanströmung sei die im Punkte P endende, aus dem Anströmgebiet kommende rechtslaufende Machlinie gezogen. Ihre Konstante ϑ^* bestimmt sich aus den Werten im Anströmgebiet. Sie ist für alle Punkte der Strömungsebene dieselbe. Das heißt, alle rechtslaufenden Machlinien über dem Profil entsprechen in der Geschwindigkeitsebene einer einzigen Kurve, die dort durch den Wert M^*_∞, $\vartheta = 0$ festliegt. Ihr können abhängig vom Strömungswinkel sofort die Geschwindigkeitsbeträge entnommen werden.

Die Geschwindigkeit am Profil ist also lediglich Funktion der Profiloberflächenneigung im betrachteten Punkt und hängt nicht von der übrigen Profilform ab, solange die Strömung überall stetig ist. Die Ackeretsche Formel (3) erfährt also einfach eine Erweiterung im wesentlichen dadurch, daß an Stelle der Geschwindigkeit eine allgemeine Geschwindigkeitsfunktion tritt. Gl. (3) entspricht der Näherung der Charakteristik im Punkte $M^* = M^*_\infty$, $\vartheta = 0$ des Hodographen durch die dortige Tangente, Abb. 43. Aus Gl. (76) ergibt sich dann unmittelbar

$$\frac{W - u_\infty}{u_\infty} = -\vartheta \operatorname{tg} \alpha_\infty + \cdots,$$

und für kleine Störungen also Gl. (3). Letztere Näherung ist in jedem Punkte des Hodographen möglich. Das heißt, die Charakteristik schließt in jedem Punkte des Hodographen mit der Radialrichtung den Winkel $90° - \alpha$ ein, wenn α der zur örtlichen Geschwindigkeit gehörige Machsche Winkel ist. Dies zeigt auch schon Gl. (76). Daraus folgt weiter, daß die linkslaufende Machlinie senkrecht auf der Tangente an die rechtslaufende Charakteristik im Bildpunkt der Geschwindigkeitsebene steht und umgekehrt. Eine Drehung des Strömungswinkels in der Strömungsebene ist ja mit derselben Drehung in der Hodographenebene verknüpft. Bei bekanntem Strömungszustand erhält man also die Richtung der Machlinien durch die in Abb. 44 wiedergegebene sehr einfache Konstruktion. Sie erinnert an Abb. III,47. Dort hat es sich allerdings um die rechtslaufenden (linkslaufenden) Charakteristiken in Strömungs- und Zustandsebene gehandelt.

Auf einer von der Wand ausgehenden Machlinie ξ = konst. ist W eine durch die erste Verträglichkeitsbedingung (78) gegebene Funktion von ϑ. Das gleiche gilt für η = konst., wobei für *alle* rechtslaufenden Machlinien dieselbe Konstante

ϑ^* zu nehmen ist. Aus diesen beiden Gleichungen mit den Unbekannten W und ϑ ergeben sich dieselben Werte für den Strömungszustand in allen Punkten einer linkslaufenden Machwelle über dem Profil. Also hat eine linkslaufende Machwelle überall dieselbe Neigung, sie ist eine Gerade (siehe auch Abb. III, 47 mit vertauschten Rollen der Machlinien. Während nämlich die Stromlinien in Abb. 43

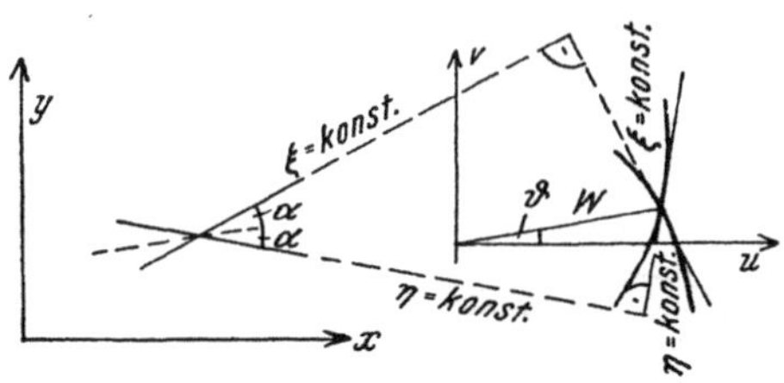

Abb. IX,44. Orthogonalitätsbedingung der Charakteristiken.

m wesentlichen waagerecht liegen, stehen die Teilchenbahnen in Abb. III,47 im wesentlichen senkrecht). Ihr Hodograph, Abb. 43, schrumpft auf einen Punkt zusammen. Die ganze Strömungsebene über dem Profil wird in der Geschwindigkeitsebene durch eine einzige Kurve, nämlich eine rechtslaufende Charakteristik, wiedergegeben. Damit ist die exakte Lösung einer stoßfreien, isentropen ebenen Profilströmung gegeben.

Die Neigung der Machschen Linien zur Strömungsrichtung — d. i. der Machwinkel α — nimmt mit wachsender Geschwindigkeit ab. In einer beschleunigten Strömung laufen deshalb die stromabwärts gehenden Machlinien auseinander, n einer verzögerten Strömung laufen sie zusammen, Abb. 45. Eine überall ver-

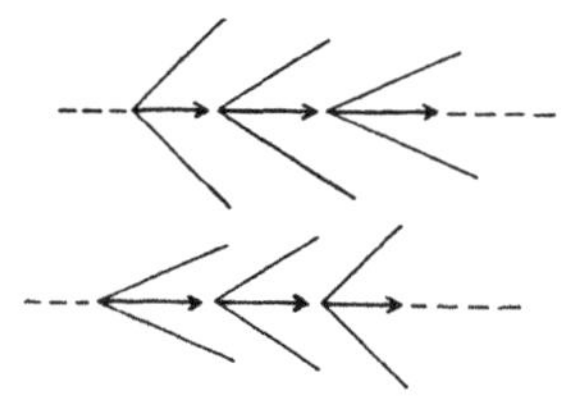

Abb. IX,45. Machlinien in beschleunigter und verzögerter Strömung.

zögerte Strömung muß also schließlich zum Ineinander- oder Übereinanderlaufen der Machschen Linien führen. Dies hat Drucksprünge, also Verdichtungsstöße zur Folge. Eine überall beschleunigte Strömung dagegen ist „harmlos". Längs den vom Profil ausgehenden Machlinien in Abb. 43 herrscht nun entweder stets Verzögerung, wenn sie von einem konkaven Wandstück stammen, oder stets Beschleunigung, wenn sie von einem konvexen Wandstück kommen. Ein konkaves Wandstück hat daher bei der exakten Profilströmung stets einen Verdichtungsstoß zur Folge, der allerdings sehr weit draußen in der Strömung liegen kann. Da ein Profil notwendigerweise stets konkave Strömungen zur Folge hat — oft in Form eines Knickes an der scharfen Profilnase — führt es stets zu Stößen und zu Entropieanstiegen, besitzt also nach Gl. (V,53) notwendigerweise einen Widerstand. Bei Profilkombinationen hingegen können Verdichtungsstöße vermieden werden, indem ein Gebiet der Verzögerung dann endlich begrenzt sein kann, Abb. 66.

Für die exakte Geschwindigkeitsverteilung am Profil spielt das Auftreten von Stößen keine Rolle, solange das Profil nicht im Einflußgebiet des Stoßes liegt, d. h., solange die am Profil endenden rechtslaufenden Machlinien ($\eta =$ konst.) den Stoß nicht durchkreuzen. In der Regel allerdings liegt gerade an der Profilspitze eine Kopfwelle. Wie im nächsten Abschnitt gezeigt wird, kann in einer „drehungsfreien Näherung" eine um einen Grad höhere Genauigkeit erreicht werden als nach den Ackeret-Formeln der linearisierten Theorie.

20. Höhere Näherungen für die Profilströmung im mittleren Überschallbereich

Schon in Abb. 26 über die Ablenkung einer Strömung in einer Prandtl-Meyer-Kompression und in dem dazugehörigen Stoß fällt das geringe Abweichen der „Herzkurve" von der Prandtl-Meyer-Kurve in der $\log p, \vartheta$-Ebene auf. Die letztere Kurve ist nichts anderes als die in die verzerrte p, ϑ-Ebene eingezeichnete Charakteristik. Eine Entwicklung beider Kurven im Ausgangspunkt liegt daher nahe und liefert nach A. Busemann [24] folgende Resultate für die Druckänderung längs der rechtslaufenden *Charakteristik*

$$c_p = 2\,\frac{p - p_\infty}{\varrho_\infty W_\infty^2} = C_1\vartheta + C_2\vartheta^2 + C_3\vartheta^3 + \cdots, \tag{79}$$

mit

$$\begin{aligned} C_1 &= \frac{2}{\sqrt{M_\infty^2 - 1}} = 2\,\mathrm{tg}\,\alpha_\infty; \qquad C_2 = \frac{(M_\infty^2 - 2)^2 + \varkappa M_\infty^4}{2(M_\infty^2 - 1)^2} \\ &= \frac{\varkappa + 1}{2} + (\varkappa - 1)\,\mathrm{tg}^2\,\alpha_\infty + \frac{\varkappa + 1}{2}\,\mathrm{tg}^4\,\alpha_\infty; \\ C_3 &= \frac{1}{6(M_\infty^2 - 1)^{7/2}}\,[(\varkappa + 1)\,M_\infty^8 + (2\varkappa^2 - 7\varkappa - 5)\,M_\infty^6 \\ &\quad + 10(\varkappa + 1)\,M_\infty^4 - 12 M_\infty^2 + 8], \end{aligned} \tag{80}$$

und für die Druckänderung in einem entsprechenden *Stoß*:

$$\begin{aligned} c_p &= C_1\vartheta + C_2\vartheta^2 + (C_3 - D)\,\vartheta^3 + \cdots \\ D &= \frac{1}{(M_\infty^2 - 1)^{7/2}}\,\frac{\varkappa + 1}{12}\,M_\infty^4 \left[\frac{5 - 3\varkappa}{4}\,M_\infty^4 - (3 - \varkappa)\,M_\infty^2 + 2\right]. \end{aligned} \tag{81}$$

Die Entwicklung stimmt also in den beiden ersten Koeffizienten überein, zeigt aber im dritten Koeffizienten einen Unterschied, der abhängig von M_∞ sowohl negativ als auch positiv sein kann.

Wie die dynamische Adiabate und die Isentrope, Abb. II,4, zeigen also Stoßpolare und Charakteristik in einem Punkt gleiche Tangente und gleiche

Krümmung. Dasselbe Resultat gab es bei der instationären Fadenströmung. Auch für die Hodographen ergibt sich dasselbe Resultat und ist direkt aus den entsprechenden Gln. (63) und (78) abzuleiten. Da sich die Entropie erst mit der dritten Potenz des Druckanstieges ändert, macht sich die Ruhedruckänderung bei einer Entwicklung der Geschwindigkeit nach dem Druck erst im dritten Glied geltend, spielt also in allen Entwicklungen nach kleinen Störungen erst im Glied dritter Ordnung eine Rolle. Das Abweichen beider Entwicklungen voneinander ist keineswegs nur auf das Konto der Stoßverluste zu schreiben, es entstammt der Verschiedenheit der Vorgänge, von denen einer stetig, der andere unstetig ist. Dies zeigt sich deutlich bei schallnaher Strömung. Dort wird die Konvergenz der Entwicklung (79) und (81) schlecht, da die Werte der Koeffizienten stark ansteigen. [·24] Abschnitt I. Die folgenden Näherungen verlieren an Genauigkeit mit Annäherung der lokal auftretenden Geschwindigkeiten an die Schallgeschwindigkeit. Auch bei sehr hohen Machzahlen ($M_\infty \gg 1$) bedarf es einer gesonderten Untersuchung. Beispielsweise wachsen C_3 und D mit M_∞ über alle Grenzen.

In dem Gebiet, in welchem Charakteristik und Stoßpolare wegen der Gleichheit der Tangente und der Krümmung zusammenfallen, kann auf das Stoßpolarendiagramm verzichtet und an dessen Stelle das Charakteristikendiagramm verwendet werden. Nur bei kleinen Überschallgeschwindigkeiten liegt die Charakteristik völlig unter der Stoßpolaren gleichen Ausgangswertes wie in Abb. 46. Bei höheren Machzahlen (vgl. Tafel I mit Tafel II) ist es umgekehrt. Bei einem Ausgangswert von $M = 1{,}4$ decken sich die Kurven am besten.

Bei einer solchen Beschränkung der Entwicklung von Stoßpolare und Charakteristik auf die ersten beiden Glieder ergibt sich eine einfache Formel für die Stoßfrontneigung. In den Geschwindigkeitskomponenten muß eine Näherung im Punkte $u = u_1$, $v = 0$ die Form haben

$$v = a(u_1 - u) - \frac{b}{2}(u_1 - u)^2 + \cdots,$$

mit zunächst noch unbekannten Konstanten a und b. Nach der Orthogonalitätsbedingung, Abb. 44, gilt nun für die *links-* und *rechtslaufende* Charakteristik im Hodographen:

$$\frac{dv}{du} = -\cot(\vartheta \mp \alpha). \tag{82}$$

Daraus ergibt sich für die Zustände u_1, $v_1 = 0$, α_1, $\vartheta_1 = 0$ vor und $\hat{u}_1$, $\hat{v}_1$, $\hat{\alpha}_1$, $\hat{\vartheta}_1$ hinter dem Stoß:

$$\pm \cot\alpha_1 = -a; \quad -\cot(\hat{\vartheta}_1 \mp \hat{\alpha}_1) = -a + b(u_1 - \hat{u}_1).$$

Nach Gl. (62) folgt daher für den Stoßfrontwinkel γ der rechts- und linkslaufenden Machlinie:

$$\cot\gamma = \frac{\hat{v}_1}{u_1 - \hat{u}_1} = a - \frac{b}{2}(u_1 - \hat{u}_1) = \mp \frac{1}{2}[\cot\alpha_1 + \cot(\hat{\alpha}_1 \mp \hat{\vartheta}_1)]. \tag{83}$$

In völliger Analogie zur Pfriemschen Formel Gl. (III,107) für schwache instationäre Stöße ergibt sich hier $\cot\gamma$ als arithmetisches Mittel der Kotangenten von den Neigungen der Machlinien vor und hinter dem Stoß, Abb. 47. Danach ist die Stoßfront die Schwerlinie des aus den Machschen Linien vor und hinter der Front und der Anströmlinie als Basis gebildeten Dreieckes. Da die Störungen bei einer solchen Näherung nicht stark sein dürfen, kann die Stoßfront auch einfach als Winkelhalbierende der beiden Machschen Richtungen genommen werden.

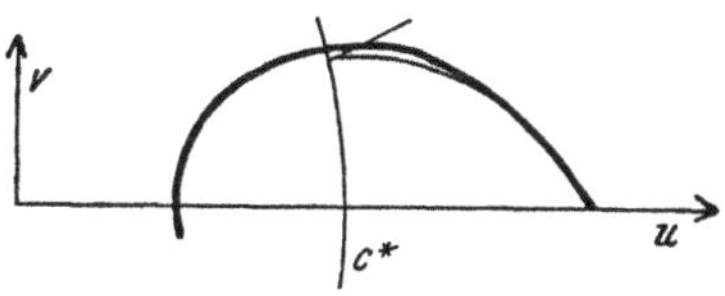

Abb. IX,46. Stoßpolare und Charakteristik.

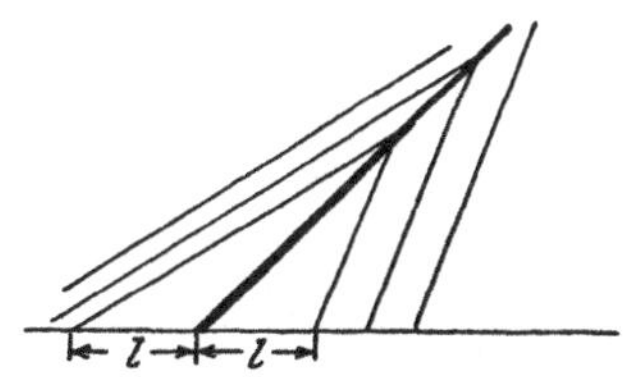

Abb. IX,47. Stoßfrontneigung gemäß Gl. (83).

Eine Näherung in zweiter Ordnung kann in vielen Fällen durch geschickte Linearisierung erreicht werden. Zunächst könnte eine sogenannte *Lokal-Linearisierung* ins Auge gefaßt werden, ausgehend von der Annahme, daß für den Strömungszustand in einem bestimmten Ort die Koeffizienten der quasilinearen gasdynamischen Differentialgleichung am gleichen Ort maßgebend sind. Man hätte dann also mit dem Strömungszustand im Aufpunkt zu linearisieren, wie das in der Bezeichnung „Lokal-Linearisierung" zum Ausdruck kommt. Die hier behandelte ebene stationäre Überschallströmung bietet eine gute Gelegenheit, die Genauigkeit verschiedener Linearisierungen zu prüfen.

Wie bereits in Abb. 43 gezeigt wird, entspricht die Ackeret-Linearisierung einer Näherung der Charakteristik in der Geschwindigkeitsebene durch eine Gerade. Es ist nun bekannt, daß die Genauigkeit der parabolischen Näherung einer Kurve erreicht wird, wenn mit der Tangente im Mittelpunkt des Kurvenstückes gearbeitet wird. Im Falle unserer parabolischen Näherung ist die Tangentenneigung:

$$\frac{dv}{du} = -a + b(u_1 - u).$$

Die Neigung im Mittelpunkt $(u + u_1)/2$, oder auch die mittlere Neigung, ist

$$\overline{\left(\frac{dv}{du}\right)} = -a + \frac{b}{2}(u_1 - u),$$

und es bestätigt sich in der Tat:

$$v = a(u_1 - u) - \frac{b}{2}(u_1 - u)^2 = \overline{\left(\frac{dv}{du}\right)}(u - u_1).$$

Demnach muß im vorliegenden Falle mit einem Mittelwert zwischen dem Anströmzustand und dem lokalen Strömungszustand linearisiert werden, wenn die Genauigkeit um eine Ordnung erhöht werden soll. Diese *Mittelwert-Linearisierung* bezieht sich nicht nur auf die Machzahl oder den Machwinkel, sondern auch auf die Strömungsrichtung! Es handelt sich also um eine Linearisierung bei mittlerer Machzahl und mittlerem Strömungswinkel. Wie bei der Lokallinearisierung geht auch bei der Mittelwertslinearisierung der gesuchte Zustand in die Linearisierungskoeffizienten ein.

Die Beziehung zwischen Änderung des Strömungswinkels und Änderung der Geschwindigkeit in der Stoßfront ist dieselbe wie längs einer die Stoßfront durchsetzenden Machlinie. In zweiter Näherung ergibt sich also in einem Profilpunkt dieselbe Geschwindigkeit, unabhängig davon, ob die rechtslaufende Machlinie eine Stoßfront durchkreuzt oder nicht, Abb. 48. In der Kopfwelle geht eine sprunghafte Änderung auf dem Hodographen der Charakteristik vor sich. Auf derselben Charakteristik ändert sich der Zustand hinter dem Stoß dann stetig. Ganz wie in Abb. III,19 bilden die linkslaufenden Machlinien zwischen Kopf-

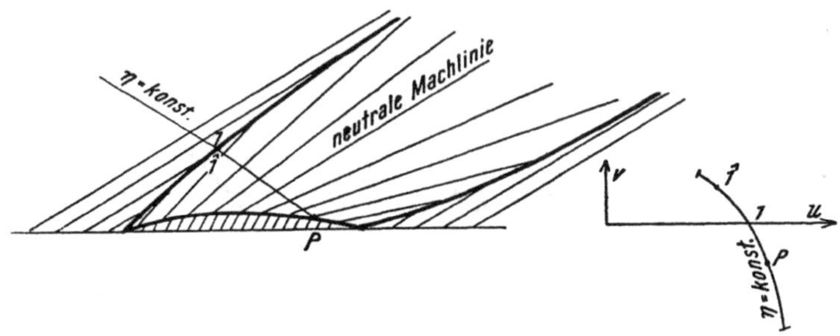

Abb. IX,48. Zweite Näherung der Profilströmung in Strömungs- und Hodographenebene.

und Schwanzwelle eine Geradenschar. Der Teil vor dem Dickenmaximum wird dabei von der Kopfwelle, der Teil hinter dem Dickenmaximum wird von der Schwanzwelle verschluckt und schwächt mit zunehmendem Profilabstand den Stoß. Die von der „neutralen Machlinie" getrennten Teile der Strömungsebene vor und hinter dem Dickenmaximum sind ohne Einfluß aufeinander. Ebenso kann die Strömung am oberen und unteren Profil völlig getrennt behandelt werden. Für die Strömung hinter der Schwanzwelle ergibt sich wieder die ungestörte Parallelströmung, da jeder Punkt Kreuzungspunkt einer aus dem Anströmgebiet kommenden rechts- und linkslaufenden Charakteristik ist. Die Schwanzwelle wird nun durch die sonst weggelassenen Äste des Stoßpolarendiagramms dargestellt.

Ein gegenseitiger Einfluß der Strömung auf beiden Profilseiten tritt erst auf, wenn die Kopfwelle nicht anliegt und ein lokales Unterschallgebiet solche Einflüsse vermittelt. Dies ist aber ein Problem der schallnahen Strömung. Die Probleme des Abklingens der Stöße mit zunehmendem Profilabstand werden in Abschnitt 37 behandelt.

Aus Gl. (3) folgt sofort, daß das Gebiet der Über- und Untergeschwindigkeiten, über der Profilbogenlänge aufgetragen, flächengleich ist, wenn das Profil endlich ist. Dieselbe Eigenschaft zeigt sich an der Profilstromlinie in zirkulationsfreier Unterschallströmung, Abb. 49, siehe auch Abb. VIII,3 und IX,2.

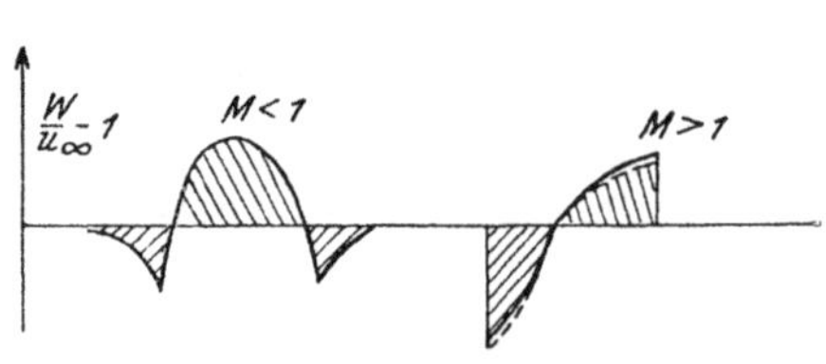

Abb. IX,49. Über- und Untergeschwindigkeitsflächen bei $M < 1$ und $M > 1$.

Es folgt dies aus dem Thompsonschen Satz, nach dem die Zirkulation, d. i. das Linienintegral der Geschwindigkeit, auf einer geschlossenen Kurve Null ist, die Beiträge aber in weit entfernter zirkulationsfreier Unterschallströmung verschwinden. Etwas Ähnliches wäre zunächst bei drehungsfreier Überschallströmung zu erwarten, da auch hier die Störungen im Unendlichen abklingen. Doch zeigen Beispiele ohne weiteres, daß in dieser Näherung die Über- und Untergeschwindigkeiten im allgemeinen keine flächengleichen Gebiete liefern, Abb. 43. Die Ackeret-Näherung in der Hodographenebene, repräsentiert durch die Tangente an die Charakteristik im Punkte der Anströmung, liefert bei einer bestimmten Ablenkung stets zu hohe Werte der Geschwindigkeit. Die wirklichen Untergeschwindigkeiten sind also größer, die wirklichen Übergeschwindigkeiten kleiner als nach Gl. (3). Dies erklärt sich daraus, daß die Maximalstörungen an der Kopf- und Schwanzwelle, wie sich in Abschn. 37 zeigen wird, mit der Wurzel aus dem Profilabstand abnehmen, der Abstand von Kopf- und Schwanzwelle aber mit der Wurzel aus dem Profilabstand über alle Grenzen wächst. Dies ergibt einen konstanten Beitrag zum Linienintegral der Geschwindigkeit in großer Entfernung, welcher durch einen entgegengesetzten Beitrag am Profil kompensiert werden muß, damit die Zirkulation auf der geschlossenen Kurve verschwindet. Die Kurvenstücke im An- und Abströmgebiet liefern keine Beiträge. Die praktische Folge ist, daß ein unten ebenes Profil, Abb. 43, nicht nach der Ackeret-Näherung, wohl aber nach der höheren isentropen Näherung einen Abtrieb zeigt, denn die Drucke sind überall etwas höher als in der ersten Näherung.

Vielfach wird versucht durch Hinzunahme des Gliedes dritter Ordnung in den Entwicklungen (79) und (81) noch genauere Formeln aufzustellen, wobei der Ruhedruckverlust in der Kopfwelle am Körper als maßgebend für die Geschwindigkeits- und Druckverteilung dort angenommen wird. Alle solchen Näherungen dürfen jedoch nicht kritiklos angewendet werden. Für den Zustand im Punkt P der Abb. 48 ist der Stoß im Schnittpunkt 1 der Stoßfront mit der zum Punkte P rechtslaufenden Machlinie maßgebend. Vom Punkt 1 ab ist dann die allgemeine Verträglichkeitsbedingung (71) zu verwenden, die sich nun nicht mehr allgemein integrieren läßt, da der Ruhedruckabfall in dieser Ordnung mitberücksichtigt werden müßte. Der Ruhedruckabfall in der Stoßfront und der Ruhedruckabfall längs der Machlinie gehen nämlich ganz verschieden in die Gleichungen ein. Eine Reduktion auf den Ruhedruckverlust an der Profilnase ist nur unter bestimmten Voraussetzungen möglich, Abschnitt 22.

21. Luftkräfte in höherer Näherung

Auch in diesem Abschnitt, in dem wesentliche Ergebnisse des letzten Abschnittes benutzt werden, muß von zu großer Schallnähe oder zu hohen Überschallgeschwindigkeiten abgesehen werden. Eine schärfere Abgrenzung gegen das untere und obere Gebiet der Überschallströmung wird sich bei der Behandlung der schallnahen Strömung und der Hyperschallströmung ergeben. Es handelt sich im folgenden um eine Erweiterung von Ergebnissen des ersten Abschnittes. Da die Beiträge der Ober- und Unterseite des Profiles zu den Luftkräften auch im folgenden unabhängig voneinander ermittelt werden können, seien zunächst nur die Anteile der Oberseite berechnet. Daraus lassen sich dann wieder leicht die Anteile der Unterseite ermitteln. Mit Rücksicht auf eine übersichtliche exakte

Darstellung der Profilform ist die Anstellung der Anströmung einer Anstellung des Profiles hier vorzuziehen. Die Profilsehne liegt dann also in der x-Achse.

Für die Oberseite gilt in zweiter Näherung gemäß Gl. (79):

$$c_p(x, h_0) = C_1(\vartheta - \varepsilon) + C_2(\vartheta - \varepsilon)^2 + \cdots. \tag{84}$$

Der Anstellwinkel ε ist abzuziehen, weil er den Anstelleffekt eines Oberflächenelementes vermindert.

Werden nun die Winkel auf die Neigung der Oberfläche und des Anstellwinkels zurückgeführt, so gilt nach einiger Rechnung für $y = h_0$

$$\vartheta - \varepsilon = \operatorname{tg}(\vartheta - \varepsilon) - \frac{1}{3}\operatorname{tg}^3(\vartheta - \varepsilon) + \cdots = \operatorname{tg}\vartheta - \operatorname{tg}\varepsilon - \frac{1}{3}\operatorname{tg}^3\vartheta + \frac{1}{3}\operatorname{tg}^3\varepsilon + \cdots,$$

bis einschließlich der Glieder dritter Ordnung. Die gemischten Glieder dritter Ordnung fallen hier weg.

Dies in (84) eingesetzt liefert mit $\operatorname{tg}\vartheta = \mathrm{d}h_0/\mathrm{d}x$:

$$c_p(x, h_0) = C_1\left(\frac{\mathrm{d}h_0}{\mathrm{d}x} - \operatorname{tg}\varepsilon\right) + C_2\left(\frac{\mathrm{d}h_0}{\mathrm{d}x} - \operatorname{tg}\varepsilon\right)^2 + \cdots. \tag{85}$$

Wegen der Anstellung der Anströmung erhält man im folgenden Ausdrücke für Beiwerte der Tangentialkraft und der Normalkraft. Es ist für den Anteil der Oberseite mit Gl. (85):

$$\begin{aligned} c_t &= \int_0^1 c_p\,(x, h_0)\,\frac{\mathrm{d}h_0}{\mathrm{d}x}\,\mathrm{d}x \\ &= C_1 \int_0^1 h_{0x}\,\mathrm{d}x + C_2 \int_0^1 (h_{0x})^2\,\mathrm{d}x - C_1 \operatorname{tg}\varepsilon \int_0^1 h_{0x}\,\mathrm{d}x - 2C_2 \operatorname{tg}\varepsilon \int_0^1 h_{0x}^2\,\mathrm{d}x \\ &\quad + C_2 \operatorname{tg}^2\varepsilon \int_0^1 h_{0x}\,\mathrm{d}x + \cdots. \end{aligned}$$

Die Integrale der rechten Gleichungsseite erhält man aus der Profilform allein. Es empfiehlt sich folgende Symbole einzuführen:

$$\begin{aligned} A_{0n} &= \int_0^1 h_{0x}^n\,\mathrm{d}x; & A_{un} &= \int_0^1 h_{ux}^n\,\mathrm{d}x \\ B_{0n} &= \int_0^1 x h_{0x}^n\,\mathrm{d}x; & B_{un} &= \int_0^1 x h_{ux}^n\,\mathrm{d}x. \end{aligned} \tag{86}$$

Die Ausdrücke mit dem Index u gelten für die Unterseite, die Ausdrücke in der zweiten Zeile werden für die Momente um die z-Achse benötigt.

Sofern es sich um gewöhnliche Überschallprofile von der Tiefe der Einheit handelt, haben alle Ausdrücke die Größenordnung τ^n mit τ als Dickenverhältnis und n als zweitem Index von A und B. Damit erhält der Tangentialkraftbeiwert der Oberseite die Form:

$$c_t = C_1 A_{02} + C_2 A_{03} - C_1 \operatorname{tg} \varepsilon \, A_{01} - 2C_2 \operatorname{tg} \varepsilon \, A_{02} + C_2 \operatorname{tg}^2 \varepsilon \, A_{01} + \cdots.$$

Für den Anteil der Unterseite ist zu beachten, daß A_{0n} einfach durch A_{un} zu ersetzen ist, weil ja schon im Abschnitt 1 h_0 durch h_u zu ersetzen war. Ferner ist aber unten $-\operatorname{tg} \varepsilon$ anstelle von $+\operatorname{tg} \varepsilon$ oben zu schreiben, da die gleiche Anstellung oben und unten entgegengesetzte Wirkung für die Tangentialkraft hat. Damit gilt für den gesamten Tangentialkraftsbeiwert des Profils bis einschließlich der zweiten Näherung

$$\begin{aligned} c_t = {} & C_1(A_{02} + A_{u2}) - C_1 \operatorname{tg} \varepsilon (A_{01} - A_{u1}) + C_2(A_{03} + A_{u3}) \\ & -2C_2 \operatorname{tg} \varepsilon (A_{02} - A_{u2}) + C_2 \operatorname{tg}^2 \varepsilon (A_{01} + A_{u1}) + \cdots \end{aligned} \tag{87}$$

mit Gl. (80) für die machzahlabhängigen Koeffizienten C_1 und C_2.

Die Tangentialkraft und ihr Beiwert verschwinden für eine ebene Platte, wie es auch sein muß, denn alle Koeffizienten A und B verschwinden mit dem Dickenverhältnis τ.

Für den Normalkraftbeiwert der Oberseite gilt mit Gl. (85):

$$\begin{aligned} c_n = {} & -\int_0^1 c_p(x, h_0)\, dx = -C_1 \int_0^1 h_{0x}\, dx - C_2 \int_0^1 h_{0x}^2\, dx \\ & + C_1 \operatorname{tg} \varepsilon + 2C_2 \operatorname{tg} \varepsilon \int_0^1 h_{0x}\, dx - C_2 \operatorname{tg}^2 \varepsilon + \cdots. \end{aligned}$$

Beim Schluß von der Oberseite auf die Unterseite ist nun aber darauf zu achten, daß sich das Vorzeichen von c_n umkehrt, weil die y-Komponente der Flächennormalen in Gl. (5) das umgekehrte Vorzeichen erhält. Entsprechendes wird dann auch für den Momentenbeiwert gelten.

Damit ist der Normalkraftbeiwert des gesamten Profils

$$c_n = -C_1(A_{01} - A_{u1}) + 2C_1 \operatorname{tg} \varepsilon - C_2(A_{02} - A_{u2}) + 2C_2 \operatorname{tg} \varepsilon (A_{01} + A_{u1}) + \cdots; \tag{88}$$

hierin gibt es keine quadratischen Glieder in $\operatorname{tg} \varepsilon$.

Ganz analog ist der Ausdruck für den Momentenbeiwert zu gewinnen. Für das Gesamtprofil erhält man bis einschließlich quadratischer Glieder die Form:

$$c_m = -C_1(B_{01} - B_{u1}) + C_1 \operatorname{tg} \varepsilon - C_2(B_{02} - B_{u2}) + 2C_2 \operatorname{tg} \varepsilon (B_{01} + B_{u1}) + \cdots. \tag{89}$$

Für den Widerstandsbeiwert folgt mit Gl. (V,68):

$$\begin{aligned} c_w/\cos \varepsilon = {} & C_1(A_{01} + A_{u2}) - 2C_1 \operatorname{tg} \varepsilon (A_{01} - A_{u1}) \\ & + C_2(A_{03} + A_{u3}) - 3C_2 \operatorname{tg} \varepsilon (A_{02} - A_{u2}) \\ & + 2C_1 \operatorname{tg}^2 \varepsilon + 3C_2 \operatorname{tg}^2 \varepsilon (A_{01} + A_{u1}) + \cdots. \end{aligned} \tag{90}$$

Der Ausdruck cos ξ auf der linken Gleichungsseite könnte in der vorliegenden Näherung zwar weggelassen werden, er ist aber im Hinblick auf eine mögliche Weiterentwicklung über quadratische Glieder hinaus mitgenommen worden.

Der Auftriebsbeiwert unterscheidet sich in der vorliegenden Näherung noch nicht vom Normalkraftsbeiwert. Es gilt also bis einschließlich Glieder zweiter Ordnung $c_a = c_n$.

Bei einer Diskussion der Ergebnisse und einer Gegenüberstellung mit den Resultaten von Abschnitt 1 ist darauf zu achten, daß für symmetrische Profile und gewölbte Platten folgende Beziehungen gelten:

	$n = 1, 3, \ldots$	$n = 2, 4, \ldots$
symm. Profil:	$A_{0n} = A_{un}$;	$A_{0n} = A_{un}$;
gewölbte Platte:	$A_{0n} = -A_{un}$;	$A_{0n} = A_{un}$.

Bei einem symmetrischen Profil ist die Tangentialkraft, Gl. (87), und der Widerstandsbeiwert, Gl. (90), wie erwartet eine im Anstellwinkel gerade Funktion, dagegen die Normalkraft, folglich auch der Auftrieb, eine im Anstellwinkel ungerade Funktion.

Bei der gewölbten Platte gibt es auch bei verschwindendem Anstellwinkel eine Normalkraft, die nur durch das erste Glied von Gl. (88) repräsentiert wird. Die Tangentialkraft wird in diesem Falle jedoch durch das erste und dritte Glied von Gl. (87) wiedergegeben. Für diese macht es bei $\operatorname{tg} \varepsilon = 0$ in der vorliegenden Näherung keinen Unterschied, ob ein symmetrisches Profil oder eine gewölbte Platte gleicher Flächenform vorliegt. Der Widerstandsbeiwert der ebenen Platte, Gl. (90) $\tau = 0$, $A_{0n} = A_{un} = 0$, unterscheidet sich nicht von jenem der ersten Näherung Gl. (10). Schon aus Gründen der Symmetrie kann in Gl. (90) kein Glied mit $\operatorname{tg}^3 \varepsilon$ auftreten, obwohl Glieder von der Größenordnung $\tau^2 \operatorname{tg} \varepsilon$ und $\tau \operatorname{tg}^2 \varepsilon$ vorhanden sind.

22. Einfache anisentrope Profilströmungen

Anisentrope Vorgänge sind auch dann noch einfach zu behandeln, wenn die Entropie in ganzen Feldern konstant ist, d. h. wenn die Stöße im interessierenden Gebiet gerade Fronten besitzen. Unter dieser Bedingung können besonders bei höheren Machzahlen, Abb. 50, durchaus brauchbare Profile konstruiert werden, während das Vermeiden jeden Stoßes in dem für das Profil maßgebenden Einflußgebiet der Anströmung zu praktisch unbrauchbaren Profilspitzen mit verschwindendem Keilwinkel führt.

Zur Erzeugung eines Stoßes mit gerader Front muß die Profilspitze exakt keilförmig sein. Dann bleiben die Fronten bis zu jenem Punkte T gerade, in welchem die von den Keilenden E ausgehenden, zum Stoße gleichlaufenden Machschen Linien auf die Fronten treffen. Durch diese Machlinien wird ja das Einflußgebiet des Keiles begrenzt. In den durch Kopf- und Schwanzwelle, durch Profil und die vom Treffpunkt T ausgehende Stromlinie begrenzten Gebieten ist die Entropie konstant, im allgemeinen oben (s_1) und unten (s_2) verschieden von der

Anströmentropie (s_∞). Außerhalb der T-Stromlinie wird die Strömung dann mit der Krümmung der Stoßfront anisentrop. Auch hinter der Schwanzwelle ist die Strömung im allgemeinen, d. h., wenn das Profil nicht exakt keilförmig endet, anisentrop.

Die Anisentropie macht sich längs der von T ausgehenden, oben rechtslaufenden (unten linkslaufenden) Machschen Welle geltend. Treffen diese Mach-

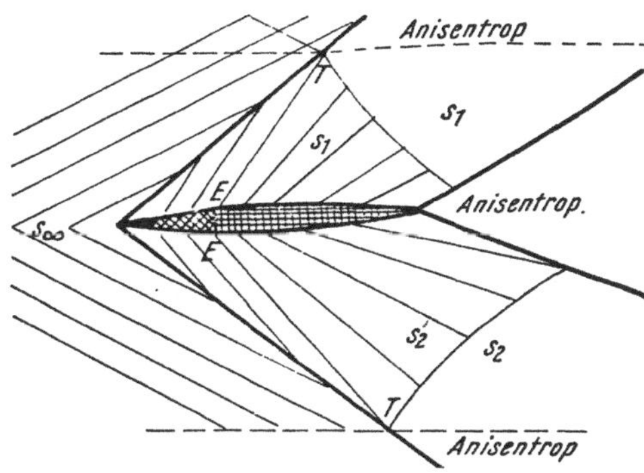

Abb. IX,50. Profil mit isentropem Einflußgebiet.

linien nicht mehr auf das Profil auf, was insbesondere bei hohen Machzahlen der Fall sein wird, so läßt sich die Geschwindigkeitsverteilung am Profil exakt angeben. Beispielsweise wird das ganze obere von der von T ausgehenden rechtslaufenden Charakteristik begrenzte Gebiet durch eine einzige Kurve, nämlich eben durch diese Charakteristik in der Geschwindigkeitsebene dargestellt. Sie geht durch jenen Punkt der Hodographenebene, der sich aus der Keilströmung durch die Stoßpolare ergibt. Bei den Druckberechnungen darf dabei der Ruhedruckabfall nicht vergessen werden.

Das Beispiel zeigt, daß eine drehungsfreie Näherung auch dann noch getroffen werden kann, wenn lediglich das Abhängigkeitsgebiet des Profils auf dem Stoß genügend geringe Krümmung aufweist. Der Stoß selbst darf dabei beliebig kräftig sein. Entropieanstieg und Ruhedruckabfall lagert sich dabei mit einem konstanten Betrag über die Strömung nach dem Stoß. Für ausreichend kleine Profilkrümmungen an der Profilspitze ist die Strömung also auch noch als einfach anzusehen. Über die Größe der zulässigen Krümmung gibt der nächste Abschnitt Anhaltspunkte.

Im allgemeinen Fall erfolgt das Abströmen vom Profil hinter der Schwanzwelle nicht mehr in Anströmrichtung. Das erkennt man leicht am einfachsten Fall einer anisentropen Strömung, der Strömung an einer stark angestellten, unendlich dünnen Platte, Abb. 51. Die Zustände müssen in Druck und Richtung an der vom Plattenende ausgehenden Strom-Wirbel-Linie übereinstimmen. Daher erweist sich wieder das Herzkurvendiagramm als geeignete Zustandsebene. Vom Zustand der Anströmung 1 führt eine Herzkurve auf den Zustand 3 und eine Prandtl-Meyer-Expansion auf den Zustand 2 mit demselben negativen Ablenkungswinkel. Etwas flacher verlaufend geht nun vom Zustand 3 eine Prandtl-Meyer-Expansion aus, etwas steiler verlaufend vom Zustand 2 eine Herzkurve.

Im Treffpunkt 4, 5 ergibt sich Druck und Richtung der Abströmung. Aus dem Busemannschen Stoßpolarendiagramm sind aus der Abströmrichtung dann leicht die in 4 und 5 verschiedenen Geschwindigkeiten zu ermitteln. Wegen des stärkeren Ruhedruckverlustes muß gelten $W_4 < W_5$, $M_4 < M_5$.

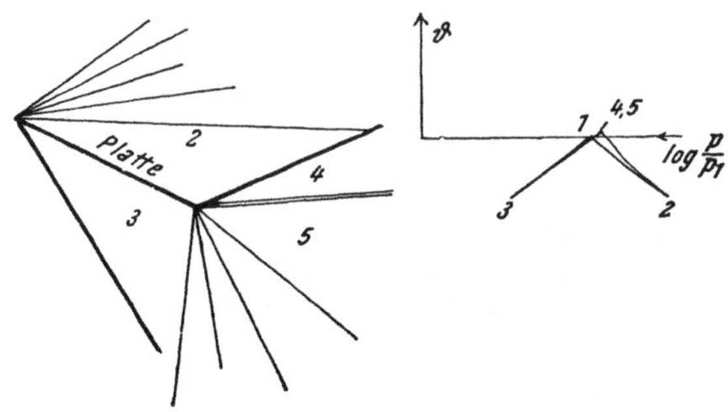

Abb. IX,51. Isentrope Plattenströmung in Strömungsebene und Herzkurvendiagramm.

Bei sehr geringen Ruhedruckabfällen kann bei verschwindenden oder genügend kleinen Profilkrümmungen an der Nase einfach das dritte Glied der Entwicklung (81) genommen werden. Doch ist entsprechend der Ungenauigkeit der Entwicklung der Stoßverluste nach kleinen Störungen (Tab. II,2) nur bis zu Druckanstiegen bis zu 20% mit einiger Genauigkeit zu rechnen, das entspricht Ruhedruckverlusten von weniger als 1%. Diese werden aber nach dem Stoßpolarendiagramm bei höheren Machzahlen schon bei kleinen Ablenkungen erreicht.

23. Wand- und Stoßkrümmung am Profil

Die Keilströmung bei anliegender Stoßwelle ist eine Parallelströmung. Bei einer leichten Störung dieser Strömung, etwa durch Krümmung der Wand, kann wie bei schwach gestörten Parallelströmungen vorgegangen werden, wobei als

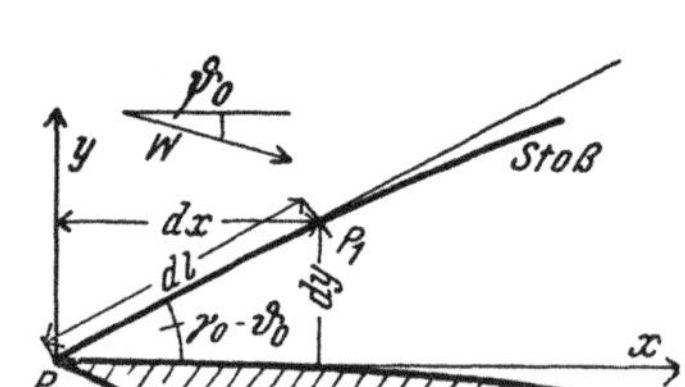

Abb. IX,52. Stoß an einer gekrümmten Profilspitze.

Hauptrichtung die Richtung der Wand an der Profilspitze zu wählen ist, Abb. 52. Dabei muß allerdings beachtet werden, daß schwache Störungen hier zu einer Anisentropie der Strömung führen, weil der Stoß selbst beliebig kräftig sein darf, wenn er nur anliegt.

Für den Ruhedruckverlust ergab sich Gl. (59), aus welcher nach logarithmischer Ableitung folgende Formel folgt:

$$-\frac{\mathrm{d}p_0}{\mathrm{d}\gamma}\frac{1}{p_0} = \varkappa \sin\gamma \cos\gamma \frac{W^2}{c^2}\left(\frac{2}{\varkappa+1}\right)^2\left[1-\frac{1}{M^2\sin^2\gamma}\right]^2. \tag{91}$$

Dabei ist vorausgesetzt, daß vor dem Stoß Parallelströmung der Machzahl M und der Geschwindigkeit W herrscht. Bei schwachen Stößen ($M \sin\gamma - 1 \ll 1$) verschwindet die Änderung des Ruhedruckes mit der Frontrichtung allerdings quadratisch, besonders aber bei höheren Machzahlen muß die Ruhedruckänderung berücksichtigt werden. Auch beim senkrechten Stoß $\gamma = \pi/2$ wäre $\mathrm{d}p_0/\mathrm{d}\gamma = 0$.

Wie meist bei anisentropen Vorgängen werden zweckmäßig p und ϑ als Zustandsgrößen verwendet. In der Umgebung der Profilspitze können die Zustände durch den Zustand 0 hinter dem Stoß an der Spitze sowie durch die Ableitungen dort ausgedrückt werden. Die Änderungen können dabei sowohl in x- und y-Richtung als auch in Stoßrichtung ausgedrückt werden. Da die Krümmungen von Stoß und Profil nur Abweichungen in der zweiten Ordnung der Abstände ergeben, brauchen sie für die Lage des Punktes P_1 am Stoß sowie für die Abstände $\mathrm{d}x$, $\mathrm{d}y$ in der Koordinatenrichtung und $\mathrm{d}l$ in Stoßrichtung nicht berücksichtigt zu werden. Damit ist:

$$\begin{aligned}\vartheta_1 - \vartheta_0 &= \left(\frac{\partial\vartheta}{\partial x}\right)_0 \mathrm{d}x + \left(\frac{\partial\vartheta}{\partial y}\right)_0 \mathrm{d}y = \left(\frac{\partial\vartheta}{\partial l}\right)_0 \mathrm{d}l = \left(\frac{\mathrm{d}\vartheta}{\mathrm{d}\gamma}\right)_{St}\left(\frac{\mathrm{d}\gamma}{\mathrm{d}l}\right)_0 \mathrm{d}l\\ &= \left(\frac{\mathrm{d}\vartheta}{\mathrm{d}p}\right)_{St}\left(\frac{\mathrm{d}p}{\mathrm{d}\gamma}\right)_{St}\left(\frac{\mathrm{d}\gamma}{\mathrm{d}l}\right)_0 \mathrm{d}l;\end{aligned}$$

$$p_1 - p_0 = \left(\frac{\partial p}{\partial x}\right)_0 \mathrm{d}x + \left(\frac{\partial p}{\partial y}\right)_0 \mathrm{d}y = \left(\frac{\partial p}{\partial l}\right)_0 \mathrm{d}l = \left(\frac{\mathrm{d}p}{\mathrm{d}\gamma}\right)_{St}\left(\frac{\mathrm{d}\gamma}{\mathrm{d}l}\right)_0 \mathrm{d}l.$$

Bei fester Anströmrichtung und Machzahl ist die Änderung von p und ϑ mit dem Stoßfrontwinkel, $(\mathrm{d}p/\mathrm{d}\gamma)_{St}$, $(\mathrm{d}\vartheta/\mathrm{d}\gamma)_{St}$, aus den Stoßgleichungen leicht zu ermitteln. Es ist zweckmäßig, in die Gleichungen die Änderung des Winkels ϑ mit dem Druck p am Stoß, $(\mathrm{d}\vartheta/\mathrm{d}p)_{St}$, einzuführen. Die Ableitungen nach x und y gehorchen den Differentialgleichungen, welche wegen $v = 0$ und $u = W$ in P_0 wie folgt lauten:

Aus Gl. (VI,4): $u\dfrac{\partial\varrho}{\partial x} + \varrho\dfrac{\partial u}{\partial x} + \varrho\dfrac{\partial v}{\partial y} = 0;$

(VI,1): $u\dfrac{\partial u}{\partial x} + \dfrac{1}{\varrho}\dfrac{\partial p}{\partial x} = 0; \qquad u\dfrac{\partial v}{\partial x} + \dfrac{1}{\varrho}\dfrac{\partial p}{\partial y} = 0;$

(VI,2): $\dfrac{1}{\varrho}\dfrac{\partial p}{\partial x} - c^2\dfrac{1}{\varrho}\dfrac{\partial\varrho}{\partial x} = 0.$

Ferner ist im Punkte P_0 mit $\vartheta = 0$:

$$u = W; \qquad \frac{\partial v}{\partial x} = W_x \sin(\vartheta - \vartheta_0) + W\cos(\vartheta - \vartheta_0)\,\vartheta_x = W\,\vartheta_x.$$

Damit ergibt sich für die Ableitungen in P_0 nach einfacher Elimination:

$$\vartheta_x + \frac{1}{\varrho_0 W_0^2} p_y = 0; \qquad (M_0^2 - 1) \frac{1}{\varrho_0 W_0^2} p_x + \vartheta_y = 0.$$

Ferner ist die Änderung der Richtung mit der Bogenlänge einfach die Krümmung, also sind die Krümmungen K_P des Profils und K_{St} des Stoßes gegeben durch:

$$K_P = -\left(\frac{\partial \vartheta}{\partial x}\right)_0; \qquad K_{St} = -\left(\frac{\partial \gamma}{\partial l}\right)_0. \tag{92}$$

Zwischen den Differentialen aber besteht mit ϑ_0 als Anströmrichtung und γ_0 als Stoßfrontwinkel in P_0 der Zusammenhang

$$\mathrm{d}x = \cos(\gamma_0 - \vartheta_0)\,\mathrm{d}l; \qquad \mathrm{d}y = \sin(\gamma_0 - \vartheta_0)\,\mathrm{d}l,$$

womit sich die Entwicklungen nun wie folgt schreiben lassen:

$$+ K_P \cos(\gamma_0 - \vartheta_0) + (M_0^2 - 1) \frac{1}{\varrho_0 W_0^2} (p_x)_0 \sin(\gamma_0 - \vartheta_0) = \left(\frac{\mathrm{d}\vartheta}{\mathrm{d}p}\right)_{St} \cdot \left(\frac{\mathrm{d}p}{\mathrm{d}\gamma}\right)_{St} K_{St};$$

$$K_P \sin(\gamma_0 - \vartheta_0) + \frac{1}{\varrho_0 W_0^2} (p_x)_0 \cos(\gamma_0 - \vartheta_0) = -\frac{1}{\varrho_0 W_0^2} \left(\frac{\mathrm{d}p}{\mathrm{d}\gamma}\right)_{St} K_{St}.$$

Daraus ergeben sich die Formeln:

$$-\frac{1}{\varrho_0 W_0^2} (p_x)_0 = K_P \frac{1 + \varrho_0 W_0^2 \left(\frac{\mathrm{d}\vartheta}{\mathrm{d}p}\right)_{St} \operatorname{tg}(\gamma_0 - \vartheta_0)}{\varrho_0 W_0^2 \left(\frac{\mathrm{d}\vartheta}{\mathrm{d}p}\right)_{St} + (M_0^2 - 1) \operatorname{tg}(\gamma_0 - \vartheta_0)},$$

$$\begin{aligned} -\frac{1}{\varrho_0 W_0^2} \left(\frac{\partial p}{\partial l}\right)_0 &= K_{St} \frac{1}{\varrho_0 W_0^2} \left(\frac{\mathrm{d}p}{\mathrm{d}\gamma}\right)_{St} \\ &= K_P \frac{1}{\cos(\gamma_0 - \vartheta_0)} \, \frac{1 - M_0^2 \sin^2(\gamma_0 - \vartheta_0)}{\varrho_0 W_0^2 \left(\frac{\mathrm{d}\vartheta}{\mathrm{d}p}\right)_{St} + (M_0^2 - 1) \operatorname{tg}(\gamma_0 - \vartheta_0)}. \end{aligned} \tag{93}$$

Die im Punkte P_0 mit dem Index 0 bezeichneten Werte geben den Zustand hinter einem Stoß am Keil. Auch die Werte $(\mathrm{d}p/\mathrm{d}\gamma)_{St}$ und $(\mathrm{d}\vartheta/\mathrm{d}p)_{St}$ sind für $\gamma = \gamma_0$ zu nehmen. Beide Größen sind für $\vartheta < \vartheta_{\max}$ positiv, wie aus dem Stoßpolaren- und Herzkurvendiagramm folgt.

Das Problem wurde zuerst von L. Crocco [25], dann von M. Schäfer und schließlich von Munk und Prim [26] und von H. Richter [11] behandelt, von welchem die folgende Diskussion für die Ablösung der Kopfwelle stammt. Der Punkt maximaler Ablenkung $\vartheta = \vartheta_{\max}$ liegt bekanntlich stets bei $M_0 < 1$. Mit Annäherung an $\vartheta = \vartheta_{\max}$ kehrt sich das Vorzeichen von $(M_0^2 - 1)$ um, während $(\mathrm{d}\vartheta/\mathrm{d}p)_{St}$ immer kleiner wird. Vor Erreichen von $\vartheta = \vartheta_{\max}$ wächst also der Bruch über alle Grenzen. Der Druck längs dem Profil $(p_x)_0$ fällt nicht mehr ab, sondern steigt plötzlich außerordentlich an. Dies führt zuerst in der Grenzschicht zu Gegenströmungen, also zu einer Ablösung der Kopfwelle. Der exakte Ablösungszustand hängt also wesentlich von der Reynoldszahl ab. Allerdings spielt sich der ganze Vorgang in einem außerordentlich kleinen Winkelbereich ab, in dem sich die Zustände hinter dem Stoß ganz wesentlich ändern.

Der Zähler $1 - M_0^2 \sin^2(\gamma_0 - \vartheta_0)$ in Gl. (93) ist stets positiv. Bei $M_0 > 1$ ist ja $1/M_0 = \sin\alpha_0$ und $\alpha_0 > (\gamma_0 - \vartheta_0)$. Bei $M_0 = 1$ ist die Behauptung trivial. Mit $(p_x)_0 > 0$ folgt also $(\partial p/\partial l)_0 > 0$ und $K_{St} < 0$. Bei positiver (konvexer) Profilkrümmung wird die Stoßfrontkrümmung negativ (konkav gegen die Anströmung).

24. Charakteristikenverfahren zur Berechnung drehungsfreier ebener Überschallfelder

Ein Charakteristikenverfahren wurde schon sehr früh von Massau [27] entwickelt. Diese Arbeit blieb jedoch in den eigentlichen Interessentenkreisen unbeachtet. Erst durch die unabhängig davon entwickelte Methode von Prandtl und Busemann [28] fanden entsprechende Verfahren Eingang in die Gasdynamik, wurden variiert und verallgemeinert.

Die Verträglichkeitsbedingungen — also die auf die Machlinien transformierten Differentialgleichungen — nehmen für drehungsfreie isoenergetische Strömung die einfache Form (76) an, die eine feste Beziehung zwischen Geschwindigkeitsbetrag und -richtung darstellt. Damit liegen die Charakteristiken in der Hodographen-Ebene fest, wie schon früher festgestellt wurde.

Die Beispiele über Profilströmung zeigten, daß auch dann näherungsweise wie bei einer wirbelfreien Strömung gerechnet werden kann, wenn die Entropieunterschiede quer zur Strömungsrichtung genügend klein sind. In dieser Näherung ist auf jeder Stromlinie derjenige Ruhedruck anzunehmen, welcher sich aus den Verlusten in den vorangegangenen Verdichtungsstößen ergibt. Er ist wohl für die Energiedissipation, nicht aber für die Wirbelbildung von Bedeutung. Ein exaktes Beispiel dafür gibt die Strömung an einem Keil. Sie ist eine wirbelfreie Parallelströmung mit überall gleichmäßig abgesunkenem Ruhedruck. Tatsächlich ergeben sich, wie man sich leicht überzeugen kann, die Verträglichkeitsbedingungen (76) direkt aus der allgemein geltenden gasd. Gl. (VI,5) und der Gl. (VI,3) für die Wirbelfreiheit. Das Folgende gilt daher gleichzeitig für die annähernd wirbelfreie Strömung.

Angenommen, der Strömungszustand sei in zwei Punkten P_r und P_l der Strömungsebene bekannt. Dann gibt es einen Punkt P, welcher mit dem Punkte P_r die rechtslaufende und mit dem Punkte P_l die linkslaufende Machlinie

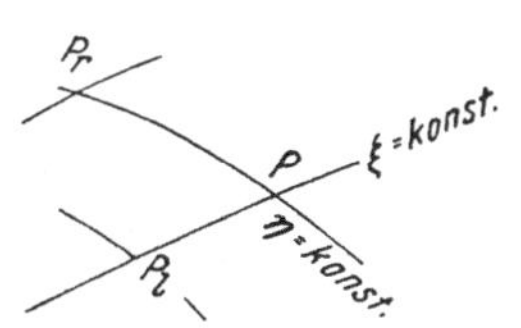

Abb. IX,53. Kreuzungspunkt P zweier Machlinien

gemeinsam hat, Abb. 53. Seine Lage ist also nur indirekt gegeben. Sein Zustand läßt sich allerdings sofort angeben. Die in Gl. (78) auftretende Geschwindigkeitsfunktion sei bezeichnet mit

$$Ch(M^*) = 1000 - \sqrt{\frac{\varkappa+1}{\varkappa-1}}\operatorname{arctg}\sqrt{\frac{M^{*2}-1}{\frac{2}{\varkappa-1}-(M^{*2}-1)}} + \operatorname{arctg}\sqrt{\frac{\varkappa+1}{\varkappa-1}\,\frac{M^{*2}-1}{\frac{2}{\varkappa-1}-(M^{*2}-1)}}, \tag{94}$$

wobei die Funktionen arctg in Winkelgraden ausgedrückt werden sollen.

Die Funktion $Ch(M^*)$ ist wie der Strömungswinkel dimensionslos. Sie wurde nach BUSEMANN willkürlich bei $M = M^* = 1$ auf 1000 festgelegt. Dies erweist sich später als zweckmäßig, um möglichst negative Werte zu vermeiden. $Ch(M^*)$ steigt mit dem Druck und fällt mit wachsender Geschwindigkeit und wurde seinerzeit „Druckzahl" genannt.

Für den Zustand in P folgen dann mit (ϑ in Winkelgraden)

$$\vartheta + Ch(M^*) = \vartheta_l + Ch(M_l^*),$$
$$\vartheta - Ch(M^*) = \vartheta_r - Ch(M_r^*)$$

zwei leicht lösbare Gleichungen für die Unbekannten ϑ und $Ch(M^*)$. Es ist zweckmäßig, die Verhältnisse in der Hodographenebene zu verfolgen, wozu in der Praxis ein besonderes Charakteristikendiagramm verwendet wird (Tafel II). Eine rechtslaufende Machsche Linie ergibt sich dort, aus dem Ursprung betrachtet, wieder als rechtslaufende, wodurch dort der Punkt P völlig festliegt, Abb. 54. Einer der beiden Punkte P_r oder P_l oder auch beide Punkte können dabei ebensogut bei höheren Geschwindigkeiten liegen als der Punkt P. Offenbar gibt es noch einen zweiten Punkt P', welcher mit P_r und P_l je eine Charakteristik gemeinsam hat

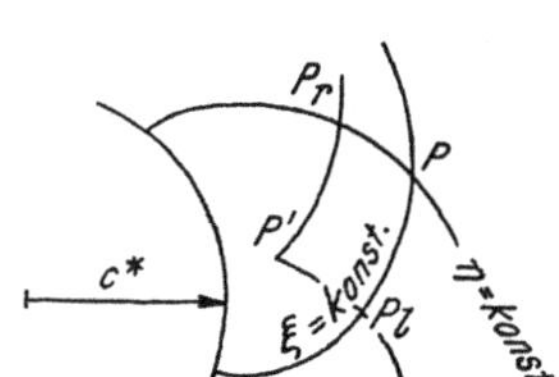

Abb. IX,54. Gemeinsame Lage der Punkte auf den Hodographen der Charakteristiken

in Strömungs- und Geschwindigkeitsebene. Seine Lage und sein Zustand ist dadurch festgelegt, daß er mit P_r die linkslaufende und mit P_l die rechtslaufende Charakteristik gemeinsam hat.

Aus Tab. IX,2, S. 708—710, können für $\varkappa = 1{,}400$ zu jedem Funktionswert von $Ch(M^*)$, der sich etwa bei den Rechnungen ergibt, die zugehörige Geschwindigkeit, Machwinkel, Druck, Stromdichte usw. abgelesen werden. Außerdem ist noch, beginnend mit $\vartheta = 0$ bei $M^* = 1$, der Strömungswinkel einer linksdrehenden

Prandtl-Meyer-Expansion notiert. Nach Gl. (78) ergänzt sich dieser Winkel mit $Ch(M^*)$ gerade zum Werte 1000.

Für kleine Ablenkungen ergibt sich im Stoß dieselbe Geschwindigkeits- und Druckänderung mit dem Ablenkungswinkel wie in stetiger Strömung, so daß Tab. IX,2 auch für Näherungen bei Stößen sehr gute Dienste leistet. Durch Aufeinanderlegen überzeugt man sich, daß sich Charakteristiken und Stoßpolaren in der Umgebung der Stoßpolarenspitzen weitgehend decken. Für die vorliegende Näherung kann also gleich das Charakteristikendiagramm als Stoßpolarendiagramm verwendet werden, was den Vorteil hat, daß das Diagramm nun nicht mehr für die jeweilige Richtung vor dem Stoß gedreht zu werden braucht. Die Stoßpolaren sind im Diagramm im übrigen für diskrete Anfangswerte der Funktion $Ch(M^*)$ gezeichnet, wobei die Polaren für 990, 980 usw. besonders hervorgehoben sind.

Jede Charakteristik in der Hodographenebene ist durch einen besonderen Wert gekennzeichnet. Als solcher könnte nach Gl. (78) etwa gewählt werden ϑ^*, der Winkel bei $M = M^* = 1$. Es ist aber praktisch, die Charakteristik mit folgenden ebenfalls konstant bleibenden Werten zu bezeichnen:

$$\begin{aligned} \xi &= \text{konst.: } \frac{1}{2}(1000 + \vartheta^*) = \frac{1}{2}[Ch(M^*) + \vartheta] = \lambda \text{ (linkslaufend);} \\ \eta &= \text{konst.: } \frac{1}{2}(1000 - \vartheta^*) = \frac{1}{2}[Ch(M^*) - \vartheta] = \mu \text{ (rechtslaufend).} \end{aligned} \tag{95}$$

Diese werden im Diagramm (Tafel II) verwendet. Aus ihnen ergibt sich Strömungswinkel ϑ und Druckzahl $Ch(M^*)$ auf kürzestem Wege wie folgt:

$$Ch(M^*) = \lambda + \mu; \qquad \vartheta = \lambda - \mu. \tag{96}$$

Aus Tab. IX,2 können dann alle anderen Größen leicht entnommen werden. Dabei steht es völlig frei, die Zustände entweder durch $Ch(M^*)$ und ϑ oder durch λ und μ festzulegen. Das erstere ist etwas anschaulicher, das zweite etwas kürzer, denn es gilt einfach für die Punkte der Abb. 53:

$$P_l(\lambda_l, \mu_l), \qquad P_r(\lambda_r, \mu_r): \qquad P(\lambda_l, \mu_r). \tag{97}$$

Die Zahlenwerte von Ch und ϑ und von λ und μ sind dabei so unterschiedlich gewählt, daß aus ihrer Größe schon hervorgeht, um welche Funktion es sich handelt.

Für die Werte von λ und μ hätte ebenso in Gl. (95) der Buchstabe ξ und η verwendet werden können. Dies wurde aber bewußt vermieden, um ξ und η für beliebige Funktionen zur Verfügung zu haben. Auf $\lambda =$ konst. ist ja auch jede beliebige Funktion von λ konstant. Es kann also $\xi = \xi(\lambda)$, $\eta = \eta(\mu)$ noch eine ganz beliebige Funktion sein, die aber im allgemeinen monoton gewählt werden wird. Beispielsweise käme ϑ^* selbst in Frage.

Bei Vorgabe des Strömungszustandes auf einem Kurvenstück C liegt die Strömung im ganzen Fortsetzungsgebiet fest, das ist das gesamte von den Machschen Linien der Endpunkte eingeschlossene Feld, Abb. 55. Es genügt, die Konstruktion des rechtsgelegenen Teiles zu betrachten, wobei die Strömungsrichtung in Schreibrichtung angenommen werden kann. Auf C seien diskrete Punkte herausgegriffen. Die Aufgaben werden dabei zweckmäßig möglichst so gestellt, daß sich runde Werte der Zustandsgrößen ergeben, daß die Ausgangspunkte also möglichst auf Kreuzungspunkten der eingezeichneten Hodographen der Charakteristiken liegen. (Doch ist dies natürlich keineswegs notwendig.)

Das gesamte Strömungsbild in der Hodographenebene liegt damit nun bereits fest, und die Aufgabe besteht nur mehr darin, die Machschen Linien in der

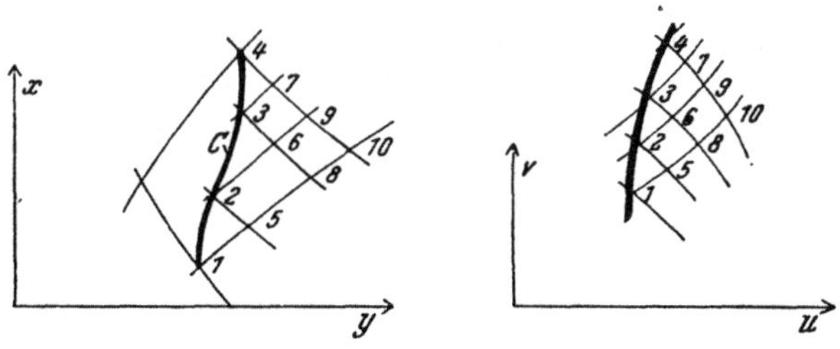

Abb. IX,55. Fortsetzungsgebiet der Kurve C in der Strömungs- und Hodographen-Ebene

Strömungsebene zu konstruieren, um so die Lage der auf den verschiedenen Kreuzungen der Machlinien liegenden Punkte zu finden. Dies geschieht beim graphischen Verfahren mit der Orthogonalitätsbedingung, Abb. 44, wobei das Punktgitter so eng zu nehmen ist, daß die Näherung der Machlinien-Richtungen durch Geradenstücke ausreicht. Für die Neigung eines Machlinien-Stückes wird dabei am besten der Zustand zwischen den entsprechenden Bildpunkten im Hodographen gewählt, Abb. 56. (Wegen dieser Orthogonalitätsbedingung ist es ein bedeutender Vorteil, wenn ein Zeichenbrett mit Zeichenmaschine zur Verfügung steht.) Damit ist die Aufgabe der Konstruktion ebener Strömungsfelder gelöst. Bei Verwendung elektronischer Rechenmaschinen wird der Verlauf der Machlinien in der Strömungsebene mittels der Neigungsbedingungen (66) berechnet.

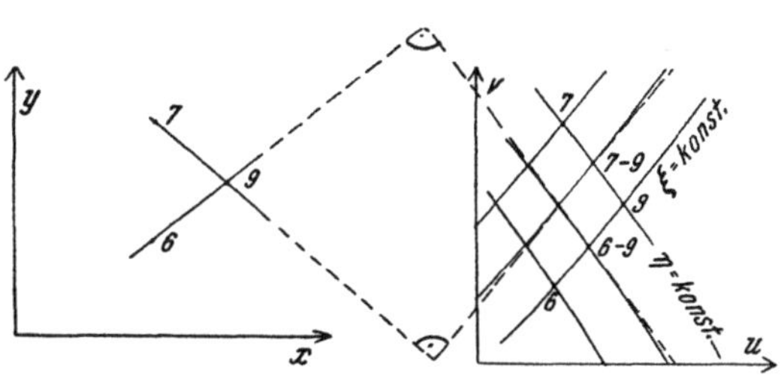

Abb. IX,56. Richtungen der Machlinien.

Die Methode wird als *Charakteristiken-Verfahren* bezeichnet. In den nächsten Abschnitten wird noch die Behandlung der Randbedingung und die Stoßkonstruktion zu besprechen sein.

Die Verwandtschaft mit den entsprechenden Methoden der instationären Fadenströmung ist offenbar. Im entsprechenden Abschn. II,34 ist insbesondere auch auf den Unterschied zwischen Gitterpunktverfahren — wie das hier wiedergegebene — und Felderverfahren —, wie es ursprünglich von Prandtl und Busemann [28] entwickelt wurde, hingewiesen. Im ursprünglichen Prandtl-

Busemann-Verfahren wurden alle Zustandsänderungen in Unstetigkeitsfronten verlegt, während die dazwischen gelegenen Felder Parallelströmung zeigten. Daraus ergeben sich duale Beziehungen zwischen Strömungsebene und Hodographenebene. Felderverfahren erweisen sich jedoch zur Verallgemeinerung bedeutend weniger geeignet als Gitterpunktmethoden, weshalb das Prandtl-Busemann-Verfahren hier nicht mehr in seiner ursprünglichen Form wiedergegeben wurde.

25. Anfangs- und Randbedingungen bei Charakteristikenverfahren

Die folgenden Ausführungen beziehen sich in erster Linie auf die ebene stationäre Strömung; eine Reihe von Schlußfolgerungen sind ohne weiteres auch auf räumliche Strömungen übertragbar, was im einzelnen nicht immer hervorgehoben werden soll.

Die Bezeichnung *Anfangswertproblem* stammt aus dem Problemkreis der instationären Wellenausbreitung. Beispielsweise wird eine bestimmte Zustandsverteilung zur Zeit $t = 0$ vorgegeben, etwa die Strömungsgeschwindigkeit und die Schallgeschwindigkeit als Funktion von x, es handelt sich um die sogenannten „Anfangswerte". Gefragt wird nach der Wellenform, etwa der Strömungsgeschwindigkeit und der Schallgeschwindigkeit in einem späteren Zeitpunkt. Beispiel Abb. 51 gibt einen Fall für eine derartige Fragestellung bei einer einfachen Welle.

Bei Überschallströmungen sind die Anfangswerte im allgemeinen durch den Zustand der Anströmung gegeben, aus dem sich dann stromabwärts das Strömungsfeld in ganz ähnlicher Weise entwickelt, wie das bei instationärer Strömung mit zunehmender Zeit geschieht. In besonders gelagerten Fällen können auch stromabwärts gelegene Teile die Rolle eines Anfangswertes übernehmen, wie z. B. der Meßrhombus einer Parallelstrahldüse, Abschn. 27.

Zunächst seien nur stetige Vorgänge betrachtet, die Stöße werden dann im nächsten Abschnitt miteinbezogen.

Sind die Anfangswerte, etwa Geschwindigkeitsbetrag und -richtung und konstante Entropie, auf einem Kurvenstück gegeben, dann kann bereits das ganze Fortsetzungsgebiet bestimmt werden, siehe Abb. 55 links, gegebenenfalls auch sein stromaufwärts gelegener Teil.

Jedoch ist bei einem reinen Anfangswertproblem zu beachten, daß die Anfangskurve C keine Machlinie zwei- oder mehrmals schneidet. Dies ist bei stetiger Strömung gleichbedeutend damit, daß die Anfangskurve C auch in den Endpunkten nirgends eine Charakteristik tangieren darf, Abb. 57. Im letzteren Fall können nämlich die Anfangswerte nicht mehr völlig frei vorgegeben werden, weil längs der die Kurve zwei- oder mehrmals durchsetzenden Machlinie eine Verträglichkeitsbedingung zu erfüllen ist. Der Fall von Abb. 57 führt auf das weiter unten behandelte gemischte Anfangswertproblem.

Fällt die Kurve C mit einer Machlinie völlig zusammen, dann schrumpft das Fortsetzungsgebiet auf die Charakteristik zusammen. Gleichzeitig können in diesem Falle die unabhängigen Veränderlichen in einem Punkte von C nicht mehr beliebig vorgegeben werden. Die Anfangswerte müssen einer Verträglichkeitsbedingung genügen, etwa einer der beiden Gleichungen (76), weshalb nur eine der unabhängig Veränderlichen oder eine Beziehung unter ihnen frei vorgegeben werden darf.

Bei einer solchen Vorgabe von Anfangswerten auf Machlinien spricht man vom *Charakteristischen Anfangswertproblem*. Wenn keine Randbedingungen hinzutreten, müssen bei konstanter Entropie die Anfangswerte auf einer linkslaufenden und einer rechtslaufenden Machlinie vorgegeben werden, und zwar auf jeder der beiden Machlinien nur eine der abhängigen Veränderlichen. Als Machlinien für das charakteristische Anfangswertproblem können beispielsweise die Begrenzungen des linken Fortsetzungsgebietes in Abb. 55 dienen.

Sind die Anfangswerte konstant, herrscht also auf der Kurve C Parallelströmung, dann herrscht auch Parallelströmung im ganzen Fortsetzungsgebiet. Dies gilt auch bei räumlichen Strömungen. Der Schluß kann ohne weiteres deshalb gezogen werden, weil die Lösung im Fortsetzungsgebiet eindeutig ist und die Parallelströmung zweifellos eine Lösung des Problems darstellt.

Für eben drehungsfreie Strömung gibt es noch eine weitere wichtige Folgerung, die bereits im Abschn. 19 und 20 unausgesprochen enthalten ist. Auch für die instationäre ebene Welle, Abschn. III,29, gilt ähnliches.

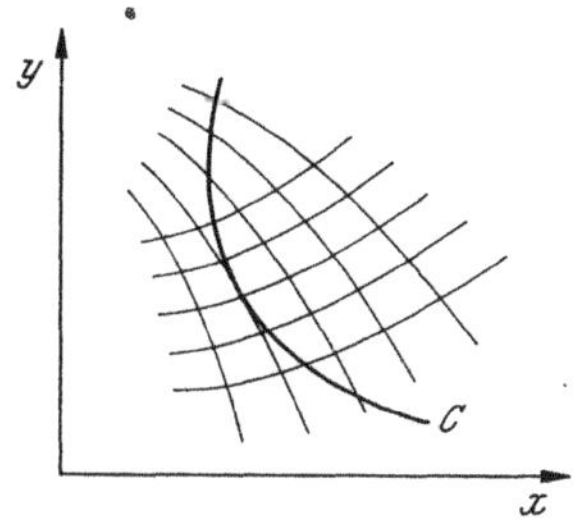

Abb. IX,57. Kurve C, eine Charakteristik tangierend.

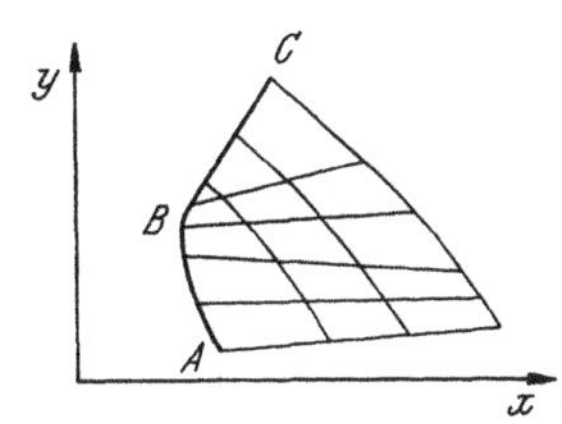

Abb. IX,58. Fortsetzungsgebiet bei konstanten Anfangswerten zwischen den Punkten B und C.

Sind die Anfangswerte nur auf dem oberen (oder unteren) Teil der Anfangskurve konstant, in Abb. 58 zwischen den Punkten B und C, dann ist der Hodograph des Fortsetzungsgebietes des Stückes $B - C$ degeneriert.

Der Hodograph des Fortsetzungsgebietes des Kurvenstückes $B - C$ ist ein Punkt. Der Hodograph des Restes des Fortsetzungsgebietes ist die durch diesen Punkt gehende, im vorliegenden Fall rechtslaufende Charakteristik. Das Kurvenstück $B - C$ darf auch eine Machlinie sein.

Wird ein Kurventeil von den aus dem Fortsetzungsgebiet stammenden Machlinien geschnitten, Abb. 59, so liegt ein *Randwertproblem* vor. In diesem Falle führt zum Randpunkt nur mehr eine Machlinie. Eine Verträglichkeitsbedingung längs einer zweiten Machlinie fällt weg und an deren Stelle tritt die Randbedingung.

Handelt es sich um eine *feste Wand*, so ist der Strömungswinkel bekannt. Bei dem in Abb. 59 wiedergegebenen Fall, daß eine rechtslaufende Machlinie nach P führt, errechnet sich die Geschwindigkeit (ganz wie an einem Profil in unendlich ausgedehnter wirbelfreier Strömung) einfach aus der zweiten Verträglichkeitsbedingung Gl. (95):

$$Ch(M^*) = \vartheta + Ch(M_r^*) - \vartheta_r. \tag{98}$$

An einer *freien Strahlgrenze* hingegen ist der Druck vorgegeben. Bei isentroper Strömung ist damit aber auch die Geschwindigkeit bekannt. Nun errechnet sich der Strömungswinkel aus Gl. (98) bei bekanntem M^*.

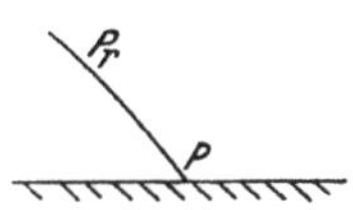

Abb. IX,59. Randpunkt.

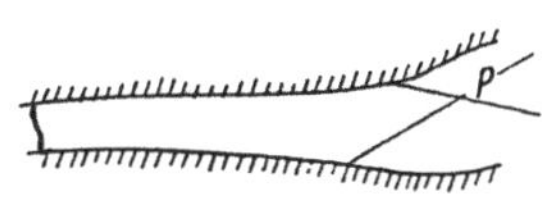

Abb. IX,60. Abhängigkeitsgebiet im geschlossenen Kanal.

Wird nur mit den Unbekannten λ und μ gearbeitet, so errechnet sich im Falle der Abb. 59 der λ-Wert im Randpunkt mit der Gl. (96) sehr einfach:

$$\begin{aligned} &\text{für die feste Wand:} && \lambda = \vartheta + \mu_r, \\ &\text{für den Strahlrand:} && \lambda = Ch(M^*) - \mu_r. \end{aligned} \tag{99}$$

Ganz Entsprechendes gilt natürlich für einen Randpunkt auf einer linkslaufenden Machlinie.

Die Lage des Randpunktes ergibt sich wieder ohne weiteres aus der Richtung der Machlinie Gl. (67) z. B. mit Hilfe der Orthogonalitätsbedingung.

Dabei zeigt sich, daß ein Rand das Fortsetzungsgebiet vergrößert. Das kann nicht anders erwartet werden. Beispielsweise kann sich bei einem geschlossenen Kanal das Abhängigkeitsgebiet am Kanalanfang für einen Punkt am Kanalende, Abb. 60, nur über die Kanalbreite erstrecken. Ränder sind eben stets Spiegelungen gleichzusetzen (siehe auch Abb. III,4), was einer entsprechenden Vergrößerung des Strömungsbildes gleichkommt.

Verläuft das Kurvenstück $B-C$ derart, daß es wenigstens zum Teil von Machlinien aus dem Abhängigkeitsgebiet $B-C$ getroffen wird, so liegt im Gegensatz zu Abb. 58 ein *Gemischtes Anfangs-Randwertproblem* vor. Dort wo aus dem Fortsetzungsgebiet stammende Machlinien auf das Kurvenstück $A-B$ auftreffen, liegt eine Randwertaufgabe vor. Nur eine abhängige Veränderliche kann vorgegeben werden, die andere liegt dann durch die Verträglichkeitsbedingung

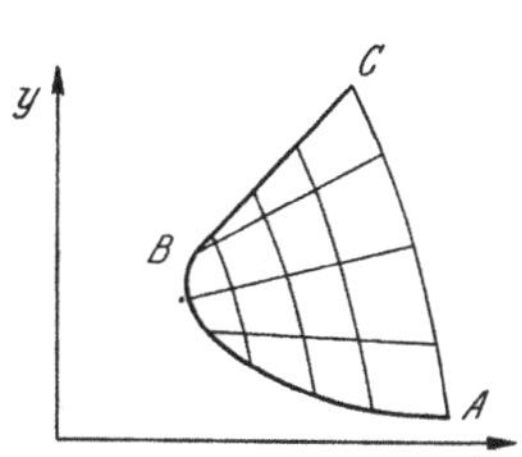

Abb. IX,61. Gemischtes Anfangswert-Randwertproblem bei zum Teil konstanten Anfangswerten.

fest. Im übrigen gilt aber derselbe Schluß, wie er früher im Zusammenhang mit Abb. 58 gezogen wurde.

Der Hodograph des vom konstanten Anfangszustand zwischen B und C abhängigen Fortsetzungsgebietes ist wieder degeneriert; eine Schar der Machlinien, in Abb. 61 wieder die linkslaufende, sind gerade Linien. Das Kurvenstück B—C selbst darf wieder eine Machlinie sein. Es handelt sich dann um ein *Gemischtes charakteristisches Anfangswert-Randwertproblem.*

Einem solchen begegnet man sehr häufig, beispielsweise in Abb. 43. Der Punkt B ist dort die Profilnase, der Punkt C ein auf der von der Profilnase ausgehenden linkslaufenden Machlinie geeignet gewählter Punkt, etwa der Schnittpunkt mit der eingezeichneten Machlinie $\eta =$ konst. Das Kurvenstück B—A ist die Profiloberfläche. Es handelt sich in allen solchen Fällen um eine einfache Welle.

26. Stoßfronten in Überschallfeldern

Der Stoßwinkel muß stets größer als der Machwinkel vor der Stoßfront sein, weil die Laufgeschwindigkeit eines Stoßes höher ist als diejenige einer Schallwelle. Andererseits müssen die gleichlaufenden Machlinien hinter der Front stets in diese hineinlaufen, weil der Stoß durch die Bedingungen hinter der Front hervorgerufen wird. Überall dort, wo eine Front auftritt, überlappen sich also die stetigen Felder der Strömung vor und hinter der Front, und diese kann bei schwachen Stößen nach Gl. (83) so eingezeichnet werden, Abb. 62, daß sie das Mittel der gleichlaufenden Machlinien vor und hinter ihr bildet. Die Verhältnisse unterscheiden sich von jenen der Abb. 48 nur insofern, als die stetigen Strömungsfelder nun eine kompliziertere Struktur aufweisen, wie sie sich eben aus

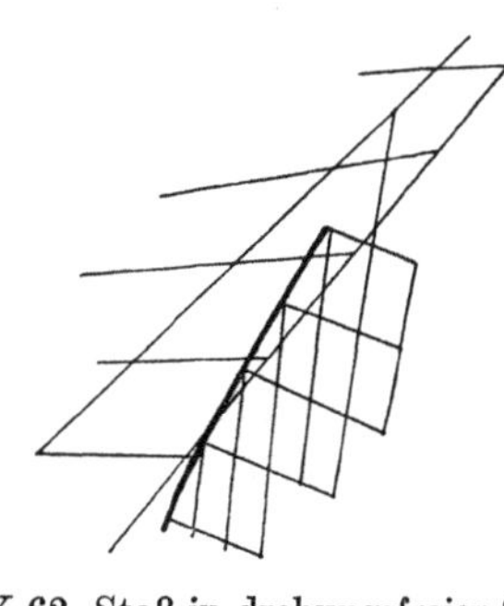

Abb. IX,62. Stoß in drehungsfreier Strömung.

der Konstruktion bei vorgegebenen Randbedingungen ergibt. Daraus ergibt sich, daß das Feld hinter dem Stoß nur schrittweise mit dem Stoß zusammen aufgebaut werden kann, weil es unter dem Einfluß des Feldes davor steht. Das Feld vor dem Stoß hingegen kann leicht über diesen hinweg fortgesetzt werden, mit anderen Worten: Das Fortsetzungsgebiet der Strömung vor dem Stoß reicht über die Stoßfront hinweg.

Die Druckseite des Stoßes ist im Lichte der Ausführungen des letzten Abschnittes mit einem Strömungsrand eng verwandt. Wie bei diesem führt nur eine

Schar der Machlinien von der Druckseite an die Front heran, in Abb. 62 sind es die linkslaufenden. Die zweite Bedingung zur Festlegung des Zustandes, also die „Randbedingung", wird von der Stoßpolaren geliefert. Je nach den verwendeten Abhängigen kann es sich um eine Kopplung von Druck und Strömungsrichtung oder von Geschwindigkeit und Strömungswinkel handeln. Demgegenüber wäre an der festen Wand die Strömungsrichtung, am Strahlrand Druck oder Geschwindigkeit gegeben. Mit dem freien Strahlrand hat die Stoßfrontbestimmung gemeinsam, daß die Lage des „Randpunktes" erst indirekt aus dem Strömungszustand folgt: beim Strahlrand aus der Strömungsrichtung, beim Stoß aus der Stoßfrontneigung Gl. (62).

Da die Verträglichkeitsbedingungen in zweiter Näherung über den Stoß hinweg gelten, ist der Zustand eines Kreuzungspunktes einer rechtslaufenden Machlinie vor dem Stoß mit einer linkslaufenden Machlinie hinter dem Stoß in Abb. 62 stets völlig bestimmt, wie bei stetiger Strömung. Seine Lage hingegen läßt sich im allgemeinen nicht so genau bestimmen, da die Machschen Linien im Stoß einen Knick erfahren. Das ist nur dann von untergeordneter Bedeutung, wenn der gesuchte Punkt unmittelbar hinter der Front liegt. Da die Frontrichtung aber näherungsweise konstant ist, lassen sich solche Punkte stets auswählen, wenn auf den Machlinien interpoliert wird. Damit ist dann eine sehr genaue Konstruktion der Stoßfront möglich.

Alle Probleme der Reflexionen von Stoßfronten an Rändern, des Durchkreuzens von Stoßfronten usw. können am Ort des Vorganges stets wie in unendlicher Parallelströmung behandelt werden. Da die Stoßfronten praktisch verschwindend tief sind, ergeben sich in unmittelbarer Umgebung des Vorganges bei genügender Vergrößerung gerade jene Bilder, wie sie in den Abschnitten 8 bis 14 behandelt wurden.

27. Parallelstrahldüse

Sowohl für Windkanäle als auch für Raketen ist das Erzeugen von Parallelstrahlen erwünscht. Bei der Raketenschubdüse z. B. ergibt sich der Schub als ein Maximum, wenn die Zustände über dem Düsenende konstant sind. Während im Windkanal mehr das ebene Problem interessiert, ist bei der Rakete eine achsensymmetrische Düse von größerer praktischer Bedeutung. Die Aufgabe soll daher hier so behandelt werden, daß auch gleichzeitig der Weg zur Konstruktion achsensymmetrischer Düsen gezeigt wird.

Angenommen, stromabwärts vom Düsenende herrsche Unterdruck oder angenähert Gleichdruck, dann muß im gesamten Fortsetzungsgebiet des Düsenendquerschnittes Parallelströmung herrschen, wenn sie im Düsenquerschnitt selbst gefordert wird. Diese Forderung ist im übrigen typisch für ein Überschallproblem und nur für dieses exakt zu erfüllen. Bei Unterschallströmung würde sich ja jede Störung, die sich irgendwo in der Strömung befindet, im Düsenendquerschnitt bemerkbar machen und die Parallelströmung dort stören. Ungestörte Parallelströmung in einem Querschnitt wäre exakt nur durch Parallelströmung im *ganzen* Strömungsraum zu erreichen, was praktisch nicht realisierbar ist. Mit beliebiger Näherung läßt sich die Forderung in einer Unterschallströmung allerdings schon erfüllen.

Das Fortsetzungsgebiet des Endquerschnittes besteht aus einem stromaufwärts und einem stromabwärts gelegenen Teil, welche in der Zeichenebene bei Parallelströmung exakt einen Rhombus bilden, den sogenannten „Meßrhombus" der Überschallkanaldüse. In ihm herrschen im Idealfalle die gewünschten Bedingungen für das Modell. Bei achsensymmetrischen Düsen bildet das Fortsetzungsgebiet räumlich gesehen exakt einen Doppelkegel mit dem Machschen Winkel der Parallelströmung als halben Öffnungswinkel.

Herrscht am Düsenende stärkerer Gegendruck, dann wird das Fortsetzungsgebiet stromabwärts durch Stöße abgeschlossen und etwas gekürzt, wie dies im Abschnitt 29 über Freistrahlen gezeigt wird.

Zunächst sei eine Strömung angenommen, in welcher die Geschwindigkeit beginnend von $M = 1$ so beschleunigt wird, daß sie in einem Punkte die im Endquerschnitt erwünschte Machzahl M_E erreicht. Dieser Punkt A sei gleichzeitig der Anfangspunkt des „Meßrhombus", Abb. 63. Die angenommene Expansionsströmung sei nur bis zu den zum Punkte A führenden Machlinien gezeichnet. Als Expansionsströmung kann beispielsweise die exakte Überschallquelle (der Ebene oder des Raumes) genommen werden. Auch kann eine experimentell ermittelte Strömung verwendet werden, was den Vorteil hat, daß damit gleichzeitig der Einfluß des Unterschallteiles erfaßt wird. Für die weiteren Berechnungen sind dabei nur die Werte auf den zu A führenden Machlinien erforderlich.

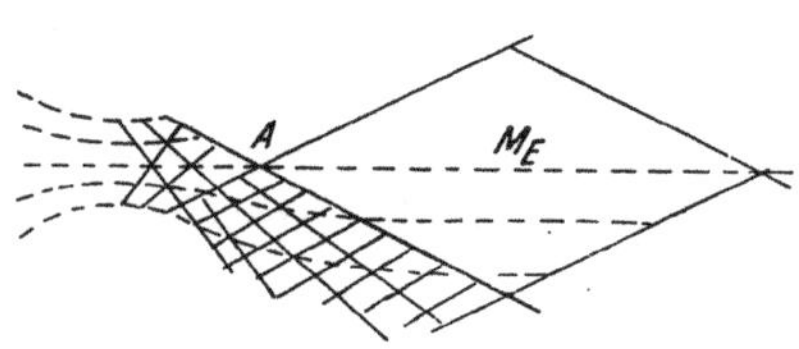

Abb. IX,63. Aufbau einer Parallelstrahldüse.

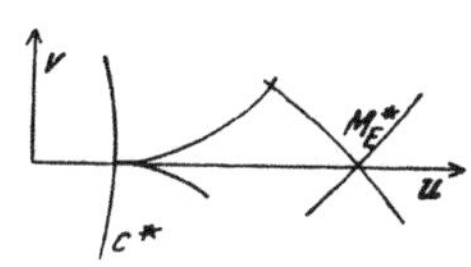

Abb. IX,64. Hodograph der Knick-Düse.

Eine reine Prandtl-Meyer-Expansion eignet sich für diese Zwecke nicht. Sie gibt ja selbst eine exakte Parallelströmung mit geänderter mittlerer Strömungsrichtung, stellt also bereits eine spezielle Lösung der Aufgabe dar.

Das Feld zwischen der in A endenden Expansionsströmung und dem „Meßrhombus", dessen absolute Größe zunächst noch freisteht, kann nun mit Hilfe des Charakteristikenverfahrens auskonstruiert werden. Damit wird die gegebene Expansionsströmung mit jeder gewünschten Genauigkeit in die geforderte Parallelströmung übergeführt. Jedes am „Meßrhombus" endende, durch die Expansionsströmung führende Paar von Stromlinien ergibt eine Parallelstrahldüse. Symmetrie ist dabei keineswegs erforderlich. Bei Asymmetrie oder bei Verlängerung der Parallelwände am Düsenende wird das Gebiet der Parallelströmung größer als das Fortsetzungsgebiet des Endquerschnittes und verliert seine Rhombengestalt. Die Lösung bei Achsensymmetrie unterscheidet sich von derjenigen bei ebener Strömung nur durch das anzuwendende Charakteristikenverfahren.

Die von der Expansionsströmung ausgehenden Machlinien in den Feldern über und unter Punkt A sind bei ebener Strömung Geradenscharen, in Übereinstimmung mit den Ausführungen in Abschnitt 25. Sie entsprechen also Punkten in der Hodographenebene, aus denen sich die beiden Charakteristiken zusammensetzen, welche allein durch den Zustand $\vartheta = 0$, $M^* = M_E^*$ gehen, Abb. 64. Das über den Machlinien von A gelegene Feld ist also durch $\mu = \mu_E$, das unter A gelegene Feld durch $\lambda = \lambda_E$ gekennzeichnet. Die Expansion erfolgt in diesen Feldern nur mehr längs einer Schar Machscher Linien, während die Zustände längs der anderen Schar konstant bleiben. Bei ebener Strömung ist also die Expansionsströmung so weit zu nehmen, bis an der Düsenwand oben μ_E und unten λ_E erreicht wird. Dann ist die Düsenwand oben weiter so zu krümmen, daß die Randbedingung $\mu = \mu_E$ erfüllt wird (und Entsprechendes für λ) womit die Aufgabe gelöst ist.

Vielfach interessieren möglichst kurz gebaute Düsen. Die rascheste Expansion wird erreicht, wenn die Wand nach der engsten Stelle geknickt wird. Angenommen, es herrscht in der engsten Stelle Parallelströmung mit $M = 1$, so entspricht die Prandtl-Meyer-Expansion an den Knicken den beiden von $M^* = 1$, $\vartheta = 0$ ausgehenden Charakteristiken in der Hodographenebene, Abb. 64. Damit ist aber

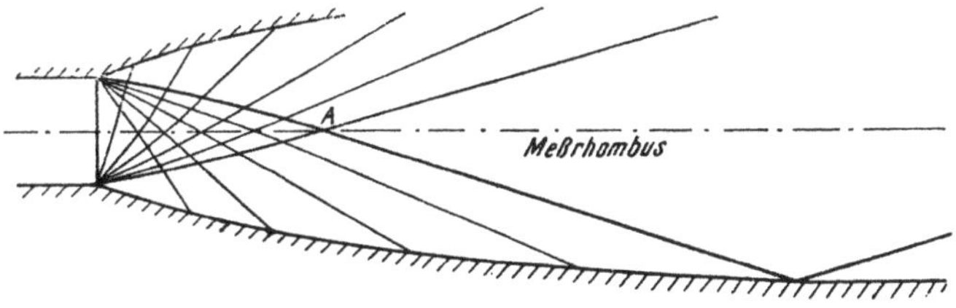

Abb. IX,65. Skizze einer Düse geringster Länge für $M_E = 2{,}50$.

auch der Knickwinkel gegeben als Schnittpunkt mit der vom Punkte A (M_E^*, $\vartheta = 0$) ausgehenden Charakteristik. Die $Ch(M^*)$-Werte am Punkte größten Strömungswinkels der Wand ergeben sich als arithmetisches Mittel von 1000 und $Ch(M_E^*)$. Abb. 65 gibt eine entsprechende Düse geringster Länge.

Die Neigungen der Düsenwand sind keiner Beschränkung unterworfen, weil es sich um lauter Strömungen mit Druckabfall handelt, welchen eine Grenzschicht stets mitmacht. Ein Vergleich mit den ebenfalls divergenten Unterschalldiffusoren, wie er gelegentlich in Arbeiten gemacht wird, ist nicht am Platze, da die Diffusorprobleme mit dem Druckanstieg zusammenhängen.

Für richtige theoretische Ausgangswerte im engsten Düsenquerschnitt sei auf [·24] Abschn. I der schallnahen Strömung verwiesen. Es zeigt sich, daß die Geschwindigkeitsverteilung im Düsenhals nur bei geringen Überschallgeschwindigkeiten Bedeutung für die Düsenform hat.

Bei beiden hier wiedergegebenen Beispielen weist der Geschwindigkeitsgradient im Punkte A einen Sprung auf. Es handelt sich also um einen Beschleunigungssprung.

Parallelstrahldüsen können auch kreisringförmige Öffnung aufweisen, vgl. etwa Beispiel VIII,39 in [·23]. Die Außenwand kann ein Kreiszylinder bilden. Der Zentralkörper endigt spitz auf der Achse. Solche Düsen sind wohl für Triebwerke geeignet, wegen der Grenzschicht in der Mitte jedoch nicht für Windkanäle.

28. Doppelflügel; Interferenz

Bei der Parallelstrahldüse wurde die Expansion durch eine konkave Wandkrümmung ausgelöscht. Es liegt nahe, das Umgekehrte bei einem Flügel zu versuchen, um die Stöße möglichst rasch auszulöschen oder gar nicht erst entstehen zu lassen und auf diese Weise einen möglichst geringen Widerstand zu erhalten. Nach den Ausführungen von Abschnitt 19 ist das aber nur möglich, wenn dem Profil ein zweites Profil gegenübergelegt wird. Man gelangt so zum Busemannschen Doppelflügel, Abb. 66a [29], bei welchem die beiden Teile gegenseitig die auftretenden Störungen durch Interferenz aufheben. Es sei hier nur der Fall behandelt, bei welchem jeder Stoß vermieden werden soll.

Dann müssen die Außenseiten parallel zur Anströmrichtung liegen und die Vorderkanten verschwindenden Öffnungswinkel besitzen. Auch dürfen die konkaven

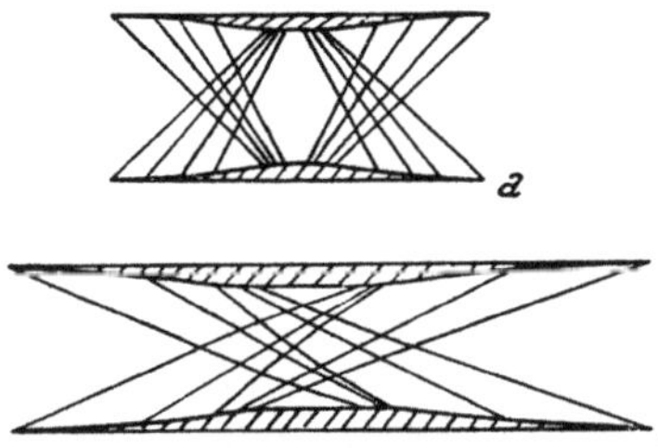

Abb. IX,66. Widerstandsfreier Doppelflügel.

Profilkrümmungen nur sehr klein sein, damit sich die Verdichtung nicht vor Erreichen der Expansion zu Stößen aufsteilt. In dem in Abb. 66a wiedergegebenen Beispiel nach A. Busemann bleibt die Wand zunächst nach anfänglicher Krümmung konstant geneigt, was zu einem Feld mit Parallelströmung führt. Die konvexe Krümmung am Dickenmaximum verwandelt die ankommende Kompression in eine Expansion, die am Flügelende wieder zu einer Parallelströmung ausgerichtet wird. Keinesfalls dürfen Wellen das Profilpaar verlassen, da sich sonst doch noch Stöße ergeben würden. Nach den Ausführungen des letzten Abschnittes bedeutet es keine Schwierigkeit, unterschiedliche Doppelflügel zu konstruieren. Nach verhältnismäßig willkürlicher Kompression und anfänglich auch willkürlicher Expansion ist einfach eine Paralleldüse mit der Machzahl der Anströmung im Endquerschnitt zu konstruieren.

Die praktische Bedeutung eines Doppelflügels als Tragfläche ist anzweifelbar. Der verschwindende Öffnungswinkel der Vorderkante könnte wohl ohne wesentliche Verluste durch einen endlichen Winkel ersetzt werden. Doch dürfte der Reibungswiderstand groß und die technische Verwirklichung schwierig sein. Dennoch ist das Beispiel sehr lehrreich. Es zeigt, daß Körper auch mit endlicher Dicke grundsätzlich auch mit Überschallgeschwindigkeit ohne Widerstand fliegen können.

Ein wichtiges Resultat ergibt sich dabei für das Interferenzproblem, also die Frage des Einflusses verschiedener Körper aufeinander. Es zeigt sich, daß der

Druckwiderstand zweier Körper durch gegenseitige Einwirkung aufgehoben werden kann. Im Falle der Doppelflügel von Abb. 66 weisen die beiden Einzelprofile, die den Doppelflügel bilden, einen negativen Interferenzwiderstand auf, dessen Betrag gleich der Summe der beiden Profilwiderstände ist.

Neben dem Busemannschen Doppelflügel, Abb. 66a, bei welchem im wesentlichen eine Kompressions- und Expansionsparalleldüse hintereinander geschaltet sind, gibt es noch eine andere Form, Abb. 66b, welche in der engsten Stelle keine Parallelströmung aufweist. Bei dieser zweiten Form wird die Kompression der einen Flügelhälfte beim Auftreffen auf die andere Flügelhälfte durch Expansion ausgelöscht.

Die beiden Flügelarten ergeben zwei verschiedene Arten der Widerstandsverringerung durch Interferenz. Beim Busemannschen Flügel, Abb. 66a, wird die Druckwelle am Nachbarflügel im wesentlichen reflektiert und am eigenen Flügel gelöscht, während die Profile in Abb. 66b gegenseitig die Druckwellen nach dem Dickenmaximum abfangen.

Bei dem wiedergegebenen Beispiel muß der Druckwiderstand schon aus Symmetriegründen verschwinden. Einfacher ergibt sich dieses Resultat aus dem Entropiesatz Gl. (V,53), nach dem ein Widerstand in reibungsloser Strömung Stöße zur Voraussetzung hat.

Nach Abschnitt II,12 sind nur Verengungen bis zu einem gewissen Grad zulässig, wenn unbedingt vermieden werden soll, daß sich Stöße vor den Flügel wie vor ein Pitot-Rohr legen. Dabei zeigen Versuche von Ferri [3], daß dieser Anlaufeffekt bis zu gewissen Verengungen durch vorübergehendes Erweitern des Flügelabstandes vermieden werden kann.

29. Schwingende Freistrahlen

Während ein Unterschallstrahl nur bei Gleichdruck aus einer Mündung austreten kann, weil der Druck an der Mündung regulierend auf die Strömung einwirkt, kann an Überschallmündungen beliebig starker Unterdruck, aber auch bis zu einem gewissen Grade Überdruck herrschen. Tritt ein Überschallparallelstrahl aus einer Mündung gegen Unterdruck aus, so wird er an den Rändern zunächst expandieren und sich so an den Außendruck anpassen. Im weiteren Verlauf muß an der Strahlgrenze stets Außendruck herrschen, wodurch die Randbedingungen festgelegt sind.

An den Mündungskanten, Abb. 67, stellt eine Prandtl-Meyer-Expansion sprunghaft den Außendruck am Strahlrand her. Die Strömung ist isentrop, so daß sich die Geschwindigkeit am Strahlrand aus der Bernoullischen Gleichung ergibt, womit die Expansionsfächer und die Richtung des Strahlrandes festliegen. Im Innern macht sich der Unterdruck natürlich erst weiter stromab geltend. Die Charakteristikenmethode ist erst anzuwenden, wo die beiden Expansionsfächer aufeinandertreffen. Nach der Durchkreuzung der Expansionsfächer entsteht in der Strahlmitte ein Unterdruckgebiet. Der Freistrahl hat sich überexpandiert. Die Expansionsfächer werden am Strahlrand als Kompressionen reflektiert, was eine Einschnürung des Strahles zur Folge hat, die wieder zu Druckanstiegen im Innern auf den Ausgangsdruck in der Düse führt. Der Strahl schwingt. Die Schwingung in Abb. 67 ist als streng periodisch wiedergegeben. Nach genaueren Untersuchungen von D. C. PACK [31] bilden sich jedoch gegen Ende der ersten vollen Schwingung schiefe Stöße. Bei Versuchen kommt noch der störende Einfluß der turbulenten Durchmischung am Strahlrand hinzu. Bei Austritt gegen starken Unterdruck in der umgebenden Luft ändert sich das Bild erheblich, Abb. 68.

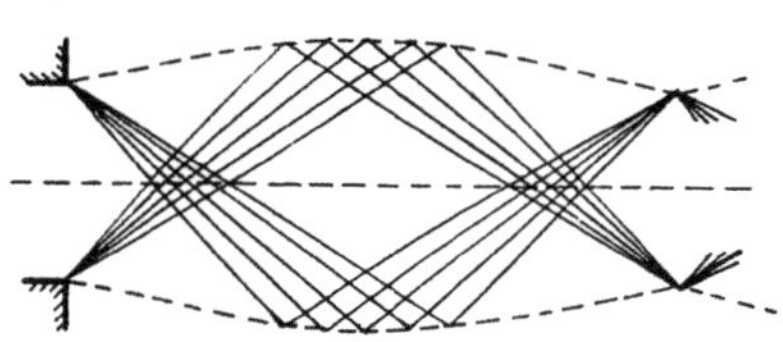

Abb. IX,67. Austritt eines Überschallstrahles gegen Unterdruck nach [28].

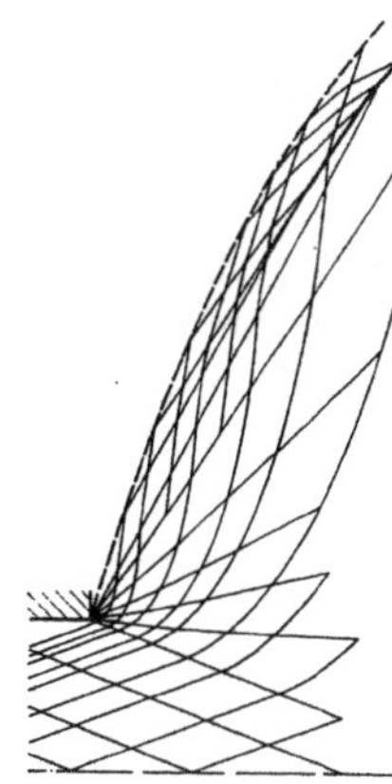

Abb. IX,68. Stoß am Strahlrand bei starker ebener Expansion.

Der Strahlrand kann mehr als 90° zur Anfangsrichtung geneigt sein. Wegen der dort herrschenden hohen Machzahlen verlaufen die Machlinien nun längs des Strahlrandes und ergeben einen Stoß, der ungefähr in Strahlrandrichtung verläuft. In diesem Stoß springt der Gasdruck von tiefen Unterdrücken annähernd auf den Außendruck. Solche Expansionen bei starken Strahlüberdrücken sind an den Pulvergasglocken von Geschützen zu beobachten, wobei die Verhältnisse noch wesentlich von der Achsensymmetrie des Vorganges beeinflußt werden.

Bei Austritt gegen Überdruck entsteht an der Mündung ein schiefer Stoß, dessen Stärke und Abströmrichtung aus der Herzkurve zu entnehmen ist. Bei zu hohen Außendrücken allerdings gibt es keine Lösung, wobei die Grenze bei der Maximalablenkung des Strahlrandes anzunehmen ist. Bei solchen starken Überdrücken laufen kräftige instationäre Stöße stromaufwärts. Die angenommenen Bedingungen an der Mündung können nicht aufrechterhalten werden. Bei geringem Überdruck in der Umgebung durchkreuzen sich die beiden von den Mündungskanten ausgehenden Stöße, Abb. 69, nach Abb. 28. Nach der Durchkreuzung

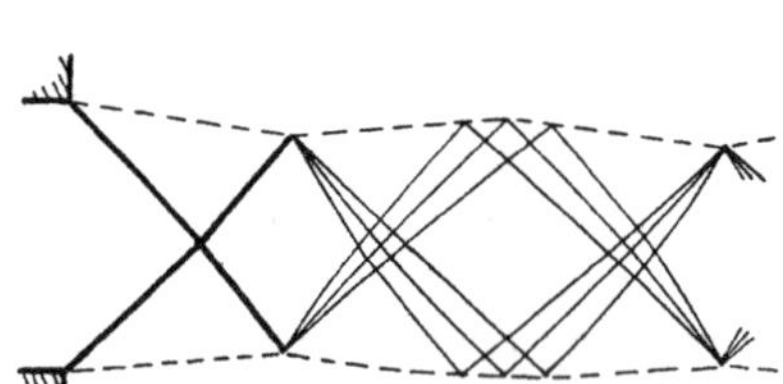

Abb. IX,69. Austritt eines Überschallstrahles gegen schwachen Überdruck nach [28].

der Stöße ergibt sich ein Überdruckgebiet und die Stöße werden am Strahlrand nach Abb. 22 als Prandtl-Meyer-Expansion reflektiert. Von hier an ergibt sich nun dasselbe Bild wie beim Strahlaustritt gegen Unterdruck, mit dem Ruhedruck und der Machzahl nach der Stoßdurchkreuzung.

Ist der Überdruck der Umgebung so stark, daß eine Durchkreuzung der Stöße nicht mehr möglich ist, dann können Stoßgabeln auftreten, wobei der Stoß auf der Symmetrieachse des Strahles senkrecht sein muß. Dort springt die Geschwindigkeit aber unter die Schallgeschwindigkeit, weshalb solche Erscheinungen einer theoretischen Behandlung schwer zugänglich sind. Sie gehören zu den schallnahen Strömungen.

30. Parallelstrahlgitter

In Abschnitt V,5 wurde die Wirkungsweise von Schaufelgittern unter der Annahme behandelt, daß Zu- und Abströmung eine ebene Parallelströmung von beliebiger Machzahl und Richtung sei. Bei Unterschallströmung kann eine solche Annahme nur näherungsweise erfüllt werden. Das Gitter sendet bei $M < 1$ stets stromaufwärts und stromabwärts Störungen aus, die allerdings sehr rasch, nämlich im Abstand weniger Gitterteilungen a, zu unwesentlichen Schwankungen abgeklungen sind. Bei Überschallströmung dagegen ist es theoretisch ohne Schwierigkeit möglich, bereits am Gittereintritt und am Gitteraustritt exakte Parallelströmung zu erzwingen. Dieses Problem ist mit jenem der Parallelstrahldüse, Abschnitt IX,27, eng verwandt.

Ein sehr einfacher Fall ist in Abb. 70 wiedergegeben. Beispielsweise sind einfach zwei geeignete Stromlinien einer Prandtl-Meyer-Kompression herausgegriffen, vgl. auch Abb. 26, und zu einer Profilkontur vereinigt.

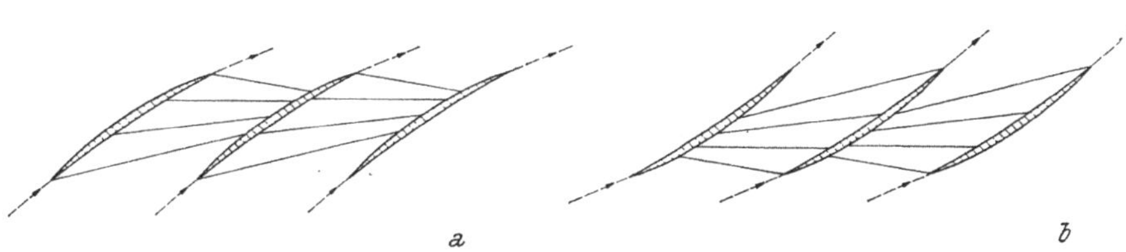

Abb. IX,70. Stoßfreies Überschall-Kompressions- (*a*) und Expansionsgitter (*b*).

Wie bei allen Verdichtungsgittern ist allerdings auch bei jenen von Abb. 70a zu beachten, daß es bei zu starker Verengung nicht zur gewünschten Strömung kommen wird, indem ein Blockierungseffekt auftritt, wie er beim Doppelflügel, Abschnitt IX,28, und beim zweifach verengten Kanal, Abschnitt II,12, ausführlich beschrieben wurde. Wird die in der Tabelle des letztgenannten Abschnittes angegebene Verengung überschritten, dann muß damit gerechnet werden, daß die Überschallströmung vor dem Gitter gar nicht zustandekommt. Diese „Anlaufbedingung" kommt zu allen folgenden Überlegungen noch hinzu. Wenn sie bei einer oder der anderen angeführten Abbildung nicht beachtet ist, so geschah dies zugunsten einer deutlicheren Darstellung der Effekte. Die Beispiele lassen sich jedoch ebensogut für geringere Umlenkungen und damit für geringere Verengungen wiederholen. Die Profile werden dabei allerdings sehr dünn.

Zur Gewährleistung endlicher Schaufeldicken muß die Konvexseite des Profils beim Düseneintritt steiler sein als die Konkavseite, in der Umgebung des Gitterendes ist das Umgekehrte der Fall. Entlang der eingezeichneten Machlinien der Prandtl-Meyer-Strömung sind wie bei jeder „einfachen Welle“ die Strömungszustände konstant. Der Strömungswinkel der konkaven Seite wird entlang der Machlinie auf die konvexe Seite übertragen. Aus diesem Grunde muß bei zunehmender Dicke die Machlinie in Richtung der „Gitternormalen“ (bei abnehmender Dicke entgegen der Richtung der Gitternormalen) laufen.

Beim Expansionsgitter von Abb. 70b kommt man auf genau demselben Wege zum umgekehrten Schluß, nämlich, daß die eingezeichneten rechtslaufenden Machlinien im Gebiete des Gittereintrittes entgegen der Gitternormalen und im Gebiete des Gitteraustrittes in Richtung der Gitternormalen verlaufen müssen, weil nämlich beim Expansionsgitter in Überschallströmung die Profilneigung im Gegensatz zum Kompressionsgitter zunimmt. Es handelt sich bei Abb. 70b nur um das in entgegengesetzter Richtung laufende Gitter von Abb. 70a, das jedoch der besseren Anschaulichkeit wegen gesondert gezeichnet wurde.

In Übereinstimmung mit Abb. V,6 ist das Gitter auch in allen folgenden Figuren in Schreibrichtung, also x-Richtung abgewickelt, u entspricht der Umfangskomponente des noch nicht abgewickelten Axialgitters, y entspricht der Axialrichtung und v der Axialkomponente. Wichtig ist bei Überschallströmung die Aufspaltung der Machzahl in eine Tangentialkomponente und eine Normalkomponente:

$$M_t = M_x; \qquad M_n = M_y; \qquad M^2 = M_t^2 + M_n^2. \tag{100}$$

Die Machzahlkomponente in Gitterrichtung, M_t, ist gleichzeitig die Umfangskomponente der Machzahl, M_n ist die Anströmkomponente der Machzahl. Je nachdem ob

$$M_n < 1 \tag{101}$$

oder ob

$$M_n > 1 \tag{102}$$

gilt, besitzt das Gitter stromaufwärts Einfluß, (101), oder keinen Einfluß, (102). Diese Fallunterscheidung, die es natürlich nur bei Überschallflügelgittern gibt, wird uns im folgenden laufend begegnen. Von ihr hängt ab, ob ein Gitter trotz Überschallgeschwindigkeit axial stromaufwärts zu wirken vermag oder nicht.

Beispielsweise genügt das Gitter von Abb. 70a im Eintritt der Ungleichung (102) und im Austritt jedoch der Ungleichung (101). Bei Gittern von Abb. 70b ist das Umgekehrte der Fall. Nach den vorausgegangenen Ausführungen weisen alle auf „einfache Wellen“ aufgebauten Überschallverdichtungs- oder Expansionsgitter dieselbe Eigenschaft auf, eine Eigenschaft, die aus der Konstanz des Strömungswinkels auf Machlinien zwangsläufig folgt.

Von besonderer Bedeutung für ein Gitter ist die Tangentialkomponente der Luftkraft, das ist die negative x-Komponente der Haltekraft $T = -K_x$. Gemäß (V,22) gilt mit G als Massendurchsatz

$$T = G(u_1 - u_2), \tag{103}$$

wenn sich wieder der Index 1 auf die Anströmung und der Index 2 auf die Abströmung beziehen. Bei Unterschallströmung entspräche Abb. 70a einem Beschleunigungsgitter. Es wäre $W_2 > W_1$ aber auch $\vartheta_2 < \vartheta_1$, folglich sicherlich

$u_2 = W_2 \cos\vartheta_2 > W_1 \cos\vartheta_1 = u_1$. Die Tangentialkomponente der Luftkraft wäre gemäß Gl. (103) bei $M < 1$ also $T < 0$.

Dieses Ergebnis wird durch Abb. V,7 natürlich bestätigt. Bei Unterschallströmung, also innerhalb des gestrichelten Kreises, nimmt auf einer Leitlinie mit der Geschwindigkeit auch stets die u-Komponente zu.

Bei Überschallströmung kann dagegen gemäß derselben Abbildung mit der Geschwindigkeit die u-Komponente abnehmen. Im Falle von Abb. 70a nimmt z. B. mit der Geschwindigkeit auch der Strömungswinkel ϑ ab, weshalb für das Verhalten der x-Komponente, $u = W \cos\vartheta$, nicht ohne weiteres eine Aussage getroffen werden kann. Im Falle von Abb. 70a und 70b und bei allen anderen Fällen, denen eine einfache Welle zugrundeliegt, läßt sich jedoch ein tieferer Einblick gewinnen. Die Punkte des Strömungsfeldes lassen sich hier aus der Parallelströmung auf einer linkslaufenden Machlinie erreichen. Es liegt also gemäß den Ausführungen von Abschn. 25 ein degenerierter Hodograph vor mit der Beziehung Gl. (76) links zwischen Winkeländerung und Geschwindigkeitsänderung. Daraus folgt für die Änderung von u:

$$\begin{aligned} du &= d(W\cos\vartheta) = -W\sin\vartheta\, d\vartheta + \cos\vartheta\, dW \\ &= \left[-\sin\vartheta\sqrt{M^2-1} + \cos\vartheta\right] dW = [1 - \operatorname{tg}\vartheta\cot\alpha]\cot\vartheta\, dW. \end{aligned} \tag{104}$$

Dann gilt:

$$\frac{du}{dW} \gtrless 0 \qquad \text{für} \qquad \vartheta \lessgtr \alpha \qquad \text{oder} \qquad M_n \lessgtr 1. \tag{105}$$

Die u-Komponente nimmt also mit der Geschwindigkeit dort zu, wo im vorliegenden Fall die Normalkomponente der Machzahl wie bei Unterschallgeschwindigkeit unter dem Wert 1 liegt.

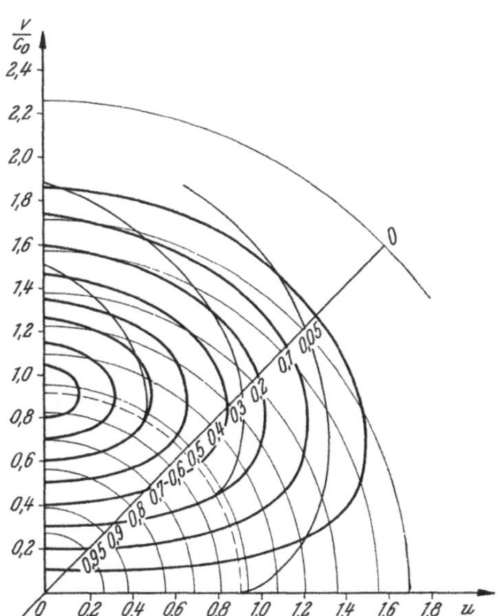

Abb. IX,71. Linkslaufende Machlinien im Leitlinien-Diagramm.

Man gewinnt leicht einen Überblick über die Luftkräfte von „einfachen Wellengittern" durch Eintragen der Charakteristik in das Betz-Leitliniendiagramm Abb. V,7, wie das für linkslaufende Machlinien in Abb. 71 durchgeführt wurde. Man erkennt dann, daß für das Verdichtungsgitter, Abb. 70a, $u_2 > u_1$ gilt. Es überwiegt ja auch $\mathrm{M}_n > 1$, also überwiegt gemäß Gl. (105) $du/dW < 0$. Das führt zu einer negativen Tangentialkomponente der Luftkraft, $T < 0$, in Übereinstimmung mit dem Ergebnis für $M < 1$ bei derselben Gitterform. Obwohl es sich bei $M > 1$ um ein Verdichtungsgitter, bei $M < 1$ um ein Expansionsgitter handelt.

Die Überführung einer Parallelströmung in bestimmter Richtung in eine andere Parallelströmung geänderter Machzahl und Richtung bietet bei $M > 1$ keine Schwierigkeit. Dies sei am Beispiel eines Gleichdruckgitters gezeigt, bei dem die Potentialwirbelströmung aus einer parallelen Strömung gewonnen und in eine Parallelströmung geänderter Richtung zurückgeführt werden soll.

Zu diesem Zweck sei in den Überschallteil eines Potentialwirbels, Abb. VI,12, 13, ein Machliniennetz eingetragen, Abb. 72. Das Netz möge in einem Punkt P_∞

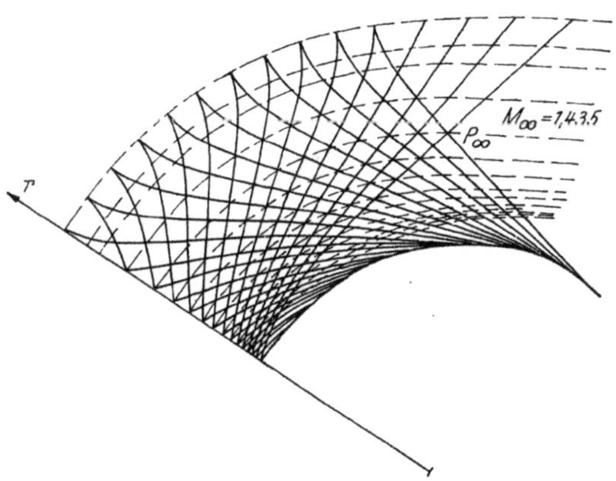

Abb. IX,72. Übergang von Potentialwirbelströmung in Parallelströmung für $M_\infty = 1{,}435$.

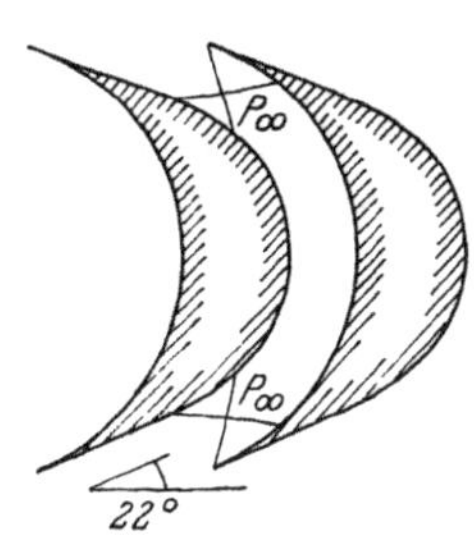

Abb. IX,73. Potentialwirbel-Gleichdruckgitter für $M_\infty = 1{,}435$, $\vartheta_\infty = 22°$.

endigen, in dem die gewünschte Machzahl vorliegt, im angeführten Beispiel $M_\infty = 1{,}435$. Das Machliniennetz im Potentialwirbel ist begrenzt außen durch den Schallkreis, ferner durch die beiden durch P_∞ gehenden Machlinien und allenfalls innen durch den Kreis für $M \to \infty$. Der Einfluß der Parallelströmung rechts vom Punkt P_∞ ist nach links hin durch die beiden von Punkt P_∞ ausgehenden Machlinien begrenzt. In den beiden Übergangsgebieten zwischen Parallelströmung und Potentialwirbel über und unter dem Punkt P_∞ dagegen ist der Hodograph der Strömung gemäß den Ausführungen von Abschnitt 25 degeneriert. Die die Parallelströmung begrenzenden Machlinien sind natürlich gerade. Zwei beliebige Stromlinien der in Abb. 72 dargestellten Strömung können als Profilwände dienen. Die Anströmung ist auf die gleiche Weise zu ermitteln wie die Zuströmung. Abb. 73 zeigt ein auf die angegebene Weise gewonnenes

Gleichdruckgitter sehr starker Umlenkung. Das durch P_∞ gehende Machlinienkreuz zeigt die Begrenzung von Parallelströmung, Übergangsgebiet und Potentialwirbelströmung an.

Im vorliegenden Fall ist der Punkt P_∞ annähernd in die Mitte des Gitters verlegt. Die Stromlinie auf der konvexen Seite des Wirbels des Profiles zwischen den beiden Parallelströmungen ist folglich kürzer als die Stromlinie auf der konkaven Seite. Damit das Profil geschlossen ist, muß seine konvexe Seite noch durch ein Geradenstück der Parallelströmung ergänzt werden. Für Einzelheiten sei auf die Arbeit [32] verwiesen.

Bei $M > 1$ und reibungsfreier Strömung können dem Leitliniendiagramm, Abb. V,7, exakte Lösungen für die Umlenkung einer Parallelströmung in eine andere mittels eines Gitters zugrundegelegt werden. Ähnliches ist bei Unterschallströmung natürlich nicht möglich.

31. Einzelgitter

Wesentliche Erkenntnisse sind bereits bei Streckengittern zu gewinnen. Es sei mit dem einfacheren Falle begonnen, daß die Normalkomponente der Machzahl größer als 1 ist, Gl. (102). Wenn die Teilung und M_n ausreichend groß sind, dann kann der Fall eintreten, daß die Kopfwelle des einen Profils die beiden

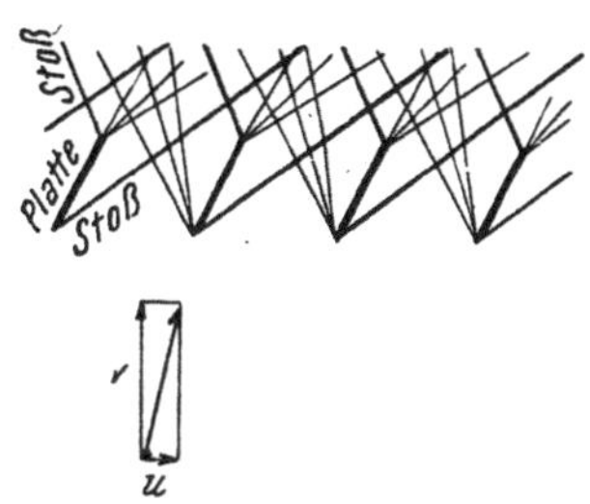

Abb. IX,74. Interferenzfreies Gitter.

Nachbarprofile gar nicht erreicht. Es liegt dann ein völlig interferenzfreies Gitter vor, Abb. 74. Die Luftkräfte können wie beim Einzelprofil ermittelt werden. Dieser Fall hat allerdings im wesentlichen nur theoretisches Interesse. Abb. 74 sowie die Abb. 70, 78, 79, 80 gehen auf eine frühe Arbeit von E. STRAUSS zurück, [57].

Die Berechnung bleibt aber auch dann noch leicht und unproblematisch, wenn die Kopfwelle im Innern des Gitters reflektiert wird. Abb. 75 zeigt die beiden Möglichkeiten, die bei einem Plattengitter auftreten können. Die Strömung im Inneren kann bei $M_n > 1$ stets ohne Schwierigkeit mit Hilfe von Charakteristikenverfahren ermittelt werden. Die Strömung vor dem Gitter kann beispielsweise als Parallelströmung vorgegeben werden oder von der vorausgegangenen Stufe übernommen werden, solange nur überall $M_n > 1$ vorliegt.

Wesentlich problematischer werden die Vorgänge, wenn die Normalkomponente der Machzahl Unterschallgeschwindigkeit aufweist, Gl. (101), denn dann wirkt das Gitter stromaufwärts. Die Überlegungen seien am halbunendlichen Gitter begonnen, also an Gittern, die sich nur in einer Richtung ins Unendliche erstrecken, Abb. 76. Solche Gitter spielen im Versuch eine große Rolle. Dort muß

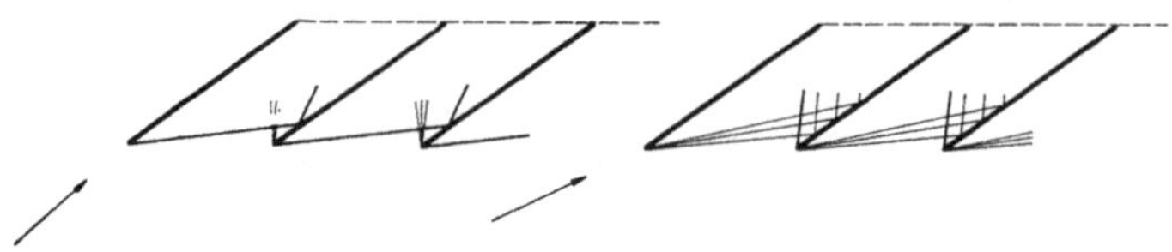

Abb. IX,75. Plattengitter mit $M_n > 1$.

das Gitter allerdings überhaupt endlich sein. Die Anzahl der Schaufeln spielt jedoch keine derart entscheidende Rolle, wie der Umstand, daß die Anströmung auf eine erste Schaufel trifft, die ihre Kopfwelle vor alle übrigen Nachbarschaufeln

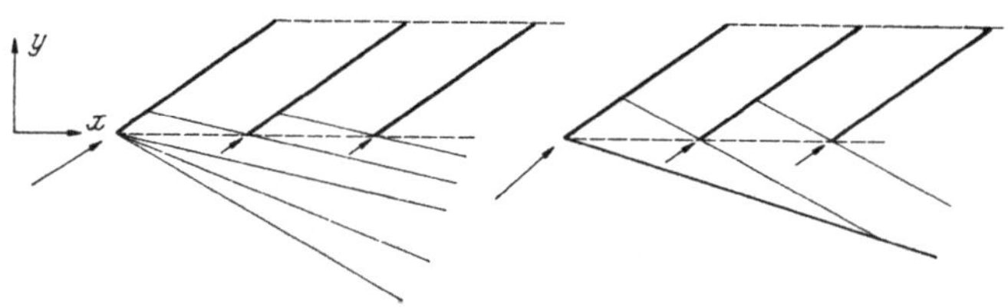

Abb. IX,76. Halbunendliches Plattengitter mit $M_n < 1$.

legt. Bei Streckenprofilen erfährt die Strömung in der ersten Kopfwelle eine Richtungsänderung in Richtung der Profilgeraden. Diese sendet dann keine weiteren Störungen aus. Sie sind jedoch für die Richtungsänderung in der Kopfwelle mit verantwortlich, soweit Machlinien von der Streckenoberfläche in die Anströmung eindringen. Es ist auch nur jener Teil der Profilgeraden für die Strömung maßgebend, unter deren Einfluß die Anströmung steht. Die weitere Form der Profile, wie auch die gesamte Unterseite ist ohne Bedeutung, solange keine Unterschallströmung infolge zu starker Oberflächenneigung hervorgerufen wird. Dies gilt in ähnlicher Weise immer wieder auch bei den folgenden Ausführungen.

Bei den beiden Fällen der letzten Abbildung ist der Wert von M_n hinter der Kopfwelle ebenfalls von Bedeutung. Im Falle der Expansion, Abb. 76, kann M_n derart zunehmen, daß schließlich $M_n > 1$ wird. Dann liegt der Vorgang von Abb. 77 links vor. Bei Werten von $M_n = 1$ der Prandtl-Meyer-Expansion fällt die Machlinie mit dem Gittereintritt zusammen. Die Expansion setzt sich dann in das Gitter hinein noch weiter fort.

Auch eine Stoßfront kann mit dem Gittereintritt zusammenfallen, Abb. 77 rechts. Dann muß allerdings wie bei jedem Stoß vor dem Gitter und vor dem Stoß $M_n > 1$ sein. Hinter der Stoßfront gilt $\hat{M}_n < 1$. Man kommt zum selben Strö-

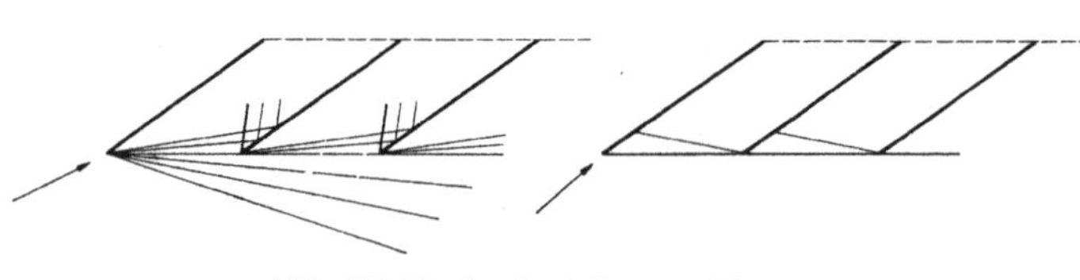

Abb. IX,77. Sonderfälle mit $M_n \sim 1$.

mungsbild, wenn in Abb. 17 äquidistante Stromlinien hinter der Stoßfront des Keiles durch ebene Platten ersetzt werden.

Bei allen Beispielen der Abb. 76 und 77 fällt auf, daß sich das Strömungsbild, abgesehen von der Kopfwelle an den einzelnen Schaufeln, wiederholt.

Wird die erste Schaufel der Abb. 76 in Richtung der negativen x-Achse ins Unendliche verschoben, so wandert die Kopfwelle in Richtung der negativen y-Achse ins Unendliche. Das Gitter wird dann in Richtung der Geraden angeströmt. Im Falle unendlicher Streckengitter prägt demnach bei $M_n < 1$ das Gitter seine Strömungsrichtung der Anströmung auf!

Bei $M_n = 1$ muß zwischen einem Expansions- und einem Kompressionsgitter unterschieden werden. Ein Expansionsgitter vermag auch bei $M_n = 1$ nicht mehr stromaufwärts zu wirken. Wenn nämlich in Abb. 77 links zum Fall eines unendlichen Gitters übergegangen wird, so gewinnt man Abb. 75 rechts mit dem einzigen Unterschied, daß die erste Machlinie der Prandtl-Meyer-Expansion genau auf die Vorderkante der rechten Nachbarstrecke trifft.

Ein Kompressionsgitter dagegen beeinflußt noch bei $M_n = 1$ das Anströmgebiet, wie in Abb. 76 rechts angedeutet, weil ein Verdichtungsstoß eine höhere Fortpflanzungsgeschwindigkeit besitzt als eine Schallwelle. Daher muß auch $M_n > 1$ gelten, wenn die Stoßfront wie bei Abb. 77 links nicht mehr in die Anströmung hereindringen soll.

Abb. 78 und 79 zeigen die Abströmung aus Streckengittern. Die Bilder sind einem unveröffentlichten Manuskript von E. Strauss entnommen. In der gesamten Strömung ist $M_n < 1$ angenommen. Folglich ist der Anströmung die Richtung der Gitterstrecken aufgeprägt. Die Machzahl der Anströmung kann dagegen vorgegeben werden. Bei Abb. 78 herrscht hinter dem Gitter Unterdruck, so daß von der Hinterkante der Schaufel in das Gitter hinein Prandtl-Meyer-Expansionen ausgehen, die aber infolge des nicht zu großen Gitterabstandes von der rechten Nachbarschaufel in die Abströmung hinein reflektiert werden. Der durch diese Reflexion hervorgerufene höhere Unterdruck bedingt an der Hinterkante einen linkslaufenden Verdichtungsstoß, der den Gleichdruck auf der abgehenden Profilstromlinie wieder herstellt.

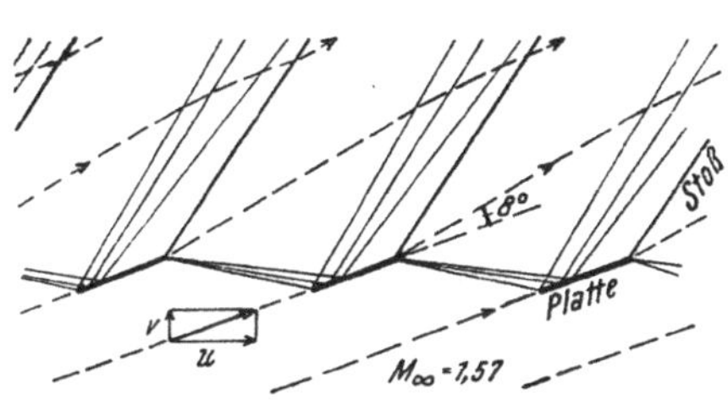

Abb. IX,78. Expansionsströmung durch ein Streckengitter.

Bei Abb. 79 dagegen ist eine Druckerhöhung in der Abströmung angenommen. Deshalb gehen hier von der Hinterkante Stöße in das Gitter hinein und werden an der Nachbarschaufel in die Abströmung weiter reflektiert. Zum Druckausgleich an der Profilstromlinie muß nun von der Hinterkante eine rechtslaufende Prandtl-Meyer-Expansion in die Abströmung abstrahlen.

Sowohl bei Abb. 78 wie bei Abb. 79 werden sich im theoretischen Falle einer im weiteren Verlauf unbeeinflußten Abströmung Stoß und Prandtl-Meyer-Expansion gegenseitig absorbieren. Dabei wird die Expansion im allgemeinen sowohl in den

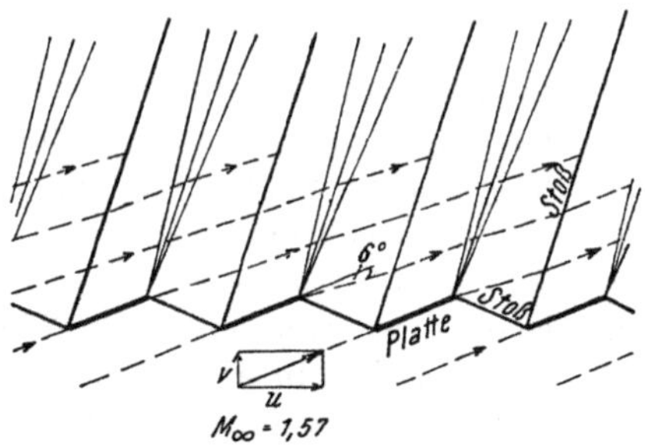

Abb. IX,79. Kompressionsströmung durch ein Streckengitter.

vor ihr wie den hinter ihr liegenden Stoß eindringen und asymptotisch zu einer Parallelströmung führen. Der asymptotische Wert der Abströmung ist der Strömungszustand auf jener Machlinie des Expansionsfächers, die in die Stoßfront weder rechts noch links eindringt. Diese linkslaufende Machlinie kommt nicht aus dem Anströmgebiet. Daher ist eine ähnlich einfache Aussage über den Abströmzustand, wie er bei Abb. 70 möglich war, jetzt ausgeschlossen. Eine solche Aussage kann auch nicht erwartet werden, weil damit der Abströmzustand festgelegt wäre. Der Abströmdruck soll ja gemäß der durchgeführten Überlegung vorgegeben werden können.

Abb. 80 zeigt, daß selbst bei $M_n < 1$ interferenzfreie Gitter möglich sind. Hier liegt das Nachbarprofil hinter der Schwanzwelle des vor ihm liegenden

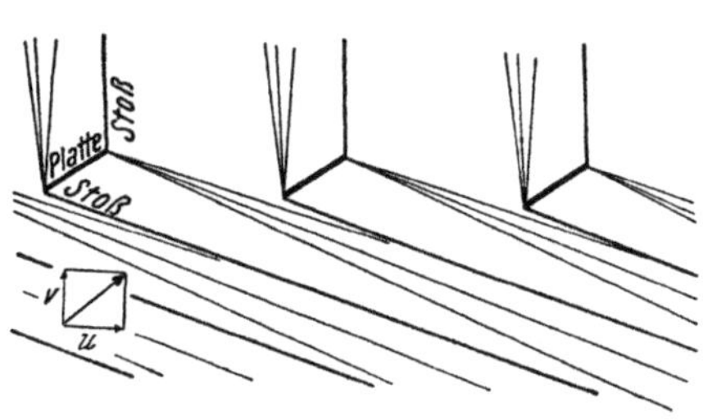

Abb. IX,80. Interferenzfreies Gitter bei niederer Überschallgeschwindigkeit.

Profiles. Wenn die Störungen nicht allzu groß sind, dann herrscht hinter dem Profil wieder Parallelströmung, in welcher das Nachbarprofil interferenzfrei liegt. Eine solche Strömung ist freilich nur bei ausreichendem Gitterabstand möglich. Der Stoß wird wieder von zwei Prandtl-Meyer-Expansionen geschwächt. Der Strömungszustand unmittelbar vor und hinter dem Streckenprofil kann nicht mit dem Strömungszustand der Zu- und Abströmung übereinstimmen. Denn die Platte weist Luftkräfte auf, was bei einem unendlichen Gitter nur möglich ist, wenn Zu- und Abströmung nicht identisch sind. Die Ermittlung der Anströmung bei Wellensystemen, wie sie etwa in Abb. 80 vorliegen, wird im nächsten Beispiel besprochen.

Bei diesem handelt es sich um gewölbte Profile. Abb. 81 zeigt ein Beispiel, das mit Hilfe des in Abschnitt 38ff. behandelten analytischen Charakteristikenverfahrens berechnet wurde. Das Beispiel ist mit einigen weiteren Ergebnissen

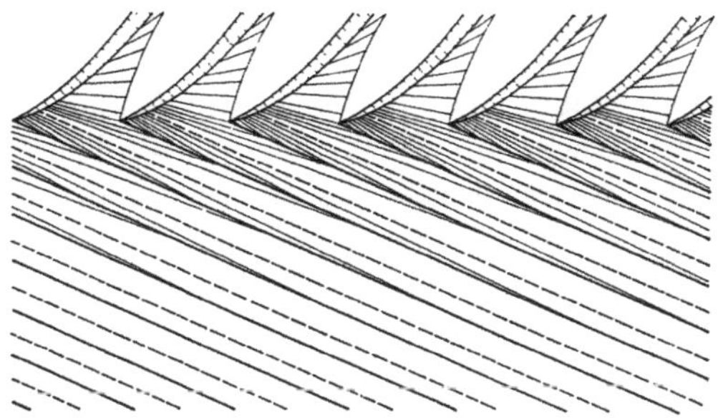

Abb. IX,81. Wellensystem vor einem Gitter mit gewölbten Schaufeln bei $M_n < 1$.

einer Arbeit von Lichtfuss und Starken entnommen. Betreffs Einzelheiten und Schrifttumshinweisen sei auf die Monographie [··33] der gleichen Autoren hingewiesen. Das der Abb. 81 zugrunde liegende gewölbte Profil sendet bei $M_n < 1$ stromaufwärts im allgemeinen Prandtl-Meyer-Expansionen und Stöße aus, die sich gegenseitig schwächen und stromaufwärts asymptotisch eine Parallelströmung erzeugen. Eine einzige Charakteristik, die sogenannte *neutrale Machlinie*, mündet in keine Stoßfront. Der Strömungszustand auf ihr ist mit dem Strömungszustand stromaufwärts im Unendlichen identisch.

Die Ermittlung des Anströmzustandes gelingt auf folgendem Wege, Abb. 82. Aus der Kontinuitätsbedingung folgt, daß dieselbe Menge im Anströmzustand

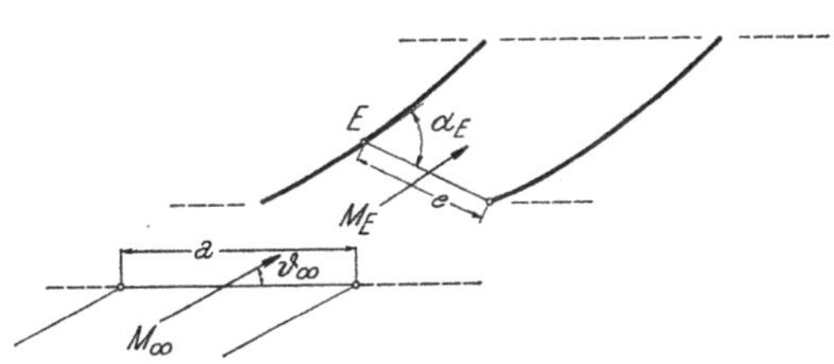

Abb. IX,82. Zur Ermittlung des Anströmzustandes.

auf der Länge einer Teilung a hindurchfließen muß, die in das Gitter auf jener Machlinie eintritt, die von einem zunächst noch unbekannten Punkt E der konvexen Schaufelseite zur Vorderkante der Nachbarschaufel führt. Die Länge dieses Streckenstückes auf der Machlinie sei e, der Strömungszustand auf ihr sei mit dem Index E gekennzeichnet. Damit gilt:

$$a \frac{\varrho_\infty W_\infty}{\varrho^* c^*} \sin \vartheta_\infty = e \frac{\varrho_E W_E}{\varrho^* c^*} \sin \alpha_E = e \frac{\varrho_E c_E}{\varrho^* c^*}.$$

Bei dem vorgegebenen Gitter hängt das Längenverhältnis e/a sowie der Strömungswinkel ϑ_E nur von α_E, also von M_E ab. Daher liefert die obige Kontinuitätsbedingung bei gegebener Anströmmachzahl M_∞ eine Beziehung zwischen ϑ_∞ und

M_E. Die zweite Beziehung wird von der Verträglichkeitsbedingung geliefert. Da der Punkt E auf einer aus dem Unendlichen kommenden linkslaufenden Machlinie erreicht werden kann, gilt gemäß Gl. (95) oben:

$$Ch(M_\infty) + \vartheta_\infty = Ch(M_E) + \vartheta_E.$$

Es wurde schon darauf hingewiesen, daß auch der Strömungswinkel ϑ_E zufolge der geometrischen Beziehungen, Abb. V,7, nur von M_E abhängig ist. Daher liefert die letzte Gleichung bei vorgegebenem M_∞ die zweite noch fehlende Beziehung zwischen M_E und ϑ_∞, die damit also beide festliegen.

Da nun zum vorgegebenen M_∞ auch ϑ_∞ bekannt ist, läßt sich der Zuströmungszustand auf den Schaufeln und im Feld leicht ermitteln. Bis zu der von der Vorderkante, Abb. V,7, in das Gitter hineingehenden linkslaufenden Machlinie handelt es sich um eine einfache Welle. Alle linkslaufenden Machlinien sind in diesem Gebiet wieder gerade Linien, was die Ermittlung des Strömungsfeldes sehr vereinfacht. Die neutrale Machlinie geht von einem etwa auf halbem Weg zwischen der Vorderkante und Punkt E liegenden Oberflächenpunkt aus. Die Überlegungen sind für Versuche mit endlichen Gittern von besonderer Bedeutung. Wird ein solches Gitter etwa mit einer Machzahl M_0 unter dem Strömungswinkel ϑ_0 angeströmt, so entsteht je nach der Anströmrichtung an der ersten Schaufel eine Prandtl-Meyer-Expansion oder ein Stoß, Abb. 83. Von der Kopfwelle abgesehen

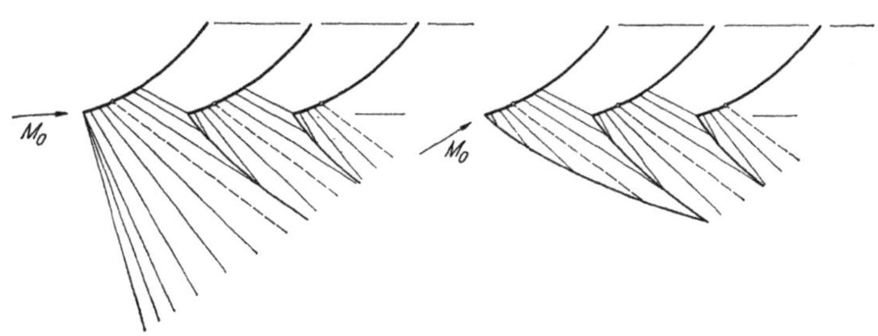

Abb. IX,83. Übergang zur periodischen Lösung beim endlichen mit M_0 und ϑ_0 angeströmten Gitter.

wiederholt sich der Strömungszustand jedoch im weiteren Feld periodisch. Der für den Fall unendlicher Gitter maßgebende Anströmzustand ist jedoch keineswegs M_0 und ϑ_0, sondern der auf der neutralen Machlinie (– – – –) herrschende Zustand M_∞ und ϑ_∞. Der Strömungszustand in der Meßstrecke des Überschallwindkanals darf also nicht als Anströmzustand des unendlichen Gitters angesehen werden.

Abschließend sei noch die Frage der Stoßverluste im Anströmgebiet behandelt. Die gesamten Verluste, die das einströmende Gas auf einer Gitterteilung a erleidet, erweisen sich als gleich mit dem Verlust auf einem einzigen stromaufwärts vordringenden Verdichtungsstoß, Abb. 84. Zwischen zwei bestimmten Gitterstromlinien haben die Teilchen auf dem Weg zum Gitter folgende Stoßteilstrecken durchwandert, in umgekehrter Reihenfolge: 44—45; 34—35; 24—25 usw. Nun handelt es sich aber auf den folgenden Teilstrecken um dieselben Vorgänge:

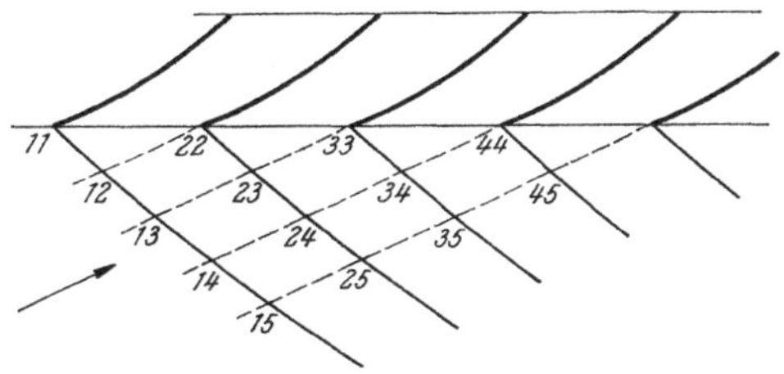

Abb. IX,84. Zur Ermittlung der Stoßverluste.

44—45 und 11—12; 34—35 und 12—13 usw. Mit der Bogenlänge l der Stoßfront ist also der Gesamtverlust der Anströmung auf einer Teilung proportional zu:

$$\int_0^\infty \frac{s - s_\infty}{c_v} \, dl.$$

Er ist ähnlich wie im Abschnitt 43 zu ermitteln.

32. Gitterinterferenz

Die Strömung durch zwei aufeinanderfolgende Gitter kann bei $M_n < 1$ zu überraschenden Ergebnissen führen, über die im folgenden einiges gesagt werden soll, weil die Überlegungen grundsätzliches theoretisches Interesse besitzen. Damit dürfte aber auch eine gewisse praktische Bedeutung der Ergebnisse verbunden sein. Ausführliches ist in einer Arbeit von I. Ryhming [33] zu finden. Den Überlegungen werden ausschließlich feststehende Platten zugrunde gelegt. Die wesentlichen Einzelheiten werden am besten in der Hodographenebene, Abb. 41, verfolgt. Aus Gründen, die sich gleich herausstellen werden, werden vorwiegend Expansionsströmungen behandelt.

Die interferierenden Gitter seien wie bei Strömungsmaschinen der Einfachheit halber als Leitgitter und Laufgitter bezeichnet, obwohl im vorliegenden Fall das „Laufgitter" nicht läuft, sondern steht. Trotz $M_n < 1$ kann das Laufgitter seinen Einfluß nur in einem begrenzten Teil des Leitgitters geltend machen, nämlich bis zu einer *Grenzmachlinie* der ersten linkslaufenden Machlinie, die von der Abströmkante des Leitgitters ausgehend zufolge $M_n < 1$ in das Leitgitter hineinläuft, Abb. 85.

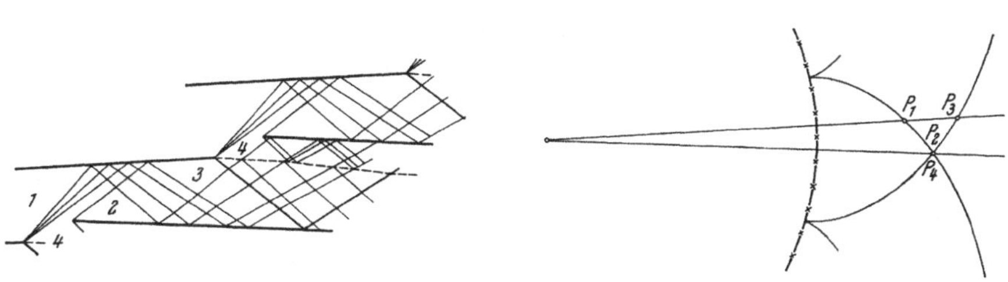

Abb. IX,85. Plattengitterinterferenz Fall 1.

Alle Punkte auf den Plattenoberflächen liegen in der Hodographenebene, Abb. 85 rechts, auf jenen Strahlen durch den Ursprung, welche den Richtungen der Leitradplatte und der Laufradplatte entsprechen. Im ganzen Feld 2, das stromabwärts durch die im Leitgitter reflektierte Grenzmachlinie begrenzt ist, herrscht konstanter Zustand. Da das unmittelbar hinter der Prandtl-Meyer-Expansion gelegene Feld 4 im vorliegenden Falle linkslaufend von zwei und rechtslaufend von 1 erreichbar ist, muß gemäß der Hodographenskizze der Zustand in 2 und 4 identisch sein. Also ist die Prandtl-Meyer-Expansion im folgenden Fall

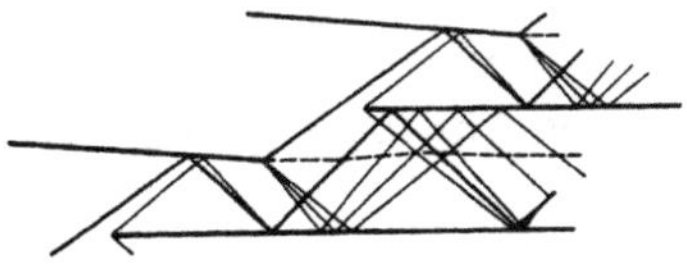

Abb. IX,86. Plattengitterinterferenz Fall 2.

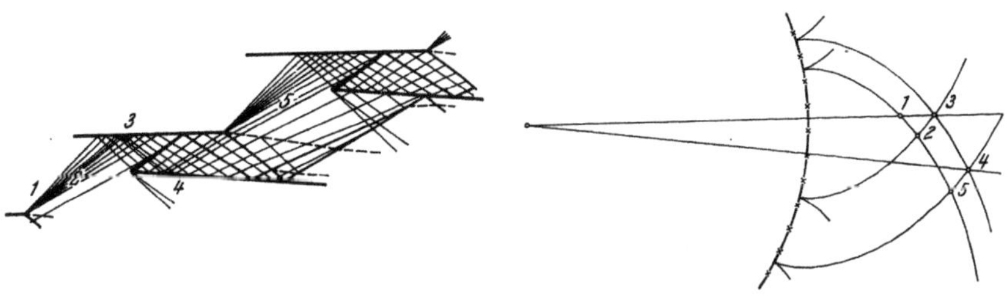

Abb. IX,87. Plattengitterinterferenz Fall 3.

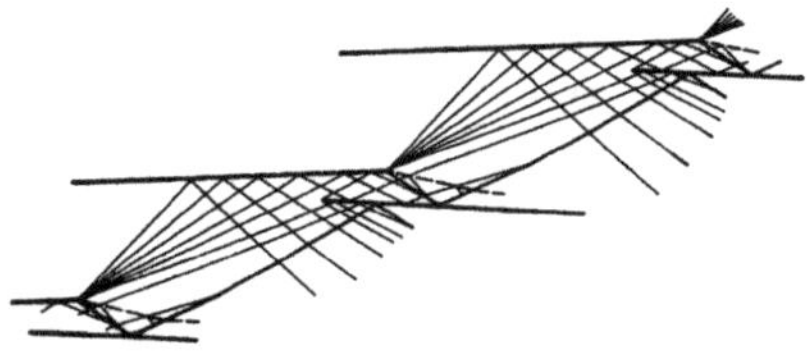

Abb. IX,88. Plattengitterinterferenz Fall 4.

festgelegt. Nach der Reflexion im Leitgitter und im Laufgitter verschwindet sie endgültig in letzterem. Im Feld 3 an der Unterseite der Leitgitterplatte herrscht wegen der Reflexion der Prandtl-Meyer-Expansion erhöhter Unterdruck. Das hat zur Folge, daß zwischen 3 und 4 ein Stoß liegen muß, der den Druck hinter der Leitgitterplatte wie hinter einer angestellten Platte, Abb. 51, ausgleicht. Der Stoß ist jedoch schwach, der Entropiesprung an der von der Hinterkante abgehenden eingezeichneten Stromlinie kann daher vernachlässigt werden.

Abb. 86 ist das Gegenstück zu Abb. 85 für den Fall eines Kompressionsgitters. Im wesentlichen sind bei den beiden Vergleichsfällen Expansion und Stoß ausgetauscht.

Abb. 87 und 88 zeigen Stellungen des Laufgitters mit zunehmender Versetzung nach oben. Im Gegensatz zur Strömung in Abb. 85 steht nun das Ende der Expansion, Machlinie 5, unter ihrem eigenen Einfluß nach zweifacher Reflexion im Gitter. Der Zustand 5 wird auf dem Machlinienzug 1—2—3—4 erreicht, andererseits aber auch direkt vom Zustand 1. Da nun der Zustand 4 an der Oberseite des Laufgitters bei stärkerer Expansion liegt als der Strömungszustand 2 in Abb. 85, muß auch der Zustand 5 bei höherer Expansion liegen.

Die Bilder wurden vom Verfasser [33] iterativ ermittelt. Sie zeigen, daß Überexpansionen auftreten, also Druckabfälle, die beträchtlich unter dem aus der Ablenkung zu vermutenden Wert liegen. Da der aus Abb. V,7 ermittelte Zustand sicherlich einen guten Mittelwert für eine vorgegebene Anstellung darstellt, müssen im Gitter starke Schwankungen um diesen Mittelwert auftreten, sofern das Laufgitter nur tief genug ist.

Ein Kompressionsgitter der Form von Abb. 86 könnte nicht in gleicher Weise für alle Stellungen durchgerechnet werden, weil Verdichtungen von jenem Ausmaß, wie sie bei den besprochenen Abbildungen als Verdünnungen auftreten, zwangsweise auf Unterschallgeschwindigkeiten führen müssen. Außerdem wird bei Verengungen des Spaltes zwischen Unterseite des Leitgitters und Oberseite des Laufgitters sehr bald die in Abschnitt II,12 angegebene *Schluckgrenze* erreicht werden. Die dort anströmende Menge wird nicht mehr durchgelassen. Es wird sich ein annähernd senkrechter Stoß vor den Spalt legen, ein Teil des anströmenden Mediums wird in den unteren Laufgitterkanal abgedrängt.

Die Interferenz zweier Gitter kann also bei $M_n < 1$ zu erheblichen Störungen führen, selbst dann, wenn es sich nur um kleine Umlenkungen handelt.

Das Vorliegen „kleiner Störungen" der Strömungsrichtung würde zunächst eine Behandlung des Problems mit den Methoden kleiner Störungen, wie sie bisher bei Profilen benutzt wurden, nahelegen. Sie bestanden im ersten Schritt in einer Linearisierung der Gasdynamischen Gleichung in der Strömungsebene. Dies ist gleichbedeutend mit einem „Einfrieren" der Machlinien in festen Richtungen gem. Gln. (1), (2). Wird ferner auch die Randbedingung von Profiloberflächen auf die Skelettlinie verlegt, so erhält man Abb. 89. Sie ist das Gegenstück der skizzierten vereinfachten Theorie zu Abb. 85 der exakten Darstellung, mit der ganz entsprechenden Felderbezeichnung. Die Lösung mit Hilfe der akustischen Theorie ist bei der Gitterstellung von Abb. 89 ebenso unproblematisch wie jene der exakten Theorie im Vergleichsfalle. Bei ganz bestimmten Stellungen wie sie annähernd den Abbn. 87 und 88

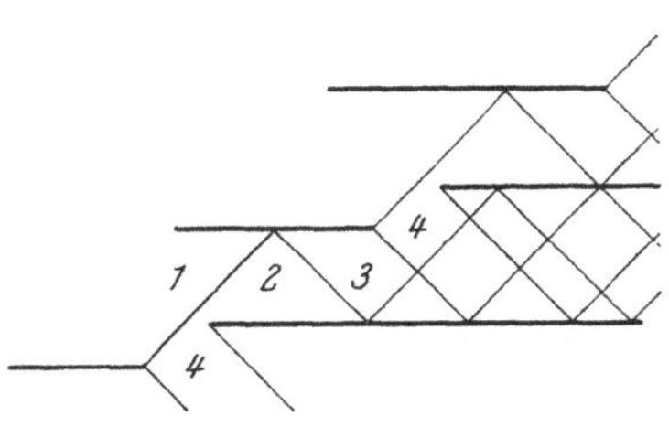

Abb. IX,89. Gitterinterferenz bei eingefrorenen Machlinien.

entsprechen würden, führt die akustische Theorie zu Widersprüchen und bei Nachbarstellungen entgegen der Annahme kleiner Störungen zu außerordentlich starken Schwankungen des Strömungszustandes. Es zeigt sich nämlich, daß bei bestimmten Stellungen eine große Anzahl von Reflexionen der Machlinien zwischen Leit- und Laufgitter auftreten. Das Einfrieren der Machlinien wirkt sich dabei außerordentlich fehlerhaft aus, selbst bei beliebig kleinen, jedoch endlichen Schaufelneigungen.

Das Erfüllen der Randbedingungen auf der Gitteroberfläche anstatt auf der Skelettlinie verbessert im Rahmen der akust. Theorie das Ergebnis wesentlich, ohne daß jedoch alle Fehler beseitigt werden [33].

Das Beispiel hat grundsätzliches Interesse, weil es zeigt, daß das Ergebnis der akustischen Theorie bei bestimmten, keineswegs aber ausgefallenen, Randbedingungen keine Näherungslösung der exakten Theorie mehr darstellt. Der Fehler kann nicht durch Verkleinerung der Störungen in den Randbedingungen beseitigt werden, er ist dem Einfrieren der Machlinienrichtungen zuzuschreiben.

33. Charakteristikenverfahren für schlanke nicht angestellte und angestellte Rotationskörper

In einem weiten Anwendungsbereich sind selbst bei Beschränkung auf die lineare gasdynamische Gleichung, wie sie diesem Abschnitt zugrunde liegt, Charakteristikenverfahren den Singularitätenmethoden vorzuziehen. Die in den Abschnitten 3 bis 6 wiedergegebenen Singularitätenmethoden ermöglichen zwar die Herleitung geschlossener Formeln für Widerstand und Auftrieb oder die Lösung von Extremalaufgaben. Dagegen bieten aber die Charakteristikenmethoden keinerlei Schwierigkeiten bei der Erfüllung der Randbedingungen, und folglich sind sie insbesondere auch für die Ermittlung der Strömung um Ringflügel hervorragend geeignet. Der Anwendungsbereich erstreckt sich also auf beliebige Rotationskörper, keineswegs nur auf Rümpfe. Wegen der engen Verwandtschaft der Methoden werden nötigenfalls die Berechnungen für den achsensymmetrischen Strömungsanteil und für den Anstellanteil gleichzeitig durchgeführt. Die Ermittlungen können graphisch oder numerisch geschehen.

Gl. (VII,66) für das Störpotential φ_1^+ des achsensymmetrischen Anteils kann für die dazugehörigen Komponenten wie folgt geschrieben werden:

$$-\cot^2\alpha \cdot r \cdot \frac{\partial u_1^+}{\partial x} + \frac{\partial (v_1^+ r)}{\partial r} = 0; \qquad r\frac{\partial u_1^+}{\partial r} - \frac{\partial (v_1^+ r)}{\partial x} = 0. \tag{106}$$

Das Produkt $(v_1^+ \cdot r)$ ist in der Theorie kleiner Störungen als die y-Komponente der Stromdichte einer achsensymmetrischen Strömung aufzufassen. Diese Stromdichtekomponente wird im folgenden des öfteren mit Vorteil verwendet werden.

Die in Gl. (41) eingeführten eingefrorenen Charakteristiken

$$\xi = x - r\cot\alpha; \quad \eta = x + r\cot\alpha \tag{41}$$

lassen sich mit Hilfe der Kettenregel der Differentiation

$$\frac{\partial}{\partial x} = \frac{\partial}{\partial \xi} + \frac{\partial}{\partial \eta}; \qquad \frac{\partial}{\partial r} = \cot\alpha\left(-\frac{\partial}{\partial \xi} + \frac{\partial}{\partial \eta}\right) \tag{107}$$

leicht als unabhängige Veränderliche in Gl. (106) verwenden. Wie in früheren Abschnitten steht auch in Gl. (106) und (107) der Einfachheit halber α anstelle von α_∞.

Man erhält nach kurzer Umrechnung aus Gl. (106) mit (107):

$$r\frac{\partial}{\partial \xi}(u_1^+ \cdot \cot\alpha) + \frac{\partial}{\partial \xi}(v_1^+ \cdot r) = 0; \qquad r\frac{\partial}{\partial \eta}(u_1^+ \cdot \cot\alpha) - \frac{\partial}{\partial \eta}(v_1^+ \cdot r) = 0. \tag{108}$$

Es handelt sich um die Verträglichkeitsbedingungen von R. SAUER und C. HEINZ [34].

Im Gegensatz zu diesen weisen die Verträglichkeitsbedingungen Gln. (71) für achsensymmetrische Strömung im Summanden in der geschwungenen Klammer einen additiven Term auf, der r, dort y, im Nenner enthält, Dagegen tritt in Gl. (108) r nur als Faktor auf, was sich vielfach als vorteilhaft erweist.

Für den Anstellanteil sei von Gl. (VII,82) ausgegangen. Diese läßt sich in den zugehörigen Komponenten wie folgt schreiben:

$$-\frac{1}{r}\cot^2\alpha\,\frac{\partial}{\partial x}(u_1^- r) + \frac{\partial}{\partial r}(v_1^- + \varphi_1^-/r) = 0. \tag{109}$$

Die Variable $(v_1^- + \varphi_1^-/r)$ ist bereits in Abschnitt VIII,8 bei der Untersuchung des Verhaltens der Strömung in Achsennähe aufgetreten. Diese Variable zeigt sich wie auch die Variable $(v_1^+ \cdot r)$ in Achsennähe als regulär, wenig veränderlich und folglich für die Rechnung als sehr zweckmäßig. Sie sei daher auch in die Gleichung der Drehungsfreiheit eingeführt, die dann lautet:

$$\frac{1}{r}\frac{\partial(u_1^- r)}{\partial r} - \frac{\partial}{\partial x}(v_1^- + \varphi_1^-/r) = 0. \tag{110}$$

Wird nun in den Gleichungen (109) und (110) mit Gl. (107) zu ξ und η als unabhängigen Veränderlichen übergegangen, so erhält man nach kurzer Zwischenrechnung

$$\begin{aligned} r\frac{\partial}{\partial \xi}(v_1^- + \varphi_1^-/r) + \frac{\partial}{\partial \xi}(u_1^- r\cot\alpha) &= 0, \\ r\frac{\partial}{\partial \eta}(v_1^- + \varphi_1^-/r) - \frac{\partial}{\partial \eta}(u_1^- r\cot\alpha) &= 0, \end{aligned} \tag{111}$$

die Verträglichkeitsbedingungen von K. OSWATITSCH und F. ERDMANN [35]. Sie zeigen eine völlige Analogie zu den Verträglichkeitsbedingungen (108). Es brauchen nur folgende untereinanderstehende Variable ausgetauscht zu werden:

$$\begin{array}{ll} u_1^+ \cdot \cot\alpha; & v_1^+ \cdot r; \\ v_1^- + \varphi_1^-/r; & u_1^- \cdot r\cot\alpha. \end{array} \tag{112}$$

Die Ermittlung des Strömungszustandes ist bei diesen beiden Verfahren sehr einfach. Sie soll zunächst für einen Feldpunkt anhand des Sauer-Heinz-Verfahrens erläutert werden. Das Machliniennetz kann bei den eingefrorenen Charakteristiken gemäß Gl. (41) von vornherein festgelegt werden, Abb. 90 links. Für die Machlinienneigung der links- oder rechtslaufenden Charakteristiken im Zustandsdiagramm, Abb. 90 rechts, gilt gemäß den Verträglichkeitsbedingungen (108):

$$\frac{d(v_1^+ \cdot r)}{d(u_1^+ \cdot \cot\alpha)} = \pm r. \tag{113}$$

Das Vorzeichen der Machlinienneigung ist also gemäß Gl. (113) im Zustands- und Strömungsdiagramm dasselbe, für die linkslaufenden positiv, für die rechtslaufenden

Machlinien negativ. Die Neigung ist gemäß Gl. (113) gleich dem Achsenabstand r. Da sie dimensionsbehaftet ist, ist die Maßstabswahl für das Zustandsdiagramm, Abb. 90 rechts, wesentlich, wenn schleifende Schnitte der Machlinien dort ver-

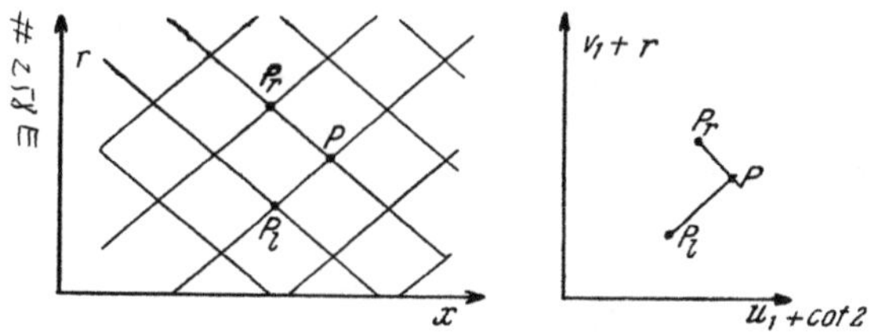

Abb. IX,90. Charakteristikenmethode nach [34].

mieden werden sollen. Die Genauigkeit wird erhöht, oder der Maschenabstand des Gitters kann größer gewählt werden, wenn für r in Gl. (113) die Mittelwerte für die jeweiligen Schritte gewählt werden, nämlich: $(r_l + r)/2$ und $(r_r + r)/2$.

In einen Randpunkt mündet nur eine Machlinie. Dafür ist aber im Randpunkt entweder eine Neigungsbedingung gegeben, wenn es sich um eine feste Wand handelt, oder eine Druckbedingung bei einem Freistrahl. Für das Folgende mag die Erläuterung für den Fall einer festen Wand genügen. Mit Rücksicht darauf, daß sowohl Rümpfe als auch Ringflügel oder Kanalwände vorkommen können, sei

$$\delta^+ = 1, \qquad \delta^- = \operatorname{tg} \varepsilon. \tag{114}$$

Gemäß Gl. (VII,14) und (VII,20) gilt also für die vollen Komponenten in der vorliegenden Näherung:

$$\begin{aligned} u &= u_0(1 + u_1^+) + u_0 \operatorname{tg} \varepsilon \cdot u_1^-; \\ v &= v_0 + u_0 v_1^+ + u_0 \operatorname{tg} \varepsilon v_1^- = u_0 v_1^+ + u_0 \operatorname{tg} \varepsilon\,(1 + v_1^-). \end{aligned} \tag{115}$$

Damit bestätigt sich in Gl. (115) sofort für die ungestörte Anströmung wegen $u_1^+ = u_1^- = v_1^+ = v_1^- = 0$:

$$u = u_0; \qquad v = u_0 \operatorname{tg} \varepsilon.$$

Die Randbedingung sei mit Rücksicht auf möglichst große Allgemeinheit in der Ebene $z = 0$ in der einfachsten Weise formuliert:

$$\text{Für} \quad r = h(x): \qquad v = u h_x(x).$$

Daraus folgt durch Einsetzen der Komponenten und durch Trennung der symmetrischen und antisymmetrischen Anteile in der Ebene $z = 0$:

$$\begin{aligned} r = h(x): \qquad v_1^+ &= (1 + u_1^+)\, h_x; \\ 1 + v_1^- &= u_1^- h x. \end{aligned} \tag{116}$$

Im allgemeinen wird allerdings bei einer vereinfachten Theorie kleiner Störungen auf die exakte Erfüllung der Randbedingungen (119) verzichtet werden. Das bedeutet ein Streichen der quadratischen Glieder $u_1^+ \cdot h_x$ und $u_1^- \cdot h_x$. Daraus folgt die vereinfachte Randbedingung:

$$r = h(x): \; v_1^+ = h_x; \qquad v_1^- = -1. \tag{117}$$

Da der Anstellwinkel weder in der Differentialgleichung (111) noch in der Randbedingung oder Anfangsbedingung für u_1^- und v_1^- auftritt, kann die Rechnung ohne spezielle Annahme über die Größe des Anstellwinkels durchgeführt werden, wenn dieser nur den Voraussetzungen kleiner Störungen genügt. Erst beim Übergang zu den vollen Komponenten in der Auswertung gemäß Gl. (115) kommt der Anstellwinkel ε in die Rechnung.

Für den symmetrischen Anteil kann die Randbedingung direkt für die zweite Zustandsvariable formuliert werden. Man erhält dann anstelle von Gl. (117) beispielsweise folgende vereinfachte Randbedingung an festen Wänden mit F gem. Gl. (VII,35) als Gesamtquerschnittsfläche unabhängig davon, ob der Körper nun nur umströmt wird wie bei einem Rumpf, oder auch durchströmt wird, wie bei einem Ringflügel:

$$r = h(x): \quad v_1^+ \cdot r = h \cdot h_x = \frac{l}{2\pi} F_x(x). \tag{118}$$

Die Ermittlung der Feldpunkte erfolgt für den Anstellanteil genauso wie für den Dickenanteil. In Abb. 90 rechts und in Gl. (113) sind lediglich die Größen der ersten Zeile von (112) durch die darunterstehenden Ausdrücke zu ersetzen. Die Randbedingung für den Anstellanteil ist allerdings komplizierter. Durch Rand- und Anfangsbedingung kommt gerade der Unterschied der Strömungsabbildung in der Zustandsebene der beiden Anteile herein.

Die Behandlung der Randbedingung für den Anstellanteil kann wieder auf den Fall eines festen Randes beschränkt werden. Sie ist jetzt insofern etwas umständlicher, als in der Randbedingung (116) oder (117) nur die Komponenten, in der Zustandsebene aber auch das Störpotential auftritt. Dies kann jedoch durch Integration längs der Oberfläche leicht ermittelt werden. Man erhält:

$$r = h(x): \quad d\varphi_1^- = u_1^- \, dx + v_1^- \, dh = [u_1^-(1 + h_x^2) - h_x] \, dx. \tag{119}$$

Das Glied h_x^2 kommt nur durch die exakte Randbedingung (116) herein und wird im allgemeinen gestrichen werden können.

Betreffs der Einzelheiten sei auf die Originalarbeit [35] verwiesen. Die dort verwendeten Störgrößen sind allerdings auf eine nichtangestellte Anströmung bezogen. Deshalb besteht zwischen den dort und hier verwendeten Störgrößen folgende Beziehung:

$$u' = u_1^+; \quad v' = v_1^+; \quad u'' = u_1^-; \quad v'' = 1 + v_1^-; \quad F = r + \varphi_1^-.$$

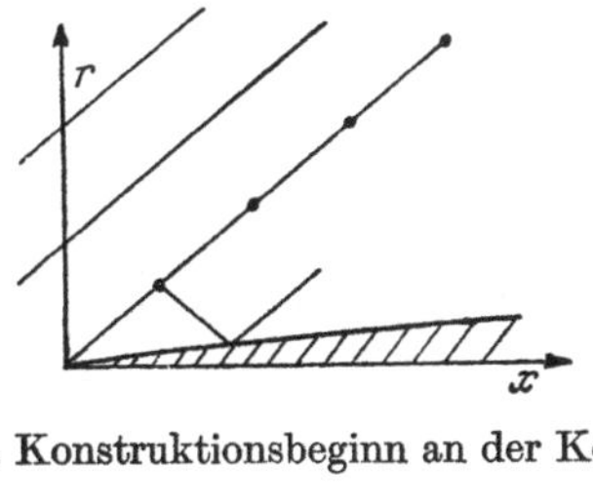

Abb. IX,91. Konstruktionsbeginn an der Körperspitze.

Bei Linearisierung herrscht auf dem von der Körperspitze ausgehenden Machkegel der ungestörte Anströmzustand. Der Anfangswert auf einer solchen Kopfwelle ist durch Verschwinden aller Störungen gekennzeichnet. Den ersten Wert für die Störgrößen erhält man, durch den ersten Schritt von der Kopfwelle auf den Körperrand, Abb. 91. Es zeigt sich allerdings, daß die Störungen an der Körperspitze selbst sehr rasch abnehmen, wenn die Körperkontur konvex gekrümmt ist. Dies ist durch Vergleich mit den Ergebnissen am Kreiskegel leicht zu erkennen. Kleinere Fehler an der Körperspitze spielen für die gesamten Luftkräfte eine untergeordnete Rolle, da der Druck an der Körperspitze nur auf einer sehr kleinen Fläche angreifen kann. Die Genauigkeit kann durch Verkleinerung der Schritte in der Spitzenumgebung leicht gesteigert werden.

Die folgenden zwei Abbildungen zeigen Ergebnisse graphischer Anwendungen des Charakteristikenverfahrens. In beiden Fällen wurde auf diese Weise der Auftriebsbeitrag der Oberflächenelemente bestimmt.

Gemäß Gl. (VII,49) und (VII,81) gilt für die Normalkraft eines Rotationskörpers:

$$\mathrm{N} = \varrho_\infty u_\infty^2 \delta^- \int_0^l \int_0^{2\pi} \varphi_{1x}^- \cos\beta \,\mathrm{d}\beta\, h(x)\,\mathrm{d}x = \varrho_\infty u_\infty^2 \pi\, \delta^- \int_0^l u_1^-(x, r, 0)\, h(x)\,\mathrm{d}x.$$

Daraus folgt für den mit dem Maximalquerschnitt $F_{\max}$ gebildeten Normalkraftsbeiwert, wegen $\delta^- = \operatorname{tg}\varepsilon$ gemäß Gl. (114):

$$c_n = \mathrm{N} \Big/ \left(F_{\max} \frac{\varrho_\infty u_\infty^2}{2}\right) = \frac{2\pi \operatorname{tg}\varepsilon}{h_{\max}^2\, \pi} \int_0^l u_1^-(x, r, 0)\, h(x)\,\mathrm{d}x$$

$$= \operatorname{tg}\varepsilon \int_0^l 2u_1^- \frac{h(x)}{h_{\max}}\,\mathrm{d}\left(\frac{x}{h_{\max}}\right). \tag{120}$$

Es ist zu beachten, daß die Beiträge im Ringinnern wegen Umkehr der Normalrichtung mit umgekehrten Vorzeichen zu berücksichtigen sind.

Der Integrand von c_n ist also bis auf den konstanten Faktor identisch mit dem Oberflächenwert $r = h(x)$ der zweiten unabhängigen Veränderlichen in Gl. (111).

Für den Fall der vereinfachten Theorie ist gemäß Gl. (VII,93) der Integrand:

$$2u_1^- \frac{h}{h_{\max}} = u \frac{\mathrm{d}h}{\mathrm{d}x} \frac{h}{h_{\max}}. \tag{121}$$

Abb. 92 zeigt das Ergebnis für eine Parabelbogenspindel vom Dickenverhältnis $\tau = 1/6$ [36]. Die Rechnung wurde nur bis $x/h_m = 10$ durchgeführt. Das Ergebnis für die nichtangestellte Spindel gemäß dem Verfahren von Sauer-Heinz ist in Abb. 110 wiedergegeben. Die Kreuze geben die Werte in den auf der Körperoberfläche liegenden Gitterpunkten des Charakteristikenverfahrens wieder. Die ausgezogene Kurve entspricht dem Ergebnis des vereinfachten Verfahrens, Gl. (121), das unabhängig von M_∞ gilt. Abb. 92 zeigt, daß bereits bei der verhältnismäßig niederen Überschallmachzahl von $M_\infty = 1{,}84$ eine ganz bestimmte

Verlagerung der Auftriebskräfte stromabwärts auftritt, die sich mit wachsender Machzahl noch verstärkt [36]. Dies wirkt sich insbesonders auf das Moment aus. Der Wert der vereinfachten Theorie ist für Überschallströmung also ziemlich begrenzt. Bei einem Dickenverhältnis von $\tau = 1/6$ nimmt der Körper bereits

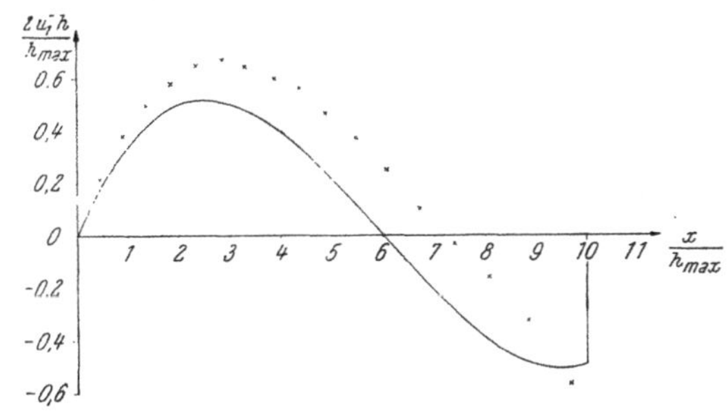

Abb. IX,92. Auftriebsverteilung an einer Parabelbogenspindel vom Dickenverhältnis $\tau = 1/6$ bei $M_\infty = 1{,}84$.

einen nicht geringen Teil des Machkegels ein. Für $M_\infty = 1{,}84$ beispielsweise ist $\tau/\mathrm{tg}\,\alpha_\infty = 0{,}26$. Es bestehen dann bereits nicht geringe Unterschiede unter den verschiedenen linearen Theorien. Da der antisymmetrische Störanteil jedoch mit dem Anstellwinkel $\mathrm{tg}\,\varepsilon$ beliebig klein gemacht werden kann und damit der Voraussetzung kleiner Störungen für den Anstellanteil Genüge getan ist, ist die Ursache für die Diskrepanzen der unterschiedlichen Erfüllung der Randbedingung zuzuschreiben. Demnach ist das Ergebnis nach der Methode von Oswatitsch-Erdmann, also das Ergebnis mit der Verlagerung der Luftkräfte stromabwärts, als richtiger anzusehen als das Ergebnis der vereinfachten Theorie.

Abb. 93 zeigt ein konisches Heck mit unendlich dünnem Ringleitwerk. Es ist angenommen, daß der Zylinder stromaufwärts ins Unendliche geht, um den Leitwerkeffekt einer solchen Anordnung für sich allein zu gewinnen. Die Koordinaten

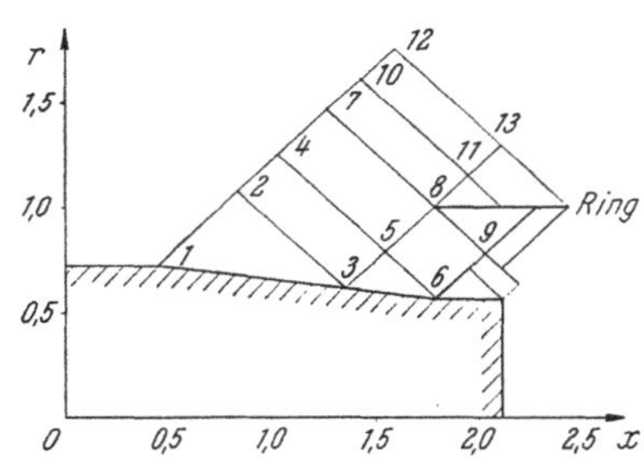

Abb. IX,93. Machlinienfeld an einem konischen Heck mit Ringleitwerk $M_\infty = 1{,}50$.

sind hier mit dem Durchmesser des unendlich dünnen Ringes, $h = h_{\max}$, dimensionslos gemacht. Zwischen $0{,}45 \leqq x/h_{\max} \leqq 1{,}80$ ist das Heck unter einem Winkel von $\vartheta = -6{,}7°$ eingezogen und ist danach wieder zylindrisch. Der Durchmesser des Zylinders im Anströmgebiet ist $h_0/h_{\max} = 0{,}72$. Der Ring liegt zwischen $1{,}8 \leqq x/h_{\max} \leqq 2{,}45$. Es sind die wesentlichen Machlinien für eine Anströmung der Machzahl $M_\infty = 1{,}50$ eingetragen.

An der von Punkt 1 ausgehenden linkslaufenden Machlinie muß ein Verdünnungssprung vorliegen, der einen vom konvexen Knick ausgehenden verallgemeinerten Prandtl-Meyer-Fächer repräsentiert, vgl. Abschn. 41, 42. Auch von der Ringvorderkante müssen Machlinien mit Sprüngen an ihren Fronten abgehen. Durch das Heck ist die Anströmung nämlich wesentlich nach abwärts gerichtet worden. Der Ring zwingt ihr jedoch plötzlich eine axiale Richtung auf. Deshalb sendet er nach außen einen Verdichtungssprung, nach innen einen Verdünnungssprung aus. Von Punkt 6, dem Ende der Einziehung, muß linkslaufend ebenfalls ein Verdichtungssprung abgehen, wegen des dort vorliegenden konkaven Knickes. Die Machlinien 1—2—4—; 8—11—13—; 8—9 und 6—9 weisen also sprunghafte Zustandsänderungen auf.

Solche Sprünge bieten kein Hindernis für eine Anwendung der Verträglichkeitsbedingungen (108) oder (111).

Beim Überschreiten einer linkslaufenden Machlinie $\xi =$ konst., also etwa 1—2—4 oder 6—9, ist die obere Verträglichkeitsbedingung in Gl. (111) anzuwenden. ξ ändert sich zwar beim Wechsel vom linken Ufer der Machlinie $\xi =$ konst. auf das rechte Ufer nur infinitesimal, jedoch spielt dies gar keine Rolle, weil $d\xi$ bei beiden Summanden in gleicher Weise auftritt. Wesentlich jedoch ist, daß sich r beim Übergang über die Machlinie nicht ändert. Deshalb kann r in Gl. (108) für diesen Schritt herausgekürzt werden und es bleibt für die Änderung von u_1^+ mit v_1^+ die ebene Beziehung, wie sie schon in der Ackeret-Formel Gl. (3) enthalten ist. Bei den Verträglichkeitsbedingungen (111) für den Anstellanteil scheint zunächst das Auftreten von φ_1^- einer ähnlichen Schlußweise entgegenzustehen. Es ist aber zu beachten, daß auch φ_1^- als Integral über v_1^- und u_1^- auf beiden Ufern der Machlinie den gleichen Wert hat. Folglich führt auch Gl. (111) bei derartigen Sprungvorgängen zu einer Verträglichkeitsbedingung vom Typus der ebenen Strömung. Dieser Schluß gilt selbstverständlich auch entsprechend für die zweite Verträglichkeitsbedingung, wenn also Sprünge auf den anderen Machlinienfronten auftreten. Beim vorliegenden Beispiel ist zu beachten, daß vor dem eingezogenen Heck nicht Parallelströmung, sondern die Strömung um einen von unten an-

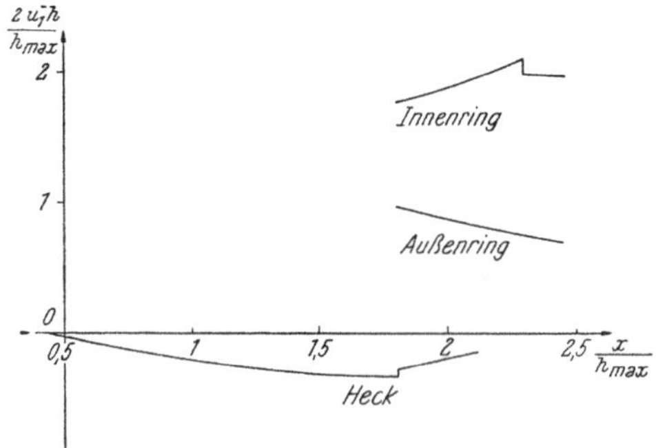

Abb. IX,94. Normalkraftverteilung am Körper von Abb. 93; $M_\infty = 1{,}50$.

geblasenen Kreiszylinder herrscht. Das bedeutet gemäß (VII,88) mit h_0 als Zylinderdurchmesser:

$$\varphi_1^-(x, r, 0) = \frac{h_0^2}{n}; \quad u_1^- = 0; \quad v_1^- = -\frac{h_0^2}{r^2}; \quad v_1^- + \frac{\varphi_1^-}{r} = 0.$$

Die beiden Zustandsvariablen der Verträglichkeitsbedingung (111) verschwinden also auch im vorliegenden Fall im Anströmgebiet, nicht aber $\varphi_1^-(x, r, 0)$.

Abb. 94 zeigt die Auswertung für die Normalkraftbeiwerte auf Rumpf und Ring. Der Druckkoeffizient für den symmetrischen Anteil ist von geringerem Interesse, weil der unendlich dünne Ringflügel natürlich keine Tangentialkraft besitzt. Der Rumpf ist im vorliegenden Beispiel vom Ringflügel unbeeinflußt.

Das Heck weist negative Beiträge zur Normalkraft auf, was allein schon aus der vereinfachten Theorie zu erwarten ist. Diese läßt natürlich keine Schlüsse auf den Normalkraftsbeitrag des Ringes zu, der sich im vorliegenden Beispiel als größter Beitrag herausstellt.

34. Verträglichkeitsbedingungen für drehungsfreie achsensymmetrische Strömung

Die Ausführungen über Vor- und Nachteile von Charakteristikenverfahren gegenüber analytischen Methoden am Anfang des letzten Abschnittes betrafen nicht nur schlanke Körper, sondern auch beliebig große Änderungen des Strömungswinkels und des Strömungszustandes. Hinzu kommt noch, daß es in letzterem Falle höchstens analytische Entwicklungen, aber im allgemeinen keine direkten analytischen Lösungen gibt. Für beliebige Überschallströmungen kämen daher neben den Charakteristikenmethoden höchstens numerische Verfahren in Frage. Das Anwendungsgebiet solcher numerischer Verfahren liegt jedoch mehr im Bereich der gemischten Unterschall- Überschallströmungen oder auf dem Gebiet der Hyperschallströmungen, wo die Machlinien bereits nahezu mit den Stromlinien zusammenfallen. In Gebieten mittlerer Überschallmachzahl werden die Charakteristikenverfahren wegen der damit verbundenen richtigen Berücksichtigung der Abhängigkeits- und Einflußgebiete stets größte Bedeutung besitzen. Damit versteht sich auch die eingehende Behandlung der Verträglichkeitsbedingungen in diesem und im nächsten Abschnitt.

Die Verfahren für achsensymmetrische Strömung wurden etwa gleichzeitig von G. Guderley [37] in sehr allgemeiner Form und in speziellerer Form von R. Sauer [38] und von W. Tollmien [39] entwickelt. K. Oswatitsch [40] und R. E. Meyer [41] gaben zusammenfassende Darstellungen der damaligen Charakteristikenmethoden. Damit schien die Entwicklung zunächst bereits abgeschlossen. Es zeigte sich jedoch später, daß gewisse Paarungen von Zustandsvariablen besonders vorteilhaft verwendet werden können, wie das bereits in den Verträglichkeitsbedingungen (108) und (111) zum Ausdruck kommt.

Im Grunde können für alle Paarungen unabhängiger Zustandsvariabler einschließlich der Stromdichtekomponenten, in denen ja auch noch Ortsvariable auftreten, Verträglichkeitsbedingungen hergeleitet werden. Allerdings ist von vornherein nicht vorauszusehen, ob die schließlich gewonnenen Verträglichkeitsbedingungen besonders praktisch und einfach sein werden. Dazu sind zusätzliche Überlegungen erforderlich, wenn man sich nicht der Mühe unterziehen will, systematisch eine Reihe von Varianten zu überprüfen.

Daher werden im folgenden nur die wichtigsten in der Praxis verwendeten Verträglichkeitsbedingungen abgeleitet. Zu den ersten erwähnten drei Methoden, die untereinander eng verwandt sind und in der von G. GUDERLEY stammenden Form wiedergegeben werden, werden noch die Verträglichkeitsbedingungen von K. OSWATITSCH [42] hinzugenommen. Sie stellen eine Verallgemeinerung der Beziehungen (108) von SAUER-HEINZ dar.

Wird in Gl. (71) der Druck mit Hilfe der Bernoulli-Gleichung (VII,67) oder (IV,6) durch die Geschwindigkeit ersetzt, so gilt für Achsensymmetrie die Verträglichkeitsbedingung:

$$\frac{\partial\vartheta}{\partial\eta} - \frac{\cot\alpha}{W}\frac{\partial W}{\partial\eta} = -\sin\alpha\sin\vartheta\frac{1}{y}\frac{\partial l}{\partial\eta}$$

$$-\frac{\partial\vartheta}{\partial\xi} - \frac{\cot\alpha}{W}\frac{\partial W}{\partial\xi} = -\sin\alpha\sin\vartheta\frac{1}{y}\frac{\partial l}{\partial\xi}. \tag{122}$$

l ist wieder die längs der jeweiligen Charakteristik gemessene Bogenlänge. Betreffs der Anwendung der Bernoulligleichung gilt das bereits bei der Ableitung der Gln. (76) für ebene Strömung Gesagte.

Gl. (122) läßt sich auch direkt aus der Gl. für Wirbelfreiheit und der gasdyn. Gleichung für achsensymmetrische Strömung (VI,10) herleiten. Dazu sei daran erinnert, daß die gasdyn. Gleichung nur Isoenergie voraussetzt, Anisentropie durch Stöße also zuläßt.

Wie bei ebener Strömung kann auch in Gl. (122) die in Gl. (VI,69) definierte Tschapligin-Variable eingesetzt werden. Es sei gleich die spezielle Form (94) für das id. Gas konst. sp. W. verwendet. Damit geht Gl. (122) über in:

$$+\frac{\partial\vartheta}{\partial\eta} + \frac{\partial Ch}{\partial\eta} = -\frac{180}{\pi}\sin\alpha\sin\vartheta\frac{1}{y}\frac{\partial l}{\partial\eta};$$

$$-\frac{\partial\vartheta}{\partial\xi} + \frac{\partial Ch}{\partial\xi} = -\frac{180}{\pi}\sin\alpha\sin\vartheta\frac{1}{y}\frac{\partial l}{\partial\xi}. \tag{123}$$

Da $Ch(M^*)$ definitionsgemäß in Winkelgraden ausgedrückt wird, muß auch ϑ in Winkelgraden gemessen und die rechte Gleichungsseite folglich mit $180/\pi$ multipliziert werden.

Werden schließlich noch die mit Gl. (95) eingeführten Funktionen von Geschwindigkeitsbetrag und Strömungswinkel λ und μ verwendet, so erhält man die erstmalig von G. GUDERLEY [37] eingeführten Verträglichkeitsbedingungen für achsensymmetrische Strömung:

$$\frac{\partial\lambda}{\partial\eta} = -\frac{180}{\pi}\sin\alpha\sin\vartheta\frac{1}{y}\frac{\partial l}{\partial\eta}; \qquad \frac{\partial\mu}{\partial\xi} = -\frac{180}{\pi}\sin\alpha\sin\vartheta\frac{1}{y}\frac{\partial l}{\partial\xi}. \tag{124}$$

Wenn damit λ und μ bestimmt sind, so lassen sich mit Gl. (96) Geschwindigkeitsbetrag und Strömungsrichtung sofort angeben.

Gl. (124) als Differenzengleichung geschrieben führt auf die Beziehungen:

$$\lambda = \lambda_l - \frac{180}{2\pi} \sin \alpha \sin \vartheta \frac{l - l_l}{y}; \qquad \mu = \mu_r - \frac{180}{2\pi} \sin \alpha \sin \vartheta \frac{l - l_r}{y}. \quad (125)$$

Die Indizes l und r beziehen sich dabei auf die Werte in den Punkten P_l und P_r, die mit dem neuen Punkt P gemeinsam auf einer linkslaufenden oder einer rechtslaufenden Machlinie liegen, Abb. 95. Die Strecken $(l - l_r) \sin \alpha$, $(l - l_l) \sin \alpha$ und

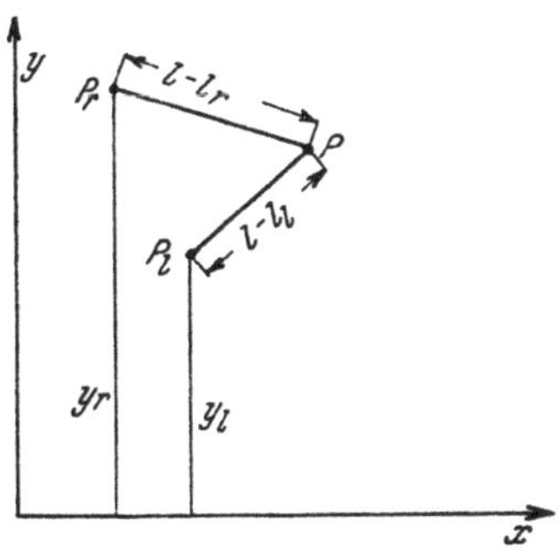

Abb. IX,95. Abstände an den Machlinien.

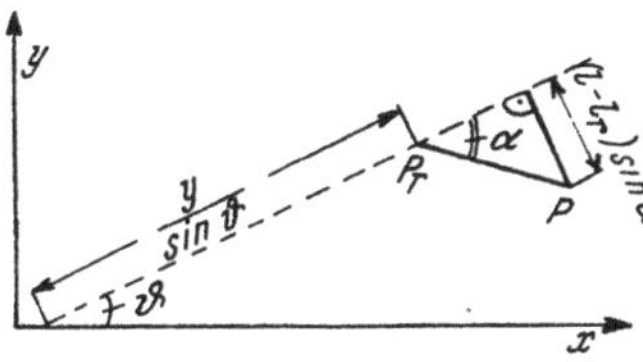

Abb. IX,96. Strecken im Zusatzglied bei Achsensymmetrie.

$y/\sin \vartheta$, die in Gl. (125) auftreten, können auch aus dem Strömungsbild direkt entnommen werden, Abb. 96. Die Genauigkeit wird natürlich erhöht, wenn die Werte von α, ϑ und y auf dem halben Weg von P_r nach P und von P_l nach P abgelesen werden.

Das Verfahren für drehungsfreie achsensymmetrische Strömung ist noch einfach genug, daß es ohne Computer durchgeführt werden kann. Es wird am besten graphisch gleichzeitig in der Strömungs- und in der Hodographenebene durchgeführt, wobei für die Zwischenrechnungen eine Tischrechenmaschine ausreicht. Das Eintragen der Bilder der Punkte in der Hodographenebene hat den Vorteil, daß dort direkt der Wert von ϑ, μ und λ abgelesen werden kann, woraus sich dann auch α einfach ergibt.

Während bei ebener Strömung λ auf der linkslaufenden und μ auf der rechtslaufenden Machlinie konstant bleibt, führen die achsensymmetrischen Strömungen zu λ-Änderungen von Punkt zu Punkt gemäß Gl. (125). Diese Änderungen hängen auch vom Achsenabstand y ab, also von der Lage des Gitterpunktes in der Strömungsebene. Daher liegen die Hodographenmachlinien nicht mehr von vornherein fest, wie bei der ebenen Strömung. Sie müssen gemäß Gl. (125) schrittweise bestimmt werden. Mit der Ermittlung von λ und μ des neuen Gitterpunktes kann dieser sofort in der Hodographenebene eingetragen werden, Abb. 97, wobei am besten gleich das Charakteristikendiagramm für ebene Strömung, Tafel II, mit den bereits eingetragenen λ- und μ-Kurven verwendet wird. Da die Machlinienrichtungen in der Strömungsebene wie bei ebener Strömung durch Gl. (66) gegeben sind, können diese genauso auch jetzt wie bei ebener Strömung bestimmt werden. Die Machlinienrichtungen in der Strömungsebene sind wieder orthogonal zu den Kurven $\mu =$ konst. und $\lambda =$ konst. in der Hodographenebene, während die Hodographen der Machlinien aber nicht mehr mit $\mu =$ konst. und $\lambda =$ konst. zusammenfallen.

Zur Vermeidung der Akkumulierung von Fehlern sind die Schrittgrößen nun so zu wählen, daß die Korrekturen von μ und λ bei jedem einzelnen Schritt

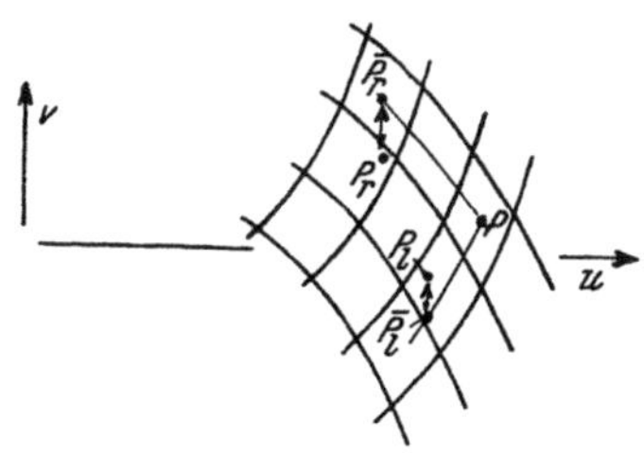

Abb. IX,97. Bestimmung des Zustandes bei achsensymmetrischer Strömung.

genügend klein bleiben. Dies ist insbesondere dann der Fall, wenn die Machzahl groß ist, wegen $\sin\alpha = 1/M$, wenn der Achsenabstand groß und der Strömungswinkel klein sind, siehe auch Abb. 96. Dies stimmt mit der Erfahrung überein, daß die Form der Verträglichkeitsbedingungen (124) sich dann als besonders zweckmäßig erweist, wenn die Machzahl tief im Überschallbereich liegt und die Körper nicht zu schlank sind, Abb. 104 und 105.

Bei ausgesprochen schlanken Körpern und bei großer Achsennähe dagegen versagen die Gleichungen (125) oder erfordern wenigstens ein äußerst enges Gitterpunktnetz. Insbesondere ist für Achsennähe etwa in der Achsenumgebung einer rotationssymmetrischen Schubdüse mit den Verträglichkeitsbedingungen (124) oder (125) ein Grenzübergang für $y \to 0$ durchzuführen. Auf einen solchen kann jedoch bei der folgend abgeleiteten Form der Verträglichkeitsbedingungen verzichtet werden, die für achsensymmetrische Kanäle und für schlanke Rotationskörper vorzuziehen ist.

Die Verträglichkeitsbedingung von Sauer-Heinz Gl. (108), zeichnete sich durch die Verwendung des Produktes $(v_1^+ \cdot r)$ aus. Es handelt sich in der dort vorliegenden ersten Ordnung bei dieser Zustandsgröße um die Radial-Komponente der Stromdichte der achsensymmetrischen Strömung, eine Größe, die auch auf der Achse endlich bleibt. Ganz allgemein wäre die Radial-Komponente der Stromdichte der achsensymmetrischen Strömung $v \cdot \varrho \cdot r$. Als zweite Abhängige wird in Gl. (108) die Störung der x-Komponente, nämlich u_1^+ verwendet. Der Ausdruck $\cot\alpha$ steht bei der vereinfachten Theorie anstelle von $\cot\alpha_\infty$. Es handelt sich dabei um einen konstanten Faktor, der ebensogut vor dem Differentialzeichen stehen könnte. Bei einer allgemeinen Theorie wird anstelle von u_1^+ die volle Komponente u zu nehmen sein.

Mit der x-Komponente der Geschwindigkeit und der Radial-Komponente der Stromdichte lauten dann Kontinuitätsbedingung, Gl. (VI,9), und Drehungsfreiheit in Zylinderkoordinaten, wobei im Hinblick auf die kommende Umformung als Unabhängige anstatt r die Ordinate y vorgezogen wurde, was auf eine Darstellung in der Ebene $z = 0$ hinausläuft:

$$r\frac{\partial(\varrho u)}{\partial x} + \frac{\partial(v\varrho r)}{\partial y} = 0; \qquad r\frac{\partial u}{\partial y} - \frac{\partial(vr)}{\partial x} = 0.$$

In der Kontinuitätsbedingung sind noch ϱu durch u und in der Gleichung für die Drehungsfreiheit $v \cdot r$ durch $v\varrho r$ zu ersetzen. Aus der Beziehung

$$\frac{d\varrho}{\varrho} = -M^2\frac{dW}{W} = -\frac{u}{c^2}\,du - \frac{v}{c^2}\,dV$$

folgt:

$$(c^2 - v^2)\,\varrho\,dv = uv\varrho\,du + c^2\,d(v\varrho);$$

$$(c^2 - v^2)\,d(\varrho u) = (c^2 - W^2)\,\varrho\,du - uv\,d(v\varrho).$$

Damit lassen sich Kontinuitätsbedingung und Gleichung der Drehungsfreiheit in die folgende Form bringen:

$$\begin{aligned}(c^2 - W^2)\,\varrho r\frac{\partial u}{\partial x} - uv\frac{\partial(v\varrho r)}{\partial x} + (c^2 - v^2)\frac{\partial(v\varrho r)}{\partial y} &= 0;\\ -uv\varrho r\frac{\partial u}{\partial x} + (c^2 - v^2)\,\varrho r\frac{\partial u}{\partial y} - c^2\frac{\partial(v\varrho r)}{\partial x} &= 0.\end{aligned} \qquad (126)$$

Dieses Gleichungssystem ist zwar komplizierter als das Ausgangssystem von Kontinuitätsbedingung und Drehungsfreiheit; im Gegensatz zu diesem treten jedoch nur mehr zwei unabhängige Veränderliche auf, nämlich u und $(v \cdot \varrho \cdot r)$. Im übrigen handelt es sich bei Gl. (126) immer noch um ein quasilineares homogenes System.

Werden nun die Gln. (126) mit Hilfe der Kettenregel der Differentiation und den Beziehungen (68) auf die beiden Machlinienvariablen ξ und η transformiert, so folgen nach Zwischenrechnungen die Verträglichkeitsbedingungen von K. Oswatitsch [42]:

$$r\varrho\cot\alpha\frac{\partial u}{\partial \xi} + \frac{\partial(v\varrho r)}{\partial \xi} = 0; \qquad r\varrho\cot\alpha\frac{\partial u}{\partial \eta} - \frac{\partial(v\varrho r)}{\partial \eta} = 0. \qquad (127)$$

Es handelt sich dabei um die Verallgemeinerung der Verträglichkeitsbedingungen von Sauer-Heinz auf beliebige achsensymmetrische drehungsfreie Überschallströmungen. Sie eignen sich besonders für Rechnungen in Achsennähe und Strömungen um schlanke Körper, wenn höhere Genauigkeiten erzielt werden sollen, als es mit der Theorie kleiner Störungen erreichbar ist.

Die Vorgangsweise zur Ermittlung der Strömung sei wieder anschaulich graphisch erläutert. Die allfällige Übertragung in ein Computerprogramm folgt daraus zwangsläufig. Die Zustandsebene ist jetzt, in Verallgemeinerung zu Abb. 90 rechts, eine u, $(v\varrho r)$-Ebene. Die Neigungen der Machlinienbilder in dieser Ebene sind gemäß Gl. (127) in Verallgemeinerung von Gl. (113) auf der links- und rechtslaufenden Charakteristik gegeben durch:

$$\frac{\mathrm{d}(v\varrho r)}{\mathrm{d}u} = \pm r\varrho \cot\alpha . \tag{128}$$

Die Machlinienneigung in der Zustandsebene hängt nun also nicht nur vom Ort, sondern auch vom Zustand ab. Die Dichte wie auch die Geschwindigkeitskomponenten werden in allen Gleichungen (127) und (128) in zweckmäßiger Weise dimensionslos gemacht. Dafür kommt der Anströmzustand in Frage, aber auch irgendein Normzustand, etwa jener bei $M_\infty = \sqrt{2}$, das letztere insbesondere dann, wenn zur Ermittlung Diagramme herangezogen werden, die in einem möglichst weiten Überschallbereich unabhängig von der Anströmmachzahl gelten sollen.

Für die weiteren Ausführungen können unter den eingeführten Variablen bereits entsprechende dimensionslose Größen verstanden werden.

Zur Ermittlung der Neigungen muß zuvor der Faktor ($\varrho \cot\alpha$) bekannt sein. Ist ein Punkt in der Zustandsebene und in der Strömungsebene bekannt, so kennt man damit auch:

$$u = W\cos\vartheta; \qquad v\varrho = (v\varrho r)/r = W\varrho \sin\vartheta . \tag{129}$$

Da $W\varrho$ und W nur Funktionen von M oder M^* sind, können die Gln. (129) als zwei Beziehungen für M^* und ϑ in Abhängigkeit von u und $v\varrho$ angesehen werden. Damit lassen sich aber in die Hodographenebene Kurven $v\varrho =$ konst. eintragen. Aus dem Diagramm können dann der gesamte Strömungszustand einschließlich dem Produkt $\varrho \cot\alpha$ ermittelt und die Machlinienneigungen in der Strömungsebene bestimmt werden, Abb. 98. In der Originalarbeit [42] ist ein etwas anderer Weg beschritten worden. Die Zweckmäßigkeit der einzelnen Varianten hängt von den vorhandenen Möglichkeiten ab.

Bei einer Verwendung von Digitalrechnern wird eine schrittweise Ermittlung der einzelnen Zustandsgrößen vorzuziehen sein. Aus Gl. (129) können durch Diffe-

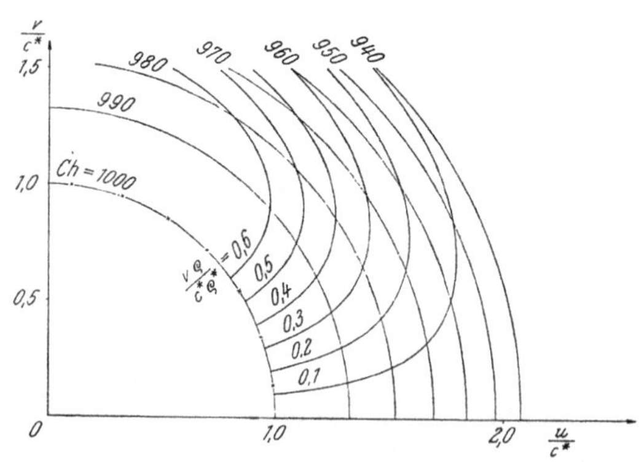

Abb. IX,98. $v\varrho/(c^*\varrho^*)$-Kurven in der Hodographen-Ebene.

rentialbildung $\mathrm{d}W$ und $\mathrm{d}\vartheta$ leicht auf $\mathrm{d}u$ und $\mathrm{d}(v\varrho)$ zurückgeführt werden mit dem Ergebnis:

$$\begin{aligned}(1 - M^2 \sin^2 \vartheta)\, \mathrm{d}W &= \cos\vartheta\, \mathrm{d}u + \sin\vartheta \frac{\mathrm{d}(v\varrho)}{\varrho}; \\ (1 - M^2 \sin^2 \vartheta)\, W\, \mathrm{d}\vartheta &= -\sin\vartheta\, \mathrm{d}u + \cos\vartheta \frac{\mathrm{d}(v\varrho)}{\varrho}.\end{aligned} \tag{130}$$

Die Differentiale können dabei auf irgendwelchen geeigneten Kurven genommen werden. Man wählt am besten eine der beiden Machlinien, weil damit auch die Differenzen $\mathrm{d}u$ und $\mathrm{d}(v\varrho)$ und in weiterer Folge $\mathrm{d}W$ und $\mathrm{d}\vartheta$ in den Gitterpunkten festliegen.

Der Aufwand bei der Ermittlung des einzelnen Gitterpunktes ist bei der Verträglichkeitsbedingung (127) offensichtlich etwas größer als bei der Verträglichkeitsbedingung (124). Dagegen ist in Achsennähe bei derselben Genauigkeit bei Gl. (127) ein wesentlich größerer Gitterpunktabstand zulässig als bei Gl. (124). Die letzte Verträglichkeitsbedingung erfordert wie bereits erwähnt eine besondere Vorgangsweise an der Achse. Die zweckmäßige Wahl des Verfahrens hängt wesentlich vom Problem ab, worauf noch bei der Erläuterung der Beispiele in Abschnitt 37 hingewiesen werden wird.

35. Verträglichkeitsbedingungen für ebene und achsensymmetrische Strömung mit Rotation

Einfache strenge Kriterien für die Grenzen, bis zu welchen mit wirbelfreien Strömungen gerechnet werden kann, wurden bisher noch nicht aufgestellt. Selbstverständlich ergeben sich solche Grenzen abhängig von der geforderten Genauigkeit. Ferner hängen die Grenzen von den Krümmungsverhältnissen am Körper ab, wobei die Körperkrümmung zunächst den Stoß krümmt. Die dann entstehenden Wirbel wirken aber erst im Einflußgebiet stromabwärts. Die Verhältnisse werden also etwas verwickelt. Im allgemeinen wird mit zunehmender Machzahl und zunehmender Körperwölbung der Wirbeleinfluß ansteigen, wobei sich Abschätzungen aus den folgenden Formeln ergeben.

Mit Berücksichtigung der Anisentropie nimmt der Arbeitsaufwand stark zu und ist ohne Einsatz von Rechenautomaten kaum mehr zu bewältigen. Die Arbeit erwächst dabei aus der Fülle elementarer Operationen, die bei jedem einzelnen Gitterschritt zu erledigen sind. Es ist daher nicht einmal so wesentlich, ob die Strömung eben oder achsensymmetrisch ist, weshalb die Behandlung gemeinsam erfolgen kann. Wie auch bei der instationären Fadenströmung gibt es keine grundsätzlichen Schwierigkeiten. Es sei angenommen, daß die Strömung durch Stöße Wirbel erhalten hat. Sie ist dann isoenergetisch, aber wesentlich anisentrop. Ruhetemperaturen und kritische Geschwindigkeit sind überall konstant, Entropie und Ruhedruck hingegen sind nur auf Stromlinien konstant und gegeben und ändern sich quer zu diesen in einer in den Gleichungen zu berücksichtigenden Stärke.

Die Bestimmung der Richtung der Machlinien erfolgt wie stets, also beispielsweise mit Hilfe der Orthogonalitätsbedingung, aus der Richtung der λ- und μ-Kurven des Charakteristikendiagramms der ebenen isentropen Strömung. Für die Bestimmung des Strömungszustandes ergeben sich wie bei instationärer Strömung im wesentlichen zwei Möglichkeiten. Bei der hier erst behandelten wird die Entropie (der Ruhedruck) in die Gleichung eingeführt. Die in Differentialen geschriebenen Verträglichkeitsbedingungen (71) auf der links- und rechtslaufenden Machlinie schreiben sich dann wie folgt:

$$\pm \mathrm{d}\vartheta + \frac{\cot\alpha}{\varrho W^2}\,\mathrm{d}p + \left\{\sin\alpha \sin\vartheta \frac{\mathrm{d}l}{y}\right\} = 0. \tag{131}$$

Mit Gl. (I,61), (II,25) und (II,6) ist für das ideale Gas:

$$\frac{1}{\varrho}\,\mathrm{d}p = -T\,\mathrm{d}s + \mathrm{d}i = -\frac{W^2}{M^2}\,\frac{\mathrm{d}s}{\varkappa(c_p - c_v)} - W\,\mathrm{d}W$$

und in Gl. (131) eingesetzt:

$$\pm \mathrm{d}\vartheta - \cot\alpha\,\frac{\mathrm{d}W}{W} - \sin\alpha\cos\alpha\,\frac{\mathrm{d}s}{\varkappa(c_p - c_v)} + \left\{\sin\alpha\sin\vartheta\,\frac{\mathrm{d}l}{y}\right\} = 0. \tag{132}$$

Wie im letzten Abschnitt wird wieder mit λ und μ gearbeitet. Dann ist in Erweiterung von Gl. (125):

$$\begin{aligned} \lambda &= \lambda_l + \frac{180}{2\pi}\sin\alpha\cos\alpha\,\frac{s - s_l}{\varkappa(c_p - c_v)} - \frac{180}{2\pi}\left\{\sin\alpha\sin\vartheta\,\frac{l - l_l}{y}\right\},\\ \mu &= \mu_r + \frac{180}{2\pi}\sin\alpha\cos\alpha\,\frac{s - s_r}{\varkappa(c_p - c_v)} - \frac{180}{2\pi}\left\{\sin\alpha\sin\vartheta\,\frac{l - l_r}{y}\right\}. \end{aligned} \tag{133}$$

Hierin unterscheidet sich die ebene Strömung von der achsensymmetrischen nur durch das eingeklammerte Glied. Es kommt also jetzt noch eine Entropiekorrektur hinzu. Zu deren Bestimmung müssen nun die Stromlinien mitgezeichnet werden, Abb. 99. Durch Interpolation ergibt sich die Entropie in den Punkten P, P_l und P_r, womit dann auch die Entropiedifferenzen feststehen.

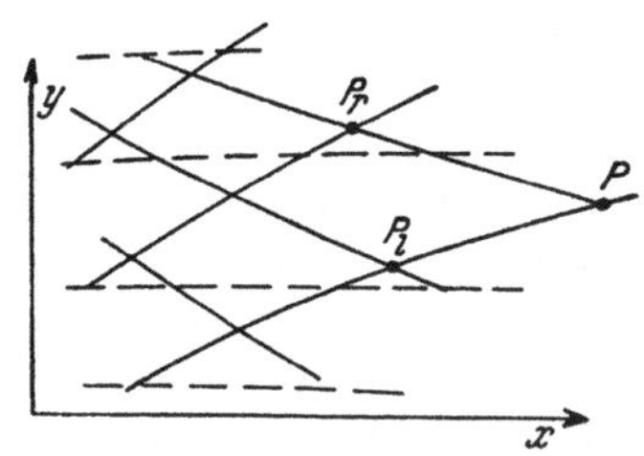

Abb. IX,99. Stromlinien (– – – –) im Machschen Netz.

Während Gl. (133) für ebene Strömung schon recht praktisch ist, ist es bei achsensymmetrischer Strömung zweckmäßig, die Entropieunterschiede durch die Punktabstände auszudrücken. Mit s ist $\mathrm{d}s/\mathrm{d}\psi$ nur Funktion der Stromfunktion ψ

und daher also auf der Stromlinie bekannt. Die Änderung von s mit l, der Bogenlänge längs einer der Machschen Linien, drückt sich bei Achsensymmetrie also wie folgt aus:

$$\frac{\partial s}{\partial l} = \frac{\mathrm{d}s}{\mathrm{d}\psi}\frac{\partial \psi}{\partial l} = \frac{\mathrm{d}s}{\mathrm{d}\psi}\left(\psi_x \frac{\partial x}{\partial l} + \psi_y \frac{\partial y}{\partial l}\right) = \frac{\mathrm{d}s}{\mathrm{d}\psi}\varrho y[-v\cos(\vartheta \pm \alpha) + u \sin(\vartheta \pm \alpha)]$$

$$= \frac{\mathrm{d}s}{\mathrm{d}\psi}\varrho y W[\sin(\vartheta \pm \alpha)\cos\vartheta - \cos(\vartheta \pm \alpha)\sin\vartheta] = \pm\frac{\mathrm{d}s}{\mathrm{d}\psi}\varrho y W \sin\alpha$$

mit dem oberen Vorzeichen entlang der linkslaufenden Machlinie. Es sei $\psi^* = \psi/(\varrho^* W^*)$ die auf die kritische Stromdichte der Anströmung bezogene Stromfunktion. Die kritischen Dichten im Stoß ändern sich wie die Ruhedichten, also wie die Ruhedrücke. Damit ist:

$$\frac{\varrho W}{\hat{\varrho}^* W^*} = \frac{\varrho W}{\varrho^* W^*}\frac{\varrho^*}{\hat{\varrho}^*} = \frac{\varrho W}{\varrho^* W^*}\frac{p_0}{\hat{p}_0}. \tag{134}$$

$\varrho W/(\hat{\varrho}^* c^*)$ ist dabei die isentrope Stromdichtenfunktion und $p_0/\hat{p}_0$ das auf der Stromlinie bekannte Ruhedruckverhältnis. Mit Gl. (134) und Gl. (II,41) für den Ruhedruck ist dann:

$$\frac{\partial s}{\partial l} = \pm\frac{\mathrm{d}s}{\mathrm{d}\psi^*}\frac{\varrho W}{\varrho^* W^*} y \sin\alpha = \pm\frac{\mathrm{d}s}{\mathrm{d}\psi^*}\frac{\hat{p}_0}{p_0}\frac{\varrho W}{\hat{\varrho}^* W^*} y \sin\alpha$$

$$= \pm(c_p - c_v)\frac{1}{p_0}\frac{\mathrm{d}\hat{p}_0}{\mathrm{d}\psi^*}\frac{\varrho W}{\hat{\varrho}^* W^*} y \sin\alpha. \tag{135}$$

Die Änderung der Entropie mit der Bogenlänge auf der links- und rechtslaufenden Machlinie ist damit durch die auf Stromlinien bekannte Größe $\mathrm{d}\hat{p}_0/\mathrm{d}\psi^*$, den Abstand y und eine von α abhängige Größe $\varrho W \sin\alpha/(\hat{\varrho}^* c^*)$ ausgedrückt. Damit ergeben sich die beiden letzten Differentiale in Gl. (132) zu:

$$-\sin\alpha\cos\alpha\frac{\mathrm{d}s}{\varkappa(c_p - c_v)} + \sin\alpha\sin\vartheta\frac{\mathrm{d}l}{y}$$

$$= \sin\alpha\,\mathrm{d}l\left[\frac{\sin\vartheta}{y} \mp \frac{1}{\varkappa p_0}\frac{\mathrm{d}\hat{p}_0}{\mathrm{d}\psi^*} y \frac{\varrho W}{\hat{\varrho}^* W^*}\sin\alpha\cos\alpha\right] \tag{136}$$

auf der links- und rechtslaufenden Machlinie. Allerdings steht im zweiten Glied nun wieder eine Größe $\mathrm{d}\hat{p}_0/\mathrm{d}\psi^*$, die sich von Stromlinie zu Stromlinie ändert. Ein Mitzeichnen der Stromlinien kann also im allgemeinen nicht umgangen werden. Jedoch ist eine genauere Interpolation nun nicht mehr erforderlich, da nicht mehr der Unterschied in zwei Punkten, sondern der Wert irgendwo zwischen zwei Punkten auftritt.

Von gewisser praktischer Bedeutung zur Gewinnung einfacher Beispiele ist jene Lösung, bei welcher $\mathrm{d}\hat{p}_0/\mathrm{d}\psi^*$ konstant ist, weil dann auf eine Stromlinienkonstruktion verzichtet werden kann. Das kann nur für ganz bestimmte Stoßformen erreicht werden, Abb. 106, weshalb die Strömungsberandung oder die Körperform in einem solchen Fall nicht vorgeschrieben werden kann, sondern sich aus der Stoßform ergibt. Von den Gln. (136) kann leicht zu den entsprechenden Formen der Gl. (133) übergegangen werden.

Die zweite Möglichkeit zur Behandlung anisentroper Strömungen besteht in der Verwendung von ϑ, α und p als abhängigen Veränderlichen. Die Verträglichkeitsbedingung (131) kann für ideale Gase wie folgt geschrieben werden:

$$\pm d\vartheta + \sin\alpha\cos\alpha\,\frac{1}{\varkappa}\,d(\ln p) + \left\{\sin\alpha\sin\vartheta\,\frac{dl}{y}\right\} = 0. \qquad (137)$$

Hier wird man neben dem Charakteristikendiagramm zur Ermittlung der Neigungen der Machlinien noch eine $\ln p$, ϑ-Ebene zur Ermittlung der Zustände verwenden. Es ist dies die Ebene, in welcher die Herzkurven eingezeichnet werden. Der Zustand im Punkte P, Abb. 100, ergibt sich aus den Lagen der

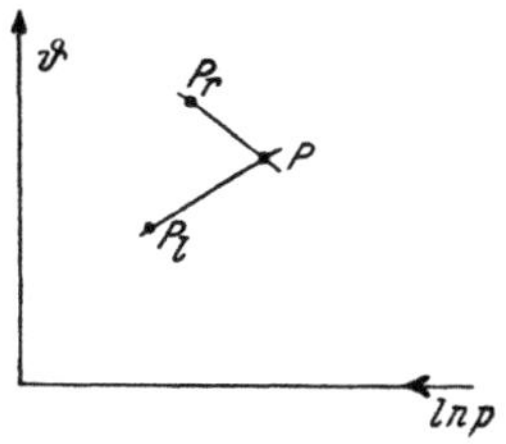

Abb. IX,100. Bildpunkte in der $\ln p$, ϑ-Ebene bei ebener Strömung.

Punkte P_l und P_r und den Neigungen der Kurven $\pm 1/\varkappa \sin\alpha\cos\alpha$ bei ebener Strömung sehr schnell. Bei achsensymmetrischer Strömung sind ähnliche Korrekturen hinzuzufügen, wie sie am Ende des letzten Abschnittes an Hand von Abb. 96 und 97 behandelt wurden und wie sie auch bei der folgenden Behandlung der Randbedingung auftreten. In jedem Falle werden in der $\ln p$, ϑ-Ebene zunächst nur Druck und Strömungswinkel im neuen Punkt bestimmt. Der Ruhedruck im neuen Punkt ergibt sich aus der Strömungsebene durch Mitzeichnen der Stromlinien. Aus dem Verhältnis von Druck und Ruhedruck ergeben sich dann sofort der Machwinkel und die übrigen gesuchten Größen.

36. Allgemeine Randbedingungen bei Charakteristiken-Verfahren

Grundsätzlich ergeben sich bei der Berücksichtigung der Randbedingungen keine neuen Gesichtspunkte gegenüber den Ausführungen in Abschn. 25. Stets führt zu einem Randpunkt nur eine Machlinie. Es gibt also nur *eine* Verträglichkeitsbedingung längs einer Machlinie. Dieser Verträglichkeitsbedingung entspricht stets ein Kurvenstück in der Zustandsebene, ob diese nun durch den Hodographen oder durch die $\ln p$, ϑ-Ebene repräsentiert wird. Während sich aber der Zustand in einem gewöhnlichen Gitterpunkt als Schnittpunkt zweier solcher Kurvenstücke ergibt, ist der Zustand in einem Randpunkt dadurch festgelegt, daß eine Zustandsgröße — am festen Rand ϑ, am freien Strahlrand p oder W —

bekannt ist. Die andere ist dann an dem die eine Verträglichkeitsbedingung darstellenden Kurvenstück abzulesen.

Bei Verträglichkeitsbedingungen ohne inhomogenen Term in den Zustandsveränderlichen, beispielsweise Gl. (127), liegt eine Neigungsbedingung für die Machlinien in der Zustandsebene vor, für Gl. (127) ist es Gl. (128). Die Charakteristik kann in diesem Falle in einfacher Weise bis zum Randpunkt fortgesetzt werden. Beim Auftreten inhomogener Terme, etwa der Klammerausdruck in Gl. (137), kann der neue Punkt P des Machlinienbildes mittels eines Geradenstückes gefunden werden, das durch einen Hilfspunkt gelegt wird, in Abb. 101

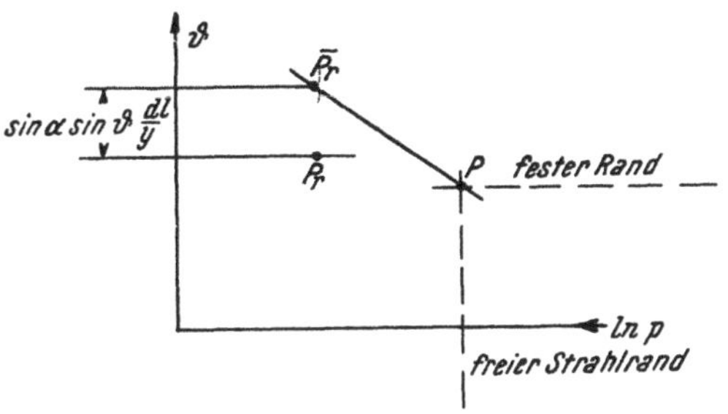

Abb. IX,101. Ermittlung des Zustandes in einem Randpunkt bei achsensymmetrischer anisentroper Strömung.

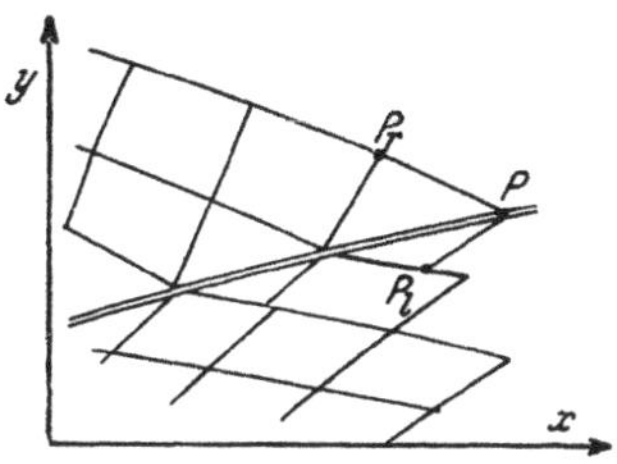

Abb. IX,102. Punktgitter an Unstetigkeitsstromlinien.

durch den Punkt $\bar{P}_r$. Die Strecke $\bar{P}_r$—P ist also eine Hilfsgerade. Das Bild der Machlinie wäre direkt vom Punkt P_r zum Punkte P zu ziehen.

Wird nach GUDERLEY der Wert von μ und λ berechnet und außerdem auf das Eintragen in eine Zustandsebene verzichtet, so ergibt sich der eine Wert aus der Verträglichkeitsbedingung, etwa Gl. (133), und der andere aus Gl. (99). Dabei ist am freien Strahlrand zu beachten, daß die Geschwindigkeit M^* und damit $Ch(M^*)$ aus dem Druck mit dem am Strahlrand herrschenden Ruhedruck zu bestimmen ist.

Wie üblich wird hier unter „freiem Strahlrand" die Begrenzung eines Strahles durch ein *ruhendes* Medium bezeichnet. Eine exakte Behandlung ist schwierig, wenn der Strahl durch ein mit Unterschallgeschwindigkeit bewegtes Medium begrenzt wird. Dies gehört in den Problemkreis der schallnahen Strömung. Keine Schwierigkeiten entstehen hingegen an der Grenze zweier Überschallstrahlen. Diese Aufgabe ist zu lösen, wenn beispielsweise eine durch einen Gabelstoß oder durch eine Stoßkreuzung, Abb. 28, entstandene Unstetigkeitslinie in einem veränderlichen Strömungsfeld weiter zu konstruieren ist. Bei Verwendung der $\ln p, \vartheta$-Ebene ergibt sich ein Punkt auf der Unstetigkeitslinie wie jeder gewöhnliche Gitterpunkt aus den Verträglichkeitsbedingungen beiderseits der Unstetigkeitsstromlinie. Eine Mehrarbeit erwächst nur daraus, daß die Machschen Linien in der Strömungsebene so zu ziehen sind, daß sie sich gerade auf der Unstetigkeitslinie treffen, was in der Regel eine Interpolation erfordert, Abb. 102. Aus dem gleichen Druck, aber den unterschiedlichen Ruhedrücken beiderseits der Unstetigkeitsstromlinie ergeben sich dann die unterschiedlichen Geschwindigkeiten, Machzahlen usw. Am Rande zweier *beliebiger* Überschallstrahlen springen nicht nur der Ruhedruck, wie an einer Unstetigkeitsstromlinie nach einem Gabelstoß, sondern auch die Ruhetemperaturen und damit auch W_{max}, c^* usw. Dies darf bei der Berechnung der absoluten Geschwindigkeiten nicht übersehen werden.

Ein konvex geknickter Rand in achsensymmetrischer Strömung kann in seiner unmittelbaren Umgebung stets als ebenes Problem behandelt werden. Denn ein Knick bleibt in kleinsten Abmessungen stets eine unstetige Richtungsänderung, also ein endlicher ϑ-Sprung, während der Betrag des Zusatzgliedes der achsensymmetrischen Strömung in der Verträglichkeitsbedingung — beispielsweise in Gl. (122) — mit abnehmendem Gitterpunktabstand unter alle Grenzen sinkt. So ergibt sich in Abb. 103 in der unmittelbaren Umgebung der Mündungskante eine

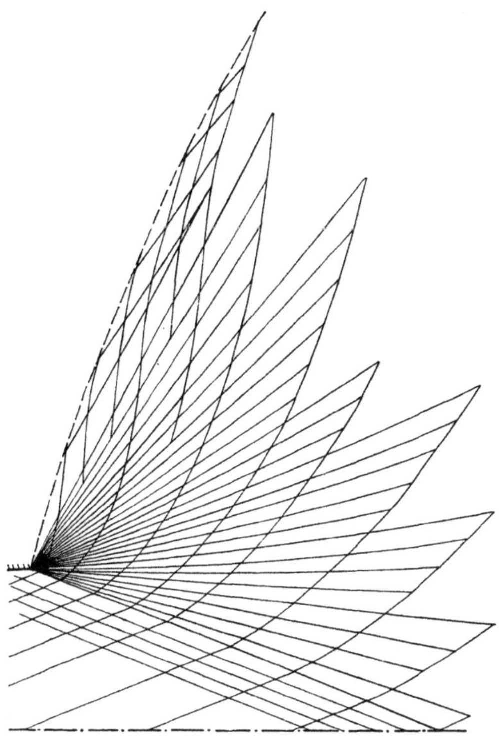

Abb. IX,103. Rotationssymmetrischer Überschallstrahl bei starker Expansion.

gewöhnliche Prandtl-Meyer-Expansion. Die Umgebung muß dabei stets klein gegen den Achsenabstand y sein. Nur auf der Achse selbst ist eine ähnliche Betrachtung nicht möglich, jedoch kommt dort ein konvexer Knick nicht in Frage.

Wenn die achsensymmetrische Strömung bis an die Achse heranreicht, Abb. 103, ergibt sich dort die Randbedingung $\vartheta = 0$. Die Achse ist diesbezüglich einem festen Rand gleichzusetzen, nur mit dem Unterschied, daß das Zusatzglied der achsensymmetrischen Strömung in Gl. (122) bis (125) dort unbestimmt wird, indem y und $\sin\vartheta$ verschwinden. Damit ähneln die Verhältnisse völlig jenen an der Achse einer Zylinderwelle, Abschnitt III,40. In ausreichender Achsennähe kann zwar beispielsweise bei einer rechtslaufenden Machlinie

$$\vartheta = \frac{y}{y_r}\vartheta_r + \cdots$$

gesetzt werden, jedoch sind in diesem Falle die Verträglichkeitsbedingungen (127) mit der Randbedingung auf der Achse

$$r = 0: \quad v\varrho r = 0 \tag{138}$$

klar vorzuziehen, weil die Achse dann keine Ausnahmebehandlung erfordert.

Beim Auftreffen der ersten Verdünnungen auf der Achse bei einem austretenden Überschallstrahl, Abb. 103, entstehen dort — ähnlich wie bei einer Zylinder- oder Kugelwelle — unendliche Beschleunigungen, was nicht immer beachtet wird. Es ergeben sich nämlich bei der Rechnung aus diesem Umstand keine Besonderheiten, und es kann offenbar ohne wesentlichen Fehler mit der hier geschilderten Methode darüber hinweg gerechnet werden. Alle Singularitäten an der Achse können im übrigen umgangen werden, wenn die Achse mit einem sehr dünnen starren Zylinder umgeben wird. Da der Strömungsquerschnitt dadurch kaum geändert wird, ändert so ein Zylinder das Strömungsbild kaum. Damit erklärt sich aber auch, daß die Singularitäten auf der Achse für die gesamte Strömung keine wesentliche Bedeutung haben können.

Während eine ebene Strömung beliebig gedreht werden kann, ist dies bei achsensymmetrischer Strömung nicht mehr möglich, weil die Achsenrichtung durch $\vartheta = 0$ ausgezeichnet ist. Ebensowenig ist eine Translation in y-Richtung gestattet.

37. Achsensymmetrische Strömungen mit Stoßfronten. Beispiele

Für Stoßfronten, welche an konkaven Knicken von Berandungen ansetzen, gilt dasselbe, was über konvexe Knicke gesagt wurde. In einer Umgebung des Knickes, der klein gegenüber dem Achsenabstand des Knickes ist, kann die Strömung als eben angesehen werden. Die Näherung gilt um so genauer, je mehr man sich dem Unstetigkeitspunkt nähert. Dasselbe gilt auch für Stoßkreuzungen, Gabelstöße usw. in isentroper oder anisentroper Strömung oder für das Auftreffen von Stößen auf feste Wände und freie Strahlränder. Das Auftreffen von Stößen auf Unstetigkeitsstromlinien oder der Fall von Stoßkreuzungen auf Unstetigkeitsstromlinien ist ebenfalls wie das entsprechende Problem bei ebener Strömung zu behandeln, wobei die Entropie auf der Stromlinie springt, beiderseits des Sprunges aber als konstant angesehen werden kann. Die Lösung solcher Sonderfälle bleibe dem Leser überlassen. Sie ist nach Beherrschung der hier wiedergegebenen Beispiele leicht zu finden und ist durch die Bedingung gleichen Druckes und gleichen Strömungswinkels beiderseits der abgehenden Stromlinie stets ausreichend festgelegt.

Es bleibt also die Behandlung der Fortsetzung einer irgendwo entstandenen Stoßfront sowie die Behandlung der Verhältnisse auf der Achse, da dort das

Herausgreifen einer Umgebung, welche klein gegen den Achsenabstand ist, unmöglich ist. Dabei stellt ein konkaver Knick auf der Achse eine kegelige Strömung dar, die der in Abschn. 15 behandelten Parallelanströmung eines Kreiskegels um so näher kommt, je kleiner die Umgebung der kontinuierlich veränderlichen Strömung ist, welche man an der Kegelspitze herausgreift. Auch dieses Problem ist damit erledigt. In der Praxis handelt es sich in der überwiegenden Anzahl von Fällen überhaupt um die Parallelanströmung von Kegelspitzen. Ein Abweichen von der exakt kegeligen Strömung ergibt sich erst dadurch, daß die Körperform mit zunehmendem Abstand von der Spitze von der Form eines Kreiskegels abweicht.

Bei der Konstruktion von *schwachen* Stoßfronten ergeben sich keine neuen Gesichtspunkte gegenüber der gleichen Aufgabe bei ebener isentroper Strömung. Die Neigung schwacher Stoßfronten ist das Mittel zwischen den Neigungen der Machschen Linien vor und hinter der Front, Gl. (83). Unterschiede in der Fortsetzung bei ebener oder achsensymmetrischer, isentroper oder anisentroper Strömung ergeben sich also lediglich in der Konstruktion des Gitterpunktnetzes vor und hinter der Front. Damit ist aber bereits ein wichtiger Fall behandelt, da in der Praxis oft starke Stöße wegen der damit verbundenen Verluste vermieden werden. Abb. 104a zeigt eine solche von M. Schäfer [39] berechnete Strömung an einem Rotationskörper. Ausgehend von der exakten Kegelströmung nähert

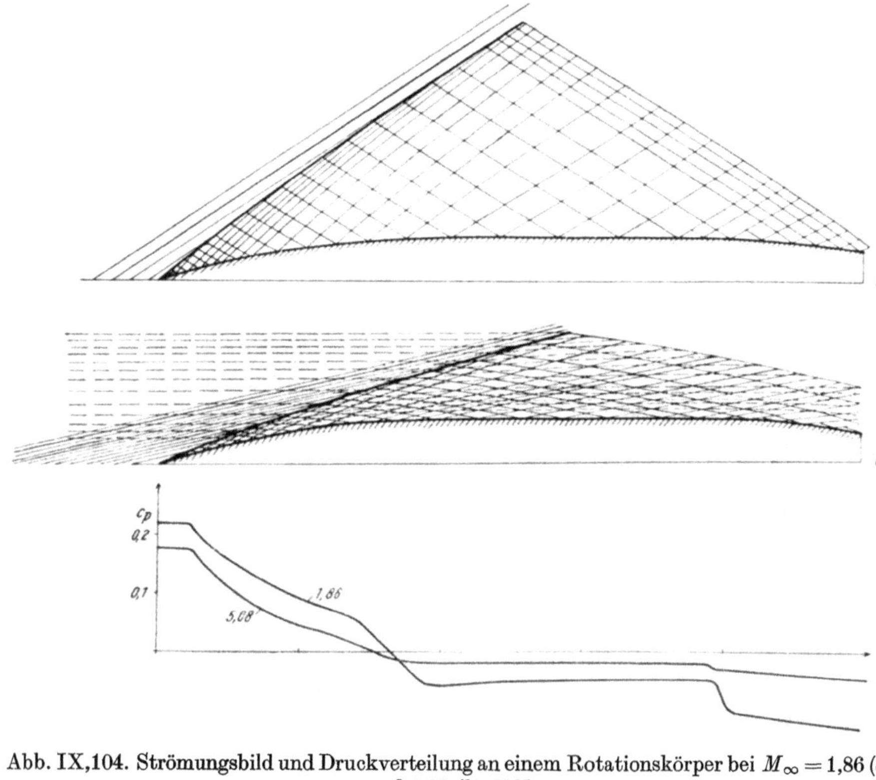

Abb. IX,104. Strömungsbild und Druckverteilung an einem Rotationskörper bei $M_\infty = 1{,}86$ (*a*) und 5,08 (*b*), [39].

sich die Stoßfront sehr schnell der Machrichtung der Anströmung. Die Schwächung ist hier also bedeutend stärker als bei ebener Strömung, Abb. 48, weil die Impulse und die Energie wie bei einer Zylinderwelle nach zwei Raumrichtungen zerstreut werden. Der letzte, für den Überschallknall maßgebende Rest des Stoßes klingt allerdings nur langsam mit der Entfernung ab, wie in Abschn. 39 gezeigt werden wird.

Bei stärkeren Stößen muß eine allgemeine Methode verwendet werden. Der Zustand hinter dem Stoß ergibt sich aus dem Zustand vor dem Stoß mit Hilfe der Stoßpolaren, womit eine Beziehung zwischen ϑ und W oder zwischen ϑ und $\ln p$ hinter der Stoßfront gegeben ist. Der Zustand *vor* dem Stoß muß zu diesem Zwecke bekannt sein. Dies ist besonders einfach bei Kopfwellen, da vor diesen überall derselbe Zustand der Parallelströmung herrscht. Im allgemeinen muß aber der Zustand vor dem Stoß durch Extrapolation der Stoßfront erst bestimmt werden, Abb. 62. Ferner mündet in die Stoßfront von hinten eine gleichlaufende Machsche Linie. Ausgehend vom letzten Gitterpunkt ergibt die Verträglichkeitsbedingung auf der Machlinie eine zweite Beziehung zwischen ϑ und W oder zwischen ϑ und $\ln p$. Dabei wird bei isentroper Strömung der Hodograph, die Busemannsche Stoßpolare, bei anisentroper Strömung gleichberechtigt das Herzkurvendiagramm verwendet werden. Aus dem Schnitt beider Kurven ergibt sich also der Zustand hinter dem Stoß in einem neuen Gitterpunkt. Daraus folgt die neue Stoßfrontrichtung. Gegenüber einem gewöhnlichen Gitterpunkt besteht nur der Unterschied, daß an Stelle der einen Verträglichkeitsbedingung die Stoßpolare oder die Herzkurve tritt, was die Kenntnis des Zustandes vor dem Stoß erfordert. Ein praktisches Beispiel einer Anwendung zeigt Abb. 105. Es handelt

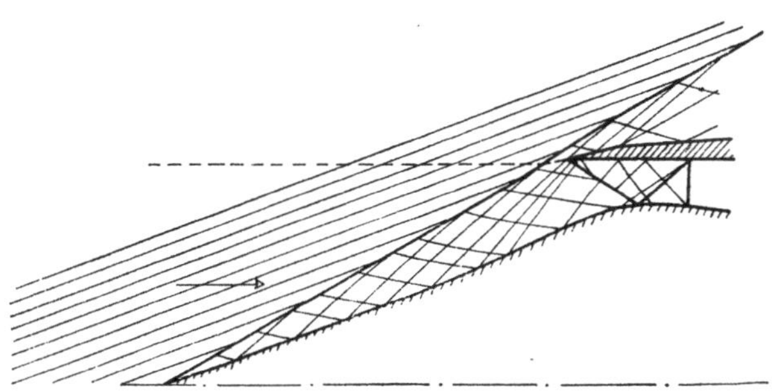

Abb. IX,105. Strömung bei $M_\infty = 3{,}0$ an einem Diffusorkopf.

sich um einen „Fangdiffusor" mit der Aufgabe, die Luft im Flug zur Verwendung in einem Antrieb zu verdichten. Die Kopfwelle halbiert dabei die Richtungen der Machschen Linien davor und dahinter nur mehr näherungsweise. Dennoch ist die Änderung der Stoßstärke aller Stöße so gering, daß die Strömung als drehungsfrei angesehen werden kann. Der wesentliche Teil der komprimierten Luft wird in einen Kanal eingeführt und schließlich in einem senkrechten Stoß auf Unterschallgeschwindigkeiten verdichtet. Die Lage dieses letzten senkrechten Stoßes ergibt sich aber nicht mehr aus den Rand- und Anströmbedingungen, sondern — da er auf Unterschall führt — aus den Drücken stromabwärts.

Ein weiteres Beispiel einer Kopfwellenkonstruktion, welche aber die genaue

Methode erforderlich macht, liefert Abb. 104b. Hier machen sich schon Hyperschalleigenschaften geltend. Trotz der Schlankheit des Körpers wurde wegen der Entropieunterschiede hinter der Front nicht mehr wirbelfrei gerechnet. Ein Mitzeichnen der Stromlinien ist erforderlich.

Praktische Anwendungen der Charakteristikenverfahren ergeben sich auch bei den sogenannten „Strahlablenkern" an Schußwaffen. Diese haben den Zweck, die hinter dem Geschoß austretenden Pulvergase umzulenken. Eine solche achsensymmetrische Umlenkungsschaufel ist in Abb. 106 gezeigt. Sie hat in der Fort-

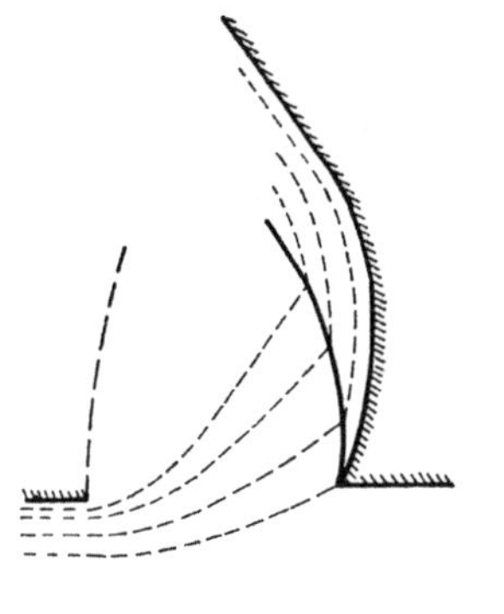

Abb. IX,106. Achsensymmetrische Umlenkungsschaufel mit Öffnung an der Achse.

setzung der Mündung ein Loch für das Geschoß, durch welches dann natürlich ein Teil der Pulvergase hindurchtritt. Hier kommt es auf Verluste in Stößen nicht an, sondern es ist die Aufgabe zu lösen, die Pulvergase auf möglichst kurzem Wege möglichst glatt umzulenken. Zur Verminderung des Rechenaufwandes wurde deshalb hier ein kräftiger Stoß angesetzt, der eine starke Umlenkung verursacht und in dem gleichzeitig $\mathrm{d}p_0/\mathrm{d}\psi^*$ konstant ist. Wie sich aus Gl. (136) ergibt, ist ein Mitzeichnen der Stromlinien nicht mehr erforderlich. Diese können nachträglich — soweit sie interessieren — konstruiert werden, woraus sich dann auch die zum vorgegebenen Stoß gehörende Schaufelform ergibt.

Einer eingehenden Betrachtung bedarf ein Stoß, welcher auf die Achse zuläuft. Dieses Problem ergibt sich in einfachster Form etwa, wenn ein Rohr auf einem Streckenstück eine Verengung konstanter Neigung aufweist, Abb. 107, und

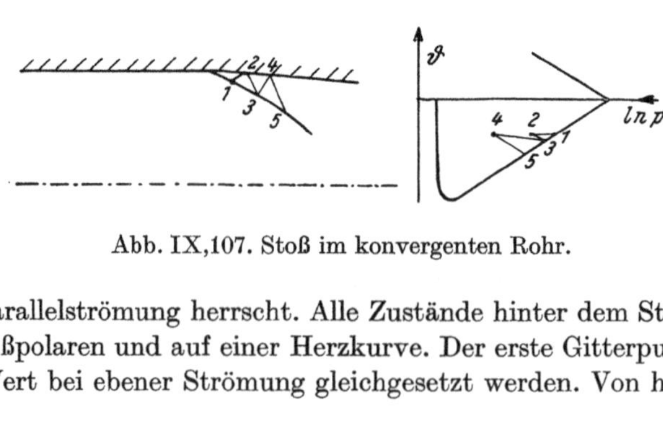

Abb. IX,107. Stoß im konvergenten Rohr.

vor dieser Parallelströmung herrscht. Alle Zustände hinter dem Stoß liegen dann auf einer Stoßpolaren und auf einer Herzkurve. Der erste Gitterpunkt 1 am Stoß kann dem Wert bei ebener Strömung gleichgesetzt werden. Von hier aus ist nun eine Machsche Linie an die Wand zu führen. In diesem Punkte 2 ergibt sich nach Gl. (137) bei gleichem negativem ϑ wegen der Achsenkorrektur der Druck etwas höher als im Punkt 1. Von 2 auf einer rechtslaufenden Machlinie fortschreitend ergibt sich im Kreuzungspunkt mit dem Stoß (mit der Herzkurve), Punkt 3, ein höherer Druck und ein stärkerer negativer Winkel ϑ. Damit erhält man aber im Punkt 4 eine weitere Drucksteigerung, und diese ist im Punkt 5 mit einer weiteren Vergrößerung der Stromlinienneigung verbunden. Die Stoßfront steilt sich wie bei einer Zylinder- oder Kugelwelle mit Annäherung an die Achse auf, ein Vorgang, der in der hier gezeigten Art nur so lange zu verfolgen ist, als hinter dem Stoß Überschallgeschwindigkeit herrscht. Offenbar wird jeder auf die Achse zueilende Stoß in Achsennähe schließlich senkrecht, siehe auch [41], 2. Teil. Dies bildet ein Gegenstück zur starken Schwächung von Kopfwellen mit zunehmendem Achsenabstand. Damit entsteht also wieder eines der so schwer zu behandelnden Probleme der schallnahen Strömung.

An der Achse muß irgendeine Form der Stoßreflexion auftreten, die allerdings bei niedrigen Machzahlen nicht mit einem Gabelstoß verbunden sein kann, da es diesen dann nicht gibt. Bei nicht zu starken Stößen und höheren Machzahlen muß sich der ganze Vorgang der schallnahen Strömung mit senkrechtem Stoß auf unmittelbare Achsennähe beschränken, denn mit Übergang zu verschwindender Stoßstärke muß der ganze Effekt verschwinden. Da der Stoß an der Achse senkrecht ist, ist das aber nur so möglich, daß die Front des senkrechten Stoßteiles immer kleiner wird, je schwächer der von außen kommende Stoß wird. Die Gabel selbst läßt sich bei schwächeren Vorgängen noch gut konstruieren, da das kurze Stückchen senkrechten Stoßes auf der Achse senkrecht sitzen muß. Es wäre nun oft sehr unangenehm, wenn man keinesfalls über die Gabelung hinaus rechnen könnte. Doch kann man sich wegen der geringen Bedeutung der Vorgänge in unmittelbarer Achsennähe so helfen, Abb. 108, daß man Entropie und Mach-

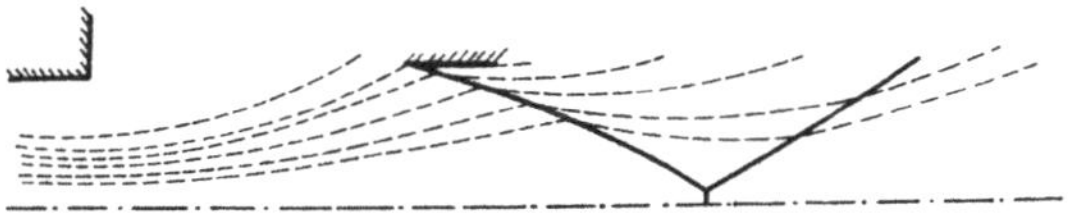

Abb. IX,108. Stoßfront an der Achse.

zahl hinter dem senkrechten Stoß gleichsetzt den Größen hinter dem reflektierten schiefen Stoß. Das auf diese Art gewonnene Bild nach Abb. 108 deckt sich völlig mit entsprechenden Schlierenbeobachtungen. Man kann bei diesem Problem nötigenfalls auch die Achse mit einem starren Zylinder umgeben.

In Wirklichkeit dürfte die Strömung an der Achse nach dem Stoßvorgang rasch expandieren und zu Überschallgeschwindigkeiten beschleunigt werden, wozu sie wegen ihrer geringen Menge nur wenig zusätzlichen Raumes bedarf. Bei starken Geschwindigkeitsunterschieden an der Unstetigkeitsstromlinie nach der Stoßgabel spielt auch die Reibung herein.

Abb. 108 stellt die Ergänzung von Abb. 106 für die Strömung durch die Umlenkschaufel dar. Die Wand verläuft dabei durchaus achsenparallel und der Stoß entsteht dadurch, daß die Strömung eine radiale Komponente hat. Dies verursacht eine unbedeutende Komplikation, ohne das Wesen des Vorganges zu beeinflussen.

Der Effekt des Aufsteilens der Stoßfront mit Annäherung an die Achse ist auch an drehsymmetrischen Überschallfreistrahlen zu beobachten. Dabei ergeben sich in periodischen Abständen senkrechte Stöße, was natürlich Dämpfung zur Folge hat, Abb. 109.

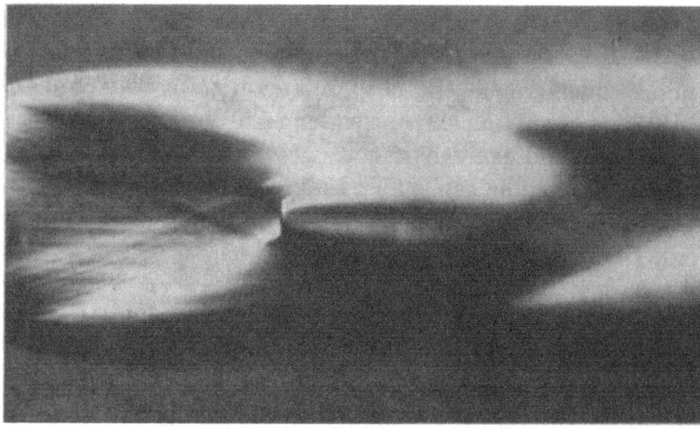

Abb. IX,109. Austritt eines achsensymmetrischen Freistrahles gegen Unterdruck.

Da Überschallrotationskörper meistens ziemlich abgehackt enden, löst sich dort die Strömung ab und es entsteht ein Nachlauf. Dessen Druck, der sogenannte Bodendruck, ist bei niedriger Überschallgeschwindigkeit für den Widerstand von ausschlaggebender Bedeutung. Bei genügend langem Körper hängt der Bodendruck im wesentlichen nur von den Anströmbedingungen ab. Eine kurze Behandlung mit den erforderlichen Literaturhinweisen erfährt das Problem in Abschnitt X,9.

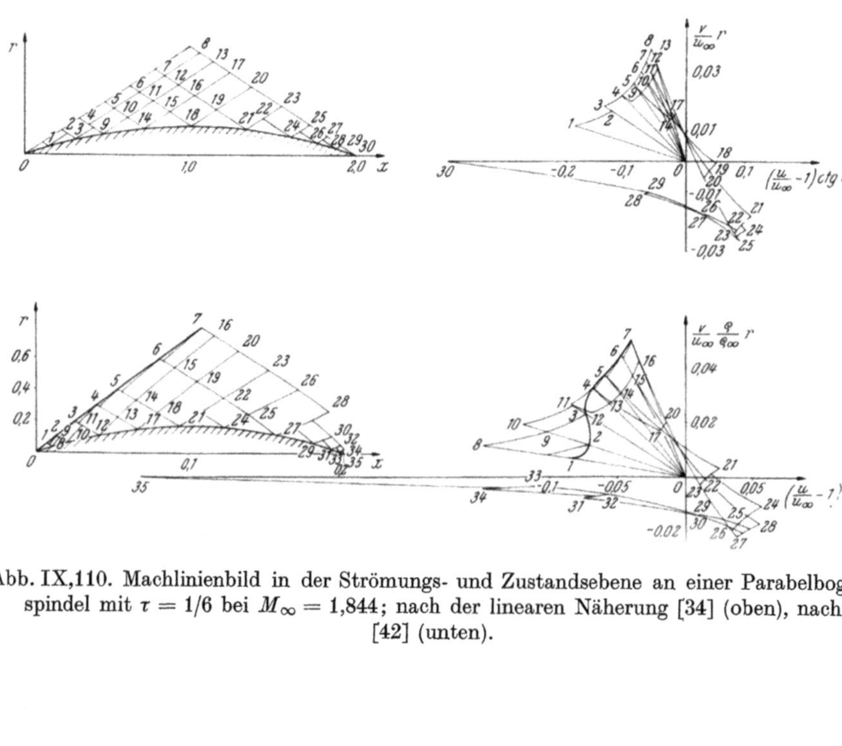

Abb. IX,110. Machlinienbild in der Strömungs- und Zustandsebene an einer Parabelbogenspindel mit $\tau = 1/6$ bei $M_\infty = 1{,}844$; nach der linearen Näherung [34] (oben), nach [42] (unten).

Abb. 110b zeigt Ergebnisse, welche mit der am Ende von Abschn. 34 dargestellten Methode [42] gewonnen wurden. Die Kopfwelle wird dabei in ganz analoger Weise wie bei den anderen Verfahren ermittelt. Die vorliegende Methode [42] bewährt sich besonders bei schlanken Körpern, weil die Verträglichkeitsbedingungen (123) in einem solchen Fall an der Körperoberfläche wegen der kleinen Achsenabstände große und stark veränderliche Werte der inhomogenen rechten Seiten aufweisen. Die Gln. (123) erfordern deshalb bei gleicher Genauigkeit sehr kleine Gitterpunktabstände. Freilich sind bei der vorliegenden schlanken Spindel auch die Ergebnisse der linearen Theorie von SAUER-HEINZ [34], Abschnitt 33, sehr zufriedenstellend, Abb. 110a. In Abb. 111 ist der Druckkoeffizient c_p über

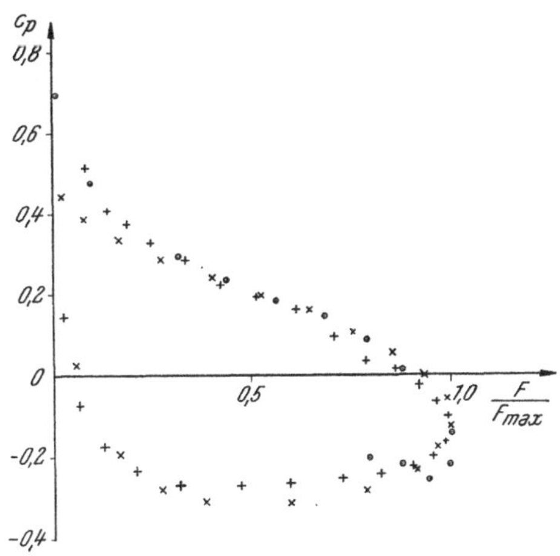

Abb. IX,111. Druckkoeffizient c_p über $F/F\,\text{max}$ für das Beispiel von Abb. 110 ($\times\times\times$) linear [34]; ($+++$) exakt [42]; (ooo) Versuch FFA, Stockholm.

dem Querschnitt F aufgetragen. Die in diesem Diagramm eingeschlossene Fläche ist ein Maß für den Druckwiderstand. Die Übereinstimmung mit den Versuchen ist sehr gut. Die lineare Theorie gibt überall kleinere Werte als die exakte Theorie, hinter dem Querschnittsmaximum $F_{\max}$ also auch stärkeren Sog. Dies hat zur Folge, daß die lineare Theorie recht gute Widerstandsbeiwerte liefert. In der Originalarbeit [42] sind noch weitere Beispiele mit ähnlichen Erfahrungen gerechnet.

38. Analytische Charakteristikenverfahren

Der Umstand, daß kompressible Strömungen im allgemeinen durch nichtlineare Gleichungen beschrieben werden, etwa durch die gasd. Gl., schließt exakte Methoden in vielen Fällen aus. Man muß sich daher mit Näherungsmethoden behelfen. Bei stationärer Unterschallströmung beispielsweise wurde die Methode von JANZEN-RAYLEIGH verwendet, die auf eine Entwicklung nach M_∞^2 hinausläuft. Die in Anschluß an Gl. (VIII,55) besprochene Prandtl-Iteration entspricht einer Entwicklung nach Dickenverhältnissen. Sie käme zunächst am ehesten für eine Übertragung auf Überschallströmungen in Frage, da Überschall-körper und Überschallflügel meistens sehr schlank sind. Dabei ist jedoch zu beachten, daß die Koeffizienten der linken Gleichungsseite in Gl. (VIII,55), nämlich $(1 - M_\infty^2)$ und 1, bei allen Iterationsschritten dieselben bleiben und nur die inhomogene rechte Gleichungsseite schrittweise geändert wird. Für Überschallströmung $M_\infty > 1$ bedeutet dies, daß die Machlinien immer dieselben geraden Linien sind. Sie bleiben in der Form der Gln. (1) und (2) *eingefroren*. Damit sind aber die Einfluß- und Abhängigkeitsgebiete bereits durch die ungestörte Parallelströmung zusammen mit der Flügel- und Körperform festgelegt, was den Wert höherer Näherungen stark herabsetzen muß.

Eine den Ausbreitungsproblemen adäquate Näherungsmethode wird sich auf die Charakteristiken als unabhängige Veränderliche stützen müssen. Davon wurde bereits bei den Näherungstheorien in den Abschnitten (III,30) und (III,31) ausgegangen. Ein analoger Weg soll hier beschritten werden. Er führt zu den sogenannten analytischen Charakteristikenverfahren.

Die Gleichungen, die allen Charakteristikenmethoden zugrunde liegen, sind die Verträglichkeitsbedingungen, etwa Gl. (76) für ebene Strömung und Gl. (127) für achsensymmetrische Strömung, sowie die Neigungsbedingungen Gl. (66) für ebene und achsensymmetrische Strömung. Die Neigungsbedingungen mögen als erste in die Form von Störgleichungen gebracht werden. Zu diesem Zweck seien sie zunächst in folgender Form geschrieben:

$$x_\eta = \cot(\vartheta + \alpha)\, y_\eta; \qquad x_\xi = \cot(\vartheta - \alpha)\, y_\xi. \tag{139}$$

Die Anströmung sei im folgenden stets in x-Richtung angenommen.

$$\vartheta_\infty = 0, \qquad \alpha = \alpha_\infty. \tag{140}$$

Bei Auftriebsproblemen können stets die Profile angestellt werden. Es zeigt sich aber, daß auch angestellte Rotationskörper durch die Annahme (140) nicht ausgeschlossen werden, weil mit Hilfe einer Galilei-Transformation stets die Bedingungen (140) formal hergestellt werden können [43]. Doch kann aus Raummangel auf den weniger wichtigen Fall der Wellenausbreitung an angestellten Rotationskörpern nur kurz im Abschnitt 45 eingegangen werden.

Wird nun die Winkelfunktion in Gl. (139) an der Stelle (140) nach kleinen Störungen entwickelt, so muß auch auf die Schwankung des Machwinkels Rücksicht genommen werden. Man erhält mit Gl. (VI,32) für das id. Gas konst. sp. W.

$$d\alpha = -\operatorname{tg}\alpha\left(1 + \frac{\varkappa - 1}{2} M^2\right) dW/W. \tag{141}$$

Daraus folgt für die Störgrößen erster Ordnung:

$$\vartheta_1 \pm \alpha_1 = \frac{v}{u_\infty} \mp \operatorname{tg}\alpha_\infty\left(1 + \frac{\varkappa - 1}{2} M_\infty^2\right)\left[\frac{u}{u_\infty} - 1 + \frac{1}{2}\left(\frac{v}{u_\infty}\right)^2\right] + \cdots.$$

Das quadratische Glied $(v/u_\infty)^2$ ist zunächst nur mit Rücksicht auf seine mögliche Bedeutung bei achsensymmetrischer Strömung mitgenommen worden. Eine nähere Untersuchung zeigt, daß dieses Glied auch bei Hyperschall die Größe de linearen Gliedes $(u/u_\infty - 1)$ annehmen kann. Da dieser Machzahlbereich aber ohnehin einer Sonderbehandlung bedarf, können mit δ als Störparameter für die ebene und achsensymmetrische Strömung,

$$\frac{u}{u_\infty} - 1 = \delta u_1; \qquad \frac{v}{u_\infty} = \delta v_1, \tag{142}$$

die Winkelfunktionen der Neigungsbedingungen (139) wie folgt genähert werden:

$$\begin{aligned} \cot(\vartheta \pm \alpha) &= \pm \cot\alpha_\infty - \frac{1}{\sin^2\alpha_\infty}(\vartheta_1 \pm \alpha_1) + \cdots \\ &= \pm \cot\alpha_\infty - M_\infty^2\,\delta[v_1 \mp A\cot\alpha_\infty u_1] + \cdots \end{aligned} \tag{143}$$

mit folgendem Symbol für den häufig auftretenden, aus der Ableitung des Machwinkels nach der Geschwindigkeit, Gl. (141), stammenden Ausdruck:

$$A(M_\infty) = \left(1 + \frac{\varkappa - 1}{2} M_\infty^2\right) \mathrm{tg}^2\,\alpha_\infty. \tag{144}$$

Da in vielen wichtigen Fällen das Produkt $u_1 \cot\alpha_\infty$ auftritt, wurde der Klammerausdruck in (144) mit $\mathrm{tg}^2\,\alpha_\infty$ multipliziert und nicht mit $\mathrm{tg}\,(\alpha_\infty + \ldots)$ wie in Gl. (141).

Die Neigungskorrektur weist einen mit v_1 verknüpften Anteil des Strömungswinkels und einen mit u_1 verknüpften Anteil der Geschwindigkeitsstörung auf. Die davor stehenden Machzahlkoeffizienten sind im schallnahen Bereich und im Hyperschallbereich am größten. Dies ist keineswegs überraschend, da die Machlinienneigung in diesen beiden Gebieten empfindlich gegen Störungen ist.

Wie bei allen Charakteristikenverfahren wird auch beim analytischen die Zustandsänderung längs der Machlinien mit Hilfe der Verträglichkeitsbedingungen und Randbedingungen bestimmt und die Lage der Charakteristiken im Strömungsraum mit Hilfe der Neigungsbedingungen nachträglich berechnet. Das letztere geschieht beim analytischen Verfahren wieder mit Hilfe von Störgleichungen, indem analog wie in Gl. (III,147) alle Ortsabhängigen nach Störungen entwickelt werden:

$$\begin{aligned} x(\xi,\eta) &= x_0(\xi,\eta) + x_1(\xi,\eta) + x_2(\xi,\eta) + \cdots; \\ y(\xi,\eta) &= y_0(\xi,\eta) + y_1(\xi,\eta) + y_2(\xi,\eta) + \cdots; \\ r(\xi,\eta) &= r_0(\xi,\eta) + r_1(\xi,\eta) + r_2(\xi,\eta) + \cdots. \end{aligned} \tag{145}$$

Im folgenden wird nur bis zu den Störungen erster Ordnung gerechnet, die höheren Ordnungen sind in Gl. (145) nur angeschrieben, um die Möglichkeit einer Erweiterung des Verfahrens anzudeuten.

Die Glieder nullter Ordnung des Reihenansatzes (145) geben die Lage der Charakteristiken im ungestörten Feld. Demnach gilt mit Gl. (139) und (140):

$$x_{0\eta} - \cot\alpha_\infty y_{0\eta} = 0; \qquad x_{0\xi} + \cot\alpha_\infty y_{0\xi} = 0. \tag{146}$$

Es handelt sich dabei um exakte Beziehungen, denn x_0 und y_0 sind die Koordinaten der Machlinien $\xi =$ konst. und $\eta =$ konst. beim Fehlen jeder Störung.

Für achsensymmetrische Strömung ist hier und im folgenden y durch r zu ersetzen, ein Hinweis, der im folgenden im allgemeinen nicht wiederholt werden soll.

Die Entwicklungen (143) und (145) in die Neigungsbedingungen (139) eingesetzt, geben beispielsweise für die linkslaufende Machlinie folgende Glieder nullter und erster Ordnung:

$$\begin{aligned} x_{0\eta} + x_{1\eta} + \cdots &= (y_{0\eta} + y_{1\eta} + \cdots)\,[\cot\alpha_\infty - M_\infty^2\,\delta(v_1 + A\cot\alpha_\infty u_1) + \cdots] \\ &= y_{0\eta}\cot\alpha_\infty - y_{0\eta}M_\infty^2\,\delta(v_1 + A\cot\alpha_\infty u_1) \\ &\quad + y_{1\eta}[\cot\alpha_\infty - M_\infty^2\,\delta(v_1 + A\cot\alpha_\infty u_1) + \cdots] + \cdots. \end{aligned}$$

Bei den Vernachlässigungen in dieser Gleichung wurde angenommen, daß die Störglieder mit dem Index 2 und die Glieder mit dem Quadrat des Störparameters gegenüber den angeschriebenen Gliedern als Störungen höherer Ordnung vernachlässigt werden können. Die ersten Summanden der beiden Gleichungsseiten fallen zufolge von Gl. (146) weg. In der eckigen Klammer der letzten Zeile kann der durch δ gekennzeichnete Störbeitrag gegenüber $\cot\alpha_\infty$ gestrichen werden, weil kleine Geschwindigkeitsstörungen angenommen wurden. Man erhält damit:

$$\begin{aligned} x_{1\eta} - \cot\alpha_\infty y_{1\eta} &= -y_{0\eta}M_\infty^2\,\delta(v_1 - A\cot\alpha_\infty u_1); \\ x_{1\xi} + \cot\alpha_\infty y_{1\xi} &= -y_{0\xi}M_\infty^2\,\delta(v_1 + A\cot\alpha_\infty u_1), \end{aligned} \qquad (147)$$

wobei die Einzelheiten der Ableitung für die zweite Gleichung nicht wiederholt zu werden brauchen. Die Gln. (147) sind wieder exakt und keine Näherungen, weil die vernachlässigten Terme in die Störgleichungen für x_2 und y_2 aufgenommen werden.

Ganz besonders sei darauf hingewiesen, daß keine Annahme über die Größe der Ableitungen $x_{1\eta}$, $x_{1\xi}$, $y_{1\eta}$, $y_{1\xi}$ getroffen wurden etwa derart, daß die Beträge dieser Ableitungen klein sein sollten im Vergleich zu $x_{0\eta}$, $x_{0\xi}$, $y_{0\eta}$, $y_{0\xi}$. Eine solche Annahme würde einen Großteil der folgenden Schlüsse unmöglich machen. Beispielsweise wachsen bei ebenen Wellen, Abb. 48, x_ξ und y_ξ mit dem Abstand vom Profil über alle Grenzen, während $x_{0\xi}$ und $y_{0\xi}$ konstant sind. Das ist aber in erster Ordnung nur dadurch möglich, daß $x_{1\xi}$ und $y_{1\xi}$ mit dem Profilabstand über alle Grenzen wachsen, während die Machlinienneigung selbst als nur geringfügig gestört angenommen werden darf. Die kleinste Neigungsänderung der Machlinien liefert auf große Entfernung eben beliebig große Machlinienabstände!

Wie schon bei den entsprechenden Gleichungen im Instationären (III,144) führen die Neigungsbedingungen der nullten Näherung, Gl. (146), formal auf die akustischen Beziehungen. Die Integration von Gl. (146) führt auf die den Gln. (1) und (2) entsprechenden Beziehungen:

$$x_0 - y_0\cot\alpha_\infty = \xi; \qquad x_0 + y_0\cot\alpha_\infty = \eta. \qquad (148)$$

Auf der rechten Seite von Gl. (148) könnte anstelle von ξ oder η auch eine Funktion von ξ oder η stehen, womit die Differentialgleichungen (146) noch immer erfüllt wären. Daraus lassen sich unter Umständen gewisse Vorteile für bestimmte Darstellungen erzielen. Im Hinblick auf den besseren Überblick sei die folgende Darstellung jedoch bis auf den Fall der Prandtl-Meyer-Expansion, Gl. (177)ff, und ihren Verallgemeinerungen auf den einfachen Fall von Gl. (148) beschränkt.

Mit Gl. (148) sind die Machlinienscharen für verschwindende Störungen gegeben. Bei achsensymmetrischer Strömung wäre nur y_0 durch r_0 zu ersetzen. $\xi =$ konst. und $\eta =$ konst. ergeben dann in Gl. (148) zwei Machkegelscharen mit der Kegelspitze auf der x-Achse. In nullter Ordnung fallen die Machlinien mit den „eingefrorenen Machlinien" Gl. (1) und (2) zusammen, nur handelt es sich im Gegensatz zu Gl. (1) und (2) der akustischen Näherung bei Gl. (148) um keine Näherung, sondern wie bereits erwähnt um eine exakte Beziehung, nämlich um die Machlinienscharen der ungestörten Strömung, von denen aber im Gegensatz zur akustischen Näherung nicht angenommen wird, daß sie auch im Störgebiet als Machlinien der Strömung anzusehen sind, wie dies etwa in Abb. 1 bei der akustischen Näherung geschieht.

Häufig werden auch die Umkehrformen von Gl. (148) benötigt:

$$x_0 = \frac{1}{2}(\xi + \eta); \qquad y_0 = \frac{1}{2}\operatorname{tg}\alpha_\infty(-\xi + \eta). \tag{149}$$

Zufolge dieser Beziehungen können neben ξ, η auch x_0, y_0 als unabhängige Veränderliche verwendet werden. Die x_0, y_0-Ebene wird als *Charakteristikenebene* bezeichnet. Sie ist dadurch gekennzeichnet, daß die Machlinien in ihr wie in der akustischen Näherung gerade Linien sind. Im Gegensatz zur akustischen Näherung handelt es sich jedoch bei der Charakteristiken-Ebene um eine exakte Darstellung.

Aus Gl. (149) folgt unmittelbar:

$$x_{0\xi} = \frac{1}{2}; \qquad x_{0\eta} = \frac{1}{2}; \qquad y_{0\xi} = -\frac{1}{2}\operatorname{tg}\alpha_\infty; \qquad y_{0\eta} = \frac{1}{2}\operatorname{tg}\alpha_\infty. \tag{150}$$

Werden die Differentialgleichungen (147) unter Verwendung von (150) integriert, so folgt:

$$\left.\begin{aligned} x_1 - \cot\alpha_\infty y_1 &= -\frac{1}{2}\operatorname{tg}\alpha_\infty M_\infty^2\,\delta\int\limits_{\eta_u}^{\eta}[v_1(\xi,\bar\eta) - A\cot\alpha_\infty u_1(\xi,\bar\eta)]\,d\bar\eta + K_1(\xi)\\ x_1 + \cot\alpha_\infty y_1 &= \frac{1}{2}\operatorname{tg}\alpha_\infty M_\infty^2\,\delta\int\limits_{\xi_u}^{\xi}[v_1(\bar\xi,\eta) + A\cot\alpha_\infty u_1(\bar\xi,\eta)]\,d\bar\xi + K_1'(\eta).\end{aligned}\right\} \tag{151}$$

Hierin hängen die unteren Integrationsgrenzen sowie die additiven Funktionen

$$\eta_u(\xi), \qquad \xi_u(\eta); \qquad K_1(\xi), \qquad K_1'(\eta) \tag{152}$$

jeweils nur von einer der beiden Variablen ξ oder η ab. $\bar\eta$ und $\bar\xi$ sind die zu η und ξ gehörigen Integrationsvariablen. Man überzeugt sich leicht, daß die Lösungen (151) den Differentialgleichungen (144) genügen. Es handelt sich um die folgerichtige Übertragung der Gleichungen (III,155) für die instationäre Wellenausbreitung auf das Problem stehender Wellen in Überschallströmung.

Wie schon bei Gl. (III,155) könnte grundsätzlich auf das eine Funktionenpaar, also entweder auf η_u, ξ_u oder auf K_1, K_1' verzichtet werden, da eine Änderung der unteren Grenze η_u und ξ_u im allgemeinen einer Änderung der additiven Funktionen K_1 und K_1' gleichkommt.

Es zeigt sich jedoch, daß man sich zunächst noch alle Möglichkeiten offen lassen soll. Siehe die Kleindruck-Anmerkung nach Gl. (200).

Gl. (151) gibt ein Gleichungspaar für $x_1(\xi, \eta)$ und $y_1(\xi, \eta)$. Zusammen mit Gl. (149) und (145) sind in erster Näherung

$$x(\xi, \eta) = x_0(\xi, \eta) + x_1(\xi, \eta); \qquad y(\xi, \eta) = y_0(\xi, \eta) + y_1(\xi, \eta) \tag{153}$$

als Funktion von ξ und η bekannt. Damit läßt sich für jede Kombination der charakteristischen unabhängigen Veränderlichen ξ und η der Ort in der Strömungsebene bestimmen. Wird eine der beiden Veränderlichen ξ oder η festgehalten, so liegt eine Parameterdarstellung für die festgehaltene Machlinie vor. Der Ort in der Strömungsebene, der bei den numerischen und graphischen Charakteristikenverfahren schrittweise mit Hilfe zweier Machlinien ermittelt wird, etwa Abschnitt 24, wird mit Gl. (151) durch Ausführen von Integrationen gefunden.

Die Integrale in Gl. (151) lassen sich jedoch auch direkt deuten, was das Auffinden des Ortes in der Strömungsebene in der vorliegenden ersten Näherung wesentlich vereinfacht. Die Deutung sei an der linkslaufenden Machlinie vorgenommen. Sie läßt sich dann ohne Schwierigkeit auf die rechtslaufende Machlinie übertragen.

Mit Gl. (153), (148) und (151) folgt nach Multiplikation mit $\sin \alpha_\infty$:

$$x \sin \alpha_\infty - y \cos \alpha_\infty = -\frac{1}{2} \operatorname{tg} \alpha_\infty M_\infty \delta \int_{\eta_u}^{\eta} [\;] \, d\bar{\eta} + K_1(\xi).$$

Der laufend auftretende Integrand von Gl. (151) sei der Übersichtlichkeit wegen in der Zwischenrechnung nur durch die eckige Klammer angedeutet. Für den Schnittpunkt P_u von $\xi =$ konst. mit $\eta = \eta_u$, Abb. 112, gilt:

$$x(\xi, \eta_u) \sin \alpha_\infty - y(\xi, \eta_u) \cos \alpha_\infty = K_1(\xi).$$

Aus der Differenz der beiden letzten Gleichungen folgt also:

$$[x(\xi, \eta) - x(\xi, \eta_u)] \sin \alpha_\infty - [y(\xi, \eta) - y(\xi, \eta_u)] \cos \alpha_\infty = -\frac{1}{2} \operatorname{tg} \alpha_\infty M_\infty \delta \int_{\eta_u}^{\eta} [\;] \, d\bar{\eta}.$$

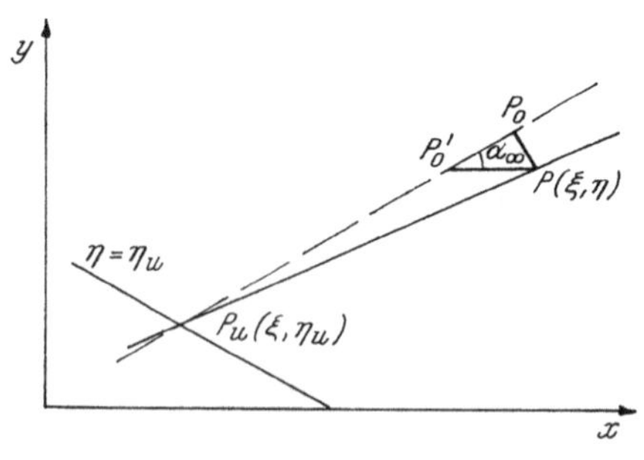

Abb. IX,112. Abstand des Punktes P von seiner ungestörten Lage P_0 oder P_0' auf der eingefrorenen Machlinie (– – –).

Die linke Gleichungsseite ist das innere Produkt des Ortsvektors $\overrightarrow{P_u P}$ mit dem Normalen-Einheitsvektor auf die ungestörte linkslaufende Machlinie. Dieser Normalvektor besitzt nämlich die Komponenten $\sin \alpha_\infty$, $-\cos \alpha_\infty$. Damit ist das Integral einschließlich dem davor stehenden Faktor gleich dem Abstand von P zum Fußpunkt P_0 seiner Normalen auf die ungestörte linkslaufende Machlinie, Abb. 112:

$$\overline{P_0 P} = -\frac{1}{2} \operatorname{tg} \alpha_\infty M_\infty \delta \int_{\eta_u}^{\eta} [v_1(\xi, \bar{\eta}) - A \cot \alpha_\infty u_1(\xi, \bar{\eta})] \, d\bar{\eta} . \tag{154}$$

Zieht man es vor, den Abstand längs einer Parallelen zur x-Achse zu messen, so ist der Abstand $\overline{P_0 P}$ nur mit $M_\infty = 1/\sin \alpha_\infty$ zu multiplizieren, und man erhält für den Abstand zwischen der gestörten Lage des Punktes P und seiner ungestörten Lage P_0' gleicher Ordinate:

$$\overline{P_0' P} = -\frac{1}{2} \operatorname{tg} \alpha_\infty M_\infty^2 \delta \int_{\eta_u}^{\eta} [v_1(\xi, \bar{\eta}) - A \cot \alpha_\infty u_1(\xi, \bar{\eta})] \, d\bar{\eta} . \tag{155}$$

In Gl. (155) steht genau derselbe Ausdruck wie in der ersten Gl. (151). Dagegen tritt in Gl. (154) der Faktor M_∞ nur in der ersten Potenz auf. Beide Darstellungen haben gewisse Vorteile, weshalb sie nebeneinander angeführt wurden. Im Rahmen der ersten Näherung darf die Normale sowohl vom „gestörten Punkt“ P als auch vom ungestörten Punkt P_0 aus gezogen werden. Ebenso wenig spielt es eine Rolle, ob in Gl. (155) der Abstand längs der gestörten oder längs der ungestörten rechtslaufenden Machlinie gemessen wird.

Ein positives Vorzeichen der Abweichung bedeutet stets ein Ausweichen der linkslaufenden und der rechtslaufenden Machlinie in Stromrichtung, also in x-Richtung, ein negatives Vorzeichen ein Ausweichen in entgegengesetzter Richtung.

Die Herleitung der Gleichung für die Front eines Verdichtungsstoßes erfolgt ganz ähnlich wie bei der instationären Strömung, Abschn. (III,31). Es sei im folgenden ein linkslaufender Stoß angenommen. Die Stoßfrontkurve in der Strömungsebene $y(x)$ sei in unabhängigen Veränderlichen in der Form $\xi(\eta)$ dargestellt. Dabei seien wie bei der instationären Strömung ξ und η die Machlinien im Störgebiet, das sich ja über das vom Stoß unbeeinflußte Gebiet faltet, siehe etwa Abb. 119. Die reziproke Neigung der Stoßfront,

$$\frac{dx}{dy} = \frac{x_\xi \, d\xi/d\eta + x_\eta}{y_\xi \, d\xi/d\eta + y_\eta} = \frac{1}{2} [\cot [\hat{\vartheta} + \hat{\alpha}) + \cot (\vartheta + \alpha)], \tag{156}$$

ist durch die Pfriemsche Beziehung Gl. (VIII,83) gegeben, da schwache Stöße vorausgesetzt sind. Daraus folgt für die Neigung der Stoßfrontkurve $\xi(\eta)$ unter Heranziehung der Neigungsgleichung (66) der Machlinien im Störgebiet, etwa $x_\eta = y_\eta \cot (\hat{\vartheta} + \hat{\alpha})$:

$$\frac{d\xi}{d\eta} = \frac{x_\eta - y_\eta \, dx/dy}{-x_\xi + y_\xi \, dx/dy} = \frac{\cot (\hat{\vartheta} + \hat{\alpha}) - dx/dy}{-\cot (\hat{\vartheta} - \hat{\alpha}) + dx/dy} \frac{y_\eta}{y_\xi} .$$

Hier ist zu beachten, daß im Zähler eine Differenz zweier nahezu gleicher Störungen steht, jene der reziproken Machlinienneigung und jene der reziproken Stoßneigung, während der Nenner die Summe zweier annähernd gleicher Größen aufweist. Das Verhältnis y_η/y_ξ sei zunächst unverändert mitgenommen. Bei Beschränkung auf die Störglieder erster Ordnung erhält man durch Einsetzen von dx/dy aus Gl. (153) dann:

$$\frac{d\xi}{d\eta} = \frac{\cot(\hat{\vartheta} + \hat{\alpha}) - \cot(\vartheta + \alpha)}{u \cot \alpha_\infty} \frac{y_\eta}{y_\xi} + \cdots. \tag{157}$$

Für den Zähler des ersten Bruches erhält man mit Hilfe von Gl. (143), angewendet auf die Störung vor und hinter der Stoßfront:

$$\cot(\hat{\vartheta} + \hat{\alpha}) - \cot(\vartheta + \alpha) = -M_\infty^2\, \delta[(\hat{v}_1 - v_1) - A \cot \alpha_\infty (\hat{u}_1 - u_1)] + \cdots.$$

Über eine schwache Stoßfront hinweg gilt nun stets die Ackeret-Beziehung Gl. (2). Das bedeutet hier:

$$\hat{u}_1 - u_1 = -(\hat{v}_1 - v_1) \operatorname{tg} \alpha_\infty. \tag{158}$$

Dies in die Gleichung davor eingeführt ergibt zusammen mit Gl. (144)

$$\cot(\hat{\vartheta} + \hat{\alpha}) - \cot(\vartheta + \alpha) = -M_\infty^2 (A + 1)\, \delta(\hat{v}_1 - v_1) = M_\infty^2 \cot \alpha_\infty (A + 1)\, \delta(\hat{u}_1 - u_1).$$

Für den zweiten Bruch von (157) folgt mit der Entwicklung (145):

$$\frac{y_\eta}{y_\xi} = \frac{y_{0\eta} + y_{1\eta}}{y_{0\xi} + y_{1\xi}}.$$

Hier ist gerade so wie früher beim instationären Stoß darauf zu achten, daß die Ableitung $y_{1\xi}$ sehr große Werte annehmen kann, nicht dagegen $y_{1\eta}$, wie noch nachträglich gezeigt wird. Deshalb war es von entscheidender Bedeutung, daß bei der Herleitung der Gl. (151) wohl geringe Neigungsstörungen angenommen wurden, nicht aber kleine Werte der Ableitungen von y_1 und x_1 nach ξ und η. Mit Gl. (150) gilt daher, wobei mit Rücksicht auf eine spätere wichtige Variante $y_{0\xi}$ noch nicht durch (150) ausgedrückt wurde:

$$\frac{y_\eta}{y_\xi} = \frac{1}{2 \cot \alpha_\infty (y_{0\xi} + y_{1\xi})}.$$

Im Hinblick auf eine übersichtliche Darstellung empfiehlt es sich, noch zwei weitere Machzahlfunktionen einzuführen, von denen zunächst allerdings nur die erste verwendet wird, nämlich mit Rücksicht auf Gl. (144):

$$\begin{aligned} S &= \frac{1}{2} M_\infty^2 \operatorname{tg} \alpha_\infty (A + 1) = \frac{\varkappa + 1}{4} \frac{M_\infty^4}{(M_\infty^2 - 1)^{3/2}}; \\ D &= \frac{1}{2} M_\infty^2 \operatorname{tg} \alpha_\infty (A - 1) = S - M_\infty^2 \operatorname{tg} \alpha_\infty. \end{aligned} \tag{159}$$

Die Gleichung für die linkslaufende Stoßfront (157) erhält mit den Zwischenergebnissen und mit den Machzahlsymbolen von Gl. (159) dann die Form:

$$\frac{d\xi}{d\eta} = -\frac{1}{2} S\,\delta \frac{\hat{v}_1 - v_1}{2\cot\alpha_\infty(y_{0\xi} + y_{1\xi})} = +\frac{1}{2} S \cot\alpha_\infty\,\delta \frac{\hat{u}_1 - u_1}{2\cot\alpha_\infty(y_{0\xi} + y_{1\xi})}, \quad (160)$$

eine ganz entsprechende gewöhnliche Differentialgleichung wäre für eine rechtslaufende Stoßfront herzuleiten.

In Gl. (160) sind y_1, $\hat{v}_1$, v_1 oder $\hat{u}_1$, u_1 als Funktionen von ξ und η hinter der Stoßfront aufzufassen. Wenn wie im folgenden Beispiel Kopfwellen berechnet werden, ist $v_1 = u_1 = 0$. Zur Ermittlung der Stoßfrontkurve ist dann nur mehr eine Integration durchzuführen.

Wenn dagegen $v_1 \neq 0$ vorliegt, so ist es zunächst als Funktion von ξ, η vor dem Stoß bekannt. Es muß dann erst als Funktion der darüber gefalteten Werte von ξ und η nach dem Stoß ausgedrückt werden, bevor die Integration in (160) durchgeführt werden kann. Die Berechnung der Stoßwellen, die an ein ungestörtes Gebiet grenzen, ist also im allgemeinen etwas einfacher als die Berechnung von Stoßwellen mitten im Störgebiet.

Mit Verschwinden des Richtungs- oder Geschwindigkeitssprunges im Stoß $\hat{v}_1 \to v_1$ folgt $d\xi/d\eta = 0$ und folglich $\xi =$ konst. Die Stoßfront entartet, wie es sein muß, zu einer linkslaufenden Machlinie.

Bei achsensymmetrischer Strömung ist bei allen hergeleiteten Gleichungen für die Neigung von Machlinien, Stoßfronten usw. gegebenenfalls y_0 und y_1 durch r_0 und r_1 zu ersetzen. Sonst behalten die Gleichungen aber ihre Form bei.

Für die Berechnung des Strömungszustandes sind die Verträglichkeitsbedingungen heranzuziehen. Bei ebener Strömung kann zunächst ohne Vernachlässigung von den Gln. (76) ausgegangen werden. Sie lauten unter Verwendung der Funktion Ch von Gl. (94):

$$\frac{\partial Ch}{\partial \eta} + \frac{\partial \vartheta}{\partial \eta} = 0; \qquad \frac{\partial Ch}{\partial \xi} - \frac{\partial \vartheta}{\partial \xi} = 0. \quad (161)$$

Die Lösung dieser Gleichung läßt sich leicht analytisch darstellen. Zur Herstellung einiger Zusammenhänge sei aber vom Variablenpaar ξ, η zu den Unabhängigen x_0, y_0 übergegangen. Mit Hilfe der Kettenregel und der Beziehungen (150) erhält man:

$$\frac{\partial}{\partial \eta} = \frac{1}{2}\frac{\partial}{\partial x_0} + \frac{1}{2}\frac{\partial}{\partial y_0}\operatorname{tg}\alpha_\infty; \qquad \frac{\partial}{\partial \xi} = \frac{1}{2}\frac{\partial}{\partial x_0} - \frac{1}{2}\frac{\partial}{\partial y_0}\operatorname{tg}\alpha_\infty. \quad (162)$$

Mit dieser kommt man dann sofort zu den Gleichungen:

$$\frac{\partial Ch}{\partial x_0} + \frac{\partial \vartheta}{\partial(y_0 \cot\alpha_\infty)} = 0; \qquad \frac{\partial Ch}{\partial(y_0 \cot\alpha_\infty)} + \frac{\partial \vartheta}{\partial x_0} = 0. \quad (163)$$

Damit liegt formal dasselbe Differentialgleichungssystem vor, das man für $M_\infty > 1$ nach Linearisierung der gasd. Gl. und Anwendung der Prandtl-Glauert-Analogie erhält. Nur ist das System (163) für drehungsfreie ebene Strömung exakt! Es handelt sich um das bereits in der zweiten Gl. (VI,76) angegebene System. Nur sind Ch durch $-q$ sowie s und t durch x_0 und $y_0 \cot \alpha_\infty$ zu ersetzen. Im Gegensatz zu den Cauchy-Riemannschen Differentialgleichungen muß bei Ausbreitungsproblemen in beiden Gleichungen entweder Vorzeichenfolge oder in beiden Gleichungen Vorzeichenwechsel vorliegen.

Unter der Annahme kleiner Störungen läßt sich in erster Ordnung mit Gl. (76) und (142)

$$Ch(M^*) - Ch(M_\infty) = -\cot \alpha_\infty \, \delta u_1 , \qquad \vartheta = \delta v_1 \tag{164}$$

setzen. Damit folgt aus Gl. (161) die Gleichung für die erste Ordnung:

$$-\cot^2 \alpha_\infty \frac{\partial u_1}{\partial x_0} + \frac{\partial v_1}{\partial y_0} = 0; \qquad \frac{\partial u_1}{\partial y_0} - \frac{\partial v_1}{\partial x_0} = 0. \tag{165}$$

Es liegt formal das System von Kontinuitätsbedingung und Gleichung der Drehungsfreiheit vor. Nur sind die Unabhängigen x, y der Strömungsebene durch die Linearkombinationen der charakteristischen Variablen x_0, y_0 ersetzt. Dies ist wesentlich. In der Tat handelt es sich bei den Gln. (165) nicht um die Kontinuitätsbedingung und um die Gleichung der Drehungsfreiheit, sondern nur um zwei Kombinationen der linearisierten Verträglichkeitsbedingungen; die die Form von Kontinuitätsbedingung und Drehungsfreiheit angenommen haben.

In Gl. (165) zeigt sich eine Regel an, die sich beim analytischen Charakteristikenverfahren im folgenden laufend bestätigen wird. Man erhält das Differentialgleichungssystem erster Ordnung für das analytische Charakteristikenverfahren, indem in den Gleichungen erster Ordnung für die Störungen in der Strömungsebene die Variablen x, y, r des Strömungsraumes durch die Variablen x_0, y_0, r_0 des charakteristischen Raumes ersetzt werden. Man kann es auch anders ausdrücken: Wenn in den Lösungen der akustischen Theorie, also der Störtheorie erster Ordnung im Strömungsraum, die unabhängigen Variablen ξ und η mit Hilfe von Gl. (1) und (2) eingeführt werden, so sind diese bereits die Lösungen erster Ordnung der Verträglichkeitsbedingungen der analytischen Charakteristikentheorie.

Führt man in die Verträglichkeitsbedingungen für drehungsfreie achsensymmetrische Strömung, Gl. (127), die Störungen erster Ordnung

$$u - u_\infty = u_\infty \, \delta u_1 + \cdots; \qquad v\varrho r = v_1 \, \delta r u_\infty + \cdots \tag{166}$$

ein, so kann man sich in den Koeffizienten mit den Ausdrücken nullter Ordnung begnügen, wenn die Rechnung auf die erste Ordnung beschränkt bleiben soll. Somit darf genähert werden:

$$r\varrho \cot \alpha = r_0 \varrho_\infty \cot \alpha_\infty + \cdots. \tag{167}$$

Es sei besonders darauf hingewiesen, daß in der Stromdichtekomponente von Gl. (166), nämlich $v\varrho r$, der Achsenabstand r zunächst nicht durch r_0 ersetzt wurde. Das ist deshalb wichtig, weil die Variablen (166) unter dem Differentialquotienten auftreten. Die Linearisierung der Verträglichkeitsbedingungen von der Form (127) ist deshalb auch weniger problematisch als die Linearisierung der Verträglichkeitsbedingungen von der Form (123).

Mit Gl. (166) und (167) gewinnt man die Verträglichkeitsbedingungen erster Ordnung der analytischen Charakteristikentheorie:

$$r_0 \cot \alpha_\infty \frac{\partial u_1^+}{\partial \xi} + \frac{\partial (v_1^+ r)}{\partial \xi} = 0; \qquad r_0 \cot \alpha_\infty \frac{\partial u_1^+}{\partial \eta} - \frac{\partial (v_1^+ r)}{\partial \eta} = 0. \tag{168}$$

u_1^+, $(v_1^+ r)$ erfüllen exakt die Verträglichkeitsbedingungen von Sauer-Heinz, Gl. (108). Dabei sind die Zusammenhänge (41) für Gl. (108) und (148) für Gl. (168) zu beachten. Man gewinnt einen weiteren Einblick, wenn in (168) überall anstelle von ξ und η die Variablen x_0 und r_0 eingeführt werden. In der Kettenregel (162) ist dabei y_0 durch r_0 zu ersetzen. Man erhält nach kurzer Zwischenrechnung:

$$-r_0 \cot^2 \alpha_\infty \frac{\partial u_1^+}{\partial x_0} + \frac{\partial (v_1^+ r)}{\partial r_0} = 0; \qquad r_0 \frac{\partial u_1^+}{\partial r_0} - \frac{\partial (v_1^+ r)}{\partial x_0} = 0. \tag{169}$$

Es ist das Gegenstück zu den Gleichungen (106), in denen nur die unabhängigen Veränderlichen x, r durch die Unabhängigen x_0, r_0 ersetzt sind.

Damit läßt sich für die erste Ordnung des analytischen Charakteristikenverfahrens die ganze Mannigfaltigkeit der Lösungen der akustischen Theorie verwenden. In dieser sind nur die unabhängigen Veränderlichen x, r durch x_0 durch r_0 zu ersetzen. Man kommt wie bereits erwähnt zum selben Resultat, wenn man die Ergebnisse der akustischen Theorie in ξ und η schreibt.

39. Störungen an Profilen

Die Behandlung der ebenen Strömung mit dem analytischen Charakteristikenverfahren wurde erstmals von C. C. Lin [44] durchgeführt und blieb im Falle stationärer Strömung auf ebene, drehungsfreie Überschallfelder beschränkt. Im folgenden wird überwiegend nur das Einzelprofil behandelt, obwohl auch Kanalströmungen, Doppelflügel und Profilgitter interessante Probleme aufwerfen, wie in Abschn. 31 gezeigt wurde, und gar nicht so schwierig zu behandeln wären. Eine umfassende Übersicht über eine Reihe von Arbeiten zur ebenen, räumlichen, stationären Überschall- und instationären Strömung gibt E. Leiter [45]. Ein Großteil der in Abschnitt 39ff. gewonnenen Resultate ist auch ohne analytische Charakteristikenverfahren zu gewinnen und in älteren Arbeiten zu finden wie beispielsweise bei M. J. Lighthill [46] oder K. Oswatitsch [47]. Die Darstellung der vorliegenden Probleme mittels des analytischen Charakteristikenverfahrens gibt jedoch die Möglichkeit einer Einführung in die Methode bei gleichzeitiger Vorbereitung allgemeinerer Aufgaben. Die Darstellung kann auf die Oberseite des Profils beschränkt bleiben.

Der Ursprung der ξ, η-Zählung falle mit dem Ursprung der x, y-Ebene zusammen, Abb. 119. Das Profil beginne im Ursprung. Auf der Oberseite erstreckt sich also die Parallelströmung von links bis zur Machlinie $\xi = 0$.

Da die Störung also erst mit $\xi \geqq 0$ beginnt, kann im Integral der unteren Gl. (151) $\xi_u = 0$ gesetzt werden. Dieses Integral liefert im Anströmgebiet keine Beiträge. Die η-Machlinien sollen aus dem Anströmgebiet in das Störgebiet hinein stetig fortgesetzt werden. Da im Anströmgebiet sämtliche Störungen verschwinden und außerdem $K_1'(\eta) = 0$ ist, gilt also als Folgerung aus dem stetigen Anschluß an die Anströmung im gesamten Störgebiet:

$$K_1'(\eta) \equiv 0. \tag{170}$$

Diese Beziehung trifft im übrigen wie alle Gleichungen (151) auch für achsensymmetrische Strömung zu.

Zufolge der Gln. (161) und (164) erhält man für die linkslaufende „einfache ebene Welle", die allein als Lösung im Anschluß an die Parallelströmung in Betracht kommt, für

$$\xi \geqq 0: \qquad u_1(\xi) \cot \alpha_\infty = -v_1(\xi), \tag{171}$$

in völliger Analogie zur Ackeret-Theorie, Gl. (3), und ganz entsprechend zu Abschn. 19. Der Verlauf der Funktion $v_1(\xi)$ wird erst durch die Randbedingung festgelegt.

Die Lösung (171) in Gl. (151) eingesetzt gibt unter Berücksichtigung der Gl. (170) und der Machzahlfunktionen S und D aus Gl. (159):

$$\begin{aligned} x_1 - y_1 \cot \alpha_\infty &= -S\,\delta v_1(\xi)\,(\eta - \eta_u) + K_1(\xi), \\ x_1 + y_1 \cot \alpha_\infty &= -D\,\delta \int_0^\xi v_1(\bar{\xi})\,\mathrm{d}\bar{\xi}. \end{aligned} \tag{172}$$

$v_1(\xi)$ sei im folgenden beispielsweise auf der x_0-Achse vorgegeben, d. h. auf $\xi = \eta$. Dann ist die Integration in der η-Richtung im oberen Integral von (151) von der unteren Grenze

$$\eta_u(\xi) = \xi \tag{173}$$

aus zu erstrecken. Das schließt keineswegs eine Berechnung auf der Profilkontur selbst aus, erleichtert jedoch den Überblick. Mit Gl. (173) gilt dann:

$$\begin{aligned} 2x_1 &= -S\,\delta v_1(\xi)\,(\eta - \xi) + K_1(\xi) - D\,\delta \int_0^\xi v_1(\bar{\xi})\,\mathrm{d}\bar{\xi}; \\ 2y_1 \cot \alpha_\infty &= S\,\delta v_1(\xi)\,(\eta - \xi) - K_1(\xi) - D\,\delta \int_0^\xi v_1(\bar{\xi})\,\mathrm{d}\bar{\xi}. \end{aligned} \tag{174}$$

Man kann also $K_1(\xi)$ etwa so wählen, daß auf $y_0 = 0$, d. i. $\xi = \eta$, entweder $x_1 = 0$ oder $y_1 = 0$ gilt, je nachdem wäre zu setzen:

$$\left.\begin{aligned} y_0 &= 0, \qquad x_1 = 0: \\ y_0 &= 0, \qquad y_1 = 0: \end{aligned}\right\} \quad K_1(\xi) = \pm D\,\delta \int_0^\xi v_1(\bar{\xi})\,\mathrm{d}\bar{\xi}.$$

$K_1(\xi)$ kann demnach auf die Lage der linkslaufenden Machlinien in der Strömungsebene zurückgeführt werden. Wenn sich die Lage der linkslaufenden Machlinien auf der Profilkontur nur geringfügig von den entsprechenden ungestörten Machlinien unterscheiden soll, dann ist auch $K_1(\xi)$ klein. $K_1(\xi)$ wird in der im folgenden dargestellten Profiltheorie im allgemeinen vernachlässigt werden können.

Wird zu Gl. (172) die Gl. (148) addiert, so folgt gemäß Gl. (153) mit der unteren Grenze (173) in erster Näherung für die Koordinaten:

$$\begin{aligned} x - y \cot \alpha_\infty &= \xi - S\,\delta v_1(\xi)\,(\eta - \xi) + K_1(\xi)\,; \\ x + y \cot \alpha_\infty &= \eta - D\,\delta \int\limits_0^\xi v_1(\bar{\xi})\,\mathrm{d}\bar{\xi}\,. \end{aligned} \tag{175}$$

Gegenüber den entsprechenden Gleichungen der akustischen Theorie, nämlich Gl. (1) und (2), treten Zusatzterme auf, die als Korrekturen gegenüber der akustischen Theorie aufgefaßt werden können, freilich Korrekturen, die mit wachsendem η über alle Grenzen ansteigen können.

In beiden Gleichungen (175) tritt η linear auf und läßt sich also leicht eliminieren. Mit Rücksicht auf die im folgenden angestrebte Form möge die Eliminierung so durchgeführt werden, daß die obere Gleichung mit $[1 - S\,\delta v_1]$, die untere mit $S\,\delta v_1$ multipliziert und die Gleichungen sodann addiert werden. Unter konsequenter Vernachlässigung der Glieder mit quadratischem Störparameter, also δ^2, folgt dann:

$$x - y \cot \alpha_\infty [1 - 2S\,\delta v_1(\xi)] = \xi + K_1(\xi)\,[1 - S\,\delta v_1(\xi)]. \tag{176}$$

Der letzte Term mit $K_1(\xi)$ könnte durch eine neue frei wählbare Funktion ersetzt werden, was jedoch kaum lohnt. Gemäß Gl. (176) erweisen sich die linkslaufenden Machlinien $\xi =$ konst. also wieder als gerade Linien von der Neigung in erster Näherung

$$\left(\frac{\mathrm{d}y}{\mathrm{d}x}\right)_\xi = \mathrm{tg}\,\alpha_\infty [1 + 2S\,\delta v_1(\xi)] = \mathrm{tg}\,(\vartheta + \alpha)\,.$$

die freilich auch schon direkt aus der Entwicklung (143) folgt.

Auch aus Gl. (176) geht die Bedeutung von $K_1(\xi)$ deutlich hervor. Wird auf $y = 0$ jetzt $x = \xi$ verlangt, so ist $K_1(\xi) = 0$ zu setzen. Würde dagegen auf der Profiloberfläche $y = h(x)$ die Forderung $x = \xi$ angestrebt, so ergäbe sich $K(\xi)$ als von der Größenordnung δ.

Verdichtungsstöße und Prandtl-Meyer-Expansionen erweisen sich gemäß Gl. (176) als spezielle Fälle. Das analoge Gegenstück der instationären ebenen Welle wurde in Abschnitt (III,31) behandelt. Auf die Prandtl-Meyer-Eckenströmung muß allerdings im folgenden näher eingegangen werden, weil sie bei stationärer Überschallströmung nicht nur in der Ebene, sondern auch im Raum eine bedeutend größere Rolle spielt als ihr Gegenstück bei instationärer Strömung.

An sprungförmigen Richtungsänderungen, wie sie an konkaven und konvexen Ecken auftreten, macht $v_1(\xi)$ und mit Gl. (171) auch $u_1(\xi)$ einen Sprung.

Solche Sprünge sind keineswegs nur auf ebene Vorgänge beschränkt. Allerdings führt die Spitze eines Rotationskörpers in der akustischen Theorie gemäß dem Beispiel am Kreiskegel, Abschn. 4, zu keinem Sprung der Geschwindigkeitskomponenten an dem die Kopfwelle repräsentierenden Machkegel. Dort wächst nur die Ableitung der Komponenten über alle Grenzen. Ein Knick an der Oberfläche des Rotationskörpers dagegen führt sehr wohl zu einem Sprung der Komponenten auf dem durch diesen Knick gehenden Machkegel.

Mit $\xi = \xi_u$ und $\xi = \xi_0$ sei das untere und obere „Ufer" der Sprungstelle bezeichnet. Bei einem konkaven Sprung, also bei einer Verdichtung, kommt gemäß Gl. (176) in der Strömungsebene das obere Ufer vor das untere zu liegen. Es kommt zu einer Überfaltung der Strömungsebene, die immer einen Verdichtungsstoß anzeigt. Die Behandlung dieses Vorgangs kann ohne weiteres im Anschluß an die bisherige Darstellung erfolgen. An einer konvexen Ecke dagegen wird zwischen ξ_u und ξ_0 ein Gebiet in der Strömungsebene aufgerissen, Abb. 113.

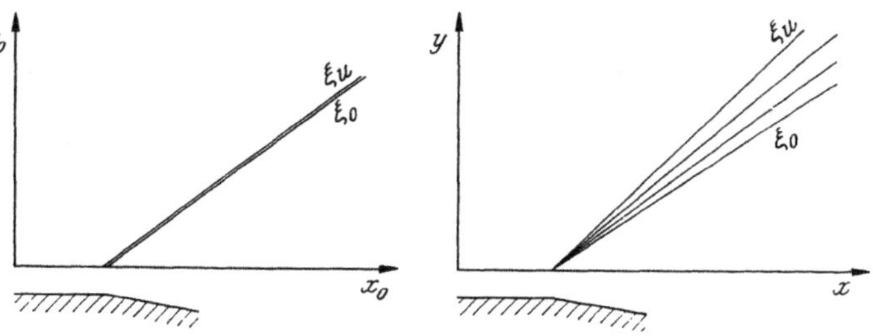

Abb. IX,113. Prandtl-Meyer-Expansion in der Charakteristiken- und in der Strömungsebene.

Bei der vorhin gewählten Darstellung hätten ξ_u und ξ_0 gemäß Gl. (148) denselben Wert, in der Strömungsebene jedoch nicht dieselbe Lage. Das gilt im übrigen auch für den gesamten innerhalb des Sprunges liegenden Strömungszustand. Die erkannte Mehrdeutigkeit der Machlinienlage in der Strömungsebene an einer Sprungstelle des Strömungszustandes in der Charakteristikenebene tritt freilich auch bei der Faltung an einer konvexen Ecke auf. Dort wird die Mehrdeutigkeit jedoch, wie sich herausstellen wird, nachträglich durch Einfügen der Stoßfront beseitigt. Bei der Prandtl-Meyer-Expansion dagegen klafft in der Strömungsebene zunächst eine Lücke, in der der Strömungszustand nicht mehr durch den Wert von ξ beschrieben werden kann. Dies ist eine unerwünschte Schwäche der bisher herangezogenen Methode, die in unterschiedlicher Weise beseitigt werden kann. In der vorliegenden Darstellung wird die bereits in Abschnitt III,31 erwähnte Methode der „Bündelung" von W. Schneider [48] verwendet.

Bei dieser Methode wird bei einer Sprungstelle mit Geschwindigkeitserhöhung auf eine eindeutige Zuordnung von x_0 und y_0 zu ξ verzichtet und folgender Ansatz gemacht, für

$$\xi_u \leqq \xi \leqq \xi_0: \qquad x_0 = \frac{1}{2}(\xi_u + \eta); \qquad y_0 \cot \alpha_\infty = \frac{1}{2}(-\xi_u + \eta), \tag{177}$$

mit ξ_u als jenem Festwert der linkslaufenden Machlinie, mit dem die Eckenströmung beginnt.

Man überzeugt sich sofort, daß auch (177) eine Lösung von Gl. (146) darstellt, denn es gilt:

$$x_{0\eta} = \frac{1}{2}; \qquad y_{0\eta} = -\frac{1}{2}\operatorname{tg}\alpha_\infty; \qquad x_{0\xi} = 0; \qquad y_{0\xi} = 0. \tag{178}$$

Im Kleindruck im Anschluß von Gl. (148) wurde dargelegt, daß es noch viel allgemeinere Lösungen der Gln. (146) gibt. Unter den möglichen Funktionen $F(\xi)$ wurde in (177) nachträglich die Konstante $F(\xi) = \xi_u$ gewählt.

Die Bündelung hat zur Folge, daß hinter ihr eine Umnumerierung der linkslaufenden Machlinien um den Wert $\xi_0 - \xi_u$ folgen muß, nämlich für $\xi_0 \leqq \xi$:

$$x_0 = \frac{1}{2}[\xi - (\xi_0 - \xi_u) + \eta]; \qquad y_0 \cot \alpha_\infty = \frac{1}{2}[-\xi + (\xi_0 - \xi_u) + \eta].$$

Wieder überzeugt man sich leicht, daß für $\xi = \xi_0$ der Anschluß an die Darstellung (177) gewährt ist. Außerdem genügt die letzte Lösung wiederum den Gln. (146).

Aus dem Ergebnis (178) folgt für das Gebiet der Bündelung in erster Näherung aus der zweiten Gl. (147):

$$x_{1\xi} + y_{1\xi} \cot \alpha_\infty = 0, \tag{179}$$

während die erste Gleichung (147) unverändert bleibt. Daraus folgt in erster Näherung für die Neigung der rechtslaufenden Machlinien im Bündelungsgebiet:

$$\frac{y_\xi}{x_\xi} = \frac{y_{0\xi} + y_{1\xi}}{x_{0\xi} + x_{1\xi}} = \frac{y_{1\xi}}{x_{1\xi}} = -\operatorname{tg} \alpha_\infty. \tag{180}$$

Die rechtslaufenden Machlinien besitzen also im Bündelungsgebiet der Strömungsebene die Neigung der ungestörten rechtslaufenden Machlinien. Dies hat im allgemeinen Richtungsknicke der rechtslaufenden Machlinien an den Stellen $\xi = \xi_u$ und $\xi = \xi_0$ zur Folge, was als ein Schönheitsfehler angesehen werden mag, aber innerhalb der Näherung völlig gerechtfertigt ist.

Zufolge der Bündelung ist die untere Gleichung (171) im Bündelungsgebiet durch die Integration von Gl. (179) zu ersetzen, d. i. für

$$\xi_u \leqq \xi \leqq \xi_0: \quad x_1(\xi, \eta) + y_1(\xi, \eta) \cot \alpha_\infty = x_1(\xi_u, \eta) + y_1(\xi_u, \eta) \cot \alpha_\infty. \tag{181}$$

Die hier gewonnenen Ergebnisse aus der Bündelung gelten unabhängig von der Lösung für v_1 und u_1, sie gelten also in gleicher Weise für die achsensymmetrische Strömung, wobei nur überall y durch r zu ersetzen wäre.

Für den Spezialfall der ebenen Strömung können damit die Koordinatengleichungen für das Gebiet der Prandtl-Meyer-Expansionsströmung hergeleitet werden. Wie bei den vorangegangenen Gleichungen für ebene Strömung soll die Koordinatenintegration über die linkslaufenden Machlinien in Gl. (151) auf $y_0 = 0$ beginnen; es ist gemäß Gl. (177) $\eta_u = \xi_u$. Die Funktion $K_1(\xi)$ verliert innerhalb der Bündelung ihre Bedeutung, da die Funktion $v_1(\xi)$ in der Bündelung weitgehend frei gewählt werden kann. Nur zur Gewährleistung eines stetigen Anschlusses auf $\xi = \xi_u$ sei $K_1(\xi) = K_1(\xi_u) =$ konst. gesetzt. Für die nullte Ordnung der Koordinaten gilt gemäß Gl. (171):

$$x_0 - y_0 \cot \alpha_\infty = \xi_u. \tag{182}$$

Zusammen mit der zweiten Gleichung (172) gilt damit für

$$\xi_u \leqq \xi \leqq \xi_0: \quad x - y \cot \alpha_\infty = \xi_u - S\, \delta v_1(\xi)\, (\eta - \xi_u) + K_1(\xi_u). \tag{183}$$

Anstelle der zweiten Gl. (172) tritt nun mit Gl. (181) und der für $\xi = \xi_u$ herangezogenen zweiten Gl. (172)

$$x_1 + y_1 \cot \alpha_\infty = -D\,\delta \int_0^{\xi_u} v_1(\bar{\xi})\,\mathrm{d}\bar{\xi}.$$

Die zweite Gl. (148) gilt auch in der Bündelungszone unverändert, wie im übrigen auch durch Gl. (177) bestätigt werden kann. Damit erhält man die zweite Beziehung für die Koordinaten, nämlich für

$$\xi_u \leqq \xi \leqq \xi_0: \qquad x + y \cot \alpha_\infty = \eta - D\,\delta \int_0^{\xi} v_1(\bar{\xi})\,\mathrm{d}\bar{\xi}. \tag{184}$$

Durch denselben Eliminationsprozeß, der zu Gl. (176) geführt hatte, gewinnt man dann die entsprechende Beziehung für die Eckenströmung:

$$\xi_u \leqq \xi \leqq \xi_0: \quad x - y \cot \alpha_\infty[1 - 2S\,\delta v_1(\xi)] = \xi_u + K_1(\xi_u)\,[1 - S\,\delta v_1(\xi)]. \tag{185}$$

Selbstverständlich erhält man auch hier wieder für die linkslaufenden Machlinien gerade Linien unterschiedlicher Neigung. Die Gln. (183), (184) und (185) schließen unmittelbar an die entsprechenden Gleichungen für stetige Änderungen der Profilneigungen, nämlich Gl. (175) und (176), an.

Für *Kopfwellen* läßt sich die Verdichtungsstoß-Differentialgleichung (160) allgemein integrieren. In dieser Gleichung bedeuten v_1 und u_1 die Störung vor dem Stoß, die bei der Kopfwelle bei Parallelanströmung ja verschwindet. Die beiden Größen $\hat{v}_1$, $\hat{u}_1$ unmittelbar hinter der Kopfwelle dagegen sind die Störungen in der einfachen Welle, also $v_1(\xi)$ und $u_1(\xi)$, die im übrigen der Gl. (171) genügen.

Aus der zweiten Gl. (174) folgt für den Nenner der Stoßgleichung folgende wichtige Beziehung:

$$2y_{1\xi} \cot \alpha_\infty = S\,\delta v_{1\xi}\eta - K_{1\xi} - S\,\delta v_{1\xi}\xi - (S + D)\,\delta v_1. \tag{186}$$

Da $\mathrm{d}\xi/\mathrm{d}\eta$ bereits proportional zur Störung δ ist, sind im Zähler von (160) nur jene Größen mitzuführen, die über die Größenordnung von δ hinausgehen. Das ist in Gl. (186) nur der erste Summand, weil nämlich η mit der Entfernung vom Profil über alle Grenzen wächst. Wegen $\xi \ll \eta$ dominiert an der Stoßfront der erste Summand gegenüber dem dritten.

Die Differentialgleichung für die Kopfwelle einer ebenen Strömung reduziert sich demnach auf die Form:

$$\frac{\mathrm{d}\xi}{\mathrm{d}\eta} = -\frac{1}{2} S\,\delta \frac{v_1(\xi)}{2 \cot \alpha_\infty y_{0\xi} + S\,\delta v_{1\xi}\,\eta}. \tag{187}$$

Sie läßt sich leicht auf die Form bringen:

$$v_1 \frac{\mathrm{d}\eta}{\mathrm{d}\xi} + 2v_{1\xi}\eta = \frac{1}{v_1} \frac{\mathrm{d}}{\mathrm{d}\xi}(v_1^2\,\eta) = -\frac{4}{S\,\delta} \cot \alpha_\infty y_{0\xi}.$$

Man kann sie also unabhängig von der Gestalt von $v_1(\xi)$ integrieren und erhält für den Spezialfall des stetig geformten Profiles mit $y_{0\xi}$ aus Gl. (150):

$$\eta = \frac{2}{S\,\delta}\,\frac{1}{v_1^2(\xi)}\int\limits_0^{\xi} v_1(\bar{\xi})\,d\bar{\xi}. \tag{188}$$

Dabei ist angenommen, daß die Kopfwelle im Punkt $\xi = \eta = 0$ beginnt.

Im Gebiet der Prandtl-Meyer-Eckenströmung erhält man mit $y_{0\xi} = 0$ gemäß Gl. (178) das Ergebnis:

$$\eta = \eta_a \left[\frac{v_{1a}}{v_1(\xi)}\right]^2. \tag{189}$$

Dabei ist angenommen, daß die durch die Prandtl-Meyer-Expansion beeinflußte Stoßfront bei $\eta = \eta_a$ mit dem Wert $v_1(\xi) = v_{1a}$ beginnt.

Da die Prandtl-Meyer-Expansion nur schwächend auf eine Kopfwelle einwirken kann, hat Gl. (189) nur dann Bedeutung, wenn bereits eine Kopfwelle vorhanden ist. Der Fall $\eta_a = 0$ oder $v_{1a} = 0$ kann daher gar nicht auftreten und braucht nicht diskutiert zu werden

40. Strömung am Keil. Abklingen ebener Kopfwellen

Als Beispiel sei die Strömung an einem endlichen Keil herangezogen. Es sei gemäß Abb. 114 eine „Keilstufe" gewählt, nämlich ein Keil, an dessen Schulter, also bei $x = 1$, eine ebene Platte konstanter endlicher Dicke anschließt. Es handelt sich dabei um ein sehr lehrreiches Beispiel, dessen Behandlung kaum einfacher

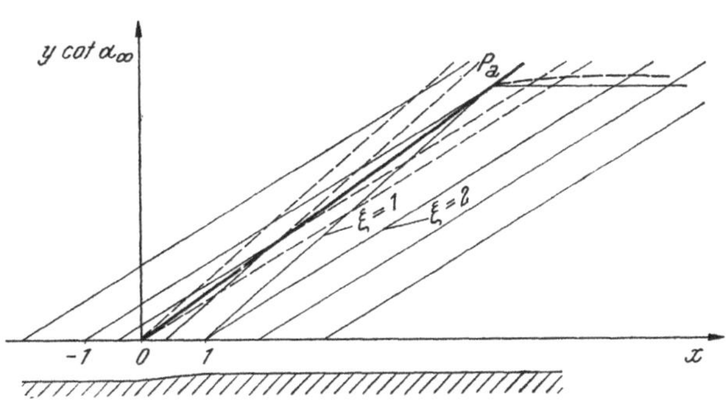

Abb. IX,114. Ausbreitung der Störungen am endlichen Keil.

ist als die Umströmung eines stetig geformten Profiles. Die Prandtl-Meyer-Expansion an der Keilschulter sei auf $y_0 = 0$ verlegt, weil damit die Übersicht vereinfacht wird und Ähnlichkeitsaussagen erleichtert werden. Die Verlegung des Zentrums der Expansion auf die x_0-Achse hat zur Folge, daß an der Keiloberfläche bereits eine gewisse Auffächerung vorliegt. Der Keil geht also genau genommen nicht mit einer Ecke, sondern mit einer scharfen Krümmung in eine ebene Platte über.

Mit $\xi_u = 1$ und $\xi_0 = 2$ kann dann für die ins Auge gefaßte Strömung gesetzt werden:

$$\begin{aligned} &\xi \leqq 0: \quad v_1 = 0; \qquad 0 \leqq \xi \leqq 1: \quad v_1 = 1;\\ &1 \leqq \xi \leqq 2: \quad v_1 = 2 - \xi; \qquad 2 \leqq \xi: \quad v_1 = 0. \end{aligned} \tag{190}$$

Mit diesen Werten erhält die untere Gleichung (175) folgende Form, wenn $K(\xi)$ gleich 0 gesetzt wird, nämlich für:

$$0 \leqq \xi \leqq 1: \quad \begin{aligned} x - y \cot \alpha_\infty &= \xi - S\,\delta(\eta - \xi)\\ x + y \cot \alpha_\infty &= \eta - D\,\delta\xi. \end{aligned} \tag{191}$$

Für das Gebiet der Eckenströmung ist mit Gl. (190), (183) und (184):

$$1 \leqq \xi \leqq 2: \quad \begin{aligned} x - y \cot \alpha_\infty &= 1 - S\,\delta(2 - \xi)\,(\eta - 1),\\ x + y \cot \alpha_\infty &= \eta - D\,\delta. \end{aligned} \tag{192}$$

Für die Kopfwelle erhält man im Einflußgebiet des Keils mit der ersten Zeile von (180) aus Gl. (188):

$$0 \leqq \xi \leqq 1: \quad \eta = \frac{2}{S\,\delta}\,\xi. \tag{193}$$

Der höchste Punkt des Parallelströmungsgebietes in der Strömungsebene, in dem die Eckenströmung die Kopfwelle zuerst erreicht, Punkt P_a in Abb. 114, hat die Werte:

$$P_a: \quad \xi = 1, \quad \eta = \frac{2}{S\,\delta}; \quad v_1(\xi) = 1. \tag{194}$$

Mit Gl. (189) kann damit auch die Kopfwelle in η und ξ im Bereich der Eckenströmung dargestellt werden:

$$1 \leqq \xi \leqq 2: \quad \eta = \frac{2}{S\,\delta}\,\frac{1}{(2 - \xi)^2}. \tag{195}$$

Aus Gl. (191) erhält man nach Vernachlässigung von Gliedern höherer Ordnung mit (194) die kartesischen Koordinaten des Punktes P_a, nämlich:

$$P_a: \quad x + \frac{1}{2} = y \cot \alpha_\infty - \frac{1}{2} = \frac{1}{S\,\delta} = \frac{4}{\varkappa + 1}\,\frac{(M_\infty^2 - 1)^{3/2}}{M_\infty^4\,\delta}. \tag{196}$$

Darin ist der Machzahlfaktor S mit Gl. (159) explizit durch M_∞ und $\varkappa$ ausgedrückt worden. δ ist im vorliegenden Fall einfach der Tangens des halben Keilöffnungswinkels.

Es wird sich zeigen, daß Gl. (196) den Ähnlichkeitsgesetzen für Schallnähe und für Hyperschallströmung genügt.

Führt man in Gl. (191) die Stoßfrontbeziehung (193) und in Gl. (192) die Stoßfrontbeziehung (195) ein, so erhält man für die beiden Gebiete eine Parameterdarstellung für die Stoßfront in der x, y-Ebene mit ξ als Parameter. Nach

Eliminierung von ξ folgt dann die Gleichung für die Kopfwelle in den beiden Gebieten unter Vernachlässigung von Gliedern höherer Ordnung:

$$\begin{aligned} &0 \leqq \xi \leqq 1, \quad 0 \leqq y \leqq y_a: && x\left(1 + \frac{1}{2} S\,\delta\right) - y \cot\alpha_\infty \left(1 - \frac{1}{2} S\,\delta\right) = 0, \\ &1 \leqq \xi \leqq 2; \quad y_a \leqq y \leqq \infty: && (x - 1 - y\cot\alpha_\infty)^2 = 2S\,\delta(x + y\cot\alpha_\infty). \end{aligned} \tag{197}$$

Im ersten Teil ist die Stoßfront natürlich eine Gerade und hätte ebensogut aus den Koordinaten des Punktes P_a, Gl. (196), gewonnen werden können. Die untere Gleichung stellt eine Parabel mit dem Nasenkrümmungsradius $S \cdot \delta$ und mit einer Achsenrichtung parallel zu jener der ungestörten Machlinie dar. Selbstverständlich erfüllen wieder die Koordinaten des Anschlußpunktes P_a, Gl. (196), beide Gleichungen (197) im Rahmen der ersten Näherung.

Die Koordinaten des Punktes P_a sind also von der Größenordnung $1/(S\,\delta)$. Dieser Punkt liegt damit in um so größerer Entfernung vom Profil, je kleiner der Störparameter δ, also das Dickenverhältnis des Profiles ist. Mit der Entfernung des Punktes P_a wächst gleichzeitig der Gültigkeitsbereich der Ackeret-Lösung, Abb. 1.

Die Terme $\pm 1/2$ hinter x und $y \cot\alpha_\infty$ in Gl. (196) gehen über die Genauigkeit der Theorie erster Ordnung hinaus. Beispielsweise hätte man aus Gl. (185) und der ersten Gleichung (192) für $\xi = 1$ und $\eta = 2/(S\delta)$ gemäß (194) die Koordinaten erhalten:

$$P_a: \qquad y\cot\alpha_\infty = \frac{1}{S\,\delta} = x + 1. \tag{198}$$

Es handelt sich dabei um den Schnittpunkt der ungestörten Machlinie $\xi = -1$ mit der vom Keilende ($x = 1$, $y = 0$) ausgehenden gestörten Machlinie, Abb. 114, also um den der Pfriemform im Keilbereich entsprechenden Schnitt, d. i. eine sehr naheliegende Ortsbestimmung. Da es sich bei der Bestimmung der Koordinaten des Punktes P_a um schleifende Schnitte handelt, ist ihr Wert gegen kleine Neigungsunterschiede der Stoßfront und gegen kleine Lageunterschiede der gleichlaufenden Machlinien empfindlich. Im übrigen erfüllen die Koordinaten (198) die Stoßfrontgleichung (197) über die erste Ordnung hinaus, die Stoßfrontgleichung die Gl. (198) aber nur in erster Ordnung. Aus diesem Grunde wurden in (196) die Terme höherer Ordnung, nämlich $\pm 1/2$, nicht von vornherein gestrichen, weil dadurch der Anschlußfehler entsteht, daß der Punkt P_a in Abb. 114 nicht genau auf der Stoßparabel liegt, sondern in einem allerdings durch die Näherung gerechtfertigten Abstand daneben.

Nach Eintragung der Stoßfront (197) in Abb. 114 können die Machlinien in den Überlappungsgebieten beiderseits der Stoßfront gelöscht werden, und zwar rechts von der Stoßfront die aus dem Anströmgebiet stammenden Machlinien, links von der Stoßfront die aus dem Störgebiet stammenden. In Abb. 114 sind die Machlinien nicht völlig gelöscht, sondern nur gestrichelt.

Von M. J. Lighthill [49] stammt eine sehr anschauliche Deutung für die Stoßfrontkurve. Faßt man die ungestörten linkslaufenden Machlinien als Parallellichtstrahl auf, der von rechts oben aus dem Unendlichen kommt, dann können die linkslaufenden Machlinien der Prandtl-Meyer-Expansion als Strahlen aufgefaßt werden, die an der Innenseite der Stoßfront unter dem Einfallwinkel reflektiert werden. Da sich alle Strahlen in einem Punkt, nämlich in $x = 1$, $y = 0$, treffen, hat das Innere der Stoßfront die Funktion eines Parabolspiegels mit dem Keilende als Brennpunkt. Die Auswertung von Gl. (197) auf Brennpunkt und Scheitel würde allerdings die Überlegung nur ungenau bestätigen, weil die Lage des Punktes P_a wie erwähnt selbst nicht sehr genau festliegt und weil außerdem die Pfriemsche Formel (156) das Reflexionsgesetz nur annähernd wiedergibt.

Die Linearisierung in der Strömungsebene liefert bei Unterschallströmung um so bessere Ergebnisse, je weiter die untersuchte Stelle vom Störzentrum entfernt ist. Die Prandtl-Glauert-Analogie leistet daher für die Frage nach dem Abklingen in großer Entfernung sehr gute Dienste, Gl. (VIII,29). Dagegen versagt die Linearisierung in der Strömungsebene bei Überschallgeschwindigkeit, d. i. die akustische Theorie, in großer Entfernung nahezu vollständig. Insbesondere bei ebener Strömung liefert die Ackeret-Theorie im Unendlichen nur längs der vom Profil ausstrahlenden eingefrorenen Machlinien Störungen, Abb. 1, die in diesem Bereich dann aber völlig ungedämpft sind. Das Versagen der akustischen Theorie wurde bereits bei der Entwicklung der Profiltheorie, Abb. 43, erkannt. Die analytische Charakteristikentheorie bietet nun die Möglichkeit analytischer Aussagen über das *Abklingen* in großer Entfernung. Dabei wird vor allem auch im Zusammenhang mit Fragen des *Überschallknalles* die Stoßstärke in großer Entfernung vom Profil interessieren.

Die Druckstörung in schwachen Stößen folgt mit der Bernoulli-Differential-Gleichung (II,57) direkt aus der Geschwindigkeitsstörung und diese gemäß Gl. (158) aus der Änderung der y-Komponente:

$$\frac{\hat{p} - p}{p} = -\varkappa M_\infty^2 \frac{\hat{u} - u}{u} = \varkappa M_\infty^2 \operatorname{tg} \alpha_\infty \delta \, (\hat{v}_1 - v_1). \tag{199}$$

Für die Kopfwelle ist die Störung vor der Front $v_1 = 0$ und jene hinter der Front $\hat{v}_1$ einfach ohne „Dach“ zu schreiben.

Beim endlichen Keil liegt die große Entfernung bereits völlig unter dem Einfluß der Prandtl-Meyer-Expansion. Man kann also Gl. (189) heranziehen. Nur wird die Störung nicht als Funktion von η, sondern als Funktion von y interessieren.

Aus Gl. (175) ist nun leicht zu erkennen, daß bei einer vom Ursprung ausgehenden Kopfwelle wegen $\xi \ll \eta$ stets mit sehr guter Näherung gilt, vgl. beispielsweise (194) mit (196):

$$y \cot \alpha_\infty = x = \frac{\eta}{2}. \tag{200}$$

Das Ergebnis leuchtet unmittelbar ein, weil die Neigung einer schwachen Welle nur wenig von der gleichlaufenden ungestörten Machlinie abweicht. Mit $v_{1a} = 1$ und $\eta_a = 2/(S\,\delta)$ folgt damit für die Druckstörung im Stoß eines endlichen Keiles von der Längeneinheit in Entfernungen

$$\frac{1}{S\,\delta} \leqq y \cot \alpha_\infty : \quad \frac{\hat{p} - p}{p} = \varkappa M_\infty^2 \operatorname{tg} \alpha_\infty \, \delta v_1 = \varkappa M_\infty^2 \operatorname{tg} \alpha_\infty \sqrt{\frac{\delta}{\delta y \cot \alpha_\infty}} = \frac{2\varkappa}{\sqrt{\varkappa + 1}} \sqrt{\frac{\delta}{y}}. \tag{201}$$

Das Abklingen der Druckstörung erweist sich also in diesem Fall sogar als machzahlunabhängig.

Die vorliegende Lösung am endlichen Keil kann auch für das Studium der Vorgänge an einem stetig gekrümmten Profil verwendet werden. Man braucht sich dann nur der Stromlinie in der Entfernung $y \cot \alpha_\infty = 1/(S\,\delta)$ zu bedienen. Aus Gl. (185) folgt für das Expansionsgebiet hinter dem Keil ganz allgemein mit dem unteren Wert von Gl. (190):

$$1 \leqq \xi \leqq 2: \qquad x - y \cot \alpha_\infty [1 - 2S\,\delta(2 - \xi)] = 1 .$$

Damit erhält man für $y \cot \alpha_\infty = 1/(S\,\delta)$:

$$1 \leqq \xi \leqq 2: \qquad x = \frac{1}{S\,\delta} - 1 + 2(\xi + 1) .$$

Bezeichnet man die Abszisse des Punktes P_a, Gl. (196), mit x_a und führt man die Geschwindigkeitsverteilung nach Gl. (190) ein, so stellt sich die v_1-Verteilung dort wie folgt dar:

$$y \cot \alpha_\infty = \frac{1}{S\,\delta}; \qquad x_a \leqq x \leqq x_a + 2: \qquad v_1 = 1 - (\xi - 1) = 1 - \frac{1}{2}(x - x_a) .$$

Es handelt sich also um die vordere Hälfte eines Parabelbogenzweiecks mit der Neigung $\mathrm{d}h/\mathrm{d}x = \delta v_1(1) = \delta$ an der Spitze, also mit dem Dickenverhältnis $\tau = \delta/2$. Es kommt dabei auf das gleiche heraus, ob das Dickenverhältnis als Höhe des halben Bogens durch die Tiefe des halben Bogens, d. i. 2, definiert wird oder wie in Abb. VIII,3 als Maximaldicke des Gesamtparabelbogenzweiecks durch dessen Länge.

Die Strömung außerhalb von $y \cot \alpha_\infty = 1/(S\,\delta)$ kann also als Überschallumströmung des vorderen Teiles eines Parabelbogenzweiecks angesehen werden. Wird die Koordinate von der Sehne des Parabelbogenzweiecks aus gemessen, so folgt aus Gl. (201) unmittelbar die Beziehung für das Abklingen der Kopfwelle eines Parabelbogenzweiecks mit Gl. (159) für S:

$$0 < y: \qquad \frac{\hat{p} - p}{p} = \frac{2\varkappa}{\sqrt{\varkappa + 1}} \sqrt{\frac{\delta}{\operatorname{tg} \alpha_\infty/(S\,\delta) + y}} = \frac{2\varkappa\,\delta}{\sqrt{\sin^2 2\alpha_\infty + (\varkappa + 1)\,y\,\delta}} .$$

Das Abklingen der Druckstörung hinter der Kopfwelle geht also in jedem Falle an schlanken Profilen in Überschallströmung sehr langsam vor sich. Es war zwar von vornherein zu erwarten, daß das Abklingen bei Über- und Unterschallströmung nicht ohne weiteres zu vergleichen ist. Da die Vorgänge bei $M_\infty > 1$ vor und hinter der vom Dickenmaximum ausgehenden neutralen Machlinie völlig entkoppelt sind, kann die Überschallströmung nur mit den Vorgängen an einem Halbkörper bei $M_\infty < 1$ verglichen werden, das wäre ein Pol, dessen Druckstörung bekanntlich in Abständen, die groß gegen die Belegungstiefe sind, wie $1/y$ abklingt. Dagegen ist gemäß des letzten Ergebnisses bei $M_\infty > 1$ in Abständen, die von einem Machzahlfaktor abgesehen groß gegen $1/\delta$ sind, ein Abklingen der Druckstörung proportional zu $1/\sqrt{y}$ festzustellen. Das ist also eine sehr schwache Dämpfung innerhalb des Störgebietes, ein Resultat, das für die Ausbreitung des Überschallknalles wesentliche Bedeutung hat.

Die Gesamttiefe des Parabelbogenzweiecks vom Dickenverhältnis $\delta/2$ ist gemäß Abb. 114 gleich 4, was bei Auswertung des Ergebnisses zu berücksichtigen ist.

41. Störungen an Rotationsrümpfen

Eine gewisse Schwierigkeit bei der Behandlung von Rotationskörpern betrifft die Umgebung der Achse. Das Ergebnis für $M_\infty < 1$, daß beispielsweise v an der Achse wie $1/y$ über alle Grenzen wächst, hat sich in Abschnitt 3 und 4 für $M_\infty > 1$ bestätigt. Demzufolge kann an der Achse von kleinen Störungen der Machlinienrichtungen keine Rede sein. Das Innere von Rotationsrümpfen muß also von der Behandlung durch die analytische Charakteristikentheorie ausgeschlossen werden, wie das nicht anders bei den graphischen und numerischen Charakteristikenmethoden in Abschnitt 33 und 37 der Fall war. Dennoch wird man beim analytischen Verfahren die Randbedingung an der Körperoberfläche ähnlich wie bei der akustischen Theorie durch eine solche an der Achse ersetzen. Das kann durch Verwendung der Variablen u_1^+ und $v_1^+ r$ der Verträglichkeitsbedingungen (168) erreicht werden, denn $v_1^+ r$ ändert sich ja bekanntlich innerhalb des Körpers in Achsenrichtung nur geringfügig.

Zunächst sei aus denselben Gründen wie bei ebener Strömung stetiger Anschluß der rechtslaufenden Machlinien an das Anströmgebiet bei $\xi = 0$ gefordert. Daraus folgt in der zweiten Gl. (151) $\xi_u = 0$ und Gl. (170). Die Lösung der Differentialgleichungen ist aber nun nicht mehr so einfach wie jene bei ebener Strömung, Gl. (171). Daher bedürfen auch die Integrationen längs der Machlinien in (151) einer eingehenderen Behandlung.

Die zweite Gl. (169) kann in der Form

$$\frac{\partial u_1^+}{\partial r_0} - \frac{\partial}{\partial x_0}\left(\frac{v_1^+ r}{r_0}\right) = 0 \tag{202}$$

geschrieben werden und läßt daher die Einführung einer „Potentialfunktion" in folgender Weise zu:

$$\frac{\partial}{\partial x_0}\chi_1^+ = u_1^+\,; \qquad \frac{\partial}{\partial r_0}\chi_1^+ = \frac{v_1^+ r}{r_0}. \tag{203}$$

Für die potentialartige Funktion χ_1^+ wurde bewußt nicht das Symbol φ_1^+ gewählt, denn die beiden Funktionen sind nicht identisch.

Während nämlich das Störpotential für nichtangestellte Anströmung, $v_\infty = 0$, gemäß Gl. (VII, 10) und (VII,20) in erster Näherung mit dem Geschwindigkeitspotential Φ in der Beziehung

$$\Phi = u_\infty x + u_\infty \delta^+ \varphi_1^+ + \cdots$$

steht, lautet die entsprechende Beziehung für χ_1^+ zufolge der ersten Gl. (203)

$$\Phi = u_\infty x_0 + u_\infty \delta^+ \chi_1^+ .$$

Daraus folgt für jede Potentialfunktion, die eine Gleichung von der Art (202) erfüllt, in erster Näherung:

$$\delta^+ \varphi_1^+ = x_1 + \delta^+ \chi_1^+ . \tag{204}$$

Das liegt daran, daß Gl. (203) selbst für $r = r_0$ keine Gleichung der Drehungsfreiheit darstellt, wie schon früher betont wurde. Gl. (204) gilt natürlich ebenso für die ebene Strömung.

Der Ansatz (203), in die erste Gl. (169) eingeführt, liefert:

$$-\cot^2 \alpha_\infty \frac{\partial^2}{\partial x_0^2} \chi_1^+ + \frac{\partial^2}{\partial r_0^2} \chi_1^+ + \frac{1}{r_0} \frac{\partial}{\partial r_0} \chi_1^+ = 0,$$

formal also die linearisierte gasdynamische Gleichung bei achsensymmetrischer Strömung. Mit der Kettenregel (162) folgt:

$$2(\eta - \xi)\, \chi_{1\xi\eta}^+ + \chi_{1\xi}^+ - \chi_{1\eta}^+ = 0. \tag{205}$$

Diese Differentialgleichung kann auch, wie LANDAHL-LÖFGREEN-RHYMING [50] gezeigt haben, in den beiden folgenden Formen geschrieben werden:

$$\chi_{1\xi}^+ = \frac{\partial}{\partial \eta} [2(\eta - \xi)\, \chi_{1\xi}^+ - \chi_1^+]; \qquad \chi_{1\eta}^+ = -\frac{\partial}{\partial \xi} [2(\eta - \xi)\, \chi_{1\eta}^+ + \chi_1^+], \tag{206}$$

die uns wertvolle Dienste leisten werden, indem mit (206) Ableitungen nach ξ durch solche nach η ersetzt werden können und umgekehrt.

Wie bei der Profilströmung und auch in der akustischen Theorie am Kegel, Abschnitt 4, sind die Probleme eines stetig geformten Rumpfes und jene des Knickes am Rumpf, also einer auf achsensymmetrische Strömung verallgemeinerten Prandtl-Meyer-Expansion, gesondert zu behandeln. Es sei mit dem stetig geformten Rumpf begonnen.

Wegen der Bedeutung des Achsenabstandes r für den Strömungszustand am Körper sei gefordert, daß auf und innerhalb des Körpers r_1 verschwindet;

$$r \leqq h(x): \qquad r_1 = 0. \tag{207}$$

Bei der Behandlung der ebenen Strömung, etwa Gl. (174)ff., wurde es klar, daß eine solche Forderung durch eine entsprechende Wahl der Funktion $K_1(\xi)$ erfüllt werden kann, was später auch geschehen wird. Freilich muß dann ein x_1-Wert auf der Körperkontur zugelassen werden, was zu einer gewissen Verformung des Körpers führt, die jedoch im Rahmen der ersten Näherung zu vernachlässigen ist.

Die Erfüllung der Forderung (207) bringt mit sich, daß r nirgends wesentlich von r_0 abweicht, in den Koeffizienten folglich durch r_0 ersetzt werden darf, wie das auch bereits im Koeffizienten der Verträglichkeitsbedingungen mit Gl. (167) geschehen ist. Demgegenüber macht es einen wesentlichen Unterschied, wenn Ableitungen wie $r_{0\xi}$ und $r_{1\xi}$ nebeneinander auftreten. Hier kann ohne weiteres in wesentlichen Teilen der Strömung $r_{1\xi} \gg r_{0\xi}$ gelten, wie das z. B. bei ebener Strömung durch Gl. (186) für $y_{1\xi}$ für große Werte von η bestätigt wird. Damit können die Integranden der Integrale (151) in die Form gebracht werden:

$$\begin{aligned} v_1 \mp A \cot \alpha_\infty u_1 &= \frac{r_0}{r} \cot \alpha_\infty [-\chi_{1\xi}^+ + \chi_{1\eta}^+] \mp A \cot \alpha_\infty [\chi_{1\xi}^+ + \chi_{1\eta}^+] \\ &= \cot \alpha_\infty [\chi_{1\xi}^+ (\mp A - 1) + \chi_{1\eta}^+ (\mp A + 1)]. \end{aligned}$$

Hierin können je nach Bedarf die Ableitungen nach ξ oder η mit Hilfe der Beziehungen (207) durch solche nach η oder ξ ersetzt werden. Daher kann die Integration (151) ausgeführt werden mit folgenden Ergebnissen für die unbestimmten Integrale:

$$\int [v_1 - A \cot \alpha_\infty u_1] \, d\bar{\eta} = \cot \alpha_\infty [2\chi_1^+ - 2(A+1)(\eta - \xi) \chi_{1\xi}^+];$$
$$\int [v_1 + A \cot \alpha_\infty u_1] \, d\bar{\xi} = -\cot \alpha_\infty [2\chi_1^+ + 2(A+1)(\eta - \xi) \chi_{1\eta}^+].$$

Am Kopf-Machkegel, $\xi = 0$, eines spitzen Rotationskörpers verschwinden die Geschwindigkeitskomponenten entsprechend einem Ergebnis der akustischen Theorie:

$$\xi = 0: \qquad \chi_{1\xi}^+ = 0; \qquad \chi_{1\eta}^+ = 0; \qquad \chi_1^+ = 0.$$

Damit erhält Gl. (151) für Rotationsrümpfe, zusammen mit Gl. (159) für S, die Gestalt:

$$\begin{aligned} x_1 - r_1 \cot \alpha_\infty &= -M_\infty^2 \, \delta[\chi_1^+(\xi, \eta) - \chi_1^+(\xi, \eta_u)] \\ &\quad + 2S \cot \alpha_\infty \, \delta[(\eta - \xi) \chi_{1\xi}^+(\xi, \eta) - (\eta_u - \xi) \chi_{1\xi}^+(\xi, \eta_u)] + K_1(\xi), \\ x_1 + r_1 \cot \alpha_\infty &= -M_\infty^2 \, \delta\chi_1^+(\xi, \eta) - 2S \cot \alpha_\infty \, \delta(\eta - \xi) \chi_{1\eta}^+(\xi, \eta). \end{aligned} \tag{208}$$

Die entsprechenden, freilich etwas einfacheren Beziehungen für ebene Strömung sind die Gleichungen (172).

Die Körperoberfläche werde durch die Funktion $\eta = \eta_k(\xi)$ beschrieben, vgl. etwa Gl. (239), wobei sich $\eta_k(\xi)$ bei dem angenommenen schlanken Körper nur wenig von ξ unterscheidet, weil $r_0 = 0$ ja dem Wert $\eta = \xi$ entspricht. Da sich wegen der Problematik in der unmittelbaren Achsenumgebung das Verfahren auf die Strömung außerhalb des Körpers erstreckt, ist es zweckmäßig $\eta_u(\xi) = \eta_k(\xi)$ zu wählen. Die Bedingung (207) erhält damit die Form:

$$\eta = \eta_u(\xi) = \eta_k(\xi): \qquad r_1(\xi, \eta) = 0. \tag{209}$$

η_u könnte auch als ein Zwischenwert zwischen η_k und $\eta = \xi$ gewählt werden, keineswegs aber als $\eta_k = \xi$, wie es bei ebener Strömung geschehen ist, weil in letzterem Fall das Integral der oberen Gleichung (151) wegen der Singularität von v_1 an der Achse über alle Grenzen wachsen würde. Darin liegt auch der Grund, weshalb alle Variablen (152) mitgeführt wurden.

Aus der Bedingung (208) und den Gleichungen davor erhält man dann nach elementarer Rechnung:

$$K_1(\xi) = -M_\infty^2 \, \delta\chi_1^+(\xi, \eta_k) - 2S \cot \alpha_\infty \, \delta(\eta_k - \xi) \chi_{1\xi}^+(\xi, \eta_k)$$

und damit die Beziehung:

$$\begin{aligned} x_1 - r_1 \cot \alpha_\infty &= -M_\infty^2 \, \delta\chi_1^+(\xi, \eta) + 2S \cot \alpha_\infty \, \delta[(\eta - \xi) \chi_{1\xi}^+(\xi, \eta) \\ &\quad -(\eta_k - \xi) u_1^+(\xi, \eta_k)]; \\ 2r_1 \cot \alpha_\infty &= -2S \cot \alpha_\infty \, \delta[(\eta - \xi) u_1^+(\xi, \eta) - (\eta_k - \xi) u_1^+(\xi, \eta_k)]. \end{aligned} \tag{210}$$

Die zweite Gl. (208) bedarf keiner weiteren Vereinfachung. Aber auch die letzten beiden Gleichungen sind mit Rücksicht auf ihre Allgemeinheit als relativ einfach zu bezeichnen. Mit diesen Gleichungen kann also die Lage der Punkte in der Strömungsebene bestimmt werden, wenn der Strömungszustand als Funktion von ξ und η bekannt ist.

Mit Hilfe von Gl. (149) kann nun leicht das Verhältnis r_1/r_0 gebildet werden. Man erhält nach kurzer Rechnung für $\eta_k \leqq \eta$:

$$\frac{r_1}{r_0} = 2S \cot \alpha_\infty \, \delta \left[u_1^+(\xi, \eta) - \frac{\eta_k - \xi}{\eta - \xi} u_1^+(\xi, \eta_k) \right],$$

womit die Voraussetzung $r_1 \ll r_0$ nachträglich gerechtfertigt wird. Daraus darf aber keineswegs, wie bereits betont, $r_{1\xi} \ll r_{0\xi}$ im gesamten Bereich der Strömung angenommen werden!

Der Strömungszustand ist allerdings nicht mehr derart einfach wie bei ebener Strömung durch Gl. (171) gegeben. Wegen der formalen Analogie der Gl. (206) und der darüberstehenden Gleichungen zu jenen der akustischen Theorie kann die Lösung direkt von dort übernommen werden. Es ist nur zu beachten, daß ξ in Gl. (18) die Integrationsvariable in x-Richtung und nicht die Charakteristik darstellt, weshalb dieses ξ nun durch das Symbol $\overline{x}_0$ ersetzt wird.

$$\chi_1^+ = -\frac{1}{4\pi} \int\limits_0^{x_0 - r_0 \cot \alpha_\infty} \frac{q(\overline{x}_0)\, d\overline{x}_0}{\sqrt{(x_0 - \overline{x}_0)^2 - r_0^2 \cot^2 \alpha_\infty}} = -\frac{1}{4\pi} \int\limits_0^{\xi} \frac{q(\overline{x}_0)\, d\overline{x}_0}{\sqrt{(\xi - \overline{x}_0)(\eta + \overline{x}_0)}}. \quad (211)$$

Die Beziehung zwischen der „Quellstärke" $q(x)$ und der Formfunktion $f(x)$ ist praktisch die gleiche wie in der akustischen Theorie, nämlich, sofern man nicht Ansprüche stellt, die über die erste Näherung hinausgehen, Gl. (27). Nur ist jetzt q als Funktion von x_0 vorzugeben und nicht als Funktion von x, was aber wegen der Kleinheit der Werte von x_1 auf dem Körper wieder nur Fehler von höherer Ordnung verursacht.

Mit Gl. (211) und der durch die Randbedingung (28) vorgegebenen Quellverteilung $q(x_0)$ ist also $\chi_1^+(\xi, \eta)$ bekannt. Aus Gl. (203) folgen die Komponenten oder auch durch Anwendung der Kettenregel (162) auf Gl. (203) unter Umständen vorteilhafter aus

$$u_1^+ = \chi_{1\xi}^+ + \chi_{1\eta}^+; \qquad \frac{v_1^+ r}{r_0} = \cot \alpha_\infty (-\chi_{1\xi}^+ + \chi_{1\eta}^+). \quad (212)$$

Wegen der Geringfügigkeit der Unterschiede zwischen der akustischen Theorie und einer analytischen Charakteristikentheorie in unmittelbarer Körpernähe, erhält man dort in erster Näherung dieselben Ergebnisse für die Druckverteilung und die Luftkräfte, jedoch bei der akustischen Theorie keine Auskünfte über die Stöße, Prandtl-Meyer-Expansionen und dgl. Gerade in den Aussagen über diese Einzelheiten liegen die Vorzüge der analytischen Charakteristikentheorie gegenüber der akustischen Theorie. Sie fallen überall dort ins Gewicht, wo Fragen nach dem Nahfeld oder dem Fernfeld des Körpers gestellt werden.

Die Verallgemeinerung der Prandtl-Meyer-Expansion auf achsensymmetrische Strömung bedarf einer gesonderten, von der vorausgegangenen Darstellung der Strömung um stetig gekrümmte Körper getrennten Behandlung. Bei dieser soll im großen und ganzen der von W. Schneider [48] beschrittene Weg gegangen und erst nachträglich ein Vergleich mit den entsprechenden Resultaten der akustischen Theorie gezogen werden.

Die *verallgemeinerte Prandtl-Meyer-Expansion* beginnt mit der Machlinie $\xi = \xi_u =$ konst., Abb. 115. Wie bei der ebenen Strömung sei im Bereich der

Eckenströmung eine Bündelung gemäß Gl. (177) vorgenommen. Damit gilt im achsensymmetrischen Fall für

$$\xi_u \leqq \xi \leqq \xi_0: \qquad r_0 \cot \alpha_\infty = \frac{1}{2}(-\xi_u + \eta). \tag{213}$$

Dies in die Koeffizienten der Verträglichkeitsbedingung (168) eingesetzt, führt zu folgendem System:

$$\begin{aligned} \frac{\partial(v_1^+ r)}{\partial \xi} + \frac{1}{2}(\eta - \xi_u)\frac{\partial u_1^+}{\partial \xi} &= 0; \\ \frac{\partial(v_1^+ r)}{\partial \eta} - \frac{1}{2}(\eta - \xi_u)\frac{\partial u_1^+}{\partial \eta} &= 0. \end{aligned} \tag{214}$$

Für die r-Komponente der Stromdichte sei der Einfachheit halber für das Folgende ein spezielles Symbol eingeführt, nämlich:

$$v_1^+ r = e_1. \tag{215}$$

Die Integration der ersten Gl. (206) kann unmittelbar durchgeführt werden und liefert mit den Symbolen (215):

$$e_1(\xi, \eta) + \frac{1}{2}(-\xi_u + \eta)\, u_1^+(\xi, \eta) = e_1(\xi_u, \eta) + \frac{1}{2}(-\xi_u + \eta)\, u_1^+(\xi_u, \eta).$$

Dies besagt, daß die Änderung längs Machlinien $\eta =$ konst. an solchen Sprungstellen wie bei einem ebenen Vorgang abläuft. Es gilt nach Division durch $r = r_0 + \ldots$:

$$v_1^+(\xi, \eta) + \cot \alpha_\infty u_1^+(\xi, \eta) = v_1^+(\xi_u, \eta) + \cot \alpha_\infty u_1^+(\xi_u, \eta). \tag{216}$$

Diese Beziehung hat sich bereits für schwache Stöße bestätigt. Sie ist aber auch aus den exakten Verträglichkeitsbedingungen für achsensymmetrische Strömung, Gl. (123) oder (127), abzulesen unter der Annahme, daß die Änderungen der Radien

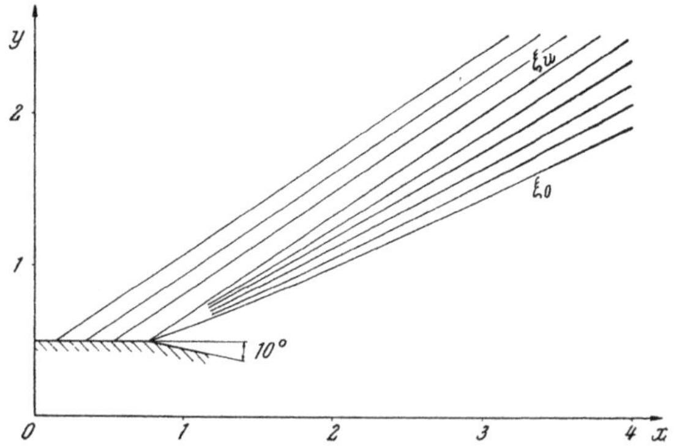

Abb. IX,115. Linkslaufende Machlinien an einem konvexen Knick in ungestörter Parallelströmung ($\vartheta = 10°$; $M_\infty = 1{,}865$; $\varkappa = 1{,}405$).

im Expansionsbereich vernachlässigbar sind gegenüber den Änderungen der Geschwindigkeiten und Richtungen.

Wird e_1 mittels der vorletzten Gleichung aus der zweiten Gl. (214) eliminiert, so ergibt sich folgende Differentialgleichung für u_1^+:

$$(-\xi_u + \eta)\, u_{1\eta}^+ + \frac{1}{2} u_1^+ = (-\xi_u + \eta)\, u_{1\eta}^+(\xi_u, \eta) + \frac{1}{2}\, u_1^+(\xi_u, \eta) \tag{217}$$

mit der Lösung

$$\sqrt{-\xi_u + \eta}\; u_1^+(\xi, \eta) = \sqrt{-\xi_u + \eta}\; u_1^+(\xi_u, \eta) - F(\xi).$$

Dabei ist $F(\xi)$ eine zunächst willkürliche Funktion, die jedoch durch die Vorgabe von $v_1^+(\xi)$ festzulegen ist. Das negative Vorzeichen vor $F(\xi)$ wurde im Hinblick auf eine spätere Analogie gewählt.

Auf dem Körper $\eta = \eta_k$ sei v_1^+ als Funktion von ξ vorgegeben:

$$\eta = \eta_k; \qquad \xi_u \leqq \xi \leqq \xi_0: \qquad v_1^+(\xi, \eta) = v_1^+(\xi, \eta_k). \tag{218}$$

Mit Gl. (217) und der auf Gl. (217) folgenden Gleichung gilt nun:

$$v_1^+(\xi, \eta) - v_1^+(\xi_u, \eta) = -\cot \alpha_\infty [u_1^+(\xi, \eta) - u_1^+(\xi_u, \eta)] = \frac{F(\xi)}{\sqrt{-\xi_u + \eta}}.$$

Aus diesem Ergebnis und der Randbedingung (218) folgt $F(\xi)$. Damit lautet die Lösung im Gebiet der Expansion $\xi_u \leqq \xi \leqq \xi_0$:

$$\begin{aligned} v_1^+(\xi, \eta) - v_1^+(\xi_u, \eta) &= -\cot \alpha_\infty [u_1^+(\xi, \eta) - u_1^+(\xi_u, \eta)] \\ &= \sqrt{\frac{-\xi_u + \eta_k}{-\xi_u + \eta}}\, [v_1^+(\xi, \eta_k) - v_1^+(\xi_u, \eta_k)]. \end{aligned} \tag{219}$$

Die Abhängigkeit von η, nämlich $1/(-\xi_u + \eta)$, ist genau dieselbe wie in Gl. (49) für die akustische Theorie an einem Oberflächenknick. In Gl. (49) ist jedoch $\xi_u = 0$ angenommen. Bei der akustischen Theorie allerdings erhält man nur die Werte der Störung auf dem Machkegel $\xi = \xi_u$, Abb. 113, dagegen liefert Gl. (219) auch Angaben für beliebige Zwischenwerte von $\xi_u \leqq \xi \leqq \xi_0$. Diese können im übrigen auch aus der akustischen Theorie nachträglich ermittelt werden, indem verschiedene Knickwinkel tg ϑ_0 in Gl. (49) ins Auge gefaßt werden. Da es keine Wirkungen stromaufwärts gibt, erhält man für jeden Knickwinkel dann jene Werte, die man in Gl. (219) für jedes $v_1(\xi, \eta_k)$ bekommt.

Der wesentliche Unterschied zur ebenen Prandtl-Meyer-Expansion ist das Abklingen der Störungen bei der achsensymmetrischen Verallgemeinerung in großen Entfernungen mit $1/\sqrt{\eta}$.

Mit der Ermittlung der Geschwindigkeitsverteilung in der verallgemeinerten Eckenexpansion können auch die Koordinaten bestimmt werden. Zunächst erhält man mittels der bei jeder Bündelung geltenden Gleichung (181) und der unteren Gl. (208) für

$$\begin{aligned} \xi_u \leqq \xi \leqq \xi_0: \qquad x_1(\xi, \eta) + r_1(\xi, \eta) \cot \alpha_\infty &= x_1(\xi_u, \eta) + r_1(\xi_u, \eta) \cot \alpha_\infty \\ &= M_\infty^2\, \delta\chi_1^+(\xi_u, \eta) - 2S \cot \alpha_\infty\, \delta(\eta - \xi_u)\, \chi_{1\eta}^+(\xi_u, \eta). \end{aligned} \tag{220}$$

Die Berechnung des Integrals der oberen Gl. (151) muß allerdings etwas vorbereitet werden. Mit Gl. (219) läßt sich schreiben:

$$\int_{\eta_k}^{\eta} [v_1^+(\xi, \bar\eta) - A \cot \alpha_\infty u_1^+(\xi, \bar\eta)] \, d\bar\eta = \int_{\eta_k}^{\eta} [v_1^+(\xi_u, \bar\eta) - A \cot \alpha_\infty u_1^+(\xi_u, \bar\eta)] \, d\bar\eta$$

$$+ \int_{\eta_k}^{\eta} (1 + A)[v_1^+(\xi, \bar\eta) - v_1^+(\xi_u, \bar\eta)] \, d\bar\eta = \int_{\eta_k}^{\eta} [v_1^+(\xi_u, \bar\eta) - A \cot \alpha_\infty u_1^+(\xi_u, \bar\eta)] \, d\bar\eta$$

$$+ 2(1 + A)[v_1^+(\xi, \eta_k) - v_1^+(\xi_u, \eta_k)] \left[\sqrt{(\eta_k - \xi_u)(\eta - \xi_u)} - \eta_k + \xi_u\right].$$

Setzt man nun dieses Ergebnis in die obere Gl. (151) ein, in der wie bei ebener Strömung $K_1(\xi) = K_1(\xi_u)$ gesetzt werden kann, so können alle Ausdrücke auf $\xi = \xi_u$ zu den Koordinatenstörungen auf dieser linkslaufenden Machlinie zusammengefaßt werden und man erhält mit Gl. (159) für $\xi_u \leqq \xi \leqq \xi_0$:

$$x_1 - r_1 \cot \alpha_\infty = x_1(\xi_u, \eta) - r_1(\xi_u, \eta) \cot \alpha_\infty$$
$$-2S\, \delta^+[v_1^+(\xi, \eta_k) - v_1^+(\xi_u, \eta_k)] \left[\sqrt{(\eta_k - \xi_u)(\eta - \xi_u)} - \eta_k + \xi_u\right]. \qquad (221)$$

Die Koordinatenstörungen auf $\xi = \xi_u$ können aus der ersten Gl. (210) übernommen werden. Darauf soll jedoch verzichtet werden, da die Übersichtlichkeit dadurch nicht gewinnt.

Aus Gl. (220) und (221) erhält man durch Subtraktion die für die Stoßgleichung wichtige Größe:

$$2r_1 \cot \alpha_\infty = 2r_1(\xi_u, \eta) \cot \alpha_\infty$$
$$+2S\, \delta^+[v_1^+(\xi, \eta_k) - v_1^+(\xi_u, \eta_k)] \left[\sqrt{(\eta_k - \xi_u)(\eta - \xi_u)} - \eta_k + \xi_u\right], \qquad (222)$$

worin wieder der erste Summand durch Gl. (210), die ja auch noch für $\xi = \xi_u$ gilt, gegeben ist.

Die $v_1(\xi)$-Werte auf $\eta = \eta_k$ können ebenso einfach vorgegeben werden wie bei der ebenen Eckenströmung, vgl. etwa Gl. (190). Es handelt sich wie dort um die Abhängigkeit von $v_1(\xi)$ im Bündelungspunkt, Abb. 113. Daher ist die Funktionsgestalt von untergeordneter Bedeutung und man wird sie so einfach wie nur möglich wählen.

Für die Kopfwelle kann mit Gl. (160) analog zum ebenen Fall, Gl. (187),

$$\frac{d\xi}{d\eta} = = \frac{1}{2} S\, \delta \frac{v_1^+}{2 \cot \alpha_\infty (r_{0\xi} + r_{1\xi})}$$

geschrieben werden, wobei nun für $r_{1\xi}$ im Stetigkeitsgebiet aus Gl. (210) folgt:

$$2r_{1\xi} \cot \alpha_\infty = -2S \cot \alpha_\infty \delta \, \{\eta u_{1\xi}^+ - u_1^+(\xi, \eta) + u_1^+(\xi, \eta_k) - \xi[u_{1\xi}^+(\xi, \eta) - u_{1\xi}^+(\xi, \eta_k)]\}.$$

Das Gegenstück zu diesem Ergebnis ist für ebene Strömung Gl. (186). Wie dort ist an der Kopfwelle wegen $\xi \ll \eta$ nur das Glied mit dem Faktor η maßgebend. Es gilt also für

$$\xi \ll \eta: \quad 2r_{1\xi} \cot \alpha_\infty = -2S \cot \alpha_\infty \, \delta \eta u_{1\xi}^+(\xi, \eta). \qquad (223)$$

Im Bereich der Eckenströmung folgt aus Gl. (222) für

$$\xi_0 \leqq \xi \leqq \xi_u\colon \quad 2r_{1\xi} \cot \alpha_\infty = 2S\, \delta v_{1\xi}^+(\xi, \eta_k) \left[\sqrt{(-\xi_u + \eta_k)(\eta - \xi_u)} - \eta_k + \xi_u\right].$$

Daraus folgt im Bereich der Stoßwelle für den Einflußbereich der Eckenströmung also:

$$\xi_u \ll \eta\colon \quad 2r_{1\xi} \cot \alpha_\infty = 2S\, \delta v_{1\xi}^+(\xi, \eta_k) \sqrt{(\eta_k - \xi_u)}\, \sqrt{\eta}. \tag{224}$$

Während in dieser Gleichung nur vorgegebene Größen stehen, enthält Gl. (223) noch den Wert $u_{1\xi}^+$ an der Kopfwelle. Es ist erstrebenswert, auch diese Größe durch die Belegung auf der Achse und damit durch die Form des Körpers darzustellen.

Für $\xi \ll \eta$ kann χ_1^+ in Gl. (211) ebenso vereinfacht dargestellt werden, wie das bereits ähnlich in Gl. (43) für das akustische Störpotential geschehen ist. Man erhält wegen $q(0) = 0$ für $\xi \ll \eta$:

$$\chi_1^+ = -\frac{1}{4\pi} \frac{1}{\sqrt{\eta}} \int_0^\xi \frac{q(\bar{x}_0)\, d\bar{x}_0}{\sqrt{\xi - \bar{x}_0}} = -\frac{1}{4\pi} \frac{2}{\sqrt{\eta}} \int_0^\xi q_x(\bar{x}_0) \sqrt{\xi - \bar{x}_0}\, d\bar{x}_0. \tag{225}$$

Daraus folgt sofort für $\xi \ll \eta$:

$$\chi_{1\xi}^+ = -\frac{1}{4\pi} \frac{1}{\sqrt{\eta}} \int_0^\xi \frac{q_x(\bar{x}_0)\, d\bar{x}_0}{\sqrt{\xi - \bar{x}_0}}; \qquad \chi_{1\eta}^+ = \frac{1}{4\pi} \frac{1}{\sqrt{\eta^3}} \int_0^\xi q_x(\bar{x}_0) \sqrt{\xi - \bar{x}_0}\, d\bar{x}_0. \tag{226}$$

Im Bereich der Kopfwelle ist also stets:

$$\chi_{1\eta}^+ \ll \chi_{1\xi}^+$$

und damit bestätigt sich mit Gl. (212) wegen $r_1 \ll r_0$ wieder die Ackeret-Beziehung (171) im Kopfwellenbereich.

Die potentialartige Funktion χ_1^+ und ihre Ableitungen können also im Kopfwellenbereich in Form eines Produktansatzes einer Funktion von η und einer Funktion von ξ dargestellt werden. Es ist praktisch, nach G. B. Whitham [51] für die ξ-Funktion in Gl. (226) ein Symbol einzuführen, nämlich:

$$F_{Wh}(\xi) = \frac{1}{4\pi} \int_0^\xi \frac{q_x(\bar{x}_0)}{\sqrt{\xi - \bar{x}_0}}\, d\bar{x}_0. \tag{227}$$

Mit der *Whitham-Funktion* stellen sich die Komponenten in Kopfwellennähe dann gemäß Gl. (226) und (212) wie folgt dar:

$$\xi \ll \eta\colon \quad -u_1^+ = v_1^+ \operatorname{tg} \alpha_\infty = \frac{1}{\sqrt{\eta}} F_{Wh}(\xi). \tag{228}$$

Damit erhält man aus Gl. (219) folgende Beziehungen für die Whitham-Funktion im Bereich der verallgemeinerten Eckenströmung:

$$\xi_0 \leqq \xi \leqq \xi_u: \quad F_{Wh}(\xi) - F_{Wh}(\xi_u) = \operatorname{tg}\alpha_\infty \sqrt{\eta_k - \xi_u}\,[v_1^+(\xi, \eta_k) - v_1^+(\xi_u, \eta_k)]. \quad (229)$$

Mit der Darstellung (227) im Stetigkeitsbereich und der Darstellung (229) im Bündelungsbereich für die Whitham-Funktion kann Gl. (228) in beiden Bereichen verwendet werden.

Damit lassen sich nun auch Gl. (223) und (224) einheitlich darstellen. Es gilt mit Gl. (228) für

$$\xi \ll \eta: \quad 2r_{1\xi} \cot\alpha_\infty = 2S \cot\alpha_\infty\, \delta \sqrt{\eta}\, \frac{\mathrm{d}}{\mathrm{d}\xi}(F_{Wh}), \quad (230)$$

wo die Ableitung der Whitham-Funktion mit Hilfe von Gl. (229) zu bilden ist:

$$\xi_0 \ll \xi \ll \xi_u: \quad \frac{\mathrm{d}}{\mathrm{d}\xi}(F_{Wh}) = \operatorname{tg}\alpha_\infty \sqrt{\eta_k - \xi_u} \cdot v_{1\xi}^+(\xi, \eta_k).$$

Mit Gl. (228) und (230) erhält die auf Gl. (222) folgende Stoßgleichung für den gesamten Bereich der Kopfwelle die Form:

$$\frac{\mathrm{d}\xi}{\mathrm{d}\eta}\left[2r_{0\xi}\cot\alpha_\infty + 2S\,\delta\cot\alpha_\infty \sqrt{\eta}\,\frac{\mathrm{d}}{\mathrm{d}\xi}F_{Wh}\right] = \frac{1}{2}S\,\delta\cot\alpha_\infty \frac{1}{\sqrt{\eta}} F_{Wh}.$$

Diese kann auch in folgender Gestalt geschrieben werden:

$$\frac{\mathrm{d}}{\mathrm{d}\xi}\left(\sqrt{\eta}\cdot F_{Wh}^2\right) = -\frac{2r_{0\xi}}{S\,\delta} F_{Wh}. \quad (231)$$

Es handelt sich um das Gegenstück zu der auf Gl. (187) folgenden Form für die ebene Kopfwelle. Wie dort ist der Fall der stetigen Belegung vom Fall der Eckenströmung zu trennen. Im Falle stetiger Strömung gilt mit Gl. (110) $2r_{0\xi} = -\operatorname{tg}\alpha_\infty$ und folglich nach Integration von Gl. (231)

$$\sqrt{\eta} = \frac{\operatorname{tg}\alpha_\infty}{S\,\delta}\frac{1}{F_{Wh}^2}\int_0^\xi F_{Wh}(\xi)\,\mathrm{d}\xi. \quad (232)$$

Im Gebiet der Eckenströmung dagegen ist gemäß Gl. (178) $r_{0\xi} = 0$. Trifft die Eckenströmung im Punkt P_a erstmalig auf die Kopfwelle, so gilt in Analogie zu Gl. (189) für ebene Strömung:

$$\sqrt{\eta}\, F_{Wh}^2(\xi) = \sqrt{\eta_a}\, F_{Wh}^2(\xi_a) \quad (233)$$

oder nach Eliminierung der Whitham-Funktion mittels Gl. (228) und elementarer Umrechnung:

$$\eta = \eta_a \left(\frac{v_{1a}}{v_1}\right)^{4/3}. \quad (234)$$

Damit liegt auch im Falle achsensymmetrischer Strömung die Kopfwelle bereits in integrierter Form vor. Folgerungen aus diesen Resultaten werden im nächsten Abschnitt eingehend an Hand von Beispielen gezogen.

42. Strömung am Kegel; Abklingen achsensymmetrischer Kopfwellen

Was bereits in Abschn. 40 für den Keil gesagt wurde, kann hier für den Kegel wiederholt werden: Die Wahl dieses einfachen Körpers ist nicht im Hinblick auf Rechenersparnis getroffen, die hier keineswegs wesentlich ist. Ein endlicher Kegel, der sich in einem Kreiszylinder fortsetzt, bietet aber die Möglichkeit einer Anwendung aller vorhin behandelten Spezialfälle. Darüber hinaus wird der endliche Kegel bei der Behandlung der Kopfwelle eines Deltaflügels, [·24] Teil IV, als Vergleichsobjekt bedeutungsvoll.

Wegen der Analogie der potentialartigen Funktion χ_1^+ zum Potential der akustischen Theorie φ_1^+ zufolge von Gl. (205) und der Gleichung davor kann die Lösung für den Kegel direkt aus der akustischen Theorie, Abschn. 4, übernommen werden, wenn dort die Koordinaten mit Hilfe der Machlinienbeziehungen der akustischen Theorie, nämlich Gl. (1) und (2), ersetzt werden:

$$\chi_1^+ = \frac{1}{\pi}\left[-\frac{1}{2}(\xi+\eta)\ln\frac{\sqrt{\eta}+\sqrt{\xi}}{\sqrt{\eta}-\sqrt{\xi}} + \sqrt{\xi\eta}\right]. \tag{235}$$

Man überzeugt sich leicht, daß es sich um eine Lösung von Gl. (205) handelt. χ_1^+ hat im übrigen die Dimension von einer Länge, die mit einer dimensionslosen Funktion des Verhältnisses ξ/η multipliziert ist. Daher handelt es sich um die Strömung um einen Kreiskegel. Die Ableitungen von χ_1^+ gemäß Gl. (235) nach ξ und η lauten:

$$\begin{aligned} \chi_{1\xi}^+ &= -\frac{1}{\pi}\left[\frac{1}{2}\ln\frac{\sqrt{\eta}+\sqrt{\xi}}{\sqrt{\eta}-\sqrt{\xi}} + \frac{\sqrt{\eta\xi}}{\eta-\xi}\right];\\ \chi_{1\eta}^+ &= \frac{1}{\pi}\left[-\frac{1}{2}\ln\frac{\sqrt{\eta}+\sqrt{\xi}}{\sqrt{\eta}-\sqrt{\xi}} + \frac{\sqrt{\eta\xi}}{\eta-\xi}\right]. \end{aligned} \tag{236}$$

Mittels Gl. (212) folgen aus Gl. (236) dann die Geschwindigkeitskomponenten, die freilich auch direkt aus der akustischen Theorie durch Eliminierung von x und y durch ξ und η zu gewinnen sind. Wie in der akustischen Theorie ist der Störparameter

$$\delta^+ = \pi \operatorname{tg}^2 \vartheta_0 \qquad \text{oder} \qquad \delta^+ = \pi \operatorname{tg}^2 \vartheta_0 \Big/ \sqrt{1 - \operatorname{tg}^2 \vartheta_0 \cot^2 \alpha_\infty} \tag{237}$$

zu setzen, wobei ϑ_0 wieder der halbe Kegelöffnungswinkel ist. Die linke Darstellung folgt direkt aus Gl. VII,70 mit dem Dickenverhältnis des Kegels $\tau = 2 \operatorname{tg} \vartheta_0$. Die rechte Darstellung dagegen folgt aus der verfeinerten Berücksichtigung der Randbedingung an der Kegeloberfläche. Sie ist in Gl. (237) nicht durch einen

Alternativwert für δ^+, sondern durch Multiplikation mit einem Faktor $A = 4/\sqrt{1 - \mathrm{tg}^2\,\vartheta_0 \cot^2 \alpha_\infty}$ berücksichtigt. Der rechte Wert in Gl. (237) liefert bessere Resultate, wenn nicht mehr $\mathrm{tg}^2\,\vartheta_0 \cot^2 \alpha_\infty \ll 1$ gilt. Für das Beispiel von Abb. 116 ist der Unterschied unwesentlich.

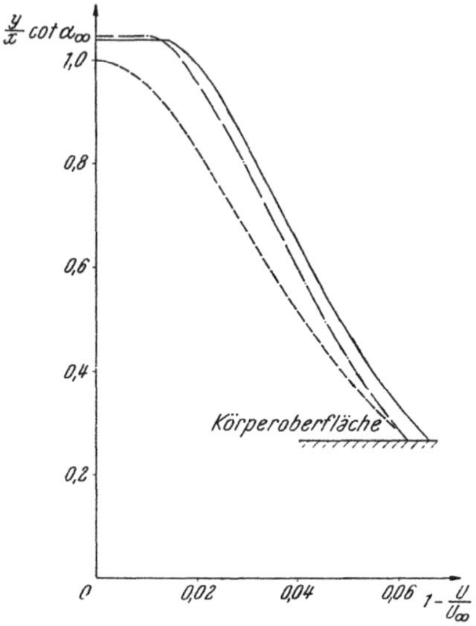

Abb. IX,116. U-Störungen am Kreiskegel von $\vartheta_0 = 10°$, $M_\infty = 1{,}816$ nach [21] (———), nach [48] 1. Näherung (– · –) und nach der akustischen Theorie (– – –).

Da auf der Kegeloberfläche $r_1 = 0$ und $x_1 \ll x_0$ ist, kann $\eta_k(\xi)$, d. i. der η-Wert an der Oberfläche gemäß Gl. (149), wie folgt ermittelt werden:

$$r = h\colon \quad \mathrm{tg}\,\vartheta_0 = \frac{r_0}{x_0} = \mathrm{tg}\,\alpha_\infty \frac{\eta - \xi}{\eta + \xi}.$$

Es ist praktisch, für das Verhältnis $\mathrm{tg}\,\vartheta_0/\mathrm{tg}\,\alpha_\infty$ ein besonderes Symbol einzuführen. Es handelt sich dabei um den in Gl. (238) eingeführten *Hyperschallparameter* oder *Tsien-Parameter* des Kegels. Er nimmt im mittleren Überschallbereich bei ausreichend schlankem Körper stets kleine Werte an. Mit

$$Ts = \mathrm{tg}\,\vartheta_0 \cot \alpha_\infty \tag{238}$$

folgt dann aus der vorausgehenden Gleichung der η-Wert auf der Körperoberfläche;

$$r = h\colon \quad \eta = \eta_k(\xi) = \left(\frac{1 + Ts}{1 - Ts}\right)\xi = \left(1 + \frac{2Ts}{1 - Ts}\right)\xi. \tag{239}$$

Die Beziehung ist für den Kegel linear. Der Faktor weicht nur wenig vom Wert 1 ab, die Abweichung ist jedoch wesentlich.

Die Kegellösung (235), (236) gilt wie die Keillösung zwischen $0 \leqq \xi \leqq 1$. Ebenfalls wie bei dem Keil schließt dann zwischen $1 \leqq \xi \leqq 2$ eine Eckenströmung an. Also gilt für die Eckenströmung mit der Bündelungsbeziehung (177):

$$\xi_u = 1, \quad \xi_0 = 2, \; \eta_k = \frac{1 + Ts}{1 - Ts}\,\xi_u = 1 + \frac{2Ts}{1 - Ts}. \tag{240}$$

In Gl. (219) ist zu setzen für

$$\xi_u = 1\colon \quad \delta^+ v_1^+(1, \eta_k) = \operatorname{tg} \vartheta_0; \quad \xi_0 = 2\colon \quad v_1^+(2, \eta_k) = 0,$$

da der Strömungswinkel von jenem der Kegeloberfläche auf jenen des Zylinders, nämlich auf 0 führt. Damit gilt für

$$1 \leqq \xi \leqq 2\colon \quad v_1(\xi, \eta_k) - v_1(\xi_u, \eta_k) = v_1(1 + \eta_k)\,(1 - \xi) = \frac{\operatorname{tg} \vartheta_0}{\delta^+}(1 - \xi), \tag{241}$$

und die Geschwindigkeitsverteilung (219) im Gebiet der Eckenströmung lautet durch Einführung von Ts mit den Gln. (237) rechts, (238), (240) und (241) für

$$\begin{aligned} 1 \leqq \xi \leqq 2\colon \quad v_1^+(\xi, \eta) - v_1^+(1, \eta) &= -\cot \alpha_\infty [u_1^+(\xi, \eta) - u_1^+(1, \eta)] \\ &= \frac{1}{\pi} \cot \alpha_\infty \sqrt{\frac{2(1 + Ts)}{Ts}}\, \frac{1 - \xi}{\sqrt{\eta - 1}}. \end{aligned} \tag{242}$$

Die Werte von $u_1^+(1, \eta)$ und $v_1^+(1, \eta)$ folgen aus der Lösung für $\xi \leqq 1$, Gl. (236).

Mit Gl. (235) und (236) für $\xi \leqq 1$ und Gl. (242) für $1 \leqq \xi$ sind alle Voraussetzungen zur Berechnung der Koordinaten der Machlinien gegeben. Mit Gl. (208) und (201) gilt im kegeligen Gebiet:

$$\begin{aligned} x_1 + r_1 \cot \alpha_\infty &= \frac{M_\infty^2\, \delta^+}{\pi} \left[\frac{\xi + \eta}{2} \ln \frac{\sqrt{\eta} + \sqrt{\xi}}{\sqrt{\eta} - \sqrt{\xi}} - \sqrt{\xi \eta} \right] \\ &\quad + \frac{2S \cot \alpha_\infty\, \delta^+}{\pi} \left[\frac{\eta - \xi}{2} \ln \frac{\sqrt{\eta} + \sqrt{\xi}}{\sqrt{\eta} - \sqrt{\xi}} - \sqrt{\xi \eta} \right]; \end{aligned} \tag{243}$$

$$2r_1 \cot \alpha_\infty = 2S \cot \alpha_\infty\, \delta^+ \frac{1}{\pi} \left[(\eta - \xi) \ln \frac{\sqrt{\eta} + \sqrt{\xi}}{\sqrt{\eta} - \sqrt{\xi}} - (\eta_k - \xi) \ln \frac{\sqrt{\eta_k} + \sqrt{\xi}}{\sqrt{\eta_k} - \sqrt{\xi}} \right].$$

Die Verhältnisse $x_1(\xi, \eta)/\xi$ und $r_1(\xi, \eta)/\xi$ sind bei kegeligen Strömungen Funktionen von ξ/η allein, was die Auswertung hier natürlich wesentlich vereinfacht. Im letzten Term von r_1 hätte natürlich η_k mittels Gl. (239) durch ξ ersetzt werden können. Aus der in Gl. (243) bevorzugten Form ist aber sofort zu erkennen, daß r_1 für $\eta = \eta_k$ verschwindet.

Im Gebiet der Eckenexpansion erhält man mit den Gln. (280), (222) und (241), nachdem wieder $\operatorname{tg} \vartheta_0$ und η_k mit Gl. (238) und (240) durch Ts ausgedrückt wurden, für $1 \leqq \xi \leqq 2$:

$$x_1(\xi, \eta) + r_1(\xi, \eta) \cot \alpha_\infty = x_1(1, \eta) + r_1(1, \eta) \cot \alpha_\infty;$$

$$2r_1 \cot \alpha_\infty = 2r_1(1, \eta) \cot \alpha_\infty + 2S \operatorname{tg} \alpha_\infty \sqrt{\frac{2Ts^3}{1 - Ts}}\,(1 - \xi) \left[\sqrt{\eta - 1} - \sqrt{\frac{2Ts}{1 - Ts}} \right]. \tag{244}$$

Die Anschlußwerte an die kegelige Strömung bei $\xi = 1$ sind den vorausgegangenen Ergebnissen Gl. (243) zu entnehmen. Für $\eta = \eta_k$ verschwindet wieder wie erforderlich r_1.

Zur Ermittlung der Koordinaten sind im kegeligen Gebiet noch die Gln. (149) und im Bündelungsgebiet, also im Gebiet der verallgemeinerten Eckenströmung, die Gln. (177) hinzuzuziehen, wo freilich stets y_0 durch r_0 zu ersetzen ist.

Daraus ergibt sich dann das Machlinienbild von Abb. 117. Bei diesem Bild fällt auf, daß der Kegel nicht annähernd die Länge $x = 1$ besitzt, obwohl der

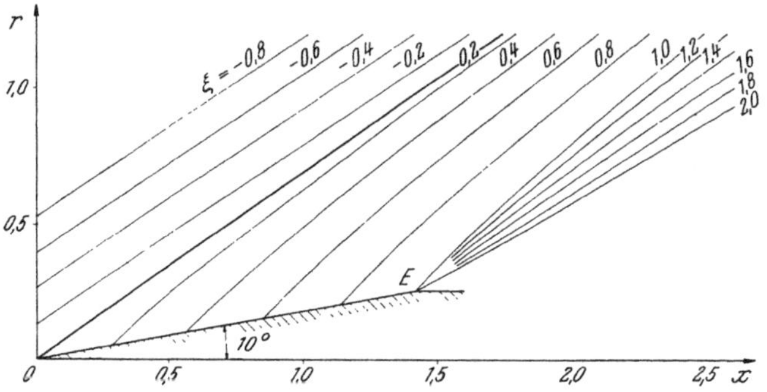

Abb. IX,117. Endlicher Kegel von $\vartheta_0 = 10°$, $M_\infty = 1{,}816$.

Knick bei $\xi = 1$ angesetzt wurde. Mit Gl. (149) gilt nämlich auf der Oberfläche wegen Gl. (239):

$$x_0 = \frac{1}{2}(\xi + \eta_k) = \frac{\xi}{1 - Ts}.$$

Wenn also der Körper näherungsweise die Länge $x = 1$ hätte haben sollen, dann hätte der Knick bei $x_0 = 1$, also bei $\xi = 1 - Ts$ angesetzt werden müssen. Der Unterschied ist bei dem vorliegenden Beispiel erheblich:

$$M_\infty = 1{,}816; \quad \vartheta_0 = 10°: \quad Ts = \operatorname{tg} \vartheta_0 \sqrt{M_\infty^2 - 1} = 0{,}267.$$

Die Krümmung der Machlinien an der Kegeloberfläche ist zum überwiegenden Teil der Stromlinienneigung dort zuzuschreiben. Die Geschwindigkeitsstörung ist auch an der Oberfläche sehr klein.

Der Machlinienverlauf im Strömungsraum ist für die Berechnung der Kopfwelle von untergeordneter Bedeutung. Die Berechnung kann direkt erfolgen. Zu diesem Zweck sei zunächst die Whitham-Funktion des Kegels mittels Gl. (227) bestimmt.

Der Kegel hat gemäß Gl. (VII,69) die Formfunktion $f(x) = x^2$. Folglich ist gemäß Gl. (27) $q_x = 2f_{xx} = 4$ und die Whitham-Funktion, Gl. (227), lautet für den Kegel:

$$F_{Wh} = \frac{2}{\pi}\sqrt{\xi}. \tag{245}$$

Daraus ergibt sich mit Gl. (232) die Stoßgleichung in $\eta(\xi)$:

$$\sqrt{\eta} = \frac{\pi}{3} \frac{\operatorname{tg} \alpha_\infty}{S\, \delta^+} \sqrt{\xi}.$$

Die Stoßfront liegt also bei einem festen, von der Machzahl und vom Dickenverhältnis abhängigen Wert von ξ/η. Die Front ist, wie es nicht anders sein kann, eine gerade Linie.

Daraus berechnet sich für den Endpunkt des kegeligen Gebietes, Abb. 117, mit Gl. (245) und (228):

$$P_a: \quad \xi = 1, \quad \eta = \left(\frac{\pi}{3} \frac{\operatorname{tg} \alpha_\infty}{S\, \delta^+}\right)^2; \qquad v_1^+ = \frac{6}{\pi^2} S\, \delta^+ \cot^2 \alpha_\infty. \tag{246}$$

Ganz abgesehen davon, daß sich die Machzahlfaktoren von jenen der ebenen Strömung, Gl. (194), unterscheiden, geht das in δ^+ enthaltene Dickenverhältnis nun in ganz anderer Weise in die Ergebnisse ein.

Die Störungen hinter der Kopfwelle folgen aus dem Produkt $(v_1^+ \cdot \delta^+)$, also sind die Störungen hinter der Kopfwelle proportional zu δ^{+2}, was besagt, daß sie um eine Größenordnung kleiner sind als die Störungen an der Kegeloberfläche. Der Hauptteil der Kompression eines Teilchens auf dem Wege durch den Verdichtungsstoß zu Körperoberfläche erfolgt also in der stetigen Verdichtung hinter der Kopfwelle, in der Kopfwelle selbst erfolgt nur ein Bruchteil der Kompression. Beim Keil dagegen erfolgte die ganze Kompression des Teilchens in der Kopfwelle, Abb. 116. Deshalb ist auch die Abweichung der Stoßfront von der zugehörigen Machlinie beim Kegel viel geringer als beim Keil. Der Abstand des Punktes P_a von der Achse, im wesentlichen gegeben durch den Wert η, ist nun von der Größenordnung $1/\delta^{+2}$, d. i. umgekehrt proportional zur 4. Potenz des Dickenverhältnisses.

Zur Berechnung der Kopfwellenform in den Variablen ξ und η mit Gl. (234) wird die v_1-Verteilung im Bereich der Eckenströmung nahe der Kopfwelle, d. i. für $\xi \ll \eta$, benötigt. Man erhält sie mit Gl. (242), in der $v_1^+(1, \eta)$ mit Hilfe von Gl. (245) und (228) einzusetzen ist; das gibt:

$$v_1(1, \eta) = \frac{2}{\pi} \frac{\cot \alpha_\infty}{\sqrt{\eta}}.$$

Außerdem ist im Nenner der rechten Seite von (242) $1 \ll \eta$, was zum Ergebnis führt:

$$1 \leqq \xi \leqq 2: \quad v_1^+(\xi, \eta) = \frac{2}{\pi} \frac{\cot \alpha_\infty}{\sqrt{\eta}} \left[1 - \sqrt{\frac{1 + Ts}{2Ts}(\xi - 1)}\right]. \tag{247}$$

Auf der Körperoberfläche wird in der Expansion $v_1^+(\xi, \eta_k) = 0$ erst bei $\xi = 2$ erreicht. Bei $\xi = 2$ herrscht an der Körperoberfläche jedoch starke Übergeschwindigkeit, weil die Verzögerung am Kegel gemäß der achsensymmetrischen Strömung vor sich geht, die Beschleunigung in der Ecke aber gemäß Beziehungen der ebenen Strömung.

Gemäß Gl. (216) und (241) erhält man für $\xi = 2$:

$$u_1(2, \eta_k) - u_1(1, \eta_k) = \frac{\operatorname{tg} \delta_0 \operatorname{tg} \alpha_\infty}{\delta^+}.$$

Dabei ist aber $u_1(1, \eta_k)$ durch Gl. (236) und (212) gegeben. Rechnet man wieder $\operatorname{tg} \vartheta_0$ und δ^+ mit Hilfe der Gln. (237), (238) und (240) auf Ts um, so erhält man das Ergebnis:

$$u_1(2, \eta_k) = -\frac{1}{\pi} \ln \frac{1 + \sqrt{1 - Ts^2}}{Ts} + \frac{1}{\pi} \frac{\sqrt{1 - Ts^2}}{Ts}.$$

Es handelt sich danach für die vorausgesetzten kleinen Werte von Ts um ganz erhebliche Übergeschwindigkeiten. $u_1(2, \eta_k)$ verschwindet nur für $Ts \to 1$, was Hyperschallgeschwindigkeiten bedeutet und am Rande des Gültigkeitsbereiches der Überlegungen dieses Abschnittes liegt.

Für große Abstände vom Körper, wie sie der Gl. (247) zugrundeliegen, dagegen verschwinden u_1^+ und v_1^+ gleichzeitig, wie das aus jeder der Teillösungen (236) und (242) folgt. Die Kopfwelle nähert sich weit draußen jener Machlinie, auf der $v_1^+ = u_1^+ = 0$ wird. Diese *neutrale Machlinie*, die also den Stoß erst im Unendlichen erreicht, hat nicht etwa wie bei der ebenen Strömung den Wert 2, sondern gemäß Gl. (247) den Wert:

$$\xi = 1 + \sqrt{\frac{2Ts}{1 + Ts}}. \tag{248}$$

Die Kopfwelle wird nur von dem vor der neutralen Machlinie Gl. (248) gelegenen Teil der Expansion geschwächt. Dahinter herrscht eine Überexpansion, die zwangsläufig und wiederum im Gegensatz zur Keilströmung zu einer zweiten Stoßwelle führt, da die Machlinien im Expansionsgebiet flacher verlaufen als im ungestörten Abströmgebiet.

Mit Gl. (234) für die Kopfwelle im Gebiet der Eckenströmung und Gl. (247) gilt also für $\eta_a \leqq \eta$:

$$\left(\frac{\eta}{\eta_a}\right)^{3/4} = \left(\frac{\eta}{\eta_a}\right)^{1/2} \left[1 - \sqrt{\frac{1 + Ts}{2Ts}}\,(\xi - 1)\right]^{-1}$$

oder für

$$1 \leqq \xi \leqq 1 + \sqrt{\frac{2Ts}{1 + Ts}}: \quad \frac{\eta_a}{\eta} = \left[1 - \sqrt{\frac{1 + Ts}{2Ts}}\,(\xi - 1)\right]^4 \tag{249}$$

mit dem Wert von η_a aus Gl. (246).

Damit liegen alle Angaben vor, die für eine Berechnung der Stoßeigenschaften in der Strömungsebene gebraucht werden. Die Abweichung der Stoßfront und der zugehörigen Machlinie ist zwar gering, mit Rücksicht auf eine spätere genaue Untersuchung jedoch von einigem Interesse. Mit Rücksicht auf die Kürze des Integrationsgebietes in Gl. (251) unten gilt stets in der Stoßumgebung:

$$\xi \ll \eta: \quad x_1 + r_1 \cot \alpha_\infty = 0. \tag{250a}$$

Für das kegelige Gebiet läßt Gl. (243) unter Berücksichtigung von Gl. (250a) folgende Näherung zu:

$$\xi \leqq 1 \ll \eta: \quad 2r_1 \cot \alpha_\infty = 4S \cot \alpha_\infty \, \delta^+ \frac{1}{\pi} \sqrt{\xi\eta} = -2x_1 . \tag{250b}$$

Damit sind zwar r_1 und x_1 im Punkt P_a, Gl. (246), von der Größenordnung der Einheit, aber noch immer klein im Vergleich zu dem Koordinatenwert. Das gilt hier viel mehr als bei ebener Strömung an der Stoßfront, Gl. (200), und damit ist in sehr guter Näherung im Punkte P_a mit Gl. (159) und Gl. (237) rechts,

$$P_a: \quad x = r \cot \alpha_\infty = \frac{\eta}{2} = \frac{1}{2}\left(\frac{\pi}{3}\frac{\operatorname{tg}\alpha_\infty}{S\,\delta^+}\right)^2 = 8\left[\frac{1}{3(\varkappa+1)}\frac{(M_\infty^2-1)^2\sqrt{1-Ts^2}}{M_\infty^4}\frac{}{Ts^2}\right]^2 . \tag{251}$$

Dagegen wäre im selben Punkt gemäß Gl. (250b) und (246):

$$r_1 \cot \alpha_\infty = -x_1 = \frac{2}{3} .$$

Mit (201) für die Beziehung zwischen Druckstörung und y-Komponente in der Stoßfront kann das Abklingen des Drucksprunges in der Stoßfront aus Gl. (234), (237) rechts, (246) und (251) ermittelt werden:

$$\begin{aligned} r_a \leqq r: \quad \frac{\hat{p}-p}{p} &= \varkappa M_\infty^2 \operatorname{tg}\alpha_\infty \, \delta^+ v_{1a}\left(\frac{r_a}{r}\right)^{3/4} = \frac{2^{1/4}\varkappa M_\infty^2 \, \delta^{+1/2}}{(3S\pi)^{1/2}(r^3 \cot^5 \alpha_\infty)^{1/4}} \\ &= \frac{2^{5/4}\varkappa}{[3(\varkappa+1)]^{1/2}} \frac{Ts}{\sqrt{1-Ts^2}} \frac{1}{(r\cot\alpha_\infty)^{3/4}} . \end{aligned} \tag{252}$$

Die Abklingpotenz ist mit $r^{-3/4}$ viel größer als beim ebenen Stoß mit $y^{-1/2}$, Gl. (201). Dagegen ist jedoch der Koeffizient beim Kegel wesentlich größer als beim Keil. Es ist ja auch der Punkt P_a bei der Kegelströmung weit heraus verschoben gegenüber dem entsprechenden Punkt bei ebener Strömung.

Die Form der Stoßfrontkurve in kartesischen Koordinaten ist von geringerer Bedeutung als das Abklingen des Drucksprunges hinter der Stoßfront. Dennoch soll die Stoßfrontgleichung für das Einflußgebiet der Eckenströmung kurz hergeleitet werden, weil damit gleichzeitig die Ermittlung der Koordinaten geübt wird. Aus Gl. (244) und (250b) folgt mit Gl. (250a) für die Stoßfront im Gebiet $1 \leqq \xi$:

$$2r_1 \cot \alpha_\infty = -2x_1 = 4S \cot \alpha_\infty \, \delta^+ \frac{1}{\pi}\sqrt{\eta}\left[1 - \frac{1}{2}\frac{\operatorname{tg}^2\alpha_\infty \pi}{\delta^+}\sqrt{\frac{2Ts^3}{1-Ts}}(\xi-1)\right].$$

Der Faktor vor der eckigen Klammer wird mit Gl. (246) durch η_a ausgedrückt. In der Klammer kann δ^+ durch Ts ersetzt werden mit dem Ergebnis:

$$r_1 \cot \alpha_\infty = -x_1 = \frac{2}{3}\sqrt{\frac{\eta}{\eta_a}}\left[1 - \sqrt{\frac{1+Ts}{2Ts}}(\xi-1)\right].$$

Der Ausdruck in der eckigen Klammer und damit r_1 und x_1 verschwinden auf der neutralen Machlinie, Gl. (248). Für alle anderen ξ-Werte im Gültigkeitsbereich wachsen r_1 und x_1 mit $\sqrt{\eta}$ in der Stoßnähe über alle Grenzen. Mit den gebündelten linkslaufenden Machlinien Gl. (177)

und der rechtslaufenden erhält man zusammen mit der letzten Gleichung in erster Näherung für $1 \leqq \xi \ll \eta$:

$$x - r \cot \alpha_\infty = 1 - \frac{4}{3} \sqrt{\frac{\eta}{\eta_a}} \left[1 - \sqrt{\frac{1 + Ts}{2Ts}} (\xi - 1)\right]$$

$$x + r \cot \alpha_\infty = \eta = \eta_a \frac{\eta}{\eta_a}.$$

Mit Gl. (249) läßt sich nun ξ leicht eliminieren, was zunächst eine Parameterdarstellung für die Stoßfront mit η als Parameter liefert und nach Eliminierung dieses Parameters zu folgender Beziehung führt:

$$r_a \leqq r < \infty: \quad (x - 1 - r \cot \alpha_\infty)^4 = \left(\frac{4}{3}\right)^4 \frac{1}{\eta_a} (x + r \cot \alpha_\infty)$$

$$= \left(\frac{16}{3\pi} S\delta^+ \cot \alpha_\infty\right)^2 (x + r \cot \alpha_\infty).$$

Im Gegensatz zur ebenen Kopfwelle im Gebiet der Expansion, Gl. (197) unten, handelt es sich bei Achsensymmetrie um eine Parabel 4. Grades wiederum mit einer Achse parallel zur ungestörten linkslaufenden Machlinie.

43. Widerstand und Verluste

Die Überschallströmung bietet sehr anschauliche Beispiele zur Erläuterung der Frage einer Verknüpfung von Widerstand und Strömungsverlust. Die Strömungsverluste können nicht nur bei Überschallströmung, sondern ganz allgemein in zwei Klassen eingeteilt werden. Zur ersten Klasse sind die *latenten Verluste* zu zählen. Es handelt sich dabei um das Entstehen von Energieformen in der Strömung als Folge des Widerstandes, Energieformen, die durch besondere Maßnahmen noch nutzbar gemacht werden können. Dazu gehört beispielsweise die Erzeugung von kinetischer Energie, etwa im abgehenden Strahl eines Triebwerkes oder in der Rohrströmung mit Reibung bei hoher Unterschallmachzahl. Die erhöhte kinetische Energie wird in diesem Fall erst dann zum *effektiven Verlust,* wenn eine kompensationslose Vernichtung der erzeugten Energie, in diesem Fall also der kinetischen, zugelassen wird. Damit ist bereits die zweite Klasse, nämlich jene der effektiven Verluste eingeführt. Es handelt sich dabei um die Erzeugung von Energieformen, die sich nicht mehr nutzbar machen lassen. Sie kommen in der Entropiezunahme des strömenden Mediums zum Ausdruck.

Bei reibungsloser, stationärer, ebener und achsensymmetrischer Strömung kommt als Entropieerzeuger nur der Verdichtungsstoß in Betracht. — Ein sogenannter „induzierter Widerstand", vgl. etwa [·24] Teil III, kann deshalb nicht auftreten, weil allgemein räumliche Strömungen ausgeschlossen wurden. — Die Überlegungen sollen im folgenden am speziellen Beispiel des Keiles und des Kegels durchgeführt werden, wofür uns aus dem letzten Abschnitt spezielle Unterlagen zur Verfügung stehen.

Bei der Umströmung eines Einzelkörpers mit Überschallgeschwindigkeit im unbegrenzten Raum geht die Strömung hinter dem Körper in eine ungestörte Parallelströmung über, die bei schlanken Objekten sich sehr bald dem Druck und der Geschwindigkeit der Anströmung nähert. Bei ebener Strömung und kleinen Störungen ist das bereits auf der vom Dickenmaximum ausgehenden neutralen Machlinie der Fall. Der Widerstand ist dann gleich dem effektiven Verlust in der Kopfwelle. Da bei ebener Strömung in der hier vorausgesetzten Näherung die neutrale Machlinie auf ihrer ganzen Länge Parallelströmung aufweist, muß hier der Widerstand des Profilbuges — also der vor dem Dickenmaximum liegenden Teile — im Entropieanstieg der Kopfwelle zu finden sein, der Widerstand des Profilhecks dagegen — des Teiles hinter dem Dickenmaximum — in der Schwanzwelle.

Der Widerstand einer Keilstufe gemäß Abb. 114 muß sich demnach mit Gl. (V,53) aus dem Entropieanstieg in der Kopfwelle ergeben. Zunächst sei Gl. (V,53) für eine Kopfwelle unter der Voraussetzung kleiner Störungen vereinfacht, wobei stets nur das erste Störglied berücksichtigt werden soll.

Mit Gl. (II,37), Gl. (201) und Gl. (159) gilt in erster Näherung für die Änderung der Entropie der Masseneinheit:

$$\frac{s - s_\infty}{c_v} = \frac{\varkappa^2 - 1}{12\varkappa^2}\left(\frac{p - p_\infty}{p_\infty}\right)^3 = \frac{\varkappa^2 - 1}{12}\,\varkappa M_\infty^6 \operatorname{tg}^3 \alpha_\infty\, \delta^3 v_1^3$$
$$= \frac{(\varkappa - 1)\varkappa}{3}\, M_\infty^2 S\, \delta^3 v_1^3. \tag{253}$$

Unter „erster Näherung“ ist natürlich nicht das Glied erster Ordnung in den Störungen zu verstehen, sondern das Glied niedrigster Ordnung, das sich im Rahmen der Theorie erster Ordnung ergibt. Das kann beim Entropieanstieg nur proportional zu δ^3 sein. Damit kann aber der Faktor vor $(s - s_\infty)$ in nullter Ordnung genähert werden. In Gl. (V,53) darf also

$$\varrho W_n \,\mathrm{d}f = \varrho_\infty u_\infty b \,\mathrm{d}y$$

gesetzt werden mit folgenden Werten für ebene (links) und achsensymmetrische Strömung:

$$b = \text{konst.}; \qquad b = 2\pi y. \tag{254}$$

Wird mit Gl. (V,65) der Widerstandsbeiwert c_w eingeführt, wobei f_p wieder die Fläche ist, auf die der Beiwert bezogen wird, dann folgt mit Gl. (253) und der darauffolgenden Gleichung der vereinfachte Entropiesatz für den Widerstand mit Gl. (200) nach kurzer Reduktion:

$$c_w = \frac{2}{3}\, S\, \delta^3 \frac{1}{f_p} \int_0^\infty v_1^3 b \,\mathrm{d}y = \frac{1}{3}\, S \operatorname{tg} \alpha_\infty\, \delta^3 \frac{1}{f_p} \int_0^\infty v_1^3 b \,\mathrm{d}\eta\,. \tag{255}$$

Hierin sind die Integrationen längs der Stoßfront auszuführen. v_1 ist der vom speziellen Problem abhängige Wert unmittelbar hinter der Front.

Wenn die Länge des Körpers als Einheit gewählt wird, so ist im ebenen Fall $b/f_p = 1$ zu setzen. Beim Keil sind für die Integration ferner die beiden Teilgebiete zu unterscheiden, jenes der Keilströmung, $\eta \leqq \eta_a$ und $v_1 = 1$, Gl. (194), und jenes der Eckenströmung, $\eta_a \leqq \eta$, wobei die Abhängigkeit $v_1(\eta)$ direkt aus Gl. (189) entnommen werden kann. Damit folgt für die Keilstufe aus Gl. (255):

$$c_w = \frac{1}{3} S\, \delta^3 \operatorname{tg} \alpha_\infty \eta_a + \frac{2}{3} S\, \delta^3 \operatorname{tg} \alpha_\infty \eta_a = \frac{2}{3} \delta^2 \operatorname{tg} \alpha_\infty + \frac{4}{3} \delta^2 \operatorname{tg} \alpha_\infty .$$

Die Summe liefert wie erwartet den Widerstandsbeiwert der Keilstufe, der freilich viel einfacher mit Hilfe von Gl. (9) zu bestimmen ist. Darin wären $h_{0x} = \delta$ und $h_{ux} = 0$ zu setzen, weil nur die Oberseite des Keiles und der Kopfwelle in Betracht gezogen wurden. Gemäß der letzten Gleichung verursacht der gerade Teil der Kopfwelle, $\eta \leqq \eta_a$, ein Drittel der effektiven Verluste, der Abklingteil, $\eta_a \leqq \eta$, dagegen zwei Drittel. Dieses Ergebnis ist bereits ziemlich alt und kann natürlich auch ohne analytisches Charakteristikenverfahren gewonnen werden [47].

Beim Kegel verläuft die Rechnung zunächst ganz ähnlich. Mit den Gln. (254) und (200) gilt für achsensymmetrische Strömung allgemein:

$$c_w = \frac{1}{3} S \operatorname{tg}^2 \alpha_\infty\, \delta^{+3} \frac{\pi}{f_p} \int\limits_0^\infty v_1^3 \eta \, d\eta . \qquad (256)$$

Wieder ist eine Aufteilung für den kegeligen Teil, Gl. (246), und den Teil der verallgemeinerten Prandtl-Meyer-Expansion, Gl. (243), erforderlich. Man erhält:

$$c_w = \frac{1}{3} S \operatorname{tg}^2 \alpha_\infty\, \delta^{+3} \frac{\pi}{f_p} \left[\frac{1}{2} v_{1a}^3 \eta_a^2 + 4 v_{1a}^3 \eta_a^2 \right] = \frac{4}{\pi} \frac{\delta^{+2}}{f_p} .$$

Der effektive Verlust im kegeligen Teil der Kopfwelle, d. i. der erste Summand in der eckigen Klammer, verhält sich hier zum effektiven Verlust im abklingenden Teil der Kopfwelle wie 1:8!

Wählt man mit Rücksicht auf den späteren Vergleich mit der akustischen Theorie $\delta^+ = \pi \operatorname{tg}^2 \vartheta_0$ entsprechend der linken Seite von Gl. (237) — der sich beim angeführten Beispiel im übrigen von jenem der rechten Seite nur um 3,5% unterscheidet — und setzt man die Bezugsfläche $f_p = F_{\max}$, so erhält man mit der Kegellänge $x = 1{,}43$ gemäß Abb. 117 folgendes Ergebnis für den effektiven Verlust in der Kegelkopfwelle:

$$f_p = F_{\max} = (1{,}43)^2 \operatorname{tg}^2 \vartheta_0 \pi = 2{,}0 \operatorname{tg}^2 \vartheta_0 \pi ; \quad c_w = 2 \operatorname{tg}^2 \vartheta_0 .$$

Der Widerstandsbeiwert des Mantels kann mit Gl. (VII,8) berechnet werden, wobei die Länge des Kegels als 1 angenommen ist. Die Ableitung des „Raumeinflusses" R_x erhält man aus der akustischen Theorie gemäß Gl. (34) mit der Verteilungsfunktion des Kegels $f(x) = x^2$ zu:

$$R_x(x) = -\frac{1}{\pi} \ln (2x \operatorname{tg} \alpha_\infty) .$$

Dies in Gl. (VII,80) eingesetzt, liefert dann den auf $F_{\max}$ bezogenen Widerstandsbeiwert des Mantels eines nichtangestellten Kegels:

$$c_w^+ = \operatorname{tg}^2 \vartheta_0 \left[2 \ln \frac{2}{\operatorname{tg} \vartheta_0 \cot \alpha_\infty} - 1\right].$$

Dieses Ergebnis unterscheidet sich ganz entschieden vom Verlustbeiwert der Kopfwelle, in welchem gar kein logarithmisches Glied auftritt. Für das Beispiel von Abb. 117 ist $\operatorname{tg} \vartheta_0 \cot \alpha_\infty = Ts = 0{,}267$. Dies liefert für die eckige Klammer einen Wert von 3,0 gegenüber 2,0 für den Kopfwellenverlust.

Ganz im Gegensatz zur Strömung an der Keilstufe, bei der am Ende der Prandtl-Meyer-Expansion überall der Wert der ungestörten Strömung herrscht, entsteht in der Prandtl-Meyer-Expansion an der Kegelschulter ein starker Unterdruck. Die Übergeschwindigkeit unmittelbar hinter der Kegelschulter ist im Kleindruck S. 654 angegeben. Es ist bemerkenswert, daß für $Ts^2 \ll 1$ ein Ausdruck $\ln (2/Ts)$ auftritt. Der Überexpansion in der Prandtl-Meyer-Eckenströmung muß eine Kompression folgen, die zum Anströmzustand zurückführt. Diese ist notwendigerweise mit einem Zusammenlaufen der Machlinien und damit mit einem Stoß verknüpft, in dem im vorliegenden Beispiel offenbar rund ein Drittel der effektiven Stoßverluste enthalten ist. Für beliebige Kombinationen von Spitzen und Zylindern wurde das notwendige Auftreten einer Schwanzwelle von P. NIEDERDRENK [52] gezeigt. Bei einer spindelförmigen Spitze und $Ts = \operatorname{tg} \vartheta_0 \cot \alpha_\infty = 0{,}10$ ergeben sich 20% effektiver Verlust in der Schwanzwelle.

Ebenso gut wie durch den effektiven Verlust kann der Widerstand eines Flugkörpers auch durch den latenten Verlust ausgedrückt werden. Gemäß (V,52) können die Verluste in einer Trefftz-Ebene erfaßt werden, das ist eine Ebene senkrecht zur Anströmung hinter dem Widerstandskörper. Sie setzen sich gemäß der genannten Gleichung zusammen aus Abströmung von kinetischer Energie, Abströmung von erhöhter innerer Energie und aus einer Schubleistung beim Druck p in der Trefftz-Ebene infolge der Geschwindigkeitserhöhung. Diese Anteile seien im folgenden durch die Störungen der Geschwindigkeitskomponenten bis einschließlich zu Gliedern zweiter Ordnung ausgedrückt. Die Entropiestörung $(s - s_\infty)$ soll nur in erster Ordnung berücksichtigt werden. Dabei sei isoenergetische Strömung vorausgesetzt.

Die kinetische Energie in der eckigen Klammer (VII,52) stellt bereits einen Ausdruck zweiter Ordnung dar, weshalb der Koeffizient ϱu in diesem Fall durch $\varrho_\infty u_\infty$ ersetzt werden darf. Gemäß reiner thermodynamischer Beziehungen für $p(i, s)$, vgl. Gl. (47.1) in [••23], gilt:

$$p - p_\infty = \varrho_\infty (i - i_\infty) - \varrho_\infty T_\infty (s - s_\infty) + \frac{1}{2} \frac{\varrho_\infty}{c_\infty} (i - i_\infty)^2 + \cdots.$$

Ferner gilt definitionsgemäß für die innere Energie:

$$\varrho u (e - e_\infty) = \varrho u (i - i_\infty) - up + \varrho u \frac{p_\infty}{\varrho_\infty}.$$

Unter Verwendung der Kontinuitätsbedingung in der gesamten Treffzt-Ebene kann im letzten Ausdruck ϱu durch $\varrho_\infty u_\infty$ ersetzt werden. Wird schließlich der Druck durch die erste Gleichung, $(i - i_\infty)$ durch den Energiesatz und ϱ/ϱ_∞ durch die bekannte Entwicklung, etwa

Abschn. (V,12), auf Geschwindigkeitsstörungen zurückgeführt, so führt dies schließlich zu folgendem Ergebnis:

$$\varrho u(e - e_\infty) = \varrho_\infty u_\infty \left[-\frac{(u - u_\infty)\, u_\infty}{\varkappa M_\infty^2} + \frac{1}{2} M_\infty^2 (u - u_\infty)^2 + T_\infty (s - s_\infty) + \cdots \right]. \tag{257}$$

Schneller ist die Schubleistung berechnet. Mit der ersten Gleichung des Kleindruckes ist bis einschließlich Glieder zweiter Ordnung:

$$p(u - u_\infty) = \varrho_\infty u_\infty \left[\frac{(u - u_\infty)\, u_\infty}{\varkappa M_\infty^2} - (u - u_\infty)^2 + \cdots \right]. \tag{258}$$

Die beiden thermodynamischen Beiträge zum Energiestrom würden sich freilich einfacher gemeinsam berechnen lassen, dies aber unter Verlust an physikalischem Einblick.

Aus der skizzierten Zwischenrechnung folgt also für die Summe der thermodynamischen Verluste, also für die Abströmung an zusätzlicher innerer Energie vermehrt um die Schubleistung:

$$\varrho u(e - e_\infty) + p(u - u_\infty) = \varrho_\infty u_\infty \left[\frac{1}{2} (M_\infty^2 - 1)\,(u - u_\infty)^2 + T_\infty (s - s_\infty) \right] \tag{259}$$

bis einschließlich Glieder erster Ordnung in der Entropiestörung und Glieder zweiter Ordnung in den übrigen Störungen.

Dieses Ergebnis in Gl. (V,52) eingeführt, ergibt dann die wesentlich einfachere Beziehung für den Widerstand:

$$\mathrm{W} = \varrho_\infty \iint_{f_k} \left\{ \frac{1}{2} [-(1 - M_\infty^2)\,(u - u_\infty)^2 + v^2 + w^2] + T_\infty (s - s_\infty) + \cdots \right\} \mathrm{d}y\,\mathrm{d}z. \tag{260}$$

Man erkennt hierin sowohl die quadratischen Glieder von Gl. (V,49) als auch den auf eine Trefftz-Ebene bezogenen Entropieanteil der Gl. (V,53).

In Gl. (260) tritt nur die kinetische Energie der Querbewegung auf, nämlich $(v^2 + w^2)/2$. Der Anteil der kinetischen Energie der Längsbewegung $(u - u_\infty)^2/2$ ist durch die thermodynamischen Energieformen von Gl. (259) überkompensiert und tritt dadurch nicht mehr getrennt hervor. Der Ausdruck $(s - s_\infty)$ in Gl. (260) vertritt den Anteil der effektiven Verluste, der Rest sind latente Verluste, die sich aber keineswegs nur in kinetischer Energie erschöpfen, sondern auch thermodynamische Energieformen aufweisen.

Diese latenten Verluste entsprechen dem, was im Begriff *Wellenwiderstand* zusammengefaßt wird.

Im speziellen Fall der Keilstufe kann die Trefftz-Ebene bereits unmittelbar hinter der Keilschulter gezogen werden, Abb. 118. Mit der Länge 1 des Keiles ist die Höhe des Integrationsgebietes auf der Kontrollfläche f_k: tg α_∞. Der geringe Unterschied zwischen der Stoßwellenneigung und der Neigung der ungestörten Machlinie kommt hier noch nicht zur Geltung. Auch die Höhe der Keilstufe, nämlich δ, ist in erster Ordnung gegenüber der Höhe des Integrationsgebietes zu vernachlässigen. Umgekehrt aber ist wieder das Verhältnis von tg α_∞, der Höhe des Integrationsgebietes, zu y_α, d. i. $1/(y_\alpha \cot \alpha_\infty)$, gemäß Gl. (196) bei mittleren Überschallgeschwindigkeiten von der Größenordnung δ. Der effektive Verlust durch den Entropieanstieg, der sich in Abständen von der Größenordnung y_α

geltend macht, ist also in der Kontrollebene f_k von höherer Größenordnung. Es bleibt in erster Ordnung bei der vorliegenden Betrachtung nur ein latenter Verlust, nämlich der „Wellenwiderstand". In der akustischen Theorie würde das Entropieglied in Gl. (260) überhaupt weggeblieben sein und brauchte dort nicht wegdiskutiert zu werden.

Aus Gl. (260) folgt dann auch der Widerstandsbeiwert der Keilstufe mit der Ackeret-Formel zu:

$$c_w = W \Big/ \left(f_p \frac{\varrho_\infty u_\infty^2}{2}\right) = 2 \int_0^1 \frac{1}{2} \left[(M_\infty^2 - 1) \left(\frac{u - u_\infty}{u_\infty}\right)^2 + \left(\frac{v}{u_\infty}\right)^2\right] dy = 2\delta^2 \operatorname{tg} \alpha_\infty$$

wieder in Übereinstimmung mit den Ergebnissen der akustischen Theorie und mit den Ergebnissen des Entropiesatzes am Anfang des Abschnittes. Der Anteil der latenten und der effektiven Verluste hängt also völlig von der Wahl der Kontroll-

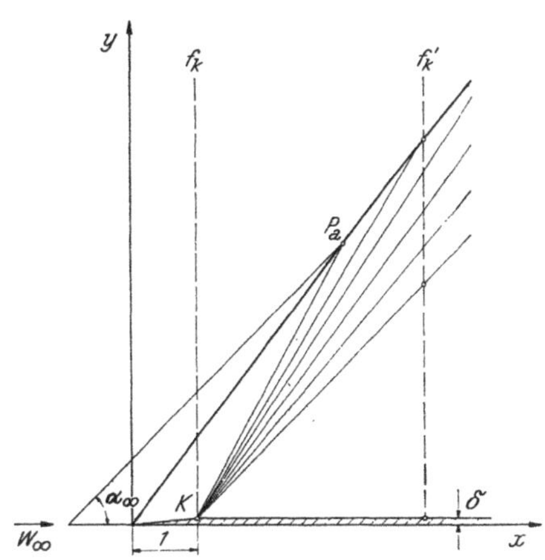

Abb. IX,118. Kontrollflächen an der Keilstufe.

fläche ab. Selbst wenn diese, wie es bei Gl. (260) vorausgesetzt wird, als Trefftz-Ebene senkrecht zur Anströmung gewählt wird, wie f_k in Abb. 118, nehmen die latenten Verluste zugunsten der effektiven Verluste um so stärker ab, je weiter die Kontrollfläche stromabwärts rückt. Im Rahmen der akustischen Theorie dagegen sind alle vorhandenen Verluste unabhängig von der Lage der Kontrollfläche.

Die latenten Verluste lassen sich durch besondere Maßnahmen herabsetzen oder vermeiden. Das kann bei Überschallprofilen im Sinne eines Doppelflügels dadurch geschehen, daß die ausgesandten Druckwellen durch das Heck eines zweiten Flügels aufgefangen werden und damit Vortrieb erzeugt wird. Gleichzeitig kann dabei eine weitere Ausbreitung der Kopfwelle verhindert und der effektive Verlust begrenzt werden. Freilich haben solche Überlegungen zunächst mehr grundsätzliches als praktisches Interesse, weil bei derartigen Anordnungen noch zusätzliche Reibungsflächen erzeugt werden. Für das Interferenzproblem werden jedoch durch die vorangegangenen Überlegungen nützliche Hinweise gegeben.

44. Stoßbeginn, Faltungen, Nachbarlösungen

Wenn sich ein Verdichtungsstoß mitten in der Strömung bildet, dann ist eine solche Stelle durch den Beginn einer *Überfaltung* gekennzeichnet, wie dies schon im Teil III bei der Behandlung instationärer Stöße aufgezeigt wurde. Das Aufsteilen von Machlinien durch Druckanstieg kann zur Folge haben, daß ursprünglich stromabwärts liegende Machlinien mit Entwicklung der Strömung stromaufwärts zu liegen kommen, Abb. 119. Mathematisch äußert sich eine solche

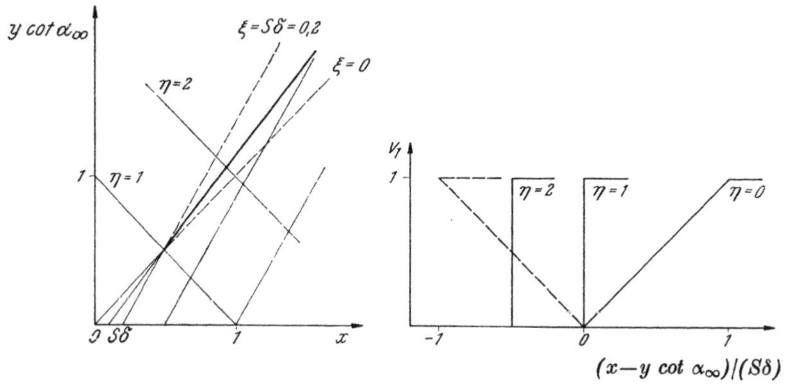

Abb. IX,119. Faltung bei linearer Zunahme des Strömungswinkels.

Erscheinung durch Verschwinden der Abbildungsdeterminante der ξ, η-Ebene in die x, y-Ebene. Diese Jakobische Determinante läßt sich mittels der Neigungsbeziehungen (66) vereinfacht darstellen mit folgendem Ergebnis:

$$x_\xi y_\eta - x_\eta y_\xi = \frac{\sin 2\alpha}{\sin(\vartheta + \alpha)\sin(\vartheta - \alpha)}\, y_\xi y_\eta = \frac{\sin 2\alpha}{\sin^2\vartheta - \sin^2\alpha}\, y_\xi y_\eta$$

$$= \frac{\sin 2\alpha}{\cos^2\vartheta - \sin^2\alpha}\, x_\xi x_\eta. \tag{261}$$

Eine ganz analoge Beziehung ergibt sich mit Gl. (III,161) für instationäre Vorgänge.

Der Bruch in der letzten Gleichung nimmt nur unter ganz besonderen Verhältnissen den Wert 0 oder unendlich an, etwa bei $\alpha = \pi/2$ oder $\alpha = 0$, also bei Schallnähe oder bei Hyperschallströmung, Bereiche, die jedoch im folgenden nicht ins Auge gefaßt werden sollen. Die Determinante verschwindet im allgemeinen und Überfaltungen treten auf für

$$x_\xi = y_\xi = 0 \qquad \text{oder} \qquad x_\eta = y_\eta = 0. \tag{262}$$

Gemäß den Neigungsbedingungen (66) müssen im mittleren Überschallbereich die Ableitungen von y und x nach denselben Variablen gleichzeitig verschwinden. Je nachdem ob die erste oder die zweite Bedingung erfüllt ist, handelt es sich um den Beginn eines linkslaufenden oder eines rechtslaufenden Verdichtungsstoßes.

Es ist nicht ausgeschlossen, daß gleichzeitig in einem Punkt $x_\xi = x_\eta = 0$ ist, daß also ein links- und rechtslaufender Stoß in ein und demselben Punkt einsetzen. Die folgenden Untersuchungen seien aber auf das Entstehen linkslaufender Stöße begrenzt, womit bereits ein guter Einblick gewonnen wird.

Zunächst sei ein Stoßbeginn in einer ebenen Strömung anhand einer einfachen Welle untersucht. Der Stoß bilde sich in der Umgebung der linkslaufenden Machlinie $\xi = 0$, für Werte $\xi < 0$ herrsche ungestörte Parallelströmung. In Gl. (176) sei die frei wählbare Funktion $K_1(\xi) = 0$ gesetzt. Damit ist, wie auch anschließend an Gl. (176) ausgeführt wurde, für

$$y = 0: \quad x = \xi.$$

Für das Faltungsgebiet selbst darf auch wie bei dem darinnen entstehenden Stoß $\xi \ll \eta$ vorausgesetzt werden. Damit kann aber auch das Integral in der unteren Gl. (175) als von höherer Ordnung wegbleiben, und die beiden für das Faltungsgebiet maßgebenden Koordinatengleichungen vereinfachen sich auf die Form:

$$x - y \cot \alpha_\infty = \xi - S\,\delta v_1(\xi)\,\eta; \quad x + y \cot \alpha_\infty = \eta. \tag{263}$$

Die Machlinien $\eta =$ konst. sind in dieser Näherung auch im Faltungsgebiet dieselben Geraden wie in der ungestörten Anströmung. Bei der linearen Form $(x - y \cot \alpha_\infty)$ handelt es sich um ein praktisches Maß für den Abstand eines Punktes von der ungestörten Machlinie $\xi = 0$, ein Maß, das daher im folgenden auch wiederholt verwendet wird.

Aus den Gln. (263) folgt:

$$\frac{\partial}{\partial \xi}(x - y \cot \alpha_\infty) = 2x_\xi = 1 - S\,\delta v_{1\xi}(\xi) \tag{264}$$

und daraus wieder mit Gl. (262) die Beziehung für die „Faltungskurve“:

$$\eta = 1/(S\,\delta v_{1\xi}). \tag{265}$$

Dies in Gl. (263) eingesetzt gibt die Parameterdarstellung für die Faltungskurve in der Strömungsebene:

$$x - y \cot \alpha_\infty = \xi - v_1/v_{1\xi}; \qquad x + y \cot \alpha_\infty = 1/(S\,\delta v_{1\xi}). \tag{266}$$

Aus der rechten Gleichung ist zu erkennen, daß $v_{1\xi}$ große Werte annehmen muß, wenn die Faltung nicht allzu weit vom Ursprung beginnen soll, da ja δ ein Störparameter ist und S eine Machzahlfunktion von der Größenordnung der Einheit darstellt.

Als erstes Beispiel sei gewählt:

$$\begin{aligned} 0 < \xi < S\,\delta: &\quad v_1 = \xi/(S\,\delta), \; v_{1\xi} = 1/(S\,\delta); \\ S\,\delta < \xi: &\quad v_1 = 1, \qquad v_{1\xi} = 0. \end{aligned} \tag{267}$$

Dies in Gl. (266) eingesetzt gibt für die Faltungskurve einen einzigen Punkt, nämlich:

$$x - y \cot \alpha_\infty = 0, \qquad x + y \cot \alpha_\infty = 1 = \eta. \tag{268}$$

Zur Erzeugung eines Stoßes muß v_1 wenigstens in einem bestimmten Bereich positiv gewählt werden, wie das auch im Beispiel (267) und im folgenden Beispiel (269) geschieht. Zur Veranschaulichung sei darauf hingewiesen, daß $0 < v_1$ gemäß Gl. (171) $u_1 < 0$ und nach der differentiellen Bernoulli-Gleichung also einem Überdruck entspricht. Da auf $y = 0$: $x = \xi$ gilt, entspricht die Lösung (267) im ersten Teil einer konstanten Krümmung der Stromlinien in der Umgebung von $y = 0$, im zweiten Teil einem konstanten Anstieg.

Gemäß unserem Ergebnis führt der Teil konstanter Krümmung der Stromlinien also zu einer Fokussierung der linkslaufenden Machlinien in einem Punkt, nämlich: $x = y \cot \alpha_\infty = 1/2$, Abb. 119. Nur in diesem Punkt ist $x_\xi = 0$. Wie der rechte Teil der Abbildung zeigt, der in der gewählten Auftragung von der speziellen Wahl von $S\,\delta$ übrigens unabhängig ist, springt nämlich für $1 < \eta$ die Ableitung der Koordinate auf $\xi = S\,\delta$ und $\xi = 0$ von positiven Werten auf negative und zurück. Aus Gl. (263) folgt nämlich:

$$x_\xi - \cot \alpha_\infty y_\xi = 2x_\xi = 1 - S\,\delta v_{1\xi}\eta$$

und damit für das Beispiel (267):

$$\xi < 0\colon\ 2x_\xi = 1;\quad 0 < \xi < S\,\delta\colon\ 2x_\xi = 1 - \eta;\quad S\,\delta < \xi\colon\ 2x_\xi = 1.$$

Die Faltung braucht sich also keineswegs in der aus der Bedingung (264) folgenden Faltungskurve (265) mit der Parameterdarstellung (266) kundtun. Es sind auch die Kurven mit Sprüngen von x_ξ und damit gleichzeitig von y_ξ von positiven auf negative Werte und umgekehrt ins Auge zu fassen.

Solche Sprünge von x_ξ folgen unmittelbar aus der vorletzten Gleichung. Ist beispielsweise, wie im vorliegenden Fall, $v_{1\xi} = 0$ am linken Ufer von $\xi = 0$ und $v_{1\xi} > 0$ am rechten Ufer von $\xi = 0$, so ist bei genügend großem η-Wert x_ξ am rechten Ufer von $\xi = 0$ negativ, während es am linken Ufer jedoch positiv ist. Damit muß aber auf $\xi = 0$ ab einem bestimmten η-Wert x_ξ das Vorzeichen wechseln. Die Stoßfront des vorliegenden Beispiels fällt mit der linkslaufenden Machlinie mittlerer Neigung des Verdichtungsgebietes zusammen.

Bei Mitnahme von Gliedern höherer Ordnung in Gl. (263), indem beispielsweise ξ nicht gegen η vernachlässigt wird, tritt keine exakte Fokussierung der Machlinien in einem Punkt ein, sie schneiden sich vielmehr auf einem Streckenstück von der Länge der Größenordnung $S \cdot \delta$. Es handelt sich um einen feinen Unterschied, der jedoch nur mit einer Theorie zweiter Ordnung genau erfaßt werden kann.

Eine ins Unendliche reichende Umkehrkurve liefert das folgende zweite Beispiel:

$$0 < \xi\colon\ v_1 = 2\frac{\xi}{S\,\delta} - \left(\frac{\xi}{S\,\delta}\right)^2;\quad S\,\delta v_{1\xi} = 2\left(1 - \frac{\xi}{S\,\delta}\right). \tag{269}$$

Es handelt sich um einen ohne Knick ansteigenden Hang mit der größten Steigung bei $\xi = S\,\delta$ mit dem Wert $v_1 = 1$ und mit der größten Höhe bei $\xi = 2S\,\delta$. Bei diesem ξ-Wert ist $v_1 = 0$. Von der Stelle $x = \xi = 2S\,\delta$ weg verläuft also die neutrale linkslaufende Machlinie mit der Neigung der Machlinien in der Anströmung. Von weiter stromabwärts gelegenen Teilen der Strömung können keine Einflüsse auf Stoß und Faltung ausgehen.

Die Parameterdarstellung (266) für die Faltungskurve erhält für dieses zweite Beispiel die Form:

$$\frac{x - y \cot \alpha_\infty}{S\,\delta} = -\frac{[\xi/(S\,\delta)]^2}{2[1 - \xi/(S\,\delta)]}; \quad \eta = x + y \cot \alpha_\infty = \frac{1}{2[1 - \xi/(S\,\delta)]}.$$

Die Kurve beginnt an der Stelle $\xi \to 0$:

$$\xi = x - y \cot \alpha_\infty = 0; \qquad \eta = x + y \cot \alpha_\infty = 1/2,$$

und zwar mit der Richtung der ungestörten Machlinie.

Abb. 120 links zeigt die Umkehrkurve dieses Beispieles gemäß der Bedingung $x_\xi = 0$. Die erste Faltung erfolgt wieder auf $\xi = 0$ für Werte $1/2 < \eta$ mit einem Sprung von x_ξ von positiven auf negativen Wert.

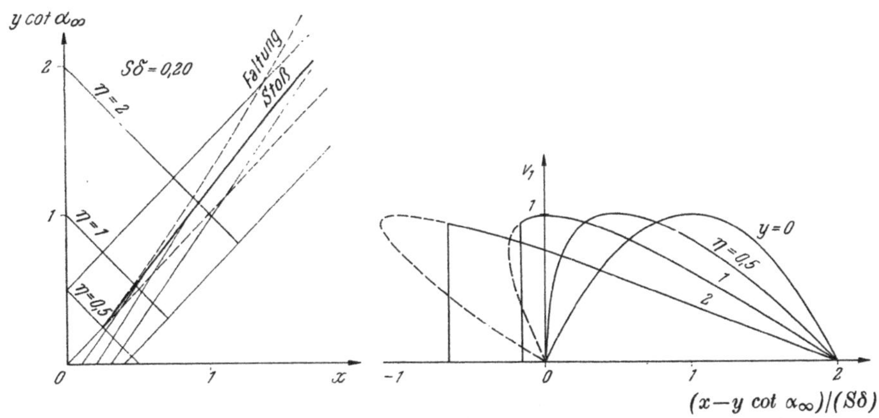

Abb. IX,120. Faltung bei parabolischer Zunahme des Strömungswinkels.

Der im Faltungsbereich liegende Stoß kann mit Gl. (188) berechnet werden. Dabei ist allerdings zu beachten, daß die untere Integrationsgrenze nicht wie in Gl. (168) bei $\xi = 0$, $\eta = 0$ liegt, sondern bei $\xi = 0$, $\eta = 1/2$. Dementprechend wäre zu η in Gl. (188) noch eine Konstante zu addieren. Diese Konstante erweist sich allerdings im vorliegenden Beispiel als gleich 0. Damit findet man für den Stoß des Beispieles (269):

$$\eta = \frac{2}{3}\,\frac{3 - \xi/(S\,\delta)}{[2 - \xi/(S\,\delta)]^2}.$$

Zusammen mit Gl. (263) folgt daraus die Parameterdarstellung der Stoßfront:

$$\frac{x - y \cot \alpha_\infty}{S\,\delta} = -\frac{1}{3}\,\frac{[\xi/(S\,\delta)]^2}{2 - \xi/(S\,\delta)}; \quad \eta = x + y \cot \alpha_\infty = \frac{2}{3}\,\frac{3 - \xi/(S\,\delta)}{[2 - \xi/(S\,\delta)]^2}.$$

Wie bei der Faltungskurve ist der Abstand von der ungestörten Machlinie $\xi = 0$ von der Größenordnung $S\,\delta$, und die η-Werte sind wieder von der Größenordnung der Einheit. Auch die Stoßfront beginnt tangential an der ungestörten Machlinie $\xi = 0$.

Auf der rechten Seite des Bildes sind nochmals die Faltungen auf einigen Linien $1/2 < \eta$ zu erkennen, und zwar der Faltungsknick auf der Machlinie $\xi = 0$ und die stetige Umkehr der $v_1(\xi)$-Kurve an der Stelle $x_\xi = y_\xi = 0$. Außerdem sind rechts auch die Stöße eingetragen. Bei $\eta = 1$ steigt hinter dem Stoß der v_1-Wert und damit der Druck noch etwas an, bei $\eta = 2$ fallen diese Werte hingegen hinter der Stoßfront bereits ab.

Es leuchtet ein, daß bei stetigem $v_{1\xi}$ an der Machlinie $\xi = 0$ auch noch eine zweite stetige Faltungskurve in der Strömungsebene auftreten wird. Das bedeutet allerdings noch nicht, daß auch in ξ und η zwei getrennte Kurven gemäß Gl. (265) existieren. Ein Beispiel dazu liefert [·24] Abb. I, 23, zur Faltung im lokalen Überschallgebiet der schallnahen Strömung.

Einer Verdichtungsstoßbildung zufolge einer Faltung begegnet man in der analytischen Charakteristikentheorie insbesondere auch bei der Kopfwelle von Rotationsrümpfen. Im Gebiet der Kopfwelle, in dem $\xi \ll \eta$ angenommen werden darf, können die Störkomponenten mittels Gl. (228) durch die Whitham-Funktion dargestellt werden. Setzt man diese in die obere Gl. (151) ein, so erhält man mit Gl. (159) unter der Annahme $\eta \gg \eta_u = \eta_k$ die Darstellung:

$$x_1 - r_1 \cot \alpha_\infty = -2S \cot \alpha_\infty \, \delta^+ F_{Wh}(\xi) \sqrt{\eta}.$$

Zusammen mit Gl. (148) erhält man schließlich im Bereich $\xi \ll \eta$:

$$\begin{aligned} x - r \cot \alpha_\infty &= \xi - 2S \cot \alpha_\infty \, \delta^+ F_{Wh}(\xi) \sqrt{\eta}; \\ x + r \cot \alpha_\infty &= \eta. \end{aligned} \tag{270}$$

Es handelt sich um die Verallgemeinerung der Gl. (263) für ebene Strömung auf achsensymmetrische Strömung in Kopfwellennähe. Die untere Gleichung stimmt wegen der geringen Tiefe des Integrationsgebietes mit jener von (263) überein.

Für die Umkehrlinie erhält man aus Gl. (262) durch Ableitung der oberen Gleichung (270):

$$0 = 1 - 2S \cot \alpha_\infty \, \delta^+ \frac{\mathrm{d}}{\mathrm{d}\xi} F_{Wh} \sqrt{\eta},$$

oder auch die Darstellung:

$$\eta = 1/[2S \, \delta^+ \cot \alpha_\infty \, \mathrm{d}F_{Wh}/\mathrm{d}\xi]^2. \tag{271}$$

Für die linkslaufenden Machlinien, $\xi =$ konst., erhält man aus Gl. (270) durch Eliminierung von η die Darstellung:

$$[x - r \cot \alpha_\infty - \xi] = -2S \cot \alpha_\infty \, \delta^+ F_{Wh}(\xi) \sqrt{x + r \cot \alpha_\infty}. \tag{272}$$

Das sind Parabeln mit der ungestörten Machlinienrichtung als Achsenrichtung. Die Parabeln nehmen also in großer Entfernung die Richtung der eingefrorenen Machlinien an und sind in Körpernähe steiler. Sie falten sich daher auch zum Teil vor dem Kopf-Machkegel, Abb. 121.

In diesem anschließend erläuterten Bild ist wieder die v_1-Verteilung und damit ein Maß für den Überdruck auf Machlinien $\eta =$ konst. dargestellt. Eine Wiedergabe der Machlinien $\xi =$ konst. im Faltungsgebiet der Strömungsebene wäre wegen des geringen Abstandes der Stoßfront und der Umkehrlinie vom „eingefrorenen“ Machkegel $\xi = 0$ nur bei sehr starker Vergrößerung möglich.

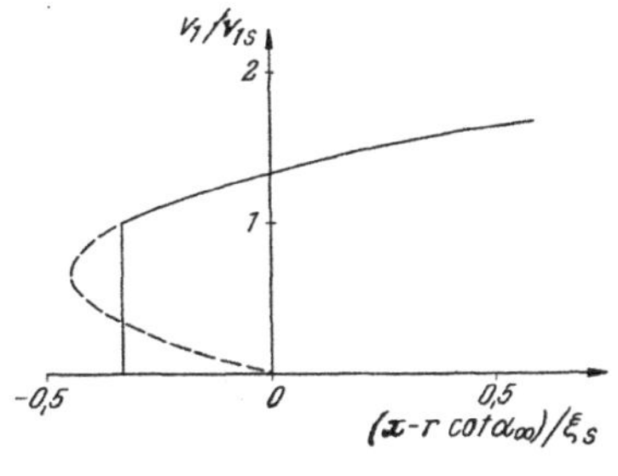

Abb. IX,121. Faltung und Stoß längs η = konst für den Kreiskegel.

Als Beispiel sei wieder der Kreiskegel herangezogen, dessen Whitham-Funktion durch Gl. (245) gegeben ist. Damit erhält man für die Faltungskurve (271) eine Gerade:

$$\xi = \left[\frac{2}{\pi} S \cot\alpha_\infty \, \delta^+\right]^2 \eta .$$

Ein Vergleich mit dem unter Gl. (245) angegebenen ξ/η-Wert für die Stoßfront zeigt, daß die Faltungslinie bei 4/9 des ξ/η-Wertes des Stoßes liegt.

Für den Kegel läßt sich die obere Gleichung (270) wie folgt darstellen:

$$\frac{x - r\cot\alpha_\infty}{\xi_s} = \frac{\xi}{\xi_s} - \frac{4}{3}\sqrt{\frac{\xi}{\xi_s}}, \qquad \xi_s = \left(\frac{3}{\pi} S \cot\alpha_\infty \, \delta^+\right)^2 \eta .$$

ξ_s ist also der ξ-Wert jener linkslaufenden Machlinien, auf der die rechtslaufende Machlinie η = konst. die Stoßfront durchsetzt. $x - r\cot\alpha_\infty$ ist ein Maß für den Abstand vom ungestörten Machkegel.

Für v_1 erhält man aus Gl. (228) und (245):

$$v_1^+ \operatorname{tg}\alpha_\infty = -u_1^+ = \frac{2}{\pi}\sqrt{\xi/\eta}$$

oder durch Einführen von ξ_s und v_{1s} den v_1-Wert am Stoß:

$$\frac{\pi^2}{6}\,\frac{v_1}{S\cot^2\alpha_\infty\delta^+} = \sqrt{\frac{\xi}{\xi_s}} = \frac{v_1}{v_{1s}} .$$

Damit ist für den Kegel eine vom Öffnungswinkel und von der Machzahl unabhängige Darstellung der v-Störung oder auch der Druckstörung im Faltungsgebiet der Kopfwelle gefunden. Aus der letzten und der drittletzten Gleichung ist Abb. 121 gewonnen. Bei $\xi = x - r\cot\alpha_\infty = 0$ befindet sich also eine knickförmige Faltung stromaufwärts, die auf η = konst. bei $x - r\cot\alpha_\infty = -4\xi_s/9$ ihren größten Wert stromaufwärts erreicht und sich dann wieder stromabwärts wendet. Bei $\xi = \xi_s$, d. i. gemäß der drittletzten Gleichung $x - r\cot\alpha_\infty = -\xi_s/3$, befindet sich die Stoßfront. Bis zu dieser Stelle hat die Lösung nur mathematische, von da an auch physikalische Bedeutung. Die Faltung im Machkegel des Rumpfes ähnelt also eher der Faltung der langsam einsetzenden Stoßfront in Abb. 120 als jener am Keil. Die verschiedenen Möglichkeiten der Faltung sind mit den angeführten Beispielen nur angedeutet, keineswegs aber erschöpfend behandelt.

Im Kopf-Machkegel können auch Geschwindigkeitszunahmen auftreten, was mit einer Abnahme des Strömungswinkels und mit negativen v-Komponenten verknüpft ist. Solchen Erscheinungen begegnet man am Kopf-Machkegel an der Saugseite eines angestellten Dreiecksflügels, z. B. in [•24], Teil III. Man kann die Vorgänge im vorliegenden Rahmen aber auch bereits studieren, wenn man anstelle eines Rumpfes an der Achse dort eine Senkenverteilung, also ein Einsaugen in die Achse annimmt. Ist die Senkenverteilung im speziellen Fall kegelig, so kann man von einem Kreiskegel mit „negativem" Winkel an der Spitze sprechen. Mit seiner Hilfe können die Vorgänge an der Kopfwelle studiert werden. Zu ganz ähnlichen Ergebnissen käme man auch auf dem Wege über die verallgemeinerte Prandtl-Meyer-Expansion am Ende eines langen Zylinders, wenn man den Vorgang in Entfernungen studiert, die groß gegen den Körperdurchmesser sind.

Der negative Kegel würde einem negativen Wert der Whitham-Funktion in Gl. (228) entsprechen, wie er in der Tat im Mittelschnitt der Saugseite eines angestellten Flügels auftreten kann. Die Folge ist, daß das Vorzeichen auf der rechten Seite von Gl. (272) positiv ist und beim Kegel, daß das lineare Glied in ξ und der $\sqrt{\xi}$-Term in der zweiten Gleichung darunter dasselbe Vorzeichen besitzen. Damit summieren sich die beiden Summanden der rechten Seite und die Faltung fällt weg. Gleichzeitig geht aber auch die unendliche Neigung der v-Kurve am Machkegel verloren. Im Gegensatz zur akustischen Theorie liefert also die analytische Charakteristikentheorie, wie auch die exakte Theorie am Machkegel einen endlichen Wert von dv/dx oder dv/dr, Abb. 122!

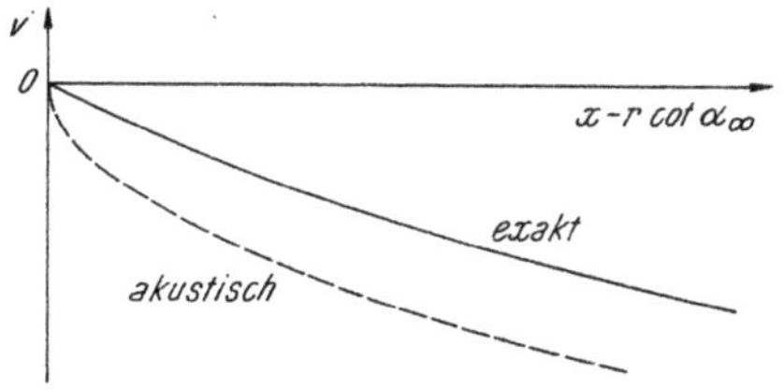

Abb. IX,122. v-Verteilung längs η = konst hinter einer räumlichen Kopfwelle mit Sog, qualitativ.

Auch hier zeigt sich wieder, daß die akustische Theorie nicht nur bei der Darstellung von Verdichtungsstößen versagt, sondern auch bei der Darstellung plötzlicher Expansionen.

Es wurde bereits öfters festgestellt, daß Kompressionswellen zu Stößen führen, wenn sie nicht rechtzeitig abgefangen werden. Aber auch ein solches Abfangen muß abgestimmt sein, wie etwa bei den Doppelflügeln von Abb. 66. Wenn nämlich noch ein Rest einer Kompression nach dem Abfangen übrig bleibt und wieder in die freie Strömung reflektiert wird, oder auch zwischen den Wänden hin und her pendelt, so wird auf lange Sicht ein Stoß unvermeidbar.

Dies ist ebenso auch dann der Fall, wenn die Machzahl der Anströmung beim Doppelflügel oder auch in einem Schaufelgitter, Abb. 70, geringfügig verändert wird. Selbst wenn nur der Profilabstand oder die Profilkontur kleine Abänderungen erfährt, kann nicht mehr exakt stoßfreie Strömung erwartet werden.

Man kann das auch in einem Satz aussprechen: Die Überschallströmung besitzt im allgemeinen keine *stoßfreien Nachbarlösungen.* Abb. 123, die einer Arbeit von SONN [53] entnommen ist, zeigt dazu ein Beispiel.

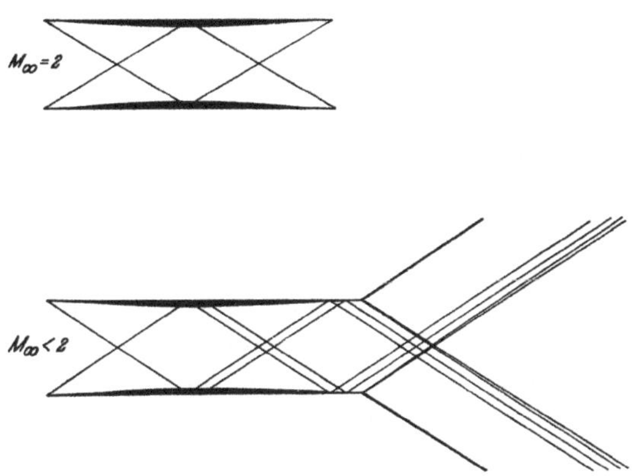

Abb. IX,123. Nachbarlösungen eines Doppelflügels.

Freilich gibt es Überschallströmungen mit speziellen stoßfreien Nachbarlösungen. Diese gewinnt man etwa, wenn man bei einem Doppelflügel oder einem Flügelgitter die Machzahl der Anströmung und die Profilform gleichzeitig derart etwas abändert, daß von einer stoßfreien Lösung zu einer zweiten stoßfreien Lösung übergegangen wird. Doch kann das im allgemeinen nur dann gelingen, wenn die Änderungen von ganz spezieller Gattung sind.

Im allgemeinen Fall wird die Nachbarlösung außerordentlich feine Stöße aufweisen, die von Machlinien kaum zu unterscheiden sind und daher weder numerisch noch experimentell nachgewiesen oder widerlegt werden können. Die analytische Charakteristikenmethode führt jedoch in diesem Fall zum Ziel.

Es ist freilich auch möglich, daß kleine Änderungen in einer Strömung oder in der Kontur bereits zu starken Änderungen der Gesamtströmung führen. Das wird dann z. B. der Fall sein, wenn niedrige Überschallgeschwindigkeiten vorliegen und der Stromfaden kaum mehr Verengungen zuläßt. Bei Versuchen würde bereits eine Nachbarschaft zur *Schluckgrenze,* Abschnitt II,12, genügen, um mit kleinen Störungen große Änderungen hervorzurufen.

45. Angestellte schlanke Rotationsrümpfe

Ein Problem besonderer Art bietet die Überschallumströmung eines angestellten Rotationskörpers, der zu dick ist oder dessen Anströmmachzahl M_∞ zu hoch ist, dessen Tsien-Parameter $Ts = \tau \cot \alpha_\infty$ der Gl. (238) also nicht mehr klein genug ist, um mit linearen Methoden das Auslangen zu finden. Dabei soll wie im ganzen Buchteil IX reine Überschallströmung vorausgesetzt werden und der Tsien-Parameter durchaus unter dem Wert 1 liegen, also keinesfalls Hyperschallströmung angenommen werden. Darüber hinaus soll nur der niederste Term im

Anstellwinkel ε berücksichtigt werden. Die Differentialgleichungen sollen also wie früher bei der Theorie kleiner Störungen in den Anstellungsbeiträgen linearisiert werden, womit Separationsansätze der Art von Gl. (81) möglich sind, die dann allerdings nicht zur Differentialgleichung der Form (82) führen.

Man spricht in einem solchen Falle von einer *Teillinearisierung*, mathematisch ausgedrückt: Linearisierung der Differentialgleichung in den antisymmetrischen Anteilen, nicht aber in den symmetrischen Anteilen. Es wird sich allerdings zeigen, daß es gerade bei Überschallgeschwindigkeiten auch mit der Teillinearisierung gewisse Schwierigkeiten gibt.

Die Aufgabenstellung besitzt ziemlich große praktische Bedeutung, da Geschosse und Raketen durchaus nicht immer sehr schlank sind, bei ihrem Flug aber durch Pendeln und durch Steuerung Querkräfte am Rumpf erfahren. Diese können für sich jedoch häufig als klein angenommen werden.

Für den Fall des nicht angestellten Rotationskörpers geben die Charakteristikenverfahren, Abschn. 37, voll befriedigende Lösungen, die nicht einmal den Einsatz elektronischer Rechenmaschinen erfordern, solange drehungsfrei gerechnet werden darf.

Bei kleinen Anstellungen solcher Körper stehen diesem Verfahren jedoch keine gleichwertigen Methoden gegenüber, wie das beispielsweise bei schlanken Körpern sehr wohl der Fall ist, siehe etwa Abschn. 33. Es können aber für dickere angestellte Körper keine Berechnungsmethoden angeboten werden, sondern nur die wesentlichen Eigenschaften der Strömung besprochen werden.

Bei der Beurteilung der Brauchbarkeit oder der Güte bestimmter Lösungen wird zu beachten sein, ob man sich zwecks Berechnung der Luftkräfte mit der Bestimmung der Strömung auf der Körperoberfläche begnügt, ob man die Genauigkeitsansprüche an das gesamte Strömungsfeld zwischen Kopfwelle und Körperoberfläche stellt oder ob schließlich mit Rücksicht auf den Überschallknall die Felder in der Umgebung der Kopf- und Schwanzwelle interessieren. Im folgenden soll vor allem das *Nahfeld* von der Kopfwelle bis herunter zur Körperoberfläche behandelt werden.

Zunächst seien ausreichend schlanke Rotationskörper betrachtet. Dies erscheint deshalb als gerechtfertigt, weil eine Theorie für Rotationskörper „endlicher Dicke" auch den Fall kleiner Dickenverhältnisse mit enthalten soll, für den gesicherte Ergebnisse existieren, die mit der analytischen Charakteristikentheorie gewonnen wurden, [43]. An Abschnitt 46 wird sodann das Problem kleiner Anstellung von dicken Rotationskörpern besprochen.

Im folgenden sei die x-Achse stets Körperachse und wie auch in Abschnitt 6 die Anströmung angestellt. Die Machkegel der Anströmung haben dann die Anströmrichtung als Achse und im Mittelschnitt erscheinen die ungestörten oder *eingefrorenen* Machlinien gemäß Abb. 124.

Die gasdynamische Gleichung müßte in diesem Falle konsequenterweise mit dem Zustand der Anströmung linearisiert werden. Das gibt etwa unter der Voraussetzung von Drehungsfreiheit für ein Störpotential bei stationärer Strömung gemäß Gl. IV,75 die Form:

$$\left(1 - \frac{u_\infty^2}{c_\infty^2}\right) \varphi_{xx} + \left(1 - \frac{v_\infty^2}{c_\infty^2}\right) \varphi_{yy} + \varphi_{zz} - 2 \frac{u_\infty v_\infty}{c_\infty^2} \varphi_{xy} = 0. \qquad (273)$$

Diese läßt sich allerdings wegen der Kleinheit des Anstellwinkels auf folgende Form vereinfachen:

$$(1 - M_\infty^2)\,\varphi_{xx} + \varphi_{yy} + \varphi_{zz} - 2M_\infty^2 \operatorname{tg}\varepsilon\,\varphi_{xy} = 0. \tag{274}$$

Der Koeffizient mit tg ε darf jedoch nicht weggelassen werden, wenn die eingefrorenen Machlinien der Anströmung richtig wiedergegeben werden sollen.

In Abschnitt 42 wurde gezeigt, daß die Kopfwelle eines schlanken Körpers sehr schwach ist und ganz in der Nähe des Machkegels der Spitze liegt. Dieser eingefrorene Machkegel muß deshalb richtig wiedergegeben werden, wenn die Stoßlage stimmen soll. Einer Störtheorie, die die Strömung im Rahmen ihrer Genauigkeit im ganzen Feld richtig wiedergeben soll, müßte also die Differentialgleichung (274) zugrundeliegen. Ihr müßte nicht nur der Anstellanteil des Potentials, sondern auch der Dickenanteil genügen!

Unter solchen Umständen erhebt sich die Frage, ob die Störtheorien der Abschnitte 3 und 6, denen die Dgl. (VII,82) zugrundeliegt, für den Fall der Anstellung überhaupt gerechtfertigt sind. NIEDERDRENK [43] hat jedoch gezeigt, daß die Geschwindigkeit an der Körperoberfläche und damit die Luftkraftbeiwerte in der einschlägigen Ordnung völlig richtig erfaßt werden. Nur im Gebiete sehr schwacher Störungen hinter der Kopfwelle treten Fehler auf, was freilich für manche Fragestellungen von Bedeutung werden kann.

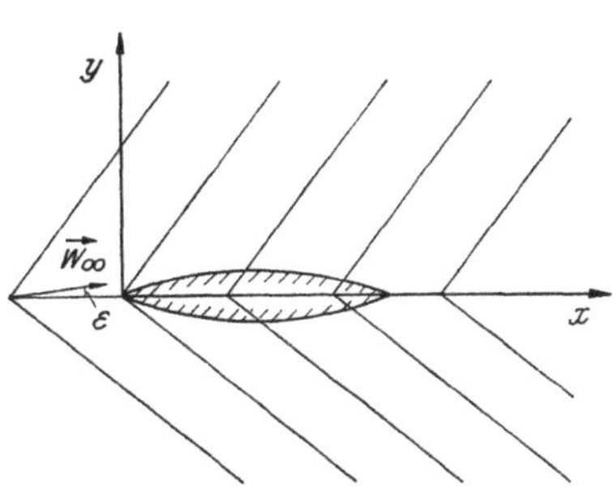

Abb. IX,124. Eingefrorene Machlinien einer angestellten Anströmung bei $M_\infty = \sqrt{2}$.

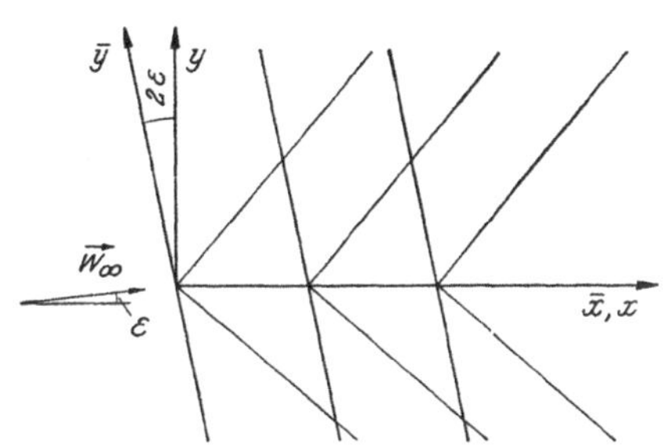

Abb. IX,125. Die $\bar{x}$, $\bar{y}$-Koordinaten bei $M_\infty = \sqrt{2}$.

Das Auffinden geeigneter Lösungen von Gl. (274) für das Dicken- und das Anstellproblem bedeutet keine Schwierigkeiten. Bei konsequenter Vernachlässigung von Gliedern $\operatorname{tg}^2\varepsilon$ gegen die Einheit läßt sich nach NIEDERDRENK die Differentialgleichung (274) mittels der Galilei-Transformation

$$\bar{x} = x + \operatorname{tg}\varepsilon\, M_\infty^2 y; \qquad \bar{y} = y \tag{275}$$

auf die geläufige Form bringen:

$$(1 - M_\infty^2)\,\varphi_{\bar{x}\bar{x}} + \varphi_{\bar{y}\bar{y}} + \varphi_{zz} = 0. \tag{276}$$

Damit können also formal die Lösungen dieser Gleichung herangezogen und das analytische Charakteristikenverfahren praktisch durchgeführt werden. Im

$\bar{x}, \bar{y}, z$-Raum können dann genauso wie früher symmetrische und antisymmetrische Lösungen unterschieden werden und auch der harmonische Ansatz (VII,85) in den Zylinderkoordinaten dieses Raumes ist zulässig.

Beim $\bar{x}, \bar{y}$-System handelt es sich um ein schiefwinkeliges Koordinatensystem in der x, y-Ebene, bei dem die x-Achse mit der $\bar{x}$-Achse zusammenfällt, die $\bar{y}$-Achse dagegen stärker gedreht wird als der Anströmwinkel, im Falle $M_\infty = \sqrt{2}$ genau um den Wert 2ε, Abb. 125. Damit liegen die Schnittpunkte der Geraden $\bar{y} =$ konst. mit den beiden Machlinien des Ursprunges oder eines Punktes der x-Achse gleich weit von der Achse entfernt.

Die Galilei-Transformation (275) kann auch als die Folge zweier hintereinander ausgeführter Transformationen aufgefaßt werden, was den Einblick erleichtern mag. Die erste Transformation ist eine Drehung der Anströmrichtung, die unter Vernachlässigung quadratischer Glieder in ε geschrieben werden kann:

$$x' = x + y \operatorname{tg} \varepsilon; \qquad y' = -x \operatorname{tg} \varepsilon + y.$$

Im neuen, gestrichenen System sind die Achsen der Machkegel parallel zur x'-Richtung, jedoch fällt nun die Körperachse nicht mit der x'-Achse zusammen, was unerwünscht ist. Man muß daher eine Transformation folgen lassen, welche die Kegelachse in die ursprüngliche Richtung, also in die x-Richtung dreht, den Machkegel aber unverändert läßt. Das ist gemäß [•24] Teil III eine *Lorenz-Transformation*, die nun in der x, y-Ebene zu erfolgen hat, wobei im Gegensatz zum zitierten Abschnitt die Machzahl beliebig sein soll. Die Lorenz-Transformation läßt sich wieder unter Vernachlässigung von quadratischen Gliedern in $\operatorname{tg} \varepsilon$ schreiben:

$$\bar{x} = x' + y' \operatorname{tg} \varepsilon \cot^2 \alpha_\infty; \qquad \bar{y} = +x' \operatorname{tg} \varepsilon + y'.$$

Kennzeichnend für diese Transformation ist, daß die Vorzeichen plus und minus im Gegensatz zur Drehung in einer geraden Anzahl auftreten. Man überzeugt sich leicht, daß die beiden Erzeugenden des Machkegels durch den Ursprung in sich übergehen:

$$0 = \bar{x} \pm \bar{y} \cot \alpha_\infty = (x' \pm y' \cot \alpha_\infty)(1 \pm \operatorname{tg} \varepsilon \cot \alpha_\infty).$$

Die Drehung in die Lorenz-Transformation eingesetzt führt unter Vernachlässigung von Gliedern mit $\operatorname{tg}^2 \varepsilon$ direkt zur Galilei-Transformation (275).

In den durch die Galilei-Transformation (275) gegebenen neuen Koordinaten kann die akustische Störtheorie von Abschnitt 6 direkt angewendet werden. Gl. (55) gibt in der eckigen Klammer den Zusatz, der in der Nähe des Machkegels zufolge der Anstellung im neuen Koordinatensystem hinzukommt. β ist der Azimutalwinkel der Zylinderkoordinaten, Gl. (VII,81). Es bleibt allerdings bei der Durchführung aller Rücktransformationen in den Strömungsraum nicht beim Faktor 2 des Anstelleffektes. Maßgebend sind für die Faltung in der Strömungsebene und für die Stärke des Stoßes die Geschwindigkeitskomponenten im Strömungsraum, also die Ableitung des Potentials nach den Koordinaten des Strömungsraums und nicht nach ihren Galilei-Transponierten. Diese Effekte akkumulieren sich und man gelangt schließlich nach NIEDERDRENK zu folgender Darstellung für den Stoßfrontwinkel eines Kegels in der Ebene $z = 0$:

$$\operatorname{tg} \gamma \cot \alpha_\infty = 1 \pm M_\infty^2 \operatorname{tg} \alpha_\infty \operatorname{tg} \varepsilon + \frac{3}{8} (\varkappa + 1)^2 \frac{M_\infty^8}{(M_\infty^2 - 1)^2} \operatorname{tg}^4 \vartheta_0 (1 \mp 10 \cot \alpha_\infty \operatorname{tg} \varepsilon \pm 2 M_\infty^2 \operatorname{tg} \alpha_\infty \operatorname{tg} \varepsilon). \tag{277}$$

Das obere Vorzeichen bezieht sich dabei auf die Oberseite des Kegels, also die Saugseite. Für $\operatorname{tg} \varepsilon = 0$ enthält die Gleichung das Ergebnis für den nichtangestellten Kegel, wie es aus dem Ergebnis von Abschn. 42 hergeleitet werden kann.

Man geht für den nichtangestellten Kegel am besten von der aus Gl. (156) und (143) für schwache Stöße leicht herzuleitenden Beziehung aus. Mit $S(M_\infty)$ von Gl. (159):

$$\operatorname{tg} \gamma \cot \alpha_\infty = 1 + S\delta\hat{v}_1 = 1 + \frac{\varkappa + 1}{4} \frac{M_\infty^4}{(M_\infty^2 - 1)^{3/2}} \operatorname{tg} \hat{\vartheta}. \tag{278}$$

Für den Strömungswinkel unmittelbar hinter der Stoßfront eines Kegels kann der Wert von Gl. (246) herangezogen werden. Man erhält mit dem Störparameter Gl. (237) links:

$$\operatorname{tg} \hat{\vartheta} = \delta^+ v_1 = \frac{b}{\pi^2} S \cot^2 \alpha_\infty \, \delta^{+2} = \frac{3}{2} (\varkappa + 1) \frac{M_\infty^4}{\sqrt{M_\infty^2 - 1}} \operatorname{tg}^4 \vartheta_0 \tag{279}$$

und mit Gl. (278) das Ergebnis von Gl. (277) für $\varepsilon = 0$.

Die ersten beiden Summanden der rechten Seite von Gl. (277) geben die Lage der Machkegelerzeugenden mit und ohne Anstellung, der letzte Summand die Zusatzglieder für die Lage der Stöße. Das allerletzte Glied entspricht im mittleren Überschallbereich einer Schwächung des Stoßes auf der Saugseite und einer Stärkung des Stoßes auf der Druckseite, wie das nicht anders zu erwarten ist. Wegen des Faktors 10 müssen ziemlich kleine Anstellwinkel gewählt werden, wenn dieses einer Entwicklung entsprungene Glied als ausreichend genau angesehen werden soll.

Für das Beispiel von Abb. 126 mit $M_\infty = 1{,}75$; $\vartheta_0 = 7{,}5°$ und $\varepsilon = 2{,}5°$, $Ts = M_\infty \operatorname{tg} \vartheta_0 = 0{,}23$ ergeben sich folgende Zahlenwerte in Gl. (277):

$$\operatorname{tg} \gamma \cot \alpha_\infty = 1 \pm 0{,}092 + 0{,}012(1 \mp 0{,}44).$$

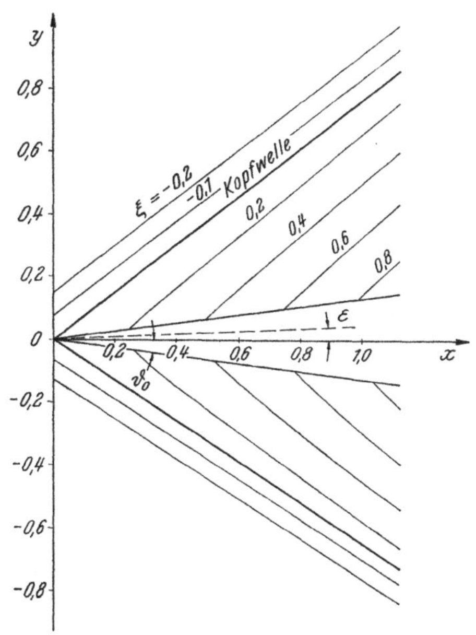

Abb. IX,126. Angestellter Kreiskegel nach [43].

Daraus ist folgendes zu ersehen: welche Genauigkeit man auch dem letzten Ausdruck, $\mp 0{,}44$, zusprechen mag, so ist bei ausreichend kleinem Hyperschallparameter die Lage der Kopfwelle im wesentlichen durch die ersten beiden Terme, also durch die Lage des Machkegels, gegeben. Dies ist auch deutlich in der Abbildung zu erkennen. Im übrigen ist auch eine stärkere Durchbiegung der Machlinien auf der Unterseite insbesonders in Körpernähe klar ersichtlich.

Eine Berechnung mit den eingefrorenen Machlinien der nichtangestellten Strömung liefert nur in der Körperumgebung richtige Resultate, reicht also wohl für die Berechnung der Luftkräfte in der niedrigsten Ordnung der Störtheorie aus. Ein genauer Vergleich der verschiedenen Näherungen am Kegel soll hier unterbleiben, weil ein solcher Vergleich nur für den Kegel Aussagekraft besitzt. Bereits die Theorie kleiner Störungen von Abschnitt 35 hat trotz eingefrorener Machlinien gezeigt, daß bei nichtkegeliger Strömung gegenüber der vereinfachten Theorie eine erhebliche Verlagerung der Auftriebsverteilung stromabwärts auftritt. In der Vernachlässigung eines solchen, aus einer ungenauen Verlagerung der Randbedingungen auf die Achse entspringenden Effektes besteht die wesentliche Schwäche vieler Näherungen. Diese Schwäche kommt jedoch gerade bei kegeligen Strömungen nicht zum Ausdruck.

46. Auswirkung der Anstellung auf die Entropieverteilung

Der auffallendste Effekt der Anstellung eines Rotationskörpers ist die Auswirkung auf die Entropieverteilung im Raume. Entropieunterschiede im Strömungsraum treten zufolge der starken Unterschiede im Kopfwellenstoß immer auf. Sie lassen allerdings bei kleinen Hyperschallparametern, also bei schlanken Körpern und mittleren Überschallmachzahlen, noch immer die Einführung eines Geschwindigkeitspotentiales zu. Mit Zunahme des Hyperschallparameters muß aber die Annahme der Drehungsfreiheit fallengelassen werden, obwohl von Hyperschall im eigentlichen Sinne noch nicht gesprochen werden kann. Bei der in diesem Teil vorausgesetzten reinen Überschallströmung wirkt sich vor allem die Anstellung des Körpers auf das Entropiefeld aus, da sie wesentliche Unterschiede in der Kopfwellenstärke auf der Saug- und Druckseite, also quer zur Hauptströmungsrichtung bewirkt. Die Abnahme der Kopfwellenstärke in Strömungsrichtung bei anliegendem Stoß infolge der Oberflächenkrümmung des Körpers geht im Vergleich dazu nur langsam vor sich.

Am ausgeprägtesten tritt der skizzierte Effekt bei einem schief angeströmten Rotationskegel auf. Der Strömungsraum um den nichtangestellten Rotationskegel weist ja überhaupt konstante Entropie auf. Alle Entropieunterschiede folgen in diesem Fall also von der zur Kegelachse geneigten Anströmung. Wie bei allen allgemeinen Kegelströmungen kommt als weitere Vereinfachung hinzu, daß der Strömungszustand auf Strahlen durch den Ursprung konstant ist, also nur von den Verhältnissen y/x und z/x abhängt. Das gilt insbesondere auch für die Entropie der Masseneinheit:

$$s = s(\eta, \xi) \qquad \text{mit} \qquad \eta = y/x, \quad \xi = z/x. \tag{280}$$

Wegen der Möglichkeit der Rückführung auf zwei unabhängige Veränderliche wurde das in diesem Abschnitt besprochene Problem fast durchweg für den Fall der Kegelströmung, insbesonders für jenen des schief angeströmten Kreiskegels, behandelt. Auf letzteren sollen sich auch die Ausführungen dieses Abschnittes beschränken.

Da das Teilchen nach Durchtritt durch die Kopfwelle seine Entropie beibehält, ist seine Entropie hinter der Kopfwelle stets, selbst bei nichtkegeliger Strömung, konstant. Aus diesem Grunde spielen für die folgenden Ausführungen die Stromlinien sowie bestimmte aus lauter Stromlinien gebildete *Stromflächen* eine ausgezeichnete Rolle.

Wird eine beliebige Erzeugende der Kopfwelle einer allgemeinen kegeligen Strömung, also nicht notwendig jener um einen angestellten Kreiskegel, herausgegriffen, so bilden die von der genannten Erzeugenden ausgehenden Stromlinien eine „Stromfläche". Die Stromlinien dieser Stromfläche sind also „in sich ähnlich". Sie gehen durch Multiplikation der Lagekoordinaten ihrer Punkte mit einem gemeinsamen konstanten Faktor ineinander über. Daraus folgt aber, daß die durch eine Erzeugende der Kopfwelle festgelegte Stromfläche selbst eine allgemeine *Kegelfläche* ist, also eine „Regelfläche", die aus Geraden durch die Kegelspitze gebildet wird. Es genügt zu ihrer Erzeugung eine einzige Stromlinie und die Strahlen durch den Ursprung und die Stromlinienpunkte.

Im folgenden wird vor allem mit diesen kegeligen Stromflächen gearbeitet. Sie sind gleichzeitig auch die Flächen konstanter Entropie gemäß Gl. (280).

Zur Darstellung eines kegeligen Feldes genügt eine η, ζ-Ebene, Abb. 127, 128, 129. Sie kann aufgefaßt werden als y, z-Ebene im Abstand von der Kegelspitze $x = 1$. Die Lage bestimmter Zustände und die Kurven in allen anderen Ebenen $x =$ konst. gehen durch ähnliche Vergrößerung oder Verkleinerung aus dieser einzigen Ebene hervor. Insbesondere erscheint jede kegelige Stromfläche in der η, ζ-Ebene als eine Kurve, nämlich als Schnitt der kegeligen Stromfläche oder auch der Entropiefläche mit der Ebene $x =$ konst.

Um Fehlschlüsse hintanzuhalten, sollen diese Schnittkurven nur als *Pseudostromlinien* bezeichnet werden und nicht wie in manchen Darstellungen als

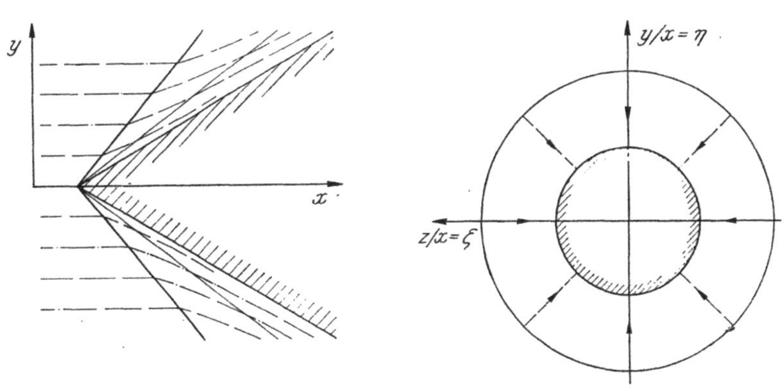

Abb. IX,127. Längsschnitt des Strömungsfeldes beim achsial angeblasenen Kreiskegel $M_\infty = 1{,}9$; $\varkappa = 1{,}4$ (links).
Pseudostromlinien in kegeliger Darstellung (rechts).

„Stromlinien". Während nämlich die Punkte einer bestimmten Stromlinie von einem einzigen Teilchen in verschiedenen Zeitpunkten erreicht werden, erreicht ein bestimmtes Teilchen in einer Ebene $x =$ konst. nur einen einzigen Punkt. Nur in der η, ζ-Ebene, die jedoch keine richtige Schnittebene des Strömungsraumes ist, durchwandert ein Massenteilchen alle Punkte einer Pseudostromlinie.

Dies ist sehr gut an der Darstellung des axial angeblasenen Kegels im Strömungsraum zu erkennen, Abb. 127. Im Achsenschnitt der Strömung links im Bilde handelt es sich um richtige Stromlinien. Die Teilchen wandern in diesem einfachen Fall tatsächlich in der Zeichenebene weiter und nähern sich immer stärker der Körperoberfläche. Die Erzeugenden des Kegels können als Grenzlinie jener Teilchen aufgefaßt werden, die unmittelbar an der Spitze durch die Kopfwelle treten. Man beachte im Übrigen, daß der Stromlinienwinkel im gewählten Beispiel unmittelbar hinter der Kopfwelle nur etwa halb so groß ist wie der halbe Kegelöffnungswinkel. Im rechten Bildteil sind die Pseudostromlinien eingetragen. Es sind im vorliegenden einfachen Falle gerade Linien, längs denen sich die Teilchen einer Erzeugenden der Kegeloberfläche nähern.

Bei schiefer Anblasung des Kegels ändert sich das Bild völlig. Nur in der Ebene $z = 0$ liefern die Achsenschnitte noch Pseudostromlinien, da dort aus Gründen der Symmetrie $w = 0$ ist, Abb. 128 und 129. Da nun aber der Stoß an der Druckseite, gekennzeichnet durch geringeren Körperabstand des Verdichtungsstoßes, stärker ist als der Stoß an der Saugseite, ist die Entropie auf der Druckseite der Pseudostromlinie $\xi = 0$ höher als an der Saugseite.

Bei Anstellwinkeln, die etwa gleich groß sind wie der halbe Kegelöffnungswinkel, $\varepsilon \sim \vartheta_0$, sieht das Bild der Pseudostromlinien etwa wie in Abb. 128 aus. Da ε als klein vorausgesetzt wurde, muß in diesem Falle auch ϑ_0 ziemlich klein sein, was aus der Abbildung nicht direkt zu erkennen ist. Die Querkomponenten der Geschwindigkeit infolge der Anstellung und der Dicke sind unter den gemachten Annahmen etwa gleich groß. Während jedoch die Querkomponente der Dicke radial gerichtet ist, hat jene der Anstellung eine wesentliche azimutale Komponente. Die Folge ist, daß die Pseudostromlinien aus der Richtung der achsialen Anblasung des Kegels, Abb. 127 rechts, wesentlich herausgedreht sind.

Die beiden Schnittgeraden des Kegels mit der Ebene $z = 0$ bleiben Grenzstromlinien. Von der Druckseite, gekennzeichnet durch Punkt A, wenden sich die Teilchen ab und nähern sich zunehmend der Körperoberfläche und gleichzeitig der Grenzstromlinie, gekennzeichnet durch den Punkt B. Da die Teilchen die beim Stoßfrontdurchtritt erhaltene Entropie mit sich tragen, ist der Punkt B der η, ζ-Ebene ein singulärer Punkt der Entropie und infolge des Croccoschen Wirbelsatzes auch ein singulärer Wirbelpunkt.

Der Punkt B sollte jedoch nicht, wie es in manchen Darstellungen geschieht, als „Staupunkt" bezeichnet werden, weil eine solche Bezeichnung zu falschen Schlüssen führen könnte Der Punkt B stellt räumlich eine Grenzstromlinie auf der Kegeloberfläche dar mit erheblichen Strömungsgeschwindigkeiten.

Ist der Anstellwinkel ε nur verhältnismäßig klein gegenüber dem halben Kegelöffnungswinkel, wie das beim Kegel der Abb. 127 rechts bei kleiner Anstellung der Fall sein würde, dann wird die Richtung der Pseudostromlinie im größten Teil der η, ζ-Ebene durch den Dickeneffekt bestimmt. Nur in der unmittelbaren Umgebung der Kegeloberfläche, wo ja die Normalkomponente der

Geschwindigkeit auf dem Kegel verschwinden muß, macht sich der Anstelleffekt geltend. Die Pseudostromlinien besitzen in diesem Fall deshalb im größten Teil des Strömungsraumes im wesentlichen dieselbe Richtung wie beim axial angeblasenen Kegel, nur unmittelbar an der Oberfläche weichen sie plötzlich in Richtung der Oberfläche aus, Abb. 129.

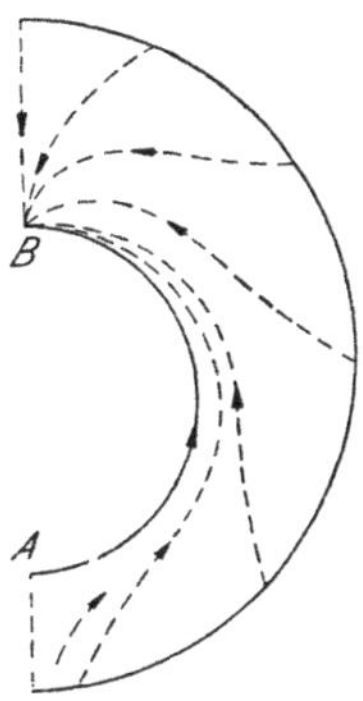

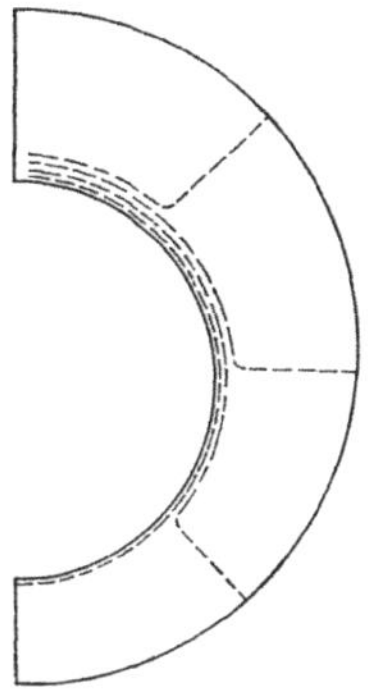

Abb. IX,128. Pseudostromlinien am schlanken Kreiskegel bei etwa gleichem Öffnungs- und Anstellwinkel (links).

Abb. IX,129. Pseudostromlinien bei Anstellwinkel klein gegen den halben Öffnungswinkel (rechts).

Bei höheren Machzahlen der Anströmung kommt es selbst bei kleiner Anstellung zu erheblichen Entropieunterschieden in der Kopfwelle, die zunächst radial an die Körperoberfläche herangetragen werden. Wegen des Umbiegens der Stromlinien bilden sie an der Oberfläche eine *Entropieschicht* und infolge des Croccoschen Wirbelsatzes auch eine *Wirbelschicht* [••7, 54]. Es handelt sich also um eine Grenzschicht, die mit der bekannten Reibungsgrenzschicht nichts zu tun hat. Das singuläre Verhalten in der Umgebung des Punktes B bleibt erhalten und wird nur modifiziert.

Wird zu Anstellwinkeln übergegangen, die größer sind als der halbe Kegelöffnungswinkel, dann wird eine der Erzeugenden im Mittelschnitt der Saugseite zur Stromlinie. Alle Pseudostromlinien streben einem außerhalb des Kegels auf der Saugseite gelegenen „Pseudostaupunkt" zu, dem sogenannten *Ferripunkt*, vgl. [••7], p. 723ff. Verschiedene solche Fälle behandelt R. E. Melnik [55]. Die Vorgänge können auch schon am schlanken Kreiskegel studiert werden, wie dies Bakker und Bannink [56] machen.

Damit wurden gewisse Probleme der kegeligen Strömung aufgezeigt. Es muß angenommen werden, daß die Probleme an Rotationskörpern, die schief angeblasen werden, noch weitere Komplikationen aufweisen.

Literatur

[1] Ackeret, J.: Luftkräfte an Flügeln, die mit größerer als Schallgeschwindigkeit bewegt werden. Z. Flugtechn. Motorluftsch. **16**, 72—74 (1925).

[2] Ferri, A.: Alcuni resultati sperimentali riguardanti profili alari provanti alla galleria ultrasonora di Guidonia. Atti di Guidonia. Nr. 17 (1939).

[3] Drougge, G.: Wing sections with minimum drag at supersonic speeds. FFA Medd. 26 (1949).
[4] v. Kármán, T. and Moore, N. B.: The resistance of slender bodies moving with supersonic velocities with special reference to projectiles. Trans. Amer. Soc. Mech. Engr. **54**, 303 bis 310 (1932).
[5] Haack, W.: Geschoßformen kleinsten Wellenwiderstandes. Bericht 139 Lilienthal Ges. (1941).
[6] Sears, W. R.: On projectiles of minimum wave drag. Quart. Appl. Math. **14**, 361—366 (1947).
[7] Schmidt, J. W.: Nichtangestellte Rotationskörper mit kleinem Wellenwiderstand im schallnahen und höheren Überschallgebiet. Z. f. Flugwiss. **7**, 194—201 (1959).
[8] Tsien, H. S.: Supersonic Flow over an inclined body of revolution. J. Aeronaut. Sci. **5**, 480—483 (1938).
[9] Kopal, Z.: Tables of supersonic flow around yawing cones. MIT Rep. **3** (1947).
[10] Stone, A. H.: On Supersonic Flow past a Slightly Yawing Cone. J. Math. and Phys. **27**, 67—81 (1948).
[11] Richter, H.: Die Stabilität des Verdichtungsstoßes in einer konkaven Ecke. ZAMM **28**, 341—345 (1948).
[12] Guderley, K. G.: Theorie schallnaher Strömungen. Springer, Berlin-Göttingen-Heidelberg, 140ff. (1957).
[13] Weise, A.: Theorie des gegabelten Verdichtungsstoßes. Jahrb. dtsch. Lufo **1** (1943).
[14] Egging, H.: Über Verdichtungsstöße bei abgelöster Strömung. FB 1850 (1943).
[15] Wuest, W.: Zur Theorie des gegabelten Verdichtungsstoßes. ZAMM **28**, 74—80 (1948).
[16] Wecken, F.: Grenzlagen gegabelter Verdichtungsstöße. ZAMM **29**, 147—155 (1949).
[17] Hantzsche, W. und Wendt, H.: Mit Überschallgeschwindigkeit angeblasene Kegelspitzen. Jahrb. dtsch. Lufo **1**, 80—90 (1942).
[18] Taylor, G. J. and Macoll, J. W.: Air pressure on a cone moving at high speeds. Proc. Roy. Soc. A **139**, 278—311 (1933).
[19] Macoll, J. W.: The conical shock wave. Proc. Roy. Soc. A **159** 459—472 (1937).
[20] Busemann, A.: Die achsensymmetrische kegelige Überschallströmung. Lufo **19**, 137 bis 144 (1942).
[21] Kopal, Z.: Tables of supersonic flow around cones. MIT Rep. **1** (1947).
[22] Sims, J. L.: Tables for supersonic flow around right circular cones at zero angle of attack. NASA SP-3004, (1964).
[23] Oswatitsch, K.: Der Druckwiderstand bei Geschossen mit Rückstoßantrieb bei hohen Überschallgeschwindigkeiten. Ber. Göttingen (1944), oder: NACA TM 1140.
[24] Busemann, A.: Aerodynamischer Auftrieb bei Überschallgeschwindigkeit. Volta-Kongreß **1935**, 315—347. (Der dort angegebene Wert für C_3 und D enthält Fehler.)
[25] Crocco, L.: Singolarita dello cottente gassosa iperacustica nell' intorno di una prora a diedro. L'Aerotecnica **17**, 519—536 (1937).
[26] Munk, M. M. and Prim, R. C.: Surface-pressure gradient and shockfront curvature at the edge of a plane ogive with attached shock front. J. Aeronaut. Sci. **15**, 691—695 (1948).
[27] Massau, J.: Mém. sur l'integration graphique des équations aux dérivées partielles. Gent 1899. Vgl. auch Enzyklop. der math. Wiss. II 3, 1. pp 162.
[28] Prandtl, L., und Busemann, A.: Näherungsverfahren zur zeichnerischen Ermittlung von ebenen Strömungen mit Überschallgeschwindigkeit. Stodola-Festschrift Zürich (1929), 499—509.
[29] Walchner, O.: Zur Frage der Widerstandsverringerung von Tragflächen mit Doppeldeckeranordnung. Lufo **14**, 55—62 (1937).
[30] Ferri, A.: Esperienze su di un biplano iperacustico tipo Busemann. Atti di Guidonia No. 37—38 (1940).
[31] Pack, D. C.: On the formation of shock-waves in supersonic gas jets. Quart. J. Mech. Appl. Math. **1**, 1—17 (1948).
[32] Oswatitsch, K.: Potentialwirbel-Gitter für Überschallgeschwindigkeiten. Z. f. Flugwiss. **4**, 53—57 (1956).
[33] Ryhming, I.: Axiale Rückwirkungen von Überschallschaufelgittern. ZAMM **37**, 370—385 (1957).

[34] Sauer, R. und Heinz, C.: nicht veröffentlichter Bericht.
[35] Erdman, S. und Oswatitsch, K.: Schnell arbeitende, lineare Charakteristikenverfahren für axiale und schräge Überschallströmung am Rotationskörper mit Ringflächen. Z. f. Flugwiss. **8**, 201–215 (1954).
[36] Oswatitsch, K. und Malm, S.: Druckverteilungsberechnung an drei Rotationskörpern. Techn. Hochschule Stockholm, KTH AERO Fl 189 (1957).
[37] Guderley, G.: Erweiterung der Charakteristikenmethode. Lilienthalges. Ber. **139**, II. Teil, 15–23 (1941).
[38] Sauer, R.: Rechnerisch-zeichnerisches Verfahren für räumliche Überschallströmungen. Lilienthalges. Ber. **139**, II. Teil, 23–25 (1941).
[39] Tollmien, W. und Schäfer, M.: Rotationssymmetrische Überschallströmungen. Lilienthalges. Ber. **139**, II. Teil, 5–15 (1941).
[40] Oswatitsch, K.: Über die Charakteristikenverfahren der Hydrodynamik. ZAMM **25/27**, 196–208, 264–270 (1947).
[41] Meyer, R. E.: The method of characteristics for problems of compressible flow involving two independent variables. Quart. J. Mech. Appl. Math. I. Teil: **1/2**, 196–219 (1948); 2. Teil: **1/4**, 451–467.
[42] Oswatitsch, K.: Die Berechnung wirbelfreier achsensymmetrischer Überschallfelder. Österr. Ing. Arch. **10**, 359–382 (1956).
[43] Niederdrenk, P.: Berechnung der Überschallströmung um angestellte Rotationskörper mit Hilfe eines analytischen Charakteristikenverfahrens. DLR FB 69–49.
[44] Lin, C. C.: On a perturbation theory based on the method of characteristics. J. Math. and Phys. **33**, 117–134 (1954).
[45] Leiter, E.: Nichtlineare Ausbreitungsvorgänge. In: Übersichtsbeiträge zur Gasdynamik, S. 13–94. Wien-New York: Springer. 1971.
[46] Lighthill, M. J.: A technique for rendering approximate solutions to physical problem uniformly valid. Philos. Mag. **40**, 1179–1201 (1949).
[47] Oswatitsch, K.: Der Verdichtungsstoß bei stationärer Umströmung flacher Profile. ZAMM **29**, 129–141 (1949).
[48] Schneider, W.: Analytische Berechnung achsensymmetrischer Überschallströmungen mit Stößen. Diss. T. H. Wien (1963), DVL-Bericht Nr. 275.
[49] Lighthill, M. J.: The hodograph Transformation in transonic flow. I. Symmetrical Channells. Proc. Roy. Soc. London A **191**, 323–341 (1948).
[50] Landahl, M., Ryhming, J. and Lofgren, P.: Nonlinear Effects on Sonic Boom Intensity. Third Conference on Sonic Boom Research. (Schwartz I. R., Hrsg.), NASA SP-255.
[51] Whitmam, G. B.: The Flow Pattern of a Supersonic Projectile. Comm. on Pure and Applied Math. 301–348 (1952).
[52] Niederdrenk, P.: Zum Widerstand ebener und achsensymmetrischer Halbkörper in Überschallströmung. (Nichtveröffentl. Bericht).
[53] Sonn, H.: Nachbarlösungen von stoßfreien ebenen Überschallströmungen. DLR-FB 69–27.
[54] Munson, A. G.: The vortical layer on an inclined cone. J. Fluid Mech. **20**, 625–643 (1964).
[55] Melnik, R. E.: Vortical Singularities in Conical Flow. AIAA Journ. **5**, 631–637 (1967).
[56] Bakker, P. G. and Bannink, W. J.: Conical Stagnation Points in the Supersonic Flow around Slender Circular Cones at Incidence. Delft University of Technology, Rep. VTH-184 (1974).
[57] Strauss, E.: Schaufelgitter für Überschallgeschwindigkeit ohne Wellenwiderstand. Techn. Ber. **11**, 387–391 (1944).
[58] Busemann, A.: Drücke auf kegelförmige Spitzen bei Bewegung mit Überschallgeschwindigkeit. ZAMM **9**, 496–498 (1929).

X. Strömungen mit Reibung

1. Übersicht

Da die Grundgleichungen in diesem Buch aus guten Gründen in möglichst allgemeiner Form, nämlich unter Berücksichtigung der Reibungskräfte hergeleitet wurden, sollen im letzten Buchteil auch einige wenige für die Gasdynamik typische Reibungsströmungen behandelt werden. Sie dienen gleichzeitig als Belegbeispiele für die allgemeine Theorie der mechanischen Ähnlichkeit von Abschnitt VI,4.

Bei der Bedeutung allein schon der Reibungsschicht für die Strömungen und bei der starken Entwicklung ihrer Theorie und dem ausgedehnten Versuchsmaterial kann hier selbst von einer erschöpfenden Aufzählung der Probleme keine Rede sein. Eine erschöpfende Behandlung fällt schon für die einschlägigen Spezialwerke schwer genug, vgl. etwa [·18], [·26], [·40], [·45], [··17], [··21].

Dennoch erscheint es sinnvoll, auf einige, im Zusammenhang mit der Reibung auftretende, für die kompressible Strömung charakteristische Phänomene einzugehen und damit eine Brücke von den zuvor behandelten Hauptthemen des Buches zu den anderenorts genauer behandelten Reibungsvorgängen zu schlagen. Im Hinblick auf die gebotene Einfachheit und Übersichtlichkeit werden fast nur stationäre, laminare Reibungs- und Wärmeleitungsvorgänge ins Auge gefaßt. Einige dabei gewonnene Erkenntnisse lassen sich jedoch sinngemäß auf turbulente Strömungen übertragen.

2. Struktur des Verdichtungsstoßes

In Abschnitt II,5 ergab sich der senkrechte Verdichtungsstoß aus den Integralgleichungen der Bewegung als Sprung in der Geschwindigkeit und im thermischen Zustand. Ein Sprung in der Temperatur würde aber bei noch so kleinem Leitvermögen des Gases wegen des unendlichen Temperaturgradienten einen unendlichen Wärmestrom ergeben, womit sich ein Temperatursprung als unmöglich erweist. Aus dieser Größe des Wärmestroms hat zuerst L. Prandtl [1] die Tiefe der Stoßfront abgeschätzt. Eine Berechnung des Zustandsverlaufes im Stoß muß allerdings auch die innere Reibung berücksichtigen. Die Behandlungen können auf den senkrechten, stationären Stoß beschränkt werden. Dann hängen alle Größen nur von einer Koordinate, der x-Richtung ab. Zweckmäßigerweise wird gleich von den Integralgleichungen ausgegangen, weil man sich damit eine Integration erspart.

Werden die Zustände vor und nach dem Stoß mit den Indizes 1 und 2 bezeichnet, so ergibt sich aus Gl. (IV,2), (IV,8) und (IV,11) für ein id. Gas konst. sp. W., dessen Zustand nur von einer Unabhängigen x abhängt:

$$\varrho_1 u_1 = \varrho u = \varrho_2 u_2; \tag{1}$$

$$\varrho_1 u_1^2 + p_1 = \varrho u^2 + p - (p_{xx} + p) = \varrho_2 u_2^2 + p_2; \tag{2}$$

$$c_p T_1 + \frac{u_1^2}{2} = c_p T + \frac{u^2}{2} - \frac{1}{\varrho u}\left\{\lambda \frac{\mathrm{d}T}{\mathrm{d}x} + u(p_{xx} + p)\right\} = c_p T_2 + \frac{u_2^2}{2}. \tag{3}$$

Die Mittelteile von Gl. (2) und (3) unterscheiden sich von den Ausgangsgleichungen für den senkrechten Stoß (II,12) durch Glieder, welche die Veränderlichkeit des Zustandes mit x enthalten. Für ein kontinuierliches Medium ergibt sich das Reibungsglied mit Gl. (IV,24) und mit dem in Kleindruck angeführten Ansatz für $\tilde{\mu}$:

$$p_{xx} + p = (2\mu + \tilde{\mu})\frac{\mathrm{d}u}{\mathrm{d}x} = \frac{4}{3}\mu \frac{\mathrm{d}u}{\mathrm{d}x}. \tag{4}$$

Nun ist für Luft nahezu:

$$\lambda = \frac{4}{3} c_p \mu$$

(mit $\lambda = 0{,}56 \cdot 10^{-4} \frac{\text{cal}}{\text{Grad} \cdot \text{cm} \cdot \text{sec}}$, $\mu = 1{,}7 \cdot 10^{-4} \frac{\text{g}}{\text{cm} \cdot \text{sec}}$, $c_p = 0{,}24 \frac{\text{cal}}{\text{g} \cdot \text{Grad}}$ ist für Luft $\frac{3}{4}\frac{\lambda}{\mu c_p} = 1{,}03$), womit der Energiesatz dann wie folgt geschrieben werden kann:

$$c_p T_1 + \frac{u_1^2}{2} = c_p T + \frac{u^2}{2} - \frac{4}{3}\frac{\mu}{u_1 \varrho_1}\frac{\mathrm{d}}{\mathrm{d}x}\left[c_p T + \frac{u^2}{2}\right] = c_p T_2 + \frac{u_2^2}{2}.$$

Aus dieser Gleichung folgt, daß der Energiesatz für Luft praktisch erfüllt ist:

$$\frac{\varkappa}{\varkappa - 1}\frac{p_1}{\varrho_1} + \frac{u_1^2}{2} = \frac{\varkappa}{\varkappa - 1}\frac{p}{\varrho} + \frac{u^2}{2} = \frac{\varkappa}{\varkappa - 1}\frac{p_2}{\varrho_2} + \frac{u_2^2}{2}. \tag{5}$$

Mit den Gln. (1), (4) und (5) läßt sich nun der Impulssatz (2) nach R. Becker [2] leicht auf folgende Gleichung reduzieren:

$$\frac{4}{3}\frac{\mu}{\varrho_1 u_1}\frac{\mathrm{d}\omega}{\mathrm{d}x} = \frac{\varkappa + 1}{2\varkappa}\frac{(\omega - \omega_1)(\omega - \omega_2)}{\omega} \text{ mit } \omega = \frac{\varrho u^2}{p_1 + \varrho_1 u_1^2}$$

mit der Lösung

$$\frac{3}{4}\,\frac{\varrho_1 u_1}{\mu}\,x = \frac{2\varkappa}{\varkappa + 1}\,\frac{\omega_1 \ln(\omega_1 - \omega) - \omega_2 \ln(\omega - \omega_2)}{\omega_1 - \omega_2}.$$

Es handelt sich um die in Abb. 1 wiedergegebene Funktion. Für die dort skizzierte Stufenbreite ergeben sich abhängig vom Druckverhältnis die Werte:

p_2/p_1	2	5	10	100	1000	2000	3000
$d \cdot 10^7$ cm	380	117	66	16,5	5,2	3,6	2,9

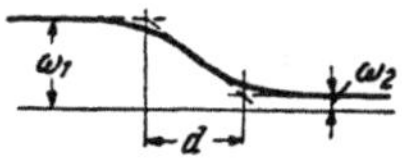

Abb. X,1. Stoßfronttiefe.

Wie R. Becker selbst bemerkt, hat die Stoßtiefe demnach die Größenordnung der mittleren freien Weglänge oder noch weniger. Es handelt sich also um einen Vorgang, der mit einem Modell der Kontinuumsbedingungen nicht verläßlich erfaßt werden kann. Die seither durchgeführten zahlreichen Rechnungen [·2], p. 197ff., auch mit den Methoden der kinetischen Gastheorie, und einschlägige Messungen zeigen allerdings, daß die aufgezeigten Ergebnisse besser sind als zunächst zu vermuten gewesen wäre. Das liegt wohl daran, daß die der inneren Reibung und Wärmeleitung entsprechenden gaskinetischen Effekte im wesentlichen dem Geschwindigkeits- und Temperaturunterschied proportional sind. Das klassische Resultat von R. Becker [2] hat durch die neue Entwicklung also kaum an Bedeutung verloren. Von schwachem Druckanstieg abgesehen ist der Verdichtungsstoß im Rahmen der Kontinuumsmechanik als unstetiger Vorgang zu betrachten.

Wie beim schiefen oder beim instationären Stoß kann das gewonnene Ergebnis wieder durch Betrachten aus einem bewegten Bezugssystem verallgemeinert werden. Das Ergebnis des Abschnittes ist also keineswegs auf den senkrechten Stoß beschränkt.

3. Grenzschichtgleichungen

Für jene Fälle, in welchen sich alle wesentlichen Änderungen quer zur Hauptströmungsrichtung abspielen, lassen sich die Differentialgleichungen nach Prandtl [3] vereinfachen. Das Anwendungsgebiet dieses Gleichungssystems ist nicht nur die Strömung in Wandnähe, sondern auch an Freistrahlgrenzen, weil in beiden Fällen eine rasche Geschwindigkeitsabnahme quer zur Hauptströmungsrichtung aufgezwungen wird. Als solche soll die x-Richtung gewählt werden. Die Betrachtungen seien zunächst auf *ebene, stationäre* Strömungen beschränkt. Wegen der Kleinheit von v und der geringen Änderung in x-Richtung bekommen dann die Gln. (IV,25) und (IV,30) die Form:

$$\varrho u \frac{\partial u}{\partial x} + \varrho v \frac{\partial u}{\partial y} = -\frac{\partial p}{\partial x} + \frac{\partial p_{yx}}{\partial y}; \tag{6}$$

$$\varrho u \frac{\partial i}{\partial x} + \varrho v \frac{\partial i}{\partial y} = u \frac{\partial p}{\partial x} + v \frac{\partial p}{\partial y} + p_{xy} \cdot \frac{\partial u}{\partial y} + \frac{\partial}{\partial y}\left(\lambda \frac{\partial T}{\partial y}\right). \tag{7}$$

Aus der zweiten Navier-Stokesschen Gleichung wird gefolgert, daß der Druck in y-Richtung konstant ist, da das Druckgefälle mit den Geschwindigkeitskomponenten klein sein muß. Für ideale Gase ergibt sich dann aus Gl. (6) und (7):

$$\varrho u \frac{\partial u}{\partial x} + \varrho v \frac{\partial u}{\partial y} = -\frac{\mathrm{d}p}{\mathrm{d}x} + \frac{\partial p_{yx}}{\partial y}; \tag{8}$$

$$\varrho u c_p \frac{\partial T}{\partial x} + \varrho v c_n \frac{\partial T}{\partial y} = u \frac{\mathrm{d}p}{\mathrm{d}x} + p_{yx} \frac{\partial u}{\partial y} + \frac{\partial}{\partial y}\left(\lambda \frac{\partial T}{\partial y}\right). \tag{9}$$

Dazu tritt noch die Kontinuitätsbedingung, die Zustandsgleichung idealer Gase und ein Ansatz für die Schubspannung, der mit Gl. (IV,24) für laminare Reibungsschicht-Strömung einfach lautet:

$$p_{xy} = \mu \frac{\partial u}{\partial y}. \tag{10}$$

Für turbulente Strömungen gibt es noch keine befriedigende Darstellung der Schubspannungen durch die zeitlichen Mittelwerte der Geschwindigkeitskomponenten. In diesem Falle wären unter allen abhängigen Größen in den Gleichungen zeitliche Mittelwerte zu verstehen. Auch λ müßte durch eine die turbulente Wärmeübertragung erfassende Größe ersetzt werden.

$\mathrm{d}p/\mathrm{d}x$ ist der Druckgradient außerhalb der Reibungsschicht und mit der „Außenströmung" bekannt. Diese braucht nicht unbedingt eine „Potentialströmung" zu sein, weil mit Verdichtungsstößen auch Wirbel auftreten können.

Da der Druckverlauf durch die Außenströmung gegeben ist, ist nur mehr eine thermische Größe unbekannt, weshalb nun die Strömung durch die Kontinuitätsbedingung, den Energiesatz (9) und eine Navier-Stokes-Gleichung, nämlich (8), völlig beschrieben wird.

Die Koeffizienten der inneren Reibung und der Wärmeleitung sollen nicht als konstant angesetzt werden, wie das noch in den ältesten einschlägigen Darstellungen gemacht wurde. Sie ändern sich bei einem idealen Gas etwa mit der Potenz 0,8 der absoluten Temperatur, also quer zur Strömungsrichtung in der Reibungsschicht nahezu gleich stark wie die Dichte. Außerdem verringert eine solche Vereinfachung den Aufwand nicht nennenswert. Dagegen darf die spezifische Wärme c_p in vielen Fällen ohne nennenswerten Fehler durch einen konstanten Mittelwert ersetzt werden. Dazu kommt, daß c_p im Gleichungssystem (8), (9) im Gegensatz zu μ und λ nur in den Koeffizienten auftritt.

4. Laminare Grenzschicht an der ebenen Platte, Plattenthermometer

An einer parallel mit der Geschwindigkeit u_∞ angeströmten ebenen Platte sei der Druck konstant. Dies führt mit Gl. (8), (9) und (10) zu folgendem Gleichungssystem:

$$\varrho u \frac{\partial u}{\partial x} + \varrho v \frac{\partial u}{\partial y} = \frac{\partial}{\partial y}\left(\mu \frac{\partial u}{\partial y}\right);$$

$$\frac{\partial(\varrho u)}{\partial x} + \frac{\partial(\varrho v)}{\partial y} = 0; \tag{11}$$

$$\varrho u c_p \frac{\partial T}{\partial x} + \varrho v c_p \frac{\partial T}{\partial y} = \mu \left(\frac{\partial u}{\partial y}\right)^2 + \frac{\partial}{\partial y}\left(\lambda \frac{\partial T}{\partial y}\right).$$

Wie bei der dichtebeständigen laminaren Reibungsschicht kann u und der thermische Zustand als Funktion in einer einzigen Variablen

$$\eta = \sqrt{\frac{u_\infty \varrho_w}{\mu_w x}} \cdot y \tag{12}$$

angesehen werden. Während aber bei dichtebeständiger Strömung ohne Wärmeübergang ϱ und μ konstant sind, werden hier zweckmäßig die durch den Index w gekennzeichneten, konstant angenommenen *Wandwerte* eingesetzt. Das System (11) kann dann in folgende gewöhnliche Differentialgleichungen umgeschrieben werden:

$$\left[-\frac{\eta}{2} \frac{\varrho}{\varrho_w} \frac{u}{u_\infty} + \frac{\varrho}{\varrho_w} \frac{v}{u_\infty} \sqrt{\frac{x u_\infty \varrho_w}{\mu_w}}\right] \frac{\mathrm{d}}{\mathrm{d}\eta} \frac{u}{u_\infty} = \frac{\mathrm{d}}{\mathrm{d}\eta}\left(\frac{\mu}{\mu_w} \frac{\mathrm{d}}{\mathrm{d}\eta} \frac{u}{u_\infty}\right); \tag{13}$$

$$-\frac{\eta}{2} \frac{\mathrm{d}}{\mathrm{d}\eta}\left(\frac{\varrho}{\varrho_w} \frac{u}{u_\infty}\right) + \frac{\mathrm{d}}{\mathrm{d}\eta}\left(\frac{\varrho}{\varrho_w} \frac{v}{u_\infty} \sqrt{\frac{x u_\infty \varrho_w}{\mu_w}}\right) = 0; \tag{14}$$

$$\left[-\frac{\eta}{2} \frac{\varrho}{\varrho_w} \frac{u}{u_\infty} + \frac{\varrho}{\varrho_w} \frac{v}{u_\infty} \sqrt{\frac{x u_\infty \varrho_w}{\mu_w}}\right] \frac{\mathrm{d}}{\mathrm{d}\eta}\left(\frac{c_p T}{u_\infty^2}\right)$$

$$= \frac{\mu}{\mu_w}\left(\frac{\mathrm{d}}{\mathrm{d}\eta} \frac{u}{u_\infty}\right)^2 + \frac{\lambda_w}{c_p \mu_w} \frac{\mathrm{d}}{\mathrm{d}\eta}\left(\frac{\lambda}{\lambda_w} \frac{\mathrm{d}}{\mathrm{d}\eta} \frac{c_p T}{u_\infty^2}\right). \tag{15}$$

Hierin kommt v nur in Verbindung mit einer Reynolds-Zahl, welche mit x, u_∞, ϱ_w und μ_w gebildet ist, vor. Auch x tritt nicht anders auf, woraus hervorgeht, daß das Produkt von v mit der Wurzel aus der Reynolds-Zahl nur Funktion von η ist. In Gl. (15) tritt ferner eine Prandtlsche Kennzahl, Gl. (IV,45), auf. Sie hängt nach der kinetischen Gastheorie nur von $\varkappa$ ab und kann somit zugleich mit c_p als konstant angesehen werden.

$$Pr = \frac{c_p \mu_w}{\lambda_w} = \frac{c_p \mu}{\lambda}. \tag{16}$$

Nach HANTZSCHE und WENDT [4], welchen Autoren sich diese Darstellung im wesentlichen anschließt, werden folgende Größen eingeführt:

$$\tau = \frac{\mu}{\mu_w} \frac{d}{d\eta} \frac{u}{u_\infty}; \qquad \mathfrak{j} = \frac{c_p T}{u_\infty^2}; \qquad \mathfrak{u} = \frac{u}{u_\infty}. \tag{17}$$

L. CROCCO [5], der zu ganz entsprechenden Resultaten kommt, nimmt neben der Enthalpie die richtige Schubspannung, Gl. (10), als zweite Abhängige.

Durch Elimination des Klammerausdruckes aus Gl. (13) und (15) ergibt sich mit $\mathfrak{u}$ als Unabhängiger nach kurzer Rechnung mit Gl. (16) wegen $\mu/\mu_w = \lambda/\lambda_w$:

$$(1 - Pr) \frac{d\tau}{d\mathfrak{u}} \cdot \frac{d\mathfrak{j}}{d\mathfrak{u}} + \tau \left(Pr + \frac{d^2\mathfrak{j}}{d\mathfrak{u}^2} \right) = 0. \tag{18}$$

Die Veränderlichkeit von μ kann stets ausreichend durch eine Potenz von T berücksichtigt werden. Zugleich mit der Konstanz des Druckes ist:

$$\frac{\varrho}{\varrho_w} = \frac{T_w}{T} = \frac{\mathfrak{j}_w}{\mathfrak{j}}; \qquad \frac{\mu}{\mu_w} = \left(\frac{T}{T_w}\right)^\omega = \left(\frac{\mathfrak{j}}{\mathfrak{j}_w}\right)^\omega. \tag{19}$$

Mit Gl. (19) folgt dann durch Elimination von $\frac{v}{u_\infty} \sqrt{\frac{x u_\infty \varrho_w}{\mu_w}}$ aus Gl. (13) und (14):

$$\tau \frac{d^2\tau}{d\mathfrak{u}^2} = -\frac{\mathfrak{u}}{2} \left(\frac{\mathfrak{j}}{\mathfrak{j}_w}\right)^{1-\omega}. \tag{20}$$

Gl. (18) und (20) stellen ein System gewöhnlicher Differentialgleichungen für τ und $\mathfrak{j}$ dar mit den Randbedingungen für τ:

$$\mathfrak{u} = 1: \quad \tau = 0; \qquad \mathfrak{u} = 0: \quad \frac{d\tau}{d\mathfrak{u}} = 0. \tag{21}$$

Die letzte Bedingung, das ist die an der Wand, folgt aus Gl. (13) mit Gl. (17). Die Randbedingungen für die Temperatur hängen von der Problemstellung ab. Beispielsweise kann die Wandtemperatur vorgegeben werden. Zunächst sei nur jener Fall betrachtet, bei welchem kein Wärmeübergang stattfindet, bei welchem also der Temperaturgradient an der Wand verschwindet. Man spricht dann vom *Thermometerproblem,* weil die Thermometertemperatur durch verschwindenden Wärmeübergang gekennzeichnet ist. Für dieses gilt mit Gl. (17):

$$\mathfrak{u} = 1: \quad \mathfrak{j} = \frac{1}{\varkappa - 1} \frac{1}{M_\infty^2}; \qquad \mathfrak{u} = 0: \quad \frac{d\mathfrak{j}}{d\mathfrak{u}} = 0. \tag{22}$$

Mit den Randbedingungen ist die Lösung grundsätzlich festgelegt. Sind $\tau(\mathfrak{u})$ und $\mathfrak{j}(\mathfrak{u})$ bekannt, so ergibt sich $\eta(\mathfrak{u})$ aus Gl. (17) und (19) wie folgt:

$$\eta = \int_0^{\mathfrak{u}} \frac{\mu}{\mu_w} \frac{d\mathfrak{u}}{\tau} = \int_0^{\mathfrak{u}} \left(\frac{\mathfrak{j}}{\mathfrak{j}_w}\right)^{\omega} \frac{d\mathfrak{u}}{\tau}, \tag{23}$$

womit jedem $\tau(\mathfrak{u})$ und $\mathfrak{j}(\mathfrak{u})$ ein $\eta(\mathfrak{u})$ zugeordnet ist.

In zwei Fällen läßt sich die Integration leicht durchführen. Der eine mit $Pr = 1$ ist schon länger bekannt [6]. Dann liefert Gl. (18) eine einfache Differentialgleichung für $\mathfrak{j}$ allein. Sie ergibt zusammen mit den Randbedingungen (22), wie die Lösung von R. Becker in Abschnitt 2, den Energiesatz:

$$\frac{u^2}{2} + c_p T = \frac{u_\infty^2}{2} + c_p T_\infty .$$

Natürlich kann man sich schon im System (11) davon überzeugen, daß bei $Pr = 1$ die letzte Gleichung mit obigem Energiesatz in die erste übergeht. In diesem Fall ergibt sich also an der Wand stets die Ruhetemperatur. Es herrscht eine weitgehende Analogie von Geschwindigkeits- und Temperatur-Grenzschicht. Während aber die Annahmen beim Stoß in Luft sehr gut erfüllt sind, trifft dies bei der Grenzschicht nicht mehr zu, denn Pr liegt bei Luft von Zimmertemperatur etwas über 0,7, Tabelle X,1.

Tabelle X,1. *Innere Reibung und Wärmeleitvermögen von Luft*

$T - 273°$	−50	0	50	100	150	200	300	400	500	Grad
$\lambda \cdot 10^4$	0,47	0,56	0,65	0,73	0,81	0,88	1,03	1,19	1,34	$\frac{\text{cal}}{\text{Grad} \cdot \text{cm} \cdot \text{sec}}$
$\mu \cdot 10^4$	1,44	1,72	1,96	2,18	2,39	2,61	3,03	3,41	3,80	$\frac{\text{g}}{\text{cm} \cdot \text{sec}}$
$(\lambda/\varrho)\, c_p$*	0,128	0,186	0,255	0,33	0,41	0,50	0,70	0,92	1,16	cm^2/sec
μ/ϱ*	0,094	0,137	0,185	0,24	0,30	0,36	0,51	0,67	0,86	cm^2/sec
Pr	0,74	0,74	0,73	0,72	0,72	0,72	0,72	0,73	0,73	

* Beim Druck von einer techn. at

Damit gewinnt die Lösung linearer Abhängigkeit des μ-Wertes von T ($\omega = 1$) größere Bedeutung. Dann ist Gl. (20) für sich zu integrieren und liefert eine von der Theorie für dichtebeständige Medien [4] her bekannte Gleichung. Die Integration muß numerisch erfolgen. Dies gilt um so mehr für den allgemeinen Fall $Pr \neq 1$ und $\omega \neq 1$ und wurde für einige Fälle von Crocco [5] durchgeführt. Hantzsche und Wendt zeigen an einem Beispiel, Abb. 2, daß die Werte von $\omega = 1$ sich von den richtigen Werten, welche etwa durch $\omega = 0{,}80$ gegeben werden, wenig unterscheiden. Abb. 3 zeigt die entsprechenden Geschwindigkeitsprofile, die selbst bei $M_\infty = 5{,}4$ noch nahe an jenen von $M_\infty = 0$ liegen.

Zwei Ergebnisse beanspruchen ein besonderes Interesse. Das eine ist der für

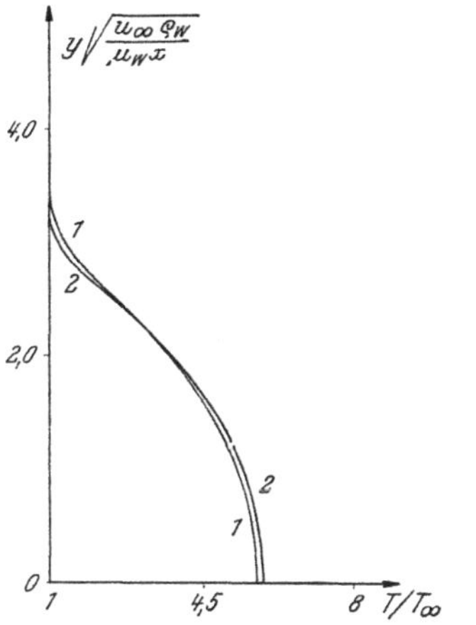

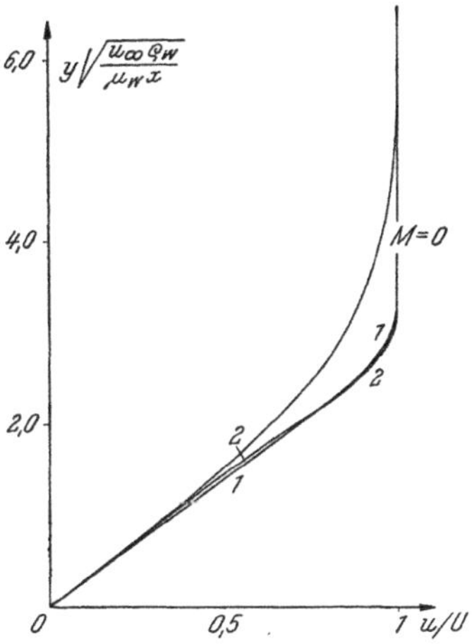

Abb. X,2. Temperaturverteilung an einer mit $M = 5{,}4$ angeströmten Platte [4]. $Pr = 0{,}7$. Kurve 1: $\omega = 0{,}8$; Kurve 2: $\omega = 1$ (links).

Abb. X,3. Geschwindigkeitsverteilung an einer mit $M = 5{,}4$ angeströmten Platte [4]. $Pr = 0{,}7$. Kurve 1: $\omega = 0{,}8$; Kurve 2: $\omega = 1$.

den Widerstand interessierende Reibungsbeiwert c_r. Er ist für eine Platte der Länge L gegeben durch:

$$c_r = \frac{2}{\varrho_\infty u_\infty^2 L} \int_0^L \mu_w \left(\frac{\partial u}{\partial y}\right)_w \mathrm{d}x = 2\, \frac{\varrho_w}{\varrho_\infty}\, \frac{\tau(0)}{L} \int_0^L \sqrt{\frac{u_\infty \varrho_w}{\mu_w x}}\, \mathrm{d}\left(\frac{\mu_w x}{u_\infty \varrho_w}\right)$$

$$= \frac{\tau(0)}{\sqrt{Re}} \left(\frac{T_\infty}{T_w}\right)^{\frac{1-\omega}{2}}. \tag{24}$$

Hierin und in Abb. 4 ist die Reynoldszahl mit den Werten der Außenströmung und mit der Länge L gebildet. $\tau(0)$ ist der Wandwert der mit Gl. (17) eingeführten Größe. Gemäß Abb. 3 ist er unabhängig von der Machzahl gleich dem Wert im Inkompressiblen:

$$Re = \frac{u_\infty \varrho_\infty L}{\mu_\infty}; \qquad 4\tau(0) = 1{,}328.$$

Für $\omega = 1$ wird der Reibungsbeiwert unabhängig vom Temperaturverhältnis T_w/T_∞ und damit unabhängig von der Machzahl. Abb. 4 zeigt den Reibungsbeiwert abhängig von der Machzahl der Anströmung für verschiedene ω-Werte bei $Pr = 1$. Bei $M_\infty = 5{,}4$ ist außerdem noch der Wert für $Pr = 0{,}70$ und $\omega = 0{,}80$ eingetragen. Daraus geht hervor, daß c_r mit $Pr = 1$ ausreichend genau gewonnen wird.

Anders ist es mit der Wandtemperatur beim Thermometerproblem, die natürlich mit $Pr = 1$ nicht ganz befriedigend ermittelt werden kann. Hier sind allerdings wieder die Werte $\omega = 1$ sehr brauchbar. Es bestätigen sich die Ergebnisse von E. Pohlhausen [7], welche für Gase, also für Prandtlzahl nahe an der Einheit, in folgende Form gebracht werden können:

$$\frac{T_w - T_\infty}{T_0 - T_\infty} = \sqrt{\frac{c_p \mu}{\lambda}} = \sqrt{Pr}. \tag{25}$$

Dieses zweite Ergebnis besagt, daß sich bei Prandtlzahlen nahe $Pr = 1$ die Wandtemperatur bei verschwindendem Wärmeübergang von der Ruhetemperatur ein wenig unterscheidet. Das Ergebnis hat für die Wandtemperatur in der Meßstrecke von Windkanälen oder an der Wand fliegender Körper Bedeutung.

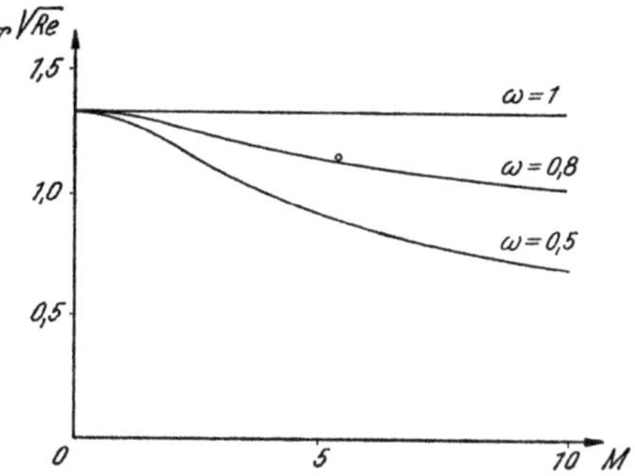

Abb. X,4. Reibungsbeiwert an der ebenen Platte für $Pr = 1$ (———), sowie für $Pr = 0{,}7$, $\omega = 0{,}80$ (o).

Es zeigt aber auch. daß mit einer längs angeströmten Platte, mit dem sogenannten *Plattenthermometer*, im wesentlichen die Ruhetemperatur und keineswegs die Gastemperatur gemessen wird. Daraus geht hervor, daß die Temperaturmessung strömender Gase mit gewissen Schwierigkeiten verbunden ist.

5. Wärmeübergang bei Prandtlzahl Pr = 1

Schon beim Thermometerproblem hat sich die Lösung für $Pr = 1$ als besonders einfach erwiesen. Ähnliches trifft auch für das Wärmeübergangsproblem zu, wenn an der Wand also eine von der Ruhetemperatur T_0 abweichende, jedoch konstante Temperatur T_w angenommen wird. Gl. (18) liefert nämlich für $Pr = 1$:

$$d^2\mathfrak{j}/d\mathfrak{u}^2 = -1.$$

Das läßt sich leicht integrieren und führt mit den beiden freien Konstanten a und b zur Lösung:

$$\mathfrak{j} = a + b\mathfrak{u} - \frac{1}{2}\mathfrak{u}^2. \tag{26}$$

Gemäß Gl. (17) ist $\mathfrak{j}$ eine dimensionslos gemachte absolute Temperatur. Sie ist in der letzten Gleichung als Funktion der dimensionslos gemachten Geschwindigkeit $\mathfrak{u}$ dargestellt. Das Temperaturprofil folgt aus dieser letzten Gleichung also nur indirekt aus dem Geschwindigkeitsprofil.

Es lassen sich jedoch in Gl. (26) leicht die Werte von $\mathfrak{j}$ an der Wand, d. i. bei $\mathfrak{u} = 0$, und in der Außenströmung, d. i. bei $\mathfrak{u} = 1$, einführen. Die Konstanten a und b können also mittels der Randbedingungen

$$\mathfrak{u} = 0\colon\ \mathfrak{j} = \mathfrak{j}_w; \qquad \mathfrak{u} = 1\colon\ \mathfrak{j} = \mathfrak{j}_\infty$$

eliminiert werden.

Führt man mit Gl. (17) die absolute Temperatur und mit Gl. (II,9) die Ruhetemperatur ein, so gelangt man nach elementarer Zwischenrechnung zur Beziehung:

$$\frac{T - T_w}{T_0 - T_\infty} = \frac{T_0 - T_w}{T_0 - T_\infty}\frac{u}{u_\infty} - \left(\frac{u}{u_\infty}\right)^2. \tag{27}$$

Mit Gl. (27) läßt sich der Wärmestrom an der Wand, $q = q_w$, leicht auf die Wandschubspannung $p_{xy} = p_{xyw}$, Gl. (10), zurückführen. Es ist zunächst:

$$q = -\lambda\frac{\partial T}{\partial y} = -\lambda(T_0 - T_w)\frac{1}{u_\infty}\frac{\partial u}{\partial y} - 2\lambda\frac{u}{u_\infty^2}(T_0 - T_\infty)\frac{\partial u}{\partial y}$$

und folglich für die Wand $u = 0$ und $Pr = 1$:

$$q_w = -\frac{c_p(T_0 - T_w)}{u_\infty}p_{xyw}. \tag{28}$$

Wenn die Wandtemperatur T_w unter der Ruhetemperatur liegt, so ist der Wärmeübergang negativ, d. h. es geht ein Wärmestrom vom Gas aus zur Wand, denn p_{xyw} ist stets positiv. Ein solcher Wärmestrom zur Wand wird solange vorliegen, bis die Wand durch Aufheizung die Ruhetemperatur erreicht hat. Dieser instationäre Aufheizungsvorgang kann allgemein ohne wesentlichen Fehler als quasistationär angesehen werden, d. h. in jedem Zeitpunkt der Gl. (28) mit der jeweiligen Temperatur T_w.

Für ideale Gase allerdings ist Gl. (28) etwas ungenau, weil dort $Pr < 1$ und gemäß Gl. (25) die Temperatur bei verschwindendem Wärmeübergang, also beim Thermometerproblem, etwas unter der Ruhetemperatur T_0 liegt. Bei $Pr \neq 1$ geht der Wärmestrom zur Wand oder von der Wand weg, je nachdem, ob die Wandtemperatur T_w unter oder über der Thermometertemperatur von Gl. (25) liegt. Bei Wandtemperaturen nahe oder gleich der Außentemperatur, $T_w = T_\infty$, spielt das eine untergeordnete Rolle. Der Unterschied wird jedoch wesentlich, wenn die Wandtemperatur bereits nahe an der Thermometertemperatur liegt. Gl. (28) wäre für diesen Fall entsprechend zu korrigieren.

6. Grenzschicht bei veränderlichem Druck

Bei Druckänderungen in der Außenströmung muß zwischen dem Strömungszustand im Anströmgebiet, der auch weiter mit dem Index ∞ symbolisiert werden soll, und dem Strömungszustand am äußeren Grenzschichtrand unterschieden werden. Dieser sei durch den Index δ gekennzeichnet. Der Druck in der Grenzschicht, $p = p_\delta(x)$, ist mit dem Zustand am äußeren Grenzschichtrand nun durch die differentielle Bernoulli-Gleichung verknüpft, Gl. (II,57). Gl. (8) läßt sich leicht wie folgt umformen:

$$\frac{\partial p_{xy}}{\partial y} = \varrho u \frac{\partial u}{\partial x} + \varrho v \frac{\partial u}{\partial y} - \varrho_\delta u_\delta \frac{\mathrm{d}u_\delta}{\mathrm{d}x} = \varrho u \frac{\partial}{\partial x}(u - u_\delta) + (\varrho u - \varrho_\delta u_\delta)\frac{\mathrm{d}u_\delta}{\mathrm{d}x}$$

$$+ \varrho v \frac{\partial}{\partial y}(u - u_\delta) + (u - u_\delta)\left[\frac{\partial(\varrho u)}{\partial x} + \frac{(\partial \varrho v)}{\partial y}\right]$$

$$= \frac{\partial}{\partial x}[\varrho u(u - u_\delta)] + (\varrho u - \varrho_\delta u_\delta)\frac{\mathrm{d}u_\delta}{\mathrm{d}x} + \frac{\partial}{\partial y}[\varrho v(u - u_\delta)].$$

Auf dem von v. KÁRMÁN gewiesenen Weg [9] kann diese Gleichung über y integriert werden und führt wegen $p_{xy} = 0$ für $u = u_\delta$ und $v = 0$ an der Wand mit Gl. (10) zum Ergebnis, [10]:

$$p_{xyw} = \mu_w \left(\frac{\partial u}{\partial y}\right)_w = \delta^* \varrho_\delta u_\delta \frac{\mathrm{d}u_\delta}{\mathrm{d}x} + \frac{\mathrm{d}}{\mathrm{d}x}(\varrho_\delta u_\delta^2\, \delta^{**}). \tag{29}$$

Hierin ist δ^* die sogenannte *Verdrängungsdicke* und δ^{**} die *Impulsverlustdicke*, definiert durch die Gl. (30):

$$\delta^* = \int\limits_0^\delta \left(1 - \frac{\varrho u}{\varrho_\delta u_\delta}\right) \mathrm{d}y; \qquad \frac{\mathrm{d}\delta^*}{\mathrm{d}x} = \frac{v_\delta}{u_\delta}; \qquad \delta^{**} = \int\limits_0^\delta \frac{\varrho u}{\varrho_\delta u_\delta}\left(1 - \frac{u}{u_\delta}\right) \mathrm{d}y. \tag{30}$$

Als obere Grenzen der Integrale ist die *Grenzschichtdicke* δ angenommen. Sie ist dadurch definiert, daß δ^* und δ^{**} unabhängig von δ sein muß. Damit ist δ allerdings nicht scharf begrenzt, doch ist dies für das Folgende bedeutungslos.

δ^* gibt an, um wieviel die Außenströmung durch das Abbremsen der Reibungsschichten von der Wand verdrängt wird. δ^{**} ist ein Maß für den Impulsverlust in der Reibungsschicht. An der Platte, $u_\delta = u_\infty$, äußert sich gemäß Gl. (29) die Wandschubspannung direkt in den durch die Zunahme von δ^{**} zutage tretenden Impulsverlusten.

Gl. (29) wird als *Kármánsche Impulsgleichung* bezeichnet. Sie steht zwischen Gl. (8) und dem Impulssatz (IV,8), der gar keine Differentialquotienten enthält, aber aus dem Gl. (29) natürlich auch hergeleitet werden kann. Sie gilt in ganz ähnlicher Form auch für turbulente Strömung.

Bei den weiteren Erläuterungen soll nur die Grenzschicht bei verschwindendem Wärmeübergang an der Wand, also beim Thermometerproblem, bei Pr = 1 ins Auge gefaßt werden, weil dieser Fall besonders einfache Lösungen zuläßt.

Wird gemäß den Voraussetzungen dieses Abschnittes das Druckglied in der Bewegungsgleichung und im Energiesatz des Gleichungssystems (11) berücksichtigt, so lassen sich diese beiden Gleichungen nach Multiplikation der ersten mit u und Addition der zweiten wie folgt schreiben:

$$\varrho u \frac{\partial}{\partial x}\left(\frac{u^2}{2} + c_p T\right) + \varrho v \frac{\partial}{\partial y}\left(\frac{u^2}{2} + c_p T\right) = \frac{\partial}{\partial y}\left[\mu \frac{\partial}{\partial y}\left(\frac{u^2}{2} + c_p T\right)\right]. \tag{31}$$

In dieser wurde wegen $Pr = 1$ mit Gl. (16) $\lambda = \mu \cdot c_p$ gesetzt.

Gl. (31) hat wieder die einfache Lösung des Energiesatzes mit T_0 als Ruhetemperatur:

$$c_p T_0 = c_p T + \frac{u^2}{2} = \text{konst.}$$

Unter den getroffenen Voraussetzungen wird also auch bei veränderlichem Druck an der Wand die Ruhetemperatur erreicht.

Ein Ansatz für Wärmeübergang gemäß Gl. (27) wäre allerdings nun nicht mehr möglich, da Gl. (6) für $\mathrm{d}p/\mathrm{d}x \neq 0$ mit Gl. (27) nicht erfüllt wird.

Immerhin kann nun aber für verschwindenden Wärmeübergang und $Pr = 1$ die Dichteverteilung mittels des Energiesatzes (II,9) auf die Geschwindigkeitsverteilung zurückgeführt werden. Es ist wegen der konstanten Drücke in y-Richtung:

$$\frac{\varrho_\delta}{\varrho} = \frac{T}{T_\delta} = 1 + \frac{\varkappa - 1}{2} M_\delta^2 \left(1 - \frac{u^2}{u_\delta^2}\right). \tag{32}$$

Dabei ist zu berücksichtigen, daß nun mit $p(x)$ nicht nur u_δ und ϱ_δ, sondern auch M_δ von x abhängig ist.

Mit Gl. (32) sind also δ^* und δ^{**} allein auf die Grenzschichtprofile der Geschwindigkeit zurückgeführt. Damit können für die Berechnung der Hochgeschwindigkeitsgrenzschicht ganz ähnliche Verfahren entwickelt werden wie für die inkompressible Reibungsschicht [·18, ·45].

7. Grenzschicht-Profil-Typen

Wesentlich für die Frage der Grenzschichtablösung und auch für die Frage des Umschlages in turbulente Strömung ist die Form des Geschwindigkeitsprofiles, Abb. 5. Von den Untersuchungen bei inkompressibler Strömung her ist man gewöhnt, daß die Profilkurve bei konstantem Aussendruck, *Plattenprofil*, verschwindende Krümmung an der Wand aufweist. Das Profil bei Druckabfall ist im Inkompressiblen nur in einer Richtung ausgebaucht. Das Ablösung und Umschlag fördernde Profil mit Wendepunkt liegt dagegen bei Druckanstieg vor.

Dies kann bei konstantem Wert des Reibungskoeffizienten μ bereits aus der sogenannten *Wandbindung* geschlossen werden, die aus den Gleichungen (8) und (14) für $u = v = 0$ folgt und die für unseren allgemeinen Fall veränderlichen Reibungskoeffizienten folgende Form annimmt:

$$\frac{\partial}{\partial y}\left(\mu \frac{\partial u}{\partial y}\right) = \frac{\mathrm{d}p}{\mathrm{d}x}. \tag{33}$$

Unter der weitgehend gültigen Annahme eines nur von der Temperatur abhängigen Reibungskoeffizienten folgt aus dieser Gleichung, wieder an der Wand:

$$\mu_w \frac{\partial^2 u}{\partial y^2} + \left(\frac{\mathrm{d}\mu}{\mathrm{d}T}\right)_w \left(\frac{\partial T}{\partial y}\right)_w \left(\frac{\partial u}{\partial y}\right)_w = \frac{\mathrm{d}p}{\mathrm{d}x}. \tag{34}$$

Bei temperaturabhängigen Reibungskoeffizienten $\mu = \mu(T)$ gilt also der einfache Zusammenhang zwischen Krümmung des Geschwindigkeitsprofiles an der Wand

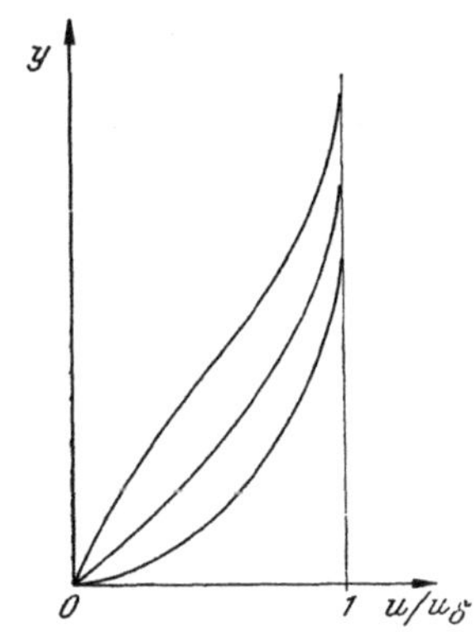

Abb. X,5. Typische Geschwindigkeitsprofile.

und Druckgradienten nur mehr bei verschwindendem Wärmeübergang, also beim Thermometerproblem:

$$\left(\frac{\partial T}{\partial y}\right)_w = 0, \qquad \mu_w \left(\frac{\partial^2 u}{\partial y^2}\right)_w = \frac{\mathrm{d}p_\delta}{\mathrm{d}x} = \frac{\mathrm{d}p_w}{\mathrm{d}x}. \tag{35}$$

Daher wird den Überlegungen des nächsten Abschnittes wieder das Thermometerproblem zugrunde gelegt werden.

Bei einer nicht abgelösten Reibungsschicht eines Gases,

$$\left(\frac{\partial u}{\partial y}\right)_w > 0, \qquad \frac{\mathrm{d}\mu}{\mathrm{d}T} > 0, \tag{36}$$

wirkt eine „kalte Wand", also ein Wärmestrom zur Wand,

$$q = -\lambda \left(\frac{\partial T}{\partial y}\right)_w < 0,$$

an dieser im gleichen Sinne wie ein Druckabfall, also stabilisierend. Bei Substanzen, bei denen die innere Reibung mit steigender Temperatur absinkt, wie etwa bei Öl, trifft das Umgekehrte zu.

8. Ähnlichkeitsgesetze bei Einbeziehung der Reibungsschicht

Bei der Behandlung der laminaren Reibungsschicht an der Platte in Abschnitt 4 fiel ein sehr geringer Einfluß der Machzahl auf die Form des Geschwindigkeitsprofiles auf, vgl. etwa Abb. 3. Dabei ist allerdings entscheidend, daß die Reynoldszahl und damit μ in Gl. (12) mit den Werten der kinematischen Zähigkeit ν an der Wand gebildet wurde, mit Gl. (19) also:

$$\nu_w = \frac{\mu_w}{\varrho_w} = \nu_\delta \left(\frac{T_w}{T_\delta}\right)^{1+\omega}. \tag{37}$$

Der Unterschied zwischen Wandtemperatur T_w und der Temperatur am äußeren Grenzschichtrand T_δ und auch der Unterschied zu jener der Anströmung T_∞ kann also entscheidend sein. Bei den folgenden Überlegungen soll wieder nur das Thermometerproblem bei $Pr = 1$ betrachtet werden.

Bei einem schlanken Profil, also bei kleinen Störungen, im *reinen Unterschallbereich* liegt die Aufheizung kaum höher als bei etwa 10% der absoluten Temperatur. Unter der Annahme kleiner Störungen in der Außenströmung kann Gl. (35) dann wie folgt umgeformt werden:

$$\mu_w \frac{\partial^2}{\partial y^2}\left(\frac{u}{u_\delta}\right) = -\varrho_\delta \frac{\mathrm{d}u_\delta}{\mathrm{d}x} = -\varrho_\infty u_\infty \frac{\mathrm{d}}{\mathrm{d}x}\left(\frac{u_\delta - u_\infty}{u_\infty}\right).$$

Führt man hier wie in den Ähnlichkeitsgesetzen von Abschnitt IV,4 die durch eine Länge L, etwa die Profillänge, dimensionslos gemachten Koordinaten x' und y' ein, so führt dies auf folgende Gleichung in Ähnlichkeitsdarstellung:

$$\frac{\partial^2}{\partial y'^2}\left(\frac{u}{u_\delta}\right) = -\frac{L\varrho_\infty u_\infty}{\mu_w} \frac{\mathrm{d}}{\mathrm{d}x'}\left(\frac{u_\delta - u_\infty}{u_\infty}\right). \tag{38}$$

Auf der rechten Gleichungsseite steht die mit den Anströmgrößen von ϱ und u und mit der konstanten Zähigkeit an der Wand $\mu_w = \mu(T_0)$ gebildete Reynoldszahl. Ohne zu großen Fehler könnte hier μ_w durch μ_∞ ersetzt werden. Schließlich kann noch gemäß Gl. (12) eine mit dieser Reynoldszahl gebildete dimensionslose Grenzschichtkoordinate eingeführt werden.

Man erkennt daraus, daß für den Typus des Geschwindigkeitsprofiles, also letzten Endes für die Frage der Ablösung oder des Umschlages, die Verteilung der Störgeschwindigkeit am Profilaußenrand maßgebend ist. Für die Übertragung von Schlüssen aus der inkompressiblen Strömung auf die kompressible Unterschallströmung am Profil ist daher bei Mitberücksichtigung der Reibungsschicht jene Form der Analogie anzuwenden, bei der die Vergleichsströmung dieselbe Verteilung der Geschwindigkeitsstörung aufweist. Das ist aber die *Potentiallinienanalogie*, Abschn. VII,10. Wie schon LUDWIG PRANDTL früh, [VII,5], S. 99, darauf hingewiesen hat, bleiben nur bei dieser Analogie die Trägheitskräfte in der Außenströmung zu den Reibungskräften in der Grenzschicht in einem konstanten Verhältnis. Mit der vorausgegangenen Überlegung ist das Ergebnis natürlich nur plausibel gemacht, aber nicht exakt bewiesen.

Eine sehr starke Wirkung auf die Außenströmung können Reibungsschichten in der *Hyperschallströmung* ausüben. Das liegt daran, daß die hohen Temperaturen an der Wand wegen der damit verbundenen erhöhten Zähigkeit starke Schubspannungen bewirken, gleichzeitig jedoch der Impulsfluß wegen der mit der Temperatur stark herabgesetzten Dichte sehr gering ist. Der Effekt ist bereits an der Reibungsschicht bei konstantem Druck zu erkennen.

Wegen der zufolge von Gl. (32) stark herabgesetzten Dichte ist die Verdrängungsdicke gemäß Gl. (30) bei Hyperschallströmung nahezu gleich der Reibungsschichtdicke, wovon man sich durch eine elementare Rechnung und der Verwendung des Geschwindigkeitsprofiles von Abb. 3 und des Dichteprofiles leicht überzeugen kann. Gemäß diesem Ergebnis wäre die Verdrängungsdicke im Hyperschallbereich für die Platte etwa wie folgt anzusetzen:

$$\delta^* \sqrt{\frac{u_\infty}{\nu_w \cdot x}} = 2{,}8 .$$

Die weiteren Überlegungen seien für $Pr = 1$ und $\omega = 1$ durchgeführt. Da bei der „Platte", Abschnitt 4, die Werte am Außenrand der Reibungsschicht den Wert der Anströmung gleichzusetzen sind, folgt aus der letzten Beziehung mit Gl. (37) und (32) für den oberen Hyperschallbereich,

$$\frac{\varkappa - 1}{2} M_\infty^2 \gg 1 , \tag{XI,8}$$

die Beziehung:

$$\frac{\delta^*}{x} = 2{,}8 \sqrt{\frac{\nu_\infty}{u_\infty x}} \sqrt{\frac{\nu_w}{\nu_\infty}} = 2{,}8 \sqrt{\frac{\nu_\infty}{u_\infty x}\,\frac{T_0}{T_\infty}} = 2{,}8\,\frac{\varkappa - 1}{2} M_\infty^2 \Big/ \sqrt{\frac{u_\infty x}{\nu_\infty}} . \tag{39}$$

Wie im Inkompressiblen ist das Verhältnis von Verdrängungsdicke zu Lauflänge umgekehrt proportional zur Wurzel aus der mit der Lauflänge gebildeten Reynoldszahl. Wird diese mit dem Stoffwert der Anströmung gebildet, wie dies den praktischen Erfordernissen in der Regel am besten entspricht, so ist δ^*/x oder auch die Neigung der Stromlinie am äußeren Grenzschichtrand gemäß Gl. (30):

$$\frac{v_\delta}{u_\delta} = \frac{\mathrm{d}\delta^*}{\mathrm{d}x} = 1{,}4\,\frac{\varkappa - 1}{2} M_\infty^2 \Big/ \sqrt{\frac{u_\infty x}{\nu_\infty}} . \tag{40}$$

Bei gleicher Reynoldszahl

$$Re_{x\infty} = \frac{u_\infty x}{\nu_\infty}$$

sind die genannten Größen also proportional zum Quadrat der Machzahl der Anströmung.

Da nun eine Hyperschallströmung mit abnehmendem Machwinkel, also mit zunehmender Machzahl, gegen Verdrängungseffekte immer empfindlicher wird, folgt zwangsläufig eine starke Wechselwirkung von Reibungsschicht und Außenströmung im oberen Hyperschallbereich. Eine solche macht sich auch in Hyperschalldüsen geltend, wo unter Umständen der Düsenquerschnitt überwiegend durch Reibungsströmung ausgefüllt wird und nur im Kern um die Düsenachse reibungsfreie Strömung anzutreffen ist. Im folgenden soll die Hyperschallreibungsschichtinterferenz am Beispiel der Strömung an der ebenen Platte gezeigt werden, da dieses Beispiel eine allgemein gültige Ähnlichkeitsauftragung zuläßt.

Zumindest an einem vorderen Teil der Platte kann bei höherer Hyperschallströmung der Strömungszustand am äußeren Grenzschichtrand, p_δ, ϱ_δ, M_δ, nicht mehr dem Anströmzustand, p_∞, ϱ_∞, M_∞, gleichgesetzt werden. Dies gilt nur für $u_\delta = u_\infty$, weil bei Hyperschallströmung an schlanken Körpern die Geschwindigkeitsstörung vernachlässigt werden darf. Im übrigen darf aber im betrachteten Teil der Platte auch in der Außenströmung der Druck nicht mehr als konstant angesehen werden, das Geschwindigkeitsprofil von Abb. 3 verliert dort seine Gültigkeit. Der Profiltypus ist vielmehr durch die Beziehung (35) geprägt. Diese läßt sich wie folgt schreiben:

$$\frac{\mathrm{d}}{\mathrm{d}x}\left(\frac{p_w}{p_\infty}\right) = \frac{p_w}{p_\infty}\frac{\mu_w}{p_w}\frac{\partial^2 u}{\partial y^2} = \frac{p_w}{p_\infty}\frac{m}{R}\frac{\mu_w u_\infty}{T_0 \varrho_w}\frac{\partial^2}{\partial y^2}\left(\frac{u}{u_\delta}\right) = \frac{p_w}{p_\infty}\frac{\nu_w}{u_\infty}\frac{2\varkappa}{\varkappa - 1}\frac{\partial^2}{\partial y^2}\left(\frac{u}{u_\delta}\right).$$

Wird in diese Beziehung dieselbe Variable η wie in Gl. (12) und in Abb. 3 eingeführt, so folgt schließlich für $y = 0$:

$$x\,\frac{p_\infty}{p_w}\frac{\mathrm{d}}{\mathrm{d}x}\left(\frac{p_w}{p_\infty}\right) = \frac{2\varkappa}{\varkappa - 1}\frac{\partial^2}{\partial \eta^2}\left(\frac{u}{u_\delta}\right). \tag{41}$$

Gl. (41) besagt, daß die zweite Ableitung des Geschwindigkeitsverhältnisses nach η an der Wand nur von der Druckverteilung p_δ/p_∞ abhängt. Nun kann aber genauso wie dies zuvor bei der Verdrängungsdicke δ^* an der Platte geschehen ist, anstelle von η, Gl. (12), die Reynoldszahl der Anströmung und die Machzahl eingeführt werden. Dadurch kommt das Verhältnis von Machzahl am äußeren Grenzschichtrand M_δ und Machzahl der Anströmung M_∞ auch in die Überlegungen. Daraus kann aber schließlich gefolgert werden, daß bei gleicher Druckverteilung p_δ/p_∞ und gleicher Machzahlverteilung M_δ/M_∞ sowie bei gleicher Reynoldszahl der Anströmung die Verdrängungsdicke umgekehrt proportional ist zur Wurzel aus der Reynoldszahl $Re_{x\infty}$ sowie proportional zum Quadrat der Machzahl der Anströmung.

Bei einem Vergleich ist also nur Sorge zu tragen, daß die Druckverteilung und die Machzahlverteilung am Außenrand der Grenzschicht dieselben sind, um eine Übertragbarkeit von Ergebnissen auf andere Werte von M_∞ und Re_∞ zu gewährleisten. Bei der Platte, wo keine von der Profilform aufgeprägte Druckverteilung vorliegt, kann wie früher die Reynoldszahl gleich mit der Lauflänge x gebildet werden. Wie immer bei Hyperschall kann nur bei gleichen $\varkappa$ verglichen werden.

Die gleiche Druckverteilung und Machzahlverteilung ist bei Hyperschallströmung gemäß den Ausführungen im Anschluß an Gl. (XI,59) bei gleichem Hyperschallparameter gegeben. Für diesen kann an der Platte der mit der lokalen Stromlinienneigung gebildete Hyperschallparameter gewählt werden:

$$M_\infty \frac{v_\delta}{u_\delta} = C \cdot M_\infty^3 \Bigg/ \sqrt{\frac{u_\infty x}{\nu_\infty}}. \tag{42}$$

Die Konstante C der Gleichung ist nun natürlich nicht mehr jene von Gl. (40) der Reibungsschicht bei konstantem Druck. Auch kann die Abhängigkeit vom Verhältnis der spezifischen Wärme $\varkappa$ nun nicht mehr einfach herausgeschält werden.

Die Druckverteilung am Plattenanfang hängt danach nur mehr vom Parameter (42) ab. Dies wird durch Versuche, wie sie in Abb. 6 wiedergegeben sind,

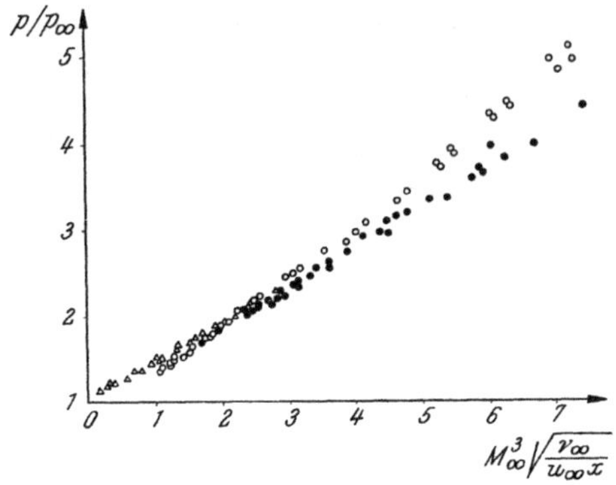

Abb. X,6. Grenzschichtinterferenz an der Platte.

im Rahmen der getroffenen Vereinfachungen, nämlich $Pr = 1$ und $\omega = 1$, bestens bestätigt. Die von den Autoren [11] S. 332ff. getroffene Unterscheidung von schwacher und starker Interferenz wurde in unsere Überlegungen nicht übernommen.

Gemäß der vorliegenden Auftragung liegt der Plattenanfang rechts im Unendlichen. In unmittelbarer Umgebung der Plattenvorderkante gelten die Grenzschichtvereinfachungen nicht und damit auch nicht die Schlußfolgerungen. Es zeigt sich im übrigen, daß sich bei Hyperschall durch Grenzschichtinterferenz der Druck am Plattenanfang vervielfachen kann, ein sehr bemerkenswertes Ergebnis, das durch die Ähnlichkeitsauftragung eine recht allgemeine Darstellung zuläßt.

9. Einfluß der Grenzschicht auf die Hauptströmung

Starke Einflüsse der Reibungsschicht auf die Hauptströmung werden bei Unterschallströmung vor allem dann beobachtet, wenn lokale oder volle Ablösung der Grenzschicht infolge starker Druckanstiege in der Hauptströmung auftritt. Nun haben die Überlegungen der letzten Abschnitte gezeigt, daß sich der Charakter der Überschallgrenzschicht qualitativ nicht wesentlich von jenem der Unterschallgrenzschicht unterscheidet. Wie die Unterschallreibungsschicht wird auch die Überschallschicht bis in die Umgebung eines eventuell auftretenden Ablösungspunktes stromabwärts berechnet. Die Reibungsschicht besitzt, mathematisch ausgedrückt, *parabolischen Typus*. Er wird von den in y-Richtung auftretenden zweiten Ableitungen der Geschwindigkeit und der Temperatur, Gl. (8), (9), (10), geprägt. Nur am äußeren Reibungsschichtrand, wo innere Reibung und Wärmeleitung verschwinden, kann sich der Unterschied zwischen der „elliptischen" Unterschallströmung und der „hyperbolischen" Überschallströmung geltend machen.

Damit ist aber bereits ein wesentlicher Unterschied des Einflusses der Grenzschicht auf die Hauptströmung berührt. In der Überschall-Hauptströmung kann die Reibungsschicht nur in Einflußgebieten wirken. Daraus könnte nun voreilig der falsche Schluß gezogen werden, daß eine gemeinsame Wirkung von Reibungsströmung und Hauptströmung im „Überschall" stromaufwärts unmöglich ist, weil die Hauptströmung hyperbolischen und die Reibungsschicht parabolischen Charakter besitzt. Es ist jedoch zu bedenken, daß in der Umgebung von Ablösungsgebieten und in der Umgebung starker Druckänderungen, wie sie etwa beim Auftreffen von Stößen auf die Reibungsschicht auftreten, der parabolische Charakter der Reibungsschicht streckenweise verlorengeht, indem etwa die höheren Ableitungen in Strömungsrichtung nicht mehr gegenüber den höheren Ableitungen quer zur Wand vernachlässigt werden dürfen. Damit nimmt die Reibungsschicht in solchen Gebieten dann streckenweise elliptischen Charakter an. In ihr vermögen, in einem solchen Falle, Wirkungen auch streckenweise stromaufwärts zu wandern, wie an bekannten Beispielen gezeigt werden soll.

Ganz wesentlich kommt aber noch eine ganz andere Eigenschaft der Überschallströmung ins Spiel. Bei der Unterschallströmung ist der Druckanstieg stets mit einer Erweiterung des Stromfadenquerschnittes verbunden. Bei einem Profil tritt der Druckanstieg in Unterschallströmung daher in der Regel in der Nähe des Dickenmaximums auf. Das durch den Druckanstieg erzeugte Ablösungsgebiet findet in einem solchen Fall hinter dem Dickenmaximum des Körpers ausreichend Platz. Bei Überschallströmung dagegen ist mit einem Druckanstieg und folglich mit der Ablösung eine Einengung des Stromfadens verbunden. Daraus ergeben sich je nach der Form der Wand völlig andere Voraussetzungen für eine Überschallströmung als bei einer Unterschallströmung.

Man kann es auch so ausdrücken: Da die Ablösung Verdrängung der Außenströmung bewirkt, eine Verdrängung der Außenströmung jedoch zu einem die Ablösung hervorrufenden Druckanstieg führen kann, vermag sich eine Überschallströmung unter Umständen selbst die Voraussetzungen für eine Ablösung zu schaffen.

Im folgenden sollen nur einige typische Erscheinungen besprochen und illustriert werden. Im übrigen muß auf das einschlägige Schrifttum, das in mehreren Übersichtsartikeln [19] und Monographien vorliegt, verwiesen werden, [••11], [••25] [••28].

Abb. IX,2 zeigt die theoretisch und experimentell ermittelte Geschwindigkeitsverteilung an einem Parabelbogenzweieck. Wesentliche Unterschiede zwischen den beiden Ergebnissen sind nur am Profilende zu finden. Sie sind als Grenzschichteinfluß voll zu erklären. Ähnliches ist am Ende jeden Profiles und auch am Ende spitz auslaufender Rotationskörper zu erwarten.

Die bei der Strömung entlang der Profilwand entstehende Reibungsschicht vermag den Strömungsknick am Profilende nicht mitzumachen. Sie wird den Knick dort vielmehr „ausschmieren" und durch eine stetige Krümmung der Stromlinie ersetzen, Abb. 7. Eine solche konkave Krümmung ist bei Überschallströmung stets mit einem Druckanstieg verbunden, der auf eine Reibungsschichtströmung ziemlich starke Auswirkung haben kann. Wahrscheinlich tritt bei einer

Profiltiefe von $x = 0{,}80$ überhaupt eine lokale Ablösung auf, worauf der kleine Druckanstieg dort hindeutet. In jedem Fall wird anstelle des von der Hinterkante ausgehenden schiefen Stoßes an dem Grenzschichtrand ein kontinuierlicher

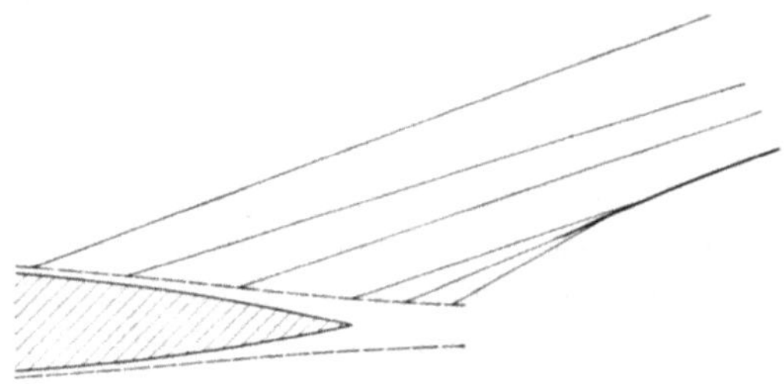

Abb. X,7. Grenzschicht am Profilende.

Druckanstieg auftreten, aus dem sich erst in einem gewissen Abstand der Stoß der Schwanzwelle formiert.

Es sei noch darauf hingewiesen, daß der gesamte Widerstand in diesem Falle sicher kleiner ist als jener, der aus der theoretischen Druckverteilung und der mit dieser Druckverteilung ermittelten Wandspannung folgen würde. Die skizzierte Grenzschichtinterferenz mit der Hauptströmung führt nämlich sowohl zu einer Verringerung der Wandschubspannung als auch zu einer Verminderung des Soges, beides wegen des Wegfallens des restlichen Druckabfalles.

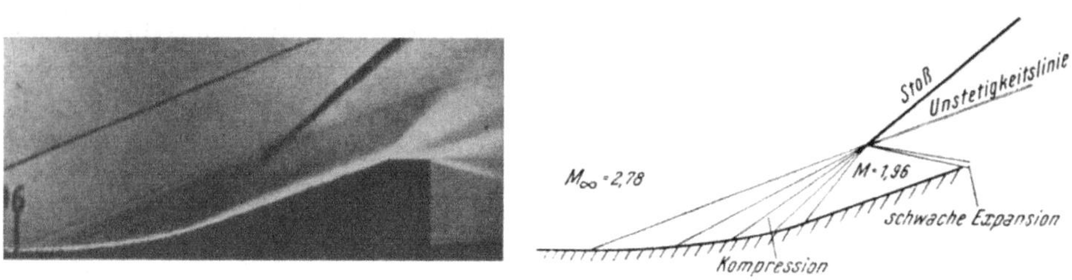

Abb. X,8. Überschallgrenzschicht bei starkem Druckanstieg nach [12].

Abb. 8, [12], gibt ein Beispiel für das Ausbleiben einer sichtbaren Ablösung bei einer Prandtl-Meyer-Kompression. Im vorliegenden Fall handelt es sich um eine laminare Reibungsschicht bei einer Reynoldszahl von $Re = 4 \cdot 10^5$. Das Schlierenbild ist kaum von einem bei turbulenter Grenzschicht zu unterscheiden und deckt sich völlig zufriedenstellend mit dem danebenstehenden ohne Reibungsschicht theoretisch ermittelten Machlinienbild. Der Druckanstieg an der Wand ist im vorliegenden Fall sehr stark, so daß dort mit einem lokalen Rückströmgebiet gerechnet werden muß, das aber zu dünn ist, um sichtbar zu werden.

Daraus darf aber nicht etwa geschlossen werden, daß Ablösung bei konkaver Oberflächenform ausgeschlossen sei. Unter bestimmten Voraussetzungen bilden sich an konkaven Knicken z. B. lokale Rückströmgebiete, vgl. etwa [17].

Während im Falle von Abb. 8 trotz starker Druckanstiege kein Ablösungsgebiet sichtbar wird, zeigt Abb. 9 die Überschallströmung durch ein Flügelgitter, den umgekehrten Fall. Dieses Gitter ist für beschleunigte Durchströmung bei der Machzahl der Anströmung von $M_\infty = 1{,}604$ ausgelegt, [13]. Dennoch tritt an der Innenseite eine lokale Ablösung auf, und zwar an einer Stelle, an der im Entwurfsfall links Druckabfall vorliegen würde. Auch die auftretende Strömung kann bei Vorgabe des Druckes im Ablösungsgebiet theoretisch nachgebildet

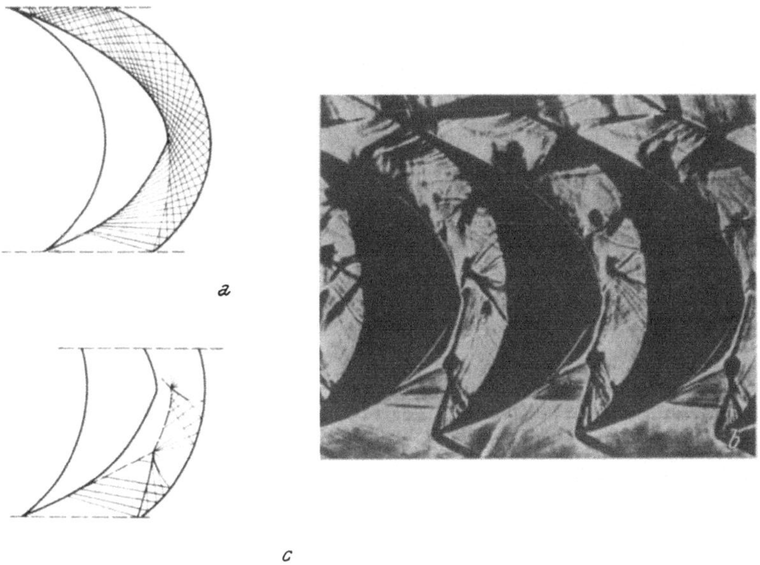

Abb. X,9. Überschallströmung durch ein Gitter nach [13].
a) Entwurf, b) Versuch, c) Erläuterung.

werden, links unten. Sie erweist sich als eine weitere mögliche Lösung, wenn Ablösungsgebiete zugelassen werden.

Derartiges dürfte nur bei Überschallströmung möglich sein, weil Druckanstiege ein Einengen des Stromfadens bedingen. Bei Machzahlen M_∞, die näher an der kritischen Geschwindigkeit liegen, sind die Ablösungsgebiete dann auch viel schmäler, weil sich der Stromfaden bei Schallnähe nur wenig einzuengen vermag.

Senkrechte Stöße können durch eine Reibungsschicht hindurch nicht auf der Wand aufsetzen. Sie müssen vielmehr an der Schallinie enden, verursachen aber zwangsläufig einen starken Druckanstieg an der Wand und darüber hinaus auch in der Reibungsschicht ein starkes Druckfeld in Strömungsrichtung. Es zeigt sich, daß das Strömungsbild dabei ganz wesentlich davon abhängt, ob die Reibungsschicht laminar oder turbulent ist. Nach den klassischen Versuchen von Ackeret, Feldmann und Rott [14] führt unter Umständen bereits eine Verdoppelung der Reynoldszahl zu einer deutlichen Änderung der Druckverteilung in der Umgebung des Verdichtungsstoßes, der ein lokales Überschallgebiet abschließt, Abb. 10. Ähnliche Versuche wurden auch von H. W. Liepmann [15] durchgeführt. Bei allen diesen Fällen ist eine wesentlich stärkere Wirkung stromaufwärts bei laminarer Reibungsschicht zu beobachten als bei turbulenter Reibungsschicht. Eine Prinzipsskizze der Strömung im ersten Falle zeigt Abb. 11. Der senkrechte Verdichtungsstoß bildet in Wandnähe einen sogenannten λ-Stoß. Zunächst bildet

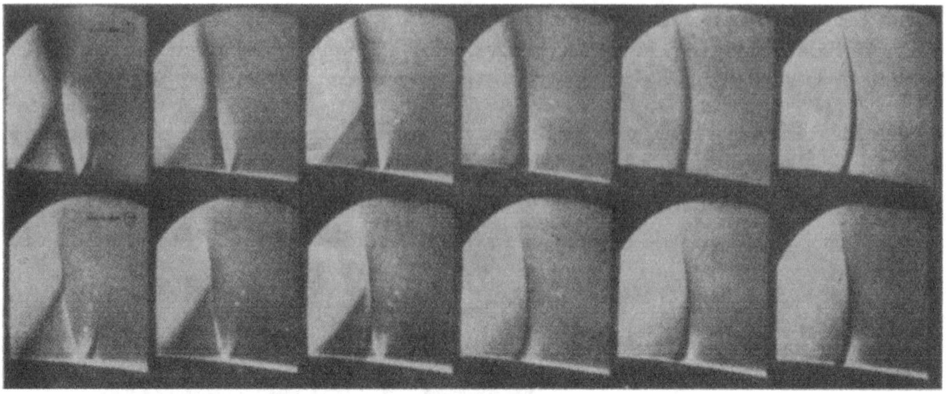

Abb. X,10. Schlierenaufnahmen von Stößen mit senkrechter (oben) und waagerechter Blende bei konstanter Machzahl in großer Entfernung und Reynoldszahlen von: $Re \cdot 10^{-6} = 1{,}32$: 1,57; 1,78; 2,02; 2,26 und 2,68 nach [14].

sich ein schiefer Stoß an der Wand, der eine laminare Ablösung oder doch wenigstens eine Verdickung der laminaren Reibungsschicht verursacht. Der zweite Ast des Gabelstoßes trifft auf das Ablösungsgebiet und wird im wesentlichen als Prandtl-Meyer-Expansion dort reflektiert. Dabei lenkt er durch die Reflexion die Strömung wieder in Richtung zur Wand, vgl. etwa Abb. IX,22. Dies hat ein

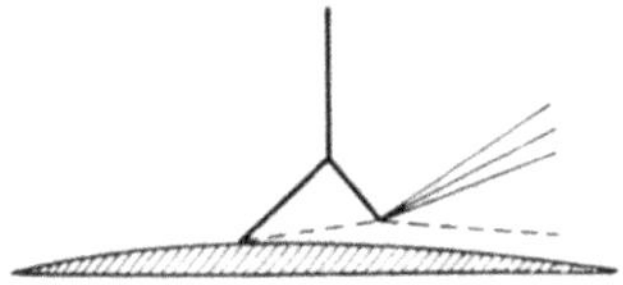

Abb. X,11. Gabelstoß mit Ablösung.

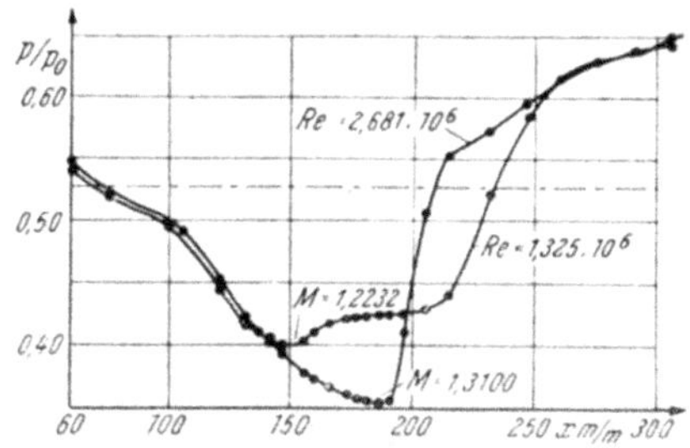

Abb. X,12. Einfluß der Reynoldszahl auf die Druckverteilung [14].

Wiederanlegen der Strömung an die Wand zur Folge. Abb. 12 zeigt die Druckverteilung der Versuche von Abb. 10. Für die niedere Reynoldszahl trifft das eben geschilderte Verhalten ein. Bei der Ablösung durch den ersten schiefen Stoß ist ein leichter Druckanstieg zu erkennen, dann ein flacherer Druckverlauf im „Ablösungsgebiet“ und schließlich ein starker Druckanstieg nach dem Wiederanlegen. Die Druckverteilung bei turbulenter Reibungsschicht dagegen entspricht vielmehr jenem Ergebnis, das man ohne Berücksichtigung von Reibungsschichten erhalten würde.

Wegen der starken Einflüsse der laminaren Reibungsschicht auf den Druckverlauf sei für diesen Fall noch die Reflexion eines schiefen Stoßes an einer Wand kurz behandelt. Das Problem wird theoretisch wie praktisch weitgehend beherrscht, wie eine Arbeit von L. Lees und B. L. Reeves [16] zeigt. Die Reflexion erfolgt bei laminarer Reibungsschicht keineswegs in der einfachen in Abb. IX,20 wiedergegebenen Weise. Es findet vielmehr vor dem Auftreffen des schiefen Stoßes eine Vorkompression statt mit laminarer Ablösung, Abb. 13. Der einfallende Stoß trifft dann auf das Ablösungsgebiet, wird dort als Expansion reflektiert und lenkt die Strömung wieder zur Wand hin und zum Wiederanlegen.

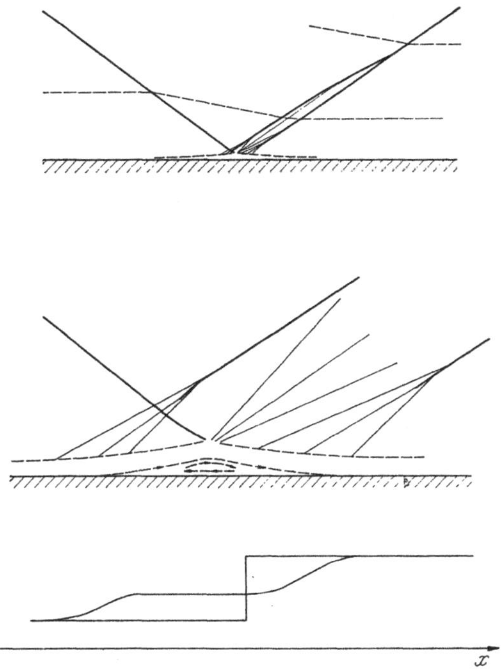

Abb. X,13. Einfallender Stoß auf laminare Reibungsschicht bei $M_\infty = 2{,}1$.

Dabei muß eine zweite Kompression erfolgen, die zusammen mit der ersten und der dazwischen liegenden Prandtl-Meyer-Expansion erst weit draußen den reflektierten Stoß von Abb. IX,20 ergibt. Die Druckverteilung an der Wand zeigt im wesentlichen zwei ziemlich klar getrennte Druckanstiege. Der Reflexionsvorgang spielt sich auf einer Länge von 10 oder 20 Grenzschichtdicken ab. Bei turbulenter Grenzschicht erfolgt der Druckanstieg wieder wesentlich konzentrierter und in besserer Übereinstimmung mit dem Ergebnis, das man erhält, wenn die Reibungsschicht völlig vernachlässigt wird.

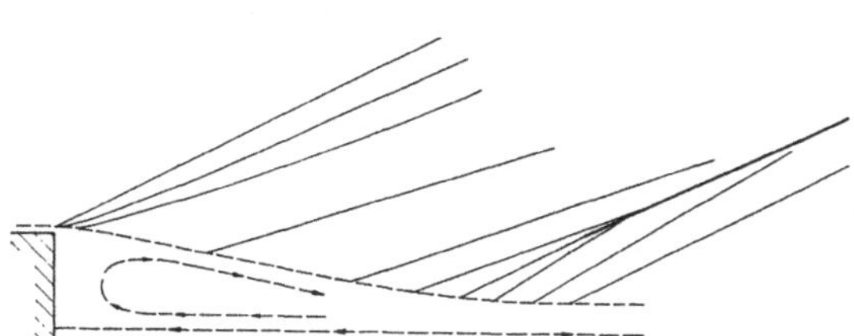

Abb. X,14. Strömung am Körperboden bei $M_\infty = 2{,}1$.

Von besonderer praktischer Bedeutung ist auch die Strömungsablösung an einem plötzlich abgebrochenen Heck wegen des sich an dieser Stelle einstellenden Bodendruckes. Er trägt im niederen Überschallgebiet ganz wesentlich zum Körperwiderstand bei. Der Vorgang ist in der Prinzipsskizze Abb. 14 dargestellt. An der Körperkante wird die Überschallströmung in einer verallgemeinerten Prandtl-Meyer-Expansion zur Achse hin abgelenkt. An der Achse entsteht dann durch Zurücklenkung der Strömung in Achsenrichtung ein Stoß, der gemeinsam mit der Prandtl-Meyer-Expansion weit draußen die Schwanzwelle erzeugt. Betreffs Einzelheiten sei auf die Monographie von M. Tanner [..28] verwiesen, vgl. auch [18].

Literatur

[1] Prandtl, L.: Zur Theorie des Verdichtungsstoßes. Z. ges. Turbinenwes. **3**, 241–245 (1906).

[2] Becker, R.: Stoßwelle und Detonation. Z. f. Physik 8, 321–362 (1922).

[3] Prandtl, L.: Über Flüssigkeitsbewegung sehr kleiner Reibung. Verhandl. III Int. Math. Kongr. Heidelberg, 1904, 484–491, Leipzig: Teubner, 1905.

[4] Hantzsche, W. und Wendt, H.: Die laminare Grenzschicht der ebenen Platte mit und ohne Wärmeübergang unter Berücksichtigung der Kompressibilität. Jahrbuch d. deut. Lufo **1**, 40–50 (1942).

[5] Crocco, L.: Una caracteristica transformazione delle equazioni delle strato limite nei gas. Atti Guidonia **7**, 105–120 (1939).

[6] Prandtl, L.: Eine Beziehung zwischen Wärmeaustausch und Strömungswiderstand der Flüssigkeiten. Phys. Z. **11**, 1072–1078 (1910).

[7] Pohlhausen, E.: Der Wärmeaustausch zwischen festen Körpern und Flüssigkeiten mit kleiner Reibung und kleiner Wärmeleitung. ZAMM **1**, 115–121 (1921).

[8] v. Kármán, Th. und Tsien, H.: Boundary layer in compressible fluids. J. aeronaut. Sci. **5**, 227–232 (1938).

[9] v. Kármán, Th.: Über laminare und turbulente Reibung. ZAMM **1**, 233ff. (1921).

[10] Oswatitsch, K. und Wieghardt, K.: Theoretische Untersuchungen über stationäre Potentialströmungen und Grenzschichten bei hohen Geschwindigkeiten. Lilienthal-Ber. **1943**, 13 oder NACA TM 1189.

[11] Hayes, W. D. and Probstein, R. F.: Hypersonic Flow Theory. New York: Academic Press. 1959.

[12] Drougge, G.: Experimental investigation of the influence of strong adverse pressure gradients on turbulent boundary layers at supersonic speeds. (8. Internat. Mech. Kongreß, Istanbul 1952).

[13] Oswatitsch, K.: Über die Strömung in einem Überschallgitter. Allg. Wärmetechnik **6**, 9–11 (1955).

[14] Ackeret, J., Feldmann, F. und Rott, N.: Untersuchungen an Verdichtungsstößen und Grenzschichten in schnell bewegten Gasen. ETH-AERO MITT 10 (1946).

[15] Liepmann, H. W.: The Interaction between boundary layer and skock waves in transonic flow. J. aeronaut. Sci. **13**, 623–637 (1946).

[16] Lees, L. and Reeves, B. L.: Supersonic Separated and Reattaching Laminar Flows: I. General Theory and Application to Adiabatic Boundary-Layer/Shock-Wave Interactions. AIAA J. **2**, 1907–1920 (1964).

[17] Hunter, L. G. Jr. and Reeves, B. L.: Results of a Strong Interaction, Wake-Like Model of Supersonic Separated and Reattaching Turbulent Flows. AIAA J. **9**, 703–712 (1971).

[18] Merzkirch, W.: Der Ablösestoß bei der Expansion einer Überschallgrenzschicht. Z. f. Flugwiss. **19**, 1–12 (1971).

[19] Korkegi, R. H.: Survey of viscous interactions associated with high Mach-number flight. AIAA J. **9**, 771–784 (1971).

Zweisubstanzenmodell eines Gasgemisches

$$p = \left[1 + \left(\frac{m_1}{m_2} - 1\right)\alpha\right]\frac{R}{m_1}\varrho T. \qquad \text{(I,7)}$$

$$\lambda = \frac{m_1}{R}(c_{v2} - c_{v1}) = \frac{m_1}{m_2}\frac{1}{\varkappa_2 - 1} - \frac{1}{\varkappa_1 - 1}, \quad \text{siehe Tab. I,7.} \qquad \text{(I,82)}$$

$$T_d = \frac{m_1}{R} r_{p_0} = \frac{m_1}{R} r_p - \left(\lambda + \frac{m_1}{m_2} - 1\right)T. \qquad \text{(I,83)}$$

$$\frac{m_1}{R} c_p = \frac{\varkappa_1}{\varkappa_1 - 1} + \alpha\left(\lambda + \frac{m_1}{m_2} - 1\right); \qquad \frac{m_1}{R} c_v = \frac{1}{\varkappa_1 - 1} + \alpha\lambda, \qquad \text{(I,94)}$$

c_p, c_v „eingefrorene" spez. W.

$$c_{p\text{eff}} = c_p + r_p\left(\frac{\partial\bar{\bar{\alpha}}}{\partial T}\right), \quad \text{siehe Abschn. I,14.}$$

$$i(T, \varrho) - i_a(T_a) = c_p T - c_{p_1} T_a + \alpha r_{p_0}$$

$$= \frac{R}{m_1}\frac{\varkappa_1}{\varkappa_1 - 1}(T - T_a) + \alpha\left[\lambda + \frac{m_1}{m_2} - 1\right]\frac{R}{m_1} T + \alpha\frac{R}{m_1} T_d, \qquad \text{(I,92)}$$

für Anfangszustand $T = T_a$, $\alpha = 0$.

Bei thermodynamischem Gleichgewicht $\alpha = \bar{\bar{\alpha}}$:

$$T\mathrm{d}s = \mathrm{d}i - \frac{1}{\varrho}\mathrm{d}p. \qquad \text{(I,70)}$$

$$\frac{\bar{\bar{\alpha}}^{\frac{m_1}{m_2}}}{1 - \bar{\bar{\alpha}}} = \left(\frac{\varrho_d}{\varrho}\right)^{\frac{m_1}{m_2} - 1}\left(\frac{T}{T_d}\right)^{\lambda} e^{-\frac{T_d}{T}} \quad \text{für} \quad \frac{m_1}{m_2} \neq 1. \qquad \text{(I,85)}$$

$$\frac{\bar{\bar{\alpha}}}{1 - \bar{\bar{\alpha}}} = A\left(\frac{T}{T_d}\right)^{\lambda} e^{-\frac{T_d}{T}} \quad \text{für} \quad \frac{m_1}{m_2} = 1. \qquad \text{(I,86)}$$

Tabelle II,1. *Zustandsgrößen und Geschwindigkeitsbeträge vor und hinter einem senkrechten Stoß.*

$\varkappa = c_p/c_v = 1{,}400$

$\frac{\hat{p}}{p}$	M	M^*	$\frac{W}{c} - \frac{\hat{W}}{c}$	$\frac{\hat{\varrho}}{\varrho} = \frac{W}{\hat{W}}$	$\frac{\hat{T}}{T}$	$\frac{\hat{s} - s}{c_v}$	$\frac{\hat{p}_0}{p_0}$
$\frac{\hat{p}}{p}$	$\frac{U}{c}$		$\frac{\Delta W}{c}$	$\frac{\hat{\varrho}}{\varrho}$	$\frac{\hat{T}}{T}$	$\frac{\hat{s} - s}{c_v}$	$\exp\left(-\frac{\hat{s} - s}{c_p - c_v}\right)$
1	1	1	0	1	1	0	1
1,1	1,04	1,035	0,069	1,07	1,028	0,00004	0,9999
1,2	1,08	1,07	0,132	1,14	1,054	0,00025	0,9994
1,3	1,12	1,10	0,191	1,21	1,078	0,00073	0,9982
1,4	1,16	1,13	0,246	1,27	1,102	0,00154	0,9961
1,5	1,195	1,155	0,299	1,33	1,125	0,00271	0,9932
1,75	1,28	1,22	0,418	1,48	1,18	0,00709	0,9824
2	1,36	1,275	0,525	1,63	1,23	0,0134	0,9670
2,5	1,51	1,37	0,709	1,88	1,33	0,0307	0,9261
3	1,65	1,45	0,867	2,11	1,42	0,0525	0,8770
3,5	1,77	1,52	1,008	2,32	1,51	0,0771	0,8246
4	1,89	1,58	1,133	2,50	1,60	0,1038	0,7714
5	2,10	1,68	1,358	2,82	1,78	0,1589	0,6722
6	2,30	1,76	1,553	3,08	1,95	0,215	0,5839
8	2 65	1 87	1,890	3,50	2,28	0,326	0,4431
10	2,95	1,95	2,18	3,82	2,62	0,429	0,3423
12,5	3,30	2,03	2,50	4,11	3,04	0,548	0,2541
15	3,61	2,08	2,78	4,34	3,46	0,655	0,1944
17,5	3,89	2,12	3,03	4,51	3,88	0,753	0,1521
20	4,16	2,16	3,26	4,65	4,30	0,843	0,1215
25	4,65	2,21	3,69	4,87	5,14	1,002	0,0816

Tabelle II,3. *Zustände*

a) U. S. Standard

Höhe (km)	0	5	10	15	20
ϱ (kg/m³)	1,225	$7{,}364 \times 10^{-1}$	$4{,}135 \times 10^{-1}$	$1{,}948 \times 10^{-1}$	$8{,}891 \times 10^{-2}$
p(kp/m²)	$1{,}0332 \times 10^{4}$	$5{,}511 \times 10^{3}$	$2{,}702 \times 10^{3}$	$1{,}235 \times 10^{3}$	$5{,}638 \times 10^{2}$
T(°K)	288,15	255,7	223,2	216,6	216,6
freieWeglänge(cm)	$6{,}63 \times 10^{-6}$	$1{,}10 \times 10^{-5}$	$1{,}96 \times 10^{-5}$	$4{,}17 \times 10^{-5}$	$9{,}14 \times 10^{-5}$

b) Isotherme

ϱ (kg/m³)	1,2250	$6{,}893 \times 10^{-1}$	$3{,}744 \times 10^{-1}$	$2{,}069 \times 10^{-1}$	$1{,}168 \times 10^{-1}$
p (kp/m²)	$1{,}0332 \times 10^{4}$	$5{,}814 \times 10^{3}$	$3{,}158 \times 10^{3}$	$1{,}745 \times 10^{3}$	$9{,}854 \times 10^{2}$

Tab. II,1 (*Fortsetzung*)

$\frac{\hat{p}}{p}$	M	M^*	$\frac{W}{c} - \frac{\hat{W}}{c}$	$\frac{\hat{\varrho}}{\varrho} = \frac{W}{\hat{W}}$	$\frac{\hat{T}}{T}$	$\frac{\hat{s} - s}{c_v}$	$\frac{\hat{p}_0}{p}$
$\frac{\hat{p}}{p}$	$\frac{U}{c}$		$\frac{\Delta W}{c}$	$\frac{\hat{\varrho}}{\varrho}$	$\frac{\hat{T}}{T}$	$\frac{\hat{s} - s}{c_v}$	$\exp\left(-\frac{\hat{s} - s}{c_p - c_v}\right)$
30	5,09	2,24	4,08	5,03	5,96	1,140	0,05785
40	5,87	2,29	4,75	5,25	7,63	1,370	0,0325
50	6,55	2,32	5,34	5,38	9,30	1,558	0,0203
60	7,19	2,34	5,86	5,47	11,0	1,715	0,0137
80	8,30	2,365	6,81	5,60	14,3	1,972	0,00722
100	9,27	2,38	7,64	5,67	17,6	2,176	0,00434
150	11,35	2,40	9,38	5,78	26,0	2,56	0,00168
200	13,1	2,41	10,85	5,83	34,3	2,83	0,000842
250	14,65	2,42	12,14	5,86	42,6	3,05	0,000542
300	16,05	2,43	13,31	5,89	51,0	3,22	0,000319
400	18,5	2,43	15,4	5,91	67,6	3,50	0,0001585
600	22,7	2,44	18,9	5,93	101	3,90	0,0000583
800	26,2	2,44	21,8	5,95	134	4,19	0,0000281
1000	29,3	2,44	24,4	5,97	168	4,41	0,0000162
2000	41,4	2,45	34,5	5,98	334	5,27	0,00000191
3000	50,7	2,45	42,3	5,99	501	5,50	0,00000107

in der Atmosphäre

*Atmosphäre**

25	40	60	80	100	120
$4{,}008 \times 10^{-2}$	$3{,}996 \times 10^{-3}$	$3{,}059 \times 10^{-4}$	$1{,}999 \times 10^{-5}$	$4{,}974 \times 10^{-7}$	$2{,}436 \times 10^{-8}$
$2{,}599 \times 10^{2}$	$2{,}928 \times 10^{1}$	2,290	$1{,}056 \times 10^{-1}$	$2{,}914 \times 10^{-3}$	$2{,}473 \times 10^{-4}$
221,5	250,3	255,8	180,6	209,9	349,3
$2{,}02 \times 10^{-4}$	$2{,}03 \times 10^{-3}$	$2{,}66 \times 10^{-2}$	$4{,}06 \times 10^{-1}$	$1{,}63 \times 10^{1}$	$3{,}23 \times 10^{2}$

Atmosphäre

$6{,}445 \times 10^{-2}$	$2{,}291 \times 10^{-2}$	$1{,}001 \times 10^{-3}$	$2{,}1560 \times 10^{-4}$	$8{,}943 \times 10^{-5}$	$8{,}575 \times 10^{-7}$
$5{,}436 \times 10^{2}$	$1{,}932 \times 10^{2}$	8,441	1,819	$7{,}542 \times 10^{-2}$	$7{,}232 \times 10^{-3}$

* Maurice Dubin, NASA, Norman Sissenwine, „U.S. Standard Atmosphere", 1962 Washington 25. D.C., U.S. Government Printing.

Tabelle II,4: *Zustands- und Geschwindigkeitsgrößen im Stromfaden bei isentroper stationärer Strömung.*

Unterschalltabelle ($\varkappa = 1{,}400$)

M	M^*	$\frac{p}{p_0}$	$\frac{\varrho}{\varrho_0}$	$\frac{T}{T_0}$	$\frac{\varrho W}{\varrho^* c^*}$	$\beta = \sqrt{1 - M^2}$
0,05	0,055	0,998	0,999	1,000	0,086	0,999
0,1	0,109	0,993	0,995	0,998	0,172	0,995
0,15	0,164	0,984	0,989	0,996	0,256	0,989
0,2	0,218	0,973	0,980	0,992	0,337	0,980
0,25	0,272	0,958	0,969	0,988	0,416	0,968
0,3	0,326	0,939	0,956	0,982	0,491	0,954
0,35	0,379	0,919	0,941	0,976	0,562	0,937
0,4	0,431	0,896	0,924	0,969	0,629	0,917
0,45	0,483	0,870	0,906	0,961	0,690	0,893
0,5	0,535	0,843	0,885	0,952	0,746	0,866
0,55	0,585	0,814	0,863	0,943	0,797	0,835
0,6	0,635	0,784	0,840	0,933	0,842	0,800
0,65	0,684	0,753	0,816	0,922	0,881	0,760
0,7	0,732	0,721	0,792	0,911	0,914	0,714
0,75	0,779	0,689	0,766	0,899	0,941	0,661
0,8	0,825	0,656	0,740	0,887	0,963	0,600
0,85	0,870	0,623	0,714	0,874	0,980	0,527
0,9	0,915	0,591	0,687	0,861	0,991	0,436
0,95	0,958	0,559	0,660	0,847	0,998	0,312
1,00	1,000	0,528	0,634	0,833	1,000	0,000

Überschalltabelle ($\varkappa = 1{,}400$)

M	M^*	$\frac{p}{p_0}$	$\frac{\varrho}{\varrho_0}$	$\frac{T}{T_0}$	$\frac{\varrho W}{\varrho^* c^*}$	$\frac{\hat{p}_0}{p_0}$
1	1,000	0,528	0,634	0,833	1,000	1,000
1,05	1,041	0,498	0,608	0,819	0,998	1,000
1,1	1,082	0,468	0,582	0,805	0,992	0,999
1,2	1,158	0,412	0,531	0,776	0,970	0,993
1,3	1,231	0,361	0,483	0,747	0,938	0,979
1,4	1,300	0,314	0,437	0,718	0,897	0,958
1,5	1,365	0,272	0,395	0,690	0,850	0,930
1,6	1,425	0,235	0,356	0,661	0,800	0,895
1,7	1,483	0,203	0,320	0,634	0,748	0,856
1,8	1,536	0,174	0,287	0,607	0,695	0,813
1,9	1,586	0,149	0,257	0,581	0,643	0,767
2	1,633	0,128	0,230	0,556	0,593	0,721
2,5	1,826	0,059	0,132	0,444	0,379	0,499
3	1,964	0,027	0,0762	0,357	0,236	0,328
3,5	2,064	0,0131	0,0452	0,290	0,147	0,213
4	2,138	0,00659	0,0277	0,238	0,0933	0,139
4,5	2,194	0,00346	0,0174	0,198	0,0604	0,0917
5	2,236	0,00189	0,0113	0,167	0,0400	0,0618
6	2,295	0,000633	0,00519	0,122	0,0188	0,0297
7	2,333	0,000242	0,00261	0,00960	0,00960	0,0153
8	2,359	0,000102	0,00141	0,0725	0,00526	0,00849
9	2,377	0,0000474	0,000815	0,0581	0,00306	0,00496
10	2,391	0,0000236	0,000495	0,0476	0,00187	0,00304
20	2,435	0,000000209	0,0000170	0,0123	0,0000651	0,000108
∞	2,4495	0	0	0	0	0

Tabelle II,5. *Beziehungen zwischen verschiedenen Größen für das ideale Gas konstanter spezifischer Wärme.*

	M^2	M^{*2}	$\frac{c}{c_0}$	$\frac{T}{T_0} = \frac{i}{i_0}$	$\frac{p}{p_0}$	$\frac{\varrho}{\varrho_0}$
M^2	M^2	$\frac{M^{*2}}{1 - \frac{\varkappa - 1}{2}(M^{*2} - 1)}$	$\frac{2}{\varkappa - 1}\left[\left(\frac{c_0}{c}\right)^2 - 1\right]$	$\frac{2}{\varkappa - 1}\left(\frac{T_0}{T} - 1\right)$	$\frac{2}{\varkappa - 1}\left[\left(\frac{p_0}{p}\right)^{\frac{\varkappa-1}{\varkappa}} - 1\right]$	$\frac{2}{\varkappa - 1}\left[\left(\frac{\varrho_0}{\varrho}\right)^{\varkappa - 1} - 1\right]$
M^{*2}	$\frac{M^2}{1 + \frac{\varkappa - 1}{\varkappa + 1}(M^2 - 1)}$	M^{*2}	$\frac{\varkappa + 1}{\varkappa - 1}\left[1 - \left(\frac{c}{c_0}\right)^2\right]$	$\frac{\varkappa + 1}{\varkappa - 1}\left(1 - \frac{T}{T_0}\right)$	$\frac{\varkappa + 1}{\varkappa - 1}\left[1 - \left(\frac{p}{p_0}\right)^{\frac{\varkappa-1}{\varkappa}}\right]$	$\frac{\varkappa + 1}{\varkappa - 1}\left[1 - \left(\frac{\varrho}{\varrho_0}\right)^{\varkappa - 1}\right]$
$\frac{c}{c_0}$	$\frac{1}{\sqrt{1 + \frac{\varkappa - 1}{2}M^2}}$	$\sqrt{1 - \frac{\varkappa - 1}{\varkappa + 1}M^{*2}}$	$\frac{c}{c_0}$	$\sqrt{\frac{T}{T_0}}$	$\left(\frac{p}{p_0}\right)^{\frac{\varkappa-1}{2\varkappa}}$	$\left(\frac{\varrho}{\varrho_0}\right)^{\frac{\varkappa-1}{2}}$
$\frac{T}{T_0} = \frac{i}{i_0}$	$\frac{1}{1 + \frac{\varkappa - 1}{2}M^2}$	$1 - \frac{\varkappa - 1}{\varkappa + 1}M^{*2}$	$\left(\frac{c}{c_0}\right)^2$	$\frac{T}{T_0}$	$\left(\frac{p}{p_0}\right)^{\frac{\varkappa-1}{\varkappa}}$	$\left(\frac{\varrho}{\varrho_0}\right)^{\varkappa-1}$
$\frac{p}{p_0}$	$\left(1 + \frac{\varkappa - 1}{2}M^2\right)^{-\frac{\varkappa}{\varkappa-1}}$	$\left(1 - \frac{\varkappa - 1}{\varkappa + 1}M^{*2}\right)^{\frac{\varkappa}{\varkappa-1}}$	$\left(\frac{c}{c_0}\right)^{\frac{2\varkappa}{\varkappa-1}}$	$\left(\frac{T}{T_0}\right)^{\frac{\varkappa}{\varkappa-1}}$	$\frac{p}{p_0}$	$\left(\frac{\varrho}{\varrho_0}\right)^{\varkappa}$
$\frac{\varrho}{\varrho_0}$	$\left(1 + \frac{\varkappa - 1}{2}M^2\right)^{-\frac{1}{\varkappa-1}}$	$\left(1 - \frac{\varkappa - 1}{\varkappa + 1}M^{*2}\right)^{\frac{1}{\varkappa-1}}$	$\left(\frac{c}{c_0}\right)^{\frac{2}{\varkappa-1}}$	$\left(\frac{T}{T_0}\right)^{\frac{1}{\varkappa-1}}$	$\left(\frac{p}{p_0}\right)^{\frac{1}{\varkappa}}$	$\frac{\varrho}{\varrho_0}$

Tabelle IX,2. *Tabelle zum Charakteristikendiagramm* ($\varkappa = 1{,}400$).

Ch	ϑ	M	M^*	α	$\frac{p}{p_0}$	$\frac{\varrho}{\varrho_0}$	$\frac{T}{T_0}$	$\frac{\varrho W}{\varrho^* c^*}$
1000	0	1,000	1,000	90°	0,5283	0,6339	0,8333	1,0000
999	1	1,082	1,067	67°33′	0,4789	0,5910	0,8103	0,9947
998	2	1,133	1,107	61°58′	0,4496	0,5649	0,7957	0,9864
997	3	1,177	1,141	58°10′	0,4249	0,5426	0,7830	0,9765
996	4	1,218	1,171	55°11′	0,4028	0,5223	0,7712	0,9654
995	5	1,256	1,200	52°46′	0,3830	0,5038	0,7602	0,9534
994	6	1,293	1,227	50°40′	0,3644	0,4862	0,7494	0,9404
993	7	1,330	1,252	48°45′	0,3464	0,4690	0,7389	0,9263
992	8	1,365	1,276	47° 6′	0,3300	0,4530	0,7285	0,9120
991	9	1,400	1,300	45°35′	0,3142	0,4374	0,7184	0,8970
990	10	1,435	1,323	44°11′	0,2990	0,4222	0,7083	0,8811
989	11	1,469	1,345	42°54′	0,2847	0,4077	0,6986	0,8651
988	12	1,502	1,366	41°45′	0,2711	0,3937	0,6888	0,8487
987	13	1,537	1,387	40°35′	0,2580	0,3800	0,6792	0,8318
986	14	1,570	1,409	39°34′	0,2456	0,3669	0,6696	0,8148
985	15	1,604	1,429	38°34′	0,2337	0,3541	0,6601	0,7975
984	16	1,638	1,448	37°37′	0,2221	0,3415	0,6506	0,7797
983	17	1,673	1,467	36°42′	0,2111	0,3294	0,6412	0,7621
982	18	1,707	1,486	35°52′	0,2006	0,3175	0,6319	0,7441
981	19	1,741	1,505	35° 3′	0,1905	0,3060	0,6226	0,7262
980	20	1,775	1,523	34°17′	0,1808	0,2948	0,6134	0,7081
979	21	1,809	1,541	33°34′	0,1715	0,2839	0,6043	0,6899
978	22	1,844	1,559	32°50′	0,1627	0,2733	0,5951	0,6718
977	23	1,879	1,576	32° 9′	0,1540	0,2629	0,5860	0,6536
976	24	1,915	1,593	31°29′	0,1459	0,2529	0,5769	0,6355
975	25	1,950	1,610	30°51′	0,1380	0,2430	0,5679	0,6174
974	26	1,986	1,627	30°14′	0,1306	0,2335	0,5590	0,5995
973	27	2,023	1,643	29°37′	0,1234	0,2243	0,5499	0,5815

Tabelle IX,2 *(Fortsetzung)*

Ch	ϑ	M	M^*	α	$\frac{p}{p_0}$	$\frac{\varrho}{\varrho_0}$	$\frac{T}{T_0}$	$\frac{\varrho W}{\varrho^* c^*}$
972	28	2,060	1,659	29° 2′	0,1166	0,2153	0,5411	0,5637
971	29	2,096	1,675	28°30′	0,1099	0,2066	0,5322	0,5461
970	30	2,134	1,691	27°57′	0,1037	0,1982	0,5233	0,5286
969	31	2,172	1,706	27°25′	0,09770	0,1899	0,5146	0,5113
968	32	2,211	1,722	26°53′	0,09200	0,1819	0,5058	0,4942
967	33	2,249	1,738	26°24′	0,08656	0,1741	0,4971	0,4773
966	34	2,289	1,753	25°54′	0,08137	0,1666	0,4884	0,4607
965	35	2,329	1,767	25°26′	0,07644	0,1593	0,4798	0,4442
964	36	2,369	1,782	24°58′	0,07174	0,1522	0,4711	0,4280
963	37	2,411	1,796	24°30′	0,06726	0,1454	0,4626	0,4121
962	38	2,453	1,810	24° 4′	0,06301	0,1389	0,4540	0,3964
961	39	2,495	1,824	23°38′	0,05898	0,1325	0,4455	0,3811
960	40	2,538	1,838	23°12′	0,05517	0,1263	0,4370	0,3660
959	41	2,581	1,852	22°47′	0,05153	0,1203	0,4286	0,3513
958	42	2,626	1,865	22°23′	0,04811	0,1145	0,4203	0,3368
957	43	2,671	1,878	21°59′	0,04488	0,1089	0,4121	0,3228
956	44	2,718	1,891	21°35′	0,04181	0,1035	0,4038	0,3090
955	45	2,764	1,904	21°13′	0,03890	0,09835	0,3955	0,2955
954	46	2,812	1,917	20°50′	0,03616	0,09336	0,3873	0,2824
953	47	2,861	1,931	20°27′	0,03357	0,08853	0,3792	0,2695
952	48	2,911	1,943	20° 5′	0,03114	0,08391	0,3712	0,2571
951	49	2,961	1,955	19°44′	0,02886	0,07946	0,3632	0,2451
950	50	3,013	1,967	19°23′	0,02670	0,07518	0,3552	0,2333
949	51	3,066	1,979	19° 2′	0,02467	0,07106	0,3472	0,2128
948	52	3,119	1,991	18°42′	0,02277	0,06711	0,3394	0,2108
947	53	3,174	2,003	18°22′	0,02101	0,06334	0,3317	0,2001
946	54	3,230	2,014	18° 2′	0,01935	0,05973	0,3240	0,1898
945	55	3,287	2,025	17°43′	0,01781	0,05628	0,3163	0,1798

Tabelle IX,2 *(Fortsetzung)*

Ch	ϑ	M	M^*	α	$\frac{p}{p_0}$	$\frac{\varrho}{\varrho_0}$	$\frac{T}{T_0}$	$\frac{\varrho W}{\varrho^* c^*}$
940	60	3,594	2,080	16° 9′	0,01148	0,04114	0,2790	0,1349
935	65	3,941	2,131	14°42′	0,007131	0,02926	0,2435	0,09835
930	70	4,339	2,177	13°20′	0,004233	0,02017	0,2098	0,06929
925	75	4,802	2,221	12° 1′	0,002391	0,01341	0,1782	0,04697
920	80	5,348	2,260	10°47′	0,001271	0,008541	0,1488	0,03045
915	85	6,007	2,296	9°35′	0,0006291	0,005169	0,1217	0,01863
910	90	6,820	2,328	8°26′	0,0002849	0,002935	0,09706	0,01078
905	95	7,852	2,356	7°19′	0,0001156	0,001541	0,07505	0,005732
900	100	9,210	2,380	6°14′	0,00004069	0,0007310	0,05566	0,002745
895	105	11,095	2,401	5°10′	0,00001175	0,0003010	0,03903	0,001140
890	110	13,87	2,4183	4° 8′	0,000002587	0,0001021	0,02533	0,0003896
885	115	18,435	2,4317	3° 6′	0,0000003670	0,00002531	0,01450	0,00009710
880	120	27,35	2,4413	2° 6′	0,00000002385	0,000003593	0,006640	0,00001384
875	125	52,48	2,4473	1° 6′	0,0000000002746	0,0000001481	0,001812	0,0000005397
869,55	130,45	∞	2,4495	0°	0	0	0	0

Integrale und Integralsätze

(Vergleiche etwa W. Gröbner und N. Hofreiter: Integraltafeln, Wien–New York: Springer. Bei den unbestimmten Integralen sind die willkürlichen additiven Konstanten weggelassen.)

1. $$\int \sqrt{at^2 + 2bt + c}\,\mathrm{d}t = \frac{1}{2}\left(t + \frac{b}{a}\right)\sqrt{at^2 + 2bt + c}$$
$$+ \frac{ac - b^2}{2a\sqrt{a}} \ln\left|\frac{at + b}{\sqrt{a}} + \sqrt{at^2 + bt + c}\right| \quad \text{für} \quad a > 0;$$

für $a < 0$: $$= \frac{1}{2}\left(t + \frac{b}{a}\right)\sqrt{at^2 + 2bt + c} + \frac{b^2 - ac}{2a\sqrt{-a}} \arcsin \frac{at + b}{\sqrt{b^2 - ac}}.$$

2. $$\int \frac{\mathrm{d}t}{\sqrt{at^2 + 2bt + c}} = \frac{1}{\sqrt{a}} \ln\left|\frac{at + b}{\sqrt{a}} + \sqrt{at^2 + 2bt + c}\right|, \quad \text{für} \quad a > 0;$$
$$= -\frac{1}{\sqrt{-a}} \arcsin \frac{at + b}{\sqrt{b^2 - ac}}, \quad \text{für} \quad a < 0.$$

3. $$\int \frac{t\,\mathrm{d}t}{t\sqrt{at^2 + 2bt + c}} = \frac{1}{a}\sqrt{at^2 + 2bt + c} - \frac{b}{a}\int \frac{\mathrm{d}t}{\sqrt{at^2 + 2bt + c}}.$$

4. $$\int \frac{\mathrm{d}t}{\sqrt{at^2 + 2bt + c}} = -\frac{1}{\sqrt{c}} \ln\left|\frac{c + bt + \sqrt{c}\sqrt{at^2 + 2bt + c}}{t}\right|, \quad \text{für} \quad c > 0.$$

5. $$\int \frac{\mathrm{d}t}{(at^2 + 2bt + c)^{3/2}} = \frac{1}{ac - b^2} \frac{at + b}{\sqrt{at^2 + 2bt + c}}.$$

6. $$\int \frac{t\,\mathrm{d}t}{(at^2 + 2bt + c)^{3/2}} = -\frac{1}{ac - b^2} \frac{bt + c}{\sqrt{at^2 + 2bt + c}}.$$

7. $$\int \frac{\mathrm{d}t}{\sqrt{(at + b)(ft + g)}} = \pm\frac{2}{\sqrt{af}} \ln\left[\sqrt{\pm a(ft + g)} + \sqrt{\pm f(at + b)}\right],$$

für $af > 0$; $a(ft + g) \gtrless 0$;
$$= \operatorname{sign}(a)\,\frac{2}{\sqrt{-af}} \operatorname{arctg}\sqrt{\frac{-f(at + b)}{a(ft + g)}}, \quad \text{für} \quad af < 0.$$

8. $$\int \sqrt{\frac{ft+g}{at+b}}\,\mathrm{d}t = \frac{1}{a}\sqrt{(at+b)(ft+g)} \mp \frac{\Delta}{a\sqrt{af}} \ln\left[\sqrt{\pm a(ft+g)} + \sqrt{\pm f(at+b)}\right],$$

$$\Delta = bf - ag, \qquad \text{für} \qquad af > 0, \qquad a(ft+g) \gtrless 0;$$

$$= \frac{1}{a}\sqrt{(at+b)(ft+g)} - \operatorname{sign}(a)\,\frac{\Delta}{a\sqrt{-af}}\,\operatorname{arctg}\sqrt{\frac{-f(at+b)}{a(ft+g)}},$$

$$\Delta = bf - ag, \qquad \text{für} \qquad af < 0.$$

9. $$\int \frac{\mathrm{d}t}{1+t^2} = \operatorname{arctg} t; \qquad \int_0^1 \ldots \mathrm{d}t = \frac{\pi}{4}; \qquad \int_0^\infty \ldots \mathrm{d}t = \frac{\pi}{2}.$$

10. $$\int \frac{\mathrm{d}t}{\sqrt{1-t^2}} = \arcsin t; \qquad \int_0^1 \ldots \mathrm{d}t = \frac{\pi}{2}.$$

11. $$\int \sqrt{\frac{1-t}{t}}\,\mathrm{d}t = \sqrt{(1-t)\,t} + \frac{1}{2}\arcsin(2t-1); \qquad \int_0^1 \ldots \mathrm{d}t = \frac{\pi}{2}.$$

12. $$\int \sqrt{t(1-t)}\,\mathrm{d}t = \frac{1}{4}\left[(2t-1)\sqrt{t(1-t)} + \frac{1}{2}\arcsin(2t-1)\right]; \qquad \int_0^1 \ldots \mathrm{d}t = \frac{\pi}{8}.$$

13. $$\int \frac{\mathrm{d}t}{(1+t^2)^{3/2}} = \frac{t}{\sqrt{1+t^2}}; \qquad \int_0^1 \ldots \mathrm{d}t = \frac{1}{\sqrt{2}}.$$

14. $$\int \frac{\mathrm{d}t}{(1+t^2)^{5/2}} = \frac{t\left(1+\frac{2}{3}t^2\right)}{(1+t^2)^{3/2}}; \qquad \int_0^1 \ldots \mathrm{d}t = \frac{5}{6}\frac{1}{\sqrt{2}}.$$

15. $$\int \frac{t\,\mathrm{d}t}{(1+t^2)^{3/2}} = -\frac{1}{\sqrt{1+t^2}}; \qquad \int_0^1 \ldots \mathrm{d}t = 1 - \frac{1}{\sqrt{2}}.$$

16. $$\int \frac{t\,\mathrm{d}t}{(1+t^2)^{5/2}} = -\frac{1}{3}\frac{1}{(1+t^2)^{3/2}}; \qquad \int_0^1 \ldots \mathrm{d}t = \frac{1}{3}\left(1 - \frac{1}{2\sqrt{2}}\right).$$

17. $$\int \frac{t^2\,\mathrm{d}t}{(1+t^2)^{3/2}} = \ln\left|t + \sqrt{1+t^2}\right| - \frac{t}{\sqrt{1+t^2}}; \qquad \int_0^1 \ldots \mathrm{d}t = \ln\left(1+\sqrt{2}\right) - \frac{1}{\sqrt{2}}.$$

18. $$\int \frac{t^2\,dt}{(1+t^2)^{5/2}} = \frac{1}{3}\frac{t^3}{(1+t^2)^{3/2}}; \qquad \int_0^1 \ldots dt = \frac{1}{6}\frac{1}{\sqrt{2}}.$$

19. $$\int \frac{t^3\,dt}{(1+t^2)^{3/2}} = \frac{2+t^2}{\sqrt{1+t^2}}; \qquad \int_0^1 \ldots dt = \frac{3}{\sqrt{2}} - 2.$$

20. $$\int \frac{t^3\,dt}{(1+t^2)^{5/2}} = -\frac{\frac{2}{3}+t^2}{(1+t^2)^{3/2}}; \qquad \int_0^1 \ldots dt = \frac{2}{3} - \frac{5}{6}\frac{1}{\sqrt{2}}.$$

21. $$\int \frac{t^4\,dt}{(1+t^2)^{3/2}} = \frac{1}{2}\frac{3t+t^3}{\sqrt{1+t^2}} - \frac{3}{2}\ln\left|t+\sqrt{1+t^2}\right|;$$

$$\int_0^1 \ldots dt = \sqrt{2} - \frac{3}{2}\ln\left(1+\sqrt{2}\right).$$

22. $$\int \frac{t^4\,dt}{(1+t^2)^{5/2}} = -\frac{1}{3}\frac{3t+4t^3}{(1+t^2)^{3/2}} + \ln\left|t+\sqrt{1+t^2}\right|;$$

$$\int_0^1 \ldots dt = \ln\left(1+\sqrt{2}\right) - \frac{7}{6\sqrt{2}}.$$

23. $$\int \frac{dt}{(1-t^2)^{3/2}} = \frac{t}{\sqrt{1-t^2}}.$$

24. $$\int \frac{t\,dt}{(1-t^2)^{3/2}} = \frac{1}{\sqrt{1-t^2}}.$$

25. $$\int \sqrt{t(1-t)}\,\frac{dt}{t-a} = \sqrt{a(1-a)}\ln\frac{\left[\sqrt{(1-a)\,t} - \sqrt{a(1-t)}\right]^2}{|t-a|} +$$

$$-\left(a-\frac{1}{2}\right)\arcsin(2t-1) + \sqrt{t(1-t)}; \qquad \int_0^1 \ldots dt = \left(\frac{1}{2}-a\right)\pi.$$

26. $$\int \frac{dt}{\sqrt{a^2-t^2}\,(t-\alpha)} = -\frac{1}{\sqrt{a^2-\alpha^2}}\ln\left|\frac{-\alpha t + a^2 + \sqrt{(a^2-\alpha^2)(a^2-t^2)}}{t-\alpha}\right|,$$

für $|\alpha| < a$;

$$= \frac{1}{\sqrt{\alpha^2-a^2}}\arcsin\frac{a^2-\alpha t}{a\,|t-\alpha|}, \qquad \text{für} \quad |\alpha| > a > 0.$$

27. $\int\limits_0^\infty \operatorname{arctg} \sqrt{\frac{R}{2t}} \frac{dt}{t-\alpha} = -\pi \ln \sqrt{\frac{2\alpha}{2\alpha + R}}$, für $\alpha > 0$.

28. $\int\limits_0^\infty \sqrt{\frac{R}{2t}} \frac{dt}{t-\alpha} = 0$, für $\alpha > 0$.

29. $\int\limits_0^1 \sqrt{\frac{1-t}{t}} \frac{dt}{t-\alpha} = -\pi$, für $0 < \alpha < 1$.

30. Betzsche Umkehrformel:

$$\int\limits_0^1 \frac{f(\xi)}{\xi - x} d\xi = g(x);$$

$$f(x) = \frac{C}{\sqrt{x(1-x)}} - \frac{1}{\pi^2} \frac{1}{\sqrt{x(1-x)}} \int\limits_0^1 g(t) \sqrt{t(1-t)} \frac{dt}{t-x}.$$

31. Abelsche Integralgleichung:

$$\int\limits_a^x \frac{f(\xi)}{\sqrt{x-\xi}} d\xi = g(x); \qquad f(x) = \frac{1}{\pi} \frac{d}{dx} \int\limits_a^x \frac{g(t)}{\sqrt{x-t}} dt.$$

32. Greenscher Integralsatz (B: ebener Bereich, von der Kurve C mit dem Bogenelement ds umschlossen; $\vec{n}$: herausweisende Kurvennormale):

a) Φ und Ω Skalarfelder,

$$\iint\limits_B (\Phi \Delta \Omega - \Omega \Delta \Phi)\, d\xi\, d\eta = \oint\limits_C \left(\Phi \frac{\partial \Omega}{\partial n} - \Omega \frac{\partial \Phi}{\partial n}\right) ds;$$

b) φ genüge der Laplacegleichung $\varphi_{yy} + \varphi_{zz} = 0$,

$$\iint\limits_B (\varphi_y^2 + \varphi_z^2)\, dy\, dz = \oint\limits_C \varphi \frac{\partial \varphi}{\partial n} ds.$$

Bücher

[·1] ASHLEY, H. and LANDAHL, M.: Aerodynamics of Wings and Bodies. Reading: Addison-Wesley. 1965.

[·2] BECKER, E.: Gasdynamik. Stuttgart: Teubner 1966.

[·3] BETZ, A.: Konforme Abbildung. Berlin—Göttingen—Heidelberg—New York: Springer. 1964.

[·4] BIRKHOFF, G. and ZARANTONELLO, E. H.: Jets, Wakes and Cavities. New York: Academic Press. 1957.

[·5] BOŠNJAKOVIĆ, T.: Technische Thermodynamik. Dresden: Theodor Steinkopff, 1. Teil 1972; 2. Teil 1971.

[·6] COURANT, R. and FRIEDRICHS, K. O.: Supersonic Flow and Shock Waves. New York: Interscience. 1948.

[·7] DADIEU, A., DAMM, R. und SCHMIDT, E. W.: Raketentreibstoffe. Wien—New York: Springer. 1968.

[·8] GRASCHKA, H. G. und WECKEN, F.: Gasdynamic Theory of Detonation. New York: Gordon and Breach 1971.

[·9] HAYES, W. D. und SEEBASS, A. R.: Sonic Boom. Theory AIAA Profess. Study. Series 1969.

[·10] HERMANN, R.: Supersonic Inlet Diffusers. Minneapolis: Minneapolis—Honeywell Regulator Company. 1956.

[·11] KEUNE, F. und BURG, K.: Singularitätenverfahren der Strömungslehre. Karlsruhe: G. Braun. 1974.

[·12] KOTSCHIN, N. J., KIBEL, I. A. und ROSE, N. W.: Theoretische Hydromechanik. Berlin: Akademie-Verlag, Bd. I 1954; Bd. II 1955.

[·13] v. KRZYWOBLOCKI, M. Z.: Bergman's Linear Integral Operator Method in the Theory of Compressible Fluid Flow. Wien: Springer. 1960.

[·14] KÜCHEMANN, D. und WEBER, J.: Aerodynamics of Propulsion. New York: Mc Graw-Hill. 1953.

[·15] LANDAU, L. D. and LIFSHITZ, E. M.: Fluid Mechanics. London: Pergamon Press. 1959.

[·16] LAUNDERS, B. E. and SPALDING, D. B.: Mathematical Models of Turbulence. London: Academic Press. 1972.

[·17] LIEPMANN, H. W. and ROSHKO, A.: Elements of Gasdynamics. New York: Wiley. 1957.

[·18] LOITSIANSKI, L. G.: Laminare Grenzschichten. Berlin: Akademie Verlag. 1967.

[·19] VON MISES, R.: Mathematical Theory of Compressible Fluid. New York: Academic Press. 1958.

[·20] OERTEL, H.: Stoßrohre. Wien—New York: Springer. 1966.

[·21] OPPENHEIM, A. K.: Introduction to Gasdynamics of Explosions. (CISM 48.) Wien—New York: Springer. 1972.

[·22] OSWATITSCH, K.: Gasdynamik. Wien: Springer. 1952.

[·23] OSWATITSCH, K. und SCHWARZENBERGER, R.: Übungen zur Gasdynamik. Wien: Springer. 1963.

[·24] OSWATITSCH, K.: Spezialgebiete der Gasdynamik. Wien—New York: Springer 1977.

[·25] OWCZAREK, J. A.: Fundamentals of Gasdynamics. Scranton: International Textbook Company. 1964.

[·26] PAI, S. I.: Viscous Flow Theory. I-Laminar Flow, II-Turbulent Flow. Princeton: D. Van Nostrand. 1956.

[·27] PAI, S. I.: Introduction to the Theory of Compressible Flow. Princeton: D. Van Nostrand. 1959.

[•28] PAI, S. I.: Magnetogasdynamics and Plasma Dynamics. Wien: Springer. 1962.
[•29] PAI, S. I.: Radiation Gas Dynamics. Wien—New York: Springer. 1966.
[•30] POPE, A. and GAIN, K. L.: High Speed Wind Tunnel Testing. New York: Wiley. 1965.
[•31] POPE, A. and HARPER, J. J.: Low Speed Wind Tunnel Testing. New York: Wiley. 1966.
[•32] PRANDTL, L., OSWATITSCH, K. und WIEGHARDT, K.: Strömungslehre. Braunschweig: Vieweg. 1969.
[•33] RIEGELS, F. W.: Aerodynamische Profile. München: Oldenbourg. 1958.
[•34] SAUER, R.: Anfangswertprobleme. Berlin—Göttingen—Heidelberg: Springer. 1958.
[•35] SAUER, R.: Nichtstationäre Probleme der Gasdynamik. Berlin—Heidelberg—New York: Springer. 1966.
[•36] SAUER, R.: Einführung in die theoretische Gasdynamik. Berlin—Göttingen—Heidelberg: Springer. 1960.
[•37] SEDOV, L. I.: Similarity and Dimensional Methods in Mechanics. New York: Academic Press. 1959.
[•38] SEIFERT, H.: Instationäre Strömungsvorgänge in Rohrleitungen an Verbrennungskraftmaschinen. Berlin—Göttingen—Heidelberg: Springer. 1962.
[•39] SHAPIRO, A.: The Dynamics and Thermodynamics of Compressible Fluid Flow. New York: Ronald Press. 1953.
[•40] SCHLICHTING, H.: Grenzschichttheorie. Karlsruhe: G. Braun. 1965.
[•41] SCHMIDT, E.: Thermodynamik. Berlin—Göttingen—Heidelberg: Springer. 1963.
[•42] STODOLA, A.: Dampf- und Gasturbinen. Berlin: Springer. 1924.
[•43] STUPODENKO, YE. V., LOSEV, S. A. and OSIPOW, A. I.: Relaxation in Shock Waves. Berlin—Heidelberg—New York: Springer. 1967.
[•44] VINCENTI, W. G. and KRUGER, H. C.: Introduction to Physical Gasdynamics. New York: Wiley. 1965.
[•45] WALZ, A.: Strömungs- und Temperaturgrenzschichten. Karlsruhe: G. Braun. 1966.
[•46] WARD, G. N.: Linearised Theory of Steady High-Speed Flow. Cambridge: Cambridge University Press. 1955.
[•47] WODDS, L. C.: The Theory of Subsonic Plane Flow. Cambridge: Cambridge University Press. 1961.
[•48] ZEMANSKY, M. W.: Heat and Thermodynamics. New York: McGraw-Hill. 1968.
[•49] ZIEREP, J.: Vorlesungen über theoretische Gasdynamik. Karlsruhe: G. Braun. 1962.
[•50] ZIEREP, J.: Ähnlichkeitsgesetze und Modellregeln der Strömungslehre. Karlsruhe: G. Braun. 1972.
[•51] BARTLMÄ, F.: Gasdynamik der Verbrennung. Wien: Springer. 1975.
[•52] STANYVKOVICH, K. P.: Unsteady Motion of Continuous Media. London: Pergamon Press. 1960.

Monographieartikel, Symposiumsbände

[··1] Ackeret, J.: Gasdynamik. Handbuch der Physik (Geiger, H., Scheel, K., Hrsg.), Bd. 7, S. 289–342. Berlin: Springer. 1928.

[··2] Bray, K. N. C.: Chemical and Vibrational Nonequilibrium in Nozzle Flows. Nonequilibrium Flows (Wegener, P. P., Hrsg.), Teil II, S. 59–157. New York: Marcel Dekker. 1970.

[··3] Busemann, A.: Gasdynamik. Handbuch der Experimentalphysik (Wien, W., Harms, F., Hrsg.), Bd. 4. Leipzig: Akademische Verlagsgesellschaft. 1931.

[··4] Chester, W.: The Propagation of Shock Waves along Ducts of Varying Cross Section. Advances in Applied Mechanics, Vol. 3 (von Mises, R., v. Kármán, Th., Hrsg.), S. 120 bis 152. New York: Academic Press. 1953.

[··5] Crocco, L.: One Dimensional Treatment of Steady Gas Dynamics. High Speed Aerodynamics and Jet Propulsion, Vol. 3 (Emmons, H. W., Hrsg.), S. 64–349. Princeton: Princeton University Press. 1958.

[··6] Ferri, A.: The Method of Characteristics. High Speed Aerodynamics and Jet Propulsion, Vol. 6 (Sears, W. R., Hrsg.), S. 583–669. Princeton: Princeton University Press. 1954.

[··7] Ferri, A.: Supersonic Flows with Shock Waves. High Speed Aerodynamics and Jet Propulsion, Vol. 6 (Sears, W. R., Hrsg.), S. 670–747. Princeton: Princeton University Press. 1954.

[··8] Friedrichs, K. O.: Mathematical Aspects of Flow Problems of Hyperbolic Type. High Speed Aerodynamic and Jet Propulsion, Vol. 6 (Sears, R. R., Hrsg.), S. 31–60. Princeton: Princeton University Press. 1954.

[··9] Glass, I. I. and Takano, A.: Nonequilibrium Expansion Flows of Dissociated Oxygen and Ionised Argon around a Corner. Progress in Aeronautical Sciences, Vol. 6 (Küchemann, D., Sterne, L. H. G., Hrsg.), S. 163–250. Oxford: Pergamon Press. 1965.

[··10] Goldsworthy, F. A.: On the Dynamics of an Ionised Gas. Progress in Aeronautical Sciences, Vol. 1 (Ferri, A. et al., Hrsg.), S. 174–205. Oxford: Pergamon Press. 1961.

[··11] Green, J. E.: Interactions between Shock Waves and Turbulent Boundary Layers. Progress in Aerospace Sciences, Vol. 11 (Küchemann, D. et al., Hrsg.), S. 235–240. Oxford: Pergamon Press. 1970.

[··12] Gretler, W.: Anwendung direkter und indirekter Methoden in der Theorie der Unterschallströmungen. Übersichtsbeiträge zur Gasdynamik (Leiter, E., Zierep, J., Hrsg.), S. 95–116. Wien–New York: Springer. 1971.

[··13] Hayes, W. D.: The Basic Theory of Gasdynamic Discontinuities. High Speed Aerodynamics and Jet Propulsion, Vol. 3 (Emmons, H. W., Hrsg.), S. 415–481. Princeton: Princeton University Press. 1958.

[··14] Heaslet, M. A. and Lomax, H.: Supersonic and Transonic Small Perturbation Theory. High Speed Aerodynamics and Jet Propulsion, Vol. 6 (Sears, W. R., Hrsg.), S. 122–344. Princeton: Princeton University Press. 1954.

[··15] Hess, I. L. and Smith, A. M. O.: Calculation of Potential Flows about Arbitrary Bodies. Progress in Aeronautical Sciences, Vol. 8 (Küchemann, D. et al., Hrsg.), S. 1–138. Oxford: Pergamon Press. 1967.

[··16] Kantrowitz, A. R.: One Dimensional Treatment of Nonsteady Gasdynamics. High Speed Aerodynamics and Jet Propulsion, Vol. 3 (Emmons, H. W., Hrsg.), S. 350–415. Princeton: Princeton University Press. 1958.

[··17] Kuerti, G.: The Laminar Boundary Layer in Compressible Flow. Advances in Applied Mechanics, Vol. 2 (v. Mises, R., v. Kármán, Th., Hrsg.), S. 23–92. New York: Academic Press. 1951.

[••18] LICK, W.: Wave Propagation in Real Gases. Advances in Applied Mechanics, Vol. 10, Fasc. 1 (Chernyi, G. G. et al., Hrsg.), S. 1—72. New York: Academic Press. 1967.
[••19] LIGHTHILL, M. J.: Higher Approximations. High Speed Aerodynamics and Jet Propulsion, Vol. 6 (Sears, W. R., Hrsg.), S. 345—489. Princeton: Princeton University Press. 1954.
[••20] LUDLOFF, H. F.: On Aerodynamics of Blasts. Advances in Applied Mechanics, Vol. 3 (v. Mises, R., v. Kármán, Th., Hrsg.), S. 109—144. New York: Academic Press. 1953.
[••21] LUDWIG, G. and HEIL, M.: Boundary Layer Theory with Dissociation and Ionisation. Advances in Applied Mechanics, Vol. 6 (Dryden, H. L., v. Kármán, Th., Hrsg.), S. 33 bis 118. New York: Academic Press. 1960.
[••22] v. MISES, R. and SCHIFFER, M.: On Bergman's Integration Method in Twodimensional Compressible Fluid Flow. Advances in Applied Mechanics, Vol. 1 (v. Mises, R., v. Kármán, Th., Hrsg.), S. 248—285. New York: Academic Press. 1948.
[••23] OSWATITSCH, K.: Physikalische Grundlagen der Strömungslehre. Handbuch der Physik (Flügge, S., Hrsg.), Bd. 8/1, S. 1—124. Berlin—Göttingen—Heidelberg: Springer. 1959.
[••24] OSWATITSCH, K.: Similarity and Equivalence in Compressible Flow. Advances in Applied Mechanics, Vol. 6 (Dryden, H. L., v. Kármán, Th., Hrsg.), S. 154—271. New York: Academic Press. 1960.
[••25] PEARCEY, H. H.: Shock-induced Separation and its Prevention by Design and Boundary Layer Control. In: Boundary Layer and Flow Control, S. 1166—1344. Oxford: Pergamon Press. 1961.
[••26] SEARS, W. R.: Small Perturbation Theory. High Speed Aerodynamics and Jet Propulsion, Vol. 6 (Sears, W. R., Hrsg.), S. 61—121. Princeton: Princeton University Press. 1954.
[••27] SMITH, I. H. B.: Remarks on the Structure of Conical Flow. Progress in Aerospace Sciences, Vol. 12 (Küchemann, D. et al., Hrsg.). Oxford: Pergamon Press. 1972.
[••28] TANNER, M.: Theoretical Prediction of Base Pressure for Steady Base Flow. Progress in Aerospace Sciences, Vol. 12 (Küchemann, D. et al., Hrsg.), S. 177—225. Oxford: Pergamon Press. 1973.
[••29] WARREN, C. H. E. and RANDALL, D. G.: The Theory of Sonic Bangs. Progress in Aeronautical Sciences, Vol. 1 (Ferri, A. et al., Hrsg.), S. 238—274. Oxford: Pergamon Press. 1961. Correction see Vol. 5, S. 295—302, 1964.
[••30] WEGENER, P. P. and MACK, L. M.: Condensation in Supersonic and Hypersonic Wind Tunnels. Advances in Applied Mechanics, Vol. 5 (Dryden, H. L. et al., Hrsg.), S. 307 bis 447. New York: Academic Press. 1958.
[••31] WEGENER, P. P.: Gasdynamics of Expansion Flows with Condensation and Homogeneous Nucleation of Water Vapour. Nonequilibrium Flows (Wegener, P. P., Hrsg.), Teil 1, S. 163—243. New York: Marcel Dekker. 1969.
[••32] ZALDASTANI, O.: The One-Dimensional Isentropic Fluid Flow. Advances in Applied Mechanics, Vol. 3 (v. Mises, R., v. Kármán, Th., Hrsg.), S. 21—59. New York: Academic Press. 1953.
[••33] LICHTFUSS, H.-J. and STARKEN, H.: Supersonic Cascade Flow. Progress in Aerospace Sciences, Vol. 15 (Küchemann, D. et al., Hrsg.). Oxford: Pergamon Press.

Namen- und Sachverzeichnis

(Steht vor dem Substantiv ein Adjektiv, so ist in der Regel unter dem Substantiv nachzusehen; z. B. ist „innere Energie" unter „Energie, innere" zu finden. Hinweise auf die Literaturverzeichnisse sind durch kursive Zahlen gekennzeichnet.)

Berichtigungen

S. 424, in Gl. (105) lies: $\frac{\operatorname{tg}\bar{\varepsilon}}{\operatorname{tg}\varepsilon} = \frac{\bar{\tau}}{\tau}$ statt: $= \frac{\bar{\varepsilon}}{\tau}$.

S. 442, Zeile 15 von oben lies überall: $\frac{\varepsilon}{(x-\xi)^2+\varepsilon^2}$ statt: $\frac{\beta}{(x-\xi)^2+\varepsilon^2}$.

S. 596, in Abb. IX, 90 lies: $v_1^+ \cdot r$ statt: $v_1 + r$ und $u_1^+ \cdot \cot\alpha$ statt: $u_1 + \cot 2$.

S. 633, Zeile 19 von oben lies: (172) statt: (171).

S. 633, Zeile 4 von unten lies: (177) statt: (171).

S. 633, Zeile 2 von unten lies: ersten statt: zweiten.

S. 634, Gl. (184) lies: $\int\limits_0^{\xi_u} \ldots$ statt: $\int\limits_0^{\xi} \ldots$

S. 636, Zeile 13 von oben lies: (190) statt: (180).

S. 637, Zeile 21 von oben lies: Pfriemsche Formel statt: Pfriemform.

S. 679, Zeile 15 von unten lies: Whitham statt Whitmam.

S. 715, Zeile 20 von unten lies: Launder statt Launders.

Strichleiter-Diagramm

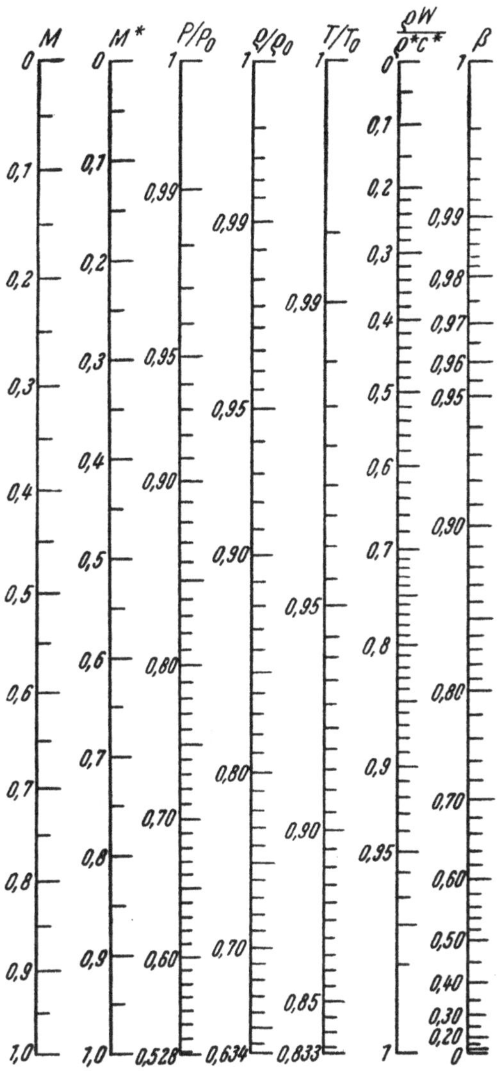

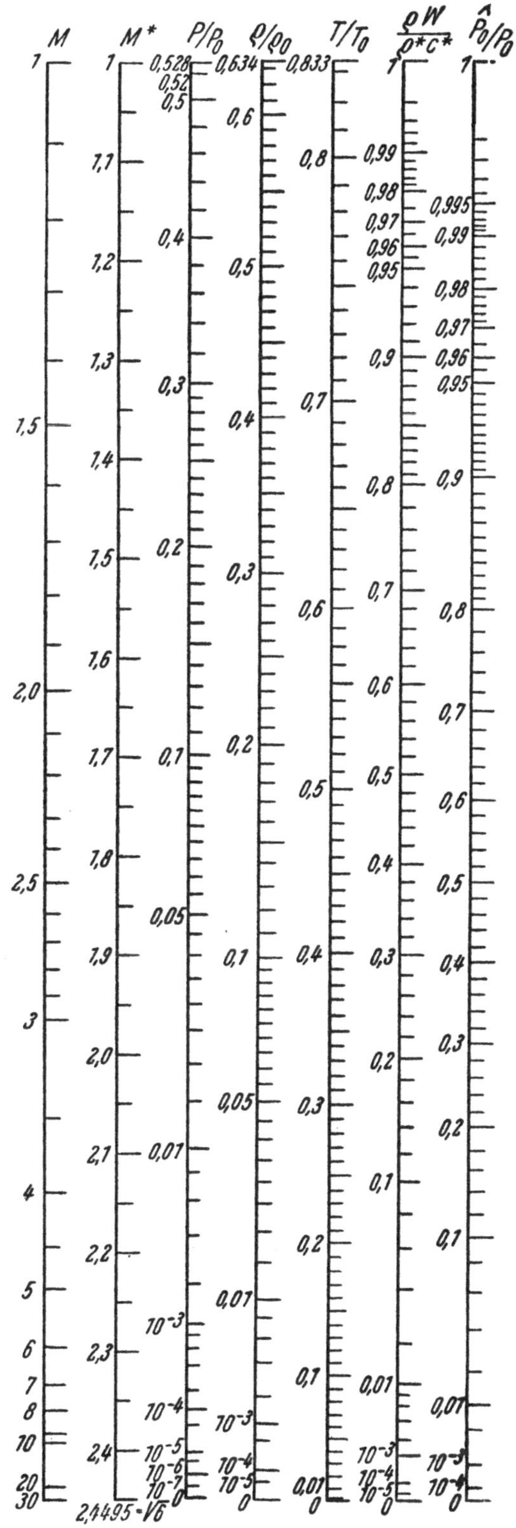

Isentrope Zustandsänderung eines Gases mit einem Verhältnis der spezifischen Wärmen

$\varkappa = 1{,}400$

$M^* = \frac{W}{c^*}$

$\beta = \sqrt{1 - M^2}$

$\hat{P}_0$ = Ruhedruck hinterm senkrechten Stoß

Oswatitsch, Grundlagen
Springer-Verlag Wien New York
Druck: novographic, A-1238 Wien

GPSR Compliance

The European Union's (EU) General Product Safety Regulation (GPSR) is a set of rules that requires consumer products to be safe and our obligations to ensure this.

If you have any concerns about our products, you can contact us on ProductSafety@springernature.com

In case Publisher is established outside the EU, the EU authorized representative is:

Springer Nature Customer Service Center GmbH
Europaplatz 3
69115 Heidelberg, Germany

Batch number: 10606455

Printed by Printforce, the Netherlands